FACHWISSEN BAU

Maurer, Beton- und Stahlbetonbauer

TECHNOLOGIE – TECHNISCHE MATHEMATIK – TECHNISCHES ZEICHNEN – COMPUTERTECHNIK

Von

Dipl.-Ing. Balder Batran

Dipl.-Ing. Herbert Bläsi

Dipl.-Ing. Rüdiger Eichner

Dipl.-Ing. Dietrich Erdmann

Dipl.-Gwl. Volker Frey

Dr. rer. nat. Klaus Köhler

Dipl.-Gwl. Eduard Kraus

Dipl.-Ing. (FH) Marion Riener

Dipl.-Gwl. Günter Rothacher

Dipl.-Gwl. Eugen Sonntag

10., durchgesehene und verbesserte Auflage

Mit vielen Aufgaben,
zahlreichen mehrfarbigen Abbildungen
und einem Tabellenanhang

HANDWERK UND TECHNIK – HAMBURG

VORWORT

Das vorliegende Lehrbuch vermittelt das Fachwissen des 2. und 3. Ausbildungsjahres für Maurer sowie Beton- und Stahlbetonbauer. Es beinhaltet die Fächer Technologie, Technische Mathematik, Technisches Zeichnen und Computertechnik. Die Inhalte dieser Fächer berücksichtigen die Lernziele des Bundesrahmenlehrplanes und der Lehrpläne der einzelnen Bundesländer.

Die Autoren haben die Inhalte auf das nach den Lehrplänen unbedingt Erforderliche reduziert.

Die Sprache ist schülergerecht. Besondere Sorgfalt wurde der didaktischen Reduktion und der Veranschaulichung durch viele Abbildungen gewidmet. Die Darstellungen, Schemaskizzen, Fotos und Diagramme sind jeweils den dazugehörigen Texten zugeordnet, sodass ein einfaches Arbeiten mit einem hohen Maß an Informationsgehalt ermöglicht wird.

Hervorgehobene Merksätze, Zusammenfassungen und viele Aufgaben ermöglichen Erfolgskontrollen und dienen der Erfolgssicherung. Durch die inhaltliche Eingrenzung war es möglich, die Teile Technologie, Technische Mathematik, Technisches Zeichnen und Computertechnik in einem Lehrbuch zu vereinigen. Dies führt neben einem erheblichen Preisvorteil zur Möglichkeit des fächerübergreifenden Unterrichtens.

Der aktuelle Stand der Technik und Normung ist berücksichtigt.

Die Verfasser

VORWORT ZUR 10. AUFLAGE

Die **neuesten Entwicklungen von Technik und Normung**, insbesondere das Fortschreiten der europaweiten Normung, haben auch bei den in den Fachstufen zu erarbeitenden Inhalten erneut Aktualisierungen erforderlich gemacht. Beispielhaft seien hier die Abschnitte über Gerüste, künstliche Steine und Mörtel, Schornsteine, Putzarbeiten, Massenermittlung und Baustoffbedarf sowie Wärmeschutz genannt. Dies gilt aber darüber hinaus auch für andere Bereiche.

Weitere Verbesserungen ergaben sich aus dem **ständigen intensiven Dialog** mit den Benutzern. Wir danken an dieser Stelle deshalb ausdrücklich allen, die durch Hinweise und Vorschläge zur **Weiterentwicklung** diese Werkes beigetragen haben.

Im Frühjahr 2007

Die Verfasser

HINWEISSYMBOLE

Unfallgefahr!

Gefahr durch schädliche Stoffe!

Gefahr für das Bauwerk!

Gefahr durch elektrischen Strom!

Umweltschutz

ISBN 978-3-582-03503-5

Die Normblattangaben werden wiedergegeben mit Erlaubnis des DIN Deutsches Institut für Normung e.V. Maßgebend für das Anwenden der Norm ist deren Fassung mit dem neuesten Ausgabedatum, die bei der Beuth Verlag GmbH, Burggrafenstraße 6, 10787 Berlin, erhältlich ist.

Verlag Handwerk und Technik G.m.b.H., Lademannbogen 135, 22339 Hamburg, Postfach 63 05 00, 22331 Hamburg – 2007
E-Mail: info@handwerk-technik.de; Internet: www.handwerk-technik.de

Satz: CMS – Cross Media Solutions GmbH, Würzburg
Druck und Bindung: Stürtz GmbH, Würzburg

TECHNOLOGIE

TECHNISCHE MATHEMATIK

TECHNISCHES ZEICHNEN

TECHNOLOGIE

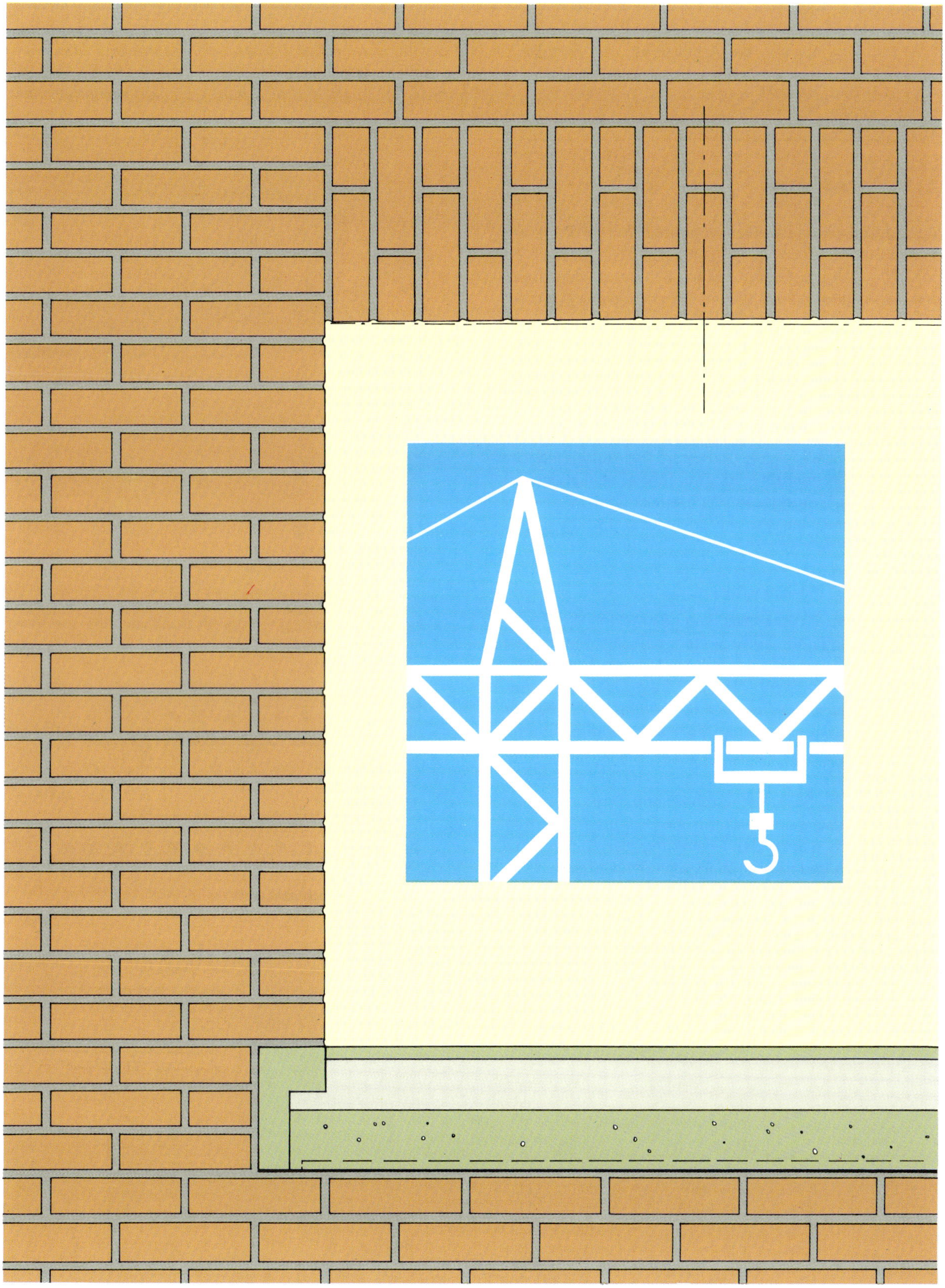

1 Entwicklung des Bauwesens

Bewundernd steht man heute vor prächtigen Bauten, die Jahrhunderte und Jahrtausende überdauert haben. Sie berichten nicht nur von der Arbeitskraft, den Fertigkeiten und der schöpferischen Fantasie der Baumeister und Bauhandwerker, sondern lassen auch erkennen, unter welchen gesellschaftlichen Verhältnissen damals gebaut wurde. So sind Bauwerke Zeugnisse des technischen Wagemuts und der Tüchtigkeit ihrer Erbauer, und sie vermitteln uns einen Eindruck von der Lebensauffassung unserer Vorfahren.

1.1 Altertum

Wohnen ist eines der Elementarbedürfnisse des Menschen. Schon in der Urzeit suchte der Mensch nach einer Behausung. Er fand in **Höhlen** Schutz vor den Unbilden der Witterung, vor wilden Tieren und vor Feinden. Wo kein natürlicher Unterschlupf vorhanden war, wurden einfachste **Zelte** errichtet. Das hierzu erforderliche Stangengerüst kann man als Anfang konstruktiven Bauens bezeichnen.

Als die Völker sesshaft wurden, errichteten sie feste, dauerhafte Behausungen. Sie bauten zunächst **Rundhütten** aus Schilf, Stroh und Holz. Die Aufteilung der Behausung in mehrere Räume führte schließlich zu **rechteckigen Grundrissen**. Da Deutschland in ältester Zeit dicht bewaldet war, wurden die Wohnhütten vorwiegend aus Holz gebaut.

Griechenland (750–350 v.Chr.)

Aus der einfachen Form des lang gestreckten Wohnhauses, dem **Megaron**, entwickelten sich die **Kultbauten** (Tempel). Sie wurden zunächst in Holz errichtet; später wurde das widerstandsfähigere Steinmaterial bevorzugt. Das Innere des Tempels (Cella) war ein einfacher Rechteckraum. Decke und Dachkonstruktionen waren stets aus Holz, die Dachdeckung bestand aus Tonziegeln.

Die griechische Baukunst durchlief drei Ordnungen, die **dorische**, **ionische** und **korinthische** Ordnung. Sie unterscheiden sich u.a. in der Gestaltung der Säulen, des Säulenkopfes und des darüber liegenden Gebälks.

Diese drei Ordnungen wiederholen sich in vielen darauf folgenden Bauepochen.

Erste Anfänge des Wohnens finden sich in Höhlen und Zelten

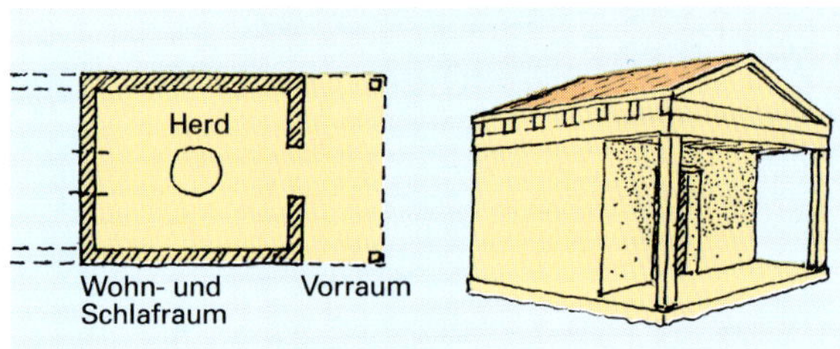

Rechteckiger Grundriss ermöglicht räumliche Differenzierung

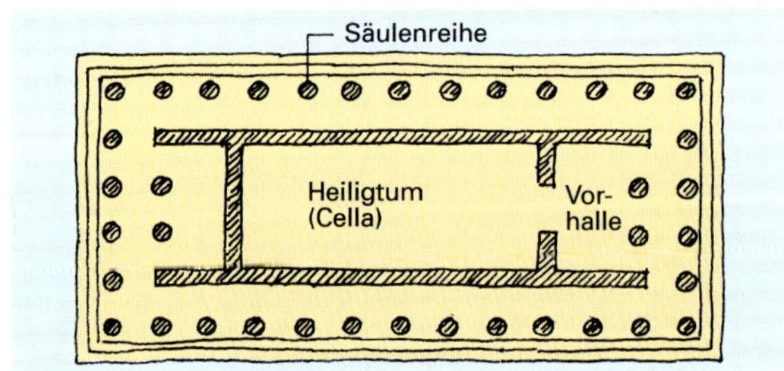

Tempelbau als Rechteckraum

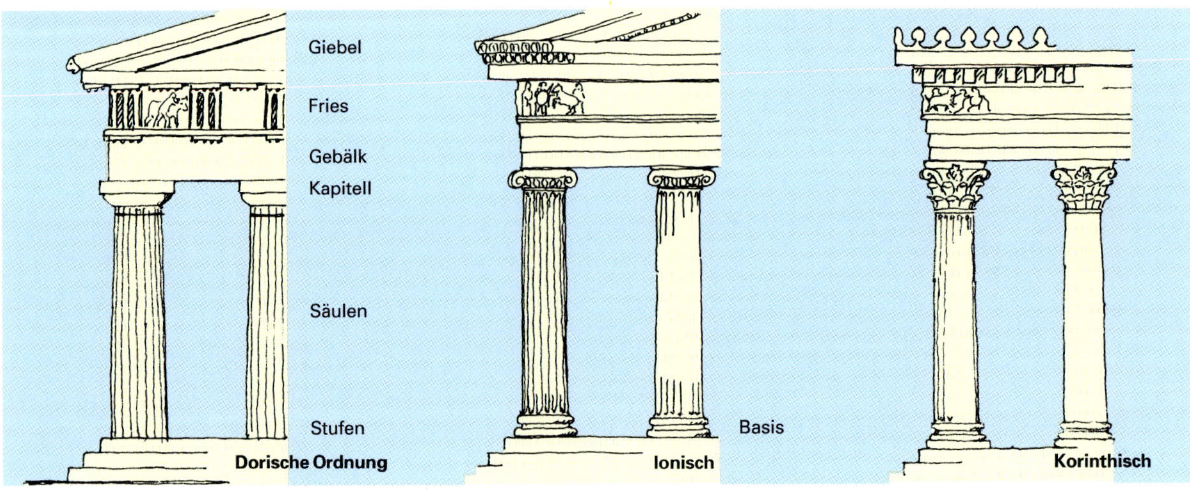

Die drei griechischen Säulenordnungen

Rom (500 v.Chr.–450 n.Chr.)

Die griechischen Bauformen wurden von den Römern übernommen und weiterentwickelt. Die **Konstruktion** bildete die Grundlage des Bauens. Die Römer leisteten im **Ingenieurbau** (Straßen-, Brücken-, Tunnelbau) Hervorragendes. Der Rundbogen wurde zum Tonnen- und Kreuzgewölbe weiterentwickelt. Mauerwerk wurde aus Werk- und Ziegelsteinen verbandgerecht hergestellt.

Auch als Entdecker des Baustoffes „Beton" sind die Baumeister des antiken Roms anzusehen. Sie entwickelten das so genannte „opus caementicium", einen betonartigen **Gussmörtel**. In eine innere und äußere verlorene Schalung aus Natursteinen oder Ziegeln brachte man lagenweise eine Mischung aus Zuschlägen und Bindemittel ein. Auch mithilfe von Holzschalungen wurde „betoniert". So entstand ein Baustoff, der in seinen Eigenschaften unserem heutigen Beton entspricht.

Bauwerke: Stadtanlagen, Tempel (z.B. Pantheon), Mausoleen, Paläste, Theater (z.B. Colosseum), Triumphbogen in Rom; Wohnhäuser in Pompeji; Wasserleitung (Aquädukt) bei Nimes.

Im 1. Jahrhundert n.Chr. drangen die Römer bis zum Rhein vor. Mit ihrem Erscheinen wurden auch die ersten Steinbauten in Deutschland errichtet. Überreste solcher Römerbauten finden sich in Trier (Porta Nigra), in Badenweiler (Thermen) und bei Schwäbisch Hall (Limes).

Römische Wasserleitung (Pont du Gard, Nimes)

Porta Nigra in Trier

Römisches Mauerwerk mit Rundbogen aus Ziegelsteinen

Das Bauwesen entwickelte sich aus dem Grundbedürfnis des Menschen nach Wohnung. Bei den Römern bildete die Konstruktion die Grundlage des Bauens. Der Steinbau wurde im stark bewaldeten Deutschland von den Römern eingeführt.

1.2 Romanik (800–1250)

Nach der Völkerwanderung kam es im 8. Jahrhundert in Deutschland zur Ausbreitung der massiven Bauweise. Erstes Anwendungsgebiet war der **Burgenbau**, etwas später die **Pfalzbauten** in Aachen und Wimpfen. Aus Italien kommende Missionare brachten die technischen Errungenschaften der Römerzeit mit. Die italienischen Mönche waren als Baumeister bei Kloster- und Kirchenbauten tätig.

Bevorzugte Raumform war die **Basilika**, eine römische Markthalle mit überhöhtem **Mittelschiff**. Später wurde sie durch **Chor** und **Querschiff** ergänzt. Links und rechts des Mittelschiffes wurden schmale und niedrige **Seitenschiffe** angeordnet. Der Grundriss der Basilika gleicht einem Kreuz. Als Baustoffe dienten **Werk-** und **Ziegelsteine**. Das Mauerwerk muss die Druck- und Schubkräfte des Daches aufnehmen. Zur Aussteifung der Dachkonstruktion werden waagerechte Kehlbalken und schräge Streben eingebaut.

Gesamteindruck: Romanische Bauwerke wirken durch ihre Größe und Erdenschwere massig, wuchtig und dunkel. Das Äußere zeigt neben reichen Turmgruppierungen und einer plastischen Behandlung des Baukörpers auch einfache, schmucklose Fassaden. Im Innern herrscht eine strenge Gliederung vor.

Stilelemente: Kennzeichnend für romanische Bauwerke sind massive Mauern, kleine Öffnungen, mit **Rundbogen** überdeckte Fenster, gedrungene Säulen und Pfeiler. Neben flachen Abdeckungen aus Holzbalken wurde als geeignete Gewölbeform das **Tonnen-** und **Kreuzgewölbe** gewählt.

Bauwerke: Münster in Mittelzell (Bodensee); Klosterkirche Alpirsbach (Schwarzwald); Abteikirche Maria Laach; Dome in Speyer, Worms, Mainz und Limburg an der Lahn, Nonnenstiftkirche Gernrode.

Im romanischen Baustil wurden vorwiegend Klöster und Kirchen errichtet. Die romanischen „Gottesburgen" wirken massig und wuchtig; dem Werkstein wird seine natürliche Wirkung belassen.

Die zahlreicher und größer werdenden Bauvorhaben führten zur Entwicklung des Bauhandwerks.

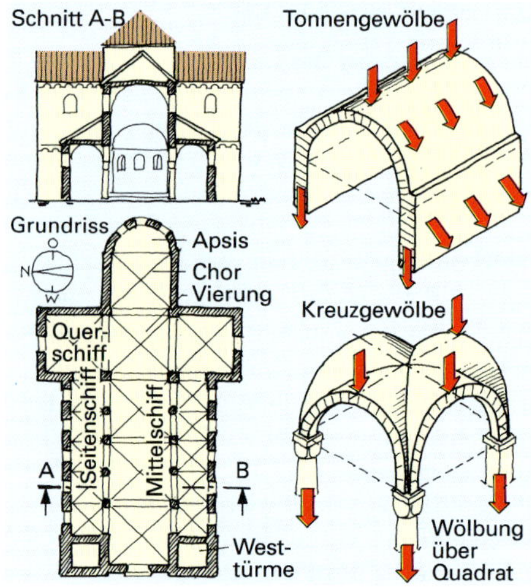

Romanische Basilika, Gewölbearten

Klosterkirche Alpirsbach (1095)

1.3 Gotik (1250–1530)

In Frankreich begann man schon früh die massigen Mauerflächen in **Pfeiler** und **Stützen** aufzulösen und durch hohe farbig leuchtende Glasfenster auszufüllen. Der neue Baustil, die **Gotik**, wandte sich von den romanischen Mauermassen ab und ging zu einem **Gerüst-** und **Skelettbau** mit tragenden Konstruktionsgliedern über. Zum bevorzugten Baustoff wurden Stein und Glas.

Gesamteindruck: Augenfällig ist die **aufwärts strebende** Linie des Ganzen. Gotische Kirchen wirken daher elegant und schwerelos. Ihr Innenraum ist im Gegensatz zu romanischen Kirchen durch die Vielzahl hoher Fenster **lichtdurchflutet**.

Stilelemente: Charakteristische Kennzeichen der Gotik sind **Spitzbogen**, **Kreuzrippengewölbe** und **Strebewerk**, bestehend aus Strebemauer, Strebepfeiler und Strebebogen. Das Strebewerk übernimmt statische Aufgaben; es leitet die Lasten der Gewölbebogen sicher in das Fundament. Die Westfassade wird durch farbige **Rundfenster** (Rosetten) zum Prunkstück. Die große Glasfläche der Spitzbogen-

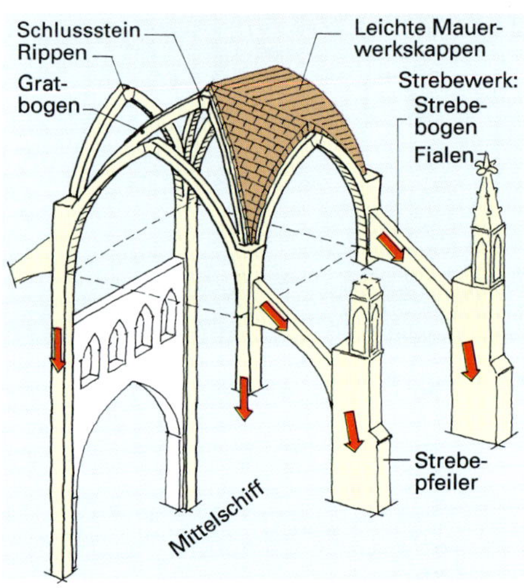

Gotisches Kreuzrippengewölbe mit Strebewerk

fenster und Rosetten wird durch ein dünnes, steinernes Gitterwerk, das **Maßwerk**, gehalten.

Backsteingotik: Im norddeutschen Küstengebiet, wo der Naturstein fehlte, entwickelte sich die Backsteingotik. Entsprechend der Eigenart des Materials ist die Wirkung der Bauten streng, wuchtig und von klarer Schlichtheit.

Fachwerkbau: In der Zeit der Gotik spielt der Fachwerkbau eine besondere Rolle. Die konstruktiv tragenden Elemente (Schwellen, Stiele, Streben, Riegel, Rähm) bestimmen die äußere Gestaltung.

Die bedeutsamsten Handwerker des gotischen Kirchenbaus waren die Steinmetzen, die sich in Verbänden, den **Bauhütten**, zusammenschlossen. Die Bauhütten führten und lehrten die „Hüttengeheimnisse", das handwerkliche, technische und künstlerische Wissen.

Bauwerke: Münster in Straßburg, Ulm und Freiburg, Dome in Köln, Schleswig, Erfurt, Meißen und Freiberg (Sachsen), Stiftskirche in Stuttgart, Frauenkirche in Nürnberg, Annenkirche in Annaberg (Sachsen), Rathäuser in Lübeck, Münster, Frankfurt/Oder und Esslingen, Stadttore in Lübeck und Stendal.

Rathaus von Frankfurt/Oder (Backsteingotik)

Kölner Dom, Blick in das Mittelschiff

Ulmer Münster (1377-1529)

Gotische Bauwerke sind durch Betonung der senkrechten Linie und durch Auflösen der Wandflächen gekennzeichnet.

Gurtbogen und Kreuzrippen übertragen die Kräfte der Gewölbe auf Stützpfeiler, Strebebogen und Strebepfeiler.

Der Stein wird zu feinsten Gebilden behauen; Steinmetz- und Maurerhandwerk gelangen zu höchster Entfaltung.

1.4 Renaissance (1530–1600)

Die Baukunst der Renaissance hat ihren Ursprung in Italien, wo die Gotik nie heimisch geworden war. Italienische Baumeister und Künstler wie Leonardo da Vinci, Michelangelo und Bramante suchten bei den Römern Anknüpfungspunkte. Es kam zu einer **Wiedergeburt** (ital.: rinascita) der **römischen Antike**.

Die neue Baukunst breitete sich rasch in allen Ländern Europas aus. Gleich bedeutend trat der **Profanbau** (Paläste, Schlösser, Stadtanlagen, Rat- und Bürgerhäuser) neben den Kirchenbau.

Gesamteindruck: Die Bauwerke haben eine klare Gliederung und zeigen in ihrer Gesamtheit wie auch in ihren Gestaltungselementen Ruhe, Harmonie und Gleichgewicht. Die **waagerechte Linie** wird betont.

Stilelemente: Die Fassaden erfahren eine starke plastische Durchbildung und werden mit Stilelementen antiker Art belebt. Die Geschossteilung erfolgt durch weit ausladende Gesimse.

Fenster und Türen sind rechteckig und werden mit profilierten dreieckigen oder halbrunden **Giebeln** geschmückt. Die Wände sind durch flache Wandpfeiler mit Kapitell und Basis, so genannte Pilaster, gegliedert.

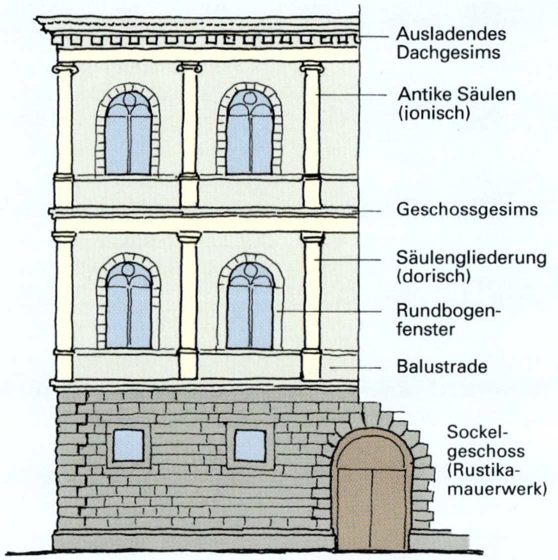

Renaissance-Bauwerke betonen die waagerechte Linie

Bauwerke: Heidelberger Schloss; Altes Schloss in Stuttgart, Schloss in Dresden, Schlosskapelle in Torgau; Rathäuser in Augsburg, Bremen, Rothenburg; Stadtanlage in Freudenstadt, Zeughaus in Danzig.

Ottheinrichsbau des Heidelberger Schlosses

Die Baukunst der Renaissance entfaltete sich in Italien aus der Ablehnung des gotischen Stils heraus. Sie bringt die Erneuerung der Formen der römischen Antike.
Bei Profanbauten wird die waagerechte Linie durch hervorspringende Gesimse besonders betont.

1.5 Barock (1600–1800)

Der Begriff „Barock" bedeutet „schiefe Perle", im übertragenen Sinne „sonderbar, lächerlich". Dies kennzeichnet die Vielseitigkeit und den Formenreichtum der neuen Baukunst, die zuerst in Italien aufgekommen ist und nach dem Dreißigjährigen Krieg rasch in Deutschland ihren Einzug hielt. Der letzte Abschnitt des Barocks wird als **Rokoko** bezeichnet.

Gesamteindruck: Die barocke Baukunst wandelt die strenge Gliederung der Renaissance zu **bewegten** und **geschwungenen** Formen ab. Die Fassade als prunkvolle Stirnseite wird stärker betont. Auf die Lichtführung im Innern wird größter Wert gelegt. Farbeffekte, oftmals Goldauftrag, Stuckverzierungen und Plastiken bereichern Wände und Decken und schaffen eine üppige Dekoration mit überquellender Pracht.

Stilelemente: Die Geschosse sind durch stark profilierte, oft verkröpfte Gesimse waagerecht gegliedert. Die Wand verlässt die ebene Fläche und erhält geschwungene Formen. Die Fenster sind stark abgesetzt und teilweise gewölbt. Als besonderes Zierstück werden die Treppe und das Treppenhaus gestaltet.

Bauwerke: Kloster Ottobeuren, Wallfahrtskirche in Steinhausen, Frauenkirche in Dresden, Garnisonskirche in Potsdam, Schloss in Würzburg und Ludwigsburg, Zwinger in Dresden.

In der barocken Baukunst werden die geraden Linien durch geschwungene und lebhafte Formen abgelöst. Der Innenraum wird durch Stuck und Farbe, Licht- und Schattenspiel belebt.

Das Entstehen barocker Bauwerke erforderte das Zusammenwirken vieler verschiedener Berufe: Maurer, Stuckateur, Maler, Vergolder, Bildhauer, Glaser, Zimmerer.

Barockkirche mit bewegten und geschwungenen Formen
(Theatinerkirche in München)

Würzburger Residenz

1.6 Klassizismus (1800–1850)

Die barocken Übersteigerungen und Übertreibungen wurden gegen Ende des 18. Jahrhunderts durch eine Gegenbewegung abgelöst, die ihr Interesse auf die Antike richtete. Anknüpfungspunkte suchte man bei den Griechen. Beeinflusst wurde dieser Stilwandel durch die Ideen der Aufklärung.

Gesamteindruck: Das Bauwesen kehrt zu den ruhigen und strengen Formen der griechischen und römischen Baukunst zurück. Die Bauwerke wirken klassisch streng, klar und nüchtern. Das statisch ruhende Element gewinnt die Oberhand.

Stilelemente: Die Fassade bleibt schmucklos. Eingänge und Erker werden mit flachen, gleichschenkligen Giebeldreiecken gekrönt.

Bauwerke: Schloss Rosenstein und Wilhelmspalais in Stuttgart, Schloss Charlottenhof und Nikolaikirche in Potsdam, Neue Wache und Brandenburger Tor in Berlin.

Brandenburger Tor

Der Klassizismus stellt den Versuch dar, in der Baukunst an die griechische Antike anzuknüpfen.

Eine strenge und klare Gliederung bestimmt die Form der Bauwerke.

1.7 Baukunst im 20. Jahrhundert

Der Klassizismus wurde um 1850 durch eine Architektur abgelöst, die sich auf eine wahllose Nachahmung verschiedener Baustile (Romanik, Gotik, Renaissance, Barock) erstreckte.

Seit 1900 löste man sich mehr und mehr vom traditionsgebundenen Bauen und suchte nach neuen, eigenständigen Wegen in der Baukunst. Entscheidend war die **technische Revolution**, die eine völlige Umwälzung im Bauwesen mit sich brachte. Neue Baustoffe, wie Zement, Beton, Stahl- und Spannbeton, und die Einsicht für die Eigenart und die richtige Anwendung dieser Materialien führten zu **neuen Konstruktionen** und **Bauformen**.

Nüchternes und sachliches Denken beeinflussten die Stilwende und geben den Bauten der Neuzeit ihr Gepräge.

Gesamteindruck: Die Bauten der Gegenwart sind **Zweckbauten**, wie z.B. Brücken, Bahnhöfe, Fabriken, Ausstellungshallen. Die **Funktion**, der Zweck, bestimmt die **Form** des Bauwerks. Die Betonung des Materials, die Sichtbarmachung der Konstruktion sind Ergebnisse dieses neuen Denkens im Bauwesen. Im Äußeren überzeugen die neuen Bauten durch ihre Sachlichkeit und klare Gestaltung. An die Stelle stark gegliederter Formkörper treten schlichte Würfelformen; eine Hinkehr zur Massenwirkung ist festzustellen. Als Wegbereiter des neuen Baustils können Architekten wie Paul Bonatz, Walter Gropius, Ludwig Mies van der Rohe, Le Corbusier u.a. angesehen werden.

Kongresshalle in Berlin

Bauwerke: Hauptbahnhof und Fernsehturm in Stuttgart, Kongresshalle und Gedächtniskirche in Berlin, Severinsbrücke in Köln, Kirche in Ronchamps (Frankreich).

Mit der aufkommenden Technisierung gewann die Funktion beherrschenden Einfluss auf die Form der Bauwerke.

Neue Baustoffe eröffnen neue konstruktive Möglichkeiten.

Zusammenfassung

Art und Charakter der Bauwerke ändern sich mit der Entwicklung der Kultur und Technik.

Die prächtigen Bauten verschiedener Epochen geben Kunde von der Lebensauffassung unserer Vorfahren.

Ihr Entstehen und Bestehen verdanken die Bauwerke dem Fleiß und der Tüchtigkeit ihrer Erbauer.

Materialgefühl und werkgerechtes Ausführen sind Voraussetzungen bauhandwerklichen Schaffens.

Romanische Kirchen haben ein hohes Mittelschiff und zwei niedrige Seitenschiffe.

Bei gotischen Bauwerken wird die senkrechte Linie, in der Renaissance mehr die waagerechte Linie betont.

Barocke Bauwerke zeigen im Grundriss und in den Ansichten belebte, geschwungene Formen.

Der Klassizismus zeichnet sich durch klare, strenge geometrische Formen aus.

In der Neuzeit bestimmen neue Baustoffe, wie Stahl, Stahlbeton und Spannbeton, das Aussehen der Bauwerke.

Aufgaben:

1. *Worin besteht der wesentliche Unterschied zwischen romanischer und gotischer Baukunst?*
2. *Welchem konstruktiven Zweck dient das Strebewerk an gotischen Bauwerken?*
3. *Skizzieren Sie den Grundriss einer Basilika.*
4. *Woher bezog die Renaissance ihre Vorbilder?*
5. *Stellen Sie die Unterschiede zwischen barocker und klassizistischer Baukunst heraus.*
6. *Welchen Einfluss hat die Technisierung auf die Baukunst der Neuzeit?*
7. *Ordnen Sie folgende Stilelemente den Bauepochen zu: Rundbogen, gleichschenklige Giebeldreiecke, Stuckverzierungen, Spitzbogen, profilierte Fensterleibungen, Rosette.*
8. *Geben Sie für folgende Bauepochen die ungefähren Zeiträume an:*
   a) Romanik,
   b) Gotik,
   c) Renaissance,
   d) Klassizismus.
9. *Welche Bedeutung hatten im Mittelalter die Bauhütten?*
10. *In welcher Epoche spielte der Fachwerkbau eine Rolle?*

2 Baubetrieb

Unter Baubetrieb versteht man die Teilprozesse des Bauens von der Vergabe der Bauleistung über Arbeitsvorbereitung, Baustellenvorbereitung und Arbeitsverfahren bis zur Abrechnung.

2.1 Vergabe- und Vertragsordnung für Bauleistungen (VOB)

In der VOB sind die Allgemeinen Bestimmungen für die Vergabe von Bauleistungen (Teil A der VOB), die Allgemeinen Vertragsbedingungen für die Ausführung (Teil B) und die Allgemeinen technischen Vertragsbedingungen (Teil C) enthalten. Teil A ist bei öffentlichen Auftraggebern verbindlich und enthält vereinbarte europäische Vergaberichtlinien; Teil B ist nur verbindlich, wenn dies vereinbart wurde; Teil C enthält Normen, welche die Ausführung regeln.

2.1.1 Vergabe

Jeder Bauausführung geht die **Vergabe** voraus, wobei unter Vergabe nicht nur die Auftragserteilung, sondern das gesamte Verfahren zum Abschluss eines Bauvertrags verstanden wird.

Der Auftraggeber erstellt zuerst eine Leistungsbeschreibung, welche die Grundlage für das Angebot des Unternehmers darstellt. Die Leistungsbeschreibung erfolgt meist durch ein **Leistungsverzeichnis**, in dem die gesamte Bauleistung in einzelne Teilleistungen aufgegliedert wird. Dies erleichtert das technische Verstehen der geforderten Leistung und damit die Kalkulation. Leistungsverzeichnisse werden heute meist aus standardisierten Textbausteinen mittels Computer erstellt (s. Kap. Computertechnik). Im Leistungsverzeichnis werden über die Beschreibung der Teilleistungen hinaus alle besonderen Umstände angegeben, welche die Preisgestaltung beeinflussen können.

Die **Wertung der Angebote** erfolgt nicht nur unter dem Gesichtspunkt des Preises. Es soll nicht der billigste, sondern der wirtschaftlichste Anbieter zum Zuge kommen. Bei Abschluss des Bauvertrages sind verschiedene **Vertragsarten** möglich.

Beim **Einheitspreisvertrag** werden Preise pro Einheit (m, m^2, m^3) der einzelnen Teilleistungen vereinbart und am Ende aufgrund der tatsächlich erbrachten Leistungen abgerechnet.

Beim **Pauschalvertrag** wird ein Pauschalpreis für die gesamte Bauleistung vereinbart; dies ist nur möglich, wenn die Bauleistung nach Art und Ausführung von vornherein genau bestimmt ist.

Ein **Stundenlohnvertrag**, bei dem die aufgewendeten Lohnstunden verrechnet werden, kommt nur bei Bauleistungen geringen Umfangs infrage, die überwiegend Lohnkosten verursachen.

Ausnahmsweise können **Selbstkostenerstattungsverträge** geschlossen werden, bei denen die Selbstkosten zuzüglich eines angemessenen Gewinnzuschlages abgerechnet werden. Dies ist nur dann üblich, wenn eine genaue vorherige Preisermittlung nicht möglich ist.

VOB Vergabe- und Vertragsordnung für Bauleistungen		
TEIL A Allgemeine Bestimmugen für die Vergabe von Bauleistungen (DIN 1960) (4 Abschnitte)	**TEIL B** Allgemeine Vertragsbedingungen für die Ausführung von Bauleistungen (DIN 1961)	**TEIL C** Allgemeine technische Vertragsbedingungen für Bauleistungen (ATV) (DIN 18299 - 18459)

Gliederung der VOB

Vertragsart	Anwendungsbeispiele
Einheitspreisvertrag	Regelvertrag, allgemein üblich 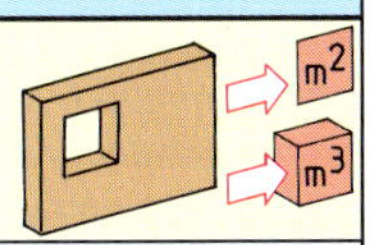
Pauschalvertrag	Bei genau erfassbarer Leistung, z.B. Fertiggaragen, typisierte Kläranlagen 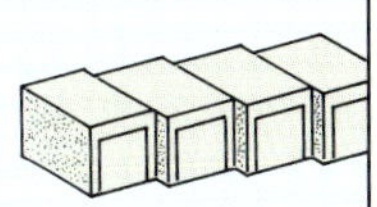
Stundenlohnvertrag	Bei kleinen und lohnintensiven Arbeiten, z.B. Umbauten, Altbausanierung 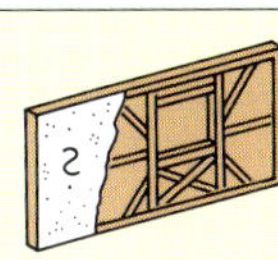
Selbstkostenerstattungsvertrag	Bei nicht vorhersehbaren Kosten, z.B. Olympiazeltdach 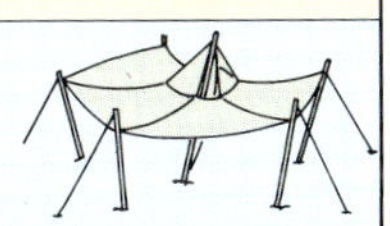

Anwendung der Vertragsarten

Die Vergabe von Bauleistungen umfasst Ausschreibung, Angebot und Vertragsabschluss.

2.1.2 Allgemeine Vertragsbedingungen

Auftraggeber und Auftragnehmer tragen die **Haftung** für eigenes Verschulden und für das Verschulden der von ihnen beauftragten Personen. Der Auftragnehmer ist gegenüber dem Auftraggeber für die Einhaltung der Regeln der Technik (z.B. Normen) sowie der gesetzlichen, behördlichen und berufsgenossenschaftlichen Vorschriften verantwortlich. Etwaige **Bedenken gegen die Art der Ausführung hat er** dem Auftraggeber bzw. Architekten **unverzüglich mitzuteilen**.

Mit der **Abnahme** beginnt die **Verjährungsfrist für Mängelansprüche**, innerhalb der der Auftragnehmer durch ihn verschuldete Mängel kostenlos beheben oder hierfür Preisnachlass gewähren muss.

Nach VOB gilt für Bauwerke eine Verjährungsfrist für Mängelansprüche von 4 Jahren; nach dem Bürgerlichen Gesetzbuch (BGB) gilt für Bauwerke eine Verjährung der Mängelansprüche von 5 Jahren. Soll die Regelung nach VOB gelten, so muss dies im Vertrag festgelegt werden, sonst gilt das BGB.

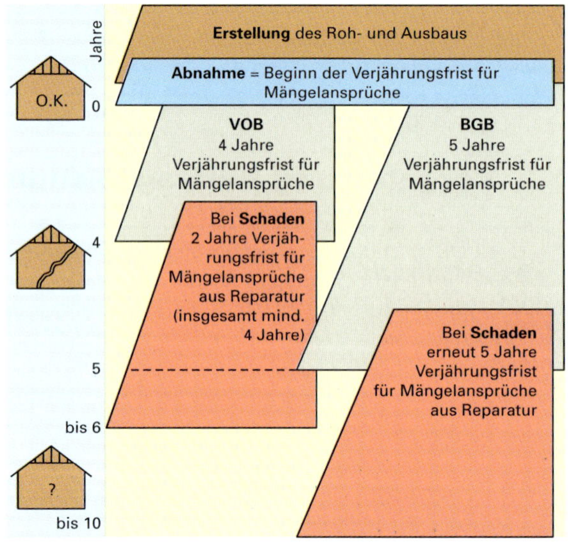

Verjährungsfristen für Mängelansprüche nach VOB und BGB

Bauverträgen sollten die allgemeinen Vertragsbedingungen der Vergabe- und Vertragsordnung für Bauleistungen (VOB) zugrunde gelegt werden.

2.1.3 Allgemeine Technische Vertragsbedingungen (ATV)

Die **Allgemeinen Technischen Vertragsbedingungen** (VOB Teil C) enthalten eine Sammlung von Ausführungsnormen für die verschiedenen Gewerke, wie Erdarbeiten, Mauerarbeiten, Betonarbeiten, Zimmer- und Holzbauarbeiten usw. Für alle Gewerke geltende Regelungen sind in DIN 18299 – Allgemeine Regelungen für Bauarbeiten jeder Art – enthalten. In diesen Normen werden die **Anforderungen an Werkstoffe und Arbeitsverfahren festgelegt**. In den entsprechenden Kapiteln wird jeweils darauf Bezug genommen. **Hinweise für das Aufstellen der Leistungsbeschreibung** sollen zur einheitlichen und eindeutigen Formulierung von Leistungsbeschreibungen beitragen.

Um Streitigkeiten zu vermeiden, wird ausdrücklich bestimmt, welche Arbeiten **Nebenleistungen** sind, die auch ohne ausdrückliche Erwähnung in der Leistungsbeschreibung unentgeltlich mit zu erledigen sind.

Besondere Leistungen sind nur dann im Leistungsumfang enthalten, wenn sie im Vertrag besonders erwähnt sind.

Auch **Grundsätze für Aufmaß und Abrechnung** sind in diesen Normen geregelt. Die wichtigsten Regeln für Erdarbeiten, Mauerarbeiten sowie Betonarbeiten sind in den Tabellen im Tabellenanhang des Mathematikteils zusammengefasst.

Nebenleistungen sind z. B.:
– Vorhalten der Baustelleneinrichtung
– Vorhalten der Kleingeräte und Werkzeuge
– notwendige Mess- und Absteckarbeiten
– Schutz- und Sicherheitsmaßnahmen nach den Unfallverhütungsvorschriften
– Befördern aller Baustoffe innerhalb der Baustelle
– Beseitigen aller selbst verursachten Verunreinigungen, Entsorgung der Abfälle
– Entsorgung von Abfällen des Auftraggebers, wenn $\leq 1\ m^3$ und nicht schadstoffbelastet
Besondere Leistungen sind z. B.:
– Verkehrssicherungsmaßnahmen und Einholen der hierfür erforderlichen Genehmigungen
– Beseitigung von Hindernissen
– Maßnahmen zur Sicherung gefährdeter Bauwerke, wie Unterfangungen und Stützmauern
– Besondere Maßnahmen aus Gründen des Umweltschutzes sowie der Landes- und Denkmalpflege
– Entsorgung von Abfällen des Auftraggebers, wenn $> 1\ m^3$ oder schadstoffbelastet

Nebenleistungen und Besondere Leistungen

Die Allgemeinen Technischen Vertragsbedingungen regeln Beschreibung, Ausführung und Abrechnung der Bauleistungen.

2.2 Arbeitsvorbereitung und Berichtswesen

Planloses Vorgehen führt zu Zeit- und Geldverlusten, so z.B. wenn bei Arbeitsbeginn benötigte Geräte und Werkstoffe nicht zur Verfügung stehen und erst herangeschafft werden müssen. Nur gezielte Arbeitsvorbereitung ermöglicht rationelles Bauen. Der beste Plan nützt aber nichts, wenn die Übereinstimmung mit der Wirklichkeit nicht ständig überprüft wird – hierzu dient das betriebliche Berichtswesen.

2.2.1 Arbeitsvorbereitung

Die **betriebliche Arbeitsvorbereitung** muss bereits bei der Angebotskalkulation (Vorausbestimmung der Kosten) beginnen. Dazu muss das Arbeitsverfahren festgelegt und dafür gesorgt werden, dass die erforderlichen Arbeitskräfte und die notwendigen Maschinen und Geräte zur Verfügung stehen. Ist der Auftrag erteilt, kann mit der eigentlichen Arbeitsvorbereitung begonnen werden. Die **Werkstoffbedarfsliste** und ein **Verzeichnis der anfallenden Arbeiten** werden erstellt.

Zur Bauzeitplanung werden zeitliche Abfolge und Dauer der einzelnen Arbeiten festgelegt und im Zusammenhang grafisch dargestellt. Es gibt mehrere Möglichkeiten der Darstellung, die gebräuchlichste ist das **Balkendiagramm**.

Die **Arbeitsvorbereitung des einzelnen Mitarbeiters** ist ebenso wichtig. Zuerst muss er sich Klarheit über die zu lösende Aufgabe verschaffen. Der nächste Schritt ist die Auswahl geeigneter **Werkstoffe** und die Kontrolle hinsichtlich Eignung und Menge der vom Betrieb bereitgestellten Werkstoffe. Bei Maschinen ist die **Funktionsfähigkeit der Schutzvorrichtungen** zu überprüfen. **Werkzeuge** müssen in einwandfreiem Zustand sein. Eine wichtige Voraussetzung für rationelles Arbeiten ist die **Ordnung am Arbeitsplatz**. Werkstoff und Gerät müssen ihren nach den Erfordernissen des Arbeitsablaufes festgelegten Platz haben. Unordnung verzögert den Arbeitsablauf und schafft Unfallgefahren.

Arbeitsvorbereitung (AV)	
Betriebliche Arbeitsvorbereitung	**Arbeitsvorbereitung des Mitarbeiters**
Angebotsbearbeitung	Erfassen der Aufgabe
Wahl des Verfahrens	Auswahl/Kontrolle der Werkstoffe
Werkstoffbedarfslisten	Kontrolle der Maschinen
Arbeitsverzeichnis	Kontrolle der Werkzeuge
Bauzeitenplan	Ordnung am Arbeitsplatz
Bereitstellungspläne	Kontrolle der Planung

Aufgaben der Arbeitsvorbereitung

2.2.2 Baustellenberichte

Wie der Kopf des Menschen wissen muss, was die Hand tut, muss die Betriebsleitung wissen, was auf der Baustelle geschieht. Nur so kann sie die bisherige Planung kontrollieren und künftig besser planen. Die Information der Betriebsleitung erfolgt durch die **Baustellenberichte**.

Im **Tagesbericht** teilt der Bauleiter mit, wie viele Stunden von den einzelnen Arbeitern geleistet wurden und an welchen Teilleistungen diese Stunden verbraucht wurden. Der Tagesbericht dient der Lohnabrechnung und der Nachprüfung der Kalkulation (Nachkalkulation). **Maschinenberichte** dienen der Kostenerfassung für Geräte und ermöglichen so den optimalen Einsatz der Geräte.

Tagesbericht		Datum: 15.9.1993
Wetter: trocken min. 8 °C max. 19 °C	**Baustelle:** Geschäftshaus M. Neustadt KST. Nr. 7212 Bauleiter: Wolf	Teilleistung, Position

Arbeitskräfte Name, Vorname	Aufsicht	Vorarb.	Facharb.	Helfer	Su.	Kanal verlegen	Kiesfilter einb.	Fund. schalen	Sauberkeitssch.	Bodenplatte bew.	-//- beton.	–
Kurz, Rolf	9,5				9,5							
Martini, Carlo		9			9	5		2		2		
Sauer, Peter			9		9	5		4				
Tadec, Miro			5		5		3			2		

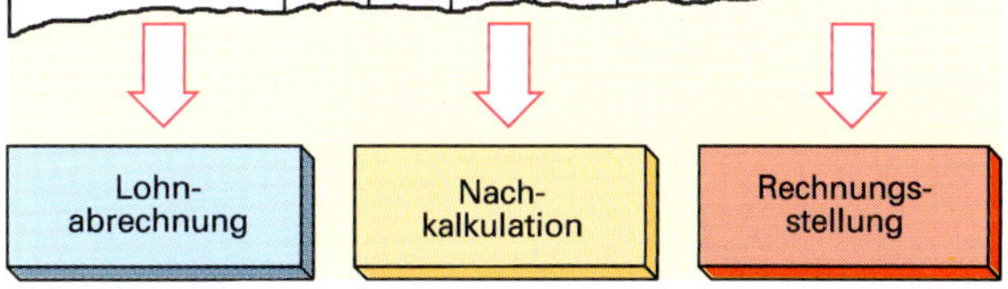

Auszug aus Tagesbericht

Baustellenberichte sind kein unnötiger „Papierkram“, sondern für richtige Kostenerfassung und Kalkulation unerlässlich.

2.2.3 Baustelleneinrichtung

Jede Bautätigkeit besteht zum großen Teil aus Transportarbeit. Deshalb ist die gegenseitige Zuordnung der einzelnen Elemente der Baustelleneinrichtung entscheidend für einen reibungslosen und rationellen Bauablauf. Um die günstigstmögliche Zuordnung zu erreichen, muss die Baustelleneinrichtung sorgfältig geplant werden.

Für jede Baustelle ist eine gut zugängliche **Zufahrt** notwendig und wichtig. Sie soll wetterfest ausgebaut und nicht zu steil sein. Wenn möglich, ist die Zufahrt als **Durchfahrt** anzulegen, dies ist in jedem Fall günstiger als eine Zufahrt mit Wendeplatte oder eine Zufahrt, aus der die Lkws rückwärts wieder herausfahren müssen.

Bei Hochbauten und Ingenieurbauten mit **Kranbetrieb** richtet sich die weitere Einrichtung wesentlich nach der Anordnung des Krans. Im Schwenkbereich des Krans müssen liegen:

- das gesamte Bauwerk;
- die Lager für Stahl, Steine, Fertigteile und andere schwere Baustoffe;
- ein Teil der Zufahrt als Ladezone;
- evtl. auf der Baustelle vorhandene Mischer bzw. Übergabesilos usw.

Außerhalb des Schwenkbereichs sollten liegen:

- die Unterkünfte;
- mindestens ein Teil des Zimmerplatzes;
- der Oberboden usw.

Bei der Zuordnung der einzelnen Einrichtungsgegenstände untereinander sind die Wege möglichst gering zu halten, so sollte z.B. das Magazin dem Zimmerplatz zugeordnet werden, und der Weg von der Unterkunft zur eigentlichen Arbeitsstelle sollte nicht länger als höchstens 150 m sein. Sonst müssten gegebenenfalls Transportmittel für den Transport der Arbeitskräfte eingesetzt werden.

Gebäude der Baustelleneinrichtung sollten möglichst geschlossen angelegt werden, weil dann die Elektro- und Wasserinstallationen billiger erstellt werden können.

Bei **innerörtlichen Baustellen** steht in der Regel nicht genügend Platz zur Verfügung, um Baustoffe auf der Baustelle zu lagern. Hier werden Baustoffe und Bauteile nach genauen **Ablaufplänen** zu dem Zeitpunkt angeliefert, an dem sie benötigt werden, und mit dem Kran vom Lkw direkt zur Einbaustelle verbracht (Just-in-Time-Baustelle).

Eine gut geplante Baustelleneinrichtung hilft Wege und damit Kosten sparen und verbessert die Arbeitsbedingungen sowie die Arbeitssicherheit.

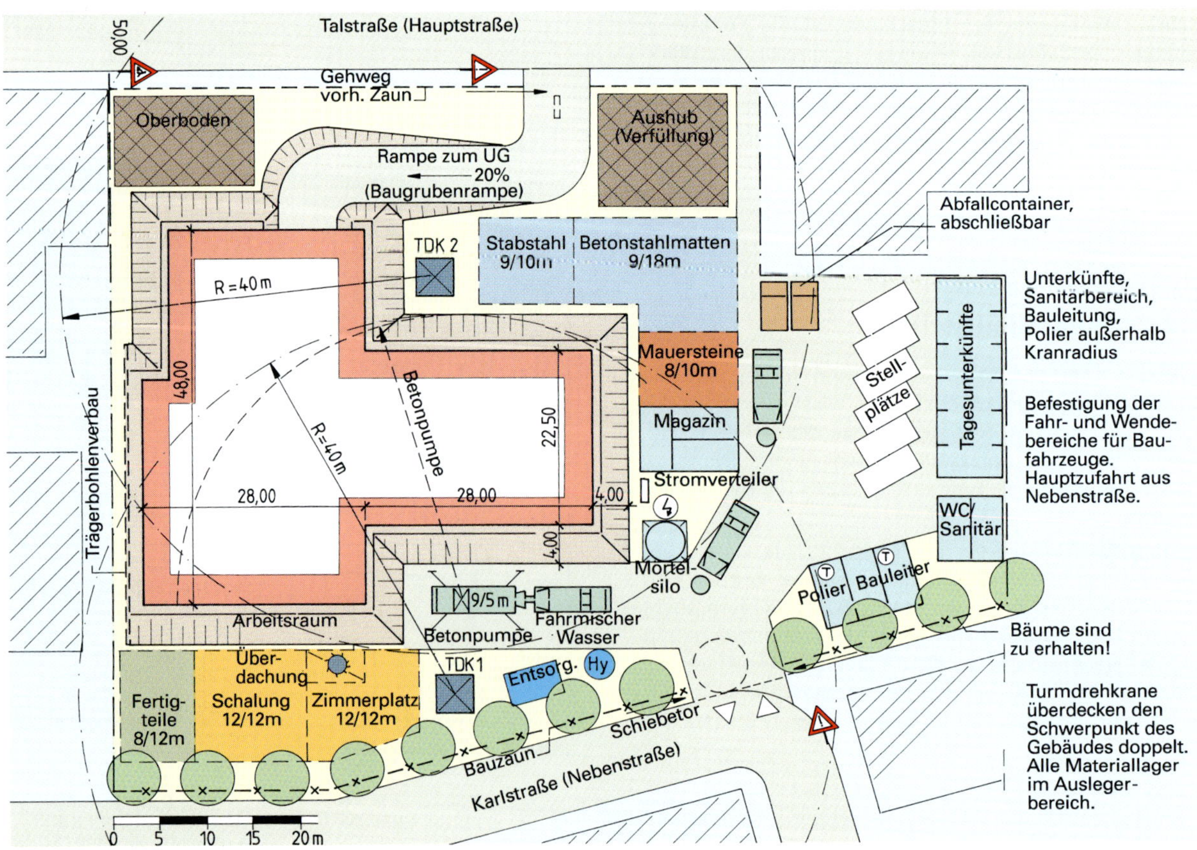

Baustelleneinrichtungsplan

2.3 Baustellenvorbereitung

Die erste Arbeit beim Erstellen eines Gebäudes ist das Vorbereiten der Baustelle.

Wurde von den Behörden das Bauvorhaben genehmigt, so kann mit den Arbeiten begonnen werden.

2.3.1 Abbrucharbeiten

Befinden sich auf dem Baugrundstück alte Bauwerke, so werden diese zuerst abgebrochen. Nicht nur für Neubauten, sondern auch für Umbauten und Abbruch muss eine behördliche Genehmigung vorliegen.

Mit den Abbrucharbeiten werden Spezialfirmen beauftragt.

Bei Abbrucharbeiten muss der Unfallschutz besonders beachtet werden. Die Umweltbelästigungen, wie Lärm bei Sprengungen oder zu starke Staubentwicklung, müssen in zumutbarem Rahmen bleiben.

Zur Baustellenvorbereitung gehört auch das Entfernen der Bäume und Sträucher von der zu überbauenden Fläche.

> Vor dem Einmessen und Abstecken des Gebäudes müssen die zum Abbruch freigegebenen alten Bauwerke sowie Sträucher und Bäume vom Baugrundstück entfernt werden.
>
> Der Unfallschutz ist bei Abbrucharbeiten besonders zu beachten.

Abbrucharbeiten

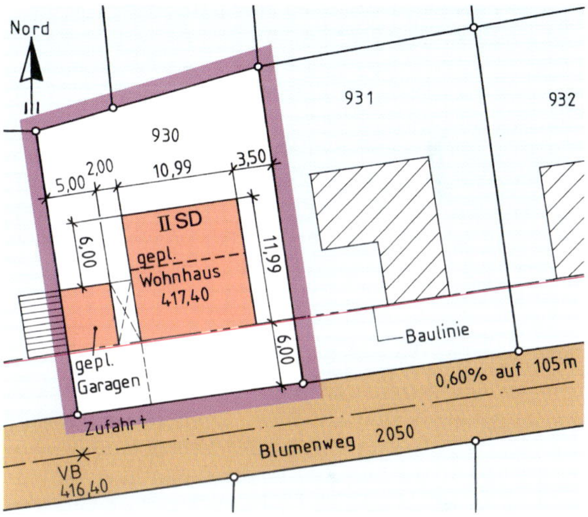

Lageplan (M. 1:500)

Bauschuttentsorgung

Der anfallende Bauschutt muss entsorgt werden. Bereits beim Abbrechen müssen die Baustoffe getrennt werden; so ist z.B. das Bauholz getrennt von den Mauerwerkresten zu verladen und abzutransportieren. Wieder verwertbare Baustoffe werden in Rückgewinnungsanlagen (Recyclinganlagen, Recycling = Wiederaufbereitung) zu neuen Baustoffen aufbereitet.

Abbruchprodukt	Recyclingprodukt
Ziegelmauerwerk	Ziegelsplitt als Leichtbetonzuschlag, Beläge für Tennisplätze
Beton	Splitt für den Straßenbau und als Betonzuschlag
Betonstahl und Profilstahl	Schrottzugabe bei der Herstellung neuen Beton- oder Profilstahls

Beispiele für Baustoffrecycling

Recyclinganlage

Bei Abbrucharbeiten kann auch **Sondermüll** anfallen. Dieser muss besonders sorgfältig vom übrigen Bauschutt getrennt werden. Sondermüll sind z.B. mit chemischen Schutzmitteln behandeltes Holz, asbesthaltige Baustoffe oder Mineralfaserdämmstoffe.

Beim Umgang mit Sondermüll muss **Schutzkleidung**, gegebenenfalls auch ein **Atemschutz** getragen werden.

Anfallender Bauschutt muss getrennt nach wieder verwertbaren Stoffen, nicht wieder verwertbaren Stoffen und Sondermüll entsorgt werden.

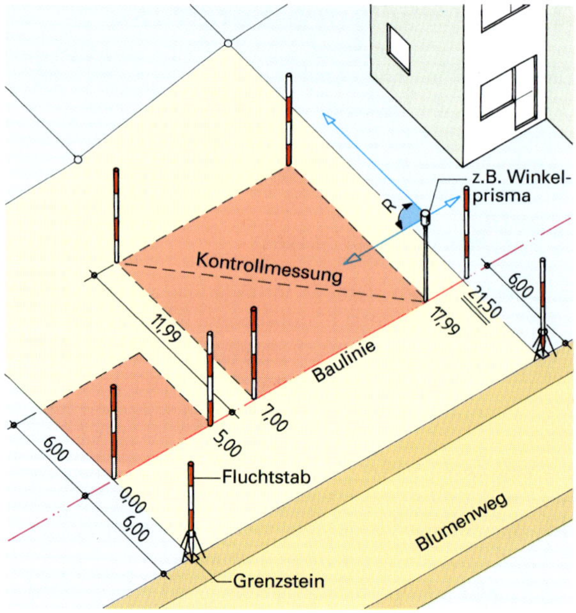

Einmessen des Gebäudes

2.3.2 Einmessen und Abstecken des Gebäudes

Ist das Baugrundstück unbebaut oder wurde die alte Bausubstanz bereits entfernt, kann die Grundfläche des neuen Bauvorhabens eingemessen werden. Größere Bauvorhaben werden von den staatlichen Vermessungsämtern oder von freiberuflichen Vermessungsingenieuren eingemessen. Bei kleineren Gebäuden kann diese Arbeit auch vom Architekten oder vom Bauunternehmer vorgenommen werden.

Abstecken des Gebäudes

Grundstücksgrenzen verlaufen geradlinig. An Knick- und Endpunkten sind sie durch Grenzsteine markiert. Auf dem Lageplan (M. 1:500 oder 1:1000) sind die Abstände des Gebäudes rechtwinklig von den Grundstücksgrenzen angegeben. Liegt eine Baufluchtlinie vor, so wird diese mithilfe von Fluchtstangen abgesteckt; die Gebäudebegrenzungspunkte werden auf ihr eingemessen. Sie werden vorerst mit Fluchtstangen abgesteckt. Rechte Winkel werden mit der Kreuzscheibe, dem Winkelprisma oder dem Pentagonprisma angelegt.

Für den maschinellen Aushub der Baugrube sind Schnurgerüstböcke oft störend, u.U. werden sie beim Aushub beschädigt. Es ist deshalb ratsam, das Schnurgerüst erst nach den Aushubarbeiten anzubringen.

Dient das Einmessen und Abstecken des Gebäudes nur dem Ausheben der Baugrube und nicht dem Einschneiden des Schnurgerüstes, darf mit einer Maßtoleranz von ±20 cm gearbeitet werden.

Die Begrenzungspunkte des Gebäudes werden von den Grundstücksgrenzen aus eingemessen.

Die oberen Begrenzungspunkte (Eckpunkte) der Baugrube werden durch Holzpflöcke markiert. Den abgesteckten Gebäudefluchten muss noch Platz für die erforderliche Baugrubenböschung und den Arbeitsraum zugegeben werden. Die Böschungsbasis (=Böschungsbreite) hängt vom Böschungswinkel des vorhandenen Bodens und von der Baugrubentiefe ab. Der Arbeitsraum (=Bewegungsraum zwischen Außenwand und Böschungsfuß) muss mindestens 50 cm betragen.

Mit folgender Tabelle lässt sich der erforderliche Platz für die Böschung und den Arbeitsraum errechnen.

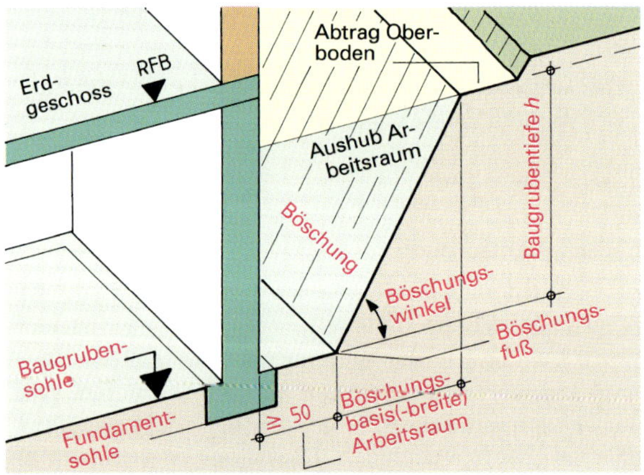

Bezeichnungen an der Baugrube

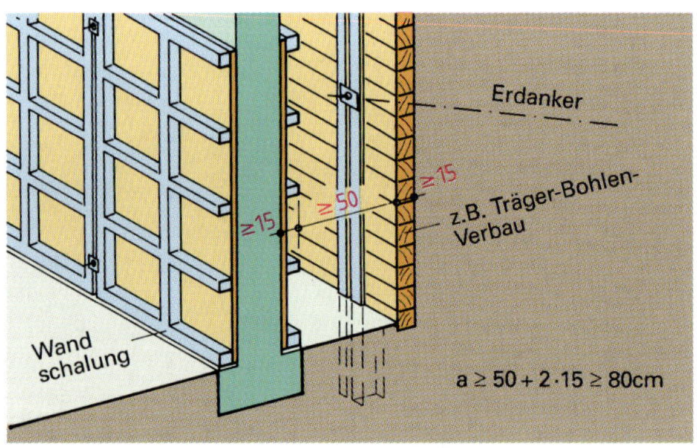

Arbeitsraum bei Baugrube mit Wandschalung und Verbau

Bodenart	Böschungswinkel	Böschungsbasis als Zuschlag	Arbeitsraum als Zuschlag
Feste bindige Böden und Fels	ca. 80°	ca. 0,18 · h	mind. 50 cm
Steife und halbfeste bindige Böden	ca. 60°	ca. 0,58 · h	mind. 50 cm
Nichtbindige und weiche bindige Böden	ca. 45°	ca. h	mind. 50 cm

Fehlt auf dem Baugrundstück der Platz für eine Böschung, z.B. bei angrenzenden Gebäuden oder Straßen, so ist die Baugrubenwand zu **verbauen** (abzustützen).

Der Böschungswinkel ist von der Bodenart abhängig. Im Zweifelsfalle ist immer ein kleinerer Winkel zu wählen.

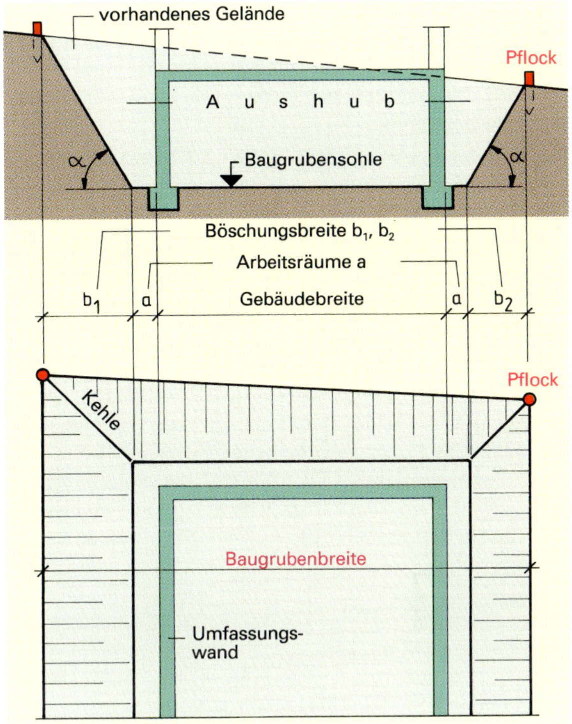

Ermittlung der Baugrubenabmessung (geneigtes Gelände)

2.3.3 Höhenmessung

Um die Baugrube in geplanter Tiefe ausheben zu können, wird in der Nähe der Baugrube, an einem angrenzenden Gebäude oder an einem fest eingerammten Pfahl, eine Gebäudehöhe (meist Sockelhöhe) angegeben.

Die Höhe überträgt man entweder von einem nahe gelegenen Höhenbolzen, einer Straße oder einem benachbarten Gebäude.

Mit dem Nivellierinstrument und der Nivellierlatte kann die Baugrubentiefe während der Aushubarbeiten genau kontrolliert werden.

Steht auf der Baustelle kein Nivellierinstrument zur Verfügung, kann eine Visiervorrichtung angefertigt werden.

An zwei sich gegenüberliegenden Seiten der Baugrube werden je zwei Pfähle im Abstand von ca. 2 m in den Boden eingerammt oder eingegraben. Das waagerechte Verbindungsbrett muss auf beiden Seiten der Baugrube in derselben Höhe angenagelt sein. Vorzugsweise wählt man als Höhe die Oberkante der Erdgeschossdecke (Sockelhöhe). Mit einem Visierkreuz kann dann die Tiefe der Baugrube genau kontrolliert werden.

Die Visierböcke dürfen für den maschinellen Baugrubenaushub nicht hinderlich sein.

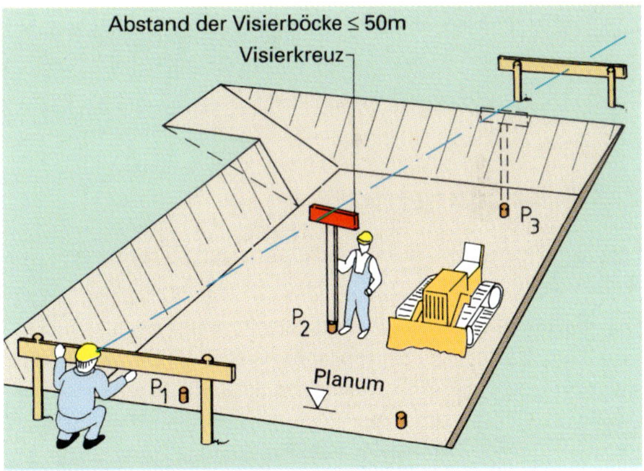

Visiervorrichtung zur Kontrolle der Baugrubentiefe

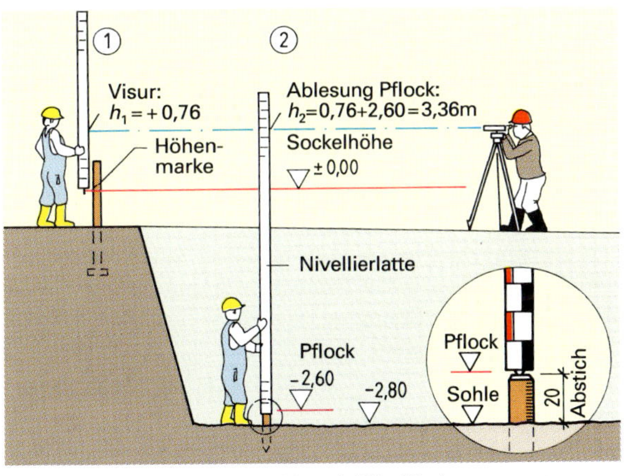

Kontrolle der Baugrubensohle mit Nivellierinstrument

Höhenkontrolle mit Bau-Laserinstrumenten

Immer größere Beliebtheit bei der Höhenkontrolle besitzen die **Bau-Laserinstrumente**. Diese Instrumente sind in ihren Einsatzmöglichkeiten sehr vielseitig. In der Bautechnik dienen sie vor allem der Neigungs- und Höhenmessung.

Das Funktionsprinzip der Bau-Laserinstrumente beruht auf einer Lichtverstärkung durch die Bündelung von Lichtstrahlen.

Die Instrumente werden durch eine Batterie gespeist und erzeugen einen gebündelten, parallelen Lichtstrahl, der als Punkt auf den getroffenen Gegenständen sichtbar wird. Die gebündelten Lichtstrahlen werden als **Laserstrahl** bezeichnet.

Der wesentliche Vorteil gegenüber der Messung mit einem Nivellierinstrument ist darin zu sehen, dass der Umgang mit einem Bau-Laserinstrument auch durch eine einzelne Person möglich ist.

Bei den im Hochbau üblichen Bau-Laserinstrumenten liegt die nutzbare Reichweite des Laserstrahles bei ca. 60 m bis 500 m.

Rundum-Laser sind Instrumente, bei denen ein waagerechter Strahl in kreisender Bewegung ausgesendet wird. Der Strahl bildet dabei eine Rotationsebene, wobei an jedem Punkt innerhalb der Rotationsebene anhand des auftreffenden Lichtpunktes die Höhe kontrolliert werden kann. Diese Instrumente eignen sich besonders für Planierarbeiten oder Ausschachtungsarbeiten.

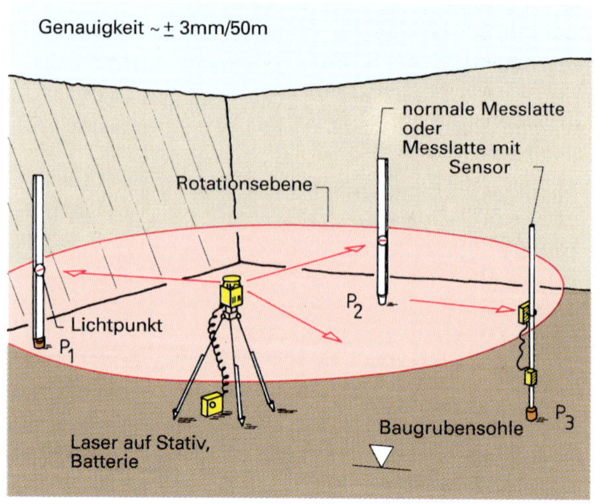

Einsatz des Rotationslasers

> Für die Höhenmessung auf der Baustelle ist es erforderlich, eine Gebäudehöhe (meist Sockelhöhe) auf das Baugrundstück zu übertragen. Die Höhe wird von einem nahe gelegenen Höhenbolzen oder einer Straße übertragen.

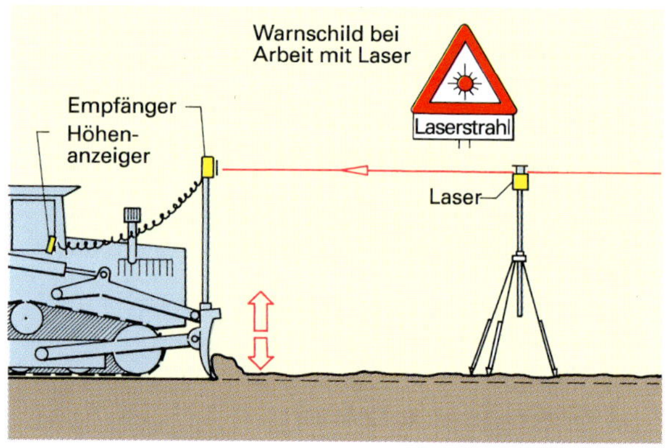

Steuerung einer Planierraupe durch Universal-Laser

2.3.4 Schnurgerüst

Das Schnurgerüst dient dem genauen Einmessen der Gebäudefluchten.

Die Schnurgerüstböcke müssen in sicherem Abstand von der Baugrube angebracht werden. Bei kleineren Bauvorhaben reichen Winkelböcke an den Gebäudeecken aus, bei größeren Bauvorhaben sind zusätzlich Schnurböcke in Richtung der Hauptzwischenwände erforderlich.

Die Winkelböcke bestehen aus drei Pfählen (Rundholz ∅ 8 cm ... 12 cm) und zwei waagerecht daran angenagelten Bohlen oder Brettern. Die Pfähle müssen so eingerammt oder eingegraben werden, dass sie allen Beanspruchungen während des Bauens standhalten. Hohe Steifigkeit sowie eine zusätzliche Sicherung der Standfähigkeit erreicht man, vor allem bei höheren Schnurböcken, durch eine Verschwertung der Pfähle.

Diagonal an die Pfosten angenagelte Bretter bilden mit den Bohlen biegesteife Dreiecke. Eingegrabene Pfähle werden mit einer Steinplatte unterlegt, um eine spätere Setzung zu vermeiden.

Die Pfähle werden etwa parallel zu den Gebäudefluchten gesetzt. Die waagerechten Bohlen oder Bretter, die einander gegenüberliegen, müssen in gleicher Höhe an die Pfähle genagelt werden.

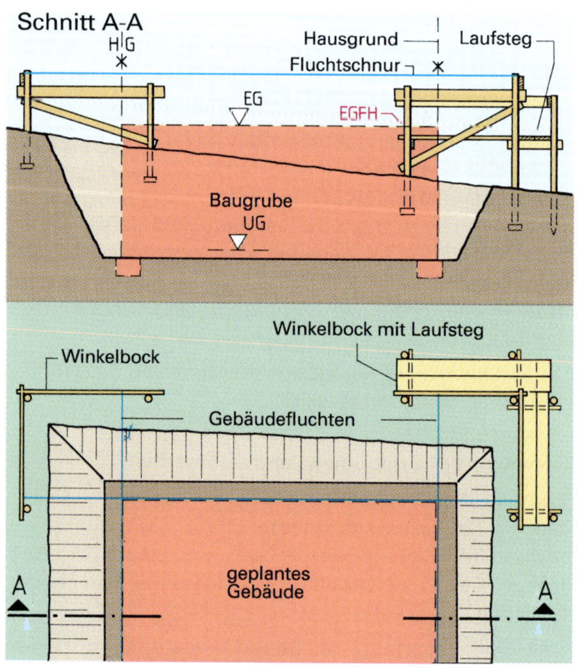

Anordnung der Schnurgerüstböcke bei einem Gebäude im geneigten Gelände

Die Oberkante dieser Bohlen oder Bretter sollte etwas über der Sockelhöhe des Gebäudes liegen. Sie werden bei kleinen Bauvorhaben mit der Wasserwaage oder Schlauchwaage, bei größeren Bauvorhaben mit dem Nivellierinstrument in die erforderliche Höhe und waagerechte Lage gebracht.

Bei stark geneigtem Baugelände können die talseitigen Schnurböcke sehr große Höhen erreichen und müssen u. U. mit einem Arbeitsgerüst versehen werden.

Da kreuzende Schnüre sich nicht berühren dürfen, sind die rechtwinklig zueinander laufenden Bohlen oder Bretter in der Höhe zu versetzen. Dabei ist darauf zu achten, dass die Bohlen für die Fluchtschnüre der längeren Gebäudeabmessung tiefer angenagelt werden.

Die Gebäudefluchten werden auf den Schnurböcken durch Einkerbungen oder durch einen eingeschlagenen Nagel mit Beschriftung gekennzeichnet. Nach dem Festbinden bzw. Einhängen der Fluchtschnüre (Perlonschnur oder dünner Stahldraht) überprüft man die Gebäudeabmessungen und die Lage des Gebäudes auf dem Grundstück.

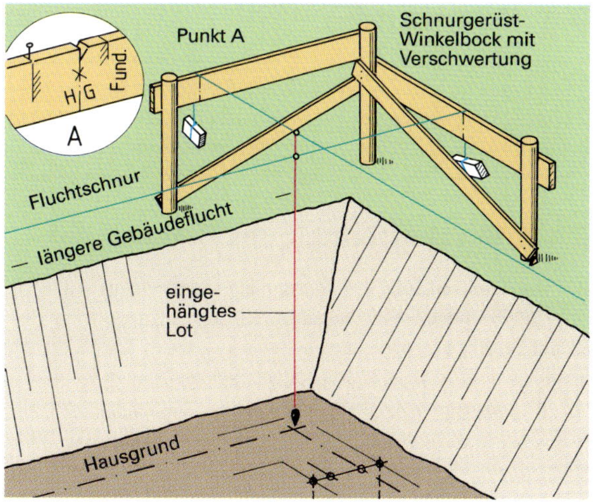

Schnurgerüst-Winkelbock

Die Pfähle der Schnurgerüstböcke müssen fest im Boden sitzen. Hohe Schnurgerüstböcke müssen eine Verschwertung erhalten.

Zusammenfassung

Die Vergabe von Bauleistungen umfasst Ausschreibung, Angebot und Vertragsabschluss.

Bauverträgen sollten die Allgemeinen Vertragsbedingungen der Vergabe- und Vertragsordnung für Bauleistungen (VOB) zugrunde gelegt werden.

Die Allgemeinen technischen Vertragsbedingungen regeln Beschreibung, Ausführung und Abrechnung der Bauleistungen.

Gezielte und detaillierte Arbeitsvorbereitung ist eine wesentliche Voraussetzung wirtschaftlichen Bauens.

Baustellenberichte sind für Kostenerfassung, Kalkulation und wirtschaftlichen Geräteeinsatz unerlässlich.

Eine gut geplante Baustelleneinrichtung hilft Wege und damit Kosten sparen und verbessert die Arbeitsbedingungen sowie die Arbeitssicherheit.

Nach behördlich erteilter Baugenehmigung kann die Baustelle vorbereitet werden. Auch für Abbrucharbeiten muss eine Genehmigung vorliegen.

Vor dem Einmessen des Gebäudes sind die Grundstücksgrenzen zu überprüfen.

Die Begrenzungspunkte (Eckpunkte) der Baugrube werden durch Pflöcke markiert. Die Böschungsbreite ist von der Baugrubentiefe und der Bodenart abhängig. Für den Arbeitsraum ist eine Breite von mindestens 50 cm vorzusehen.

Um die Baugrube in geplanter Tiefe ausheben zu können, wird eine Gebäudehöhe von einem nahe gelegenen Höhenbolzen oder der Straße auf das Baugrundstück übertragen.

Auf dem Schnurgerüst werden die genauen Gebäudefluchten eingemessen.

Die Pfähle der Schnurböcke müssen in sicherem Abstand von der Baugrube sein und werden so eingerammt, u. U. eingegraben, dass sie unverrückbar sind.

Aufgaben:

1. *Nennen Sie Anwendungsbeispiele für die verschiedenen Vertragsarten.*
2. *Welche Verjährungsfristen für Mängelansprüche gelten nach VOB und nach BGB?*
3. *Welche Bereiche regeln die Allgemeinen technischen Vertragsbedingungen für die verschiedenen Gewerke?*
4. *Wozu dient die Bauzeitplanung?*
5. *Inwiefern kann der Einzelne Arbeitsvorbereitung betreiben?*
6. *Weshalb sollten festgestellte Abweichungen von der Planung sofort weitergemeldet werden?*
7. *Welche Angaben sind im Tagesbericht enthalten? Wozu dient er?*
8. *Nennen Sie 5 Gesichtspunkte, die für die Auswahl des Kranstandortes auf der Baustelle von Bedeutung sind.*
9. *Welche Vorbereitungen müssen am Baugrundstück für das Einmessen des Gebäudes getroffen werden?*
10. *Beschreiben Sie den Vorgang des Einmessens eines Gebäudes.*
11. *Welche Breite ist für die Böschung und den Arbeitsraum bei festen, bindigen Böden vorzusehen? Baugrubentiefe = 2,00 m.*
12. *Aus welchem Grunde werden die Schnurgerüstbohlen rechtwinklig zueinander in der Höhe versetzt?*
13. *Warum soll die Oberkante der Schnurgerüstbohlen über der Sockelhöhe des Gebäudes liegen?*

3 Baugrund, Gründung und Entwässerung

3.1 Baugrund

Die Eignung der verschiedenen Böden als Baugrund ist sehr unterschiedlich. Um die jeweils zweckmäßigste Gründungsart festzulegen oder um geeignete Maßnahmen für Baugrundverbesserungen zu ergreifen, ist die genaue Kenntnis der physikalischen und technischen Eigenschaften der Böden Voraussetzung.

3.1.1 Beschaffenheit des Baugrundes

Bei Bauwerken aller Art muss eine Verbindung zur Erdoberfläche hergestellt werden. Dabei treffen wir in der Regel Böden an, da Festgestein in unserem Klima durch Einfluss von Temperaturwechseln, Wasser und Pflanzen rasch zu Böden verwittert. Die Erdoberfläche ist deshalb fast immer von einer mehr oder weniger dicken Bodenschicht überzogen.

Die Art des Bodens ist vom Ausgangsgestein abhängig, die Dicke der Bodenschicht von der zeitlichen Dauer der Verwitterung sowie evtl. Abtragung bzw. Anschwemmung.

Die verschiedenen Bodenarten sind nicht nur als Baugrund, sondern auch als Baustoffe (Kies, Sand, Herstellung von Ziegeln usw.) von großer Bedeutung.

Der Baugrund besteht in der Regel aus Böden; Kenntnisse über deren Eigenschaften sind deshalb zur Beurteilung des Baugrundes notwendig.

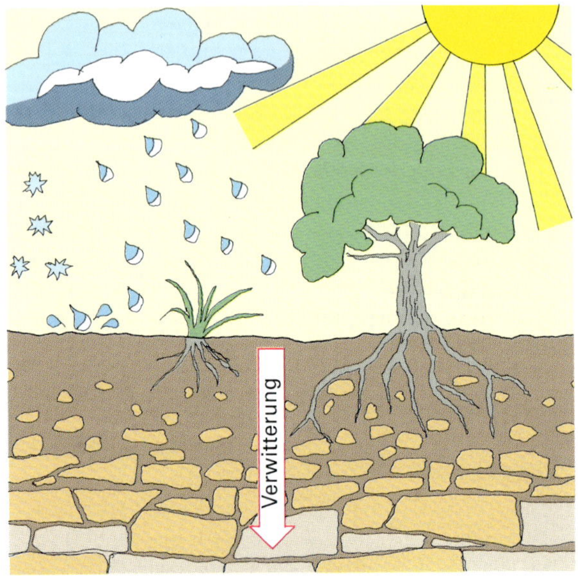

Verwitterung des Festgesteins

3.1.2 Beanspruchung des Baugrundes

Der Baugrund wird durch Bauwerke belastet. Dabei werden Kräfte auf den Baugrund übertragen. Die Druckverteilung unter dem Bauwerk müsste eigentlich kugelförmig sein; da der Boden in größerer Tiefe aber stärker verdichtet ist, verläuft die **Linie gleichen Druckes** unter dem Bauwerk etwa zwiebelförmig (= **Druckzwiebel**).

Die Belastung, die an der Grenzfläche Bauwerk/Baugrund 100 % ist, klingt in einer Tiefe, die etwa der dreifachen Breite der Lastfläche entspricht, aus. Die Breite der Druckzwiebel entspricht etwa der vierfachen Breite der Lastfläche. Im Bereich der Druckzwiebel wird der Boden beansprucht. Es treten **Setzungen** auf, bei zu starker Belastung kann es zum **Grundbruch** kommen, bei dem das Bauwerk durch plötzliches Abscheren des Bodens fast schlagartig einsinkt. Dementsprechend wird das Gelände seitlich nach oben gedrückt. Dies kann einseitig und beidseitig der Fall sein.

Im Baugrund verteilt sich die Belastung in Form von Druckzwiebeln. In deren Bereich tritt Setzung ein.

Bei zu großer Belastung kann es zum Grundbruch kommen.

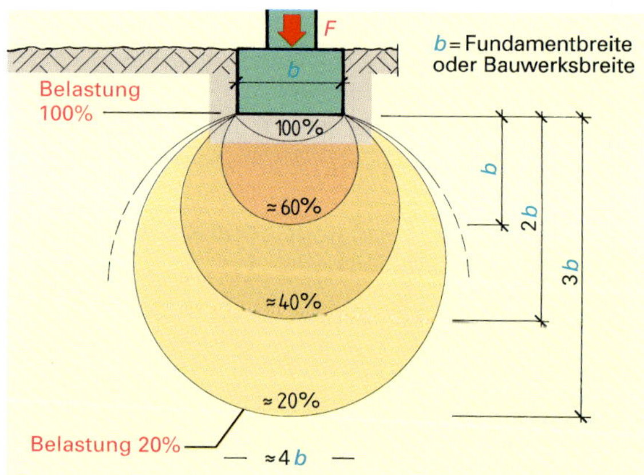

Druckzwiebel – Linien gleichen Druckes

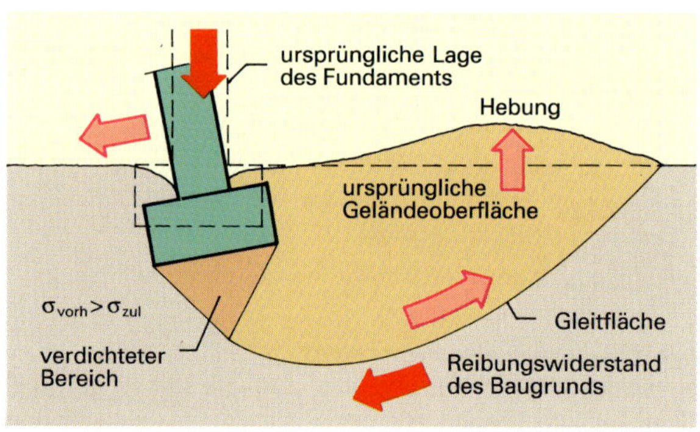

Einseitiger Grundbruch

Druckzwiebeln verschiedener Gebäude oder Bauteile dürfen sich nicht überlagern, da es im Schnittbereich zu verstärkter oder verminderter Setzung kommen kann und sich die Gebäude dadurch einseitig setzen würden.

Dies kann z.B. geschehen, wenn an ein bestehendes Bauwerk angebaut wird. Unter dem zum bestehenden Gebäude hin gelegenen Fundament ist der Boden bereits teilweise zusammengedrückt. Er kann sich deshalb nicht mehr so stark setzen wie unter dem vom bestehenden Gebäude abgelegenen Fundament. Dieses wird sich deshalb stärker setzen, wenn nicht besondere Maßnahmen ergriffen werden.

Bei Bauwerken mit nicht vorwiegend ruhender Belastung, also z.B. bei Straßen, kommt zu der ständigen Druckbelastung noch eine zeitlich veränderliche dynamische Beanspruchung des Baugrundes hinzu.

Die Belastung des Baugrundes ist abhängig von der Größe der zu übertragenden Kräfte und der Fläche, über die die Kraft übertragen wird. Sie wird als **Sohldruck** bezeichnet und in kN/m² angegeben.

In DIN 1054 ist für Streifenfundamente der aufnehmbare Sohldruck angegeben, der nicht überschritten werden darf, wenn nicht zu starke Setzungen oder gar Grundbruch eintreten soll (s. Tabellenanhang).

Der aufnehmbare Sohldruck nach DIN 1054 darf nicht überschritten werden. Er kann für Streifenfundamente Tabellen entnommen werden.

3.1.3 Einteilung der Böden

Einteilung in Boden- und Felsklassen

Sind bei einem Bauvorhaben Erdbewegungen durchzuführen, so interessiert vor allem der dazu erforderliche Arbeitsaufwand. Dieser ist bei verschiedenen Bodenarten verschieden groß; so lässt sich z.B. Sand in der Regel leichter bearbeiten als Lehm. Ein hoher Anteil an großen Steinen erfordert dagegen erhöhten Aufwand. Für Ausschreibung und Abrechnung von Bauvorhaben müssen die Boden- und Felsarten deshalb nach dem beim Lösen erforderlichen Arbeitsaufwand eingeteilt werden. Hierzu werden sieben Klassen unterschieden, in denen jeweils Boden- bzw. Felsarten zusammengefasst werden, die zum Lösen einen vergleichbaren Aufwand erfordern.

Nach dem zum Lösen erforderlichen Arbeitsaufwand werden die Boden- und Felsarten in sieben Klassen eingeteilt.

Einteilung nach der Korngröße

Mit der Einteilung nach der Bearbeitbarkeit sind aber Eigenschaften wie **Tragfähigkeit**, **Setzungsverhalten** und **Frostverhalten**, die beim Baugrund maßgeblich sind, nicht erfasst. Diese physikalischen Eigenschaften der Böden sind maßgeblich von der Korngröße abhängig. Deshalb werden die Böden außer in Boden- und Felsklassen auch nach der Korngröße eingeteilt.

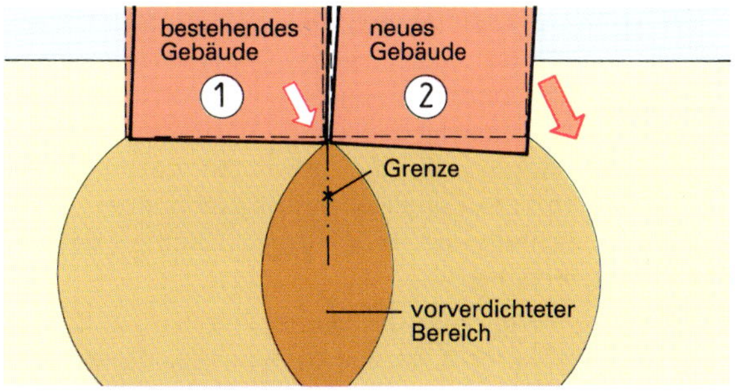

Überlagerung der Druckzwiebeln eines bestehenden und eines neuen Gebäudes

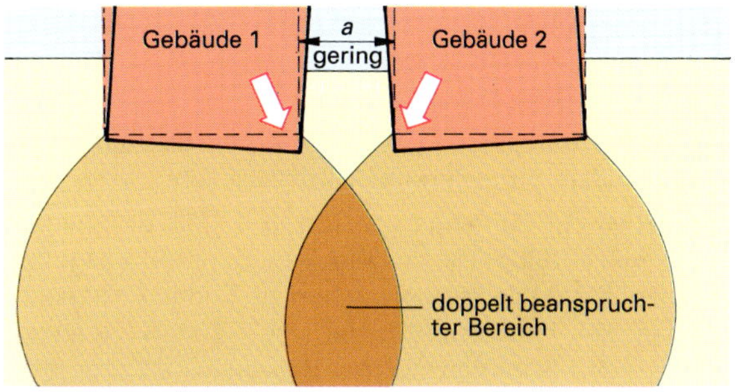

Überlagerung der Druckzwiebeln zweier gleichzeitig in geringem Abstand ausgeführter Gebäude

Boden- und Felsklassen nach DIN 18 300	
Klasse	**Bezeichnung und Beschreibung**
1	**Oberboden** (Mutterboden) = oberste Schicht des Bodens, die Humus und Bodenlebewesen enthält.
2	**Fließende Bodenarten** = Bodenarten, die wegen ihres hohen Wassergehaltes von flüssiger bis breiiger Beschaffenheit sind.
3	**Leicht lösbare Bodenarten** = Sande und Kiese mit höchstens 30 % Steinen über 63 mm Korngröße.
4	**Mittelschwer lösbare Bodenarten** = Bodenarten mit innerem Zusammenhalt und leichter bis mittlerer Plastizität, die höchstens 30 % Steine über 63 mm Korngröße enthalten.
5	**Schwer lösbare Bodenarten** = Bodenarten nach den Klassen 3 und 4, jedoch mit mehr als 30 % Steinen von über 63 mm Korngröße, sowie ausgeprägt plastische Tone.
6	**Leicht lösbarer Fels und vergleichbare Bodenarten** = Felsarten, die brüchig, weich oder verwittert sind, sowie vergleichbare verfestigte Bodenarten.
7	**Schwer lösbarer Fels** = Felsarten, die eine hohe Gefügefestigkeit haben und nur wenig klüftig oder verwittert sind.

Nach der **Korngröße** werden **Ton**, **Schluff**, **Sand**, **Kies**, **Steine** und **Blöcke** unterschieden. Die jeweiligen Korngrößenbereiche sind in nebenstehender Abbildung dargestellt. (Die europaweit genormten Kurzbezeichnungen orientieren sich wie in der gesamten europäischen Normung an den englischen Bezeichnungen, z.B. Ton = clay, Schluff = silt, Kies = gravel, Steine = cobble, Blöcke = boulder.)

Die 0,06-mm-Grenze ist die Grenze, bis zu der Körner durch Sieben getrennt werden können; gleichzeitig können Körner bis zu etwa dieser Größe mit dem bloßen Auge als Einzelkörner erkannt werden.

In den natürlich vorkommenden Böden sind meist verschiedene Korngrößen enthalten, so ist z.B. Kiessand ein Gemenge von Kies und Sand, Lehm ist ein Gemenge aus Ton, Schluff und Sand.

Neben der Bezeichnung nach der Korngröße sind noch einige **andere Bezeichnungen** gebräuchlich:

Mergel ist ein Gemenge von Ton und Kalk. Er entsteht, wenn gleichzeitig Ton abgelagert und Kalk ausgefällt werden. Nicht alle Mergel können als Bodenart bezeichnet werden. Kalkreiche Mergel sind oft stark verfestigt und werden dann den Ablagerungsgesteinen zugerechnet.

Löss ist in der Eiszeit vom Wind verwehter und abgelagerter feinkörniger Quarz-, Feldspat- und Kalkstaub. Heute ist der Löss zumindest oberflächlich durch Auswaschen des Kalkes und Verwittern des Feldspates zu Ton in **Lösslehm** übergegangen.

Organische Bodenarten wie Faulschlamm und Torf entstehen in stehenden Gewässern (Sauerstoffmangel!) aus den Resten abgestorbener Pflanzen und Tiere.

Bindige und nichtbindige Böden

Böden, die plastische Eigenschaften haben, also einen inneren Zusammenhang besitzen (z.B. Lehm, Schluff, Ton), werden als **bindige Böden** bezeichnet. Böden ohne inneren Zusammenhalt (z.B. Sand, Kies) werden als **nichtbindige Böden** bezeichnet. Der innere Zusammenhalt ist, wie im folgenden Abschnitt begründet, ebenfalls von der Korngröße abhängig. Je mehr Feinteile ein Boden enthält, desto bindiger ist er. Für die wesentlichen bautechnischen Beanspruchungen ist diese Unterscheidung von ausschlaggebender Bedeutung.

Die **Zustandsform** (Konsistenz) bindiger Böden ändert sich mit dem Wassergehalt. Ein bindiger Boden kann je nach Wassergehalt breiig, weich, steif oder fest sein.

Bei bindigen Böden ist meist nicht ohne weiteres zu erkennen, um welche Bodenart es sich handelt. Statt aufwendiger Laborversuche können hier aber in den meisten Fällen schon einfache **Handversuche** wie Reibeversuch, HCl-Probe und Riechversuch Aufschluss geben.

Die physikalischen Eigenschaften der Böden hängen maßgeblich von der Korngröße ab.

Plastische Böden mit innerem Zusammenhalt werden als bindig, Böden ohne einen inneren Zusammenhalt werden als nichtbindig bezeichnet.

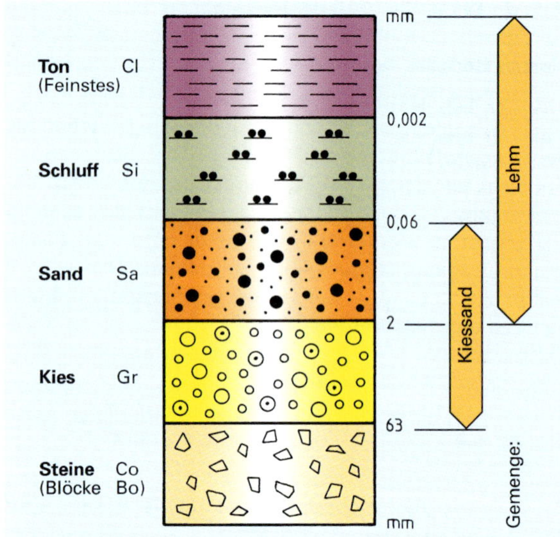

Einteilung der Böden nach Korngröße

Zustandsform	Beschreibung
Breiig	Boden, der beim Pressen zwischen den Fingern hindurchquillt
Weich	Boden, der sich kneten lässt
Steif	Boden, der sich schwer kneten, aber in der Hand zu 3 mm dicken Walzen ausrollen lässt
Halbfest	Boden, der beim Ausrollen zu 3 mm dicken Walzen bröckelt und reißt, aber erneut zu einem Klumpen geformt werden kann
Fest (hart)	Boden, der ausgetrocknet ist und meist hell aussieht. Kann nicht mehr geknetet, sondern nur noch zerbrochen werden.

Zustandsformen (Konsistenz) bindiger Böden

Ton	Schluff	Lehm	Mergel	Organ. Böden
Reibeversuch mit nassem Boden			Chemischer Versuch	Riechversuch
seifig, lässt sich trocken nicht von Fingern entfernen	mehlig, lässt sich trocken leicht von Fingern entfernen	sandig	schäumt bei HCl-Probe	moderiger Geruch der frischen Probe

Erkennen wichtiger bindiger Böden

3.1.4 Tragfähigkeit des Baugrundes

Bindige Böden

Aus der Lebenserfahrung wissen wir, dass die **Tragfähigkeit bindiger Böden vom Wassergehalt abhängig** ist. So sinken wir z.B. bei Regen auf einem sonst gut begehbaren Feldweg ein. Wenn wir den Aufbau eines bindigen Bodens betrachten, so ist dieser bindige Boden aus kleinsten Einzelkörnern ($^1/_{100}$ bis $^1/_{1000}$ mm) aufgebaut. Jedes dieser Bodenteilchen ist von einem dünnen Wasserfilm umgeben.

Durch diese Wasserfilme haften die Körner aneinander, ähnlich wie zwei nasse Papierstückchen aneinander haften. Der Boden zeigt einen inneren Zusammenhalt.

Wir bezeichnen diese Eigenschaften als die **Kohäsion** *c* bindiger Böden.

Wird der Wasserfilm zwischen den Körnern dünner, der Boden also trockener, so nimmt die Zusammenhangskraft zu, d.h., die Böden werden fester und tragfähiger. (Wird allerdings **alles** Wasser entzogen, zerfallen die Böden zu Staub. Dies kommt in der Natur höchstens oberflächlich vor.) Höhere Wassergehalte bewirken eine Verminderung der Tragfähigkeit, d.h., der Zusammenhalt zwischen den einzelnen Körnern wird geringer.

Mit dem Wassergehalt ändert sich also die **Konsistenz der Böden**. Je nach Konsistenz werden die Böden als fest, halbfest, steif, weich oder breiig bezeichnet. Bautechnisch bedeutet dies, dass Wasserzutritt die Tragfähigkeit des Baugrundes vermindert. In gefährdetem Gelände ist es deshalb erforderlich, den Wasserzutritt während der Baumaßnahme zu verhindern und bereits vorhandenes Wasser abzuleiten.

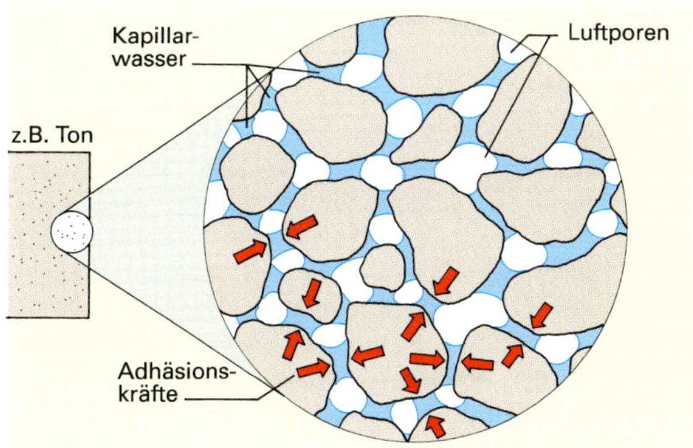

Zusammenhalt der Einzelkörner eines bindigen Bodens durch Wasserfilme (stark vergrößert)

Bei bindigen Böden ist die Tragfähigkeit in erster Linie vom Wassergehalt abhängig. Höhere Wassergehalte vermindern die Tragfähigkeit.

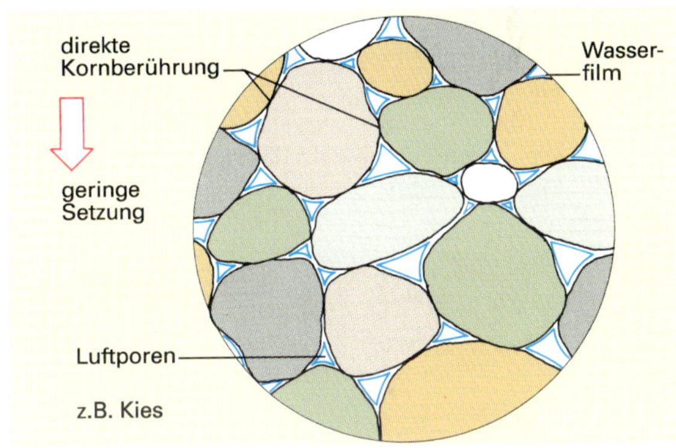

Direkte Kornberührung bei nichtbindigen Böden (≈natürliche Größe)

Nichtbindige Böden

Die Einzelkörner sind etwa 100- bis 1000-mal größer als beim bindigen Boden. Sie sind so groß und schwer, dass sie einen eventuellen Wasserfilm an ihrer Oberfläche an den Berührungsstellen zu den Nachbarkörnern durchdrücken. Das heißt, zwischen den einzelnen Körnern befinden sich an den Berührungsstellen keine Wasserfilme, sondern die Einzelkörner berühren sich direkt.

Die Beweglichkeit der Körner gegeneinander, die für die Tragfähigkeit maßgebend ist, ist deshalb nur von der Reibung der Körner aneinander abhängig. Dies wird als **innere Reibung** des Bodens bezeichnet. Diese innere Reibung kann durch einen Winkel, den **Winkel der inneren Reibung**, veranschaulicht werden. Dieser Winkel kann dargestellt werden, wenn man den nichtbindigen Boden zu einem Haufen aufschüttet. Am Fuße des Haufens stellt sich der natürliche Böschungswinkel ein, dieser entspricht ungefähr dem Winkel der inneren Reibung. Eine Böschung ist deshalb nur dann stabil, wenn der **Böschungswinkel** nicht größer als der Winkel der inneren Reibung ist.

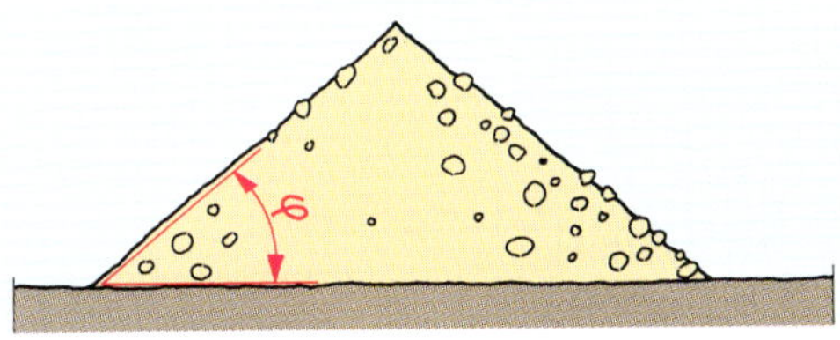

Natürlicher Böschungswinkel ≈ Winkel der inneren Reibung

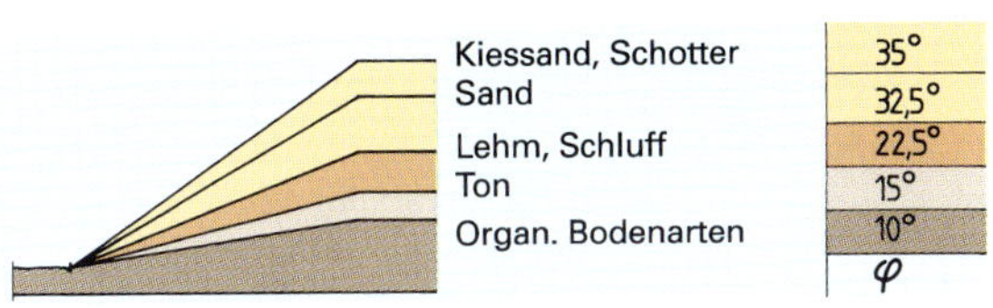

Wichtige natürliche Böschungswinkel

Die Tragfähigkeit nichtbindiger Böden ist abhängig von der inneren Reibung. Je höher die innere Reibung, desto höher die Tragfähigkeit. Die Größe der inneren Reibung ist von Korngröße, Kornverteilung, Kornform, Kornoberfläche und Wassergehalt abhängig.

3.1.5 Setzungsverhalten

Bindige Böden

Wird ein bindiger Boden belastet, so wird zunächst der ganze Druck vom Porenwasser, das sich zwischen den Körnern befindet, aufgenommen. Dieses Wasser hat dann das Bestreben, aus dem Boden zu entweichen. Dieses kann nur nach der Seite und oben geschehen. Da die meisten bindigen Böden aber schlecht durchlässig sind, ist das Entweichen des Porenwassers ein Prozess, der lange andauert, d.h., Setzungen bei bindigen Böden dauern lange. Da sich andererseits zwischen den einzelnen sehr kleinen Körnern jeweils Wasserfilme befinden, die ganz oder teilweise ausgetrieben werden können, können sich die Setzungen bei bindigen Böden zu sehr großen Beträgen addieren. Auch die Austrocknung bindiger Böden führt zu Setzungen und kann, insbesondere wenn einseitig, Schäden hervorrufen.

Nichtbindige Böden

Werden nichtbindige Böden belastet, so können keine großen Setzungen mehr eintreten, da sich die Körner bereits direkt berühren. Allenfalls können die Körner durch die Auflast in eine etwas engere Lage gedrückt werden. Dies geschieht in dem Moment, in dem die Auflast aufgebracht wird; bei der Belastung nichtbindiger Böden ist also nur mit geringen Setzungen zu rechnen, die zudem rasch abklingen.

In der Praxis wird deshalb unter Bauwerken oft nichtbindiges Material eingebracht.

Damit unvermeidliche Setzungen keine Schäden verursachen, sind bei setzungsempfindlichen Böden entsprechende Konstruktionen und Baustoffe zu wählen. Nicht biegesteife Konstruktionen aus kleinformatigen Bauteilen (wie z.B. Mauerwerk) sind am wenigsten setzungsempfindlich, da sich hier die durch Setzung ausgelösten Bewegungen auf zahlreiche Fugen verteilen und sich dadurch keine größeren Risse bilden.

3.1.6 Frostempfindlichkeit

In **nichtbindigen** Bodenarten gefriert bei Frost nur das oberhalb der Frostgrenze im Boden befindliche Wasser. Die Ausdehnung dieses Wassers um zehn Volumenprozente wird weitgehend vom Luftporenraum aufgenommen. Es tritt keine merkbare Hebung des Bodens ein.

In **bindigen** Bodenarten steigt ständig Wasser aus dem nicht gefrorenen Untergrund kapillar hoch und gefriert an der Frostgrenze. Durch den ständigen Nachschub bilden sich dort Eislinsen, die bis zu mehreren Zentimetern dick werden können. Verändert sich bei abnehmenden Temperaturen die Frostgrenze nach unten, so bilden sich weitere Eislinsenschichten. Durch die Eislinsen hebt sich der Boden stellenweise.

In bindigen Bodenarten muss deshalb entweder in frostsicherer Tiefe (0,80 ... 1,20 m) gegründet werden, oder es muss eine Frostschutzschicht aus sauberem nichtbindigem Material eingebracht werden, die den kapillaren Aufstieg von Wasser verhindert.

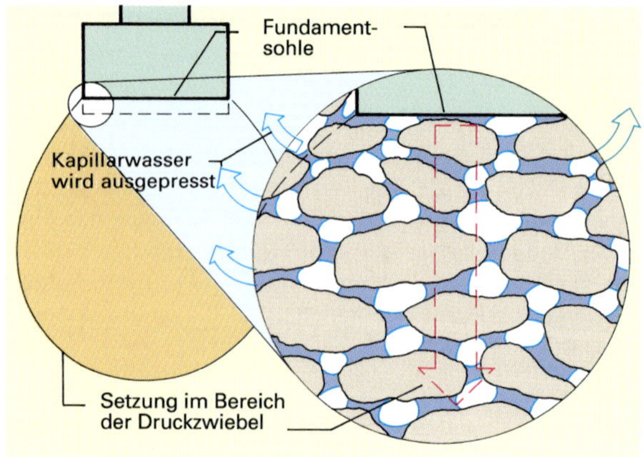

Setzungsverhalten bindiger Böden

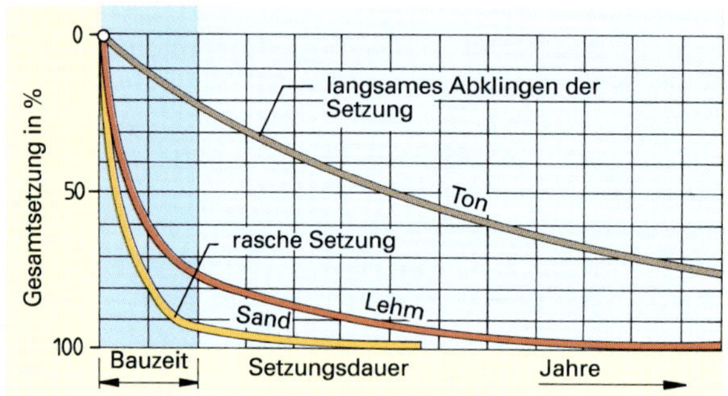

Setzungsdauer verschiedener Böden im Vergleich

Bindige Böden setzen sich langsam und um große Setzungsbeträge.

Nichtbindige Böden setzen sich rasch und nur wenig.

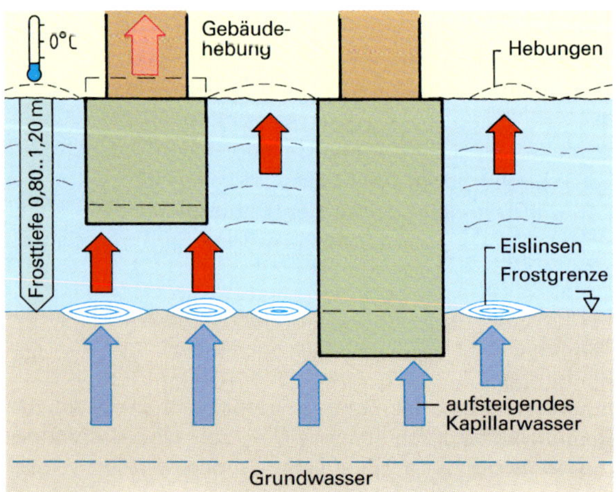

Eislinsenbildung bei bindigen Bodenarten: Gefahr für Fundamente bei ungenügender Gründungstiefe

Bindige Bodenarten sind stets frostgefährdet.
Saubere nichtbindige Bodenarten sind frostsicher.

3.1.7 Baugrunduntersuchung

Als erste Maßnahme der Baugrunduntersuchung empfiehlt es sich, **vorhandene Erfahrungen** zu nutzen. Dies geschieht z.B. durch Befragung von Bauämtern, geologischen Ämtern und örtlichen Architekten.

Ist in der Nachbarschaft bereits Bebauung vorhanden, so können Erkundigungen eingezogen werden, ob Schäden, wie z.B. Setzungsrisse, aufgetreten sind.

Natürliche Aufschlüsse, z.B. in Bachbetten oder an Hängen, lassen oftmals den geologischen Aufbau des Untergrundes erkennen.

Mitunter kann auch der **Pflanzenbewuchs** Hinweise auf den Baugrund geben. So sind z.B. im geneigten Gelände Bäume mit so genanntem Sichelwuchs ein Hinweis auf Rutschgefahr. Rutschhänge können darüber hinaus auch an der unruhigen Oberfläche mit zahlreichen Mulden erkannt werden.

Schließlich können auch noch **geologische Karten** und **Baugrundkarten** herangezogen werden.

Aus Erfahrung, Beobachtung und Kartenwerken lassen sich oft ausreichende Kenntnisse über den Baugrund gewinnen.

Reichen die ohne Aufschluss gewonnenen Kenntnisse nicht aus, so muss der Baugrund durch Schürfe, Bohrungen und Sondierungen aufgeschlossen werden.

Schürfe gestatten ein sicheres Erkennen der Schichtung und der Bodenarten und die einfache Entnahme von Bodenproben. Begehbare Schürfe müssen eine Mindestbreite von 0,75 m und eine Länge von 1,50 m haben. Ab 1,25 m Tiefe ist der Schürf zu verbauen, dabei soll die Schichtung aber sichtbar bleiben.

Sollen in verschiedenen Tiefen Bodenproben entnommen werden, so ist eine Wand abgetreppt herzustellen. Es können ungestörte Bodenproben entnommen werden. Je nach Grundwasserstand und vorhandenen Geräten sind Schürfe bis zu einer Tiefe von etwa 4 bis 6 m wirtschaftlich.

Bohrungen sind bei größerer Tiefe oder höherem Grundwasserstand wirtschaftlicher als Schürfe. Auch bei Bohrungen können Bodenproben entnommen werden. Bohrungen werden in der Regel von Spezialunternehmungen ausgeführt.

Bei **Sondierungen** wird der Widerstand gegen das Eindringen eines Stabes mit verdickter Spitze in den Boden festgestellt. Aus diesem Widerstand kann nicht auf die Art des anstehenden Materials geschlossen werden. Sondierungen sind deshalb meist nur in Verbindung mit direkten Aufschlüssen oder zur Feststellung von Schichtgrenzen, Hindernissen und Hohlräumen im Untergrund sinnvoll. Im Baubereich sind Rammsondierungen am häufigsten.

Rutschhang

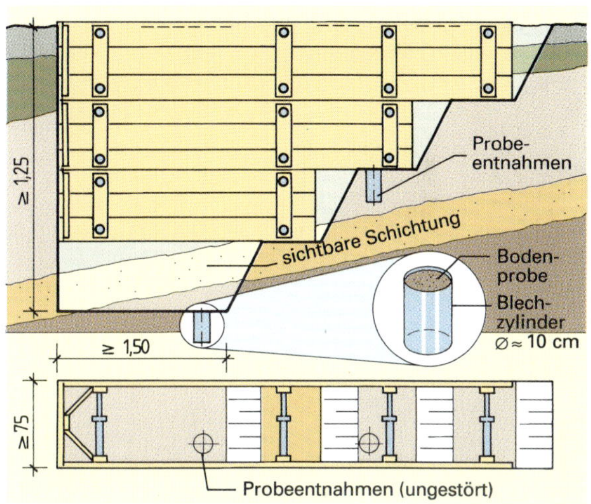

Schürfgrube und Bodenprobe

Probebohrung

Die Sonde wird durch Heben und Fallenlassen des Fallbärs oder pneumatisch nahe einem direkten Aufschluss in den Boden getrieben. Dabei wird die Anzahl der Schläge pro 10 cm Eindringtiefe festgehalten und in der Sondierlinie dargestellt. Nun werden weitere Sondierungen durchgeführt. Solange sich der Verlauf der Sondierlinie nicht ändert, kann von gleichen Baugrundverhältnissen ausgegangen werden. Ändern sich die erforderlichen Schlagzahlen, so muss die Ursache der Änderung durch Schürfe oder Bohrungen festgestellt werden. Da Sondierungen wesentlich billiger als Schürfe oder Bohrungen sind, kann auf diese Weise bei der Baugrunduntersuchung viel Geld gespart werden.

Schürfe und Bohrungen vermitteln direkte Kenntnis des Baugrundes und ermöglichen die Entnahme von Bodenproben. Sondierungen können nur in Verbindung mit Aufschlüssen oder bei bekannten geologischen Verhältnissen eingesetzt werden, sind dann aber wirtschaftlicher.

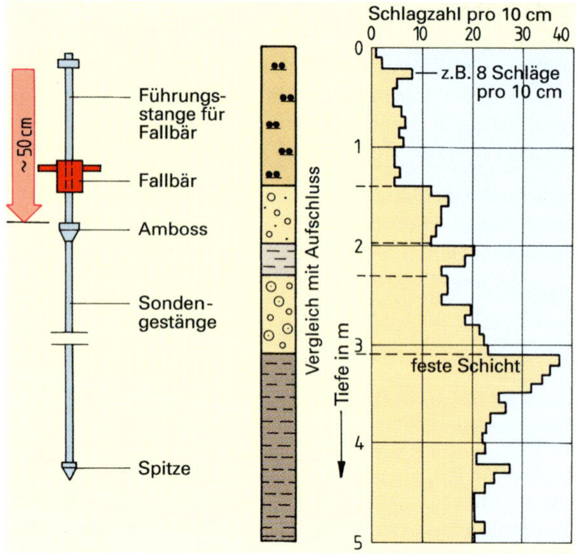

Leichte Rammsonde – Vergleichsprofil und Sondierlinie

Zusammenfassung

Bauwerke aller Art belasten den Baugrund. Der jeweilige Sohldruck muss dem vorhandenen Baugrund angepasst sein.

Nach dem zum Lösen erforderlichen Arbeitsaufwand werden die Boden- und Felsarten in sieben Klassen eingeteilt.

Die physikalischen Eigenschaften der Böden hängen maßgeblich von der Korngröße ab. Die Böden werden deshalb auch nach der Korngröße eingeteilt und bezeichnet.

Böden mit innerem Zusammenhalt werden als bindig, Böden ohne einen inneren Zusammenhalt werden als nichtbindig bezeichnet.

Bei bindigen Böden ist die Tragfähigkeit vom Wassergehalt abhängig. Höhere Wassergehalte vermindern die Tragfähigkeit. Die Tragfähigkeit nichtbindiger Böden ist abhängig von der inneren Reibung. Je höher die innere Reibung, desto höher die Tragfähigkeit.

Bindige Böden setzen sich langsam, aber um große Setzungsbeträge. Nichtbindige Böden setzen sich rasch und nur wenig.

Bindige Böden sind kapillar und deshalb stets frostgefährdet. Saubere nichtbindige Bodenarten sind frostsicher.

Vor Beginn jeder Baumaßnahme sollte der Baugrund erkundet werden. Hierzu dienen vergleichende Beobachtungen, Kartenwerke, Schürfe und Bohrungen. Sondierungen sollten nur in Verbindung mit Aufschlüssen oder bei bekannten geologischen Verhältnissen eingesetzt werden.

Aufgaben:

1. *Weshalb bestehen die obersten Schichten der Erdoberfläche meist aus Böden und nicht aus Festgestein?*
2. *Skizzieren Sie die Verteilung des Druckes unter einem Fundament.*
3. *Wovon ist die zulässige Belastung des Baugrundes abhängig?*
4. *Für welche Zwecke sind die Boden- und Felsarten in Boden- und Felsklassen eingeteilt?*
5. *Erklären Sie die Begriffe:*
   a) Schluff,
   b) Mergel,
   c) Lösslehm.
6. *Welche Bodenarten sind mit folgenden Kurzbezeichnungen gemeint: Gr, Cl, Si?*
7. *Unterscheiden Sie bindige und nichtbindige Bodenarten.*
8. *Erklären Sie, weshalb die Tragfähigkeit bindiger Böden vom Wassergehalt abhängig ist.*
9. *Vergleichen Sie das Setzungsverhalten bindiger und nichtbindiger Böden.*
10. *Beschreiben Sie die Bildung von Eislinsen.*
11. *Aus welchen Anhaltspunkten kann ohne Aufschluss auf die Beschaffenheit des Baugrundes geschlossen werden?*
12. *Skizzieren Sie eine Schürfgrube zur Entnahme von Bodenproben.*
13. *Versuchen Sie, Böden, die Sie auf Baustellen antreffen, zu erkennen und einzuordnen.*

3.2 Gründung

3.2.1 Zusammenhang zwischen Baugrund und Gründungsart

Die Gründung stellt die Verbindung zwischen Bauwerk und Baugrund her. Sie soll eine sichere und möglichst setzungsfreie Übertragung der Bauwerkslasten auf den Baugrund ermöglichen. Solche am Bauwerk auftretenden Lasten sind ständige Lasten, wie zum Beispiel die Eigenlasten der Bauteile, und Verkehrslasten, wie zum Beispiel die Belastung durch Menschen und Einrichtungsgegenstände.

Eine sichere Übertragung dieser Lasten auf den Baugrund ist nur möglich, wenn eine dem jeweiligen Baugrund angepasste Gründungsart gewählt wird.

Bei gutem, tragfähigem Baugrund genügt es, die Lasten über Stützen und **Einzelfundamente** bzw. Wände und **Streifenfundamente** abzuleiten. Würden Einzel- oder Streifenfundamente zu stark einsinken oder sich ungleich setzen, kann die Belastung des Baugrundes durch **Plattenfundamente**, die unter dem ganzen Bauwerk durchgehen, vermindert werden. Einzel-, Streifen- und Plattenfundamente werden gemeinsam als **Flachgründungen** bezeichnet.

Reicht die Tragfähigkeit des Baugrundes auch für Plattengründungen nicht aus, müssen **Tiefgründungen** angewendet werden. Die häufigste Art der Tiefgründung ist die **Pfahlgründung**, bei der das Gebäude auf Pfähle gestellt wird.

Mitunter ist es billiger, den Baugrund zu verbessern, als eine aufwendige Gründungskonstruktion zu wählen.

Gebräuchliche Methoden der **Baugrundverbesserung** sind

- teilweiser oder völliger Ersatz des nicht tragfähigen Bodens durch tragfähiges Material (z. B. Schotter),
- Verdichten,
- Einbringen von Bindemitteln wie Kalk und Zement.

> Sollen die Bauwerkslasten schadenfrei auf den Baugrund übertragen werden, müssen eine geeignete Gründungsart gewählt und eventuell der Baugrund verbessert werden.

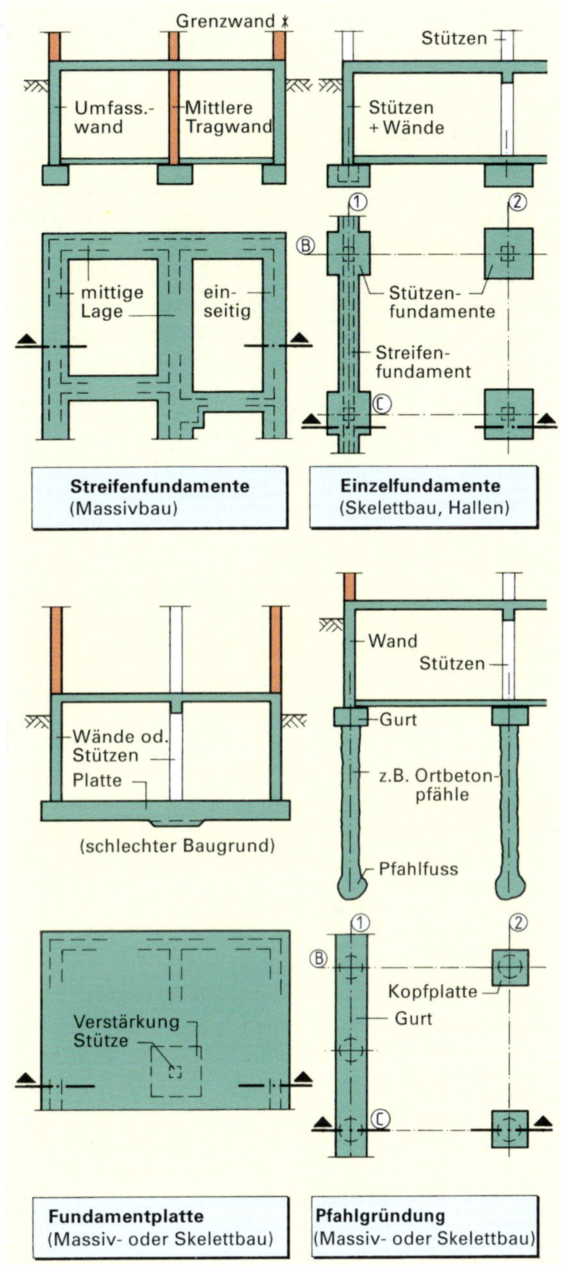

Gründungsarten

3.2.2 Flachgründungen

Streifenfundamente sind die vor allem im Wohnungsbau gebräuchlichste Gründungsart. Sie lassen sich rasch und vergleichsweise billig herstellen und bilden gleichzeitig eine geeignete Standfläche für die Wände. Wenn die Fundamente besonders steif sein müssen, weil z. B. ungleichmäßige Setzungen zu befürchten sind, werden sie bewehrt.

Die Anordnung der Fundamente und deren Abmessungen (Breite/Höhe) werden in besonderen Fundamentplänen dargestellt.

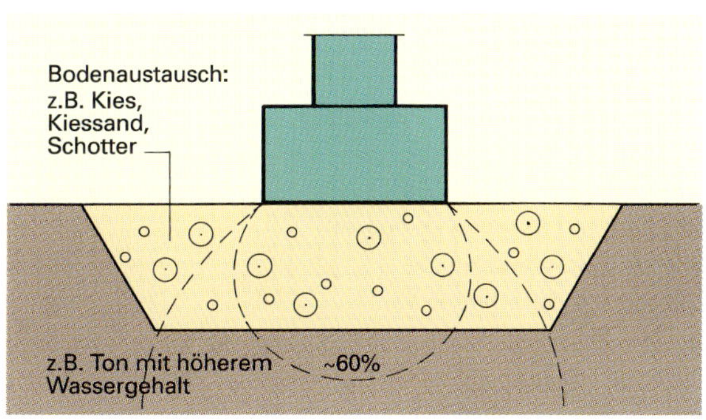

Baugrundverbesserung bei einem Streifenfundament

Einzelfundamente übertragen z.B. bei Skelettbauweise (Abschn. 11.3.2) die Lasten einzelner Stützen auf den Baugrund. Einzelfundamente werden stets bewehrt.

Plattenfundamente, die unter dem ganzen Gebäude durchgehen, vergrößern die Gründungsfläche erheblich und vermindern die Belastung des Baugrundes entsprechend. Sie werden deshalb bei schlechtem und ungleichmäßigem Baugrund angewendet und müssen stets bewehrt werden.

3.2.3 Anforderungen an Fundamente

Fundamente sollen die auftretenden Lasten möglichst setzungsfrei übertragen und die Standfestigkeit des Bauwerks erhöhen. Dazu müssen sie die richtige Größe, Form und Lage haben.

Größe und Form der Fundamente

Die erforderliche **Fundamentfläche** (A) ergibt sich aus den auftretenden Lasten (F) und dem aufnehmbaren Sohldruck ($\sigma_{zul.}$):

$$A(\text{m}^2) = \frac{F\,(\text{kN})}{\sigma_{zul.}\,(\text{kN/m}^2)}$$

Bei Streifenfundamenten kann die **Fundamentbreite** b durch Berechnung für ein 1 m langes Stück bestimmt werden.

Die Tabelle im Anhang gibt **Beispiele für den aufnehmbaren Sohldruck unter Streifenfundamenten in kN/m².** Diese Werte dürfen **nicht überschritten** werden!

Beispiel: Überträgt die Wand pro Meter eine Last von 100 kN auf das Fundament und beträgt der aufnehmbare Sohldruck 200 kN/m², so muss die Fundamentfläche pro Meter

$$\frac{100\ \text{kN}}{200\ \text{kN/m}^2} = 0{,}5\ \text{m}^2$$

sein. Die Breite eines 1 m langen Streifenfundamentes unter der Wand muss also mindestens 50 cm sein.

Die **Fundamenthöhe** ist vom Druckverteilungswinkel im Fundament abhängig. Dieser hängt wesentlich vom Fundamentmaterial ab. Bei den heute allgemein üblichen Betonfundamenten kann im ungünstigsten Falle von einer Druckverteilung mit einer Neigung von 1:2, also von einem Druckverteilungswinkel von 63,5° zur Waagerechten, ausgegangen werden. Von diesem Wert ausgehend, kann die Fundamenthöhe rechnerisch oder zeichnerisch bestimmt werden. Bei mittig belasteten Fundamenten entspricht die Fundamenthöhe h dem Zweifachen des Fundamentvorsprungs a.

Bei anderen Bedingungen (Festigkeitsklasse, Sohldruck) können sich auch kleinere Winkel bis 45° (Neigung 1:1) ergeben.

Da die Fundamente nur innerhalb des Druckverteilungswinkels beansprucht werden, können größere Fundamente außerhalb der Druckverteilungslinie abgeschrägt werden, um Material zu sparen.

Weicht das Verhältnis $h:b$ wesentlich von 3:5 ab, kann dies zu Bauschäden führen.

Zu schmale bzw. zu hohe Fundamente führen zu verstärkten Setzungen, bei zu breiten bzw. zu niedrigen unbewehrten Fundamenten sind die Überbreiten wirkungslos und reißen leicht ab.

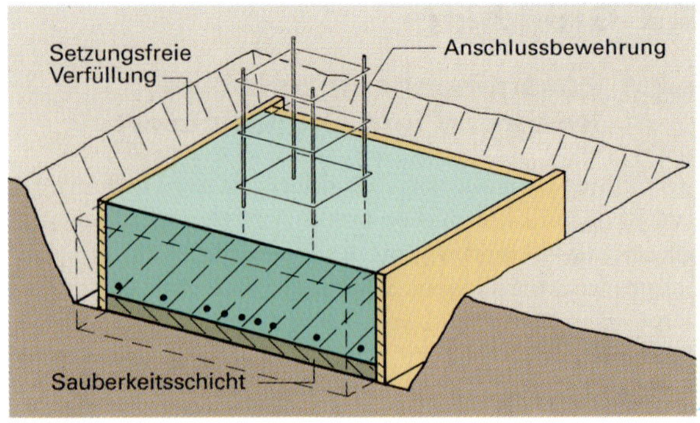

Bewehrtes Einzelfundament

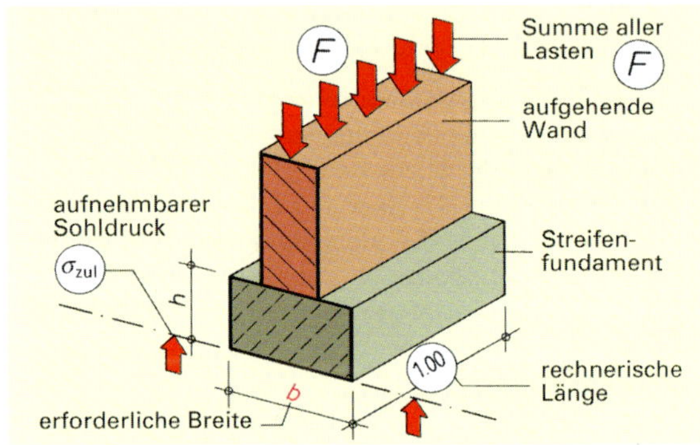

Berechnung der Breite eines Streifenfundaments

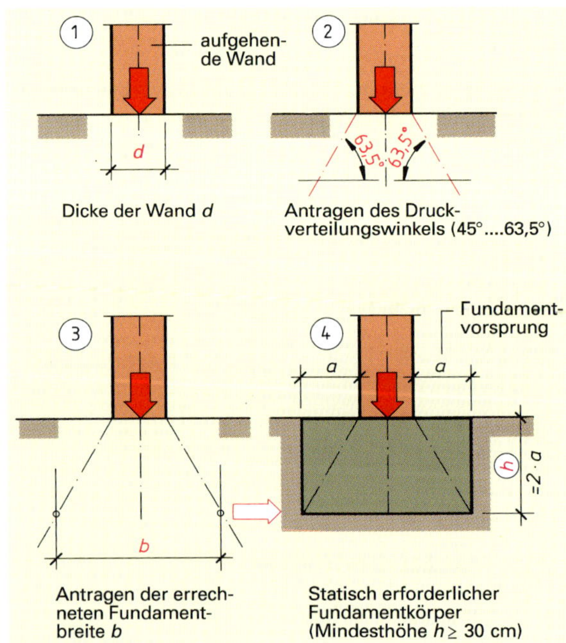

Zeichnerische und rechnerische Ermittlung der Fundamenthöhe

Die Fundamentbreite ist von den vorhandenen Lasten und der zulässigen Belastung des Baugrundes abhängig; die Fundamenthöhe ergibt sich aus der Fundamentbreite und dem Druckverteilungswinkel.

Lage der Fundamente

Außer der richtigen Größe und Form ist auch die Lage der Fundamente von Bedeutung.

Ist die Fundamentsohle nicht eben und **senkrecht zur herrschenden Kraftrichtung**, so kann das Fundament gleiten oder kippen. Bei verschiedenen Fundamenttiefen unter einem Gebäude, wie dies bei Hanglagen oder teilweise unterkellerten Gebäuden vorkommt, müssen die Fundamente deshalb abgetreppt werden.

Selbstverständlich darf nur auf tragfähigem Baugrund gegründet werden.

In frostgefährdeten Böden müssen Fundamente **in frostsicherer Tiefe** (im Allgemeinen 80 bis 120 cm) gegründet werden, da Eislinsenbildung zu ungleichen Hebungen führt.

Solche Schäden treten oft auch schon während der Bauzeit auf, wenn die Kellerwände in der kalten Jahreszeit bis zu den Fundamenten frei liegen. Der Arbeitsraum sollte deshalb grundsätzlich zu Beginn des Winters zugeschüttet und Öffnungen in den Kellerwänden wenigstens provisorisch verschlossen werden.

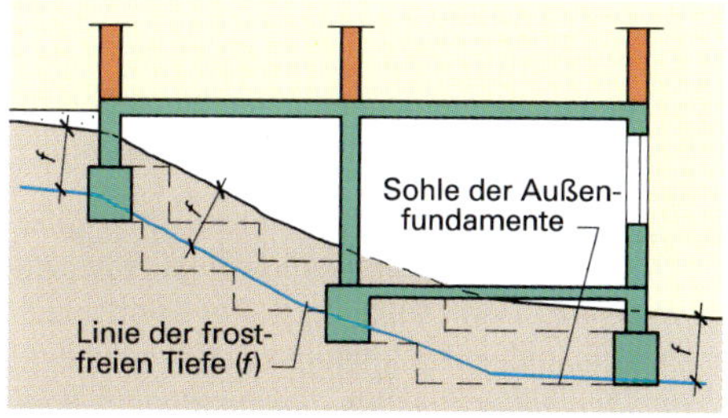

Abgetrepptes Fundament eines Gebäudes am Hang

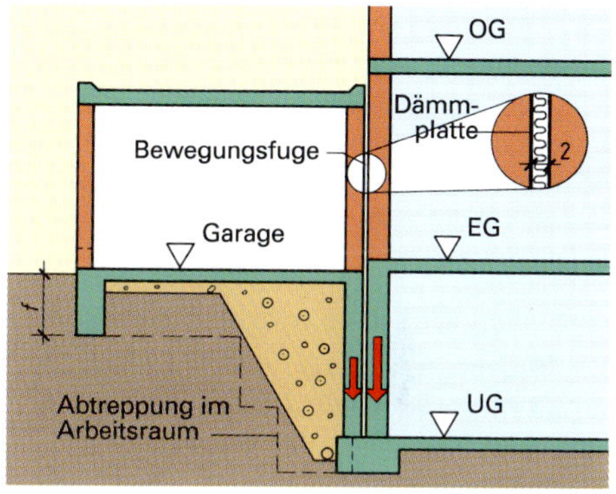

Abtreppung bei unterschiedlicher Gründungssohle. Trennfuge zwischen unterschiedlichen Gebäudeteilen

Die Fundamentsohle muss senkrecht zur Kraftrichtung und in frostsicherer Tiefe sein.

3.2.4 Herstellung der Fundamente

Die Formgebung erfolgt bei standfestem Boden direkt durch die Wände der Fundamentgräben, bei nicht standfestem Boden oder aufgesetzten Fundamenten muss geschalt werden.

Im ersten Fall müssen die Fundamentgräben genau den Fundamentmaßen entsprechend sorgfältig hergestellt werden. Insbesondere muss die Fundamentsohle waagerecht und eben sein, und der Grabenquerschnitt darf sich keinesfalls nach unten verjüngen. Erfolgt der Aushub maschinell, müssen Wände und Sohle des Grabens gegebenenfalls nachgearbeitet werden. Beim Handaushub werden beiderseits des Grabens Dielen ausgelegt. Diese erleichtern das genaue Abstechen, das Einhalten der Waagerechten und der exakten Höhe sowie später das Abziehen der Betonoberfläche. Handaushub ist sehr aufwendig und wird deshalb nur angewendet, wenn keine Möglichkeit besteht, Maschinen einzusetzen. Wenn Handaushub unvermeidlich ist, sollte darauf geachtet werden, dass durch entsprechenden Arbeitsablauf (kurze, natürliche Bewegungen und kleine Wege beim Laden) diese schwere Arbeit möglichst erleichtert wird.

Bewehrte Fundamente, wie sie bei Stahlbetonumfassungswänden üblich sind, werden nicht gegen Grund betoniert. Hier wird zuerst eine 5 bis 10 cm dicke **Sauberkeitsschicht** aus Beton eingebracht, um die Bewehrung vor Verschmutzung zu schützen.

Ist die Sohle der Fundamentgräben aufgeweicht, so muss das durchnässte Material vor dem Betonieren entfernt und gegebenenfalls ersetzt werden.

In das Fundament wird ein **Fundamenterder** eingelegt, über den elektrische und metallische Leitungen im Gebäude geerdet werden. Der Fundamenterder wird als geschlossener Ring aus verzinktem Bandstahl hergestellt. Eine Anschlussfahne in den Hausanschlussraum ermöglicht dem Elektriker den Anschluss.

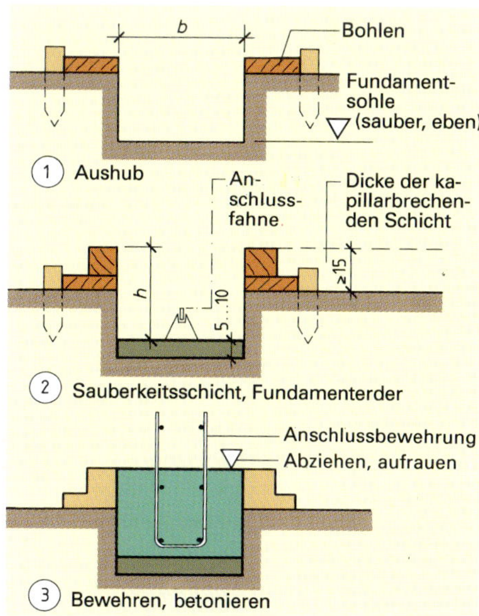

Herstellung der Fundamente

Werden Fundamente gegen Grund betoniert, müssen die Fundamentgräben genau maßgerecht ausgehoben werden.

Fundamente müssen einerseits hohe Belastungen aufnehmen, andererseits dient ihre Oberfläche als Standfläche für Wände und Stützen. Dementsprechend ist beim Betonieren auf gute Verdichtung und eine ebene Oberfläche zu achten.

Fundamente werden meist aus Beton C8/10 oder C12/15 hergestellt. Das **Einbringen** kann je nach Situation mit Schubkarren, mit dem Krankübel, direkt vom Transportmischer oder mit der Betonpumpe erfolgen. Im letzteren Falle muss ein Beton weicherer Konsistenz verwendet werden. **Verdichtet** wird je nach Konsistenz durch Rütteln (C2/C3, F2/F3) oder durch Stampfen (C0/C1, F1). Verdichten durch Stampfen ist sehr arbeitsaufwendig und deshalb sehr selten.

Arbeitsfugen sind nach Möglichkeit zu vermeiden. Wo dies nicht möglich ist, müssen die Anschlüsse abgeschrägt oder abgetreppt hergestellt werden. Vor dem Weiterbetonieren müssen die Anschlussflächen aufgeraut und gereinigt werden. Arbeitsfugen dürfen sich nicht unter besonders belasteten Stellen, wie zum Beispiel Ecken, befinden.

Nach dem Verdichten wird die Oberfläche geebnet und aufgeraut.

Die Bodenplatte wird heute fast immer durchgehend betoniert. Dies ergibt einen sauberen Arbeitsplatz zum Stellen der Wandschalung bzw. zum Aufmauern der Wände.

Müssen Fundamente geschalt werden, so verwendet man wegen der sich oft wiederholenden Abmessungen meist Schaltafeln oder vorgefertigte Schalungen. Herkömmliche Bretterschalungen erfordern einen unangebracht hohen Zeitaufwand. Beim Aushub der Gräben für geschalte Fundamente ist beiderseitig ein entsprechender Arbeitsraum zu berücksichtigen.

Der Fundamentbeton muss sorgfältig verdichtet und eben abgezogen werden.

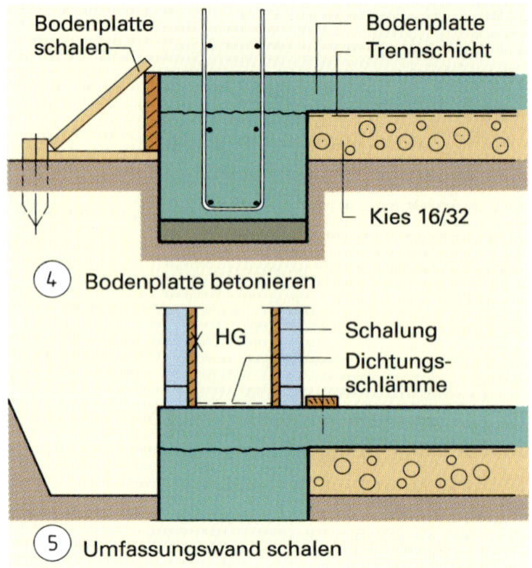

Herstellung der Fundamente (Fortsetzung)

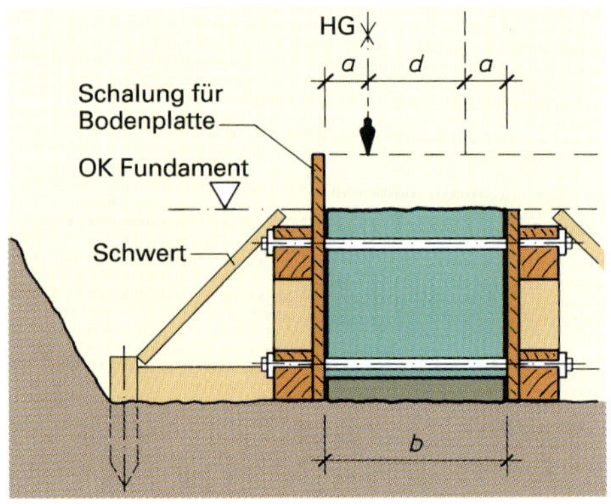

Fundamentschalung bei nicht standfestem Boden

3.2.5 Tiefgründungen

Steht tragfähiger Baugrund nicht oder nur in größerer Tiefe zur Verfügung, müssen Tiefgründungen angewendet werden.

Die heute verbreitetste Art der Tiefgründung ist die **Pfahlgründung**. Bei den Pfahlgründungen werden die stehende und die schwebende Gründung unterschieden.

Bei der **stehenden Gründung** reicht der Pfahl bis in tragfähige Schichten, auf die die Last übertragen wird. Die Reibung am Mantel des Pfahls spielt hier nur eine untergeordnete Rolle.

Bei der **schwebenden Gründung** wird die Last ausschließlich durch die Mantelreibung getragen. Hierbei ist mit erheblichen Setzungen zu rechnen. Auf die Pfähle werden dann Gurte oder Platten betoniert, über denen das Gebäude errichtet wird.

Die stehende Pfahlgründung überträgt die Lasten auf tragfähigen Baugrund. Bei der schwebenden Pfahlgründung wird die Last durch die Mantelreibung getragen.

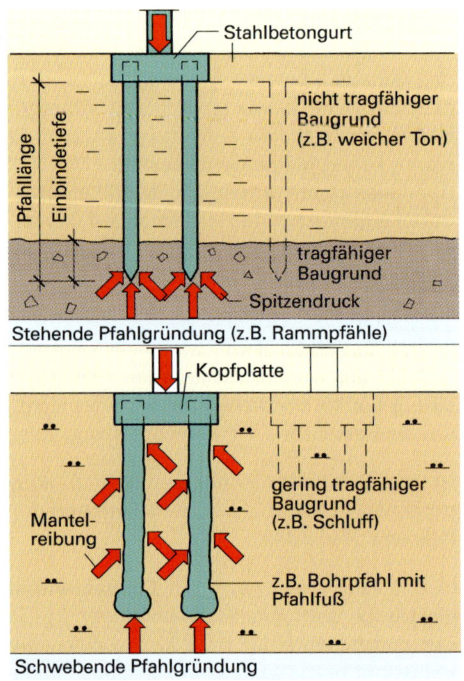

Arten von Pfahlgründungen

Nach der Art der Einbringung werden **Fertigpfähle** und **Ortbetonpfähle** unterschieden. Fertigpfähle bestehen aus Stahlbeton oder Stahl. Sie werden überwiegend durch Rammen versetzt und deshalb auch als **Rammpfähle** bezeichnet. Rammpfähle aus Stahl oder Stahlbeton werden mit großen Rammen genügend tief in den Untergrund eingedrückt. Wo Rammen wegen der Erschütterungen, des Lärms oder aus anderen Gründen unzweckmäßig ist, werden Ortbetonpfähle gesetzt. Diese werden an Ort und Stelle durch Bewehren und Ausbetonieren eines Bohrloches hergestellt.

Eine andere Art der Tiefgründung ist die **Senkkastenbauweise** (Caissonbauweise). Bei der Senkkastenbauweise wird zuerst ein unten offener, aber sonst dichter Stahlbetonkasten hergestellt. Dieser stellt den Arbeitsraum dar. Er wird durch Überdruck wasserfrei gehalten. Über eine Druckluftschleuse und Schachtrohre gelangt man in den Arbeitsraum. Dort wird der nicht tragfähige Boden bis auf den tragfähigen Untergrund abgespült und dadurch der Kasten abgesenkt. Der Abtransport des abgespülten Materials erfolgt über die Schachtrohre. Nach vollendeter Absenkung wird die Arbeitskammer mit Beton verfüllt und darüber das Bauwerk errichtet.

Zur Aufnahme der Lasten von Pfeiler und Stützen auf einem tiefer gelegenen tragfähigen Baugrund lässt sich auch eine so genannte **Brunnengründung** ausführen.

Vorgefertigte Betonrohre (Brunnenrohre) werden bis auf die Gründungssohle abgesenkt. Dabei wird der Boden im Rohrinnern von Hand oder mit Brunnengreifern ausgeschachtet. Nach Erreichen der tragfähigen Gründungssohle wird der Brunnenschacht ausbetoniert.

Bei unzulänglichem Baugrund können Pfahlgründung, Brunnengründung oder Senkkastenbauweise angewendet werden.

3.2.6 Unterfangungen

Allgemeines

Werden Bauwerke neben bestehenden Gebäuden erstellt und wird dabei die Fundamentsohle des bestehenden Gebäudes unterschritten, so besteht die Gefahr, dass sich die bestehenden Fundamente nachträglich setzen. Dadurch kann es zu Rissebildung oder gar zum Einsturz des bestehenden Gebäudes kommen. Um dies zu vermeiden, müssen die bestehenden Fundamente unterfangen werden.

Schon das Ausheben der Baugrube für das neue Bauwerk muss besonders vorsichtig erfolgen und darf nur bis 50 cm über Unterkante der bestehenden Fundamente geführt werden. Der erforderliche Aushub für die Unterfangung darf von dort aus nur abschnittsweise weitergeführt werden. Während der ganzen Bauzeit muss sichergestellt sein, dass der Grundwasserspiegel mindestens 50 cm unter der Sohle der neu zu erstellenden Fundamente liegt.

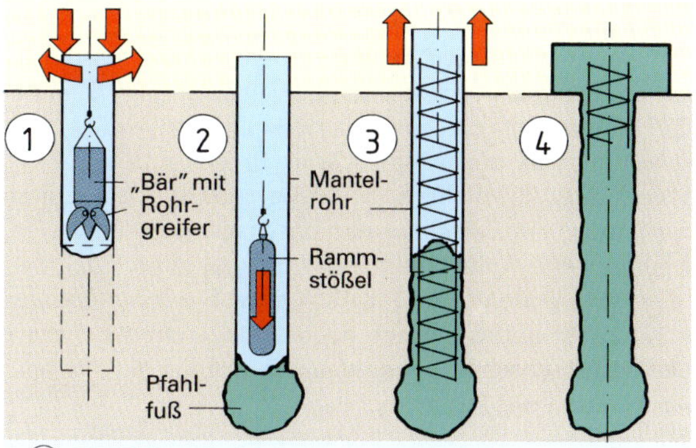

(1) Eindrücken des Mantelrohres, Aushub
(2) Aushub beendet, Ausrammen des Pfahlfußes
(3) Bewehren, Betonieren + Ziehen des Mantelrohres
(4) Fertiger Pfahl mit Kopfplatte

Herstellen eines Ortbetonpfahles

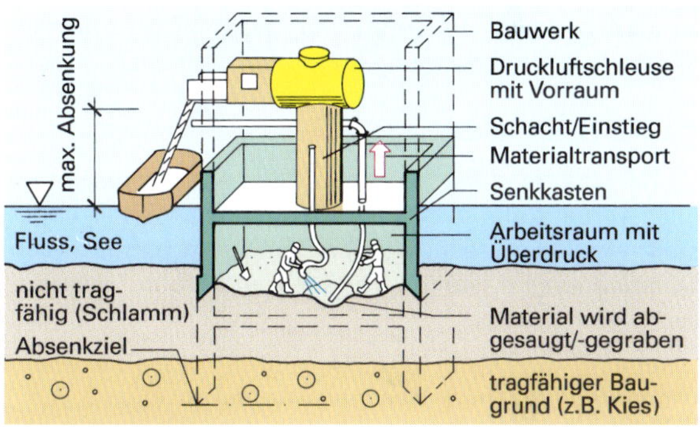

Senkkastenbauweise

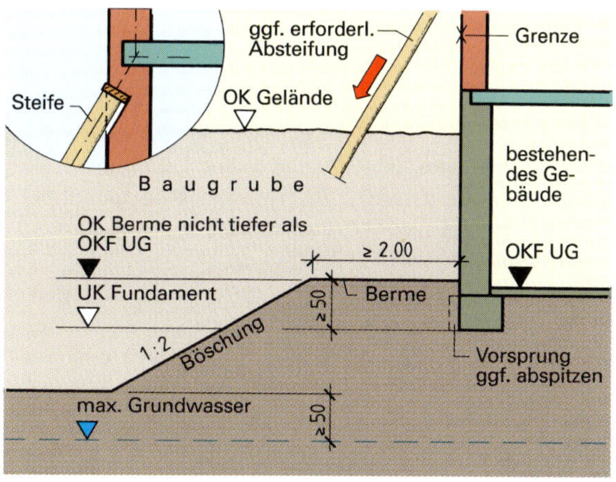

Aushub einer Baugrube neben bestehendem Gebäude

Arbeiten unterhalb der Fundamentsohle bestehender Bauwerke sind besonders schaden- und unfallträchtig, deshalb müssen solche Fundamente sorgfältig unterfangen werden!

Ausführung

Die eigentliche Unterfangung erfolgt von der ausgehobenen Baugrube aus abschnittsweise. Der im Bereich der Fundamente stehen gelassene Boden wird in Abschnitten von höchstens 1,25 m Breite entfernt. Zwischen den Abschnitten, an denen jeweils gearbeitet wird, muss ein Zwischenraum der 3fachen Breite der jeweiligen Abschnitte noch nicht ausgehoben oder bereits unterfangen sein. Der Abstand von der Mitte eines Arbeitsabschnittes bis zum nächstgelegenen gleichzeitigen Arbeitsabschnitt muss also mindestens der 4fachen Abschnittsbreite (4b) entsprechen.

Die Unterfangung des freigelegten Fundamentabschnittes erfolgt durch sorgfältig im Verband gemauertes Mauerwerk, Beton oder Stahlbeton. Evtl. Hohlräume zwischen der Unterfangung und dem anstehenden Boden unter dem alten Bauteil sind mit Magerbeton oder Ähnlichem auszufüllen. Auch die Fuge zwischen Unterfangung und altem Fundament ist durch Ausmauerung oder Ausbetonierung besonders sorgfältig zu schließen.

Erst wenn die Unterfangung in einem Bereich tragfähig ist, darf in den Nachbarbereichen ausgehoben und mit der dortigen Unterfangung begonnen werden.

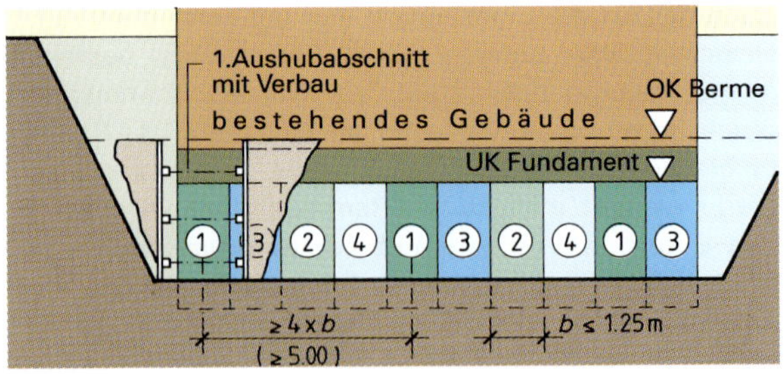

Abschnittweises Vorgehen bei Fundamentunterfangungen

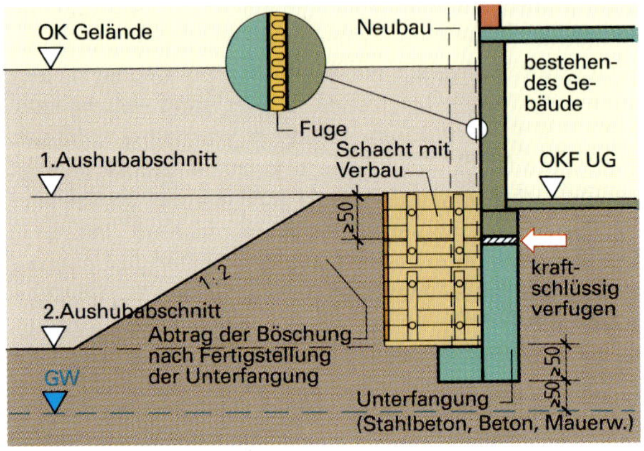

Ausgeführte Unterfangungen

Vor-der-Wand-Pfähle

Da bei Unterfangungen die einzelnen Aushubabschnitte auch verbaut und die zu unterfangenden Wände abgesteift werden müssen, werden heute statt aufwendigen Unterfangungen häufig „Vor-der-Wand-Pfähle" versetzt (VdW-Verfahren).

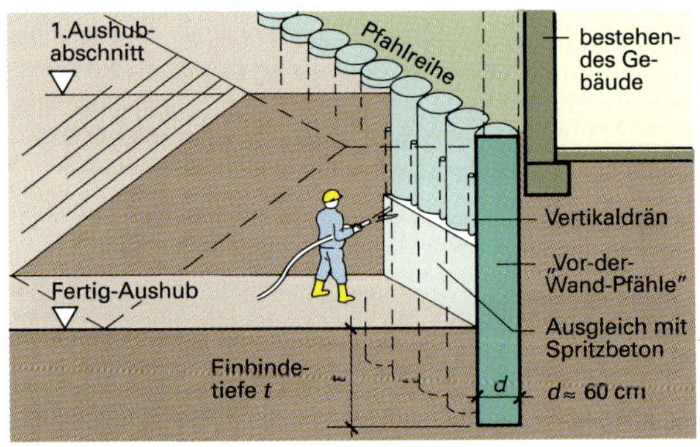

Vor-der-Wand-Pfähle

Unterfangungen müssen abschnittsweise und mit dichter Fuge gegen den anstehenden Boden und das alte Fundament ausgeführt werden! Vor der Wand versetzte Pfähle können eine kostengünstige Alternative sein.

Zusammenfassung

Sollen Bauwerkslasten schadenfrei auf den Baugrund übertragen werden, müssen eine geeignete Gründungsart gewählt und eventuell der Baugrund verbessert werden.

Flachgründungen sind Einzel-, Streifen- und Plattenfundamente. Fundamente müssen die richtige Größe, Form und Lage haben. Sie werden meist aus Beton hergestellt.

Tiefgründungen sind stehende und schwebende Pfahlgründungen, Brunnengründungen und die Senkkastenbauweise.

Arbeiten unterhalb der Fundamentsohle bestehender Gebäude sind besonders schaden- und unfallträchtig. Unterfangungen müssen deshalb besonders sorgfältig und abschnittsweise ausgeführt werden.

Aufgaben:

1. *Welche Gründungsarten kommen bei wenig tragfähigem Baugrund infrage?*
2. *Welche Aufgaben haben Fundamente?*
3. *Wovon ist die Fundamentbreite abhängig?*
4. *Wovon ist die Fundamenthöhe abhängig?*
5. *Wie hoch muss ein 50 cm breites Betonfundament bei einer Wandstärke von 30 cm sein?*
6. *Weshalb muss die Fundamentsohle*
   a) senkrecht zur Kraftrichtung,
   b) mindestens 0,80 m tief sein?
7. *Nennen Sie Beispiele, wo in der Natur durch „Fundamente" die Standfestigkeit erhöht wird.*
8. *Welche besonderen Sicherungsmaßnahmen sind bei Unterfangungsarbeiten zu ergreifen?*

3.3 Entwässerung

3.3.1 Haus- und Grundstücksentwässerung

Aufgabe der Haus- und Grundstücksentwässerung ist es, alle anfallenden Wässer so abzuleiten, dass keine Schäden entstehen.

Innerhalb des Gebäudes werden die anfallenden Wässer von den Entwässerungsgegenständen (z. B. Waschmaschine, Waschbecken, WC) über **Fallleitungen** nach unten abgeführt. Unter dem Gebäude werden die durch die Fallleitungen abgeführten Wässer in der **Grundleitung** gesammelt und zu dem auf dem Grundstück befindlichen **Kontrollschacht** abgeführt. Das auf den Dachflächen anfallende Wasser wird über Regenfallrohre abgeleitet. Zur Hausentwässerung kommt meist noch eine Grundstücksentwässerung. Diese besteht häufig aus einer **Dränung** und einer Hofentwässerung. Die Dränung nimmt Sickerwässer auf und leitet sie ab. Die Hofentwässerung sammelt über **Hofeinläufe** das auf den Hofflächen anfallende Wasser.

Beim **Trennsystem** werden Regenwasser und Schmutzwasser in getrennten Kanälen abgeführt. Dies hat den Vorteil, dass das Regenwasser ungeklärt in den Vorfluter abgeleitet werden kann, die Kläranlagen werden also nicht so stark belastet. Der Nachteil ist, dass zwei getrennte Kanäle gebaut werden müssen.

Beim **Mischsystem** werden Schmutzwasser und Regenwasser in einem Kanal abgeführt. Dafür müssen die Kläranlagen größer bemessen werden.

Vom Kontrollschacht führt ein **Anschlusskanal** zum **Straßenkanal**. Im Straßenkanal werden die Entwässerungen der an dieser Straße liegenden Grundstücke zusammengefasst und in den so genannten **Hauptsammler** eingeleitet, der die Abwässer aus den einzelnen Straßenkanälen sammelt und zur **Kläranlage** bzw. zum **Vorfluter** abführt.

Regenwasser kann in Zisternen aufgefangen und z. B. zur WC-Spülung genutzt werden.

Im Folgenden wird die Herstellung der Entwässerung behandelt, soweit sie vom Rohbauunternehmer ausgeführt wird. Darüber hinaus trägt der Bauausführende aber auch die Verantwortung dafür, dass Aussparungen und Schlitze für den Installateur plangemäß ausgeführt werden. Hier kann mangelhafte Arbeit zu großen Zeit- und Geldverlusten führen.

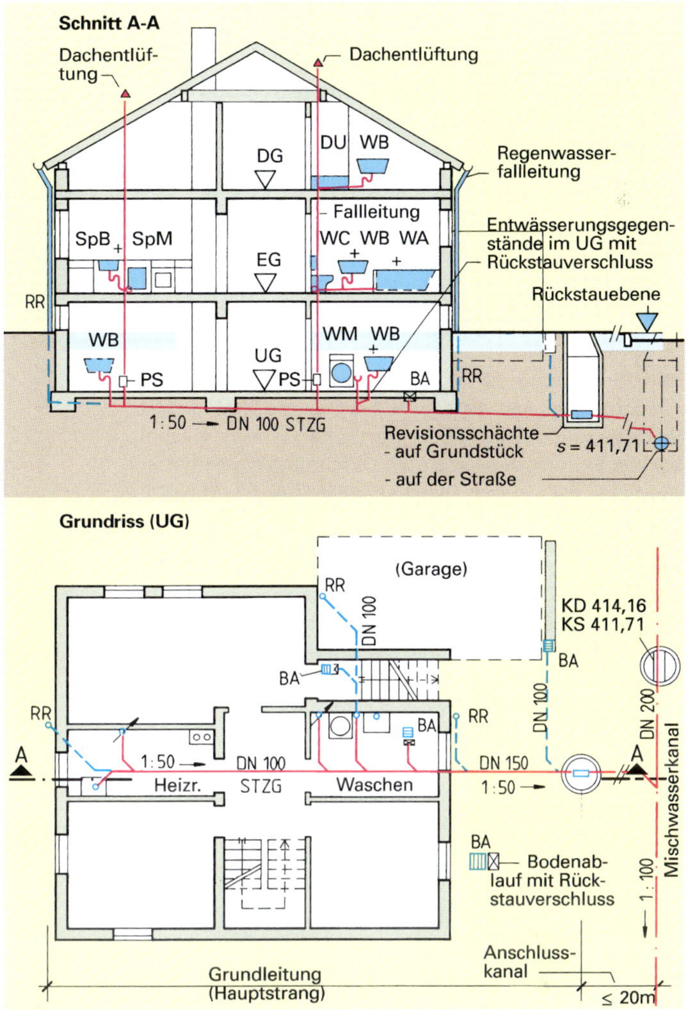

Gebäudeentwässerung mit Fallleitungen, Grundleitung und Anschlusskanal (Mischsystem)

Nenndurchmesser DN	Mindestgefälle für		
	Misch- und Schmutzwasserleitungen	Regenwasserleitungen	Schmutz-, Regen- und Mischwasserleitungen
	innerhalb von Gebäuden		außerhalb von Gebäuden
bis 100	1 : 50 (= 2 %)	1 : 100 (= 1 %)	1 : DN
125	1 : 66,7	1 : 100	1 : DN
150	1 : 66,7	1 : 100	1 : DN
ab 200	$1 : \frac{DN}{2}$	$1 : \frac{DN}{2}$	1 : DN

Mindestgefälle von Leitungen

Die Haus- und Grundstücksentwässerung erfolgt über Fallleitung, Grundleitung, Dränung, Kontrollschacht, Anschlusskanal, Straßenkanal, Hauptsammler und Kläranlage. Grundleitung, Dränung, Kontrollschacht und Anschlusskanal werden im Allgemeinen vom Rohbauunternehmen erstellt.

3.3.2 Herstellen der Grundleitung

Die Grundleitung ist in gleichmäßigem Gefälle zu verlegen. Abzweige dürfen nur mit Formstücken und nur in einem Winkel von max. 45° hergestellt werden. Doppelabzweige sind unzulässig. Der Mindestdurchmesser beträgt für die Grundleitung DN 100, beim Anschluss an den Straßenkanal DN 150.

Für Prüf- und Reinigungszwecke sind am Fußpunkt von Fallleitungen Putzstücke vorzusehen. In der Grundleitung sind Kontrollschächte mit Putzstücken im Abstand von max. 20 m einzubauen.

Beim Durchgang durch andere Bauteile dürfen Abwasserrohre nicht fest eingebaut werden, da dies bei Gebäudesetzungen Schäden verursachen würde. Deshalb werden Schutzrohre größeren Durchmessers eingebaut oder die Rohre mit weichen Materialien umwickelt („Polster").

Die Herstellung der Grundleitung beginnt mit der Herstellung der Gräben, die die Rohre aufnehmen sollen. Die im Entwässerungsplan vorgegebenen Maße werden auf die Baugrubensohle übertragen und die Gräben mit aufgestreutem Sägemehl oder Kalk markiert. Die Anfangs- und Endhöhen der einzelnen Stränge werden durch Nivellieren festgelegt. Beim Aushub der Rohrgräben wird bereits grob das Gefälle berücksichtigt. Bei der Tiefe des Aushubs muss ein eventuelles Sand- oder Kiesbett mit berücksichtigt werden. Vor Beginn der eigentlichen Rohrverlegung werden Gefälle und Richtung durch Spannen einer Schnur festgelegt. Das im Entwässerungsplan vorgeschriebene Gefälle darf keinesfalls unterschritten werden.

Nachdem ein eventuelles Kies- bzw. Sandbett eingebracht ist, werden die Rohre und Formstücke neben den Rohrgräben ausgelegt. Danach werden die Rohre, an der tiefsten Stelle beginnend, ins Sandbett gelegt, je nach Dichtsystem zusammengeschoben (siehe Grundstufenband) und nach Richtung und Gefälle ausgerichtet. Die Rohre müssen so in das Sandbett gelegt werden, dass der Schaft satt aufliegt und die Muffe frei bleibt. Es soll etwa ein Viertel des Rohrumfanges im Sand liegen. Bei Muffenrohren müssen die Muffen stets gegen die Fließrichtung verlegt werden.

An der fertig verlegten Leitung werden nochmals Richtung und Gefälle geprüft. Sämtliche Öffnungen müssen verschlossen werden, damit kein Schmutz oder Bauschutt in die Leitungen gerät. Anschließend wird die gesamte Grundleitung bis mindestens 15 cm über dem Muffenscheitel mit Boden überdeckt. Die Grundleitung darf sich beim Einbringen des Betons für den Kellerfußboden keinesfalls verschieben.

Grundleitungen müssen mit größter Sorgfalt und unter genauester Einhaltung von Richtung und Gefälle dem Plan entsprechend hergestellt werden.

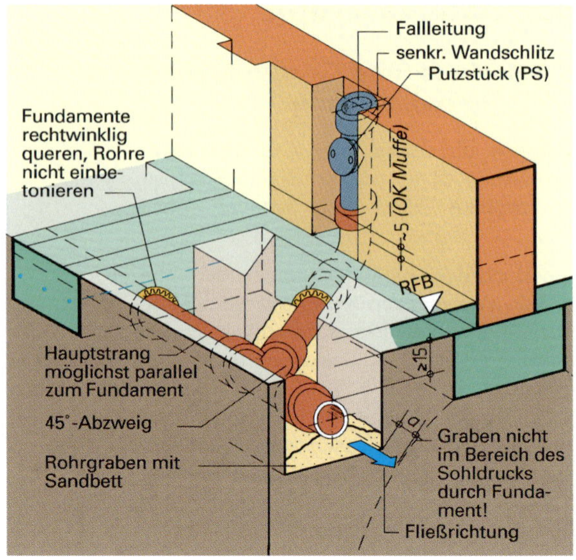

Herstellen der Grundleitungen, Grundregeln

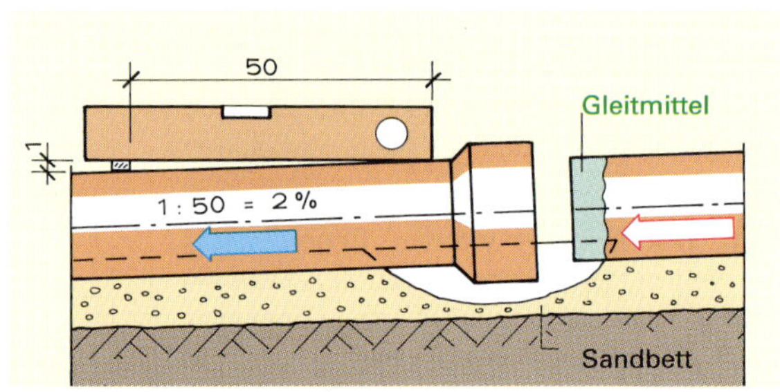

Verlegen der Rohre

Fertig verlegte Grundleitung

3.3.3 Herstellen der Dränung

Dränung ist die Entwässerung des Bodens durch **Dränschicht** und **Dränleitung**, um das Entstehen von drückendem Wasser, zum Beispiel vor Außenwänden, zu verhindern. Wenn bei Gebäuden durch entsprechende anfallende Wässer eine Dränung erforderlich ist, wird diese meist als **Ringdränung** im Arbeitsraum verlegt, die Erdarbeiten beschränken sich somit meist auf das Herstellen eines gleichmäßigen Gefälles.

Hang- und Sickerwasser sollte zur Sicherung des Grundwasserspiegels über Sickerschächte wieder versickert werden.

Die **Dränleitung** wird heute meist aus geschlitzten **Kunststoffdränrohren** hergestellt, die sich leicht verlegen lassen. An Stößen und Abzweigungen werden sie mit Muffen bzw. T-Stücken verbunden. Dabei ist darauf zu achten, dass der Rohrabschnitt in die Muffe sauber eingepasst wird, damit innerhalb der Dränleitung keine Schmutz fangende Stelle entsteht.

Bei der Überdeckung ist die erste Lage bis 0,15 m von Hand vorsichtig zu verdichten, damit die Kunststoffrohre nicht angeknickt werden. Darüber können Verdichtungsgeräte eingesetzt werden.

Die **Dränschicht** ist die wasserdurchlässige Schicht, durch die das abzuleitende Wasser in die Dränleitung gelangt. Dabei muss verhindert werden, dass feine Bodenteile in die Dränleitung geschwemmt werden. Dies kann entweder durch eine besondere **Filterschicht** erreicht werden oder durch eine entsprechende Zusammensetzung der Sickerschicht (Mischfilter). Als Filterschicht kommen Sand und Kiessand mit geeigneter Kornabstufung oder Filtervliese in Betracht. Als Sickerschicht werden außer Kies und Kiessand auch **Dränelemente** wie Dränsteine, Dränplatten aus Hartschaum und Dränmatten verwendet.

Beim Einbau von Sand und Kies darf es nicht zu Entmischungen kommen. Beim Einbau einer getrennten Filterschicht muss das Vermischen von Filterschicht und Sickerschicht durch ein mit der Verfüllung hochgezogenes Trennblech verhindert werden. Die Verdichtung erfolgt entsprechend den Anforderungen an die Oberfläche. Die Wand ist erforderlichenfalls durch eine Schutzschicht, z.B. aus Wellplatten, vor einer Beschädigung der Abdichtung zu schützen.

Dränsteine sind vor Wänden im Verband so aufzuschichten, dass die Kammern lotrecht ineinander übergehen. Ist die Standsicherheit nicht mehr gewährleistet, ist die Verfüllung des Arbeitsraumes nachzuziehen.

Dränplatten sind mit versetzten Fugen lückenlos zu verlegen und punktweise anzukleben.

Dränmatten werden stumpf gestoßen oder überlappt verlegt und z.B. durch Kleben befestigt.

Die Dränanlage muss die anfallenden Wässer sicher ableiten. Dies ist nur bei sorgfältiger Herstellung gewährleistet.

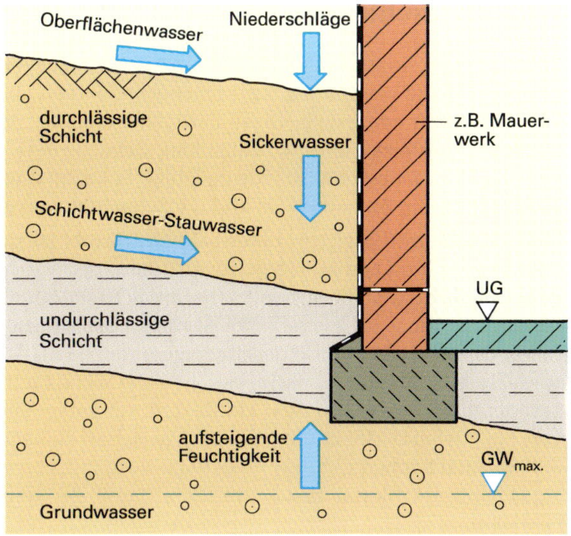

Anfallende Wässer

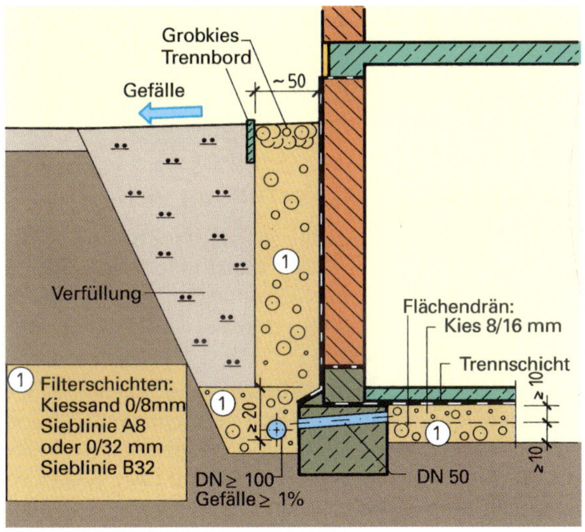

Dränanlage mit mineralischer Dränschicht

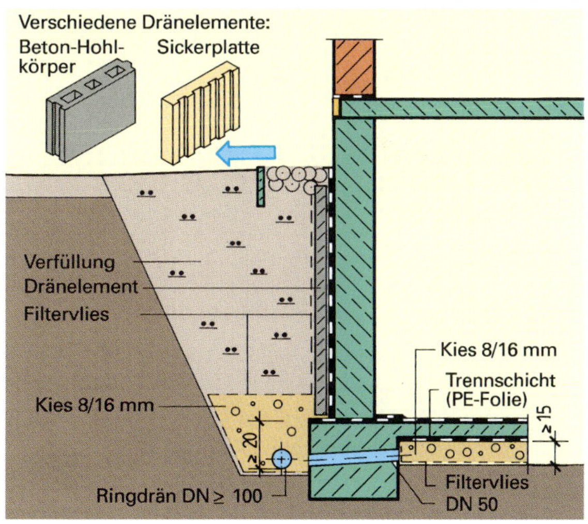

Dränanlage mit Dränelementen und Filtervlies

3.3.4 Herstellen der Schächte

Früher wurden Kontrollschächte aus Ortbeton hergestellt oder auch gemauert, heute werden sie aus Kostengründen fast ausschließlich aus Fertigteilen hergestellt. Diese Fertigteile sind im Wesentlichen das **Schachtunterteil** (die Schachtsohle), **Schachtringe** verschiedener Höhe, mit denen nahezu jede beliebige Schachthöhe hergestellt werden kann, ein **Aufsatzkonus** und die **Schachtabdeckung**.

Das Unterteil wird meist in Beton versetzt. Dabei ist größter Wert auf waagerechte Lage zu legen, da sich eine geringe Neigung bei hohen Schächten stark auswirkt. Die im Schachtunterteil einbetonierte Muffe muss so ausgerichtet werden, dass sie leicht über das Rohrende der Grundleitung geschoben werden kann. Anschließend werden die benötigten Schachtringe und der Konus aufgesetzt. Als Hebegerät dient der Kran oder ein Bagger mit entsprechender Ausrüstung. Kleinere Höhenunterschiede zwischen Schachtoberkante und Gelände können durch Auflageringe ausgeglichen werden. Die Fugen sind mit Mörtel zu verstreichen, damit der ganze Schacht dicht wird.

Vorsicht! Gerät man mit Fingern oder Schuhen beim Dirigieren der Schachtringe zwischen den bereits aufgesetzten und den aufzusetzenden Ring, so führt dies zu schweren Verletzungen.

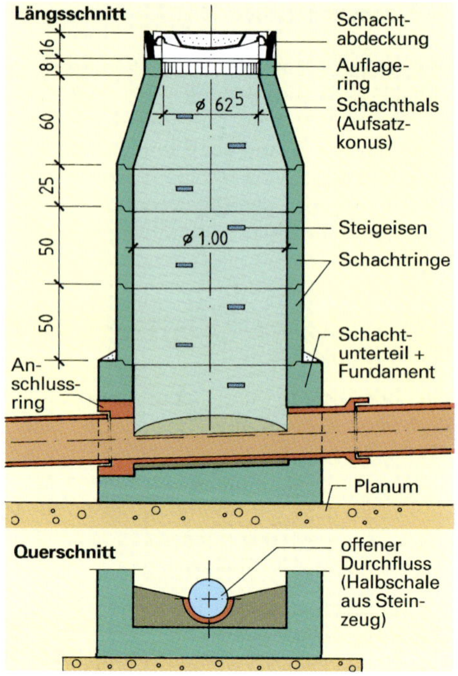

Kontrollschacht aus Betonfertigteilen

Kontrollschächte werden meist aus vorgefertigten Betonteilen hergestellt und mit Hebegerät versetzt.

3.3.5 Aushub und Verfüllung von Leitungsgräben

Zur Herstellung des Anschlusses an den Straßenkanal und zur Herstellung von Kanälen müssen meist tiefere Leitungsgräben ausgehoben werden. Die Arbeit in Leitungsgräben ist besonders unfallträchtig, deren Herstellung erfordert dementsprechend besondere Sorgfalt und Sachkenntnis.

Bei **Gräben für Abwasserleitungen und -kanäle** ist die Breite der Grabensohle in Abhängigkeit von der Nennweite (DN), vom äußeren Rohrschaftdurchmesser (OD) und von der Art der Grabensicherung in DIN EN 1610 festgelegt. Für Schalung bzw. Verbau werden gegebenenfalls jeweils 15 cm zugerechnet.

DN	Mindestgrabenbreite (OD + χ) m		
	verbauter Graben	unverbauter Graben	
		$\beta > 60°$	$\beta \leq 60°$
≤ 225	OD + 0,40	OD + 0,40	
> 225 bis ≤ 350	OD + 0,50	OD + 0,50	OD + 0,40
> 350 bis ≤ 700	OD + 0,70	OD + 0,70	OD + 0,40
> 700 bis ≤ 1200	OD + 0,85	OD + 0,85	OD + 0,40
> 1200	OD + 1,00	OD + 1,00	OD + 0,40

Unabhängig hiervon sind bei Gräben für Abwasserleitungen ab einer Tiefe von 1,00 m folgende lichte Mindestbreiten einzuhalten:

0,80 m bei einer Tiefe von 1,00 bis 1,75 m Tiefe,
0,90 m bei einer Tiefe von über 1,75 bis 4,00 m Tiefe,
1,00 m bei einer Tiefe über 4,00 m Tiefe.

Bei der Herstellung von Gräben für alle übrigen Leitungsarten (z.B. Wasser, Gas) sind die Mindestbreiten in DIN 4124 festgelegt.

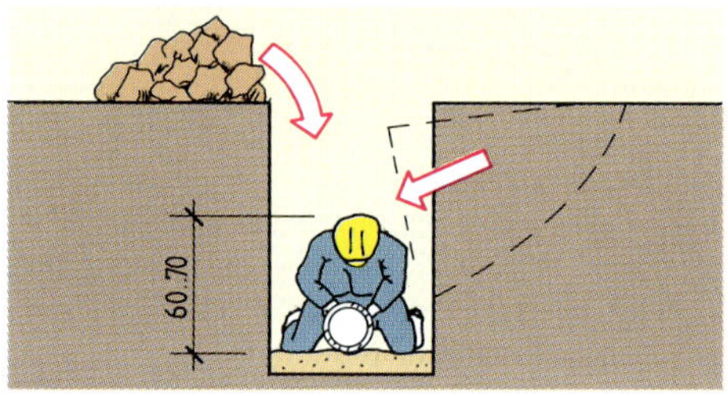

Unfallgefahren am unverbauten Graben

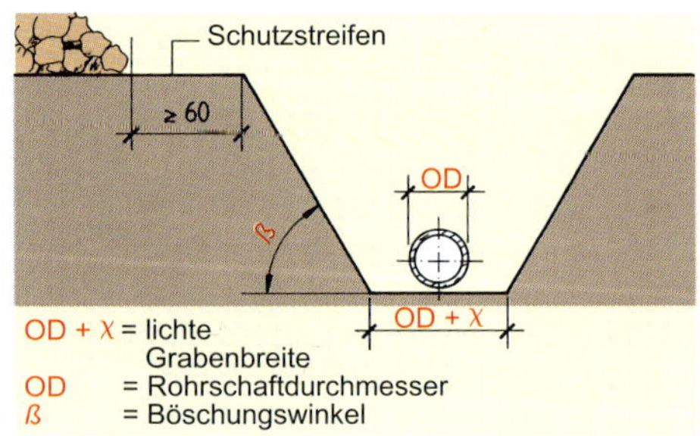

Nicht verbauter Graben

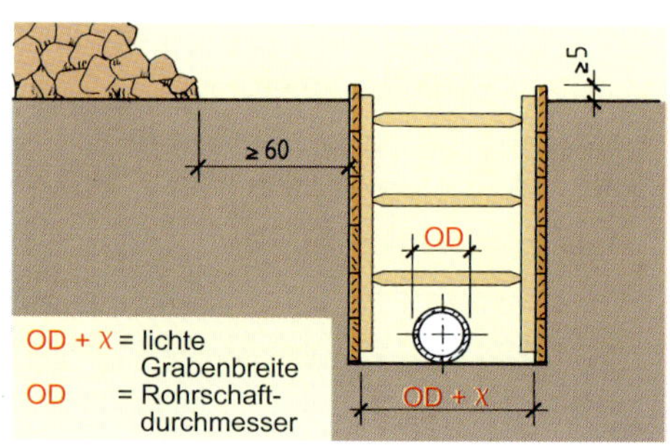

Verbauter Graben

Bei Leitungsgräben ist die Breite der Grabensohle abhängig von der Art der Grabensicherung, vom äußeren Durchmesser des Rohrschaftes und von der Tiefe des Grabens.

Im Allgemeinen sind die Wände von Leitungsgräben nicht von sich aus standfest. Auch scheinbar standfeste Wände können je nach Lagerungsverhältnissen, Wasserführung, Witterungseinflüssen, Erschütterungen und Belastungen unvermittelt einstürzen. Zum Schutze der im Graben Arbeitenden schreibt deshalb die Berufsgenossenschaft vor, dass nur Gräben bis zu einer Tiefe von 1,25 m ohne besondere Wandsicherung erstellt werden dürfen. Bei einer Tiefe von 1,25 bis 1,75 m muss der über 1,25 m überstehende Teil gesichert werden. Bei einer Tiefe von über 1,75 m müssen die Wände in ihrer gesamten Höhe gesichert werden.

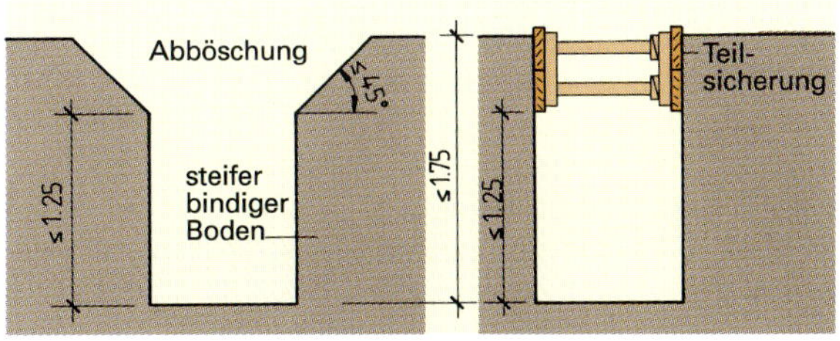

Wandsicherung bei Gräben von 1,25 bis 1,75 m Tiefe

Wandsicherung

Zur Sicherung der Wände gibt es zwei grundsätzliche Möglichkeiten:

- **Abböschen** und
- **Verbauen**.

Die Wandsicherung durch Abböschen kommt nur bei Gräben geringer Tiefe infrage. Bei sehr tiefen Gräben würden die Aushubmassen und die benötigte Fläche zu groß. Im Allgemeinen kann die Standsicherheit der Böschungen erreicht werden, indem die in DIN 4124 für die einzelnen Bodenarten genannten **Böschungswinkel** eingehalten werden.

Es sind dies für:

- nichtbindige und weiche bindige Böden **45°**
- steife oder halbfeste bindige Böden **60°**
- feste bindige Böden und Fels **80°**

Ist in besonderen Fällen damit zu rechnen, dass der Boden durch Eindringen von Wasser, ungünstige Lagerungsverhältnisse oder andere Störeinflüsse dennoch seinen Halt verliert, so sind entsprechend flachere Böschungen herzustellen. In jedem Falle sind oberhalb der Böschungen 60 cm breite **Schutzstreifen** freizuhalten, um die Böschungen nicht zu sehr zu belasten und das Abrollen von Steinen und Erdbrocken in den Graben zu verhindern.

Waagerechter Verbau

Zum Verbau von Gräben werden der **waagerechte Verbau**, der **senkrechte Verbau** oder besondere **Verbaugeräte** angewendet.

Beim **waagerechten Verbau** werden vor waagerecht eingebrachten Bohlen senkrechte Brusthölzer angebracht und meist mit Stahlspindeln ausgesteift. Dadurch kann bei fortschreitendem Aushub der Verbau nach unten verlängert werden. Ebenso kann der Verbau beim Verfüllen von unten nach oben wieder kontinuierlich entnommen werden. Die verwendeten Bohlen müssen mindestens 5 cm dick sein, die Brusthölzer müssen mindestens 8 cm dick und 16 cm breit sein. Der Verbau muss an der Geländeoberkante mindestens **5 cm überstehen**, damit keine Gegenstände in den Graben rollen können.

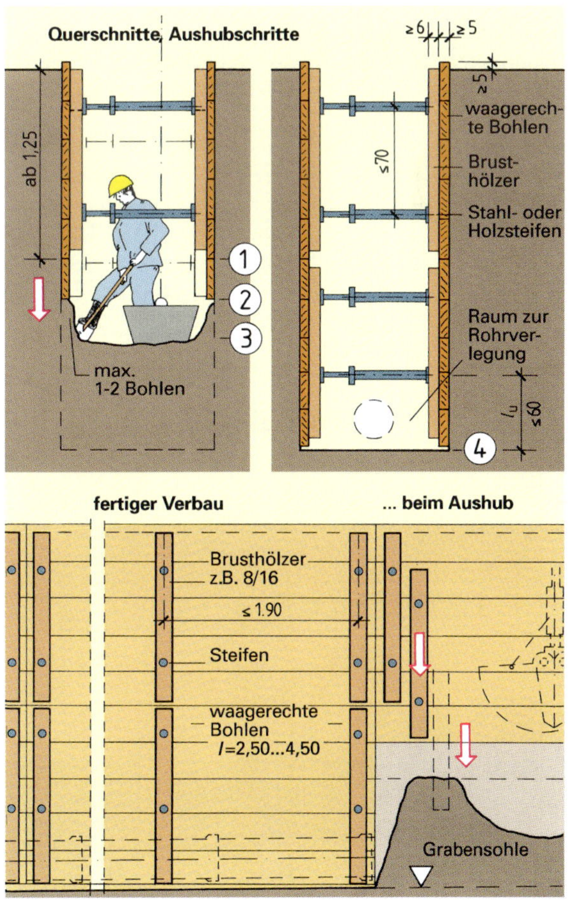

Waagerechter Verbau: Querschnitt, Längsschnitt

Beim senkrechten Verbau werden Holzbohlen oder Kanaldielen eingestellt bzw. eingerammt und zwischen waagerechten Gurthölzern ausgesteift. Bei locker gelagerten nichtbindigen und weichen bindigen Böden müssen die Holzbohlen oder Kanaldielen jederzeit so weit in den Untergrund einbinden bzw. nachgetrieben werden, dass ein Aufbruch ausgeschlossen ist. Die Gurthölzer müssen durch Hängeeisen, Ketten oder Ähnliches gegen Herabfallen gesichert werden.

Der senkrechte Verbau wird im Allgemeinen nur in wenig standfesten Böden angewendet, die keinen waagerechten Verbau zulassen.

Aus Sicherheits- und Rationalisierungsgründen werden bei maschinellem Aushub des Grabens heute meist vorgefertigte **Verbaugeräte** verwendet, die in den Graben eingesetzt und mit den eingebauten Streben ausgesteift werden.

Im Wesentlichen sind zwei Bauarten gebräuchlich. Bei der einen Bauart werden **Verbauboxen** aus zwei großformatigen Stahlverbauplatten durch zwischen diesen angebrachte Spindeln gegen die Grabenwände gedrückt und ausgesteift. Die Aussteifungen können mittig oder am Rand angebracht sein. Bei nicht genügend standsicheren Böden müssen die Verbauplatten fortschreitend mit dem Aushub durch den Bagger in den Boden eingedrückt werden. Bei **Gleitschienen-Verbaueinheiten** werden erst strebengestützte Gleitschienenpaare eingebracht und dann Platten in die Gleitschienen eingesetzt. Dies hat den Vorteil, dass die Verbautiefe während der Bauarbeiten verändert werden kann. Außerdem lassen sich einzelne Platten beim Rückbau leichter ziehen.

Gräben über 1,25 m Tiefe müssen zur Sicherheit der darin Arbeitenden ordnungsgemäß abgeböscht oder verbaut werden.

Maschinell auf volle Tiefe ausgehobene Gräben mit einer Tiefe von mehr als 1,25 m müssen vor dem Betreten durch Verbaugeräte gesichert werden.

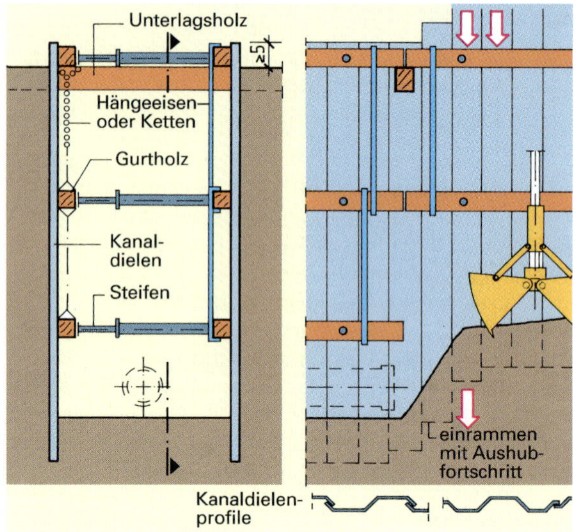

Senkrechter Verbau mit Kanaldielen: Querschnitt, Längsschnitt

Gleitschienen-Verbaueinheit

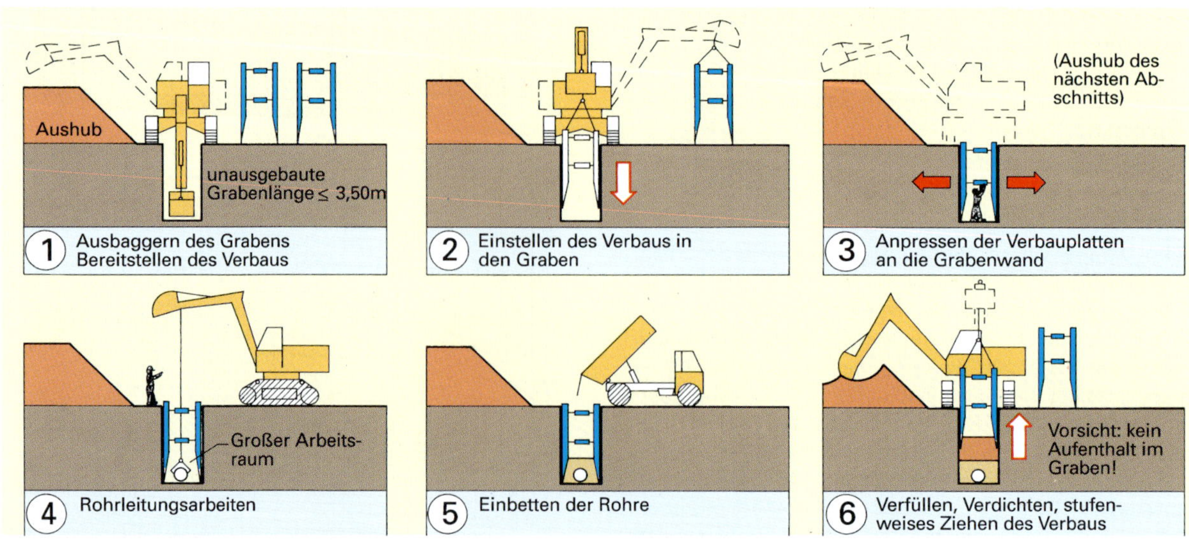

Einsatz von Verbauboxen, Arbeitsablauf (bei vorübergehend standfestem Boden)

Aushub

Der **Aushub** der Gräben erfolgt fast ausschließlich maschinell; in der Regel mit Baggern mit Tieflöffel- oder Greiferausrüstung. Der Verbau des Grabens muss stets mit dem fortschreitenden Aushub Schritt halten. Werden Gräben maschinell gleich bis zur vollen Tiefe ausgehoben, so dürfen diese Gräben erst betreten werden, nachdem unter besonderen Sicherheitsmaßnahmen ein Grabenverbau eingebracht worden ist, der zur Sicherung der Grabenwände ausreicht.

Angesichts der erheblichen Unfallgefährdung beim Aushub von Gräben und beim Arbeiten in Gräben gibt es detaillierte **Unfallverhütungsvorschriften der Berufsgenossenschaften**. Sie sind in Form leicht verständlicher Broschüren bei der örtlichen Tiefbauberufsgenossenschaft **kostenlos erhältlich**.

Der belebte **Oberboden** (Mutterboden) ist vor Beginn des Aushubs mit der Planierraupe abzuschieben und getrennt von anderen Bodenarten bis zur Wiederverwendung zu lagern.

Nicht benötigte Bodenmassen sind möglichst gleich abzutransportieren. Der für die Verfüllung der Böschungskeile und der Arbeitsräume benötigte Boden ist zwischenzulagern.

Verfüllen

Das **Verfüllen und Verdichten** muss insbesondere unter Straßen, Wegen und Terrassen so erfolgen, dass keine nennenswerten Setzungen mehr auftreten, die aufwendige **Bauschäden** zur Folge haben können. Vor dem Verfüllen des Grabens ist der Arbeitsraum deshalb auch von groben Abfällen zu reinigen, die ein späteres Nachsacken verursachen könnten.

Vor dem eigentlichen Verfüllen muss das Rohr eingebettet werden, damit beim Verdichten eine seitliche Abstützung gegeben ist und das Rohr nicht beschädigt wird. Dazu wird in der Regel nichtbindiger Boden mit einem Größtkorn von max. 20 mm in Lagen von 10 bis 15 cm Höhe eingefüllt und durch Stampfen vorsichtig verdichtet. Das Rohr darf sich hierbei nicht verschieben. Bis etwa 30 cm über dem Rohrscheitel muss die Verfüllung weiter in Schüttlagen geringer Höhe und mit vorsichtiger Verdichtung erfolgen.

Das Einbringen des Bodens erfolgt meist mit Radladern oder mit Baggern. Das Verdichten erfolgt bei bindigen Böden aufgrund der beengten Verhältnisse entweder mit **Vibrations-** bzw. **Schnellschlagstampfern** oder kleinen handgeführten **Grabenwalzen**. Bei nichtbindigen Böden werden **Vibrationsplatten** eingesetzt.

Der Verbau darf nur in dem Maße entfernt werden, wie die Wiederverfüllung und Verdichtung voranschreitet.

Sorgfältiges Wiederverfüllen und Verdichten sind entscheidend für die Beständigkeit des Kanals.

Tieflöffelbagger

Greiferbagger

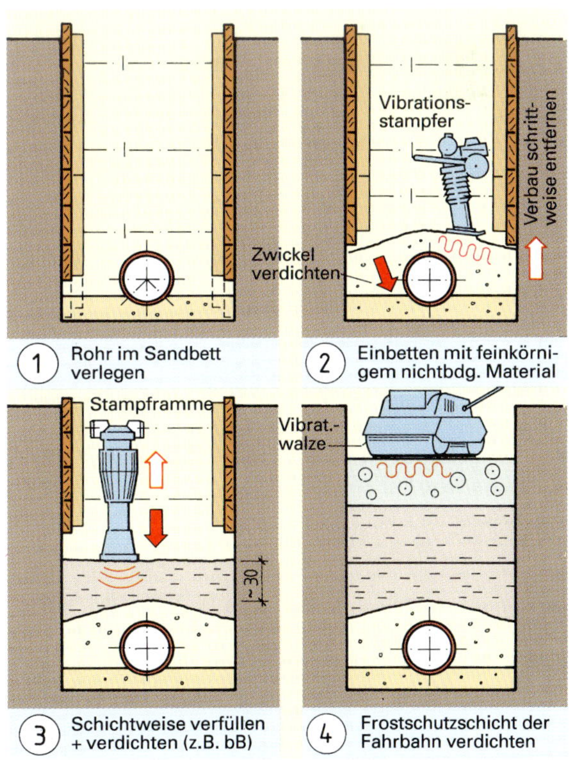

Arbeitsschritte beim Verfüllen von Leitungsgräben
Anwendung der Verdichtungsgeräte

3.4 Wasserhaltung

3.4.1 Allgemeines

Unter Wasserhaltung versteht man das Trockenhalten einer Baugrube oder eines Leitungsgrabens während der Bauzeit. Für gewöhnlich ist hierzu nur nötig, die anfallenden Oberflächenwässer, wie z.B. Regenwasser, von der Baugrube abzuhalten bzw. abzuleiten. Dies geschieht entweder durch Entwässerungsmulden, durch Dränung oder durch Abdecken mit Planen.

Wesentlich schwieriger ist es, wenn die Baugrubensohle unter dem **Grundwasserspiegel** liegt. Dann tritt seitlich und von unten Wasser in die Baugrube ein. Dies würde das Arbeiten in der Baugrube erschweren oder unmöglich machen. Außerdem bewirkt das durch die Baugrubensohle einströmende Wasser einen **Auftrieb**, der zum Aufschwemmen der Baugrubensohle führen kann.

Seitlich eindringendes Wasser macht in der Regel eine Verbauung der Baugrube erforderlich, da vom Wasser durchströmte Böschungen ihre Standfestigkeit verlieren. Dabei sind Verbauarten zu wählen, die möglichst wenig Wasser in die Baugrube eindringen lassen, z.B. Spunddielen oder Trägerverbau mit Betonausfachung. Böschungen können mit Spritzbeton gesichert werden.

Zum Sammeln und Ableiten des in die Baugrube eindringenden Grundwassers sind im Wesentlichen zwei Methoden gebräuchlich: **offene Wasserhaltung** und **Grundwasserabsenkung**.

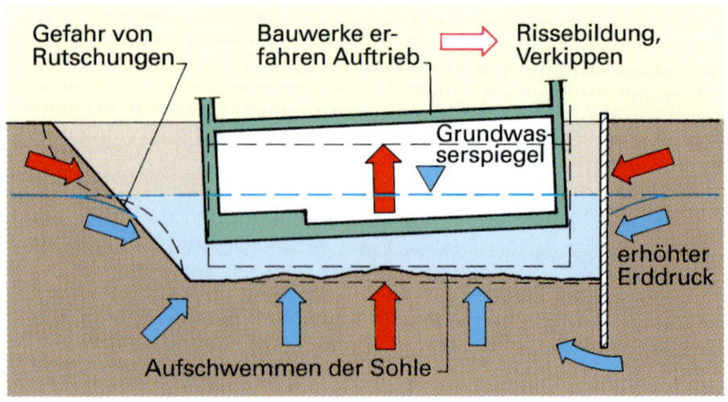

Baugrube im Grundwasser; mögliche Folgen

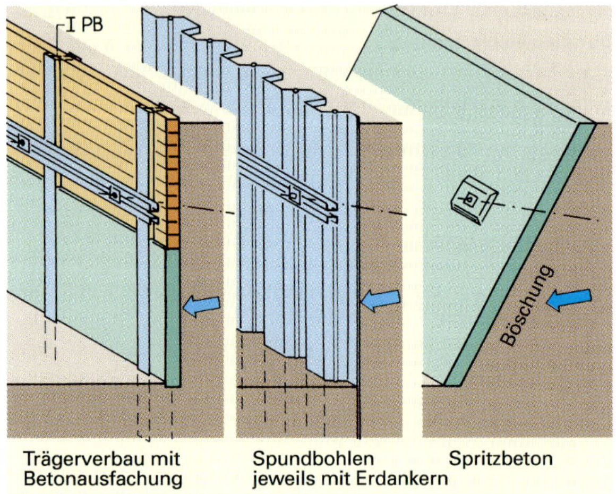

Verbau der Baugrubenwände bei Grundwasseranfall

3.4.2 Offene Wasserhaltung

Das einfachste und billigste Verfahren der Wasserhaltung ist die offene Wasserhaltung. Man lässt hierbei das Grundwasser in die Baugrube eindringen, sammelt es dort und pumpt es dann aus der Baugrube ab. Die Sammlung erfolgt entweder durch einzelne Vertiefungen in der Baugrubensohle, aus denen das Wasser abgepumpt wird, oder besser durch Gräben und Dräne. Häufig wird während des Aushebens der Baugrube nur mit einigen Vertiefungen gearbeitet. Nach Erreichen der endgültigen Baugrubensohle lohnt sich das Verlegen von Dränleitungen. Es kann auch die Baugrube tiefer ausgeschachtet und auf der Baugrubensohle Sand oder Kies eingebracht werden. Diese Schicht wird dann durch Dränung entwässert.

Die Dränleitung wird in so genannte **Pumpensümpfe** eingeleitet, dies sind Vertiefungen, aus denen das Wasser abgepumpt wird. Größe und Zahl der Pumpensümpfe richten sich nach dem Wasseranfall. In einfachen Fällen werden die Pumpensümpfe häufig aus senkrecht eingelassenen Betonrohren hergestellt.

> Die offene Wasserhaltung ist die einfachste und billigste Methode, eine Baugrube im Grundwasserbereich trockenzulegen.

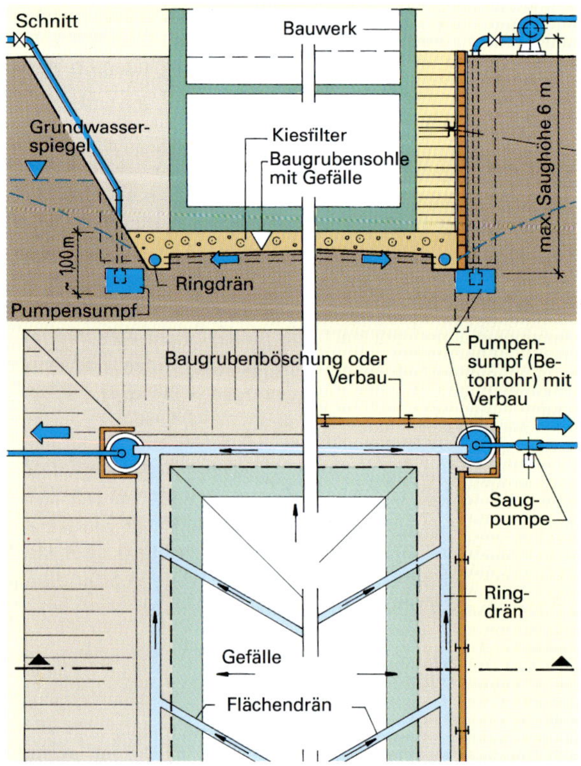

Offene Wasserhaltung mit Filterschicht, Ring- und Flächendränung

3.4.3 Grundwasserabsenkung

Wenn durch den Wasserandrang von der Sohle her die Tragfähigkeit des Untergrundes gefährdet wird oder wenn zu viel Wasser anfällt, wird die Grundwasserabsenkung gewählt. Bei der Grundwasserabsenkung lässt man nicht, wie bei der offenen Wasserhaltung, das Wasser in die Baugrube gelangen, sondern umgibt die Baugrube mit einem Gürtel von **Rohrbrunnen**, durch die das Grundwasser abgepumpt wird (geschlossene Wasserhaltung). Im Bereich zwischen den Rohrbrunnen, also im Baugrubenbereich, wird dadurch der Grundwasserspiegel unter die Baugrubensohle abgesenkt, so dass kein Grundwasser mehr in die Baugrube eindringt.

Die Rohrbrunnen bestehen aus Rohren, die bis unter die Baugrubensohle niedergebracht werden und die Durchmesser von 15 bis 150 cm haben. Der Aufwand für Herstellung und Unterhaltung einer Grundwasserabsenkung ist deshalb höher als bei der offenen Wasserhaltung. Andererseits ist es natürlich von Vorteil, wenn innerhalb der Baugrube keine Wasserhaltung betrieben werden muss.

Bei kleinen Baugruben und bei dichtem Verbau kann die Sohle auch durch Einbringen einer wasserdichten Betonschicht abgedichtet werden.

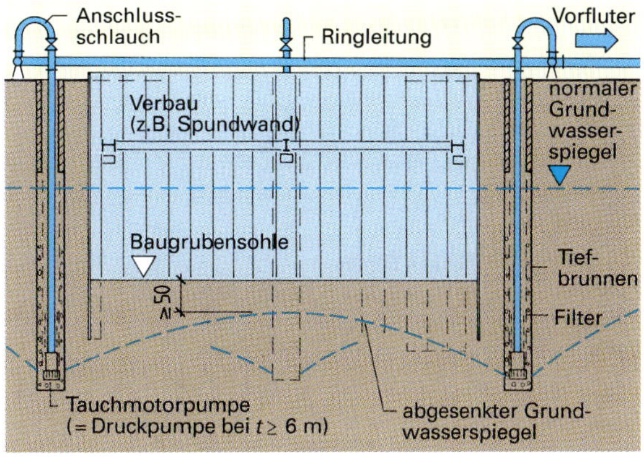

Grundwasserabsenkung und Grundwasserhaltung

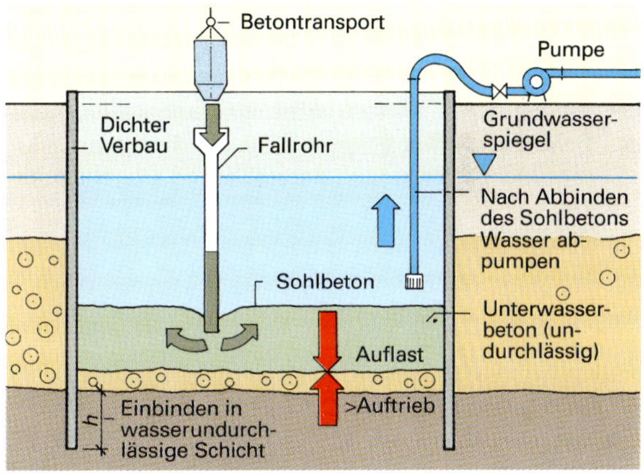

Abdichten der Baugrubensohle

Die Grundwasserabsenkung ermöglicht es, das Wasser während der Bauzeit von der Baugrube fern zu halten.

Zusammenfassung

Die Haus- und Grundstücksentwässerung erfolgt über Fallleitung, Grundleitung, Dränung, Kontrollschacht, Anschlusskanal, Straßenkanal, Hauptsammler und Kläranlage.

Grundleitungen müssen mit größter Sorgfalt und unter genauester Einhaltung von Richtung und Gefälle dem Plan entsprechend hergestellt werden.

Ein Drän, der kein durchgehendes Gefälle hat oder geknickt ist, wirkt statt Wasser ableitend Wasser sammelnd.

Kontrollschächte werden meist aus vorgefertigten Betonteilen hergestellt.

Gräben über 1,25 m Tiefe müssen zur Sicherheit der in ihnen Arbeitenden ordnungsgemäß abgeböscht oder verbaut werden. Sorgfältiges Wiederverfüllen und Verdichten sind entscheidend für die Beständigkeit des Kanals.

Bei von unten und von den Seiten eindringendem Grundwasser muss die Baugrube mit besonderen Maßnahmen trocken gehalten werden. Die offene Wasserhaltung ist die einfachste und billigste Methode, eine Baugrube im Grundwasserbereich trockenzulegen. Die Grundwasserabsenkung ermöglicht es, das Wasser von der Baugrube fern zu halten.

Aufgaben:

1. *Welche Teile gehören zur Haus- und Grundstücksentwässerung?*
2. *Welche Stationen passiert das Abwasser vom Grundstück bis zum Vorfluter?*
3. *Beschreiben Sie das Verlegen der Grundleitung.*
4. *Weshalb müssen Dränrohre unbedingt durchgehend gleiches Gefälle aufweisen?*
5. *Wie kann das Einschwemmen feiner Bodenteilchen in den Drän verhindert werden?*
6. *Weshalb sollen Schächte abgedichtet werden?*
7. *Bei welchen Bodenarten empfiehlt sich*
   a) ein waagerechter Verbau,
   b) ein senkrechter Verbau?
8. *Welche Gründe sprechen für die Verwendung von Verbaugeräten?*
9. *Stellen Sie Adresse und Telefonnummer der nächstgelegenen Verwaltungsstelle der Tiefbauberufsgenossenschaft fest.*
10. *Skizzieren Sie*
    a) eine offene Wasserhaltung,
    b) eine Grundwasserabsenkung.
11. *Welche Probleme kann eine Grundwasserabsenkung im Bereich bestehender Gebäude mit sich bringen?*

4 Gerüste

Gerüste sind nach DIN 4420, DIN EN 12810, 12811 und 12812 herzustellen. Außerdem müssen die berufsgenossenschaftlichen Vorschriften und Regeln genau beachtet werden. Gerüste müssen das unfallsichere Arbeiten an Gebäuden auch in großer Höhe ermöglichen. Sie sind nach den Regeln der Technik einwandfrei herzustellen, müssen ausreichend tragfähig, standsicher und so beschaffen sein, dass weder die am Bau Beteiligten noch Passanten oder Verkehrsteilnehmer wesentlich behindert oder gar gefährdet werden.

4.1 Gerüstarten

Nach Art der Verwendung werden die Gerüste in **Arbeits-** und **Schutzgerüste** unterteilt.

Arbeitsgerüste (Kurzzeichen AG) dienen der Ausführung von Bauarbeiten in Höhen, die vom Boden oder von den Geschossdecken aus nicht mehr erreicht werden. Sie müssen außer den Arbeitern auch noch die notwendigen Werkstoffe und Arbeitsgeräte (Werkzeuge, Maschinen) tragen.

Zu den Schutzgerüsten zählen das **Fanggerüst** (Kurzzeichen FG) oder **Dachfanggerüst** (Kurzzeichen DG), welche Personen vor tieferen Abstürzen schützen, sowie das **Schutzdach** (Kurzzeichen SD), das Personen, Maschinen und Geräte gegen herabfallende Gegenstände schützt.

Die Gerüstbauarten werden nach dem Tragsystem und der Ausführungsart unterschieden:

Tragsystem (Kurzzeichen)
- Standgerüst (S)
- Hängegerüst (H)
- Auslegergerüst (A)
- Konsolgerüst (K)

Ausführungsart (Kurzzeichen)
- Leitergerüst (LG)
- Stahlrohr-Kupplungsgerüst (SR)
- Rahmengerüst (RG)

Bezeichnung

Die Bezeichnung eines Gerüstes besteht aus Kurzzeichen für den Verwendungszweck und das Tragsystem.

Beispiel:

Gerüst EN 12810 – 4D – SW 09/250 – H2 – B – LS

Gerüst der Lastklasse 4, mit einer Systembreite von 0,90 m bis 1,20 m, einer Feldlänge von 2,50 m und einer Durchgangshöhe ≥1,90 m, mit Bekleidung und mit Zugang über Leitern und Treppen.

Stahlrohr-Kupplungsgerüst

4.1.1 Einteilung der Arbeitsgerüste nach Lastklassen

Nach DIN EN 12811-1 werden die Arbeitsgerüste in sechs Lastklassen eingeteilt. Maßgebend für die Zuordnung sind die Mindestbreite der Gerüstbelagfläche und die zulässige Belastbarkeit. Die Belastbarkeit wird als flächenbezogenes Nutzgewicht in kN/m^2 und als Flächenpressung (= Nutzgewicht geteilt durch dessen tatsächliche Grundrissfläche) angegeben.

Die freie Durchgangsbreite auf der Belagfläche muss auch bei der Lagerung von Materalien mindestens 0,20 m betragen.

Bei den Lastklassen 1, 2 und 3 darf für die Mindestbreite der Belagfläche die Bordbrettdicke mitgerechnet werden.

Gerüste der **Lastklasse 1** dürfen lediglich für Kontrolltätigkeiten verwendet werden. Dabei darf sich je Gerüstfeld höchstens eine Person aufhalten. Materiallagerungen sind nicht zulässig.

Die Gerüste werden nach Art der Verwendung in Arbeits- und Schutzgerüste unterteilt. Zu den Schutzgerüsten zählen die Fanggerüste, Dachfanggerüste und Schutzdächer.

Gerüste der **Lastklasse 2** dürfen nur für Arbeiten verwendet werden, die keine Materiallagerung erfordern, z. B. bei Malerarbeiten.

Gerüste der **Lastklasse 3** eignen sich für Arbeiten, bei denen Baustoffe in geringem Umfang gelagert werden müssen, z. B. bei Putzarbeiten.

Gerüste der **Lastklasse 4, 5 und 6** können für Arbeiten eingesetzt werden, bei denen Baustoffe und Bauteile auf dem Gerüst abgesetzt werden müssen, z. B. bei Mauer- und Betonierarbeiten.

Grundsätzlich muss beachtet werden, dass das vorgeschriebene zulässige Nutzgewicht und die Flächenpressung nicht überschritten werden.

Lastklasse	Gleichmäßig verteilte Last q_1 kN/m²	Auf einer Fläche von 500 mm × 500 mm konzentrierte Last F_1 kN	Auf einer Fläche von 200 mm × 200 mm konzentrierte Last F_2 kN
1	0,75	1,50	1,00
2	1,50	1,50	1,00
3	2,00	1,50	1,00
4	3,00	3,00	1,00
5	4,50	3,00	1,00
6	6,00	3,00	1,00

Verkehrslasten auf Gerüsten

Nach ihrer Belastung werden Arbeitsgerüste in sechs Klassen unterteilt.

4.2 Anforderungen an Gerüstbauteile

4.2.1 Gerüstbauteile und Benennungen

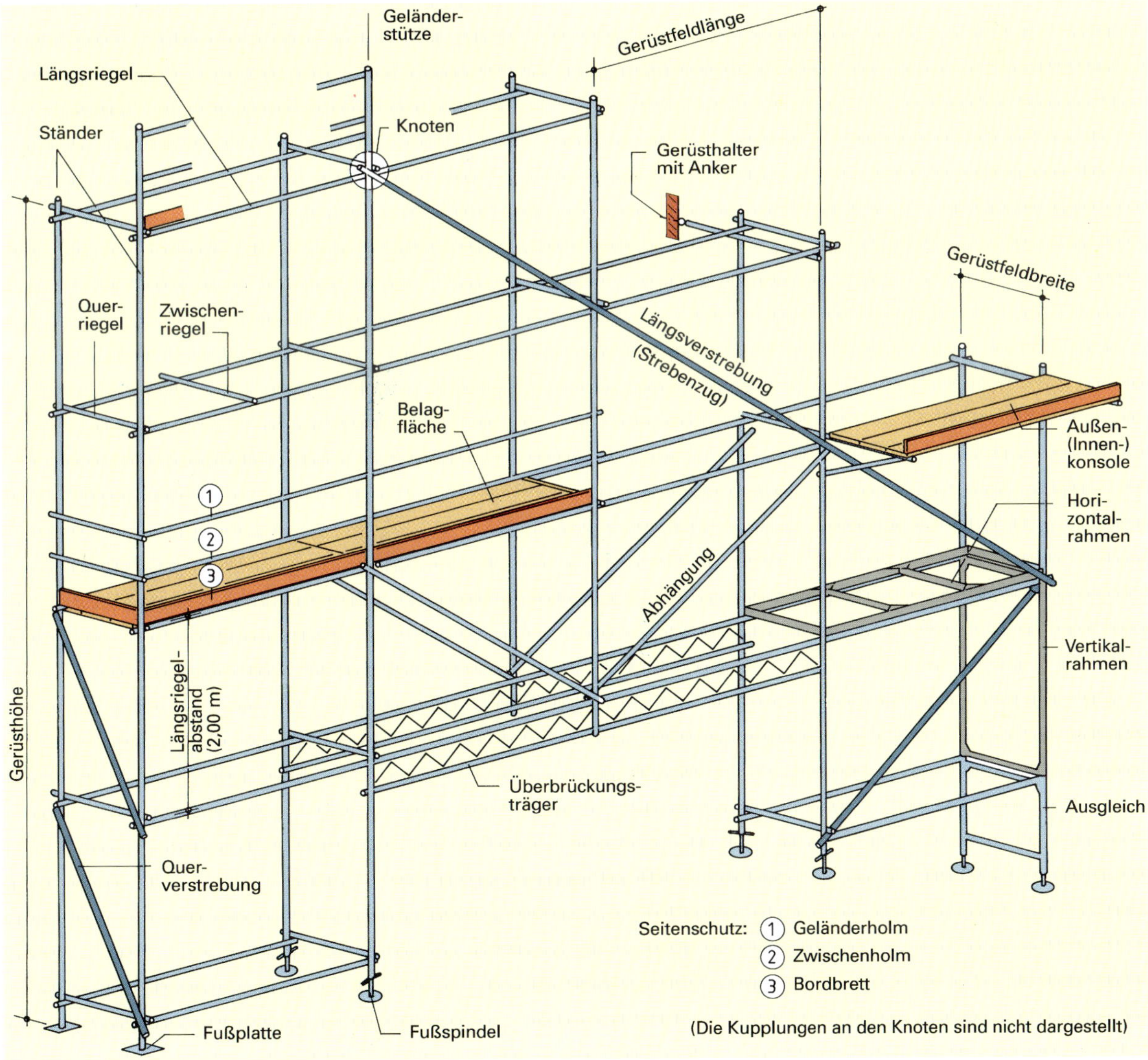

Beispiele für Gerüstbauteile und Benennungen (Fassadengerüst als Standgerüst)

4.2.2 Werkstoffe für Gerüste

Gerüste und Gerüstbauteile können aus den Werkstoffen Stahl, Aluminium oder Holz bestehen.

Gerüstbauteile aus Stahl

Tragende Gerüstbauteile aus Stahl müssen eine Nennwanddicke von mindestens 2 mm, die Teile des Seitenschutzes von mindestens 1,5 mm haben. Stahlrohre, an die Kupplungen angeschlossen werden (z.B. bei systemunabhängigen Stahlrohrgerüsten), müssen eine Nennwanddicke von mindestens 3,2 mm besitzen.

Gerüstbauteile aus Aluminium

Tragende Gerüstbauteile aus Aluminium müssen eine Nennwanddicke von mindestens 2,5 mm, die Teile des Seitenschutzes von mindestens 2 mm haben.

Aluminiumrohre, an denen Kupplungen angeschlossen werden (z.B. bei systemunabhängigen Aluminiumrohrgerüsten), müssen eine Nennwanddicke von mindestens 4 mm besitzen.

Gerüstbauteile aus Holz

Holzbauteile müssen mindestens der Sortierklasse S 10 oder MS 10 entsprechen.

Gerüstbretter und Gerüstbohlen sowie Teile des Seitenschutzes müssen mindestens 3 cm dick und vollkantig sein. An ihren Enden dürfen sie nicht aufgerissen sein.

Anstelle des Zwischenholmes können auch ausreichend tragfähige Netze bzw. Geflechte mit Maschenweiten kleiner als 10 cm zwischen Geländerholm und Bordbrett gespannt werden.

Brett- bzw. Bohlenbreite in cm	Lastklasse	Brett- bzw. Bohlendicke in cm				
		3,0	3,5	4,0	4,5	5,0
		größte Stützweite in m				
20	1, 2, 3	1,25	1,50	1,75	2,25	2,50
24 und 28		1,25	1,75	2,25	2,50	2,75
20	4	1,25	1,50	1,75	2,25	2,50
24 und 28		1,25	1,75	2,00	2,25	2,50
20, 24, 28	5	1,25	1,25	1,50	1,75	2,00
20, 24, 28	6	1,00	1,25	1,25	1,50	1,75

Zulässige Stützweiten für Gerüstbeläge aus Holzbrettern und -bohlen (nach DIN 4420)

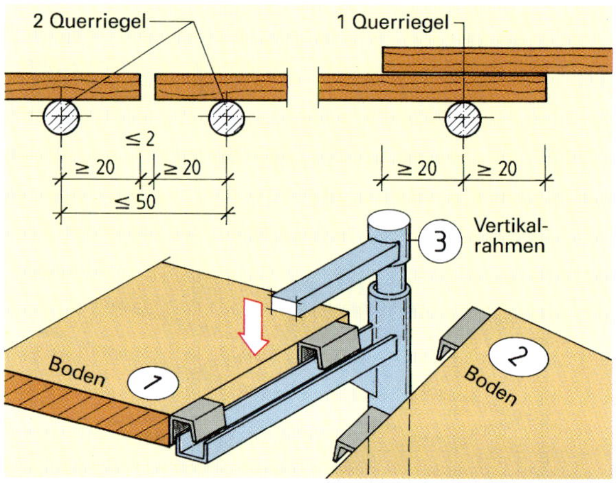

Auflagerung von Gerüstbohlen, Böden oder Rahmentafeln

4.3 Allgemeine Richtlinien für die Ausführung

4.3.1 Gerüstbelag

Jede benutzte Gerüstlage muss voll ausgelegt sein. Die Belagteile sind dicht aneinander zu verlegen, dass sie weder wippen noch ausweichen können. Bei Gerüstbohlen müssen unter dem Stoß entweder zwei Querriegel liegen oder die Gerüstbohlen müssen sich beidseitig des Querriegels mindestens 20 cm überdecken.

Belagteile sind so zu verlegen, dass sie weder wippen noch ausweichen können.

4.3.2 Seitenschutz

Gerüste, deren Belag mehr als 2 m über dem Boden liegt, müssen an der Außenseite einen Seitenschutz erhalten. Bei Gerüsten, die mehr als 30 cm vom Gebäude entfernt sind, ist auch an der Innenseite ein Seitenschutz erforderlich. Außerdem ist ein Seitenschutz an den Enden eines Gerüstbelags, z. B. an den Stirnseiten von Gerüsten, anzuordnen.

Der Seitenschutz wird dreiteilig, bestehend aus Geländerholm, Zwischenholm und Bordbrett, ausgebildet. Der lichte Abstand zwischen den Bauteilen darf nicht größer als 47 cm sein. Die Oberkante des Geländerholmes muss mindestens 1 m, die Oberkante des Bordbrettes mindestens 15 cm über dem Gerüstbelag liegen.

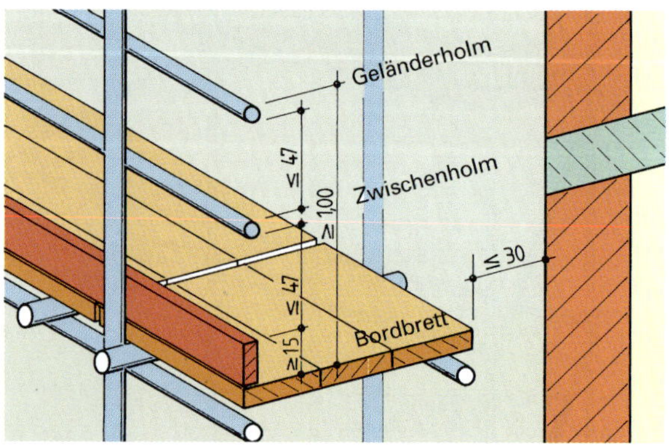

Seitenschutz

Alle Gerüste, deren Gerüstbelag mehr als 2 m über dem Boden liegt, müssen einen Seitenschutz erhalten.

4.3.3 Aussteifung

Gerüste müssen alle Lasten sicher ableiten können. Dazu müssen sie ausgesteift werden. Dies geschieht je nach Gerüstbauart durch Diagonalen, Rahmen und Verankerungen.

Verstrebungen durch Diagonalen müssen an den Kreuzungspunkten mit den vertikalen Traggliedern (Ständern) oder den horizontalen Traggliedern (Längs- und Querriegeln) verbunden werden. Verstrebungen zur Gerüstaussteifung werden über die gesamte Gerüstlänge und -höhe als Strebenkreuze oder Strebenzüge angeordnet, wobei jeder Strebenzug höchstens fünf Gerüstfelder übergreifen darf. Erst die Verstrebung gibt diesen Gerüsten die erforderliche Steifigkeit. Diese Verstrebungen dürfen erst beim endgültigen Abbau des Gerüstes und abgestimmt auf ihn entfernt werden.

> Gerüste müssen ausgesteift sein, um alle auf sie einwirkenden Lasten sicher ableiten zu können. Dies geschieht durch Diagonalen, Rahmen und Verankerungen.

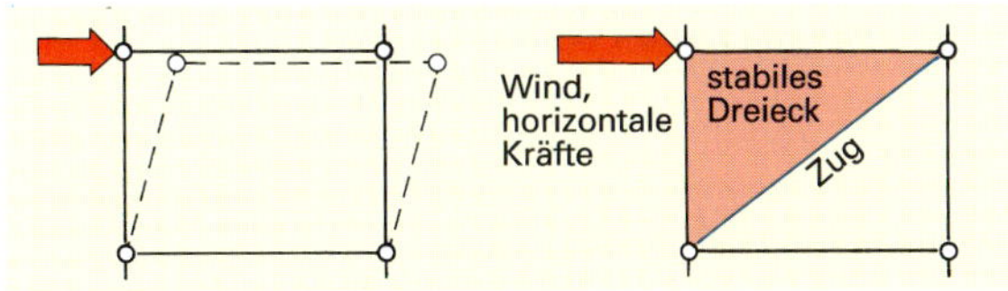

Aussteifung durch stabile Dreiecke

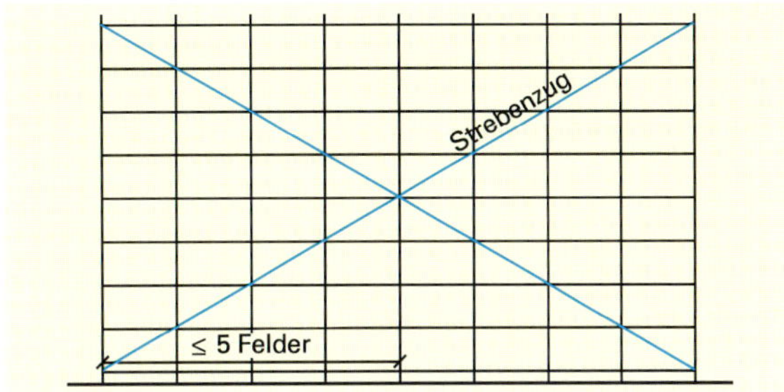

Strebenkreuz

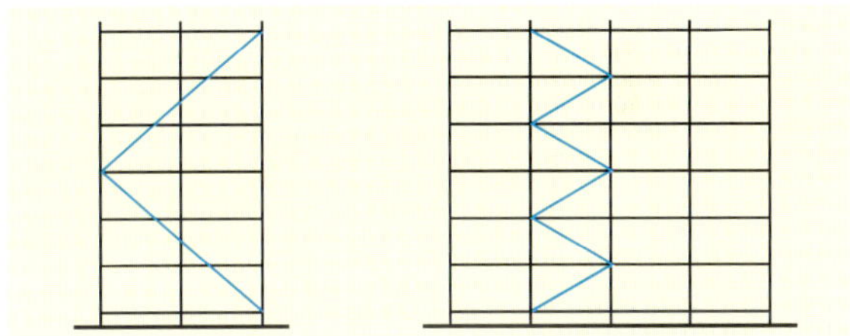
Gegenläufiger Strebenzug **Turmartige Anordnung**

4.3.4 Verankerung

Alle Gerüste, die frei stehend nicht standsicher sind, müssen am Gebäude verankert werden. Die Verankerungen (Gerüsthalter) werden an den Knoten (z.B. Kreuzungspunkte Ständer/Längsriegel/Querriegel) angebracht. Die Abstände der Verankerungspunkte richten sich nach der statischen Berechnung. Für Gerüste in Regelausführung werden die Höchstabstände angegeben (siehe Abschnitt 4.4).

Verankerungen dürfen nur an standsicheren und festen Bauteilen angebracht werden. Dies sind in der Regel Deckenscheiben, Stützen und Mauerscheiben. Befestigungen an Schneefanggittern, Blitzableitern, Dachrinnen, nicht tragfähigen Fensterpfeilern oder Fensterbrüstungen und dergleichen sind nicht zulässig.

Es dürfen nur zugelassene Verankerungsmittel verwendet werden, und sie sind fachgerecht einzubauen. Befestigungen mit Faserseilen oder Rödeldraht sind unzulässig.

Auch Verankerungen dürfen erst beim Abbau und auf ihn abgestimmt entfernt werden.

> Alle Gerüste, die frei stehend nicht standsicher sind, müssen am Gebäude verankert werden.

Verankerungselement

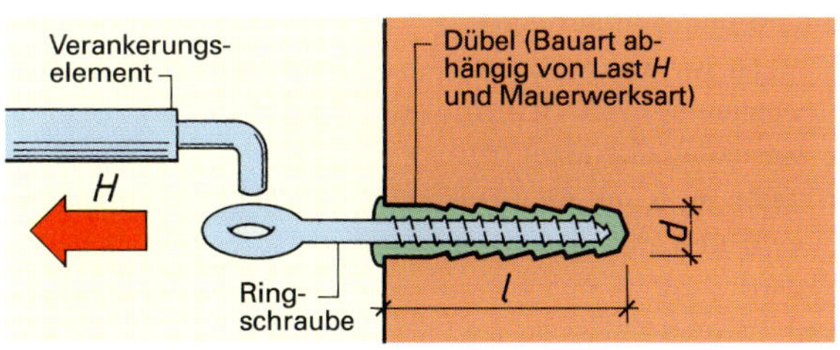

Verankerung im Mauerwerk

4.4 Regelausführungen für Gerüste

Unter dem Begriff „Regelausführung" ist die Konstruktion von Gerüsten nach bestimmten Regeln zu verstehen. Diese Regeln sind in DIN 4420 und DIN EN 12811 festgelegt.

Regelausführungen sind für Leitergerüste, Stahlrohr-Kupplungsgerüste, Auslegergerüste, Konsolgerüste und Hängegerüste möglich.

Gerüste ohne Regelausführung werden statisch berechnet und nach Ausführungsplänen erstellt. Außerdem sind noch handwerkliche Gerüste möglich, die aufgrund fachlicher Erfahrungen erstellt werden; zu diesen Gerüsten zählen z.B. Bockgerüste oder Gerüste mit nur geringer Höhe.

4.4.1 Leitergerüst

Leitergerüste werden immer mehr durch Rahmengerüste (siehe Abschnitt 4.5) aus Stahl oder Aluminium ersetzt. Sie werden nicht mehr hergestellt; wo sie noch verwendet werden, ist eine besondere Aufmerksamkeit auf eventuelle Schäden unerlässlich (Risse, Fäulnis).

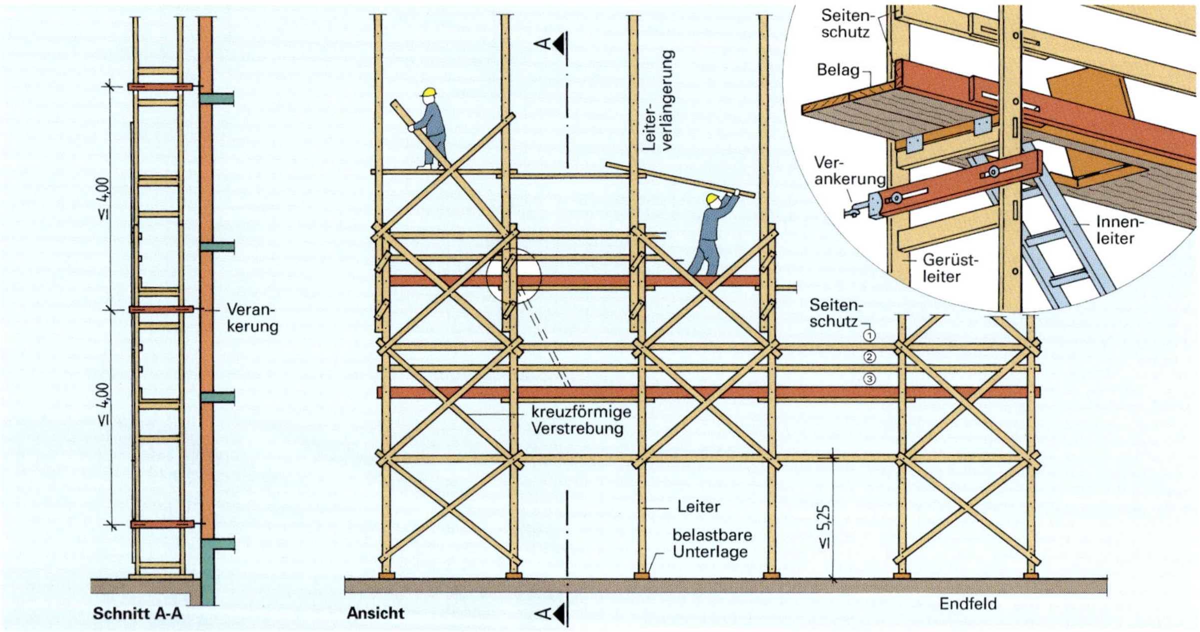

Leitergerüst

Leitergerüste sind Systemgerüste, die aus **Gerüstleitern** (mit hölzeren Holmen und Sprossen aus Holz oder Stahl) und **Leitergerüstbauteilen** (aus Holz oder Stahl) bestehen. Leitergerüstbauteile sind z.B. Gerüstbohlen, Bordbrett, Zwischenholm, Geländerholm, Geländerklammer, Haken, Schrauben, Konsolen usw.

Leitergerüste in Regelausführung sind als Arbeits- und Schutzgerüste der Lastklassen 1 bis 3 möglich.

Zulässige Gerüsthöhen

Für Standgerüste als Fassadengerüste betragen die zulässigen Gerüsthöhen:

- **18,00 m**, wenn alle Gerüstlagen in Höhenabständen von jeweils 2,00 m ausgelegt sind und davon nur eine Gerüstlage belastet wird
- **24,00 m**, wenn höchstens drei Gerüstlagen ausgelegt sind und nur eine Gerüstlage je Gerüstfeld belastet wird

Die Gerüsthöhen dürfen um 6,00 m erhöht werden, wenn die Belagbreite nicht über 65 cm beträgt.

Zulässige Gerüstfeldlängen

Die zulässigen Gerüstfeldlängen sind abhängig von der Mindestbreite und -dicke der Bohlen des Gerüstbelags.

Gerüstbohlen **Breite × Dicke** in cm	**zulässige Gerüstfeldlänge** in m
20 × 4	1,75[1]
24 × 4	2,00
28 × 4 20 × 4,5	2,25
28 × 4,5 24 × 4,5 20 × 5	2,50
24 × 5	2,75

1 Sind die Bohlen (20 × 4) über zwei Gerüstfelder durchlaufend, darf die Gerüstlänge auf 2,00 m erhöht werden.

Zulässige Gerüstfeldlängen bei Leitergerüsten als Standgerüste (Fassadengerüste)

Verankerung

Leitergerüste, die frei stehend nicht standsicher sind, müssen am Bauwerk verankert werden. Für die Verankerung gilt Abschnitt 4.3.4 mit folgenden Ergänzungen:

- Jeder Leiterzug ist am Bauwerk zu verankern
- Der senkrechte Abstand der Verankerungspunkte darf höchstens 4,00 m betragen
- Die Gerüstleitern dürfen über den obersten Verankerungspunkt höchstens 7,00 m hinausragen
- Der oberste Gerüstbelag darf höchstens 2,00 m über dem obersten Verankerungspunkt liegen

Verstrebung

Die Endfelder und jedes zweite Gerüstfeld sind bis zum Geländerholm der obersten Gerüstlage durchgehend kreuzweise zu verstreben.

In den Endfeldern muss die Verstrebung an den Fußpunkten beginnen. In den übrigen Feldern muss sie höchstens 5,25 m über der Standfläche beginnen.

Leitergerüste können als Arbeits- und Schutzgerüste der Lastklassen 1 bis 3 eingesetzt werden.

4.4.2 Stahlrohr-Kupplungsgerüst

Stahlrohrgerüste haben im Vergleich zu Gerüsten aus hölzernen Bauteilen eine höhere Nutzungsdauer, und sie benötigen einen geringeren Lagerraum. Die verhältnismäßig geringe Masse der Gerüstkonstruktion und deren stabile Knotenpunkte ermöglichen das Einrüsten sehr hoher Bauwerke.

Stahlrohr-Kupplungsgerüste in Regelausführung dürfen für Arbeitsgerüste der Lastklassen 1 bis 6 und für Fanggerüste eingesetzt werden.

Die Stahlrohre mit einem Außendurchmesser von 48,3 mm werden mit Normalkupplungen, Drehkupplungen, Stoßkupplungen und Stoßbolzen verbunden.

Die Ständer stehen unverschiebbar auf Fußplatten oder auf höhenverstellbaren Fußspindeln.

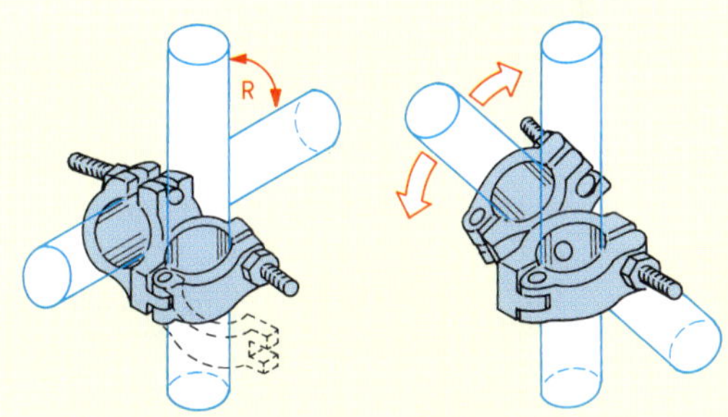

Normalkupplung zur rechtwinkligen Rohrverbindung

Drehkupplung zur Verbindung in beliebigem Winkel

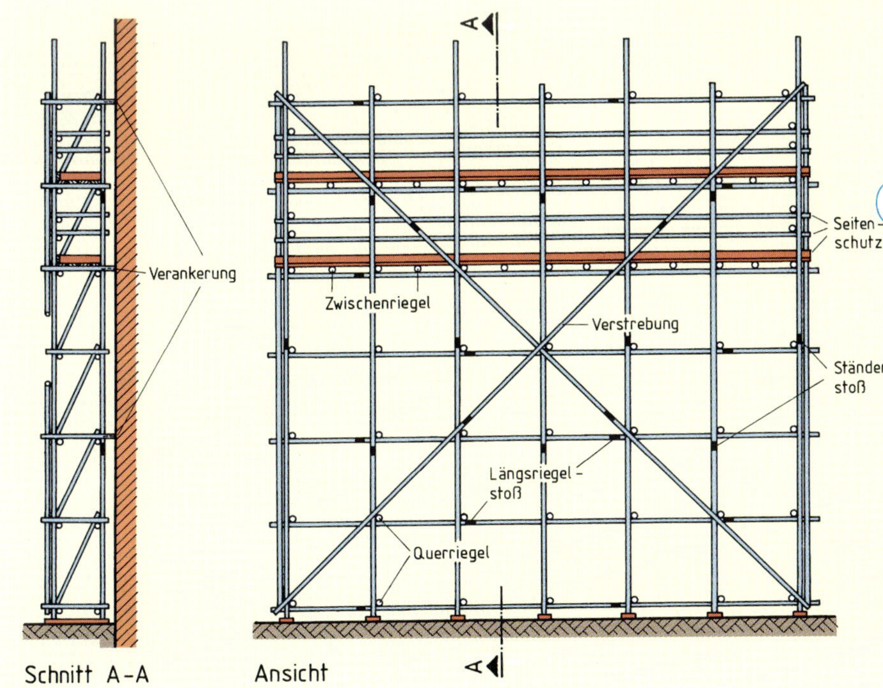

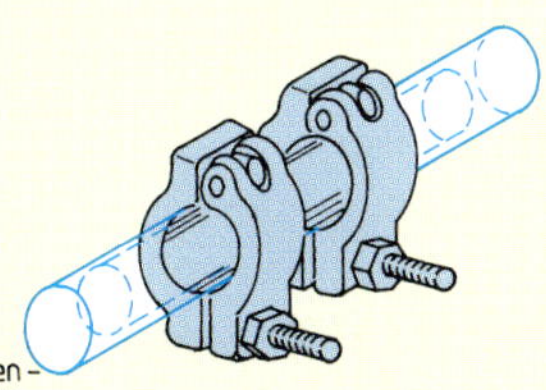

Stoßkupplung zur Längsverbindung (mit Bolzen)

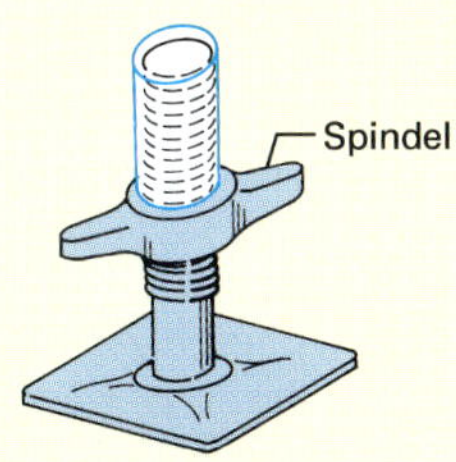

Gewindefußplatte Verstellbereich 100 mm

Stahlrohr-Kupplungsgerüst

Verankerung

Die Anordnung und die Anzahl der Verankerungspunkte sowie die vorgeschriebene Belastbarkeit der Anker sind davon abhängig, welche Höhe das Gerüst hat und ob es bekleidet oder nicht bekleidet ist.

Gerüstabmessungen

Für Stahlrohr-Kupplungsgerüste als Standgerüste (Fassadengerüste) in Regelausführung beträgt die zulässige Höhe 30 m.

Die Gerüstbreite (Systembreite) darf höchstens 1,00 m betragen, und die Gerüstlagen dürfen einen Vertikalabstand von höchstens 2,00 m besitzen.

Ständerabstände

Die Ständerabstände der Stahlrohr-Kupplungsgerüste sind von der Belastung des Gerüstes, also von der Lastklasse, abhängig.

Die nebenstehende Tabelle gilt nur unter der Voraussetzung, dass höchstens zehn Gerüstlagen (ohne Verbreiterungen) ausgelegt sind. Dabei darf in jedem Gerüstfeld nur eine Belagfläche voll genutzt werden.

Bei den Lastklassen 1 bis 3 dürfen keine Lasten (z.B. Steinpakete) durch Krane abgesetzt werden.

Stahlrohr-Kupplungsgerüste bestehen aus mindestens 48,3 mm (Außendurchmesser) dicken Stahlrohren. Die Stahlrohre werden mit Kupplungen verbunden. Stahlrohr-Kupplungsgerüste können in Regelausführung eine Höhe von 30 m haben.

Lastklasse	**Ständerabstand** in m
1 und 2	2,50
3 und 4	2,00
5	1,50
6[1]	1,20

[1]) Für die Lastklasse 6 müssen zusätzliche Zwischenholme eingebaut werden.

Ständerabstände

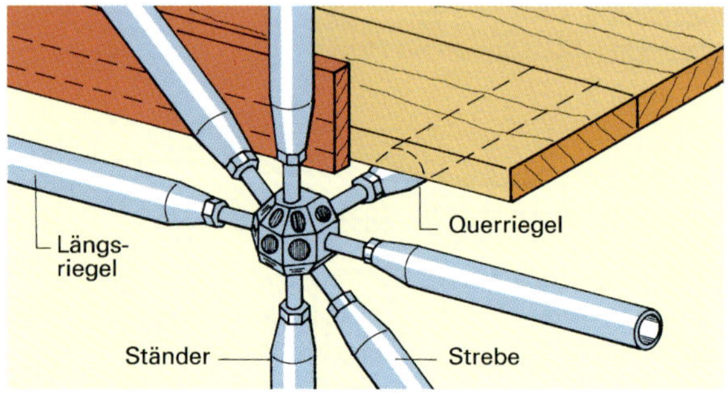

Knotenpunkt eines Stahlrohr-Kupplungsgerüstes in „Kugelknotensystembauweise"

Auslegergerüst

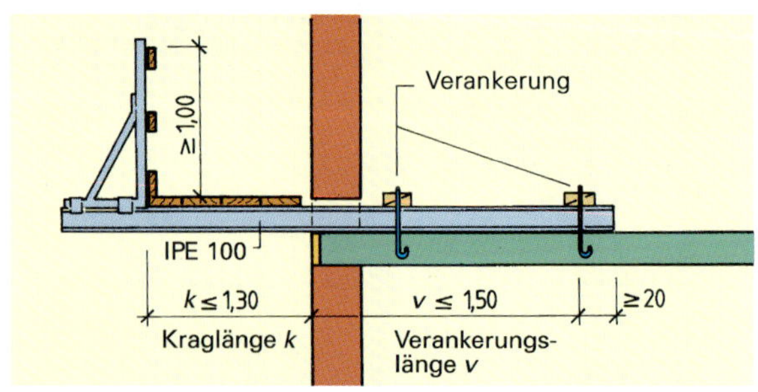

Ausbildung des Auslegergerüsts

4.4.3 Auslegergerüst

Bei Gebäuden mit sehr großen Höhen ist der Aufbau und Abbau von Standgerüsten sehr zeitaufwendig. Ist durch die Art der Baukonstruktion kein höher belastbares Gerüst erforderlich, so kann ein Auslegergerüst vorgesehen werden.

Auslegergerüste in Regelausführung dürfen für Arbeitsgerüste der Lastklassen 1 bis 3 sowie für Fanggerüste eingesetzt werden.

Der Gerüstbelag wird durch Kragträger (Ausleger), die an den Geschossdecken verankert sind, getragen. Als Ausleger finden Stahlprofile I 80, I PE 80, I 100 oder IPE 100 Verwendung.

Verankerung

Die Verankerung ist nur in Stahlbeton-Massivdecken zulässig, wobei immer mindestens zwei Verankerungsbügel aus BSt 500 S mit mindestens 10 mm Durchmesser einbetoniert werden. Die Bügel müssen mit ihren Haken unter die untere Querbewehrung der Decke greifen.

Seitenschutz

Für den Seitenschutz werden auf die Profilträger von außen Geländerstützen aufgeschoben und verkeilt. Ein fester Sitz muss gewährleistet sein. Für die Ausbildung des Seitenschutzes gilt Abschnitt 4.3.2.

Auslegergerüste werden für Arbeitsgerüste der Lastklassen 1 bis 3 sowie für Fanggerüste eingesetzt. Die Ausleger werden mit Stahlbügeln in Stahlbetondecken verankert.

4.4.4 Konsolgerüst

Bei Konsolgerüsten liegt der Gerüstbelag auf Konsolen, die am Bauwerk in Stahlbeton-Massivdecken verankert sind.

Konsolgerüste in Regelausführung dürfen für Arbeitsgerüste der Lastklassen 1 bis 3 sowie für Fanggerüste eingesetzt werden.

Die Konsolhöhe muss mindestens der Belagbreite entsprechen, und der horizontale Konsolabstand darf höchstens 1,50 m betragen.

Konsolgerüste können auch in Abschnitten aus mehreren Konsolen einschließlich dem Belag mit dem Kran sehr schnell versetzt werden.

Verankerung

Die Konsolen müssen je Aufhängung zwei Einhängehaken besitzen. Eine Verankerung ist nur in Stahlbeton-Massivdecken mit mindestens zwei Einhängeschlaufen aus Betonstahl BSt 500S (Mindestdurchmesser 10 mm) zulässig.

Die Einhängeschlaufen müssen mindestens 50 cm in die Stahlbetondecke eingreifen, und ihre Enden müssen in die untere Deckenbewehrung eingeführt sein. Erst wenn der Beton eine Mindestdruckfestigkeit von 10 MN/m^2 erreicht hat, dürfen die Einhängeschlaufen belastet werden.

Überbrückung von Wandöffnungen

Wandöffnungen (z.B. Fenster) im Bereich des Konsolfußes werden mit Kanthölzern (mind. der Sortierklassen S 10 oder MS 10) oder Profilträgern überbrückt.

Gerüstbelag und **Seitenschutz** siehe Abschnitte 4.3.1 und 4.3.2.

Bei Konsolgerüsten liegt der Belag auf Konsolen. Sie werden als Arbeitsgerüste der Lastklassen 1 bis 3 und als Fanggerüste eingesetzt.

Überbrückungsträger	zu überbrückende Öffnung	
	bis 1,00 m	bis 2,25 m
Kantholz	10 cm/10 cm	2 × 10 cm/12 cm
Profilstahl	–	I 100 oder IPE 100

Überbrückung von Wandöffnungen

Konsolgerüst

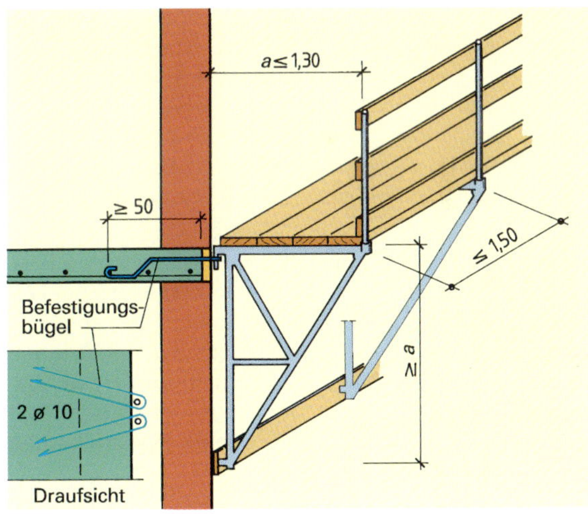

Ausbildung des Konsolgerüsts

4.4.5 Hängegerüst (nicht fahrbares Gerüst)

Das Hängegerüst besteht aus einer Arbeitsplattform, die von tragfähigen Bauteilen abgehängt wird. Dabei muss sichergestellt sein, dass die Bauteile, an denen das Gerüst abgehängt wird, sowie die Tragmittel den auftretenden Belastungen standhalten.

Hängegerüste dürfen in Regelausführung als Arbeitsgerüste der Lastklassen 1 bis 3 eingesetzt werden.

Als Tragmittel dürfen nur nichtbrennbare Werkstoffe, wie z.B. Rundstahlketten, Drahtseile oder warm gebogene Stahlhaken, verwendet werden. Drahtseile dürfen nicht verknotet werden, offene Stahlhaken müssen gegen Aufbiegen und Aushängen gesichert sein.

Hängegerüste sind gegen Schwankungen (Pendeln) nach allen Richtungen zu sichern.

Der Seitenschutz ist nach Abschnitt 4.3.2 auszubilden.

Hängegerüste werden von tragfähigen Bauteilen abgehängt. In Regelausführung dürfen sie für Arbeitsgerüste der Lastklassen 1 bis 3 eingesetzt werden.

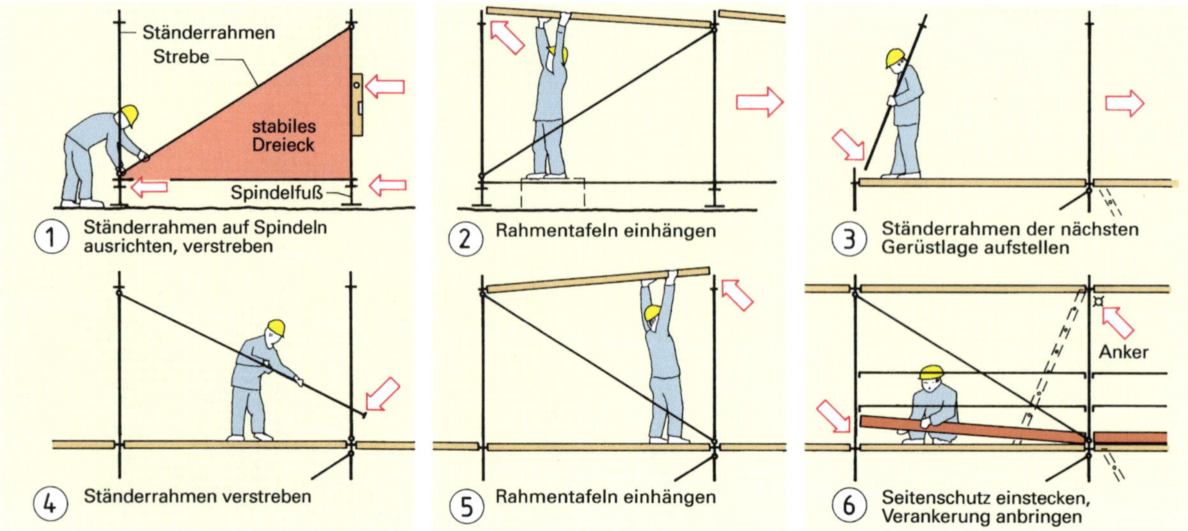

Aufbau eines Rahmengerüsts

4.5 Rahmengerüst

Rahmengerüste sind **Systemgerüste** aus vorgefertigten Bauteilen. Sie finden immer mehr Verwendung im Bauwesen, weil sie sehr einfach und schnell auf- und abzubauen sind.

Rahmengerüste müssen eine **allgemeine baurechtliche Zulassung** besitzen, durch die ihre Brauchbarkeit für den vorgesehenen Verwendungszweck nachgewiesen wird. Danach dürfen sie als Arbeitsgerüste und Schutzgerüste gemäß der im Nachweis der Brauchbarkeit festgelegten Lastklasse verwendet werden. Die Aussteifung erfolgt bei Rahmengerüsten durch biegesteife Rahmen.

In der horizontalen Ebene wird der Gerüstbelag als Rahmentafel ausgebildet. In vertikaler Ebene erfolgt die Queraussteifung durch Ständerrahmen. Die Längsaussteifung der Rahmengerüste wird in der Regel durch Verstrebungen mit Diagonalen erzielt. Außerdem besteht auch die Möglichkeit, die Längsaussteifung durch biegesteife Rahmen im Seitenschutz (Geländerholm und Zwischenholm) zu erzielen.

Rahmengerüste sind sehr schnell und einfach auf- und abzubauen. Ihre Brauchbarkeit muss durch eine allgemeine baurechtliche Zulassung nachgewiesen sein.

Rahmengerüst

4.6 Schutzgerüste

Schutzgerüste haben die Aufgabe, die am Bau Beteiligten gegen Absturz zu sichern sowie das Herabfallen von Baustoffen und Werkzeugen zu verhindern. Schutzgerüste werden nicht zum Aufenthalt bei Arbeiten am Bauwerk verwendet. Sie dienen lediglich dem Schutz der am Bau Beteiligten, der Passanten und der Verkehrsteilnehmer.

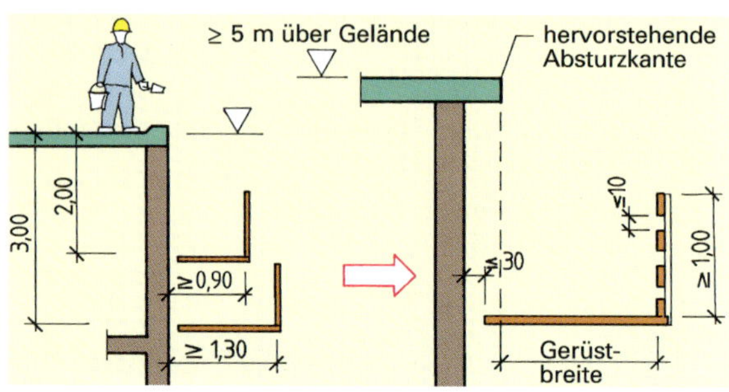

Gerüstbreiten für Fanggerüste

4.6.1 Fanggerüst

Für Arbeitsplätze, die mehr als 5,00 m über dem Boden liegen und nicht durch ein Arbeitsgerüst gesichert sind, muss ein Fanggerüst vorgesehen werden. Die Breite des Fanggerüstes richtet sich nach der möglichen Absturzhöhe über dem Gerüst. Bis 2,00 m Absturzhöhe muss die Breite mindestens 0,90 m, bis 3,00 m Absturzhöhe mindestens 1,30 m betragen.

Der horizontale Abstand zwischen Bauwerk und Fanggerüst darf nicht größer als 30 cm sein. Besteht eine Absturzgefahr auch zum Bauwerk hin, so ist die Belagfläche nach innen zu verbreitern.

Bei auskragenden Gebäudeteilen (z.B. Balkone, Gesimsplatten) ist die nutzbare Gerüstbreite von der Außenkante dieser vorspringenden Bauteile zu messen.

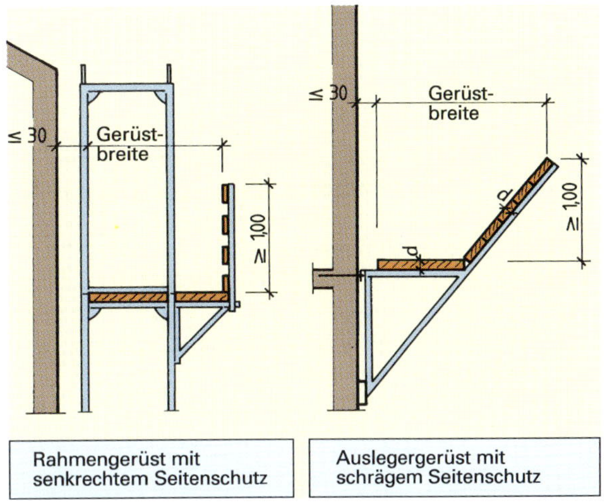

Fanggerüste

Seitenschutz

Der Seitenschutz bei Fanggerüsten wird entweder senkrecht oder schräg angebracht. Wird ein Seitenschutz nach Abschnitt 4.3.2 verwendet, so darf dieser um max. 15° gegen die Senkrechte geneigt sein. Bei einer Neigung über 15° muss der Seitenschutz als geschlossene **Schutzwand** ausgebildet werden, wobei die Schutzwanddicke der Gerüstbelagdicke entsprechen muss. Die senkrechte Höhe der Schutzwand muss mindestens 1,00 m betragen.

4.6.2 Dachfanggerüst

Dachfanggerüste sind Schutzgerüste für Arbeiten an geneigten Dächern, wenn die Absturzhöhe an der Absturzkante (= Traufe) mehr als 3,00 m beträgt. Die Breite des Gerüstbelags muss mindestens 60 cm betragen.

Dachfanggerüste erhalten als Seitenschutz immer eine Schutzwand, die mindestens 70 cm von der Traufkante entfernt sein muss. Der Gerüstbelag darf nicht tiefer als 1,50 m unterhalb der Traufkante liegen. Für die Höhe der Schutzwand gelten folgende Bestimmungen:

- Die Gesamthöhe der Schutzwand muss mindestens 1,00 m betragen
- Die Schutzwand muss die Traufkante um das Maß 1,50 m – *b* überragen

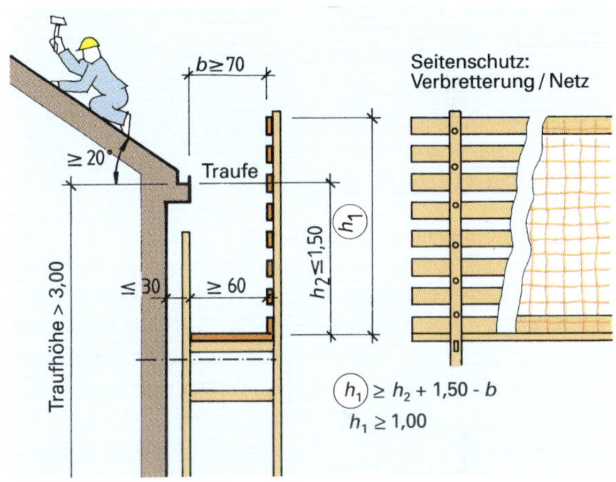

Dachfanggerüst am Beispiel des Leitergerüsts

4.6.3 Schutzdach

Schutzdächer haben die Aufgabe, die am Bau Beteiligten, die Passanten und die Verkehrsteilnehmer vor herabfallenden Gegenständen zu schützen.

Die Breite (Auskragung) richtet sich nach den örtlichen Erfordernissen, sie muss aber mindestens 1,50 m betragen. Bei Fassadengerüsten muss das Schutzdach das Gerüst um mindestens 60 cm überragen.

Schutzdächer müssen eine mindestens 60 cm hohe Bordwand besitzen.

Schutzdach

Zu den Schutzgerüsten zählen die Fanggerüste, die Dachfanggerüste und die Schutzdächer. Sie dürfen nie zum Aufenthalt bei Arbeiten am Bauwerk verwendet werden.

4.7 Leitern

4.7.1 Anlegeleitern

Anlegeleitern werden an einen Gegenstand, z. B. an ein Bauteil oder ein Gerüst, angelehnt. Der richtige Anstellwinkel beträgt zwischen 68° und 75°. Die Leiter ist so aufzustellen, dass der waagerechte Abstand zwischen Anlegepunkt und Fußpunkt ca. $\frac{1}{3}$ bis $\frac{1}{4}$ der Anlegelänge entspricht. Anlegeleitern müssen mindestens 1,00 m über den Austritt hinausragen.

Anlegeleitern müssen gegen Ausgleiten, Umfallen, Umkanten, Abrutschen und Einsinken gesichert sein. Dies geschieht z. B. durch Fußverbreiterungen oder Einhängungen.

Anlegeleitern müssen mindestens 1,00 m über ihren Austritt hinausragen. Ihr Anstellwinkel beträgt zwischen 68° und 75°.

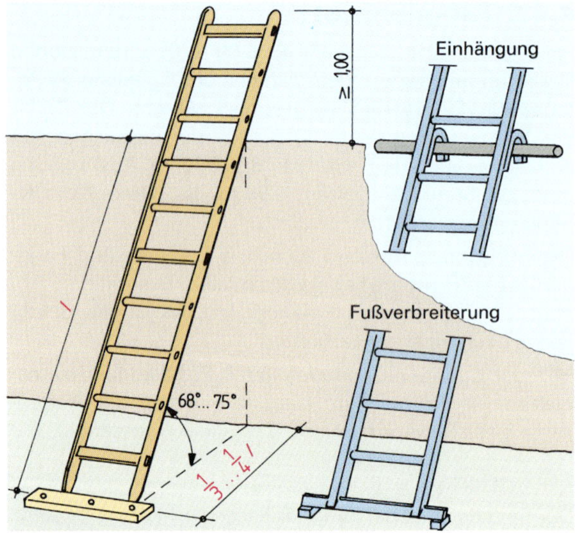

Anlegeleitern

4.7.2 Gerüstaufstiege

Die früher üblichen Leitergänge, die außen an den Gerüsten angebracht waren, sind nur noch in Ausnahmefällen bis zu einer Höhe von 5,00 m zulässig. Aus Sicherheitsgründen sollten jedoch die Aufstiege bei Gerüsten grundsätzlich innen sein. Auch das Zusammenbinden (Verlängern) von Leitern, das früher bei Leitergängen üblich war, ist nicht mehr gestattet.

Im Allgemeinen werden heute **innen liegende Leitern** bzw. **Treppentürme** als Gerüstaufstiege verwendet, die eine wesentlich höhere Arbeitssicherheit bieten als außen liegende Leitergänge.

Die Leitern der Gerüstaufstiege führen über jeweils ein Gerüstgeschoss, d. h. von einem Gerüstboden zum nächsten darüber oder darunter liegenden.

Der Aufstieg bei Gerüsten erfolgt über innen liegende Leitern.

Innen liegender Leiteraufstieg am Rahmengerüst

4.7.3 Stehleitern

Stehleitern sind frei stehende, zweischenklige Leitern, die an beiden Seiten durch fest angebrachte Spannketten oder -gelenke gegen Auseinandergleiten gesichert sind.

Stehleitern dürfen nie als Anlegeleitern verwendet werden.

Stehleitern müssen durch Spannketten oder -gelenke gegen Auseinandergleiten gesichert sein.

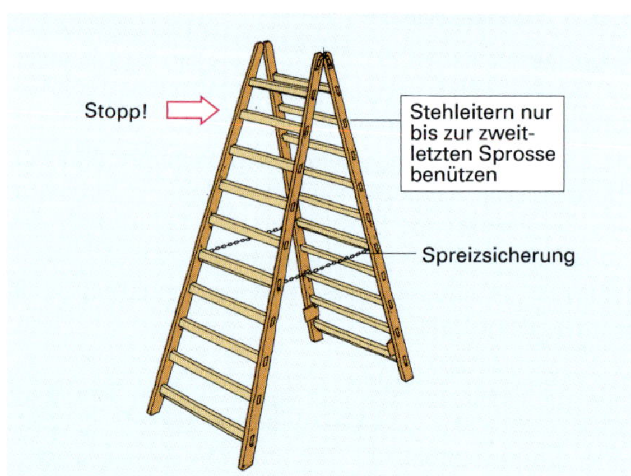

Stehleiter

4.8 Verhaltensregeln für den Aufenthalt auf Arbeitsgerüsten

1. Jedes Gerüst ist vor dem Betreten auf seine Standsicherheit zu überprüfen!
2. Nur solche Gerüste betreten, die bei Höhen über 2 m einen ordnungsgemäßen Seitenschutz besitzen!
3. Nur absolut schwindelfreie Personen dürfen Gerüste betreten!
4. Bei der geringsten Spur von Unsicherheit ist das Gerüst sofort zu verlassen!
5. Auf Gerüsten muss konzentriert und ruhig gearbeitet werden. Hektik ist zu vermeiden!
6. Es dürfen keine unnötigen Schwingungen verursacht werden. Gerüste langsam begehen, auf keinen Fall laufen!
7. Keine unnötigen Werkstoffe und Werkzeuge auf den Gerüsten lagern. Dies führt zu unnötigen Belastungen und verursacht erhöhte Stolpergefahr!
8. Gerüste sind keine Turngeräte! Zur Überwindung der Höhen sind die Leitern zu benützen! Seilzüge sind nur für den Transport der Werkstoffe und Werkzeuge – niemals für den Transport von Personen!
9. Kein Alkohol am Arbeitsplatz! Alkoholgenuss auf Gerüsten ist ganz besonders gefährlich!
10. Vorsicht ist keine Feigheit und Leichtsinn kein Mut!

Zusammenfassung

Arbeitsgerüste werden hinsichtlich ihrer Belastbarkeit in sechs Klassen unterteilt.

Gerüste, deren Belag mehr als 2 m über dem Boden liegt, müssen an den Außenseiten einen Seitenschutz erhalten. Der Seitenschutz wird dreiteilig, bestehend aus Geländerholm, Zwischenholm und Bordbrett, ausgebildet.

Gerüste müssen alle Lasten sicher ableiten können. Dazu müssen sie durch Diagonalen, Rahmen und Verankerungen ausgesteift werden.

Alle Gerüste, die frei stehend nicht standsicher sind, müssen am Gebäude verankert werden.

DIN 4420, DIN EN 12810, 12811, 12812 sehen für die wichtigsten Gerüste Regelausführungen vor.

Leitergerüste sind Systemgerüste, die aus Gerüstleitern mit hölzernen Holmen und Sprossen aus Holz oder Stahl bestehen. In Regelausführung können sie bis zu einer Höhe von 24 m gebaut werden und dürfen als Arbeitsgerüste der Lastklassen 1 bis 3 und als Schutzgerüste eingesetzt werden.

Stahlrohr-Kupplungsgerüste bestehen aus Stahlrohren, die mit Kupplungen verbunden werden. In Regelausführung dürfen sie als Arbeitsgerüste der Lastklassen 1 bis 6 und als Fanggerüste eingesetzt werden.

Auslegergerüste werden als Arbeitsgerüste der Lastklassen 1 bis 3 und als Fanggerüste eingesetzt.

Bei Konsolgerüsten liegt der Belag auf Konsolen. Sie werden wie Auslegergerüste als Arbeitsgerüste der Lastklassen 1 bis 3 und als Fanggerüste eingesetzt.

Rahmengerüste sind Systemgerüste aus vorgefertigten Bauteilen.

Für Arbeitsplätze, die mehr als 5,00 m über dem Boden liegen und nicht durch ein Arbeitsgerüst gesichert sind, muss ein Fanggerüst vorgesehen werden.

Aufgaben:

1. *Worin besteht der Unterschied zwischen Arbeits- und Schutzgerüsten?*
2. *Nennen Sie die Einteilung der Arbeitsgerüste hinsichtlich ihrer Belastbarkeit.*
3. *Nennen Sie Gerüste unterschiedlichen Tragsystems.*
4. *Nennen Sie Gerüste unterschiedlicher Ausführungsart.*
5. *Erklären Sie die Bedeutung folgender Gerüstbezeichnung: EN 12810-4D-SW 09/250-H2-B-LS.*
6. *Erklären Sie die Bedeutung von „Regelausführung".*
7. *Wann ist ein Seitenschutz bei Arbeitsgerüsten erforderlich?*
8. *Aus welchen Bauteilen muss der Seitenschutz bestehen?*
9. *Welche Güteanforderungen werden an Gerüstbauteile aus Holz gestellt?*
10. *Beschreiben Sie den vorschriftsmäßigen Stoß von Gerüstbohlen.*
11. *Welche Aufgabe erfüllen die Verstrebungen bei Gerüsten?*
12. *Nennen Sie die Verwendungsmöglichkeiten folgender Gerüste in Regelausführung:*
    - *Leitergerüst*
    - *Stahlrohr-Kupplungsgerüst*
    - *Auslegergerüst und*
    - *Konsolgerüst*
13. *Welche Vorteile besitzen Rahmengerüste gegenüber Stahlrohr-Kupplungsgerüsten?*
14. *Wodurch werden bei Rahmengerüsten die vertikale und die horizontale Aussteifung erzielt?*
15. *Welche Aufgabe haben Schutzgerüste?*
16. *Ab welcher Arbeitshöhe sind Fanggerüste erforderlich?*
17. *Wovon ist die Breite eines Fanggerüstes abhängig?*
18. *Beschreiben Sie die Abmessungen eines Dachfanggerüstes.*

5 Mauerwerksbau

*Der Mauerwerksbau zählt zu den ältesten Bauweisen. Nahezu alle wesentlichen Bauteile wie z. B. Wände, Pfeiler, Stürze (= Bögen), Decken (= Gewölbe), Schornsteine und Treppen können in Mauerwerk hergestellt werden. Das heute wichtigste Anwendungsgebiet für den Mauerwerksbau sind die **Wände**.*

5.1 Wandarten und ihre Aufgaben

Die wichtigste Anforderung an gemauerte Gebäude ist die **Standsicherheit**. Alle Belastungen (Eigenlasten und Verkehrslasten) müssen in den Baugrund sicher abgeleitet werden. Die dafür infrage kommenden Wände müssen gegebenenfalls durch aussteifende Wände, Decken, Ringanker oder Stahlbetonstützen gesichert werden. DIN 1053 unterscheidet hinsichtlich der **statischen Beanspruchung** folgende Wandarten: tragende Wände, aussteifende Wände und nicht tragende Wände.

Außerdem werden nach der **Lage** im Gebäude sowie nach **besonderen Beanspruchungen** noch folgende Wandarten unterschieden: Umfassungs- oder Außenwände, Innenwände, Wohnungstrennwände, Treppenraumwände und Brandwände.

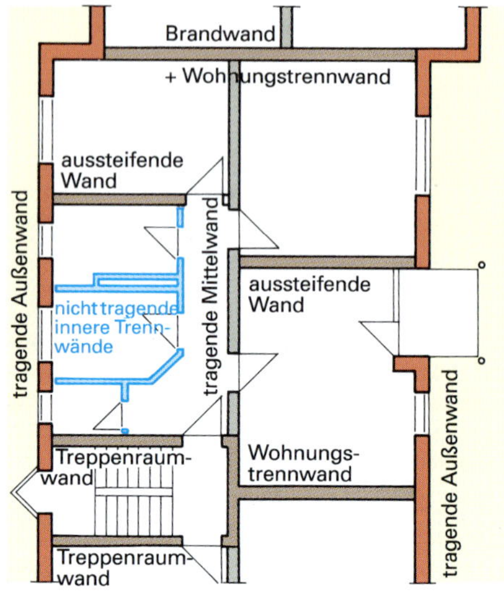

Wandarten

5.1.1 Tragende Wände

Tragende Innen- und Außenwände müssen eine Dicke von mindestens 11,5 cm haben. Aus Gründen des Wärmeschutzes und des Schallschutzes werden jedoch tragende Außenwände in der Regel nicht dünner als 30 cm ausgeführt. Da Außenwände der Witterung ausgesetzt sind, werden frostbeständige Mauersteine erforderlich, oder sie müssen verputzt werden. Die Mindestabmessungen für tragende Mauerpfeiler betragen 11,5 cm × 36,5 cm bzw. 17,5 cm × 24 cm.

Tragende Wände sollen immer direkt auf Fundamente gegründet werden. Sollte dies in Sonderfällen nicht möglich sein, so muss eine ausreichend tragfähige Abfangkonstruktion (z. B. Stahlbetonplatte) vorgesehen werden.

Tragende Kelleraußenwände werden zusätzlich durch den Erddruck belastet. Die Wanddicken sind in Abhängigkeit von der Höhe der Bodenanschüttung zu bemessen (siehe Abschnitt 5.10).

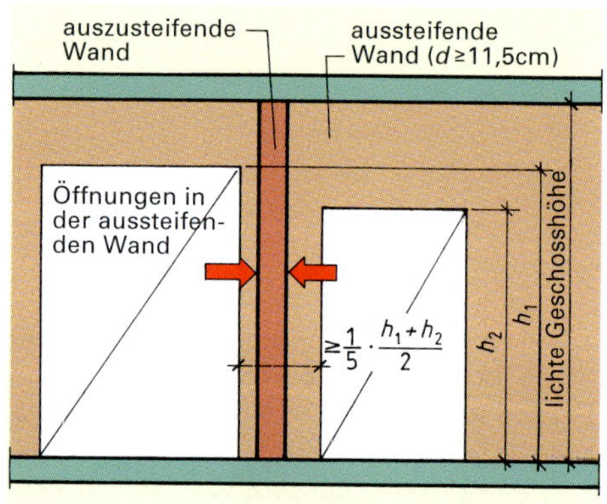

Mindestlänge der aussteifenden Wand

5.1.2 Aussteifende Wände

Aussteifende Wände sind Bauteile, die zur Aussteifung des Gebäudes oder zur Knickaussteifung der tragenden Wände benötigt werden. Sie können auch tragende Wände sein.

Aussteifende Wände müssen mindestens eine Länge von ¹/₅ der lichten Geschosshöhe und eine Dicke von mindestens ¹/₃ der auszusteifenden Wand haben. Die Mindestwanddicke für aussteifende Wände beträgt wie für tragende Wände 11,5 cm. Ist eine aussteifende Wand durch Öffnungen unterbrochen, so muss die Länge des im Bereich der auszusteifenden Wand verbleibenden Wandteiles mindestens eine Länge von ¹/₅ der lichten Höhe der Öffnung haben.

Wenn die aussteifende Wand zwischen unterschiedlich hohen Öffnungen liegt, so wird der Mittelwert aus den Höhen der Öffnungen gebildet.

Bei Fenstern gilt für h_1 bzw. h_2 die lichte Fensterhöhe.

Die aussteifenden Wände stehen rechtwinklig zu den tragenden Wänden, und sie werden im Verband (oder mit gleichwertigem Verbund) mit diesen hochgemauert.

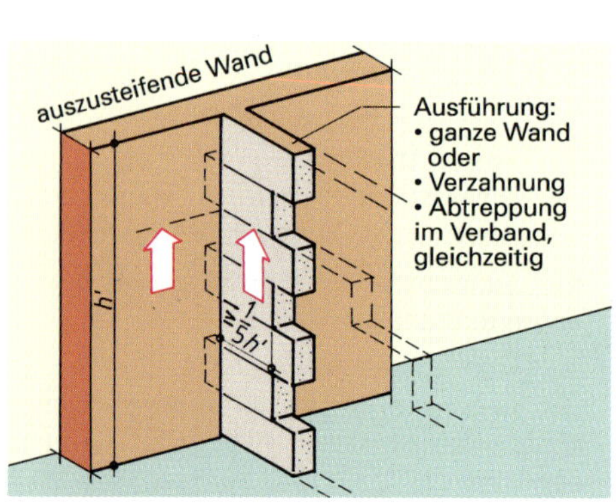

Ausführung aussteifender Wände

Aussteifende Wände sind für die Aussteifung des Gebäudes und für die Knickaussteifung tragender Wände erforderlich.

5.1.3 Nicht tragende Wände

Nicht tragende Wände werden überwiegend nur durch ihre Eigenlast beansprucht. Sie dürfen nicht zur Gebäudeaussteifung oder Knickaussteifung tragender Wände verwendet werden.

Nicht tragende Außenwände werden quer zu ihrer Fläche durch Wind belastet. Diese Last muss auf tragfähige Bauteile, z.B. Tragwände oder Deckenscheiben, abgetragen werden.

Die Ausführung von **nicht tragenden inneren Trennwänden**, auf die keine Windlasten wirken können, ist in einer eigenen Norm (DIN 4103 „Nicht tragende innere Trennwände") geregelt.

Nicht tragende Wände werden in der Regel nur durch ihre Eigenlast beansprucht.

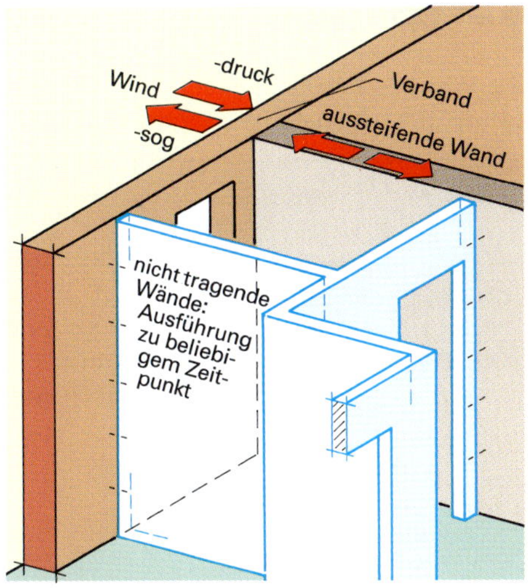

Nicht tragende Wände

5.1.4 Brandwände

Eine mögliche Ausbreitung eines Brandes in Häuserreihen oder größeren Bauwerken muss durch **Brandwände** und Massivdecken verhindert werden.

Brandwände müssen so ausgebildet werden, dass das Feuer im Brandfalle nicht hindurchschlägt und dass brennbare Stoffe im benachbarten Raum sich nicht entzünden. Außerdem dürfen Brandwände im Brandfalle ihre Tragfähigkeit und Standfestigkeit nicht verlieren.

Um diesen Anforderungen gerecht zu werden, müssen gemauerte Brandwände an der schwächsten Stelle mindestens **24 cm** dick sein. Holzteile (z.B. Pfetten) dürfen in Brandwände nicht eingreifen. Stahlträger dürfen nur dann eingeführt werden, **wenn sie feuerbeständig ummantelt sind**.

Bei Einfamilien-Reihenhäusern mit Massivdecken (bis zu zwei Vollgeschossen) dürfen die Brandwände auch als zweischalige Wand mit Schalendicken von je 17,5 cm ausgeführt werden.

Brandwände unterteilen größere Bauwerke und Reihenhäuser in Brandabschnitte.

Brandwände müssen eine Dicke von mindestens 24 cm haben.

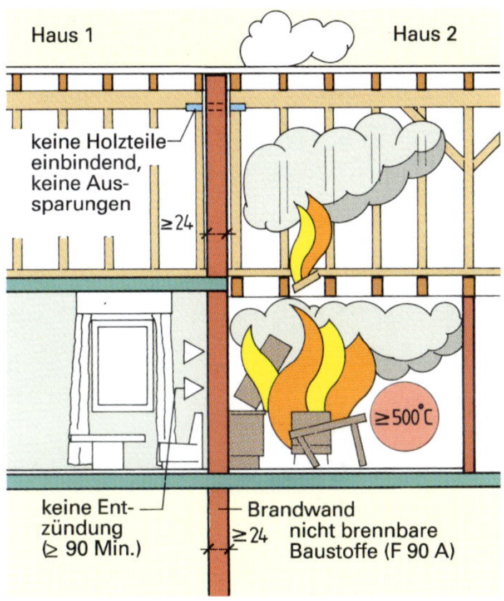

Funktion einer Brandwand

Zusammenfassung

Bei gemauerten Wänden kann zwischen Außenwänden, Wohnungstrennwänden, Brandwänden und Treppenraumwänden unterschieden werden.

DIN 1053 unterscheidet nach statischen Gesichtspunkten zwischen tragenden, aussteifenden und nicht tragenden Wänden.

Tragende Wände haben eine Mindestdicke von 11,5 cm, sofern aus Gründen des Wärme-, Schall- und Brandschutzes oder der Tragfähigkeit keine größeren Wanddicken erforderlich sind.

Aussteifende Wände werden zur Gebäudeaussteifung und zur Knickaussteifung tragender Wände benötigt.

Nicht tragende Wände werden überwiegend nur durch ihre Eigenlast beansprucht. Brandwände unterteilen größere Gebäude oder Reihenhäuser in Brandabschnitte. Sie sollen eine Brandausbreitung verhindern.

Aufgaben:

1. *Nennen Sie die Arten gemauerter Wände.*
2. *Zwischen welchen Wänden wird hinsichtlich der Tragfähigkeit unterschieden?*
3. *Begründen Sie, warum Außenwände in der Regel eine Mindestdicke von 30 cm haben.*
4. *Welche Aufgaben haben aussteifende Wände?*
5. *Warum sind die aussteifenden Wände im Verband mit den auszusteifenden Wänden hochzumauern?*
6. *Welche Aufgaben haben die nicht tragenden Wände?*
7. *Begründen Sie die Notwendigkeit von Brandwänden.*

5.2 Übersicht über die genormten Mauersteine

Die folgende Tabelle zeigt eine **Auswahl** von genormten Mauersteinen. Die ausgewählten Beispiele sind die in der Bautechnik am häufigsten verwendeten Mauersteine.

Art/Norm	Zeichen	Steinformate	Zuschlag	Bindemittel	Rohdichte (kg/dm³)	Festigkeit (N/mm²)
Mauerziegel DIN V 105-100 DIN EN 771-1	Mz VMz HLz VHLz KMz KHLz WDz KK KHK	1 DF, NF, 2 DF bis 21 DF	Ton, Lehm und andere tonhaltige Massen, u. U. unter Zugabe magernder oder porenbildender Stoffe	keine Bindemittel	0,55 ... 2,4	2 ... 60
Leichtbetonsteine DIN V 18151-100 DIN V 18152-100 DIN EN 771-3	Hbl Hbl-P V V-P Vbl Vbl-P	Hohlblocksteine: von 8 bis 24 DF Vollsteine: von 1 bis 10 DF Vollblöcke: von 5 bis 24 DF	porige Gesteinskörnungen (Leichtzuschlag) in gemischter Körnung, z. B. Naturbims	hydraulische Bindemittel, in der Regel Zement nach DIN 1164-10, DIN EN 197-1	0,4 ... 1,6 0,4 ... 2,0 0,4 ... 2,0	2 ... 12 } 2 ... 20
Betonsteine DIN V 18153-100 DIN EN 771-3	Hbn Hbn-P Vbn Vbn-P Vn Vn-P	Hohlblocksteine: von 8 bis 24 DF Vollsteine: von 1 bis 10	Gesteinskörnung mit dichtem Gefüge in gemischter Körnung, z. B. Splitt	wie oben	0,8 ... 2,4	2 ... 48
Porenbetonsteine DIN V 4165-100 DIN EN 771-4 DIN 4166	PP PE	Plansteine: Länge 249...624 mm Breite 115...500 mm Höhe 124...249 mm Planelemente: Länge 449...1499 mm Breite 115...500 mm Höhe 374...624 mm	fein gemahlene oder feinkörnige kieselsäurehaltige Stoffe, z. B. Quarzsand	Zement und/oder Weißkalk unter Zusatz porenbildender Stoffe	0,35 ... 1,0 0,4 ... 1,0	2 ... 8
Kalksandsteine DIN V 106 DIN EN 771-2	KS KS Vm KS Vb KSL KSP KS Vm KS Vb	Vollsteine: von 1 bis 3 DF Lochsteine: von 2 bis 5 DF Hohlblocksteine: von 6 bis 12 DF	Quarzsande	Weißkalk	0,6 ... 2,2	4 ... 60

Die in der Bautechnik am häufigsten verwendeten genormten Mauersteine sind Mauerziegel, Leichtbetonsteine, Betonsteine, Porenbetonsteine und Kalksandsteine.

5.3 Mauermörtel

Mauermörtel sollen Unebenheiten an den verschiedenen Steinen ausgleichen, damit die Lasten des Mauerwerks gleichmäßig übertragen werden. Außerdem soll der Mauermörtel mit dem Stein so fest und doch elastisch verbunden sein, dass er auch bei Setzungen und Erschütterungen nicht reißt.

5.3.1 Normalmauermörtel (NM)

Bei den Normalmauermörteln werden fünf **Mörtelgruppen** unterschieden (Mörtelgruppe I, II, IIa, III und IIIa). Ihre Eigenschaften sind jeweils wesentlich durch Art und Menge des Bindemittels bedingt. Mit steigender Mörtelgruppe nimmt der Zementgehalt zu, der Kalkgehalt ab.

5.3.2 Leichtmauermörtel (LM)

Um den erhöhten Anforderungen an den Wärmeschutz zu genügen, werden heute für Außenmauerwerk meist hoch wärmedämmende Wandbausteine verwendet. Bei solchen Steinen würde herkömmlicher Mörtel als Wärmebrücke wirken und die Dämmung der Wand abmindern. Zum Vermauern hoch dämmender Wandbausteine, wie Leichtbetonsteine, Leichtziegel und Porenbetonsteine, werden deshalb meist **Leichtmauermörtel** (Dämm-Mauermörtel) eingesetzt.

Die erhöhte Wärmedämmung der Leichtmauermörtel wird durch Verwendung von Leichtzuschlag wie Blähglimmer, Blähperlite oder Polystyrolschaumperlen erreicht. Leichtmauermörtel sind als Werkmauermörtel erhältlich. Die Verarbeitbarkeit ist weniger gut als bei normalem Mörtel. Dies darf aber keinesfalls durch Sandzugabe ausgeglichen werden, da dadurch die Dämmwirkung verschlechtert wird.

Leichtmauermörtel entsprechen hinsichtlich ihrer Druckfestigkeit der Mörtelgruppe IIa, bzw. der Mörtelklasse M 5.

5.3.3 Dünnbettmörtel (DM)

Dünnbettmörtel sind Werkmauermörtel (Trockenmörtel) mit einem Größtkorn des Zuschlags von 1 mm und Normzement als Bindemittel. Sie werden bei besonders maßhaltigen Steinen, den sogenannten **Plan**steinen oder **Plan**elementen verwendet.

Dünnbettmörtel entspricht hinsichtlich seiner Festigkeit der Mörtelgruppe III, bzw. der Mörtelklasse M 10.

5.3.4 Zusatzmittel

Zusatzmittel sind in geringer Menge zugegebene Zusätze, die die Mörteleigenschaften durch chemische oder physikalische Wirkung ändern. Hierzu gehören Luftporenbildner, Verflüssiger, Dichtungsmittel, Erstarrungsbeschleuniger und -verzögerer sowie Haftverbesserer. Da Zusatzmittel nicht zu Schäden führen dürfen, sind nur Zusatzmittel mit Prüfzeichen zu verwenden. Außerdem ist jeweils eine Eignungsprüfung erforderlich, da manche Zusatzmittel einige Eigenschaften positiv und gleichzeitig andere auch negativ beeinflussen können.

Mörtelgruppe	Mörtelklasse	Eigenschaften und Verwendung
I	M 1	Umfasst **Kalkmörtel**, die besonders elastisch und gut verarbeitbar sind. Eine besondere Festigkeit wird nicht gefordert. Diese Mörtel sind nur für gering belastete Wände geeignet.
II	M 2,5	Umfasst **Kalkzementmörtel** und **hydraulischen Kalkmörtel** mit einer mittleren Druckfestigkeit von 2,5 MN/m². Diese Mörtel sind bei guter Elastizität und Verarbeitbarkeit hinreichend fest. Sie dürfen deshalb für alle Wände verarbeitet werden, nur nicht für bewehrtes Mauerwerk. Mörtel der Mörtelgruppen II und IIa sind die üblicherweise verwendeten Mörtel.
IIa	M 5	Umfasst ebenfalls **Kalkzementmörtel**, aber mit einer mittleren Druckfestigkeit von 5 MN/m². Um Verwechslungen auf der Baustelle auszuschließen, dürfen die Mörtelgruppen II und IIa nicht gleichzeitig verwendet werden.
III	M 10	Umfasst **Zementmörtel**, die eine mittlere Druckfestigkeit von 10 MN/m² erreichen sollen. Diese Mörtel sind aber weniger elastisch und schlecht verarbeitbar. Deshalb werden sie meist nur dort verwendet, wo besonders hohe Festigkeiten erforderlich sind, z. B. für Pfeiler und Gewölbe sowie für bewehrtes Mauerwerk. Sie sind aber für fast alle Zwecke zugelassen.
IIIa	M 20	Hat die gleiche Zusammensetzung wie Gruppe III, erreicht durch Auswahl geeigneter Sande aber eine Festigkeit von 20 MN/m². Die Zusammensetzung ist stets durch eine Eignungsprüfung nachzuweisen. Die Verwechslung mit Mörtel der Gruppe III muss ausgeschlossen sein.

Eigenschaften und Verwendung der Normalmörtelgruppen

Die Normalmauermörtel sind in die Mörtelgruppen I (Kalkmörtel), II und IIa (Kalkzementmörtel), III und IIIa (Zementmörtel) eingeteilt. Für die Mörtelgruppen II, IIa, III und IIIa sind Mindestdruckfestigkeiten vorgeschrieben.

Hoch dämmende Wandbausteine sollten mit Leichtmauermörtel vermauert werden. Den Leichtmauermörteln darf nachträglich kein Sand zugemischt werden!

Es dürfen nur Zusatzmittel mit Prüfzeichen nach Eignungsprüfung und in vorgeschriebener Dosierung verwendet werden.

5.4 Mauerverbände aus klein- und mittelformatigen Steinen

5.4.1 Vorlagen

Mauervorlagen sind Mauervorsprünge, die dazu dienen, Mauern auszusteifen oder zu verstärken. In manchen Fällen ist auch nur beabsichtigt, eine gestalterische Wirkung zu erzielen, um eintönig wirkende Wandflächen zu gliedern. Ihre Hauptaufgabe besteht aber darin, Einzellasten aus Unterzügen usw. aufzunehmen und weiterzuleiten. Dabei werden einseitige und zweiseitige Vorlagen unterschieden.

Steinformate: DF, NF, 2DF, 3DF

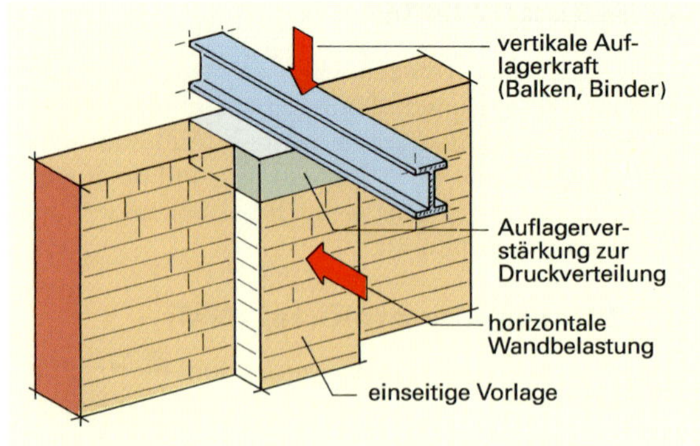

Mauervorlage

Beispiele:

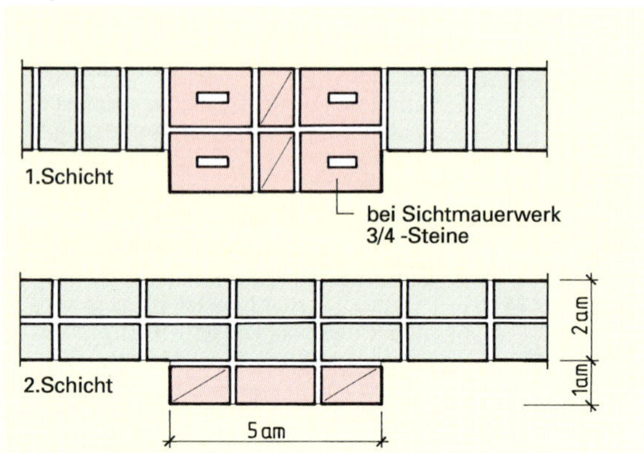

Einseitige Vorlage

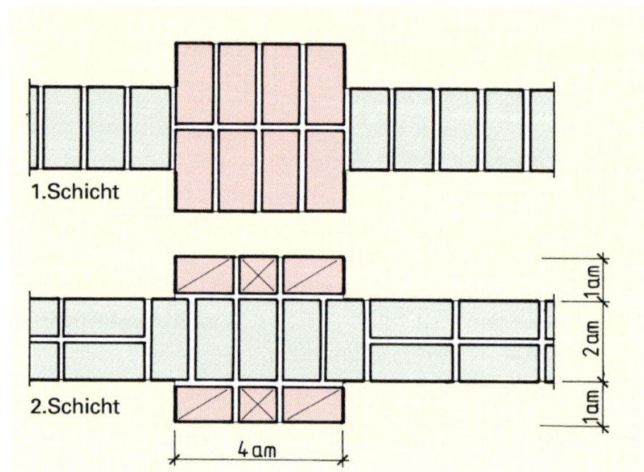

Zweiseitige Vorlage

5.4.2 Nischen und Schlitze

Unter Nischen und Schlitzen versteht man Aussparungen im Mauerwerk, die zur Aufnahme von Heizkörpern, Wandschränken, Be- und Entwässerungsrohren usw. dienen. Ihre Tiefe beträgt meistens 1 bis 2 am. Die verbleibende Mauer muss mindestens eine Dicke von 1 am aufweisen. Aus wärmetechnischen Gründen sind Nischen – z.B. unter Fenstern – mit Dämmplatten auszukleiden.

Steinformate: DF, NF, 2DF

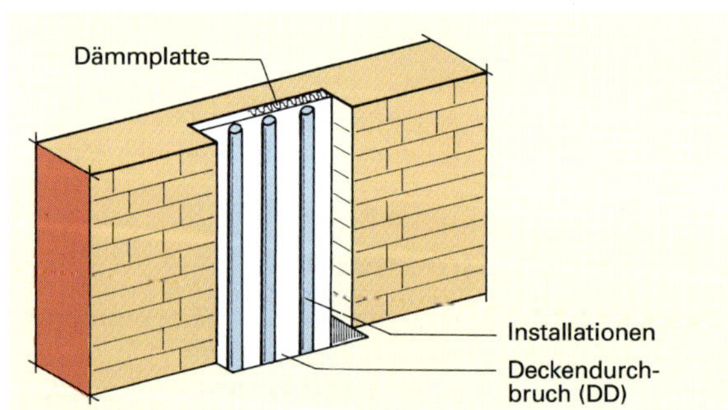

Mauerschlitz

Beispiele:

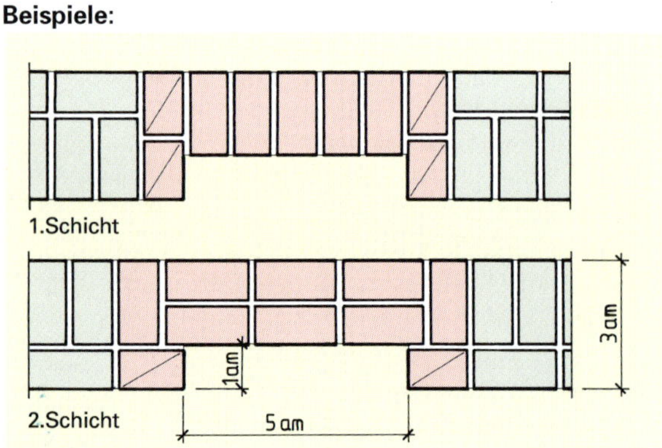

Nische

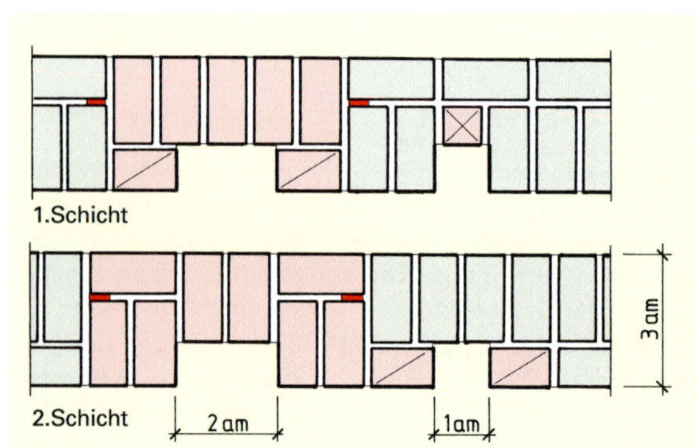

Schlitze

5.4.3 Tür- und Fensteranschläge

Bei diesen Verbänden ist zu beachten, dass in der ersten Schicht der Anschlag vom übrigen Mauerwerk durch eine Schnittfuge abgetrennt und in der zweiten Schicht der Anschlag möglichst mit ganzen Steinen eingebunden wird. Die Breite der Anschläge kann $\frac{1}{2}$ am und 1 am betragen.

Aus Gründen der Rationalisierung werden heute jedoch die meisten Leibungen ohne Anschläge ausgeführt.

Steinformate: DF, NF, 2DF, 3DF

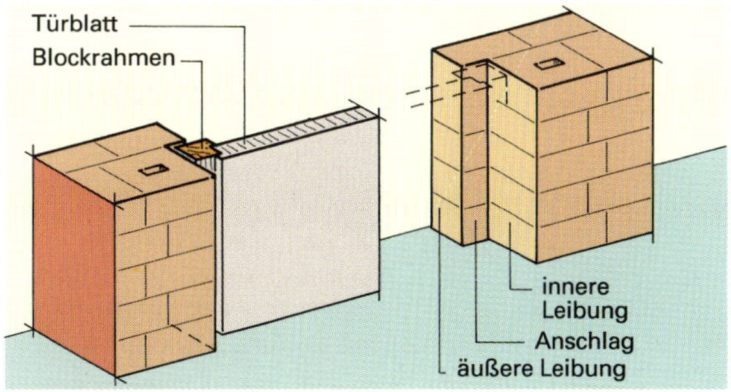

Türanschläge

Beispiele:

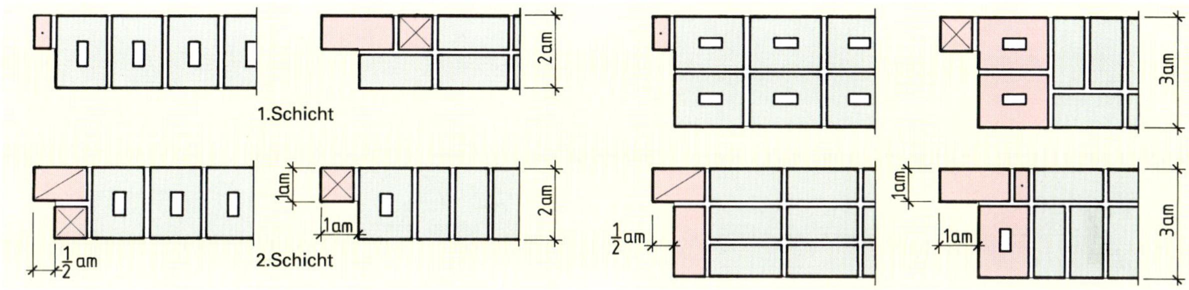

5.4.4 Schiefwinklige Mauerecken

Bei schiefwinkligen Mauerverbindungen handelt es sich um spitz- und stumpfwinklige Mauerecken, schiefwinklige Mauerstöße und Mauerkreuzungen.

Spitzwinklige Mauerecken

Beim Verband im **Kleinformat** wird die äußere Läuferreihe bis zur Ecke durchgeführt. Die Binderschicht der anstoßenden Mauer geht bis an die durchgehende Läuferreihe und beginnt mit einem Binder. Der Läuferstein an der Ecke soll die Länge der abgeschrägten Stirnfläche plus $\frac{1}{2}$ am (6,25 cm) erhalten (siehe Regelbild 1). Also: $l = b + \frac{1}{2}$ am.

Beim Verband im **Mittelformat** bei 24 cm dicken Mauern aus 3DF-Steinen werden im Binderverband an der Ecke 2DF-Läufersteine verwendet. Bei 30 cm und 36,5 cm dicken Mauern im Läuferverband werden bis zur Ecke nur Läuferreihen aus 2DF-Steinen durchgeführt.

Gebäude mit schiefwinkligen Mauerecken

Regelbilder

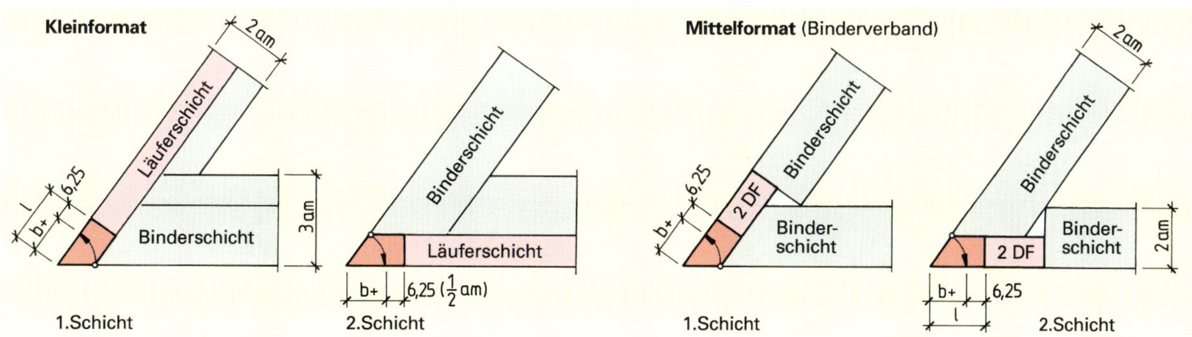

Regelbilder spitzwinkliger Mauerecken

Beispiele spitzwinkliger Mauerecken

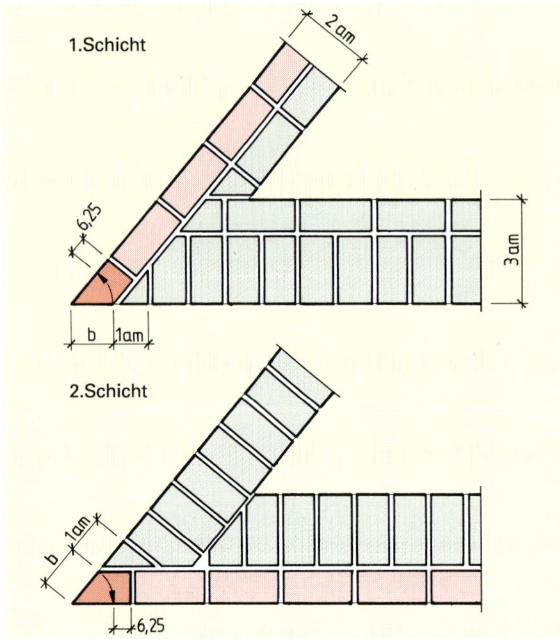

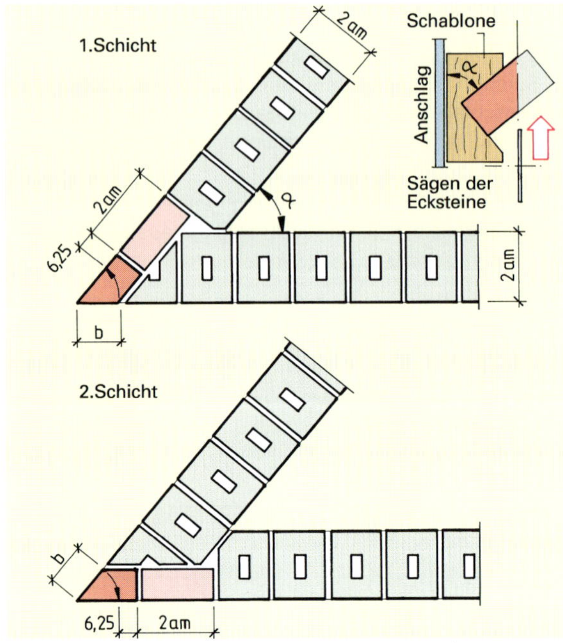

Stumpfwinklige Mauerecken

Beim Anlegen des Verbandes sind die Stoßfugen von der inneren Ecke aus zu bestimmen. Sie sind um $\frac{1}{2}$ am (6,25 cm) gegeneinander zu versetzen.

Die **Regelfuge** der Binderschicht geht rechtwinklig von der inneren Ecke durch die Mauer.

Beim **Verband mit kleinformatigen Steinen** beginnt die Binderschicht mit ganzen Steinen. In der Läuferschicht der anderen Mauer ist die Regelfuge um $\frac{1}{2}$ am (6,25 cm) versetzt. Damit werden Fugenüberdeckungen vermieden.

Beim **Verband mit mittelformatigen Steinen** beginnt die Läuferschicht an der Regelfuge mit einem ganzen Stein. Die Regelfuge in der Läuferreihe der anderen Mauer liegt 1 am (12,5 cm) von der Innenecke entfernt. Die Länge der Ecksteine in den außen liegenden Läuferreihen ist abhängig von der Lage der Regelfuge zur Innenecke und von der Größe des Winkels, den die beiden Mauern an der Ecke bilden.

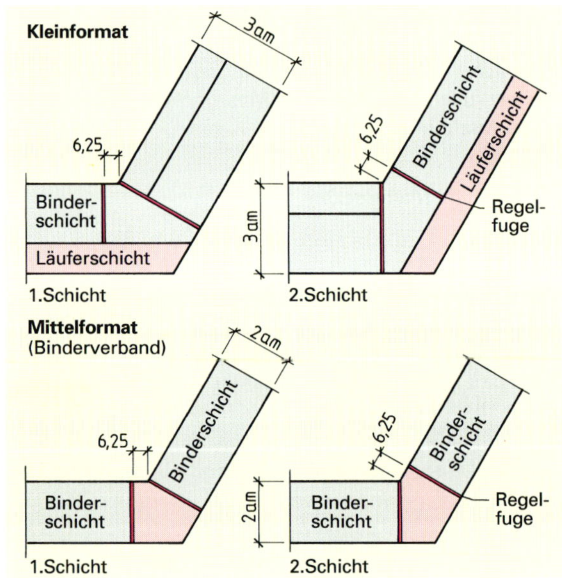

Regelbilder stumpfwinkliger Mauerecken

Beispiel:

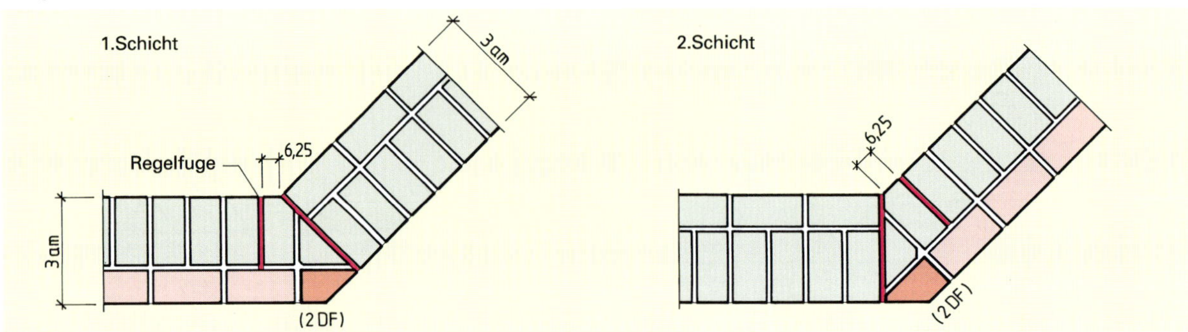

Stumpfwinklige Mauerecke, Kleinformat

Beispiel:

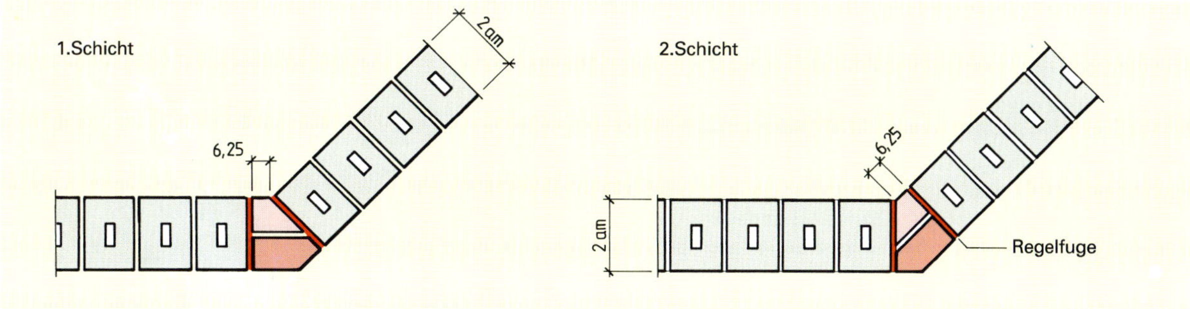

Stumpfwinklige Mauerecke, Mittelformat (Binderverband)

5.4.5 Schiefwinklige Mauerstöße und Mauerkreuzungen

Beim **Mauerstoß** bindet mit **kleinformatigen** Steinen jede zweite Schicht in die Hauptmauer bis zur Läuferschicht ein. Die **Regelfuge** der Binderschicht geht von der inneren Ecke aus, während die der Läuferschicht um $\frac{1}{2}$ am (6,25 cm) zu ihr versetzt ist. Die zweite Schicht der durchgehenden Mauer wird als Binderschicht gemauert.

Bei **mittelformatigen** Steinen ist der Verband wie bei kleinformatigen Steinen, die Regelfuge ist jedoch von der Innenecke 1 am (12,5 cm) entfernt.

Bei **Mauerkreuzungen** mit kleinformatigen Steinen binden die Schichten abwechselnd durch. Die Regelfuge ist von der Innenecke $\frac{1}{2}$ am (6,25 cm) entfernt. Bei mittelformatigen Steinen ist der Verband wie bei kleinformatigen Steinen, doch die Regelfuge ist 1 am (12,5 cm) entfernt.

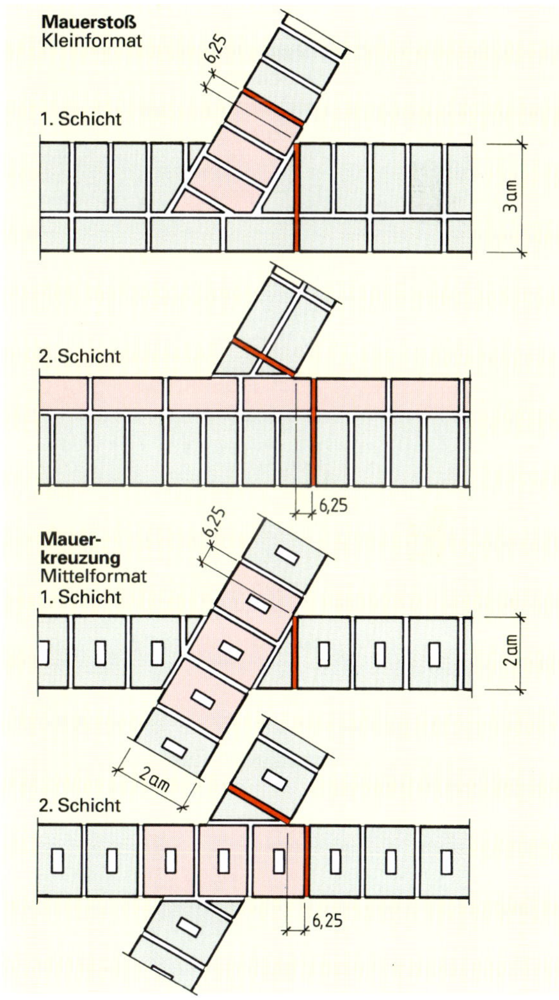

Mauerstoß und Mauerkreuzung

5.4.6 Bogenförmiges Mauerwerk

Für bogenförmiges Mauerwerk gibt es zwei unterschiedliche Ausführungsarten:

- Mauerwerk mit Mauersteinen, die speziell für den Radius des Mauerwerkes hergestellt sind. Die Stoßfugen sind bei diesem Mauerwerk parallel.
- Mauerwerk aus genormten Mauersteinen. In der Regel wird dieses Mauerwerk aus klein- oder mittelformatigen Steinen im Binderverband hergestellt. Die Stoßfugen sind keilförmig, wobei an der Innenseite die Fugendicke nicht kleiner als 5 mm, an der Außenseite nicht größer als 2 cm sein soll.

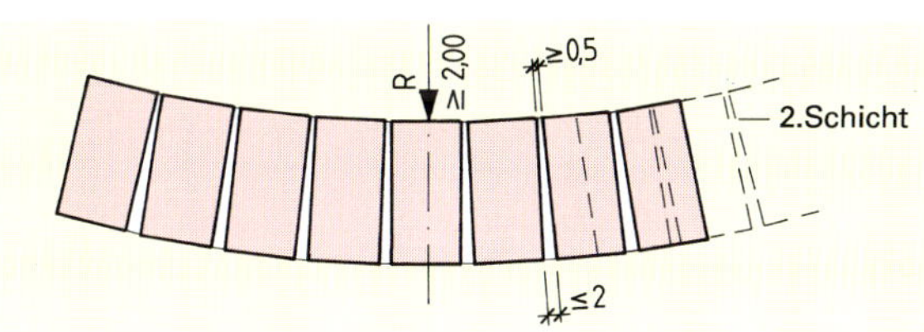

Bogenförmiges Mauerwerk (Binderverband)

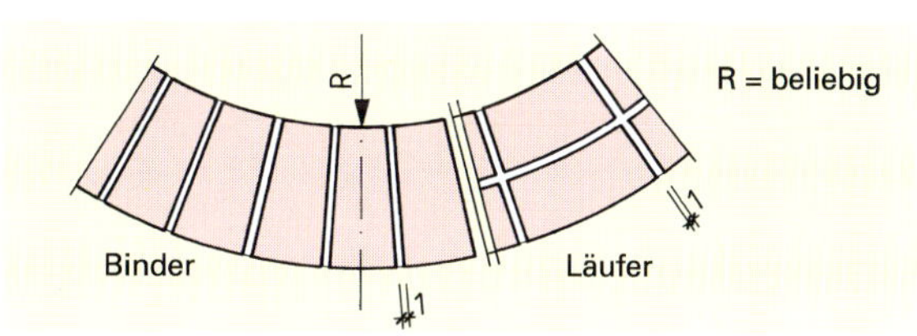

Formsteine für bogenförmiges Mauerwerk

5.4.7 Zierverbände

Beim **Verblendmauerwerk**, besonders bei der Gliederung größerer Wandflächen, sowie bei der Ausriegelung von Holz-, Stahl- und Stahlbetonskelettbauten können durch das Zusammenstellen verschiedener Schichten reizvolle Flächenwirkungen erzielt werden. Die Verblendung hat die Aufgabe, das dahinter liegende Mauerwerk zu schützen oder die Oberfläche architektonisch zu gestalten. Die Zierverbände (Grundverbände) können durch Verschieben der Schichten abgewandelt werden.

Zierverband

Läuferverband

Alle Schichten bestehen aus Läufern, die um 1 am überbinden. Der Läuferverband eignet sich besonders für zweischaliges Mauerwerk, weil er ohne störende Binder ausgeführt wird.

Gotischer Verband

Läufer und Binder wechseln in den Schichten regelmäßig ab. Dieser Verband ist nur bei Verblendmauerwerk anwendbar.

Märkischer Verband

Zwei Läufer und ein Binder wechseln in jeder Schicht ab. Die Binder können über den Stoßfugen der Läufer oder über der Mitte der Läufer liegen.

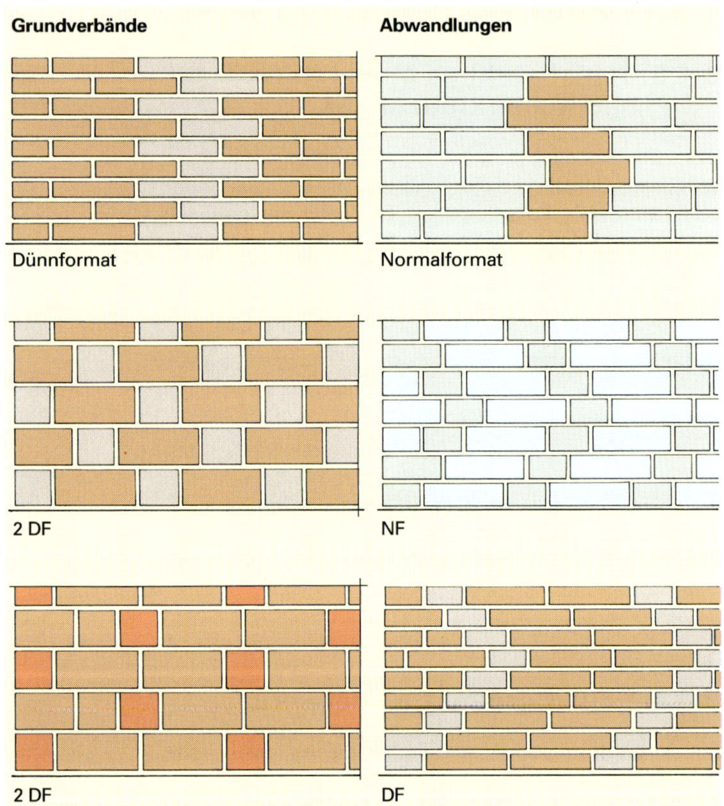

Zierverbände aus verschiedenen Steinformaten

Zusammenfassung

Bei den künstlichen Mauersteinen wird zwischen Mauerziegeln, Leichtbetonsteinen, Betonsteinen, Porenbetonsteinen und Kalksandsteinen unterschieden.

Die Mauermörtel sind in die Mörtelgruppen I, II und IIa, III und IIIa eingeteilt.

Mauervorlagen sind Mauervorsprünge und dienen der Aussteifung und Verstärkung des Mauerwerks. Unter Nischen und Schlitzen versteht man Aussparungen im Mauerwerk zur Aufnahme von Heizkörpern, Rohrleitungen usw.

Zur Gestaltung von Wandflächen in Sichtmauerwerk können Zierverbände angewandt werden.

Aufgaben:

1. *Nennen Sie die künstlichen Mauersteine.*
2. *Nennen Sie die Zuschläge und Bindemittel der nicht gebrannten künstlichen Bausteine.*
3. *Beschreiben Sie die Zusammensetzung der Mauermörtel.*
4. *Worin besteht der Unterschied zwischen Normalmauermörtel, Leichtmauermörtel und Dünnbettmörtel?*
5. *Skizzieren Sie die 1. und 2. Schicht für eine 12,5 cm ausladende Mauervorlage auf eine Länge von 74 cm bei einer 24 cm dicken Wand.*
6. *Zeichnen Sie den Verband (1. und 2. Schicht) für eine 12,5 cm tiefe Nische in einer 36,5 cm dicken Wand.*

5.5 Mauerwerk aus großformatigen Steinen

5.5.1 Genormte großformatige Mauersteine

In der Bauwirtschaft werden in immer stärkerem Maße großformatige Mauersteine verwendet. Der Fugenanteil im Mauerwerk wird dadurch verringert, die erforderliche Mörtelmenge herabgesetzt und die Arbeitszeit wesentlich verkürzt. Dies bringt beachtliche **wirtschaftliche Vorteile**.

Die Größe der Steine wird durch ihr Gewicht begrenzt. Großformatige Steine haben ein Gewicht von über 7,5 kg und dürfen nicht mehr mit einer Hand versetzt werden. Beide Hände werden beim Versetzen gebraucht; man bezeichnet deshalb diese Mauersteine als **Zweihandsteine**. Mauersteine als Zweihandsteine dürfen nur mit einem Verarbeitungsgewicht bis 25 kg von Hand versetzt werden. Dies gilt auch dann, wenn eine zweite Person dabei mithelfen würde. Steine mit Verarbeitungsgewichten über 25 kg müssen maschinell versetzt werden, z.B. mit Versetzgeräten und -maschinen.

In folgender Übersicht werden die großformatigen Steine am Beispiel der **Betonsteine** aus Leichtbeton dargestellt.

Hohlblöcke aus Leichtbeton nach DIN V 18151-100/DIN EN 771-3	
Begriffe	**Hohlblöcke** (Hbl) und **Plan-Hohlblöcke** (Hbl-P) sind fünfseitig geschlossene Mauersteine aus Leichtbeton mit Kammern senkrecht zur Lagerfläche. Sie bestehen aus Leichtbeton, d. h. einer Gesteinskörnung mit **porigem Gefüge** und dem Bindemittel Zement. Nach Anzahl der Klammern werden Einkammer- bis Sechskammer-Hohlblöcke unterschieden. Beispiele: 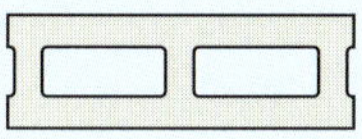 Einkammer-Hohlblock 1K Hbl 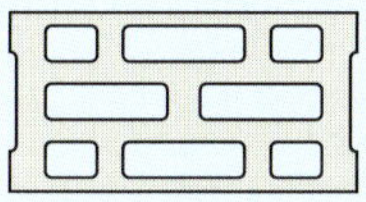 Dreikammer-Hohlblock 3K Hbl 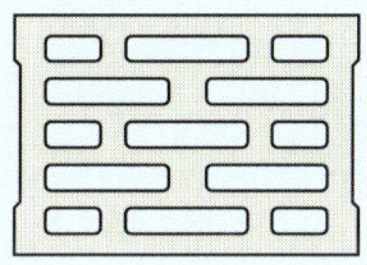 Fünfkammer-Hohlblock 5K Hbl 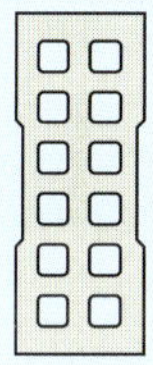 Sechskammer-Hohlblock 6K Hbl
Stirnseiten-ausbildung	Die Stirnseiten können ebenflächig, mit Aussparung (Stirnseitennut) und/oder mit Nut- und Federausbildung versehen sein. 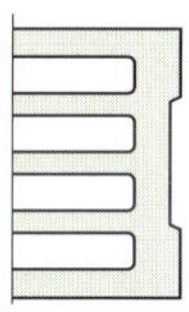 **SN** Stirnseiten-Nut 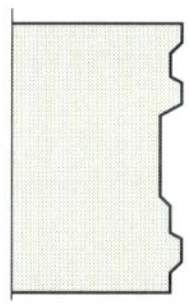 **SN/N + F** Stirnseiten-Nut und Nut und Feder  **N + F** Nut und Feder (ohne Stirnseitennut)
Formate	8 DF ... 24 DF
Außenmaße	Systemlänge: 250 ... 500 mm; Breite: 150 ... 490 mm; Höhe: Hbl 238 mm; Hbl-P 238 oder 248 mm
Rohdichteklassen	0,45 ... 1,60
Druckfestigkeits-klassen	2 ... 12
Bezeichnung (Beispiel)	Bezeichnung eines Dreikammer-Hohlblocks zur Vermauerung mit Normal- oder Leichtmauermörtel, der Druckfestigkeitsklasse 6, der Rohdichteklasse 1,0, des Formats 12 DF, der Länge l = 375 mm, der Breite b = 240 mm, der Höhe h = 238 mm, mit Nut und Feder (ohne Stirnseiten-Nut) **Hohlblock DIN 18151 – 3K Hbl 6 – 1,0 – 12 DF – 375/240/238 – N + F**

Vollsteine und Vollblöcke aus Leichtbeton nach DIN V 18152-100/DIN EN 771-3	
Begriffe	**Vollblöcke** **Vbl** = sechsseitig geschlossener Mauerstein aus Leichtbeton, Höhe ≤ 238 mm, zur Vermauerung mit Normal- oder Leichtmauermörtel. **Vbl** S = vier- oder fünfseitig geschlossener Mauerstein aus Leichtbeton mit senkrechten Schlitzen, Höhe ≤ 238 mm, zur Vermauerung mit Normal- oder Leichtmauermörtel. **Vbl SW** = fünfseitig geschlossener Mauerstein aus Leichtbeton mit senkrechten Schlitzen und besonderen Wärmedämmeigenschaften, Höhe ≤ 238 mm, zur Vermauerung mit Normal- oder Leichtmauermörtel. Hergestellt ausschließlich unter Verwendung von Naturbims und/oder Blähton. **Vollstein** **V** = Mauerstein aus Leichtbeton ohne Kammern oder Schlitze, Höhe 52 ... 240 mm, zur Vermauerung mit Normal- oder Leichtmauermörtel.

Vollsteine und Vollblöcke aus Leichtbeton nach DIN V 18152-100/DIN EN 771-3 (Fortsetzung)	
Begriffe	**Plan-Vollblöcke** **Vbl-P** = sechsseitig geschlossener Mauerstein aus Leichtbeton, Höhe ≤ 249 mm, zur Vermauerung mit Dünnbettmörtel. **Vbl S-P** = vier- oder fünfseitig geschlossener Mauerstein aus Leichtbeton mit senkrechten Schlitzen, Höhe ≤ 249 mm, zur Vermauerung mit Dünnbettmörtel. **Vbl SW-P** = fünfseitig geschlossener Mauerstein aus Leichtbeton mit senkrechten Schlitzen und besonderen Wärmedämmeigenschaften, Höhe ≤ 238 mm, zur Vermauerung mit Dünnbettmörtel. Hergestellt ausschließlich unter Verwendung von Naturbims und/oder Blähton. **Plan-Vollstein** **V-P** = Mauerstein auch Leichtbeton ohne Kammern oder Schlitze, Höhe ≤ 249 mm, zur Vermauerung mit Dünnbettmörtel.
Stirnseitenausbildung	Die Stirnseiten können ebenflächig, mit Aussparung (Stirnseitennut) und/oder mit Nut- und Federausbildung versehen sein. (Entsprechend der Abbildungen bei den Hohlblöcken aus Leichtbeton.)
Formate	5 DF...24 DF
Außenmaße	**Vollblöcke** Systemlänge: 250...500 mm; Breite: 150...490 mm; Höhe: Vbl, Vbl S, Vbl SW = 238 mm, Vbl-P, Vbl S-P, Vbl SW-P = 238 oder 248 mm **Vollsteine** Systemlänge: 250 mm, 500 mm; Breite: 95...365 mm; Höhe: V = 71...240 mm, V-P = 60...248 mm
Rohdichteklassen	0,45...2,0
Druckfestigkeitsklassen	Vbl, Vbl-P, V, V-P = 2...20; Vbl S, Vbl S-P, Vbl SW, Vbl SW-P = 2...12
Bezeichnung (Beispiel)	Bezeichnung eines Plan-Vollblocks mit besonderen Wärmedämmeigenschaften zur Vermauerung mit Dünnbettmörtel, der Druckfestigkeitsklasse 2, der Rohdichteklasse 0,50, des Formats 20 DF, der Länge *l* = 497 mm, der Breite *b* = 300 mm, der Höhe *h* = 248 mm, mit Nut- und Federausbildung der Stoßfuge **Vollblock DIN 18152 – Vbl SW-P 2 – 0,50 – 20 DF – 497/300/248 – N + F**

Mauerwerk aus großformatigen Mauersteinen hat gegenüber dem Mauerwerk aus klein- und mittelformatigen Steinen wirtschaftliche Vorteile.

Mauersteine mit einem Verarbeitungsgewicht von mehr als 25 kg dürfen nur mithilfe von Versetzgeräten und -maschinen verarbeitet werden.

Mauersteine-Versetzgerät

5.5.2 Nicht genormte, bauaufsichtlich zugelassene Mauersteine

Die Anforderungen an die Mauersteine sind in Normen festgelegt. Daneben gibt es Mauersteine, die noch nicht in eine Norm aufgenommen sind. Diese Steine müssen jedoch eine **bauaufsichtliche Zulassung** besitzen.

Hohlblöcke aus Leichtbeton mit Einlagen bzw. Füllungen aus Schaumkunststoff

Hohlblöcke in Anlehnung an DIN V 18151, bei denen aufgrund hoher Anforderungen an den Wärmeschutz eine Kammerreihe oder auch alle Kammern mit Wärmedämmstoffen ausgefüllt sind.

Für Wanddicken von 17,5 cm, 24 cm und 30 cm.

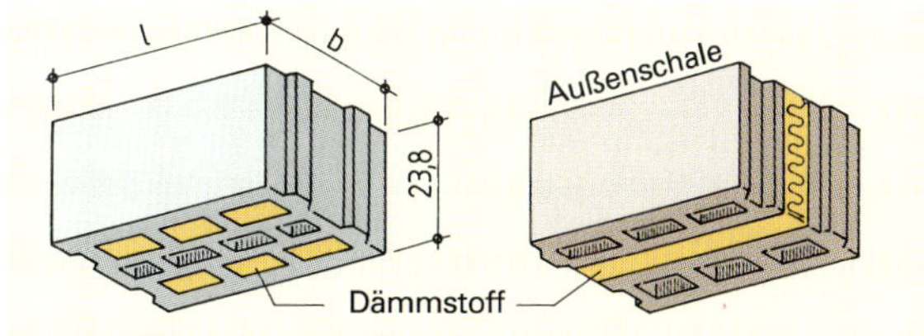

Hohlblöcke aus Leichtbeton mit Dämmstoffeinlage

Schalungssteine

Schalungssteine aus Leichtbeton oder Beton besitzen in der Regel zwei große Kammern. Sie werden ohne Mörtel im Verband so versetzt, dass die Kammern übereinander zu stehen kommen. Die Kammern werden mit Leichtbeton oder Beton verfüllt, und sie können auch Bewehrungen aufnehmen.

Für Wanddicken von 17,5 cm, 24 cm, 30 cm und 36,5 cm.

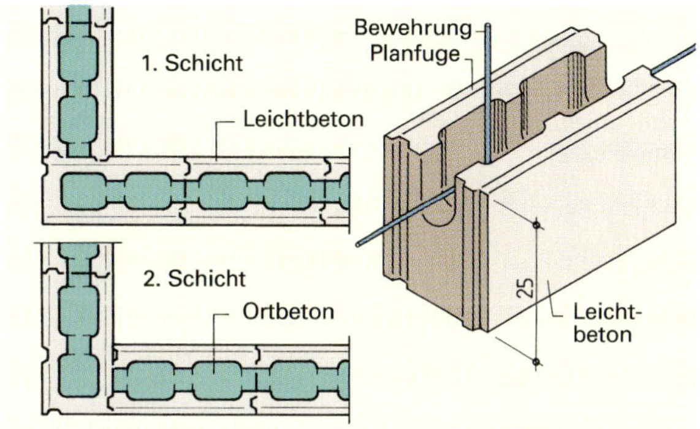

Schalungssteine

H-Steine aus Leichtbeton

Die Steine besitzen glatte Stirnflächen. Im Mauerwerk entstehen horizontale Kanäle. H-Steine finden für Einsteinmauerwerk im Läuferverband Verwendung.

Für Wanddicken von 17,5 cm, 24 cm und 30 cm.

Installationssteine

Steine für senkrechte Wandschlitze aus Leichtbeton oder Beton.

Bei Verwendung dieser Steine erübrigt sich das oft sehr zeitaufwendige Aussparen von senkrechten Wandschlitzen im Mauerwerk.

Für Wanddicken von 24 cm.

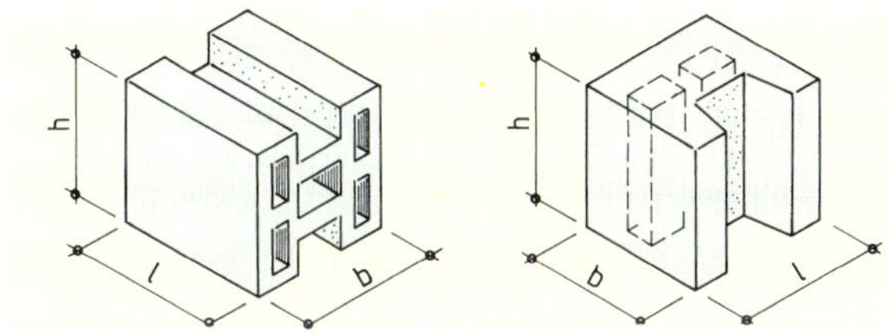

H-Stein und Installationsstein

Verschiebeziegel

Der Verschiebeziegel ist ein längenveränderlicher Mauerziegel, der jedes erforderliche Ergänzungsformat von ca. 10 cm bis 25 cm ersetzt.

Durch den Einsatz von Verschiebeziegeln entfällt der Zeitaufwand für das Sägen.

Für Wanddicken von 24 cm, 30 cm und 36,5 cm.

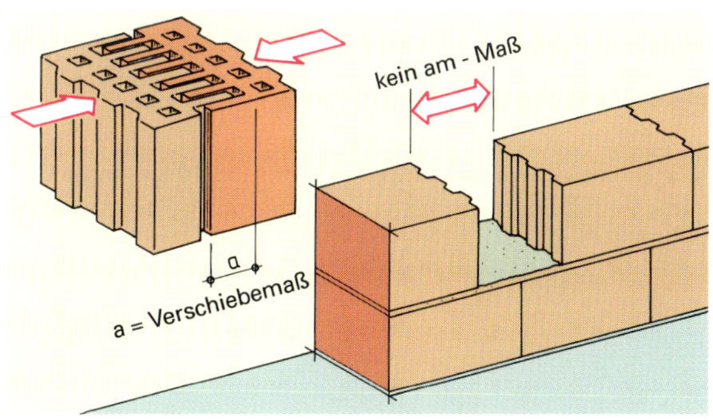

Verschiebeziegel

Winkelziegel

Ziegel für die Ausbildung von 135°-Winkeln.

Das sonst notwendige Zusägen der Mauersteine erübrigt sich.

Für Wanddicken von 24 cm, 30 cm und 36,5 cm.

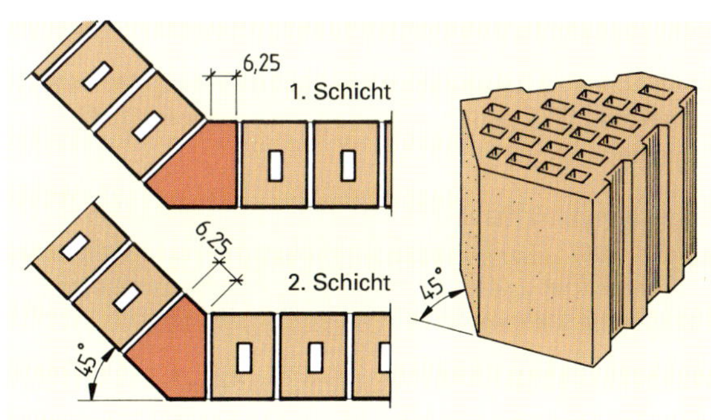

Winkelziegel

Nicht genormte Mauersteine müssen bauaufsichtlich zugelassen sein.

5.5.3 Verarbeiten von Hohlblöcken

Beim Vermauern von Hohlblöcken mit Normalmauermörtel oder Leichtmauermörtel wird zwischen **Einzelverlegung** und **Reihenverlegung** unterschieden. Bei Einzelverlegung wird der Lagerfugenmörtel auf mindestens eine Steinlänge aufgezogen, der Stoßfugenmörtel wird beim bereits versetzten Stein in zwei Randstreifen angetragen, und der zu versetzende Stein wird bis auf 1 cm Fugendicke angeschoben. Der Mörtel darf dabei nicht so weich sein, dass er an der Stoßfuge absackt, bevor der Stein angeschoben ist. Die Aussparung an der Stoßfuge muss von Mörtel frei bleiben, damit die Fuge unterbrochen wird und keine Wärmebrücke entstehen kann.

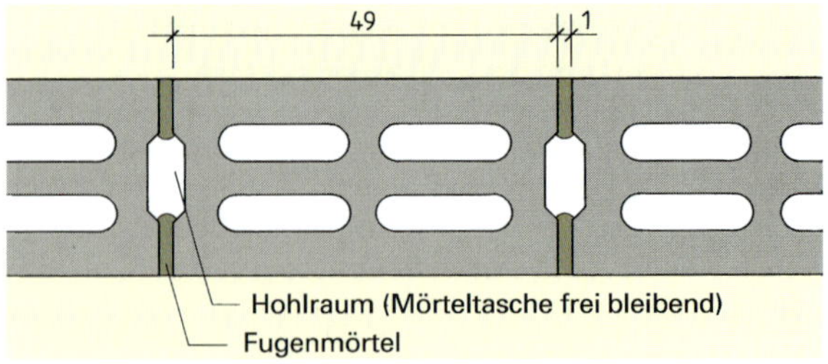

Stoßfugenausbildung bei Einzelverlegung

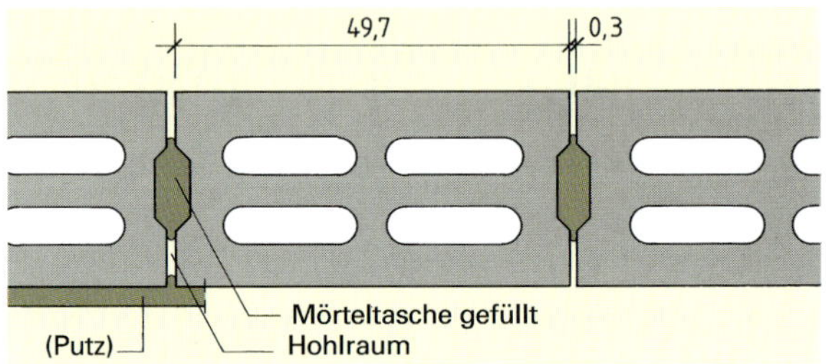

Stoßfugenausbildung bei Reihenverlegung

Bei **Reihenverlegung** wird der Mörtel der Lagerfuge für mehrere Steine in einem Arbeitsgang aufgetragen. Dies kann mit Schaufel, Schöpfer oder Mörtelschlitten geschehen. Die Steine werden dann „der Reihe nach" **knirsch**, d.h. dicht, aneinander gelegt. Bei der Verwendung eines Mörtelschlittens für den Mörtelauftrag kann das Mörtelbett auch aus zwei Randstreifen im Bereich der Längsstege bestehen; das Mörtelbett ist bei dieser Ausführung in der Breite unterbrochen. Während beim Auftrag mit dem Mörtelschlitten stets eine gleichmäßige Fugendicke erreicht wird, muss beim Lagerfugenauftrag mit Schaufel oder Schöpfer das Mörtelbett abgeglichen werden. Nach dem Versetzen der Steine werden die Aussparungen (Mörteltaschen) an den Stoßfugen mit Mörtel verfüllt. Hohlblöcke mit Nut- und Federausbildung an den Stirnseiten werden ohne Vermörtelung gestoßen.

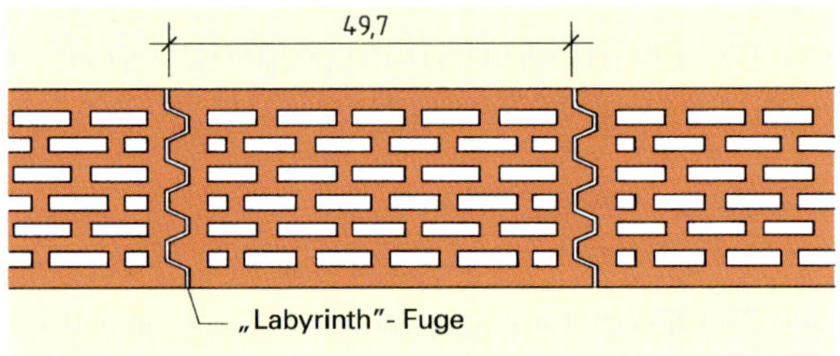

Stoßfugenausbildung ohne Vermörtelung

Als Mörtel findet Normalmauermörtel oder Leichtmauermörtel Verwendung.

Hohlblöcke werden in Einzel- oder Reihenverlegung mit Normalmauer- oder Leichtmauermörtel verarbeitet.

Reihenverlegung, Einsatz des Mörtelschlittens

5.5.4 Verarbeiten von Plansteinen und Planelementen aus Porenbeton

Nach DIN V 4165-100/DIN EN 771-4 werden **Porenbeton-Plansteine** (PP) und **Porenbeton-Planelemente** (PPE) unterschieden.

Plansteine und Planelemente sind, abgesehen von Griffhilfen oder Hantierlöchern, quaderförmige Vollsteine aus dampfgehärtetem Porenbeton, die in Dünnbettmörtel versetzt werden.

Die Stirnseiten der Plansteine und Planelemente können ebenflächig oder mit Nut- und Federausbildung versehen sein.

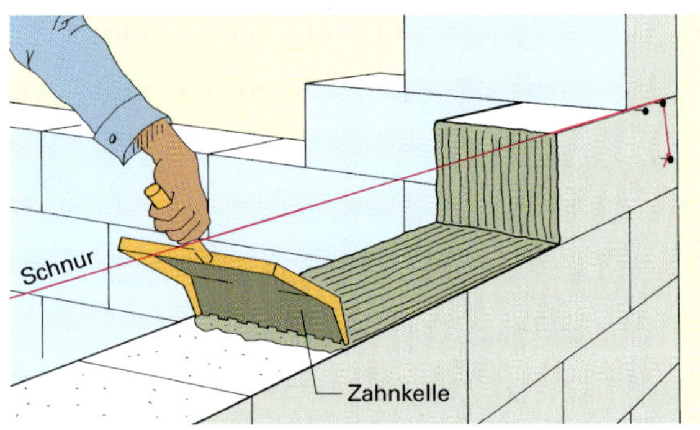

Dünnbettmörtel – Aufzug bei Plansteinen

Porenbeton-Plansteine besitzen Steinlängen von 249 mm bis 624 mm, Steinbreiten von 115 mm bis 500 mm und Steinhöhen von 124 mm bis 249 mm.

Porenbeton-Planelemente besitzen Elementlängen von 499 mm bis 1499 mm, Elementbreiten von 115 mm bis 500 mm und Elementhöhen von 374 mm bis 625 mm.

Es werden Porenbeton-Plansteine und Porenbeton-Planelemente unterschieden.

Porenbeton lässt sich sehr leicht bearbeiten. Die Plansteine und Planelemente lassen sich mit Handsägen zuschneiden.

Bei der Verlegung im Dünnbettmörtel-Verfahren entsteht ein Mauerwerk mit einem sehr geringen Fugenanteil. Das Mauerwerk besitzt dadurch eine gleichmäßige Wärmedämmung ohne Wärmebrücken. Ein weiterer Vorteil ist die schnelle Verarbeitung mit geringem Arbeitszeitaufwand.

Porenbeton-Plansteine und Porenbeton-Planelemente mit Nut- und Federausbildung an den Stirnseiten eignen sich für Reihenverlegung. Der Mörtel wird hierbei nur noch auf die Lagerfuge aufgetragen, die Plansteine oder Planelemente werden knirsch (ohne Stoßfugenmörtel) aneinandergefügt.

Bei der Verlegung im Dünnbettmörtel-Verfahren wird die erste Lagerfuge in Normalmörtel oder Leichtmörtel ausgeführt, um eventuell vorhandene Unebenheiten ausgleichen zu können. Erst ab der zweiten Lagerfuge wird dann Dünnbettmörtel verwendet. Vor dem Auftragen des Dünnbettmörtels mit der Zahnkelle müssen von Lager- und Stoßfugenflächen Staub und lose Teilchen abgefegt werden. Der Auftrag an der Stoßfuge entfällt bei Plansteinen oder Planelementen mit Nut- und Federausbildung. Danach wird der Stein oder das Element versetzt und mit einem Gummihammer lot- und fluchtrecht ausgerichtet und festgeklopft.

Der Dünnbettmörtel ist ein Werk-Trockenmörtel mit den Eigenschaften der Mörtelgruppe III.

Porenbeton-Plansteine und Porenbeton-Planelemente werden im Dünnbettmörtel-Verfahren versetzt.

Das Dünnbettmörtel-Verfahren ist auch für Mauerwerk aus **Kalksandstein-Planblöcken** bzw. **Kalksandstein-Planelementen** und Mauerwerk aus **Planziegeln** zugelassen. Das Versetzen von Kalksandstein-Planblöcken und Kalksandstein-Planelementen ist dem der Porenbeton-Blöcke gleich. Bei Planziegel-Mauerwerk kommt immer die Reihenverlegung zur Anwendung, wobei man die Ziegel in den Dünnbettmörtel eintaucht und anschließend ohne Stoßfugenvermörtelung versetzt.

Rohdichteklasse	Druckfestigkeitsklasse	Farbkennzeichnung
0,35 0,40 0,45 0,50	2	grün
0,55 0,60 0,65 0,70 0,75 0,80	4	blau
0,65 0,70 0,80	6	rot
0,80 0,90 1,00	6	keine Kennzeichnung erfolgt lediglich durch Aufstempelung von Rohdichteklasse und Druckfestigkeitsklasse.

Rohdichteklassen, Druckfestigkeitsklassen und Kennzeichnung von Porenbeton-Plansteinen und -Planelementen

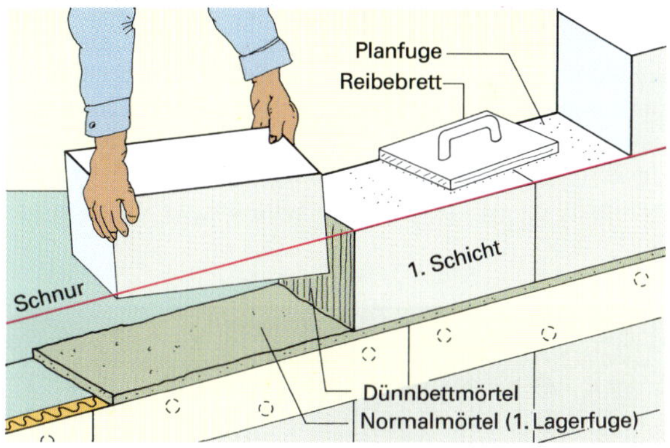

Versetzen von Porenbeton-Plansteinen

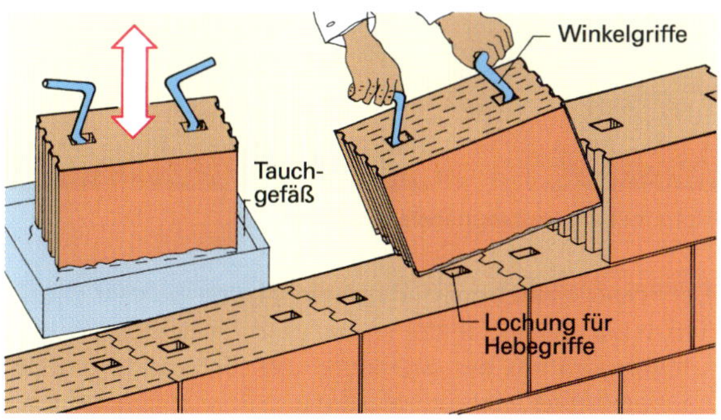

Tauchverfahren für Dünnbettverlegung von Lochziegeln

Verarbeitung von Porenbeton-Plansteinen

5.5.5 Verbandsarten

Folgende Verbände gelten für großformatige Mauersteine mit Systemlängen (= Richtmaße) von 25 cm, 37,5 cm und 50 cm.

Mittiger Verband

Bei Steinlängen (Richtmaß) von **50 cm** wird im mittigen Verband gemauert. Die Steinüberdeckung beträgt in der Regel 25 cm. Bei Ecken, Kreuzungen und Anschlüssen ist auch eine Steinüberdeckung von 12,5 cm erlaubt.

Der mittige Verband kommt auch bei Steinlängen (Richtmaß) von **25 cm** zur Anwendung. Die Steinüberdeckung beträgt hier in der Regel 12,5 cm. Bei Ecken, Kreuzungen und Anschlüssen darf die Steinüberdeckung auf 6,25 cm verringert werden.

Schleppender Verband

Bei Steinlängen (Richtmaß) von **37,5 cm** wird im schleppenden Verband gemauert. Die Steinüberdeckung beträgt in der Regel 12,5 cm. Bei Ecken, Kreuzungen und Anschlüssen soll auch hier die Steinüberdeckung von 12,5 cm eingehalten werden. Nur in Ausnahmefällen darf die Überdeckung auf 6,25 cm verringert werden.

Mauerecke im schleppenden Verband

Bei Ecken, Kreuzungen und Anschlüssen werden häufig **Teilsteine** (Ausgleichsteine) benötigt. Teilsteine sind im Lieferprogramm der Steinhersteller. Erforderlichenfalls können Steine auch mit Mauerstein-Kreissägen auf jede beliebige Länge zugeschnitten werden. Soll bei Verbänden der erforderliche Ausgleich durch klein- oder mittelformatige Steine erfolgen, so muss genau darauf geachtet werden, dass die Steine die gleichen Eigenschaften (Druckfestigkeit, Dichte, Wärmedämmfähigkeit) wie die großformatigen besitzen.

Großformatige Mauersteine werden im mittigen oder schleppenden Verband vermauert.

Bei Mauerpfeilern aus großformatigen Mauersteinen muss beachtet werden, dass bis zu einer Pfeilerbreite von 50 cm (Richtmaß) keine Stoßfugen vorhanden sein dürfen.

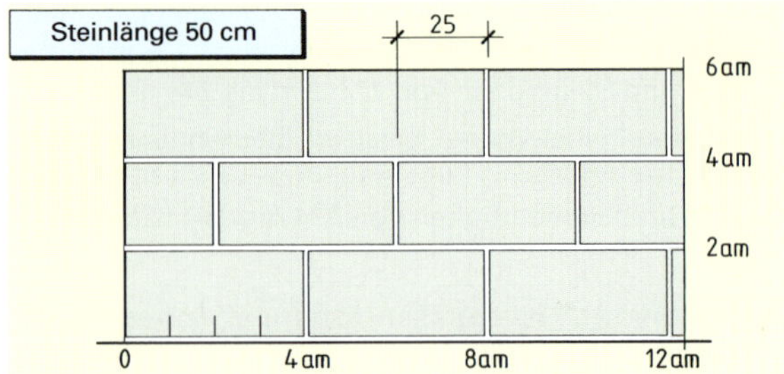

Mittiger Verband mit 25 cm Steinüberdeckung

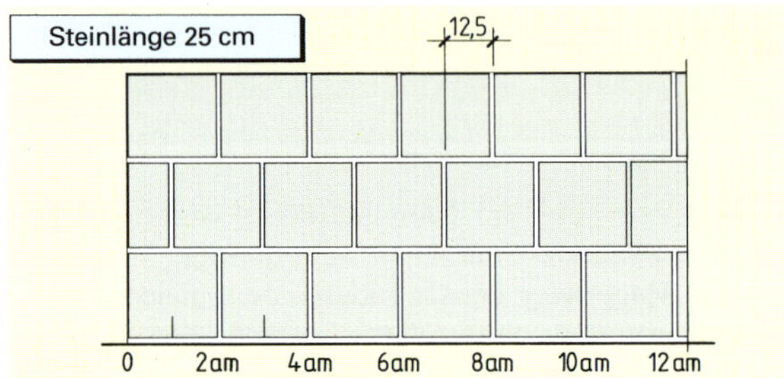

Mittiger Verband mit 12,5 cm Steinüberdeckung

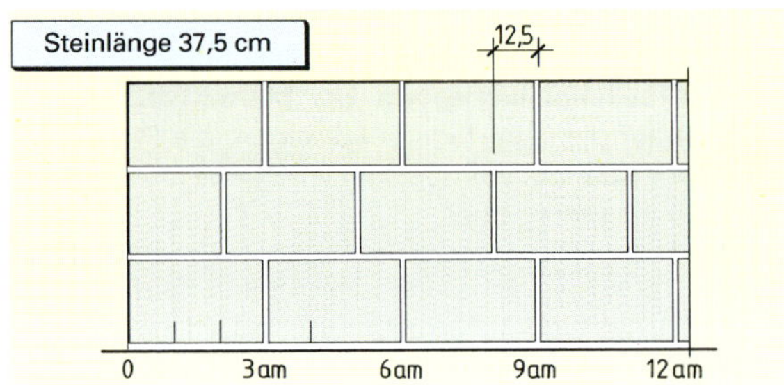

Schleppender Verband mit 12,5 cm Steinüberdeckung

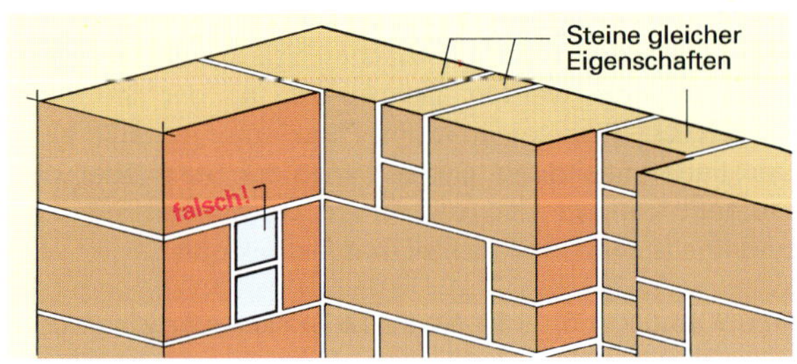

Ausgleich durch kleinformatige Steine

Mauerstein-Kreissäge

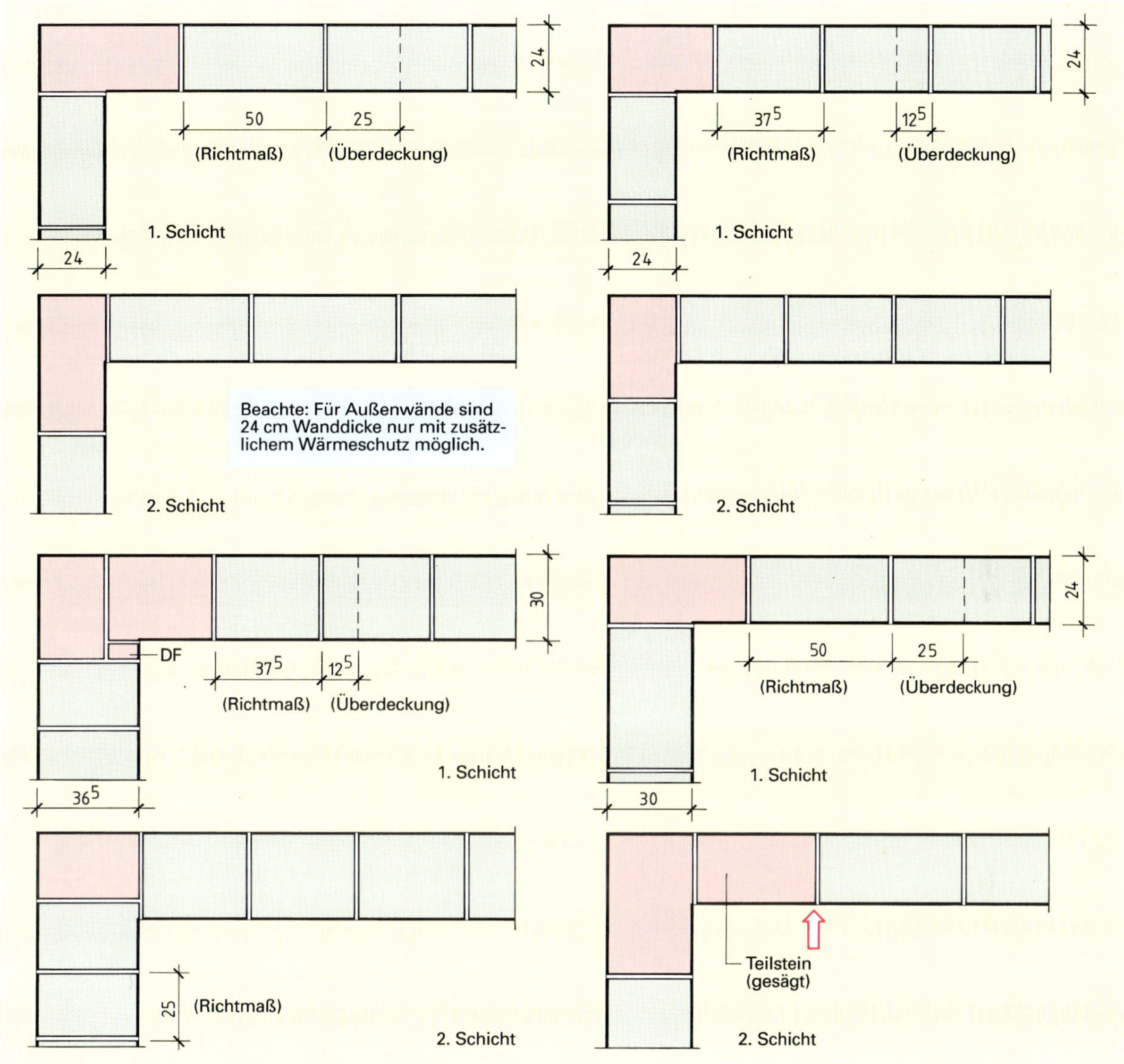

Eckverbände

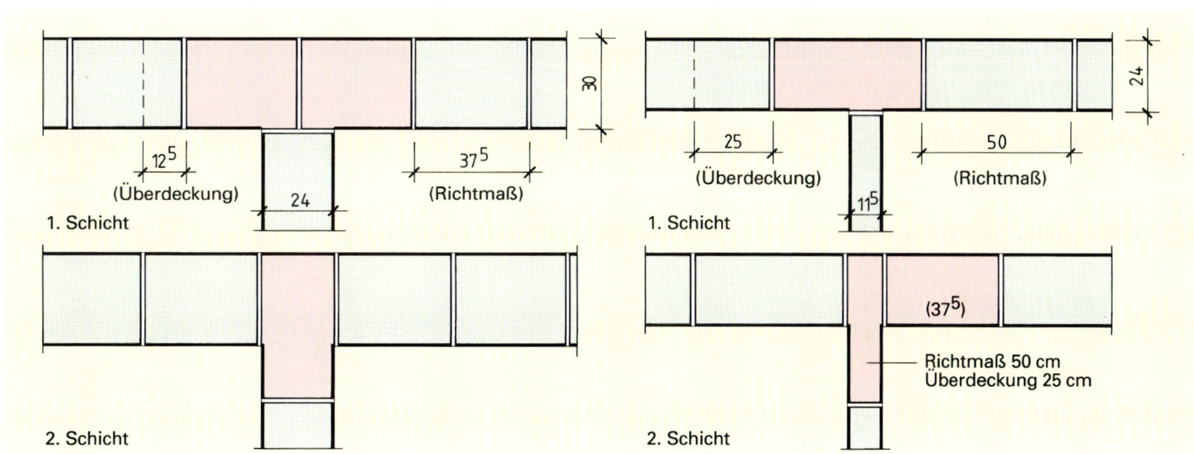

Mauerstöße

5.5.6 Aussparungen und Schlitze

Aussparungen und Schlitze sollen bereits bei der Planung berücksichtigt werden, damit sie beim Mauern der Wand im Verband ausgespart werden können.

Bei nachträglichem Herstellen dürfen nur Geräte (z.B. Steinfräsen) verwendet werden, die den Mauerwerksverband nicht lockern und mit denen die Schlitztiefe möglichst genau eingehalten werden kann. Aussparungen und Schlitze beeinflussen die Eigenschaften einer Wand. Sie setzen die Tragfähigkeit herab und können außerdem Schall- und Wärmebrücken verursachen. Besonders nachteilig wirken sich horizontale und schräge Schlitze auf die Tragfähigkeit einer Wand aus. Deshalb sind nachträglich hergestellte horizontale und schräge Schlitze in tragenden Wänden nur in ganz geringer Tiefe (max. 3 cm) zulässig. Die zulässige Tiefe ist abhängig von der Wanddicke und der Schlitzlänge. In 11,5 cm dicken Wänden sind horizontale und schräge Schlitze verboten.

Für Rohrleitungsschlitze werden häufig **Installationssteine** (Schlitzsteine) verwendet.

Installationssteine für horizontale Schlitze müssen aus Stahlbeton bestehen.

Aussparungen und Schlitze vermindern die Tragfähigkeit des Mauerwerkes. Außerdem können sie Schall- und Wärmebrücken verursachen.

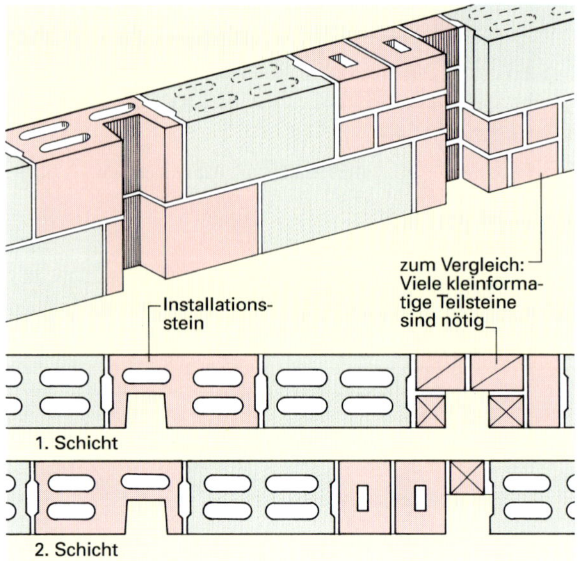

Senkrechter Wandschlitz

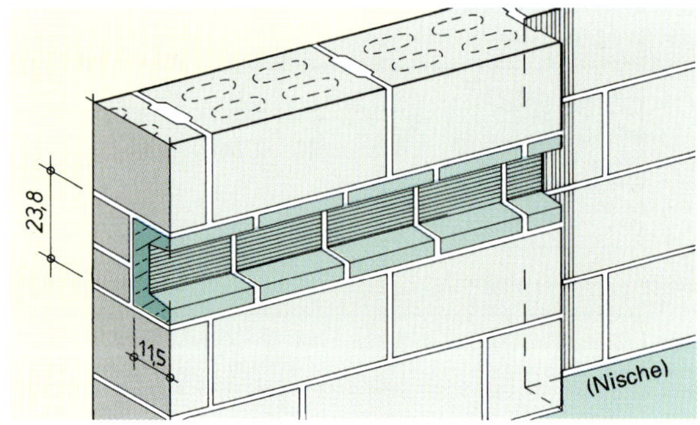

Horizontaler Wandschlitz aus Stahlbeton-Schlitzsteinen

Zusammenfassung

Mauerwerk aus großformatigen Steinen besitzt gegenüber dem Mauerwerk aus klein- und mittelformatigen Steinen wirtschaftliche Vorteile.

Mauersteine mit einem Verarbeitungsgewicht über 25 kg dürfen nur mit Versetzgeräten und -maschinen verarbeitet werden.

Nicht genormte Mauersteine müssen bauaufsichtlich zugelassen sein.

Hohlblöcke werden in Einzel- und Reihenverlegung mit Normalmauermörtel oder Leichtmauermörtel verarbeitet.

Plansteine und Planelemente aus Porenbeton sowie Planziegel und Kalksandstein-Planblöcke werden im Dünnbettmörtel-Verfahren verlegt.

Großformatige Mauersteine werden im mittigen oder schleppenden Verband vermauert.

Aussparungen und Schlitze vermindern die Tragfähigkeit des Mauerwerkes. Außerdem können sie Schall- und Wärmebrücken verursachen.

Aufgaben:

1. *Nennen Sie die wichtigsten großformatigen Mauersteine.*
2. *Worauf ist beim Verarbeiten von Mauersteinen mit einem Verarbeitungsgewicht über 25 kg zu achten?*
3. *Nennen Sie Beispiele für nicht genormte bauaufsichtlich zugelassene Mauersteine.*
4. *Welcher Unterschied besteht zwischen Einzel- und Reihenverlegung bei Hohlblockmauerwerk?*
5. *Nennen Sie die Vorteile des Dünnbettmörtel-Verfahrens gegenüber der Verwendung von Normalmauermörtel.*
6. *Worin besteht der Unterschied zwischen einem mittigen und einem schleppenden Verband?*
7. *Zeichnen Sie die 1. und 2. Schicht einer Mauerecke (Wanddicke 30 cm, Steinformat 20 DF).*
8. *Warum schwächen horizontale und schräge Wandschlitze das Mauerwerk ganz besonders?*

5.6 Zweischaliges Mauerwerk

Außenwände müssen nicht nur den Bedingungen des baulichen Wärmeschutzes, sondern auch den Anforderungen des Feuchtigkeitsschutzes und der Schlagregensicherheit genügen. Würde die Wand durchfeuchten, wäre die Wärmedämmfähigkeit nicht mehr vorhanden, weil feuchte Wände die Wärme sehr gut leiten. Der Schlagregen muss also durch eine außen liegende Schicht abgewehrt werden. **Zweischalige** Wände erfüllen diese Aufgabe besonders gut. Die äußere Schale, meist 11,5 cm dick, bildet den Wetterschutz, die innere Schale trägt die Lasten.

Der Zwischenraum zwischen äußerer und innerer Schale kann als **Luftschicht**, als **Luftschicht mit Wärmedämmung**, als **Kerndämmung** oder als **Putzschicht** ausgebildet werden.

Innen- und Außenschale werden durch Drahtanker aus nicht rostendem Stahl miteinander verbunden. Die Anker haben im Bereich des Luftraumes bzw. der Dämmung eine Kunststoffscheibe. Sie verhindert die Leitung der Feuchtigkeit von der Außen- zur Innenschale.

Bei zweischaligem Mauerwerk wird zwischen Wänden mit Luftschicht, Wänden mit Luftschicht und Wärmedämmung, Wänden mit Kerndämmung und Wänden mit Putzschicht unterschieden.

Zweischalige Außenwand

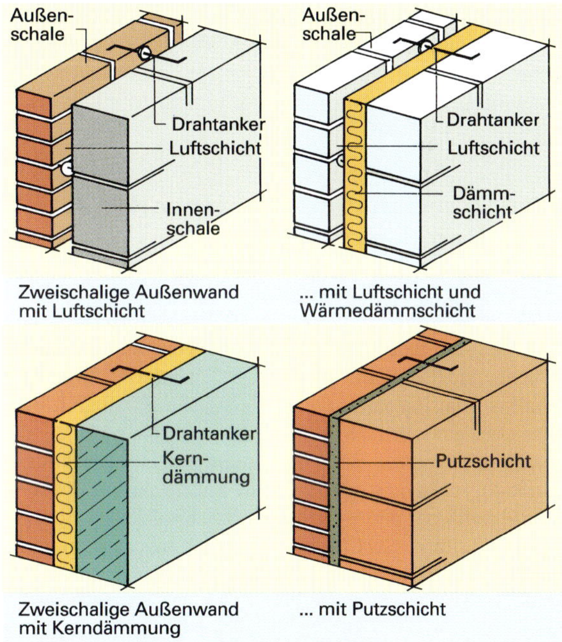

Zweischalige Außenwand mit Luftschicht

... mit Luftschicht und Wärmedämmschicht

Zweischalige Außenwand mit Kerndämmung

... mit Putzschicht

Arten zweischaligen Mauerwerks

5.6.1 Zweischaliges Mauerwerk mit Luftschicht

Die Luftschicht hat eine Dicke von 6 cm bis 15 cm und es muss gewährleistet sein, dass die Luft zirkulieren kann. Dafür werden in der Außenschale unten und oben Lüftungsöffnungen (z.B. offene Stoßfugen) vorgesehen, wobei die unteren Öffnungen auch zur Entwässerung dienen.

Die Innenschale, die Geschossdecken und die Wand unterhalb des zweischaligen Mauerwerkes sind vor Feuchtigkeit zu schützen. Dies geschieht durch eine Dichtungsschicht, die im Bereich der Luftschicht im Gefälle nach außen eingebaut wird. Auch über Fenster- und Türstürzen ist diese Maßnahme durchzuführen.

Der Fugenmörtel an den Hohlraumseiten ist beim Mauern abzustreichen, um eine möglichst ebene Fläche zu erreichen. In den Hohlraum der Luftschicht darf kein Mörtel fallen, auch die Drahtanker müssen davon freigehalten werden.

Bei zweischaligem Mauerwerk mit Luftschicht muss die Luft zirkulieren können. Dies wird durch Lüftungsschlitze unten und oben in der Außenschale ermöglicht.

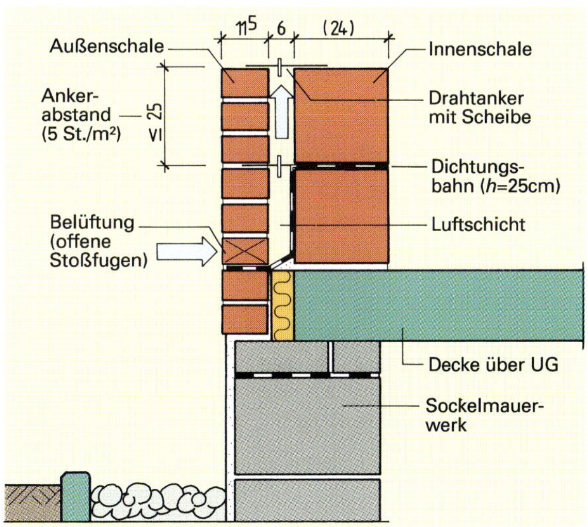

Zweischaliges Mauerwerk mit Luftschicht

5.6.2 Zweischaliges Mauerwerk mit Luftschicht und Wärmedämmung

Der innere Abstand zwischen Innen- und Außenschale darf höchstens 15 cm betragen. Die Luftschicht muss dabei mindestens 4 cm dick sein und darf nicht durch Unebenheiten der Wärmedämmschicht eingeengt werden. Als Wärmedämmstoffe finden platten- und mattenförmige Mineralfaserdämmstoffe sowie Platten aus Schaumkunststoffen Verwendung.

Damit die Luft in der Luftschicht zirkulieren kann, müssen Lüftungsöffnungen unten und oben in der Außenschale vorgesehen werden. Ebenso ist am Fußpunkt und über Stürzen eine Abdichtung wie beim zweischaligen Mauerwerk mit Luftschicht vorzusehen.

> Bei zweischaligem Mauerwerk mit Luftschicht und Wärmedämmung befindet sich zwischen äußerer und innerer Schale eine Luftschicht (der äußeren Schale zugewandt) und eine Dämmschicht.

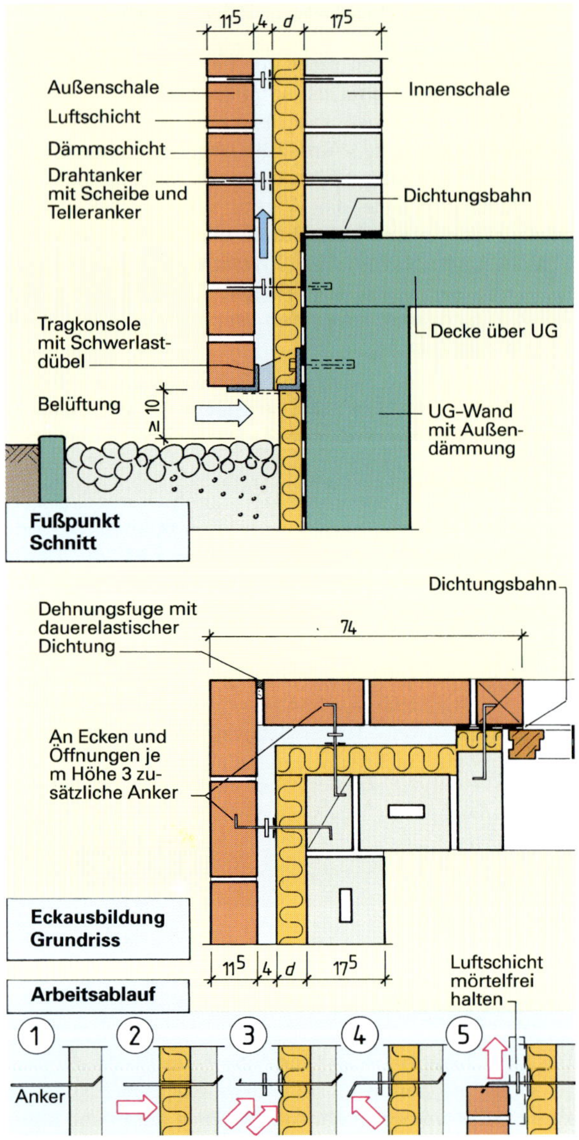

Zweischaliges Mauerwerk mit Luftschicht und Wärmedämmung

5.6.3 Zweischaliges Mauerwerk mit Kerndämmung

Der innere Abstand zwischen Innen- und Außenschale darf höchstens 15 cm betragen. Der Hohlraum zwischen den Mauerwerksschalen wird ohne verbleibende Luftschicht verfüllt, wobei platten- und mattenförmige Mineralfaserdämmstoffe, Platten aus Schaumkunststoffen oder lose eingebrachte Wärmedämmstoffe wie z.B. Mineralfasergranulat, Blähperlit oder Polystyrolschaum-Partikeln verwendet werden. Am Fußpunkt der Außenschale und über den Stürzen werden Entwässerungsöffnungen (offene Stoßfugen) vorgesehen, ebenso eine Abdichtung, damit keine Feuchtigkeit in die darunter liegenden Bauteile eintreten kann.

> Bei zweischaligem Mauerwerk mit Kerndämmung ist der gesamte Zwischenraum zwischen innerer und äußerer Schale mit einem Wärmedämmstoff ausgefüllt.

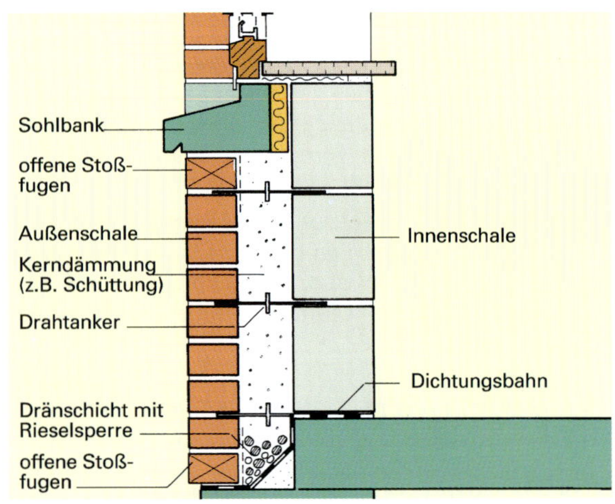

Zweischaliges Mauerwerk mit Kerndämmung

5.6.4 Zweischaliges Mauerwerk mit Putzschicht

Beim zweischaligen Mauerwerk mit Putzschicht wird auf die Außenseite der Innenschale eine zusammenhängende Putzschicht aufgebracht. Davor wird so dicht wie möglich die Außenschale als Verblendschale vollfugig errichtet. Die beiden Schalen müssen auch bei dieser Art von zweischaligem Mauerwerk mit Drahtankern miteinander verbunden werden.

> Beim zweischaligen Mauerwerk mit Putzschicht befindet sich zwischen der äußeren und inneren Schale eine Putzschicht.

Zusammenfassung

Beim zweischaligen Mauerwerk bildet die äußere Schale den Wetterschutz, und die innere Schale trägt die Lasten. Nach dem Wandaufbau wird unterschieden zwischen Wänden mit Luftschicht, Wänden mit Luftschicht und Wärmedämmung, Wänden mit Kerndämmung und Wänden mit Putzschicht. Innen- und Außenschale werden durch Drahtanker miteinander verbunden.

Am Fußpunkt der Wand und über Fenster- und Türstürzen ist eine Abdichtung einzubauen.

Aufgaben:

1. *Nennen Sie Arten von zweischaligem Mauerwerk.*
2. *Welche Aufgabe haben die äußere und die innere Schale?*
3. *Beschreiben Sie den Aufbau eines zweischaligen Mauerwerkes mit Kerndämmung.*
4. *Nennen Sie die Vorteile von zweischaligem Mauerwerk gegenüber einschaligem.*
5. *Skizzieren Sie im Schnitt den Fußpunkt eines zweischaligen Mauerwerkes mit Luftschicht.*
6. *Welche Aufgabe haben die Drahtanker beim zweischaligen Mauerwerk?*

5.7 Ausfachung von Fachwerk- und Skelettkonstruktionen

5.7.1 Ausfachung von Holzfachwerken

Fachwerkbauten zeichnen sich durch ihr schönes Erscheinungsbild aus und bestimmen in vielen Regionen seit Jahrhunderten das Bild der Dörfer und Städte.

Da die Holzkonstruktion bei Fachwerken die Standsicherheit gewährleisten muss, besitzt die Ausmauerung (Ausfachung) keine tragende Funktion.

Um bei der Ausmauerung wenig Verhau zu haben, sollen die Größen der Gefache der Maßordnung im Hochbau entsprechen; d.h., die Innenmaße sollen einem Vielfachen von 12,5 cm + 1 cm entsprechen.

Da Holz schwindet und zudem stärkeren Verformungen ausgesetzt ist als Mauerwerk, sind die Verbindungen zwischen Holz und Mauerwerk besonders sorgfältig auszubilden.

Der Anschluss des Mauerwerks an das Holz erfolgt durch eine ringsum angenagelte Dreikantleiste. An den Stirnseiten der Mauersteine wird eine Nut ausgeschlagen (bei Porenbetonsteinen ausgesägt). Die Fuge zwischen Holz und Stein wird vermörtelt.

Bei großen Gefachen werden neben den Dreikantleisten nicht rostende Winkellaschen als zusätzliche Befestigung vorgesehen. Die Winkellasche wird mit nicht rostenden Nägeln am Holz angenagelt, und sie bindet mit dem anderen Schenkel in die Lagerfuge ein.

Der Anschluss des Mauerwerkes an das Holz erfolgt durch eine umlaufende Dreikantleiste.

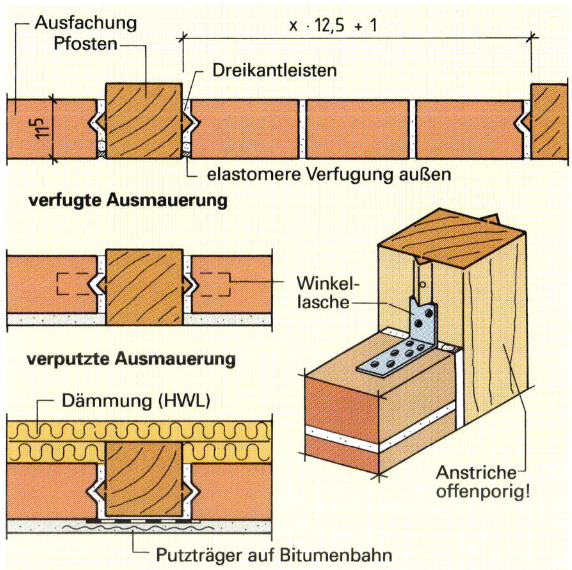

Ausmauerung von Holzfachwerk

5.7.2 Ausfachung von Stahlskeletten

Die Stahlskelettbauweise ist vor allem im Hallen- und Industriebau verbreitet.

Die für Stützen und Riegel verwendeten Stahlprofile (I-Profile, U-Profile) bieten durch ihre Formen einfache Anschlüsse für das ausfachende Mauerwerk.

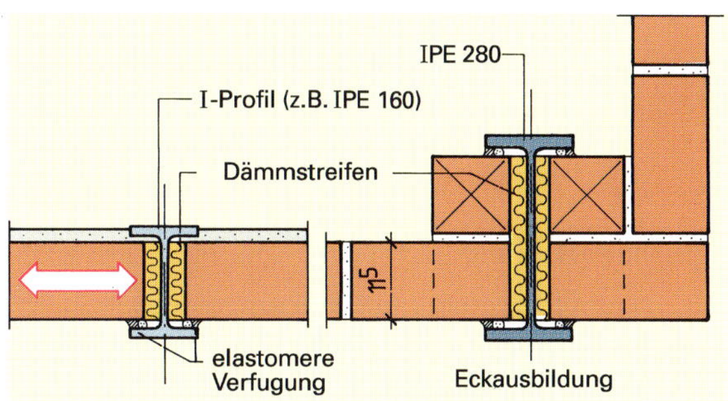

Anschluss der Ausfachung an Profilstahlstützen

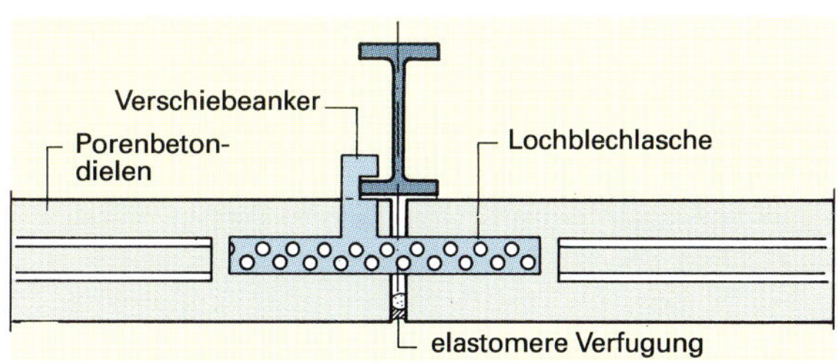

Anschluss von Porenbetondielen an Stahlstütze (Vorteil: keine Wärmebrücken)

Anstelle der Ausfachung mit Mauerwerk finden auch immer häufiger großformatige Wandbauelemente aus Porenbeton oder Leichtbeton Verwendung.

Die Anschlüsse zwischen Mauerwerk und Stahlprofilen werden so ausgebildet, dass geringe Verformungen des Stahlskelettes möglich sind, ohne dabei im Mauerwerk Risse zu verursachen. Es werden deshalb zwischen den Stahlprofilen und dem Mauerwerk Dämmstreifen eingelegt und an der Oberfläche zwischen Mauerwerk bzw. Putz und Stahlprofil eine dauerelastische Fuge vorgesehen.

Stahlprofile bieten einfache Anschlussmöglichkeiten für das ausfachende Mauerwerk. Zwischen Stahlprofilen und Mauerwerk müssen Dämmstreifen eingebaut werden.

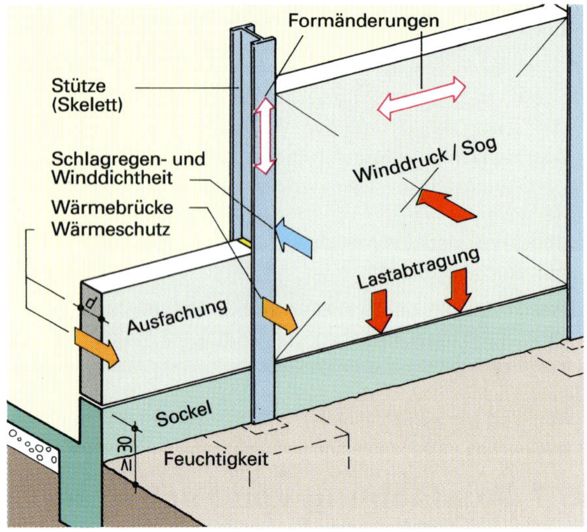

Anforderung an die Ausfachung von Skelettbauten

5.7.3 Ausfachung von Stahlbetonskeletten

Auch hier hat das Mauerwerk außer seiner Eigenlast oder Wind keine weiteren Baulasten zu tragen.

Die seitlichen und oberen Anschlüsse sind wie bei Stahlskeletten elastisch mit einem Dämmstreifen auszubilden, damit für die Ausfachung und die Skelettbauteile spannungsfreie Formveränderungen möglich sind.

Zur Stabilisierung der Ausfachung muss das Mauerwerk mit den Stahlbetonstützen verbunden werden. Dies kann durch Stahlblechanker und einbetonierte Ankerschienen erfolgen, oder es kann durch Stahlprofile (z. B. U-Profil) an der Stahlbetonstütze, in die das Mauerwerk einbindet, geschehen.

Die Anschlüsse zwischen den Skelettbauteilen und der Ausfachung müssen spannungsfreie Formveränderungen ermöglichen.

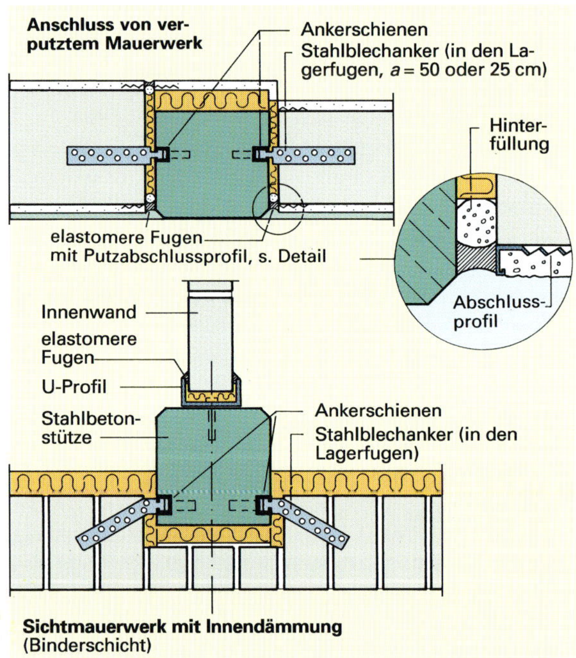

Ausfachung von Stahlbetonskelettbauten

Zusammenfassung

Bei Fachwerken und Skelettkonstruktionen tragen die Skelettbauteile alle Baulasten ab. Die Ausfachungen haben außer ihren Eigenlasten oder Windlasten keine weiteren Baulasten zu tragen.

Beim Holzfachwerk erfolgt der Anschluss des Mauerwerkes durch eine umlaufende Dreikantleiste.

Die Stahlprofile der Stahlskelettbauweise bieten einfache Anschlussmöglichkeiten für das ausfachende Mauerwerk.

Bei Stahlskeletten und Stahlbetonskeletten müssen zwischen den Skelettbauteilen und dem ausfachenden Mauerwerk Dämmstreifen eingebaut werden, damit spannungsfreie Formveränderungen ermöglicht werden.

Aufgaben:

1. *Welche Aufgaben hat das ausfachende Mauerwerk in der Fachwerk- und Skelettbauweise?*
2. *Beschreiben Sie den Anschluss des ausfachenden Mauerwerkes an die Holzteile eines Fachwerkes.*
3. *Skizzieren Sie den Anschluss eines 11,5 cm dicken Mauerwerkes an eine Stütze (I PE 160) eines Stahlskelettbaues.*
4. *Begründen Sie die Notwendigkeit der Dämmstreifen zwischen dem ausfachenden Mauerwerk und den Stahl- oder Stahlbetonstützen.*
5. *Beschreiben Sie die Anschlussmöglichkeiten von ausfachendem Mauerwerk an Stahlbetonstützen.*

5.8 Nicht tragende innere Trennwände (leichte Trennwände)

Als nicht tragende innere Trennwände werden (nach DIN 4103) solche Zwischenwände bezeichnet, deren Masse einschließlich Putz oder anderer Beschichtungen nicht größer als 150 kg/m² ist. Sie haben keine statischen Aufgaben zu erfüllen, d.h., sie haben keine Lasten aufzunehmen und dienen auch nicht der Aussteifung von Gebäuden. Leichte Trennwände müssen jedoch ihre Eigenlast und die auf ihre Fläche wirkenden Lasten (z.B. gegenlehnende Personen, aufprallende harte Gegenstände und Konsollasten aufgehängter Gegenstände) aufnehmen können.

Diese verhältnismäßig dünnen, leichten Trennwände erhalten ihre Standfestigkeit erst durch Befestigung an den angrenzenden Bauteilen. Folgende Verbindungsmöglichkeiten können angewendet werden:

- Trennwände in 5 cm tiefe Schlitze einführen
- Trennwände mit angrenzendem Mauerwerk verzahnen
- Trennwände mit den Anschlusswänden durch Anschlussstähle, Rundstahlanker oder Blechlaschen verbinden
- Trennwände in U-, L- oder T-Profile einbauen, die vor dem Wandaufbau an den angrenzenden Bauteilen befestigt sind

Die Verbindung von Trennwänden aus Wandbauplatten mit Wänden und Decken wird in der Regel elastisch ausgeführt. Abhängig von der Konstruktionsart des Bauwerks und den zu erwartenden Formänderungen und Bewegungen können auch gleitende oder starre Anschlüsse gewählt werden.

Nicht tragende innere Trennwände sind Bauteile im Innern eines Gebäudes, die nur zur Raumtrennung eingefügt sind und nicht zur Aussteifung der tragenden Wände herangezogen werden.

5.8.1 Leichte Trennwände aus Leichtbeton-Wandbauplatten

Wandbauplatten aus Leichtbeton sind Vollplatten mit glatten Flächen zur Stoß- und Lagerfugenausbildung. Mit ihnen können Trennwände der Dicken 5, 6, 7 und 10 cm hergestellt werden. Die großen Flächenabmessungen der Platten (z.B. 49 cm × 24 cm, 99 cm × 32 cm) wirken sich günstig auf die wirtschaftliche Erstellung der Trennwände aus.

Wandbauplatten aus Leichtbeton werden im Verband mit Normalmauermörtel vermauert. Dabei ist es zweckmäßig, die Wandbauplatten in der Höhe abschnittsweise zu verarbeiten, z.B. zunächst 4 bis 6 Schichten. Mit den folgenden Schichten darf erst dann begonnen werden, wenn der Mörtel des vorher vermauerten Abschnitts genügend erhärtet ist. Dies ist nach etwa einem Tag der Fall.

Die Verbindung der Trennwände mit den tragenden Wänden kann durch Einbau in bauseits vorhandene

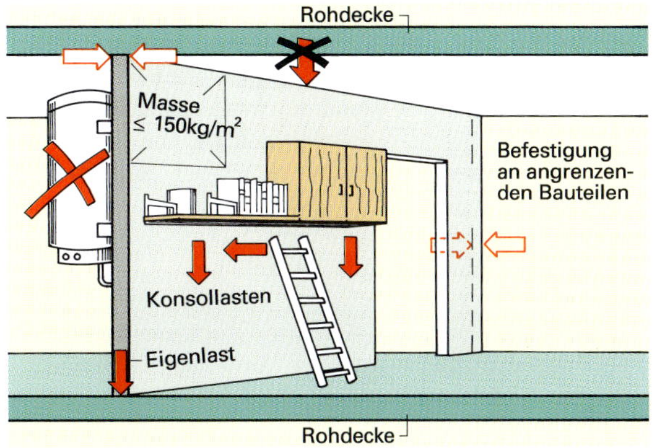

Leichte Trennwand

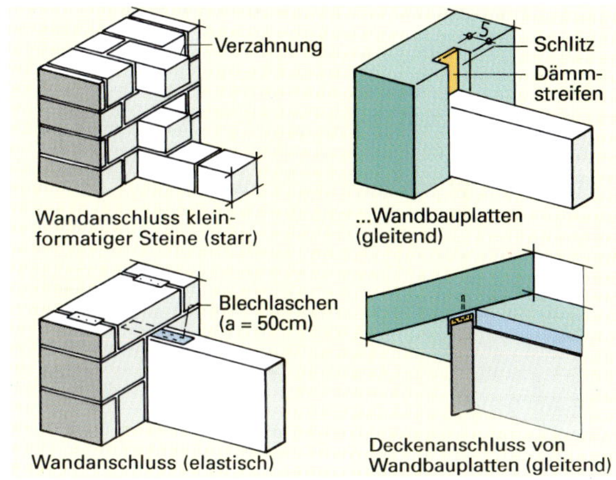

Trennwandanschlüsse

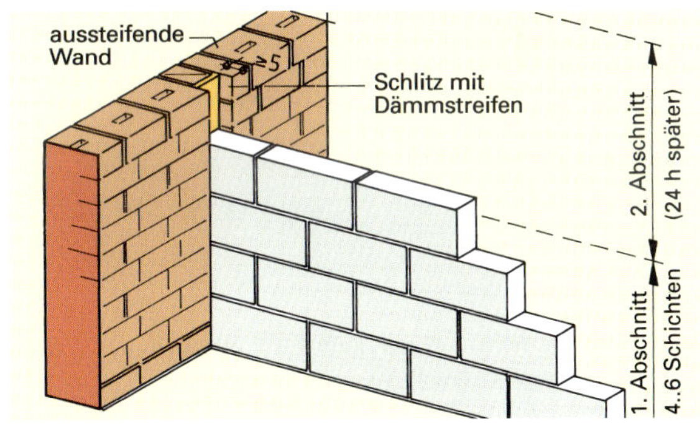

Einbindung der Trennwand in Mauerschlitz

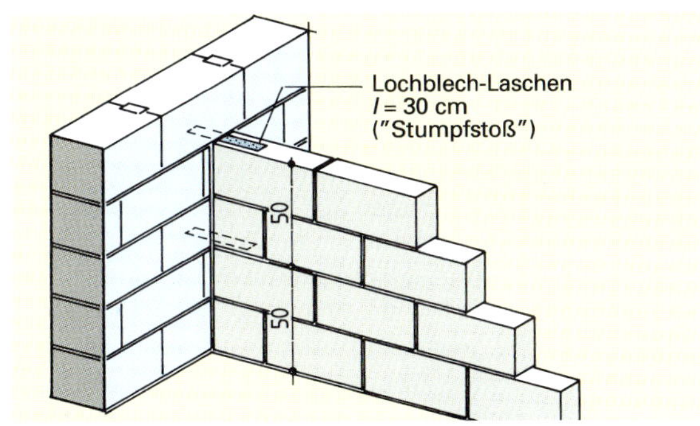

Verbindung mit Tragwand durch Blechlaschen

etwa 5 cm tiefe Nuten hergestellt werden. Wirtschaftlicher ist die Verbindung durch Verzahnung mit etwa 30 cm langen Rundstählen oder auch mit Bandstählen, die von der tragenden Wand aus in etwa jede 2. Lagerfuge der Trennwand einbinden sollten. Die Fuge zwischen Trennwand und Decke wird bei starrem Anschluss verkeilt und abschließend mit Mörtel ausgefüllt. Bei elastischem Anschluss ist die Deckenanschlussfuge mit weichem Dämmmaterial zu verfüllen.

Wandbauplatten aus Leichtbeton sind großformatige Vollplatten. Sie werden im Verband mit Normalmörtel vermauert.

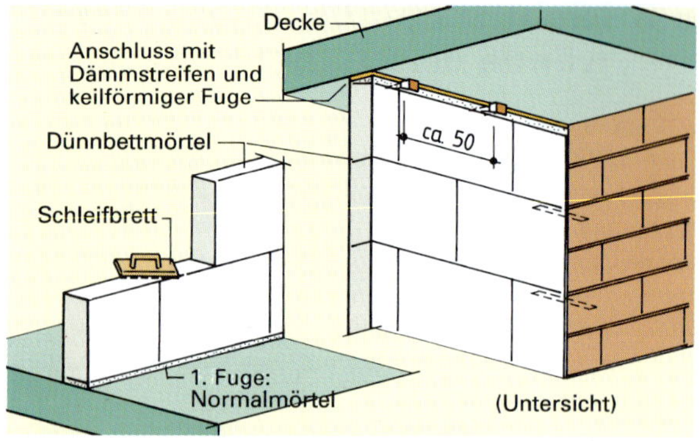

Deckenanschluss einer Trennwand aus Porenbetonplatten
(unten starr, oben elastisch)

5.8.2 Leichte Trennwände aus Porenbeton-Wandbauplatten

Für leichte Trennwände werden Wandbauplatten aus Porenbeton in Dicken von 7,5 cm bis 20 cm verarbeitet. Die Platten werden ebenfalls großformatig hergestellt (Länge z. B. 75 cm, Breite z. B. 50 cm).

Porenbeton-Wandbauplatten werden in der Regel mit Dünnbettmörtel versetzt. Dabei ist besonders darauf zu achten, dass die 1. Schicht genau flucht- und waagerecht versetzt wird. Dadurch wird die Verarbeitung der folgenden Schichten erleichtert. Sollten sich bei den Folgeschichten trotzdem geringe Höhenunterschiede ergeben, müssen diese mit einem Schleifbrett abgeglichen werden.

Zur Verbindung mit den Querwänden können die Trennwände in bauseits vorhandene Nuten eingestellt werden. Günstiger ist die Verbindung durch Ankerschienen, in die bei jeder Lagerfuge eine Blechlasche eingreift. Die Verbindung mit der Decke muss elastisch ausgeführt werden. Dadurch wird eine Belastung der Trennwände bei Deckendurchbiegungen vermieden.

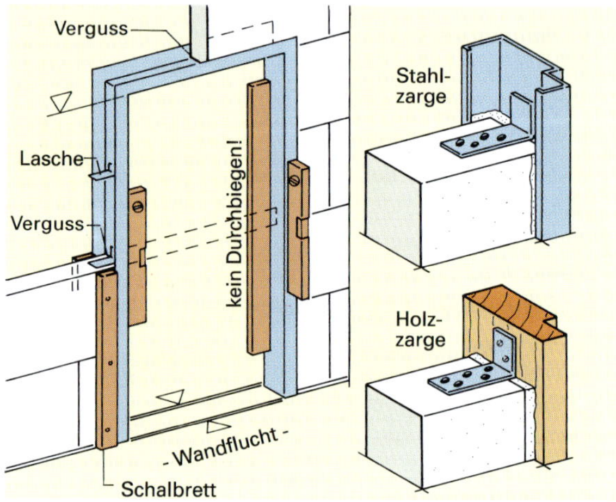

Einbau von Stahl- oder Holzzargen

Wandbauplatten aus Porenbeton sind großformatige Platten. Sie werden im Verband mit Dünnbettmörtel versetzt.

5.8.3 Leichte Trennwände aus Gips-Wandbauplatten

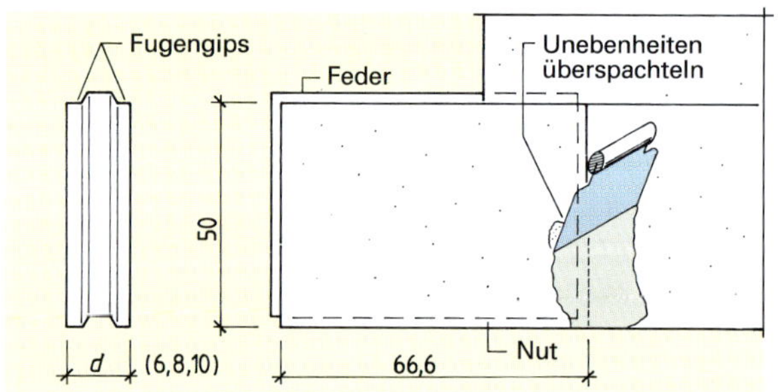

Gips-Wandbauplatten

Wandbauplatten aus Gips sind **Vollgipsplatten**. Für leichte Trennwände werden sie in Dicken von 6, 8 und 10 cm verwendet. Die Platten haben eine Länge von 66,6 cm und eine Breite von 50 cm. Ihre Stoß- und Lagerfugenflächen sind wechselseitig mit Nut und Feder ausgebildet.

Gips-Wandbauplatten werden im Verband mit Fugengips versetzt. Da der Fugengips verhältnismäßig rasch abbindet, können Wände in einem Zug erstellt werden. Die Fugen der Wände werden abschließend überspachtelt. Metallteile, die in die Wände eingebaut werden, sind ausreichend gegen Korrosion zu schützen. Die Verbindung der leichten Trennwand mit Querwänden und Decken kann elastisch, gleitend und starr ausgeführt werden.

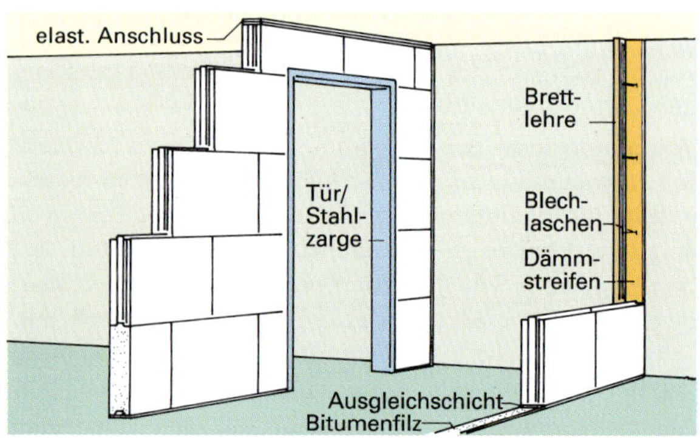

Einbau von Trennwänden aus Gips-Wandbauplatten

Bei **elastischem Anschluss** wird die Gipsplattenwand durch einen elastischen Dämmstreifen von den angrenzenden Bauteilen getrennt.

Bei **gleitendem Anschluss** werden die Randplatten der Gipsplattenwand in Metall- oder Kunststoffprofile eingefügt. Die Profile werden vor dem Hochmauern der Trennwand an den seitlich und oben angrenzenden Bauteilen befestigt. Damit die Wand am Anschluss „gleiten" kann, wird zwischen Profil und Plattenrand ein Dämmstreifen eingelegt.

Bei **starrem Anschluss** wird die Gipsplattenwand mit einer Gipsmörtelfuge an die angrenzenden Bauteile angefügt.

Wandbauplatten aus Gips sind Vollplatten mit Nut- und Federrand, die im Verband mit Fugengips versetzt werden.

Zusammenfassung

Nicht tragende innere Trennwände sind leichte Trennwände, die nur zur Raumtrennung im Gebäudeinnern eingefügt sind und nicht zur Gebäudeaussteifung herangezogen werden dürfen.

Sie können aus Leichtbeton-Wandbauplatten, Porenbeton-Wandbauplatten oder Gips-Wandbauplatten hergestellt werden.

Die verhältnismäßig dünnen und leichten Wände erhalten ihre Standfestigkeit erst durch die Verbindung mit den angrenzenden Bauteilen.

Die Anschlüsse können elastisch, gleitend oder starr ausgebildet werden.

5.9 Mauerbögen

Bögen und Stürze haben die Aufgabe, die Lasten über Öffnungen auf das seitlich angrenzende Mauerwerk zu übertragen.

Früher war der Bogen fast die einzige Möglichkeit, Öffnungen im Mauerwerksbau zu überdecken.

Gemauerte Bögen werden heute nur noch aus gestalterischen Gründen gewählt. Ihre Herstellung erfordert vom Maurer genaues Fachwissen und großes Geschick.

Am häufigsten kommen heute **Segmentbogen**, **scheitrechter Bogen** (= scheitrechter Sturz) und **Rundbogen** zur Ausführung.

Tragweise der Bögen

Mauerwerk kann nur Druckspannungen sicher aufnehmen. Die Tragfähigkeit der Bögen beruht auf der Gewölbebildung. Durch die Bogenform werden die auftretenden Lasten als Druckkräfte in die Widerlager geleitet. Je flacher der Bogen ist, umso größer ist am Widerlager die horizontale Komponente der Auflagerkraft. Diese Kraft wird bei Bögen auch als „Bogenschub" bezeichnet.

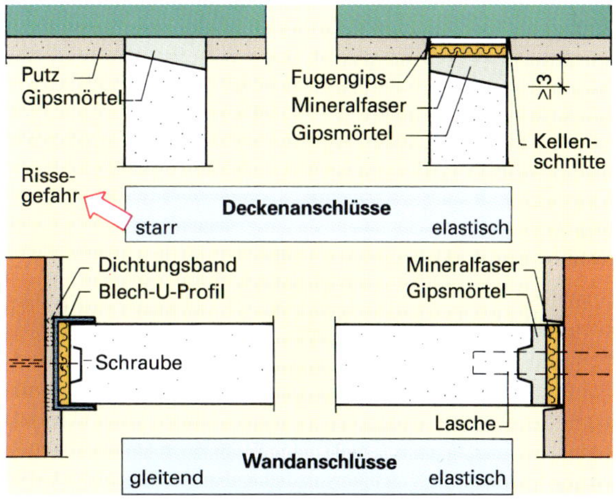

Randanschlüsse von Gips-Wandbauplatten

Aufgaben:

1. *Welche Aufgabe erfüllen leichte Trennwände?*
2. *Nennen Sie Baustoffe für die Herstellung von leichten Trennwänden.*
3. *Beschreiben Sie die Vorgehensweise beim Mauern einer leichten Trennwand aus Leichtbeton-Wandbauplatten.*

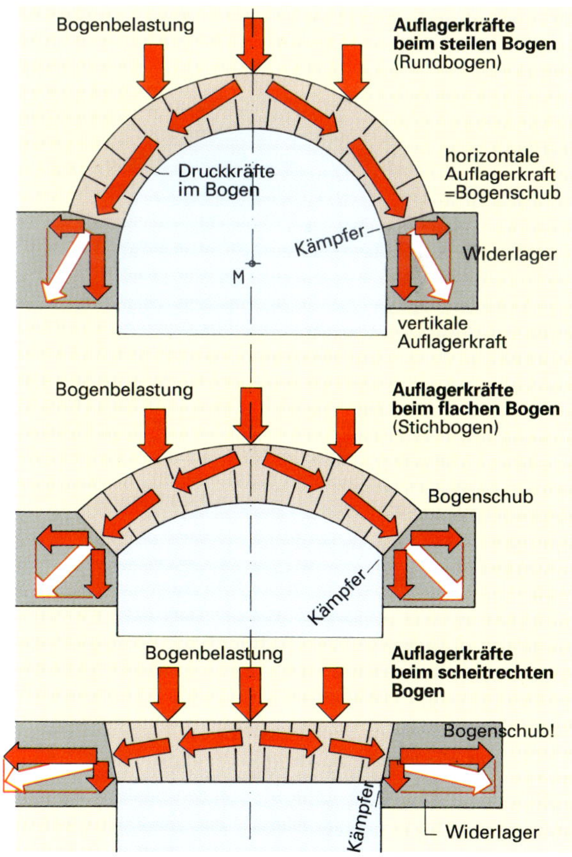

Lastübertragung über den Bogen auf Widerlager

5.9.1 Segmentbogen

Die Bogenlinie ist ein Teil der Segmentfläche eines Kreises. Die Verbindungslinie der Bogenendpunkte ist die **Spannweite** des Bogens. Der Höhenunterschied zwischen dieser Verbindungslinie und dem Scheitelpunkt des Bogens ist die **Stichhöhe**.

Konstruktion des Bogens

Spannweite, Mittellinie und Stichhöhe werden aufgetragen. Die Stichhöhe beträgt im Allgemeinen $\frac{1}{12}$ bis $\frac{1}{6}$ der Spannweite. Bogenendpunkt (= Kämpferpunkt) und Scheitelpunkt werden miteinander verbunden und durch die Mittelsenkrechte halbiert. Der Schnittpunkt zwischen der Mittellinie und der Halbierungslinie ist der Bogenmittelpunkt.

Lehrbogen

Die Bogenform wird aus Brettern oder plattenförmigen Holzwerkstoffen zweimal ausgesägt. Über die Bogenlinie werden in kleinen Abständen Latten oder Leisten genagelt. Die Oberkante dieser Latten oder Leisten entspricht der geplanten Bogenlinie des Segmentbogens. Die unterstützende Konstruktion des Lehrbogens besteht aus Kopfhölzern und Stützen. Laschen sichern die waagerechte Lage der Kopfhölzer über den Stützen.

Der Lehrbogen unterstützt den Segmentbogen während des Mauerns.

Mauern des Bogens

Die **Widerlager** auf beiden Seiten sind so abzuschrägen, dass ihre Kanten in Richtung zum Bogenmittelpunkt hin verlaufen. Die vom Bogen abgeleiteten Kräfte müssen senkrecht auf die Widerlager auftreffen. Der Bogenrücken soll möglichst auf eine Lagerfuge des Mauerwerks, der Kämpferpunkt dagegen auf einen Widerlagerstein auftreffen.

Dem Mauern muss zuerst die **Einteilung der Bogenschichten** vorausgehen. Dazu werden eine **Steindicke plus Fuge** an der Bogenleibung fortlaufend angezeichnet und eine eventuelle Restlänge ausgeglichen. Es wird stets eine ungerade Schichtenzahl angestrebt, um am Scheitelpunkt des Bogens keine Fuge, sondern eine Schlussschicht (Schlussstein) entstehen zu lassen.

Schichtenzahl

$$= \frac{\text{Länge der Bogenleibung in cm} - \text{1 cm Fuge}}{\text{Schichtdicke an der Leibung}}$$

Ein verbleibender Rest wird auf die Zahl der Leibungsfugen gleichmäßig verteilt. Danach wird die errechnete Schichtendicke entsprechend der Schichtenzahl auf den Lehrbogen aufgezeichnet.

Zum Mauern werden meist kleinformatige Mauersteine verwendet, die keilförmige Fugen ergeben.

Die **Fugendicke** an der Leibung soll mindestens 0,5 cm und am Bogenrücken höchstens 2 cm betragen. Die Fugenlinien sind nach dem Bogenmittelpunkt hin ausgerichtet.

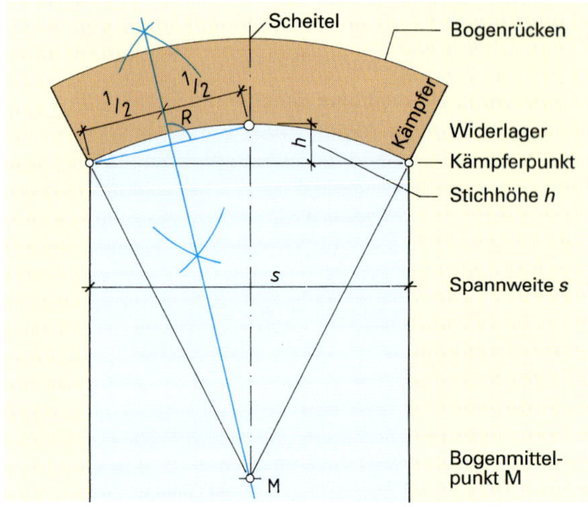

Konstruktion des Segmentbogens, Bezeichnungen

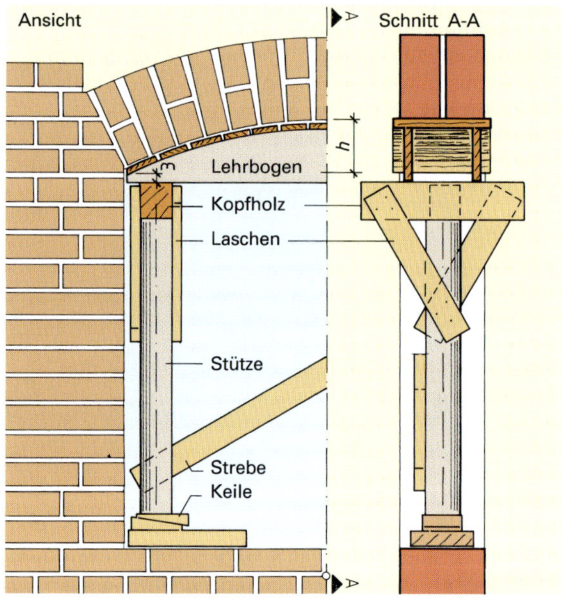

Einrüsten eines Segmentbogens

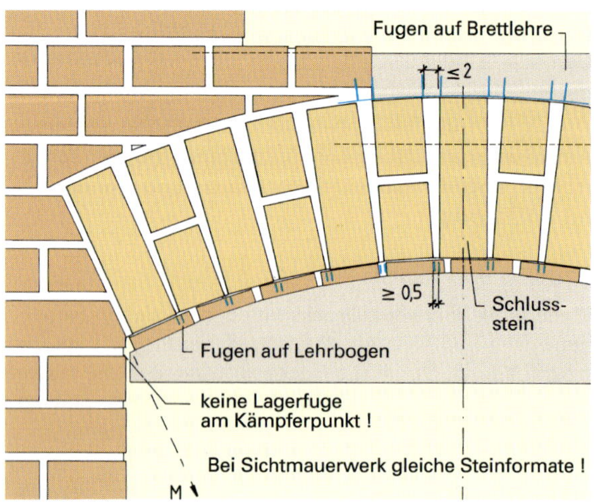

Fugenbild am Stichbogen

Größere Bögen müssen immer gleichmäßig von beiden Kämpfern her gemauert werden, damit nicht eine zu große einseitige Belastung auf dem Lehrbogen entsteht.

Die **Verbände** für Bögen entsprechen den Pfeilerverbänden.

Vor dem Mauern werden die Bogenschichten eingeteilt. Es ist eine ungerade Schichtzahl anzustreben. Die Fugendicke an der Leibung soll mindestens 0,5 cm und am Bogenrücken höchstens 2 cm betragen.

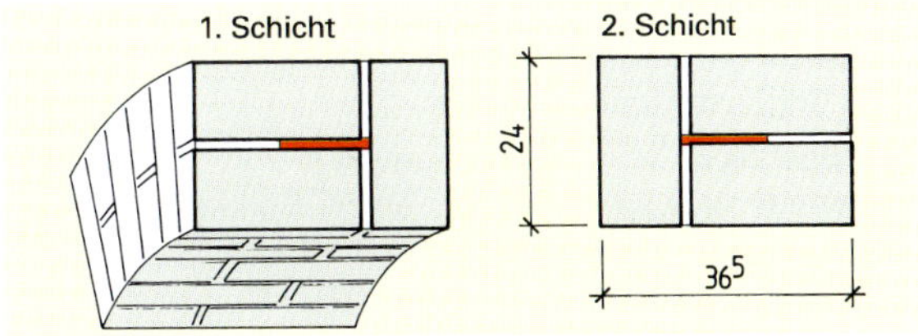

Bogenverband (Beispiel)

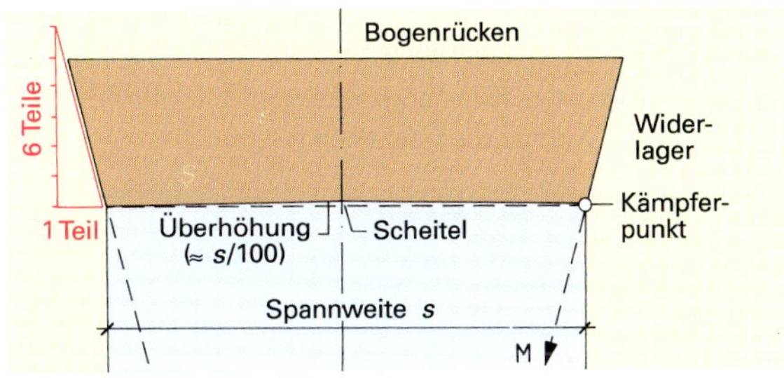

Scheitrechter Bogen, Bezeichnungen

5.9.2 Scheitrechter Sturz

Der scheitrechte Sturz zählt zu den Bögen, obwohl er fast waagerecht (scheitrecht) an der Leibung verläuft. Trotzdem beruht seine Tragweise wie bei den Bögen auf der Gewölbebildung. Das „Gewölbe" bildet sich im Innern des Sturzes. An den Auflagern (Widerlagern) entstehen sehr große horizontale Kräfte. Scheitrechte Stürze können aus diesem Grunde keine weiten Öffnungen überdecken. Die maximale Spannweite liegt etwa bei 1,25 m, und die Widerlager dürfen nie in der Nähe von Ecken liegen.

Sollen größere Öffnungen überbrückt werden, wird der scheitrechte Sturz in Verbindung mit einem Stahlbetonsturz gemauert. Dies ist besonders bei Verblendmauerwerk der Fall.

Beim **Einrüsten** des Sturzes erhält der Bogen (Lehrbrett) in der Mitte die notwendige Überhöhung von 1 bis 2 cm.

Die **Widerlager** werden schräg, im Verhältnis 8:1 bis 6:1, ausgebildet. Dies hat zur Folge, dass auch die Steine des Sturzmauerwerkes schräg zugehauen oder zugesägt werden müssen.

Für den Sturz wird nach Möglichkeit eine ungerade Anzahl (Schichtenzahl) von Steinen vorgesehen. Die Schichten werden auf dem Lehrbrett angerissen. Die Fugenrichtung wird mithilfe einer Schnur, die im Bogenmittelpunkt befestigt ist, bestimmt. Beim Mauern wird von beiden Widerlagern aus begonnen. Es ist darauf zu achten, dass der Sturzrücken in einer Lagerfuge des Wandmauerwerks endet.

Bei der **Ausrüstung** ist vorsichtig vorzugehen. Das Lehrgerüst muss erschütterungsfrei gesenkt werden. Die Ausrüstung kann nach etwa 8 Tagen vorgenommen werden.

Scheitrechte Stürze sind wegen des großen Bogenschubes nur für Öffnungen bis ca. 1,25 m Spannweite geeignet.

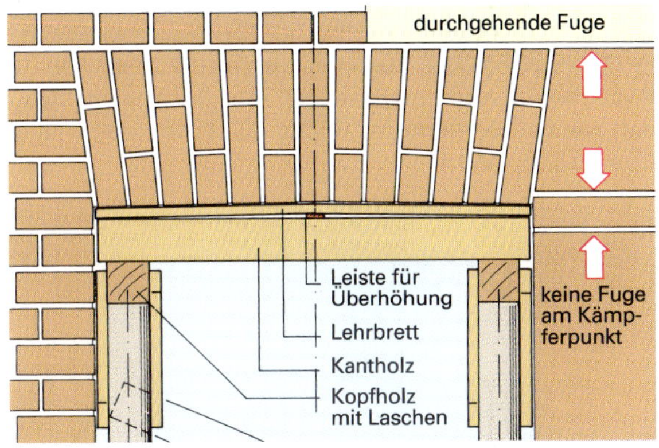

Scheitrechter Bogen mit Fugenschnitt und Einrüstung (Normalformat)

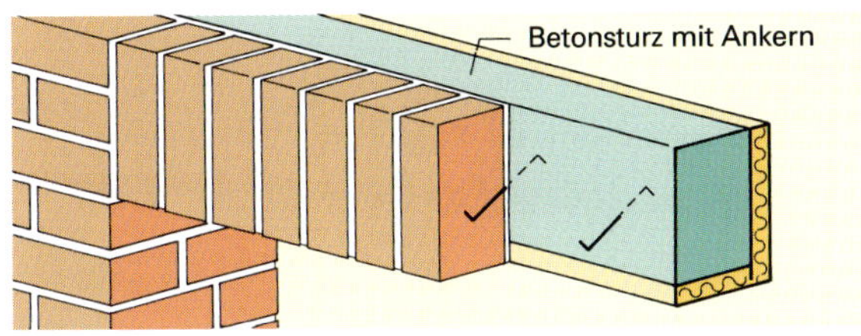

Stahlbetonsturz mit Verblendung (Grenadiersturz)

5.9.3 Rundbogen

Die Bogenlinie des Rundbogens beschreibt einen Halbkreis. Die Höhe des Bogens entspricht also der halben Spannweite. Die horizontale Auflagerkraft (Bogenschub) ist bei Rundbögen nur gering.

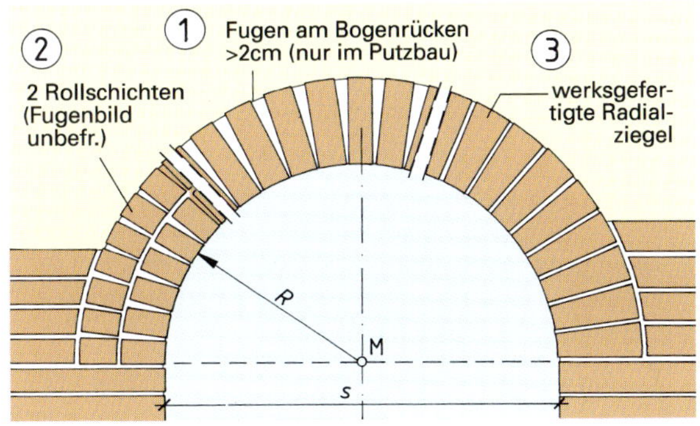

1 Stein dicker Rundbogen, Varianten

Die **Tragfähigkeit** eines Rundbogens wird durch die Gewichtskraft des darüber liegenden Mauerwerkes (Hintermauerung) gesteigert.

Die **Bogendicke** wird in Abhängigkeit von der Bogenspannweite gewählt. Bis zu einer Spannweite von 1,75 m beträgt die Bogendicke 1 Stein, bis 3,00 m Spannweite 1,5 Steine und bis 6,00 m Spannweite 2 Steine.

Rundbögen mit einer Dicke von 2 Steinen werden als übereinander liegende Bögen ausgebildet, wobei die Bögen jeweils gleiche Fugenanzahl besitzen.

Für das Mauern der Rundbögen gelten sinngemäß dieselben Regeln wie für die flacheren Bögen.

Die Bogenlinie des Rundbogens beschreibt einen Halbkreis.

Die Einrüstung zum Mauern des Rundbogens besteht je nach Mauerwerksdicke aus zwei oder mehr nebeneinander liegenden Lehrbögen. Sie werden für kleinere Bogenspannweiten aus Brett-Tafeln oder plattenförmigen Holzwerkstoffen ausgesägt. Für größere Bogenspannweiten werden die Lehrbögen aus Brettstücken zu Brettkränzen zusammengenagelt. Die Lehrbögen werden wie bei den flacheren Bögen durch Kopfhölzer und Sprieße unterstützt.

Die Lehrbögen für Rundbögen werden aus Brett-Tafeln, Platten oder Brettkränzen ausgesägt.

2 Steine dicker Rundbogen

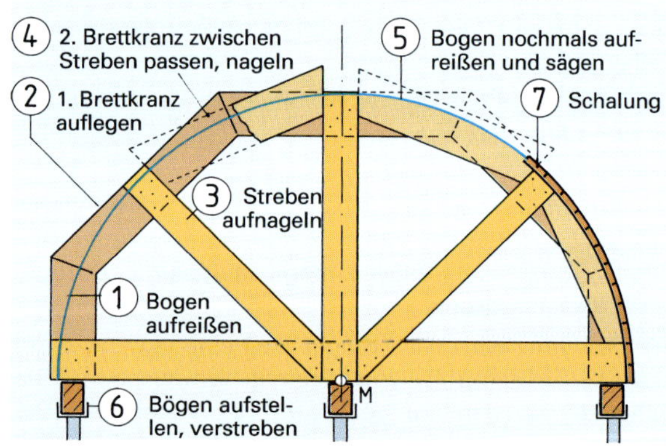

Brettkranz - Lehrbogen für größere Spannweiten und Gewölbe

Zusammenfassung

Bögen haben die Aufgabe, die Lasten über Öffnungen auf das seitlich angrenzende Mauerwerk zu übertragen.

Am häufigsten kommen Segmentbogen, scheitrechter Bogen (= scheitrechter Sturz) und Rundbogen vor.

Je flacher ein Bogen ist, umso größer ist der auftretende Bogenschub am Widerlager.

Beim Segmentbogen beträgt die Stichhöhe etwa $\frac{1}{12}$ bis $\frac{1}{6}$ der Bogenspannweite.

Scheitrechte Stürze sind wegen des auftretenden großen Bogenschubes nur für Öffnungen bis ca. 1,25 m Spannweite geeignet.

Der Bogenschub bei Rundbögen ist nur gering.

Vor dem Mauern werden die Bogenschichten auf dem Lehrbogen eingeteilt. Es ist eine ungerade Schichtzahl anzustreben. Die Fugendicke an der Leibung soll mindestens 0,5 cm und am Bogenrücken höchstens 2 cm betragen.

Die Verbände für Bögen entsprechen den Pfeilerverbänden.

Aufgaben:

1. *Nennen Sie die am häufigsten vorkommenden Bögen.*
2. *Erklären Sie die Bedeutung folgender Begriffe:*
   - *Widerlager*
   - *Bogenleibung*
   - *Bogenrücken*
   - *Kämpferpunkt*
   - *Bogenstich*
   - *Bogenspannweite*
3. *Begründen Sie die Tragweise von Bögen.*
4. *Welcher Zusammenhang besteht zwischen Bogenform und Bogenschub?*
5. *Beschreiben Sie die Konstruktion eines Segmentbogens.*

5.10 Außenwände des Untergeschosses in Mauerwerk

Die Außenwände des Untergeschosses werden besonders hoch belastet. Deshalb müssen sie aus sehr tragfähigen Mauersteinen hergestellt werden (Steinfestigkeitsklasse >4). Die Verwendung von Kalkmörtel ist ungeeignet.

Untergeschoss-Außenwände werden nicht nur durch die darüber liegenden Geschosse in senkrechter Richtung belastet, sondern sie werden auch horizontal durch den Erddruck beansprucht.

Auf eine statische Berechnung des Erddruckes kann verzichtet werden, wenn die Wand folgende Anforderungen erfüllt:

- Die lichte Höhe des Untergeschosses muss kleiner oder gleich 2,60 m sein
- Die Decke über dem Untergeschoss muss als Scheibe wirken, und sie muss in der Lage sein, die aus dem Erddruck entstehenden Kräfte abzuleiten
- Die Wand muss durch Querwände ausreichend ausgesteift sein
- Die Geländeoberfläche im Wandbereich darf nicht ansteigen, und die Nutzlast auf dem Gelände darf nicht größer als 5 kN/m² sein

Die erforderliche Wanddicke ist abhängig von der Höhe des Geländes *h* über dem Untergeschossfußboden sowie von der Größe der senkrechten Wandbelastung *q*. Je höher die Geländeaufschüttung und je geringer die senkrechte Wandbelastung sind, umso dicker muss die Wand ausgeführt werden. Die Mindestwanddicke beträgt jedoch 24 cm.

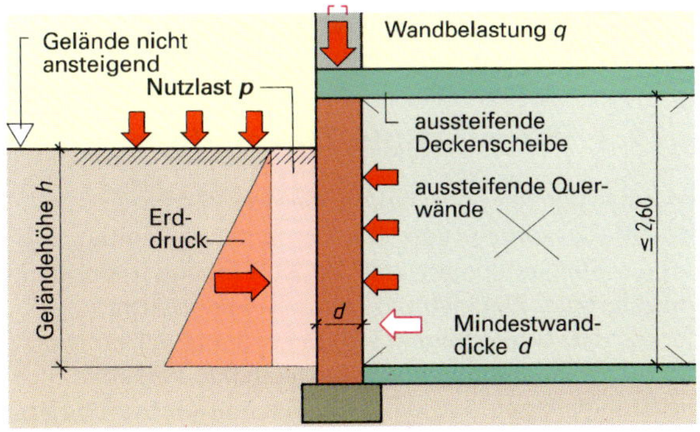

Anforderungen an gemauerte Untergeschosswände

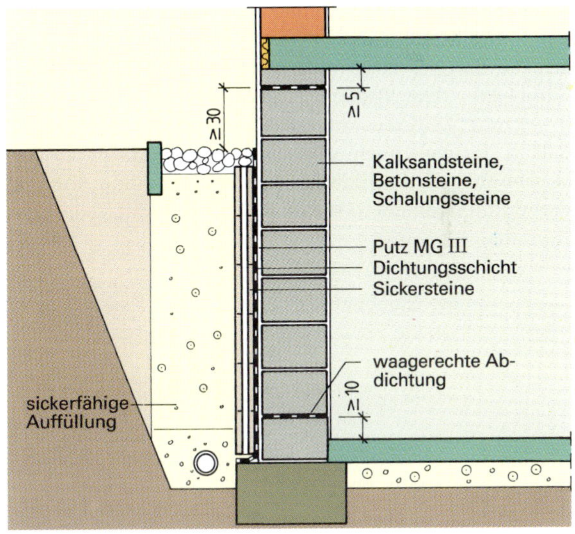

Gemauerte Untergeschoss-Außenwand

Gemauertes Untergeschoss (Kalksandsteinmauerwerk)

5.10.1 Mauersteine für Untergeschoss-Außenwände

Um dem Erddruck günstig entgegenwirken zu können, müssen für das Mauerwerk Mauersteine mit einer großen Dichte verwendet werden. Besonders geeignet sind Hohlblocksteine aus Beton mit geschlossenem Gefüge (DIN V 18153-100/DIN EN 771-3) sowie Kalksandsteine (DIN V 106/DIN EN 771-2).

Immer größere Beliebtheit für Untergeschoss-Außenwände finden so genannte Schalungssteine. Sie bestehen aus Beton oder Polystyrolschaum, werden **knirsch**, d.h. ohne Mörtel, versetzt und anschließend mit Beton verfüllt. Der wesentliche Vorteil eines solchen „Mauerwerks" gegenüber herkömmlichem Mauerwerk ist darin zu sehen, dass eine Bewehrung aus Stabstählen in Längs- und Querrichtung eingebaut werden kann und somit höhere Erddrücke aufnehmbar sind.

Zusammenfassung

Untergeschoss-Außenwände werden besonders hoch belastet und müssen deshalb aus sehr tragfähigem Mauerwerk bestehen. Die erforderliche Wanddicke ist abhängig von der Höhe des Geländes (Erddruck) und von der senkrechten Wandbelastung.

Aufgaben:

1. *Welche Belastungen wirken auf eine Untergeschoss-Außenwand?*
2. *Nennen Sie Mauersteine, die für Untergeschoss-Außenwände besonders gut geeignet sind.*

5.11 Fertigteile im Mauerwerksbau

5.11.1 Vorgefertigte Ziegelstürze

Im Zuge der Rationalisierung werden in immer stärkerem Maße vorgefertigte Bauelemente verwendet. Der fertige Stahlbetonsturz hat längst Eingang gefunden. Vorgefertigte **Ziegelstürze** werden aus Spezialziegeln hergestellt. Diese Ziegel sind 25 cm lang, 7,1 cm hoch und mit Aussparungen oder Lochkanälen versehen, um die Stahleinlagen und den Vergussbeton aufzunehmen. Ihre Breite beträgt 11,5 cm oder 17,5 cm, damit sie sich in die üblichen Steinmaße einfügen. Die Bewehrung kann schlaff oder vorgespannt sein. Die Ziegelstürze bilden in der Überdeckung einer Wandöffnung die **Zugzone**. Die darüber liegende Übermauerung aus Ziegeln, Ringbalken oder Beton als Deckenauflager bildet die **Druckzone**; beide zusammen ergeben einen tragfähigen Balken. Es sind auch verschiedene Ausführungen für Fensteranschläge möglich. Je nach Belastung können Wandöffnungen bis zu **maximal** 3,00 m damit überdeckt werden.

Vorgefertigte Ziegelstürze bestehen aus Ziegelschalen, in denen die Bewehrung im Vergussbeton liegt.

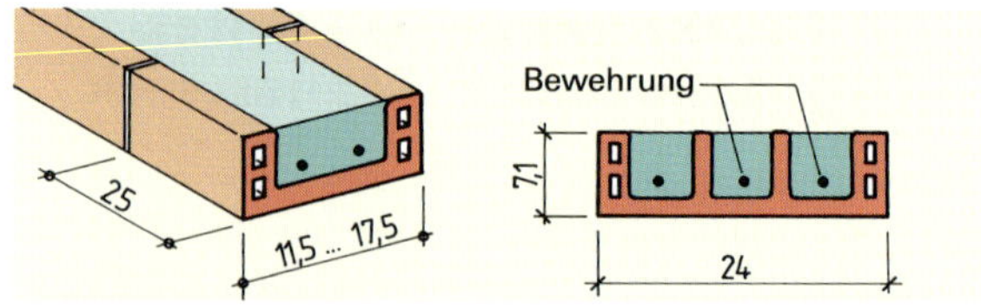

Beispiele vorgefertigter Ziegelstürze

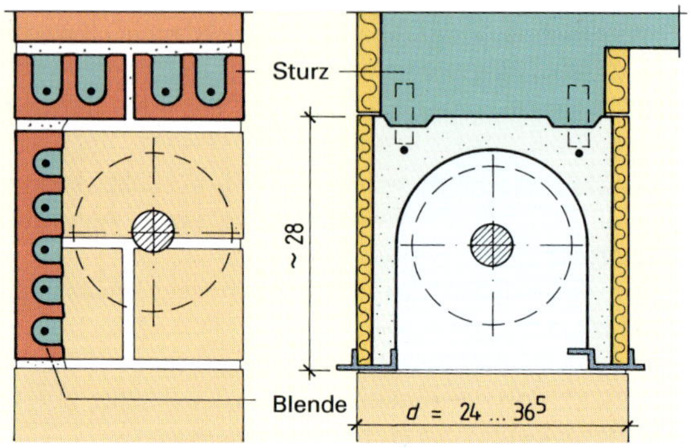

Vorgefertigte Rollladenkästen:
Ziegel-Sturzelemente Dämmstoff-Element

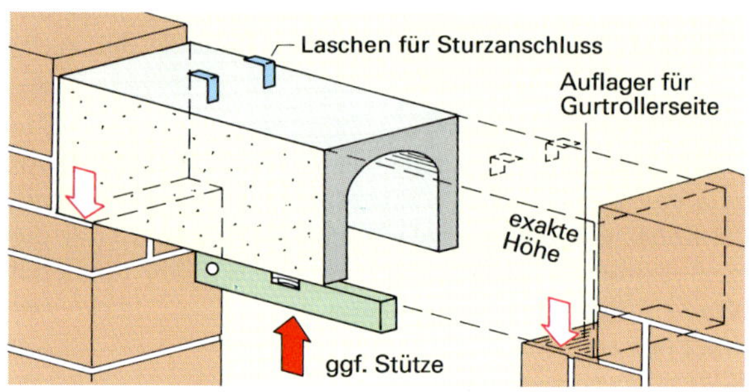

Einbau eines vorgefertigten Rollladenkastens

Rollladenblenden können als verbreiterte Sonderausführung von Flachziegelstürzen gefertigt werden. Allgemein üblich sind heutzutage vorgefertigte **Rollladenkästen** als tragende Fertigteile. Sie sind bei 30 cm dickem Mauerwerk oder bei 37,5 cm dickem Verblendmauerwerk bündig einsetzbar. Wärmegedämmte Ausführungen werden ebenso geliefert, sie finden weitgehend Verwendung.

Nebenstehend wird das Verlegen eines **vorgefertigten Fenstersturzes** während des Bauablaufes gezeigt. Vorgefertigte Stürze verringern den Arbeitsaufwand und tragen damit zur Wirtschaftlichkeit bei. Vorgefertigte Teile sind meist genauer gearbeitet, als es auf der Baustelle möglich ist.

Verlegen eines Fenstersturzes

Auch im Bereich der Mauerwerksverblendung wurde nach Möglichkeiten gesucht, tragende Stürze vorzufertigen. Nebenstehende Zeichnung zeigt das Beispiel eines **Verblend-Flachsturzes**.

Auch hier ist eine größere Genauigkeit in der Ausführung zu erwarten.

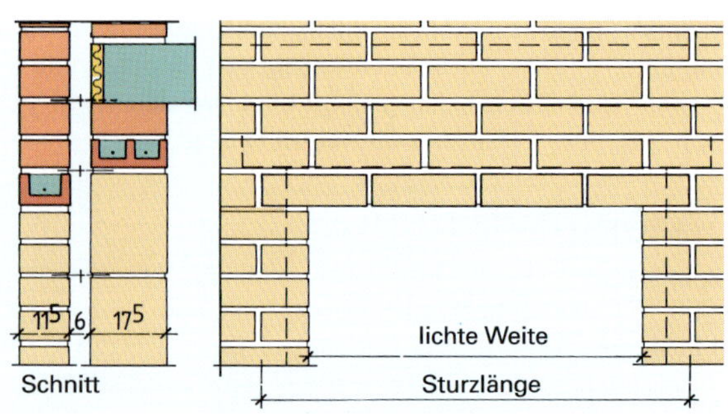

Flachsturz bei zweischaligem Mauerwerk
(für kleinere Spannweiten)

Vorfertigung bedeutet in den meisten Fällen Arbeitseinsparung und größere Exaktheit in der Ausführung.

5.11.2 Fenster- und Türumrahmungen

Fensterumrahmungen

Fensterumrahmungen werden angebracht, um ebene und fluchtrechte Anschläge für die Blendrahmen der Fenster zu erhalten. Bei Natursteinmauerwerk sind sie notwendig und beim Mauerwerk aus künstlichen Steinen vorteilhaft, weil ebene Anschlagflächen entstehen. Fenstergewände können aus hartem Naturstein oder Betonwerkstein gefertigt werden. Betonwerkstein ist weit verbreitet, weil er kostengünstiger ist.

Eine volle **Umrahmung** besteht aus der **Sohlbank**, den **Gewänden** und dem **Sturz**. Der Einbund der Gewände ist bei normalen Wanddicken, wie z.B. im Wohnungsbau, $\frac{1}{2}$ Stein, damit ergibt sich die einfachste Hintermauerung.

Betonwerkstein kann mit einer Bewehrung versehen werden, die eine stärkere Beanspruchung der Umrahmung zulässt.

Fensterumrahmungen bestehen aus Sohlbank, Gewänden und Sturz. Sie werden aus Natursteinen oder Betonwerksteinen hergestellt.

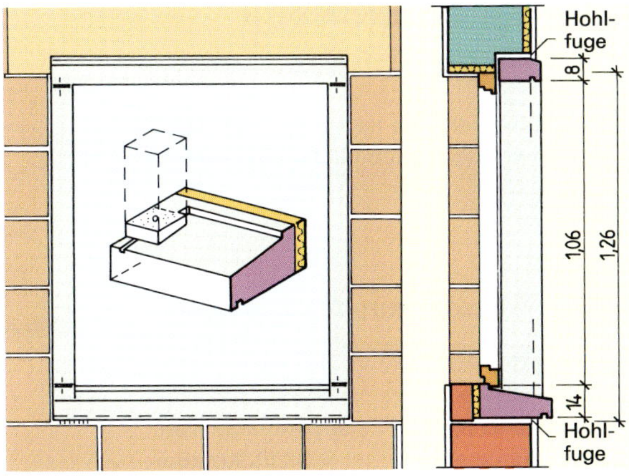

Fenstergewände aus Betonwerkstein

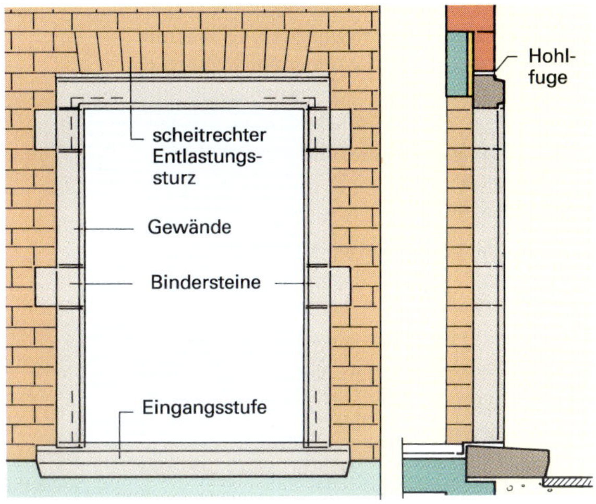

Haustürgewände aus Naturstein (Restaurierung)

Türumrahmungen

Türumrahmungen aus Natursteinen oder Betonwerksteinen werden an Hauseingangstüren vorgesehen. Sie bieten dem Blockrahmen der Türe den Anschlag. Türumrahmungen werden in der Regel mit größeren Querschnitten als Fensterumrahmungen ausgebildet. Sie bestehen aus den seitlichen Gewänden und dem Sturz. Gegebenenfalls bildet eine Trittstufe den unteren Abschluss der Türumrahmung.

Für Innentüren werden auch **Stahlzargen** vom Maurer eingebaut. Unter Türzargen versteht man Türumrahmungen, an denen unmittelbar ein Türblatt eingehängt wird. Die Stahlzargen werden in der Regel nach dem Hochmauern der Wände eingebaut. Seltener werden sie vor dem Hochmauern der Wand aufgestellt und beim Mauern eingemörtelt. Bei nachträglichem Einbau werden die Zargen in die Türöffnung gestellt und mit Zementmörtel als Gießmörtel eingemörtelt. Die Verankerung im Mauerwerk erfolgt durch Flachstahlanker, für die an den Leibungen Aussparungen vorgesehen werden müssen. Vor dem Einmörteln muss die Zarge lotrecht, winkelrecht und verwindungsfrei ausgerichtet und gegen ein Ausbeulen ausgesteift werden.

Türumrahmungen bestehen aus Natur- oder Betonwerksteinen. Stahlzargen werden durch Flachstahlanker im Mauerwerk verankert.

Zusammenfassung

Die Verwendung von Fertigteilen im Mauerwerksbau verkürzt den Arbeitsaufwand und erhöht somit die Wirtschaftlichkeit. Durch vorgefertigte Stürze wird auf das Zeit raubende Einschalen verzichtet.

Für komplizierte Bauteile, wie z.B. Rollladenkästen, werden fast ausschließlich Fertigteile verwendet.

Fenster- und Türumrahmungen werden als Fertigteile aus Natur- oder Betonwerksteinen hergestellt.

Für Innentüren werden auch Stahlzargen als Türumrahmungen vom Maurer eingebaut.

Aufgaben:

1. *Welche Gründe gibt es für die Verwendung von Fertigteilen im Mauerwerksbau?*
2. *Nennen Sie Beispiele für vorgefertigte Bauelemente.*
3. *Skizzieren Sie den Schnitt durch einen vorgefertigten Ziegelsturz.*
4. *Aus welchen Einzelteilen bestehen Fensterumrahmungen aus Natur- oder Betonwerksteinen?*
5. *Beschreiben Sie den Einbau einer Stahlzarge.*

5.12 Verarbeiten von Natursteinen

Natursteinmauerwerk ist **schön** und **naturnah** und wird deswegen häufig ausgeführt.

5.12.1 Mauern aus Natursteinen

Nach Art der Ausführung und nach Art der Bearbeitung der Steine wird zwischen **Trockenmauerwerk**, **Zyklopenmauerwerk**, **Bruchsteinmauerwerk**, **Schichtenmauerwerk** und **Quadermauerwerk** unterschieden.

Tritt das Natursteinmauerwerk in Verbindung mit einer Betonwand oder in Verbindung mit Mauerwerk aus künstlichen Steinen auf, so wird das Mauerwerk als **Verblend- oder Mischmauerwerk** bezeichnet.

Verlegeregeln

Natursteine für Mauerwerk dürfen nur aus „gesundem" Gestein gewonnen werden, d.h., das Gestein darf keine Struktur- oder Verwitterungsschäden aufweisen.

Für Natursteine werden **Normalmauermörtel** (nach DIN 1053) der Gruppen I, II, IIa, III und IIIa verwendet.

Die Wahl des Mörtels richtet sich nach der Beanspruchung des Mauerwerkes und nach der Gesteinsart. Für Sichtmauerwerk im Freien ist Mörtel der Gruppe I nicht geeignet. Wegen seiner guten Verarbeitbarkeit und Elastizität sind Mörtel der Gruppen II und IIa besonders geeignet. Durch Verwendung von Portlandpuzzolanzement oder Puzzolanzement bei den Mörtelgruppen II, IIa, III und IIIa können Ausblühungen weitgehend vermieden werden.

Wird Natursteinmauerwerk der Witterung ausgesetzt, müssen die Steine frostbeständig sein.

Viele Tiefen- und Ergussgesteine sind wegen ihrer hohen Dichte und Festigkeit ausgezeichnete Werksteine. Aber auch die leichter bearbeitbaren Ablagerungsgesteine wie Sandsteine oder Kalksteine eignen sich hervorragend für Natursteinmauerwerk.

Geschichtete (lagerhafte) Steine müssen so vermauert werden, wie es ihrer natürlichen Lagerung entspricht. Wird dies nicht beachtet, besteht die Gefahr des Spaltens, und die Steine werden rascher zerstört. Geht die Schichtung gleichlaufend zur Außenwandfläche, blättern die Steine unter dem Einfluss der Witterung ab.

Natursteinmauerwerk, Arten

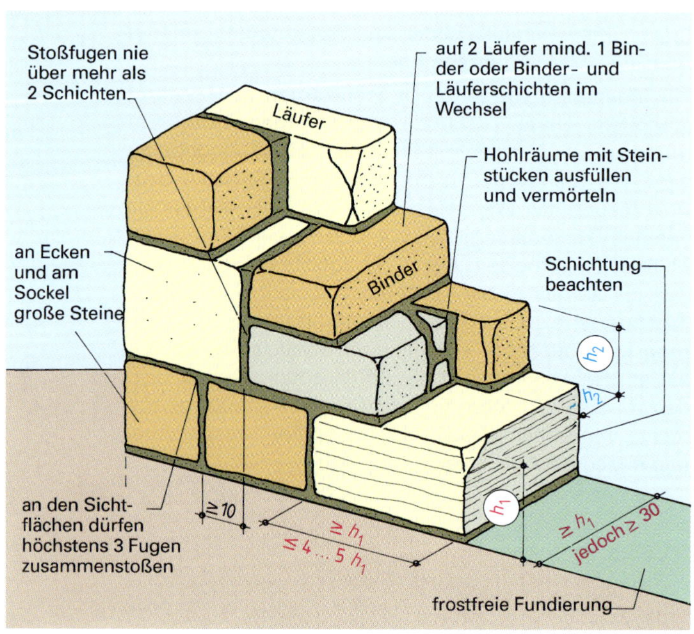

Verbandsregeln

5.12.2 Verblendmauerwerk (Mischmauerwerk)

Verblend- oder Mischmauerwerk besteht aus einer sichtbaren Natursteinverblendung und einer dahinter liegenden, mittragenden Wand aus künstlichen Mauersteinen oder Beton.

Diese Konstruktion verbindet die Vorteile des Natursteinmauerwerkes (z.B. schönes Aussehen) mit den Vorteilen der dahinter liegenden Wand (z.B. hohe Tragfähigkeit des Betons oder gute Wärmedämmfähigkeit des Mauerwerkes aus künstlichen Steinen).

Damit das Verblendmauerwerk zusammen mit der Hintermauerung eine tragfähige Einheit bildet, müssen folgende Regeln eingehalten werden:

- Das Verblendmauerwerk und die Hintermauerung müssen gleichzeitig im Verband gemauert werden.
- Das Verblendmauerwerk muss mit der Hintermauerung durch mindestens 30% Bindersteine verzahnt werden.
- Die Bindersteine müssen mindestens 24 cm dick (tief) sein, und sie müssen mindestens 10 cm in die Hintermauerung einbinden.
- Bei einer Verblendung mit Platten müssen diese in der Dicke mindestens $\frac{1}{3}$ ihrer Höhe entsprechen, jedoch mindestens 11,5 cm dick sein.
- Besteht die Hintermauerung aus künstlichen Mauersteinen, so darf nur jede dritte Schicht des Natursteinmauerwerkes aus Bindern bestehen.

Bei Verblend- oder Mischmauerwerk bildet die Natursteinwand zusammen mit der dahinter liegenden Wand aus künstlichen Steinen oder Beton eine tragfähige Einheit.

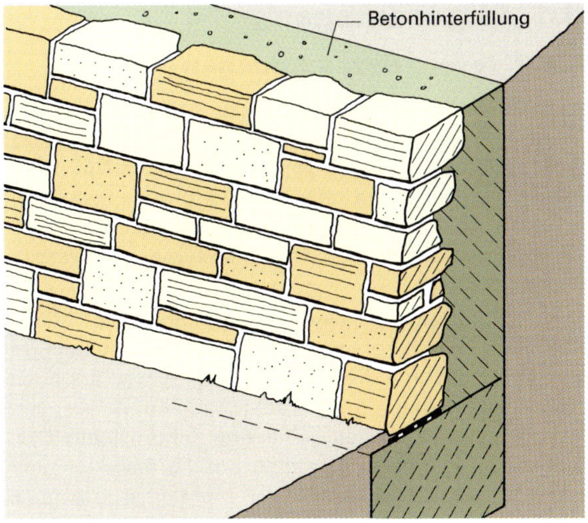

Stützwand als Verblendmauerwerk (unregelmäßiges Schichtenmauerwerk)

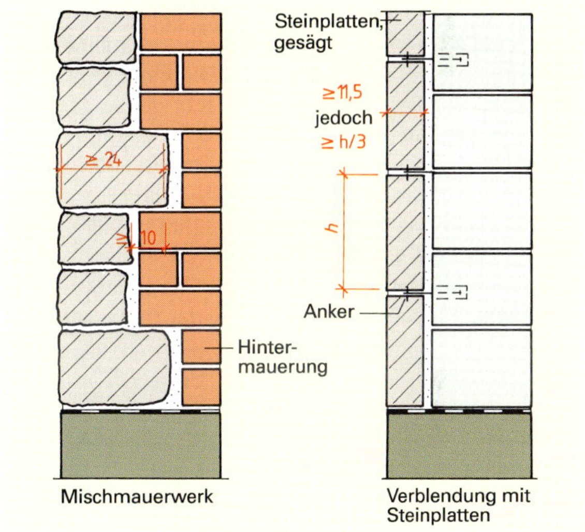

Misch- und Verblendmauerwerk

Zusammenfassung

Natursteinmauerwerk ist schön und naturnah und wird deswegen häufig ausgeführt.

Es wird zwischen Trockenmauerwerk, Zyklopenmauerwerk, Bruchsteinmauerwerk, Schichtenmauerwerk, Quadermauerwerk und Verblend- bzw. Mischmauerwerk unterschieden.

Um für Natursteinmauerwerk die gewünschte Dauerhaftigkeit und Tragfähigkeit zu erhalten, müssen die Verlege- und Verbandsregeln beachtet werden.

Verblend- und Mischmauerwerk besteht aus einer sichtbaren Natursteinverblendung und einer mittragenden, dahinter liegenden Wand aus künstlichen Mauersteinen oder Beton.

Aufgaben:

1. *Nennen Sie die Arten von Natursteinmauerwerk.*
2. *Welche Anforderungen werden an Natursteine für Natursteinmauerwerk gestellt?*
3. *Welche Mörtelarten eignen sich besonders für Natursteinmauerwerk?*
4. *Worauf ist beim Vermauern von geschichteten (lagerhaften) Steinen zu achten?*
5. *Nennen und begründen Sie die Verbandsregeln für Natursteinmauerwerk.*
6. *Welche Vorteile besitzen Verblend- und Mischmauerwerk gegenüber reinem Natursteinmauerwerk?*
7. *Nennen Sie die Regeln für die Herstellung von Verblend- und Mischmauerwerk.*

6 Schornsteinbau

6.1 Abgasanlagen

6.1.1 Arten, Bezeichnungen

Eine **Abgasanlage** dient dazu, die Verbrennungsgase (Abgase) von Feuerstätten sicher über das Dach ins Freie zu führen. Zugleich sorgt die Abgasanlage dafür, dass den Feuerstätten genügend Verbrennungsluft zugeführt wird. Zu den Abgasanlagen zählen Schornsteine, Abgasleitungen, Luft-Abgas-Systeme und Verbindungsstücke.

Der **Schornstein** ist eine Abgasanlage, die gegen Rußbrand beständig ist. Daher können durch Schornsteine Abgase von Feuerstätten mit festen, flüssigen oder gasförmigen Brennstoffen abgeführt werden. Nach der Bauart werden gemauerte Schornsteine, System- und Montageschornsteine aus Formsteinen und keramischen Formstücken und Montageschornsteine aus Edelstahl unterschieden.

In **Abgasleitungen** dürfen Abgase von gasförmigen oder flüssigen Brennstoffen eingeleitet werden. Die Anlage muss nicht rußbrandbeständig sein.

Beim **Luft-Abgas-System** wird die erforderliche Verbrennungsluft vom Bereich der Schornsteinmündung über einen Zuluftkanal oder Luftschacht der Abgasanlage zur Feuerstätte geführt, sodass die Feuerstätte raumluftunabhängig wird. In der Regel wird die Frischluftzufuhr und die Abgasführung von einem Gebläse am Gasbrenner unterstützt. Diese Abgasanlage muss nicht rußbrandbeständig sein.

Das **Verbindungsstück** verbindet den Abgasstutzen der Feuerstätte mit dem senkrechten Teil der Abgasanlage.

Abgasanlagen müssen unmittelbar auf den Baugrund oder auf einem feuerbeständigen Unterbau errichtet sein. Sie müssen so gebaut sein, dass sie dicht sind, damit Abgase nicht durch Fugen und Schornsteinwände in Räume austreten. Abgasanlagen müssen den Anforderungen des Brandschutzes entsprechen und die erforderlichen Reinigungsöffnungen haben.

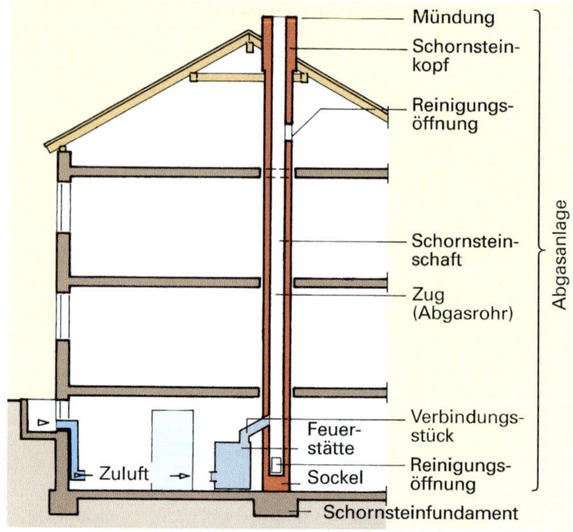

Bezeichnungen am Schornstein

Abgasanlage	Brennstoffe	rußbrandbeständig
Schornstein	feste, flüssige und gasförmige	ja
Abgasleitung	flüssige und gasförmige	muss nicht sein
Luft-Abgas-System	gasförmige	muss nicht sein

Arten von Abgasanlagen

6.1.2 Wirkungsweise des Schornsteins

Hält man eine brennende Kerze an die leicht geöffnete Reinigungsöffnung eines Schornsteins, der in Betrieb ist, wird die Kerzenflamme zur Öffnung hin abgelenkt. Die abgelenkte Flamme zeigt an, dass im Schornstein eine Gasströmung herrscht.

Eine Gasströmung entsteht durch das Bestreben der Gase, Druckunterschiede auszugleichen. Bei einer betriebenen Feuerungsanlage besteht ein Druckunterschied zwischen dem Gasdruck im Schornstein und dem Druck der umgebenden Luft. Dabei herrscht im Schornstein Unterdruck, da sich die durch die Verbrennung erwärmte Luft ausdehnt und deren Dichte dadurch geringer wird als die der Außenluft. Die erwärmte Luft und die heißen Rauch- und Abgase steigen nach oben. Im Bestreben, den entstandenen Druckunterschied auszugleichen, strömt die kalte Außenluft über die Feuerstätte nach. Man nennt diesen Vorgang **Schornsteinzug**.

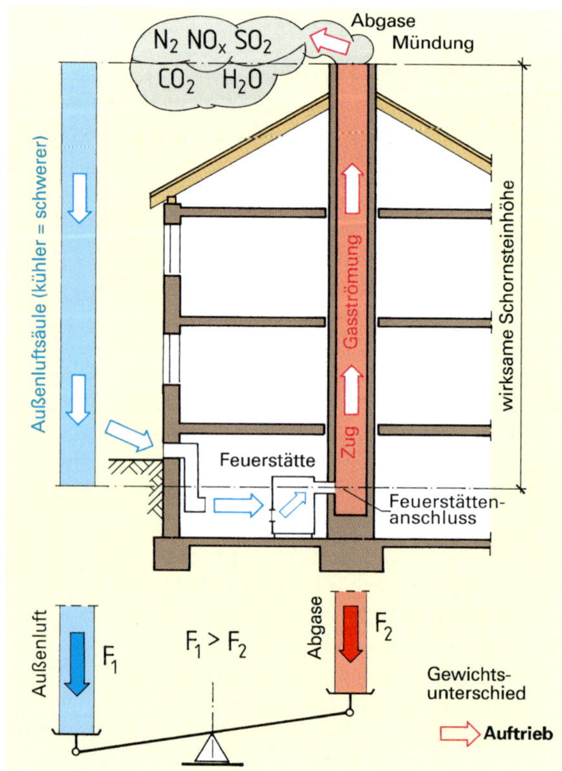

Auftrieb und Schornsteinzug

6.1.3 Einflüsse auf den Schornsteinzug

Um einen guten Schornsteinzug zu erreichen, müssen beim Schornsteinbau die nachfolgend aufgeführten Einflussfaktoren besonders beachtet werden.

Wärmedämmung der Schornsteinwände

Die im Schornstein aufsteigenden Rauchgase geben während des Hochsteigens Wärme an die Schornsteinwände ab. Damit die Abgase im Schornstein nur gering abkühlen können und der für den Schornsteinzug erforderliche Temperaturunterschied zwischen Abgas und Außenluft erhalten bleibt, müssen die Schornsteinwände ausreichende Wärmedämmung haben.

Eine ausreichende Wärmedämmung der Schornsteinwände wird erreicht, indem man Baustoffe mit guter Wärmedämmeigenschaft (z.B. Formstücke aus Leichtbeton) verwendet und ausreichend dicke Wandungen bei einschaligen Schornsteinen vorsieht. Die Wärmedämmung wird bei mehrschaligem Aufbau mit der zusätzlichen Dämmschicht wesentlich verbessert.

Bei einschaligen Schornsteinen aus Mauersteinen ist eine Mindestdicke für Wangen und Zungen von 11,5 cm vorgeschrieben. Liegen Wangen frei nach außen, müssen diese mindestens 24 cm dick sein.

Form und Größe des lichten Schornsteinquerschnitts

Schornsteine können einen kreisförmigen oder rechteckigen lichten Querschnitt haben. Strömungstechnisch am günstigsten ist die runde Querschnittsform, da hier die Abgase wirbelfrei aufsteigen können. Bei quadratischen und rechteckigen Querschnitten können in den Ecken Wirbelbildungen entstehen, die den Schornsteinzug beeinträchtigen können. Rechteckige Querschnitte sind noch günstig, wenn das größte Seitenverhältnis 1:1,5 beträgt. Bei ungünstigerem Seitenverhältnis entstehen in den Ecken erhöhte Wirbelbildungen, die einen erhöhten Reibungswiderstand der Abgase (Reibung der Gase) verursachen.

Der lichte Querschnitt von Schornsteinen muss mindestens 100 cm^2 betragen. Ein zu großer Querschnitt verursacht eine geringe Geschwindigkeit der Abgase. Dies kann an der Schornsteinmündung zu Wasserdampfkondensation mit Wanddurchfeuchtung und Kaltlufteinbruch führen und den Schornsteinzug erheblich beeinträchtigen.

Wirksame Schornsteinhöhe

Der Schornsteinzug hängt von der Schornsteinhöhe ab. Er ist umso größer, je höher der Schornstein ist (Auftriebskraft wächst mit zunehmendem Volumen).

Damit ausreichender Schornsteinzug entstehen kann, muss der Schornstein eine bestimmte Mindesthöhe haben. Die wirksame Mindesthöhe beträgt nach DIN 18160 für einfach belegte Schornsteine (mit nur einer Feuerstätte) 4 m, für mehrfach belegte Schornsteine (mit mehreren Feuerstätten) 5 m. Die wirksame Höhe ist der senkrechte Abstand von der Abgaseinführung in den Schornstein bis zur Schornsteinmündung.

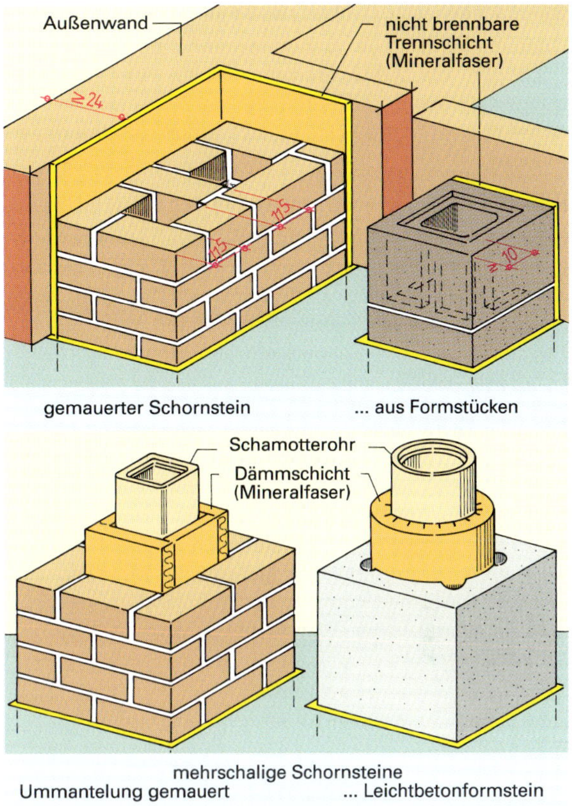

Wärmedämmung beim Schornsteinbau

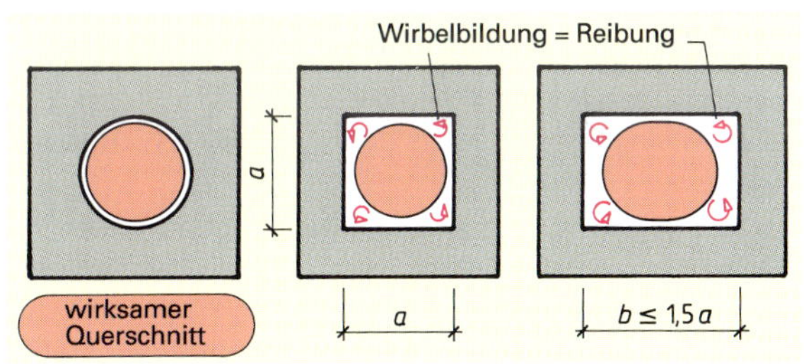

Querschnittsformen für Schornsteine

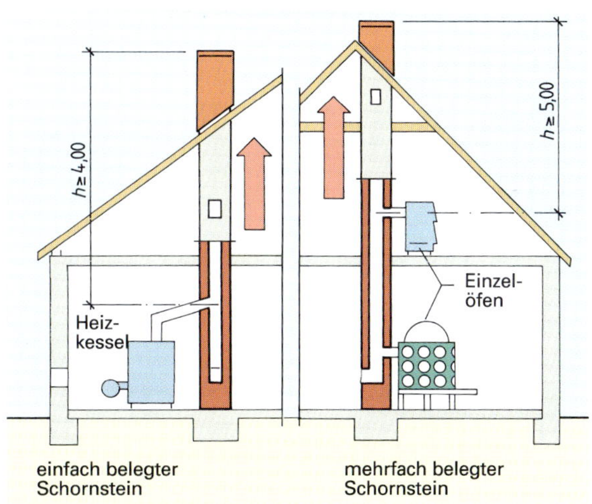

Wirksame Schornsteinhöhe

Oberflächenbeschaffenheit der Schornsteininnenflächen

Unebene und raue Schornsteininnenflächen beeinträchtigen die Abgasströmung durch erhöhten Reibungswiderstand und Wirbelbildung. Mauersteine sind daher mit der glatten Fläche nach innen und bündig zu mauern.

Innere Oberfläche und Dichtheit der Schornsteinwände

Schornsteine müssen bereits ohne Oberflächenbehandlung, z.B. mit Putz, dicht sein. In den Wangen dürfen, außer z.B. Reinigungs- und Anschlussöffnungen, keine Öffnungen sein. Bei undichten Wänden kann kühlere Falschluft in den Schornstein eindringen und den Schornsteinzug beeinträchtigen.

Lage des Schornsteins

Um eine vorzeitige Abkühlung der Abgase zu verhindern, sollen Schornsteine möglichst im Innern des Gebäudes angeordnet sein. Es ist besonders günstig, wenn der Schornstein im Firstbereich ins Freie mündet. Bei einer Anordnung an der Außenwand muss auf ausreichende Wärmedämmung der Außenwange geachtet werden. Zusätzlicher Wärmeschutz wird mit Dämmschichten erreicht.

Zur besseren Wärmeausnutzung ist es vorteilhaft, mehrere Einzelschornsteine zu Schornsteingruppen zusammenzufassen.

Schornsteinmündung über Dach

Schornsteinmündungen sind so hoch über Dach zu führen, dass sie im Windstrom liegen. Der Windstrom wirkt saugend und erhöht dadurch den Schornsteinzug. Bei zu niedrigen Schornsteinköpfen drückt der Wind in den Schornstein und hemmt den Schornsteinzug. Die Schornsteinmündung muss daher im freien Windstrom liegen.

Nach DIN 18160 müssen Schornsteinmündungen bei Dächern mit einer Neigung von mehr als 20° mindestens 40 cm über dem First liegen. Bei Dächern mit weniger als 20° Neigung müssen sie mindestens 1,00 m Abstand von der Dachfläche haben. Diese Mindesthöhe gilt auch für Flachdächer.

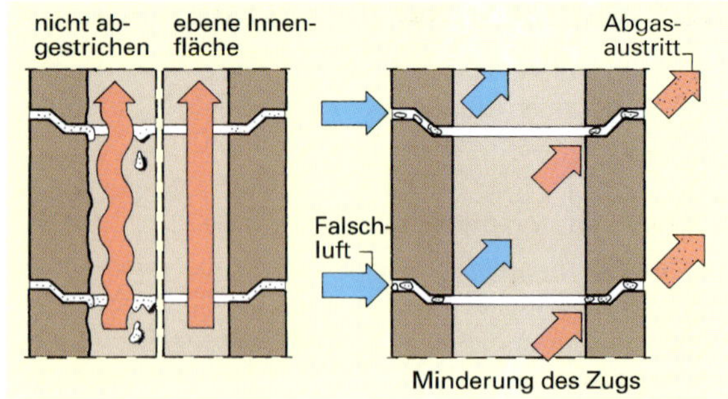

Schornsteininnenflächen und Dichtigkeit beeinflussen den Zug

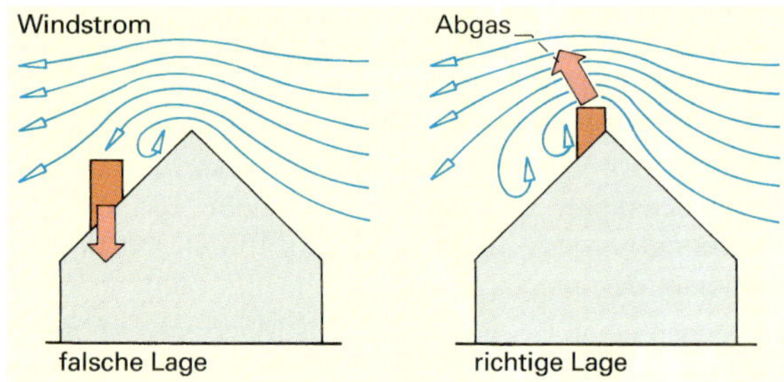

Windeinwirkung auf Schornsteinzug

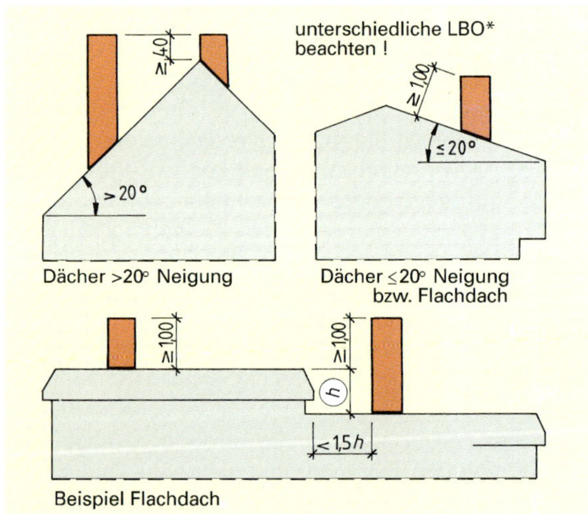

Schornstein über Dach (Schornsteinkopf) nach DIN 18160
(* LBO = Landesbauordnung)

Zusammenfassung

Schornsteine haben die Aufgaben, Abgase von Feuerstätten abzuleiten und Verbrennungsluft anzusaugen.

Der Schornsteinzug entsteht durch den Temperaturunterschied, der zwischen Abgassäule und Außenluftsäule besteht.

Der Schornsteinzug wird beeinflusst von Form und Größe des Rohrquerschnitts, von der Wärmedämmfähigkeit und Dichtheit der Wangen, dem Zustand der Innenflächen, der Schornsteinhöhe, der Abgaseinführung in den Schornstein und der Höhe der Schornsteinmündung im Windstrom.

Aufgaben:

1. *Erklären Sie die Wirkungsweise des Schornsteins.*
2. *Inwiefern beeinflusst Falschluftzutritt den Schornsteinzug?*
3. *Welchen Einfluss haben auf den Schornsteinzug:*
   a) Größe und Querschnittsform des Abgasrohres,
   b) die Beschaffenheit der Schornsteininnenflächen?
4. *Warum müssen Schornsteinmündungen bei Hausschornsteinen mindestens 4,00 m über der Abgaseinführung in den Schornstein liegen?*

6.2 Ausführung von Schornsteinen

6.2.1 Grundlagen

Schornsteine müssen betriebs- und brandsicher sein. Dies wird durch fachgerechten Schornsteinbau und durch Berücksichtigung der sicherheitstechnischen Vorschriften gewährleistet.

Baustoffe für Schornsteine

Schornsteine müssen aus nichtbrennbaren Baustoffen der Baustoffklasse A1 nach DIN 4102 bestehen. Baustoffe für den Schornsteinbau sind z. B. **Formstücke aus Leichtbeton**, **Formstücke aus Schamotte** sowie Mauersteine, wie z. B. **Mauerziegel**, **Kalksand-Vollsteine** und **Hütten-Vollsteine**. Für die Dämmstoffschicht dreischaliger Schornsteine dürfen Dämmplatten aus silicatischen Fasern oder schüttbare Gemische aus mineralischen körnigen Dämmstoffen verwendet werden.

Schornsteine und angrenzende Bauteile

Schornsteine müssen auf zugehörigen tragfähigen Fundamenten errichtet sein. Sie dürfen anderen Bauteilen nicht als Auf- oder Widerlager dienen. Wo Schornsteine an tragende Wände, Pfeiler oder Stützen oder aussteifende Bauteile angrenzen, müssen Abstände eingehalten werden, dass sich der Schornstein frei bewegen kann. Die Zwischenräume sind mit nichtbrennbaren Dämmstoffen voll auszufüllen (weiche Fuge). Durch diese bauliche Maßnahme bleiben Wärmedehnungen unschädlich, Rissbildungen durch ungleiche Setzungen werden vermieden.

Bauteile aus brennbaren Baustoffen müssen zu Außenflächen von Abgasanlagen mindestens einen Abstand haben, der dem Zahlenwert der Schornsteinabstandsklasse in mm entspricht (z. B. Abstandsklasse C50, Mindestabstand 50 mm). Für Schornsteine, deren Abstandsklasse C50 oder kleiner beträgt, genügt jedoch gegenüber Holzbalken und Bauteilen entsprechender Abmessungen ein Abstand von mindestens 2 cm. Brennbare Bauteile, die nur mit geringer Streifenbreite an Schornsteine angrenzen, wie z. B. Holzfußböden, Fußleisten oder Dachlatten, benötigen keinen Abstand.

Reinigungsöffnungen

Schornsteine müssen sicher gereinigt und auf ihren freien Querschnitt überprüft werden können. Dazu werden in den Schornsteinwangen Reinigungsöffnungen angebracht. Der bei der Schornsteinreinigung abfallende Ruß muss an der Schornsteinsohle entfernt werden können. Jeder Schornstein erhält daher eine untere Reinigungsöffnung, die mindestens 20 cm unterhalb des Feuerstättenanschlusses eingebaut wird. Im Dachraum ist eine obere Reinigungsöffnung erforderlich, wenn die Reinigung nicht von der Schornsteinmündung aus vorgenommen werden kann. Schräg geführte Schornsteine müssen außerdem in der Nähe der Knickstelle eine Reinigungsöffnung haben.

[1]) Die Abstandsklasse ist ein Leistungskennzeichen der Abgasanlagen

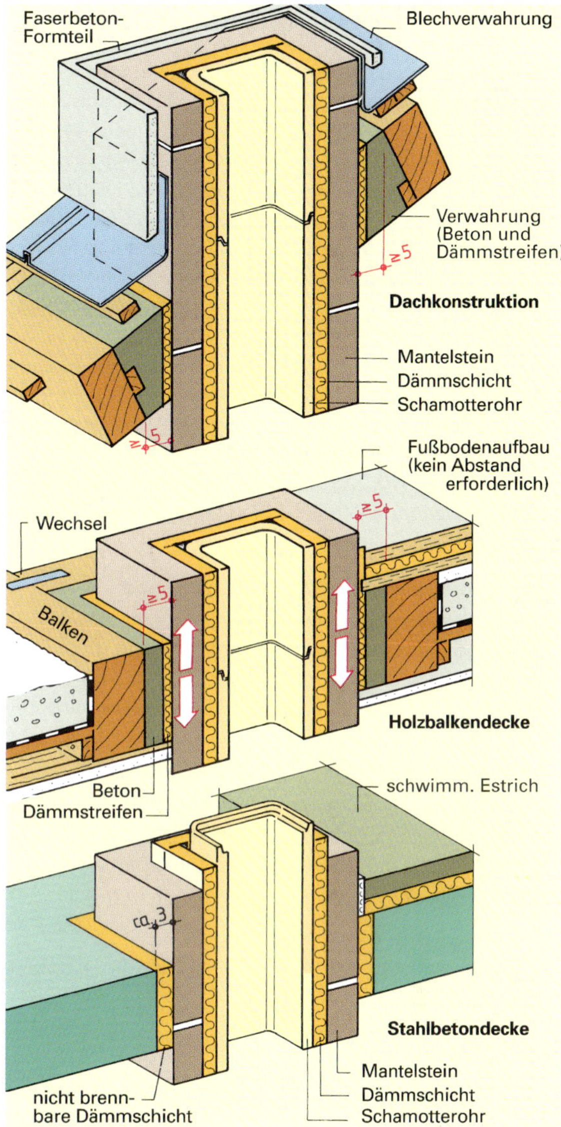

Dach- und Deckendurchführungen

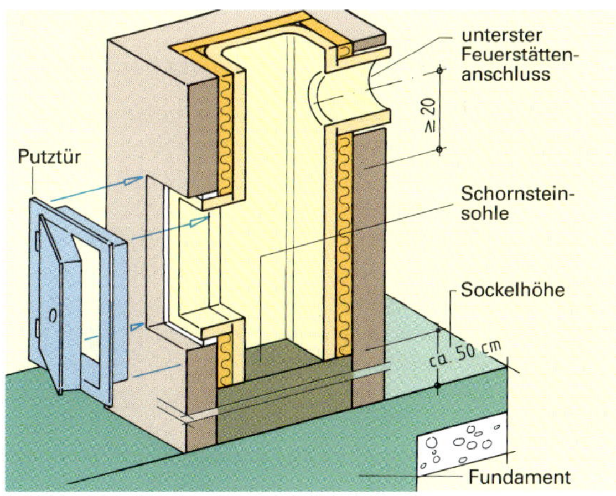

Reinigungsöffnung über der Schornsteinsohle

6.2.2 Schornsteine aus Mauersteinen

Einschalige Schornsteine aus Mauersteinen werden nur noch selten hergestellt. Das Mauern der Schornsteinverbände mit kleinformatigen Steinen ist sehr zeitaufwendig und dadurch unwirtschaftlich.

Mauersteine für Schornsteinmauerwerk müssen feuer- und hitzebeständig, widerstandsfähig gegen chemische Angriffe der Rauchgase und über Dach frostbeständig sein. Für den Schornsteinschaft können Mauerziegel (außer Hochlochziegel B und Langlochziegel), Kalksandvollsteine und Hüttensteine verwendet werden.

Die Schornsteine aus Mauersteinen müssen im mauerwerksgerechten Verband gemauert werden. Die Zungen müssen eingebunden sein, die Fugen sind voll auszufüllen und glatt zu streichen. Gemauert wird mit Mörtel der Mörtelgruppe II.

Der Schornsteinquerschnitt darf sich nirgends verengen oder erweitern.

Allgemeine Regeln zum Schornsteinverband

Das Schornsteinmauerwerk muss dicht sein, damit keine Luft von außen (Falschluft) eintreten kann und keine Rauchgase nach außen entweichen können. Aus dieser Forderung ergeben sich für den Schornsteinverbund folgende Regeln:

1. möglichst wenig Fugen im Rauchrohrinnern,
2. möglichst ganze Mauerziegel verwenden,
3. keine Kreuzfugen, d.h., an den Ecken des lichten Querschnittes darf nur eine Fuge auftreffen,
4. Viertelsteine nur an den äußeren Ecken vermauern,
5. vollfugig mauern,
6. Zungen schichtweise abwechselnd in die Wangen einbinden.

Als Schornsteinverband ist stets der zu wählen, der im Schornsteininnern die geringste Fugenzahl aufweist und für den die geringste Anzahl von Teilsteinen benötigt wird. Um den Reibungswiderstand an den Schornsteininnenflächen möglichst gering zu halten, müssen diese glatt und mit geschlossenen Fugen ausgeführt werden.

6.2.3 Schornsteine aus Formstücken

Schornsteine aus Formstücken haben gegenüber den Schornsteinen aus Mauersteinen den Vorteil, dass sie mit geringerem Zeitaufwand erstellt werden können und dass zudem bessere strömungstechnische Eigenschaften erzielt werden. Sie sind strömungstechnisch günstig, da sie eine geringe innere Oberflächenrauigkeit haben und die Querschnitte in den Ecken angerundet sind, sofern sie nicht überhaupt rund geformt sind. Vertikale Fugen fallen weg, und an horizontalen Fugen können pro steigendem Meter höchstens vier anfallen, da die geringste Formstückhöhe 24,3 cm beträgt. Formstücke für Schornsteine werden aus Leichtbeton und aus Schamotte (Innenrohre dreischaliger Schornsteine) hergestellt.

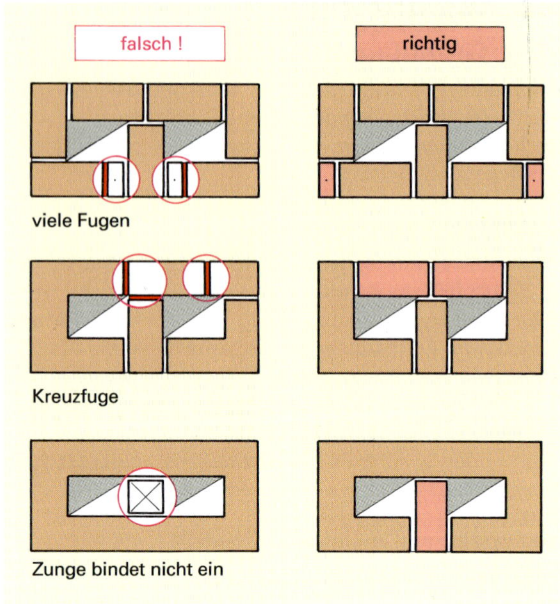

Regelskizzen für Schornsteinverbände

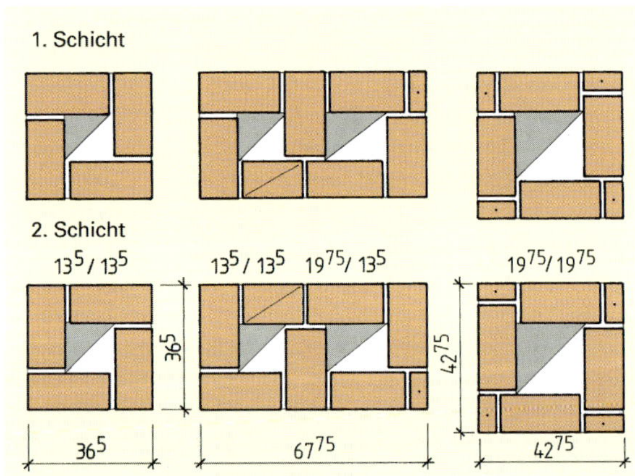

Beispiele für Schornsteinverbände

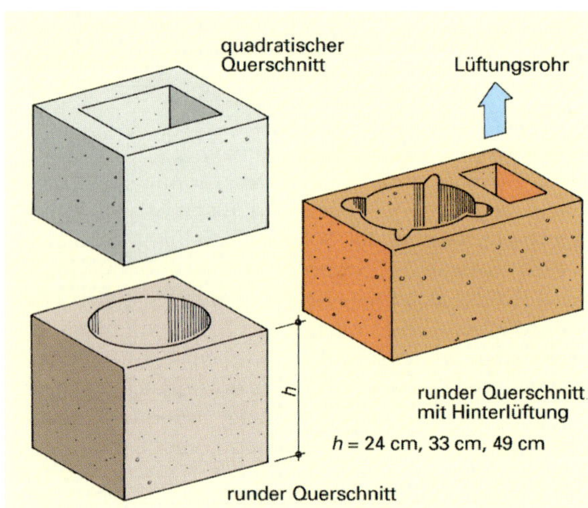

Schornsteinformstücke (Mantelsteine für mehrschalige Schornsteine)

Formstücke aus Leichtbeton

Schornsteinformstücke aus Leichtbeton werden meistens aus Leichtbeton mit Zuschlägen aus Ziegelsplitt hergestellt. Die lichten Querschnitte können rund, quadratisch oder rechteckig sein, wobei die Ecken der quadratischen und rechteckigen Querschnitte ausgerundet sind. Die Formstücke werden vollwandig und hohlwandig hergestellt. Bei den hohlwandigen Formstücken bestehen die Wangen aus zwei Schalen, die mit Stegen verbunden sind. Die Hohlräume sind an den Enden gerundet und oben geschlossen. Mit dem Versetzen der Formstücke entstehen allseitig geschlossene Zellen mit „stehender" Luft. Diese Luftschichten erhöhen die Wärmedämmfähigkeit der Schornsteinwand. Die Wangendicke beträgt je nach Querschnitt 10 bis 17 cm.

Die Formstücke werden mit Höhen von 24 bis 49 cm hergestellt. Hausschornsteine werden auch mit geschosshohen Fertigteilen erstellt. Der geschosshohe Leichtbetonmantel ist bis zu 3 m lang und bewehrt.

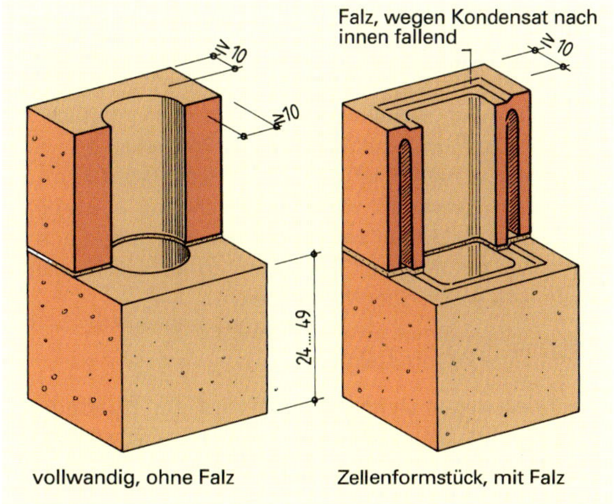

Formstücke aus Leichtbeton für einschalige Schornsteine

Schornsteinformstücke, geschosshoch, Kranmontage

Formstücke aus Schamotte

Formstücke aus Schamotte werden als **Innenrohrformstücke** für dreischalige Montageschornsteine verwendet. Durch das hochwertige Schamottematerial sind die Innenrohre feuer- und säurebeständig sowie temperaturwechselbeständig. Die **Schamotterohre** werden mit oder ohne keramische Innenglasur hergestellt. Die keramische Innenglasur macht die Rohrinnenfläche dicht, zugleich bewirkt sie, dass anfallendes Kondensat rasch nach unten in den ebenfalls glasierten Sockelstein und in den Kondensatsammler abfließen kann. Dadurch wird eine Durchfeuchtung und Versottung der Schornsteinwandung weitgehend vermieden. Beim Schornsteinbau muss dabei auf sorgfältige Ausbildung der Schamotterohrfuge geachtet werden.

Versottung: Durchfeuchtung und Zerstörung des Schonsteinmauerwerks durch säurehaltige Kondensate sowie die braunschwarze Färbung der Schornsteinaußenfläche bei Austritt des Kondensats.

Die Schamotterohre dürfen nicht angestemmt werden. Für den Anschluss von Verbindungsstücken und für den Einbau von Putztüren werden besondere Schamotterohre mit eingearbeiteten Öffnungen oder angeformten Anschlussteilen angefertigt. In der nebenstehenden Abbildung sind verschiedene Formstücke aus Schamotte einschließlich Sockelstein und Dehnfugenblech (Systemteile für einen Schornstein) dargestellt.

Formstücke aus Schamotteton

Formstücke für Schornsteine sind Bauteile, die einzeln mindestens einen Schornsteinquerschnitt vollständig umfassen. Die Leichtbetonwandung und die meist mehrschalige Konstruktion des Schornsteins verursachen die hohe Wärmedämmfähigkeit des Schornsteins aus Formstücken. Durch die Verwendung von Schornsteinformstücken wird die Montage von Schornsteinen zeitlich wesentlich verkürzt.

6.2.4 Konstruktionsarten

Einschalige Schornsteine

Einschalige Schornsteine aus Leichtbetonformstücken werden aus vollwandigen und hohlwandigen Formstücken hergestellt. Für Schornsteine mit lichten Querschnitten über 400 m^2 sollen Zellenformstücke verwendet werden. Einschalige Leichtbetonformstücke eignen sich für den Anschluss an Feuerstätten, die in der Regel keine Abgase mit höheren Temperaturen als 400 °C erzeugen wie z. B. für offene Kamine oder Kachelöfen.

Dreischalige Schornsteine

Bei dreischaligen Schornsteinen wird der Hohlraum zwischen Innenrohr und Ummantelung mit einer nichtbrennbaren Dämmschicht ausgefüllt. Diese Bauteile bilden drei Schalen:
- Innenschale (Innenrohr)
- Dämmschale (Dämmschicht)
- Außenschale (Mantel)

Als Innenrohre werden meist Schamotterohre verwendet. Die Ummantelung wird mit Formstücken aus Leichtbeton (Mantelsteine) hergestellt. Als Dämmschichten werden Dämmmatten aus Mineralfasern oder fertige Dämmschichtmassen (auf Perlit- oder Vermiculitbasis) sowie lose Dämmschüttungen eingebracht. Die Dämmschichten erhöhen die Wärmedämmfähigkeit des Schornsteins und ermöglichen die spannungsfreie waagerechte und senkrechte Dehnung des Innenrohrs. Der Mantel wird von schädlichen Temperaturen und das Innenrohr vor mechanischer Beanspruchung geschützt. Zudem wird durch den dreischaligen Aufbau die Schallfortpflanzung im Schornstein stark gemindert.

Die Anpassung an moderne Feuerungsanlagen mit niedrigen Abgastemperaturen (z. B. ab 40 °C) erfordert, dass trotz permanenter Taupunktunterschreitung im Abgasweg (mit Kondensatbildung) keine Durchfeuchtung oder Schädigung des Schornsteins stattfindet. Um dies zu erreichen, wird in die mehrschichtige Bauweise noch die Hinterlüftungstechnik einbezogen.

Hinterlüftete dreischalige Schornsteine führen in besonderen Luftröhren, die in den Eckbereichen der Mantelsteine ausgebildet werden, anfallende Kondensatfeuchte nach oben über die Mündung ins Freie. Über eine Lufteinlassöffnung im Bereich des Sockelsteins wird ständig Luft zugeführt, sodass auch während einer Stillstandzeit der Heizung die Hinterlüftung wirksam ist. Sie verhindert, dass sich Feuchtigkeit in der Schornsteinkonstruktion ansammelt, gewährleistet die Wirkung der Dämmschicht und schützt die Ummantelung vor eventuellen Feuchteschäden.

Anfallendes Kondensat fließt von der Innenrohrwand zur Schornsteinsohle und wird dort über eine Kondensatablaufschale (z. B. Sockelstein mit Kondensatablauf) in eine Neutralisierungsbox geleitet. Da das Kondensat Schadstoffe enthält, z. B. Säuren, muss es umweltfreundlich entsorgt werden.

Für feuchtigkeitsunempfindliche Schornsteinkonstruktionen werden auch Schamotte-Innenrohre mit glasierten Innenflächen verwendet.

Hausschornsteine aus Formstücken werden vorwiegend mehrschalig hergestellt. Diese Bauweise berücksichtigt Anforderungen, die z. B. moderne Feuerungsanlagen mit niedrigen Abgastemperaturen an Schornsteine stellen.

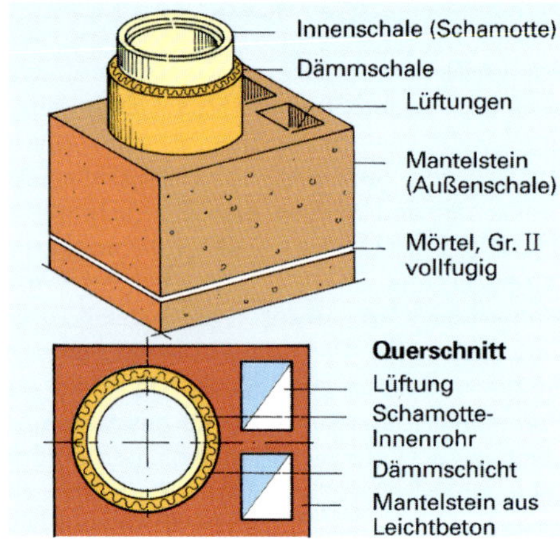

Dreischaliger Schornstein

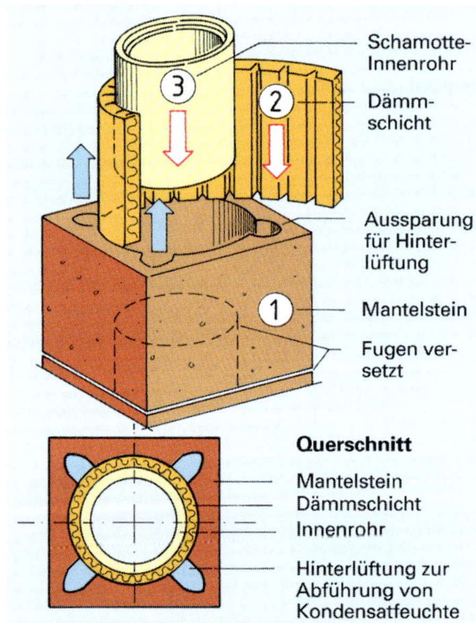

Dreischaliger Schornstein mit Hinterlüftung

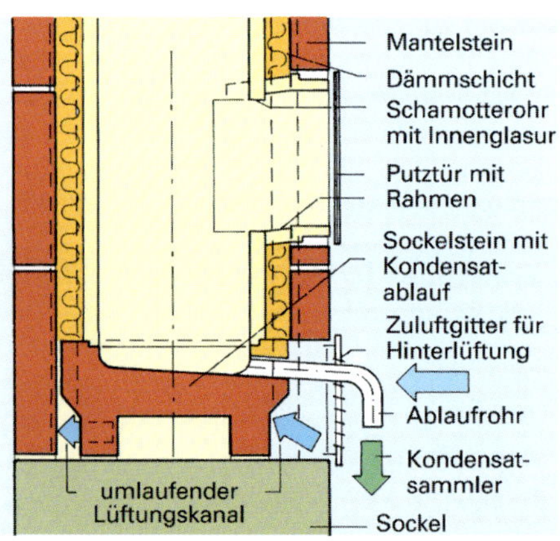

Schornsteinsohle mit Hinterlüftung und Kondensatablauf, Längsschnitt

6.2.5 Gezogene Schornsteine

Es ist manchmal erforderlich, dass Schornsteine schräg nach oben geführt werden. Meist verlegt man mit dieser Maßnahme die Mündung ungünstig liegender Schornsteine in den günstigeren Firstbereich. Schornsteine, die schräg geführt werden, bezeichnet man als **gezogene Schornsteine**. Schornsteine dürfen nur einmal schräg geführt werden. Der schräg geführte Schornsteinteil muss in einem stets zugänglichen Raum liegen.

Im gezogenen Schornstein erfahren die Abgase an der oberen Innenfläche einen größeren Reibungswiderstand, ihr Auftrieb wird abgebremst. Um diese Reibung der Abgase gering zu halten, darf der Neigungswinkel nicht kleiner als 60° sein. Im gezogenen Teil müssen die Lagerfugen rechtwinklig zur Rohrneigung verlaufen.

Der gezogene Teil des Schornsteins muss mit einer feuerbeständigen Konstruktion unterstützt sein (z.B. Mauerwerk, Stahlbeton). Bei Schornsteinen aus Formstücken müssen die Schrägführungen mit den dafür besonders hergestellten Formstücken ausgeführt werden. Schräg geführte Schornsteine erhalten eine Reinigungsöffnung in der Nähe der Knickstellen.

Schräg geführte Schornsteine werden als gezogene Schornsteine bezeichnet. Schornsteine sollen möglichst nicht schräg geführt sein.

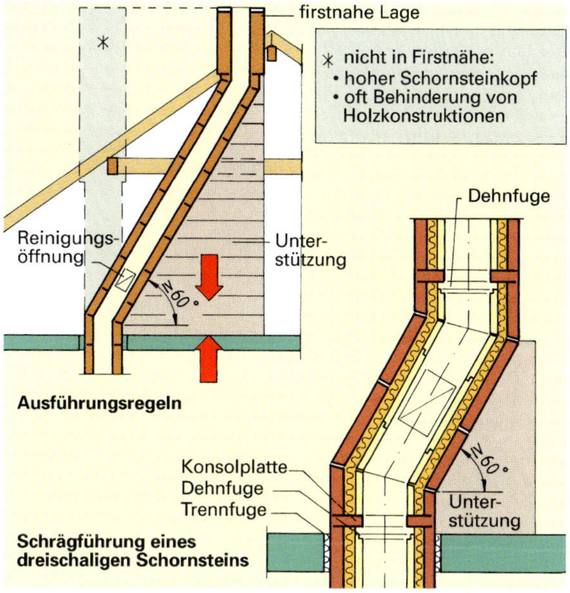

Gezogene Schornsteine

6.2.6 Ausbildung von Schornsteinköpfen

Der über Dach geführte Schornsteinteil, der **Schornsteinkopf**, ist den Witterungseinflüssen besonders ausgesetzt. Regen, Schnee, Frost und schädliche Abgase beanspruchen ihn stark, so dass er bei unzureichender Ausführung zerstört werden kann.

Um die witterungsbedingten Schäden so gering wie möglich zu halten, müssen Schornsteine aus Formstücken ummauert oder mit witterungsbeständigen Baustoffen, wie Schiefer- oder Faserzementplatten, verkleidet werden. Die Ummauerung muss sehr sorgfältig und mit Vormauerziegeln in ausgesuchter Qualität ausgeführt werden, da sonst durch Risse in den Steinen Regenwasser hinter die Ummauerung dringt und den Schornstein durchfeuchtet. Eine unsachgemäße Ausführung des Sichtmauerwerks über Dach ist häufig Ursache für später auftretende Schäden.

Die Hersteller von Schornsteinformstücken liefern vorgefertigte Mantelkörper aus Beton und Mauerwerk zur Verkleidung des aus dem Dach herausragenden Teils des Schornsteins. Dieser Schornsteinkopfmantelkörper ersetzt Kragplatte, Ummauerung und Abdeckung.

Die Verkleidung muss Regenwasser zuverlässig vom Schornstein fern halten. Damit Wasserdampf nach außen abströmen kann und nicht an der kalten Innenseite der Verkleidung kondensiert, ist es zweckmäßig, die Verkleidung zu hinterlüften. Dazu ist ein Luftspalt von ca. 3 cm zwischen Schornstein und Verkleidung vorzusehen.

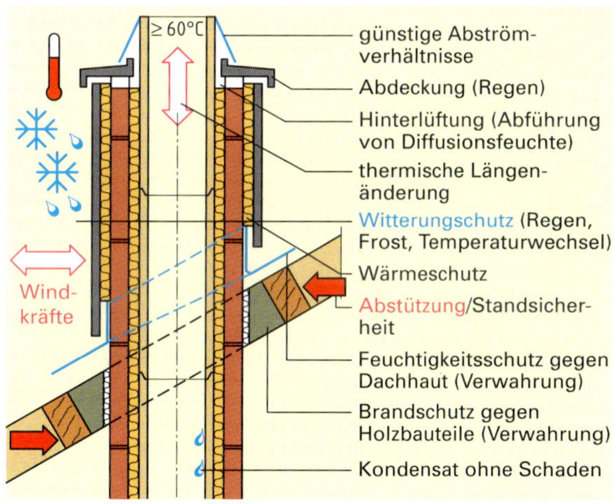

Belastungen des Schornsteinkopfes

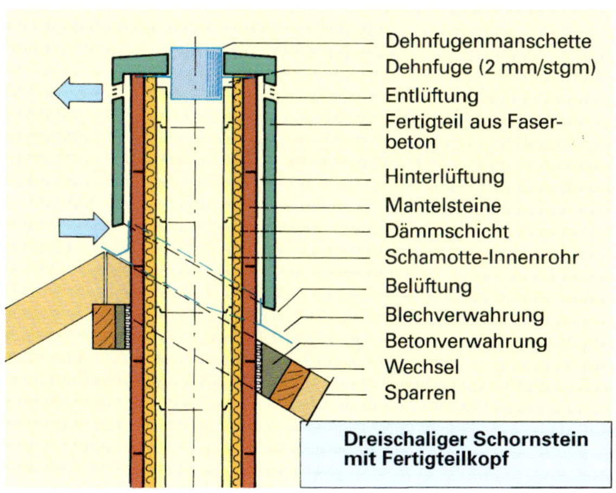

Ausbildung von Schornsteinköpfen

Zum Schutze der Schornsteinwangen gegen Eindringen von Niederschlagwasser an der Schornsteinmündung werden **Abdeckplatten** aus Leichtbeton oder Normalbeton aufgebracht.

Die Abdeckung muss ebenfalls witterungsbeständig und beständig gegen chemischen Angriff der Abgase sein und darf den lichten Schornsteinquerschnitt nicht einengen. Die Oberfläche der Deckplatte hat ein leichtes Gefälle nach außen. Bei mehrschaligen Schornsteinen darf sie die Wärmedehnung des Innenrohres nicht behindern. Zwischen Oberkante Innenrohr und Unterkante Abdeckplatte muss daher eine Dehnfuge vorhanden sein.

Dehnungsfugenmanschetten aus Edelstahl decken die Dehnungsfugen regensicher ab. Überstehende Abdeckplatten sind zu vermeiden. Sie verursachen Luftwirbel und Stauungen, die den Schornsteinzug beeinträchtigen.

Schornsteinköpfe müssen sachgemäß und mit witterungsbeständigen Baustoffen erstellt werden. Die Schornsteinwandungen müssen gegen Durchfeuchtung ausreichend geschützt sein.

Die Schornsteinabdeckung darf die Wärmedehnung der Innenrohre nicht behindern.

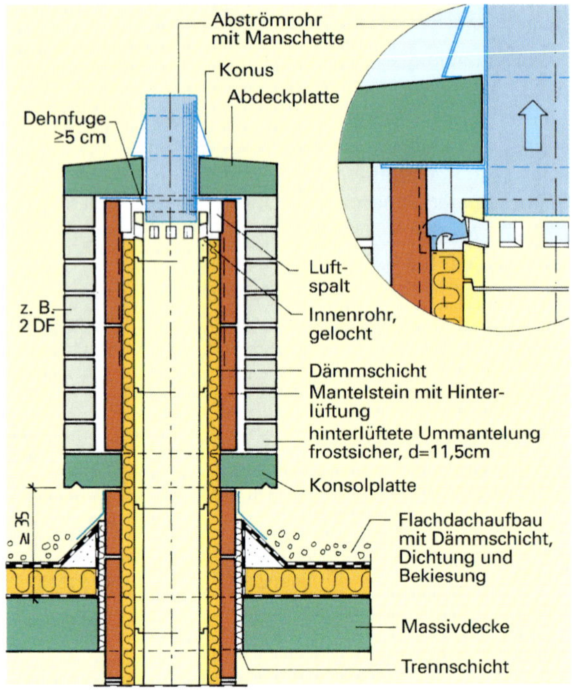

Dreischaliger Schornsteinkopf, ummauert, mit Entlüftungskonstruktion (Beispiel Flachdach)

Zusammenfassung

Gemauerte Schornsteinwangen und -zungen müssen mindestens 11,5 cm dick sein. Frei liegende Wangen in Außenwänden sind 24 cm dick auszuführen.

Schornsteinmauerwerk ist im fachgerechten Verband vollfugig auszuführen.

Schornsteinformstücke ermöglichen rationellen Schornsteinbau.

Schornsteine aus Formstücken werden ein- und mehrschalig ausgeführt. Sie besitzen strömungsgünstige Querschnitte und eine sehr gute Wärmedämmfähigkeit.

Die Schamotteinnenrohre sind feuer- und säurefest sowie temperaturwechselbeständig.

Durch den dreischaligen Aufbau des Schornsteins ist eine schadlose Wärmedehnung des Innenrohres möglich.

Bei Schornsteinen mit Hinterlüftung wird Kondensatfeuchte durch besondere Kanäle im Mantelstein nach oben ins Freie geleitet.

Der Neigungswinkel des gezogenen Schornsteins muss mindestens 60° betragen.

Der gezogene Teil des Schornsteins muss standsicher und feuerbeständig unterstützt sein.

Schornsteinteile über Dach sind so auszuführen, dass sie den zerstörenden Einflüssen der Witterung und der Abgase standhalten.

Die Abdeckung der Schornsteinmündung darf die Wärmedehnung des Innenrohres nicht behindern.

Aufgaben:

1. *Geben Sie die Regeln des Schornsteinverbandes an und begründen Sie diese.*
2. *Skizzieren Sie je zwei Schichten der Schornsteinverbände für*
   a) *einen Einzelschornstein mit dem Rauchrohrquerschnitt 26/20 cm,*
   b) *einen Batterieschornstein mit den Querschnitten 26/20 cm und 13,5/26 cm.*
3. *Wie weit müssen Balken und Dachhölzer von Schornsteinaußenflächen entfernt sein?*
4. *Beschreiben Sie die fachgerechte Schornsteinführung durch Decken und Dach.*
5. *Unterscheiden Sie zwischen ein- und dreischaligen Schornsteinkonstruktionen.*
6. *Was versteht man unter einem dreischaligen Schornstein mit Hinterlüftung?*
7. *Was versteht man unter einem gezogenen Schornstein?*
8. *Aus welchen Gründen werden Schornsteine gezogen?*
9. *Welchen witterungsbedingten Belastungen ist der Schornsteinkopf ausgesetzt?*
10. *Beschreiben Sie die fachgerechte Ausführung von Schornsteinköpfen für Schornsteine aus Leichtbetonformstücken anhand der Abbildungen.*
11. *Beschreiben Sie die fachgerechte Ausführung der Schornsteinabdeckung eines dreischaligen Schornsteins.*

7.1 Bauholz

Hölzer, die für Bauzwecke verwendet werden, z. B. für Schalungen, Gerüste, Holzdecken und Dachstühle, werden im Allgemeinen als Bauholz bezeichnet. Als Bauholz im Besonderen werden Rundhölzer und Schnitthölzer bezeichnet, die als tragende Bauteile, z. B. als Stützen oder Träger, verwendet werden und deren Querschnitte nach der Tragfähigkeit bemessen sind.

7.1.1 Bauschnittholz

Als Schnittholz werden Holzerzeugnisse bezeichnet, die durch Einschnitt (Sägen) von Rohholz in Stammlängsrichtung entstehen und mindestens 6 mm dick sind. Dabei wird nach den Querschnittsabmessungen zwischen **Kantholz** (einschließlich Kreuzholz und Balken), **Bohle**, **Brett** und **Latte** unterschieden. Die nebenstehenden Abbildungen zeigen diese Schnitthölzer mit den zugehörigen Querschnittsmaßen.

Bauschnittholz ist genormt, z. B. nach DIN 4074. Danach sind die Querschnittsmaße der Bauschnitthölzer und ihre Einteilung in Sortierklassen sowie die Mittelwerte der Holzfeuchte in % festgelegt.

Bauschnittholz gilt als **frisch**, wenn es eine mittlere Holzfeuchte von über 30% hat (bei Querschnitten über 200 cm^2 über 35%), als **halbtrocken**, wenn es eine mittlere Holzfeuchte von über 20% und von höchstens 30% hat (bei Querschnitten über 200 cm^2 höchstens 35%), als **trocken**, wenn es eine mittlere Holzfeuchte bis 20% hat.

Bauschnittholz wird nach den Querschnittsabmessungen in Kantholz (einschließlich Kreuzholz und Balken), Bohlen, Bretter und Latten eingeteilt.

7.1.2 Sortierklassen für Nadelschnittholz

Bauschnittholz ist Nadelschnittholz. Andere Holzarten sind als Bauholz vergleichsweise unbedeutend.

Eine wichtige Eigenschaft des Bauholzes ist die Tragfähigkeit. Da sie von Wachstumsfehlern, Rissbildungen, Holzkrankheiten und Insektenfraß beeinflusst wird, muss bei der Auswahl der Schnitthölzer auf diese Holzgütemängel geachtet werden. **Nadelschnittholz** wird in DIN 4074 nach der Tragfähigkeit in Sortierklassen eingeteilt. Diese werden nach visuell feststellbaren Merkmalen (**S**) oder nach maschinell zu ermittelnden Eigenschaften (**M**) und zusätzlichen visuellen Sortiermerkmalen (**C**) bestimmt.

Nach visueller Sortierung werden drei **Sortierklassen** unterschieden: Schnittholz der Klassen **S 7**, **S 10** und **S 13**. Nach maschineller Prüfung wird Schnittholz in vier Festigkeitsklassen sortiert. Diese Sortierklassen werden durch die Angabe der Festigkeitsklassen mit dem Zusatz **M** gekennzeichnet, z. B. C 24 M. Die mit den Abkürzungen angegebenen Zahlen weisen auf die zulässigen Biegespannungen hin, z. B. Klasse S 10: Schnittholz mit zulässiger Biegespannung 10 N/mm^2.

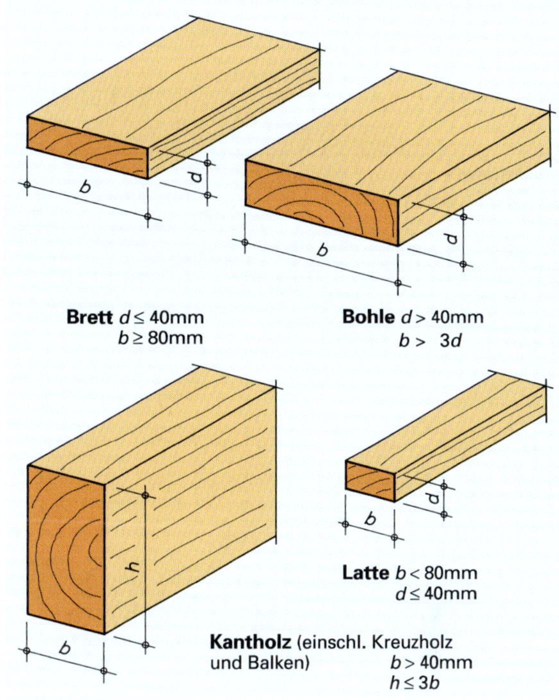

Schnittholzeinteilung

Schnittholz-bezeichnung	Querschnittsmaße			
	b/*h* in cm/cm			
Kanthölzer	6/6 12/12	6/12 12/14	8/10 14/14	8/12 14/16
Balken (*h* ≥ 20 cm)	10/20	12/20	12/24	18/22
	d/*b* in mm/mm			
Dachlatten	24/48	30/50	40/60	

Bauschnittholz: Beispiele von Querschnittsmaßen für Kantholz und Dachlatten

Benennung	Sortierklassen	
	visuelle Sortierung	maschinelle Sortierung
Schnittholz mit geringer Tragfähigkeit	S 7	C 16 M
Schnittholz mit normaler Tragfähigkeit	S 10	C 24 M
Schnittholz mit überdurchschnittlicher Tragfähigkeit	S 13	C 30 M
Schnittholz mit besonders hoher Tragfähigkeit	–	C 40 M

Sortierklassen für Nadelschnittholz

Sortiermerkmale (Beispiele) und Sortierklassen für Kanthölzer bei visueller Sortierung:

Sortiermerkmale	Sortierklassen		
	S 7	**S 10**	**S 13**
Baumkante als Bruchteil *K*, maßgebend ist die größere Baumkantenbreite	bis $\frac{1}{3}$	bis $\frac{1}{3}$	bis $\frac{1}{4}$
Äste Ästigkeit *A* als Bruchzahl aus Astdurchmesser und Kantholzhöhe oder -breite	bis $\frac{3}{5}$	bis $\frac{2}{5}$ nicht über 70 mm	bis $\frac{1}{5}$ nicht über 50 mm
Jahresringbreite gemessen in radialer Richtung, maßgebend ist der mittlere Durchmesser	bis 6 mm (allgemein) bis 8 mm bei Douglasie	bis 6 mm (allgemein) bis 8 mm bei Douglasie	bis 4 mm (allgemein) bis 6 mm bei Douglasie
Faserneigung nach Schwindrissen	bis 16%	bis 12%	bis 7%
Krümmung Längskrümmung	bis 12 mm	bis 8 mm	bis 8 mm
Verdrehung	2 mm/25 mm Breite	1 mm/25 mm Breite	1 mm/25 mm Breite
Risse Schwindrisse	bis $\frac{3}{5}$	bis $\frac{1}{2}$	bis $\frac{2}{5}$
Blitzrisse, Ringschäle	nicht zulässig	nicht zulässig	nicht zulässig

Die Sortierklassen und Sortiermerkmale für Bohlen, Bretter und Latten sind bei der visuellen Sortierung bis auf Ergänzungen bei den Merkmalen „**Ästen**" (getrennte Messung von Einzelast und Astansammlung) und „**Krümmung**" (zusätzlich Querkrümmung) mit den oben aufgeführten Tabellenangaben übereinstimmend.

Bei der Bestellung von Nadelschnittholz sind die Schnittholzart, die geltende Norm für die Sortierung, die Sortierklasse und die Holzart mit Kurzzeichen anzugeben.

Beispiele für die Bezeichnung von Schnitthölzern:

- Visuell sortiertes Kantholz, Sortierklasse S 10, trockensortiert (TS), aus Fichte (FI):

  Kantholz DIN 4074 – S 10 TS – FI

- Maschinell sortiertes Brett der Festigkeitsklasse C 24 aus Lärche:

  Brett DIN 4074 – C 40 M – LA

Bei der Sortierung von Nadelschnittholz werden Baumkante, Ästigkeit, Jahresringbreite, Faserneigung, Risse, Krümmung, Verfärbungen, Druckholz, Insektenfraß und Mistelbefall berücksichtigt.

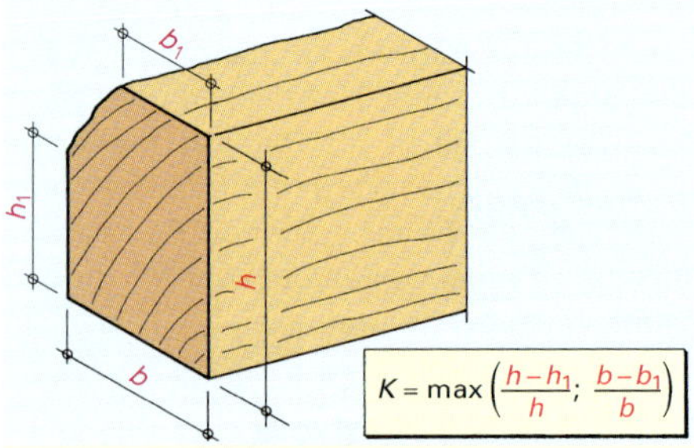

Messung und Berechnung der Baumkante

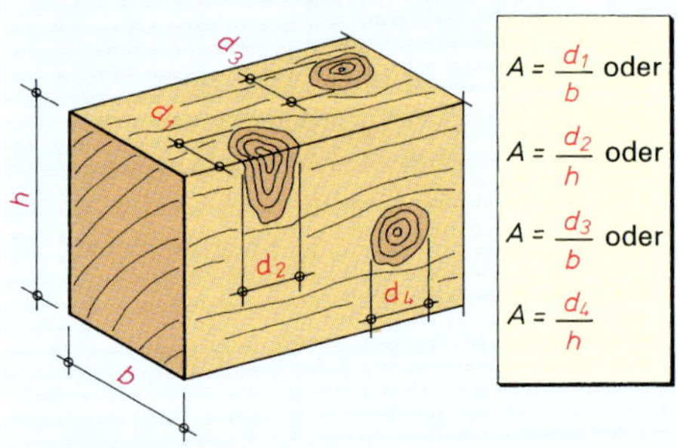

Messung und Berechnung der Ästigkeit bei Kanthölzern

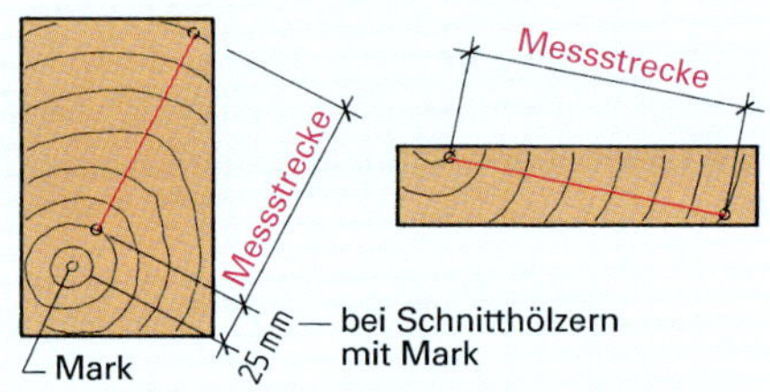

Feststellung der mittleren Jahresringbreite

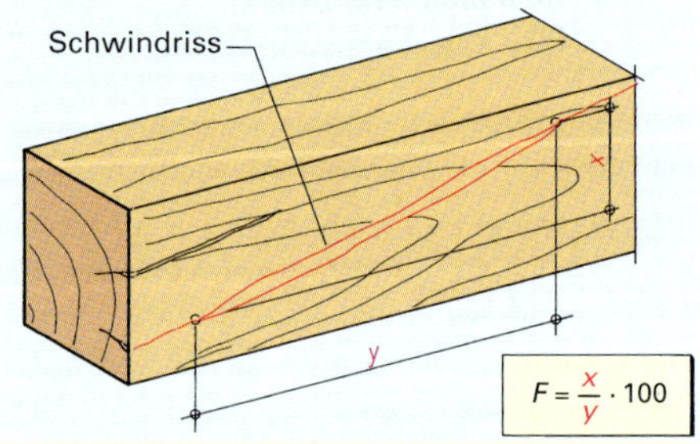

Feststellung der Faserneigung

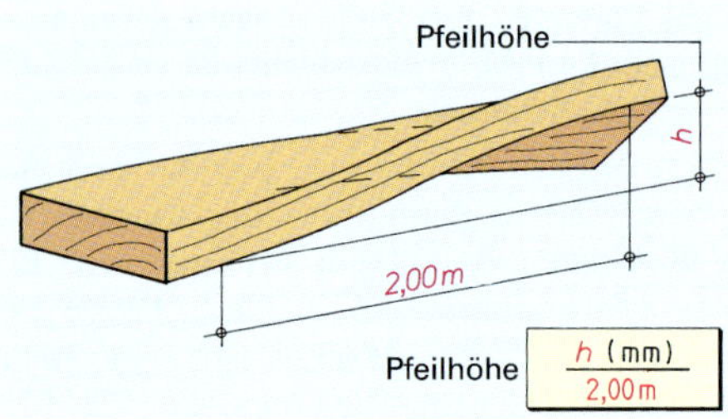

Feststellung der Verdrehung von Schnittholz

Beispiel für Sortiermerkmale

7.1.3 Holzwerkstoffe im Bauwesen

Holzwerkstoffe sind Platten und Formteile, die aus zunächst zerkleinertem und danach wieder verleimtem Holz hergestellt werden.

Sperrholzplatten

Sperrholz besteht aus mindestens drei Holzlagen, die in der Faserrichtung gegenseitig versetzt aufeinander geleimt sind. Für Bauzwecke sind Baufurniersperrholzplatten und Bautischlerplatten von Bedeutung.

- **Baufurniersperrholzplatten (BFU)** bestehen aus mindestens drei Furnierlagen und werden in Dicken von 4 mm bis zu 50 mm hergestellt.
- **Bautischlerplatten (BTI)** bestehen aus mindestens zwei Deckfurnieren (Sperrfurnieren) und einer Holzmittellage. Nach der Art der Mittellage werden **Bau-Stabsperrholz (BST)** und **Bau-Stäbchensperrholz (BSTAE)** unterschieden. Für Stabsperrholz werden Holzleisten von 26 mm bis 30 mm Breite verwendet, für Stäbchensperrholz werden bis zu 8 mm dicke Schälfurnierstreifen verarbeitet.

Nach der Beständigkeit der Verleimung gegen Witterungs- und Feuchtigkeitseinflüsse werden die Sperrholzplatten entsprechend den **Holzwerkstoffklassen 20** (nicht beständig, z.B. BFU 20) und **100** (beständig, z.B. BFU 100) eingeteilt. Sind die Platten durch Behandlung gegen Holz zerstörende Pilze geschützt, erhalten sie die Kennzeichnung „G" (z.B. BFU 100 G).

Baufurnierplatten und Bautischlerplatten werden im Rohbaubereich z.B. für die Herstellung von Schalungsplatten verwendet. Für den Beton- und Stahlbetonbau werden Großflächen-Schalungsplatten (mit Oberflächenvergütung) mit Einzelflächen bis zu 10 m² hergestellt (Kurzzeichen: **SFU**, **SST** und **SSTAE**).

Holzspanplatten

Holzspanplatten bestehen aus mit Kunstharzbindemitteln verpressten Holzspänen. Nach der Herstellung werden Flachpressplatten und Strangpressplatten unterschieden.

Flachpressplatten (FP) werden nach der Verleimart und den Holzschutzmittel-Zusätzen in Plattentypen **V 20**, **V 100** und **V 100 G** unterschieden.

Strangpressplatten (SP) werden als Vollplatten (SV) und mit Röhrenhohlräumen als Röhrenplatten (SR) hergestellt. Die Verleimungsart ist nicht wetterbeständig. Holzspanplatten finden besonders in Innenbaubereichen Verwendung, z.B. als Fußboden-Unterböden und als Wand- und Deckenbekleidungen.

Holzfaserplatten

Holzfaserplatten bestehen aus feinen Holzfasern mit und ohne Füllstoffe und mit und ohne Bindemittel. Nach der Festigkeit und Dichte werden poröse und harte Holzfaserplatten unterschieden. Poröse Platten besitzen ein hohes Wärmedämmvermögen. Diese Platten können auch mit Bitumenemulsion feuchtigkeitsunempfindlich gemacht werden. Im Bauwesen werden harte und poröse Holzfaserplatten verwendet.

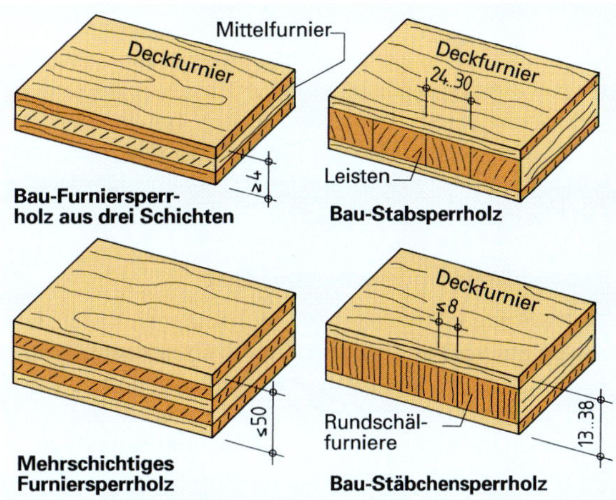

Bau-Sperrholzplatten

Sperrholzplattenart	Verleimungsart		
	nicht wetterbeständig	wetterbeständig	wetterbeständig mit Holzschutz
Bau-Sperrholzplatten BFU	BFU 20	BFU 100	BFU 100 G
Bau-Stabsperrholzplatten BST	BST 20	BST 100	BST 100 G
Bau-Stäbchensperrholzplatten BSTAE	BSTAE 20	BSTAE 100	BSTAE 100 G

Bau-Sperrholzplattentypen nach Mittellage und Verleimungsart

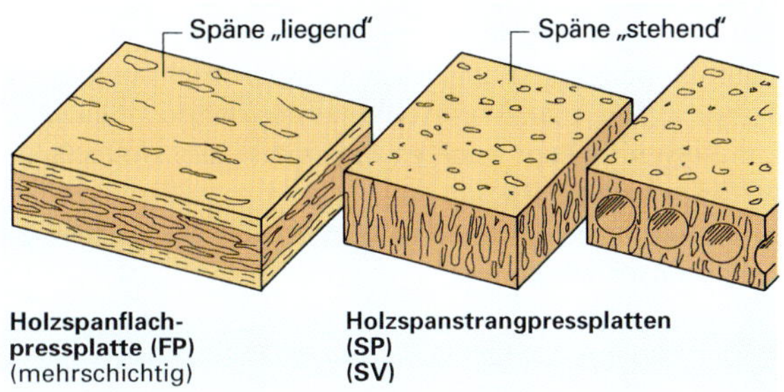

Holzspanplatten

Plattenart	Plattentyp	Verleimungsart
Flachpressplatten FP	**V 20**	Verleimung beständig bei Verwendung in Räumen mit niedriger Luftfeuchte, nicht wetterbeständig
Strangpressplatten SP	**V 100**	Verleimung beständig gegen hohe Luftfeuchte, begrenzt wetterbeständig
– Vollplatten (SV) – Röhrenplatten (SR)	**V 100 G**	Verleimung beständig gegen hohe Luftfeuchte, mit Holzschutzmittel geschützt gegen Pilze, begrenzt wetterbeständig

Holzspanplatten: Plattentypen nach der Verleimungsart

7.1.4 Baulicher Holzschutz

Holz ist ein organischer Baustoff und daher der Zerstörung durch Organismen, wie Pilze und Insekten, im besonderen Maße ausgesetzt. Durch baulichen Holzschutz wird angestrebt, eine Zerstörung des verbauten Holzes durch Pilze und Insekten für einen ausreichend langen Zeitraum zu verhindern.

Holzschädlinge am verarbeiteten Holz

Holzkrankheiten, welche die Holzsubstanz zerstören, werden am verarbeiteten Holz durch so genannte **Hauspilze** verursacht, wobei das Pilzmycel die Holzsubstanz auflöst und sich davon ernährt. Die Pilze entwickeln sich am besten in feuchtem Holz bei Temperaturen um 20 °C und ruhender Luft.

Häufig auftretende Hauspilze sind der Echte Hausschwamm, der Warzen- oder Kellerschwamm und der weiße Porenschwamm. Der **Echte Hausschwamm** ist der gefährlichste Hauspilz. Er hat eine große Zerstörungswirkung, befällt Holz ab 18% Holzfeuchte, verbreitet seine Stränge sehr weit und kann Mauerwerk durchdringen. Mycel- und Strangreste können auch nach längerer Ruhezeit wieder aufleben.

Bekämpfung: Befallene Holzteile und angrenzende Holzteile und alle Schwammgebilde sind zu verbrennen, das umliegende Mauerwerk ist vor der Behandlung mit einem Holzschutzmittel zu reinigen, neu einzubauende Holzteile sind durch ein Holzschutzmittel zu schützen.

Als gefährlicher tierischer Holzschädling am verarbeiteten Holz ist der **Hausbock** zu sehen. Seine Larven fressen sich ausschließlich durch trockenes Nadelholz, bis es durch Fraßgänge völlig zerstört ist. Da die Larven unter der Holzoberfläche fressen, wird die Holzzerstörung häufig erst sehr spät erkannt, zumeist erst an den Ausfluglöchern der Käfer.

Zur Bekämpfung müssen die befallenen Holzteile abgebeilt und die Holzspäne sowie das Bohrmehl verbrannt werden. Die neuen und die verbleibenden Holzteile müssen mit einem Insekten bekämpfenden Holzschutzmittel behandelt werden.

Holzschutzmaßnahmen

Die DIN 68800 „Holzschutz im Hochbau" schreibt den Schutz von tragenden und aussteifenden Holzbauteilen vor. Der Schutz umfasst bauliche und chemische Holzschutzmaßnahmen.

Der **bauliche Holzschutz** umfasst alle konstruktiven Maßnahmen, mit denen die verarbeiteten Holzbauteile vor unzulässig hoher Feuchtigkeitsaufnahme geschützt werden und eine Veränderung des Feuchtegehaltes der Hölzer so klein wie möglich gehalten wird.

Eine zu hohe Feuchtigkeit der Hölzer kann die Tragfähigkeit der Holzkonstruktion beeinträchtigen und die Entwicklung von Holzkrankheiten (Holzfäulen) begünstigen. Größere Veränderungen des Feuchtegehaltes von Holz können zu übermäßigen Formänderungen des Holzes (Schwinden und Quellen) und damit zu Rissbildungen führen.

Fruchtkörper, rotbraun mit weißem Zuwachsrand

Schadensbild, würfelbrüchiges Holz

Echter Hausschwamm

Larve und mit hellem Fraßmehl zugefüllte Gänge dicht unter der Oberfläche

Hausbock

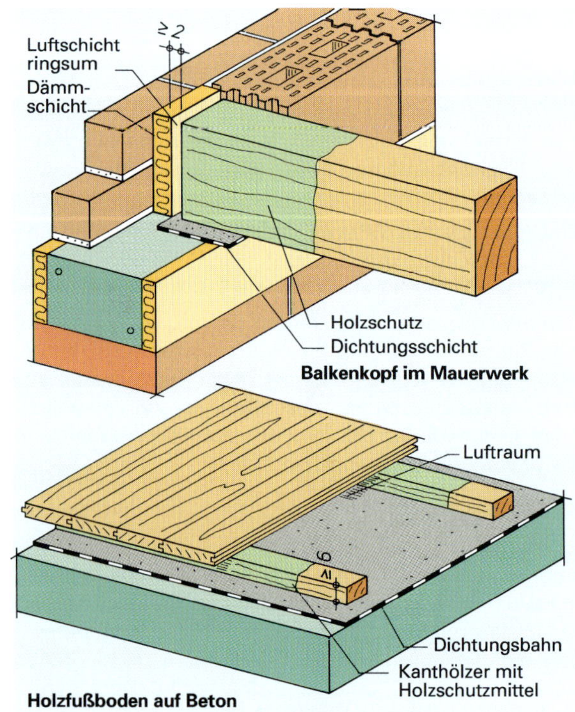

Konstruktiver Holzschutz (Beispiele)

Konstruktive Holzschutzmaßnahmen werden z. B. angewendet,

- um das Eindringen von Feuchtigkeit aus angrenzenden Bauteilen zu verhindern (z. B. durch Dichtungsschicht oder genügend großen Luftraum zwischen Holz und Mauerwerk, Beton oder Erdboden),
- um Tauwasserbildung (Schwitzwasser) zu vermeiden (z. B. hinterlüftete Konstruktion bei Wandbekleidung),
- um Regenwasser vom Holz fern zu halten und schnell abzuleiten (z. B. durch ausreichend großen Dachvorsprung, durch Abschrägen waagerechter Flächen von Holzteilen im Freien).

Um die Feuchtegehaltsschwankungen des Holzes und damit die Formänderungen so klein wie möglich zu halten, ist das Holz mit dem Feuchtegehalt einzubauen, den es bei seiner Nutzung annehmen wird.

Chemischer Holzschutz ist zusätzlich zu den baulichen Maßnahmen durchzuführen, wenn die Holzbauteile der Gefahr von Bauschäden durch Insekten oder durch Pilze ausgesetzt sind. Für tragende und aussteifende Bauteile, wie z. B. Dachkonstruktionen, ist chemischer Holzschutz bauaufsichtlich vorgeschrieben.

Es dürfen nur **Holzschutzmittel** mit gültigem Prüfbescheid und Prüfzeichen (für tragende und aussteifende Bauteile) sowie Holzschutzmittel mit RAL-Gütezeichen (für nicht tragende Holzbauteile) verwendet werden.

Alle Holzschutzmittel enthalten biologisch wirksame Stoffe, die gegen tierische und pflanzliche Holzschädlinge giftig wirken. Deshalb ist beim Umgang mit Holzschutzmitteln besondere Sorgfalt geboten. Die erforderlichen Schutzmaßnahmen sind unbedingt einzuhalten, z. B. Schutzhandschuhe und angemessene Oberbekleidung tragen, während der Arbeit nicht essen, trinken oder rauchen, sorgfältiges Verarbeiten von Holzschutzmitteln (Umgebung, besonders lebende Pflanzen, nicht belasten), Reste nach Beendigung der Arbeit ordnungsgemäß entfernen.

A c h t u n g: Reste von Holzschutzmitteln und Abfälle von imprägnierten Hölzern sind **Sonderabfälle** und müssen umweltschützend entsorgt werden.

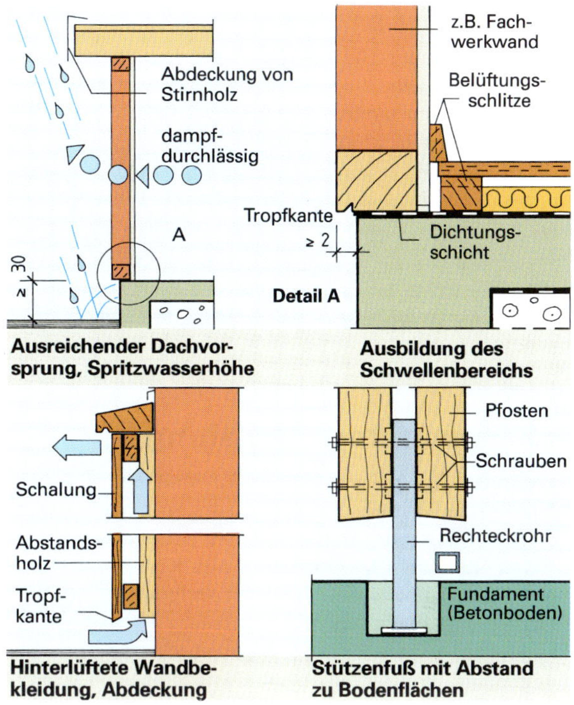

Konstruktiver Holzschutz

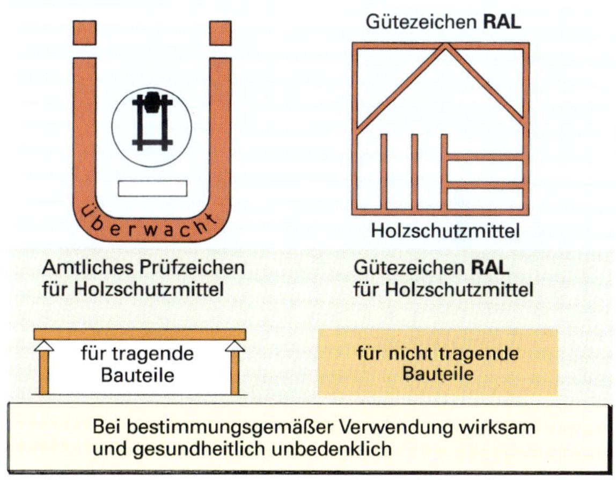

Prüfzeichen für Holzschutzmittel

Zusammenfassung

Unter Schnittholz versteht man Holzerzeugnisse von mindestens 6 mm Dicke, wobei zwischen Kantholz, Bohle, Brett und Latte unterschieden wird.

Aus Furnieren, Holzspänen oder Holzfasern hergestellte Platten werden als Holzwerkstoffe bezeichnet.

Bau-Furnierplatten werden aus mindestens drei kreuzweise aufeinander geleimten Furnieren hergestellt.

Bau-Tischlerplatten sind Bau-Sperrholzplatten, die in der Regel aus einer Holzmittellage und den beiderseitig aufgeleimten Absperrfurnieren bestehen.

Baulicher Holzschutz umfasst konstruktive und chemische Holzschutzmaßnahmen.

Aufgaben:

1. *Geben Sie die Merkmale an, nach denen die Sortierklassen S 7, S 10 und S 13 eingeteilt werden.*
2. *Welche Abmessungen kennzeichnen Kanthölzer, Latten, Bretter und Bohlen?*
3. *Welche technischen Vorteile bietet Sperrholz im Vergleich zu Vollholz?*
4. *Erklären Sie: a) Bau-Furniersperrholz, b) Bautischlerplatten.*
5. *Welche Gebiete umfasst der Holzschutz?*
6. *Beschreiben Sie die oben dargestellten konstruktiven Holzschutzmaßnahmen.*
7. *Geben Sie das richtige Verhalten beim Umgang mit Holzschutzmitteln an.*

Beton ist bei seiner Herstellung plastisch und formbar. Zur Formgebung werden Schalungen als ***„stützende Umhüllung"*** *verwendet. Sie verleiht durch den Abdruck ihrer Oberfläche dem Beton das Aussehen. Schalungen müssen deshalb sorgfältig und maßgenau ausgeführt werden, da sonst alle Ungenauigkeiten und Formabweichungen am Bauteil sichtbar bleiben. Schalungen müssen auch stabil sein, damit sie alle anfallenden Belastungen sicher aufnehmen und sich nicht verformen können. Für die Ausführungen von Schalungskonstruktionen bestehen Vorschriften, die in DIN 1045 und DIN 4420 zusammengefasst sind. Wesentliche Bestimmungen enthalten auch die Unfallverhütungsvorschriften der Bauberufsgenossenschaften.*

Da die Schalung etwa 35% der Kosten einer Konstruktion in Beton- oder Stahlbetonbauweise verursacht, ist man bestrebt, durch rationelle Schalungskonstruktionen und neue Verfahren die Lohn- und Materialkosten zu senken. Die Wahl der richtigen Schalungskonstruktion hängt in erster Linie von der Einsatzhäufigkeit und von der Art der gewünschten Betonoberfläche ab. Man unterscheidet systemlose Schalungen, Systemschalungen und Sonderschalungen.

7.2 Systemlose Schalung

Systemlose Schalungen werden für Bauteile mit unterschiedlichen Formen und Abmessungen **einzeln** gefertigt. Bevorzugt wird hierfür Holz als Schalmaterial verwendet. Es sind Konstruktionen aus Kanthölzern und Brettern, die in mehreren Ebenen angeordnet werden. Holz vereinigt in sich mehrere Vorteile, z.B. geringes Eigengewicht, leichte Be- und Verarbeitung und gute Anpassung an alle Bauteilformen. Nachteilig sind jedoch der hohe Zeitaufwand bei der Schalungsherstellung, die geringe Einsatzhäufigkeit, der rasche Verschleiß und, hervorgerufen durch abwechselnde Einwirkungen, das Quellen, Schwinden und Verziehen der Holzkonstruktion. Deshalb kommen für systemlose Schalungen neben Holz auch verstärkt Schalungsplatten aus Sperrholz und Kunststoffe zum Einsatz.

Eine systemlose Schalung besteht aus der **Schalhaut**, der **Unterkonstruktion**, der **Unterstützung** (Unterbau) und der **Verspannung**. Jedes Element hat bestimmte Aufgaben zu übernehmen, an jedes Element werden bestimmte Anforderungen gestellt.

7.2.1 Schalhaut

Die Schalhaut gibt dem Frischbeton die beabsichtigte Form und bestimmt die Oberflächenbeschaffenheit des Festbetons. Für die Schalhaut systemloser Schalungen werden vorwiegend Bretter und Schalungsplatten eingesetzt. Zur Herstellung strukturierter Betonoberflächen können auch Kunststoff-Schalungen verwendet werden.

Brettschalungen werden aus losen Brettern stumpf oder in Form einer Spundung zusammengesetzt. Die Bretter können sägerau oder auch gehobelt sein. Werden Brettschalungen vor dem Betonieren gründlich vorgenässt, ist es vorteilhaft, wenn die rechte Brettseite (Kernseite) dem Beton zugewandt ist; wenn nämlich das Holz durch Einwirkung von Regen- oder Anmachwasser aufquillt, so schließen sich die Fugen der Schalhaut auf der Betonseite. Bretter werden hauptsächlich zur Herstellung von Passschalungen, Schalungen für Aussparungen und Sichtbetonschalungen eingesetzt. Verwendet werden in der Regel etwa 24 mm dicke Bretter aus Fichten- oder Tannenholz. Die einzelnen Bretter werden mit Querlaschen zu Schalungsschildern zusammengesetzt.

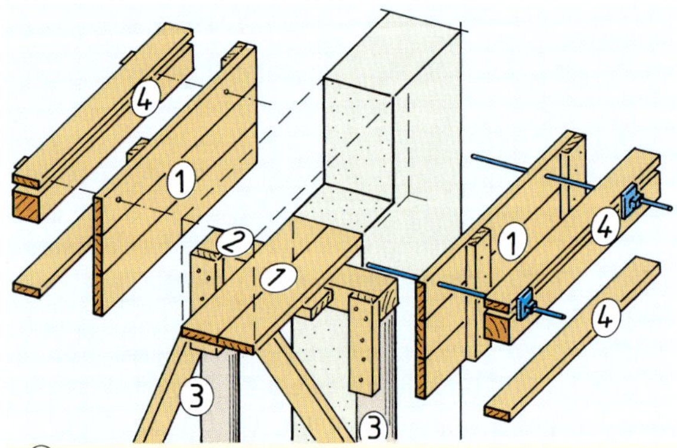

① Schalhaut (Bretter + Laschen = Schild)
② Unterkonstruktion
③ Unterstützung mit Verstrebung
④ Verspannung

Systemlose Schalung aus Kanthölzern und Brettern

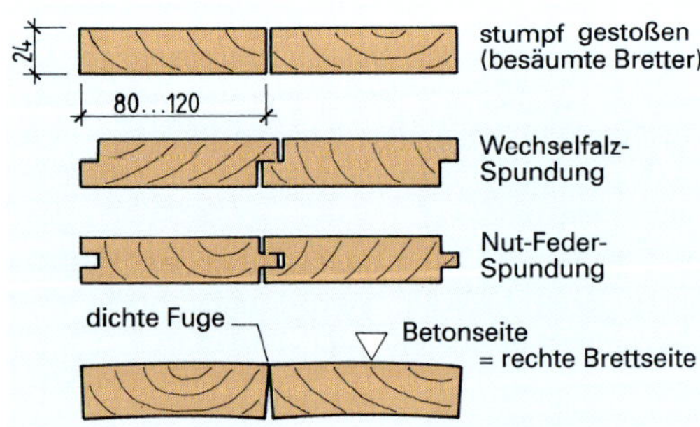

Schalhaut, Verbindungen bei Brettschalungen

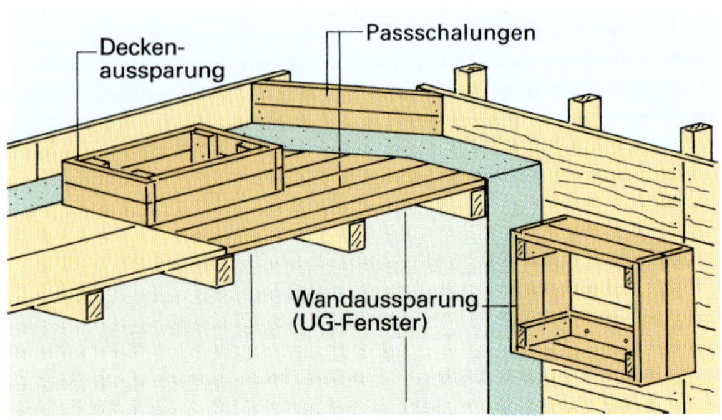

Einsatzbeispiele von Brettschalungen

Schalungsplatten sind dreischichtverleimte Platten aus Stabsperrholz (vgl. Abschnitt 7.1.3), die koch- und wetterfest verleimt sind und deren Oberfläche eine hochdruckverpresste Kunstharzschicht erhält.

Schalungsplatten können für alle Schalungsaufgaben eingesetzt werden. Sie werden in der Regel in Dicken von 22 mm gefertigt und sind in Formaten von 100/50 cm bis 600/100 cm lieferbar.

Kunststoff-Schalungen werden dort verwendet, wo die Betonoberfläche eine besondere Struktur erhalten soll. Zu diesem Zwecke werden z.B. aus Polystyrol-Hartschaum so genannte Strukturschalungen hergestellt, die dann auf Trägerschalungen genagelt oder geklebt werden und der Betonoberfläche eine besondere Struktur verleihen. Bei Betonfertigteilen und Bauteilen aus Ortbeton, wie Rippen- und Kassettendecken, werden auch Schalungskörper aus glasfaserverstärkten Polyesterharzen verwendet.

Die Schalhaut formt den Beton und bestimmt die Betonoberfläche. Die Einsatzhäufigkeit von Holzschalungen ist begrenzt; sie hängt von der Holzart, der Oberflächenvergütung und der Behandlung ab. Kunststoff-Schalungen eignen sich zur Herstellung von Sichtbeton mit Oberflächenprofil.

Schalungsplatten aus Sperrholz (Dreischichtplatten)

Strukturschalung

7.2.2 Unterkonstruktion

Die Unterkonstruktion ist der Schalhautträger; gleichzeitig steift sie die Schalhaut aus, sichert sie gegen unzulässig hohe Verformungen, nimmt die anfallenden Kräfte auf und leitet sie in die Unterstützung (z.B. bei Deckenschalungen) bzw. Verspannung (z.B. bei Wandschalungen) weiter. Die Art der Unterkonstruktion hängt von dem zu erwartenden Schalungsdruck und von der Biegefestigkeit der Schalhaut ab. Für die Unterkonstruktion können Kanthölzer und Schalungsträger verwendet werden.

Kanthölzer werden für fast alle Schalungskonstruktionen eingesetzt. Ihre Tragfähigkeit hängt vom Querschnitt ab, wobei Hölzer mit rechteckigem Querschnitt in Hochkantstellung größere Lasten tragen als solche mit gleich großer, aber quadratischer Querschnittsfläche.

Für Wand- und Deckenschalungen werden heute vorzugsweise Schalungsträger aus Holz verwendet. Gegenüber Kanthölzern haben sie den Vorteil, dass sie formstabiler und in ihren Abmessungen genauer sind. Sie kommen als **Vollwandträger** und als **Gitterträger** zum Einsatz. Bei Vollwandträgern greift der aus Furnieren verleimte Steg mit Keilzinken in die Gurthölzer ein. Bei Gitterträgern sind die Gurte mehrschichtig verleimt und mit den Streben ebenfalls durch Keilzinken verbunden.

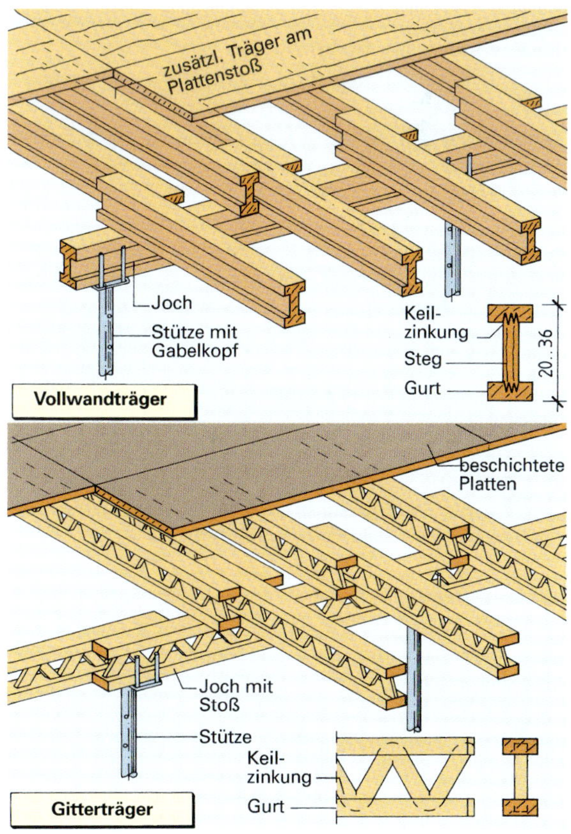

Schalungsträger aus Holz

7.2.3 Unterstützung

Die Unterstützung gewährleistet die Unverschiebbarkeit der Schalhaut und der Unterkonstruktion. Sie leitet alle anfallenden Kräfte von der Unterkonstruktion weiter zur tragfähigen Unterlage (Baugrund oder Bauwerkteile).

Der in die Schalung eingebrachte Frischbeton übt auf waagerechte Schalungen **senkrechte** und auf senkrechte Schalungen **horizontale** Druckkräfte aus.

Der seitliche Schalungsdruck, den der Frischbeton ausübt, nimmt von der Betonoberkante zur Tiefe hin stetig zu. Der maximale Schalungsdruck (P_{max}) hängt von der Rohdichte und Konsistenz des Frischbetons, der Betoniergeschwindigkeit (= Steiggeschwindigkeit des Frischbetons in m/h) und der Verdichtungsart ab.

Außer den Druckkräften, die durch den Frischbeton verursacht werden, muss die gesamte Schalungskonstruktion auch Erschütterungen und Lasten aufnehmen, die beim Betonieren entstehen.

Erschütterungen können durch Rüttelschwingungen, plötzliche Veränderungen der Schüttgeschwindigkeit sowie ruckartige Bewegungen der Fördergeräte und durch die Arbeiter hervorgerufen werden.

Schalungen sind zeitweise auch **Windkräften** ausgesetzt. Als Windangriffsfläche gilt bei eng gestellten Stützen die Ansichtsfläche des Gerüstes.

Die Einzelbauteile zur Erstellung der Unterstützung sind Stützen und Aussteifungen. Unterstützungskonstruktionen geringer Höhe, die aus vielen gleichartigen Stützen bestehen, z.B. Deckenschalungsstützen in Geschosshöhe, werden als **Abstützungen** bezeichnet. Für Abstützungen werden Holz- und Stahlstützen verwendet.

Rundholzstützen haben am Zopfende einen Mindestdurchmesser von 7 cm, **Kantholzstützen** müssen Abmessungen von mindestens 8 × 8 cm haben. Holzstützen sind mit Brettlaschen an der Unterkonstruktion zu befestigen. Sie sind auf Keile zu stellen. Richtig gesetzte Keilpaare gewährleisten nicht nur die sichere Lastübertragung, sondern später auch ein erschütterungsfreies Ausschalen.

Stahlrohrstützen mit Ausziehvorrichtung lassen sich durch Bolzen und Gewindemuffen jeder gewünschten Länge anpassen. Sie haben unten zur Befestigung auf der Unterlage eine angeschweißte Bodenplatte und oben für die Verbindung mit der Unterkonstruktion verschiedenartige, aufsetzbare Halteköpfe.

Als **Aufstellhilfe** für Stahlrohrstützen gibt es besondere, aufklappbare, z.T. schwenkbare Stützbeine, die eine flexible Aufstellung bei beengten Raumverhältnissen ermöglichen.

Zum Abstützen und Ausrichten von Wand- und Stützenschalungen aus Schalungselementen werden dreieckförmige, verstellbare **Abstellstützen** eingesetzt. Sie machen die Schalung standsicher und erleichtern das Arbeiten.

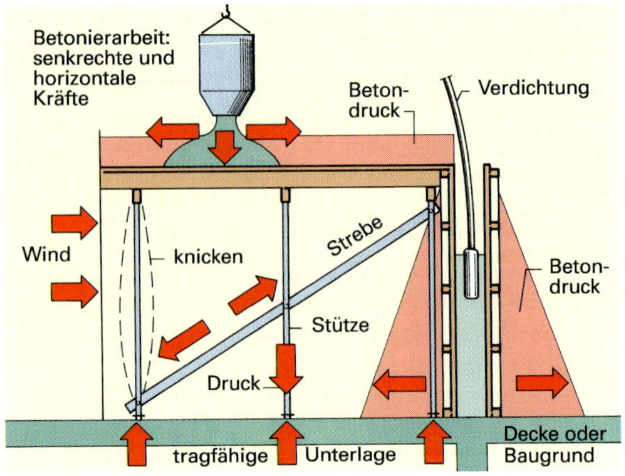

Beanspruchung der Unterstützungen

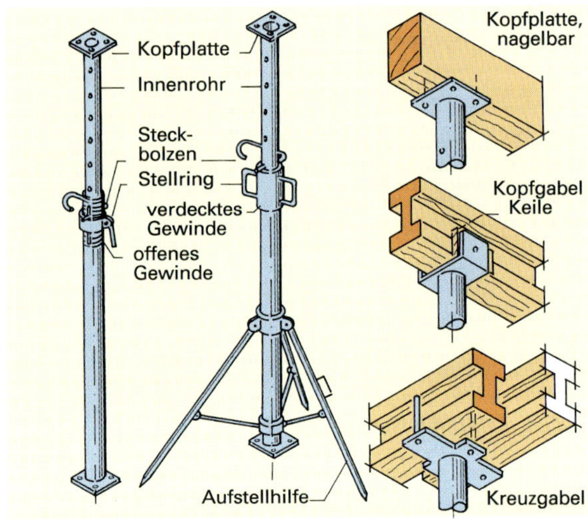

Stahlrohrstützen

Abstellstützen

Um eine ausreichende Lastübertragung auf den Untergrund zu gewährleisten, müssen die Stützen eine sichere, unverrückbare Unterlage aus Kanthölzern oder Bohlen erhalten. Ein Abstützen auf lose Ziegel, Fässer, Eimer, Kasten, Kisten ist gefährlich und deshalb verboten.

Abstützungen müssen in Längs- und Querrichtung zur Aufnahme waagerechter Kräfte ausgesteift werden. Als waagerechte Kräfte sind außer der Windlast auch Schub aus Schrägstützen und Auflagerkräfte von Hebezeugen zu beachten.

Jedes Stützenfeld kann als Viereckrahmen angesehen werden. Durch Verschwertung der Ecken sowohl in Längs- als auch in Querrichtung entstehen unverschiebliche Dreiecke, die die Standsicherheit der Schalung gewährleisten und die anfallenden waagerechten Kräfte sicher aufnehmen und in den Untergrund ableiten. Die Verschwertungen sollen nahe am Kopf bzw. am Fuß der Stützen befestigt sein. Die Verbindung von Stütze und Verschwertung muss zug- und druckfest ausgeführt sein.

Unterkonstruktion und Unterstützung müssen alle lotrechten und waagerechten Kräfte aufnehmen und ableiten sowie die Unverformbarkeit der Schalung garantieren. Die Einzelteile der Unterkonstruktion bestehen aus Kanthölzern, Holz-Vollwand- und Holz-Fachwerkträgern. Für die Abstützung können Rundholz-, Kantholz- und Stahlrohrstützen verwendet werden. Abstützungen müssen in Längs- und Querrichtung durch Dreiecksverbände ausgesteift werden.

7.2.4 Verspannung

Verspannungen nehmen den auftretenden Schalungsdruck auf, leiten ihn an die Unterstützung weiter und sorgen dafür, dass die Schalung in ihrer vorgesehenen Lage bleibt.

Bei geringen Schalungshöhen, z.B. bei Fundamenten, Balken, Unterzügen, erfolgt die Druckaufnahme durch **Brettlaschen** (Drängbretter), **Zwingen** und **Abspießungen**. Bei großen Schalungshöhen, wie z.B. Wänden und Stützen mit großem Querschnitt, werden **Schalungsanker** verwendet. Sie werden auf Zug beansprucht und bestehen deshalb aus Stahl. Die Stahlteile sind aus Gründen des Korrosionsschutzes meist verzinkt. Ein Schalungsanker besteht aus Ankerplatte, Ankerstab, Ankerverschluss und Abstandhalter. Für die **Ankerstäbe** werden Betonstabstähle und Spannstähle mit und ohne Gewinde verwendet. Bei den Ankerverschlüssen unterscheidet man Keil-, Exzenter-, Keil-Exzenter- und Schraubverschluss.

Beim **Keilsystem** werden die Kräfte durch Festklemmen des Ankerstabes mittels Keil übertragen. 5 bis 10 mm dicke Ankerstäbe werden mit einer Zange angezogen und durch Einschlagen des Keils festgeklemmt. Um Verletzungen vorzubeugen, sollten die überstehenden Ankerstäbe umgeschlagen werden.

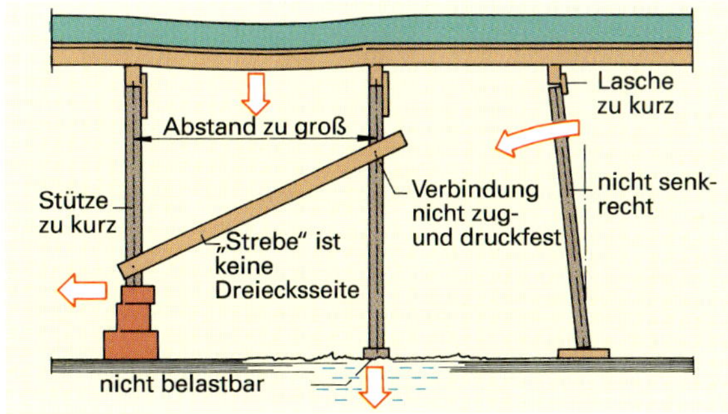

Mängel bei der Abstützung von Schalungen

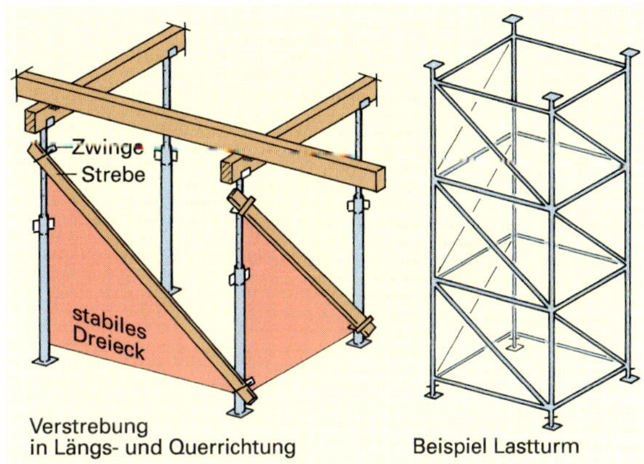

Standsicherheit durch Verstrebungen

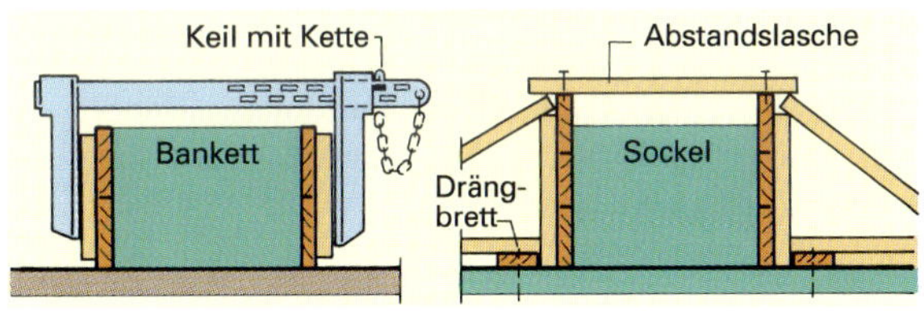

Schalzwinge und Absprießung

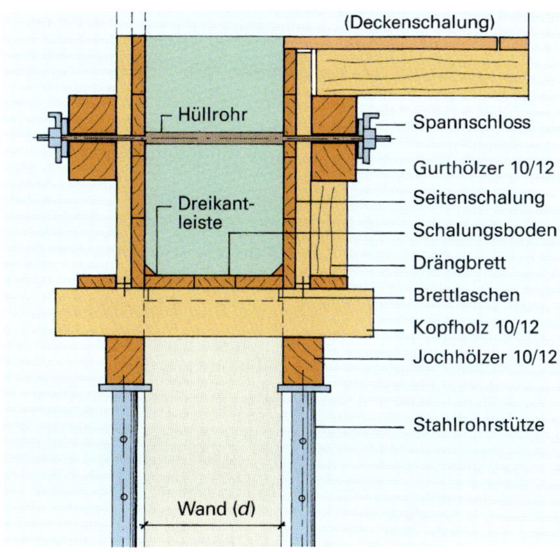

Anwendung der Verspannung mit Keilverschluss bei einer Stützschalung

Beim **Exzenterverschluss** wird der Ankerstab durch eine gezahnte Klemmbacke fest gehalten, beim **Keil-Exzenterverschluss** wird er mittels Keil und Exzenter festgeklemmt.

Keil- und Exzenterverschlüsse werden heute zunehmend durch Schraubverschlüsse ersetzt. Beim **Schraubverschluss** werden die Kräfte durch eine Flügelmutter übertragen, die auf ein Gewinde des Ankerstabes aufgeschraubt wird. Schraubverschlüsse lassen sich leicht montieren und sind für hohe Schalungsdrücke geeignet. Die Ankerstäbe sind mit einem ein- oder beidseitigen Gewinde versehen. Auf die Enden der Ankerstäbe werden Ankerplatten aufgesteckt, die mit Flügel- oder Nockenmuttern festgezogen werden.

Abstandhalter haben die Aufgabe, die Schalungsteile im gewünschten Abstand zu halten. Sie bestehen meist aus Kunststoff und sind als Hüllrohre ausgebildet. Sie werden auf Druck beansprucht und wirken den Zugspannungen der Ankerstäbe entgegen. Um ein Ausknicken der Hüllrohre zu vermeiden, sind ihre Querschnitte rund, sechseckig oder sternförmig. Zur besseren Druckverteilung auf die Schalung können auch konische Endstücke auf die Hüllrohre aufgebracht werden. Nach dem Ausschalen steht das ganze Ankerelement wieder zur Verfügung. Die Hüllrohre verbleiben im Beton und werden mit passenden Stopfen oder mit Zementmörtel verschlossen.

Zur Herstellung wasserundurchlässiger Betonwände wird ein **Spannkonen-System** eingesetzt. Auf den Innenanker werden Kunststoff-Konen aufgeschraubt, die gleichzeitig als Abstandhalter dienen. Zum Spannen werden beidseitig von außen zusätzliche Ankerstäbe mit den Konen verschraubt. Der sich beim Spannen glockenartig verformende Konus geht nach dem Lösen der Verspannung in seine ursprüngliche Form zurück. Dadurch ist ein selbständiges Lösen aus dem Beton gewährleistet. Die Außenanker und die Konen können ausgebaut und wieder verwendet werden. Die im Beton etwa 2 cm tiefen Löcher werden mit entsprechenden Kunststoffpfropfen oder Zementmörtel verschlossen. Der Innenanker kann noch zusätzlich mit einem wassersperrenden Mittelsteg gekoppelt werden.

Bei **einseitigen Schalungen** (einhäuptigen Schalungen) müssen die hohen Frischbetondrücke zuverlässig in den Fundamentbeton abgeleitet werden. Dies erfolgt über Wellenanker oder Sperranker, die in die Bewehrung der Fundamentplatten einbinden. Über Ankerköpfe können die **Schalungsabstützböcke** befestigt werden.

Verspannungen müssen den Schalungsdruck aufnehmen und die Schalung in ihrer vorgesehenen Lage halten. Verspannungen können je nach Schalungshöhe durch Brettlaschen, Zwingen, Absprießungen und Schalungsanker erfolgen.

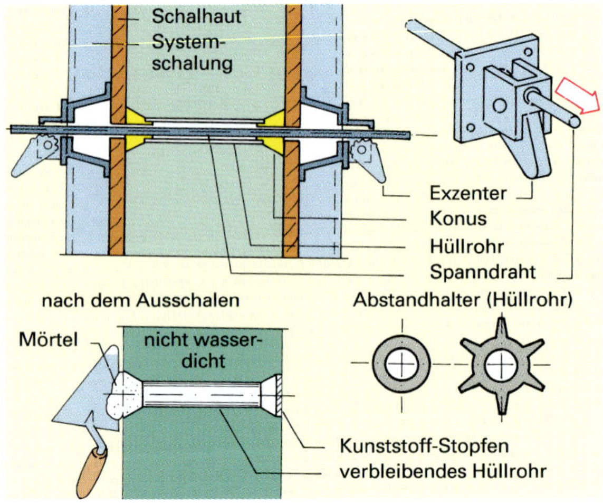

Schalungsanker mit Exzenterverschlusss, Abstandshalter

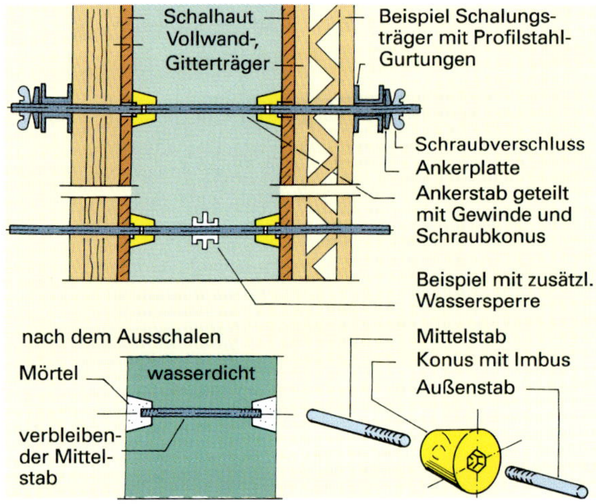

Schalungsanker mit Schraubverschluss, Abstandshalter in wasserdichter Ausführung

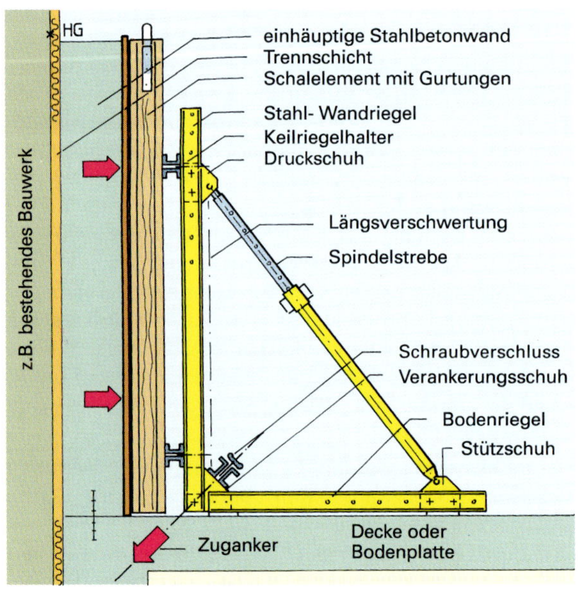

Schalungsabstützblock für einhäuptige Schalung

7.3 Systemschalung

Systemschalungen werden aus vorgefertigten, industriell hergestellten Schalungselementen gebaut. Die Systeme sind so durchgebildet, dass damit nicht nur gleichartige Bauteile mit großen Abmessungen, sondern auch schwierige Schalungsaufgaben bewältigt werden können.

Systemschalungen zeichnen sich durch hohe Einsatzhäufigkeit, lange Lebensdauer, leichtes Montieren, Abbauen und Umsetzen aus. Sie werden sowohl im Industrie- und Ingenieurbau als auch im Wohnungsbau verwendet, da hier im besonderen Maße die Wiederholbarkeit gleicher Bauteile gegeben ist. Für die Unterkonstruktion kommen sowohl Stahl- und Aluminiumprofile als auch Vollwand- und Fachwerkträger aus Holz zum Einsatz.

Für die **Schalhaut** werden Stahlbleche oder Großflächen-Schalungsplatten aus Holzwerkstoffen verwendet. Drei bis vier Millimeter dicke Stahlbleche werden mit kastenartigen Längs- und Querprofilen aus Stahl verschweißt. Großflächen-Schalungsplatten aus Holzwerkstoffen werden auf die Unterkonstruktion aufgeschraubt. Ihre Oberflächen erhalten eine Phenolharzfilm-Beschichtung, die zusätzlich mit einem Faservlies verstärkt sein kann. Dadurch werden das Ausschalen und Reinigen erleichtert und eine längere Lebensdauer (70...100 Einsätze) erzielt. Außerdem werden betontechnische Vorteile, wie glatte Betonfläche (Sichtbeton) und dichtes Oberflächengefüge des Betons, erreicht.

Großflächen-Schalungsplatten werden aus Stab-, Stäbchen- und Furniersperrholz hergestellt. Ihre Oberflächen können auch strukturiert sein.

Furnierschalungsplatten (SFU) bestehen aus mindestens 3 Furnierlagen. Sie sind symmetrisch aufgebaut, mindestens 4 mm dick und mindestens 3 m² groß. Sie werden als vorgesetzte oder selbsttragende Schalung eingesetzt.

Bei **Schalungsplatten aus Stabsperrholz (SST)** besteht die Mittellage aus 24 bis 30 mm breiten Holzstäben. Bei **Schalungsplatten aus Stäbchensperrholz (SSTAE)** wird die Mittellage aus 8 mm dicken Holzstäbchen oder Furnierstreifen senkrecht zur Plattenebene angeordnet. Beide Schalungsplatten können bei einer Dicke von 19 bis 30 mm selbsttragend eingesetzt werden.

Zu den Systemschalungen gehören **Großflächenschalungen**, **Raumschalungen** oder Tunnelschalungen und **Modulschalungen**.

Systemschalungen sind vorgefertigte Schalungselemente, bei denen die Schalhaut aus Stahl oder Großflächen-Schalungsplatten besteht. Durch den Einsatz von Systemschalungen können sowohl Lohn- als auch Materialkosten eingespart werden.

Systemschalung (Rahmentafelschalung)

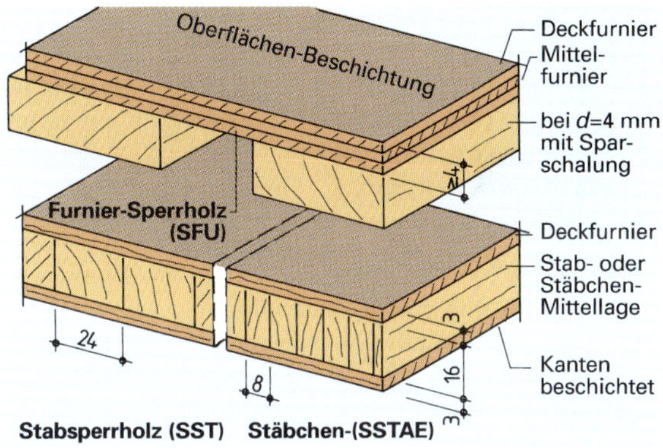

Großflächen-Schalungsplatten

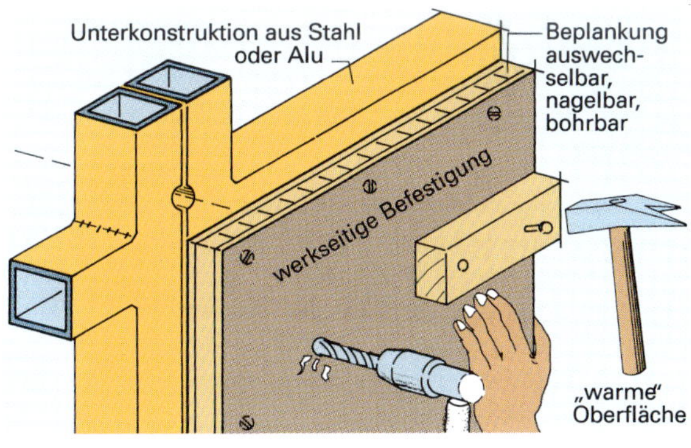

Kombinierte Schalungsplatten, Vorzüge

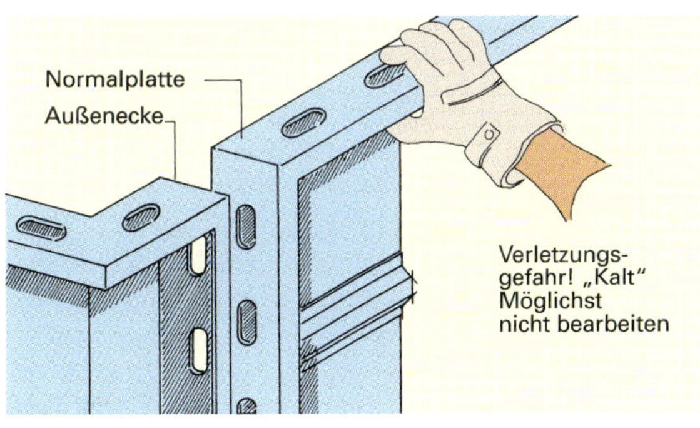

Stahl-Schalungsplatte

7.3.1 Großflächenschalung

Großflächenschalungen sind Schalkonstruktionen, bei denen die Unterstützung und eine großflächige Schalhaut ein **biegesteifes** und **formstabiles Schalelement** darstellen. Mit Großflächenschalungen können Wände und Decken eingeschalt werden.

Wandschalungen

Nach dem Konstruktionssystem für **Wandschalungen** unterscheidet man Trägerschalungen und Rahmentafelschalungen.

Bei **Trägerschalungen** besteht die Unterstützung aus senkrecht angeordneten Vollwand- und Fachwerkträgern aus Holz und der quer zu den Trägern liegenden Stahlgurtung, die im unteren und oberen Drittel der Trägerschalung befestigt ist.

Rahmentafelschalungen bestehen aus Stahlrahmen mit aussteifenden Querprofilen und aufgeschraubter Großflächen-Schalungsplatte. Bei leichten Rahmentafelschalungen werden Rahmen und Querprofile aus Aluminium gefertigt. Aufgrund ihres geringen Eigengewichts können sie kranunabhängig eingesetzt werden.

Sowohl bei Träger- als auch bei Rahmentafelschalungen können mit wenigen Standardelementen, die in Breite und Höhe genormt sind, wechselnde Wandhöhen und -längen eingeschalt werden. Besonders ausgebildete **Kupplungen** sorgen für eine fugendichte, fluchtgenaue, zug- und druckfeste Verbindung der Elemente. Für das Schalen von Innen- und Außenecken und für den Längenausgleich stehen Zusatzelemente zur Verfügung.

Zum Fixieren und lotrechten Ausrichten der Schalungskonstruktionen eignen sich zweiarmige **Richtstützen**, die sich für größere Wandhöhen teleskopartig ausziehen lassen.

Aufgrund ihrer hohen Biegefestigkeit und Formstabilität sind die Elemente **hohen Schalungsdrücken** von 50 bis 60 kN/m^2 gewachsen. Entsprechend niedrig ist auch der Anteil an Spannstellen; pro Tafelstoß werden auf einer Höhe von 2,65 m zwei Spannstellen benötigt. Für die Verspannung werden in der Regel Schalungsanker mit Schraubverschluss eingesetzt.

Deckenschalungen

Nach dem Konstruktionsprinzip für Deckenschalungen unterscheidet man Deckenschalungen aus Einzelteilen, Stützen-Schaltische und Schubladen-Schaltische. Die beiden letzteren Systeme sind besonders geeignet für die Skelettbauweise im Industrie- und Wohnungsbau.

Deckenschalungen aus Einzelteilen werden für unterschiedliche Grundrisse und Deckenstärken eingesetzt. Sie bestehen aus Stahlrohrstützen, Joch- und Querträgern und dreischichtig verleimten Betonschalungsplatten. Für die Joch- und Querträger werden heute vorzugsweise Vollwand- oder Gitterträger aus Holz verwendet.

Rahmentafelschalung zu Großflächen gekoppelt

Trägerschalung

Deckenschalung aus Einzelteilen

Genau justierbare Stahlrohrstützen können mit verschiedenen Halteköpfen bestückt werden. Sie geben den Trägern einen sicheren Halt und ermöglichen durch Überlappen eine flexible, stufenlose Längenanpassung (vgl. Abschnitt 7.2.3). Beim Einsatz spezieller Halteköpfe kann mittels Hammerschlag die gesamte Schalung um wenige Zentimeter abgesenkt werden.

Beim **Stützen-Schaltisch** besteht die Unterstützung aus einer fahr- und verstellbaren Rahmenkonstruktion, die durch Rohrverbinder beliebig aufgestockt werden kann. Fußspindeln mit stufenloser Verstellbarkeit ermöglichen ein genaues Justieren in der Höhe. Ausgesteift wird der Rahmen mit Horizontal- und Diagonalrohren. Als Abschluss dienen Kopfplatten, auf denen wahlweise Stahl- oder Holzträger aufliegen, die jeweils die Schalhaut tragen. Zum Ausschalen und Umsetzen wird der Schaltisch über starr montierte oder hydraulisch betätigte Anbauräder abgesenkt und mithilfe eines Seilgehänges umgesetzt (vgl. Abschnitt 7.5.5).

Stützen-Schaltisch

7.3.2 Raumschalung oder Tunnelschalung

Während bei den Großflächenschalungen Wand und Decke getrennt und nacheinander geschalt und betoniert werden, erlauben **Raumschalungen** als große Schalungskörper das gleichzeitige Betonieren von Wänden und Decken. Durch die monolithische Bauweise, Wand und Decke in einem Guss, wird ein zügiger Baufortschritt erreicht. Um den Einsatz sinnvoll und wirtschaftlich zu gestalten, sind hohe Einsatzzahlen je Baustelle notwendig. Raumschalungen eignen sich deshalb besonders für den Großserienbau, z.B. beim Hotelbau, im Wohnungsbau.

Bei den für Raumschalungen hohen Einsatzzahlen ist die Verwendung von Holz für die Schalungskonstruktion nicht mehr angebracht. Raumschalungen weisen daher eine **Ganzstahlkonstruktion** auf.

Raumschalungen werden entweder als **Halbtunnelelemente** oder als **Volltunnelelemente** eingesetzt. Halbtunnelelemente setzen sich aus einer Wand- und einer halben Deckenschalung, Volltunnelelemente aus zwei Wand- und einer ganzen Deckenschalung zusammen.

Da die Raumschalung nach dem Betonieren zwischen Wänden und Decken eingespannt ist, müssen Möglichkeiten geschaffen werden, um die Abmessungen der Schalung in Höhe und Breite verringern zu können, damit die Schalung aus dem betonierten Raum herausgezogen werden kann. Das Ablassen der Raumschalung erfolgt in den meisten Fällen mit Spindeln. Gleichzeitig muss auch die Höhe der Wandschalungsfläche verringert werden. Dies erreicht man dadurch, dass die Schalfläche um 5 bis 10 cm niedriger als die Raumhöhe gewählt und unten ein Betonsockel vorbetoniert werden.

Da die Ausschalfristen für die Decken ein Mehrfaches der Fristen für die Wände betragen, ist es erforderlich, dass nach dem Betonieren geheizt wird. Dies geschieht beispielsweise mit Propangas-Infrarotstrahlern.

Raumschalung als Ganztunnelelement

Raumschalung als Halbtunnelelement

7.3.3 Modulschalung

Modulschalungen sind Systemschalungen, bei denen die Elemente einheitliche Grundmaße haben. Sie werden vorwiegend zum Einschalen von Decken verwendet. Wegen ihres geringen Eigengewichts sind sie besonders für Baustellen ohne Kraneinsatz geeignet.

Modulschalungen bestehen aus Tafeln, Trägern und Fallköpfen. Die **Tafeln** sind Rahmenkonstruktionen aus verschweißten Aluminiumprofilen mit eingelegten Sperrholz-Schalungsplatten, deren Oberfläche kunstharzvergütet ist. Die **Träger** bestehen ebenfalls aus Aluminium. Sie dienen als Unterstützung für die Tafeln, die in durchgehende Auflagerrinnen der Träger längs und quer eingehängt werden können. Die Trägeroberfläche ist gleichzeitig Schalfläche.

Der **Fallkopf**, der auf jede Stahlrohrstütze aufgeschraubt werden kann, hat zwei Aufgaben. Zum einen nimmt er zwei Träger auf, fixiert sie und leitet die Last mittig in die Stütze. Zum andern dient er zum exakten Ausrichten der Schalung. Die Platte des Fallkopfes ist gleichzeitig Schalfläche.

Durch einen Hammerschlag auf den Keil des Fallkopfes wird die Schiebehülse um ca. 18 cm abgesenkt. Die Schalungskonstruktion löst sich von der Betondecke, Träger und Tafeln werden ausgehängt.

Die Fallkopf-Stützen können bei Bedarf zur Sicherung der frischen Decke stehen bleiben.

Um Rand- und Restflächen auszugleichen, können anstelle von Tafeln auch Schalungen aus Kantholz und Sperrholz eingesetzt werden.

Modulschalungen werden immer mit den gleichen Systemteilen aufgebaut. Sie bestehen aus Tafeln, Trägern und besonders ausgebildeten Fallköpfen. Durch die Aluminiumkonstruktion ist das Eigengewicht der Modulschalung gering, so dass die Elemente von Hand versetzt werden können.

Modulschalung, Einhängen der Träger in den Fallkopf

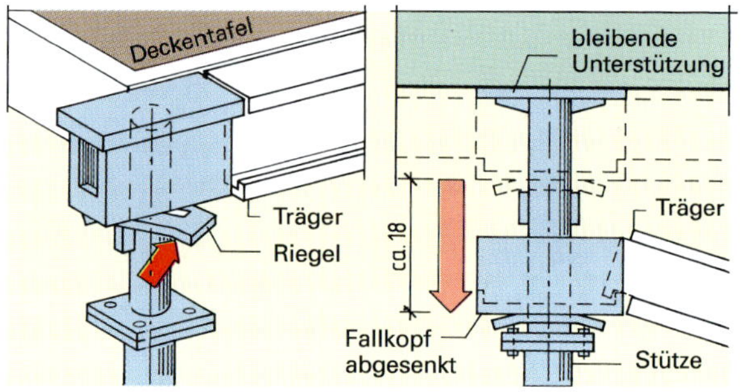

Stütze mit Fallkopf

7.4 Sonderschalung

7.4.1 Gleitschalung

Gleitschalungen werden bei sehr hohen Bauteilen mit annähernd gleich bleibenden Querschnittsabmessungen eingesetzt, wie z.B. bei Treppen- und Aufzugsschächten, Brückenpfeilern, Fernsehtürmen, Silobauten, Schornsteinen und Kläranlagen. Voraussetzung zum Gleiten sind glatte Wände ohne Vorsprünge. Aussparungen können jedoch vorgesehen werden.

Bei der Gleitschalung wird die Schalung parallel zum Betoniervorgang entlang der Betonoberfläche langsam nach oben gezogen. Sie ermöglicht also ein ununterbrochenes Betonieren. Die Gleitgeschwindigkeit beträgt ca. 20 cm pro Stunde. Dieses langsame Gleiten reicht aus, damit der freigeschalte Beton am unteren Rand der Schalung bereits die notwendige Festigkeit besitzt, um seine Form beizubehalten.

Gleitschalung

An einer Jochkonstruktion aus Stahl wird die etwa 1,20 bis 1,50 m hohe Schalung über Heber, die überwiegend durch eine Ölhydraulik bewegt werden, an **Kletterstangen** hochgezogen. Verwendet werden hierfür Rundstähle mit einem Durchmesser von 26 bis 28 mm. Die Kletterstangen, die in Abständen bis etwa 2,50 m mittig in den Wandquerschnitten stehen, sind durch ein **Mantelrohr** vom Beton getrennt, so dass sie nach Beendigung der Betonierarbeiten in voller Länge wiedergewonnen werden können.

An der Jochkonstruktion sind Hängegerüste und Arbeitsgerüste gefestigt. **Hängegerüste** ermöglichen das Abreiben und Glätten der Betonflächen während des Gleitens. **Arbeitsgerüste** gestatten die Durchführung aller anfallenden Arbeiten wie Bewehren, Betonieren und Heben der Schalung. Das Führen der Gleitschalung muss laufend durch **Abloten** der Wände und Ausrichten der Schalungsoberkante überwacht und reguliert werden. Dies erfolgt durch optische Lotgeräte und Geräte mit Laserstrahl.

Um die Gleitreibung zu verringern, verkürzt man den Abstand der gegenüberliegenden Schalflächen nach oben hin um 4 bis 7 mm.

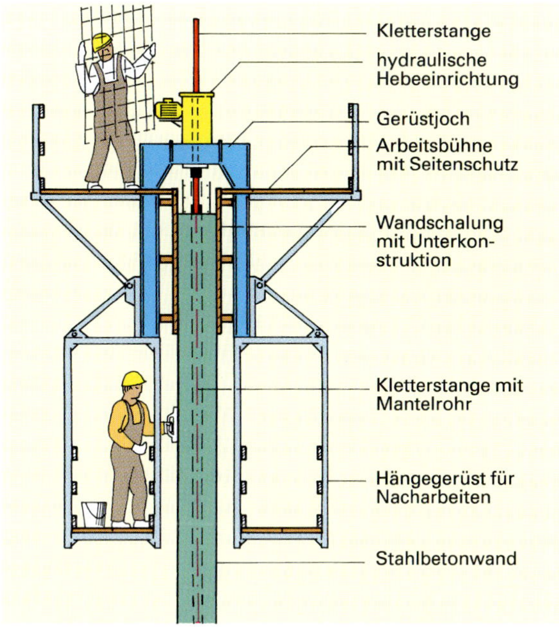

Gleitschalung

7.4.2 Kletterschalung

Die Kletterschalung besteht aus Wandschalelement, Klettereinrichtung, Betoniergerüst, Arbeitsgerüst und Arbeitsbühne. Zum Halten der gegenüberliegenden Wandschalungselemente und zur Aufnahme der anfallenden Belastung wird eine zug- und druckfeste Verankerung angebracht. Dazu betoniert man passgenaue Ankerstäbe ein, an denen **Kletterkonsolen** befestigt werden. Der am oberen Rand der Schalung einbetonierte **Kopfanker** wird nach dem Umsetzen der Kletterschalung als **Fußanker** für den nächsten Betonierabschnitt benutzt. Auf diese Weise wird durch Fußanker und entsprechende Überdeckung eine Einspannung erreicht, durch welche die gesamte Schalungskonstruktion getragen und gehalten wird. Auf dem Arbeitsgerüst erfolgt das Ein- und Ausschalen durch Kippen oder Fahren, das Justieren der Schalungshöhe und das Ausrichten der Schalung mithilfe leicht bedienbarer Richtstützen.

Von der Arbeitsbühne aus, die sich unter dem Arbeitsgerüst befindet, werden Nacharbeiten, wie z.B. das Schließen der Ankerlöcher, durchgeführt.

Nach ausreichender Erhärtung des Betons wird die Kletterschalung als gesamte Schalkonstruktion in vertikaler Richtung mithilfe eines Krans oder eines hydromechanischen Hubsystems auf den unmittelbar folgenden Betonierabschnitt umgesetzt. Kletterschalungen eignen sich besonders für hohe Bauwerke mit veränderlichen Grundrissen, starken Schrägflächen, wie bei Behälterbauten, Brückenpfeilern, Turmbauten, Schleusen- und Stützmauern.

Kletterschalungen werden nach ausreichender Erhärtung des Betons von unten nach oben umgesetzt.

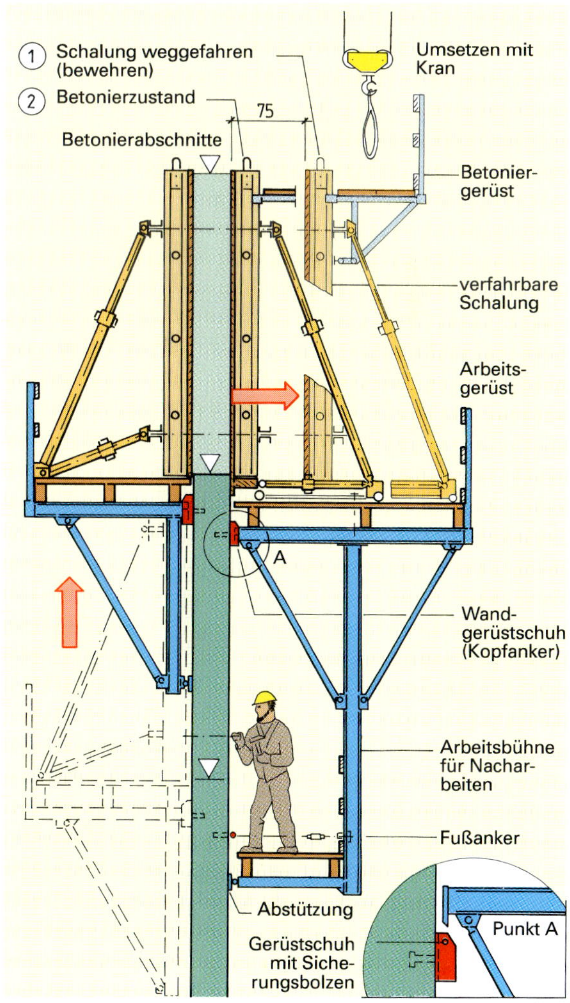

Kletterschalung

7.5 Einschalen von Bauteilen

7.5.1 Fundamentschalung

Streifenfundamente sind einzuschalen, wenn die Fundamentsohle auf die Baugrubensohle zu liegen kommt. Die Schalhaut kann aus Brettern, Bohlen oder Schaltafeln bestehen, die durch Gurthölzer, Schwellen, Streben und Pflöcke in ihrer Lage gehalten werden. Abstützung und Verschwertung können auch mit Fundamentzargen aus Stahl ausgeführt werden.

Bei **Einzelfundamenten** besteht die Schalhaut aus Schaltafeln oder Sperrholz-Schalungsplatten. Die Abstützung erfolgt durch Kanthölzer und Gurthölzer. Der Betondruck wird durch Verspannung der gegenüberliegenden Schalungskonstruktionen aufgenommen.

Für Fundamente lassen sich auch **Systemschalungen** wirtschaftlich sinnvoll einsetzen.

Hierzu werden beispielsweise Rasterelemente eingesetzt, die in verschiedenen Breiten und Höhen lieferbar sind. Aufgrund der geringen Masse können die Teile in Handmontage, also kranunabhängig, zusammengebaut werden.

Stützenfundament aus Rasterelementen

7.5.2 Stützenschalung

Holzschalungen für Stützen werden häufig aus selbst gefertigten Schildern aufgebaut. Die Breite der inneren Schilder entspricht dem Stützenmaß, die der äußeren Schilder muss um das Maß der doppelten Schalhautdicke vergrößert werden. Die Schilder werden durch **Säulenzwingen** zusammengehalten; sie können auf oder unmittelbar über den Laschen sitzen. Auf richtigen Laschen- und Zwingenabstand ist zu achten; er ist im unteren Drittel der Stütze enger zu wählen, weil der vom Frischbeton verursachte Schalungsdruck hier am größten ist.

Bei Stützen mit großen Querschnitten werden Zwingen aus Kanthölzern verwendet, die durch **Spannstangen** zusammengehalten werden. Vorteilhaft für Stützen mit kleineren Querschnitten sind selbsttragende **Schalungsplatten** aus Sperrholz. Außer Säulenzwingen sind keine weiteren Teile erforderlich.

Wenn Stützen zusammen mit Trägern geschalt werden, ist darauf zu achten, dass die Stützenschalung gegen die Trägerschalung stößt, d.h., der Trägerboden legt sich auf die Stützentafeln.

Systemschalungen für Stützen kommen in zwei Ausführungen vor:

1. Schalhaut und Unterstützung bilden **ein Element**. Es besteht aus einem Stahl- oder Aluminiumrahmen mit eingebauter Schalhaut aus Sperrholz-Schalungsplatten. Solche Elemente können auf- und nebeneinander gestellt und durch entsprechend eingebaute Vorrichtungen schnell und sicher miteinander verriegelt werden.

2. Schalhaut und Unterstützung sind **getrennt**. Unterstützt wird die Schalhaut z.B. durch senkrecht gestellte Holzgitterträger, die durch besonders ausgebildete Stahlwandriegel zusammengehalten werden.

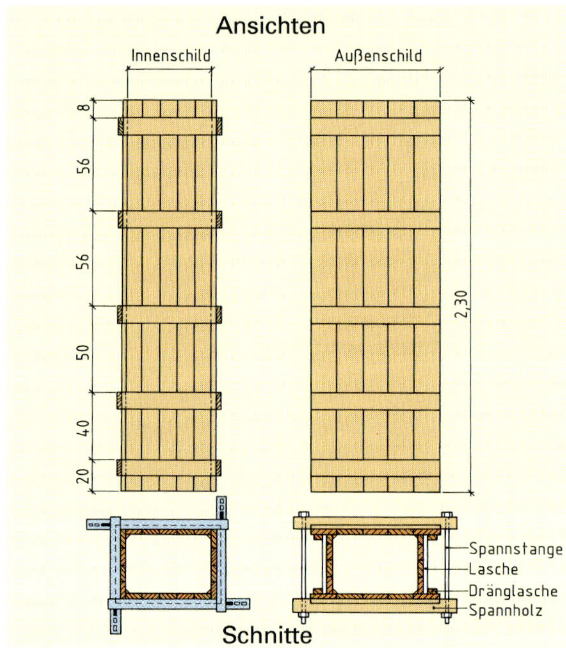

Stützenschalung aus Holz | **Spannstangen für schwere Stützen**

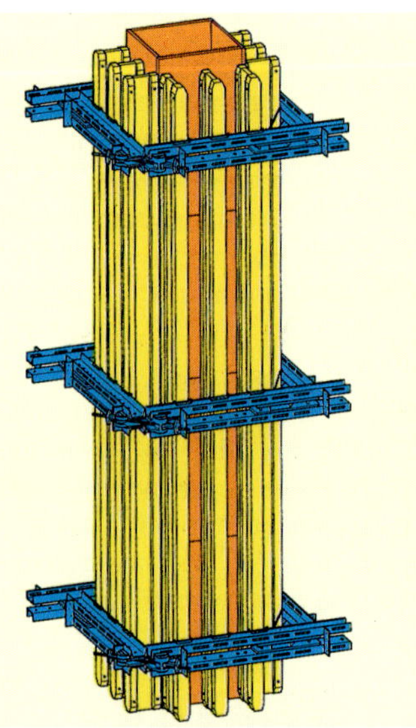

Stützenschalung mit Holzschalungsträgern und Stahlwandriegeln

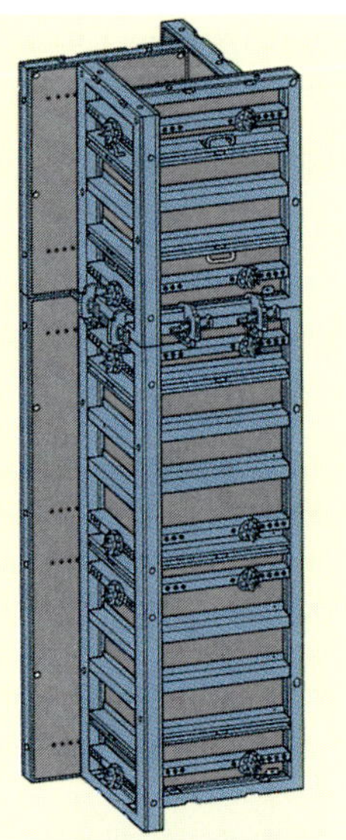

Stützenschalung mit Rasterelementen

Schalungen für Stützen mit **kreisförmigem Querschnitt** werden aus Gründen der Wirtschaftlichkeit nicht mehr aus Holz hergestellt. Eine Möglichkeit zur Einschalung zylindrischer Stützen bietet die Verwendung von Rundstützenschalungen aus **Stahl** und aus **Aluminium-Profilen**. Die Stahlschalungen werden als Halbschalenelemente mit Steck-Drehbolzen verbunden. Die Aluminium-Profile sind so geformt, dass sie sich durch übergeschobene Klemmleisten verketten lassen.

Bevor eine herkömmliche Stützenschalung auf die Decke bzw. das Fundament gestellt wird, muss ihre Lage genau **eingemessen** und durch einen **Fußkranz** aus Laschen fest markiert werden. Ist die Schalung aufgerichtet, muss sie mit Lot oder Wasserwaage **senkrecht** gestellt und in ihrer Lage gesichert werden. Dies erfolgt durch justierbare, dreiecksförmige Abstellstützen, die fest auf der Betondecke bzw. auf dem Boden verankert sein müssen.

Systemstützenschalungen müssen in jeder Bauphase standsicher aufgestellt werden. Zum Aufstellen und Einrichten müssen pro Stützenschalungshälfte mindestens zwei Abstellstützen befestigt werden. Zum Umsetzen mit dem Kran wird bei großen Stützenschalungen ein Krangehänge mit Traverse verwendet.

Bei Stützenschalungen aus Holz wird der Betondruck durch Säulenzwingen oder Spannstangen und Spannholz aufgenommen. Mit Systemschalungen lassen sich alle möglichen Stützenquerschnitte einfach, sicher und schnell schalen.

Systemschalungen mit Abstellstützen

7.5.3 Balken- und Plattenbalkenschalung

Bei **Balkenschalungen** besteht die Schalhaut aus zwei Seitenplatten und einer Bodenplatte. Die Bodenplatte ist so breit wie der Balken, sie liegt also zwischen den Seitenplatten. Die Brettlaschen müssen beidseitig als Auflager für die Seitenplatten, mindestens 24 mm, überstehen.

Drängbretter sichern die Seitenplatten im unteren Bereich gegen Ausweichen. Im oberen Bereich, etwa in 2/3 der Schalungshöhe, wird der auftretende Betondruck durch waagerecht verlaufende Gurthölzer mit Schalungszwingen oder Spanndrähten aufgenommen. Holzspreizen oder Abstandhalter sichern den gleich bleibenden Abstand der Seitenplatten.

Die Unterstützung erfolgt bei breiten Stahlbetonbalken durch Stützenpaare unter längs laufenden Kanthölzern (Joche) und quer liegenden Kopfhölzern. Die Stützen werden in Abständen von höchstens 1,00 m eingebaut. Zur Längsaussteifung können die Stützen eine Diagonal-Verschwertung erhalten.

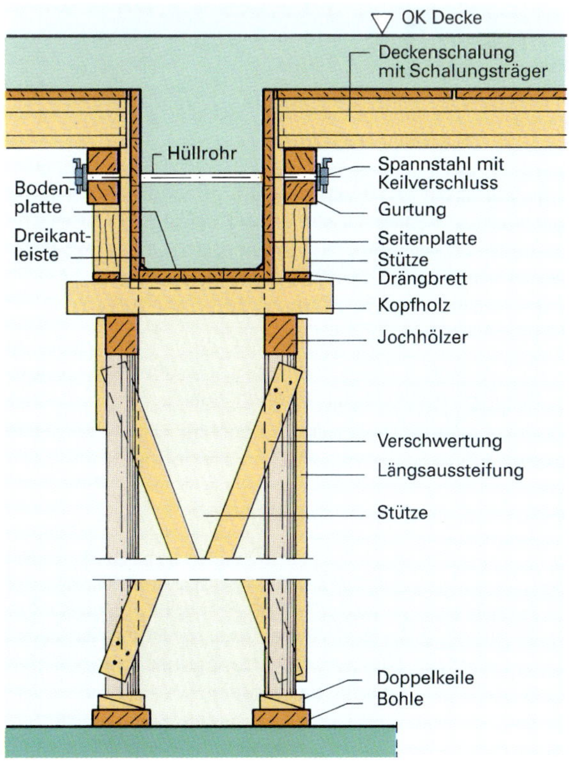

Systemlose Plattenbalkenschalung

Schalungen für **Plattenbalken** müssen so konstruiert sein, dass die Unterstützung der Balkenschalung auch zur Unterstützung der Deckenschalung mit herangezogen werden kann. Bei herkömmlichen Schalungskonstruktionen werden auf den Kopfhölzern Rundholz- oder Kantholzstützen aufgestellt, die als Unterstützung des Rahmenholzes der Deckenschalung dienen.

Mit geringerem Zeitaufwand können Plattenbalken mit **Schalungszargen** eingeschalt werden. Durch eine Keilverbindung werden die erforderliche Breite und Höhe eingestellt. Zugleich sichert die Keilverbindung die rechtwinklige Lage der Schalungszarge. Der Schalungsboden und die Seitenplatten werden unmittelbar gegen die Zargen gestellt. Die Zargen haben Auflagerklauen, mit denen sie von den Rahmenhölzern der Deckenschalung abgehängt werden. Stahlrohrstützen unterstützen unabhängig von den Zargen die Rahmenhölzer. Der Zargenabstand hängt von der Größe des Balkenquerschnittes ab, sollte jedoch nicht über 50 cm betragen.

Für Plattenbalken lassen sich auch **Systemschalungen** einsetzen. Mit den vorgefertigten Elementen lassen sich alle Unterzugsquerschnitte schalen. Die Rahmenteile lassen sich sowohl in der Höhe als auch in der Breite beliebig verstellen. Die Schalelemente sind so aufeinander abgestimmt, dass eingeschalte Unterzüge in jede Deckenschalung integriert werden können.

Balkenschalungen aus Boden- und Seitenplatten liegen auf unterstützten Kopfhölzern auf. Drängbretter und Schalungsanker halten die Seitenplatten in der gewünschten Lage.

Mit Schalungszargen oder Systemteilen lassen sich Plattenbalken mit geringerem Zeitaufwand einschalen.

Rasterschalung für Plattenbalken

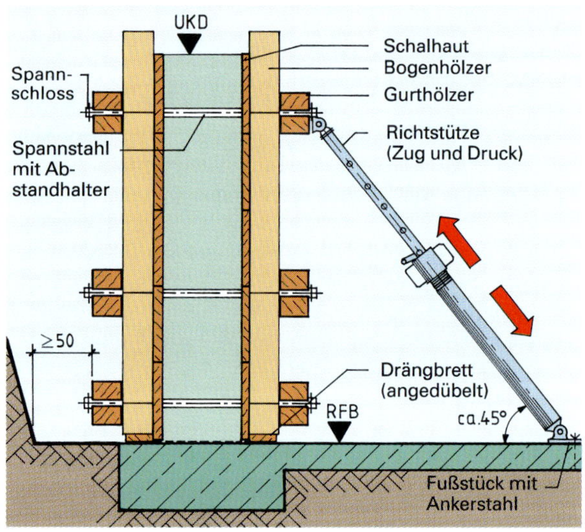

Systemlose Wandschalung (Untergeschosswand)

7.5.4 Wandschalung

Die Schalhaut aus einzelnen Brettern oder Schaltafeln wird gegen senkrecht stehende **Bogenhölzer** (Kanthölzer 8/12 cm) genagelt. Die Bogenhölzer haben einen Abstand von 40...60 cm. Rechtwinklig zu den Bogenhölzern verlaufen die **Gurthölzer** (Kanthölzer 10/14 cm).

Da der frische Beton im unteren Bereich der Schalung einen größeren Druck ausübt, muss der Abstand der Gurthölzer unten kleiner als oben sein.

Durch Schalungsanker (vgl. Abschnitt 7.2.4) wird der gleich bleibende Abstand der Schalungswände gesichert.

Eine sichere Standfähigkeit der Wandschalung erreicht man durch eine einseitige Abstützung mit Rundholzsteifen (∅ 8 bis 12 cm) und zusätzlicher Verspannung mit Spannketten. Bei geringer Wandhöhe kann die Abstützung durch eine beidseitige Verschwertung erfolgen. Die Abstützung oder Verschwertung muss zumindest an jedem vierten Bogenholz angebracht werden.

Schalungsrahmen für Wandaussparungen (Fenster, Türen, Schlitze) sind zwischen den Schalungsflächen einzubauen.

Einzelelemente einer Trägerschalung

Bei großen Bauvorhaben ist es wirtschaftlicher, Systemschalungen in Form von Rahmentafel- oder Trägerschalungen einzusetzen (vgl. Abschnitt 7.3.1).

Bei der **Trägerschalung** werden die Einzelelemente – dreischichtig verleimte Schalungsplatten, Holzschalungsträger, Stahlwandriegel – vormontiert. Je nach der geforderten Belastbarkeit werden die Abstände der Holzschalungsträger und der Stahlwandriegel weiter oder enger gesetzt. Die Befestigung der Holzträger mit den Stahlwandriegeln erfolgt entweder durch direkte Verschraubung oder durch besondere Flanschklammern. Die so vormontierten Einzelelemente können bis zu 6 m breit und bis zu 12 m hoch sein. Die Verbindung der Einzelelemente zu Großflächenschalungen erfolgt an den Stahlwandriegeln über Verbindungslaschen mit konisch verlaufenden Bolzen. Sie gewährleisten eine schlupf- und zugfeste Verbindung.

Bei den **Rahmentafelschalungen** reichen wenige Elementbreiten und Elementhöhen aus, um jeden Grundriss zu schalen. Durch besondere Profilierung der Außenrahmen können die Elemente an jeder beliebigen Stelle durch besondere Spannvorrichtungen miteinander sowohl in der Breite als auch in der Höhe verbunden werden.

Aufgrund der hohen Stabilität beider Systemschalungen kann die Zahl der Ankerstäbe stark reduziert werden. Im Allgemeinen reichen auf 2,70 m Elementhöhe zwei Anker aus.

Mit dreiecksförmigen Abstellstützen können die Systemschalungen schnell und sicher abgestützt und exakt ausgerichtet werden.

Herkömmliche Wandschalungen bestehen aus Schalbrettern oder Schaltafeln, senkrecht stehenden Bogenhölzern und waagerecht verlaufenden Gurthölzern.

Die Verwendung von Systemschalungen verringert den Arbeitsaufwand; sie sind vor allem bei größeren Bauvorhaben wirtschaftlicher.

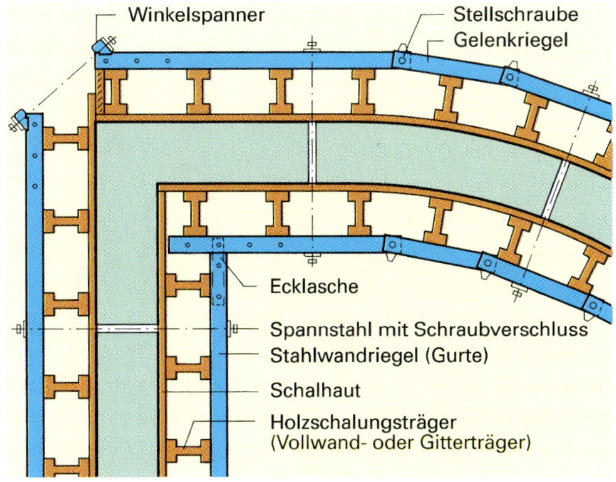

Trägerschalung, Ecke und Abrundung, Grundriss

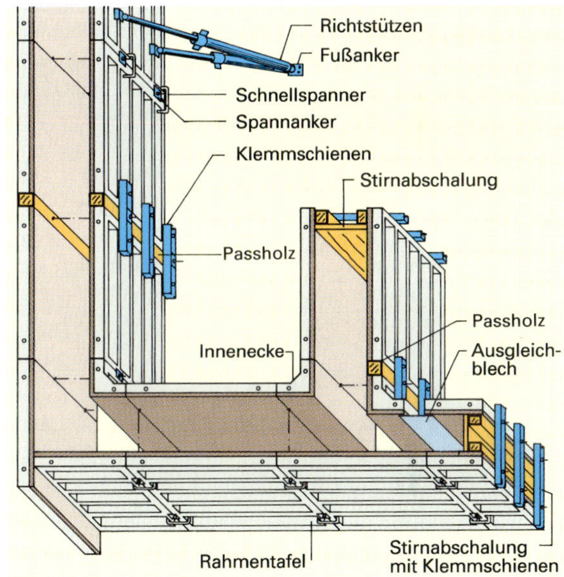

Rahmentafelschalung, Ecke, Wandanschluss

7.5.5 Deckenschalung

In **Ortbeton** hergestellte Decken erfordern einen ebenen Schalungsboden.

Bei **Rippendecken** mit Füllkörpern oder bei **Stahlsteindecken** reicht eine Streifenschalung als Auflage unter den Füllkörpern aus.

Herkömmliche Deckenschalungen bestehen aus Schalbrettern, Kanthölzern und Rundholzstützen.

Der Schalungsboden aus 2,4 cm dicken und 8 bis 12 cm breiten sägerauen Brettern ist auf Rippenhölzer (Kanthölzer ca. 8/10 cm) aufgenagelt. Die Rippenhölzer sind im Abstand von 50 bis 60 cm verlegt und liegen auf Rahmenhölzern auf. Die Rahmenhölzer (Kanthölzer ca. 10/12 cm) haben Abstände von 1,00 bis 1,20 m.

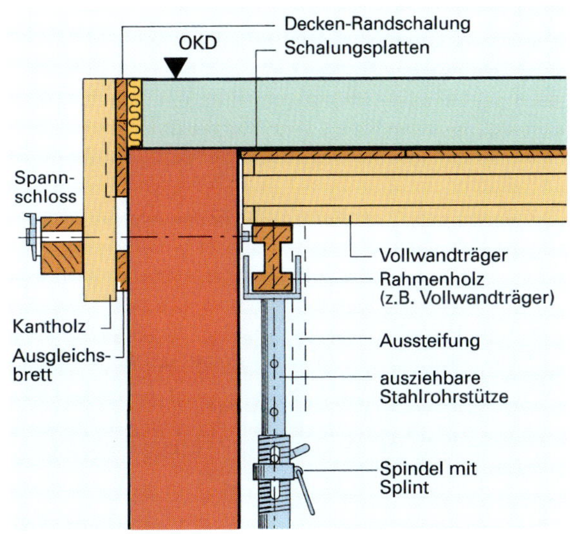

Deckenschalung mit Vollwandträgern

Rundholzstützen (∅ 8 bis 12 cm) sichern die Standfähigkeit des Schalungsgerüstes. Sie stehen auf Unterlagen (Bohlen) und werden durch Doppelkeile am Stützenfuß in die endgültige Lage gebracht. Am Stützenkopf sind sie durch eine Brettlasche mit dem Rahmenholz verbunden.

Unter den Rahmenhölzern sollte der Stützenabstand nicht größer als 1,20 m sein. In Längs- und Querrichtung werden die Stützen durch Verschwertungen (diagonal verlaufende Bretter) ausgesteift.

Eine wesentliche Erleichterung der Schalungsarbeit wird erreicht, wenn anstelle der Rundholzstützen genau justierbare Stahlrohrstützen und anstelle der Rippenhölzer Vollwand- oder Fachwerkträger aus Holz Verwendung finden. Für die Schalhaut werden Großflächen-Schalungsplatten (vgl. Abschnitt 7.3.1) eingesetzt.

Die mit Stützbeinen versehenen Stahlrohrstützen nehmen in ihren Absenk- bzw. Halteköpfen die Jochträger auf. Auf die Jochträger kommen die Querträger zu liegen, auf denen die Schalungsplatten verlegt werden. Der Abstand der Stahlrohrstützen und der Jochträger richtet sich nach der gewünschten Deckenstärke und dem gewählten Querträgerabstand.

Bei sich oft wiederholenden Raumgrößen (z.B. bei Hochhäusern) ist es wirtschaftlicher, Stützen-Schaltische oder Schubladen-Schaltische zu verwenden (vgl. Abschnitt 7.3.1). Bei kranunabhängigen Baustellen eignet sich der Einsatz von „Hand-Schalungen", die auch als Modulschalungen bezeichnet werden (vgl. 7.3.1).

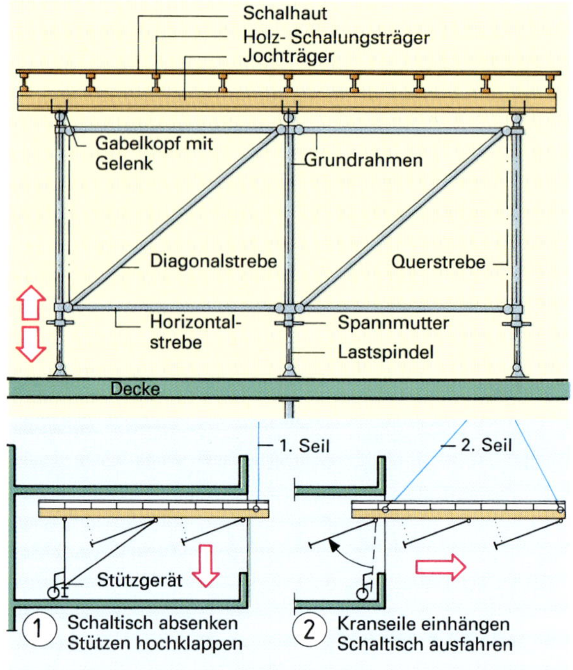

Stützen-Schaltisch, Ausschalvorgang

7.5.6 Treppenschalung

Ortbetontreppen lassen sich vorteilhaft mit Holz einschalen. Es werden zuerst die Podeste geschalt, danach werden die Rüstung und Abstützung für die Laufplatte zwischen die Podeste eingeschnitten und die Schalhaut aufgebracht. Auf der Seitenschalung wird das Stufenprofil aufgerissen, an der Treppenhauswand eine Stufenlehre befestigt. Zwischen beiden werden die Stirnbretter eingesetzt und gegen seitliches Ausweichen versteift.

Nach dem Ausschalen sind in jedem Treppenhaus Sicherungen gegen den Absturz von Personen zu treffen. Nach der Unfallverhütungsvorschrift „Gerüste" der Bau-Berufsgenossenschaften sind Treppenläufe und Podeste mit Schutzgeländer und fest sitzendem Bordbrett zu umwehren.

Zur Herstellung von **Fertigteil-Treppen** werden vorgefertigte Treppenschalungen eingesetzt. Verwendet werden Ganzstahl- und Stahl/Sperrholz-Ausführungen und starre und verstellbare Schalungen. Mit den Letzteren lassen sich Treppenläufe mit 25 bis 31 cm Auftritt, 16 bis 19,5 cm Steigung und einer Laufplattendicke bis 25 cm herstellen.

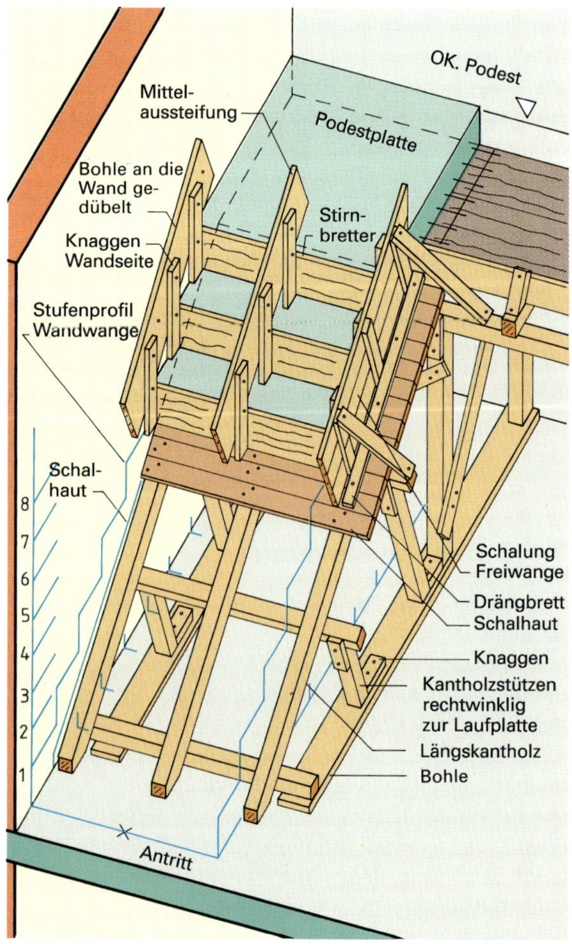

Schalung einer Ortbetontreppe

Ortbetontreppen werden mit Holz eingeschalt, da es sich leicht und gut verarbeiten lässt.

Fertigteil-Treppen werden mit vorgefertigten starren oder verstellbaren Schalungen hergestellt.

7.5.7 Lehrbogen und Lehrgerüst

Lehrbogen

Betonierte oder gemauerte Bogen mit kleinen Spannweiten (z.B. Fensterbogen, Türbogen, Kellergewölbe) werden bei der Herstellung durch Lehrbogen unterstützt.

Die Lehrbogen werden anhand des Aufrisses auf dem Reißbrett aus Brettern gefertigt.

Auf die Lehrbogen wird unmittelbar die Schalhaut, in der Regel aus schmalen Schalbrettern, aufgenagelt.

Die Unterstützung der Lehrbogen erfolgt durch ein Schalungsgerüst aus Rahmenhölzern auf Stahlrohrstützen. Die Rahmenhölzer verlaufen rechtwinklig zu den Lehrbogen und liegen jeweils unter den Knotenpunkten der Lehrbogen (siehe Abbildung).

Die Lehrbogen werden in Abständen zwischen 50 cm und 70 cm aufgestellt und müssen in Längsrichtung verschwertet werden.

Bei großen Höhen und schweren Auflasten werden so genannte **Lasttürme** eingesetzt. Die Montage kann stehend oder liegend durchgeführt werden. Verwendet werden diagonal ausgesteifte Grundrahmen, die aus verzinkten Stahlteilen bestehen. Über Kopf- und Fußspindeln lassen sich die Lasttürme exakt in der Höhe anpassen.

> Betonierte oder gemauerte Bogen werden durch Lehrbogen unterstützt. Die Unterstützung erfolgt durch ein Schalungsgerüst aus Rahmenhölzern auf Stahlrohrstützen. Bei großen Höhen und schweren Auflasten werden Lasttürme eingesetzt.

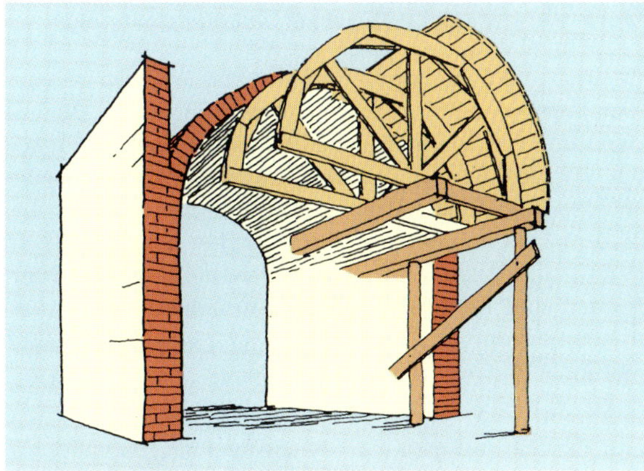

Tonnengewölbe mit Lehrbogen

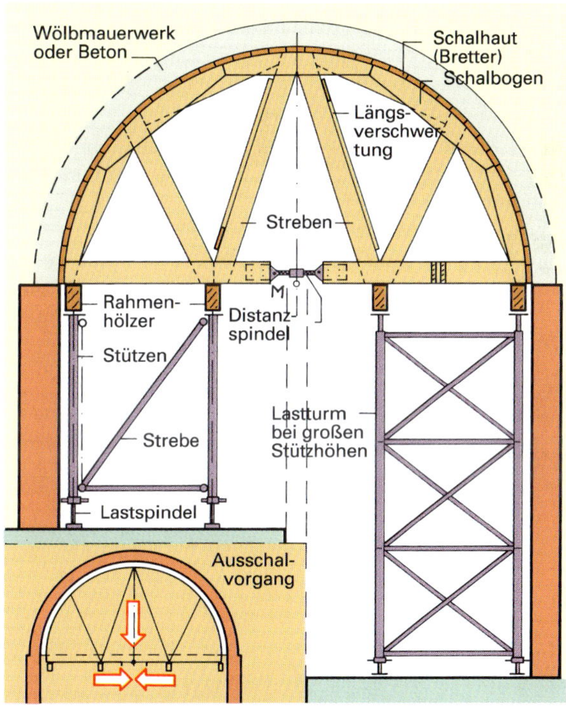

Lehrbogen für ein Tonnengewölbe

Lehrgerüste

Bei Bogen mit großen Spannweiten (z.B. bei Brücken, Schalendecken usw.) werden die Schalungen durch Lehrgerüste unterstützt.

Wegen der sehr großen Belastungen müssen Lehrgerüste statisch berechnet und nach genauen Zeichnungen abgebunden werden.

Um Setzungen der Lehrgerüste zu vermeiden, muss eine unnachgiebige Unterstützung auf Schwellenstapeln, Betonfundamenten oder Rammpfählen vorhanden sein.

Lehrgerüste bestehen in der Regel aus einem Unter- und Obergerüst (bei geringen Höhen kann auf das Untergerüst verzichtet werden).

Lehrgerüste werden, um das Ausschalen zu erleichtern, absenkbar hergestellt. Als Absenkvorrichtungen werden Schraubenspindeln oder hydraulische Pressen verwendet. Die Absenkvorrichtungen stehen auf den Fundamenten oder zwischen dem Unter- und Obergerüst.

> Bogen mit großen Spannweiten erfordern zur Unterstützung der Schalungen Lehrgerüste.

Lehrgerüst für eine Bogenbrücke

7.6 Ausrüsten und Ausschalen

Gerüste und Schalungen dürfen erst dann entfernt werden, wenn der Beton ausreichend erhärtet ist. Dies ist dann der Fall, wenn das Bauteil eine solche Festigkeit hat, dass es alle zur Zeit des Ausschalens und Ausrüstens angreifenden Lasten sicher aufnehmen kann. Zusätzlich sind ungewollte Verformungen aus dem Beton gering zu halten und eine Beschädigung der Oberflächen und Kanten durch das Ausschalen muss vermieden werden.

Zur Bestimmung der Ausschalfristen kann eine Erhärtungsprüfung oder eine Reifeprüfung sinnvoll sein.

Um Durchbiegungen von ausgeschalten Bauteilen zu verhindern, müssen **Hilfsstützen**, so genannte Notstützen, beim oder unmittelbar nach dem Ausschalen stehen bleiben. Bei Platten und Balken bis etwa 8 m Stützweiten genügen Hilfsstützen im mittleren Bereich, bei größeren Stützweiten sind mehr Hilfsstützen zu stellen. Bei Decken mit weniger als 3 m Stützweite sind Hilfsstützen in der Regel entbehrlich.

Beim Ausschalen muss vorsichtig vorgegangen werden. Die Schalung muss ohne Stoß und Erschütterung entfernt werden können. Die Unterstützung (Traggerüste, Schalungsstützen, Schalungsträger) darf niemals ruckweise weggeschlagen werden. Sie muss durch Lockern der Keile, Schrauben oder Gewindemuffen langsam abgesenkt werden. Zuerst werden Stützen und Wände ausgeschalt, danach Balken und Decken.

Beim Ausschalen und Abrüsten sind die Angaben nach DIN 1045 und die Vorschriften der Bauberufsgenossenschaften zu beachten.

Hilfsstützen

Ausbau der Zwischenstützen

7.7 Pflege der Schalung

Nach dem Ausschalen werden die Holzschalungselemente entnagelt. Nagel- und Schraubenlöcher sowie Schadstellen können mit Spezialkitt verspachtelt werden; Bohrlöcher lassen sich mit Plastikstöpseln verschließen. Wichtig ist vor allem eine gründliche, schonende Reinigung der Schalungselemente nach jedem Einsatz, und zwar sofort nach dem Ausschalen, weil dann die an der Schalung haftende Zementschlempe noch nicht ihre volle Festigkeit erlangt hat. Das Reinigen der Holzschalungselemente mit dem Handschaber ist sehr aufwendig. Mit Maschinen (Handschleifmaschine, Geräte mit verstellbaren Schleifscheiben oder Bürsten, Geräte mit Metallklöppeln) lassen sich die Schalungsoberflächen leichter und besser reinigen. Kunstharzbeschichtete Schalungsplatten und Stahlschalungen können unter fließendem Wasser abgebürstet werden. Schalungsteile aus Stahl müssen anschließend rostschützend mit Öl behandelt werden.

Sorgfältige Stapelung von Schalungsträgern

Die Schalungselemente sind nach dem Reinigen sorgfältig nach Werkstoff, Art und Größe zu stapeln, so dass unnütze Wege und langes Suchen bei Wiederverwendung vermieden werden.

Nach Einbau der Schalung werden die Oberflächen der Schalhaut mit **Trennmitteln** vorbehandelt. Sie mindern die Haftung zwischen Beton und Schalhaut, so dass das Ausschalen erleichtert, die Haltbarkeit erhöht und glatte Betonoberflächen erzielt werden. Als Trennmittel werden säurefreie Fette verwendet, die entweder in Form von Schalöl gesprüht oder als Schalwachs mit Putzwolle, Schwamm oder Pinsel aufgerieben werden. Sie verschließen die Holzporen, so dass kein Zementleim eindringen kann und eine Verzahnung von Schalung und Beton verhindert wird. Bewehrungen dürfen nicht mit Schalungsmitteln verunreinigt werden, weil sonst die unerlässliche Verbundwirkung und Haftung zwischen Beton und Stahl verloren geht.

Aufsprühen eines Trennmittels

Zusammenfassung

Systemlose Schalungen werden einzeln angefertigt. Sie setzen sich aus der Schalhaut, der Unterkonstruktion und der Unterstützung zusammen.

Die Schalhaut gibt dem Beton die gewünschte Form und bestimmt seine Oberflächenbeschaffenheit. Die Unterkonstruktion steift die Schalhaut aus, übernimmt alle anfallenden Kräfte und leitet sie zum Unterbau weiter. Der Unterbau sichert die Lage der Schalung und leitet die Kräfte zur tragfähigen Unterlage weiter.

Die Verspannung nimmt den Schalungsdruck auf. Sie erfolgt durch Brettlaschen, Zwingen, Absprießungen und Schalungsanker.

Bei Wand- und Stützenschalungen nimmt der Betondruck nach unten zu. Deshalb ist der Abstand der Verspannungen im unteren Bereich enger.

Systemschalungen werden aus vorgefertigten Schalungselementen zusammengebaut. Schalhaut und Unterkonstruktion bilden eine biegefeste, formstabile Einheit.

Das Verwenden von Systemschalungen bei Wänden, Decken, Stützen und Balken wird bei größeren Flächen oder Stückzahlen wirtschaftlich.

Großflächenschalungen werden zum Einschalen von Wänden und Decken verwendet.

Mit Raumschalungen können Wände und Decken in einem Arbeitsgang ausgeführt werden.

Modulschalungen eignen sich besonders für kranunabhängige Baustellen zum Einschalen von Decken.

Gleit- und Kletterschalungen bewältigen große Wandhöhen, Gleitschalungen ohne und Kletterschalungen mit Betonierpausen.

Richtiges Vorbehandeln und Nachbehandeln der Schalung erhöhen ihre Einsatzhäufigkeit und sind für eine dichte und glatte Betonoberfläche von entscheidender Bedeutung.

Aufgaben:

1. *Welche Anforderungen werden an die Schalhaut gestellt?*
2. *Warum müssen die Stützen einer Deckenschalung nach beiden Richtungen ausgesteift werden?*
3. *Welche Vorzüge weisen kunstharzvergütete Schalungsplatten gegenüber Brettschalungen auf?*
4. *Nennen Sie drei Gründe, warum Ausschalfristen einzuhalten sind.*
5. *Warum werden Schalungsstützen auf Keile gestellt?*
6. *Warum bleiben bei und nach dem Ausschalen Notstützen stehen?*
7. *Aus welchen Gründen wird die Schalhaut mit Trennmitteln vorbehandelt?*
8. *Warum muss der Abstand der Zwingen am unteren Ende einer Stützenschalung kleiner als am oberen Ende sein?*
9. *Skizzieren Sie Schalungselemente, mit denen verschiedene Stützenquerschnitte eingeschalt werden können!*
10. *Beschreiben Sie die Arbeitsschritte beim Einschalen einer Stahlbetonstütze.*
11. *Skizzieren Sie im Maßstab 1:10 den Querschnitt einer Balkenschalung, wenn der Stahlbetonbalken die Abmessungen 30 × 45 cm hat.*
12. *Beschreiben Sie das Einschalen einer geraden Ortbetontreppe.*
13. *Welche Konstruktionsprinzipien gibt es für Wandgroßflächenschalungen?*
14. *Beschreiben Sie den Aufbau eines Stützen-Schaltisches, und nennen Sie die Vorteile gegenüber systemlosen Deckenschalungen.*
15. *Nennen Sie die wichtigsten Unterschiede zwischen Gleit- und Kletterschalung.*
16. *Aus welchen Teilen setzt sich eine Modulschalung zusammen?*

8 Beton- und Stahlbetonbau

8.1 Betontechnologie

8.1.1 Zementleim und Zementstein

Das durch das Anmachen des Zements entstehende Gemisch aus Zement und Wasser wird als **Zementleim** bezeichnet. Er muss im Beton die Zuschlagskörner miteinander verkleben und verkitten und vorhandene Hohlräume zwischen ihnen ausfüllen. Das Maß für das Mischungsverhältnis ist der **Wasserzementwert**, der das Masseverhältnis von Wasser zu Zement angibt.

Im Zementleim erfolgt durch das Wasser eine hydraulische Umlagerung, die zur Erhärtung des Zementleims führt. Diesen Vorgang nennt man **Hydratation**, die dabei entstehende Wärme **Hydratationswärme**. Bei der Hydratation kristallisieren Salzhydrate aus; sie bilden die so genannten **Hydratationsprodukte**, die auch als **Zementgel** bezeichnet werden.

Dabei versteift sich der Zementleim zu **Zementstein**. Die Hydratation verläuft im Anfang schnell, wird aber immer langsamer. Wenn Feuchtigkeit vorhanden ist, kann sie jahrelang andauern. Das Zementsteingefüge weist eine Unzahl von winzigen Kristallen auf, die ineinander verwachsen und miteinander verkittet sind, durchsetzt von einer Vielzahl von Zwischenräumen, die als **Gelporen** bezeichnet werden. Je feiner nun die Zementkörner sind, d.h., je mehr Oberfläche Zement vorhanden ist, desto schneller können die Körner hydratisieren. Es kommt damit eine größere Zementoberfläche mit dem Wasser zusammen, das die chemische Umsetzung bewirkt und zum Festwerden des Zements führt.

Für die Baupraxis ist von Bedeutung, dass die Hydratation durch niedrige Temperaturen stark gehemmt wird. Sie kommt bereits bei +4 °C zum Erliegen.

Zum Erhärten des Zementleims wird nur ein geringer Teil des Anmachwassers in den Hydratationsprodukten chemisch gebunden. Bei vollständig hydratisiertem Zement sind es etwa 25%. Das vom Zement nicht gebundene Wasser, auch **Überschusswasser** genannt, füllt den zwischen zwei benachbarten Zementkörnchen vorhandenen Zwischenraum. Diese kleinen Hohlräume, die miteinander in Verbindung stehen, werden als **Kapillarporen** bezeichnet. Sie sind im Durchmesser 1000-mal größer als die Gelporen. Der Kapillarporenraum steigt mit dem Wasserzementwert an, und zwar auf etwa das 1,5fache, wenn der Wasserzementwert von 0,40 auf 0,80 erhöht wird.

Für die Qualität des Zementsteins und damit die des erhärteten Betons ist vor allem der Wasserzementwert maßgebend. Er beeinflusst folgende Eigenschaften:

Betonfestigkeit: Sie nimmt mit zunehmendem Wasserzementwert ab. Dabei haben alle Arten von Poren einen festigkeitsmindernden Einfluss.

Wassersaugfähigkeit: Beton mit hohem Wasserzementwert weist einen großen Anteil an Kapillarporen auf. Da die Poren untereinander verbunden sind, steigt die **Wasserdurchlässigkeit** stark an.

$$\text{Wasserzementwert } w/z = \frac{\text{Wassermenge } w \text{ in kg}}{\text{Zementmenge } z \text{ in kg}}$$

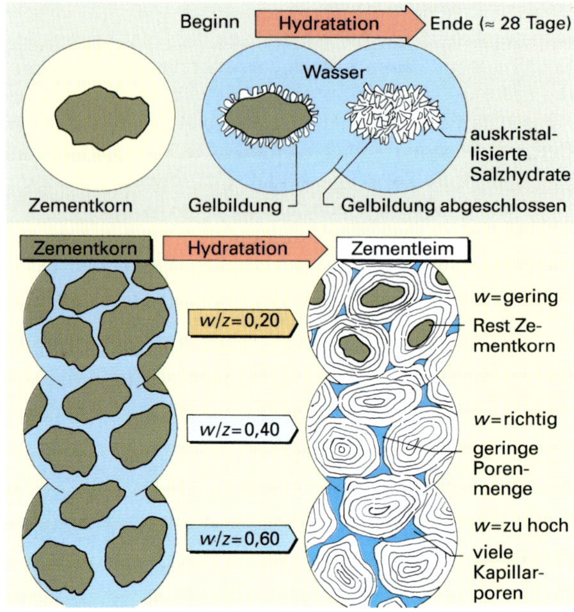

Wasserzementwert

Schwinden: Beton mit hohem Wasserzementwert trocknet schneller aus und schwindet deshalb stärker. Bei schnellem Austrocknen entstehen hohe Spannungen und infolgedessen Risse.

Wasserabsondern des Frischbetons: Frischbeton mit wasserreichem, dünnflüssigem Zementleim sondert Wasser ab, weil sich die Zementkörnchen absetzen (**Sedimentation**). Dieser Vorgang wird als „**Bluten**" des Betons bezeichnet. Ein solcher Frischbeton entmischt sich leicht und liefert nach dem Erhärten sandige Oberflächen.

Auch alle anderen Betoneigenschaften, wie Witterungs- und Frostbeständigkeit, Abriebfestigkeit, Rostschutz der Bewehrung usw., werden durch zunehmenden Wasserzementwert verschlechtert.

Für die Baustellenpraxis ist ein Wasserzementwert von 0,4 – wie oben in der Grafik dargestellt – nicht geeignet. Der Frischbeton ist zu trocken. Bei einer zu geringen Menge Zugabewasser lässt sich der Beton schlecht mischen, erschwert das Einbringen und Verdichten. Zum Verarbeiten ist ein *w*/*z*-Wert von > 0,5 brauchbar. Höchstgrenzen für den Wasserzementwert werden in DIN 1045-2 festgelegt.

Bei der Hydratation des Zements wird ein Teil des Wassers in den Hydratationsprodukten chemisch gebunden. Maßgebend für den Aufbau und die Eigenschaften des Zementsteins ist vor allem der Wasserzementwert.

8.1.2 Konsistenzklassen

Die Verarbeitbarkeit des Frischbetons wird in 6 **Ausbreitmaßklassen** (F 1 bis F 6, „F" steht für „**f**low table test") bzw. 4 **Verdichtungsmaßklassen** (C 0 bis C 3, „C" steht für „**c**ompaction test") eingeteilt. Bevorzugtes Prüfverfahren sind die Prüfung des Ausbreitmaßes und für steifere Betone die Prüfung des Verdichtungsmaßes.

Weiterhin wird die Setzprobe, auch **S**lumptest genannt, mit 5 Setzmaßklassen (S 1 bis S 5) sowie der Setzzeitversuch, auch **V**ébé-Test genannt, mit 5 Setzzeitklassen (V 0 bis V 4) zur Beurteilung der Konsistenz aufgenommen. Die Konsistenzklassen sind nicht direkt vergleichbar. In besonderen Fällen darf die Konsistenz auch durch einen Zielwert angegeben werden. Für erdfeuchten Beton, d. h. Beton mit geringem Wassergehalt, der für besondere Verdichtungsverfahren entworfen wurde, wird die Konsistenz nicht klassifiziert. Ausbreit- und Verdichtungsmaße werden durch Konsistenzbeschreibungen klassifiziert.

In Deutschland wird die Konsistenz des Frischbetons als Ausbreitmaß und/oder Verdichtungsmaß bestimmt.

Klasse	Ausbreitmaß (Durchmesser in mm)	Konsistenzbeschreibungen
F 1	≤ 340	steif
F 2	350 bis 410	plastisch
F 3	420 bis 480	weich
F 4	490 bis 550	sehr weich
F 5	560 bis 620	fließfähig
F 6[1]	≥ 630	sehr fließfähig

[1] Bei Ausbreitmaßen über 700 mm ist die DafStb-Richtlinie „Selbstverdichtender Beton" zu beachten. Sie ist zur Zeit in Bearbeitung. Bis zu ihrer Einführung bedarf es einer allgemeinen bauaufsichtlichen Zulassung oder einer Zustimmung im Einzelfall.

Ausbreitmaßklassen

Klasse	Verdichtungsmaß	Konsistenzbeschreibungen
C 0	≥ 1,46	sehr steif
C 1	1,45 bis 1,26	steif
C 2	1,25 bis 1,11	plastisch
C 3	1,10 bis 1,04	weich
C4	< 1,04	sehr weich (nur für Leichtbeton)

Verdichtungsmaßklassen

8.1.3 Druckfestigkeitsklassen für Normal- und Schwerbeton

Eine der wichtigsten Eigenschaften des Betons ist seine Druckfestigkeit. Um den unterschiedlichen Beanspruchungen, wie sie z. B. bei Fundamenten, Stützen, Wänden vorherrschen, gerecht zu werden, sind **verschiedene Druckfestigkeiten** erforderlich.

Die Druckfestigkeit wird nach 28 Tagen an Probekörpern ermittelt. Die Probekörper werden mit Zylindern von 150 mm Durchmesser und 300 mm Länge oder mit Würfeln von 150 mm Kantenlänge hergestellt. In manchen europäischen Ländern ist der Zylinder die Probekörperform für die Bestimmung der Festigkeit, in Deutschland wird der Würfel hierfür verwendet.

Der Beton wird in **16 Festigkeitsklassen** eingeteilt. Sie beginnt für Normal- und Schwerbeton mit einem **„C"** als Abkürzung für „**c**oncrete", der englischen Übersetzung für Beton. Anschließend folgen zwei Zahlen, die durch einen Schrägstrich getrennt werden, z. B. C30/37. Die erste Zahl steht für die **an Zylindern** geprüfte Betondruckfestigkeit (**$f_{ck,\,zyl}$ = 30 N/mm²**), die zweite Zahl steht für die **an Würfeln** geprüfte Betondruckfestigkeit (**$f_{ck,\,cube}$ = 37 N/mm²**). Die Abkürzung „***f***" steht für Festigkeit, die Indizes „**c**" für Druck, „**k**" für charakteristisch, „**zyl**" für Zylinder und „**cube**" für Würfel. Beton der Druckfestigkeitsklassen C55/67 bis C 100/115 wird als **hochfester Beton** bezeichnet.

Es kann notwendig sein, die Druckfestigkeit zu einem früheren oder späteren Zeitpunkt zu bestimmen. Auch die Lagerungsbedingungen können verändert und es können Würfel mit 100 mm Kantenlänge verwendet werden. Die Umrechnung erfolgt, wie in der Tabelle dargelegt.

Druckfestigkeitsklassen	Mindestdruckfestigkeit von Zylindern $f_{ck,\,zyl}$ in N/mm²	Mindestdruckfestigkeit von Würfeln $f_{ck,\,cube}$ in N/mm²	Anwendung
C 8/10	8	10	Normal- und Schwerbeton
C 12/15	12	15	
C 16/20	16	20	
C 20/25	20	25	
C 25/30	25	30	
C 30/37	30	37	
C 35/45	35	45	
C 40/50	40	50	
C 45/55	45	55	
C 50/60	50	60	
C 55/67	55	67	Hochfester Beton
C 60/75	60	75	
C 70/85	70	85	
C 80/95	80	95	
C 90/105[1]	90	105	
C 100/115[1]	100	115	

[1] Für Beton der Druckfestigkeitsklassen C 90/105 und C 110/115 ist eine allgemeine bauaufsichtliche Zulassung oder eine Zustimmung im Einzelfall erforderlich.

Festigkeitsklassen: Normal- und Schwerbeton

Verwendung von Würfeln mit 100 mm Kantenlänge	$f_{c,\,dry\,(150\,mm)} = 0{,}97 \cdot f_{c,\,dry\,(100\,mm)}$
Lagerung nach DIN EN 12390-2	Normalbeton ≤ C 50/60 $f_{c,\,cube} = 0{,}92 \cdot f_{c,\,dry}$
	hochfester Normalbeton ≥ C 55/67 $f_{c,\,cube} = 0{,}95 \cdot f_{c,\,dry}$

$f_{c,\,cube}$ = Lagerung nach DIN EN 12390-2 (1 Tag in Form, 27 Tage in Wasser)

$f_{c,\,dry}$ = Lagerung nach DIN EN 12390-2 (1 Tag in Form, 6 Tage in Wasser, 21 Tage an der Raumluft)

Umrechnungen

8.1.4 Expositionsklassen

Um die **Dauerhaftigkeit** von Betonbauwerken und Betonbauteilen zu gewährleisten, werden die Anforderungen an den Beton in Abhängigkeit von so genannten **Expositionsklassen** festgelegt. Entscheidend für die Einteilung in 7 Expositionsklassen sind die chemischen und physikalischen **Umgebungsbedingungen**, denen der Beton ausgesetzt ist und die auf den Beton, die Bewehrung oder sonstige metallische Einbauteile einwirken können. Die Einteilung in Expositionsklassen hängt vom Korrosions- und Angriffsrisiko ab, denen der Beton in seiner Umgebung ausgesetzt ist.

Liegt kein Korrosions- und Angriffsrisiko vor, wird von der Basisklasse **XO** (**o**hne Angriff) ausgegangen. Bei der Bewehrungsbeanspruchung gibt es je nach Verursacher die Klassen **XC** (Karbonatisierung – engl. **C**arbonation – mit vier Angriffsstufen), die Klassen **XD** (Chloride – engl. **D**eicing salt – mit drei Angriffsstufen) und die Klassen **XS** (Chloride aus Meerwasser – engl. **S**eawater – mit drei Angriffsstufen), die Klassen **XF** (Frostangriff – engl. **F**reezing – mit und ohne Taumittel mit vier Angriffsstufen), die Klassen **XA** (Betonkorrosion durch chemische Angriffe – engl. Chemical **A**cid – mit drei Angriffsstufen) und die Klassen **XM** (Betonkorrosion durch Verschleißbeanspruchung – engl. **M**echanical Abrasion – mit drei Angriffsstufen).

Da Beton mehr als einer Einwirkung ausgesetzt sein kann, müssen die Umgebungsbedingungen als Kombination von Expositionsklassen ausgedrückt werden.

Aufbauend auf der Einteilung in Expositionsklassen werden die Anforderungen an die Zusammensetzung des Betons festgelegt. Dazu gehören

- maximaler Wasserzementwert,
- Mindestdruckfestigkeitsklasse,
- Mindestzementgehalt,
- Mindestzementgehalt bei Anrechnung von Zusatzstoffen.

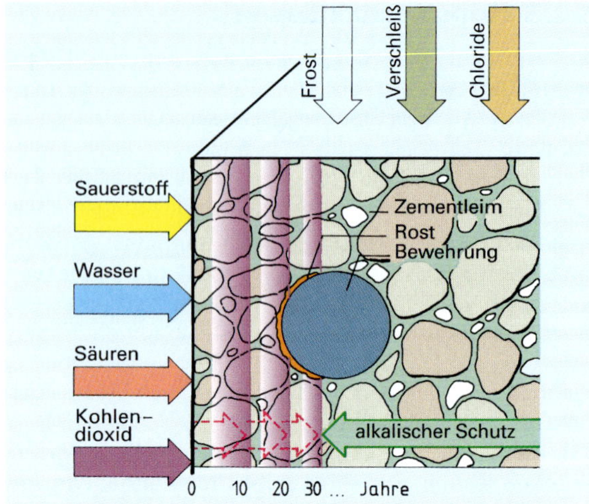

Umgebungsbedingungen für Betonbauwerke

Klassen-bezeichnung	Umgebungsbedingungen und Korrosionsbedingungen
XO	Kein Korrosions- und Angriffsrisiko
XC	Bewehrungskorrosion durch Karbonatisierung
XD	Bewehrungskorrosion durch Chloride
XS	Bewehrungskorrosion durch Chloride aus Meerwasser
XF	Betonkorrosion durch Frostangriff ohne und mit Taumitteln
XA	Betonkorrosion durch chemischen Angriff
XM	Betonkorrosion durch Verschleißbeanspruchung

Bezeichnung der Expositionsklassen

Nach DIN 1045 wird Beton in Expositionsklassen eingeteilt. Die Unterteilung wird nach der Beanspruchung des Betons oder seiner Bewehrung aufgrund unterschiedlicher Umweltbedingungen vorgenommen.

Klasseneinteilung von Beton/Expositionsklassen

Klasse	Umgebung	max. w/z	min f_{ck}	min z 1) (kg/m^3)	Anwendungsbeispiele
XO	**kein Korrosions- oder Angriffsrisiko**	–	C 8/10	–	unbewehrte Fundamente ohne Frost, unbewehrte Innenbauteile
XC	**Bewehrungskorrosion, ausgelöst durch Karbonatisierung**				
XC 1	trocken oder ständig nass	0,75	C 16/20	240	Bauteile in Innenräumen mit üblicher Luftfeuchte (Küche, Bad, Waschküche in Wohngebäuden); Beton, der ständig in Wasser getaucht ist
XC 2	nass, selten trocken				Teile von Wasserbehältern, Gründungsbauteile
XC 3	mäßige Feuchte	0,65	C 20/25	260 (240)	Bauteile, zu denen die Außenluft häufig oder ständig Zugang hat, z. B. offene Hallen, Innenräume mit hoher Luftfeuchtigkeit (gewerbliche Küchen, Bäder, in Feuchträumen von Hallenbädern und Viehställen)
XC 4	wechselnd nass und trocken	0,60	C 25/30	280 (270)	Außenbauteile mit direkter Beregnung

Klasseneinteilung von Beton/Expositionsklassen (Fortsetzung)

Klasse	Umgebung	max. w/z	min f_{ck}	min z [1]) (kg/m³)	Anwendungsbeispiele
XD	**Bewehrungskorrosion, verursacht durch Chloride**				
XD 1	mäßige Feuchte	0,55	C 30/37	300 (270)	Bauteile im Sprühnebelbereich von Verkehrsflächen; Einzelgaragen
XD 2	nass, selten trocken	0,50	C 35/45	320 [2]) (270)	Solebäder und Bauteile, die chloridhaltigen Abwässern ausgesetzt sind
XD 3	wechselnd nass und trocken	0,45	C 35/45	320 [2]) (270)	Teile von Brücken mit häufiger Spritzwasserbeanspruchung; Fahrbahndecken; Parkdecks
XS	**Bewehrungskorrosion, verursacht durch Chloride aus Meerwasser**				
XS 1	salzhaltige Luft, kein Meerwasserkontakt	0,55	C 30/37	300 (270)	Außenbauteile in Küstennähe
XS 2	unter Wasser	0,50	C 35/45	320 [2]) (270)	Bauteile in Hafenbecken, die ständig unter Wasser liegen
XS 3	Flut-, Spritzwasser-, Sprühnebelbereich	0,45	C 35/45	320 [2]) (270)	Kaimauern in Hafenanlagen
XF	**Frostangriff mit und ohne Taumittel**				
XF 1	mäßige Wassersättigung, ohne Taumittel	0,60	C 25/30	280 (270)	Außenbauteile
XF 2	mäßige Wassersättigung	0,55	C 25/30	300	Bauteile im Sprühnebel- oder Spritzwasserbereich von taumittelbehandelten Verkehrsflächen, soweit nicht XF 4
	mit Taumitteln	0,50	C 35/45	320	Betonbauteile im Sprühnebelbereich von Meerwasser
XF 3	hohe Wassersättigung	0,55	C 25/30	300 (270)	offene Wasserbehälter
	ohne Taumittel	0,50	C 35/45	320 (270)	Bauteile in der Wasserwechselzone von Süßwasser
XF 4	hohe Wassersättigung mit Taumittel	0,50	C 30/37	320	mit Taumitteln behandelte Verkehrsflächen; überwiegend horizontale Bauteile im Spritzwasserbereich von taumittelbehandelten Verkehrsflächen; Räumerlaufbahnen von Kläranlagen, Meerwasserbauteile in der Wasserwechselzone
XA	**Betonkorrosion durch chemischen Angriff**				
XA 1	chemisch schwach angreifende Umgebung	0,60	C 25/30	280 (270)	Behälter von Kläranlagen; Güllebehälter
XA 2	chemisch mäßig angreifende Umgebung und Meeresbauwerke	0,50	C 35/40	320 (270)	Betonbauteile, die mit Meerwasser in Berührung kommen; Bauteile in betonangreifenden Böden
XA 3	chemisch stark angreifende Umgebung	0,45	C 35/45	320 (270)	Industrieabwasseranlagen mit chemisch angreifenden Abwässern; Gärfuttersilos und Futtertische der Landwirtschaft; Kühltürme mit Rauchgasableitung
XM	**Betonkorrosion durch Verschleißbeanspruchung**				
XM 1	mäßige Verschleißbeanspruchung	0,55	C 30/37	300 [3]) (270)	tragende oder aussteifende Industrieböden mit Beanspruchung durch luftbereifte Fahrzeuge
XM 2	starke Verschleißbeanspruchung	0,55	C 30/37	300 [3]) (270)	tragende oder aussteifende Industrieböden mit Beanspruchung durch luft- oder vollgummibereifte Gabelstapler
		0,45	C 35/45	320 [3]) (270)	Flächen mit schwerem Gabelstaplerverkehr
XM 3	sehr starke Verschleißbeanspruchung	0,45	C 35/45	320 [3]) (270)	tragende oder aussteifende Industrieböden mit Beanspruchung durch elastomer- oder stahlrollenbereifte Gabelstapler; Oberflächen, die häufig mit Kettenfahrzeugen befahren werden; Wasserbauwerke in geschiebebelasteten Gewässern

Die Klammerwerte geben den Mindestzementgehalt bei Anrechnung von Zusatzstoffen (kg/m³) an.

[1]) Bei Größtkorn der Gesteinskörnung von 63 mm darf der Zementgehalt um 30 kg/m³ reduziert werden. In diesem Fall darf [2]) nicht angewandt werden.

[2]) Für massige Bauteile (≥ 80 cm) gilt: Mindestzementgehalt von 300 kg/m³.

[3]) Höchstzementgehalt 360 kg/m³, jedoch nicht bei hochfestem Beton.

8.1.5 Kornzusammensetzung

Die Zusammensetzung der Gesteinskörnungen ist für die Betonqualität von ausschlaggebender Bedeutung.

Die richtige **Kornzusammensetzung** wird nach DIN 1045 mithilfe genormter **Siebversuche** ermittelt und anhand von **Regelsieblinien** beurteilt. Die Bezeichnungen für Korngruppen setzen sich in Deutschland aus den Werten des Grundsiebsatzes oder des Grundsiebsatzes plus Ergänzungssiebsatz 1 zusammen. Korngruppen werden unterteilt nach dem Verhältnis der oberen Siebgröße *D* und der unteren Siebgröße *d*. Das Verhältnis *D/d* darf nicht kleiner als 1,4 sein.

	untere Siebgröße *d*	**obere Siebgröße *D***	**Beispiel für Korngruppen**
Füller (Gesteinsmehl)		0,063 mm[1])	
feine Gesteinskörnung (Sand)	0	≤ 4 mm	0/2, 0/4
grobe Gesteinskörnung	≥ 2 mm	≥ 4 mm	2/4, 4/8, 8/32

[1]) Siebdurchgang für 0,063-mm-Sieb mind. 70 %

Zur Erreichung bestimmter Eigenschaften können dem Beton Gesteinsmehl, so genannte **Füller**, zugegeben werden. Darunter versteht man die Gesteinskörnung, deren überwiegender Teil durch das 0,063-mm-Sieb hindurchgeht. Nach DIN EN 933-7 dürfen Höchstwerte nicht überschritten werden. An Gesteinskörnungen für Beton werden nach DIN 4226-1 je nach Betoneinsatz Anforderungen gestellt, wie z.B. Widerstand gegen Zertrümmerung, Eigenfestigkeit, Widerstand gegen Verschleiß, Widerstand gegen Abrieb, Frost- und Frost-Tausalz-Widerstand.

DIN 1045 gibt **Grenzsieblinien** vor, die die Beurteilung von Korngemischen mit Größtkorn 8, 16, 32 und 63 mm ermöglichen. Die untere (grobe) Sieblinie wird mit **A**, die mittlere mit **B** und die obere (feine) mit **C** bezeichnet. Sie grenzen mit stetigem Verlauf einen grobkörnigen Bereich ①, einen grob- bis mittelkörnigen Bereich ③, einen mittel- bis feinkörnigen Bereich ④ und einen feinkörnigen Bereich ⑤ ab. Der Bereich ② gilt für **Ausfallkörnungen**. Sie liegen dann vor, wenn in der Gesteinskörnung eine oder mehrere Korngruppen fehlen. Diese Sieblinie verläuft dann **unstetig**; sie wird mit **U** bezeichnet. Alle anderen Sieblinien verlaufen **stetig**.

Das **Größtkorn** eines Korngemisches ist so zu wählen, dass das Mischen, Fördern, Einbringen und Verarbeiten des Betons gewährleistet ist. Die Korngröße darf deshalb $^1/_3$ der kleinsten Bauteilabmessung nicht überschreiten. Bei enger Bewehrung oder geringer Betondeckung soll der überwiegende Teil der Gesteinskörnungen kleiner als der Abstand der Stahleinlagen untereinander von der Schalung sein.

Der Kornaufbau eines Korngemisches, besonders im Bereich 0 bis 4 mm, ist entscheidend für den Wasseranspruch und die Verarbeitung des Betons. Ungünstig zusammengesetzte Korngemische verursachen zu hohen Zementgehalt, aufwendiges Verdichten und führen zu Schwierigkeiten bei Sichtbeton, Pumpbeton und wasserundurchlässigem Beton.

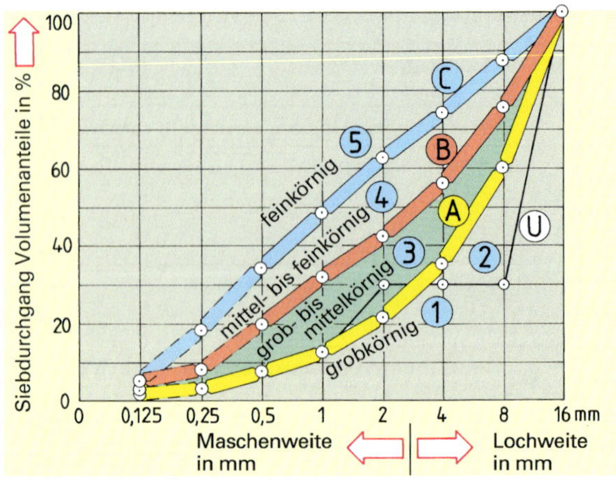

Sieblinien mit einem Größtkorn von 16 mm

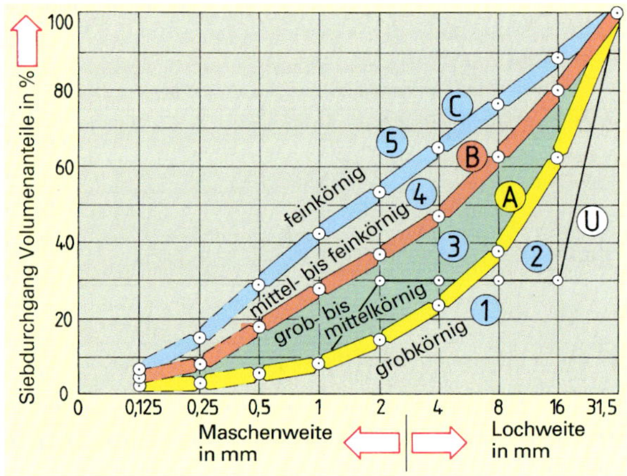

Sieblinien mit einem Größtkorn von 32 mm

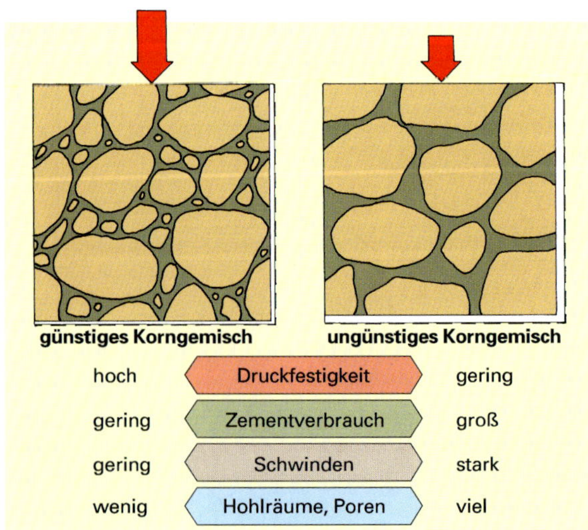

Kornzusammensetzung

Mithilfe von Prüfsieben lässt sich die Zusammensetzung der Gesteinskörnungen genau ermitteln. Je nach Einsatz des Betons werden an Gesteinskörnungen bestimmte Anforderungen gestellt.

8.1.6 Anforderungen an Beton

Die Ausgangsstoffe dürfen keine schädlichen Bestandteile in solchen Mengen enthalten, dass diese die Dauerhaftigkeit des Betons nachteilig beeinflussen oder gar eine Korrosion der Bewehrung verursachen.

Zement

Als allgemein geeignet gilt Zement nach DIN EN 197-1 und nach DIN 1164. Zur Herstellung von Beton in Abhängigkeit der Expositionsklassen können nach DIN 1045-2 jedoch nicht alle Normalzemente eingesetzt werden.

Gesteinskörnungen

Die Art der Gesteinskörnungen (leichte, normale, schwere, rezyklierte Gesteinskörnungen), die Korngröße und die Eigenschaften sind entsprechend der Verwendung auszuwählen. Nicht aufbereitete Gesteinskörnungen dürfen für Beton der Druckfestigkeitsklasse ≤ C 12/15 verwendet werden. Für die Verwendung von rezyklierten (wieder aufbereiteten) Gesteinskörnungen ist die DafStb-Richtlinie „Beton mit rezyklierten Gesteinskörnungen" zu beachten.

Zugabewasser

Als **Zugabewasser** kann Trinkwasser und geeignetes in der Natur vorkommendes Wasser ohne schädliche Bestandteile verwendet werden. Als geeignet gilt auch **Restwasser**, das auf dem Gelände der Betonproduktion anfällt und nach Aufbereitung zur Betonproduktion wiederverwendet wird. Für die Herstellung von hochfestem Beton darf kein Restwasser verwendet werden.

Chloridgehalt

Chloride, wie Natrium- und Kalziumchlorid, die durch Reaktion mit Salzsäure entstehen, können im Randbereich bewehrter Betonbauteile für die Bewehrung korrosionsschädlich sein. Geringe Mengen können im Zementstein chemisch gebunden werden. Deshalb darf der Chloridgehalt im Beton die angegebenen Höchstwerte nicht überschreiten.
Für den Chloridgehalt von Gesteinskörnungen gelten folgende Grenzwerte:
- 0,15 M.-% für Beton ohne Betonstahlbewehrung oder eingebettetes Metall
- 0,04 M.-% für Beton mit Betonstahlbewehrung oder anderem eingebetteten Metall
- 0,02 M.-% für Beton mit Spannstahlbewehrung
- 0,10 M.-% für alle Betone mit CEM III-Zement

Ausgangsstoffe für Beton sind Zement, Gesteinskörnungen und Wasser. Als geeignet gelten Zemente nach DIN EN 197-1 und nach DIN 1164. Als Gesteinskörnungen können normale, schwere, leichte und rezyklierte Gesteinskörnungen verwendet werden. Zugabewasser kann Trinkwasser, in der Natur vorkommendes Wasser und Restwasser sein.

Hauptzementarten	Bezeichnungen	Kurzzeichen
CEM I	Portlandzement	CEM I
CEM II	Portlandhüttenzement	CEM II/A-S CEM II/B-S
	Portlandsilicastaubzement	CEM II/A-D
	Portlandpuzzolanzement	CEM II/A-P CEM II/B-P CEM II/A-Q CEM II/B-Q
	Portlandflugaschezement	CEM II/A-V CEM II/B-V CEM II/A-W CEM II/B-W
	Portlandschieferzement	CEM II/A-T CEM II/B-T
	Portlandkalksteinzement	CEM II/A-L CEM II/B-L CEM II/A-LL CEM II/B-LL
	Portlandkompositzement	CEM II/A-M CEM II/B-M
CEM III	Hochofenzement	CEM III/A CEM III/B CEM III/C
CEM IV	Puzzolanzement	CEM IV/A CEM IV/B
CEM V	Kompositzement	CEM V/A CEM V/B

Normalzemente

Art der Gesteinskörnung	Beispiel	Rohdichte in kg/dm³
Leichte Gesteinskörnungen (Leichtzuschlag)	Naturbims Hüttenbims Blähton, Blähschiefer	0,4…0,7 0,5…1,5 0,4…1,9
Normale Gesteinskörnungen	Kiessand (Quarz) Granit Dichter Kalkstein Basalt	2,9…3,0 2,6…2,8 2,7…2,8 2,9…3,0
Schwere Gesteinskörnungen (Schwerzuschlag)	Baryt (Schwerspat) Magnetit Hämatit	4,6…4,8 4,0…4,3 4,7…4,9
Recycling-Gesteinskörnungen	Betonsplitt, Bauwerksplitt, Betonbrechsand, Bauwerkbrechsand Mauerwerksplitt, Mauerwerkbrechsand Mischsplitt, Mischbrechsand	1,85…2,15 1,65…1,95 ≥ 1,5

Gesteinskörnungen für Beton

Anwendung	Klasse des Chloridgehaltes	Max. Chloridgehalt des Betons, bezogen auf den Zement
ohne Bewehrung oder eingebettetes Metall	Cl 1,0	1,0%
mit Bewehrung oder eingebettetem Metall	Cl 0,40	0,40%
mit Spannstahlbewehrung	Cl 0,20	0,20%

Höchstzulässiger Chloridgehalt von Beton

Mehlkorngehalt

Um den Beton ausreichend zu verarbeiten und um ein dichtes Gefüge zu erzielen, ist eine bestimmte Menge an Mehlkorngehalt erforderlich. **Mehlkorngehalt** setzt sich zusammen aus dem Zement, dem in den Gesteinskörnungen enthaltenen Kornanteil 0 bis 0,125 mm und gegebenenfalls dem Betonzusatzstoff. Ausreichender Mehlkorngehalt ist sehr wichtig bei Beton, der gepumpt wird, bei Beton für dünnwandige, eng bewehrte Bauteile und bei wasserundurchlässigem Beton.

DIN 1045 schreibt für bestimmte Expositionsklassen und für hochfesten Beton Maximalwerte vor.

Zusatzstoffe

Um bestimmte Eigenschaften des Betons zu verbessern, können hydraulisch wirkende oder puzzolanische **Zusatzstoffe**, wie Flugasche und Silikastaub, verwendet werden (siehe Abschnitt 8.1.14). Beide Zusatzstoffe dürfen auf den Mindestzementgehalt und den Wasserzementwert angerechnet werden.

Der Zementgehalt darf für alle Expositionsklassen außer XF2 und XF4 reduziert werden. Die in der Tabelle angegebenen Werte dürfen nicht unterschritten werden.

Bei Verwendung von Flugasche und Silikastaub darf der Wasserzementwert durch den **äquivalenten Wasserzementwert** $(w/z)_{eq}$ ersetzt werden. Darunter versteht man das Masseverhältnis des wirksamen **Wassergehaltes** w zur Summe aus **Zementgehalt** z und anrechenbaren Anteilen aus **Flugasche** f und/oder **Silikastaub** s. Die Berücksichtigung beim Wasserzementwert erfolgt über einen Kennwert, der bei Flugasche 0,4 und bei Silikastaub 1,0 beträgt,

Der **äquivalente Wasserzementwert** $(w/z)_{eq}$ wird nach folgenden Formeln ermittelt:

Bei Flugasche: $(w/z)_{eq} = w/(z + 0{,}4 \times f)$
Bei Silikastaub: $(w/z)_{eq} = w/(z + 1{,}0 \times s)$

Um Bewehrungskorrosion zu vermeiden, muss im Beton der Chloridgehalt eingeschränkt werden.

Der Mehlkorngehalt ist in Deutschland aus Gründen der Dauerhaftigkeit des Betons begrenzt.

Zusatzstoffe werden auf den Zementgehalt und auf den Wasserzementwert angerechnet.

Zusatzstoff	Flugasche f[3])	Silikastaub s[3])
Kennwert	0,4	1,0
Höchstmenge in kg/m³	$0{,}33 \times z$	$0{,}11 \times z$
Mindestzementgehalt in kg/m³ bei Anrechnung des Zusatzstoffes		
XC 1, XC 2, XC 3	240[1])	240[2])
XC 4, XS, XD, XA, XM, XF 1, XF 3	270[1])	270[2])

[1]) Zulässige Zementarten: CEM I, CEM II/A-D, CEM II/A-S oder CEM II/B-S, CEM II/A-T oder CEM II/B-T, CEM II/A-LL, CEM II/A-P, CEM II/A-V (für XF 3 nicht zulässig), CEM II/A-M, CEM II/B-M, CEM III/A, CEM III/B mit max. 70 % Hüttensand

[2]) Zusätzlich zu Fußnote [1]) sind weiter zulässig: CEM II/B-P

[3]) Bei Verwendung von Flugasche und Silikastaub sind zulässig: CEM I, CEM II-S, CEM II-T, CEM II/A-LL, CEM II/A-M, CEM II/B-M, CEM III/A

Beispiel: Eine Stahlbetonstütze (Expositionsklasse XC3, Beton C35/45, Größtkorn der Gesteinskörnung 16 mm) soll mit Flugasche hergestellt werden, deren Menge angerechnet werden soll. Verwendet wird CEM I 42,5 R. Der Mindestzementgehalt beträgt 240 kg/m³, die Gesamtwassermenge 175 kg/m³. Nach Tabelle auf Seite 118 ist der höchstzulässige Wasserzementwert 0,65. Zu ermitteln sind:

a) die höchstzulässige Menge an Flugasche,
b) die anrechenbare Menge an Flugasche.

Lösung:

a) Nach Tabelle betragen die maximal anrechenbare Flugaschenmenge $f = 0{,}33 \times z = 0{,}33 \times 240\ \text{kg/m}^3 = \underline{79\ \text{kg/m}^3}$ und der Kennwert zur Anrechnung von Flugasche $k_f = 0{,}4$.

b) Unter Berücksichtigung des Kennwertes $k_f = 0{,}4$ und der Wassermenge w wird die anrechenbare Menge an Flugasche nach der Formel $w/(z + 0{,}4 \times f) = 0{,}65$ ermittelt.
$175\ \text{kg/m}^3/(400\ \text{kg/m}^3 + 0{,}4 \times f) = 0{,}65$
$\underline{f = 73{,}08\ \text{kg/m}^3}$

Die anrechenbare Menge an Flugasche von 73 kg/m³ bleibt unter der Maximalmenge von 79 kg/m³.

Zementgehalt in kg/m³	Höchstzulässiger Mehlkorngehalt in kg/m³
≤ 300	400
≥ 350	450

Die Werte dürfen erhöht werden, wenn
- der Zementgehalt 350 kg/m³ übersteigt, um den über 350 kg/m³ hinausgehenden Zementgehalt,
- ein puzzolanischer Zusatzstoff des Typs II verwendet wird, jedoch insgesamt um höchstens 50 kg/m³,
- das Größtkorn der Gesteinskörnung 8 mm beträgt, Erhöhung um 50 kg/m³.

Für alle anderen Betone beträgt bei den Expositionsklassen XO, XC, XD, XS, XA der höchstzulässige Mehlkorngehalt 550 kg/m³.

Für Beton mit einem Größtkorn der Gesteinskörnung 16 mm bis 63 mm ab den Betonfestigkeitsklassen C50/60 und LC 50/55 bei den Expositionsklassen XF und XM

Zementgehalt in kg/m³	**Höchstzulässiger Mehlkorngehalt in kg/m³** Die Werte dürfen um 50 kg/m³ erhöht werden, wenn das Größtkorn der Gesteinskörnung 8 mm beträgt
≤ 400	500
450	550
≥ 500	600

Für Beton mit einem Größtkorn der Gesteinskörnung 16 mm bis 63 mm ab den Betonfestigkeitsklassen C55/67 und LC 55/60 bei allen Expositionsklassen

8.1.7 Festlegung des Betons

Verantwortungsträger und Qualitätssicherung

In den neuen Normen für den Betonbau wird der Dauerhaftigkeit des Baustoffes Beton eine große Bedeutung beigemessen. Eine konsequente Qualitätsüberwachung soll ein Mehr an Sicherheit bringen. So hat die Festlegung des Betons den Charakter eines **Qualitätssicherungssystems.**

Unter der Festlegung des Betons versteht man die endgültige Zusammenstellung der Betonanforderungen, die dokumentiert und dem Betonhersteller vorgegeben werden.

Für die Festlegung und Herstellung des Betons werden nach DIN 1045 **drei Personenkreise** in die Verantwortung genommen:

1. Der **Verfasser** der Leistungsbeschreibung – Person (Architekt, Planer) oder Stelle, die alle Anforderungen für die Betoneigenschaften festlegt.

2. Der **Hersteller** des Frischbetons – der Transportbetonhersteller, der die Anforderungen an den Beton systematisch prüft und die Zusammensetzung des Betons festlegt. Die Qualitätsüberwachung im Betonwerk spielt hierbei eine wichtige Rolle. Hierfür muss der Hersteller die Erstprüfungen und die Produktionskontrolle einschließlich Konformitätskontrolle durchführen. Dies erfolgt durch Eigen- und Fremdüberwachung.

Die **Erstprüfungen** erfolgen vor Herstellung des Betons, um zu ermitteln, wie ein neuer Beton oder eine Betonfamilie zusammengesetzt sein muss. So werden alle festgelegten Anforderungen im frischen und erhärteten Zustand erfasst. Unter **Konformitätskontrolle** versteht man die systematische Überprüfung, in welchem Umfange der Beton die festgelegten Anforderungen erfüllt. Die **Produktionskontrolle** erfasst alle Maßnahmen, die für die Aufrechterhaltung der Konformität des Betons mit den festgelegten Anforderungen erforderlich sind. Sie ist für alle Betone mit Ausnahme von Standardbeton durch eine anerkannte Überwachungsstelle zu überwachen und zu bewerten. Die Erfüllung der Anforderungen an den Beton ist durch ein **Übereinstimmungszertifikat** einer anerkannten Zertifizierungsstelle nachzuweisen.

3. Der **Verwender** – bauausführende Firma, die den Frischbeton verarbeitet. Er muss auf der Baustelle die **Identitätsprüfung** durchführen. Diese Prüfung stellt fest, ob eine gewählte Charge und Ladung zu derselben Gesamtmenge gehört, für die die Konformität mit der charakteristischen Festigkeit durch den Hersteller beurteilt wurde.

DIN 1045 unterscheidet in der Leistungsbeschreibung:

- Beton nach Eigenschaften,
- Beton nach Zusammensetzung und
- Standardbeton.

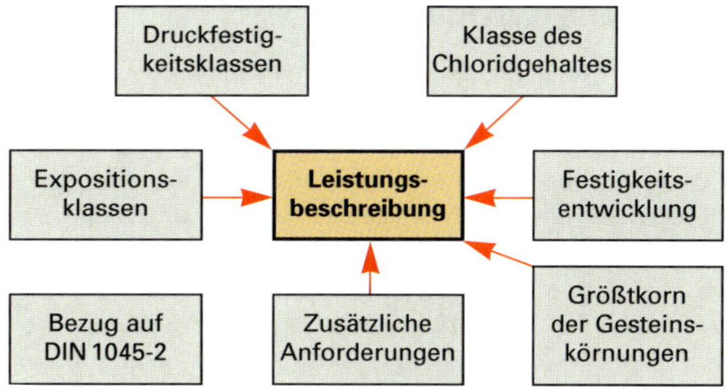

Festlegung für Beton nach Eigenschaften

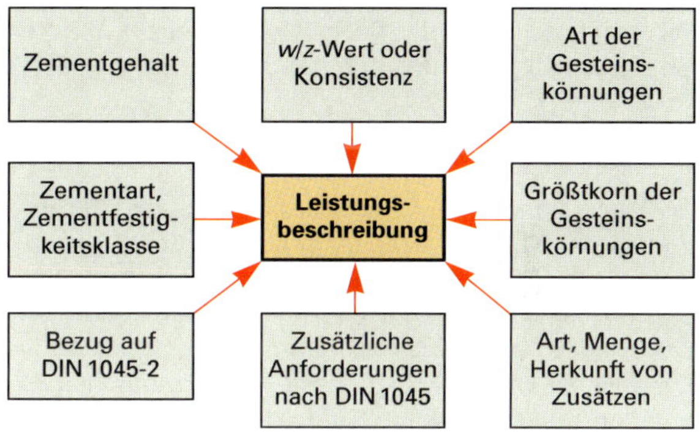

Festlegung für Beton nach Zusammensetzung

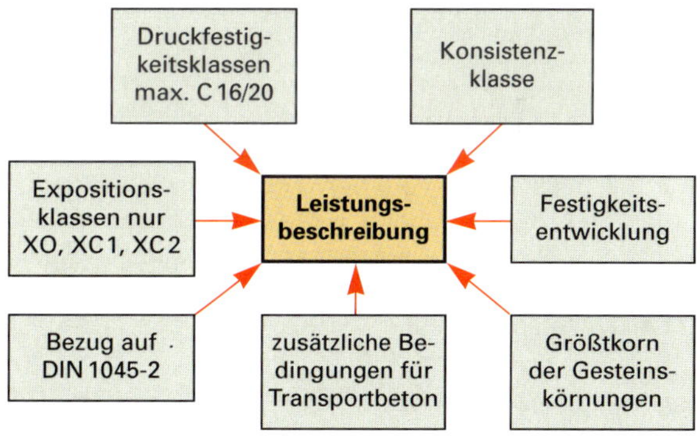

Festlegung für Standardbeton

Bei der Betonherstellung werden drei Personenkreise in die Verantwortung genommen: Verfasser, Hersteller, Verwender.

Der Verfasser legt alle Anforderungen für die Betoneigenschaften fest.

Der Hersteller ist für die Beurteilung der Konformität mit den festgelegten Betoneigenschaften verantwortlich. Zur Qualitätsüberwachung gehören Erstprüfungen und die Durchführung der Produktions- einschließlich der Konformitätskontrolle.

Der Verwender muss auf der Baustelle die Identitätsprüfung durchführen.

Beton nach Eigenschaften

Die erforderlichen Betoneigenschaften (z.B. Druckfestigkeitsklasse, Expositionsklasse, Größtkorn) und die zusätzlichen Anforderungen (z.B. Zementart und -klasse, Festigkeits- und Wärmeentwicklung, Wassereindringwiderstand) werden vom Verfasser festgelegt, der auf Basis dieser Eigenschaften auch die Bemessung und Konstruktion durchführt sowie die Details der Bauausführung (z.B. Nachbehandlung, Verdichtung) regelt.

Der Transporthersteller führt mit einer Erstprüfung den Nachweis, dass diese Eigenschaften auch sicher erreicht werden und legt damit die Zusammensetzung fest.

Auf der Baustelle sind vom Verwender zu prüfen, dass der gelieferte Beton der Bestellung entspricht, d.h., er hat die Annahmeprüfung durchzuführen.

Beton nach Zusammensetzung

Der Verfasser ist dafür verantwortlich, dass die Anforderungen der Norm berücksichtigt sind und dass mit der festgelegten Betonzusammensetzung und den vorgesehenen Ausgangsstoffen (z.B. Zementgehalt, Zementart, Zementfestigkeitsklasse, Größtkorn, Art und Menge der Zusätze) die erforderlichen Frisch- und Festbetoneigenschaften erreicht werden. Aufgrund seiner hohen Verantwortung haftet der Verfasser für die Eigenschaften des Betons. Die Erstprüfungen und Konformitätsnachweise liegen somit im Verantwortungsbereich des Verfassers und nicht des Herstellers. Der Verfasser muss dem Betonhersteller lediglich die Zusammensetzung des Betons angeben.

Der Hersteller ist für die Bereitstellung des Betons mit der festgelegten Zusammensetzung verantwortlich.

Auf der Baustelle ist vom Verwender die Identitätsprüfung durchzuführen und er hat durch Überprüfen und Vorlegen gesicherter Erkenntnisse zu bestätigen, dass die festgelegten Anforderungen erfüllt worden sind (Konformitätsnachweis).

Standardbeton

Anforderungen an die Betonzusammensetzung werden auf der Grundlage von Erfahrungen festgelegt. Er ist mit dem früheren Rezeptbeton vergleichbar. Eine Erstprüfung durch den Hersteller ist daher nicht erforderlich. Standardbeton darf nur als Normalbeton für unbewehrte und bewehrte Betonbauteile bis zur Druckfestigkeitsklasse C16/20 und den Expositionsklassen XO, XC1 und XC2 hergestellt werden. Zusatzmittel und Zusatzstoffe dürfen nicht verwendet werden. Der Mindestzementgehalt ist entsprechend der Tabelle einzuhalten. Die Werte gelten für Gesteinskörnungen mit einem Größtkorn von 32 mm und Zement der Festigkeitsklasse 32,5 N und 32,5 R. Bei geringerem Größtkorn der Gesteinskörnung müssen die Zementmengen vergrößert werden. Bei einem Größtkorn der Gesteinskörnung von 63 mm bzw. bei Zement der Festigkeitsklasse 42,5 N und 42,5 R darf der Zement unter Umständen verringert werden.

C25/30	XC4, XF1	$d_g = 32$	Cl 0,40	F3
Druckfestigkeitsklasse	Expositionsklasse	Größtkorn	Chloridgehaltsklasse	Ausbreitmaß

Beispiel für die Festlegung eines Betons nach Eigenschaften – Beton für eine Decke

Festigkeitsklasse	Mindestzementgehalt in kg/m³ für folgende Konsistenzbezeichnungen		
	steif	plastisch	weich
C 8/10	210	230	260
C 12/15	270	300	330
C 16/20	290	320	360

Mindestzementgehalt für Standardbeton mit einem Größtkorn von 32 mm und Zement der Festigkeitsklasse 32,5 nach DIN EN 197-1

Der Zementgehalt muss **vergrößert** werden um
- 10% bei einem Größtkorn von 16 mm
- 20% bei einem Größtkorn von 8 mm

Der Zementgehalt **darf verringert** werden um
- max. 10% bei Zement der Festigkeitsklasse 42,5
- höchstens 10% bei einem Größtkorn von 63 mm

Konsistenz	Druckfestigkeitsklasse	Sieblinienbereich	Baustoffbedarf		
			Zement in kg/m³	Gesteinskörnung in kg/m³	Wasser in kg/m³
steif C1, F1	C 8/10	3 4	230 250	2045 1975	140 160
	C 12/15	3 4	290 320	1990 1915	140 160
	C 16/20	3 4	310 340	1975 1895	140 160
plastisch C2, F2	C 8/10	3 4	250 270	1975 1900	160 180
	C 12/15	3 4	320 350	1915 1835	160 180
	C 16/20	3 4	340 370	1895 1815	160 180
weich C3, F3	C 8/10	3 4	280 300	1895 1825	180 200
	C 12/15	3 4	350 380	1835 1755	180 200
	C 16/20	3 4	380 410	1810 1730	180 200

Zusammensetzung von Standardbeton (Anhaltswerte)

Beton darf nach DIN 1045 als Beton nach Eigenschaften, als Beton nach Zusammensetzung oder als Standardbeton beschrieben werden.

Bei Beton nach Eigenschaften ist der Hersteller für die Einhaltung der Eigenschaften verantwortlich. Bei Beton nach Zusammensetzung haftet der Verfasser. Für Standardbetone sind Anhaltswerte für mögliche Zusammensetzungen in Abhängigkeit von der Druckfestigkeitsklasse, dem Sieblinienbereich und der Konsistenz Tabellen zu entnehmen.

8.1.8 Lieferung von Frischbeton

Wird Frischbeton auf die Baustelle geliefert (Transportbeton), so muss die bauausführende Firma, der Verwender, mit dem Betonhersteller Lieferdatum, Uhrzeit, Menge und Abnahmegeschwindigkeit vereinbaren. Außerdem ist der Hersteller gegebenenfalls über den besonderen Transport auf der Baustelle, die besonderen Einbauverfahren und über Beschränkungen bei den Lieferfahrzeugen, z.B. Vorrichtungen mit oder ohne Rührwerk, Größe, Höhe oder Bruttogewicht zu informieren.

Der Betonhersteller muss vor der Lieferung auf Anfrage seitens des Verwenders Angaben zur Betonzusammensetzung zur Verfügung stellen. Für Beton nach Eigenschaften müssen folgende Angaben erteilt werden:

- Art und Festigkeitsklasse des Zements und Art der Gesteinskörnung;
- Art der Zusatzmittel, Art und ungefährer Gehalt der Zusatzstoffe;
- Zielgröße des Wasserzementwertes;
- Ergebnisse aus der Produktionskontrolle oder von Erstprüfungen;
- Festigkeitsentwicklung;
- Herkunft der Ausgangsstoffe;
- bei Fließbeton Konsistenzklasse.

Vor dem Entladen des Frischbetons muss der Hersteller dem Verwender einen Lieferschein für jede Betonladung übergeben, auf dem Angaben entsprechend DIN 1045-2 eingetragen sind.

Die Zugabe von Wasser und Zusatzmittel bei Lieferung, die im Allgemeinen verboten ist, ist unter der Verantwortung des Herstellers unter drei Voraussetzungen erlaubt:

1. dass die Grenzwerte für die Konsistenz nicht überschritten werden,
2. dass die Zugabe von Zusatzmitteln im Entwurf des Betons vorgesehen sind und
3. dass der Fahrmischer mit einer geeigneten Dosiereinrichtung ausgestattet ist.

Die nachträglich zugegebenen Mengen an Wasser und Zusatzmittel müssen auf dem Lieferschein vermerkt werden. Die Proben für die Produktionskontrolle sind nach der letzten Wasserzugabe zu entnehmen.

Die Art der Lieferfahrzeuge, mit denen der Frischbeton auf die Baustelle transportiert wird, hängt vom Konsistenzbereich ab. Frischbeton steifer Konsistenz darf mit Fahrzeugen ohne Mischer oder Rührwerk transportiert werden. Der Beton sollte nach der ersten Wasserzugabe zum Zement nach 45 min vollständig entladen sein.

Frischbeton anderer Konsistenzbereiche darf nur in Fahrmischern oder Fahrzeugen mit Rührwerk zur Baustelle transportiert werden. Die Beförderungszeit beträgt max. 90 min.

Transportbetonmischanlage

Angaben auf dem Lieferschein für Standardbeton
– Name des Transportbetonwerks – Lieferscheinnummer – Datum und Zeit des Beladens – Kennzeichen des LKW oder Identifikation des Fahrzeugs – Name des Käufers – Bezeichnung und Lage der Baustelle – Einzelheiten oder Verweise auf die Festlegung – Menge des Betons in Kubikmetern – Bauaufsichtliches Übereinstimmungszeichen unter Angabe von DIN EN 206-1 und DIN 1045-2 – Name oder Zeichen der Zertifizierungsstelle, falls beteiligt – Zeitpunkt des Eintreffens des Betons auf der Baustelle – Zeitpunkt des Beginns des Entladens – Zeitpunkt des Beendens des Entladens **für Fließbeton** (Zugabe ist handschriftlich auf dem Lieferschein einzutragen) gilt: – Zeitpunkt der Zugabe – zugegebene Menge an Fließmittel – geschätzte Restmenge in der Mischtrommel vor Zugabe – Druckfestigkeitsklasse – Expositionsklasse – Nennwert des Größtkorns der Gesteinskörnung – Konsistenzbezeichnung – Festigkeitsentwicklung, falls festgelegt

Lieferscheinangaben für Standardbeton

Bei jeder Lieferung von Transportbeton nach DIN 1045-2 wird für den Verwender des Betons ein Lieferschein erstellt, der alle wichtigen Einzelheiten über die Betonzusammensetzung enthält.

8.1.9 Überwachung durch das Bauunternehmen

Der Bauunternehmer ist nach DIN 1045-3 verpflichtet, alle Tätigkeiten zur Herstellung eines Betonbauteils oder eines Betonbauwerkes regelmäßig zu überprüfen. Damit wird sicher gestellt, dass die **Bauausführung** in Übereinstimmung mit der Norm und der Projektbeschreibung erfolgt.

Zur Überprüfung der maßgebenden Frisch- und Festbetoneigenschaften wird Beton in **drei Überwachungsklassen** eingeteilt. Die Einteilung in Klassen erfolgt nach Festigkeit, Umweltbedingungen und besonderen Eigenschaften mit unterschiedlichen Anforderungen an die Überwachung. Umfang und Häufigkeit der Prüfungen bei Beton nach Eigenschaften, bei Beton nach Zusammensetzung und bei Standardbeton sind in DIN 1045-3 geregelt. Bei mehreren zutreffenden Überwachungsklassen ist die höchste maßgebend.

Wird Beton der Überwachungsklassen 2 und 3 eingebaut, muss das Bauunternehmen über eine **ständige Betonprüfstelle** verfügen. Sie muss mit entsprechenden Geräten und Einrichtungen ausgestattet sein und von einem in der Betontechnik erfahrenen Fachmann geleitet werden. Wichtige Angaben sind aufzuzeichnen und mindestens fünf Jahre aufzubewahren.

Zusätzlich zur Überwachung durch das Bauunternehmen ist eine Überwachung des Einbaus von Beton der Überwachungsklassen 2 und 3 durch eine **anerkannte Überwachungsstelle** vorzunehmen. Jede Baustelle ist mindestens einmal zu überprüfen. Die Ergebnisse der Überwachung sind in einem Bericht festzuhalten.

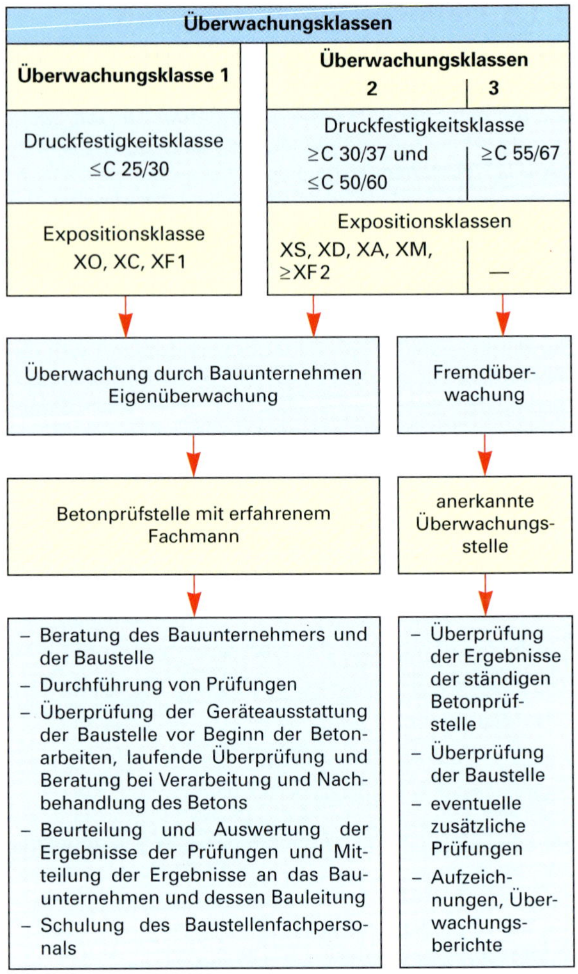

Überwachung von Beton auf der Baustelle nach DIN 1045-3

Zur Überprüfung maßgebender Eigenschaften durch den Bauunternehmer wird Beton in drei Überwachungsklassen eingeteilt. Der Einbau von Beton der Überwachungsklassen 2 und 3 muss regelmäßig durch eine anerkannte Überwachungsstelle überprüft werden.

Zusammenfassung

Beim Erhärten des Zements mit Wasser bilden sich Kristalle, die so genannten Hydratationsprodukte.

Für die Bestimmung der Konsistenzklasse gilt das Ausbreit- und Verdichtungsmaß.

Betone werden in 16 Druckfestigkeitsklassen eingeteilt, ab C55/67 werden sie als hochfeste Betone bezeichnet.

Aufgrund unterschiedlicher Umweltbedingungen werden Betone in Expositionsklassen eingeteilt.

Beton kann nach der neuen Norm als Beton nach Eigenschaften und Beton nach Zusammensetzung einschließlich Standardbeton hergestellt werden.

Für die Herstellung eines Betons tragen Verfasser, Hersteller und Verwender die Verantwortung.

Zur Überwachung durch das Bauunternehmen wird Beton in drei Überwachungsklassen eingeteilt.

Aufgaben:

1. *Wie entstehen Kapillarporen im Zementstein?*
2. *Erklären Sie die Kennzeichnung für folgenden Beton: C25/30, XC3/XF1, d_g16, Cl 0,40, F3.*
3. *Wonach richtet sich die Wahl des Größtkorns bei Korngemischen?*
4. *Begründen Sie, warum der Chloridgehalt im Beton Höchstwerte nicht überscheiten darf.*
5. *Was versteht man unter Mehlkorngehalt und welche Bedeutung hat er für den Beton?*
6. *Erklären Sie den Begriff „äquivalenter Wasserzementwert".*
7. *Welche Betone werden in DIN 1045-2 nach der Leistungsbeschreibung unterschieden?*
8. *Welche Verantwortung übernimmt der Hersteller bei Beton nach Eigenschaften?*
9. *Welche Aufgabe übernimmt die Betonprüfstelle des Bauunternehmens?*

8.1.10 Verarbeiten

Beton ist möglichst bald nach dem Mischen, Transportbeton sofort nach der Anlieferung zu verarbeiten. Er muss verarbeitet sein, bevor er versteift. Das Versteifen des Zementleims wird Erstarren, die weitere Verfestigung Erhärten genannt. Das Erstarren und Erhärten des Zementleims zu Zementstein beruhen auf der Bildung wasserhaltiger Verbindungen (vgl. Abschnitt 8.1.1). Witterungseinflüsse können den Versteifungsvorgang des Betons beschleunigen bzw. verzögern. Deshalb sollte Beton bei trockener und warmer Witterung innerhalb einer halben Stunde, bei nasser und kühler Witterung innerhalb einer Stunde eingebracht und verdichtet werden. Die **Verarbeitungszeit** kann durch Zusatz eines Erstarrungsverzögerers (VZ) verlängert werden.

Wenn die Zusammensetzung des Betons und die Art seiner Förderung nicht aufeinander abgestimmt werden, besteht die **Gefahr des Entmischens**. Die Folgen sind Kiesnester, die sich ungünstig auf die Druckfestigkeit und Dauerhaftigkeit des Betons auswirken.

Beton darf beim Verlassen der Fördergefäße nicht mehr als 1 m frei fallen. Durch entsprechende Maßnahmen (richtige Bandgeschwindigkeit, Abstreifer, Prallbleche, Schüttrohre, richtige Verlegung der Rohrleitungen für Pumpbeton) kann das Entmischen verhindert werden. Fördergefäße müssen deshalb möglichst dicht über der Einbaustelle geöffnet werden.

Der Beton muss möglichst **vollständig verdichtet** werden, um die mit Luft gefüllten Hohlräume zu entfernen und um ein möglichst geschlossenes Gefüge zu erzielen und die Bewehrungsstähle dicht mit Beton zu umhüllen. Die zu wählende Verdichtungsart richtet sich nach der Konsistenz des eingebrachten Frischbetons.

Beton der Konsistenzbeschreibungen **steif, plastisch** und **weich** kann **gerüttelt** werden. Eingesetzt werden je nach Form und Abmessung der Bauteile Innenrüttler, Schalungsrüttler und Oberflächenrüttler (vgl. Abschnitt 14.2.3). Unter Oberflächenrüttlern soll die Dicke der zu verdichtenden Betonschicht nicht mehr als 20 cm betragen. Bei Schalungsrüttlern ist die begrenzte Tiefenwirkung bis etwa 30 cm zu beachten.

Beton der Konsistenzbeschreibungen **sehr weich, fließfähig, sehr fließfähig** kann auch durch **Stochern** oder **Klopfen** an die Schalung verdichtet werden. Beton der Konsistenzbeschreibung **sehr steif** lässt sich durch **Stampfen** verdichten. Eingesetzt werden Hand-, Pressluft- oder elektrische Stampfgeräte. Die fertig gestampfte Schicht sollte nicht dicker als 15 cm sein. Es wird so lange gestampft, bis die Betonoberfläche feucht wird und sich schließt.

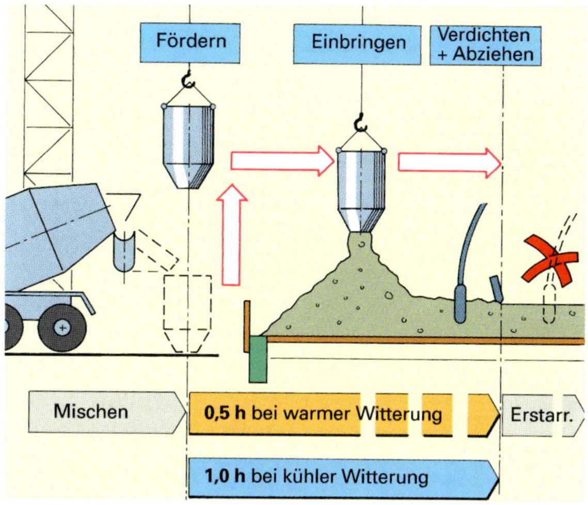

Verarbeitungszeit des Frischbetons

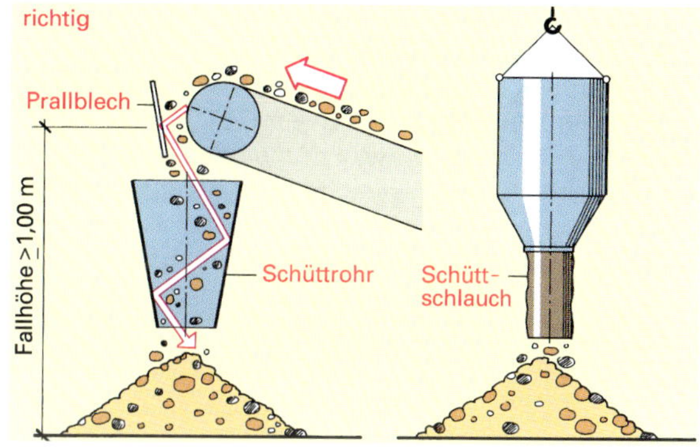

Keine Entmischung Schüttrohr und Prallblech

Transportkübel mit Schüttschlauch

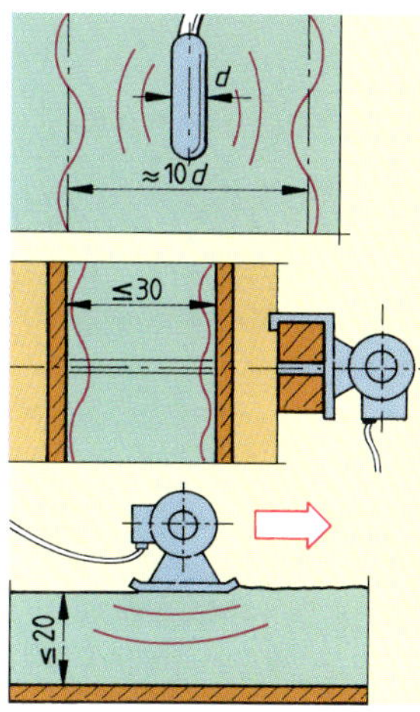

Bezeichnung	Anwendung
Innenrüttler (Rüttelflasche) ⌀ 10 *d* = 50...60 cm	Massenbeton, Wände, Stützen u.a.
Außenrüttler (Schalungsrüttler) Tiefenwirkung ca. 30 cm	Schlanke Wände und Stützen, Betonwerk
Oberflächenrüttler (Rüttelbohle) Tiefenwirkung ca. 20 cm	Decken, Platten Fahrbahnplatten

Verdichten des Betons durch Rütteln

8.1.11 Nachbehandeln

Der Beton muss im Anschluss an das Verdichten nachbehandelt werden. Darunter versteht man sämtliche Maßnahmen, die notwendig sind, damit der Festbeton seine volle Qualität erreicht.

Die Dauer der Nachbehandlung hängt von der Entwicklung der Betoneigenschaften in der Randzone ab. Sie richtet sich nach der Expositionsklasse, der Oberflächentemperatur und der Festigkeitsentwicklung des Betons.

Beton muss gegen **vorzeitiges Austrocknen** geschützt werden, sonst kommt es durch zu schnellen Wasserentzug zu Erhärtungsstörungen, die geringere Festigkeit, absandende Oberflächen, Schwindrissbildungen und verminderten Korrosionsschutz der Bewehrung nach sich ziehen können. Geschützt werden kann der Beton je nach Umgebungstemperatur durch Abdecken mit Folie, durch häufiges Benetzen mit Wasser oder durch Aufsprühen eines Nachbehandlungsfilms.

Beim Verdichtungsvorgang des Frischbetons entweichen die eingeschlossenen Luftblasen, die Gesteinskörnungen erreichen höhere Lagerungsdichte.

Je langsamer ein Beton erhärtet, desto mehr Zeit und Sorgfalt muss auf das Nachbehandeln verwendet werden. Mangelhafte Nachbehandlung ist die Ursache für Rissbildungen, Absanden der Oberfläche oder geringere Festigkeit.

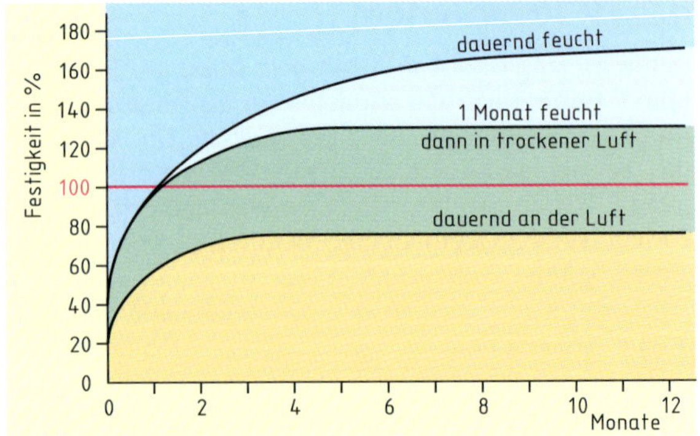

Einfluss der Feuchtigkeit auf die Festigkeitsentwicklung des Betons

8.1.12 Betonieren bei besonderen Witterungsverhältnissen

Bei extremen Temperaturen ist die Gefahr der Erhärtungsverzögerung und möglicher Spannungen und Verformungen mit Rissebildung gegeben. Daher ist bei kühler Witterung und bei Frost der Beton mit einer bestimmten Mindesttemperatur einzubringen und gegen Wärmeverlust, Durchfrieren und Austrocknen zu schützen. Bei Lufttemperaturen zwischen +5 °C und −3 °C darf deshalb die **Temperatur des Frischbetons** beim Einbringen nicht unter +5 °C liegen. Sie darf +10 °C nicht unterschreiten, wenn der Zementgehalt kleiner als 240 kg/m^3 oder wenn Zemente mit niedriger Hydratationswärme verwendet werden. Bei Lufttemperaturen unter −3 °C muss die Frischbetontemperatur beim Einbringen mindestens +10 °C betragen. Falls erforderlich sind das Zugabewasser und die Gesteinskörnungen vorzuwärmen.

Der Schutz gegen Wärmeverlust kann durch Abdecken der Betonoberfläche, Verwendung wärmedämmender Schalung, späteres Ausschalen, Umschließen des Arbeitsplatzes und Zuführung von Wärme erfolgen.

Schutz einer Stahlbetonstütze vor Witterungseinflüssen

Die Mindesttemperatur des eingebrachten Betons richtet sich nach der Lufttemperatur, dem Zementgehalt und der Zementart.

8.1.13 Zusatzmittel und Zusatzstoffe

Dem Beton können bestimmte Zusätze beigegeben werden. Sie können sowohl die Eigenschaften des Frischbetons als auch die des Festbetons verändern. Nach DIN 1045-2 dürfen für Standardbeton (siehe Abschnitt 8.1.7) keine Zusatzmittel und Zusatzstoffe verwendet werden.

Zusatzmittel

Es sind Stoffe, die flüssig oder pulverförmig während des Mischvorgangs des Betons in kleinen Mengen zugegeben werden. Die Angaben in DIN 1045-2 über die Zugabemengen sind zu beachten. Mengen unter 2 g/kg Zement sind nur erlaubt, wenn sie in einem Teil des Zugabewassers aufgelöst sind. Ist die Gesamtmenge größer als 3 l/m^3 Beton, muss die darin enthaltene Wassermenge bei der Berechnung des Wasserzementwertes berücksichtigt werden. Wird mehr als ein Zusatzmittel zugegeben, muss die Verträglichkeit in der Erstprüfung untersucht werden.

Die Kennzeichnung der Zusatzmittel erfolgt jeweils durch ein Kurzzeichen und einen Farbaufdruck. Zur Zeit werden folgende Zusatzmittel im Handel angeboten:

Anwendungsbereich	Zugabemenge in ml[1]) je kg Zement	
	Mindestzugabe	Höchstzugabe[3])
Beton, Stahlbeton, Spannbeton	2[2])	50[4])
Beton mit alkaliempfindlichen Gesteinskörnungen		20[5]) oder 50[5])
Hochfester Beton		70[6])

[1]) bei pulverförmigen Zusatzmitteln Zugabe in g
[2]) nur dann zulässig, wenn in einem Teil des Zugabewassers aufgelöst
[3]) maßgebend sind die Angaben des Prüfbescheids
[4]) bei Verwendung mehrerer Zusatzmittel bis zu einer Gesamtmenge von 60 ml/kg bzw. 60 g/kg Zement und anrechenbaren Zusatzstoffen ohne besonderen Nachweis
[5]) abhängig vom Alkaligehalt des Zusatzmittels
[6]) bei verflüssigenden Zusatzmitteln; bei gleichzeitiger Anwendung mehrerer Zusatzmitteln max ≤ 80 ml (g)

Grenzwerte für die Zugabe von Zusatzmitteln

a) Betonverflüssiger (BV): Er wirkt als Gleitmittel, das die innere Reibung des Betongemenges verringert, und er setzt die Oberflächenspannung des Wassers herab. Das hat zur Folge, dass der Beton sich leichter verarbeiten und verdichten lässt und dass der Zement feiner verteilt und damit auch besser ausgenutzt wird. Eigenschaften wie Druckfestigkeit, Wasserundurchlässigkeit, Frost- und Wetterbeständigkeit und Widerstandsfähigkeit gegen chemische Angriffe werden verbessert.

b) Fließmittel (FM): Sie sind besonders wirksame Betonverflüssiger, jedoch mit begrenzter Wirkungsdauer. Beton der Konsistenzklassen ≥S 4, V 4 und ≥F 4 ist mit Fließmitteln herzustellen. Fließbeton kann dort eingesetzt werden, wo Bauteile eine sehr enge Bewehrung haben bzw. schwer zu verdichten sind. Fließmittel verbessern die Betonqualität durch Erhöhung der Festigkeit, der Dauerhaftigkeit und sie vermindern das Schwinden und Kriechen.

c) Luftporenbildner (LP): Sie bilden kugelige, kleine in sich abgeschlossene Luftbläschen, so genannte **Mikroporen**. Sie unterbrechen die Kapillaren und verändern dadurch das Porengefüge des Betons. Die Mikroporen – vergleichbar einem Kugellager – erleichtern das Gleiten der festen Bestandteile. Dies führt zu einer verbesserten Verarbeitbarkeit des Betons und vermindert den Wasser- und gegebenenfalls auch den Mehlkorngehalt.

Geringe Kapillarwirkung erhöht die Wasserundurchlässigkeit, die Widerstandsfähigkeit gegen aggressive Einflüsse und den Frost- bzw. Tausalzwiderstand. Das Schwindmaß kann jedoch größer und die Druckfestigkeit etwas beeinträchtigt werden.

In neuester Zeit werden anstelle von Luftporenbildnern so genannte **Mikrohohlkugeln** (MHK) eingesetzt. Es sind kleine, in sich geschlossene Luftbläschen mit elastischer Kunststoffhülle, die einen Durchmesser von 0,02 bis 0,08 mm aufweisen. Sie werden präzise dosiert als Fertigprodukt in den Beton eingemischt.

d) Dichtungsmittel (DM): Sie sind unterschiedlich zusammengesetzt; je nachdem wirken sie Wasser abstoßend (hydrophobierend), porenverstopfend, porenvermindernd oder verflüssigend. Der Beton wird dadurch wasserundurchlässig und gegen chemische Angriffe widerstandsfähig. Dichtungsmittel werden dort angewendet, wo Beton schädlichen Wässern oder einer ständigen Durchfeuchtung ausgesetzt ist.

e) Verzögerer (VZ): Sie bestehen aus organischen oder anorganischen Stoffen, die den Zement langsamer erstarren lassen. Eine Verlangsamung der Anfangserhärtung von einer bis zu zwanzig Stunden ist möglich. Verzögerer werden dann verwendet, wenn größere Bauteile ohne Arbeitsfugen herzustellen sind, wenn bei hohen Temperaturen betoniert wird und wenn der Betoniervorgang unterbrochen wird.

Eine Überdosierung ist zu vermeiden, weil sonst die umgekehrte Wirkung erzielt wird.

Betonzusatzmittel	Kurzzeichen	Farbkennzeichen
Betonverflüssiger	(BV)	gelb
Fließmittel	(FM)	grau
Luftporenbildner	(LP)	blau
Dichtungsmittel	(DM)	braun
Verzögerer	(VZ)	rot
Beschleuniger	(BE)	grün
Einpresshilfen	(EH)	weiß
Stabilisierer	(ST)	violett
Chromatreduzierer	(CR)	rosa
Recyclinghilfen	(RH)	schwarz
Schaumbildner	(SB)	orange

Kennzeichnung von Zusatzmitteln

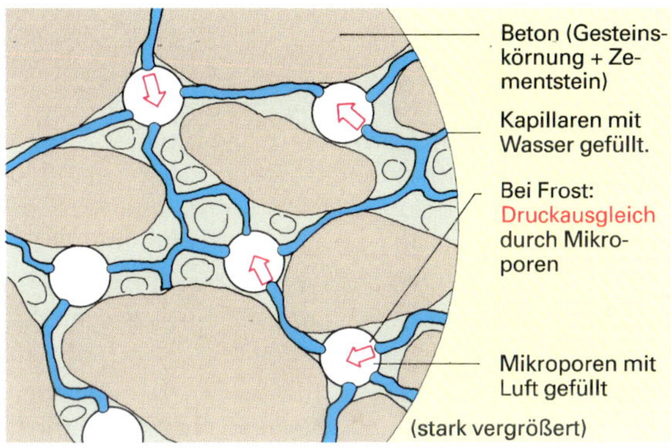

Wirkung von Luftporen im Beton

f) Beschleuniger (BE): Sie sollen das Erstarren des Betons deutlich beschleunigen. Sie werden hauptsächlich in Fertigteilwerken eingesetzt. Erstarrungsbeschleuniger dürfen keine Stoffe enthalten, die den Korrosionsschutz der Bewehrung beeinträchtigen. Die Dosierung muss sorgfältig abgestimmt sein.

g) Einpresshilfen für Einpressmörtel bei Spannbeton (EH): Sie bestehen aus Stoffen, die eine leicht verzögernde, verflüssigende und treibende Wirkung zeigen. Ihre Aufgabe ist es, den Wasseranspruch des Mörtels zu vermindern und das Fließen des Mörtels zu verbessern.

h) Stabilisierer (ST): Sie sollen das Bluten des Frischbetons vermindern, das Entmischen verringern und den inneren Zusammenhalt der Betonbestandteile vergrößern. Stabilisierer machen den Frischbeton beim Pumpen gleitfähiger, verringern beim Spritzbeton den Rückprall, erzielen beim Sichtbeton einheitlichere Farbwirkung durch gleichmäßige Wasserverteilung und wirken bei Werkmörtel dem starken Wasserabsaugen durch Mauersteine entgegen.

i) Chromatreduzierer (CR): Sie reduzieren den wasserlöslichen Chromatanteil in zementhaltigen Produkten und beugen so allergischen Hauterkrankungen vor.

j) Recyclinghilfen (RH): Sie werden dem Waschwasser, das beim Reinigen der Mischfahrzeuge anfällt, zugegeben. Sie verzögern die Hydratation des im Waschwasser enthaltenen Zements. Somit kann das Waschwasser als Anmachwasser (Restwasser) wiederverwendet werden.

k) Schaumbildner (SB): Durch sie werden zur Erzeugung von Schaum große Mengen an Luftporen eingeführt. Mit Schaumbildnern werden Schaumbeton bzw. Beton mit porosiertem Zementstein und Porenleichtbeton hergestellt.

Zusatzmittel verändern die Eigenschaften des Frisch- und Festbetons. Sie werden während des Mischvorgangs des Betons in kleinen Mengen zugegeben.

Zusatzstoffe

Zusatzstoffe sind fein verteilte Stoffe, die im Beton verwendet werden, um bestimmte Eigenschaften zu verbessern oder um bestimmte Eigenschaften zu erreichen. Da sie dem Beton in deutlich größeren Mengen zugegeben werden, sind sie bei der Stoffraumberechnung zu berücksichtigen.

DIN 1045-2 beinhaltet zwei Arten von anorganischen Zusatzstoffen:

1. **Typ I** sind nahezu inaktive Zusatzstoffe wie Gesteinsmehle oder Pigmente. Sie reagieren nicht mit Zement und Wasser.
2. **Typ II** sind puzzolanische oder latenthydraulische Zusatzstoffe wie Trass, Flugasche oder Silikastaub. Sie tragen zur Betonerhärtung bei.

Zusatzstoffe des Typs II (siehe Abschnitt 8.1.6) dürfen, sofern die Eignung nachgewiesen ist, bei der Betonzusammensetzung auf den Zementgehalt und den Wasserzementwert (äquivalenter Wasserzementwert) angerechnet werden.

Betonzusatzstoffe dürfen das Erhärten des Zements, die Festigkeit und Dauerhaftigkeit des Betons sowie den Korrosionsschutz der Bewehrung nicht beeinträchtigen.

Im Handel werden folgende Zusatzstoffe angeboten: Trass, Steinkohleflugasche, Silikastaub, Gesteinsmehle, Farbpigmente und Kunststoffdispersionen.

a) Fein gemahlener **Trass** reagiert ähnlich wie Zement mit Wasser unter Bildung von beständigen Verbindungen. Gleichzeitig macht er den Beton geschmeidiger und besser verarbeitbar.

b) Steinkohleflugaschen, die an den Filtern von Kohlekraftwerken in großen Mengen anfallen, haben ebenfalls hydraulische Eigenschaften. Im Gegensatz zum Zement und Trass besitzen sie annähernd kugelige Form. Sie verbessern deshalb die Verarbeitbarkeit des Betons bzw. ermöglichen bei gleicher Konsistenz den Wasseranteil zu vermindern.

c) Silikastaub besteht aus hauptsächlich kugeligen Teilchen von Siliciumdioxid mit einer spezifischen Oberfläche von ca. 18...25 m^2/g. Die übliche Dosierung für Beton liegt bei 3...7 M.-%, bezogen auf den Zementgehalt.

d) Gesteinsmehle haben keine hydraulischen Eigenschaften, bewirken aber durch eine Verbesserung der Sieblinie ebenfalls eine bessere Verarbeitbarkeit des Betons.

e) Farbpigmente ermöglichen die Herstellung von farbigem Beton. Aus Gründen der Beständigkeit kommen Metalloxide, wie Eisen-, Chrom-, Titanoxid, in Betracht.

f) Kunststoffdispersionen sind fein verteilte Kunststoffpartikel im Wasser. Sie vernetzen bei Wasserentzug durch Hydratation des Zements zu einem Film im Zementstein. Bei Einwirkung von Flüssigkeiten quellen die Partikel auf. Einsatzgebiete sind Betonbauwerke zum Schutz der Umwelt (z.B. Auffangwannen), Betone mit hohem Korrosionswiderstand (z.B. Abwasserrohre, Kläranlagen) und haufwerksporige Betone mit hoher Dauerhaftigkeit (z.B. Dränbeton, Filterbeton).

Zusatzstoffe sollen im Beton bestimmte Eigenschaften verbessern oder bestimmte Eigenschaften erreichen. Zusatzstoffe des Typs II dürfen bei der Betonzusammensetzung auf den Zementgehalt und den Wasserzemtenwert angerechnet werden.

8.1.14 Betone mit besonderen Eigenschaften

Die Betone müssen sachgemäß zusammengesetzt, hergestellt, eingebaut und sorgfältig nachbehandelt werden. DIN 1045-2 unterscheidet u.a. Unterwasserbeton, Beton für hohe Gebrauchstemperaturen, hochfester Beton und Zementmörtel für Fugen.

a) Unterwasserbeton ist bei Gründungen im Wasser z.B. für Brückenpfeiler oft wirtschaftlicher als ein Fernhalten des Wassers z.B. durch Spundwände. Der Beton muss so beschaffen sein, dass er beim Einbringen als zusammenhängende Masse fließt, damit er ohne Verdichtung ein geschlossenes Gefüge erhält. Der Beton sollte also für tragende Teile mindestens weiche Konsistenz haben. Der Wasserzementwert darf 0,60 nicht überschreiten. Er muss kleiner sein, wenn andere Beanspruchungen z.B. Expositionsklasse XA es erfordern. Der Mindestzementgehalt muss bei Gesteinskörnungen mit einem Größtkorn von 32 mm 350 kg/m^3 betragen. Grenzwerte des Mehlkorngehaltes dürfen überschritten werden. Wenn Flugasche angerechnet wird, darf der Gehalt an Zement und Flugasche 350 kg/m^3 nicht unterschreiten und der äquivalente Wasserzementwert darf 0,60 nicht überschreiten.

b) Beton für hohe Gebrauchstemperaturen muss 250 °C aushalten. Er ist mit Gesteinskörnungen herzustellen, die eine möglichst kleine Wärmeausdehnung haben, wie z.B. Kalkstein, Hochofenschlacke, Diabas, Basalt oder Blähton. Der Beton muss sehr lange nachbehandelt werden.

c) Hochfester Beton gehört der Druckfestigkeitsklasse ≥ C 55/67 an. Für Beton C 90/105 und C 100/115 ist eine allgemeine bauaufsichtliche Zulassung oder eine Zustimmung im Einzelfall erforderlich. Zur Überwachung hochfester Betone müssen die Betonausgangsstoffe, die Anlagenausstattung, das Herstellverfahren und die Betoneigenschaften ständig kontrolliert werden. Dazu ist ein **Qualitätssicherungsplan** aufzustellen. Darin wird im Einzelnen festgelegt, was, wie, wie oft und durch wen zu überprüfen ist und welche Grenzwerte eingehalten werden müssen. Die Ergebnisse müssen dokumentiert werden.

Druckfestigkeitsklasse	$f_{ck, cyl}$ in N/mm²	$f_{ck, cube}$ in N/mm²
C 55/67	55	67
C 60/75	60	75
C 70/85	70	85
C 80/90	80	90
C 90/105	90	105
C 100/115	100	115

Druckfestigkeitsklassen für hochfesten Beton

d) Zementmörtel für Fugen muss für den Einsatz im Fertigteilbau und bei Zwischenbauteilen aus Betonen bis C 50/60 folgende Anforderungen erfüllen:
- Zement in Abhängigkeit der jeweiligen Expositionsklasse mit der Mindestfestigkeitskasse ≥ 32,5 R,
- Zementgehalt mindestens 400 kg/m³,
- Gesteinskörnung gemischtkörnig, sauber, bis 4 mm.

An Betone mit besonderen Eigenschaften werden bestimmte Anforderungen gestellt, die in DIN 1045-2 und DIN EN 206-1 festgeschrieben sind.

8.1.15 Besondere Betonierverfahren

Für spezielle Aufgaben im Hoch- und Tiefbau sind spezielle Betone erforderlich. Zu den wichtigsten gehören der Vakuum-, Spritz- und Faserbeton.

Vakuumbeton

Auf den frisch verdichteten Beton werden Filtermatten und darauf ein dichter Vakuumteppich gelegt. Die Filtermatten wirken als Sperre für das Mehlkorn. Über einen Saugkanal, der an ein Pumpenaggregat angeschlossen ist, wird ein Unterdruck erzeugt, der dem Beton einen Teil des Wassers entzieht. Dadurch verringern sich der Wasserzementwert um 10 bis 20% und in entsprechendem Maße auch der Kapillarporenraum des Zementsteins.

Die Behandlungsdauer beträgt ca. eine Minute je cm Deckendicke. Die Saugwirkung reicht bis etwa 25... 30 cm Tiefe. Der Frischbeton sollte eine plastische bis weiche Konsistenz aufweisen.

Die Anfangsfestigkeit erhöht sich um 30 bis 50%, so dass die Oberfläche nach der Vakuumbehandlung sofort begehbar ist. Der Beton wird dichter, damit erhöht sich die Wasserundurchlässigkeit, die Frost- und Tausalzbeständigkeit wird verbessert und der Widerstand gegen chemischen Angriff erhöht. Das Schwinden und Schrumpfen des Betons nimmt ab.

Vakuumteppich, Anwendung des Flügelglätters

Das Verfahren findet Anwendung bei der Herstellung von Industriefußböden, Fahrbahnplatten, Parkdecks und beim Bau von Kläranlagen und Wasserbehältern.

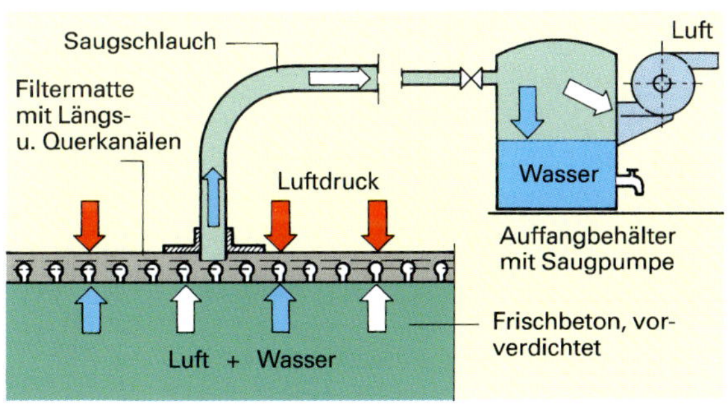

Herstellung von Vakuumbeton

Beim Vakuum-Betonierverfahren wird dem Beton ein Teil des Wassers entzogen und damit der Anteil der Kapillarporen im Zementstein verringert.

Spritzbeton

Spritzbeton ist Beton, der an der Einbaustelle aufgespritzt und dadurch verdichtet wird. Es werden **Trockenspritzbeton** und **Nassspritzbeton** unterschieden. Häufiger wird Trockenspritzbeton verwendet, bei dem die trockenen Bestandteile durch einen Druckluftstrom bis zu einer Düse gefördert und erst dort beim Austritt mit Wasser, gegebenenfalls mit Betonzusätzen vermischt werden. Beim seltener angewendeten Nassspritzverfahren wird das fertige Betongemisch gefördert und gespritzt. Spritzbeton wird sehr häufig zum Auskleiden von Tunnels, zum Befestigen von Böschungen und zur Betonsanierung (vgl. Abschnitt 8.8.4) eingesetzt. Spritzbeton kann bewehrt und unbewehrt hergestellt werden. Die Kornzusammensetzung soll eine günstige Sieblinie haben und die Konsistenz nicht weicher als KP sein. Der Untergrund muss sauber, fest und rau sein.

Zusammenfassung

Beton muss möglichst vollständig durch Rütteln, Stochern, Klopfen, Stampfen verdichtet werden. Die zu wählende Verdichtungsart richtet sich nach der Konsistenzklasse.

Die Nachbehandlungsdauer richtet sich nach der Expositionsklasse und hängt von der Festigkeitsentwicklung des Betons ab.

Die Frischbetontemperatur bestimmt im entscheidenden Maße die Entwicklung der Betonfestigkeit. Sie darf nicht unter 5 °C liegen.

Durch Zugabe von Zusatzmitteln sollen die gewünschten Betoneigenschaften zielsicher erreicht werden. Die Stoffe werden flüssig oder pulverförmig in kleinen Mengen während des Mischvorgangs beigegeben.

Zusatzstoffe des Typs II, Flugasche und Silikastaub, dürfen nach DIN 1045-2 auf den Wasserzementwert und den Zementgehalt angerechnet werden.

Für die Herstellung von Standardbeton dürfen weder Zusatzmittel noch Zusatzstoffe verwendet werden.

Betone mit besonderen Eigenschaften müssen gegen bestimmte Beanspruchungen widerstandsfähig sein. Entscheidend ist ein dichtes Betongefüge. Bei der Herstellung von Unterwasserbeton ist der Mindestzementgehalt und ein höchst zulässiger Wasserzementwert zu beachten.

Beton für hohe Gebrauchstemperaturen erfordert Gesteinskörnungen mit kleiner Wärmeausdehnung und lange Nachbehandlung des Betons.

Zur Überwachung hochfester Betone muss ein Qualitätssicherungsplan erstellt werden.

Beim Verfahren zur Herstellung von Vakuumbeton wird dem eingebrachten Beton ein Teil des Wassers durch Absaugen entzogen.

Spritzbeton wird ohne Schalung an der Einbaustelle aufgespritzt.

Beim Faserbeton erhöhen Fasern aus Stahl, Glas, Kunststoff die Zug- und Biegezugfestigkeit.

Faserbeton

Faserbeton ist ein Beton, dem Faserstoffe aus Stahl, Glas und Kunststoff beigegeben werden. Die Fasern werden in die **Matrix** eingemischt. Darunter versteht man die Ausgangsmischung, z. B. den Zementleim. Anstelle von kurzen Einzelfasern können auch Fasergewebe in den Beton eingelegt werden, insbesondere bei Glasfaserbeton. Die Fasern wirken wie eine Bewehrung, ersetzen jedoch nicht die Stähle. Die Fasern verbessern die Elastizität des Betons und setzen vor allem die durch Schwingungen und Temperatureinflüsse hervorgerufene Rissbildung herab.

Stahlfasern können dem Spritzbeton beigemengt werden. Man spricht dann von **Stahlfaserspritzbeton**. Glasfaser- und Kunststofffaserbeton eignen sich besonders für die Herstellung von Fassadenelementen.

Aufgaben:

1. *Mit welchen Geräten können folgende Betone verdichtet werden?*
   a) Konsistenzbeschreibung weich,
   b) Konsistenzbeschreibung fließfähig,
   c) Konsistenzbeschreibung sehr steif.
2. *Durch welche Maßnahmen wird Beton gegen vorzeitiges Austrocknen geschützt?*
3. *Warum darf die Temperatur des Frischbetons beim Einbringen nicht unter + 5 °C liegen?*
4. *Nennen Sie Arten und Ausführungen für die Betonnachbehandlung.*
5. *Worauf beruht die Wirkung*
   a) eines Luftporenbildners,
   b) eines Dichtungsmittels?
6. *Ein Beton der Konsistenzklasse F4 ist herzustellen. Welches Zusatzmittel ist unbedingt erforderlich?*
7. *Welche Aufgaben haben Recyclinghilfen?*
8. *Warum müssen Zusatzstoffe bei der Stoffraumberechnung berücksichtigt werden?*
9. *Worauf ist zu achten, wenn Zusatzstoffe des Typs II verwendet werden?*
10. *Nennen Sie Anwendungsbereiche für den Einsatz von Kunststoffdispersionen.*
11. *Welche Vorgaben sind bei der Herstellung von Unterwasserbeton zu beachten?*
12. *In welchen Druckfestigkeitsklassen kann hochfester Beton hergestellt werden?*
13. *Welche Bedeutung hat der Qualitätssicherungsplan bei der Herstellung von hochfestem Beton?*
14. *Welche Anforderungen werden für die Herstellung von Zementmörtel für Fugen gestellt?*
15. *Begründen Sie, warum sich beim Vakuumbeton die Frost- und Tausalzbeständigkeit verbessert.*
16. *Nennen Sie Anwendungsbeispiele für den Vakuumbeton.*
17. *Erklären Sie den Unterschied zwischen Nassspritz- und Trockenspritzverfahren.*
18. *Welche Aufgaben übernehmen die Fasern im Faserbeton?*

8.2 Bewehrung

Die Bewehrung im Stahlbetonbau besteht aus **Betonstahl**.

Betonstahl (nach DIN 488) wird als **Betonstabstahl** (S), **Betonstahlmatte** (M) oder als **Bewehrungsdraht** hergestellt.

Bewehrungsdraht wird unmittelbar vom Hersteller an den Verarbeiter geliefert und darf nur für werkmäßig hergestellte Bewehrungen (z.B. in Stahlbeton-Fertigteilwerken) verwendet werden, deren Fertigung, Überwachung und Verwendung in technischen Vorschriften geregelt sind.

Bewehrung

8.2.1 Sorteneinteilung

Betonstähle werden nach der Mindestzugspannung an der Streckgrenze in die Festigkeitsklasse IV eingeteilt. Die Betonstähle weisen eine Mindestzugspannung von 500 N/mm^2 auf. Die Stähle erhalten den Kurznamen **BSt 500** oder das Kurzzeichen **IV**.

Nach DIN 1045-1 werden Betonstähle in zwei **Duktilitätsklassen** unterschieden, die mit den Großbuchstaben **„A"** und **„B"** gekennzeichnet werden. Duktilität ist ein Maß für die Dehnung, die der Betonstahl aufnehmen kann, ohne dass er zerstört wird. „A" kennzeichnet Betonstähle mit normaler, „B" mit hoher Duktilität. Erhöhte Anforderungen an die Duktilität führte zur Herstellung **tiefgerippter Betonstähle**.

Die Betonstähle sind nach den in DIN 488 angegebenen Verfahren zum Schweißen geeignet.

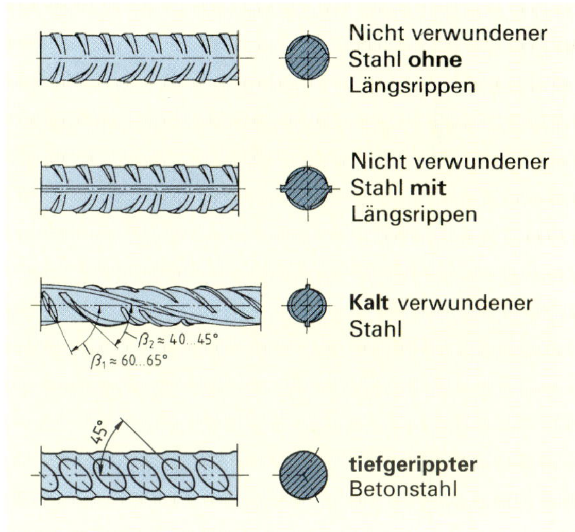

Betonstabstahl BSt 500 S

Betonstabstähle

Betonstabstähle sind gerade Stäbe, die für die Einzelstabbewehrung geliefert werden. Sie erhalten **gerippte** Oberflächen. Sie werden wie folgt hergestellt:

- **warmgewalzt** ohne Nachbehandlung; der Stahl besitzt seine Festigkeit aufgrund der chemischen Zusammensetzung; der Stahl erhält den Kennbuchstaben **W**;
- **warmgewalzt** und aus der Walzhitze **wärmebehandelt**; der Stahl erhält den Kennbuchstaben **W**;
- **kaltverformt** durch Verwinden oder Recken der warmgewalzten Ausgangserzeugnisse; der Stahl erhält aufgrund seiner Kaltverformung verbesserte Festigkeitseigenschaften; er erhält den Kennbuchstaben **K**.

Warmgewalzter Betonstabstahl kann mit oder ohne Längsrippen hergestellt werden. Kaltverformter Betonstabstahl muss Längsrippen aufweisen.

Betonstahl wird nach seiner Mindestzugspannung an der Streckgrenze gekennzeichnet.

Betonstabstähle sind warmgewalzte und kaltverformte Stähle mit gerippter Oberfläche.

Sie können auch in Ringen aufgespult zum Einsatz kommen.

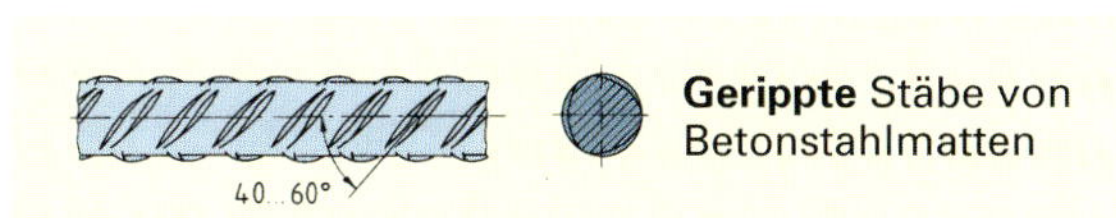

Stäbe von Betonstahlmatten BSt 500 M

Betonstabstähle werden in Nenndurchmessern von 6 bis 40 mm und in Regellängen von 12 bis 15 m geliefert.

Betonstabstähle werden in neuester Zeit auch auf **kernlose Ringe** aufgespult. Folgende Arten werden unterschieden:

- warmgewalzter, gerippter Betonstabstahl auf Ringen Kurznamen **BSt 500 WR**, Kurzzeichen **IV WR**;
- Warmgewalzter, gerippter Betonstabstahl auf Ringen mit Sonderrippung Kurznamen **BSt 500 WRS**, Kurzzeichen **IV WRS**;
- Kaltverformter, gerippter Betonstabstahl auf Ringen Kurznamen **BSt 500 KR**, Kurzzeichen **IV KR**.

Betonstahl nach DIN 488 und DIN 1045-1

Begriffe	Kurzname, Streckgrenze/ Zugfestigkeit in N/mm²	Kurzzeichen	Form und Kennzeichnung	Durchmesser in mm	Eignung für Schweißen mit folgenden Verfahren [1]
Betonstabstahl	**BSt 500 S(A)** [4] **BSt 500 S(B)** [5] $\frac{500}{550}$	**IV S(A)** **IV S(B)**	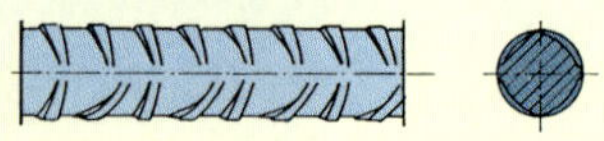 Nicht verwundener Stahl **ohne** Längsrippen 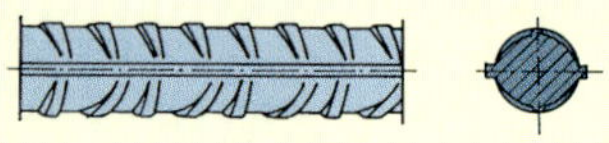 Nicht verwundener Stahl **mit** Längsrippen 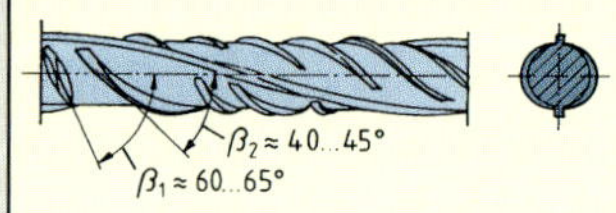 **Kalt** verwundener Stahl 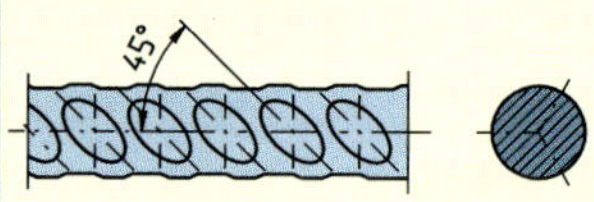 **tiefgerippter** Betonstahl	6...40	E MAG GP RA RP
Betonstahlmatten	**BSt 500 M(A)** [4] **BSt 500 M(B)** [5] $\frac{500}{550}$	**IV M(A)** **IV M(B)**	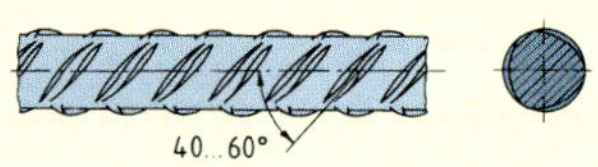 **Gerippte** Stäbe von Betonstahlmatten 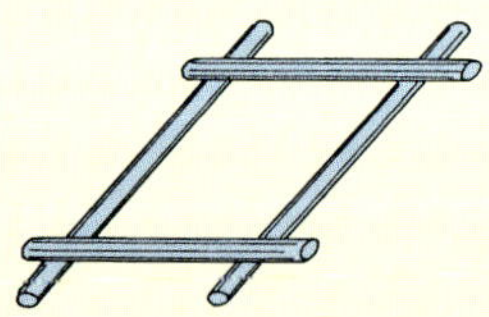 Einfache 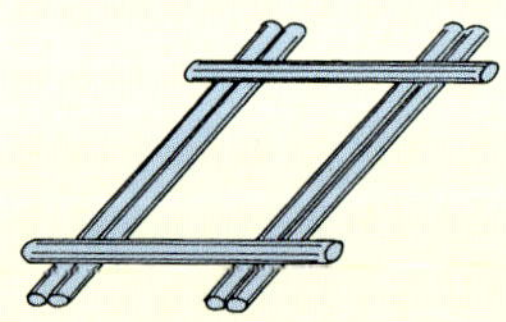 Doppelstäbe	4...12	E [2] MAG [3] RP
Bewehrungsdraht	**BSt 500 P** $\frac{500}{550}$	**IV P**	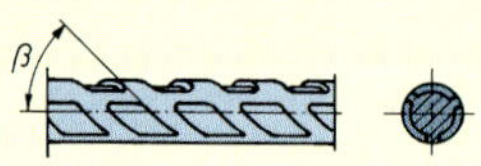 **Profilierter** Bewehrungsdraht	4...12	E [2] MAG [3] RP
	BSt 500 P $\frac{500}{550}$	**IV G**	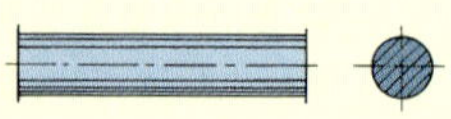 **Glatter** Bewehrungsdraht	4...12	E [2] MAG [3] RP

[1]) E = Metall-Lichtbogenhandschweißen, MAG = Metall-Aktivgasschweißen, GP = Gaspressschweißen, RA = Abbrennstumpfschweißen, RP = Widerstandspunktschweißen
[2]) Nenndurchmesser der Stäbe betragen mindestens 8 mm
[3]) Nenndurchmesser der Stäbe betragen mindestens 6 mm
[4]) A = Betonstahl mit normaler Duktilität
[5]) B = Betonstahl mit hoher Duktilität

Betonstähle – Übersichtstabelle

8.2.2 Betonstahlmatten

Betonstahlmatten (nach DIN 488, Teil 4) sind vorgefertigte Bewehrungen, die in Werken hergestellt werden. Sie bestehen aus sich kreuzenden Stäben, die durch Punktschweißung miteinander verbunden sind. Die Stabdurchmesser betragen 6...12 mm. Die Stahlsorte ist **BSt 500 M (A)** oder **(B)**. 500 ist die Streckgrenze des Stahl in N/mm², M steht für Matte, (A) für normalduktil und (B) für hochduktil. Duktilität ist die Dehn- und Verformbarkeit eines Stahles.
Die normalduktilen Betonstahlmatten bestehen aus **kaltverformten** Stäben, hochduktile Betonstahlmatten bestehen aus **warmgewalzten** Stäben.

Der Handel bietet drei unterschiedliche Betonstahlmatten-Systeme an:
- **Listenmatten**
- **Vorratsmatten**
- **Lagermatten**

Listenmatten werden vom Anwender nach dessen Bedürfnissen bestellt und im Werk hergestellt. Mattenlänge, -breite, Stabdurchmesser und -abstände sind dabei in einem gewissen Rahmen wählbar. Sie können als Einzelstabmatten oder Doppelstabmatten hergestellt werden. Bei Doppelstabmatten liegen die Längsstäbe als Doppelstäbe gleichen Durchmessers dicht nebeneinander.

Vorratsmatten sind standardisierte Betonstahlmatten mit den Vorteilen der Listenmatten und der Lagermatten. Es werden folgende Typen von Vorratsmatten unterschieden:

Typ*)	Größe	Form	Charakteristik
A188 A257 A335 A377 A513 A670	6,00 m × 2,45 m	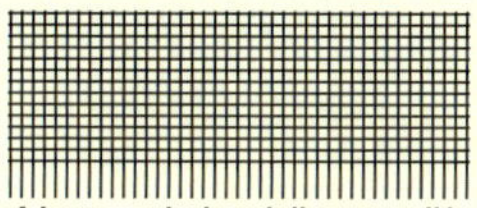 Abstand der Längsstäbe 15 cm, Abstand der Querstäbe 15 bzw. 10 cm	Großflächige Vorratsmatte mit **kreuzweiser** Bewehrung und einem seitlichen Überstand.
B188 B257 B335 B377 B513 B670	6,00 m × 2,45 m	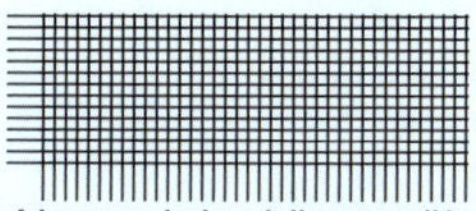 Abstand der Längsstäbe 15 cm, Abstand der Querstäbe 15 bzw. 10 cm	Großflächige Vorratsmatte mit **kreuzweiser** Bewehrung und zwei seitlichen Überständen.
C188 C257 C335 C377 C513 C670	6,00 m × 1,55 m	 Abstand der Tragstäbe 15 cm, Abstand der Querstäbe 77,5 bzw. 85 cm	Vorratsmatte mit tragender Bewehrung in nur **einer Richtung** (Längsrichtung).
D188 D257 D335 D377 D513 D670	3,30 m × 2,45 m	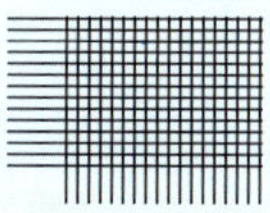 Abstand der Längsstäbe 15 cm, Abstand der Querstäbe 15 bzw. 10 cm	Vorratsmatte mit **kreuzweiser** Bewehrung und zwei seitlichen Überständen, speziell für Wandbewehrungen konzipiert.
E524 E634 E754	6,50 m × 1,55 m	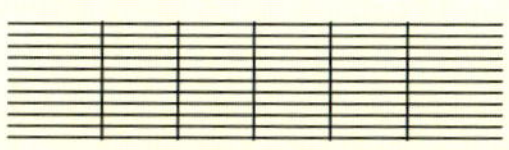 Abstand der Tragstäbe 15 cm Abstand der Querstäbe 100 cm	Vorratsmatte mit tragender Bewehrung in nur **einer Richtung** (Längsrichtung).
E628 E760 E905		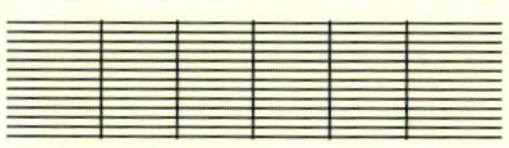 Abstand der Tragstäbe 12,5 cm Abstand der Querstäbe 100 cm	
E785 E950 E1131		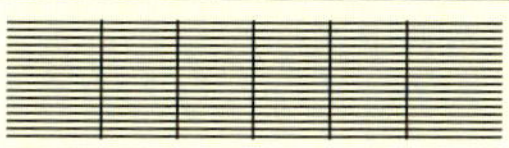 Abstand der Tragstäbe 10 cm Abstand der Querstäbe 100 cm	

*) Die Zahl bedeutet die Querschnittsfläche der Tragstäbe pro Meter in mm²

Lagermatten aus festliegenden Stabquerschnitten und Mattengrößen haben gegenüber den Listenmatten den Vorteil, dass sie durch die Serienproduktion preisgünstig sowie kurzfristig lieferbar sind. Sie werden deswegen sehr häufig verwendet. Da Lagermatten festliegende Größen haben, müssen sie gegebenenfalls auf die erforderliche Größe zugeschnitten werden.

Die Kennzeichnung der Lagermatten erfolgt durch die Kennbuchstaben **Q** und **R** in Verbindung mit dem Stahlquerschnitt der Tragstäbe pro Meter in mm² und der Angabe der Duktilität **A** (=normalduktil) oder **B** (=hochduktil).

- **Q** **q**uadratische Stababstände 150 × 150 mm bei den Matten Q 188, Q 257 und Q 335. Die Matten Q 377 und Q 513 besitzen Stababstände von 150 × 100 mm. Der Stahlquerschnitt je Meter ist in Längs- und Querrichtung bei diesen Matten annähernd gleich groß.
- **R** **r**echteckige Stababstände 150 × 250 mm. Der Stahlquerschnitt pro Meter beträgt in Querrichtung mindestens 1/5 des Querschnitts in Längsrichtung, jedoch mindestens 0,78 cm²/m.

Lagermatten werden zur Bewehrung von Stahlbetonplatten (Stahlbetondecken) und Stahlbetonwänden (Stahlbetonscheiben) verwendet.

Die Matten Q 377, Q 513, R 377 und R 513 sind als **Randsparmatten** ausgebildet. Bei ihnen sind die Randstäbe in Längsrichtung nur einfach ausgebildet.

Mattenbezeichnung	Maschenabstand	Stabdurchmesser	Randstäbe		Mattengröße	Überstände	Gewicht	
	längs / quer (mm)	längs / quer (mm)	Durchmesser (mm)	Anzahl links / rechts	Länge / Breite (m)	oben / unten (mm)	je Matte (kg)	je m² (kg)
Q 188 A **Q 188 B**	150 / 150	6,0 / 6,0			5,00 / 2,15	100 / 100	32,4	3,01
Q 257 A **Q 257 B**	150 / 150	7,0 / 7,0			5,00 / 2,15	100 / 100	44,1	4,01
Q 335 A **Q 335 B**	150 / 150	8,0 / 8,0			5,00 / 2,15	100 / 100	57,7	5,37
Q 377 A **Q 377 B**	150 / 100	2 × 6,0 / 7,0	6,0	4 / 4	6,00 / 2,15	100 / 100	67,6	5,24
Q 513 A **Q 513 B**	150 / 100	2 × 7,0 / 8,0	7,0	4 / 4	6,00 / 2,15	100 / 100	90,0	6,98
R 188 A **R 188 B**	150 / 250	6,0 / 6,0			5,00 / 2,15	125 / 125	26,2	2,44
R 257 A **R 257 B**	150 / 250	7,0 / 6,0			5,00 / 2,15	125 / 125	32,2	3,00
R 335 A **R 335 B**	150 / 250	8,0 / 6,0			5,00 / 2,15	125 / 125	39,2	3,65
R 377 A **R 377 B**	150 / 250	2 × 6,0 / 6,0	6,0	2 / 2	6,00 / 2,15	125 / 125	46,1	3,75
R 513 A **R 513 B**	150 / 250	2 × 7,0 / 6,0	7,0	2 / 2	6,00 / 2,15	125 / 125	58,6	4,54

Lagermattenprogramm

Betonstahlmatten sind als Listenmatten, Vorratsmatten und Lagermatten lieferbar. Bei Listenmatten sind Stababstände, Stabdurchmesser und Mattengröße unter Einhaltung eines bestimmten Rahmens frei wählbar. Vorratsmatten und Lagermatten sind standardisierte Betonstahlmatten in verschiedenen Varianten.

8.2.3 Bewehrungsregeln

Stababstände

Der lichte Abstand gleichlaufender Bewehrungsstäbe (außerhalb von Stoßbereichen) muss mindestens 2 cm betragen. Außerdem darf der Abstand nicht kleiner als der Stabdurchmesser sein. Doppelstäbe von Betonstahlmatten dürfen sich jedoch berühren.

Bei Verwendung von Betonen mit einem Größtkorndurchmesser der Gesteinskörnung $d_g > 16$ mm muss der Stababstand $d_g + 5$ mm betragen.

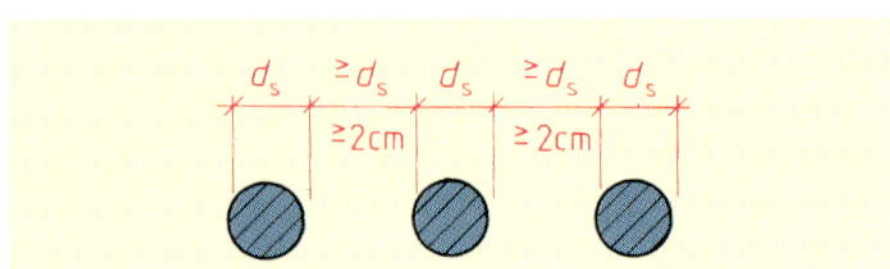

Abstand der Bewehrungsstäbe

Biegerollendurchmesser

Die Biegerollendurchmesser für Winkelhaken, Haken, Bügel, Schlaufen und Aufbiegungen sind nach folgenden Tabellen auszuführen:

Stabdurchmesser d_s (in mm)	**Haken, Winkelhaken, Schlaufen**
< 20 ≥ 20	$4\,d_s$ $7\,d_s$

Betondeckung (Mindestmaß) **rechtwinklig zur Krümmungsebene**	**Aufbiegungen und andere Krümmungen von Stäben** (z.B. in Rahmenecken)
> 10 cm und > $7\,d_s$ > 5 cm und > $3\,d_s$ ≤ 5 cm und ≤ $3\,d_s$	$10\,d_s$ $15\,d_s$ $20\,d_s$

Mindestwerte der Biegerollendurchmesser d_{br}

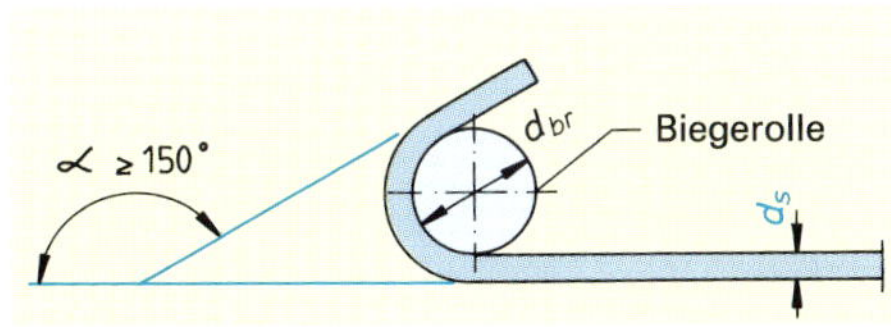

Haken

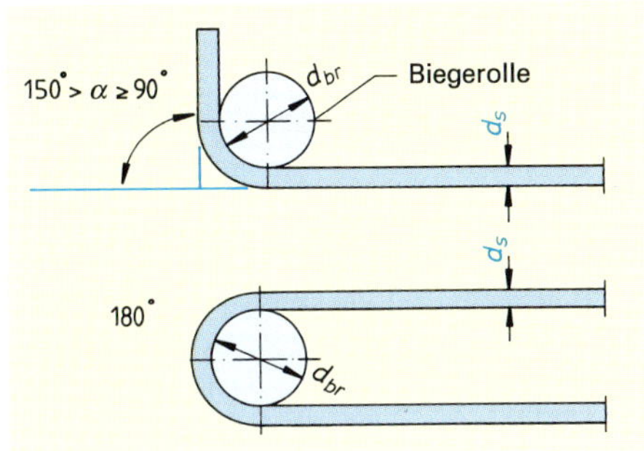

Winkelhaken und Schlaufe

Betondeckung der Bewehrung

Der Verbund zwischen der Bewehrung und dem Beton ist durch eine ausreichend dicke und dichte Betondeckung zu sichern. Die Betondeckung muss dem Stahl dauerhaften Schutz vor Brandeinwirkung und Korrosion bieten.

Die Mindestbetondeckung richtet sich nach den Expositionsklassen. Um den Verbund sicherzustellen, darf die Mindestbetondeckung nie kleiner sein als der Betonstahldurchmesser.

Zur Sicherstellung der **Mindestmaße c_{min}** sind in der Ausführung von Stahlbetonteilen für die Betondeckung **Nennmaße c_{nom}** zugrunde zu legen. Die Nennmaße setzen sich aus den Mindestmaßen und einem Vorhaltemaß Δc zusammen. Für die Expositionsklasse XC 1 beträgt das Vorhaltemaß 10 mm, für die übrigen Expositionsklassen 15 mm.

Die in der nebenstehenden Tabelle aufgeführten Betondeckungen müssen vergrößert werden

- bei Bauteilen aus Leichtbeton (außer bei Expositionsklasse XC 1)
- bei Bauteilen mit Verschleißbeanspruchung
- beim Betonieren gegen unebene Flächen.

Eine Verminderung der Betondeckung ist zulässig

- bei Bauteilen, bei welchen die Betondruckfestigkeit um mindestens zwei Klassen höher ist als erforderlich (außer bei Expositionsklasse XC 1)
- bei Bauteilen mit kraftschlüssiger Verbindung von Fertigteil mit Ortbeton
- bei entsprechender Qualitätskontrolle.

Die Betondeckung wird durch den Einbau von Abstandhaltern gesichert. Dies wird für die untere und seitliche Deckung durch Abstandhalter aus Kunststoff erreicht. Sie dürfen sich beim Einbringen und Verdichten des Betons nicht verschieben oder verformen.

Eine ausreichend dicke und dichte Betondeckung muss eingehalten werden, um die erforderliche Verbundwirkung zu erreichen und den Betonstahl dauerhaft vor Korrosion zu schützen. Die Mindestdeckung der Bewehrung ist von der Expositionsklasse abhängig.

Abstandhalter

Expositionsklasse	**Stabdurchmesser** d_s (in mm)	**Mindestmaße** c_{min} (in mm)	**Nennmaße** c_{nom} (in mm)
XC 1	bis 10 12, 14 16, 20 25 28	10 15 20 25 30	20 25 30 35 40
XC 2, XC 3	bis 20 25 28	20 25 30	35 40 45
XC 4	bis 25 28	25 30	40 45
XD 1, XD 2, XD 3	bis 28	40	55
XS 1, XS 2, XS 3	bis 28	40	55

Betondeckung der Bewehrung für Betonstahl in Abhängigkeit der Expositionsklasse

Hin- und Zurückbiegen

Das Hin- und Zurückbiegen von Betonstählen stellt für den Stahl und den umgebenden Beton eine zusätzliche Beanspruchung dar. Folgendes ist zu beachten:

1. Mehrfachbiegen an derselben Stelle ist nicht zulässig.
2. Der Durchmesser des Betonstahls darf nicht größer als 14 mm sein.
3. Der Biegerollendurchmesser beim Hinbiegen muss größer als üblich gewählt werden. (Die Angaben des Statikers sind genau zu beachten!)

Verankerungen und Stöße

Die Bewehrungsstäbe müssen an den Enden (z.B. an den Balken- und Deckenauflagern) verankert sein. Im Allgemeinen erreicht man diese Verankerung durch gerade Stabenden, Haken, Winkelhaken oder Schlaufen. Gegebenenfalls sind aber auch angeschweißte Querstäbe oder Ankerkörper erforderlich.

Bewehrungen müssen häufig gestoßen werden, zum einen aus herstellungstechnischen Gründen, zum andern aus dem Grund, dass Stabstähle eine maximale Länge von 12 m bzw. 14 m besitzen und Betonstahlmatten als Lagermatten 5 m bzw. 6 m lang und 2,15 m breit sind.

Die Bewehrungsstöße werden entweder **direkt** durch mechanische Verbindungen oder Schweißen oder **indirekt** durch Übergreifen der Betonstähle (Übergreifungsstöße) ausgeführt.

Die Verankerungs- und Übergreifungslängen werden vom Tragwerksplaner berechnet und in den Bewehrungsplänen angegeben. Sie hängen unter anderem von der Verbundwirkung, vom Verhältnis der vorhandenen zur erforderlichen Zugspannung, vom Stabdurchmesser und der Verankerungsart ab.

Bauschaden infolge zu geringer Betondeckung

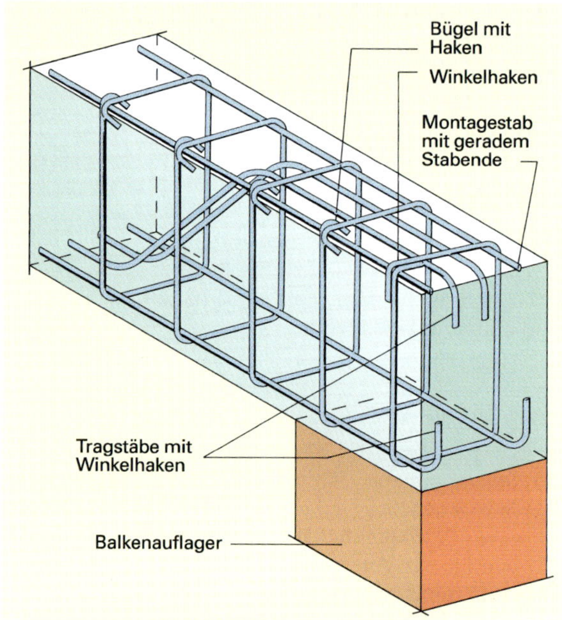

Verankerungen am Beispiel eines Stahlbetonbalkens

Zusammenfassung

Die Bewehrung im Stahlbetonbau besteht aus Betonstahl. Er wird als Betonstabstahl, Betonstahlmatten oder als Bewehrungsdraht hergestellt. Betonstahl unterscheidet sich durch unterschiedliche Oberflächengestaltung (glatt, gerippt, profiliert), unterschiedliche Herstellung (warmgewalzt, kaltverformt) und durch seine unterschiedliche Duktilität (A und B).

Betonstahlmatten sind werkmäßig vorgefertigte Bewehrungen aus sich kreuzenden Bewehrungsstäben. Die Stäbe an den Kreuzungspunkten sind durch Punktschweißung scherfest verbunden.

Für die Herstellung der Bewehrungen sind die vorgeschriebenen Stababstände und Biegerollendurchmesser einzuhalten.

Zur Sicherung des Verbundes, des Korrosionsschutzes und zum Schutz gegen Brandeinwirkung müssen die Bewehrungsstäbe ausreichend dick und dicht mit Beton ummantelt sein.

Aufgaben:

1. *Nach welchen Gesichtspunkten werden die Betonstähle unterteilt?*
2. *Erklären Sie die Bedeutung der Kurznamen BSt 500 S(A) und BSt 500 M(B).*
3. *Wofür finden Bewehrungsdrähte Verwendung?*
4. *Worin besteht der Unterschied zwischen Listenmatten und Lagermatten?*
5. *Welche Informationen gehen aus den Mattenbezeichnungen Q 257 A und R 377 B hervor?*
6. *Wie groß muss der Biegerollendurchmesser für einen Betonstahl mit einem Durchmesser von 16 mm beim Biegen eines Hakens sein?*
7. *Wovon ist die Dicke der Betondeckung abhängig?*
8. *Worin unterscheidet sich das Nennmaß der Betondeckung nom c vom Mindestmaß min c?*
9. *Worauf ist beim Hin- und Zurückbiegen von Betonstählen zu achten?*
10. *Welche Möglichkeiten für die Verankerung von Bewehrungen kennen Sie?*

8.3 Spannbeton

8.3.1 Allgemeines

Durch Versuche ist bekannt, dass Beton nur **geringe**, Stahl dagegen **sehr hohe** Zugspannungen aufnehmen kann. Außerdem ist die **Dehnungsfähigkeit** der beiden Werkstoffe sehr verschieden. Bei Ausnutzung der zulässigen Spannung dehnt sich der Stahl um 0,8 bis 1,2 mm je Meter, während der Beton sich nur um 0,2 mm je Meter ohne Rissbildung auszudehnen vermag. Risse sind jedoch gefährlich und ermöglichen die Korrosion der Stahleinlagen. Bei der verschiedenen Dehnbarkeit von Beton und Stahl entstehen im Beton bei gleichzeitiger Zugeinwirkung Risse. Dies muss in jedem Falle verhindert werden. Kurz vor der Rissbildung im Beton ist jedoch die Spannungsbelastung des hochwertigen Stahles bei weitem nicht ausgenützt. Dies ist **wirtschaftlich** nicht vertretbar.

Auch konstruktive Nachteile sind die Folge. Durch die geringe Ausnützung des Stahles ist der Stahl- und Betonverbrauch höher, wodurch die Abmessungen der Bauteile größer werden und damit mehr Eigengewicht in Kauf genommen werden muss. Außerdem ist **Schwinden** und **Kriechen** des Betons zu berücksichtigen.

Spanngliedführung in einer Brücke

Im Stahlbeton besteht bei großer Belastung die Gefahr der Rissbildung im Beton und damit der Korrosion der Stahleinlagen.

Die möglichen Zugspannungen im Stahl können nicht ausgenützt werden. Dies ist unwirtschaftlich.

8.3.2 Schwinden und Kriechen des Betons

Beim Schwinden und Quellen ergeben sich Volumenänderungen, die beim Austrocknen und Durchfeuchten des Zementsteines im Beton entstehen. Man nimmt an, dass diese Vorgänge durch innerkristallines Schwinden und Quellen der Schichtkristalle, d.h. durch Entzug oder Einbau von Zwischenschichtwasser, erfolgen. Wird ein Beton erstmalig schnell und stark getrocknet, kann das Schwindmaß mehrere mm je Meter betragen. Wird dagegen ein Beton erneut befeuchtet und dann wieder getrocknet, liegen die Längenänderungen niedriger. Das Maß des Schwindens hängt von der Art und Menge des Zementes und von der Kornzusammensetzung des Betons ab. Außerdem wird dieser Vorgang mit zunehmender Kapillarporosität, d.h. mit größer werdendem Wasserzementwert, gesteigert.

Wird Beton **dauernder** Belastung durch Druck oder Zug ausgesetzt, verändert er seine Form. Druck bewirkt Verkürzung und Zug eine Verlängerung. Diese Veränderung nennt man **Kriechen** des Betons. Der Vorgang verläuft anfänglich schnell und klingt nach ein bis zwei Jahren ab. Wird der Beton entlastet, geht diese Veränderung wieder teilweise zurück. Das Ausmaß des Kriechvorganges hängt von der Festigkeit des Zementes, des Betons und von der Feuchtigkeit ab. Ein erhöhtes Kriechen ist zu erwarten, wenn austrocknende Umweltbedingungen vorhanden sind. Je kleiner das Kriechen (Verkürzung des Betons) ist, desto kleiner ist der Spannungsabfall im Stahl. Spannungsabfall bedeutet geringere Spannung im Stahl und damit kleineren Druck auf den Beton.

Für die Herstellung des Spannbetons sind folgende Voraussetzungen notwendig:

1. die Verwendung hochfesten Stahles für die Bewehrungseinlagen,
2. ein nur geringfügig schwindender und kriechender Beton.

Der Deutsche Ausschuss für Stahlbeton beschreibt den Spannbeton folgendermaßen:

Bauteile aus Spannbeton sind Bauteile, bei denen der Beton durch Einleiten besonderer Kräfte derart vorgespannt ist, dass er unter der Gebrauchslast nicht oder nur begrenzt auf Zug beansprucht wird.

Schwinden und Kriechen bewirken eine Formveränderung eines Beton- und Stahlbetonteiles.

Schwinden kann bei rascher und starker Austrocknung mehrere mm je Meter betragen.

Kriechen entsteht bei dauernder Belastung eines Bauteiles durch Druck oder Zug. Sein Ausmaß hängt von der Festigkeit des Zementes, des Betons und den Feuchtigkeitsbedingungen ab.

8.3.3 Der Spannbetonbalken

Mit folgenden Versuchen soll die Wirkungsweise des Spannbetons erläutert werden:

A. Bei mittig liegendem Spannglied

Versuch 1: Balken aus Polystyrolklötzchen mit **schlaffer** Schnur.

Beobachtung: Bei Belastung bilden sich unten klaffende Risse.

Ergebnis: Die Schnur verhindert nicht die Bildung von Rissen durch Zugspannungen.

Versuch 2: Balken aus Polystyrolklötzchen mit angespannter Schnur.

Beobachtung: Bei Belastung zeigen sich keine Risse.

Ergebnis: Die Schnur drückt die Klötzchen aneinander. Der Druck ist größer als der Biegezug.

B. Bei unten liegendem Spannglied

Versuch 1: Der Versuchsbalken mit Polystyrolklötzchen mit unten liegender Schnur wird gespannt, jedoch ohne Belastung.

Beobachtung: Der Balken biegt sich nach oben, wo sich Risse bilden.

In der Praxis verhindert dies teilweise die Eigenlast.

Versuch 2: Derselbe Balken wird mit Belastung gespannt.

Beobachtung: Mit Belastung wird die Durchbiegung nach oben rückgängig gemacht.

Ergebnis: Die Spannungsverhältnisse sind mit Belastung am günstigsten.

Die Vorgänge beim Balken mit Belastung werden an den **Spannungsdiagrammen** sichtbar.

- Bei der Vorspannung entstehen im unteren Teil hohe Druckspannungen. Durch die Eigenlast des Balkens treten oben höchstens geringe Zugspannungen oder nur Druckspannungen auf.
- Durch die Belastung bilden sich oben Druckspannungen, unten Zugspannungen.
- Nimmt man Vorspannung und Belastung zusammen, addieren sich oben die Druckspannungen, und unten verringern sie sich.
- Im Endzustand herrschen im gesamten Querschnitt **Druckspannungen.**

Werden die Versuchsergebnisse auf die Praxis angewendet, so kommt man zu folgenden Ergebnissen:

- Beim Spannbeton entstehen im Beton hohe **Druckspannungen** und im Stahl hohe **Zugspannungen**, so dass für seine Herstellung sowohl hochwertiger Beton als auch hochwertiger Stahl erforderlich sind.
- Durch die Vorspannung wird die Rissebildung im Beton vermieden.

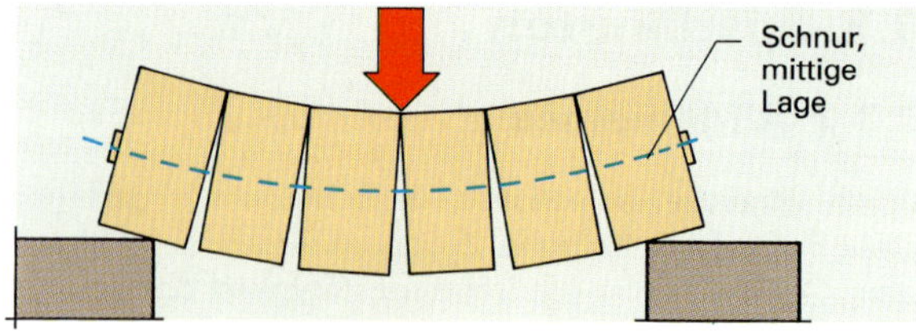

Belastung bei schlaffer Schnur

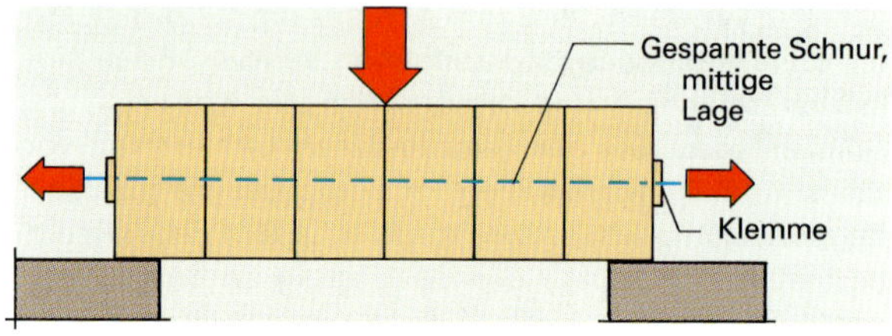

Vorgespannter Balken mit Belastung

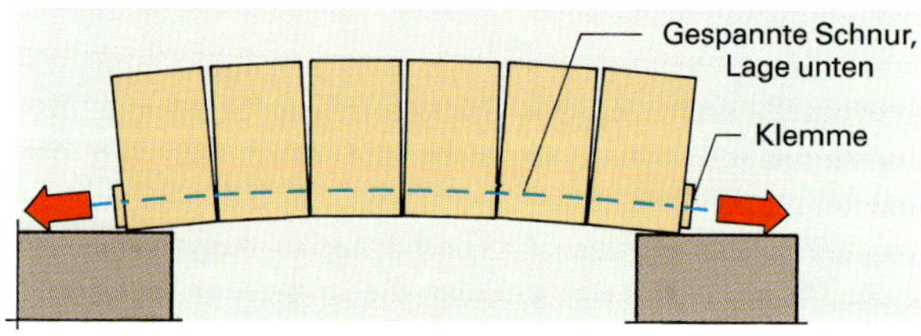

Vorgespannter Balken ohne Belastung

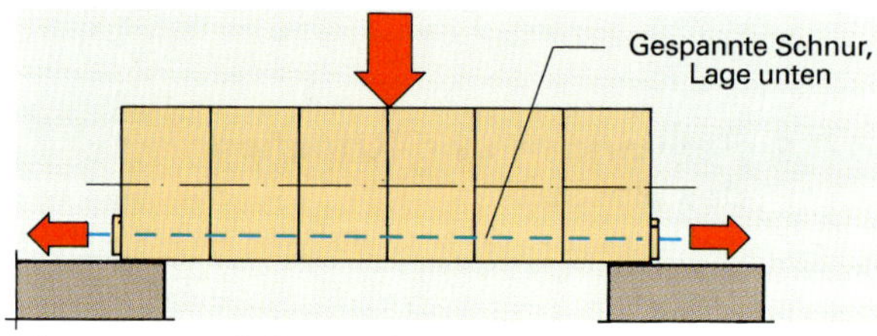

Vorgespannter Balken mit Belastung

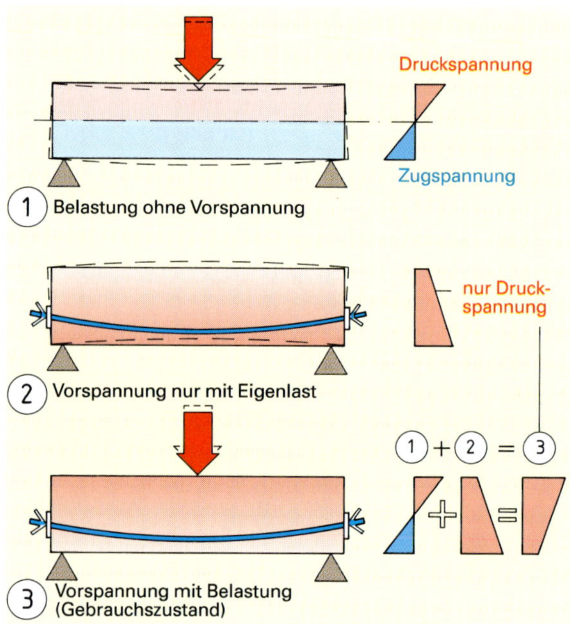

Spannungsdiagramme beim Spannbetonbalken

8.3.4 Vorspannarten

Es werden zwei Möglichkeiten der Vorspannung unterschieden:

Vorspannen **vor** dem Verbund

Die Stähle werden **vor** dem Einbringen des Betons von zwei starren Widerlagern aus gespannt. Wenn der Beton erhärtet ist, wird die Vorspannung an den Widerlagern gelöst, und die Spannkraft überträgt sich auf den Beton. Er wird gedrückt. Dieses Verfahren eignet sich besonders für Fertigteile, wie Platten und Balken, bei serienmäßiger Herstellung im Betonwerk.

Vorspannen mit **nachträglichem** Verbund

Die Spannstähle werden in **Blechhülsen** mit gerippter Oberfläche eingezogen, so dass kein Verbund mit dem Beton entsteht. Nach Erhärten des Betons werden die Stähle gespannt und Zementmörtel in die Hülsen eingepresst, wodurch der Verbund mit dem Beton hergestellt wird. Dieses Verfahren wird vor allem im Brückenbau angewandt.

Die Vorspannung kann vor dem Verbund oder mit nachträglichem Verbund erfolgen.

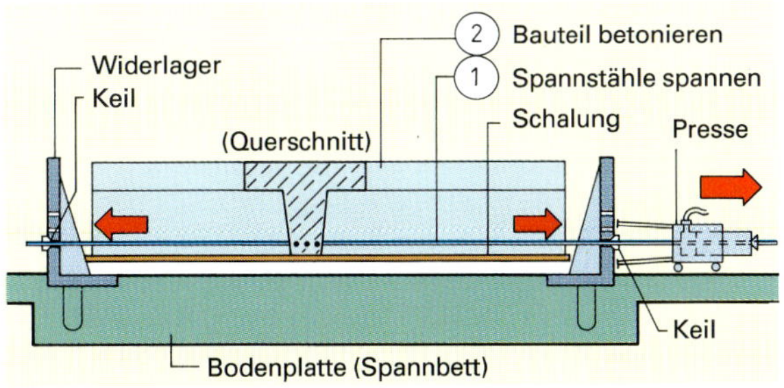

Vorspannen im Betonwerk (Fertigteile)

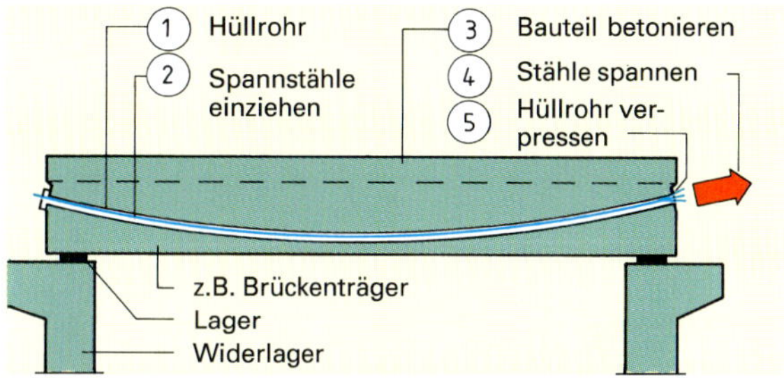

Vorspannen mit nachträglichem Verbund (Ortbeton)

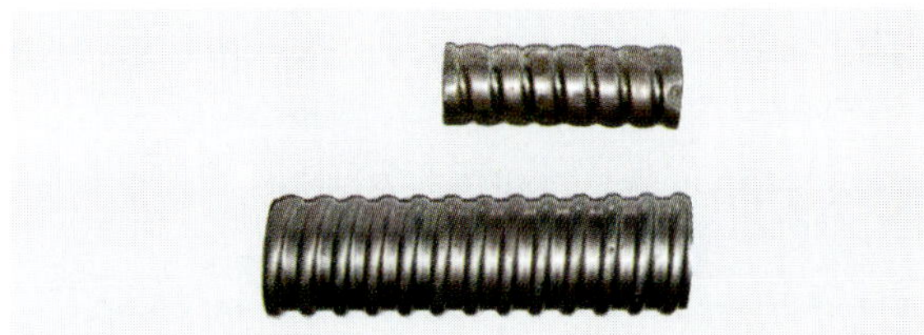

Blechhülsen (Hüllrohre)

8.3.5 Spanngliedführung

Die **mittige** und **außermittige** Vorspannung wurde bereits in den vorangegangenen Versuchen gezeigt.

Bei der **mittigen** oder zentrischen Vorspannung werden die Spannglieder in der Mittelachse angeordnet, so dass der gesamte Querschnitt gleichmäßig unter Druck steht. Diese Art ist anzuwenden, wenn es sich um Bauteile handelt, die mit Zug belastet sind, wie Hängestangen und Zugbänder. Auch bei Spannbetonmasten oder Pendelstützen, deren Momente in keine vorgegebene Richtung gehen, wird die mittige Vorspannung gewählt.

Bei auf Biegung beanspruchten Tragwerken ist die **außermittige** Vorspannung die Regel. Diese Anordnung des Spanngliedes macht es leichter, die Biegezugspannungen des Betons aufzunehmen und sie aufzuheben. Dazu hilft auch noch die **Gegenbiegung**, wie wir sie im Versuch unter 8.3.3 beobachten konnten. Die Anordnung des Spanngliedes wird dabei dem Verlauf des Lastmoments angeglichen.

Zwar wird hauptsächlich mit hochfestem Beton gearbeitet, trotzdem ist Spannbeton auch mit „Konstruktionsleichtbeton" möglich. Der wesentliche Vorteil bei der Verwendung von Leichtbeton gegenüber Normalbeton ist in der geringeren Rohdichte zu sehen, die bei den Spannbetonbauteilen zu wesentlich geringeren Eigenlasten führt.

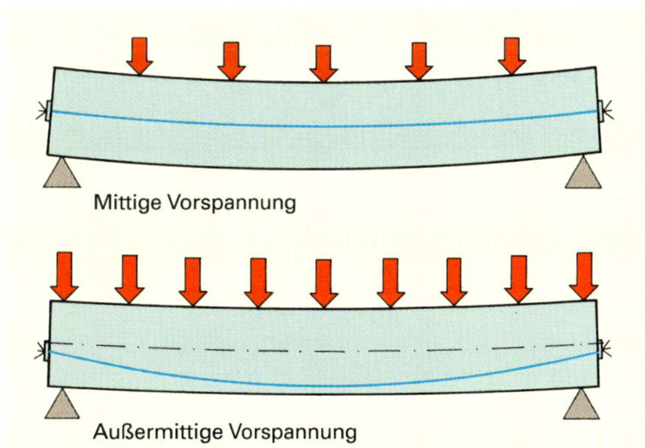

Spanngliedführung

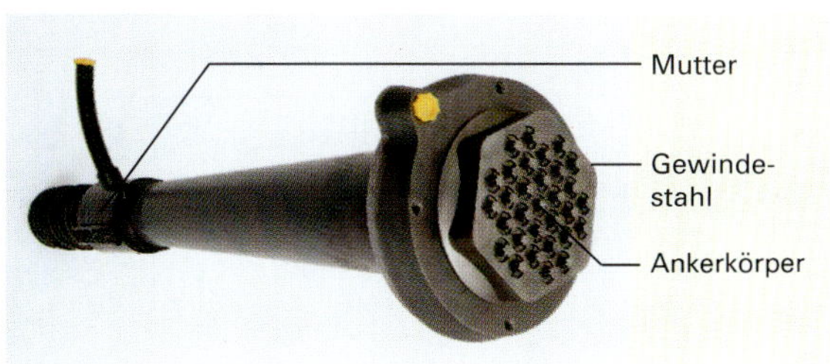

Ankerkörper

8.3.6 Spanngliedaufbau und Verankerung

Unter einem Spannglied versteht man die Spanndrähte mit den nötigen Einrichtungen zur Verankerung an den beiden Enden. Wird nur von einem Ende aus gespannt, muss am anderen Ende ein **Festanker** angebracht sein. Bei großen Spanngliedern besteht er aus einem einbetonierten Ankerkörper mit Ankerplatte. Bei kleinen bis mittleren Gliedern wird er direkt einbetoniert, wobei das Ende der Drähte gekrümmt und gegeneinander fächerartig gespreizt wird (Flächenanker). In diesem Bereich erfolgt meist der Einbau einer Wendelbewehrung. Die Spanndrähte werden in Rohrhülsen eingeführt.

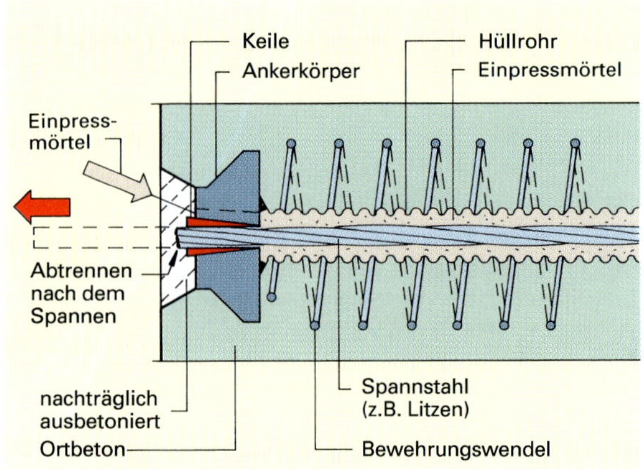

Spannglied mit Ankerkörper (Keilverankerung)

8.3.7 Spannstähle

Anforderungen

An Spannbetonstähle müssen besondere Anforderungen gestellt werden. Die wichtigsten sind:

hohe Festigkeit bzw. hohe zulässige Gebrauchsspannung, um den Spannkraftabfall aus Kriechen und Schwinden klein zu halten,

hohe Ermüdungsfestigkeit als Sicherheit gegen Spannungsänderungen,

guter Haftverbund zwischen Spannstahl und Beton,

ausreichender Korrosionswiderstand.

Spannstahlsorte (Auswahl)	**Herstellungsart** / **Form**	**Durchmesser** in mm
Stabstahl 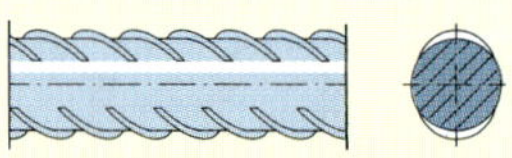	warmgewalzt, gereckt und angelassen	26,5 32 36
	rund, gerippt	
Draht 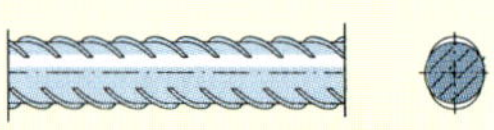	kaltgezogen	5,5 6,0 6,5 7,0 7,5
	rund, profiliert	
Litzen 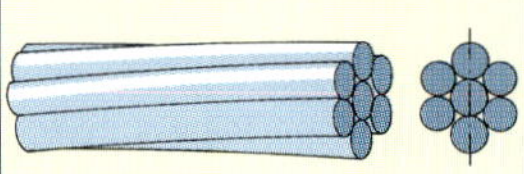	kaltgezogen	9,2 11,0 12,5 12,9 15,7
	7-drähtige Litzen	

Spannstähle (Beispiele)

Arten

1. nach der **Herstellung**
   a) warmgewalzte Stähle
   b) kaltverformte Stähle
   c) schlussvergütete Stähle

2. nach den **Handelsformen**
   a) als starke Rundstäbe, Durchmesser bis zu 36 mm, glatt oder mit Gewinderippen. Stablängen bis zu 36 Meter
   b) als Runddrähte mit einem Durchmesser bis zu 12,2 mm, glatt oder profiliert
   c) als Litzen aus 7 kaltgezogenen Drähten mit einem Durchmesser von 3 bis 5 mm

Das Spannen der Stähle geschieht mithilfe von hydraulischen Pressen.

Spannen eines Spanngliedes mit hydraulischer Presse

8.3.8 Verbund zwischen Spannstahl und Beton

Der **Verbund** zwischen Spannstahl und Beton ist besonders wichtig. Es werden dadurch ein sicherer Korrosionsschutz des Spannstahles und eine verbesserte Risssicherung erreicht. Bei nachträglichem Verbund wird Zementmörtel in die Hüllrohre gepresst. Dabei muss der Verbund zwischen Spannstahl und Mörtel sowie zwischen Mörtel und Hüllrohr bzw. Beton hergestellt werden. Um gute Verbundwirkung und hohen Korrosionsschutz zu erreichen, müssen an den Einpressmörtel folgende Forderungen gestellt werden:

- eine Druckfestigkeit von mindestens 30 MN/m^2
- geringe Wasserabsonderung
- geringe Volumenverminderung
- ausreichendes Fließvermögen beim Einpressen
- ausreichende Frostbeständigkeit nach Erhärten

Die Zusammensetzung und die Eigenschaften des **Einpressmörtels** müssen DIN EN 447 entsprechen.

Spannbetonbrücke

8.3.9 Anwendungsgebiete

Spannbeton eignet sich besonders für:

1. balkenförmige Bauteile verschiedenster Querschnitte
2. Brücken und Brückenbauteile
3. Flächentragwerke, wie Überdachungen, Straßen, Startbahnen, sowie wasserdichte Behälter
4. Röhren, Maste, Pfähle, Schwellen usw.

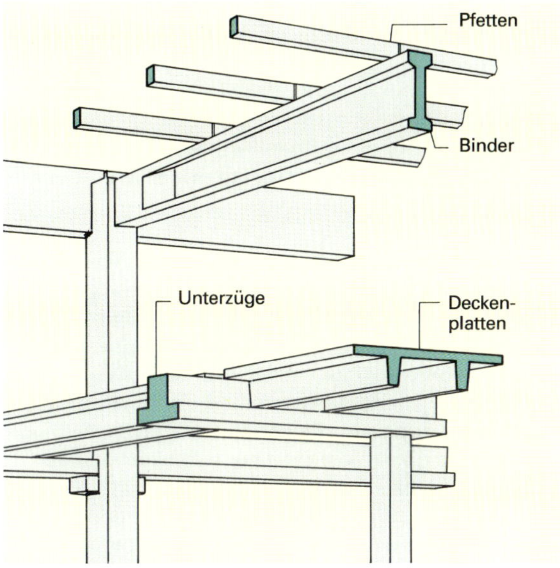

Beispiele für die Anwendung von Spannbetonelementen an einem Skelettbau

Zusammenfassung

Im Stahlbeton ist Rissbildung im Beton möglich; dadurch sind die Stahleinlagen gefährdet.

Die Zugspannungen im Stahl werden nicht voll ausgenützt.

Schwinden und Quellen ergeben eine Formveränderung.

Bei dauernder Belastung eines Betonbauteiles kriecht der Beton.

Schwinden und Kriechen im Spannbeton bewirken einen Spannungsabfall im Stahl.

Beim Spannbeton entstehen hohe Druck- und Zugkräfte, sodass hochwertiger Beton und Stahl nötig sind.

Vorspannung verhindert Rissbildung im Beton.

Spannbeton ist häufig wirtschaftlich vorteilhafter als Stahlbeton.

Man unterscheidet Vorspannung **vor** dem Verbund und Vorspannung mit **nachträglichem** Verbund.

Aufgaben:

1. *Begründen Sie eine mögliche Rissbildung im Stahlbeton, und nennen Sie ihre Folgen.*
2. *Warum werden die Zugspannungen im Stahlbeton oft nicht voll ausgenützt?*
3. *Erläutern Sie den Vorgang von Schwinden und Kriechen des Betons, und beschreiben Sie die Folgen.*
4. *Warum sind beim Spannbeton hochwertiger Beton und Stahl notwendig?*
5. *Welche Vorspannarten werden unterschieden?*
6. *Nennen Sie die Vorteile des Spannbetons.*
7. *Wo wird Spannbeton angewendet?*
8. *Zeichnen Sie in zwei Schemaskizzen die Lage der Spannglieder bei mittiger und außermittiger Vorspannung.*

8.4 Leichtbeton

8.4.1 Allgemeines

Neben großen Vorteilen hinsichtlich Druckfestigkeit und Formbarkeit hat Normalbeton, insbesondere im Hinblick auf den Wohnungsbau, auch Nachteile. Die Wärmedämmung ist gering und macht stets zusätzliche Maßnahmen zur Wärmedämmung erforderlich. Außerdem ergeben sich durch die hohe Dichte große Bauwerksmassen, die entsprechenden Aufwand bei Gründung und Bewehrung verlangen.

Ein Beton mit **geringer Dichte** und **guter Wärmedämmung** würde diese Nachteile, unter Beibehaltung der sonst guten Eigenschaften des Normalbetons, ausschalten. Geringere Dichte und bessere Wärmedämmung lassen sich durch Einbringen von luftgefüllten Poren bzw. Hohlräumen in den Beton erreichen. Wird dabei eine Betonrohdichte von 2,0 kg/dm^3 unterschritten, wird der entstandene Beton als **Leichtbeton** bezeichnet.

Grundsätzlich gibt es vier gebräuchliche Möglichkeiten, luftgefüllte Poren bzw. Hohlräume in den Beton einzubringen.

Bei in sich dichter Gesteinskörnung können Hohlräume als **Haufwerksporigkeit** zwischen den Körnern der Gesteinskörnung eingebracht werden. Haufwerksporigkeit wird durch Beschränkung auf eine Korngruppe und Verwendung von wenig Zementleim erreicht. Durch diese Maßnahme allein lässt sich die Dichte nur mäßig herabsetzen, der entstehende **Einkornbeton** wird deshalb und wegen der geringen Festigkeit nur selten verwendet.

Eine zweite, häufig genutzte Möglichkeit ist die Verwendung von Gesteinskörnung mit **Korneigenporigkeit**. Wird dabei auf gleichzeitige Haufwerksporigkeit verzichtet, so entsteht ein Leichtbeton mit geschlossenem Gefüge. Hierzu gehören alle konstruktiv verwendeten Blähton-, Blähschiefer- und Polystyrolschaumbetone.

Noch geringere Dichten werden durch die **Kombination von Korneigenporigkeit und Haufwerksporigkeit** erzielt. Dies ist zum Beispiel beim Bimsbeton (z. B. für Hohlblöcke) der Fall.

Als vierte Möglichkeit können durch Zusatz von Treibmitteln gleichmäßig im Beton verteilte feine Luftporen erzeugt werden. Dies ist aber nur bei Verwendung von feinkörniger Gesteinskörnung möglich. Derartige Leichtbetone werden als **Porenbetone** bezeichnet.

Leichtbeton bietet durch bessere Wärmedämmung und geringere Bauwerksmassen Vorteile gegenüber Normalbeton.

Leichtbeton kann durch Haufwerksporigkeit und/oder Korneigenporigkeit sowie durch Zusatz von Treibmitteln erzeugt werden.

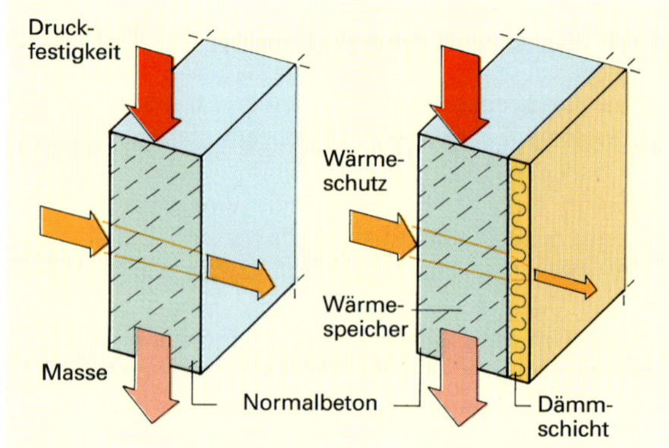

Normalbeton ohne und mit Dämmschicht

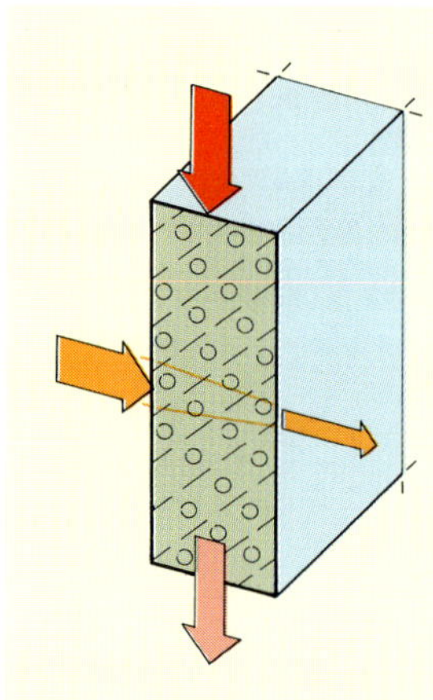

Eigenschaften im Vergleich mit Normalbeton	
Masse	geringer
Druckfestigkeit	geringer
Wärmeschutz	gut
Wärmespeicherung	geringer
Schallschutz	geringer
Kosten	höher
Einsatz	vielfältig

Eigenschaften von Leichtbeton

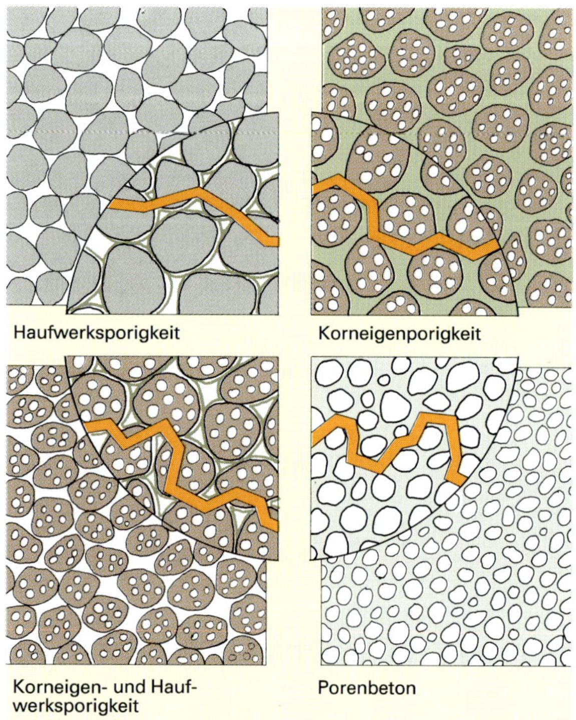

Arten von Leichtbeton, Wärmefluss

8.4.2 Leichte Gesteinskörnung

Auch leichte Gesteinskörnung soll frostbeständig und muss frei von schädlichen Bestandteilen sein. Zusätzlich soll leichte Gesteinskörnung eine möglichst **geringe Dichte** haben. Dafür muss eine geringere Eigenfestigkeit hingenommen werden. Die wichtigsten leichten Gesteinskörnungen sind in der Tabelle zusammengestellt.

Leichte Gesteinskörnung Dichte	Erläuterung	Anwendung
Naturbims 0,4...0,7 kg/dm³	Poröses vulkanisches Auswurfgestein, wird in Deutschland im Neuwieder Becken abgebaut. Ein Nachteil ist die hohe Wasseraufnahme, vor allem bei gebrochenem Material.	Bimssteine, Bimsdielen, Hohlblocksteine
Holzwolle 0,4...1,0 kg/dm³	Wegen geringer „Korn"-Eigenfestigkeit nur für Wärmedämmung geeignet. Die Holzteile müssen völlig mit Zement ummantelt sein.	Holzwolle-Leichtbauplatten
Blähton 0,6...1,8 kg/dm³	Wird durch Erhitzen von Tonkügelchen auf 1200 °C hergestellt. Dabei wird der Ton durch Vergasen von Nebenbestandteilen auf das fünf- bis siebenfache Volumen aufgebläht. An der Kornoberfläche bildet sich eine geschlossene Sinterhaut, so dass die Wasseraufnahme trotz geringer Dichte nicht allzu hoch ist. Je nach Herstellungsverfahren kann die Kornrohdichte in Abhängigkeit vom Korndurchmesser stark schwanken.	Konstruktions-leichtbeton
Blähschiefer 0,6...1,8 kg/dm³	Geht von zerkleinertem Schieferton aus, der beim Brennen senkrecht zur Schieferungsebene aufgebläht wird. Dadurch sind die einzelnen Körner nicht so rundlich wie beim Blähton, sondern mehr plattig. Ein Vorteil des Blähschiefers ist, dass durch Feinmahlung des Rohmaterials auch Körnungen im Sandbereich hergestellt werden können. Beim Blähton müssen die feinen Körnungen durch Brechen der groben erzeugt werden. Auch beim Blähschiefer ändert sich die Dichte mit der Korngröße. Die Korneigenfestigkeit ist höher als beim Blähton.	Konstruktions-leichtbeton
Ziegelsplitt 1,2...1,8 kg/dm³	Aufbereiteter Ziegelbruch, wird heute ausschließlich als Gesteinskörnung für wärmebeanspruchte Bauteile verwendet.	Schornstein-formstücke
Hüttenbims 0,5...1,5 kg/dm³	Aufgeschäumte und dann gebrochene Hochofenschlacke. Durch die offenporige Oberfläche ist die Wasseraufnahme verhältnismäßig hoch.	Nur regional für Mauersteine
Polystyrolschaum 0,1 kg/dm³	Bietet sich wegen der außerordentlich geringen Rohdichte in Form kleiner Kügelchen als leichte Gesteinskörnung geradezu an. Schwierigkeiten bereiten dabei aber das hohe Schwindmaß und die ungenügende Haftung zwischen Polystryrolschaum und Zement. Letzteres lässt sich durch den Zusatz von Haftmitteln (Expoxidharz) ausgleichen, doch werden dadurch die ohnedies hohen Kosten noch gesteigert und die Herstellung kompliziert. Dies hat dazu geführt, dass Polystyrolschaum derzeit als leichte Gesteinskörnung kaum Verwendung findet. Es gibt aber Versuche, Polystyrolschaumbeton aus aufbereiteten Polystyrolschaumabfällen und ohne Haftmittel herzustellen.	(Fertigteile)

Gebräuchliche leichte Gesteinskörnung für Leichtbeton mit geschlossenem Gefüge sind Blähton, Blähschiefer und in besonderen Fällen Polystyrolschaum. Für Leichtbeton mit offenem Gefüge werden je nach Anwendung Naturbims, Ziegelsplitt und Holzwolle verwendet.

8.4.3 Leichtbeton mit geschlossenem Gefüge

Leichtbeton mit geschlossenem Gefüge wird hergestellt, indem eigenporige Gesteinskörnung so mit Zementleim umhüllt wird, dass keine Zwischenräume bleiben. Im Gegensatz zum Normalbeton erfolgt die Kraftableitung nicht über das Korngerüst, sondern über den festeren Zementstein.

Solcher Beton kann wie Normalbeton konstruktiv eingesetzt werden und wird deshalb auch als **Konstruktionsleichtbeton** bezeichnet. Die Vorteile sind offensichtlich:

- geringere Bauwerkslasten,
- keine störenden Wärmebrücken,
- beidseitiger Sichtbeton ohne zusätzliche Dämmschichten möglich,
- nahtloser Übergang zu Normalbeton durch Betonieren frisch in frisch möglich.

Nach DIN 1045 werden auch für Leichtbeton Festigkeitsklassen unterschieden. Da bei Leichtbeton neben der Festigkeit auch die Rohdichte von besonderer Bedeutung ist, wird in der vollständigen Bezeichnung eines Leichtbetons die Rohdichteklasse mit angegeben. Als Zuschlag werden Blähton und Blähschiefer verwendet.

Bei der **Herstellung** von Leichtbeton mit geschlossenem Gefüge sind einige besondere Vorschriften zu beachten:

- das Größtkorn darf 25 mm nicht überschreiten, für LC 25/28 und höhere soll es noch kleiner sein. Die Festigkeit wird dann höher.
- Die Sieblinien nach DIN 1045 gelten auch für Leichtbeton. Bei Zuschlag mit unterschiedlichen Dichten für verschiedene Korngruppen (z.B. Blähton) muss aber von Raumteilen ausgegangen werden.
- Beim Wasseranspruch ist das Wasser, das der Zuschlag aufsaugt, zusätzlich zu berücksichtigen.
- Der Beton darf nicht weicher als plastisch sein, da sonst die Entmischungsgefahr zu groß wird.
- Bei der Herstellung von Leichtbeton ist stets, auch bei LC 8/9, LC 12/13, eine Erstprüfung erforderlich.

Beim **Verarbeiten** ist zu beachten, dass Leichtbeton mehr zum Entmischen neigt als Normalbeton. Der erforderliche Verdichtungsaufwand ist höher, da Leichtbeton die Schwingungen stärker dämpft und auch die Auflast durch die kleinere Masse geringer ist. Dies muss durch stärkere Rüttler und um etwa 50% geringeren Abstand der Rüttelstellen ausgeglichen werden.

Der gegenüber Normalbeton erhebliche Mehraufwand bei Herstellung und Verarbeitung hat dazu geführt, dass Konstruktionsleichtbeton trotz guter Eigenschaften wenig verwendet wird.

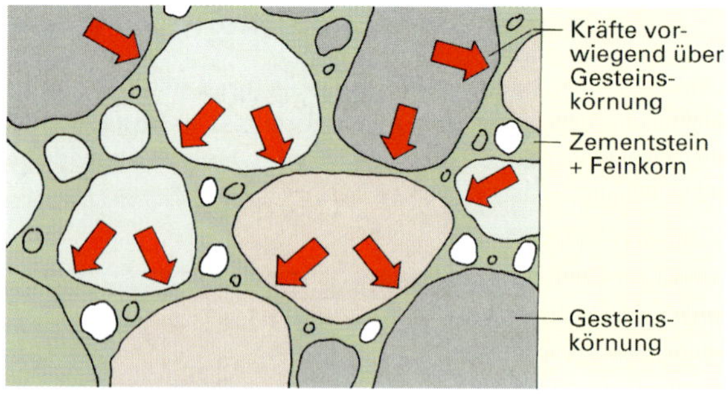

Kraftableitung im Normalbeton
(Festigkeit der Gesteinskörnung > Festigkeit des Zementsteins)

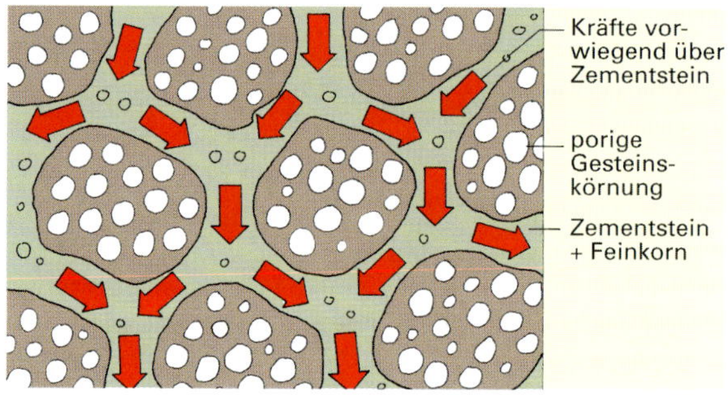

Kraftableitung im Leichtbeton mit geschlossenem Gefüge
(Festigkeit der Gesteinskörnung < Festigkeit des Zementsteins)

Druckfestigkeitsklassen	Mindestdruckfestigkeit von Zylindern $f_{ck,cyl}$ in N/mm²	Mindestdruckfestigkeit von Würfeln $f_{ck,cube}$ in N/mm²	angenommene Trockenrohdichte kg/m³
LC 8/9	8	9	1000
LC 12/13	12	13	1100
LC 16/18	16	18	1200
LC 20/22	20	22	1300
LC 25/28	25	28	1400
LC 30/33	30	33	1500
LC 35/38	35	38	1600
LC 40/44	40	44	1700
LC 45/50	45	50	1800
LC 50/55	50	55	1800
LC 55/60 [1])	55	60	1900
LC 60/66	60	66	1900
LC 70/77 [2])	70	77	2000
LC 80/88 [2])	80	88	2000

[1]) Ab Druckfestigkeitsklasse LC 55/60: hochfester Leichtbeton
[2]) Für Leichtbeton der Druckfestigkeitsklasse LC 70/77 und LC 80/88 ist eine allgemeine bauaufsichtliche Zulassung oder eine Zustimmung erforderlich.

Druckfestigkeitsklassen für Leichtbeton

Rohdichteklasse	D 1,0	D 1,2	D 1,4	D 1,6	D 1,8	D 2,0
Rohdichtebereich kg/m³	≥800 und ≤1000	>1000 und ≤1200	>1200 und ≤1400	>1400 und ≤1600	>1600 und ≤1800	>1800 und ≤2000

Rohdichteklassen

Stahlleichtbeton

Stahlleichtbeton und vor allem Spannleichtbeton wurden seit etwa 30 Jahren für einige spektakuläre Bauvorhaben eingesetzt, bei denen die speziellen Eigenschaften besondere Vorteile brachten. Als Beispiel sei hier die 100 m frei herausragende Skiflugschanze in Oberstdorf genannt.

Durch die geringeren Massen sind erhebliche Einsparungen bei Gründung und Bewehrung möglich, dazu kommt der Vorteil besserer Wärmedämmung.

Die **Herstellung** von Stahlleichtbeton erfordert besondere Sorgfalt. Für Konstruktionsstahlleichtbeton werden als Gesteinskörnung ausschließlich Blähton und Blähschiefer verwendet. Die geforderte Betondeckung ist gegenüber Stahlbeton erhöht.

Beim **Verarbeiten** von Stahlleichtbeton ist in besonderem Maße auf ausreichende Verdichtung zu achten, damit der Korrosionsschutz gewährleistet ist.

Einsatz von Spannleichtbeton beim Brückenbau
(Freivorbau-Verfahren)

Stahlleichtbeton kann bei besonderen Anforderungen ein geeigneter und wirtschaftlicher Baustoff sein.

8.4.4 Leichtbeton mit haufwerksporigem Gefüge

Leichtbeton mit haufwerksporigem Gefüge ermöglicht geringere Rohdichten und damit besseren Wärmeschutz als Leichtbeton mit geschlossenem Gefüge. Dafür werden aber nur Festigkeiten von 3 bis 8 MN/m^2 erreicht.

Zur Herstellung wird eine eng begrenzte Korngruppe ohne Füllkorn verwendet. Dazu wird nur so viel Zementleim gegeben, dass die Körner an den Berührungsstellen eben verkittet werden. Die Kraftableitung erfolgt über diese punktweise Verkittung der Gesteinskörner.

Ein Problem stellt die hohe **Wasseraufnahme** der offenporigen Leichtbetone dar. Im Freien muss haufwerksporiger Leichtbeton durch Putz oder Ähnliches geschützt werden.

Ebenfalls problematisch ist der **Korrosionsschutz**; eine eventuelle Bewehrung muss durch besondere Behandlung vor Rost geschützt werden.

Haufwerksporiger Leichtbeton wird nicht konstruktiv, sondern vorwiegend für Steine verwendet.

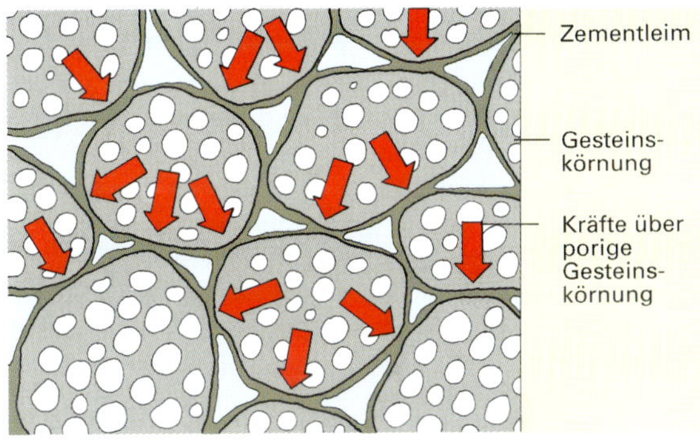

Kraftableitung bei haufwerksporigem Leichtbeton

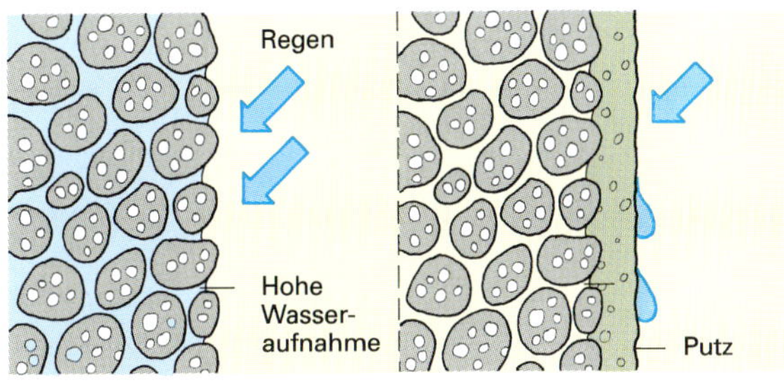

Schutz von Leichtbetonen vor Niederschlägen

Bimsbeton

Naturbimsbeton wird im Wesentlichen für Vollsteine, Hohlblöcke, Vollblöcke, Bimsdielen usw. verwendet. Die Rohdichten bewegen sich zwischen 0,5 und 1,8 kg/dm^3, die Festigkeiten zwischen 2,5 und 7,5 MN/m^2.

Naturbimssteine müssen außen stets durch Putz oder Ähnliches vor Witterungseinflüssen geschützt werden.

Hüttenbimsbeton ist nur regional verbreitet. Er wird sowohl haufwerksporig als auch mit geschlossenem Gefüge hergestellt.

Naturbimserzeugnisse werden im Mauerwerksbau vielfach verwendet.

Bimsbeton-Erzeugnisse, Beispiele für haufwerksporigen Leichtbeton

Ziegelsplittbeton

Leichtbeton mit Ziegelsplitt als Gesteinskörnung eignet sich besonders für wärmebeanspruchte Bauteile. Heute wird Ziegelsplittbeton ausschließlich für die Herstellung von Schornsteinformstücken verwendet (vgl. Kapitel 6). Als Rohstoff dient der Ziegelbruch der Ziegeleien, der nur in beschränktem Umfange zur Verfügung steht.

In den Jahren nach dem Zweiten Weltkriege, als große Mengen Trümmerschutt vorhanden waren, wurde Ziegelsplittbeton auch als Baustein verwendet.

Ziegelsplittbeton wird fast ausschließlich für Schornsteinformstücke verwendet.

Schornsteinformstücke

8.4.5 Porenbeton

Beim **Porenbeton** werden in eine Mischung aus Quarzsand, Kalk, Wasser und Zement zahlreiche fein verteilte Poren eingebracht. Daraus resultieren eine sehr gute **Wärmedämmung**, aber auch geringere Festigkeit.

Die Poren werden erzeugt, indem der Mischung Aluminiumpulver oder Aluminiumpaste zugesetzt wird. Das Aluminium reagiert mit dem Wasser unter Bildung von gasförmigem Wasserstoff, der die Poren im Porenbeton bildet und ohne Rückstände entweicht. Das in große Formen eingebrachte Gemenge schäumt durch die Gasbildung wie ein Hefeteig auf und wird nach dem Erhärten in Einzelstücke zerschnitten. Dadurch wird eine gute **Maßhaltigkeit** erreicht. Durch anschließende Dampfhärtung wird das Schwinden vorweggenommen, so dass Porenbetonsteine sofort nach Herstellung verarbeitet werden können.

Die gute **Bearbeitbarkeit** des Porenbetons ist natürlich auch bei der Verarbeitung auf der Baustelle ein großer Vorzug dieses Baustoffes; Porenbeton kann problemlos gesägt, gefräst und gebohrt werden.

Durch die hohe Porosität ist der Korrosionsschutz eventueller Stahleinlagen nicht gegeben, diese müssen gegen Rosten geschützt werden.

Porenbeton wird mit Rohdichten von 0,35 bis 1,0 kg/dm^3 und Festigkeiten von 2,5 bis 10,0 MN/m^2 hergestellt. Anwendungsgebiet für Porenbeton sind sowohl der Wohnals auch der Wirtschaftsbau. Zur Verfügung stehen Porenbeton-Plansteine und Porenbeton-Planelemente für Mauerwerk sowie bewehrte Wand-, Dach- und Deckenplatten bis zu 7,50 m Länge. Außen muss Porenbeton grundsätzlich gegen Feuchtigkeitsaufnahme geschützt werden. Bei Verwendung von Plansteinen mit Dünnbettmörtel können bei Porenbetonmauerwerk sehr niedrige Wärmeleitzahlen erreicht werden.

Porenbeton ist durch geringe Dichte, gute Wärmedämmung und gute Bearbeitbarkeit für großformatige Wandbausteine im Wohnungsbau besonders geeignet.

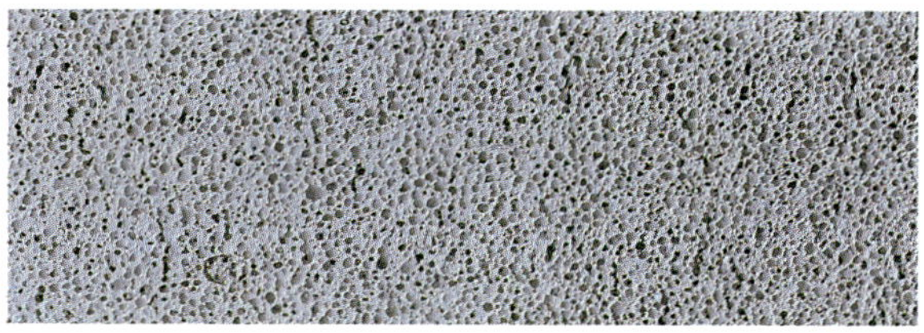

Schnitt durch Porenbeton

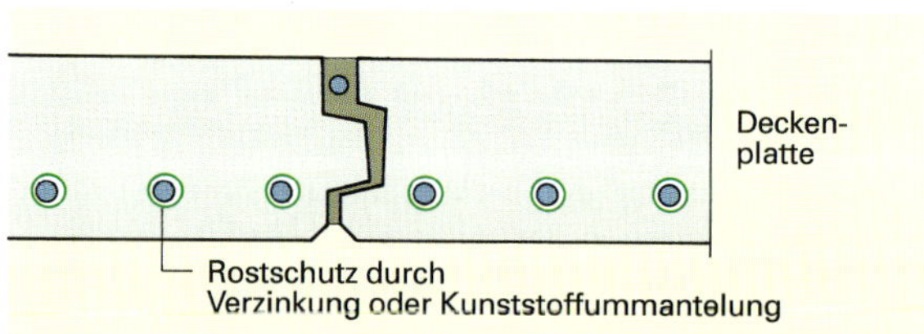

Rostschutz der Bewehrung von Porenbetonplatten

Versetzen großformatiger Porenbetonblöcke

Zusammenfassung

Leichtbeton bietet gegenüber Normalbeton die Vorteile geringerer Bauwerkslasten und besserer Wärmedämmung.

Die Dichte von Beton kann durch Haufwerksporigkeit, Korneigenporigkeit und fein verteilte Gasporen herabgesetzt werden.

Gebräuchliche Gesteinskörnungen für Leichtbeton mit geschlossenem Gefüge sind Blähton, Blähschiefer und in seltenen Fällen Polystyrolschaum. Für Leichtbeton mit offenem Gefüge werden je nach Anwendung Naturbims, Ziegelsplitt und Holzwolle verwendet.

Bei Leichtbeton mit geschlossenem Gefüge ist die porige Gesteinskörnung dicht mit Zementstein umhüllt; die Kraftableitung erfolgt über den Zementstein. Bei Herstellung und Verarbeitung sind besondere Vorschriften zu beachten.

Blähton- und Blähschieferbeton werden bei besonderen Anforderungen für Stahlleichtbeton und Spannleichtbeton eingesetzt.

Haufwerksporige Leichtbetone haben geringere Dichte und bessere Wärmedämmung, aber auch geringere Festigkeit und höhere Wasseraufnahme.

Bimsbeton und Ziegelsplittbeton werden für Leichtbetonsteine und Betonwaren verwendet.

Porenbetonprodukte werden sowohl im Wohn- als auch im Wirtschaftsbau angewendet. Zur Verfügung stehen großformatige Blocksteine, Plansteine und Bauplatten sowie bewehrte Dach-, Decken- und Wandplatten.

Aufgaben:

1. *Nennen Sie Vor- und Nachteile von Normalbetonwänden gegenüber Ziegelmauerwerk.*
2. *Welche Anforderungen sind an leichte Gesteinskörnung zu stellen?*
3. *Worin unterscheiden sich Blähton und Blähschiefer?*
4. *Für welchen Zweck wird Ziegelsplitt als leichte Gesteinskörnung verwendet?*
5. *Welche Vor- und Nachteile bietet Polystyrolschaum als leichte Gesteinskörnung?*
6. *Beschreiben Sie die Kraftableitung in*
   a) Normalbeton,
   b) Leichtbeton mit geschlossenem Gefüge,
   c) Leichtbeton mit haufwerksporigem Gefüge.
7. *Welche Vorteile bietet Leichtbeton mit geschlossenem Gefüge gegenüber Normalbeton?*
8. *Was ist bei der Herstellung von Leichtbeton mit geschlossenem Gefüge besonders zu beachten?*
9. *Weshalb wird bei der Herstellung von Blähtonbeton oft Natursand zugesetzt?*
10. *Was ist bei der Verarbeitung von Leichtbeton mit geschlossenem Gefüge besonders zu beachten?*
11. *Wozu wird Spannleichtbeton verwendet?*
12. *Geben Sie Verwendungsbeispiele für Bimsbeton an.*
13. *Worin unterscheidet sich Porenbeton von den übrigen Leichtbetonen?*
14. *Geben Sie Verwendungsbeispiele für Porenbeton an.*

8.5 Beton- und Stahlbetonwände

Wände sind scheibenartige Bauteile mit den Aufgaben, Räume zu umschließen, Räume zu trennen und Kräfte abzuleiten.

Im Allgemeinen wirken die Kräfte in Richtung ihrer Fläche. Nur in wenigen Fällen (z.B. Stützmauer, Staumauer, Windbelastung auf Außenwand) wirken die Kräfte quer zur Wandfläche.

Wände werden gemauert oder betoniert. Nicht tragende Wände können aus den verschiedensten Baustoffen, wie Glas, Holz oder Metall, hergestellt werden. Da solche Konstruktionen für den Maurer und Betonbauer nur von untergeordneter Bedeutung sind, werden sie hier nicht behandelt.

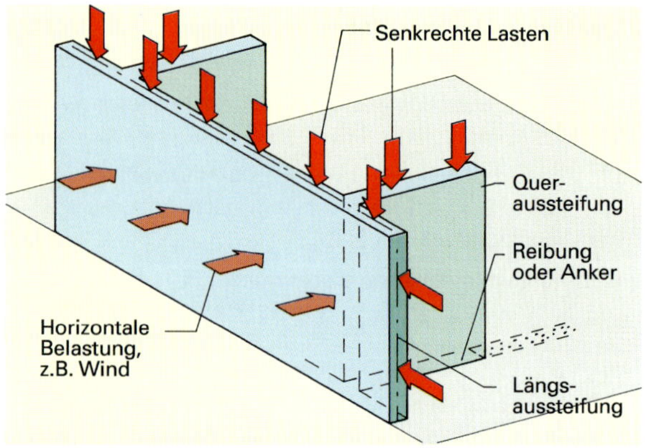

Wandscheibe mit zusätzlicher Belastung quer zur Wandfläche

8.5.1 Wandarten

Die dargestellten Wände werden wie folgt bezeichnet:

① Außenwand (Umfassungswand)
② Tragende Wand
③ Aussteifende Wand
④ Nicht tragende Wand (leichte Trennwand)
⑤ Wohnungstrennwand
⑥ Brandwand
⑦ Treppenraumwand

Außerdem werden Untergeschosswände und Geschosswände unterschieden.

Stützwände haben die Aufgabe, Boden abzustützen. Untergeschoss-Außenwände erfüllen ebenfalls diese Aufgabe.

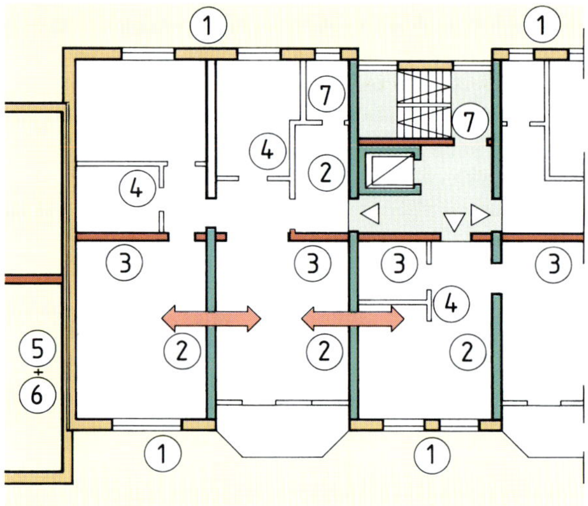

Wandarten (Gebäude mit tragenden Querwänden)

Aufgabe	Wandart	Anforderungen
Räume umschließen	Umfassungswand (Außenwand)	Wärmeschutz, Schallschutz, Feuchtigkeitsschutz
Räume trennen	Brandwand, Wohnungstrennwand, Treppenraumwand, leichte Trennwand	Schallschutz, Brandschutz Standfestigkeit durch umgebende Bauteile
Kräfte übertragen und ableiten	tragende Wand, aussteifende Wand	Druckfestigkeit, Knicksicherheit

Anforderungen an die Wände

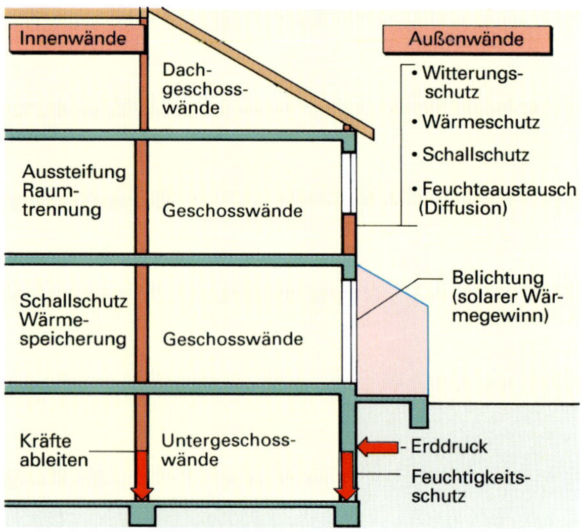

Wandarten, Lage und Aufgaben

Wände sind scheibenartige Bauteile, die überwiegend auf Druck beansprucht werden.
Wände erfüllen unterschiedliche Aufgaben. Je nach Aufgabe der Wand sind die Anforderungen verschieden.

8.5.2 Wände in Ortbeton

In diesem Abschnitt werden Beton- und Stahlbetonwände in Ortbeton behandelt. Auf Stahlbeton-Fertigteilwände wird in Kapitel 11 Fertigteilbau eingegangen.

Bei Beton- und Stahlbetonwänden kann zwischen

- **tragenden Wänden**
- **aussteifenden Wänden** und
- **nicht tragenden Wänden**

unterschieden werden.

Tragende Wände

Tragende Wände nehmen lotrechte Lasten, z.B. Deckenlasten, und waagerechte Lasten, z.B. Windlasten, auf.

Die Wanddicken tragender Betonwände richten sich nach der Standsicherheit, dem Wärme-, Schall- und Brandschutz sowie nach den in DIN 1045 vorgeschriebenen Mindestwanddicken.

Die Standsicherheit wird im Allgemeinen durch den Bauingenieur nachgewiesen. Sofern nicht mit Rücksicht auf den Wärme-, Schall- und Brandschutz größere Wanddicken erforderlich sind, richtet sich die Mindestwanddicke nach der folgenden Tabelle:

Festigkeitsklasse des Betons	Mindestwanddicke (in cm) für Ortbetonwände aus			
	unbewehrtem Beton		Stahlbeton	
	für Deckenauflager			
	① + ②	③	① + ②	③
C 12/15 oder LC 12/13	20	14	–	–
ab C 16/20 oder LC 16/18	14	12	12	10

Mindestwanddicken für tragende Wände in Ortbeton (DIN 1045)

Aussteifende Wände

Sie werden zur Knickaussteifung tragender Wände eingebaut; auch andere tragende Wände dienen dazu.

Aussteifende Wände sind mit den tragenden Wänden gleichzeitig hochzuführen oder durch Anschlussbewehrungen kraftschlüssig mit ihnen zu verbinden. Sie müssen mindestens eine Länge von $\frac{1}{5}$ der Geschosshöhe und eine Dicke von mindestens 8 cm haben.

Nicht tragende Wände

Sie werden meist nur durch ihre Eigenlast beansprucht, können jedoch auf ihre Fläche wirkende Windlasten auf tragende Bauteile, z.B. Wände oder Decken, übertragen.

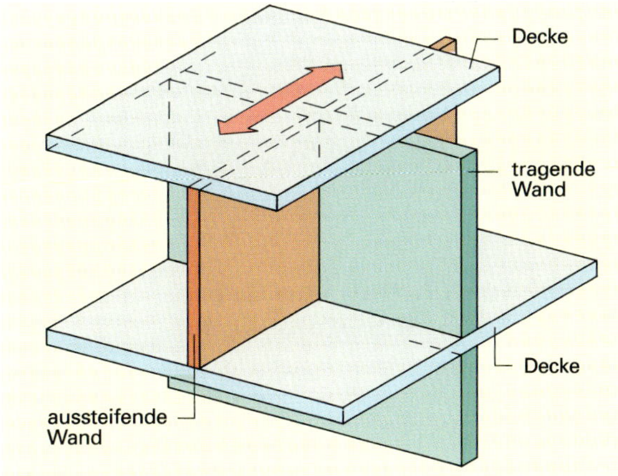

Tragende Wand

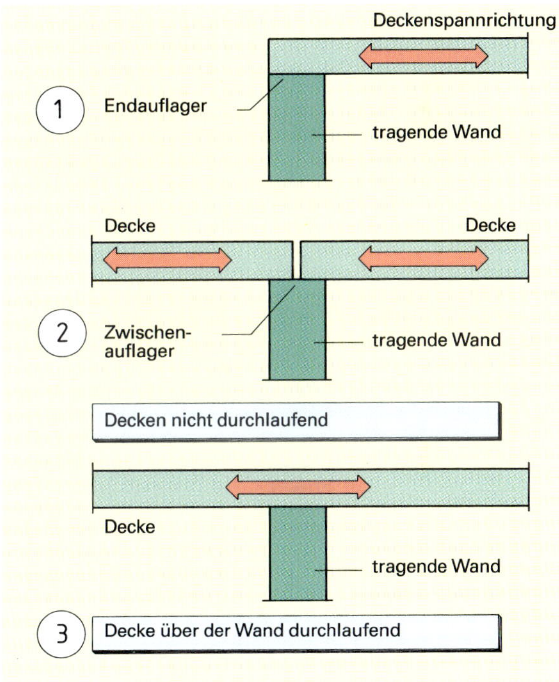

Wände als Deckenauflager

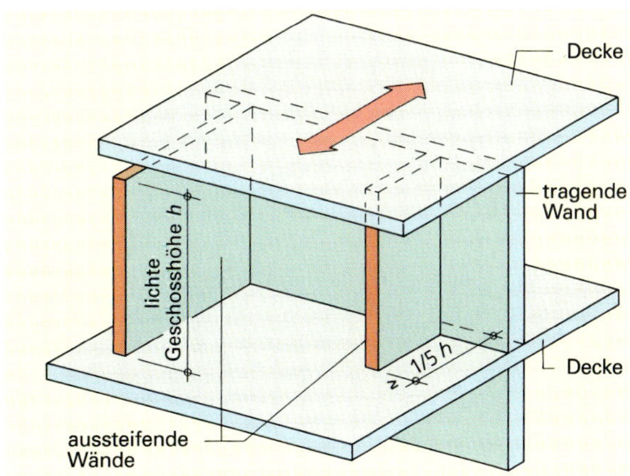

Aussteifende Wände

Bei Beton- und Stahlbetonwänden kann zwischen
- **tragenden Wänden** zur Aufnahme von Lasten
- **aussteifenden Wänden** zur Knickaussteifung tragender Wände und
- **nicht tragenden Wänden**

unterschieden werden.

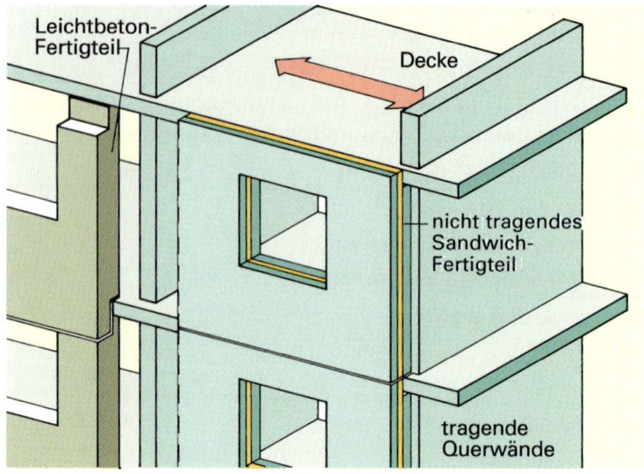

Nicht tragende Außenwand (tragende Querwände)

8.5.3 Ausführung von Beton- und Stahlbetonwänden

Der Arbeitsablauf beim Herstellen von Beton- und Stahlbetonwänden lässt sich mit folgenden Arbeitsschritten beschreiben:

1. Aufbau einer Seite der Wandschalung.
2. Einbau der Aussparungen (Wanddurchbrüche, Schlitze, Fenster usw.), Verlegen der erforderlichen haustechnischen Installationen (da Elektroinstallationen die Betondeckung beeinflussen könnten, werden sie in der Regel erst nach dem Bewehren eingebaut).
3. Bei Stahlbetonwänden Einbau der Bewehrung.
4. Aufbau der zweiten Seite der Wandschalung.
5. Einbringen und Verdichten des Betons.
6. Nach dem Erhärten Ausschalen. (Ausschalfristen beachten!)
7. Nachbehandeln des Betons.

Unbewehrte Wände

Um größere Schwundrisse zu vermeiden, werden in die Außen-, Haus- und Wohnungstrennwände etwa in Höhe jeder Keller- oder Geschossdecke zwei durchlaufende Bewehrungsstäbe (Ringanker) gelegt. Diese Stäbe können auch Teil der Deckenbewehrung oder Fenstersturzbewehrung sein.

Nachträgliches Einstemmen ist nur bei senkrechten Schlitzen und mindestens 12 cm dicken Wänden zulässig. Die Tiefe der Schlitze darf höchstens 3 cm betragen bzw. $\frac{1}{6}$ der Wanddicke, ihre Breite darf höchstens der Wanddicke entsprechen, und ihr gegenseitiger Abstand muss mindestens 2,0 m betragen.

Bewehrte Wände

Die lotrechte Bewehrung an jeder Wandseite muss mindestens das 0,0015fache (= 1,5‰), bei sehr schlanken Wänden und sehr hoch belasteten Wänden mindestens das 0,003fache (= 3‰) der Betonquerschnittsfläche betragen. Sie darf aber nie das 0,04fache (= 4%) der Betonquerschnittsfläche übersteigen.

Die lotrechte Bewehrung muss immer eine Querbewehrung erhalten.

Die außen liegenden Bewehrungsstäbe sind je m^2 Wandfläche an mindestens vier versetzten Stellen zu verbinden. Dies kann durch S-Haken oder bei dickeren Wänden durch Steckbügel, die im Innern der Wand zu verankern sind, erfolgen.

An den freien Rändern der Wand (Wandanfang oder -ende) sind die Eck-Bewehrungsstäbe durch Steckbügel zu sichern.

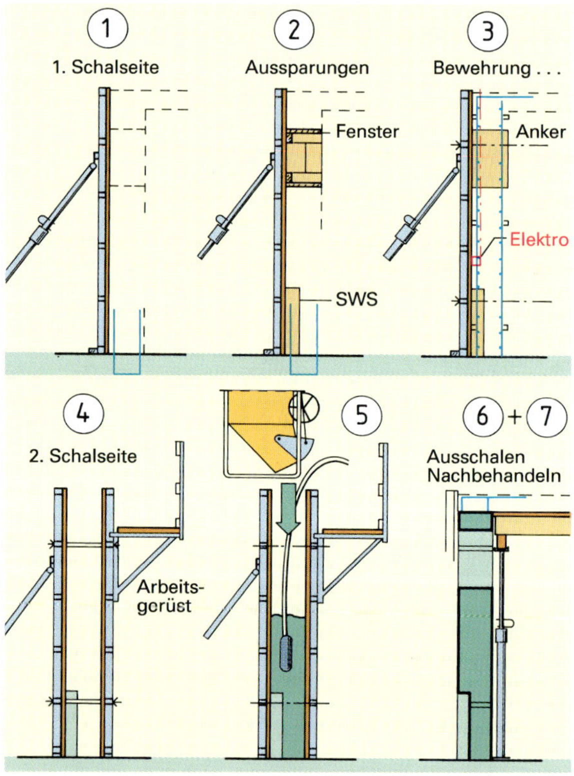

Arbeitsablauf beim Herstellen einer Stahlbetonwand

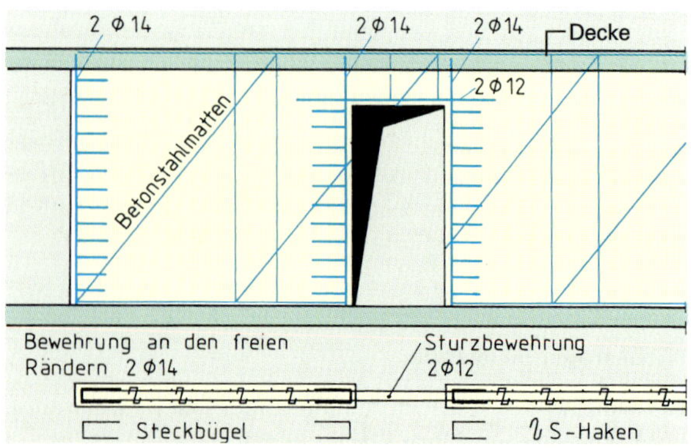

Mögliche Bewehrung einer Stahlbetonwand

8.5.4 Untergeschosswände

Betonwände werden im Wohnungsbau wegen ihrer schlechten Wärmedämmfähigkeit und ihrer guten Belastbarkeit hauptsächlich in Untergeschossen eingebaut.

Untergeschosswände sind Anforderungen ausgesetzt, wie sie in den darüber liegenden Geschossen nicht auftreten.

Anforderungen an Untergeschosswände:

- große **Druckbelastung** aus den darüber liegenden Geschossen,
- **Horizontalbelastung** der Umfassungswände infolge Erddruck,
- Einwirkung der **Erdfeuchtigkeit, u. U. Wasserdruck**,
- im Boden enthaltene **aggressive Stoffe** können die Wandbaustoffe angreifen.

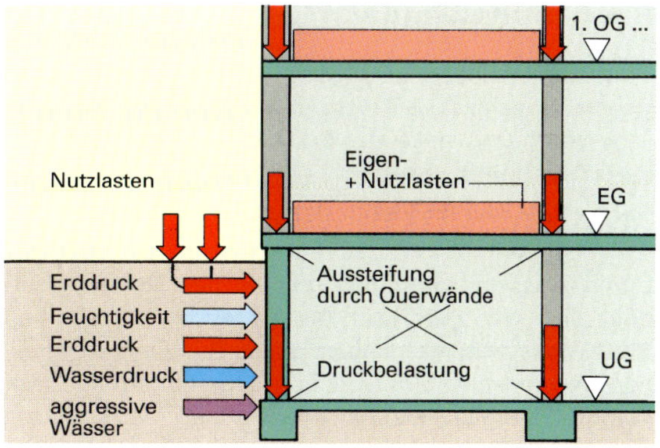

Anforderungen an Untergeschosswände

Untergeschossfenster

Je nach Grundfläche und Nutzungsart des Untergeschossraumes wird die Größe der Fenster festgelegt.

Für Untergeschossfenster sieht man einen seitlichen und oberen Anschlag von ca. 5 cm vor.

Die Fensterbrüstung kann bei Betonwänden nach innen unter ca. 45° abgeschrägt werden (größerer Lichteinfall). Eine äußere Abschrägung der Brüstung verhindert, dass Regenwasser stehen bleibt und eventuell eindringt.

Fensterrahmen aus verzinktem Stahl oder aus Beton können in die Schalung eingebaut und einbetoniert werden. Die Einbauanweisungen müssen genau eingehalten werden!

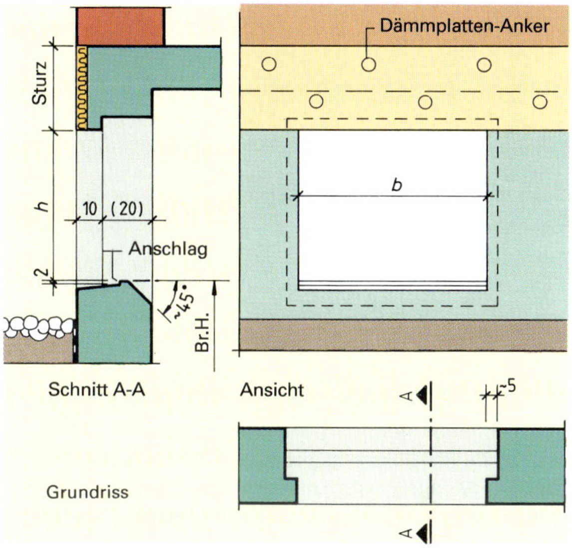

Untergeschossfenster

Lichtschächte

Liegt der Sockel eines Gebäudes im Boden, so müssen für die Untergeschossfenster Lichtschächte vorgesehen werden.

Um ausreichenden Lichteinfall zu erhalten, soll die innere Lichtschachtausladung mindestens der Fensterhöhe entsprechen. Die innere Breite des Lichtschachtes entspricht der Fensterbreite +10 bis 20 cm.

Der Lichtschachtboden liegt ca. 10 cm tiefer als die Fensterbrüstung und erhält ein Gefälle zum Auslauf. Eine gute Sickerung (Kiesschüttung) unter dem Auslauf muss gewährleistet sein.

Häufig werden Lichtschächte auch ohne Betonboden ausgeführt. Der Boden wird dann mit Kies (ca. 15 cm dick) aufgefüllt.

Lichtschächte müssen fest mit den Untergeschosswänden verbunden sein, damit sie bei Setzungen nicht abgerissen werden.

Zum Schutze der Passanten werden Lichtschächte mit verzinkten Stahlrosten abgedeckt.

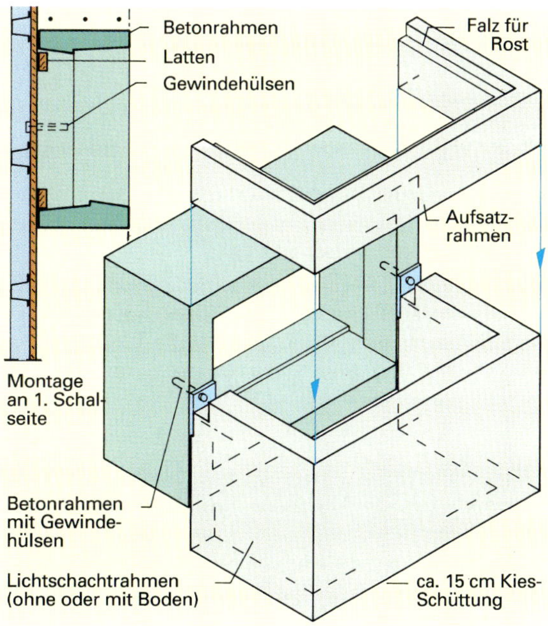

Fensterrahmen und Lichtschacht aus Betonfertigteilen (Beispiel)

Zur Belichtung und Belüftung im Boden liegender Untergeschossräume werden an den Fenstern Lichtschächte angebaut.

Die Lichtschächte sind mit den Wänden fest zu verbinden.

8.5.5 Stützwände

Stützwände haben die Aufgabe, den dahinter liegenden Boden abzustützen. Sie werden gebaut, wenn der natürliche Böschungswinkel des Bodens kleiner als der geforderte Böschungswinkel ist.

Stützwände werden durch den dahinter liegenden Boden belastet.

Durch Wasseransammlung hinter einer Stützwand erhöht sich der Erddruck. Als Gegenmaßnahme sind Stützwände mit Sickersteinen an der Rückseite zu versehen und mit nichtbindigen Böden zu hinterfüllen. Am Wandfuß werden sie durch eine Dränung mit Auslässen quer durch die Wand entwässert.

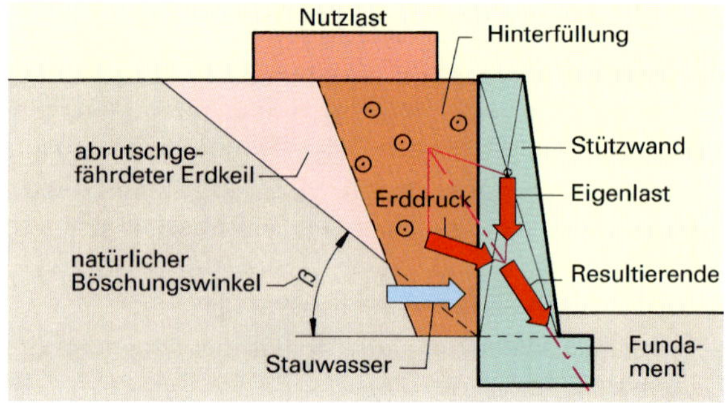

An Stützwänden wirkende Kräfte

Schwergewichtsstützwände

Dem anfallenden Erddruck wird die Eigenlast der Wand entgegengesetzt.

Schwergewichtsstützwände können aus natürlichen Steinen oder schweren künstlichen Steinen gemauert werden, am häufigsten werden sie jedoch in Ortbeton ausgeführt.

Für Stützwände mit geringer Höhe finden auch Betonsteine in L-Form oder U-Form Verwendung. Stützwände aus U-Steinen können auch aus mehreren Schichten, die zum Hang hin abgetreppt sind, bestehen. Bei großem Erddruck sind Schwergewichtsstützwände wegen ihres hohen Materialbedarfs unwirtschaftlich.

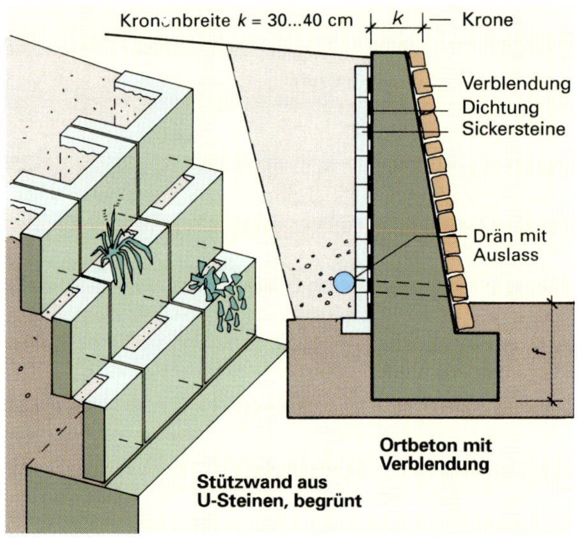

Schwergewichtsstützwände, Beispiele

Ausgesteifte Stützwände in Stahlbeton
(Winkelstützwände)

Mit zunehmender Stützhöhe erhöht sich der Erddruck. Ausgesteifte Stützwände erfordern weniger Baustoff und sind dadurch wirtschaftlicher.

L-förmige oder ⊥-förmige Querschnitte werden gegebenenfalls an der Rückseite durch Rippen ausgesteift. Die Wandplatte muss mit der Grundplatte **biegesteif** verbunden sein. Bei L-förmigen Querschnitten wird die Grundplatte erdseitig angeordnet.

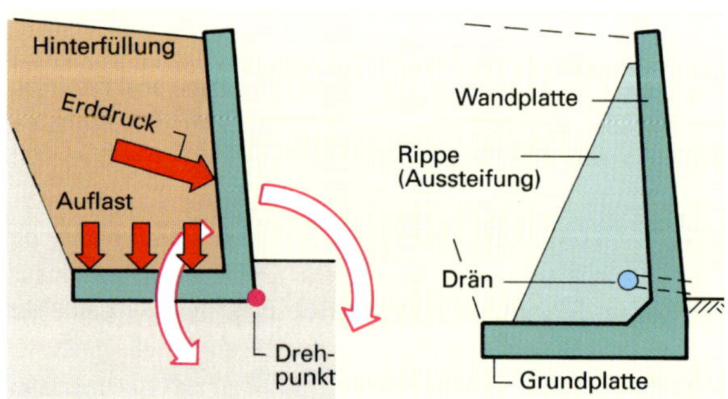

Stahlbeton-Stützwand mit L-Querschnitt

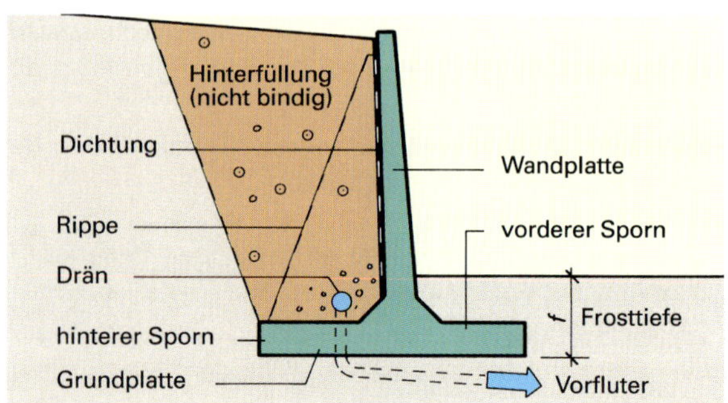

Stahlbeton-Stützwand mit ⊥-Querschnitt

> Stützwände haben die Aufgabe, den dahinter liegenden Boden abzustützen.
>
> Bei Schwergewichtsstützwänden wirkt dem anfallenden Erddruck die Eigenlast der Wand entgegen. Ausgesteifte Stützwände in Stahlbeton erfordern weniger Baustoff.

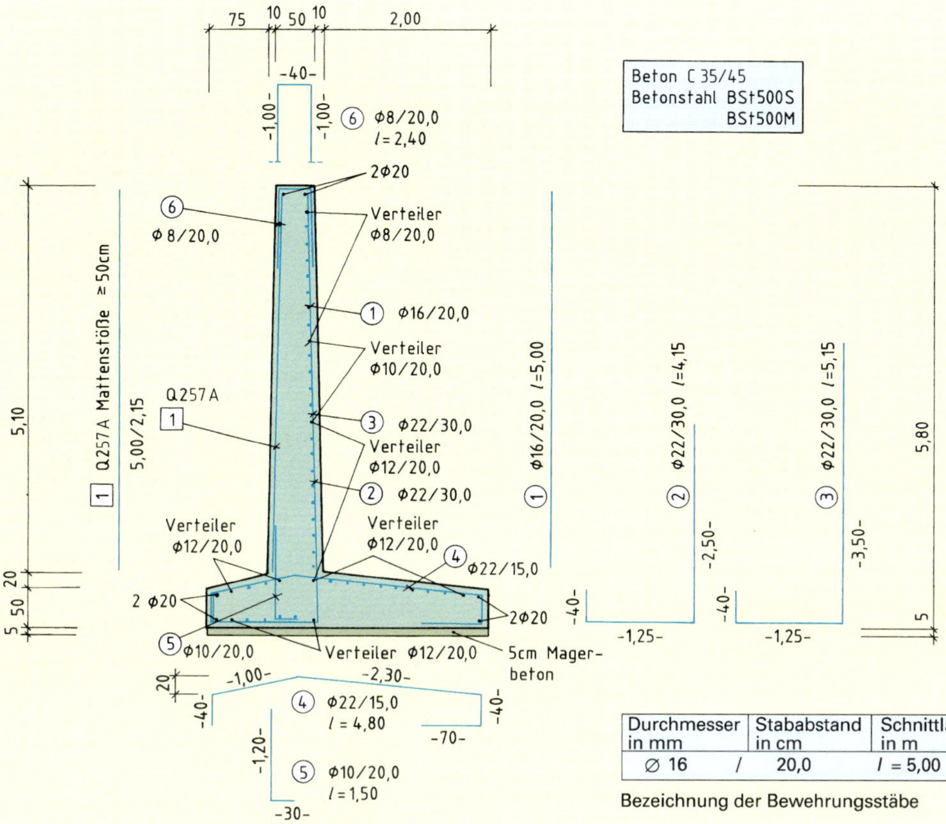

Durchmesser in mm	Stababstand in cm	Schnittlänge in m
∅ 16 /	20,0	l = 5,00

Bezeichnung der Bewehrungsstäbe

Zusammenfassung

Wände sind scheibenartige Bauteile mit den Aufgaben, Räume zu umschließen, Räume zu trennen und Kräfte abzuleiten. Tragende Wände nehmen lotrechte und waagerechte Lasten auf und leiten sie ab.

Aussteifende Wände werden zur Knickaussteifung tragender Wände eingebaut.

Nicht tragende Wände werden nur durch ihre Eigenlast belastet; als Außenwände können sie jedoch auf ihre Fläche wirkende Windlasten auf tragende Bauteile übertragen.

Untergeschosswände erfordern im Allgemeinen keine Wärmedämmfähigkeit, jedoch eine hohe Belastbarkeit. Betonwände entsprechen diesen Anforderungen.

Zur besseren Abdichtung der Fensterrahmen werden an Untergeschossfenstern Anschläge vorgesehen.

Unter dem Gelände liegende Fenster müssen Lichtschächte erhalten. Lichtschächte werden durch eine Öffnung im Boden oder in der Lichtschachtwand entwässert.

Stützwände stützen den dahinter liegenden Boden ab. Sie werden als Schwergewichtswände oder als ausgesteifte Stahlbetonwände hergestellt.

Aufgaben:

1. *Nennen Sie die Aufgaben von Wänden.*
2. *Welche Anforderungen werden an tragende Wohnungstrennwände gestellt?*
3. *Nennen Sie Wandarten, die rechtwinklig zu ihrer Fläche belastet werden.*
4. *Nach welchen Gesichtspunkten wird die Dicke einer Betonwand festgelegt?*
5. *Welche Arten von Betonwänden unterscheidet DIN 1045?*
6. *Welche Mindestdicke muss für eine tragende Ortbetonwand (C 12/15, unbewehrt, Decke über der Wand durchlaufend) gewählt werden, wenn die Standsicherheit sowie der Wärme-, Schall- und Brandschutz keine dickere Wand erfordern?*
7. *Welche Mindestbewehrung müssen Wände in Stahlbeton erhalten?*
8. *Beschreiben Sie die Vorgehensweise beim Herstellen einer Stahlbetonwand.*
9. *Welche Anforderungen werden an Untergeschosswände gestellt?*
10. *Welche Aufgaben erfüllen Stützwände?*
11. *Worauf beruht die Tragfähigkeit einer Stahlbeton-Winkelstützwand?*

8.6 Balken und Decken

8.6.1 Balken in Stahlbeton

Stahlbetonbalken sind überwiegend auf Biegung beanspruchte stabförmige Träger beliebigen Querschnitts.

Die am häufigsten im Bauwesen vorkommenden Querschnittsformen sind Rechteck oder Quadrat.

Stahlbetonbalken werden eingebaut, wenn vertikal wirkende Kräfte in ihrer Wirkungsrichtung versetzt abgeleitet werden sollen. Am häufigsten ist dies der Fall bei Fenster- und Türstürzen. Bei Ober- und Unterzügen dient der Stahlbetonbalken als Auflager der Decke.

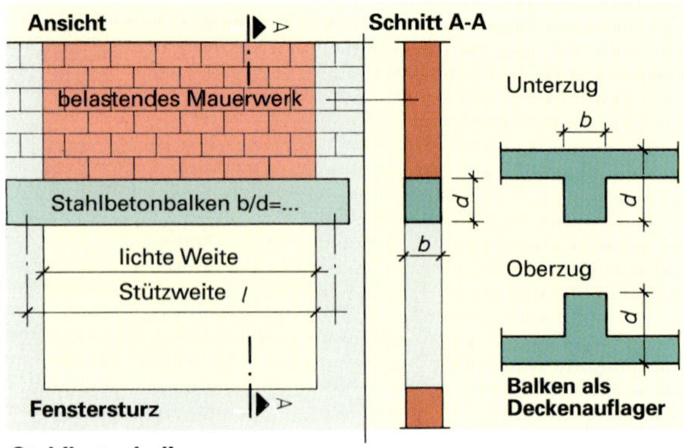

Stahlbetonbalken

Grundformen

Nach Anordnung und Ausführung der Auflager unterscheidet man:

- **Kragbalken**,
- **Einfeldbalken**,
- **Mehrfeld- oder Durchlaufbalken**.

Bei Einfeldbalken und Mehrfeldbalken können die Auflager eingespannt oder frei aufliegend ausgeführt sein.

Kragbalken sind am Auflager entweder eingespannt, oder sie treten als Verlängerung eines Ein- oder Mehrfeldbalkens auf.

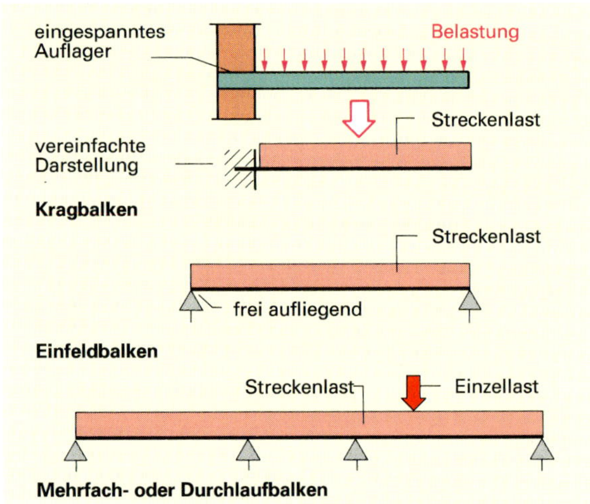

Grundformen von Balken

Am Balken auftretende Spannungen

Für die richtige Anordnung der Bewehrung ist es wichtig, die Lage und Art der auftretenden Spannungen zu kennen.

Zug- und Druckspannungen

Beim frei aufliegenden Einfeldbalken treten bei Beanspruchung auf Biegung im oberen Querschnittsbereich Druckspannungen (= Druckzone), im unteren Bereich Zugspannungen (= Zugzone) auf.

Da im Stahlbetonbau die Bewehrung hauptsächlich auf Zug beansprucht wird, liegt die Zugbewehrung beim frei aufliegenden Einfeldträger im unteren Querschnittsbereich. Die Druckspannungen werden im oberen Querschnittsbereich durch den Beton aufgenommen.

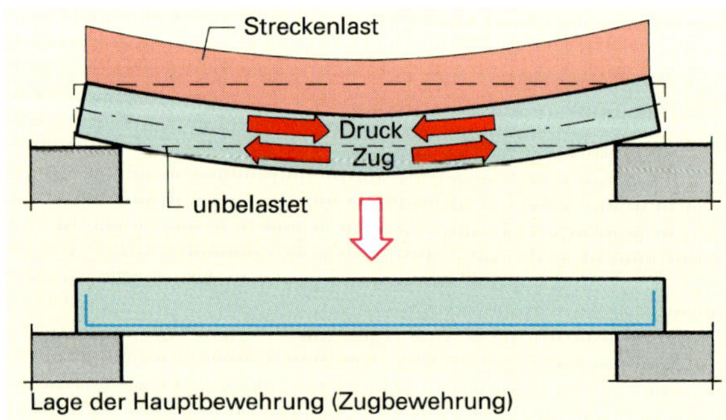

Frei aufliegender Einfeldbalken

Kragbalken werden infolge Biegung im oberen Querschnittsbereich auf Zug, im unteren Querschnittsbereich auf Druck beansprucht. Die größten Spannungen treten am Auflager auf. Die Zugbewehrung liegt demzufolge oben. Mit zunehmender Entfernung vom Auflager kann die Bewehrung vermindert werden.

Einfeldbalken mit eingespannten Auflagern sind im Bereich der Auflager im oberen Querschnitt auf Zug beansprucht. Im unteren Querschnittsbereich treten Druckspannungen auf. Im mittleren Feldbereich ist die Spannungsverteilung ähnlich wie beim frei aufliegenden Einfeldbalken; im oberen Querschnittsbereich treten Druck-, im unteren Zugspannungen auf.

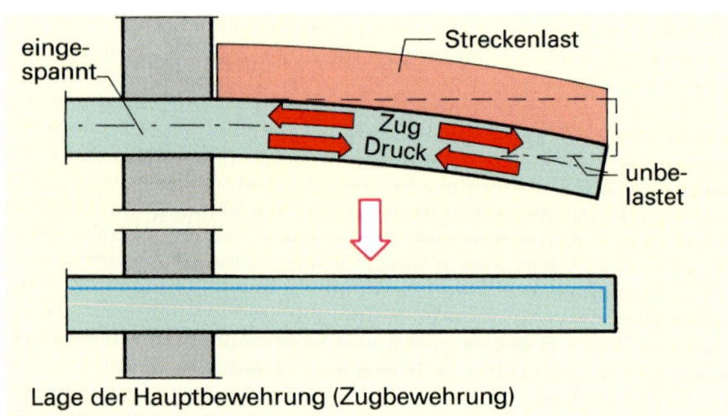

Kragbalken

Die Lage der Zugbewehrung wechselt also im Auflagerbereich von oben zum Bereich in Feldmitte nach unten. Der Wendepunkt liegt etwa $\frac{1}{5}$ der Spannweite vom Auflager entfernt. Die unten liegende Feldbewehrung kann zum Teil aufgebogen werden (unter 30°, 45° oder 60°, je nach Balkenhöhe), oder es wird eine zusätzliche obere Bewehrung im Auflagerbereich vorgesehen.

Mehrfeld- oder Durchlaufbalken können sowohl eingespannte als auch frei aufliegende Endauflager haben. Entsprechend treten auch die Druck- und Zugspannungen in den Querschnittsbereichen auf.

Bei sehr kleinen Feldern kann es vorkommen, dass bei Belastung der benachbarten Felder über die gesamte Feldlänge im oberen Querschnittsbereich des Balkens Zugspannungen auftreten. Sind jedoch die benachbarten Felder entlastet und das kleine Feld stark belastet, so ist es durchaus möglich, dass im mittleren Feldbereich die Zugspannungen unten auftreten.

Im Bereich der Zwischenlager, ob eingespannt oder frei aufliegend, treten im oberen Querschnittsbereich Zugspannungen, im unteren Druckspannungen auf.

Die Lage der Hauptbewehrung (Zugbewehrung) liegt, wie inzwischen bekannt, immer in der Zugzone. Bei kleinen Feldern ist eine durchgehende obere Bewehrung vorzusehen.

Ist die Betonfläche in der Druckzone nicht groß genug, um die auftretenden Druckspannungen aufzunehmen, so muss in der Druckzone eine **Druckbewehrung** eingelegt werden. Hierbei werden die Bewehrungsstäbe auf **Druck** beansprucht.

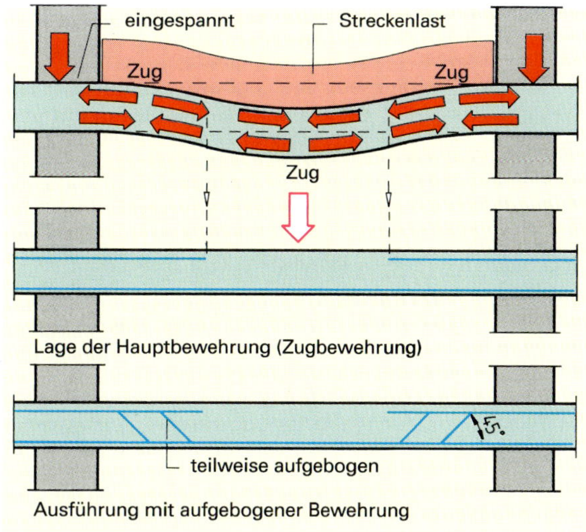

Einfeldbalken mit eingespannten Auflagern

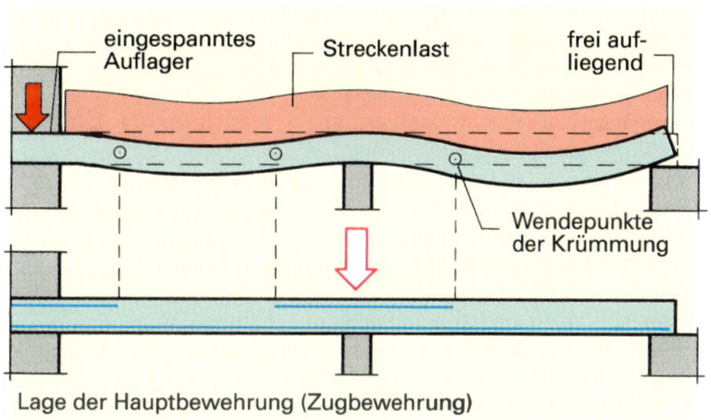

Durchlaufbalken

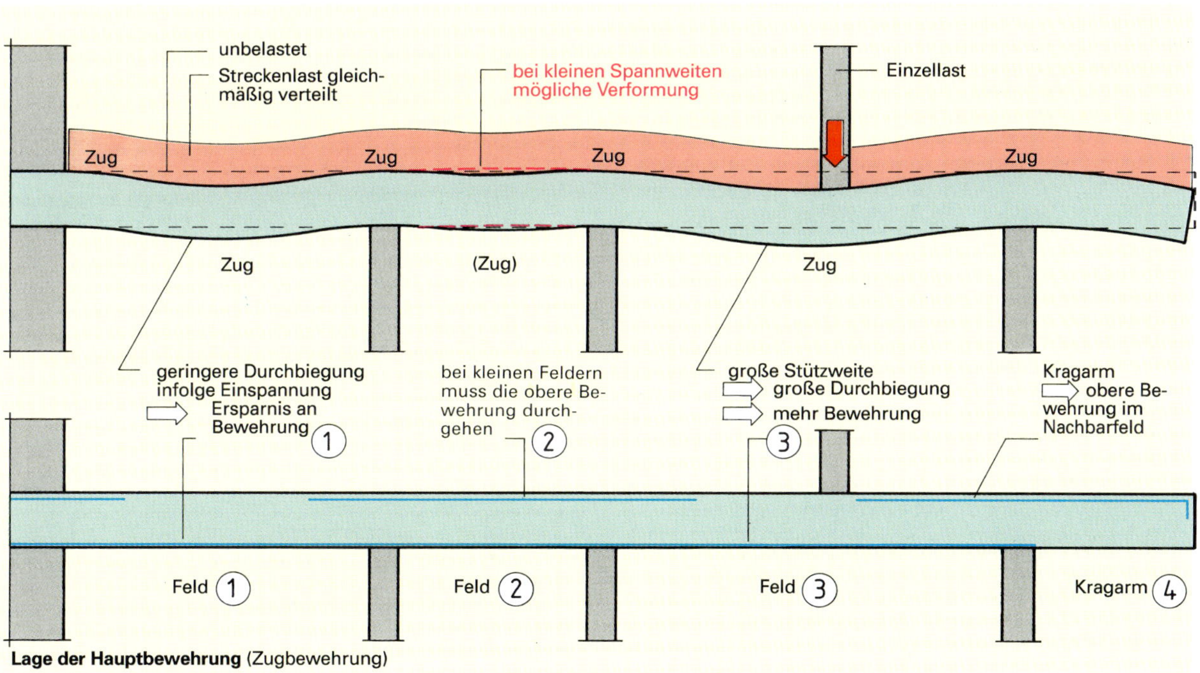

Durchlaufbalken mit Kragarm

Schubspannungen

Aus den Zugspannungen, die infolge Biegung auftreten, werden die Durchmesser der Zugbewehrungsstäbe ermittelt. Wird ein frei aufliegender Einfeldbalken mit unten liegender Bewehrung sehr hoch belastet, so treten in der Nähe der Auflager schräge, unter ca. 45° verlaufende und zur Trägermitte hin steiler werdende Risse auf. Trotz Erhöhung der unten liegenden Zugbewehrung treten bei Probebelastungen diese Risse auf.

Ursache dieser Risse sind die **Schubspannungen**.

Herrscht an einem Träger Gleichgewicht, so ist die Summe aller vertikalen Kräfte gleich null ($\Sigma V = 0$); d.h., der am Träger angreifenden Belastung wirken gleich große Kräfte an den Auflagern entgegen.

Die Belastung versucht den Träger zwischen den Auflagern nach unten zu drücken. Aus den entgegengesetzten Wirkungsrichtungen entstehen senkrechte Schubkräfte, welche die **senkrechten Schubspannungen** parallel zur Querschnittsebene hervorrufen.

Neben den senkrechten Schubspannungen treten beim biegebeanspruchten Balken auch **waagerechte Schubspannungen** auf.

Werden mehrere Holzleisten übereinander gelegt und auf Biegung beansprucht, so kann beobachtet werden, dass sich die einzelnen Leisten verschieben. Markiert man die übereinander liegenden Leisten in unbelastetem Zustand durch senkrechte Striche, so wird bei Belastung festgestellt, dass in der Mitte keine Verschiebung auftritt, jedoch zu den Auflagern hin die Verschiebung zunimmt.

Ähnlich verhält sich der Stahlbetonbalken. In ihm treten zwischen dem oberen und dem unteren Rand Kräfte auf, welche die waagerechten Schubspannungen hervorrufen. Waagerechte Schubspannungen treten gleichzeitig mit den senkrechten Schubspannungen auf.

Da Beton nur geringe Zugspannungen aufnehmen kann, muss bei Stahlbetonbalken eine Schubbewehrung in Richtung der auftretenden Schubspannungen vorgesehen werden. Dazu dienen die lotrechten **Bügel** und die **schrägen Aufbiegungen** der Bewehrungsstäbe.

Am belasteten Balken treten Zug-, Druck- und Schubspannungen auf. Die Druckspannungen werden im Allgemeinen durch den Beton aufgenommen, u.U. kann jedoch eine Druckbewehrung notwendig werden. Die Zugspannungen werden durch die Zugbewehrung, die Schubspannungen durch Bügel und aufgebogene Bewehrungsstäbe aufgenommen.

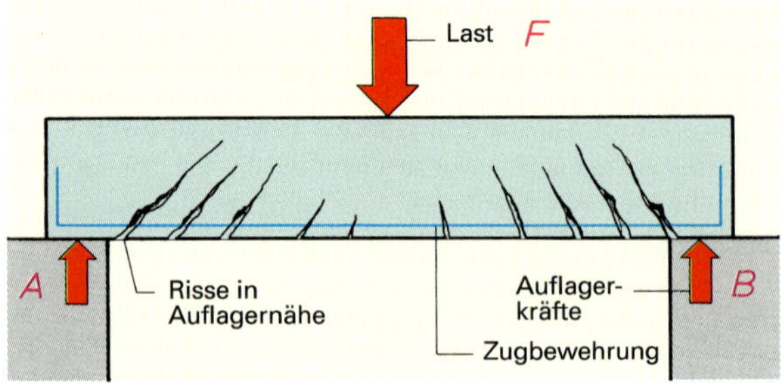

Stahlbetonbalken mit Bewehrung

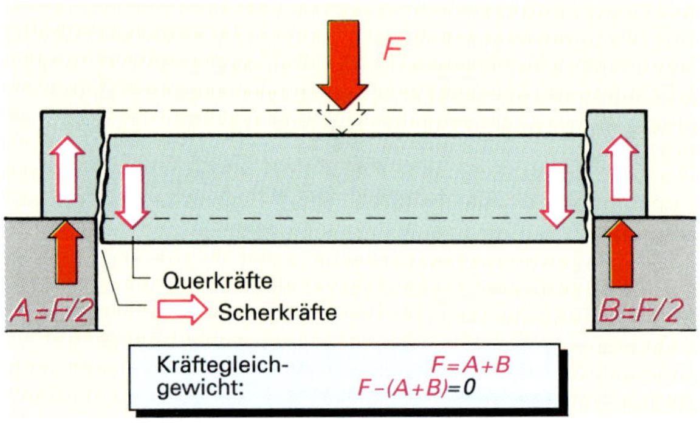

Senkrechte Schubspannungen

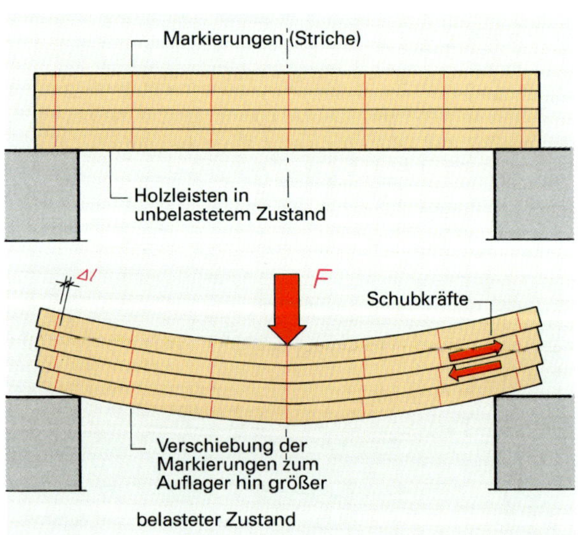

Waagerechte Schubspannungen

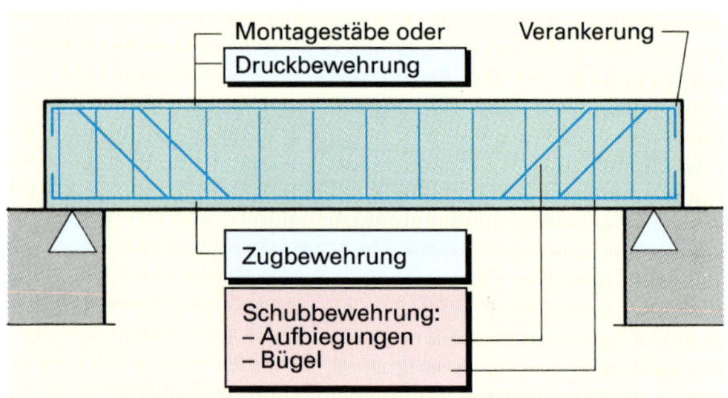

Bewehrung des Stahlbetonbalkens

Ausführung der Stahlbetonbalken

Querschnittsformen

Stahlbetonbalken können die verschiedensten Querschnittsformen haben. Die häufigste im Bauwesen auftretende Querschnittsform ist das Rechteck. Anschläge an Fenster- oder Türstürzen erfordern oft einen aus Rechtecken zusammengesetzten Querschnitt.

Hochkant stehende Rechteckquerschnitte weisen günstigeres Tragverhalten auf (= geringere Durchbiegung bei gleicher Belastung und Spannweite, geringerer Stahlbedarf) als quadratische oder liegende Rechteckquerschnitte.

Zu den häufigsten und wirksamsten Tragwerken des Stahlbetonbaus gehört der **Plattenbalken**. Hier ist ein Stahlbetonbalken fest mit einer darüber liegenden Platte verbunden.

Bei Biegebeanspruchung ist durch die Mitwirkung der Platte eine große, auf Druck beanspruchte Fläche vorhanden. Im Zugbereich ist jedoch nur so viel Beton vorhanden, wie für die Aufnahme der Bewehrung erforderlich ist. Dadurch ist bei Plattenbalken (im Vergleich zu Stahlbeton-Rechteckbalken) immer eine verhältnismäßig geringe Eigenlast vorhanden.

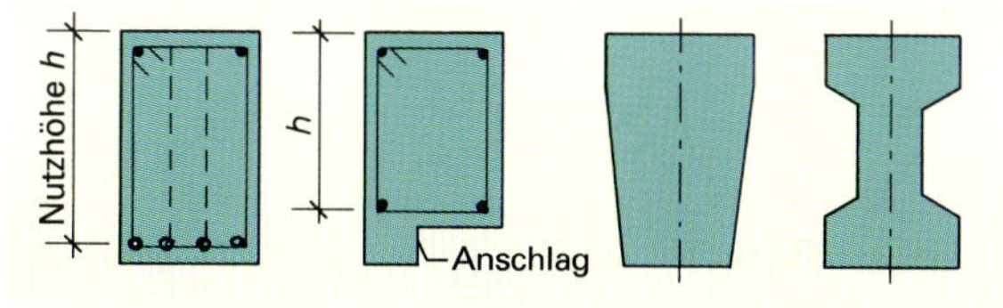

Querschnittsformen von Stahlbetonbalken

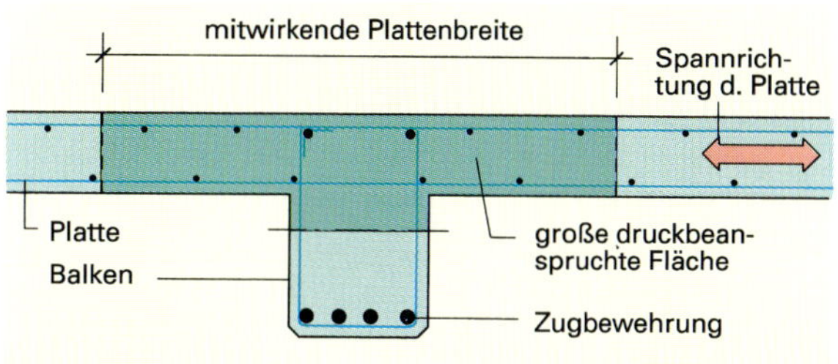

Plattenbalken

Auflager

Die Auflagertiefe bei Stahlbetonbalken muss so gewählt werden, dass die zulässige Pressung in der Auflagerfläche für Mauerwerk oder Beton nicht überschritten wird und die erforderlichen Verankerungslängen der Bewehrung untergebracht werden können. Die Auflagertiefe von Balken und Plattenbalken soll aber mindestens 10 cm betragen. Bei sehr hohen Querschnittsformen ist auf die Stabilität gegen Kippen zu achten.

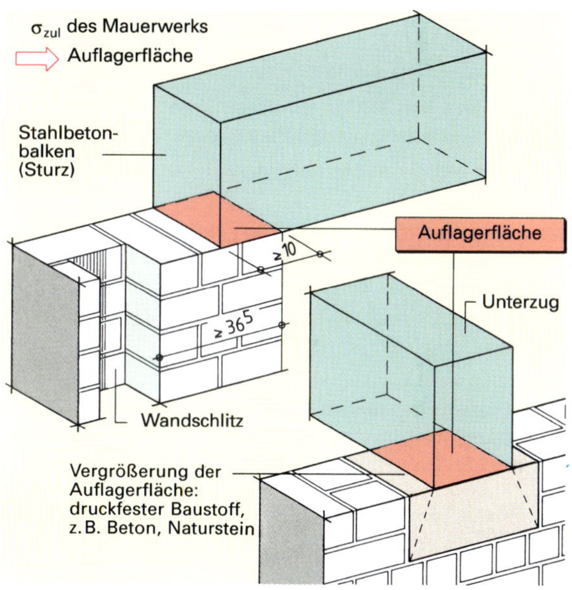

Balkenauflager

> Hochkant stehende Rechteckquerschnitte weisen günstigeres Tragverhalten auf als quadratische oder liegende Rechteckquerschnitte.

Zusammenfassung

Stahlbetonbalken sind überwiegend auf Biegung beanspruchte Träger. Am häufigsten sind hochkant stehende Rechteckquerschnitte. Beim Plattenbalken ist ein Stahlbetonbalken fest mit einer darüber liegenden Platte verbunden. Er gehört zu den wirksamsten Tragwerken des Stahlbetonbaus.

Am belasteten Balken treten Zug-, Druck- und Schubspannungen auf. Die Druckspannungen werden in der Regel durch den Beton aufgenommen, u. U. kann jedoch eine Druckbewehrung notwendig werden. Die Zugspannungen werden durch die Zugbewehrung, die Schubspannungen durch Bügel und schräg aufgebogene Bewehrungsstäbe aufgenommen.

Aufgaben:

1. *Nennen Sie die Grundformen bei Stahlbetonbalken.*
2. *In welchem Querschnittsbereich liegt die Zugbewehrung bei*
   a) Kragbalken,
   b) Einfeldbalken,
   c) Durchlaufbalken?
3. *Durch welche Bewehrung werden bei Stahlbetonbalken die Schubspannungen aufgenommen?*
4. *Bei welcher der drei Querschnittsformen eines Stahlbetonbalkens tritt bei gleicher Belastung und gleicher Spannweite die geringste Durchbiegung auf?*

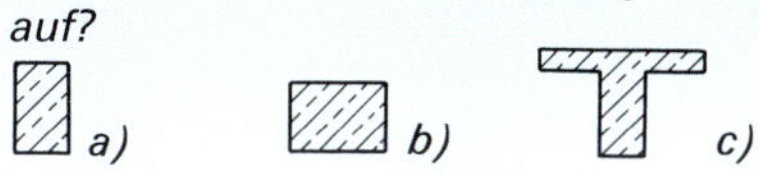

8.6.2 Decken in Stahlbeton

Die älteste Art, Räume massiv zu überdecken, ist das Gewölbe. Gewölbekonstruktionen sind aber wegen des hohen Baustoff- und Arbeitsaufwandes und wegen ihrer großen Bauhöhe für den Wohnungsbau ungeeignet. Außerdem tritt bei Gewölben horizontaler Druck an den Auflagern auf. Sie wurden deshalb vorzugsweise bei Kellerüberdeckungen eingebaut; hier bereitete die Aufnahme der horizontalen Druckkräfte keine Schwierigkeiten (Erddruck auf die Kelleraußenwände, Auflast der darüber liegenden Wände).

Der Baustoff Stahlbeton ermöglicht Deckenkonstruktionen mit geringer Bauhöhe und großer Spannweite.

Neben der raumabschließenden und Kräfte ableitenden Funktion erfüllen Decken eine wichtige **aussteifende Aufgabe**. Besonders beim Gerippebau aus Stahlbeton und Stahl erhöhen sie entscheidend die Standsicherheit dieser Gebäude.

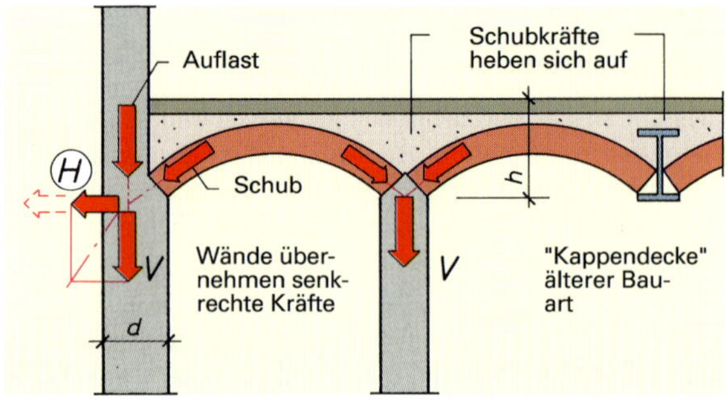

Gewölbe, Kraftabtragung

Grundformen

Grundsätzlich können die Massivdecken aus Stahlbeton zwei unterschiedlichen Gruppen zugeordnet werden, den **Balkendecken** und den **Plattendecken**.

Viele der Massivdecken werden aus vorgefertigten Teilen hergestellt.

Massivdecken können **einachsig** gespannt sein, d.h., die Lasten werden auf zwei einander in einer Richtung gegenüberliegenden Auflager abgeleitet, oder **zweiachsig** gespannt sein; hier werden die Lasten über alle unterstützten Deckenränder abgeleitet.

Weiter können Decken über ein Feld gespannt *(Einfelddecke)* oder über mehrere Felder gespannt sein *(Durchlaufdecke)*. Balkone werden in den meisten Fällen den Decken als *Kragarm* angeschlossen.

> Massivdecken können der Gruppe der Balkendecken oder der Gruppe der Plattendecken zugeordnet werden. Sie sind einachsig oder zweiachsig gespannt und als Einfeld-, Durchlauf- oder Kragarmdecke ausgebildet.

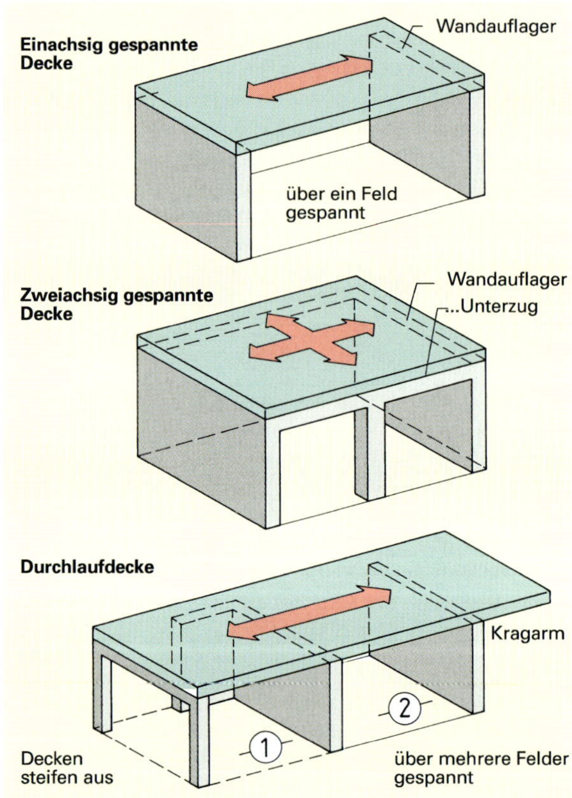

Grundformen der Massivdecken

Balkendecken

Bei Balkendecken trägt jeder Balken den von ihm selbst eingenommenen Teil der Decke. Sind die Balken in Abständen angeordnet und die Zwischenräume durch Ausfachungen oder Überdeckungen geschlossen, so tragen die Balken die Last des einzelnen Balkenfeldes.

Dicht nebeneinander verlegte Balken

Die einzelnen Stahlbetonbalken werden vorgefertigt. Bei Belastung eines Balkens müssen die benachbarten Balken mittragen. Dies kann durch entsprechende Querschnittsformen der Balken oder durch eine querbewehrte Ortbetonschicht über den Balken erreicht werden.

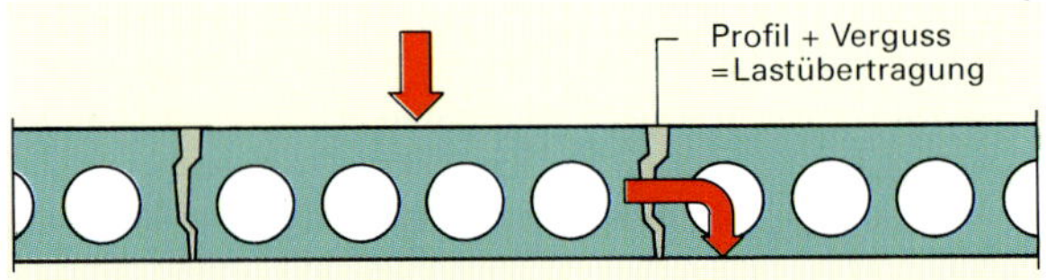

Decke aus Stahlbetonhohldielen

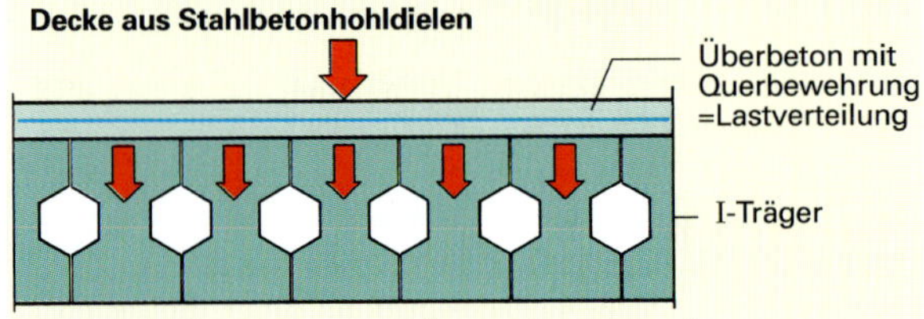

Decke aus dichtverlegten Balken und querbewehrtem Überbeton

Balkendecken

Balkendecken mit Zwischenbauteilen

Die Stahlbetonbalken oder Stahlleichtträger werden auf Abstand verlegt. Die Zwischenräume sind mit Zwischenbauteilen, die in Längsrichtung nicht mittragen, auszufachen. Sie bestehen aus Leichtbeton, Normalbeton oder Ziegeln. Nur die Stahlbetonbalken als Fertigteil in Verbindung mit Ortbeton sind statisch wirksam.

Die meisten dieser Decken können auch mit einer Ortbetonschicht über den Zwischenbauteilen als Rippendecke ausgeführt werden.

Der **Arbeitsablauf** beim Herstellen einer Balkendecke mit Zwischenbauteilen lässt sich mit folgenden Arbeitsschritten beschreiben:

1. Verlegen der Träger. Die Trägerauflager müssen mindestens 10 cm betragen. Als Abstandhalter werden an den Trägerenden Zwischenbauteile eingehängt.
2. Montageunterstützungen (Joche) nach den im Verlegeplan angegebenen Abständen aufstellen.
3. Einhängen der Zwischenbauteile. Die Zwischenbauteile sollen nicht mehr als 3 cm auf den Auflagern liegen.
4. Einbau der zusätzlichen Bewehrung (z.B. Ringanker oder Querbewehrungen).
5. Einbringen und Verdichten des Vergussbetons. Vorher sind die Zwischenbauteile (vor allem bei Ziegel-Zwischenbauteilen) zu nässen.
6. Nach dem Erhärten (Ausschalfristen beachten!) werden die Joche entfernt. Nachbehandlung des Betons.

Bei dicht nebeneinander verlegten Balken und Balkendecken mit Zwischenbauteilen trägt jeder Balken den von ihm selbst eingenommenen Teil der Decke bzw. die Last des Balkenfeldes.

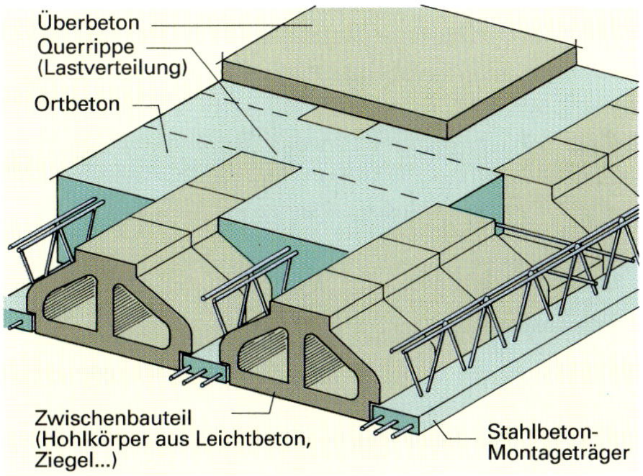

Balkendecke mit Zwischenbauteilen

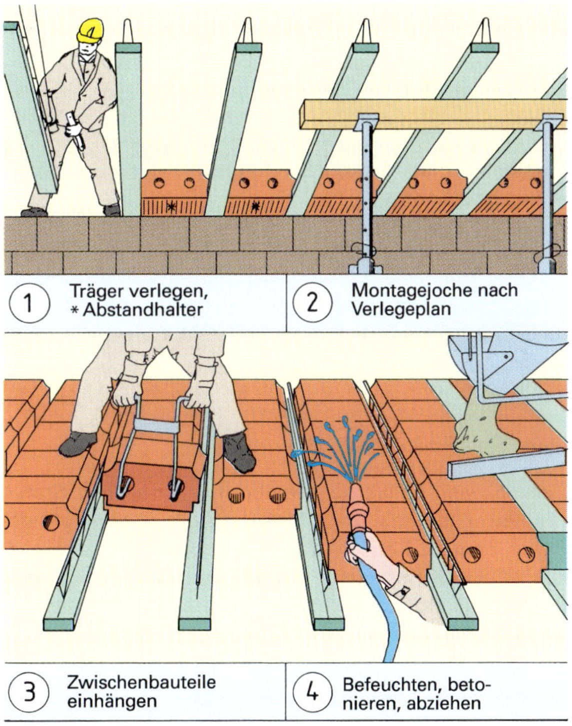

Arbeitsschritte beim Herstellen einer Balkendecke mit Zwischenbauteilen (z.B. Ziegeln)

Plattenbalkendecken

Bei großen Deckenbelastungen oder großen Spannweiten, wie sie vor allem bei Industriebauten auftreten, werden Plattenbalkendecken eingebaut. Hier sind Stahlbetonbalken fest mit einer Deckenplatte verbunden. Die Balken verlaufen in Spannrichtung und bieten der darauf liegenden Platte die Auflager. In Spannrichtung nimmt die Platte die Druckspannungen, die Balkenbewehrung die Zugspannungen auf. Die Betonmasse im Bereich der Zugzone ist auf ein Mindestmaß begrenzt.

In der Regel werden Plattenbalkendecken in Ortbeton ausgeführt. Es ist aber auch möglich, sie als Voll- oder Teilmontagedecken herzustellen. Bei Teilmontage werden in der Regel die Balken vorgefertigt und die Platte in Ortbeton ausgeführt.

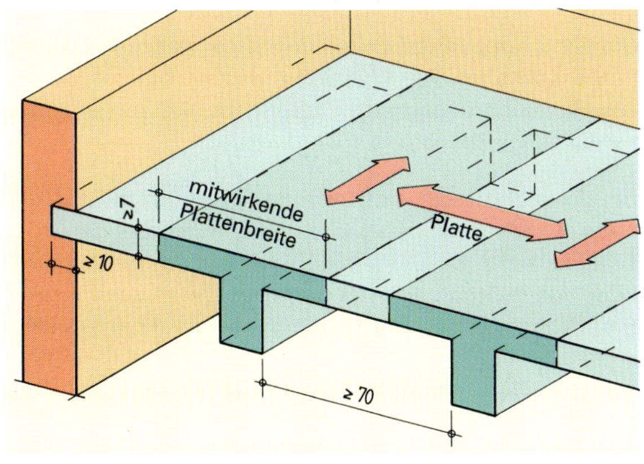

Plattenbalkendecke

Bei Vollmontage sind Balken und Platten vorgefertigt, lediglich die Verbindungsfugen werden in Ortbeton ausgeführt.

Im Allgemeinen haben die Balken einen Abstand zwischen 2 und 3 m.

Vouten (Abschrägungen) an der Deckenunterseite zwischen Balken und Platte vermindern den Stahlbedarf. Der Schalungsaufwand ist aber wesentlich höher.

Bei Plattenbalkendecken verlaufen die Balken in Spannrichtung, sie dienen der Deckenplatte als Auflager. Da Balken und Platte fest miteinander verbunden sind, nimmt die Platte in Spannrichtung die Druckspannungen auf. Die Bewehrungsstäbe in den Balken nehmen die Zugspannungen auf.

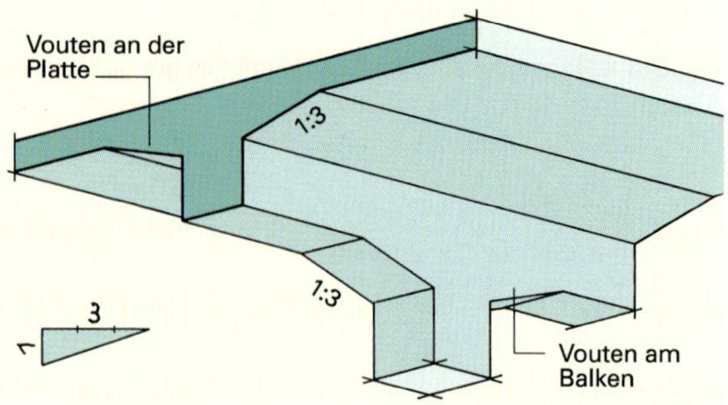

Plattenbalken mit Vouten bei großen Lasten

Stahlbetonrippendecken

Sind bei Plattenbalkendecken die lichten Abstände der Balken höchstens 70 cm, bezeichnet man sie als Rippendecken.

Stahlbetonrippendecken können einachsig oder zweiachsig gespannt sein.

Die Platte muss mindestens 1/10 des lichten Rippenabstandes, mindestens aber 5 cm dick sein. Die mindestens 5 cm dicken Längsrippen sind bei hoher Belastung und großer Spannweite durch Querrippen auszusteifen.

Stahlbetonrippendecken können ohne oder mit Füllkörpern hergestellt werden.

Decken ohne Füllkörper werden mit genormten Stahlblechen geschalt. Die Rippen haben Abstände von 50 cm oder 62,5 cm. Neben den Stahlschalungen sind auch Schalkörper aus heiß verformten Holzfaserhartplatten, die mit Lattenrahmen ausgesteift sind, üblich. Diese Schalkörper können mehrfach verwendet werden oder als verlorene Schalung in der Decke verbleiben.

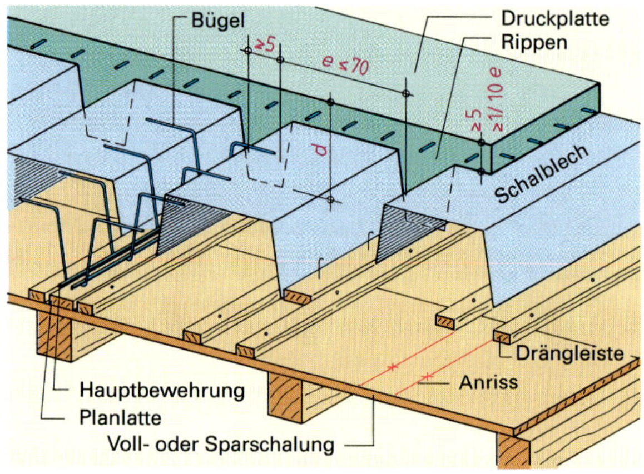

Stahlbetonrippendecke ohne Füllkörper

Zweiachsig gespannte Rippendecken werden als Kassettendecken ausgeführt. Als Schalung sind, wie oben beschrieben, Stahlblech- oder Holzfaserformen üblich.

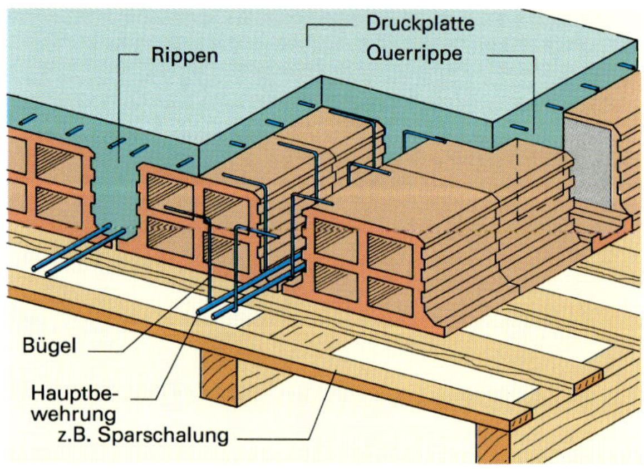

Stahlbetonrippendecke mit Füllkörpern
(nicht mitwirkende Deckenziegel)

Stahlbetonrippendecken mit Füllkörpern erfordern keine Rippenschalung. Die Füllkörper werden auf einer ebenen Schalung verlegt, die Zwischenräume bewehrt und mit Ortbeton ausgefüllt.

Bei den Füllkörpern sind zwei Bauarten üblich, **statisch mitwirkende** und **statisch nicht mitwirkende** Zwischenbauteile. Sie werden in der Regel aus Leichtbeton oder aus gebranntem Ton hergestellt. Ihre Ausführung und Prüfung müssen DIN 4158 und DIN 4159 entsprechen.

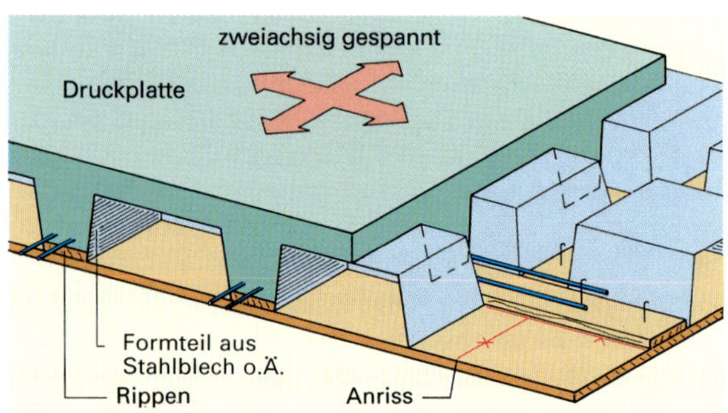

Stahlbetonrippendecke als Kassettendecke

Bei statisch mitwirkenden Zwischenbauteilen übernimmt der Füllkörper zum Teil die Aufgabe der Druckplatte.

Rippendecken mit Zwischenbauteilen können mit ganz oder teilweise vorgefertigten Rippen ähnlich wie Balkendecken hergestellt werden. Sie unterscheiden sich von Balkendecken mit Zwischenbauteilen im Wesentlichen durch eine Druckplatte aus Ortbeton oder durch die Verwendung von statisch mitwirkenden Zwischenbauteilen.

Stahlbetonrippendecken mit Zwischenbauteilen haben eine geschlossene Unterseite.

Stahlbetonrippendecken sind Plattenbalkendecken mit einem lichten Abstand der Rippen von höchstens 70 cm. Sie können einachsig oder zweiachsig gespannt sein. Zwischenbauteile vereinfachen die Schalarbeit.

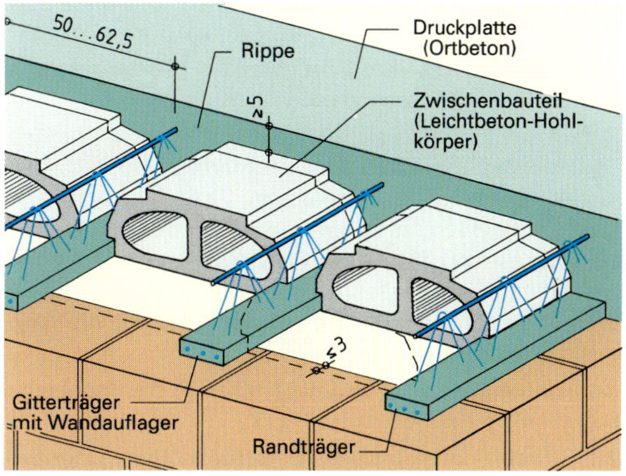

Stahlbetonrippendecke als Montagedecke

Platten

Stahlbetonplatte (Vollplatte)

Platten sind ebene Flächentragwerke, die rechtwinklig zu ihrer Ebene belastet sind. Sie können linienförmig (z.B. Wandauflager) oder punktförmig gelagert sein (z.B. Stützenauflager).

Die Auflagertiefe ist wie bei Stahlbetonbalken so zu wählen, dass die zulässigen Pressungen in der Auflagerfläche nicht überschritten werden und die erforderlichen Verankerungslängen der Bewehrung untergebracht werden können.

Die Auflagertiefe soll aber mindestens betragen bei Auflagerung auf

- Mauerwerk und Beton C8/10 und C12/15 **7 cm**,
- Beton C16/20 bis C100/115 und Stahlbauteilen **5 cm**,
- Trägern aus Stahlbeton oder Stahl, wenn seitliches Ausweichen der Auflager verhindert wird und die Stützweite der Platte nicht größer als 2,5 m ist, **3 cm**.

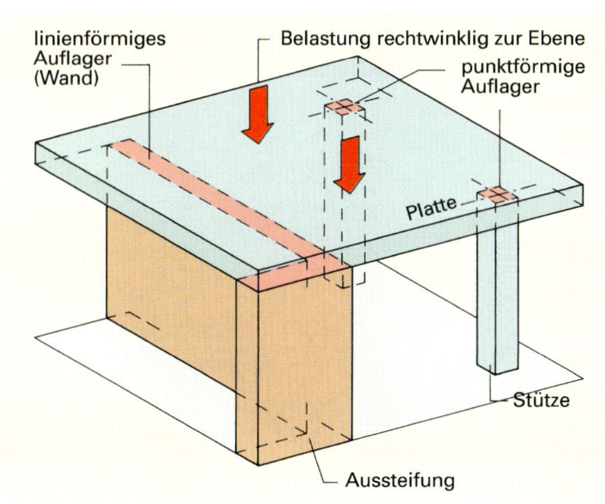

Auflager von Stahlbetonplatten

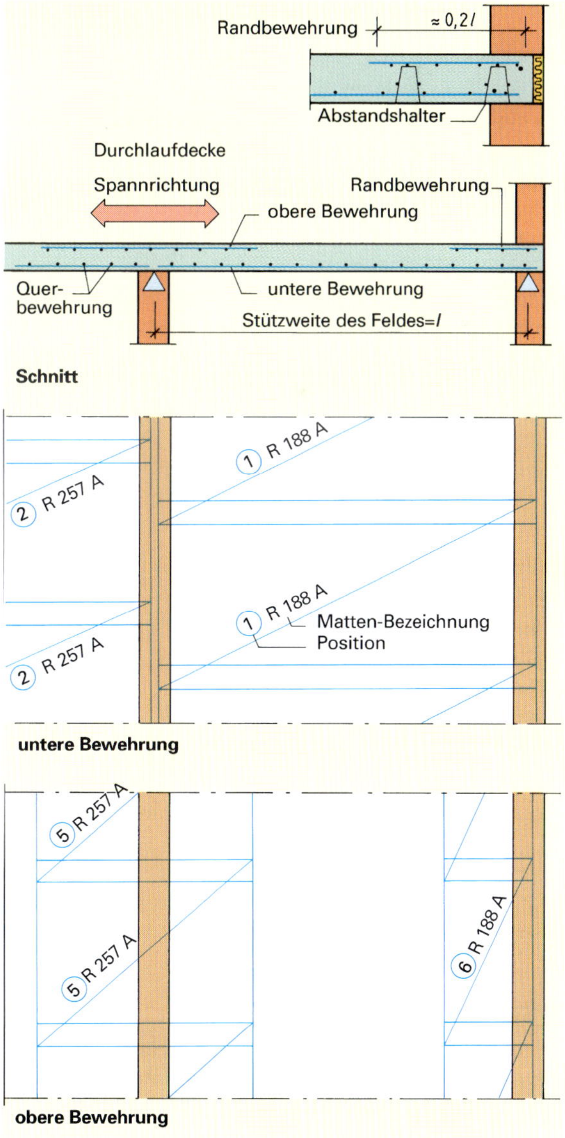

Bewehrungsplan einer einachsig gespannten Stahlbeton-Vollplatte

Die Dicke der Platte richtet sich nach der Belastung, der Eigenlast, der Spannweite und der Bewehrung. Außerdem müssen die Forderungen des Bautenschutzes (Schall- und Brandschutz) berücksichtigt werden.

Sofern nicht mit Rücksicht auf die Tragfähigkeit und den Bautenschutz dickere Decken erforderlich sind, betragen die Mindestdicken im Allgemeinen **7 cm**, für Platten mit Querkraftbewehrung **16 cm** und für Platten mit Durchstanzbewehrung **20 cm**. Bei Platten, die nur ausnahmsweise begangen werden (z.B. bei Dachdecken zu Reinigungs- oder Ausbesserungsarbeiten), beträgt die Mindestdicke **5 cm**.

Im Wohnungsbau besitzen die Decken in der Regel eine Dicke von 16 cm ... 20 cm.

Die Bewehrung besteht aus Betonstabstählen oder Betonstahlmatten; sie muss in der Ausführung DIN 1045 entsprechen. Bewehrungen aus Betonstabstählen erhalten eine Querbewehrung. Die Bewehrungsstäbe der Haupt- und Querbewehrung sind mit Bindedraht so zu verbinden, dass sie beim Einbringen und Verdichten des Betons unverschiebbar sind.

Für die Bewehrung muss die vorgeschriebene Betondeckung eingehalten werden. Dies wird für die untere Bewehrung durch Kunststoffabstandhalter erreicht. Der geforderte Abstand der oberen von der unteren Bewehrung wird durch Abstandbügel oder serienmäßig gefertigte Unterstützungskörbe gesichert.

Plattendecken können auch als Fertigteil-Elementdecken hergestellt werden. Diese Decken bestehen aus einer Fertigteilplatte und einer statisch mitwirkenden Ortbetonschicht. Sie kommen als einfeldige und durchlaufende Decken, die einachsig oder zweiachsig gespannt sind, zur Anwendung.

Die Fertigteile erfordern im Gegensatz zu Ortbetonplatten keine Schalung. Es sind lediglich Unterstützungen notwendig.

Stahlbeton-Vollplatten besitzen gegenüber den anderen Deckenkonstruktionen folgende Vorteile:

- gute Lastabtragung und Lastverteilung auf die unterstützenden Wände,
- Punktlasten und Linienlasten können gut abgetragen werden,
- Aussparungen (Deckendurchbrüche) sind an allen Stellen möglich,
- gute Luftschalldämmung und guter Brandschutz.

Platten sind ebene Flächentragwerke, die quer zu ihrer Ebene belastet und linien- oder punktförmig gelagert sind.

Stahlsteindecken

Stahlsteindecken sind Decken aus Deckenziegeln mit längs und quer verlaufenden Betonfugen. Sie dürfen nur einachsig gespannt ausgeführt werden. Die Betonstabbewehrung liegt in den Längsfugen. Bei Decken mit einer Verkehrslast bis 3,5 kN/m² darf auf eine Querbewehrung verzichtet werden.

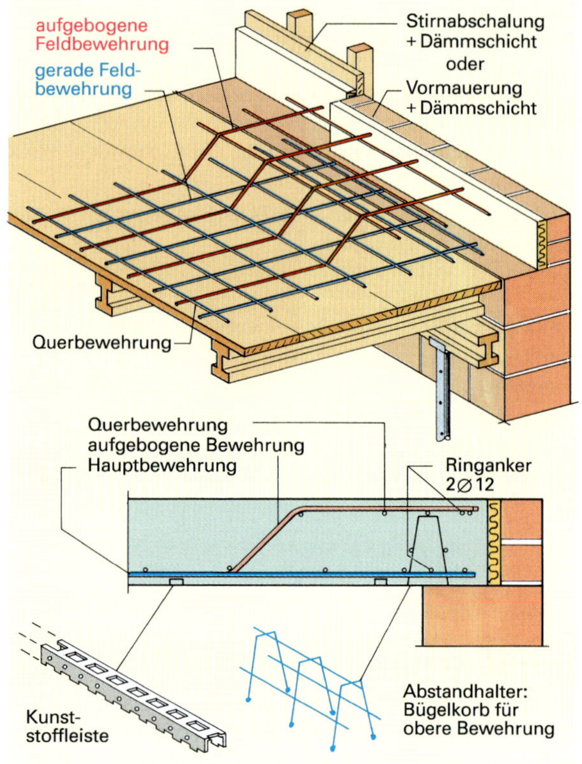

Mit Betonstabstahl bewehrte Stahlbetonplatte

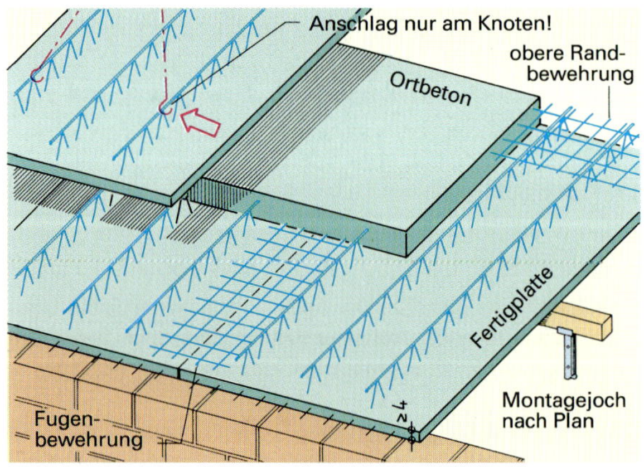

Plattendecke als Fertigteil – Elementdecke (Teilmontagedecke)

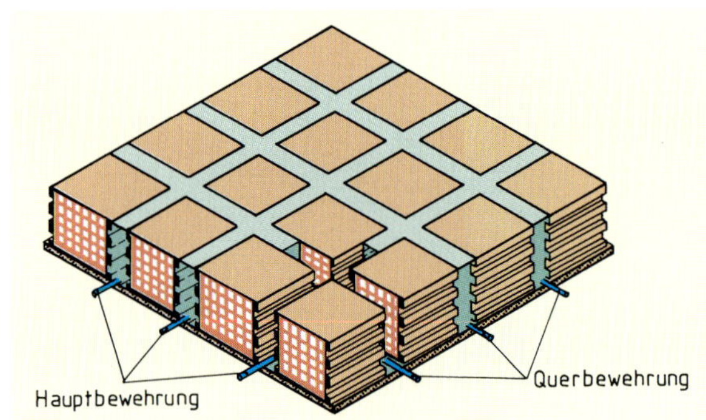

Stahlsteindecke aus Deckenziegeln für voll vermörtelbare Stoßfugen

Die Deckenziegel müssen DIN 4159 entsprechen. Danach wird zwischen Deckenziegeln mit teilvermörtelbaren und voll vermörtelbaren Stoßfugen unterschieden. Sie sind jeweils 25 cm breit und haben eine Höhe von 9 bis 29 cm. Die Längen betragen 16,6 cm, 25 cm, 33,3 cm oder 50 cm, wobei letztere Ziegel nur für Decken ohne Querbewehrung verwendet werden dürfen.

Durch die Deckenziegel wird die Eigenlast der Decke verhältnismäßig niedrig gehalten. Es können dadurch große Spannweiten erreicht werden, ohne dabei unwirtschaftlich (zu hoher Stahlbedarf und zu große Konstruktionshöhe) zu werden.

Die Auflagertiefen sind wie bei Stahlbeton-Vollplatten auszuführen.

Die Deckenziegel dürfen nicht auf den Auflagern liegen. In den Auflagerbereichen der Umfassungswände sind Massivstreifen zur Aufnahme des Ringankers vorzusehen. Da die Deckenziegel im oberen Bereich (Druckzone) Druck aufnehmen, ist darauf zu achten, dass die Stoßfugen dicht vermörtelt sind. Die erforderliche Querbewehrung liegt in den Stoßfugen.

Die Hauptbewehrung wird auf die Längsfugen verteilt. Für den Fugenverguss ist Beton mindestens der Festigkeitsklasse C 12/15 zu verwenden.

Zur Unterstützung der Ziegel wird entweder ein geschlossener Schalungsboden oder eine Streifenschalung im Achsenabstand von 25 cm benötigt.

Nach dem trockenen Verlegen der Deckenziegel und dem Einbringen der Bewehrungsstäbe sind die Ziegel vor dem Einbringen des Fugenbetons so anzufeuchten, dass sie nur noch wenig Wasser aufsaugen.

Stahlsteindecken werden heute häufig als Fertigteildecken (Montagedecken) ausgeführt. Diese Montagedecken werden unterstützungsfrei von Auflager zu Auflager verlegt.

Stahlsteindecken bestehen aus Deckenziegeln und bewehrten Betonfugen. Die Deckenziegel sind im oberen Bereich auf Druck beansprucht. Stahlsteindecken haben eine geringe Eigenlast.

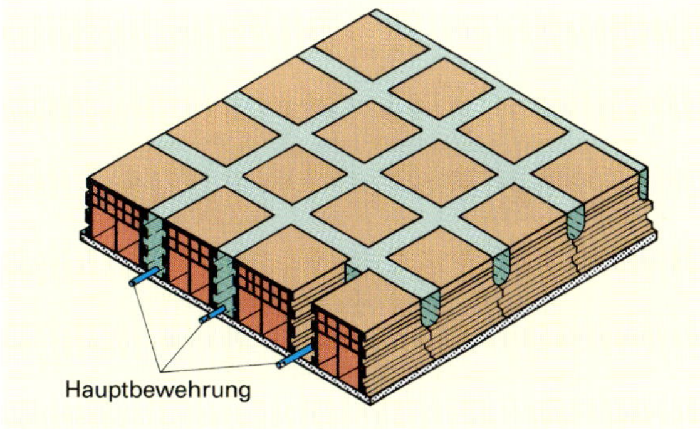

Stahlsteindecke aus Deckenziegeln für teilvermörtelbare Stoßfugen

Stahlsteindecke als Montagedecke

Punktförmig gestützte Platten

Punktförmig gestützte Platten sind Platten, die ohne Unterzug auf Stützen aufgelagert und mit ihnen verbunden sind. Sie werden häufig in Gebäuden eingebaut, die große und leicht überschaubare Räume (z.B. bei Großraumbüros) erfordern.

Für den weiteren Ausbau der Gebäude sind bei punktförmig gestützten Platten keine hinderlichen Unterzüge vorhanden.

Da das Schalen und Bewehren von Unterzügen sehr aufwendig ist, sind punktförmig gestützte Platten kostengünstig in der Herstellung.

Die Konstruktionshöhen der punktförmig gestützten Platten sind im Vergleich zu Plattenbalken- oder Rippendecken gering. Die vorgeschriebene Mindestdicke beträgt 15 cm.

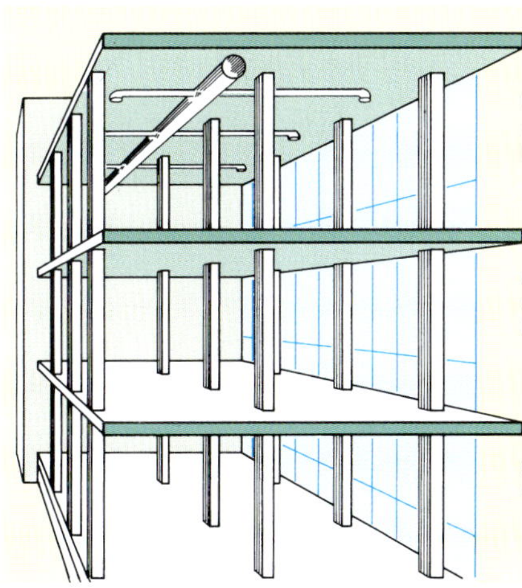

Skelettbau mit punktförmig gestützten Platten („Flachdecken")

Da die Platte nur punktförmig aufgelagert ist, besteht die Gefahr des Durchstanzens.

Die Sicherheit gegen Durchstanzen wird durch geeignete Bewehrungsmaßnahmen in der Deckenplatte (= innen liegende Stützenkopfverstärkung) oder durch eine zusätzliche außerhalb der Decke liegende Stützenkopfverstärkung erreicht.

Außen liegende Stützenkopfverstärkungen erhalten eine **pilzkopfähnliche Form**, wonach auch die Deckenart früher benannt wurde.

Der Schalungsaufwand außen liegender Stützenkopfverstärkungen ist sehr hoch. Innen liegende Stützenkopfverstärkungen erfordern hingegen einen Mehraufwand an Bewehrung und u.U. eine dickere Deckenplatte.

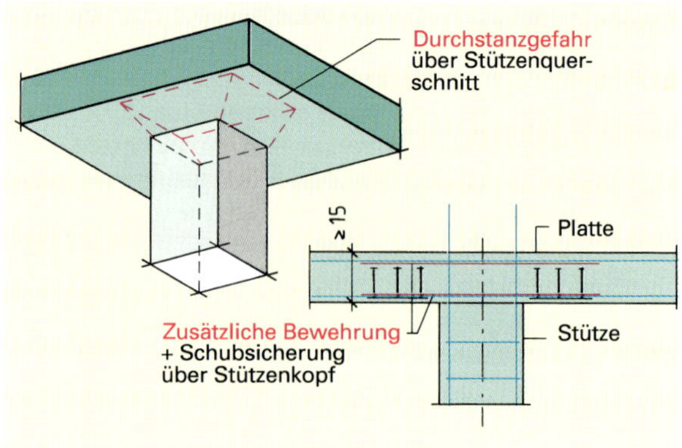

Stützenkopf mit innen liegender Verstärkung
(„Flachdecke")

Punktförmig gestützte Platten sind Platten, die unmittelbar auf Stützen aufgelagert sind. Die Stützen können mit oder ohne verstärkten Kopf ausgebildet sein.

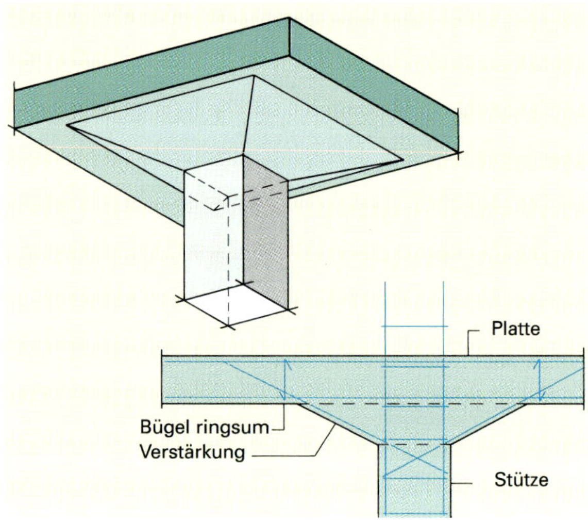

Außen liegende Stützenkopfverstärkung

Zusammenfassung

Decken haben neben der raumabschließenden und Kräfte übertragenden Funktion eine wichtige aussteifende Aufgabe.

Massivdecken können zwei unterschiedlichen Gruppen zugeordnet werden: den Balkendecken und den Plattendecken.

Eine Vielzahl der Decken wird aus vorgefertigten Teilen hergestellt.

Zur Gruppe der Balkendecken zählen folgende Konstruktionen:

- dicht nebeneinander verlegte Balken
- Balkendecken mit Zwischenbauteilen
- Plattenbalkendecken
- Stahlbetonrippendecken

Zur Gruppe der Plattendecken zählen folgende Konstruktionen:

- Stahlbeton-Vollplatten
- Stahlsteindecken
- punktförmig gestützte Platten

Aufgaben:

1. *Welche Aufgaben erfüllen Decken?*
2. *Nennen Sie den Unterschied zwischen einachsig gespannten und zweiachsig gespannten Decken*
   a) in Bezug auf die Ableitung der Kräfte,
   b) in Bezug auf die Bewehrungsführung.
3. *Beschreiben Sie die Lage der Hauptbewehrung*
   a) in einachsig gespannten Einfelddecken,
   b) in einachsig gespannten Durchlaufdecken,
   c) in Kragplatten.
4. *Beschreiben Sie die Arbeitsschritte beim Herstellen einer Balkendecke mit Zwischenbauteilen.*
5. *Wonach richtet sich die Dicke einer Stahlbeton-Vollplatte als Decke in einem Wohngebäude?*
6. *Welche Vorteile besitzen Stahlbeton-Vollplatten gegenüber den anderen Deckenkonstruktionen?*
7. *Durch welche Maßnahmen kann die Sicherung gegen Durchstanzen bei punktförmig gestützten Platten erreicht werden?*

8.7 Stahlbetonstütze

8.7.1 Krafteinleitung

Stahlbetonstützen sind **stabförmige Druckglieder**, i.d.R. mit quadratischem, rechteckigem oder rundem Querschnitt. Sie haben die Aufgabe, die in einem Bauwerk auftretenden Lasten (Nutzlasten und ständige Lasten) mit einem möglichst kleinen Materialquerschnitt aufzunehmen und sie direkt oder über andere Bauteile (z.B. Wände) auf das Fundament abzutragen.

Die **Krafteinleitung** in die Stütze kann unmittelbar von der Decke her erfolgen, d.h., die Deckenplatte liegt auf den Stützen auf. Im Bereich der Abstützung besteht die Gefahr, dass die Stütze die Deckenplatte durchstanzt. Um die Durchstanzwirkung zu reduzieren, werden die Stützen an ihrem oberen Ende verbreitert. Durch diese **Stützenkopfverstärkung**, die unterschiedlich ausgebildet sein kann, wird die Belastung der Decke pro Flächeneinheit geringer.

Bei Bauwerken mit hohen Lasten und großen Stützweiten werden die Kräfte in die Stütze über **Träger** (Balken, Unterzüge) eingeleitet. Die Verbindung von Stütze mit Träger wird als **Knoten** bezeichnet. Der Knoten kann sowohl gelenkig als auch biegesteif ausgeführt werden. Bei einem biegesteifen Knoten kann die hierfür erforderliche Bewehrung in Eckschrägen, so genannten **Vouten**, untergebracht werden. Gleichzeitig verkürzen Vouten rechnerisch die Spannweite des Trägers und vergrößern die Auflagerfläche des Stützkopfes. Das Neigungsverhältnis der Voutenschräge ist 1:3.

Die Krafteinleitung in eine Stütze kann unmittelbar über die Decke oder über Träger erfolgen.

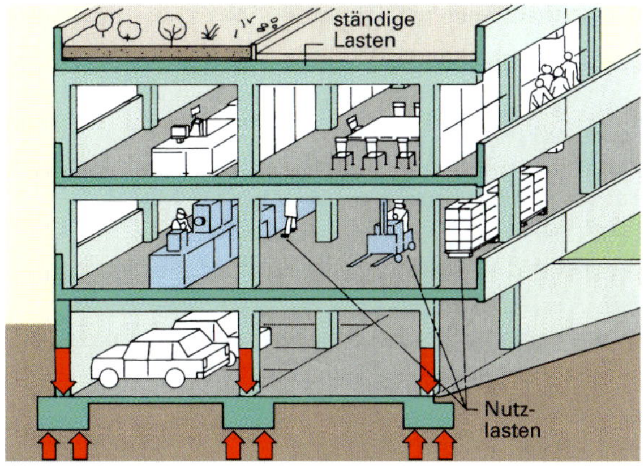

Stahlbetonstützen in einem Skelettbau übernehmen ständige Lasten und Nutzlasten

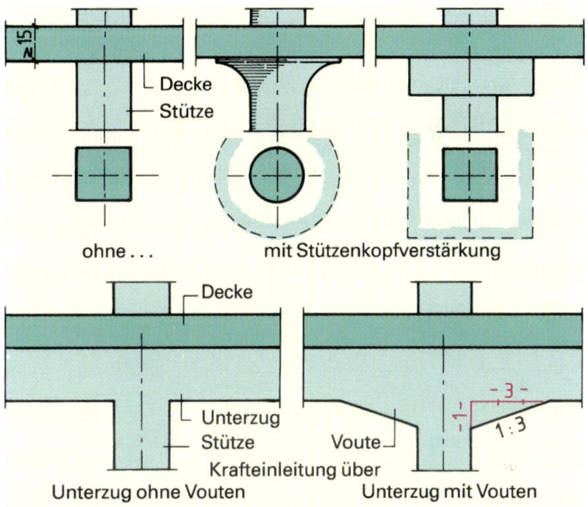

Krafteinleitung von der Decke in die Stütze

8.7.2 Tragverhalten

Beanspruchung einer Stütze

Jede Stütze in einem Bauwerk kann mittig, aber auch außermittig belastet werden. Bei **mittiger Belastung** wird die Stütze in Richtung ihrer Längsachse auf Druck beansprucht. Bei Überbeanspruchung erfahren die Betonteilchen eine Querdehnung. Infolge der geringen Betonzugfestigkeit kommt es zum **Gleitbruch**.

Bei **außermittiger Belastung** wird eine Stütze auf **Biegedruck** (Stauchung) und **Biegezug** (Dehnung) beansprucht. Bei Überbeanspruchung knickt die Stütze aus und bricht. Außermittige Belastung ist z.B. dann gegeben, wenn Stütze und Träger biegesteif miteinander verbunden sind. Dies ist bei einer Rahmenkonstruktion der Fall. Auch schwankende Betonfestigkeiten innerhalb einer Stütze führen zur Biegebeanspruchung. Hierbei wird der Beton auf der schwächsten Seite gestaucht, während es auf der gegenüberliegenden Seite zu Dehnungen kommt. Besonders knickgefährdet sind sehr schlanke Stützen, bei denen die Höhe im Vergleich zur Dicke sehr groß ist.

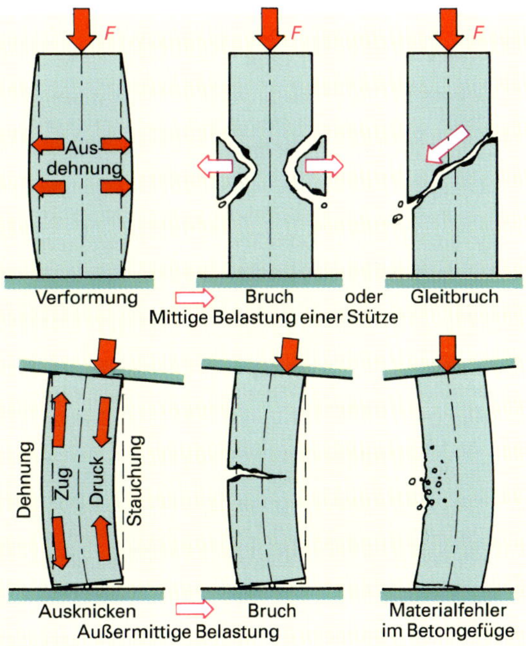

Beanspruchung von Stützen

Zusammenwirken von Beton und Stahl

Durch das Zusammenwirken von **Beton**, **Längsstählen** und **Bügeln** werden Verformung und Ausknicken der Stütze verhindert.

Beton hat wegen seiner hohen Druckfestigkeit den Hauptanteil der Druckspannungen (ca. 80 bis 90%) aufzunehmen.

Längsstähle werden aus folgenden Gründen angeordnet:

a) Durch die Haftung des Stahles im Beton werden die Längsstähle an der Druckübertragung (ca. 10 bis 20%) beteiligt.

b) Die durch Biegebeanspruchung hervorgerufenen Zug- und Druckspannungen müssen durch Längsstähle aufgenommen werden.

c) Die durch Materialfehler verursachten Spannungen müssen durch Längsstähle ausgeglichen werden.

Bügel haben die Aufgabe, die Längsstähle zu umschnüren, damit sie nicht ausknicken können, und sie müssen der Stauchung entgegenwirken. Ohne Bügel wäre die Stützenbewehrung nur wenig wirksam.

Stützen werden im Bauwerk mittig oder außermittig belastet. Dabei wird die Stütze auf Druck und Biegung beansprucht. Sie erhält zur Erhöhung der Tragfähigkeit, zur Aufnahme von Biegespannungen und zum Ausgleich von Materialfehlern eine Bewehrung.

8.7.3 Bewehrung nach DIN 1045

Stahlbetonstützen müssen in ihrer Ausführung den Richtlinien der DIN 1045 entsprechen. Sie unterscheidet bügelbewehrte und umschnürte Stützen.

Bügelbewehrte Stützen

Die kleinste Querschnittsabmessung beträgt bei Ortbetonstützen 20 cm, bei liegend hergestellten Fertigteilstützen mit Vollquerschnitt 14 cm.

Die **Längsstähle** liegen nahe den Außenflächen; es sind mindestens vier Stähle einzubauen. Ihr größter Abstand darf 30 cm nicht überschreiten. Bei Stützenquerschnitten mit $b \leq 40$ cm genügt jedoch ein Bewehrungsstab in jeder Ecke. Der Mindestdurchmesser der Längsbewehrung (d_{sl}) beträgt 12 mm.

Für die Verbügelung dürfen nur **geschlossene Bügel** verwendet werden; ihre Haken sind über die ganze Stützenlänge möglichst zu versetzen. Der Durchmesser ($d_{sbü}$) darf für Einzelbügel, Bügelwendel und Schlaufen nicht weniger als ein Viertel des maximalen Durchmessers der Längsbewehrung betragen, muss jedoch mindestens 6 mm groß sein. Der Stabdurchmesser bei Betonstahlmatten als Bügelbewehrung muss mindestens 5 mm betragen. Der Achsabstand der Bügel darf nicht größer sein als die kleinste Querschnittsabmessung der Stütze und auch nicht größer als der 12fache Durchmesser der Längsstähle.

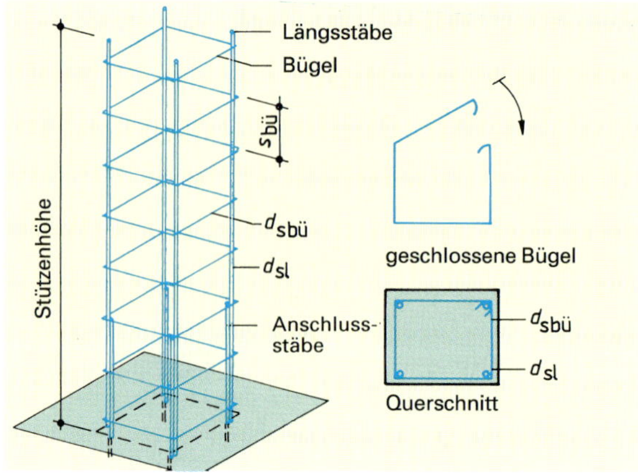

Bewehrung einer Stahlbetonstütze

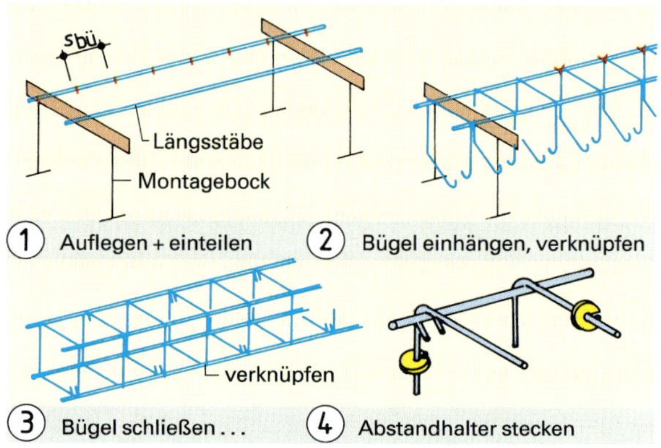

Arbeitsschritte beim Herstellen eines Bügelkorbes

Nenndurchmesser d_{sl}	Kleinste Querschnittsabmessung der Stütze (cm)	
≥ 12 mm	≥ 14	Fertigteile und liegend hergestellte Stützen
≥ 12 mm	≥ 20	Ortbeton

Stützenabmessungen

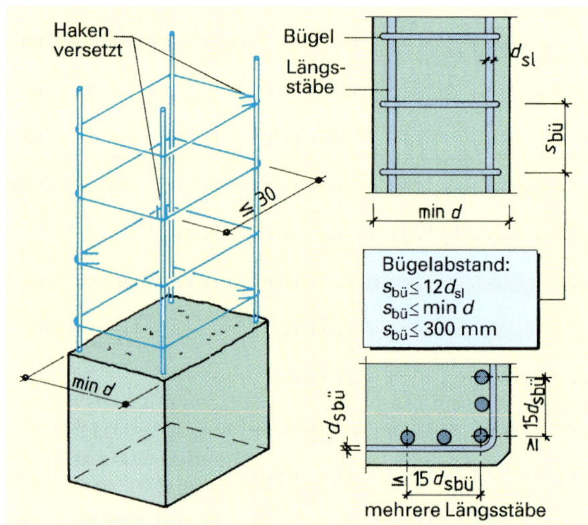

Bügelbewehrte Stütze, Regelmaße

Mit Bügeln können in jeder Querschnittsecke bis zu fünf Längsstähle gegen Ausknicken gesichert werden. Weitere Längsstähle sind durch Zwischenbügel zu sichern. Sie dürfen höchstens den doppelten Abstand der Hauptbügel haben. Zwischenbügel sind so anzuordnen, dass sie beim Einbringen des Betons wenig hindern.

Am Stützenfuß und -kopf sind Bügelabstände enger zu wählen, denn dort entstehen die größten Spalt- bzw. Keilkräfte.

Bügel sind auch im Bereich des Anschlusses an einen Träger vorzusehen.

Bügelbewehrte Stützen erhalten mindestens vier Längsstähle, die von Bügeln umschlossen werden. Ihre Haken sind über die Stützenlänge möglichst zu versetzen.

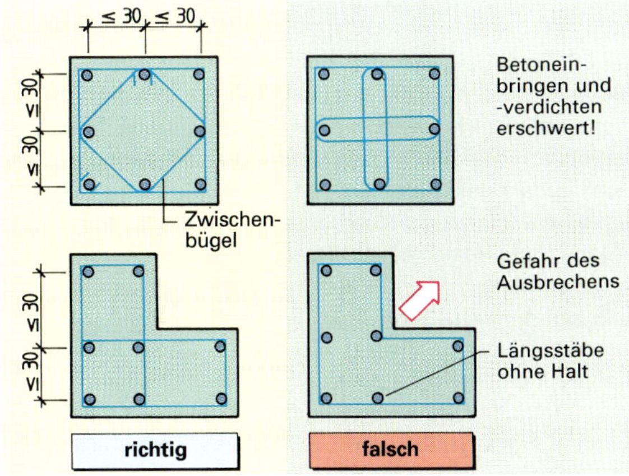

Anordnung der Bügel

Umschnürte Stützen

Bei Stützen mit kreisförmigem, sechs- oder achteckigem Querschnitt wird anstelle der Bügelbewehrung eine Ring- oder Spiralbewehrung eingebaut. Durch die Umschnürung des Betons mit Spiralen wird die Tragfähigkeit der Stütze wesentlich verbessert.

Auf den Umfang sind mindestens sechs Längsstähle gleichmäßig zu verteilen. Die Umschnürung kommt nur dann voll zur Wirkung, wenn die Ganghöhe der Spirale (S_w) $\frac{1}{5}$ des Kerndurchmessers (d_k gemessen von Mitte bis Mitte Spirale) und 8 cm nicht überschreitet.

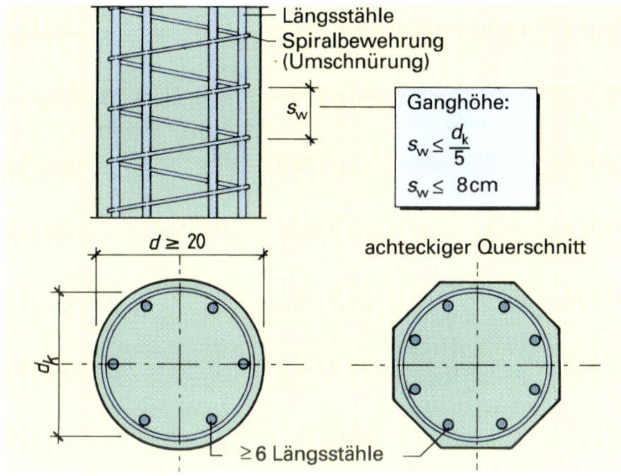

Umschnürte Stützen

Nach der Art der Verbügelung werden bügelbewehrte und umschnürte Stützen unterschieden. Für die Bewehrungsausführung gelten die Richtlinien der DIN 1045.

Stützen, die über mehrere Geschosse gehen, müssen mit einer **Anschlussbewehrung** ausgeführt werden. Diese ergibt sich durch eine entsprechend vergrößerte Schnittlänge der Längsstähle. Die Überlappung beträgt ca. 50 bis 80 cm. Nach DIN 1045 können die Längsstähle auch direkt gestoßen und der Druckstoß durch besondere Verbindungsmittel gesichert werden.

Nimmt der Stützenquerschnitt in einem Bauwerk nach oben hin ab, müssen die Längsstähle am Übergang in das nächsthöhere Geschoss **gekröpft** werden, d.h., die Stähle werden um das Kröpfmaß nach innen abgebogen.

Die Stützenbewehrung wird meistens als Korb vorgefertigt. Er wird dann entweder vor Beginn der Schalarbeiten aufgestellt oder in die fertige Stützenschalung von oben eingeführt. An den Bügeln werden zur Einhaltung der Betondeckung Abstandhalter befestigt. Bei Stützen ist die Betondeckung besonders wichtig, da hier die Korrosion der Stähle sehr gefährlich ist (vgl. Abschnitt 8.8).

Geschossstützen müssen mit Anschlussbewehrung ausgeführt werden.

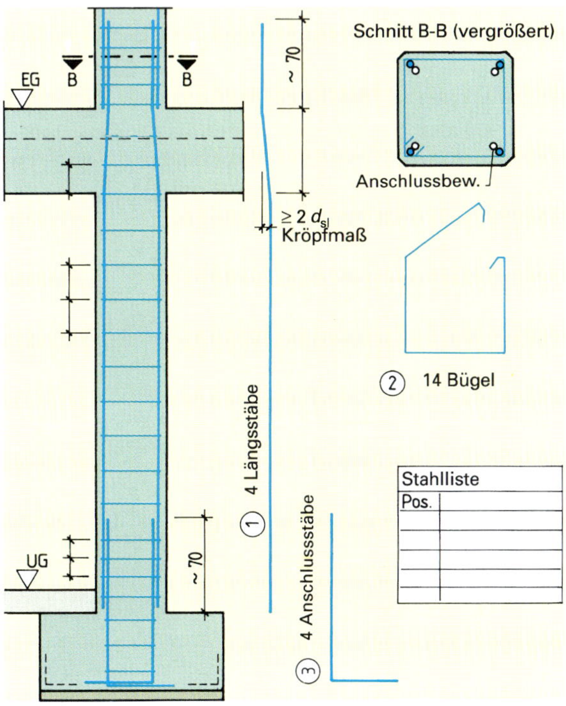

Stützen- und Anschlussbewehrung

8.7.4 Betonieren einer Stütze

Beim Einbringen darf sich der Beton **nicht entmischen**. Deshalb sollte der Beton nicht mehr als 1 m frei fallen. Dies wird erreicht, wenn bewegliche Pumpenschläuche, Fallrohre, Falltrichter o.Ä. eingesetzt werden. Es darf nicht zu schnell betoniert werden (Betoniergeschwindigkeit ca. 2 m/h), da sich sonst wegen des Setzens des Betons besonders an Bügelecken Hohlräume bilden. Der Beton ist in Schüttlagen von 50 cm einzubringen und mit **Innenrüttlern** oder Schalungsrüttlern zu verdichten. Damit durch die Stöße kein Zementleim abfließen kann, werden in die Schalung Dreikantleisten aus Holz oder Kunststoff eingelegt. Gleichzeitig werden damit scharfe Betonkanten gebrochen. Bei scharfkantigen Stützen werden in die Eckstöße Schaumstoffstreifen eingelegt.

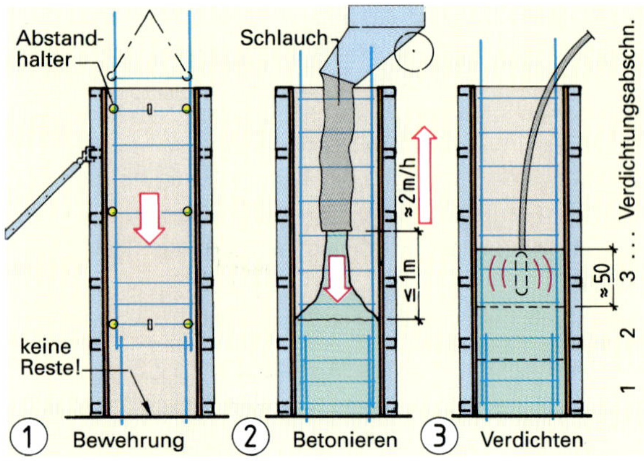

Betonieren einer Stütze

8.7.5 Stützenfundamente

Stützenfundamente haben in der Regel quadratische oder rechteckige Form. Sie werden auf **Biegung** und **Schub** beansprucht und erhalten deshalb eine Bewehrung. Die Fundamentdicke ist in erster Linie von der Schubspannung abhängig. Die Dicke ist so zu wählen, dass keine Gefahr des Durchstanzens infolge der Stützenlast besteht und **keine Schubbewehrung** erforderlich wird. Die **Tragbewehrung** wird in zwei rechtwinklig zueinander verlaufenden Richtungen angeordnet. Sie wird im Bereich des Stützenquerschnittes konzentriert eingebaut. Einzelstäbe werden am Ende mit **Winkelhaken** im Beton verankert.

Bei großen Stützenlasten ist eine **Ringbewehrung** erforderlich. Sie umschließt die Fundamentplatte und verhindert dadurch ein Abdrücken der Winkelhaken.

Der Baugrund wird vor dem Bewehren des Fundamentes mit einer mindestens 5 cm dicken **Sauberkeitsschicht** abgedeckt.

Der Anschluss der Stützenbewehrung an die Fundamentbewehrung erfolgt durch **Druckstäbe**, die auch im Bereich des Fundamentes verbügelt werden.

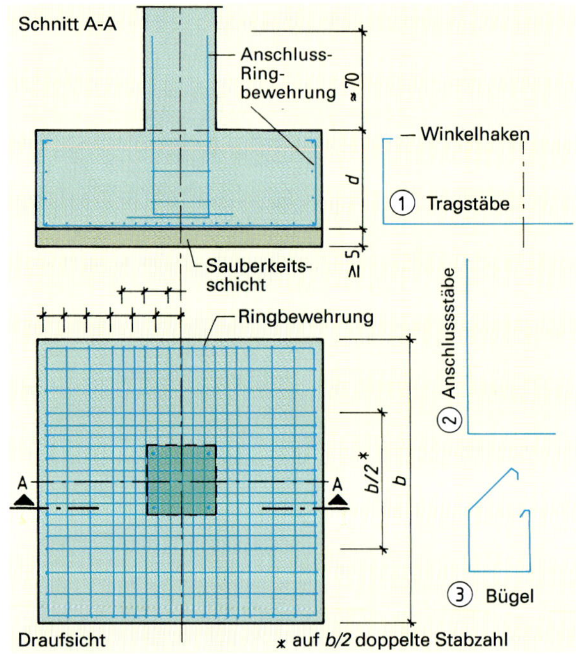

Bewehrung eines quadratischen Stützenfundaments

Zusammenfassung

Stahlbetonstützen nehmen vorwiegend senkrecht wirkende Kräfte auf. Sie werden auf Druck und Biegung beansprucht.

Die Verbindung von Stütze mit Träger kann sowohl gelenkig als auch biegesteif ausgeführt werden. Zur Erzielung der Biegesteifigkeit wird die Bewehrung in Vouten untergebracht.

Längsstähle nehmen Druck- und Biegespannungen auf und gleichen Materialfehler im Betongefüge aus. Bügel verhindern ein Ausknicken der Längsstähle.

Umschnürte Stützen besitzen eine besonders hohe Tragfähigkeit.

Stützenfundamente erhalten infolge Biegebeanspruchung eine Tragbewehrung.

Aufgaben:

1. *Warum werden Stahlbetonstützen am Kopf verbreitert?*
2. *Welche Vor- und Nachteile bringen Vouten?*
3. *Welche Gefahr besteht, wenn schlanke Stützen überbeansprucht werden?*
4. *Aus welchen Gründen werden bei einer Stahlbetonstütze Längsstähle und Bügel eingebaut?*
5. *Warum sollen bei Stützenbewehrungen die Haken der Bügel über die ganze Höhe versetzt sein?*
6. *Begründen Sie, warum umschnürte Stützen gegenüber bügelbewehrten Stützen bei gleicher Querschnittsfläche eine höhere Tragfähigkeit aufweisen.*
7. *Warum erhalten Stützenfundamente eine Tragbewehrung?*

8.8 Betonkorrosion und Betonsanierung

8.8.1 Betonkorrosion

An Unterseiten und Brüstungen von Balkonen, an Treppen, Stützen, Gebäudesockeln und Brücken sind Verfärbungen, Risse, Betonabplatzungen oder gar freigelegte, stark rostende Stahleinlagen festzustellen. Diese Veränderungen bezeichnet der Fachmann als Betonkorrosion.

Unter **Betonkorrosion** versteht man die Zerstörung von Beton und Bewehrungsstahl durch meist flüssige Korrosionsmittel, wie z.B. wässerige Lösungen oder in Feuchtigkeit gelöste Gase. Die Korrosion führt zu einer Veränderung der Stoffe und kann sie ggf. völlig zerstören. Sie beginnt in der Regel an der Oberfläche und wird beim Beton durch chemische und physikalische Vorgänge und beim Stahl durch elektrochemische Reaktionen verursacht.

Der leicht angreifbare Bestandteil des Festbetons sind nicht so sehr die Gesteinskörnungen, sondern vielmehr der **Zementstein**. Er ist die eigentliche Schwachstelle im Stoffsystem „Beton". Bei entsprechender Beachtung der derzeitigen Regeln und Richtlinien sind jedoch ca. 80% aller Schadensfälle vermeidbar, weil sie nicht dem Baustoff „Beton" anzulasten, sondern auf Planungs- und Ausführungsfehler zurückzuführen sind.

8.8.2 Ursachen der Betonkorrosion

Die Ursachen für die Betonzerstörung können vielschichtig sein. Betonschäden, vor allem im Straßenbau, treten durch den **Angriff von Frost und Tausalzen** auf. **Chemische Angriffe**, z.B. durch Salzsäure, Schwefelsäure und Kohlensäure, lösen den Beton von der Oberfläche her auf. Ist Beton **sulfathaltigen Wässern**, wie sie z.B. in gipshaltigen Bodenarten vorkommen, ausgesetzt, so entsteht im Beton durch chemische Reaktion unter starker Volumenzunahme Gipsstein. Es kommt zum so genannten Sulfattreiben, das den Beton von innen heraus zerstört.

Schäden z.B. an Sichtbetonfassaden haben jedoch meist andere Ursachen. **Betonabplatzungen** und **korrodierter Bewehrungsstahl** sind die Folgen. Wo liegen die Ursachen hierfür?

Bei der Bildung des Zementsteins entsteht neben den Klinkerphasen **Calciumhydroxid, $Ca(OH)_2$**. Dieses Calciumhydroxid liegt nach der Hydratation zum Teil gelöst im **Porenwasser** des Zementsteins vor. Wie bei der Erhärtung des Luftkalkmörtels nimmt es aus der Luft **Kohlenstoffdioxid** sehr langsam über Jahre hinweg von der Betonoberfläche her auf und wird in **Calciumcarbonat** umgewandelt. Diesen Vorgang bezeichnet man als **Carbonatisierung**. Sie findet also nur statt, wenn in den Beton Feuchtigkeit und Kohlenstoffdioxid eindringen können. Dies ist der Fall bei 50 bis 70% Luftfeuchte. Die Carbonatisierung ist unbedeutend bei einer Luftfeuchte unter 30% und unter Wasser. Erhöhte CO_2-Konzentration und Temperaturen beschleunigen den Vorgang.

Betonkorrosion

Tausalzschäden

Frostschäden

Welche Folgen hat nun diese Carbonatisierung? Der Vergleich mit einem Indikator, z.B. Phenolphthalein, zeigt, dass das im Porenwasser gelöste Calciumhydroxid sehr stark basisch ist (Rotfärbung), also einen hohen pH-Wert von 12 bis 9,5 besitzt, während das Calciumcarbonat nur noch schwach basisch reagiert mit einem pH-Wert unter 9,5; Phenolphthalein zeigt dann keine Färbung mehr.

Wie verhält sich nun der Bewehrungsstahl in diesem sehr wechselhaft basischen Milieu? Im stark basischen Bereich, d.h., solange der Beton noch nicht bis zum Stahl durchcarbonatisiert ist, zeigt die Bewehrung keine Veränderung, keine Korrosion. So wie sich bestimmte NE-Metalle durch Bildung von Oxid- und Hydroxidschichten selbst schützen, so wird auch der Stahl im stark basischen Milieu durch eine **lückenlose Schicht** aus Eisenoxid und -hydroxid vor Korrosion geschützt. Der Stahl ist „unantastbar", er verhält sich „passiv" gegenüber aggressiven Einflüssen. Verändert sich aber dieses basische Milieu, d.h., sinkt der pH-Wert unter 9,5 ab infolge Carbonatisierung, dann geht die Schutzwirkung verloren, der Stahl korrodiert. Dies führt neben einem **Festigkeitsverlust** zu einer **Volumenzunahme** des korrodierenden Stahls. Diese Volumenzunahme kann ein Abplatzen des Betons von der Bewehrung verursachen. Die Standfestigkeit des Bauwerks ist gefährdet.

Durch Einwirkung von Kohlenstoffdioxid und Luftfeuchtigkeit wird im Beton Calciumhydroxid in Calciumcarbonat umgewandelt. Das basische Milieu des Zementsteins wird abgebaut. Dadurch verliert der Beton seine korrosionsschützende Wirkung.

8.8.3 Vorbeugender Betonschutz

Alle notwendigen Maßnahmen hinsichtlich Betonzusammensetzung und -verarbeitung zielen darauf ab, die **Widerstandsfähigkeit des Zementsteins** zu erhöhen, um so die Carbonatisierung zu bremsen. Der Zementstein mit seinen Kapillarporen beeinflusst den Carbonatisierungsprozess. Bis zu einem Anteil von 20 Vol.-% sind die Poren nicht miteinander verbunden, der Zementstein ist wasserundurchlässig. Über 25 Vol.-% steigt die Durchlässigkeit für Feuchtigkeit und Kohlenstoffdioxid sehr stark an.

Herabsetzung des Wasserzementwertes, Erhöhung des Zementgehaltes und der -festigkeitsklasse bewirken eine **erhöhte Dichtigkeit des Zementsteins**. Untersuchungen haben ergeben, dass hohe Betonfestigkeitsklassen zu geringeren Carbonatisierungstiefen führen.

Deshalb hat DIN 1045-2, um die Dauerhaftigkeit von Betonbauwerken und Betonbauteilen zu gewährleisten, die Anforderungen an den Beton in Abhängigkeit von Expositionsklassen (siehe Abschnitt 8.1.4) festgelegt. So werden z.B. Bauteile, zu denen die Außenluft ständigen Zugang hat, der Expositionsklasse XC 3 zugeordnet. Der Beton muss mindestens die Druckfestigkeitsklasse C 25/30 aufweisen, der Wasserzementwert darf nicht größer als 0,60 sein und der Mindestzementgehalt muss ohne Zusatzstoffe 280 kg/m³, mit Zusatzstoffen 270 kg/m³ betragen.

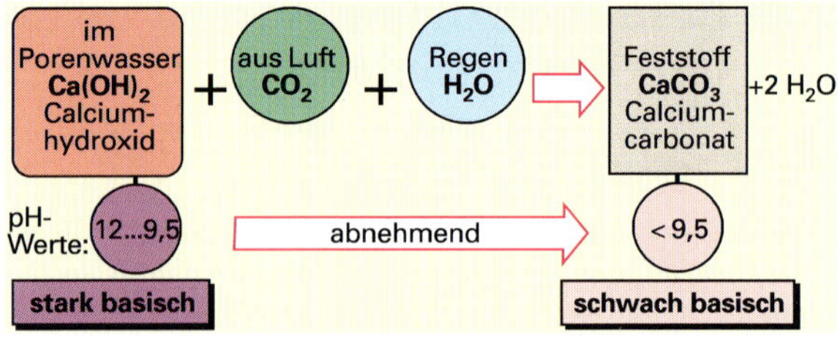

Carbonatisierung: Einwirkung von CO_2 und H_2O aus der Umwelt

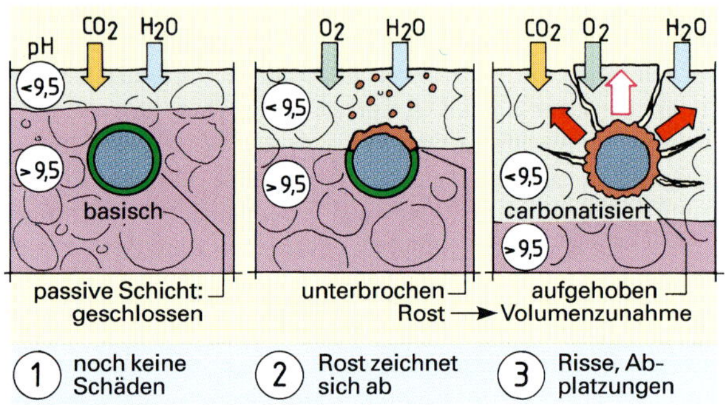

Fortschreitende Bewehrungskorrosion

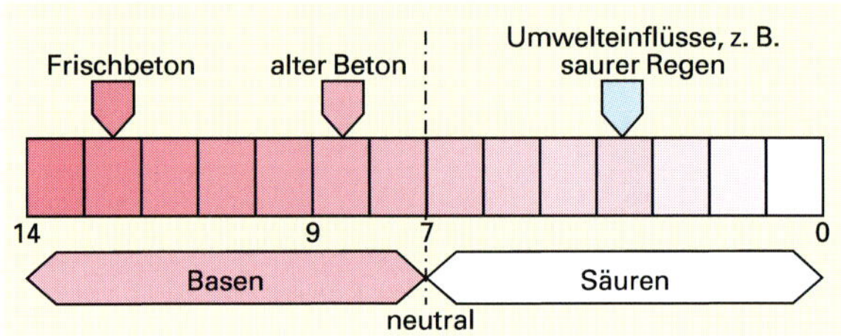

Bedeutung des pH-Wertes: Bei Einwirkung von Schadstoffen sinkt der pH-Wert

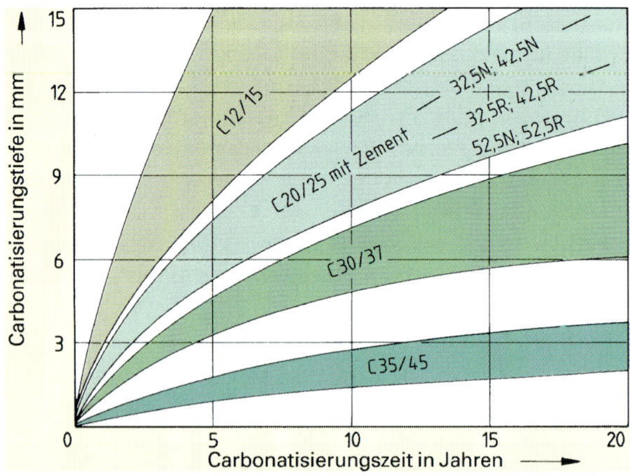

Zeitlicher Verlauf der Carbonatisierung

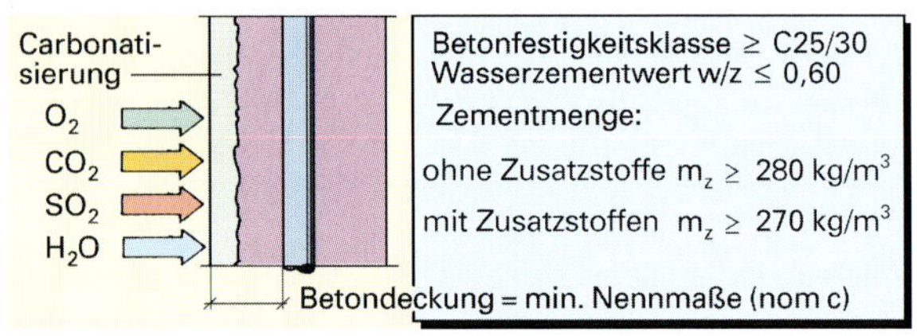

Vorschriften und Richtlinien für Außenbauteile

Verzögernd auf die Carbonatisierung wirken sich entmischungsfreies Einbringen, vollständiges Verdichten und vor allem feuchte Nachbehandlung aus. Störstellen sind Risse, Lunker und Kiesnester; über sie dringt die Carbonatisierung sehr rasch bis zum Stahl vor.

Die Bewehrung ist im Beton ausreichend geschützt, wenn die **Betondeckung** nicht nur **dicht**, sondern auch genügend **dick** ist. Die Betondeckung jedes Bewehrungsstabes darf die nach DIN 1045 vorgeschriebenen **Mindestmaße (min *c*)** nicht unterschreiten.

Bei der Ausführung müssen jedoch zur Sicherstellung der Mindestmaße die **Nennmaße (nom *c*)** zugrunde gelegt werden. Sie entsprechen den Verlegemaßen der Bewehrung und setzen sich aus den Mindestmaßen und einem **Vorhaltemaß** zusammen. Es beträgt für die Expositionsklasse XC1 1,0 cm und für die Expositionsklassen XC2, XC3, XC4, XD und XS 1,5 cm.

Sorgfältig hergestellter, verarbeiteter und nachbehandelter Beton schützt bei genügender Betondeckung die Bewehrung vor Korrosion.

8.8.4 Betoninstandsetzung

Vor der Wahl der optimalen Instandsetzungsmaßnahme müssen eine vollständige Schadensaufnahme und richtige Schadensbewertung erfolgen. Der Deutsche Ausschuss für Stahlbeton hat Richtlinien für Schutz und Instandsetzung von Betonbauteilen erstellt, die 1990 in Kraft getreten sind.

Schadensaufnahme

Hier geht es um die Feststellung des **Ist-Zustandes** des Bauwerks durch folgende Prüfmethode:

1. Feststellung der Carbonatisierungstiefe

Dies geschieht durch Phenolphthalein, das beispielsweise auf einen Bohrkern aufgesprüht wird. Bei Rotfärbung werden die noch nicht carbonatisierten Betonflächen sichtbar.

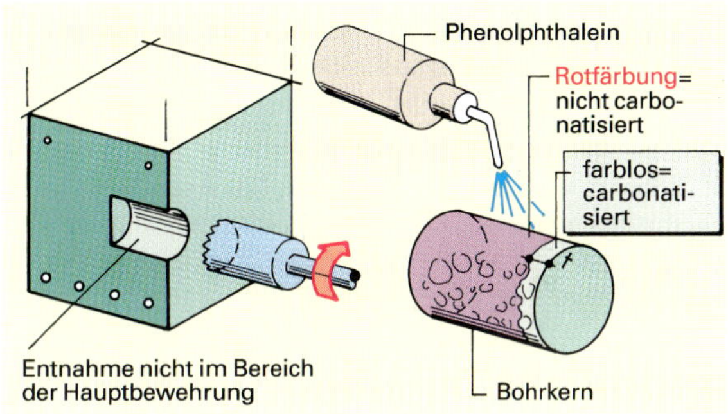

Carbonatisierungstiefe

2. Ermittlung der Betonüberdeckung der Bewehrung

Die Lage der Bewehrung kann mit Magneten oder mit Bewehrungssuchgeräten ermittelt werden.

3. Rissuntersuchungen

Die Feststellung vorhandener Risse ist wichtig, weil im Rissbereich ein Stahl auch dann korrodiert, wenn seine Betondeckung größer ist als die Carbonatisierungstiefe. Bei Benetzung der Betonoberfläche zeichnen sich Risse dunkel ab.

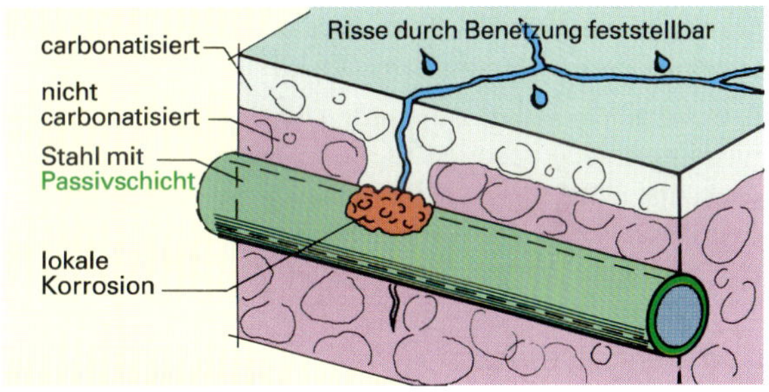

Bewehrungskorrosion im Rissbereich

Bei jedem Betonschaden müssen die Carbonatisierungstiefe, die Betondeckung und eine mögliche Rissbildung untersucht werden.

Schadensbewertung

Nach dem Grade der Beschädigung werden Stahlbetonteile in **vier Schadensstufen** eingeteilt. Maßgebend hierfür ist die Carbonatisierungstiefe im Verhältnis zur Betondeckung. Die Schadensstufen sind für die richtige Wahl der Instandsetzungsmaßnahme ausschlaggebend.

Schadensstufe I: Die Bauteile zeigen keine Schäden, weil die Carbonatisierungstiefe immer kleiner als die Betondeckung sein wird.

Schadensstufe II: Hierher gehören Bauteile, die zwar zum Zeitpunkt der Überprüfung noch keine Schäden aufweisen, bei denen aber die Carbonatisierungstiefe die Betondeckung eindeutig während der Lebensdauer des Bauwerkes überschreiten wird. Eine vorbeugende Instandsetzung mit einem Anstrich aus Acryl- oder Epoxidharz ist erforderlich.

Schadensstufe III: Die Bauteile weisen korrosionsbedingte Betonabplatzungen auf. Es sind allerdings noch keine tief greifenden Schäden, so dass die Tragfähigkeit der Bauteile noch gewährleistet ist. Es wird kurzfristig saniert, meist mit Mörtelsystemen, die handwerklich ausgeführt werden (vgl. Abschnitt „Instandsetzungsmaßnahme").

Schadensstufe IV: Bei den Bauteilen ist die carbonatisierungsbedingte Korrosion der Bewehrung so weit fortgeschritten, dass die Standsicherheit nicht mehr gewährleistet ist. Es muss sofort saniert werden. Ist die oberflächendeckende Ausbesserungsschicht tiefer als 3 cm, so kann nur noch mit Spritzbeton saniert werden (vgl. Abschnitt 8.1.15).

Instandsetzungsmaßnahme

Da die häufigsten Schäden der Schadensstufe III zuzuordnen sind, wird hierfür das entsprechende Instandsetzungskonzept, nämlich das mehr handwerklich ausgeführte **Mörtelsystem**, dargestellt. Die einzelnen Stoffarten sollten aus Gründen der Gewährleistung von einem Hersteller bezogen werden.

Die Instandsetzungsmaßnahme erfordert **6 Arbeitsschritte**.

1. Schritt: Der Untergrund wird vorbereitet. Lockere Betonteile werden mit Elektrohämmern entfernt, das Freilegen der Gesteinskörnungen und das Entrosten der Bewehrung erfolgen durch **Sandstrahlen**.

2. Schritt: Die Bewehrungsstähle werden zweilagig mit einer **Korrosionsschutzbeschichtung** versehen. Hierfür werden Epoxidharze oder kunststoffvergütete Zementschlämme verwendet.

3. Schritt: Auf den vorgenässten Altbeton wird eine **Haftbrücke** aufgebracht, die den Verbund zwischen Betonuntergrund und Reparaturmörtel verbessern soll. Verwendet werden zementgebundene Haftbrücken.

4. Schritt: Die Betonausbrüche werden mit **Reparaturmörtel** geschlossen bzw. aufgefüttert. Zum Einsatz kommen meist werkmäßig hergestellte kunststoffvergütete Zementmörtel, denen Kunststofffasern beigemischt werden können. Sie verbessern die Kohäsion und damit die Standfestigkeit des Frischmörtels in der Ausbruchstelle und verringern die Rissbildung.

5. Schritt: Mit einem **Dünnputz-Überzug** werden Strukturunterschiede ausgeglichen und optisch ein einheitliches Aussehen der gesamten instand gesetzten Betonoberfläche erzielt. Verwendet werden feinkörnige kunststoffvergütete Zement-Spachtelmassen.

6. Schritt: Ein **Deckanstrich** auf Siloxan-Acrylharzbasis wird aufgebracht. Er soll gegenüber Kohlenstoffdioxid undurchlässig und gegenüber Witterungseinflüssen beständig sein.

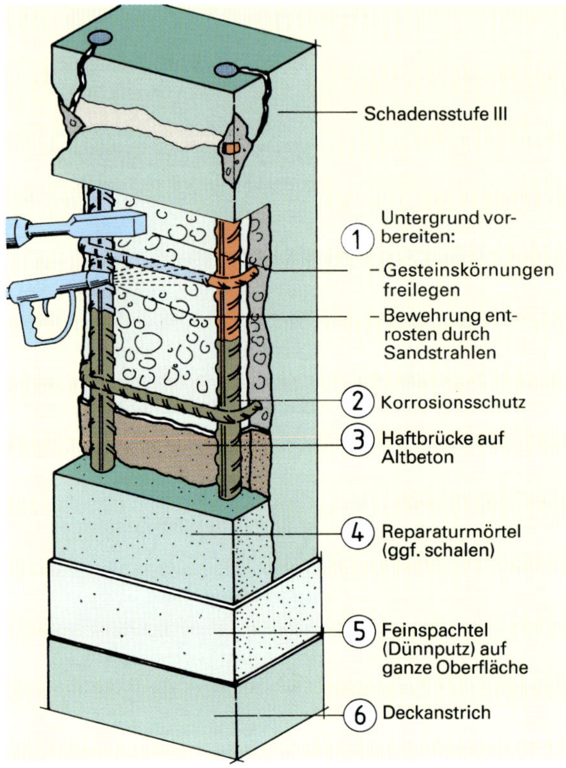

Instandsetzungsmaßnahme in 6 Arbeitsschritten am Beispiel einer Stahlbetonstütze

Zusammenfassung

Die Carbonatisierung ist ein natürlicher Prozess, der durch Feuchtigkeit und Kohlenstoffdioxid aus der Luft bewirkt wird.

Im basischen Milieu wird Stahl passiviert, d.h. durch eine lückenlose Schicht aus Eisenoxid und -hydroxid vor Korrosion geschützt.

Je kleiner der pH-Wert wird, desto stärker ist die korrodierende Wirkung der Porenlösung im Zementstein. Bewehrungskorrosion ist immer mit Volumenzunahme verbunden, die zu Betonabplatzungen führt.

Beton ist bei einem Porenanteil von unter 20 Vol.-%, bei einem w/z-Wert unter 0,6 und bei 100% Hydratation vor Korrosion geschützt.

Um eine geeignete Instandsetzungsmaßnahme einzuleiten, ist eine sorgfältige Schadensaufnahme erforderlich.

Betonschäden werden abhängig von der Carbonatisierungstiefe und der Dicke der Betondeckung in 4 Schadensstufen eingeteilt.

Aufgaben:

1. *Erklären Sie den Begriff „Betonkorrosion".*
2. *Welcher Bestandteil des Betons ist durch aggressive Umwelteinflüsse leicht zerstörbar?*
3. *Unter welchen Voraussetzungen findet die Carbonatisierung im Beton statt? Welche Auswirkungen hat sie?*
4. *Begründen Sie, warum die Bewehrung in einem schwach basischen Milieu (pH-Wert unter 9,5) korrodiert.*
5. *Erklären Sie die korrosionsbedingten Betonabplatzungen.*
6. *Durch welche betontechnischen Maßnahmen kann die Carbonatisierung gebremst werden?*
7. *Wie kann die Carbonatisierungstiefe festgestellt werden?*
8. *Nennen Sie für die 6 Arbeitsschritte der Betoninstandsetzung den jeweiligen Zweck.*
9. *Warum müssen die Mindestmaße der Betondeckung nach DIN 1045 um 1 cm bzw. 1,5 cm erhöht werden?*
10. *Wie erfolgt vorbeugender Betonschutz bei Außenbauteilen?*

9 Fußböden und Estricharbeiten

9.1 Anforderungen an Fußböden

Fußböden bilden bei Bauwerken den unteren waagerechten Abschluss gegen den Untergrund (Boden, Bodenplatte, Rohdecke). Die Anforderungen an Fußböden richten sich nach dem jeweiligen Verwendungszweck der Räume.

Fußböden über bindigen Bodenarten für Lagerräume, Abstellräume, Flure o.Ä., die trocken gehalten werden müssen, sind gegen **Bodenfeuchtigkeit abzudichten**, denn die im Boden vorhandene Feuchtigkeit durchdringt die angrenzenden Bauteile, indem sie in deren Kapillaren hochsteigt. Für Fußböden in Waschküchen und Wirtschaftskellern entfallen besondere Abdichtungsmaßnahmen. Handelt es sich um beheizte Aufenthaltsräume, so ist für Fußböden außer der Feuchtigkeitsabdichtung eine ausreichende **Wärmedämmung** erforderlich. Soll die Ausbreitung von Trittschall in horizontaler Richtung unterbunden werden, um benachbarte Räume nicht zu beeinträchtigen, so ist der Fußboden **schalldämmend** auszuführen.

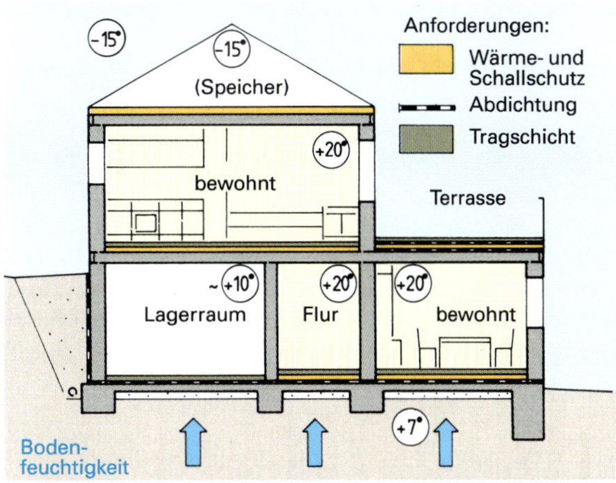

Anforderung an Fußboden

9.2 Fußböden ohne Wärmedämmung

9.2.1 Fußböden aus Ziegeln

Der Fußboden wird aus Mauerziegeln und Klinkern im Dünn- oder Normalformat verbandgerecht hergestellt. Hierfür gibt es zwei **Ausführungsarten**:

- **Flachschichtpflaster** für Fußböden mit geringer Beanspruchung; es gibt verschiedene Verlegearten, wie z.B. Schachbrett- oder Fischgrätmuster oder diagonale Verlegung im Verband;
- **Rollschichtpflaster** für Fußboden mit starker Beanspruchung.

Ausführung

- Einebnen und Verfestigen des Untergrundes;
- Aufbringen einer 3 bis 5 cm dicken Sandschicht (Sandbettung);
- Setzen der Randsteine mit Verzahnung;
- Verlegen der Steine nach der Schnur;
- Einschlämmen der 1 cm dicken Fugen mit feuchtem Sand oder Ausgießen mit Zementmörtel.

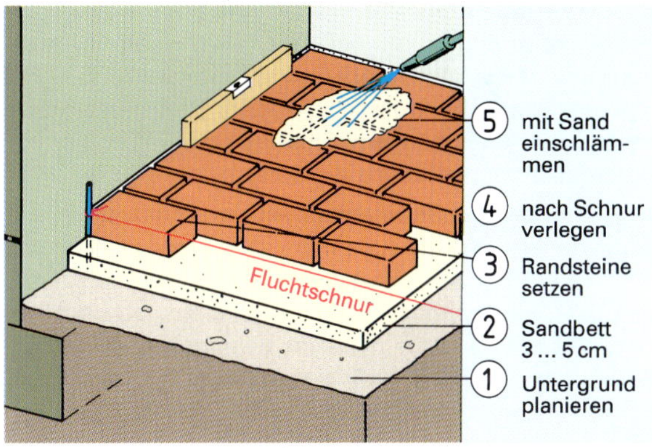

Einfaches Ziegel-Flachschichtpflaster

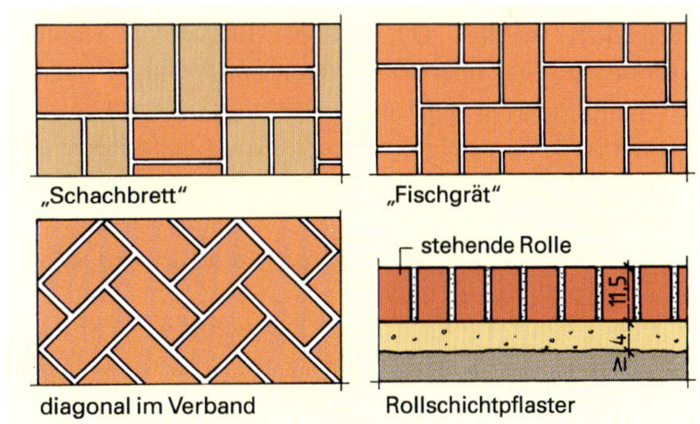

Verlegearten für Ziegelpflaster

Einfaches Flachschichtpflaster genügt für Fußböden, die wenig Stoß und Druck auszuhalten haben. Für stärker beanspruchte Fußböden sind Rollschichtpflaster geeignet.

9.2.2 Fußböden aus Beton ohne Abdichtung

Bei nichtbindigen Böden und tief liegendem Grundwasserspiegel kann ein Eindringen der Bodenfeuchtigkeit in den Fußboden durch eine grobkörnige **Unterpackung**

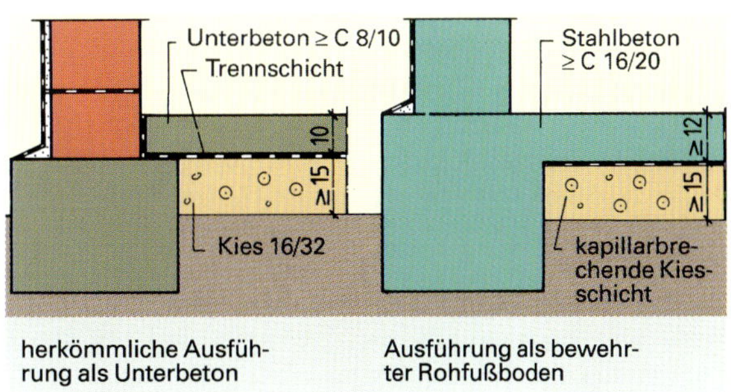

Betonrohfußboden auf Kiesschüttung

aus Kies oder Schotter in ≥ 15 bis 20 cm Dicke verhindert werden. Infolge der großen Hohlräume zwischen den Körnern kann die Bodenfeuchtigkeit nicht aufsteigen. Die Schüttung wirkt als kapillarbrechende Schicht. Damit die Hohlräume der Schüttung nicht mit Beton verfüllt werden, ist eine Trennschicht (Folie) unbedingt erforderlich. Auf die Schüttung bzw. Trennschicht wird ein tragfähiger **Unterbeton** von 10 bis 15 cm Dicke in der Betonfestigkeitsklasse ≥ C 8/10 aufgebracht. Die Oberfläche des Unterbetons soll rau sein, um eine gute Verbindung mit dem anschließend aufzubringenden **Verbundestrich** (vgl. Abschnitt 9.4.1) zu gewährleisten.

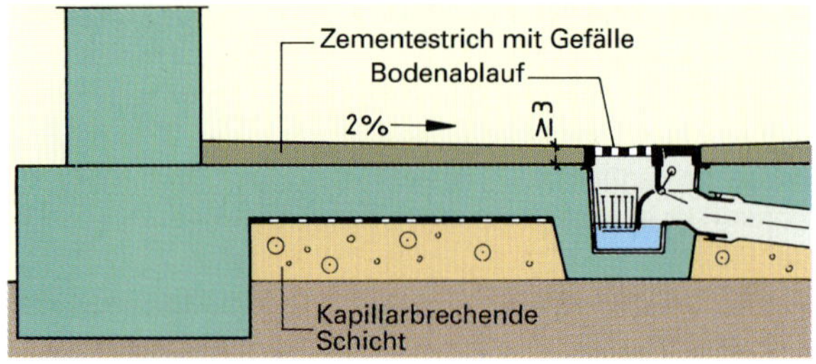

Fußbodenaufbau in einem Feuchtraum

9.2.3 Fußböden aus Beton mit Abdichtung

Bei ungünstigen Feuchtigkeitsverhältnissen, wie sie z.B. bei bindigen Böden und bei Bauten am Hang anzutreffen sind, reicht eine grobkörnige Unterpackung nicht aus, um Fußböden trocken zu halten. Hier muss durch **zusätzliche Abdichtungsmaßnahmen** der Fußboden vor Durchfeuchtung geschützt werden.

Abdichtungen mit **Bitumenbahnen** sind mindestens einlagig herzustellen. Die Bahnen sind lose, punktweise oder vollflächig verklebt auf den Untergrund aufzubringen. Die Bahnen müssen sich an Nähten, Stößen und Anschlüssen mindestens 10 cm überdecken; die Überdeckungen müssen vollflächig verklebt bzw. bei Schweißbahnen verschweißt werden.

Abdichtungen mit **Kunststoff-Dichtungsbahnen** sind ebenfalls mindestens aus einer Lage herzustellen. Die Bahnen können lose verlegt oder auf den Untergrund aufgeklebt werden. Die Überdeckungen an Nähten, Stößen und Anschlüssen betragen mindestens 5 cm.

Abdichtungen mit **Asphaltmastix** sind in einer Mindestdicke von 0,7 cm auf den Unterbeton aufzubringen. Asphaltmastix ist ein Gemisch aus Bitumen, Gesteinsmehl und Sand.

Die fertig gestellten Abdichtungen sind vor mechanischer Beschädigung sowie gegen chemische und thermische Einflüsse zu schützen. Die **Schutzschicht** kann aus **Beton** ≥ C 8/10, bei Bewehrung ≥ C 12/15 bestehen. Sie soll mindestens 5 cm dick sein.

Schutzschichten aus **Betonplatten** werden vollflächig im Mörtelbett der Mörtelgruppen II oder III verlegt. Die Betonplatten müssen mindestens 5 cm dick sein, das Mörtelbett muss mindestens 2 cm betragen.

Schutzschichten aus **Gussasphalt** sind 2 cm dick herzustellen. Bei Abdichtungen aus Bitumenwerkstoffen muss eine Trennschicht aus Ölpapier, Glasvlies oder PE-Folie zwischen Abdichtung und Schutzschicht gelegt werden.

> Abdichtungen von Fußbodenflächen aus Bitumenbahnen, Kunststoff-Dichtungsbahnen und mit Asphaltmastix brauchen eine druckfeste Unterlage aus Beton.

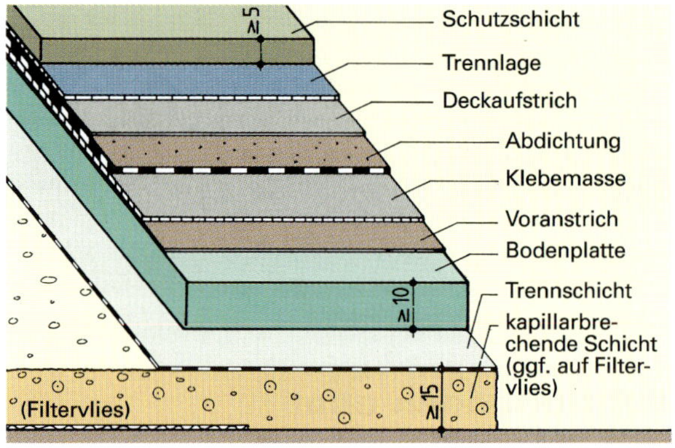

Fußbodenaufbau mit Abdichtung

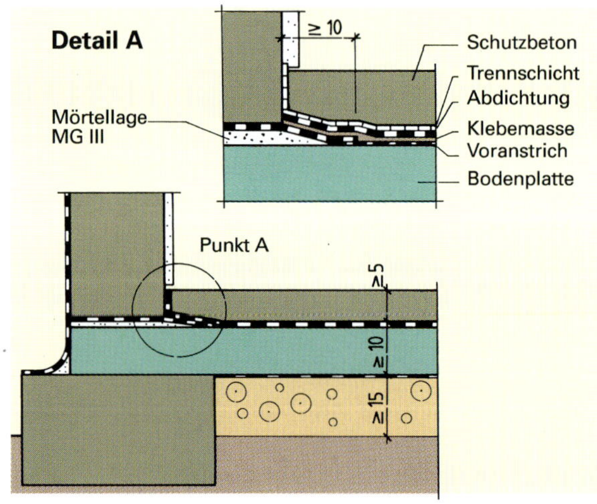

Anschluss der Abdichtung an aufgehende Wand

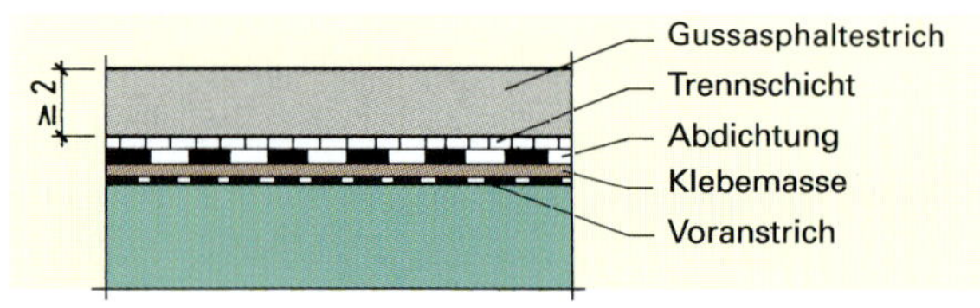

Schutzschicht aus Gussasphalt

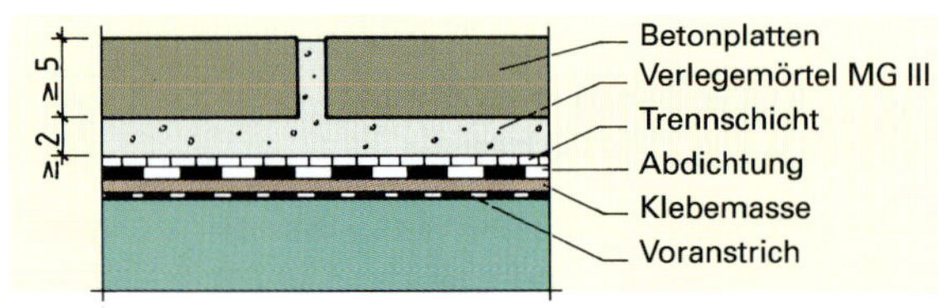

Schutzschicht aus Betonplatten

9.3 Fußböden mit Wärmedämmung

Fußböden in Aufenthaltsräumen müssen neben dem Feuchtigkeitsschutz auch ausreichenden **Wärme- und Schallschutz** bieten. Um das zu erreichen, kann auf die vorhandene Abdichtung eine **Wärmedämmschicht** aufgebracht werden. Diese benötigt einen druckverteilenden **Estrich**, weil die Dämmschicht aus weichen Werkstoffen, wie Mineralwolle, Polystyrolschaum, Kokosmatten o.Ä., besteht.

Soll die Übertragung des **Trittschalls** vom Fußboden in die angrenzenden Wände vermieden werden, so wird die Dämmschicht **seitlich** an den Wandanschlüssen hochgezogen. Dadurch werden Schallbrücken vermieden, die bei direkter Berührung des Estrichs mit den aufgehenden Wänden entstehen könnten. Ein solcher Fußbodenaufbau wird auch als **„schwimmender Estrich"** bezeichnet (vgl. Abschnitt 9.4.1).

Spezielle, Wasser abweisende Wärmedämmplatten, wie z.B. Polystyrol-Extruderschaum oder Schaumglas, können unter der Bodenplatte gegen den Grund verlegt werden. Eine solche Kelleraußendämmung, auch Perimeterdämmung genannt, verhindert Wärmebrücken.

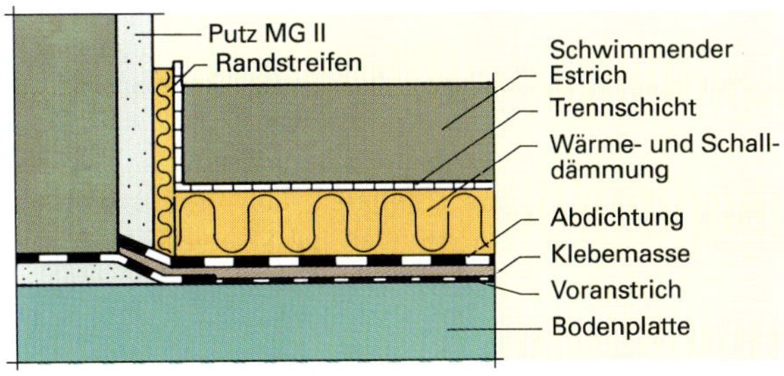

Abdichtung mit Wärme- und/oder Schalldämmung

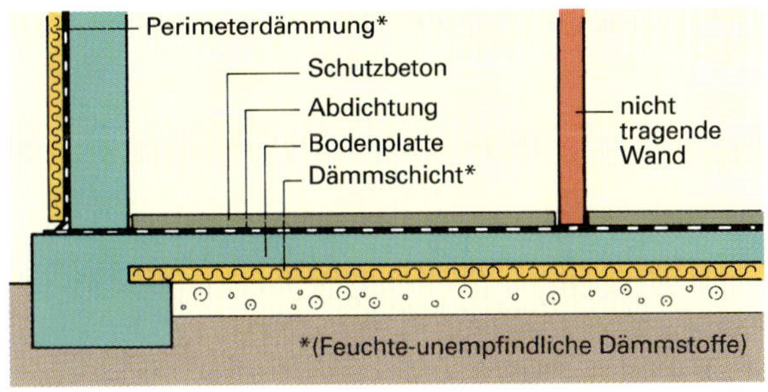

Außen liegende Wärmedämmung (Perimeterdämmung)

Dämmstoffe für den Wärme- und Schallschutz liegen i.d.R. auf der Abdichtung. Durch Dämmstreifen an den Wänden in Höhe des Estrichs werden Schallbrücken vermieden.

9.4 Estriche

9.4.1 Begriffe

Estrich ist nach DIN 18560 und DIN EN 13318 ein auf einem tragenden Untergrund oder auf einer zwischenliegenden Trenn- oder Dämmschicht hergestelltes Bauteil, das unmittelbar nutzfähig sein oder mit einem Belag versehen werden kann. Nach dem verwendeten Bindemittel unterscheidet man Calciumsulfatestriche (CA), Gussasphaltestriche (AS), Magnesiaestriche (MA) und Zementestriche (CT). Je nach Anwendungszweck werden die Estriche hergestellt als Verbundestriche (V), Estriche auf Trennschichten (T) und Estriche auf Dämmschichten (schwimmende Estriche S).

Verbundestriche werden unmittelbar auf den Unterboden (z.B. Rohdecke) aufgebracht. Eine vollständige Verbindung mit dem Unterboden ist an jeder Stelle erforderlich.

Estriche auf Trennschichten werden vom Unterboden durch Pappen, Folien oder ähnlich dünne Bahnen getrennt.

Schwimmende Estriche werden auf Trittschalldämmschichten aufgebracht. Die Estriche müssen selbsttragend und auf ihrer Unterlage beweglich sein und dürfen keine unmittelbare Verbindung mit angrenzenden Bauteilen, z.B. Wänden und Rohren, aufweisen.

Die **Dicke** eines Estrichs hängt von der Estrichart und dem Verwendungszweck ab. Das mechanische Verhalten von Estrichen wird durch die Festigkeit (Druck- und Biegezugfestigkeit) angegeben. Dementsprechend werden die Estriche in **Festigkeitsklassen** (DIN EN 13813) eingeteilt.

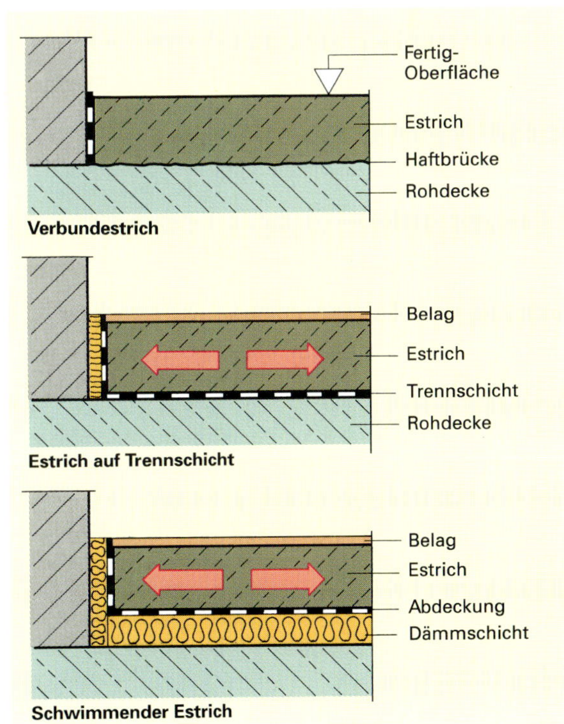

Estricharten

9.4.2 Zementestrich CT

Zementestriche werden aus Zement, Gesteinskörnungen und Wasser sowie gegebenenfalls unter Zugabe von Zusatzmitteln (Betonverflüssiger, Dichtungsmittel, Erstarrungsbeschleuniger, -verzögerer, Frostschutzmittel) und Zusatzstoffen (Kunststoffdispersionen, Bitumenemulsionen) hergestellt. Der Zementgehalt soll bei Verbundestrichen und Estrichen auf Trennschichten 450 kg und bei schwimmenden Estrichen 400 kg je m^3 verdichteten Estrichs nicht übersteigen. Die Gesteinskörnungen sollten in der oberen Hälfte des günstigen Bereichs der Sieblinie liegen. Die Gesteinskörnung soll bei Estrichdicken bis 40 mm ein Größtkorn von 8 mm, bei Estrichdicken über 40 mm ein Größtkorn von 16 mm nicht überschreiten.

Besonders stark beanspruchte Fußböden, wie in Fabriken, Lagerhallen und Werkstätten, werden als **Hartstoffestriche** ausgeführt. Für sie werden besonders **harte** Gesteinskörnungen verwendet. Dies sind harte Natursteine und dichte Schlacken (Stoffgruppe A), metallische Stoffe (Stoffgruppe M) sowie Elektrokorund und Siliciumcarbid (Stoffgruppe KS).

Wird ein Verbundestrich auf den schon erhärteten Unterbeton aufgebracht, so muss der Untergrund zuvor aufgeraut, gesäubert und vorgenässt werden. Nur so lässt sich eine einwandfreie und feste Verbindung mit dem Unterbeton erzielen. Zur Verbesserung der Haftung kann ein breiiger Zementmörtel auf die mattfeuchte Oberfläche des Unterbetons aufgebracht werden. Der Estrich wird auf dem Unterbeton gleichmäßig verteilt und über Höhenlehren (Holzleisten oder Stahlrohre) mit einem Richtscheit abgezogen. Zum Verdichten des Estrichs sollten möglichst Rüttelbohlen, Flächenrüttler oder Estrichglättmaschinen mit Rüttelvorrichtungen verwendet werden. Nach dem Verdichten wird die Oberfläche von Hand mit Reibebrett und Stahlkelle oder mit Glättmaschinen geglättet. Dient der Zementestrich als Gehfläche, so wird die Oberfläche mit Besenstrich oder Riffelwalze aufgeraut.

Durch Schwinden und Temperatureinflüsse sind Estriche Längenänderungen unterworfen, die zu **Rissen** führen können. Deshalb müssen Estrichflächen durch **Dehn- und Scheinfugen** in annähernd quadratische Felder von 20 bis 30 m^2 Größe unterteilt werden. Dehnfugen gehen durch die ganze Estrichdicke hindurch; Scheinfugen sind eingeschnittene Fugen, die den Estrich auf ungefähr ein Drittel der Tiefe durchschneiden. Bewegungsfugen in der Rohdecke sind auch im Estrich auszubilden.

Damit Estriche nicht vorzeitig austrocknen und dadurch schwinden, an der Oberfläche absanden und an Festigkeit verlieren, müssen sie nachbehandelt und für mindestens eine Woche vor schädlichen Einwirkungen, wie z.B. Wärme und Zugluft, geschützt werden. Dies ist im Allgemeinen sichergestellt, wenn das Bauwerk geschlossen ist. Zementestriche sollten nicht vor Ablauf von 3 Tagen begangen und nicht vor Ablauf von 7 Tagen höher belastet werden.

CT Zementestrich	CA Calciumsulfatestrich
MA Magnesiaestrich	AS Gussasphaltestrich
SR Kunstharzestrich	

Abkürzungen für Estrich nach DIN EN 13813

Druckfestigkeitsklassen		Biegezugfestigkeitsklassen	
Klasse	Druckfestigkeit in N/mm^2	Klasse	Biegezugfestigkeit in N/mm^2
C5	5	F1	1
C7	7	F2	2
C12	12	F3	3
C16	16	F4	4
C20	20	F5	6
C25	25	F6	6
C30	30	F7	7
C35	35	F10	10
C40	40	F15	15
C50	50	F20	20
C60	60	F30	30
C70	70	F40	40
C80	80	F50	50

Druck- und Biegezugfestigkeitsklassen für Estrichmörtel

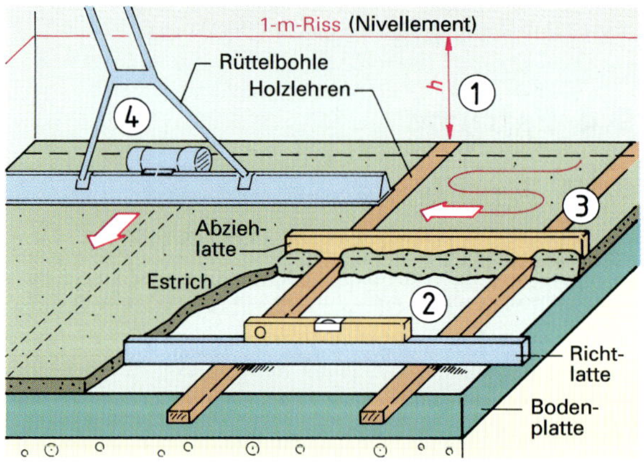

Arbeitsablauf beim Aufbringen eines Zementestrichs

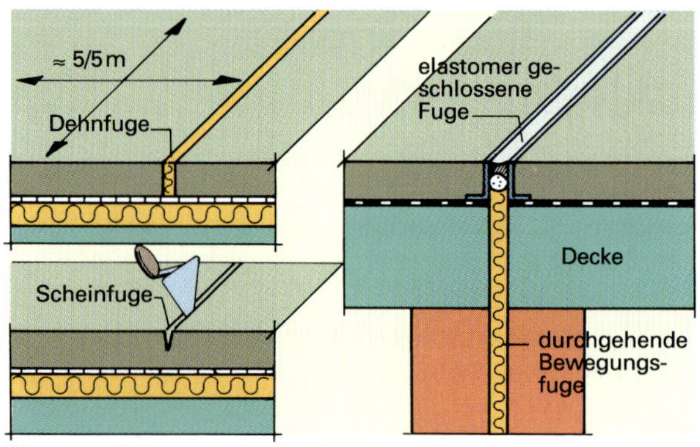

Fugenausbildung – Vermeidung von Rissen

Ausgangsstoffe für Zementestriche sind Normenzemente, Sand, Wasser und ggf. Zusatzmittel bzw. Zusatzstoffe. Zementestriche werden in Festigkeitsklassen C 5 bis C 80 eingeteilt.

9.4.3 Gussasphaltestrich AS

Gussasphaltestriche bestehen aus einem Gemisch aus **Bitumen** und **Mineralstoffen**, vorwiegend Natursand. Die Estriche haben einen Bitumengehalt von 8 bis 10 Massen-%; die eingerüttelte Gesteinskörnung hat eine Korngröße bis 5 mm. Die Estrichmasse wird **heiß** und **dickflüssig** eingebracht. Die Oberfläche ist mit Sand abzureiben.

9.4.4 Calciumsulfatestrich CA

Calciumsulfatestriche werden aus Anhydritbinder, Wasser, Gesteinskörnungen und gegebenenfalls unter Zugabe von Zusätzen hergestellt. Anhydritbinder, der häufig aus Entschwefelungsanlagen gewonnen wird, besteht aus fein gemahlenem Anhydrit (Gips) und bis zu 5% kristallisationsanregenden Stoffen. Der Estrich darf nicht einer dauernden Feuchtigkeitsbeanspruchung ausgesetzt werden.

9.4.5 Magnesiaestrich MA

Magnesiaestriche werden aus Magnesiumoxid, Gesteinskörnung und einer wässerigen Salzlösung (Magnesiumchlorid) sowie gegebenenfalls unter Zugabe von Zusätzen hergestellt. Bei der Herstellung soll das Mischungsverhältnis von Magnesiumchlorid zu -oxid zwischen 1:2,0 bis 1:3,5 betragen

Fließestrich für Fußboden-Heizung

9.4.6 Fließestrich

Eine Weiterentwicklung stellt der **Fließestrich** auf **Anhydritbasis** dar. Der trockene Fertigmörtel wird auf der Baustelle nur noch mit Wasser aufbereitet und in entsprechender Konsistenz an die Verlegestelle gepumpt. Abziehen, Verdichten und Glätten entfallen, weil der Fließestrich selbst nivelliert. Dichte Trennschichten sind jedoch unbedingt erforderlich.

Zusammenfassung

Die Anforderungen an Fußböden richten sich nach dem Verwendungszweck der Räume.

Fußböden müssen in Aufenthaltsräumen u.a. ausreichenden Feuchtigkeits-, Wärme- und Schallschutz bieten.

Fußböden ohne Feuchtigkeitsabdichtung lassen sich aus Ziegeln und Beton herstellen. Betonfußböden liegen auf einer grobkörnigen Schüttung.

Fußböden, die trocken gehalten werden müssen, sind gegen aufsteigende Bodenfeuchtigkeit durch zusätzliche Abdichtungsmaßnahmen zu schützen.

Für die Abdichtung von Fußbodenflächen werden Bitumenbahnen, Kunststoff-Dichtungsbahnen und Asphaltmastix verwendet.

Zur Wärmedämmung von Fußböden kann zwischen Abdichtung und Estrich eine Dämmschicht aus weichen, porösen Werkstoffen eingelegt werden.

Zur Vermeidung von Schallbrücken müssen Fußbodenestriche und aufgehende Wände durch Dämmschichteinlagen getrennt werden.

Estriche dienen als Gehfläche oder als Unterboden für besondere Fußbodenbeläge.

Nach der Ausführung werden Verbundestriche, Estriche auf Trennschichten und schwimmende Estriche unterschieden.

Aufgaben:

1. *Wonach richten sich die Anforderungen an Fußböden?*
2. *Welche Anforderungen werden an Fußböden für beheizte Aufenthaltsräume gestellt?*
3. *Beschreiben Sie die Ausführung eines Fußbodens als Flachschichtpflaster.*
4. *Begründen Sie, wann und warum grobkörnige Schüttungen unter der Kellersohle vorgesehen werden.*
5. *Warum müssen große Zementestrichflächen bewehrt oder durch Fugen unterteilt werden?*
6. *Skizzieren Sie den Fußbodenaufbau, bei dem die Feuchtigkeitsabdichtung mit Bitumenbahnen erfolgt. Benennen Sie die einzelnen Schichten, und begründen Sie ihre Lage.*
7. *Skizzieren Sie einen Fußbodenaufbau mit zusätzlicher Wärmedämmschicht.*
8. *Zeigen Sie anhand einer Skizze, wie Schallbrücken vermieden werden.*
9. *Welcher Unterschied besteht zwischen einem Verbundestrich und einem Estrich auf Trennschichten?*
10. *Erklären Sie die Abkürzungen CT-C20-F4 und CA-C50-F10.*
11. *Eine Estrichfläche hat Risse bekommen. Welche Ursachen könnte das haben?*
12. *Welche Vorteile bringen Fließestriche mit sich?*

10.1 Grundlagen des Treppenbaus

10.1.1 Bezeichnungen und Vorschriften

Eine Treppe besteht aus mindestens einem Treppenlauf, der mindestens drei Treppenstufen aufweist. Treppen, die nach behördlichen Vorschriften vorhanden sein müssen, werden als **„notwendige Treppen"** bezeichnet. Zusätzliche Treppen gelten als **„nicht notwendige Treppen"**.

Der waggerechte Teil einer Stufe wird **Trittstufe** genannt, der senkrechte oder annähernd senkrechte Stufenteil **Setzstufe**. Nach der Lage der Stufen werden **Antrittstufen** und **Austrittstufen** unterschieden. Die Antrittstufe ist die erste (unterste), die Austrittstufe, deren Trittfläche bereits ein Teil des Podestes oder Zwischenpodestes ist, die letzte (oberste) Stufe eines Treppenlaufes. Treppenteile, welche die Stufen tragen und seitlich begrenzen, nennt man **Wangen**. Der **Treppenlauf** ist der Abschnitt zwischen zwei Ebenen. Das Maß von Vorderkante Antrittstufe bis Vorderkante Austrittstufe, im Grundriss an der Lauflinie gemessen, ergibt die **Treppenlauflänge**. Ein Treppenlauf sollte nicht mehr als 18 Stufen haben; andernfalls wird eine Unterteilung durch **Podeste** (Treppenabsätze) erforderlich. Der Treppenlauf wird im Grundriss durch die **Lauflinie** gekennzeichnet. Das waagerechte Maß von der Vorderkante einer Treppenstufe bis zur Vorderkante der folgenden Stufe, in der Lauflinie gemessen, nennt man **Auftritt *a***. Das lotrechte Maß von der Trittfläche einer Stufe zur Trittfläche der folgenden Stufe bezeichnet man als **Steigung *s***. Das waagerechte Maß, um das die Vorderkante einer Stufe über die Breite der Trittfläche der darunter liegenden Stufe vorspringt, ergibt die **Unterschneidung *u***.

Die **Treppenlaufbreite** ist gleich dem Grundrissmaß der Konstruktionsbreite bzw. der lichte Abstand zwischen den Rohbauwänden. Der vom Treppenlauf und den Podesten umschlossene freie Raum wird als **Treppenauge** bezeichnet. Der lotrecht gemessene Abstand (gemessen in gebrauchsfertigem Zustand der Treppe) über den Vorderkanten der Stufen und über den Podesten bis zu den Unterkanten darüber liegender Bauteile ist die **lichte Treppendurchgangshöhe**. Sie misst nach DIN 18065 mindestens 2,0 m.

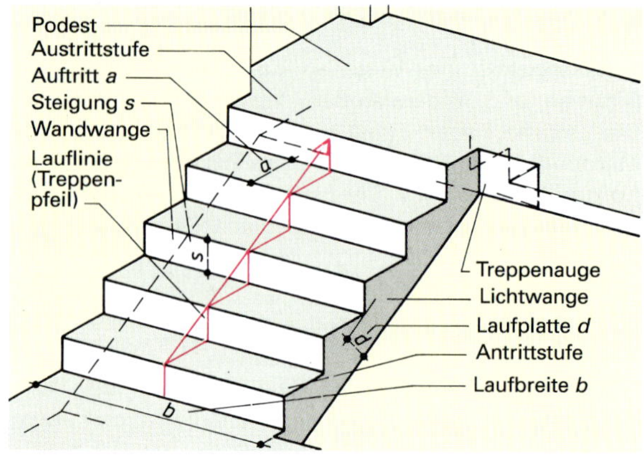

Bezeichnungen

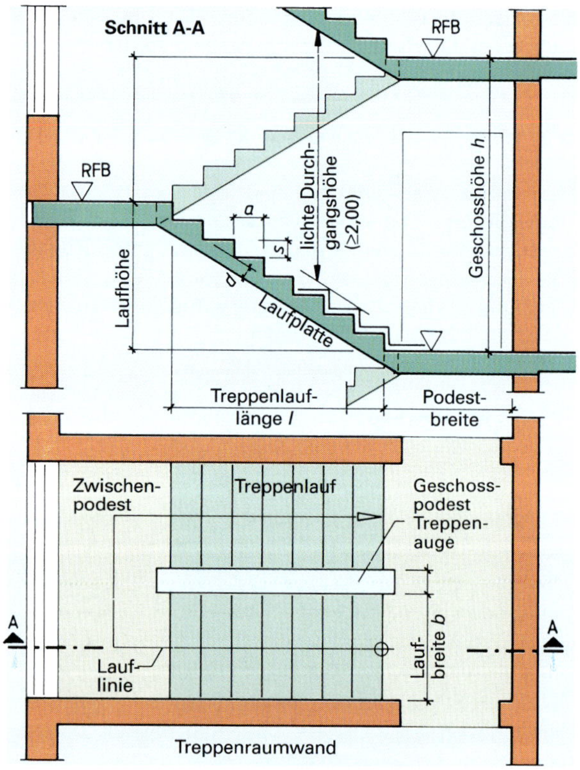

Podesttreppe mit Bezeichnungen und Maßen

Gebäudeart	Treppenart		Nutzbare Treppenlaufbreite	s (cm)	a (cm)
Wohngebäude mit nicht mehr als zwei Wohnungen	notwendig	zu Aufenthaltsräumen	80	17±3	28 $^{+9}_{-5}$
		Keller- und Bodentreppe	80	≤ 21	≥ 21
	nicht notwendig		50	≤ 21	≥ 21
Sonstige Gebäude	notwendig		100	17 $^{+2}_{-3}$	28 $^{+9}_{-2}$
	nicht notwendig		50	≤ 21	≥ 21

Gebäudetreppen, Hauptmaße (nach DIN 18065)

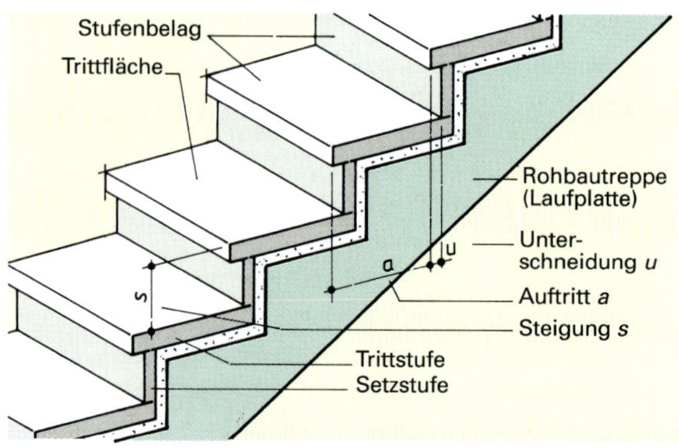

Stufenausbildung mit Unterschneidung

10.1.2 Treppenregeln

Eine Treppe ist umso bequemer und sicherer zu begehen, je günstiger das Verhältnis von Treppensteigung zur Auftrittbreite ist. Als Grundlage zur Ermittlung des **Steigungsverhältnisses** dient die mittlere Schrittmaßlänge eines Menschen, die mit 59 bis 65 cm angenommen wird. Beim Begehen einer Treppe verkürzt sich nun dieses Maß um den doppelten Betrag der zu überwindenden Steigung. Das verbleibende Maß stellt die Auftrittbreite dar. Daraus leitet sich die **Schrittmaßregel** ab, nach der die Summe aus zwei Steigungen (*s*) und einem Auftritt (*a*) 59 bis 65 cm (Mittel 63 cm) beträgt. Für flache Treppen ergeben sich große und für steile Treppen kleine Auftritte.

Neben der Schrittmaßregel können auch die **Sicherheits-** und **Bequemlichkeitsregel** angewendet werden. Nach der Sicherheitsregel beträgt die Summe aus Steigung und Auftritt 46 cm. Nach der Bequemlichkeitsregel ist die Differenz zwischen Auftritt und Steigung 12 cm.

Beispiel:

In einem Wohnhaus mit einer Geschosshöhe von 2,75 m wird eine einläufige Treppe eingebaut. Das Steigungsverhältnis soll nach der Schrittmaßregel bestimmt werden.

Zahl der Steigungen $n = \frac{275\ \text{cm}}{17\ \text{cm}} = 16{,}18$

gewählt: 16 Steigungen

Steigungshöhe $s = \frac{275\ \text{cm}}{16} = \underline{17{,}2\ \text{cm}}$

Auftrittbreite $a = 63\ \text{cm} - 2 \cdot 17{,}2\ \text{cm} = \underline{28{,}6\ \text{cm}}$

Untersuchungen haben für den Wohnungsbau als günstigstes Steigungsverhältnis 17/29 cm ermittelt. Soweit keine Vorschriften die Steigungsverhältnisse regeln, werden im Allgemeinen folgende Steigungen eingehalten:

Gartentreppen, Freitreppen	14...16 cm
Theater, Schulen	16...17 cm
Mehr- und Einfamilienhäuser	17...18 cm
Keller- und Bodentreppen	20...≤ 21 cm

In Bauzeichnungen werden die Anzahl der Steigungen und das Maß für die Steigungshöhe und die Auftrittbreite in cm angegeben, z.B. 16 × 17,2/29.

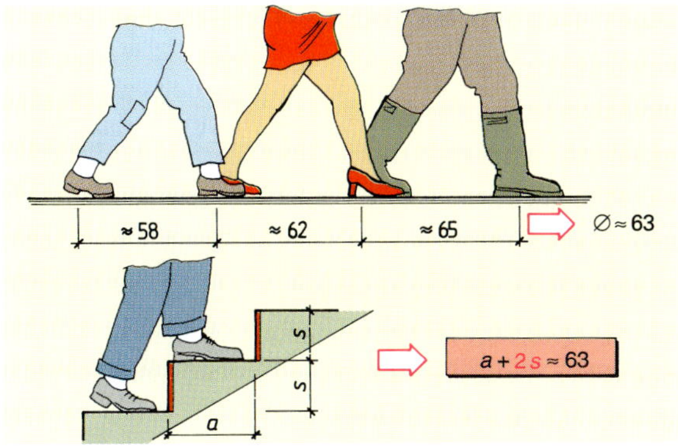

Durchschnittliche Schrittmaße des Menschen

Schrittmaßregel	$a + 2s = \mathbf{63}$ cm $a = 63$ cm $- 2s$	(59...65 cm)
Sicherheitsregel	$a + s = \mathbf{46}$ cm $a = 46$ cm $- s$	
Bequemlichkeits-regel	$a - s = \mathbf{12}$ cm $a = 12$ cm $+ s$	

Treppenregeln

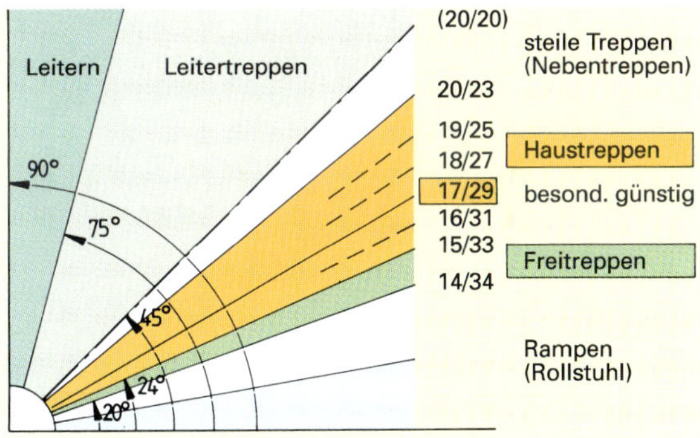

Steigungsverhältnisse und Neigungswinkel bei Treppen

Bequemes und sicheres Begehen einer Treppe ist vom Steigungsverhältnis abhängig. Bei gegebener Steigung kann die Auftrittbreite nach der Schrittmaßregel und/oder Sicherheitsregel berechnet werden.

10.1.3 Treppenarten nach der Form

Die Form einer Treppe wird hauptsächlich von der Größe und Bedeutung des Bauwerks und dem zur Verfügung stehenden Raum bestimmt. Nach der Form der Treppenläufe werden Treppen mit geraden und mit gewendelten Läufen unterschieden. Nach der Anordnung der Treppenläufe gibt es ein-, zwei- und mehrläufige Treppen. Im Geschosswohnungsbau kommen sowohl

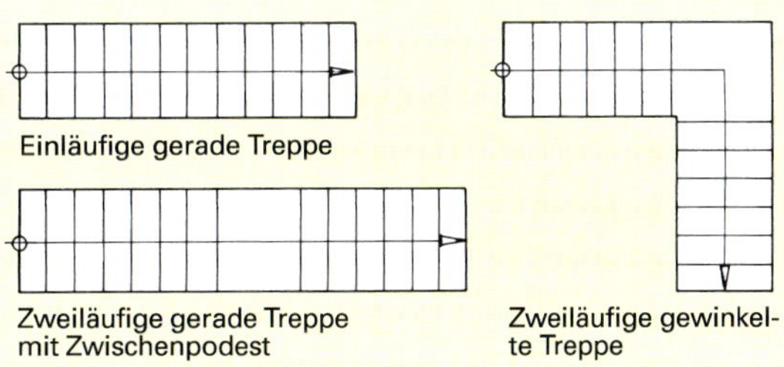

Treppenformen

Treppen mit geraden als auch Treppen mit gewendelten Läufen vor.

Treppen werden nach der Bewegung beim Aufwärtsschreiten als Links-Treppen oder Rechts-Treppen bezeichnet.

Die **einläufige gerade** Treppe wird vorwiegend in Wohngebäude mit geringer Geschosshöhe eingebaut. Bei vielgeschossigen Gebäuden mit größeren Geschosshöhen werden meist **zweiläufige** Treppen vorgesehen. Sie beanspruchen weniger Raum und sind sicherer und bequemer zu begehen. Die zweiläufige gegenläufige Treppe mit Zwischenpodest ist die im Wohnungsbau bevorzugte Treppenform. Sie wird häufig als „Podesttreppe" bezeichnet.

Bei **gewendelten** Treppen werden die Zwischenpodeste durch Stufen ersetzt. Sie werden so ausgebildet und angeordnet, dass die Richtung des Treppenlaufes nicht scharf gebrochen wird, sondern sich in einer Drehbewegung vollzieht. Nach der Art der Wendelung werden folgende Treppenformen unterschieden:

a) Die **viertelgewendelte** Treppe; Antritt und/oder Austritt können gewendelt sein.

b) Die **halbgewendelte** Treppe; der Treppenlauf beschreibt im Bereich der Wendelung einen Halbkreisbogen.

c) Die **ganz gewendelte** Treppe, auch Wendeltreppe und Spindeltreppe genannt; sie zeigt einen kreisförmigen Grundriss. Der Kern in der Mitte einer Spindeltreppe heißt Treppenspindel, während die Wendeltreppe in der Mitte ein Treppenauge aufweist.

Gewendelte Treppen beanspruchen weniger Grundfläche als gerade Treppen. Nachteilig ist jedoch bei einigen gewendelten Treppen, dass sie unsicher und unbequem zu begehen sind.

> Größe und Bedeutung eines Bauwerks und der zur Verfügung stehende Raum bestimmen die Form einer Treppe. Typische Treppenform im Wohnungsbau ist die zweiläufige gegenläufige Treppe mit Zwischenpodest. Den geringsten Raum beanspruchen Wendeltreppen.

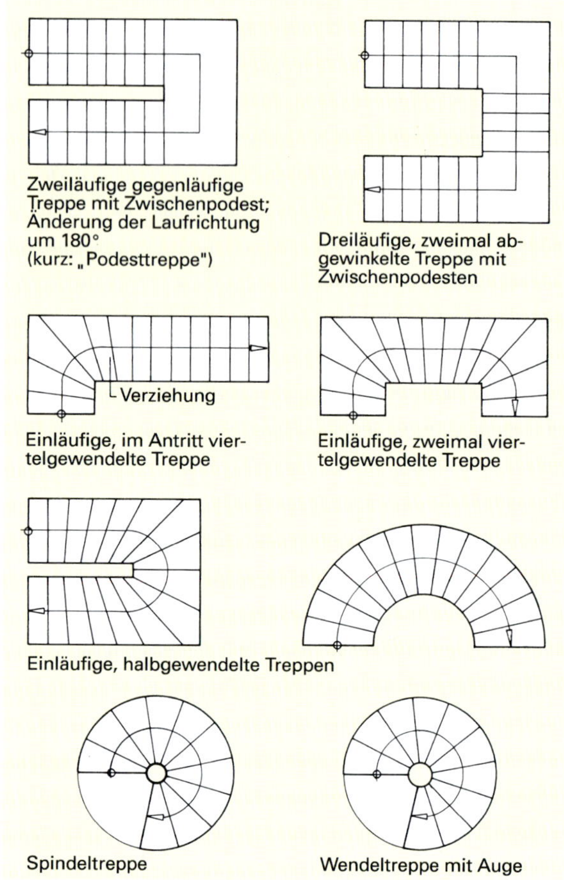

Treppenformen

10.1.4 Treppenarten nach der Konstruktion

Es werden Treppenkonstruktionen unterschieden, bei denen die Stufen unterstützt oder freitragend sind.

Unterstützte Stufen

Die Stufen können an ihren beiden Enden, in der Mitte oder vollflächig unterstützt werden. Es gibt folgende Konstruktionsmöglichkeiten:

a) Die Stufen werden beidseitig **eingemauert** oder **untermauert**.

b) Die Stufen werden beidseitig durch **Wangen** unterstützt; die Wangen spannen (als Stahlbetonfertigteile) von Podest zu Podest.

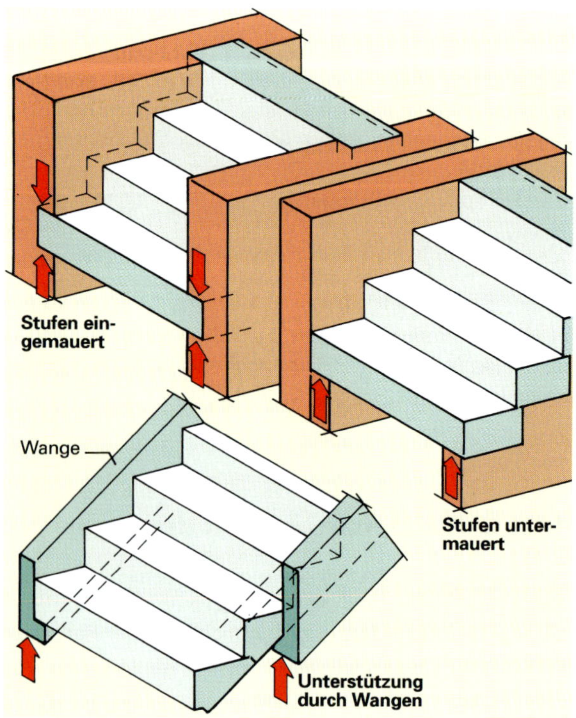

Unterstützte Stufen

c) Die Stufen werden durch **Stahlbeton-Laufplatten** unterstützt. Die Laufplatten können längs und quer gespannt sein und brauchen keine Einbindung in seitliche Wände. **Längs gespannte** Platten lagern entweder auf quer gespannten Podestbalken, auf quer gespannten Podestplatten mit verstärkten Podesträndern oder spannen als geknickte Laufplatten von Treppenhauswand zu Treppenhauswand. Die letztere Konstruktion kommt heute selten vor. Die große Spannweite verlangt größere Konstruktionsdicken und Stahlquerschnitte.
Quer gespannte Laufplatten können zwischen Trägern liegen. Wegen der kleineren Spannweiten erfordern sie geringere Plattendicken und Bewehrungsquerschnitte.

d) Stufen können auch in ihrer Mitte durch einen **Stahlbetonbalken** unterstützt werden; sie kragen nach beiden Seiten aus. Stufen und Balken müssen biegesteif miteinander verbunden werden.

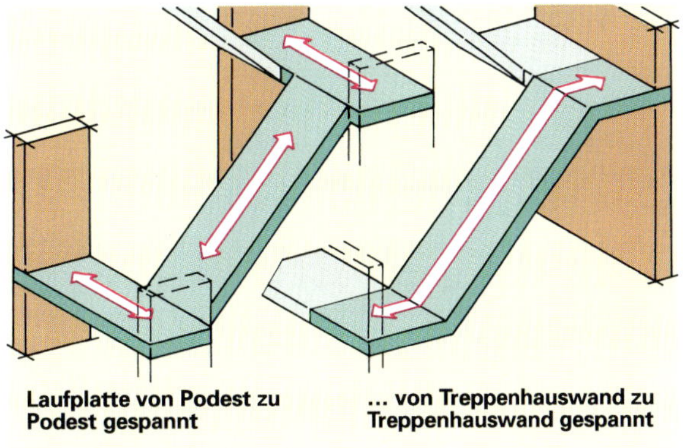

Stahlbeton-Laufplatten

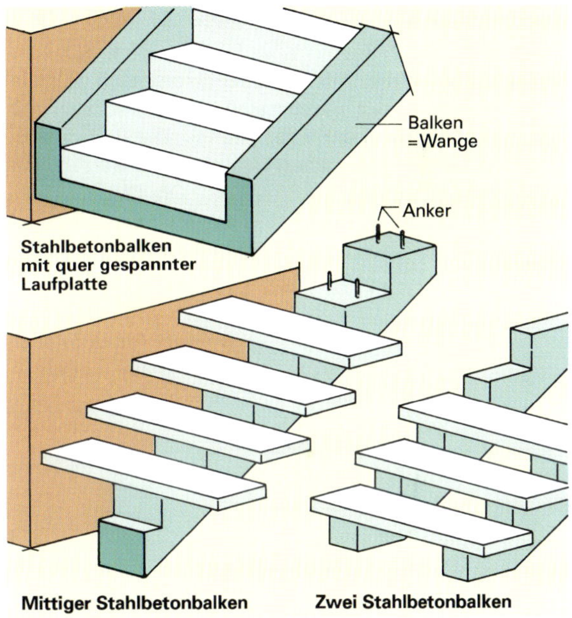

Balkentreppen

Freitragende Stufen

Treppenkonstruktionen mit freitragenden Stufen brauchen zur Unterstützung keine Wangen, Platten oder Träger. Die Stufen sind einseitig eingespannt. Jede Stufe stellt einen Kragarm dar. Bevorzugte Konstruktion hierfür ist die Spindeltreppe.

10.1.5 Stufenarten

Nach dem **Querschnitt** werden folgende Stufenarten unterschieden:

a) **Blockstufen** mit rechteckigem und trapezförmigem Querschnitt;

b) **Keilstufen** mit dreieckigem Querschnitt;

c) **Plattenstufen** mit plattenförmigem Querschnitt, mit und ohne Setzstufe;

d) **Winkelstufen** und **L-Stufen** mit winkelförmigem Querschnitt (nur in Betonwerkstein ausführbar).

Nach dem **Werkstoff** werden Natur- und Betonwerksteinstufen unterschieden.

Naturwerksteinstufen werden steinmetzmäßig hergestellt. Geeignet sind wetterbeständige, harte Steine, wie Granit, Basaltlava und harte Sandsteine. Die freitragende Länge des Granits reicht bis 1,50 m, die des Sandsteins bis 1,20 m.

Betonwerksteinstufen bestehen aus Kernbeton und Vorsatzbeton. Der Kern wird aus Beton der Festigkeitsklasse C 20/25 hergestellt. Die Sichtflächen der Stufen erhalten einen 1,5 bis 3 cm dicken, abriebfesten Vorsatzbeton, der in der Regel maschinell geschliffen wird. Nach DIN 18500 müssen Kern- und Vorsatzbeton untrennbar miteinander verbunden sein. Betonwerksteinstufen können bewehrt werden. Die Querschnittsform der Stufen wird so gewählt, dass alle Kräfte allein vom Beton aufgenommen werden. Die Bewehrung wird jedoch aus Sicherheitsgründen angeordnet.

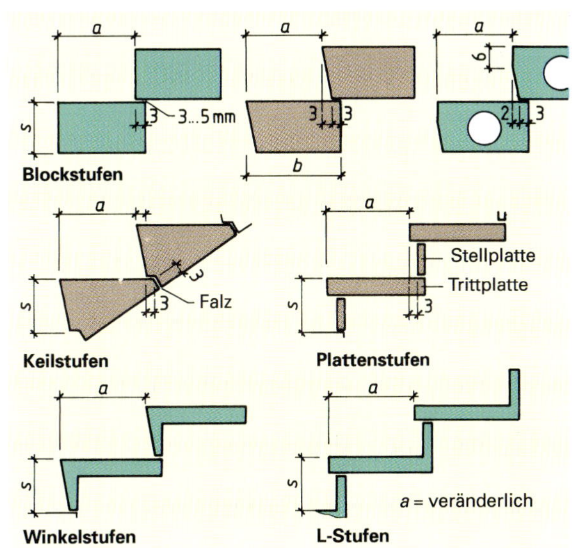

Stufenarten

10.2 Gemauerte Treppen

Gemauerte Treppen verlangen Treppenstufen aus Mauerwerk mit hohem Abnutzungswiderstand und erfordern bei Freitreppen zusätzlich Frostbeständigkeit. Treppenstufen aus Klinkermauerwerk und aus harten Natursteinen haben sich besonders bewährt.

Freitreppen erhalten abgestufte Streifenfundamente für die Wangenmauern. Die Stufen werden auf das abgetreppte Erdreich in einer 5 cm dicken Sandschicht verlegt. Bei schlechtem Baugrund ordnet man eine Stahlbetonplatte an.

Freitreppen in **Garten-** und **Parkanlagen** werden aus architektonischen Gründen häufig aus Natursteinen hergestellt. Bei ausreichender Tragfähigkeit kann der Boden als Auflager für die Stufen dienen. Der Boden wird abgetreppt, und die Steine werden in einem Kies- oder Mörtelbett verlegt. Bei nicht tragfähigem Boden ist eine Stahlbetonplatte als Unterstützung erforderlich. Für die Stufen werden meist **Bruchsteine** verwendet, also mit dem Hammer grob bearbeitete Steine. Die Stufen werden in ganzer Höhe gemauert und können zusätzlich mit **Bruchsteinplatten** abgedeckt werden. Die Platten, die 5 bis 6 cm dick sind, werden mit 3 cm Überstand und geringem Gefälle über dem Steinauflager im Mörtelbett verlegt.

Hauseingangstreppen mit nur wenigen Stufen können ebenfalls mit Klinkern hergestellt werden. Als Unterstützung kann eine auskragende Stahlbetonplatte dienen.

Stufen für einfache Freitreppen können mit Vormauerziegeln oder Hochbauklinkern gemauert werden. Die Steine werden als Roll- und Flachschichten verlegt.
Freitreppen in Garten- und Parkanlagen werden bevorzugt mit Bruchsteinen ausgeführt.

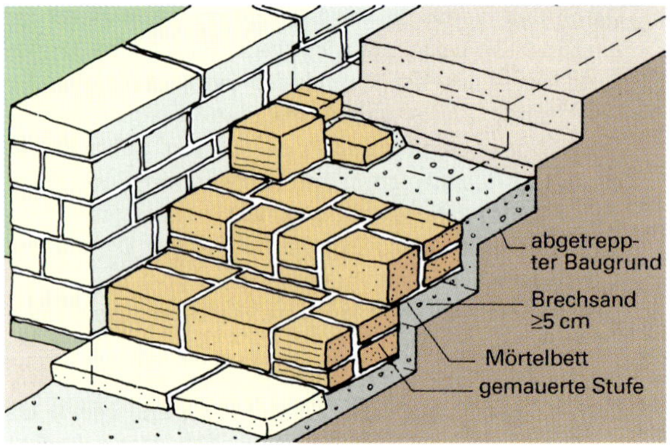

Gemauerte Natursteinstufen im Sandbett

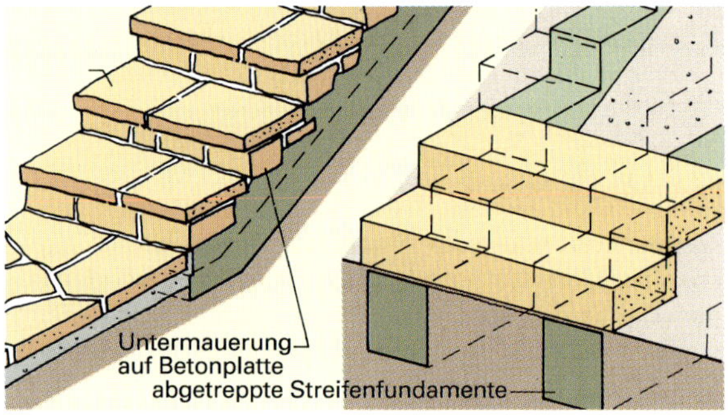

Gemauerte Naturstein-stufen mit Trittplatten

Naturstein-Blockstufen auf Streifenfundamenten

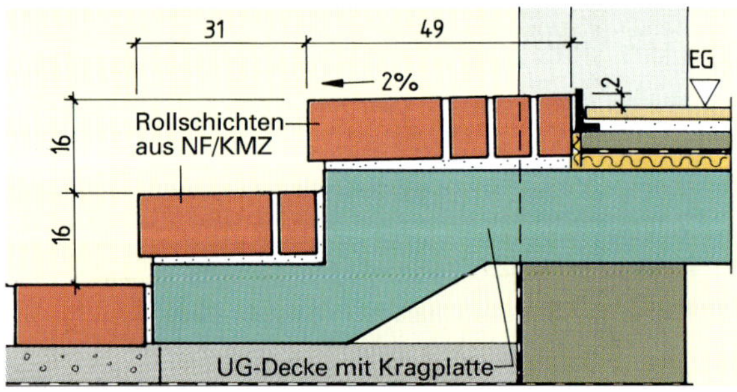

Hauseingangstreppe aus Vollklinkern

10.3 Werksteintreppen

10.3.1 Unterstützte Werksteintreppen

Geschosstreppen

Für Geschosstreppen mit Werksteinstufen gibt es zwei Ausführungen. Die Stufen liegen in Aussparungen der Treppenhauswände und/oder werden durch Wangenmauern unterstützt. Um eine ebene Treppenuntersicht zu erhalten, werden Keilstufen mit Falz verwendet. Sie behalten im Bereich der Einmauerung einen rechteckigen Querschnitt. Die Aussparungen werden beim Mauern der Treppenhauswände angeordnet. Wirtschaftlich ist es jedoch, eine eigene 11,5 cm dicke Wangenmauer vorzumauern. Die innere Wangenmauer wird 24 cm dick, die Stufen binden 12,5 cm ein. Hochführen der Wangenmauer und Verlegen der Werksteinstufen erfolgen dann in einem Arbeitsgang. Da Geschosstreppen aus Werksteinen sehr teuer sind, werden sie in zunehmendem Maße von Stahlbetontreppen (vgl. 10.4) und Fertigteiltreppen (vgl. 10.5) verdrängt.

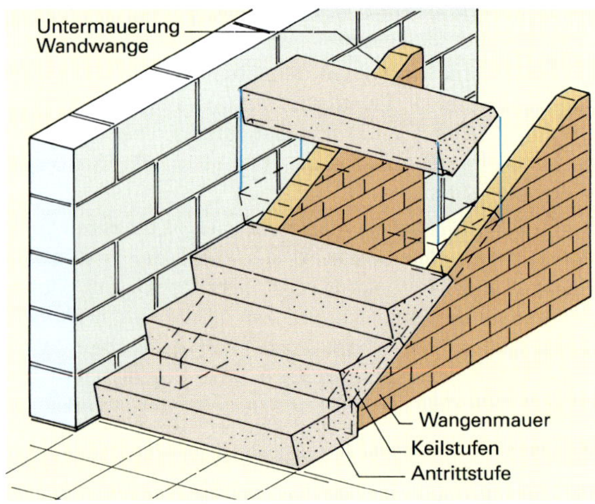

Unterstützte Werksteintreppe

Hauseingangstreppen

Auch Eingangstreppen lassen sich mit Werksteinstufen ausführen. Die Stufen werden beispielsweise durch Wangen aus Mauerwerk, Beton oder Stahlbeton unterstützt. Auf frostfreie Gründung der Wangen ist zu achten. Die Abbildung zeigt eine Hauseingangstreppe, bei der Betonwerksteinplatten auf vorgefertigten Stahlbetonwangen lagern. Die Wangen werden oben beiderseits der Türöffnung eingemauert und können unten auf einer Fundamentschwelle abgestützt werden.

> Für Hauseingangstreppen eignen sich Betonwerksteinplatten, die auf vorgefertigten Stahlbetonwangen versetzt werden.

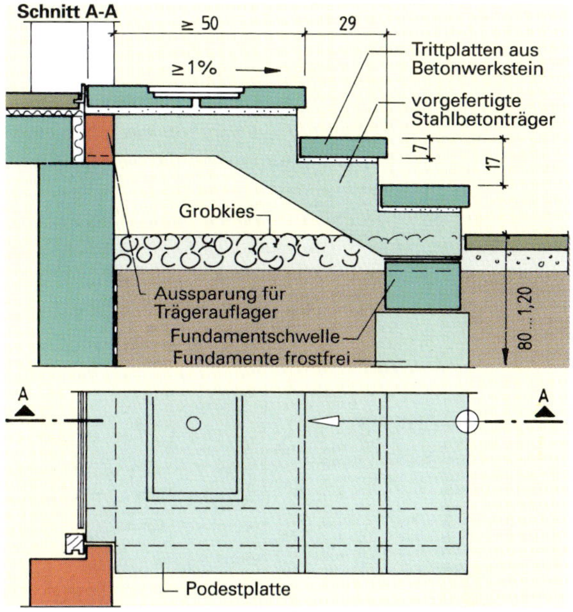

Hauseingangstreppe

Kellerinnentreppen

Die Kellerinnentreppe wird vielfach durch Wangenmauern bzw. Treppenhauswände begrenzt. Als Auflager reicht für die Stufen an beiden Enden 11,5 cm dickes Mauerwerk aus, das unmittelbar neben den Wangenmauern bzw. Treppenhauswänden hochgeführt wird.

Die Abbildungen zeigen eine einläufige gerade Treppe mit Viertelpodest. Blockstufen aus Betonwerkstein mit trapezförmigem Querschnitt werden an der Untergeschosswand durch eine 11,5 cm dicke Mauer unterstützt. An der Lichtwange liegen die Stufen 12,5 cm tief auf einer 24 cm dicken Wangenmauer, die mit 11,5 cm Dicke über die Stufen hinausgeführt wird.

Beim Versetzen der Blockstufen muss die Fertigfußbodenhöhe berücksichtigt werden.

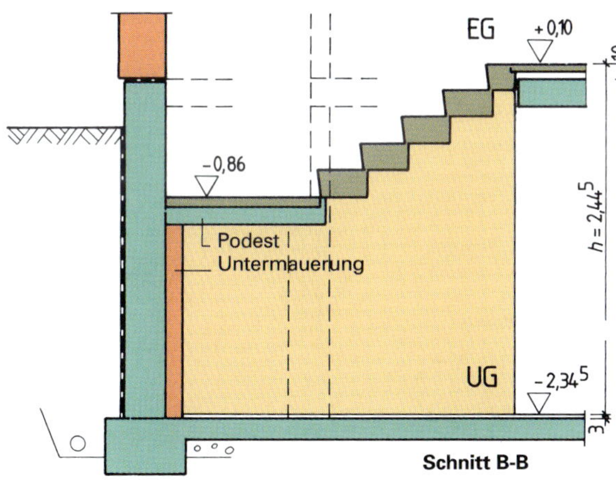

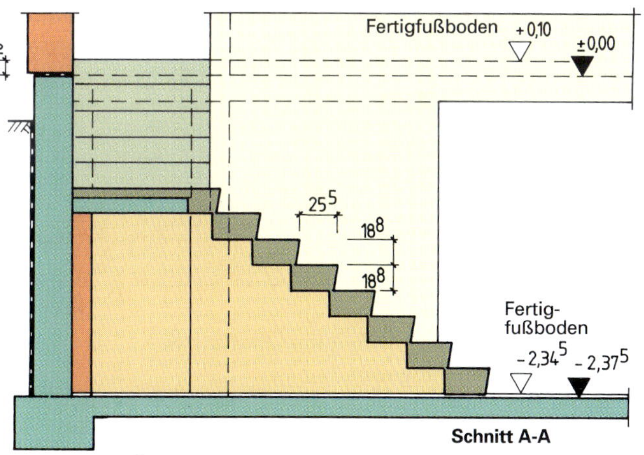

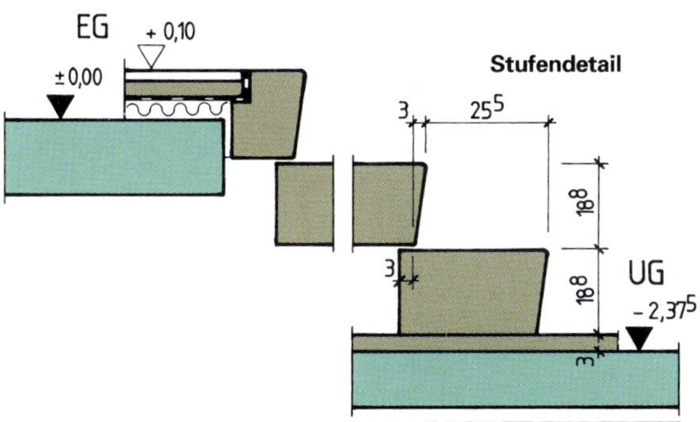

Berechnung:	$h = 2{,}375 + 0{,}10 - 0{,}03 = 2{,}445$ m
	$s = 2{,}445 : 13 \approx 18{,}8$ cm
	Steigungsverhältnis: 13 × 18,8 / 25,5

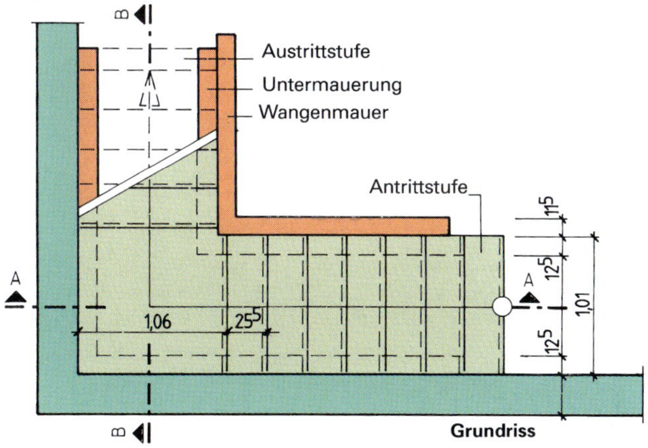

Kellerinnentreppe

Kelleraußentreppen

Die Kelleraußentreppe wird im Allgemeinen parallel oder rechtwinklig zum Gebäude angeordnet. Im ersten Falle begrenzen Untergeschosswand und Wangenmauer die Treppe; im zweiten Falle liegt sie zwischen zwei Wangenmauern. Die Wangenmauern, die den Erddruck aufnehmen, müssen mindestens 24 cm dick sein. Sie werden knapp über das Gelände geführt; ihre Fundamente sind frostfrei zu gründen. Die Stufen werden wie bei Kellerinnentreppen durch halbsteindicke Mauern unterstützt.

Die Abbildungen zeigen eine einläufige gerade Treppe mit Vorplatz. Die Treppe liegt parallel zum Gebäude. Die Wangenmauer wird aus Stahlbeton hergestellt. Betonwerksteinstufen mit rechteckigem oder trapezförmigem Querschnitt mit oder ohne profilierte Vorderkanten werden über einer 11,5 cm dicken Untermauerung versetzt. Zwischen die Untermauerung wird unterhalb der Werksteinstufen eine Schotterschicht eingebracht. Sie wirkt als kapillarbrechende Schicht.

Aus Gründen der Gewichtseinsparung können auch Winkelstufen verwendet werden. Sie lassen sich von Hand versetzen. Statt auf eine Untermauerung werden sie auf abgetreppte Fertigteilträger gelegt.

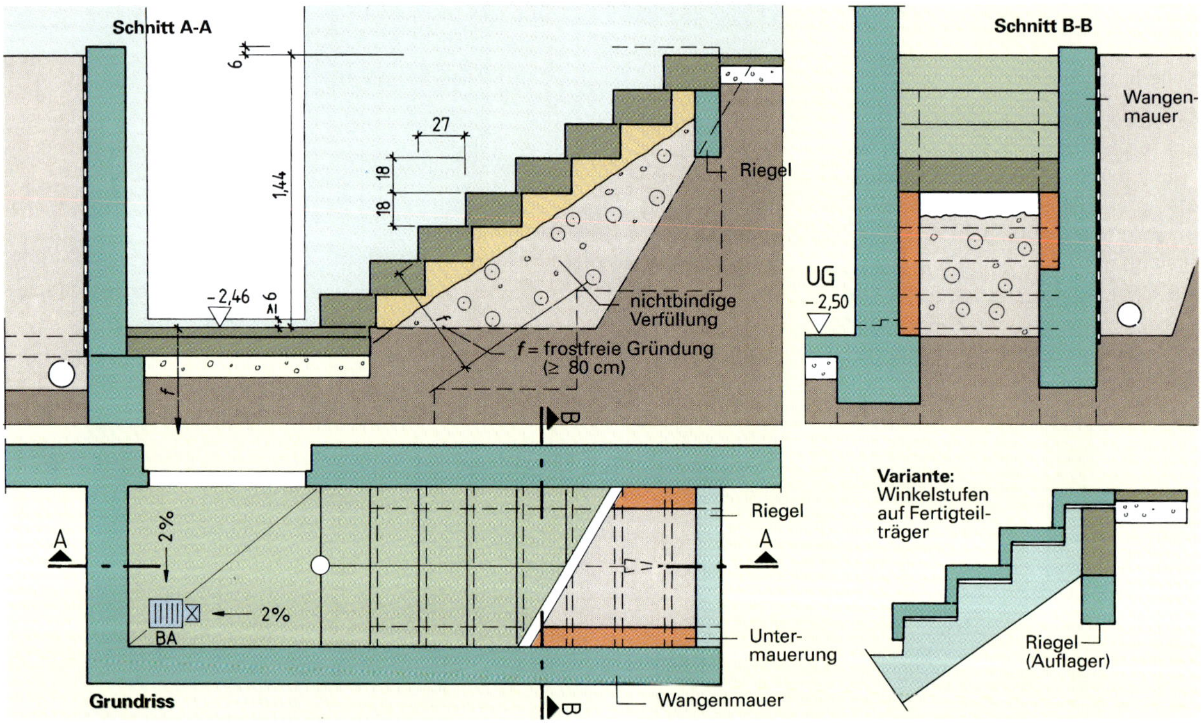

Kelleraußentreppe aus untermauerten Blockstufen

Sowohl bei Kellerinnen- als auch Kelleraußentreppen wird das **Treppenprofil** auf der Untergeschosswand bzw. der Wangenmauer angerissen. Hierzu werden auf Richtlatten die Steigungen und Auftrittbreiten eingemessen. Durch die Teilpunkte auf den Richtlatten werden **Lot-** und **Waagerisse** gezogen, die das Profil der Treppe ergeben. Zum Anzeichnen der Lotrisse müssen die Fertigfußbodenhöhen unbedingt bekannt sein.

Werksteinstufen für Geschosstreppen können in Treppenhauswände einbinden und/oder auf einer Untermauerung aufliegen.

Kellerinnen- und Kelleraußentreppen werden vielfach mit Betonwerksteinstufen ausgeführt. Die Stufen werden durch halbsteindicke Mauern unterstützt. Wangenmauern bei Kelleraußentreppen sind frostfrei zu gründen.

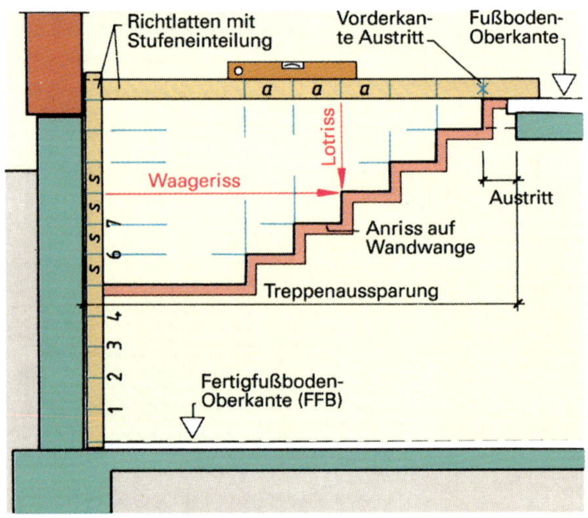

Anreißen des Treppenprofils

10.3.2 Freitragende Werksteinstufen

Freitragende Werksteinstufen sind einseitig in die Treppenhauswand eingespannt. Tragfähigkeit und Sicherheit einer solchen Treppe sind von Auflast, von der Einbundtiefe im Mauerwerk und von der Biegefestigkeit der Stufen abhängig. Die Treppenhauswände müssen mindestens 24 cm dick sein, um eine ausreichende Auflast zu haben. Bei Treppen bis 1,00 m Laufbreite genügt es, wenn jede dritte Stufe 24 cm, die übrigen 12 cm einbinden. Stufen größerer Freilänge binden durchweg 24 cm ein.

Betonwerksteinstufen erhalten zur Erhöhung ihrer Biegefestigkeit eine **Bewehrung**. Die Bewehrungsstähle müssen zur Aufnahme von Zugspannungen oben liegen. Jede Stufe stellt einen eingespannten Kragträger dar, bei dem infolge der Belastung die Zugspannungen oben auftreten. Eingespannte Keilstufen stützen sich zusätzlich noch im Falz aufeinander ab. Bei eingespannten Trittplatten erfolgt eine zusätzliche Abstützung durch Stahlbolzen.

Die Stufen werden beim Hochmauern der Treppenhauswände versetzt. Unter den freien Stufenenden ist eine **Einrüstung** erforderlich. Sie darf erst entfernt werden, wenn die Geschossdecke betoniert, das Mauerwerk genügend erhärtet und die Fugen der Stufen vermörtelt sind.

Treppenformen, wie gewendelte Treppen, können mit eingespannten Stahlbeton-Keilstufen hergestellt werden. Die Keilstufen werden in einer äußeren Rundstein-Tragwand eingemauert. Sie ist auf die anschließenden unteren und oberen Ortbetonpodeste abgestimmt. Beim Aufmauern des Rohbaues werden die Stufen sofort versetzt. Sie sitzen mit Falz aufeinander, so dass jede Stufe sich auf die darunter liegende abstützt. Die Stufen werden mit Zementmörtel satt vermörtelt. Sie werden am Treppenauge behelfsmäßig unterstützt. Die Unterstützung wird erst entfernt, wenn die äußere Rundwand bis zur Decke hochgezogen, die Geschossdecke betoniert und genügend erhärtet ist. Die äußere Rundwand wird in jedem Geschoss durch Betongurte abgefangen. Zum Mauern werden besonders geformte Steine verwendet.

10.4 Treppen aus Stahlbeton (Ortbeton)

Als Stahlbetontreppen werden solche Treppen bezeichnet, bei denen Laufplatten und Podeste in Ortbeton hergestellt werden. Die Laufplatten werden heute fast ausschließlich mit aufbetonierten Trittstufen hergestellt. Die Trittstufen werden nach Fertigstellung des Innenausbaues mit Platten aus Natur- oder Betonwerkstein oder mit Winkelplatten aus Betonwerkstein verkleidet.

Um Dehnungen zu ermöglichen, werden Tritt- und Setzstufen und Winkelplatten nicht voll im Mörtelbett, sondern auf etwa 10 cm breiten Mörtelstreifen aus plastischem Zementmörtel verlegt.

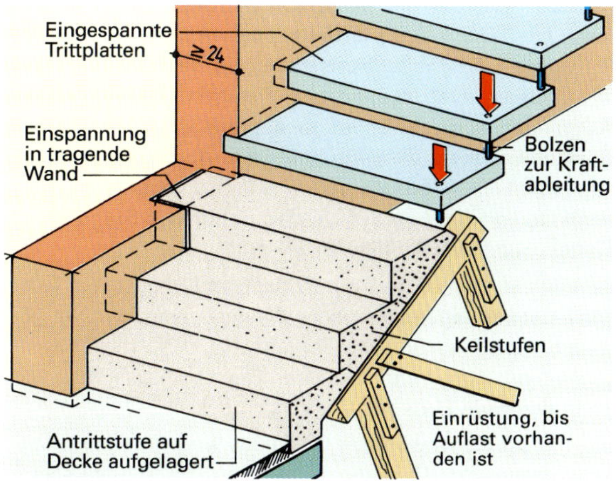

Beispiele für einseitig eingespannte Stufen

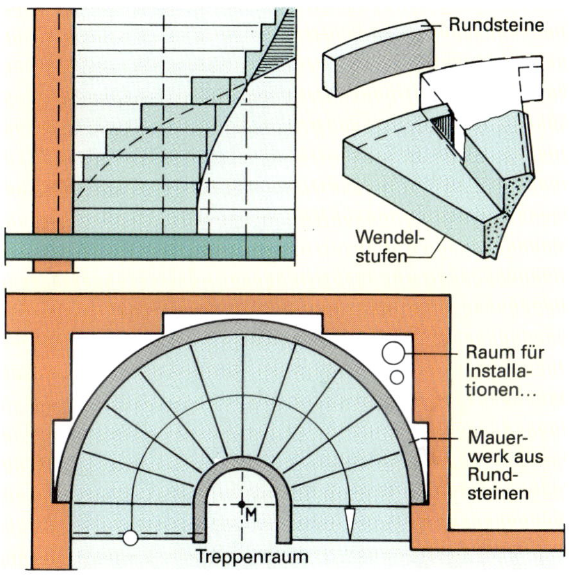

Wendeltreppe mit Treppenauge

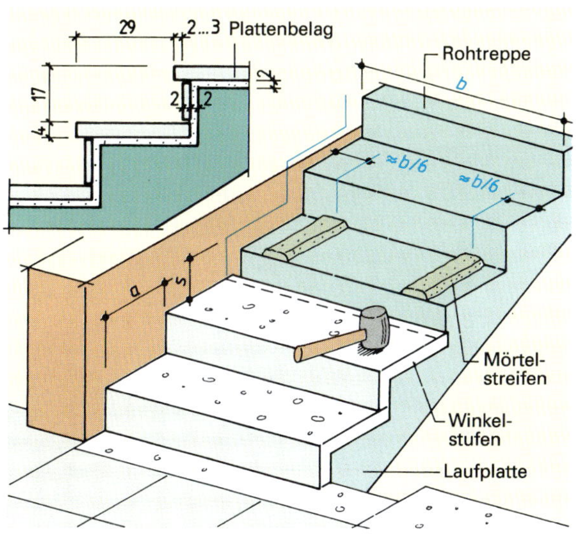

Laufplatte mit Belägen, Verlegevorgang

Von der Vielzahl der Treppenkonstruktionen wird die **längs gespannte Laufplattentreppe** wegen ihrer Zweckmäßigkeit und einfachen Herstellung bevorzugt ausgeführt. Geeignete Treppenform für den Geschosswohnungsbau ist die zweiläufige gegenläufige Treppe mit Zwischenpodest. Die Laufplatte wird durch die Podeste abgestützt. Die Podeste liegen auf den seitlichen Treppenhauswänden auf. Sie werden daher wie Stahlbetonplatten über zwei Auflagern bewehrt.

Da die Laufplatten auf die **Podestränder** gelagert werden, müssen diese besonders verstärkt werden. Das geschieht durch zusätzliche Bewehrung, d.h., die Podestränder erhalten zwei bis drei Bewehrungsstäbe, die über die ganze Podestbreite liegen.

Die **Hauptbewehrung** der Laufplatte liegt in Spannrichtung unten. Die Knickstellen müssen durch zusätzliche Bewehrung verstärkt werden. An den unteren ausspringenden Ecken werden die Feldbewehrung um die Knickstelle geführt und die umgelenkten Kräfte der Bewehrung durch Zulagen aufgenommen. An den oberen einspringenden Ecken darf die Zugbewehrung nicht um die Knickstelle geführt werden, da die Zugkräfte im Stahl zu Betonabplatzungen führen. Deshalb werden kreuzende Bewehrungsstäbe angeordnet, die in der Platte zu verankern sind.

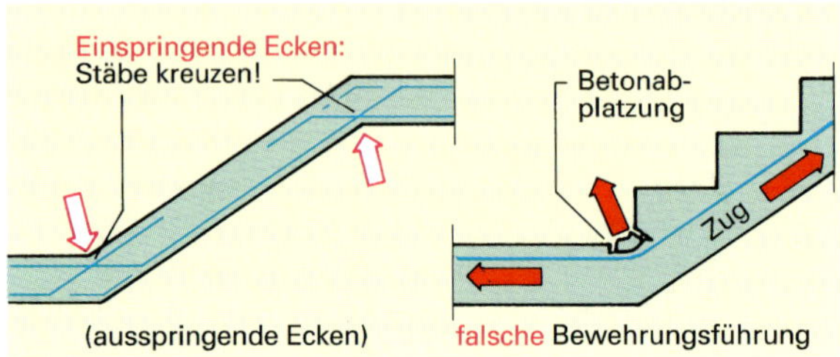

Knickstellen an Bauteilecken

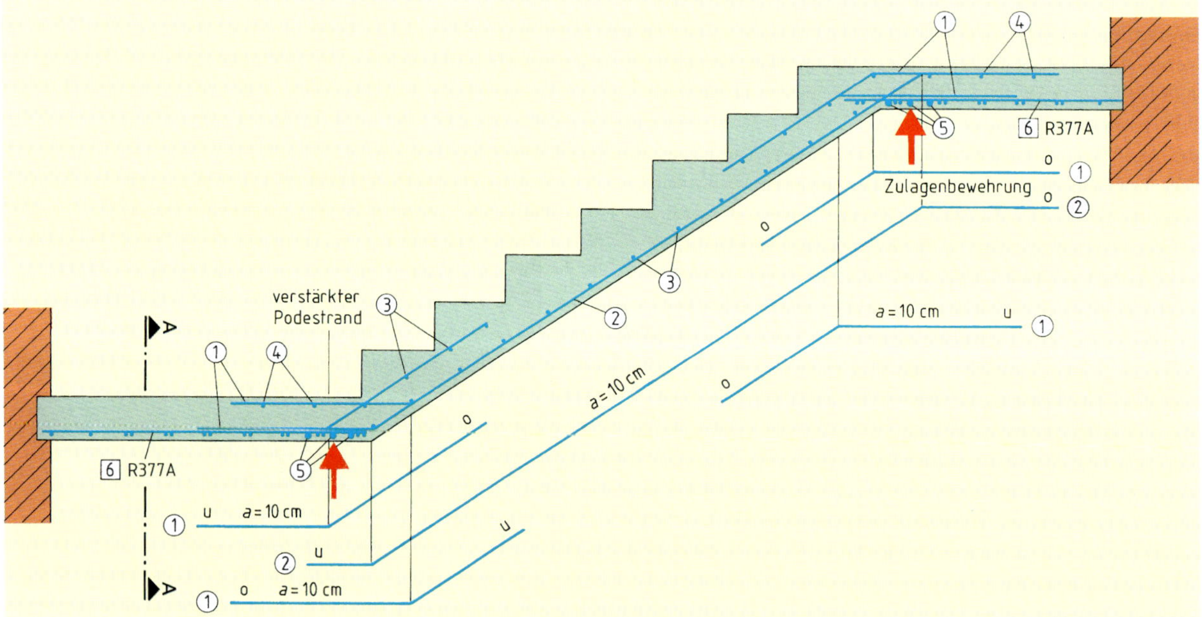

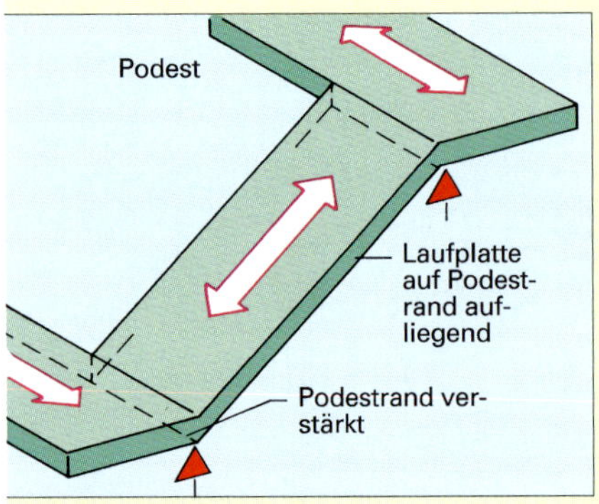

Laufplatte von Podest zu Podest gespannt

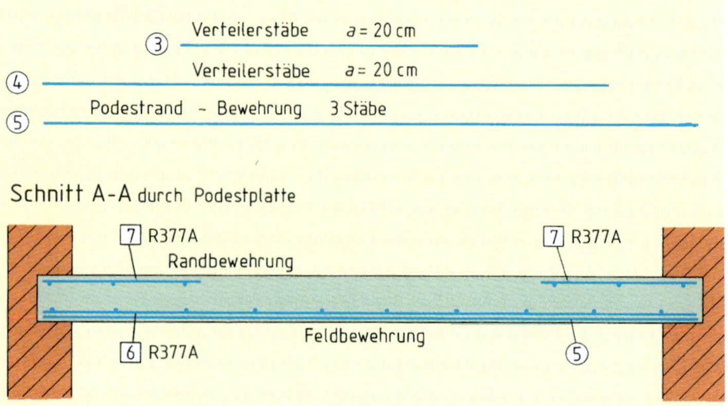

Bewehrung einer zweiläufigen Treppe mit Zwischenpodest, Laufplatte liegt auf verstärkten Podesträndern auf

10.5 Treppen aus Stahlbetonfertigteilen

Wirtschaftliche und technische Gründe sprechen für den Einsatz von Stahlbetonfertigteilen im Treppenbau. Es lassen sich dadurch zeitraubende Schalungsarbeiten vermeiden und einwandfreie Sichtbetonflächen herstellen. Voraussetzung für den Einbau ist die Einhaltung der **Stockwerkshöhen** von **2,625 m**, **2,75 m** oder **3,00 m**.

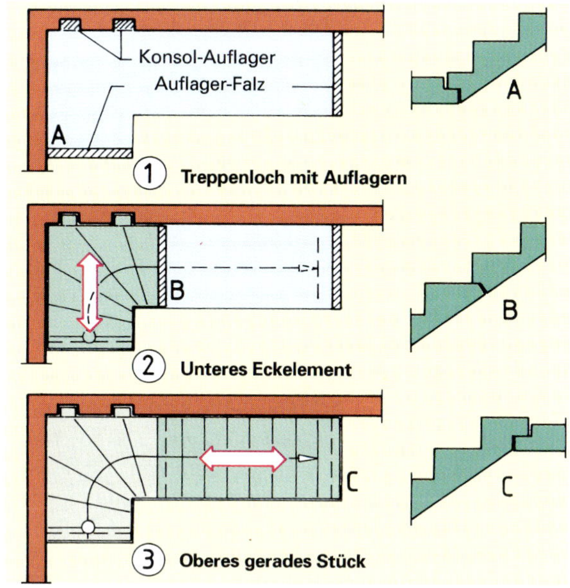

Versetzen einer zweiteiligen Element-Treppe

10.5.1 Element-Treppe

Aus Element-Treppenfertigteilen lassen sich bevorzugt gewendelte Treppen herstellen. Bei den einzelnen Elementen handelt es sich um Fertigteil-Massivplatten mit aufbetonierten Keilstufen, die aus Normalbeton B 45 in Stahlschalungen im Werk vorgefertigt werden. Die Elemente werden am Antritt auf der Bodenplatte und an den Podesten vorzugsweise auf Fertigteil-Podestträgern bzw. Massivdecken gelagert. Es gibt **dreiteilige Element-Treppen**, bestehend aus einem gewendelten unteren und oberen Eckelement, einem geraden Zwischenstück und Podestträgern. Die **zweiteilige Element-Treppe** besteht aus einem gewendelten unteren oder oberen Eckelement und einer geraden Laufplatte oder nur aus zwei gewendelten Eckelementen. Sie erhalten ihre Auflager auf der einen Seite durch den Podestträger und auf der anderen Seite durch Auflager-Konsolen. Die Elemente können mit einem Baukran versetzt werden.

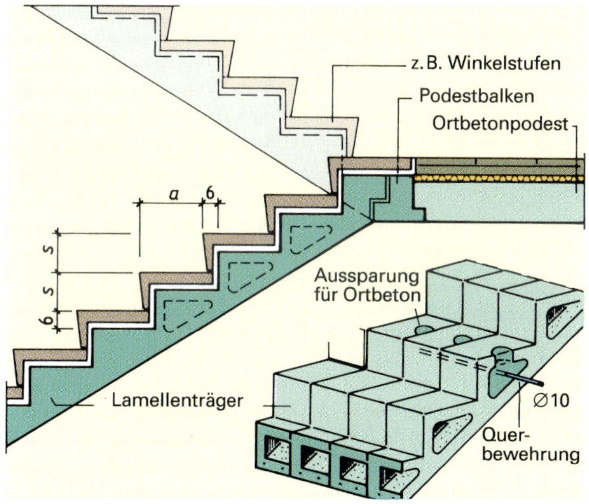

Laufträgertreppe (Lamellentreppe)

10.5.2 Laufträgertreppe (Lamellentreppe)

Diese Treppe besteht aus vorgefertigten **Podestbalken** und mehreren schmalen **Längslaufträgern**, so genannten Lamellen. Die Lamellen haben eine Breite von 16,6 cm; sechs Lamellen einschließlich Fugen ergeben somit eine Treppenlaufbreite von 1,00 m. Der Querschnitt der Lamellen ist [-förmig. Zuerst werden die Podestbalken auf den Treppenhauswänden in die richtige Lage gebracht und eingemauert. Danach werden die Lamellenträger zwischen die Podestbalken eingehängt. Nach Fertigstellung eines Treppenlaufes werden in die Aussparungen in der Mitte der Lamellen eine Querbewehrung eingelegt und die Querrippe von oben mit Beton ausgegossen.

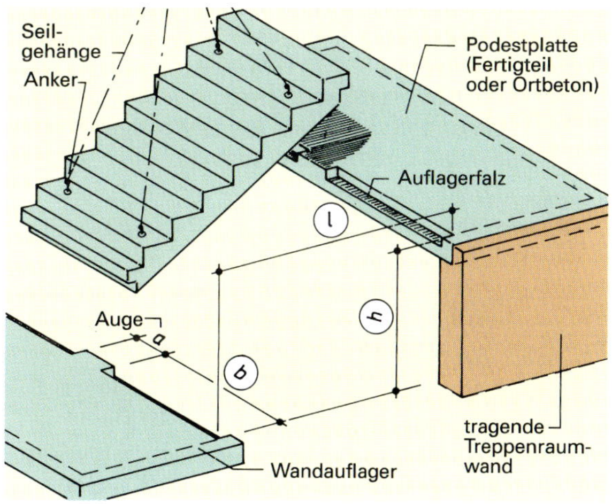

Montage einer Laufplattentreppe

10.5.3 Laufplattentreppe

Bei dieser Konstruktion werden keine einzelnen Treppenfertigteile zusammengebaut. Vielmehr werden **Laufplatten** mit **Trittstufen** in ganzer Länge im Betonwerk vorgefertigt. Zur Herstellung werden Spezialstahlschalungen eingesetzt. Auf der Baustelle müssen die Laufplatten mit einem Kran versetzt werden.

Für die **Auflagerung** der Laufplatten gibt es verschiedene Möglichkeiten:

Die Laufplatten stützen sich auf vorgefertigten **Podestbalken** ab; die anschließenden Podeste können z.B. in Ortbeton hergestellt werden.

Die Laufplatten werden durch vorgefertigte **Podestplatten** unterstützt. Die Podeste sind immer quer zur Laufrichtung gespannt.

10.6 Trittschallschutz bei Stahlbetontreppen

Um den Trittschallschutz zu verbessern, werden im Auflagerbereich zwischen Laufplatten- und Podesträndern **trittschallunterbrechende Zwischenlagen**, z.B. aus Neopren, eingebaut. Einen noch wirksameren Trittschallschutz erreicht man durch konsequente Trennung der Podeste und Läufe von allen angrenzenden Treppenhauswänden. Die Treppenläufe werden 10–15 cm von den Wänden abgesetzt, zwischen aufgemörtelten Trittplatten und Treppenhauswand bleibt ein Abstand von maximal 4 cm.

Durch **körperschallgedämmte Deckengleitlager**, die in die Treppenhauswände einbetoniert werden und die als Podestauflager dienen, kann das Problem der Schallbrücke über Treppenhauswände wirkungsvoll gelöst werden.

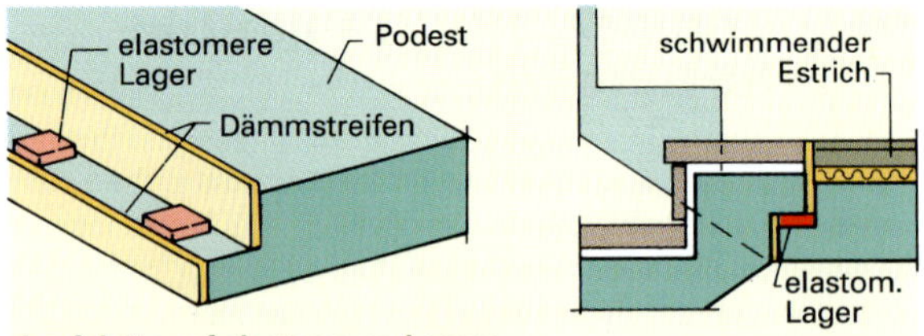

Laufplatte auf elastomeren Lagern

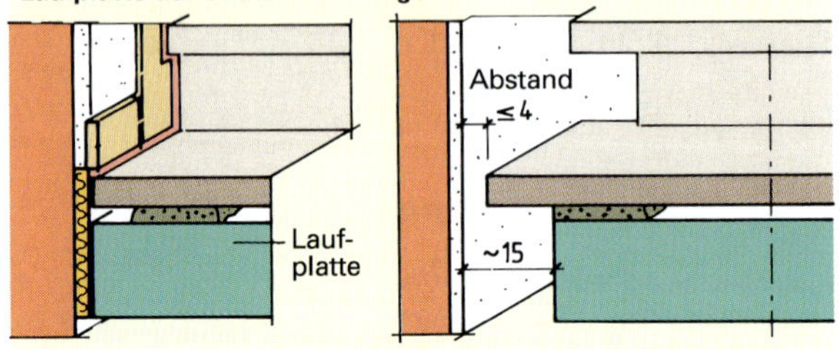

Anschluss des Treppenlaufs an Treppenraumwand

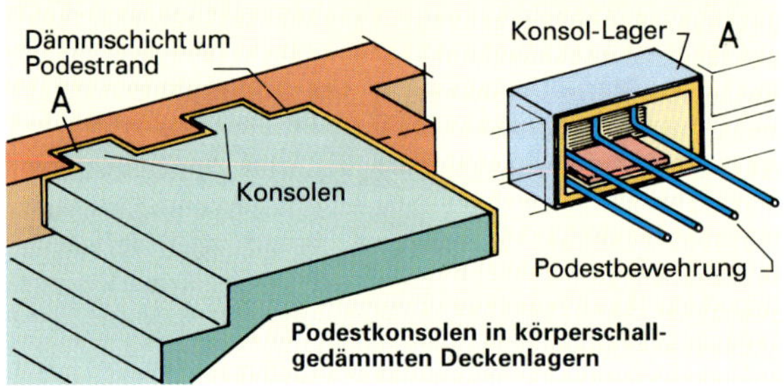

Podestkonsolen in körperschallgedämmten Deckenlagern

Verbesserung des Trittschallschutzes

Zusammenfassung

Stufen für einfache Außentreppen können mit Vormauerziegeln, Hochbauklinkern oder witterungsbeständigen Natursteinen gemauert werden.

Werksteintreppen werden mit Natur- oder Betonwerksteinstufen hergestellt. Sie eignen sich für Geschosstreppen, Kellerinnen- und -außentreppen und für Hauseingangstreppen.

Werksteinstufen binden in die Treppenhauswände ein oder werden durch halbsteindicke Mauern unterstützt.

Freitragende Werksteinstufen sind als Kragarme fest in die Treppenhauswand eingespannt.

Längs gespannte Stahlbetonplatten werden auf verstärkte Podestränder gelagert. Die Bewehrung muss oben und unten in die Podeste eingreifen.

Geknickte Stahlbetonplatten liegen auf den Treppenhauswänden auf. Sie werden wie Platten über zwei Auflagern bewehrt.

Stahlbetontreppen können mit oder ohne Trittstufen betoniert werden.

Treppen aus Stahlbetonfertigteilen haben sich vorwiegend im Geschosswohnungsbau durchgesetzt. Es überwiegt die zweiläufige gerade Podesttreppe.

Es werden entweder einzelne Treppenfertigteile montiert oder Treppenläufe in einem Stück versetzt.

Aufgaben:

1. *Warum müssen Außentreppen 80 cm bis 120 cm tief gegründet werden?*
2. *Welche Querschnittsformen gibt es für Werksteinstufen?*
3. *Warum erhalten Betonwerksteinstufen eine Bewehrung?*
4. *Eine einläufige gerade Kellerinnentreppe ist auszuführen. Sie wird durch zwei Wangenmauern begrenzt.*
   a) *Geben Sie die Unterstützungsart an.*
   b) *Zeichnen Sie im Maßstab 1:10 den Schnitt durch drei übereinander liegende Betonwerksteinstufen mit trapezförmigem Querschnitt. Die Zeichnung ist zu bemaßen.*
5. *Warum ist eine halbsteindicke Treppenhauswand für die Herstellung einer freitragenden Treppe unbrauchbar?*
6. *Welchen Zweck hat die Wangenmauer bei Kelleraußentreppen?*
7. *Wie können längs gespannte Stahlbetontreppen aufgelagert werden?*
8. *Wie müssen während der Bauzeit Treppenhäuser gegen den Absturz von Personen gesichert werden?*
9. *Welche Vorteile haben Treppen aus Stahlbetonfertigteilen gegenüber Ortbetontreppen?*
10. *Nennen Sie drei Möglichkeiten, wie vorgefertigte Laufplatten unterstützt werden können.*

11 Fertigteilbau

Mit der Entwicklung und Anwendung von Betonfertigteilen wurde bereits seit dem Ende des letzten Jahrhunderts die Industrialisierung der Bauwirtschaft vorangetrieben. Das Ziel, wirtschaftlicher und schneller zu bauen sowie Preise und Bautermine zu halten, hat dieser Baumethode zum Durchbruch verholfen.

Nicht alle Bauaufgaben eignen sich für die Anwendung industrieller Bausysteme. Dazu zählen insbesondere der individuelle Wohnungsbau, Theater, Kirchen, Museen und Repräsentationsbauten. Diese Bauten sind besser mit konventionellen Planungs- und Herstellungsmethoden auszuführen, wobei aber auch hier auf eine Verwendung industriell gefertigter Einzelteile, wie Türen, Fenster, Installationen usw., nicht verzichtet wird.

Alle Bauten, die bei der Planung und Herstellung sich wiederholende Probleme aufweisen, eignen sich grundsätzlich für die Anwendung industrieller Bausysteme. Dies sind z.B. Schulbauten, Bürobauten, Industriebauten, Krankenhäuser und Serienwohnbauten.

11.1 Bausysteme

Unter einem Bausystem wird die planmäßige Zuordnung der einzelnen Bestandteile eines Baus verstanden. Dabei kann grundsätzlich zwischen **offenen** und **geschlossenen Systemen** unterschieden werden.

Bei offenen Systemen können Fertigteile verschiedener Hersteller verwendet werden, bei geschlossenen Systemen können nur Elemente eines Herstellers für einen speziellen Bauwerktyp Verwendung finden.

Nach den verschiedenen Tragkonstruktionen werden im Fertigteilbau im Wesentlichen drei unterschiedliche Bausysteme unterschieden:

Flächentragwerke	⇨	Tafelsysteme
Raumzellen	⇨	Zellensysteme
Skelettkonstruktionen	⇨	Skelettsysteme

Bei den **Tafelsystemen** werden Tafeln in Form von Wandteilen und Deckenplatten zu Räumen zusammengefügt. Die Wandtafeln haben neben der raumabgrenzenden Funktion zugleich tragende und aussteifende Funktion.

Bei den **Zellensystemen** sind die Elemente raumgroße Zellen, die raumbildende und tragende Funktion haben.

Bei den **Skelettsystemen** übernehmen stabförmige Bauteile die tragende Funktion. Die Raumbegrenzungen bestehen aus nicht tragenden Wandelementen.

Die Bausysteme des Fertigteilbaus sind die Tafelsysteme, Zellensysteme und Skelettsysteme.

Der **Maßordnung** im Fertigteilbau liegt die **Modulordnung** (DIN 18000) zugrunde. Sie geht vom Grundmodul **M = 10 cm** aus. Die Baumaße für Fertigteile sind ganzzahlige Vielfache oder Teile des Grundmoduls.

11.2 Herstellung der Fertigteile

Fertigteile aus Beton oder Stahlbeton werden nicht wie Bauteile aus Ortbeton an der Einbaustelle hergestellt, sondern sie werden in Werken betoniert, nach Erhärtung auf die Baustelle transportiert und dort eingebaut.

Montage einer Halle, „geschlossenes System"

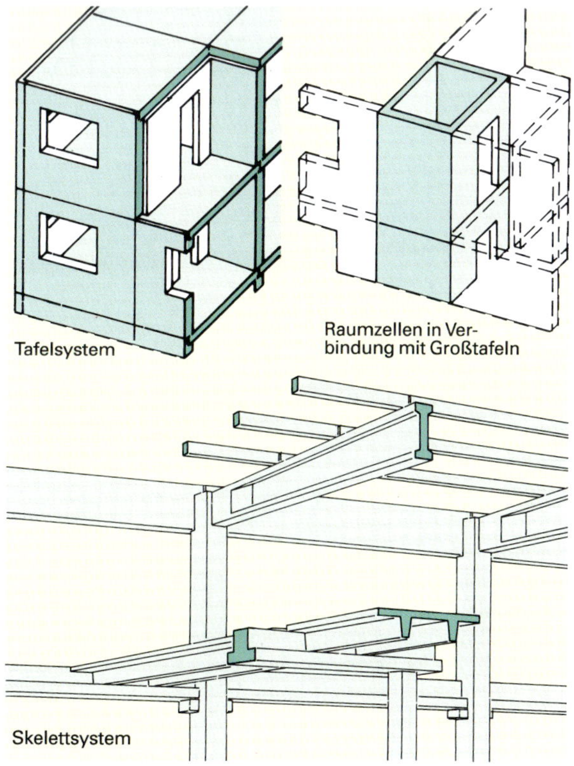

Fertigteilsysteme

Darin ist auch der wesentliche Vorteil gegenüber der herkömmlichen Bauweise auf der Baustelle zu sehen:
- Fertigteile werden in Werken (Fabriken) sehr rationell gefertigt
- die Fertigung ist witterungsunabhängig
- die Qualität, insbesondere die Maßgenauigkeit, ist größer als bei Baustellenfertigung
- die Bauzeiten sind kürzer, die Baustellen sind umweltfreundlicher, d.h., es entstehen weniger Lärm, weniger Schmutz und eine geringere Belästigung der Anlieger.

Betonwerke für die Herstellung von Fertigteilen müssen bestimmte Anforderungen erfüllen. So muss zum Beispiel ein **Technischer Werkleiter** die Arbeiten überwachen und dafür sorgen, dass
- die Ausstattung des Werkes den Forderungen der DIN 1045 entspricht
- nur Bauteile das Werk verlassen, die ausreichend erhärtet sind, keine Beschädigungen aufweisen und gekennzeichnet sind
- die Lieferscheine alle erforderlichen Angaben enthalten.

Ausstattung von Fertigteilwerken

Die Ausstattung des Werkes muss den Vorschriften der DIN 1045 für die Herstellung von Beton entsprechen. Außerdem müssen folgende Bedingungen erfüllt sein:
- Für die Produktion müssen überdachte Flächen vorhanden sein, soweit nicht Schalungen oder Formen verwendet werden, die den Beton vor ungünstiger Witterung schützen
- wird bei Außentemperaturen unter + 5 °C gearbeitet, so müssen allseitig geschlossene Räume – selbst für die Lagerung bis zum ausreichenden Erhärten – vorhanden sein, die so beheizt werden können, dass die Hallentemperatur dauernd mindestens + 5 °C beträgt
- sollen die Fertigteile im Freien nachhärten, so ist für einen ausreichenden Witterungsschutz zu sorgen.

Fertigteile aus Beton oder Stahlbeton dürfen nur in Werken hergestellt werden, die den Forderungen der DIN 1045 entsprechen.

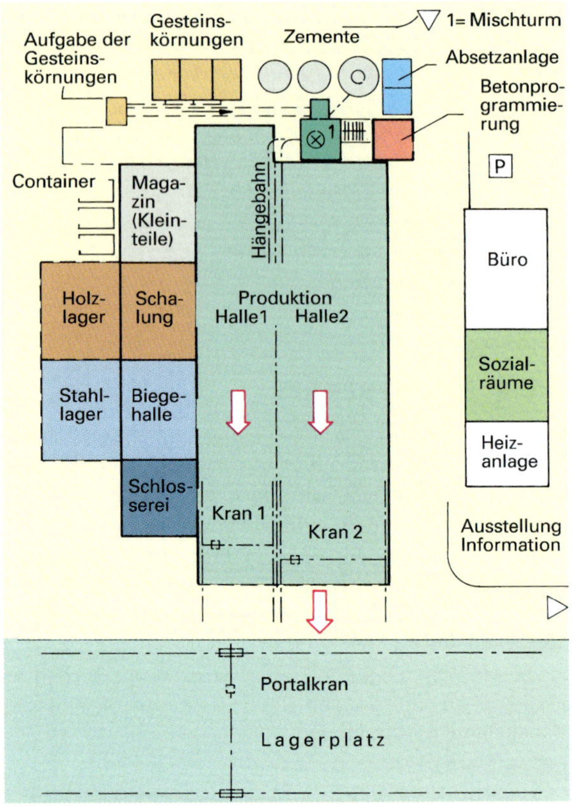

Anlage eines Fertigteilwerks

11.2.1 Herstellungsverfahren

Die Herstellung der Fertigteile im Werk erfolgt für die kleineren Bauelemente (auch Wandtafeln) auf **Kipptischen**. Die stählernen Tische mit eingebautem Rüttelmechanismus zur Verdichtung des Betons können bis zur Vertikalen gekippt werden, was eine große Erleichterung für die Fertigung darstellt.

Überwiegend auf Biegung beanspruchte Fertigteile, wie z.B. Binder und Unterzüge, werden in Spannbeton hergestellt. Im Gegensatz zu Fertigteilen mit schlaffer Bewehrung, die in Tischfertigung hergestellt werden, wird Spannbeton in **Bodenfertigung** (in Spannbetten) hergestellt.

In der Abbildung ist die Fließfertigung am Beispiel einer Wandtafel dargestellt.

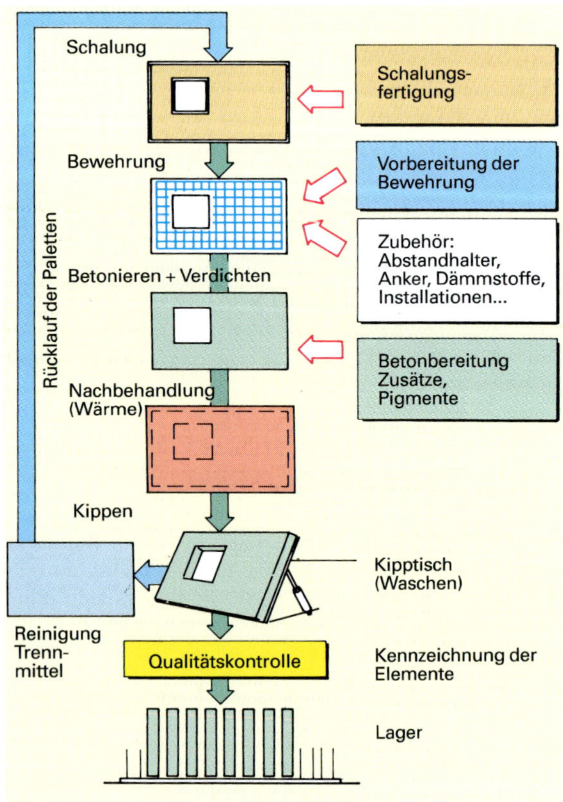

Fließfertigung am Beispiel einer Wandtafel

Die maximale Größe von Fertigteilen hängt in erster Linie von den Transportbedingungen ab. Nach Möglichkeit sollen bei Fertigteilen die Größe und das Gewicht so begrenzt sein, dass der Transport ohne besondere Umstände auf der Straße, mit der Bahn (oder gelegentlich auch mit dem Schiff) erfolgen kann.

Fertigteile mit kleineren Abmessungen werden auf Kipptischen betoniert. Spannbetonfertigteile werden in Bodenfertigung (in Spannbetten) hergestellt.

11.3 Ausführungsbeispiele

Im Folgenden sind Beispiele verschiedener Bausysteme aufgezeigt, wobei auf eine Darstellung der Zellensysteme verzichtet wird. Dieses Bausystem hat in den vergangenen Jahren immer mehr an Bedeutung verloren. Auch die Tafelsysteme, insbesondere die Großtafelbauweise, die im Massenwohnungsbau der vergangenen Jahre einen sehr großen Stellenwert besessen hat, haben inzwischen etwas an Bedeutung verloren. Die Slelettsysteme, vor allem bei Industriebauten, haben sich bewährt und kommen nach wie vor sehr häufig zur Ausführung.

11.3.1 Großtafelbau

Die Großtafelbauweise eignet sich besonders für den Wohnungsbau. In den vergangenen Jahren sind ganze Trabantenstädte in dieser Bauweise entstanden. Aufgrund von bauphysikalischen Mängeln, wie z.B. unzureichende Wärmedämmung, mangelhafte Schalldämmung, schlecht ausgeführte Fugen und Kondenswasserbildung, erhielt die Bauweise ein etwas negatives Ansehen. Inzwischen sind aber die Ursachen weitgehend bekannt, und die Mängel sind in der heutigen Großtafelbauweise nicht mehr vorhanden.

Die Elemente (Bauteile) des Großtafelbaus können in vier Gruppen unterteilt werden:

- Außenwandelemente
- Deckenelemente
- Innenwandelemente
- Sonderelemente (z.B. Installationsschächte, Aufzugsschächte, Treppen)

Außenwandelemente

Neben der tragenden Funktion haben die Außenwandelemente auch **wärmedämmende**, **schalldämmende** und **feuchteschutztechnische Funktion** sowie Bedeutung für das Aussehen der Gebäude.

Einschichtige Außenwandtafeln aus Leichtbeton erfüllen heute im Wohnungsbau nicht mehr die Anforderungen des baulichen Wärmeschutzes. Sie können deshalb nur noch bei Gewerbe- und Industriebauten verwendet werden. Bei dauerbeheizten Gebäuden sind deshalb mindestens 30 cm dicke Wandplatten aus Porenbeton mit einer Kunstharzbeschichtung als Wetterschutz erforderlich.

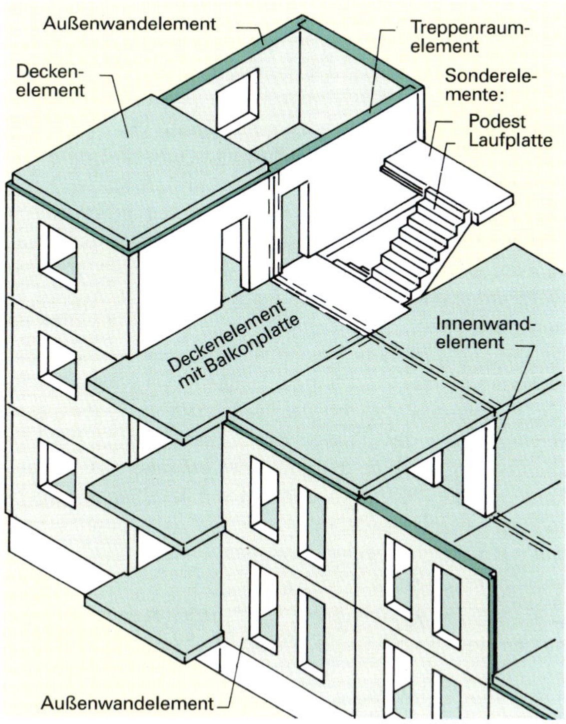

System und Elemente des Großtafelbaus

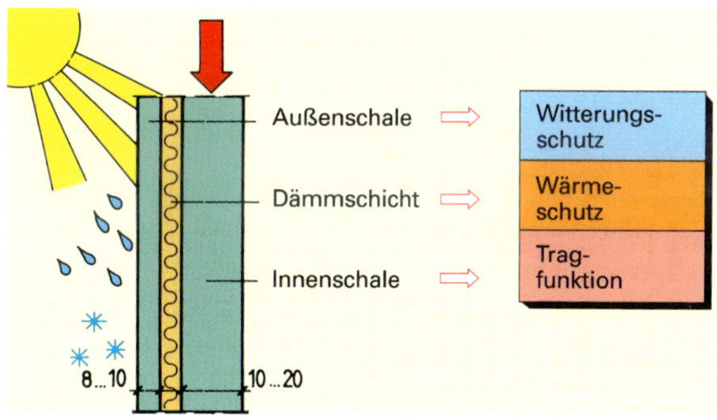

Sandwichtafel = Trennung der Funktionen

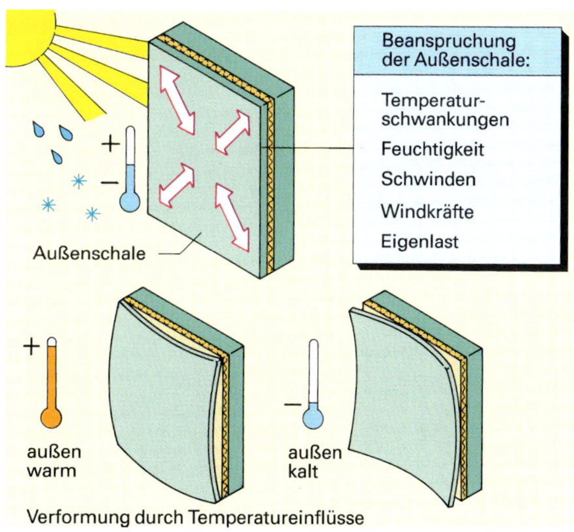

Beanspruchung der Außenschale

Am häufigsten sind jedoch **dreischichtige Außenwandelemente** (Sandwichelemente), bestehend aus einer Vorsatzschale, einer Wärmedämmschicht und einer Tragschale. Zwischen Vorsatzschale und Wärmedämmschicht kann zusätzlich, zur Verhinderung von Kondenswasserbildung (Tauwasserbildung), eine Hinterlüftung vorgesehen werden. Vorsatzschale und Tragschale bestehen aus Stahlbeton und sind miteinander durch Edelstahlanker verbunden. Die Vorsatzschale hat zwar keine tragende Funktion, sie ist aber trotzdem starken witterungsbedingten Belastungen ausgesetzt. An Fassaden treten sehr hohe Temperaturunterschiede auf, die an der Vorsatzschale starke Verformungen und Spannungen verursachen können. In der Regel wird deshalb die Vorsatzschale so mit der Tragschale verankert, dass Bewegungen der Vorsatzschale ermöglicht werden. Dies erfolgt durch so genannte **Zentralanker** als Traganker (etwa in Tafelmitte) und auf die Tafelfläche gleichmäßig verteilte **Nadelanker**, welche die Vorsatzschale mit der Tragschale zwar verbinden, trotzdem jedoch Bewegungen zulassen.

Die Außenwandelemente sind geschosshoch, Passstücke sind nur bei Treppenräumen üblich.

Die Außenwandelemente haben in der Regel einen dreischichtigen Aufbau, bestehend aus Vorsatzschale, Wärmedämmschicht und Tragschale.

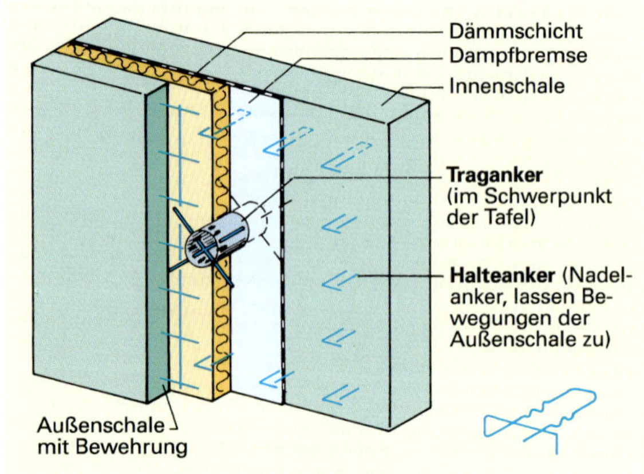

Verankerung von Außenschale mit Innenschale

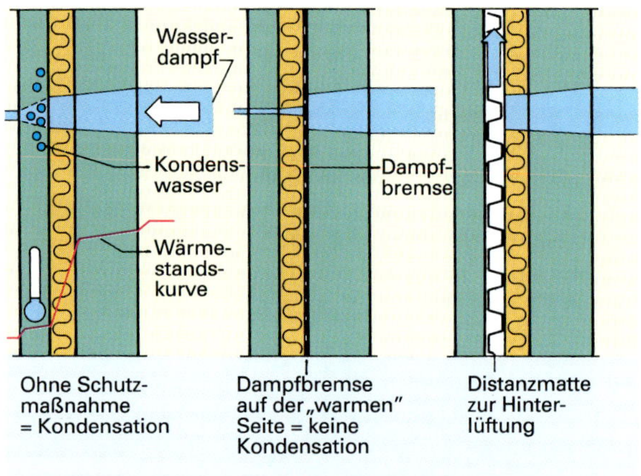

Verhinderung der Kondenswasserbildung

Deckenelemente

Die Deckenelemente des Großtafelbaus lassen sich im Wesentlichen in drei Grundtypen unterteilen:

- Stahlbetonplatten mit vollem Querschnitt
- Stahlbetonplatten mit kreisförmigen oder rechteckigen Aussparungen (Stahlbetonhohlplatten)
- Stahlbetonrippenplatten (meist mit Ziegelhohlkörpern).

Die Plattendicken betragen (je nach Belastung und Spannweite) zwischen ca. 14 cm und ca. 30 cm.

Die maximalen Längen und Breiten der Platten sind zum einen durch die Transportbedingungen, zum anderen durch die Raumgrößen festgelegt.

Stahlbetonplatten mit Aussparungen (Hohlkörpern) werden horizontal gefertigt und dürfen auch nur horizontal transportiert werden. Ihre maximale Breite ist somit auf 2,40 m begrenzt. Bei der Herstellung dieser Platten dienen Stahlröhren als Aussparungskörper. Sobald der Beton nach dem Verdichten „angesteift" ist, also eine Mindestfestigkeit erreicht hat, werden die Röhren aus der Platte gezogen, um wieder möglichst rasch für die nächste Platte als Aussparung verwendet werden zu können.

Die Deckenelemente der Großtafelbauweise sind Stahlbeton-Vollplatten, Stahlbetonhohlplatten und Stahlbetonrippenplatten.

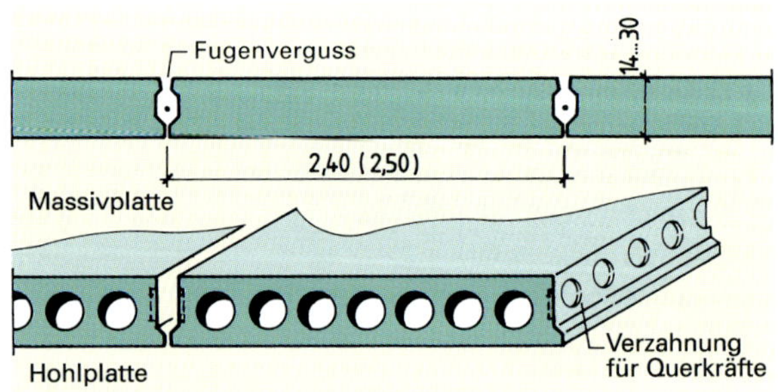

Deckenelemente

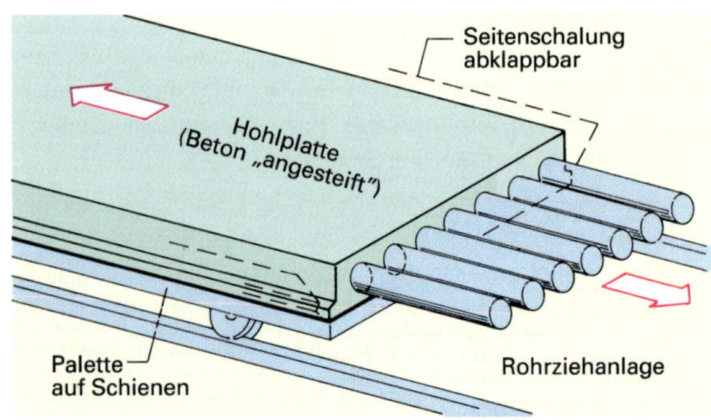

Herstellung einer Hohlplatte

Innenwandelemente

Innenwandelemente können sowohl tragend als auch nicht tragend sein. Außer der raumabgrenzenden Funktion übernehmen vor allem Wohnungstrennwände und Treppenraumwände schalldämmende Funktion. Innenwände sollen so gefertigt werden, dass sie an den Oberflächen glatt und damit tapezierfähig sind.

Sie werden in der Regel in Stahlbeton mit vollem Rechteckquerschnitt als Stahlbeton-Volltafel ausgebildet. Da beide Seiten in der Regel an der Oberfläche glatt, d.h. tapezierfähig sein müssen, werden sie senkrecht gefertigt.

Die Dicke tragender Wände richtet sich in erster Linie nach der Belastung. Stahlbetonwandelemente mit vollem Rechteckquerschnitt müssen mindestens 10 cm dick sein; wenn die Decke über der Wand durchlaufend ist, mindestens 8 cm.

Um den Mindestschallschutz bei Wohnungstrennwänden und Treppenraumwänden zu erreichen, muss bei vollen Rechteckquerschnitten die Wandmasse mindestens 400 kg/m² betragen.

Dies bedeutet für Wandelemente aus Stahlbeton mit vollem Querschnitt eine Mindestdicke von 16 cm.

Die Tafelhöhen müssen mindestens den Geschosshöhen entsprechen; Passstücke sind nur für Treppenräume zulässig. Die Innenwandelemente können bis ca. 9,00 m lang sein.

Für Innenwände können auch Wandelemente in **Teilmontagebauweise** (Mischbetonbauweise) verwendet werden. Sie werden als geschosshohe, gegeneinander betonierte Gitterträgerelemente (= verlorene Schalung) versetzt und anschließend mit Ortbeton vergossen. Diese Elemente finden auch für Untergeschoss-Außenwände Verwendung. Gegenüber den Volltafeln haben sie den Vorteil, dass sie sehr leicht sind und nach dem Verfüllen keine Fugen mehr aufweisen.

Innenwandelemente in der Großtafelbauweise sind in der Regel Stahlbeton-Volltafeln, die beidseitig tapezierfähig sind.

Sonderelemente

Die Sonderelemente des Großtafelbaus sind z.B. Installationsschächte, Balkonbrüstungen, Treppen, Aufzugschächte und Balkon- bzw. Loggiaplatten.

Da Stahlbetontreppen in Ortbeton einen sehr großen Schalaufwand erfordern und deshalb hohe Kosten verursachen, werden heute im Wohnungsbau fast ausschließlich vorgefertigte Treppen oder Treppenteile verwendet. Nicht nur geradläufige Treppen, sondern auch gewendelte Treppen sind als Fertigteile üblich. Sie werden in Betonwerken in Serienproduktion für genormte Geschosshöhen (z.B. 2,625 m, 2,70 m, 2,75 m) gefertigt.

Die Elemente des Großtafelbaus sind Außenwandtafeln, Innenwandtafeln, Deckentafeln und Sonderelemente.

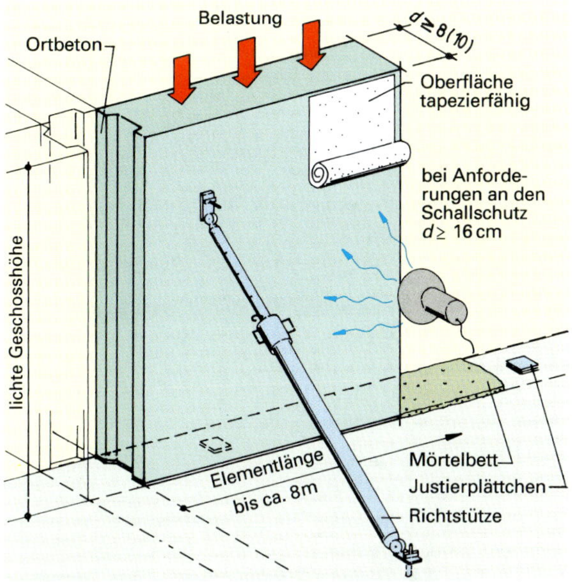

Anforderungen an Innenwandelemente, Montage

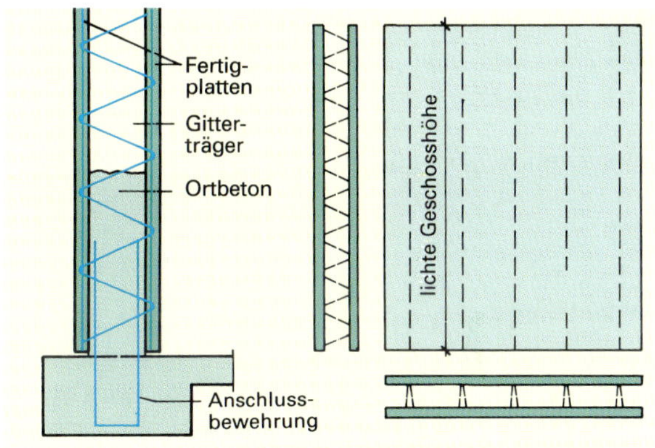

Gitterträger-Innenwandelement

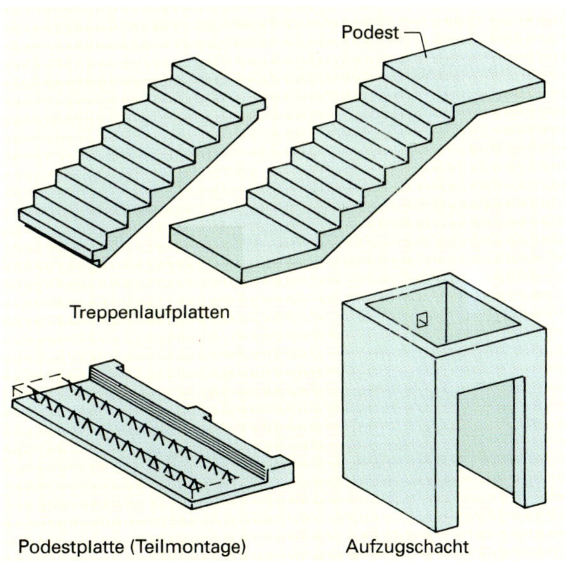

Sonderelemente

Montage der Tafeln

Die Montage der Tafeln erfolgt mit Kranen. Dafür müssen die Tafeln (wie auch alle anderen Fertigteile) mit Transportankern versehen sein.

Dabei haben sich zwei unterschiedliche Anker- und Anschlagsysteme durchgesetzt:

- Transportankersysteme mit einschraubbaren Anschlagmitteln und
- Kugelkopf- oder Ringtransportanker-Systeme.

Bei den Transportankersystemen mit einschraubbaren Anschlagmitteln werden Gewindehülsen in das Fertigteil einbetoniert und verankert. In diese Gewindehülsen werden dann für den Transport die Anschlagmittel (meist Stahlseilschlaufen mit Schraubenösen) eingeschraubt, die nach dem Versetzen des Fertigteils wieder ausgeschraubt werden.

Bei den Kugelkopf- oder Ringtransportanker-Systemen werden Rundstahlanker mit einem speziell ausgebildeten Kopf in das Fertigteil einbetoniert. Zum Transport des Fertigteils wird ein **Greifkopf** angeschlagen, der gelenkig das Fertigteil mit dem Kranhaken verbindet.

Beide Ankersysteme haben den Vorteil, dass die Ankerelemente nicht über die Fertigteiloberkante hervorstehen, die Anschlagmittel mehrfach verwendet werden können und keine lästigen Haken oder Schlaufen später abgetrennt werden müssen.

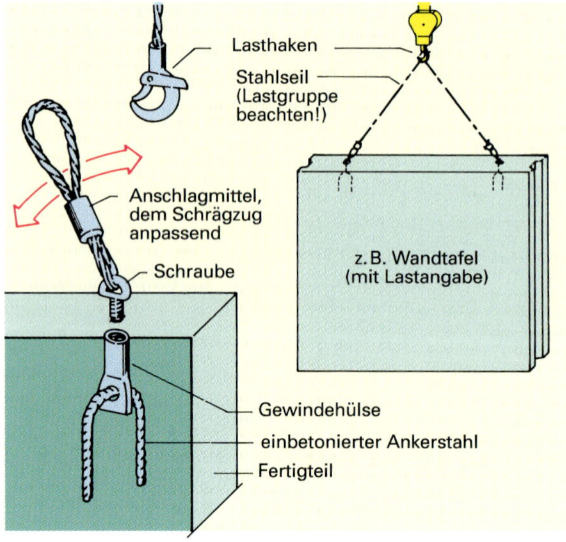

Transportankersystem mit einschraubbarem Anschlagmittel

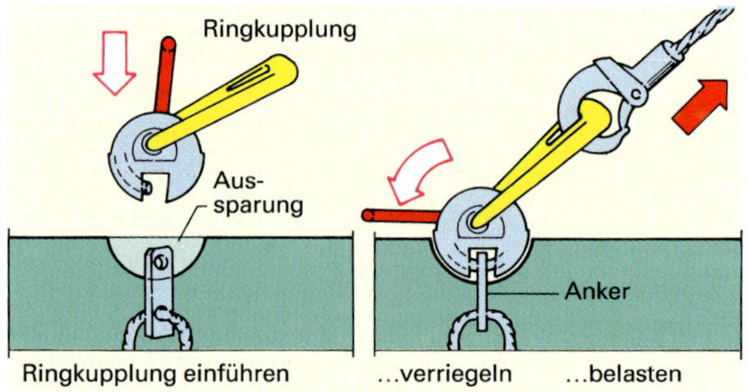

Ringtransportanker-System

Verbindungen

Da die Tafeln erst im zusammengebauten Zustand voll belastbar sind, müssen sie durch entsprechend starke Verbindungsglieder untereinander verbunden werden. Der Ausführung dieser Verbindungen ist größte Sorgfalt beizumessen. Im Allgemeinen werden die in Großtafelbau hergestellten Räume durch einen örtlich betonierten **Stahlbetonringanker** zusätzlich ausgesteift.

Die **Raumfugen zwischen nebeneinander liegenden Deckentafeln** müssen so ausgebildet werden (DIN 1045), dass bei unterschiedlicher Belastung keine Durchbiegungsunterschiede auftreten können. Eine verhältnismäßig einfache und deshalb häufig angewandte Lösung wird in nebenstehendem Bild gezeigt. Diese Ausführung entspricht den Vorschriften der DIN 1045. Die mindestens 2 cm tiefen Nuten in den Fertigteilen an der Seite der Fugen werden mit geeignetem Zementmörtel oder Beton der Festigkeitsklasse ≥ C 12/15 ausgefüllt.

Für die **Deckenauflager** auf Innen- und Außenwänden gelten folgende Bestimmungen:

Die Mindestauflagertiefe im endgültigen Zustand beträgt auf Beton C 12/15 bis C 100/115 und auf Stahl 5 cm. Bei nachträglicher Ergänzung des Auflagerbereiches durch Ortbeton muss die Auflagertiefe im Montagezustand unter Berücksichtigung möglicher Maßabweichungen mindestens 3,5 cm betragen.

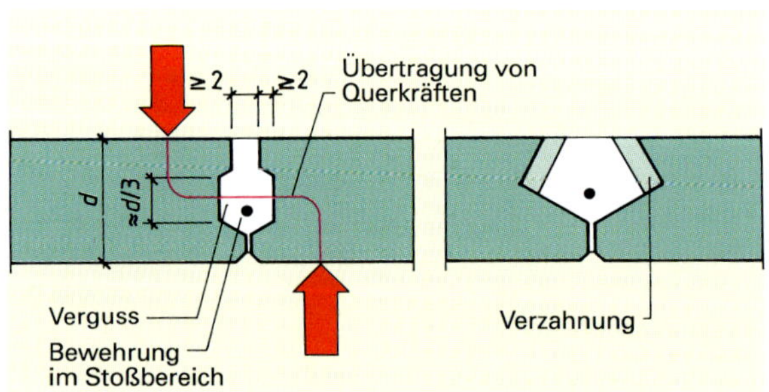

Fuge zwischen Deckenplatten nach DIN 1045, Variante

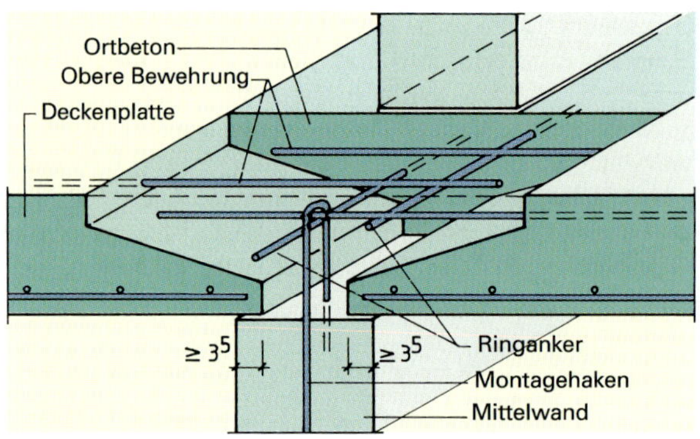

Mittelwandauflager in Deckenspannrichtung

Fertigteile müssen im eingebauten Zustand an den Auflagern in Zementmörtel oder Beton liegen. **Druckbeanspruchte Fugen** zwischen Fertigteilen sollen mindestens 2 cm breit sein, damit sie sorgfältig mit Beton oder Mörtel ausgefüllt werden können. Sie müssen mindestens 0,5 cm breit sein, wenn sie nachträglich mit Mörtel ausgepresst werden. **Waagerechte Fugen** dürfen dünner sein, wenn das obere Fertigteil auf einem frischen Mörtelbett abgesetzt wird, in dem die geplante Höhenlage des Fertigteils durch Abstandhalter sichergestellt wird.

Die **Außenwandelemente** sind mit den anschließenden Deckenscheiben durch Bewehrung oder andere Stahlteile (z.B. Bolzen, Dorne) zu verbinden. Bei Hochhäusern gilt dies für den **oberen** und **unteren** Rand der Elemente (Hochhäuser in diesem Sinne sind Gebäude, bei denen der Fußboden mindestens eines Aufenthaltsraumes mehr als 22 m über der Geländeoberfläche liegt). Bei allen übrigen Gebäuden reicht eine Verbindung am oberen Tafelrand. Der waagerechte Abstand dieser Verbindungen darf nicht größer als 2 m sein. Ihr Abstand von den Tafelrändern darf nicht größer als 1 m sein.

Am oberen Rand **tragender Innenwandtafeln** muss eine Bewehrung von mindestens 0,7 cm^2/m in den Zwischenraum zwischen den Deckenelementen eingreifen. Dieser Bewehrungsquerschnitt darf an zwei Punkten vereinigt werden; bei Innenwandtafeln bis zu einer Länge von 2,50 m genügt ein Anschlusspunkt etwa in Tafelmitte. Die Bewehrung darf auch durch andere geeignete gleichwertige Maßnahmen, z.B. Schweißen einbetonierter Stahlteile, ersetzt werden.

Immer größere Beliebtheit finden **geschraubte Verbindungen**. Dabei werden die Fertigteile mit Stahlwinkeln verschraubt. Die Schrauben greifen in Ankerschienen, die in die Fertigteile einbetoniert sind. Diese Verbindungen besitzen folgende Vorteile:

- Die Elemente werden schnell und sofort kraftschlüssig miteinander verbunden,
- es ist kein Ortbeton erforderlich,
- es entstehen in der Regel keine Wärmebrücken.

Außenwandfugen

Größte Sorgfalt muss der Fugenausbildung bei den Außenwänden im Großtafelbau beigemessen werden, denn sie haben folgende Anforderungen zu erfüllen:

- Die Fugen müssen alle Bewegungen der Außenwandelemente aufnehmen können,
- die Fugen müssen alle Herstellungs- und Montagetoleranzen ausgleichen können,
- die Fugenabdichtung muss allen bauphysikalischen Anforderungen (Feuchte-, Wärme- und Schallschutz) genügen,
- die Fugenabdichtung muss dauerhaft sein.

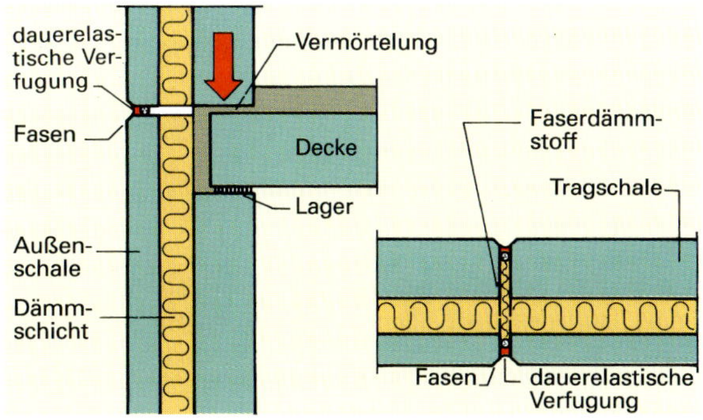

Verbindungen von Außenwandelementen

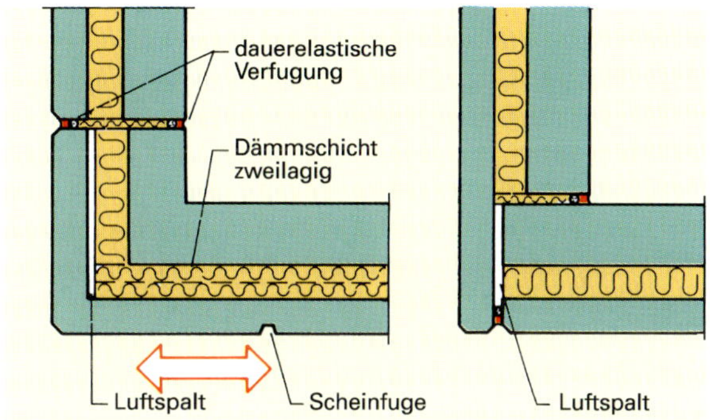

Eckausbildung bei Außenwandelementen

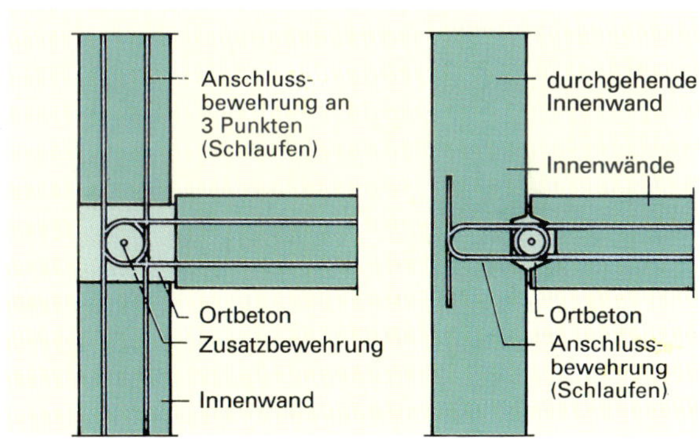

Senkrechte Fugen bei Innenwänden

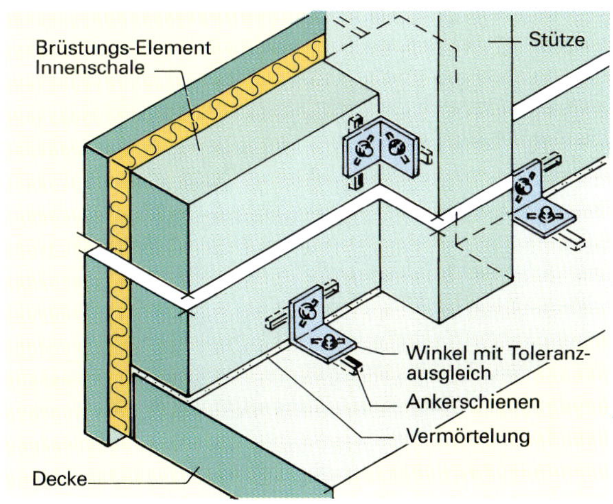

Geschraubte Verbindung

Die Fugen der Außenwandelemente werden im Allgemeinen auf drei unterschiedliche Arten ausgebildet:

- konstruktiv geschlossene Fuge,
- Fugenverfüllung mit dauerelastischen Dichtungsmassen und
- Fugendichtung mit vorkomprimiertem Dichtungsband.

Konstruktiv geschlossene Fugen werden vor allem beim Horizontalstoß der Außenwandelemente angewandt. Der obere Tafelrand wird als Schwellenprofil ausgebildet, wobei die Schwellenhöhe bei Gebäudehöhen unter 20 m mindestens 8 cm, bei Gebäudehöhen über 20 m mindestens 11 cm betragen soll. Der Neigungswinkel der Schwelle soll mindestens 60° betragen. Die Fugenbreite soll mindestens 1,5 cm sein.

Die Vertikalfugen werden „druckausgleichend" verschlossen. Dafür sind zahlreiche Möglichkeiten entwickelt worden, die sich jedoch im Wesentlichen ähnlich sind:

Sie besitzen eine außen liegende Regensperre mit dahinter liegendem Druckausgleichsraum, der verhindert, dass Regenwasser durch die Regensperre nach innen gedrückt wird. Eine Windsperre sorgt dafür, dass keine Kaltluft durch die Fuge eindringt und die Wärmedämmfähigkeit der Wand außer Kraft setzt.

Fugendichtungen mit dauerelastischen Dichtungsmassen sind verhältnismäßig einfach auszuführen und kostengünstig. Die Dichtungsmassen sind Dehn-Stauch-Bewegungen ausgesetzt und sie müssen ein gutes Haftvermögen auf Beton besitzen. Das Haftvermögen kann durch einen Voranstrich (Primer) verbessert werden.

Fugen mit parallelen Flanken müssen hinterfüllt werden. Das Hinterfüllmaterial ermöglicht die genaue Begrenzung der Fülltiefe einer Dichtungsmasse. Es besteht aus einem Rundprofil, das einen für die Formveränderung der Dichtungsmasse günstigen konvexen Abschluss der Masse in der Fuge bildet und gleichzeitig die Haftfläche an den Fugenflanken vergrößert.

Bei der **Fugendichtung mit vorkomprimiertem** Fugendichtungsband wird ein vorkomprimiertes Fugenband aus Polyurethan-Schaumstoff auf die Fugenflanke aufgeklebt. Dies kann auch bei bereits versetzten Außenwandelementen erfolgen. Nach einer bestimmten „Aufgehzeit" löst sich die Komprimierung des Bandes und dichtet die Fuge ab.

Die Fugen der Außenwandelemente müssen wind- und wasserdicht sein. Außerdem dürfen sie keine Wärmebrücke darstellen. Fugen können auf drei verschiedene Arten ausgebildet werden:

- konstruktiv geschlossene Fugen,
- mit dauerelastischen Dichtungsmassen geschlossene Fugen und
- mit vorkomprimierten Dichtungsbändern geschlossene Fugen.

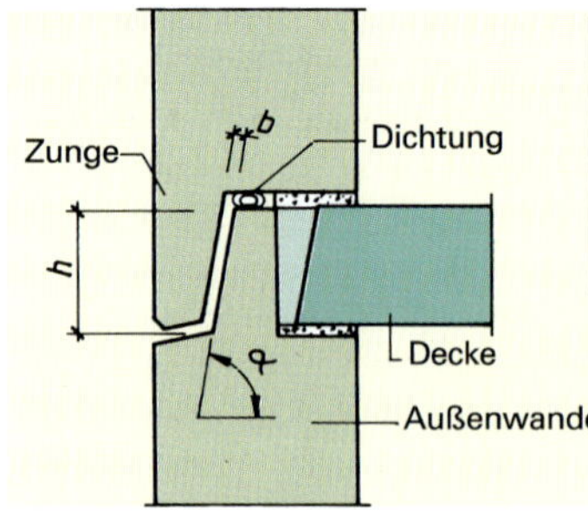

Bedingungen
$h \geq$ 8 cm, bei Gebäudehöhe > 20 m $h \geq$ 11 cm
$\alpha \geq 60°$
$b \geq$ 1,5 cm

Konstruktiv geschlossene Horizontalfuge

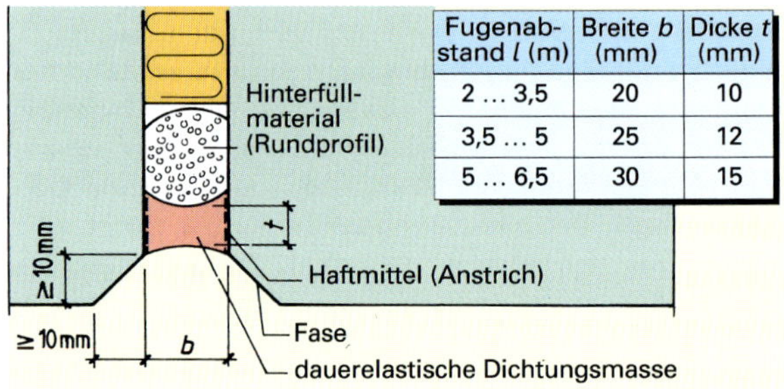

Fugenabstand l (m)	Breite b (mm)	Dicke t (mm)
2 … 3,5	20	10
3,5 … 5	25	12
5 … 6,5	30	15

Fugendichtung mit Dichtungsmasse

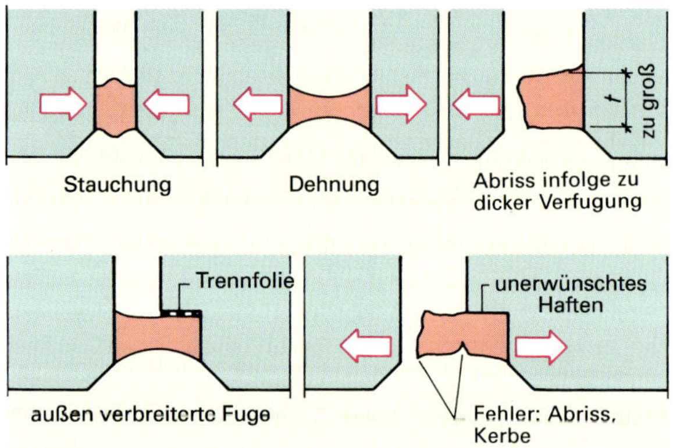

Beanspruchung der Dichtstoffe, Fehlerquellen

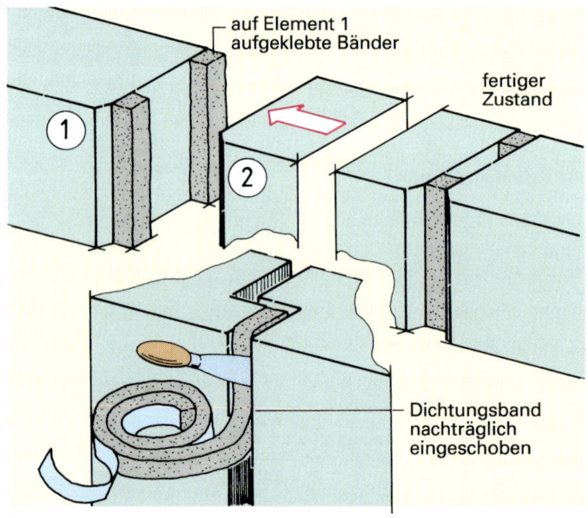

Fugendichtung mit vorkomprimiertem Dichtungsband

11.3.2 Skelettbau

Der Skelettbau findet bei Hallenbauten und Geschossbauten Anwendung.

Hallenbauten unterscheiden sich im Wesentlichen durch ihre Dachkonstruktion, wobei zwischen Sheddachhallen und Hallen mit ebenen Dachflächen unterschieden wird. Die wegen ihrer aufwendigen Konstruktion sehr teuren Sheddächer kommen nur selten zur Ausführung. Viel häufiger sind ebene Dachflächen aus Fertigteilen, die auf den Hallenbindern aufliegen.

Die tragenden Elemente der Skelettkonstruktionen bestehen aus **Stützen**, **Bindern**, **Unterzügen und Decken- bzw. Dachelementen**.

Die **Stützen** werden im Allgemeinen am Fußpunkt in ein Köcherfundament eingespannt und gehen im Geschossbau über mehrere Geschosse durch. Seltener werden die Stützen geschossweise gestoßen. Die Stützen besitzen Konsolen zur Auflagerung der Unterzüge.

Im Geschossbau haben die Stützen in der Regel einen quadratischen oder rechteckigen Querschnitt.

Bei Hallenbauten werden die Stützen mit Bindern überspannt. Für den Hallenbau haben die Stützen rechteckige Querschnitte, die am Stützenkopf entsprechend der Binderlagerung ausgebildet sind.

Die **Unterzüge** haben Rechteck-, L- oder ⊥-Querschnitte. Gelegentlich werden die Unterzüge auch als umgekehrter Trog ausgebildet. Diese Unterzüge sind verhältnismäßig breit und verkürzen dadurch die Spannweite der Deckenelemente. Die Stege können neben den Stützen verlaufen und somit beliebig über die Stützen auskragen, z.B. zur Auflagerung von Balkonplatten.

Die **Binder** werden in Spannbeton hergestellt und haben T- oder I-Querschnitt. Solche Spannbeton-Vollwandbinder sind von der Fachvereinigung Fertigteilbau typisiert worden. Sie haben die Form von Parallel- oder Satteldachbindern.

Die **Deckenplatten** für Geschossbauten mit kleineren Spannweiten (bis ca. 4 m) werden im Allgemeinen als Stahlbeton-Vollplatten ausgebildet und in voller Höhe auf den Unterzügen aufgelegt. Für größere Spannweiten werden TT-, Trog- oder Hohlplatten verwendet. Die Deckenelemente sind zum Teil typisiert. Sind sie in Spannbeton hergestellt, so können Spannweiten bis ca. 20 m erreicht werden. Im Allgemeinen sind bei Geschossbauten die Stützenabstände in Deckenspannrichtung nicht über 7,20 m. Die Elementbreiten betragen wegen der Transportbedingungen 2,40 m.

Alle im Fertigteilbau üblichen Deckenelemente können auch für Dachkonstruktionen verwendet werden. Im Hallenbau kommen jedoch häufig leichtere Dachkonstruktionen aus Stahl- oder Spannbetonpfetten und leichten Dachplatten zur Ausführung. Die Dachplatten bestehen aus Leicht- bzw. Porenbeton mit schlaffer Bewehrung. Sie sind ca. 1 m breit und bis zu ca. 6 m lang.

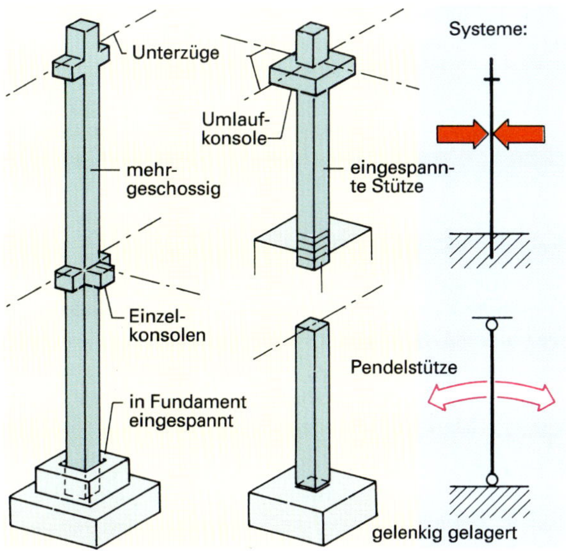

Stützen im Skelettbau

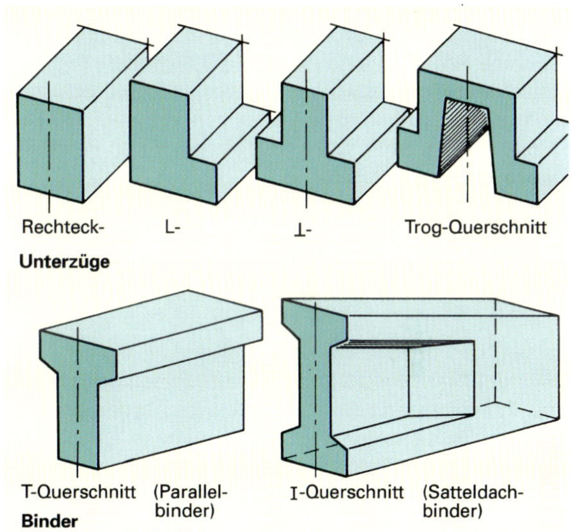

Querschnitte für Unterzüge und Binder

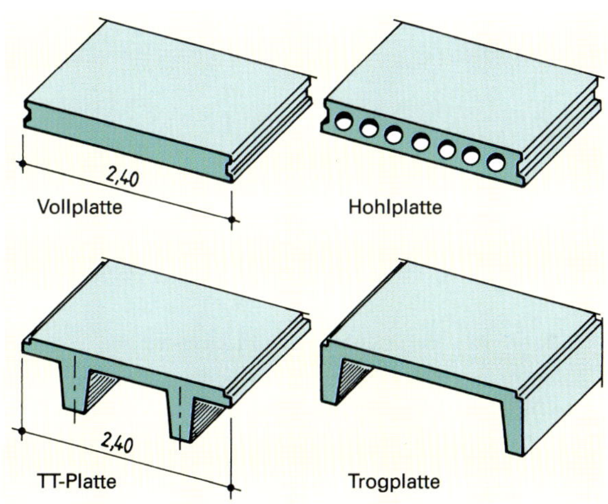

Querschnitte für Deckenplatten

Diese Dachkonstruktionen sind wesentlich leichter als die im Geschossbau üblichen Deckenelemente.

Die tragenden Elemente des Skelettbaus sind Stützen, Unterzüge, Binder, Decken- und Dachelemente.

Verbindungen im Skelettbau

Die Verbindungen der Elemente untereinander müssen sorgfältig und den Vorschriften entsprechend ausgeführt werden. Das Skelett muss im endgültigen Zustand ein steifes Gerippe bilden, das in der Lage ist, alle auftretenden Belastungen (Eigenlasten und Verkehrslasten) über die Stützenfundamente in den Baugrund abzuleiten.

Stütze – Fundament

Die Stützenfundamente werden in Ortbeton (seltener als Fertigteil) hergestellt. Sie werden als Blockfundamente mit ausgespartem Köcher ausgebildet. Für die Köcheraussparung wird ein gewelltes Vierkantrohr als verlorene Schalung eingebaut. Die Stützenfüße sind im Bereich der Köchereinspannung profiliert und besitzen somit eine Verzahnung mit dem Fundamentblock. Die Stützenkräfte werden über die Verzahnung an das Fundament weitergeleitet.

Die Tiefe des Köchers ist bei eingespannten Stützen von den statischen Erfordernissen abhängig. Gelenkig gelagerte Stützen erfordern nur zur einfacheren Montage einen Köcher. Bei der Montage werden die Stützen in den Köcher gestellt, ausgerichtet, verkeilt und mit Beton vergossen. Um die Stützen bei der Montage einfacher in die endgültige Lage zu bringen, kann in den Stützenfuß eine Stahlplatte mit Dorn einbetoniert werden; in den Köcher wird dann vor der Stützenmontage eine Stahlplatte mit Loch auf ein Mörtelbett gelegt und ausgerichtet.

Die Stützen werden in Blockfundamente mit ausgesparten Köchern gestellt, ausgerichtet, verkeilt und einbetoniert. Sie können eingespannt oder gelenkig gelagert sein.

Stütze – Unterzug

Die Stützen sind in der Regel über mehrere Geschosse durchlaufend und besitzen zur Auflagerung der Unterzüge Konsolen. Es sind grundsätzlich zwei verschiedene Möglichkeiten für die Auflagerung der Unterzüge üblich:

- Auflagerung des vollen Unterzugquerschnitts,
- Ausklinkung des Unterzugs im Bereich der Konsole. Die Ausklinkung bewirkt, dass die Unterkante des Unterzuges mit der Unterkante der Konsole abschließt.

Bei der Durchbiegung des Unterzugs darf an der Konsole keine zu hohe Randpressung entstehen. Es muss

Stützenfundament mit Schalungsköcher

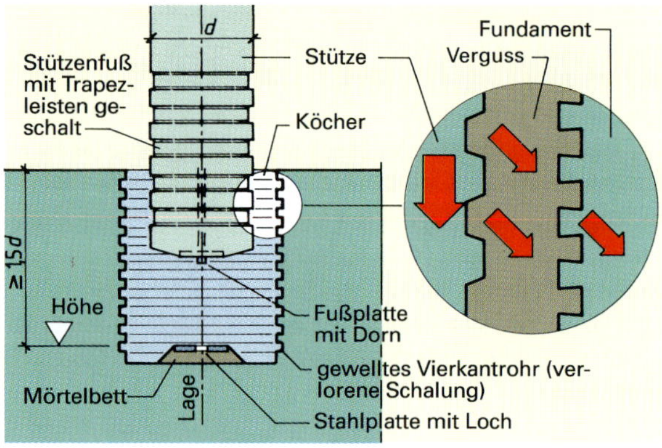

Fertigteilstütze mit Köcherfundament

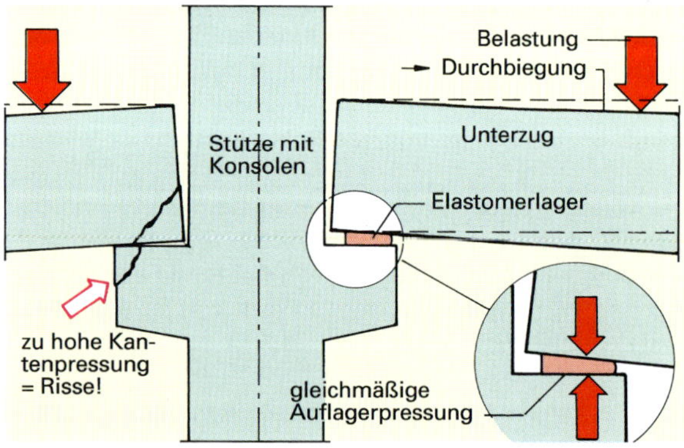

Wirkungsweise von Elastomerlagern

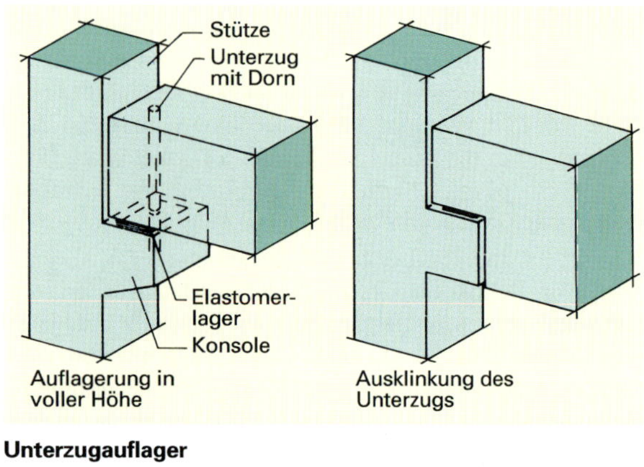

Unterzugauflager

eine gleichmäßige Verteilung des Auflagerdruckes gewährleistet sein. Aus diesem Grund muss zwischen Konsole und Unterzug ein **Elastomerlager** eingebaut werden.

Die Unterzüge werden auf die Stützenkonsolen aufgelegt. Um zu hohe Kantenpressungen zu vermeiden, werden an den Auflagern Elastomerlager eingebaut.

Stütze – Binder

Die Verbindung Stütze–Binder wird in der Regel gelenkig ausgebildet. Soll die Verbindung jedoch nachträglich biegesteif ausgeführt werden, so müssen sowohl die Stütze als auch der Binder eine herausragende Anschlussbewehrung besitzen. Der Verbindungspunkt wird dann eingeschalt und ausbetoniert. Solche Verbindungen sind sehr aufwendig und daher selten. Viel häufiger wird die Verbindung gelenkig ausgeführt. Die Sicherung des Auflagers kann hier durch eine Dorn-Hüllrohr-Verbindung erzielt werden. Das Hüllwellrohr (∅5...7 cm) ist in den Binder, der Dorn (∅16...18 mm) in die Stütze am Auflager einbetoniert. Die Hüllen werden nachträglich mit Zementmörtel ausgegossen. Schon während der Montage bieten diese Verbindungen eine Sicherung gegen das eventuelle Abgleiten oder Kippen des Binders.

Eine weitere Möglichkeit für den Anschluss des Binders an die Stütze ist die Gabellagerung. Hier ist der Stützenkopf gegabelt und bietet damit dem Binder einen Auflagerschuh. Auch hier ist der Binder schon bei der Montage gegen Kippen gesichert.

Um bei Durchbiegung der Binder eine gleichmäßige Verteilung des Auflagerdruckes zu gewährleisten, muss zwischen Stütze und Binder ein Elastomerlager eingebaut werden.

Die Verbindung Stütze – Binder wird so ausgebildet, dass der Binder bereits bei der Montage gegen Kippen gesichert ist.

Unterzug – Deckenplatte

Das Auflager der Deckenplatte am Unterzug kann auf verschiedene Arten ausgeführt werden.

Deckenplatten mit vollem Rechteckquerschnitt werden in voller Höhe aufgelagert. Trog- und TT-Platten werden entweder in voller Höhe aufgelagert, oder sie werden am Auflagerpunkt ausgeklinkt. Eine niedrigere Konstruktionshöhe wird erreicht, wenn der Unterzug mit Konsolen ausgebildet und die Deckenplatten ausgeklinkt sind.

Die Deckenplatten werden auf die Unterzüge entweder in voller Querschnittshöhe aufgelegt, oder sie werden am Auflager ausgeklinkt.

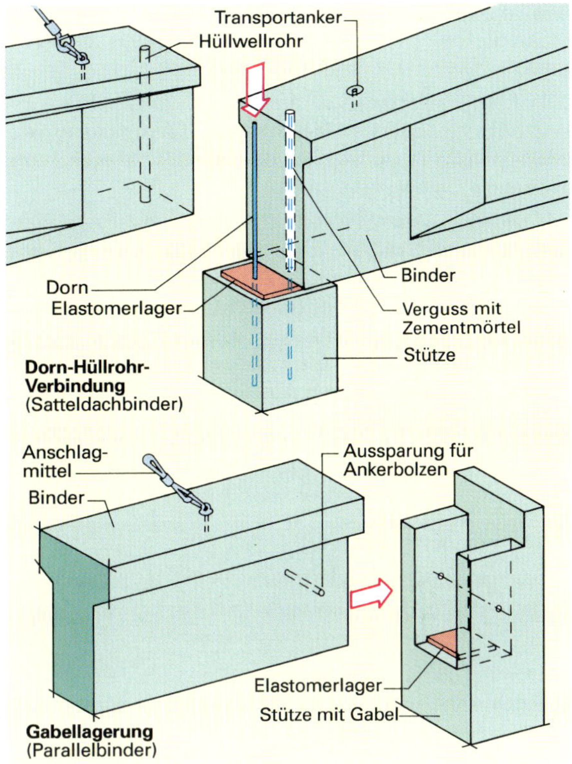

Binderauflager

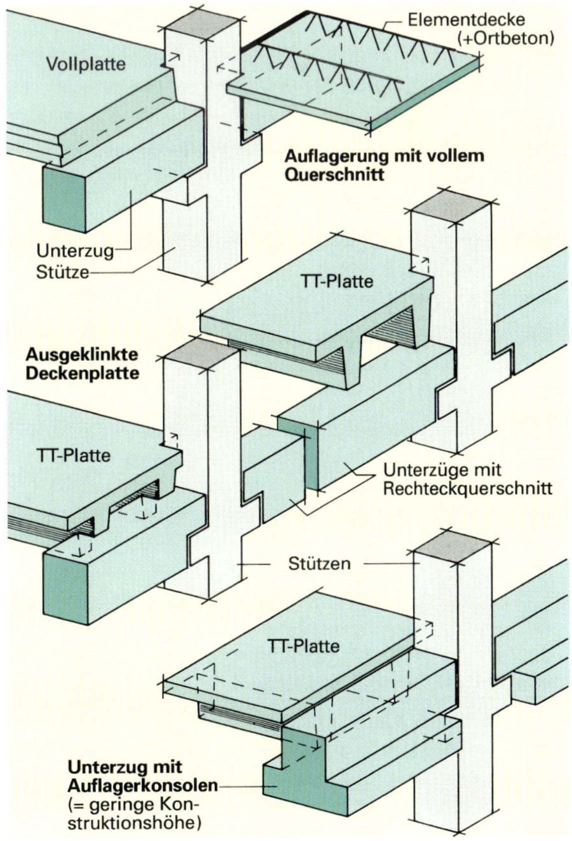

Auflagerung der Deckenplatten auf dem Unterzug

Alle Verbindungen müssen so konstruiert sein, dass die Montage der Fertigteile ohne Hilfsgerüste erfolgen kann.

Dies führt naturgemäß zu erhöhten Unfallgefahren. Es sind deshalb äußerste Umsicht, größte Aufmerksamkeit und gewissenhafte Arbeit dringendst geboten, um eventuelle Unfälle zu verhüten.

Die **Unfallverhütungsvorschriften** sind genau einzuhalten, dies betrifft insbesondere das Anlegen von **persönlichen Schutzausrüstungen**. Zur persönlichen Schutzausrüstung zählen besonders Auffanggurte, Haltegurte, Sicherheitsseile mit Falldämpfer und dazu Höhensicherungsgeräte oder Seilkürzer. Gegebenenfalls müssen auch unter den möglichen Absturzstellen **Auffangnetze** gespannt werden.

Monteur mit Auffanggurt und Höhensicherungsgerät

Zusammenfassung

Das Ziel, wirtschaftlicher und schneller zu bauen sowie Preise und Bautermine zu halten, hat dem Fertigteilbau zum Durchbruch verholfen.

Nach Art der Tragkonstruktion werden die Fertigbausysteme in Tafelsysteme, Zellsysteme und Skelettsysteme unterteilt.

Fertigteile aus Beton oder Stahlbeton dürfen nur in Werken hergestellt werden, die den Forderungen der DIN 1045 entsprechen.

Fertigteile mit kleineren Abmessungen werden auf Kipptischen betoniert. Spannbetonfertigteile werden in Bodenfertigung (in Spannbetten) hergestellt.

Die Großtafelbauweise findet vor allem im Wohnungsbau Anwendung. Die Elemente der Großtafelbauweise sind die Außenwandtafeln, Innenwandtafeln, Deckentafeln und Sonderelemente.

Die Fugen der Außenwandelemente müssen wind- und wasserdicht sein. Außerdem dürfen sie keine Wärmebrücken bilden.

Die tragenden Elemente der Skelettbauweise sind Stützen, Unterzüge, Binder und Decken- bzw. Dachelemente.

Die Stützen werden in Blockfundamente mit ausgespartem Köcher gestellt, ausgerichtet, verkeilt und einbetoniert. Sie können eingespannt oder gelenkig gelagert sein. Die Unterzüge werden auf die Stützenkonsolen aufgelegt. Die Verbindung Stütze – Binder wird so ausgebildet, dass der Binder bereits im Montagezustand gegen Kippen gesichert ist. Die Deckenelemente werden auf die Unterzüge entweder in voller Querschnittshöhe aufgelegt, oder sie werden am Auflager ausgeklinkt.

Alle Verbindungen sind so konstruiert, dass sie ohne Hilfsgerüste montiert werden können. Das führt zu einem erhöhten Unfallrisiko. Deshalb darf nur mit persönlicher Schutzausrüstung, entsprechend den Unfallverhütungsvorschriften, gearbeitet werden.

Aufgaben:

1. *Nennen Sie die Gründe für die Entwicklung der Baumethoden mit vorgefertigten Bauteilen.*
2. *Warum eignet sich der Fertigteilbau besser für den Serienwohnungsbau als für den individuellen Wohnungsbau?*
3. *Welche Vorteile bietet eine Fertigung in Werken gegenüber der Fertigung auf der Baustelle?*
4. *Welche Anforderungen werden an Fertigteilwerke gestellt?*
5. *Beschreiben Sie die Herstellung einer Wandtafel in Fließfertigung.*
6. *Nennen Sie die Elemente (Bauteile) der Großtafelbauweise.*
7. *Auf welche Art und Weise können Außenwandfugen geschlossen werden?*
8. *Nennen Sie die tragenden Elemente des Skelettbaus.*
9. *Skizzieren Sie den Fußpunkt einer Stütze im Skelettbau (Verbindung Stütze – Fundament).*
10. *Warum muss bei der Auflagerung von Unterzügen und Bindern ein Elastomerlager eingebaut werden?*
11. *Beschreiben Sie eine mögliche Verbindung einer Stütze mit einem Binder.*
12. *Skizzieren Sie das Auflager einer TT-Platte am Unterzug, wenn eine möglichst geringe Konstruktionshöhe gefordert wird.*
13. *Beschreiben Sie die persönliche Schutzausrüstung, die bei der Montage von Fertigteilen anzulegen ist.*

12 Bautenschutz

In diesem Kapitel werden Gebiete der Bauphysik behandelt, welche die Probleme des Schall-, Wärme-, Brand- und Feuchtigkeitsschutzes betreffen.

Für den Baufacharbeiter ist es wichtig, geeignete Schutzmaßnahmen zu kennen. Vor allem bei Gebäuden in moderner Bauweise (hohe Belastungen, großflächige Verglasungen usw.) ist der Bautenschutz für die Sicherheit, die Gesundheit und das Wohlbefinden der Benutzer von größter Bedeutung.

12.1 Schallschutz

Der Schallschutz hat große Bedeutung für das Wohlbefinden des Menschen.

Ziel des Schallschutzes ist der Schutz des Menschen vor **Luft**- und **Trittschallübertragung** aus benachbarten Räumen, vor **Lärm aus haustechnischen Anlagen** und vor **Außenlärm**.

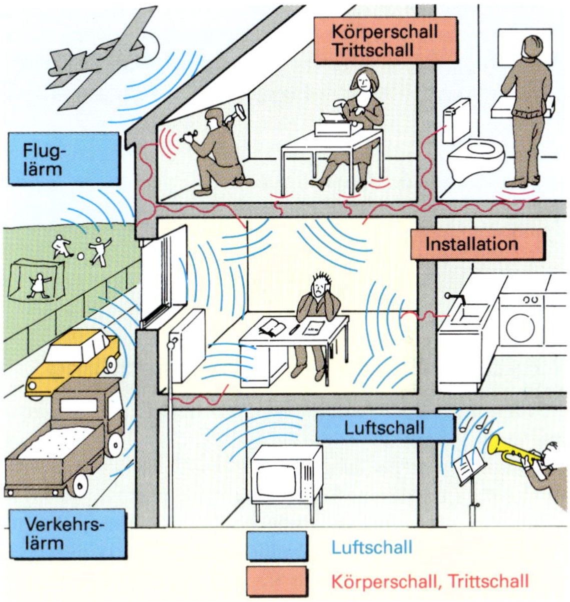

Übertragung von Luft- und Körperschall

12.1.1 Grundbegriffe

Unter **Schall** versteht man mechanische Schwingungen und Wellen, die sich in festen, flüssigen und gasförmigen Stoffen ausbreiten können.

Im baulichen Schallschutz wird unterschieden zwischen

- **Luftschall**, das ist in der Luft sich ausbreitender Schall,
- **Körperschall**, das ist in festen Stoffen sich ausbreitender Schall,
- **Trittschall**, das ist der beim Begehen einer Decke als Körperschall entstehende Schall, der teilweise als Luftschall in benachbarte Räume abgestrahlt wird.

In der Physik wird zwischen Tönen, Klängen und Geräuschen unterschieden. Beim baulichen Schallschutz handelt es sich fast immer um **Geräusche**; d.h., mehrere Töne in willkürlicher Zusammensetzung werden zugleich wahrgenommen.

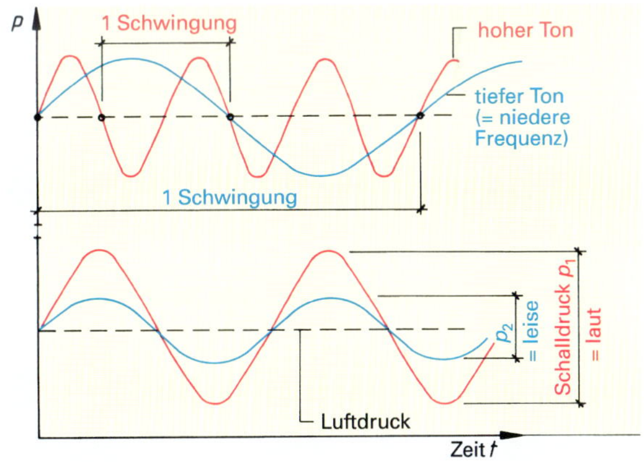

Tonhöhe und Schalldruck

Die **Frequenz** ist die Anzahl der Schwingungen je Sekunde. Mit zunehmender Frequenz nimmt die Tonhöhe zu. Die Einheit der Schwingungszahl je Sekunde ist das **Hertz** (Hz). Der Mensch hört Töne im Bereich von 16...16000 Hz.

Die Druckschwankung, welche durch die Schallwellen in Gasen oder Flüssigkeiten erzeugt wird und dem statischen Druck (z.B. dem atmosphärischen Druck der Luft) überlagert ist, wird als **Schalldruck** bezeichnet.

Ein logarithmisches Maß des Schalldrucks wird als Schallpegel bezeichnet. Der **Schallpegel** und die Schallpegeldifferenzen werden in **Dezibel** (dB) angegeben.

Der so genannte **A-bewertete Schallpegel** ist ein Maß für die Stärke eines Geräusches, er wird in **dB(A)** angegeben.

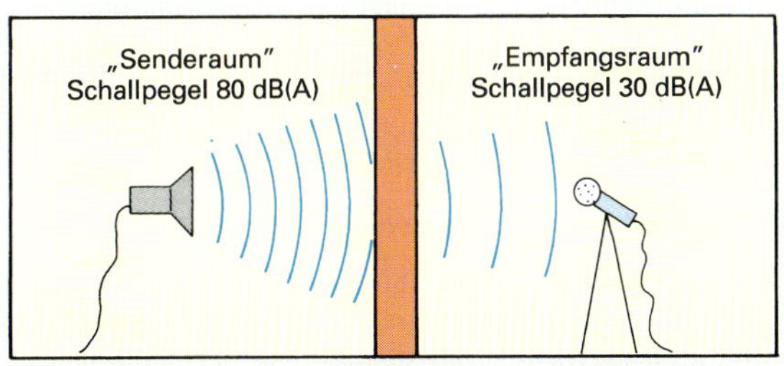

Differenz der beiden Schallpegel = Schalldämmung

Schallpegel und Schalldämmung

Das Lautstärkeempfinden ist nicht proportional den A-Schallpegelwerten. So wird z.B. lautes Sprechen oder laute Musik mit 70 dB(A) doppelt so laut empfunden wie leises Sprechen oder leise Musik mit 60 dB(A).

Bei Verdoppelung einer Schallquelle, z.B. wenn anstatt einer Person gleichzeitig zwei Personen in gleicher Lautstärke sprechen, erhöht sich der Schallpegel um **3 dB(A)**.

Unter **Schallabsorption** (= Schallschluckung) versteht man den Verlust an Schallenergie bei der Reflexion an den Begrenzungsflächen eines Raumes (Wände, Decke, Fußboden) oder an den Gegenständen oder Personen in dem Raum.

Der Verlust an Schallenergie entsteht vorwiegend durch Umwandlung von Schall in Wärme.

Schall entsteht durch mechanische Schwingungen. Es wird zwischen Luft-, Körper- und Trittschall unterschieden.

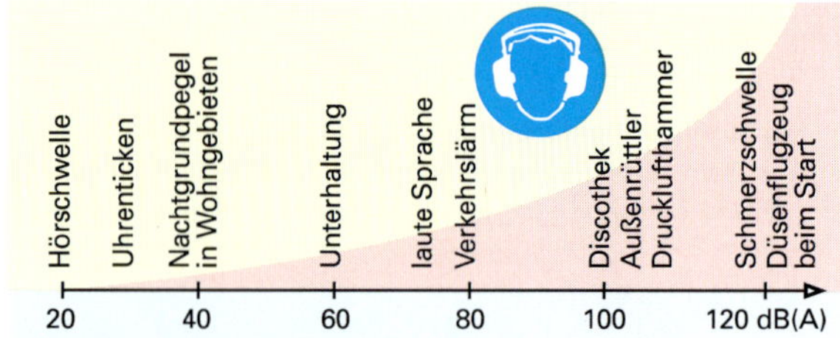

A-Schallpegel verschiedener Geräusche

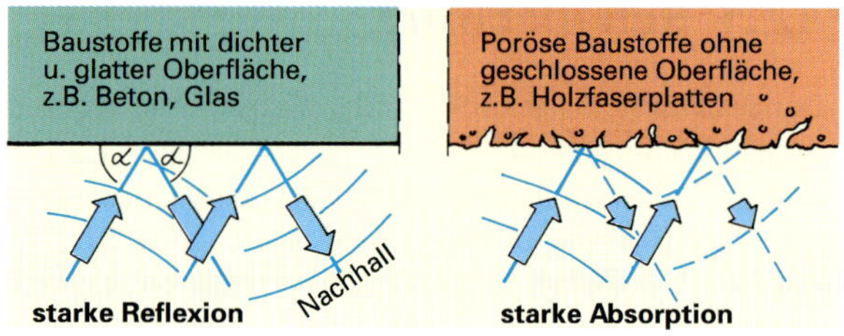

Schallschluckung je nach Material unterschiedlich

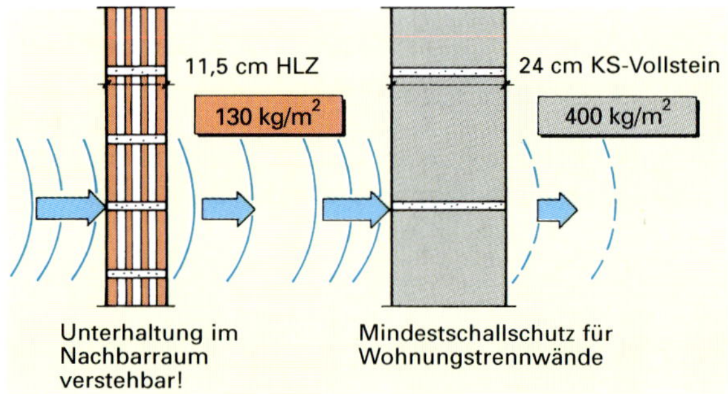

Bedeutung der Flächenmasse einschaliger Bauteile

12.1.2 Luft- und Trittschalldämmung

Um die Anforderungen an die Luft- und Trittschalldämmung in Gebäuden erfüllen zu können, sind Grundsätze sowohl bei der **Bauplanung** als auch bei der **Bauausführung** zu beachten. So muss z.B. bereits bei der Planung beachtet werden, dass Wohn- und Schlafräume möglichst wenig vom Außenlärm betroffen werden und von Treppenräumen durch Räume wie Küchen, Bäder oder Flure getrennt sind. Außerdem sollten an Wohnungstrennwänden möglichst Räume mit gleicher Nutzung aufeinander stoßen, z.B. Küche an Küche, Schlafzimmer an Schlafzimmer.

Luftschalldämmung von einschaligen Bauteilen

Bei einschaligen Bauteilen ist im Allgemeinen die Luftschalldämmung besser, je schwerer sie sind. Große Hohlräume verringern die Schalldämmung gegenüber gleich schweren Bauteilen ohne Hohlräume.

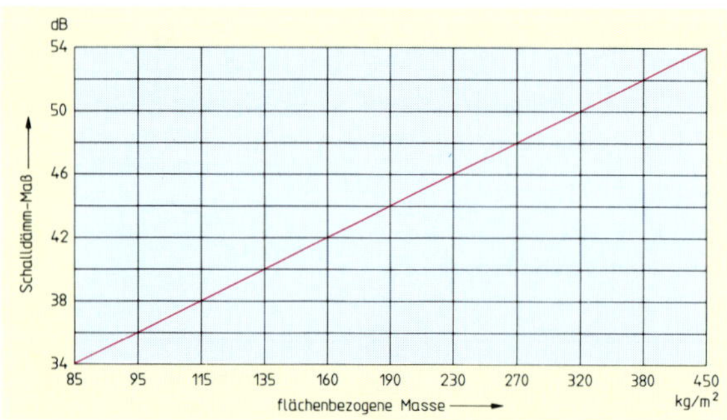

Zusammenhang zwischen Schalldämm-Maß und flächenbezogener Masse bei einschaligen, biegesteifen Bauteilen

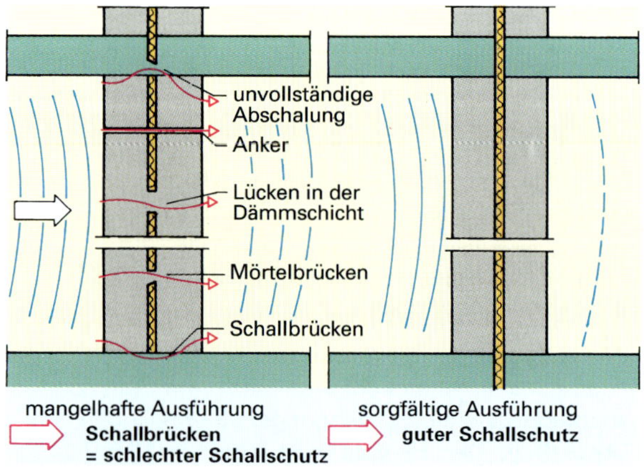

Zweischalige Trennwand

Luftschalldämmung von zweischaligen Bauteilen

Bei zweischaligen Bauteilen lässt sich eine entsprechende Luftschalldämmung mit einer geringeren flächenbezogenen Masse erzielen als bei einschaligen. DIN 4109 unterscheidet hier zwischen drei Konstruktionsprinzipien:

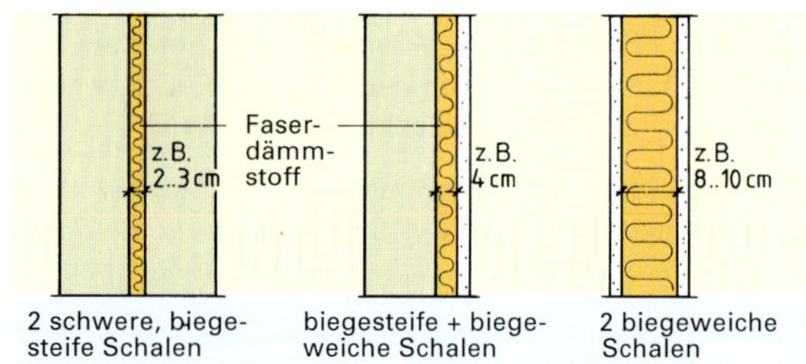

Arten zweischaliger Wände

1. zwei biegeweiche Schalen,
2. biegeweiche Schale vor schwerer, biegesteifer Wand oder als Unterdecke unter einer Massivdecke,
3. zwei schwere biegesteife Schalen.

Bei allen Ausführungen ist sorgfältig darauf zu achten, dass keine **Schallbrücken** entstehen. In einschaligen Bauteilen dürfen keinesfalls Wandschlitze für Installationen oder Aussparungen für Einbauten (z.B. Spülkästen) vorgesehen werden. Bei zweischaligen Bauteilen dürfen keine ungewollten Verbindungen der beiden Schalen (z.B. durch Mörtel) vorhanden sein. Sorgfältiges Arbeiten ist immer Voraussetzung für einen guten, funktionsfähigen Schallschutz!

Einschalige Bauteile besitzen eine umso bessere Luftschalldämmung, je schwerer sie sind. Bei zweischaligen Bauteilen lässt sich eine bestimmte Luftschalldämmung mit einer geringeren Flächenmasse erzielen als bei einschaligen.

Trittschalldämmung von Massivdecken

Zwar nimmt die Trittschalldämmung einschaliger Decken mit ihrer flächenbezogenen Masse zu, eine ausreichende Trittschalldämmung kann jedoch damit nicht erreicht werden. Es ist in jedem Falle eine Verbesserung durch Deckenauflagen erforderlich.

Am wirksamsten ist die Ausführung eines **schwimmenden Estrichs**, weil dieser bereits das Eindringen von Körperschall in die Deckenkonstruktion weitgehend verhindert (siehe Kapitel 9 Fußböden und Estricharbeiten).

Voraussetzung ist jedoch, dass der Estrich vollkommen schallbrückenfrei ausgeführt wird, was allerdings ein besonders sorgfältiges Arbeiten voraussetzt.

Die erforderliche Trittschalldämmung bei Massivdecken erreicht man am wirksamsten durch schwimmende Estriche.

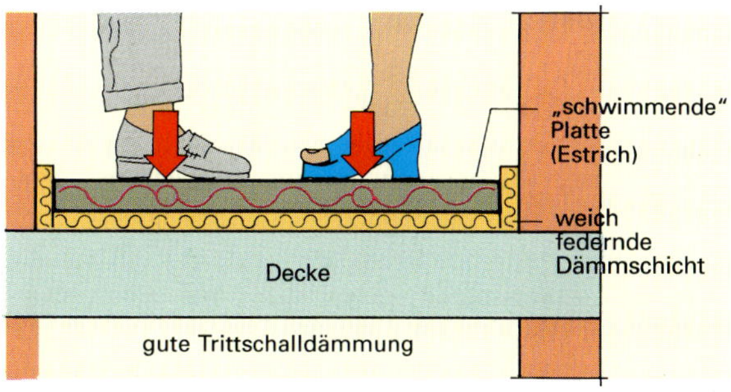

Estrich auf Dämmschicht (schwimmender Estrich)

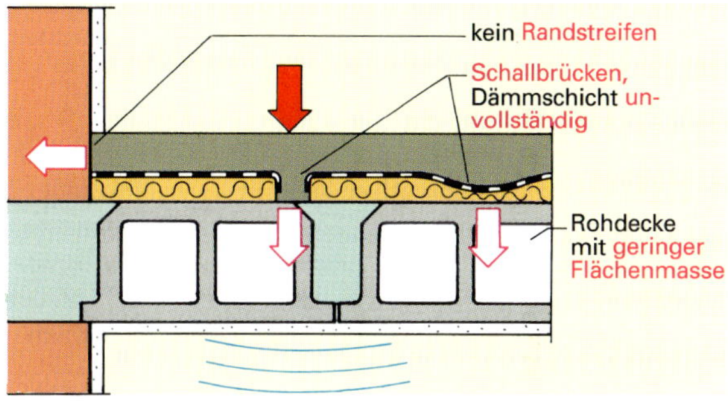

Schlechte Trittschalldämmung – mangelhafte Ausführung führt zu Schallbrücken

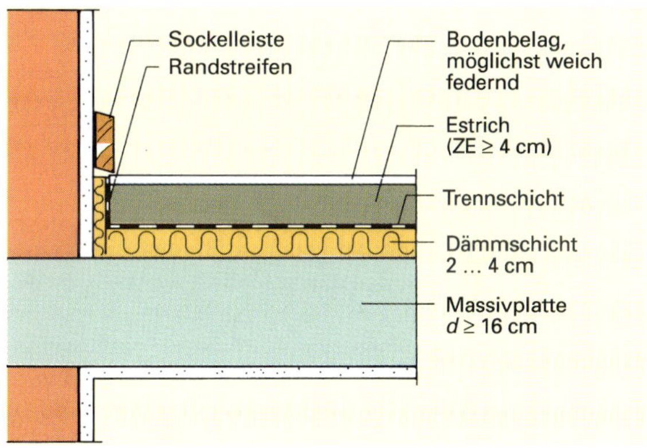

Estrich auf Dämmschicht (schwimmender Estrich) – fachgerechte Ausführung

Zusammenfassung

Schall entsteht durch mechanische Schwingungen. Beim baulichen Schallschutz wird zwischen Luft-, Körper- und Trittschall unterschieden. Die Schallabsorption ist die Umwandlung eines Teiles der Schallenergie in Wärmeenergie beim Reflexionsvorgang an einer Wand- oder Deckenfläche.

Gute Schalldämmung ist nur durch sorgfältige Bauplanung und sorgfältige Bauausführung zu erreichen!

Luftschalldämmung kann bei einschaligen Bauteilen durch eine große Flächenmasse erreicht werden. Durch zweischaligen Aufbau kann die Luftschalldämmung schon mit geringeren flächenbezogenen Massen erzielt werden.

Gute Trittschalldämmung erreicht man in der Regel durch Estriche auf Dämmschicht (schwimmende Estriche).

Aufgaben:

1. *Eine 24 cm dicke Wohnungstrennwand soll hergestellt werden. Wählen Sie aus folgenden Baustoffen den geeignetsten, und begründen Sie ihre Entscheidung:*
   a) Leichtbeton-Vollsteine *b) Hohlblocksteine*
   c) Hochlochziegel *d) Kalksand-Vollsteine*
2. *Bei einem Umbau soll eine luftschalldämmende Trennwand eingebaut werden. Die vorhandene Decke darf nur gering belastet werden. Wählen und begründen Sie eine mögliche Wandkonstruktion.*
3. *Worin besteht der Unterschied zwischen Schallabsorption und Schalldämmung?*
4. *Durch welche Maßnahmen wird vermieden, dass sich der Trittschall über die Wände in das darunter liegende Geschoss fortpflanzt?*

12.2 Wärmeschutz

Der Wärmeschutz umfasst alle Maßnahmen zur Verringerung der Wärmeübertragung sowohl durch die Umfassungsflächen eines Gebäudes als auch durch die Trennflächen von Räumen mit unterschiedlichen Temperaturen.

Der Wärmeschutz bei Gebäuden hat nicht nur für die Bewirtschaftungskosten durch geringen Energieverbrauch bei der Heizung Bedeutung, sondern auch für die Gesundheit und das Wohlbefinden der Bewohner. Wärmeschutzmaßnahmen müssen bereits bei der Planung eines Gebäudes getroffen werden. Die Gebäudeform, die Anordnung der Räume untereinander sowie die Größe der Fensterflächen haben großen Einfluss auf den Wärmeverbrauch eines Gebäudes.

Der bauliche Wärmeschutz leistet auch einen wesentlichen Beitrag zum **Umweltschutz**. Mit ausschlaggebend für Umweltverschmutzung, Treibhauseffekt, Waldsterben, Klimaveränderungen usw. ist die **CO_2-Emission**. Durch die Energieeinsparung beim Beheizen der Gebäude verringert sich die CO_2-Emission ganz erheblich.

Die jetzt gültige **Energieeinsparverordnung** will durch verschärfte Anforderungen an den baulichen Wärmeschutz den Energieverbrauch (und damit auch die CO_2-Emission) deutlich verringern. Diese Energieeinsparverordnung stellt nicht nur Forderungen an die Begrenzung der Transmissionswärmeverluste (Wärmeverluste durch die Außenbauteile), sondern sie stellt Forderungen an den maximalen **Jahres-Heizwärmebedarf**.

12.2.1 Wärmedämmung

Wärmedämmung bedeutet, dass ein Bauteil die Wärme im Inneren des Gebäudes daran hindert, schnell zur kalten Außenluft abzufließen. Durch die Wärmedämmung soll im Winter möglichst wenig Wärme nach außen übertragen werden. Bei dieser **Wärmeübertragung** wird zwischen drei Arten unterschieden. Dies soll im Folgenden am Beispiel eines Außenbauteils erläutert werden:

1. **Wärmeübergang** von der Raumluft an das Außenbauteil,
2. **Wärmeleitung** (Energietransport) innerhalb des Außenbauteils,
3. **Wärmeübergang** von der Bauteiloberfläche an die Außenluft.

Das Maß für die Wärmedämmfähigkeit eines Bauteils ist der **Wärmedurchgangswiderstand** (R_T), der sich analog zur Wärmeübertragung aus drei Werten zusammensetzt, nämlich aus dem **Wärmeübergangswiderstand an der Innenseite** (R_{si}), dem **Wärmedurchlasswiderstand** des Bauteils (R) und dem **Wärmeübergangswiderstand an der Außenseite** (R_{se}).

$$R_T = R_{si} + R + R_{se}$$

Die **Wärmeübergangswiderstände** für Gebäude sind von der Lage der Bauteile abhängig. Ihre Werte sind in DIN 4108 „Wärmeschutz im Hochbau" angegeben.

Der **Wärmedurchlasswiderstand** eines Bauteils ist von den **Wärmeleitfähigkeiten** (λ) der Baustoffe und von

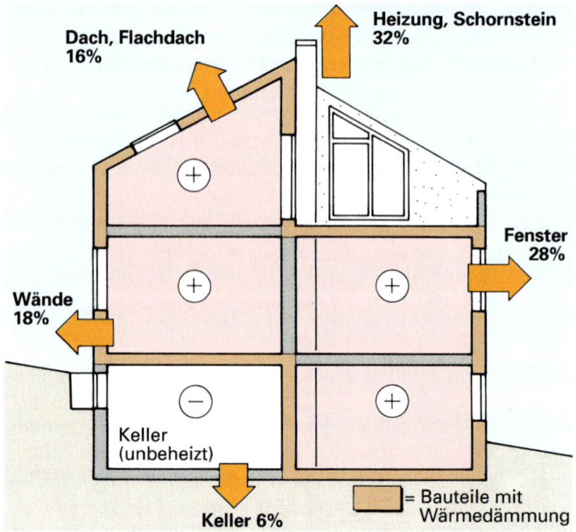

Wärmeverluste eines Einfamilienhauses

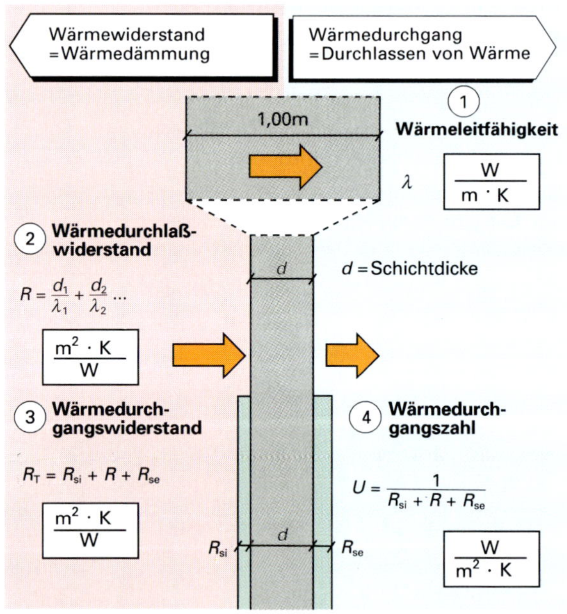

Begriffe, Grundlagen

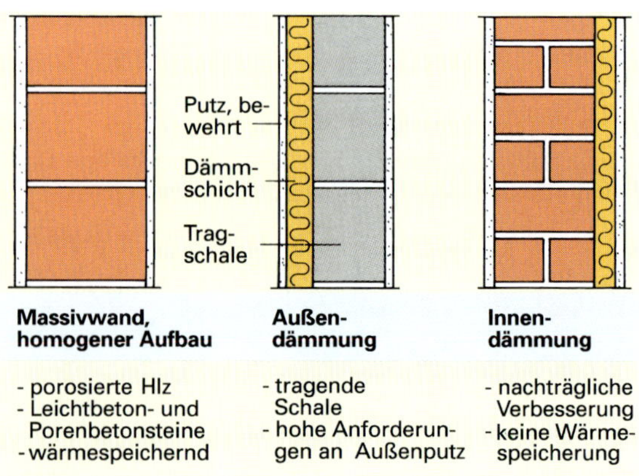

Wärmedämmung von Wänden

den Bauteildicken bzw. den Schichtdicken (d) abhängig. Je größer die Bauteildicken und je kleiner die Wärmeleitfähigkeiten der Baustoffe sind, umso größer ist der Wärmedurchlasswiderstand des Bauteils.

$$R = \frac{d_1}{\lambda_1} + \frac{d_2}{\lambda_2} + \frac{d_3}{\lambda_3} \ldots + \frac{d_n}{\lambda_n}$$

Die **Anforderungen** an den baulichen Wärmeschutz sind in **DIN 4108** und in der **Energieeinsparverordnung** festgelegt.

Das Maß für die Wärmedämmung ist der Wärmedurchgangswiderstand.

12.2.2 Wärmespeicherung

Dauerbeheizte Räume sollen bei verminderter Wärmezufuhr die vorhandene Wärme speichern. Bei Klassenzimmern z.B. soll nach dem Unterricht die Wärme bei gedrosselter Heizung gespeichert werden. Gute Wärmedämmung bedeutet noch keine Wärmespeicherung.

Der sommerliche Wärmeschutz hat die Aufgabe, die Räume gegen Wärme zu schützen. Sind die Baustoffe der Außenwände und Dachdecken gut wärmespeichernd, so wird die von der Sonne eingebrachte Wärmemenge vorerst gespeichert und erst dann wieder an die Raumluft abgegeben, wenn außen bereits kühlere Temperaturen herrschen.

Bauteile aus dichten Baustoffen (z.B. Beton, Kalksandstein-Mauerwerk, Vollziegel-Mauerwerk) besitzen gute wärmespeichernde Eigenschaften.

Gute Wärmedämmung bedeutet noch keine Wärmespeicherung. Wärmespeicherung wird durch dichte Baustoffe besonders im Gebäudeinneren erreicht.

12.2.3 Wärmebrücken

Wärmebrücken sind örtlich begrenzte wärmetechnische Schwachstellen der wärmeübertragenden Hüllfläche. Sie bewirken einerseits zusätzliche Wärmeverluste und andererseits niedrigere Innenoberflächentemperaturen, verbunden mit dem Risiko der Tauwasserbildung auf diesen Flächen.

Wärmebrücken können unterschieden werden in

- material- bzw. stoffbedingte Wärmebrücken und
- form- bzw. geometriebedingte Wärmebrücken.

Materialbedingte Wärmebrücken treten häufig bei Skelettkonstruktionen, z. B. Betonstützen im Mauerwerk, und in den Anschlussbereichen verschiedener Bauteile auf, so z. B. beim Anschluss Decke/Außenwand. Ihr Wärmedurchgangswiderstand ist geringer als in den angrenzenden Bereichen. Besonders groß ist der Wärmebrückeneffekt, wenn Bauteile aus Baustoffen mit hoher Wärmeleitfähigkeit die wärmeübertragende Gebäudehüllfläche direkt durchstoßen. Ein in der Baupraxis häufiges Beispiel dafür ist die auskragende Betonplatte aus Normalbeton.

Das typische Beispiel für die formbedingte Wärmebrücke ist die Gebäudeecke bei sonst homogenem Wandaufbau, weil – durch die Geometrie bedingt – die wärmeabgebende Außenoberfläche größer ist als die ihr entsprechende wärmeaufnehmende Innenoberfläche.

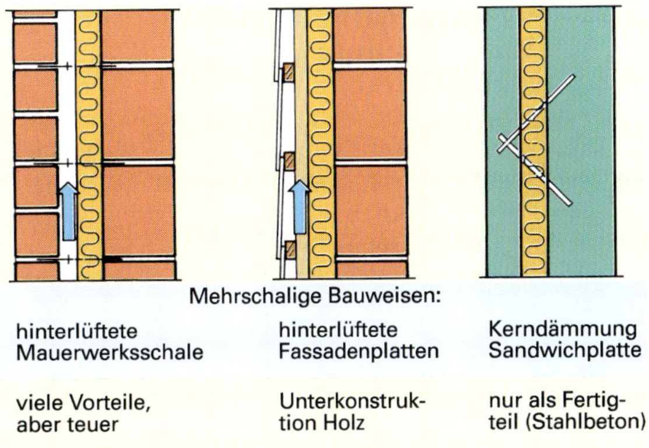

Wärmedämmung von Wänden (Fortsetzung)

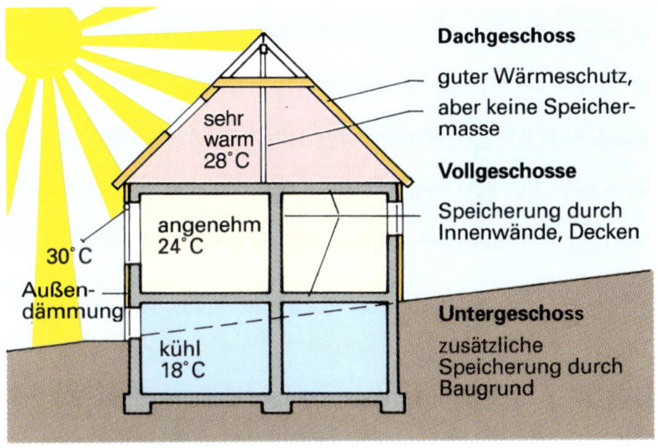

Sommerlicher Wärmeschutz

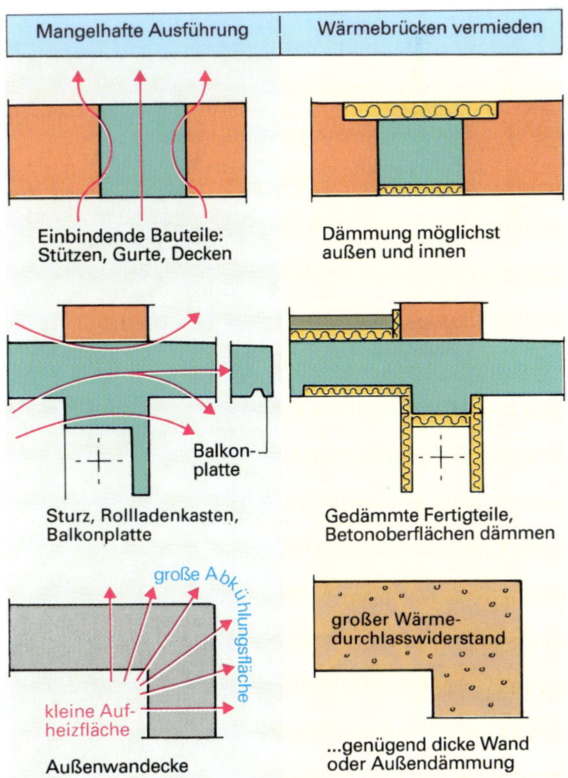

Wärmebrücken

12.2.4 Dämmstoffe für den Wärmeschutz

An Wärmedämmstoffe werden keine Anforderungen wie Druckfestigkeit, Steifigkeit oder hohe Dichte gestellt, um die Standsicherheit eines Bauwerkes zu sichern. Vielmehr sollen sie durch ihre Eigenschaften die Wärmedämmfähigkeit einzelner Bauteile verbessern.

Es werden folgende Forderungen an die Wärmedämmstoffe gestellt:

- geringe Wärmeleitfähigkeit durch hohen Luftporenanteil, geringe Dichte und geringen Anteil an Feuchtigkeit,
- Witterungs- und Fäulnisbeständigkeit,
- geringe Feuchtigkeitsaufnahme, nach Möglichkeit Wasser abweisend.

Mikroaufnahme der Zellstruktur von Polystyrolschaum

Form	Dämmstoff	Verwendungsbeispiele
Dämmplatten und Dämmmatten	**Holzwolle-Platten:** Hergestellt aus Holzwolle, getränkt und überzogen mit Bindemitteln, wie Zement, Magnesit oder Gips. 15 bis 100 mm dick, 0,50 m breit und 2,00 m lang.	Außen- oder innenliegende Dämmschicht an Bauteilen aus Beton. Zwischenschicht für zweischaliges Mauerwerk. Als Putzträger bei leichten Trennwänden und Gebälk (Holzbalkendecken, Dächer). Als Dämmschicht bei schwimmenden Estrichen. Als Dämmschicht bei Kalt- und Warmdächern.
	Mehrschicht-Leichtbauplatten aus Schaumkunststoffen und Holzwolle: Sie bestehen aus Schaumkunststoffen (z.B. Polystyrolschaum) und einseitiger oder beidseitiger Beschichtung aus mineralisch gebundener Holzwolle, 15 bis 75 mm dick, 0,50 m breit und 2,00 m lang.	
	Platten aus Schaumkunststoffen: Meist aus Polystyrolschaum („Styropor") mit ca. 98% Luftgehalt und einer Dichte von ca. 20 kg/m³. Platten und blockförmig im Handel.	Als Dämmschicht bei schwimmenden Estrichen. Zwischenschicht bei zweischaligem Mauerwerk. Zur Herstellung von Verbundplatten. Als Füllkörper für Stahlbetonrippendecken.
	Korkplatten: Aus aufgeblähtem Korkschrot (Rinde der Korkeiche) und Steinkohlenteerpech als Bindemittel.	Als Dämmschicht bei schwimmenden Estrichen und bei Warmdächern.
	Mineralische Faserdämmstoffe: Hergestellt aus Glasfasern, Hochofenschlackenfasern oder Steinfasern. Im Handel als Matten, Filze oder Platten in unterschiedlichen Dicken. Vorzugsmaße der Platten 0,50/1,00 m, Matten und Filze auf Rollen mit 1,00 m Breite. Dichte zwischen 20 und 30 kg/m³.	Belastbare Faserdämmstoffe als Dämmschicht bei schwimmenden Estrichen. Nicht belastbare als Dämmschicht bei Kalt- und Warmdächern. Als Zwischenbauteil in leichten Trennwänden. Dämmschicht in Holzbalkendecken und bei geneigten Dächern (zwischen den Sparren). Ummantelung von Rohrleitungen. Zwischenschicht bei zweischaligem Mauerwerk.
	Matten aus lockeren Faserdämmstoffen sind in der Regel mit einer elastischen Schicht (z.B. Bitumenpapier) versteppt.	
	Pflanzliche Faserdämmstoffe werden aus Kokosfasern oder chemisch und mechanisch aufbereiteten Holzfasern hergestellt.	
lose Dämmstoffe	Naturbims, Hüttenbims, Hüttenschlacke, Steinkohlenschlacke, Kieselgur, Blähton Gals- und Steinwolle.	Zur Herstellung von Leichtbeton und Mauersteinen. Als Füllstoff für Holzbalkendecken.
	Schaumige Kunststoffe, wie z.B. Polystyrolschaum oder Polyurethanschaum.	Zur Herstellung von Styropor-Beton und Styropor-Mauerziegel. Zum Ausschäumen von Fertigteilen (Wandelemente) und Flachdachkonstruktionen aus Holz oder Stahl.

Die meisten Dämmstoffe finden außer für den Wärmeschutz auch für den *Schallschutz* Verwendung.

Wärmedämmstoffe haben eine geringe Wärmeleitfähigkeit. Sie müssen witterungs- und fäulnisbeständig sein und sollen nur wenig Feuchtigkeit aufnehmen.

Zusammenfassung

Die Wärmedämmfähigkeit eines Bauteiles hängt von der Wärmeleitfähigkeit der Baustoffe und von den Dicken der Bauteilschichten ab. Gute Wärmedämmung ist nicht gleichbedeutend mit guter Wärmespeicherung. Dauerbeheizte Räume sollen bei gedrosselter Heizung die Wärme speichern. Im Sommer soll die von der Sonne eingebrachte Wärmeenergie vorerst im Bauteil gespeichert werden und erst später, wenn außen bereits kühle Temperaturen herrschen, an die Raumluft abgegeben werden.

Dämmstoffe dienen zur Herstellung wärmedämmender Bauteile. Sie haben eine geringe Wärmeleitfähigkeit, müssen witterungs- und fäulnisbeständig sein und sollen nur wenig Feuchtigkeit aufnehmen.

Aufgaben:

1. *Welche Bedeutung hat der bauliche Wärmeschutz?*
2. *Wovon hängt der Wärmedurchgangswiderstand eines Bauteils ab?*
3. *Warum kann in einem ausreichend wärmegedämmten Gebäude im Sommer ein so genanntes „Barackenklima“ entstehen?*
4. *Begründen Sie, warum ein durchfeuchtetes wärmegedämmtes Bauteil seine Wärmedämmfähigkeit verliert.*
5. *Ordnen Sie folgende Baustoffe nach ihrer Wärmedämmfähigkeit:*
   Nadelholz, Normalbeton, Holzwolle-Platte, Bimsbeton, Polystyrolschaum („Styropor“).
6. *Welche Forderungen werden an Wärmedämmstoffe gestellt?*

12.3 Brandschutz

Die Landesbauordnungen der einzelnen Bundesländer enthalten die wesentlichen Vorschriften über den Brandschutz baulicher Anlagen. Daneben enthalten auch noch andere Verordnungen und Richtlinien (z. B. Gewerbeordnung, Garagenverordnung, Hochhausrichtlinien) Brandschutzbestimmungen.

Verordnungen und Richtlinien legen fest, welche Anforderungen unter bestimmten Bedingungen an Baustoffe und Bauteile hinsichtlich des Brandschutzes zu stellen sind. Diesen Anforderungen liegen Begriffe zugrunde, die in **DIN 4102** „Brandverhalten von Baustoffen und Bauteilen“ erklärt und festgelegt sind.

Stahlkonstruktion nach Brandfall

12.3.1 Grundbegriffe

Brandvorgang

Der Brandvorgang ist ein chemischer Vorgang (=schnelle Oxidation). Dabei verläuft die Oxidation so schnell, dass die dabei frei werdende Energie Licht- und Wärmestrahlung verursacht. Eine Flamme bildet sich, wenn der brennbare Stoff infolge der hohen Temperatur in gasförmigen Zustand übergeht und dabei die Entzündungstemperatur erreicht wird.

Brandvorgänge kommen nur zustande, wenn drei Voraussetzungen gegeben sind:

- brennbarer Stoff
- Sauerstoff
- Entzündungstemperatur

Ist eine Voraussetzung nicht gegeben, so kann der Brandvorgang nicht stattfinden.

Brandverhalten

Werden nichtbrennbare Baustoffe oder Bauteile hohen Temperaturen, wie sie bei Bränden entstehen, ausgesetzt, so ist ihr Verhalten sehr unterschiedlich. Bauteile aus Stahl verlieren z. B. sehr schnell ihre Tragfähigkeit, Gipsputze reißen und Natursteine zerbrechen.

Konstruktionen aus brennbaren Baustoffen weisen gegebenenfalls ein günstigeres Brandverhalten auf als Konstruktionen aus nichtbrennbaren Baustoffen; z. B. verliert Stahl bereits bei schwacher Rotglut ca. 50 % seiner Tragfähigkeit. Stahlkonstruktionen kommen daher im Brandfall zum plötzlichen Zusammensturz. Holzkonstruktionen, vor allem solche aus großen Querschnitten (z. B. Konstruktionen aus Brettschichtträgern), verlieren im Brandfalle nur langsam ihre Tragfähigkeit. Die Verkohlung an der Holzoberfläche ruft durch ihre Dämmwirkung einen natürlichen Brandschutz hervor.

12.3.2 Baustoffe

DIN 4102 teilt die Baustoffe nach ihrem Brandverhalten in Klassen ein:

Klasse A = nichtbrennbare Baustoffe
Klasse B = brennbare Baustoffe

Nichtbrennbare Baustoffe der Klasse A werden in die Gruppen **A1** und **A2** unterteilt, wobei die Baustoffe der Gruppe A2 geringe Mengen brennbarer Bestandteile enthalten dürfen.

Die brennbaren Baustoffe der Klasse B sind unterteilt in:

B1 = schwer entflammbare Baustoffe
B2 = normal entflammbare Baustoffe
B3 = leicht entflammbare Baustoffe

Zu den nichtbrennbaren Baustoffen der Klasse A1 zählen z.B. Beton, Mörtel und Glas. Für Baustoffe der Klasse A2 muss ein Nachweis (Prüfverfahren nach DIN 4102) erbracht werden.

Zu den brennbaren Baustoffen der Klasse B1 zählen z.B. mit mineralischen Bindemitteln gebundene Holzwolle-Platten, zur Klasse B2 zählen insbesondere Holz und Holzwerkstoffe von mehr als 2 mm Dicke, und zur Klasse B3 zählen z.B. Papier, Stroh sowie Holz und Holzwerkstoffe bis zu 2 mm Dicke.

Die Einteilung der Baustoffe erfolgt nach einem in DIN 4102 beschriebenen Prüfverfahren.

Baustoffe werden nach ihrem Brandverhalten in folgende Klassen eingeteilt:

Klasse A1 und A2 = nichtbrennbare Baustoffe
Klasse B = brennbare Baustoffe
B1 = schwer entflammbare Baustoffe
B2 = normal entflammbare Baustoffe
B3 = leicht entflammbare Baustoffe

Klasse		Beispiele		
A nicht brennbar	**A1**	Betone	Mauerwerk	Stahl
	A2 (geringe Mengen brennbarer Bestandteile)	Mineralfaser-Dämmstoffe	Gipsplatten, Typ DF (Feuerschutzplatten GKF)	
B brennbar	**B1** (schwer entflammbar)	Gipsplatte (Bauplatte)	Spanplatten	Polystyrol PSWU
	B2 (normal entflammbar)	Holz, $d \geq 2$ mm	Dachpappen	PVC-Beläge
	B3 (leicht entflammbar)	Papiere	Holzwolle	Holz u. Holzwerkstoffe $d < 2$ mm

Einteilung der Baustoffe nach ihrem Brandverhalten

Feuerwiderstandsklasse	Feuerwiderstandsdauer in Minuten	Bauaufsichtliche Benennung
F 30	≥ 30	Feuer hemmend
F 60	≥ 60	
F 90	≥ 90	feuerbeständig
F 120	≥ 120	
F 180	≥ 180	hoch feuerbeständig

Feuerwiderstandsklassen und ihre bauaufsichtlichen Benennungen

12.3.3 Bauteile

Nach DIN 4102 werden Bauteile in **Feuerwiderstandsklassen** eingeteilt.

Die Feuerwiderstandsklassen werden durch die Feuerwiderstandsdauer zum Ausdruck gebracht. Die Feuerwiderstandsdauer eines Bauteils ist die Mindestzeit in Minuten, mit der das Bauteil unter dem Einfluss einer genormten Brandbelastung seine Aufgaben im Rahmen eines Gebäudes erfüllen kann; d.h., tragende Bauteile müssen während der Feuerwiderstandsdauer tragfähig bleiben, raumabschließende Bauteile müssen außer-

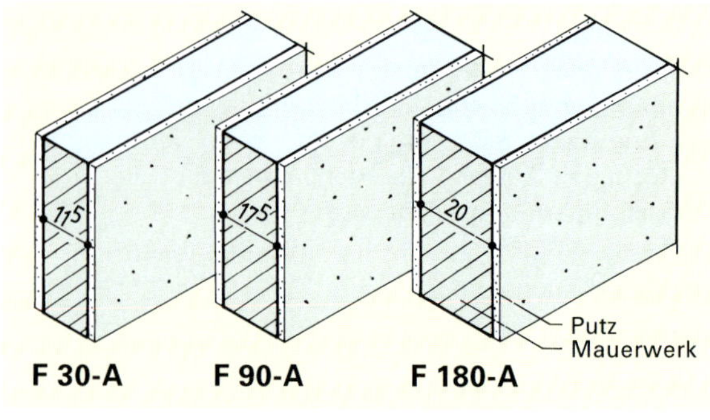

Mindestwanddicken bei tragenden Wänden
(z.B. Porenbeton-Mauerwerk, beidseitig verputzt, bei einer Druckspannung von ≤ 1,0 N/mm²)

dem raumabschließend bleiben, und auf der dem Feuer zugekehrten Seite darf keine Temperaturerhöhung von mehr als 140 K im Mittel bzw. 180 K maximal auftreten.

Bauteile werden entsprechend ihrer Feuerwiderstandsdauer in die Feuerwiderstandsklassen F 30, F 60, F 90, F 120 und F 180 eingestuft und darüber hinaus nach den verwendeten Baustoffen benannt (Baustoffklasse A oder B bzw. A und B).

Bei der Einstufung der Bauteile wird bei den verwendeten Baustoffen zwischen „wesentlichen Teilen" und „übrigen Bestandteilen" unterschieden. Unter „wesentlichen Teilen" werden bei tragenden Bauteilen die tragenden und aussteifenden Teile verstanden, bei nicht tragenden Bauteilen werden hierunter jene Teile verstanden, welche die Standsicherheit des Bauteils hervorrufen (z.B. aussteifende Rahmen bei nicht tragenden Wänden). Bei raumabschließenden Bauteilen wird unter „wesentlichen Teilen" auch eine in der Fläche des Bauteils durchgehende Schicht, die bei der Prüfung (nach DIN 4102) nicht zerstört werden darf, verstanden.

Bauteile werden nach DIN 4102 hinsichtlich ihres Brandverhaltens in die Feuerwiderstandsklassen F 30, F 60, F 90, F 120 und F 180 eingeteilt.

Für Sonderbauteile wie nicht tragende Wände, Türen, Lüftungsleitungen und Verglasungen gelten eigene Feuerwiderstandsklassen.

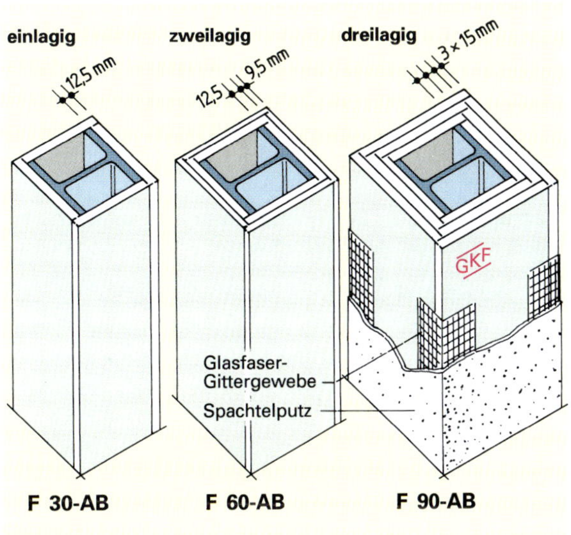

Beispiel für den Brandschutz bei Stahlstützen mit einer Bekleidung aus Gipsplatten, Typ DF (Feuerschutzplatten GKF)

Feuerwiderstandsklasse	Bauteile
W 30–W 180	nichttragende Außenwände, Brüstungen, Stürze
T 30–T 180	Feuerschutzabschlüsse, z.B. Türen, Klappen, Rolläden, Tore
L 30–L 120	Lüftungsleitungen
K 30–K 90	Brandschutzklappen
G 30–G 180	feuerwiderstandsfähige Verglasungen

Feuerwiderstandsklassen für Sonderbauteile

Zusammenfassung

Baustoffe werden nach ihrem Brandverhalten in Klassen eingeteilt.

Klasse A1 und A2 = nichtbrennbare Baustoffe;
Klasse B = brennbare Baustoffe.

Die brennbaren Baustoffe sind unterteilt in
B1 = schwer entflammbare Baustoffe,
B2 = normal entflammbare Baustoffe,
B3 = leicht entflammbare Baustoffe.

Bauteile werden nach ihrem Brandverhalten in Feuerwiderstandsklassen eingeteilt. Die Feuerwiderstandsklassen werden durch die Feuerwiderstandsdauer in Minuten ausgedrückt. Ihre Kurzbezeichnungen sind F 30, F 60, F 90, F 120 und F 180 mit der jeweiligen Angabe der verwendeten Baustoffklasse, z. B. F 30-B, F 90-AB usw.

Aufgaben:

1. *Nennen Sie die Voraussetzungen für einen Brandvorgang.*
2. *Warum müssen für Bauteile aus nichtbrennbaren Baustoffen (z.B. Stahlstützen) Brandschutzmaßnahmen getroffen werden?*
3. *Nennen Sie die Baustoffklassen (nach DIN 4102).*
4. *Erklären Sie die Bedeutung der Baustoffbezeichnung A1.*
5. *Ordnen Sie folgende Baustoffe den Baustoffklassen zu:*
   Stahl, Beton, Holz mit einer Dicke von 1,5 cm, Holzwolle-Platte.
6. *Welche Bedeutung haben die Kurzbezeichnungen F 60-A und F 180-AB?*
7. *Nennen Sie eine Möglichkeit für den Brandschutz bei Stahlstützen.*
8. *Begründen Sie die Aussage „Holzkonstruktionen besitzen meist ein günstigeres Brandverhalten als Stahlkonstruktionen".*

12.4 Feuchtigkeitsschutz

Wohl die häufigsten Schäden im Bauwesen sind auf mangelhaften Feuchtigkeitsschutz zurückzuführen. Nasse Keller, feuchtes Mauerwerk, undichte Dächer und Ausblühungen sind die Folgen nicht fachgerechter Arbeit.

Erfahrungen, neue Ergebnisse aus der Bauforschung und die Entwicklung neuer Baustoffe ermöglichen es, Bauwerke einwandfrei gegen Feuchtigkeit zu schützen. Die wichtigsten Maßnahmen müssen bereits bei der Planung der Gebäude vorgenommen werden; der Baufacharbeiter muss in der Lage sein, diese planerischen Maßnahmen fachgerecht in die Praxis umzusetzen.

DIN 18195 „Bauwerksabdichtungen" unterscheidet zwischen Abdichtungen gegen Bodenfeuchtigkeit, gegen nicht drückendes Wasser und gegen von außen drückendes Wasser.

12.4.1 Abdichtungen gegen Bodenfeuchtigkeit

Abdichtung nicht unterkellerter Gebäude

Nicht unterkellerte Gebäude werden durch waagerechte Abdichtungen in den Außen- und Innenwänden gegen aufsteigende Feuchtigkeit geschützt. In den Außenwänden liegt die Abdichtung etwa **30 cm** über dem Gelände.

Außerdem werden alle vom Boden berührten Außenflächen gegen Feuchtigkeit abgedichtet.

Auch die Fußböden müssen abgedichtet werden, sofern sie nicht einen belüfteten Zwischenraum zum Erdboden besitzen. Werden die an den Erdboden grenzenden Räume nicht zu Wohnzwecken genutzt, kann anstelle der Abdichtung eine kapillarbrechende, grobkörnige Schüttung von mindestens **15 cm** Dicke gegen das Heranführen von Feuchtigkeit schützen.

Abdichtung unterkellerter Gebäude

Gemauerte Kelleraußenwände erhalten mindestens **zwei** waagerechte Abdichtungen. Die untere Abdichtung wird etwa **10 cm** über dem Kellerfußboden, die obere etwa **30 cm** über dem Gelände angeordnet. Bei den Innenwänden kann die obere Abdichtung entfallen. Die Kellerdecke muss mit ihrer Unterfläche mindestens **5 cm** über der oberen waagerechten Abdichtung liegen. Liegt die Kellerdecke tiefer, so wird eine dritte waagerechte Abdichtung erforderlich.

Außerdem werden alle vom Boden berührten Außenflächen gegen eindringende Feuchtigkeit abgedichtet.

Der Fußboden ist wie bei nicht unterkellerten Gebäuden abzudichten oder mit einer kapillarbrechenden Schüttung vor Feuchtigkeit zu schützen. Bei Kellern mit Fundamentplatten wird die Abdichtung zwischen Fundamentplatte und Fußboden eingebaut. Auch hier kann bei geringen Anforderungen an die Nutzung der Kel-

Durchfeuchtete Kellerwand

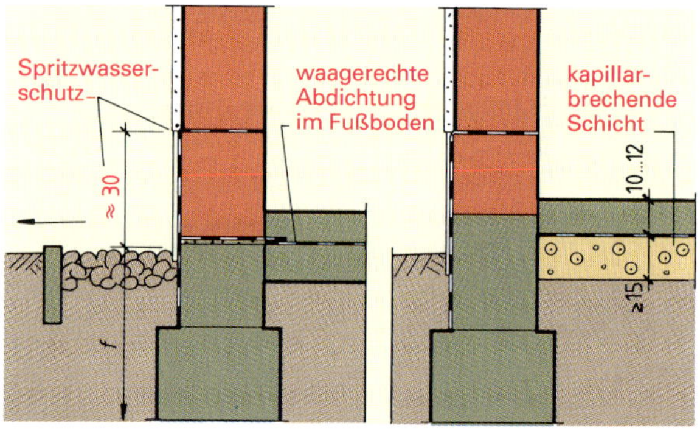

Abdichtung nicht unterkellerter Gebäude (gegen Bodenfeuchtigkeit)

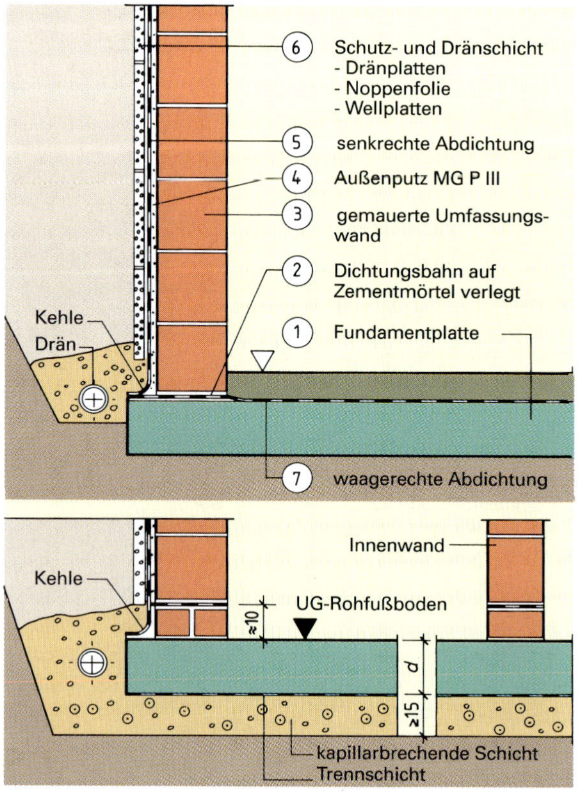

Abdichtung unterkellerter Gebäude (gegen Bodenfeuchtigkeit)

lerräume der Fußboden durch eine kapillarbrechende Schüttung von mindestens **15 cm** Dicke unter der Fundamentplatte gegen Feuchtigkeit geschützt werden.

Bei Kellerwänden aus Beton wird wegen des einheitlichen Gefüges in der Regel auf den Einbau von waagerechten Abdichtungen verzichtet.

Grundsätzlich sollten die Untergeschosswände zusätzlich zu den Abdichtungen eine **Ringdränung** erhalten! (Vergleiche Abschnitt 3.3.3.)

Gebäude werden durch waagerechte Abdichtungen gegen das Aufsteigen von Feuchtigkeit geschützt. Ferner werden alle vom Boden berührten Außenflächen gegen das Eindringen von Feuchtigkeit abgedichtet. An den Boden grenzende Fußböden von bewohnten Räumen müssen abgedichtet werden. Räume mit geringeren Anforderungen an die Nutzung werden durch eine kapillarbrechende Schüttung gegen aufsteigende Feuchtigkeit geschützt.

Ausführung der Abdichtungen gegen Bodenfeuchtigkeit

Für die **waagerechten Abdichtungen in den Wänden** finden Bitumendachbahnen, Dichtungsbahnen, Dachdichtungsbahnen oder Kunststoffdichtungsbahnen Verwendung. Die Abdichtungen müssen aus mindestens einer Lage bestehen. Sie dürfen nicht aufgeklebt werden. Unebenheiten werden mit Mörtel ausgeglichen. An den Stößen müssen die Bahnen mindestens **20 cm** überlappen.

Für die **Abdichtungen von Außenwandflächen** kommen vor allem Deckaufstrichmittel, Spachtelmassen oder Asphaltmastix zur Anwendung. Seltener finden Bitumenbahnen und Kunststoffdichtungsbahnen Verwendung.

Mauerwerksflächen müssen zur Aufnahme der Abdichtungen voll und bündig verfugt sein; Betonflächen müssen eine ebene und geschlossene Oberfläche aufweisen. Falls erforderlich, müssen die Flächen mit Mörtel der Mörtelgruppen II oder III geebnet und abgerieben werden.

Für die **Abdichtung von Fußbodenflächen** finden Bitumenbahnen, Kunststoffdichtungsbahnen oder Asphaltmastix Verwendung. Als Untergrund für die Abdichtung ist eine Betonschicht erforderlich. Kanten und Kehlen werden bei der Abdichtung mit Bahnen vorher ausgerundet.

Die Abdichtungen werden aus Bitumendachbahnen, Dichtungsbahnen, Dachdichtungsbahnen oder Kunststoffdichtungsbahnen hergestellt. Für Außenwandflächen finden vor allem Deckanstriche, Spachtelmassen oder Asphaltmastix Verwendung.

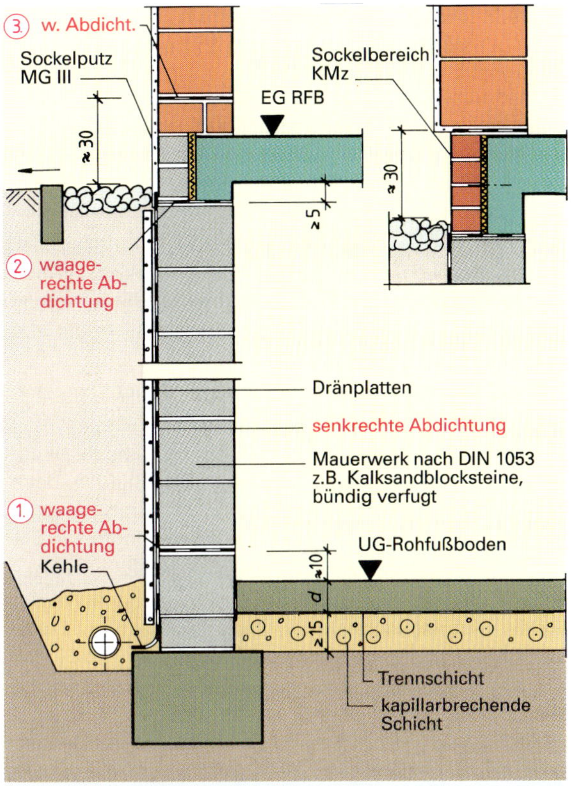

Umfassungswand aus Mauerwerk

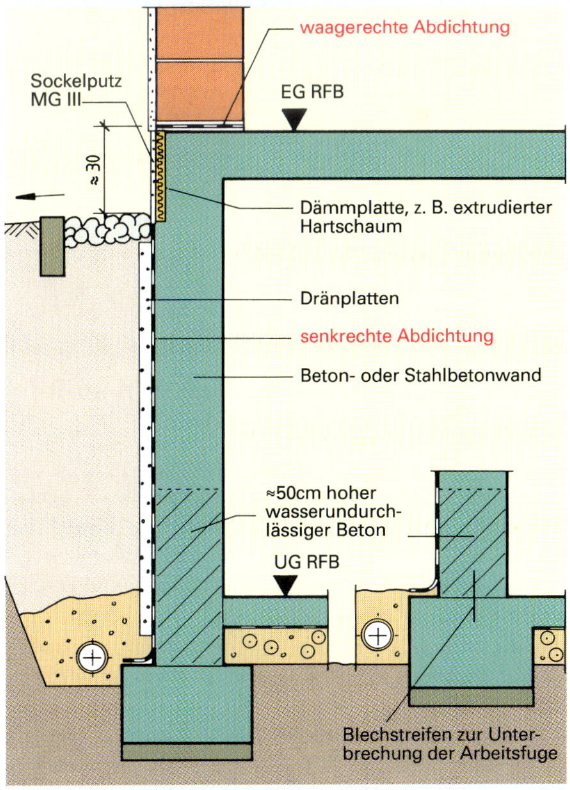

Umfassungswand aus Stahlbeton

Abdichtung unterkellerter Gebäude (gegen Bodenfeuchtigkeit)

12.4.2 Abdichtungen gegen nicht drückendes Wasser

Nicht drückendes Wasser ist Wasser in tropfbar-flüssiger Form, z.B. Niederschlags-, Sicker- oder Brauchwasser, das auf die Abdichtung keinen Druck ausübt. Dies kommt z.B. bei Terrassen über Untergeschossräumen oder über Fußböden von gewerblich genutzten Räumen vor, in denen viel Brauchwasser anfällt.

Hier muss auch durch andere bauliche Maßnahmen (z.B. durch Gefälle) für die dauernd wirksame Ableitung des auf die Abdichtung einwirkenden Wassers gesorgt werden.

Die Abdichtungen erhalten in der Regel Schutzschichten aus Beton, Mauerwerk oder Platten.

In DIN 18195 wird zwischen **mäßig** und **hoch beanspruchten** Abdichtungen unterschieden. Zu den hoch beanspruchten Abdichtungen zählen z.B. alle waagerechten und geneigten Flächen im Freien oder im Boden.

Für die Abdichtungen gegen nicht drückendes Wasser finden Bitumendachbahnen, Dichtungsbahnen, Dachdichtungsbahnen oder Kunststoffdichtungsbahnen Verwendung. Außerdem kann bei mäßiger Beanspruchung die Abdichtung mit Asphaltmastix erfolgen. Bei hoher Beanspruchung kann die Abdichtung außer mit Bahnen auch mit Metallbändern in Verbindung mit Gussasphalt oder in Verbindung mit Bitumenbahnen sowie mit Asphaltmastix in Verbindung mit Gussasphalt hergestellt werden.

Gebäude werden gegen nicht drückendes Wasser wie z.B. Niederschlags-, Sicker- oder Brauchwasser mit Bitumenwerkstoffen, Kunststoffdichtungsbahnen oder Metallbändern abgedichtet.

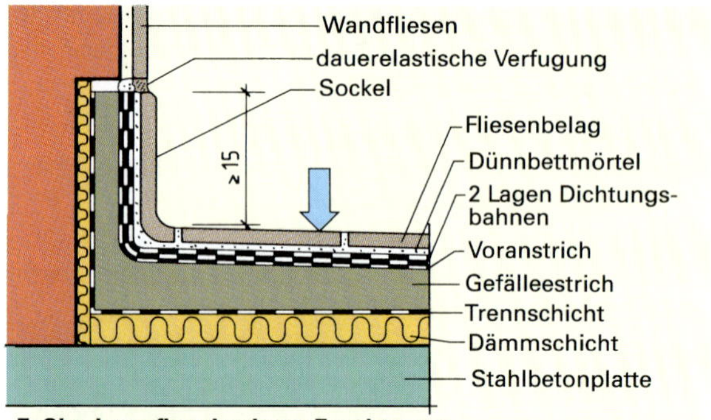

Fußbodenaufbau in einem Feuchtraum

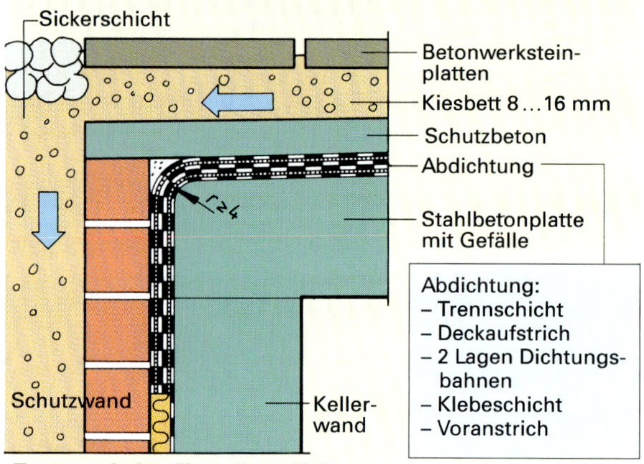

Terrassenbelag über einem Kellerraum

Abdichtungen gegen nicht drückendes Wasser

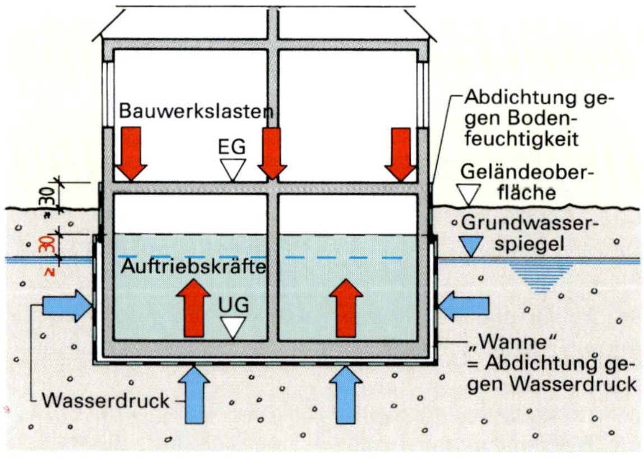

Prinzip der Abdichtung gegen drückendes Wasser

12.4.3 Abdichtungen gegen von außen drückendes Wasser

Erfordern zwingende Umstände ein Untergeschoss unterhalb des Grundwasserspiegels, so ist eine wasserdruckhaltende Abdichtung vorzusehen. In diesem Falle schützt die Dichtung nicht nur vor der Bodenfeuchtigkeit, sondern sie muss dem Druck des Grund- und Stauwassers standhalten.

Die Abdichtung (in der Regel auf der dem Wasser zugekehrten Bauwerksseite) muss eine geschlossene Wanne bilden.

Bei **nichtbindigen Böden** ist die Abdichtung **mindestens 30 cm** über den höchsten Grundwasserstand zu führen. Darüber hinaus ist das Gebäude durch eine Abdichtung gegen nicht drückendes Wasser oder gegen Bodenfeuchtigkeit bis ca. 30 cm über das Gelände zu schützen.

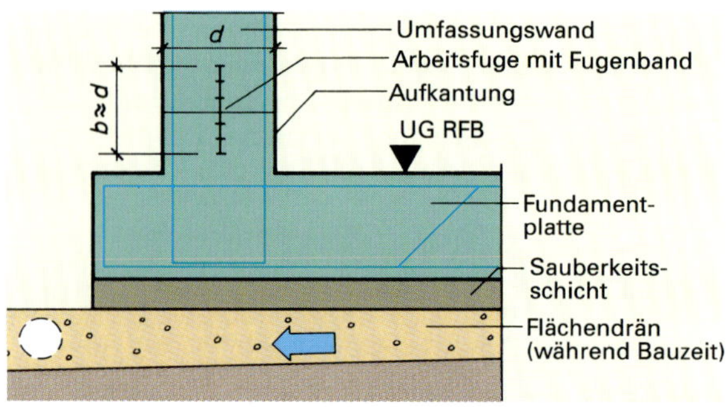

Wanne aus wasserundurchlässigem Beton

Bei **bindigen Böden** muss die Abdichtung gegen drückendes Wasser **mindestens 30 cm** über die Geländeoberfläche geführt werden.

Die Bauwerksflächen, auf welche die Abdichtungen aufgebracht werden, müssen fest, eben, frei von Nestern, klaffenden Rissen und Graten sein. Kehlen und Kanten werden mit einem Radius von 4 cm ausgerundet.

Die Abdichtungen erhalten **Schutzschichten**, in der Regel aus Mauerwerk oder Beton.

Für die Abdichtungen finden Bitumenbahnen, Metallbänder und Kunststoffdichtungsbahnen Verwendung. Die Ausführung der Abdichtung ist von der Tiefe (Eintauchtiefe in das Grundwasser) abhängig. DIN 18195 unterscheidet dabei zwischen drei Eintauchtiefen: bis 4 m, über 4 m bis 9 m und über 9 m.

Da mit zunehmender Eintauchtiefe der Wasserdruck zunimmt, ist auch die Abdichtung höher belastbar auszubilden.

> Abdichtungen gegen drückendes Wasser bilden eine geschlossene Wanne. Die Abdichtung muss von einer Schutzschicht aus Mauerwerk oder Beton umgeben sein.

Abdichtungen gegen drückendes Wasser können auch in der Form einer „Wanne" aus wasserdichtem Beton hergestellt werden. Solche Abdichtungen werden dann als **„Weiße Wanne"** bezeichnet, im Gegensatz zu den oben beschriebenen bituminösen Abdichtungen, die auch als **„Schwarze Wanne"** bezeichnet werden.

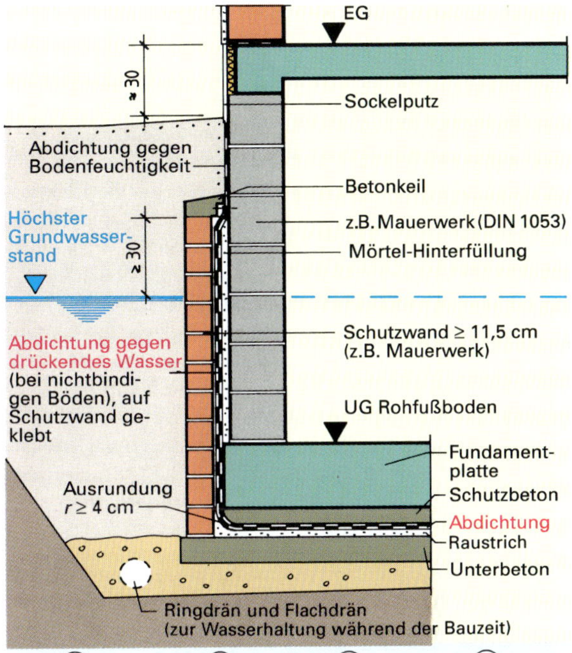

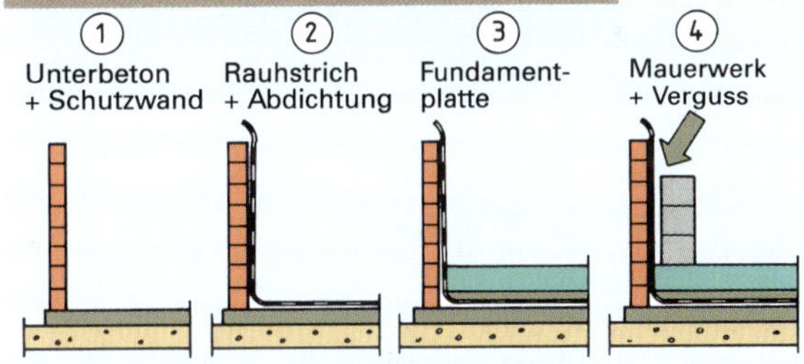

Arbeitsschritte beim Herstellen der „Wanne"

Abdichtung gegen drückendes Wasser

> **Zusammenfassung**
>
> Viele Bauschäden sind auf mangelhaften Feuchtigkeitsschutz zurückzuführen. DIN 18195 „Bauwerksabdichtungen" unterscheidet zwischen Abdichtungen gegen Bodenfeuchtigkeit, gegen nicht drückendes Wasser und gegen drückendes Wasser.
>
> Der Schutz gegen Bodenfeuchtigkeit erfolgt durch waagerechte Abdichtungen in den Wänden und Fußböden, ferner durch senkrechte Abdichtungen in allen vom Boden berührten Außenflächen.
>
> Nicht drückendes Wasser wirkt in Form von Niederschlags-, Sicker- oder Brauchwasser auf die Gebäude ein.
>
> Die Abdichtung gegen drückendes Wasser (z.B. Grundwasser) muss eine geschlossene Wanne bilden.
>
> Für die Abdichtungen werden Bitumenbahnen, Kunststoffdichtungsbahnen, Metallbänder, Deckaufstrichmittel, Asphaltmastix und Spachtelmassen verwendet.

Aufgaben:

1. *Nennen Sie Möglichkeiten, nicht unterkellerte Gebäude gegen Bodenfeuchtigkeit zu schützen.*
2. *Welche Möglichkeiten kennen Sie, Betonaußenwände von Untergeschossen gegen Bodenfeuchtigkeit zu schützen?*
3. *Aus welchem Grunde muss in Außenwänden etwa 30 cm über dem Gelände eine waagerechte Abdichtung eingebaut werden?*
4. *Worin unterscheidet sich Bodenfeuchtigkeit von nicht drückendem Wasser?*
5. *Beschreiben Sie den Aufbau einer Abdichtung gegen nicht drückendes Wasser am Beispiel des Bodens eines Feuchtraumes im Innern.*
6. *Beschreiben Sie den Aufbau einer Abdichtung gegen von außen drückendes Wasser.*
7. *Welche Stoffe finden für Abdichtungen gegen Bodenfeuchtigkeit, für Abdichtungen gegen nicht drückendes Wasser und für Abdichtungen gegen drückendes Wasser Verwendung?*

13 Putzarbeiten

13.1 Putz

13.1.1 Aufgaben und Anforderungen

Putz ist der erhärtete Belag aus Putzmörtel, der an Wänden und Decken oder anderen Bauteilen aufgetragen wird und der einen festen Verbund zum Putzgrund haben muss. Putz bildet die ebene Unterfläche für die Malerarbeiten, er kann als Innenputz die Raumfeuchtigkeit regulieren und als Außenputz die Wände vor Witterungseinflüssen schützen. Durch besondere Oberflächenbearbeitung kann Putz auch als Gestaltungsmittel genutzt werden.

Die Güte und die Dauerhaftigkeit des Putzes sind abhängig von der Zusammensetzung des Putzmörtels, vom Putzuntergrund und von der fachgerechten Verarbeitung. Die Witterungsbeständigkeit ist eine weitere Anforderung an Außenputze. Zusätzliche Anforderungen erfüllen Putze mit besonderen Eigenschaften, z.B. Putz mit erhöhter Festigkeit, Putz mit erhöhter Wärmedämmung und Wasser abweisender Putz.

Putze sind wichtige Gestaltungsmittel für Innenraum- und Außenwandflächen von Gebäuden und erfüllen zudem bauphysikalische Aufgaben wie z.B. als Wärmedämmputz oder als Putz mit besonderen Anforderungen an Schall- und Brandschutz.

Außenputz: Witterungsschutz und Gestaltungsmittel

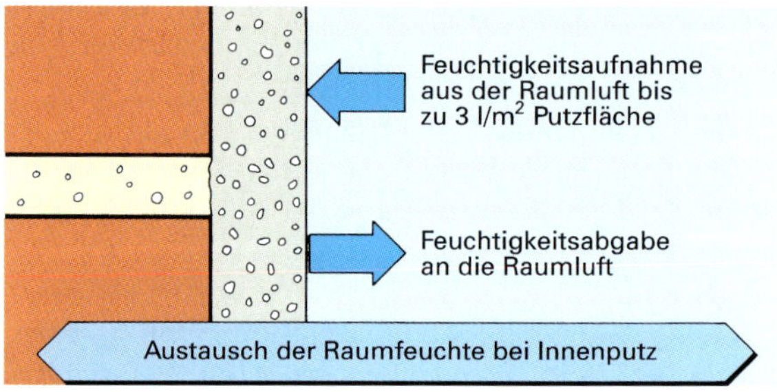

Putz ist „atmungsaktiv"

13.1.2 Putzmörtel und Beschichtungsstoffe

Putzmörtel bestehen hauptsächlich aus Bindemitteln, Gesteinskörnungen und Wasser. Die Gesteinskörnung kann bei Gipsmörteln entfallen. Mithilfe von Zusatzmitteln und Zusatzstoffen werden darüber hinaus bestimmte Eigenschaften erreicht oder verbessert.

Die Putzmörtel werden den Putzmörtelgruppen P I bis P IV zugeordnet. Die Putzmörtel einer bestimmten Putzmörtelgruppe werden aus den dort aufgeführten Bindemitteln hergestellt. Die Putzmörtel einer Putzmörtelgruppe weisen ähnliche Eigenschaften (z.B. Festigkeiten) auf. Zusätzlich werden Festmörtel im Hinblick auf Druckfestigkeit, kapillare Wasseraufnahme und Wärmeleitfähigkeit klassifiziert.

Die erhärteten **Kunstharzputze** sind aus organischen Beschichtungsstoffen (Kunstharze) hergestellt. Sie enthalten wie die mineralischen Putzmörtel Gesteinskörnungen, Zusatzmittel und -stoffe. Sie werden im Werk gefertigt und als pastöse Massen in Gebinden (Eimern) geliefert. Die Beschichtungsstoffe sind in folgenden Typen eingeteilt:

- P Org 1 für Anwendung als Außen- und Innenputz,
- P Org 2 für Anwendung als Innenputz.

Kunstharzputze werden hauptsächlich als Oberputz auf mineralischen Unterputzen sowie als Deckputz in Wärmedämmputzsystemen verwendet.

Die mineralischen Putzmörtel werden in die Putzmörtelgruppen P I bis P IV eingeteilt. Die erhärteten Beschichtungsstoffe mit organischen Bindemitteln werden als Kunstharzputze bezeichnet und in die Beschichtungsstoff-Typen P Org 1 und P Org 2 eingeteilt.

Putzmörtel-gruppe	Mörtelart	Anwendung
P I	Luftkalkmörtel, Wasserkalkmörtel, Mörtel mit hydraulischem Kalk	vorwiegend Innenputze
P II	Kalkzementmörtel, Mörtel mit hochhydraulischem Kalk oder mit Putz- und Mauerbinder	Außenputze, Innenputze mit erhöhter Abriebfestigkeit
P III	Zementmörtel mit oder ohne Zusatz von Kalkhydrat	UG-Außenputze, Sockelaußenputze
P IV	Gipsmörtel und gipshaltige Mörtel	Innenputze

Putzmörtelgruppen nach DIN V 18550

Eigenschaften	Kategorien	Werte
Druckfestigkeit nach 28 Tagen	CS I	0,4 bis 2,5 N/mm^2
	CS II	0,4 bis 5,0 N/mm^2
	CS III	3,5 bis 7,5 N/mm^2
	CS IV	$\geq 6\ N/mm^2$
Kapillare Wasseraufnahme	W 0	Nicht festgelegt
	W 1	$c \leq 0{,}40\ kg/m^2 \times min^{0,5}$
	W 2	$c \leq 0{,}20\ kg/m^2 \times min^{0,5}$
Wärmeleitfähigkeit	T 1	$\leq 0{,}1\ W/m \times K$
	T 2	$\leq 0{,}2\ W/m \times K$

Klassifizierung der Eigenschaften von Festmörtel nach EN 998

13.1.3 Putzgrund

Putzgrund ist der Bauteil, der geputzt wird. Er muss so beschaffen sein, dass der Putz an ihm fest und dauerhaft haften kann.

Die Putzhaftung ergibt sich im Wesentlichen aus der **mechanischen Verklammerung des Putzes** mit dem Putzgrund (je rauer, desto besser) und **dem Eindringen der Bindemittellösung** in die Poren und Kapillaren des Untergrundes, wo es nach dem Verdunsten des Wassers zu einer **Verzahnung** des Putzes mit der oberen Schicht des Putzgrundes kommt. Daraus folgt, dass guter Putzgrund rau, porig und saugend sein soll.

Zur Vorbereitung des Putzgrundes gehören alle Maßnahmen, die einen festen und dauerhaften Verbund zwischen Putz und Putzgrund fördern. Dazu gehören z. B. das **Abgleichen von unebenem Mauerwerk** durch einen Mörtelvoranwurf, das **Entfernen von Staub**, **Schmutz**, **Schalölrückständen**, **Ausblühungen**, das **Nässen** des Putzgrundes und die **Verbesserung** der Putzhaftung durch **Spritzbewurf**.

Reinigen des Putzgrundes mit Stahlbesen, Bürste oder Wasserstrahl (Baustaub, lose Teile, Kalkausscheidungen) oder durch Dampfstrahlen oder mit Lösungsmittel zum Entfernen von Schalölrückständen (mit klarem Wasser nachwaschen).

Das **Nässen** ist bei saugendem Putzgrund und bei warmer Witterung anzuwenden, damit dem Frischmörtel das Wasser nicht zu rasch entzogen wird. Durch den starken Wasserentzug entsteht am Putzgrund eine trockene Mörtelschicht, die nur geringe Festigkeit erreicht.

Spritzbewurf ist aufzubringen, wenn Rauigkeit und Saugfähigkeit des Putzgrundes nicht genügen, um eine gute Putzhaftung zu erreichen. Spritzbewurf gilt nur als Vorbehandlung des Putzgrundes. Der Spritzbewurf wird angeworfen oder aufgespritzt und auf dem Putzgrund entweder voll deckend oder nicht voll deckend (warzenförmig) aufgebracht. Der **nicht voll deckende** Spritzbewurf dient zur Verbesserung bei gering saugendem Putzgrund, wie z. B. Beton oder Vormauerziegel. Der **voll deckende** Spritzbewurf dient besonders als Feuchtigkeitsdurchgangsbremse und als Feuchtigkeitsausgleichsschicht. Er ist unbedingt notwendig bei Mischmauerwerk, Leichtbauplatten und Porenbeton. Der Spritzbewurf erfordert einen grobkörnigen Zuschlag, damit eine raue Oberfläche entsteht (Korngruppe 0/4 mm ca. 50 %). Die Wahl der Mörtelgruppe richtet sich nach der Art des Putzgrundes und dem Putzaufbau. Ist Beton mit einem Spritzbewurf zu versehen, muss Mörtel der Gruppe III gewählt werden.

Sorgfältige Vorbereitung des Putzgrundes ist Voraussetzung für die feste und dauerhafte Putzhaftung.

Mischmauerwerk als Putzgrund

Putzgrund	Vorbereitende Maßnahmen
Mauerwerk aller Art	Beseitigung von Staub, losen Teilen, Ausblühungen, großen Unebenheiten
Ziegel, Kalksandsteine	evtl. vornässen (stark saugende Flächen, warme Witterung)
Bimsmauerwerk	vornässen
Mischmauerwerk	Spritzbewurf oder Vorbehandlung mit Grundiermittel bei stark saugendem Putzgrund
Holzwolle-Platten	Spritzbewurf Fugenbewehrung (Glasfaser- oder Drahtgewebe, Überlappung der Stöße ca. 100 mm). Die Platten dürfen nicht vorgenässt werden, sonst Gefahr der Rissbildung (Quellen, Schwinden)
Beton normal saugend glatt	Fläche entgraten und säubern Benetzungsprobe mit feinem Wasserstrahl abdüsen
wenig saugend glatt	zusätzlich: Putzhaftbrücken auf der Basis organischer Bindemittel Spritzbewurf oder dampfstrahlen säubern Spritzbewurf oder Flächen mechanisch aufrauen
Porenbeton	gründlich vornässen Grundiermittel aufbringen oder Spritzbewurf

Putzgründe und vorbereitende Maßnahmen

13.1.4 Putzträger und Putzbewehrung

Putzträger

Putzträger sind flächig ausgebildete Gitter, Gewebe oder Platten, die dazu dienen, den Putzgrund dort zu verbessern, wo er allein nicht ausreichend tragfähig oder als Putzgrund ungeeignet ist. So sind z.B. Bauteile aus Holz oder Stahl ungeeignete Putzgründe und müssen daher mit Putzträgern versehen werden. An den Übergängen verschiedener Baustoffe, z.B. bei Mischwänden aus Mauerwerk, Beton und Holz, verhindern Putzträger Rissbildungen im Putz. In schweren Fällen können Putzrisse zur Durchfeuchtung der Wand und zu Abplatzungen des Putzes führen.

Putzträger müssen so beschaffen sein, dass der Putz gut und dauerhaft an ihnen haftet. Wichtig ist auch, dass sie fest und dauerhaft an der Unterkonstruktion befestigt sind. Wo ein Putzträger zur Überbrückung von Bauteilen verwendet wird, muss er allseitig genügend weit (mindestens 10 cm) auf den tragfähigen Putzgrund übergreifen und dort sicher befestigt sein.

Als Putzträger werden z.B. **Drahtgitter** und **Drahtgeflechte**, **Streckmetall**, **Drahtziegelgewebe**, **Rohrmatten** und **Holzwolle-Platten** verwendet. Die metallischen Putzträger werden in der Regel korrosionsgeschützt (z.B. verzinkt) ausgeführt.

Putzträger dienen zur Verbesserung des Putzgrundes. Sie sollen den Putz tragen und die Putzhaftung sicherstellen.

Putzbewehrung

Unter Putzbewehrung versteht man das Einbetten von zugfesten Materialien in eine Verputzlage. Putzbewehrungen sollen die Zugfestigkeit der Putze in der zugbelasteten Zone erhöhen. Dazu werden meist zugfeste Gewebe im oberen Drittel des Putzmörtels eingelegt oder eingearbeitet, um auftretende Zugspannung aufnehmen zu können. Die Wirkungsweise ist ähnlich wie bei Stahleinlagen beim Stahlbeton. Man bezeichnet dieses Verfahren daher als Putzbewehrung.

Putzbewehrungen werden z.B. dort eingesetzt, wo im Putzgrund verschiedenartige Baustoffe aneinander stoßen und durch ihr unterschiedliches Verhalten hinsichtlich Quellen, Schwinden und Wärmeausdehnung Risse in der Putzfläche verursachen können, z.B. bei Mischmauerwerk. Putzbewehrung wird aus gleichem Grunde auch eingesetzt, wenn Wandschlitze zu überputzen sind oder Bauteile stumpf aneinander stoßen, z.B. bei aneinander montierten leichten Trennwänden.

Für **Putzbewehrung** werden gitterartige Geflechte aus korrosionsgeschütztem Draht (Drahtgewebe) oder aus imprägnierten Glasfasern (Glasfasergewebe) verwendet. Die Maschenweite der Putzbewehrung muss so groß sein, dass der Putzmörtel gut durch die Bewehrung dringen kann und die Putzbewehrung nicht zu einer Trennschicht wird.

Zweck der Putzbewehrung ist es, die Putzfläche geschlossen und rissefrei zu erhalten.

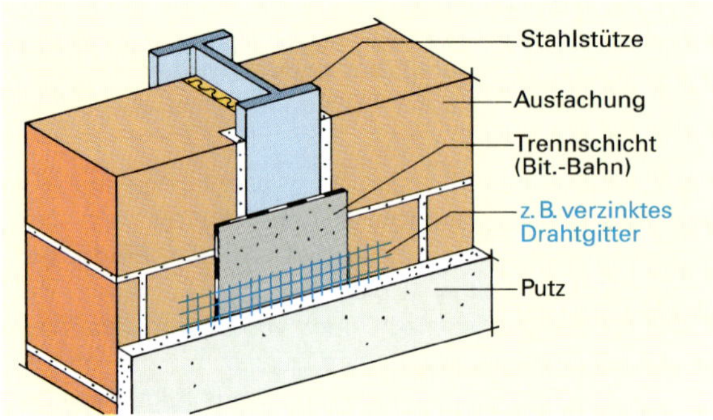

Putzträger über Stahlstütze (Putzüberbrückung)

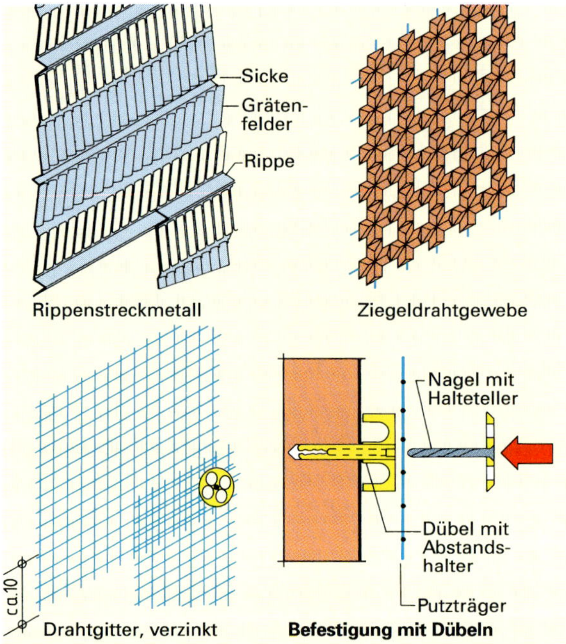

Putzträger

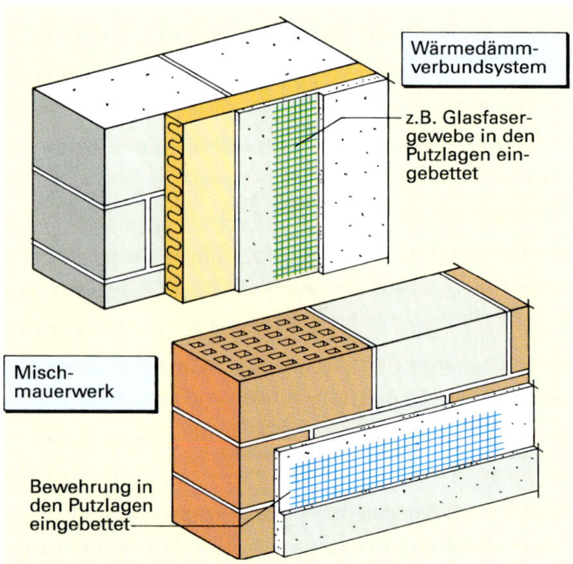

Anwendungsbeispiele für Putzbewehrung

13.1.5 Putzanwendungen

Putzaufbau und Putzsysteme

Putze bestehen aus einer oder mehreren Lagen, die von Hand oder maschinell aufgetragen werden. Spritzbewurf und Haftbrücken, die zur Vorbereitung des Putzgrundes dienen, gelten nicht als Putzlage. Der traditionelle Putzaufbau ist mehrlagig, er besteht aus dem Spritzbewurf als Haftgrund, dem Unterputz als Hauptschicht und dem Oberputz als Dekorschicht (z.B. als Kratzputz).

Der Aufbau des Putzes soll einem Putzsystem entsprechen. Als **Putzsystem** werden die Lagen eines Putzes in ihrer Gesamtheit bezeichnet, die zusammen mit dem Putzgrund die Anforderungen an einen Putz erfüllen. In DIN V 18550 sind bewährte Putzsysteme für Innen- und Außenputze angegeben. Die Putzsysteme sind so aufgebaut, dass die Festigkeit der Schichten vom Putzgrund zur Deckschicht hin abnimmt. Dadurch werden Spannungen zwischen Unterputz und Oberputz vermieden, die Rissbildungen und Absprengung des Oberputzes zur Folge haben können.

> Traditionell werden Putze mehrlagig hergestellt. Die Festigkeit der Putzlagen soll von innen nach außen abnehmen.

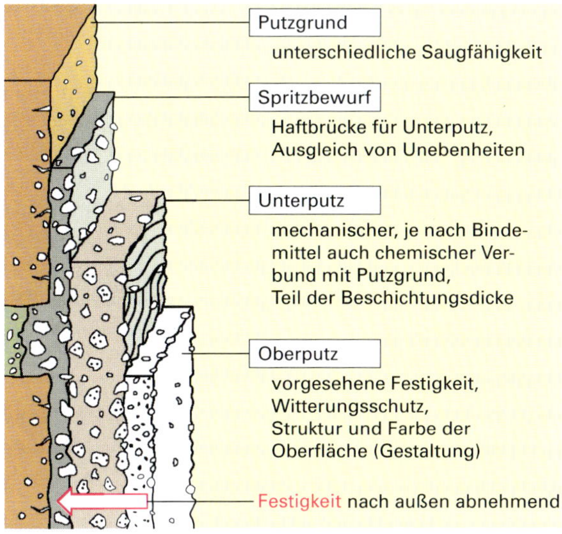

Herkömmlicher Putzaufbau und Funktionen der Putzlagen

Innenwandputz

Innenwandputze dienen vorrangig dazu, den Wänden eine glatte Oberfläche zu geben, die für die Malerarbeiten notwendig ist. Die Anforderungen an den Innenwandputz in normalen Räumen (Wohn- und Aufenthaltsräume) bestehen nur darin, dass die Oberfläche einen tragfähigen Untergrund für Anstriche und Tapeten bietet. In Feuchträumen ergeben sich zusätzliche Anforderungen. Hier muss der Putz den Einwirkungen von Feuchtigkeit standhalten (Bäder, Duschen).

Die Putzdicke bei Innenwandputzen beträgt in der Regel 15 mm. Bei einlagigen Putzen sowie bei Fertigputz darf sie 10 mm nicht unterschreiten. Wird im Oberputz Gips verwendet, ist in der Regel auch im Unterputz Gips zu verwenden.

An Innendeckenputze werden weitgehend dieselben Anforderungen wie an Innenwandputze gestellt.

> Der Innenputz soll feuchteregulierend wirken und als Träger für Tapeten, Anstriche und Beläge dienen. Er soll im Mittel 1...1,5 cm dick sein.

	Anforderung bzw. Putzanwendung	Mörtelgruppe bzw. Beschichtungsstoff-Typ für Unterputz	Druckfestigkeitskategorie des Unterputzes	Mörtelgruppe bzw. Beschichtungsstoff-Typ für Oberputz	Druckfestigkeitskategorie des Oberputzes
1		–	–	P I	CS I
2		P I	CS II	P I	CS I
3		–	–	P II	CS II
4a		P II	CS II	P I	CS I
4b		P II	CS II	P II	CS II
4c		P II	CS II	P IV	
5	übliche Beanspruchung	–	–	P III	CS IV
6a		P III	CS III	P I	CS I
6b		P III	CS III	P II	CS II
6c		P III	CS IV	P II	CS III
7		–	–	P IV	≥ 2,0N/mm²
8a		P IV	≥ 2,0N/mm²	P I	CS I
8b		P IV	≥ 2,0N/mm²	P II	CS II
9a		–	–	P Org 1	–
9b		–	–	P Org 2	–
10		–	–	P II	CS II
11		P II	CS II	P I	CS I
12a	Feuchträume	P II	CS II	P II	CS II
13a		–	–	P III	CS III
14a		P III	CS III	P II	CS II
15		–	–	P Org 1	–

Putzsysteme für Innenputze nach DIN V 18550, Beispiele

Außenwandputz

Außenputz ist in der Regel der freien Witterung ausgesetzt und muss daher selbst witterungsbeständig sein. Außenputz soll die Wände vor Durchfeuchtung durch Regen schützen und damit die Wärmedämmfähigkeit der Wände erhalten. Der Putz muss aber auch wasserdampfdurchlässig sein, damit er die von der Wand aufgenommene Raumfeuchte nach außen abgeben kann. Dort, wo der Außenputz dem Schlagregen ungeschützt ausgesetzt ist, muss er Wasser hemmende oder Wasser abweisende Eigenschaften besitzen.

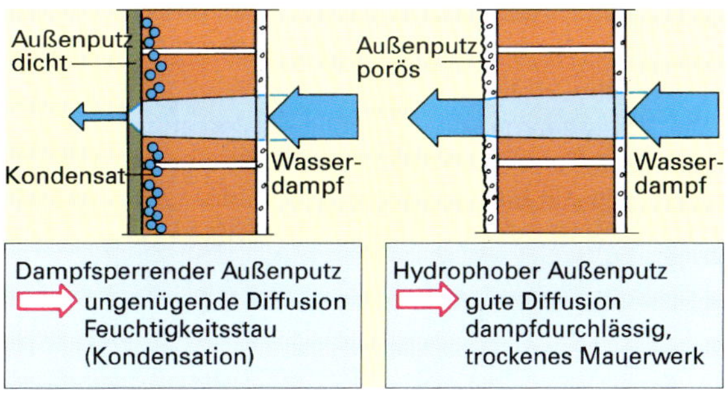

Wasserdampf-Durchlässigkeit des Außenputzes
(hydrophob = Wasser abweisend)

Außenwandputze werden meist zweilagig hergestellt. Der herkömmliche Aufbau besteht aus Spritzbewurf, Unterputz und Oberputz.

Der Unterputz liegt mit seiner Festigkeit, je nach Putzanwendung, im Bereich der Mörtelgruppen P II bis P III. Mit dem Unterputzmörtel wird ein ganzflächiger Ausgleich unebener Putzgründe geschaffen, so dass teilweise eine ungleichmäßige Schichtdicke entsteht. Die Auftragdicke für Unterputz beträgt etwa 20 mm.

Der Oberputz bestimmt die Oberflächenwirkung. Für diesen Putz wird vorwiegend Fertigputz verwendet. Dabei kommen unterschiedliche Putzmörtelgruppen zur Anwendung. Die Auftragdicke beträgt in der Regel beim Oberputz 2 bis 5 mm.

In den Bereich der Putze gehören auch die **Edelputze**. Als solche werden Putze bezeichnet, welche mit kalk- und zementechten Farben oder Gesteinsmehl durchfärbt sind und als Oberputze eingesetzt werden. Ein Edelputz ist z. B. Kratzputz, dem glitzernde Minerale bzw. Sande (z. B. Kalkspat) zugesetzt sind.

Außenputze müssen witterungsbeständig sein und einen ausreichenden Feuchtigkeitsaustausch zwischen dem Bauteil und der umgebenden Luft gewährleisten.

	Anforderung bzw. Putzanwendung	Mörtelgruppe für Unterputz	Druckfestigkeitskategorie des Unterputzes	Mörtelgruppe bzw. Beschichtungsstoff-Typ für Oberputz	Druckfestigkeitskategorie des Oberputzes
1	ohne besondere Anforderung	–	–	P I	CS I
2		P I	CS I	P I	CS I
3 a		–	–	P II	CS II
4 a		P II	CS II	P I	CS I
5 a		P II	CS II	P II	CS II
6		P II	CS II	P Org 1	–
7		–	–	P Org 1	–
8		–	–	P III	CS IV
9	wasserhemmend	P I	CS I	P I	CS I
10		–	–	P I	CS I
11 a		–	–	P II	CS II
12 a		P II	CS II	P I	CS I
12 b		P II	CS III	P I	CS I
13 a		P II	CS II	P II	CS II
13 b		P II	CS III	P II	CS II
14		P II	CS III	P Org 1	–
15		–	–	P Org 1	–
16		–	–	P III	CS IV
17	wasserabweisend	P I	CS I	P I	CS I
18 a		P II	CS II	P I	CS I
18 b		P II	CS III	P I	CS I
19		–	–	P I	CS I
20 a		–	–	P II	CS II
21 a		P II	CS II	P II	CS II
22		P II	CS III	P Org 1	–
23		–	–	P Org 1	–
24		–	–	P III	CS IV
25	Kellerwandaußenputz	–	–	P III	CS IV
26	Außensockelputz	–	–	P III	CS IV
27		P III	CS IV	P III	CS IV
30		P III	CS IV	P II	CS III
31		P II	CS III	P II	CS II

Putzsysteme für Außenputze nach DIN V18550, Beispiele

Putze für besondere Anwendungsgebiete, Beispiele

Wärmedämmputz

Wärmedämmputze werden als Unterputz für Außenputz verwendet, wenn die Wärmedämmung des Außenmauerwerks verbessert werden soll. Wärmedämmputz besteht aus einem wärmedämmenden, Wasser hemmenden Unterputz mit einer Dicke von 30 bis 80 mm und einem darauf abgestimmten, Wasser abweisenden Oberputz mit einer Dicke von 3 bis 8 mm, z. B. als Kratzputz.

Der Unterputz enthält Zuschlag mit porigem Gefüge, z. B. Blähton oder Polystyrol-Hartschaumkügelchen. Dadurch wird die Wärmeleitfähigkeit des Putzes erheblich verringert. Beim Wärmedämmputz darf die Wärmeleitfähigkeit $\lambda = 0{,}20$ W/mK nicht überschreiten.

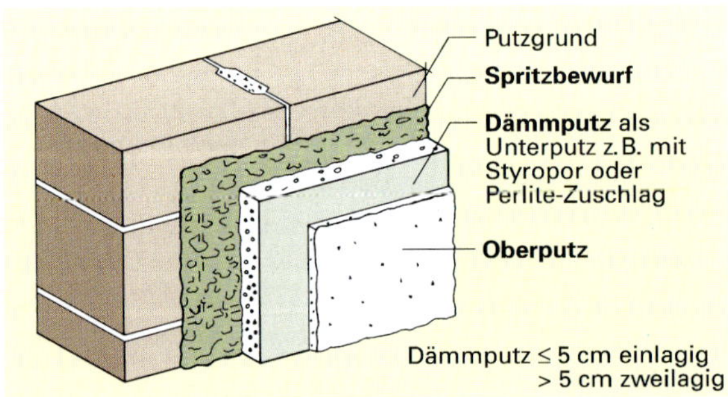

Wärmedämmputz

Wärmedämmverbundsysteme

Wärmedämmverbundsysteme bestehen aus drei Schichten: Kleberschicht, Wärmedämmschicht und Putz. Der Putz setzt sich aus der Armierungsschicht (Dicke ca. 2 mm) und der Deckschicht zusammen.

Die Wärmedämmschicht erfüllt in den meisten Fällen den gesamten Wärmeschutz der Außenwand; die Putzschicht leistet den erforderlichen Witterungsschutz.

Mit dem Wärmedämmverbundsystem werden die Aufgaben einer Außenwand, wie z. B. Wärmespeicherfähigkeit, Schallschutz, Wärmedämmung und Witterungsschutz, auf den Untergrund und die einzelnen Schichten des Verbundsystems verteilt.

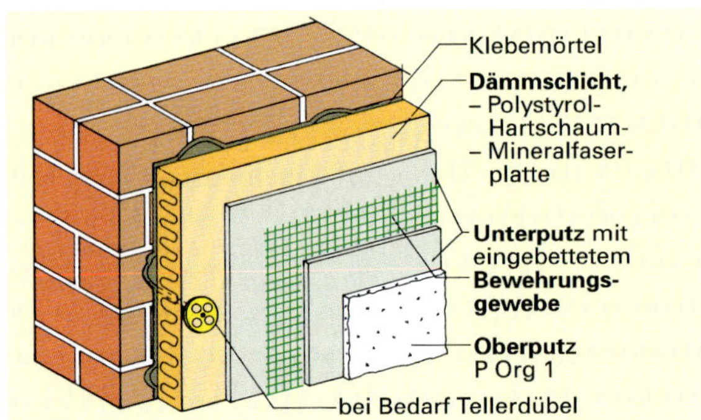

Wärmedämmverbundsystem

13.1.6 Maschinelles Putzen

Putzarbeiten werden heute in der Regel maschinell ausgeführt. Der Mörtelauftrag mit Putzmaschinen ersetzt den körperlich sehr anstrengenden Mörtelauftrag von Hand und ermöglicht zugleich, dass Arbeitszeit gespart wird und höhere Putzleistungen bei geringerem Arbeitskraftaufwand erzielt werden. Dadurch wird auch die Gesundheit der Facharbeiter geschont und erhalten.

Maschinelles Putzen bewirkt auch Umweltschutz. Wo Säcke und Eimer durch Container oder Silos ersetzt werden, entsteht weniger Abfall, wo effektiv und sauber gearbeitet wird, werden Baustoffe und Energie gespart.

Putzmaschinen

Das rationelle Putzverfahren erfordert den Einsatz von **Behältern für den Werktrockenmörtel** (Silos oder Container), einer **Förderanlage** für den Transport des Trockenmörtels sowie einer **Putzmaschine** mit **Spritzgerät**.

Die Silos oder Container werden mit Werktrockenmörtel gefüllt auf die Baustelle geliefert. Mit einer Druckförderanlage (Druckluft), die am Silo oder Container angeschlossen ist, wird das lose Material aus dem Behälter durch Schläuche bis zur Putzmaschine gefördert, dort unter Zugabe von Wasser in der Mischzone der Maschine zu Frischmörtel verarbeitet und mit dem Schnecken- oder Kolbenpumpsystem der Putzmaschine durch Schläuche zum Spritzgerät gepumpt. Die Putzmaschine gewährleistet eine gleichmäßige Mischung des Putzmörtels sowie den gleichmäßigen Putzauftrag auf den Putzgrund. Putzmaschinen, auch Mischpumpen genannt, werden meist mit Elektromotoren angetrieben. Der Werktrockenmörtel kann auch direkt als Sackware der Putzmaschine zugeführt werden.

Maschinenputz

Maschinelles Putzen erfordert Mörtel, die sich in Putzmaschinen verarbeiten, in Schläuchen transportieren und auf die Wand spritzen lassen. Für Maschinenputz werden besonders Werktrockenmörtel verwendet. Sie enthalten besondere Zusätze, welche das Versteifungsverhalten für längere Zeit steuern und die Mörtelhaftung begünstigen.

Werkmörtel sind werkmäßig zusammengesetzte und gemischte Mörtel, die nach der weiteren Verarbeitung die Anforderungen der jeweiligen Anwendungsbereiche erfüllen.

Zusammenfassung

Die Putzmörtelgruppen sind einem oder mehreren Bindemitteln zugeordnet.

Die Putzhaftung hängt wesentlich vom Zustand des Putzgrundes ab. Putzträger verbessern schlechten Putzgrund.

Putzbewehrung soll den Putz rissefrei und geschlossen halten.

Bei einem Putzsystem sind die Putzlagen so aufeinander abgestimmt, dass sie mit dem Putzgrund die Putzanforderungen erfüllen.

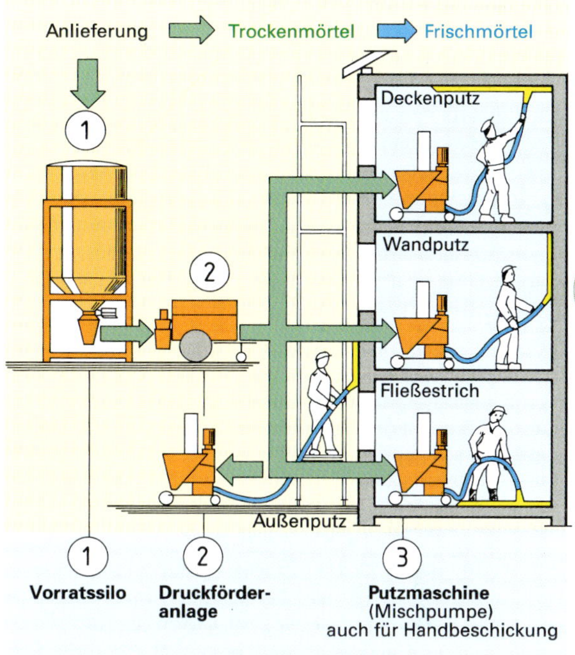

Rationelles Putzverfahren (Maschinensystem)

Maschinelles Putzverfahren (Praxis)

Aufgaben:

1. *Für welche Anwendungsbereiche sind die Putzmörtelgruppen P Ic, P II, P III geeignet?*
2. *Begründen Sie die auf der Seite 217 angegebenen Maßnahmen zur Vorbereitung des Putzgrundes.*
3. *Welche besonderen Anforderungen werden an Innen- und Außenputze gestellt?*
4. *Was versteht man unter einem Wärmedämmverbundsystem?*

13.2 Wandtrockenputz

13.2.1 Begriff

Um Putzarbeiten zu beschleunigen, können statt Putzfrischmörtel (Nassputz) **Trockenbauplatten** wie Gipsplatten oder faserverstärkte Gipsplatten als Putzplatten im Trockenputzverfahren verwendet werden. Bei diesem Verfahren werden vorgefertigte Putzplatten mit Ansetzmörtel oder mithilfe einer Unterkonstruktion an der Wand befestigt. Die Wandbekleidung mit Trockenbauplatten wird als **Wandtrockenputz** bezeichnet.

Diese Putzart kommt hauptsächlich im Dachgeschoss an den Dachschrägen und Decken infrage. Dort übernehmen Gipsplatten die Bekleidung von Sparren und Kehlbalken, tragen aber auch zum Brandschutz und zur Wärmedämmung bei.

13.2.2 Gipsplatten

Gipsplatten nach DIN EN 520 sind werkmäßig gefertigte Platten, deren Flächen und Längskanten mit einem fest haftenden Karton ummantelt sind. Durch die Kartonummantelung werden die Platten biegefest. Je nach Einsatzzweck werden der Gipsmischung Zusätze zur Erzielung bestimmter Eigenschaften beigemischt (z.B. mineralische Fasern zur Verbesserung der Eigenschaften im Brandfall).

Gipsplatten werden für verschiedene Anwendungsbereiche in mehreren Plattenarten hergestellt: z.B. **Gipsplatten Typ A** für dekorative Beschichtung oder Wandtrockenputz, **Gipsplatten Typ F** für hohe Temperaturen (Zusatz mineralischer Fasern), **Gipsplatten Typ H** mit reduzierter Wasseraufnahme.

Für bestimmte Anwendungszwecke, z.B. Schalldämmung und Schallschluckung sowie Wärmedämmung und Oberflächengestaltung, werden Gipsplatten weiterbearbeitet, z.B. zu **Gips-Zuschnittplatten** (Gips-Kassetten), **Gips-Lochplatten** (mit Löchern, Schlitzen und Stanzungen) und **Gips-Verbundplatten** (mit Wärmedämmstoff auf der Plattenrückseite).

Bei den Gipsplatten sind die kartonummantelten Längskanten für bestimmte Anwendungszwecke unterschiedlich ausgebildet (siehe Abb.).

13.2.3 Faserverstärkte Gipsplatten

Faserverstärkte Gipsplatten werden aus einem innigen Gemisch von Gips und Cellulosefasern (z.B. aus Altpapier) hergestellt.

Durch Zugabe von Wasser und die anschließende Verpressung unter hohem Druck entsteht eine homogene Platte mit Eigenschaften, die hinsichtlich der Verarbeitung und Anwendung denen der Gipsplatten ähnlich sind. Faserverstärkte Gipsplatten werden auch als **Bauplatten** für den Wandtrockenputz, als **Feuerschutzplatten** und **Feuchtraumplatten** sowie mit rückseitig aufgeklebter Wärmedämmschicht als **Verbundplatten** geliefert. Die Platten haben geradlinige, rechtwinklige und scharf geschnittene Kanten.

Wandtrockenputz mit GK-Bauplatten
(schlangenförmiger Mörtelauftrag mit Spritzmaschine)

Bezeichnung	Eigenschaft/Verwendung
Gipsplatte Typ A	Beschichtung möglich Wandtrockenputz
Gipsplatte Typ H	mit Zusätzen zu reduzierter Wasseraufnahmefähigkeit
Gipsplatte Typ E	für Beplankungen
Gipsplatte Tpy F	verbesserter Gefügezusammenhalt bei hohen Temperaturen (Brandfall)
Gipsplatte Typ P	Putzträgerplatte auch mit gelochter Oberfläche
Gipsplatte Typ R	mit erhöhter Festigkeit

Arten und Verwendung von Gipsplatten

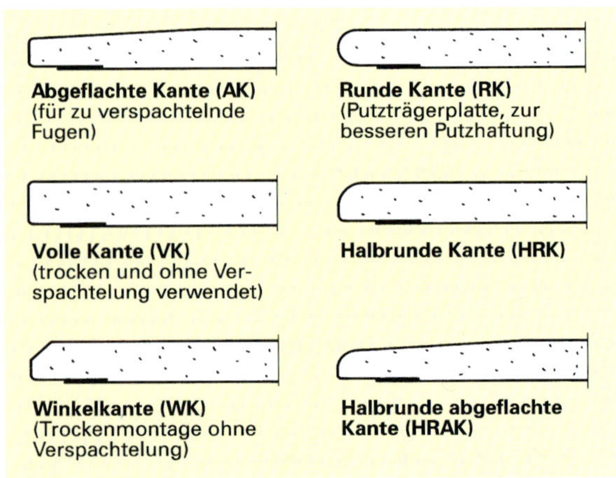

Kantenausbildung von Gipsplatten

13.2.4 Herstellen von Wandtrockenputz

Als Wandtrockenputz werden Trockenputzplatten in der Regel mit gipshaltigem Ansetzmörtel (Ansetzgips) unmittelbar an senkrechte Wände angesetzt. Dazu müssen die Wandflächen eben sein. Sind Unterkonstruktionen zur Befestigung der Putzplatten erforderlich oder vorgesehen, werden die Platten mit Schrauben, Klammern oder Nägeln (selten) befestigt.

Wandtrockenputz mit Ansetzmörtel

Je nach Untergrund und Verarbeitungsanleitung wird der Ansetzmörtel batzen- oder streifenförmig oder vollflächig auf die Rückseite der Trockenputzplatten aufgetragen.

Batzenförmiger Mörtelauftrag wird bei normal unebenem Grund (z.B. üblichem Mauerwerk) und zum Ansetzen von Verbundplatten genutzt.

Die Trockenputzplatten werden jeweils durch Andrücken und Anklopfen mit dem Richtscheit ausgerichtet und danach mit besonderem Fugenmörtel (z.B. Fugenfüller) verfugt bzw. verspachtelt.

Rationeller ist es, den Ansetzmörtel mit einer Spritzmaschine auf die Wand zu spritzen (schlangenförmige Wulste, siehe Abb. S. 216). Die Platten werden dann angesetzt, ausgerichtet und fest angedrückt.

Im **Dünnbettverfahren** werden die Platten bei besonders ebenem Grund (z.B. bei Betonflächen) angesetzt. Der etwas dünner angerührte Ansetzmörtel wird mit Zahnkelle bzw. Kammschlitten streifenförmig aufgetragen und gleichmäßig verteilt. Im Bereich von Waschbecken und Schornsteinwangen ist stets vollflächig anzusetzen.

Ist der Grund stark uneben (z.B. Altbau-Mauerwerk), werden die Unebenheiten zuerst mit **Plattenstreifen** (etwa 10 cm breit) und batzenförmigem Ansetzmörtel ausgeglichen. Auf die lot- und fluchtgerecht ausgerichteten Plattenstreifenflächen werden die Putzplatten im Dünnbettverfahren angesetzt.

Als Ansetzmörtel werden in der Regel die vom Plattenhersteller angebotenen Ansetzbinder verwendet. Diesem besonders behandelten Stuckgips sind Zusätze beigegeben, welche das langsame Versteifen, das Wasserrückhaltevermögen und die sichere Haftung der Platten am Putzgrund steuern bzw. beeinflussen. Der Ansetzmörtel muss in sauberen Behältern angerührt werden.

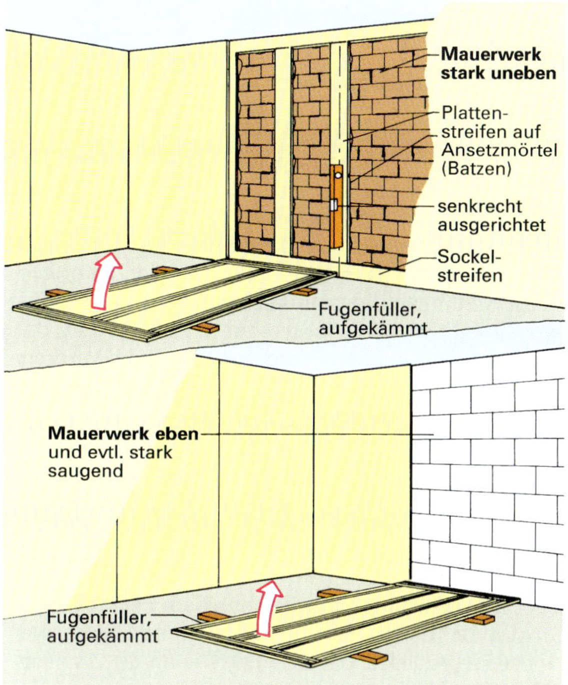

Dünnbettverklebung auf Plattenstreifen und auf ebener Wand

Gips-Verbundplatten auf Unterkonstruktion (Holzlattung)

Zusammenfassung

Als Wandtrockenputz werden Trockenputzplatten in der Regel mit Ansetzmörtel unmittelbar an Wandflächen angesetzt.

Gipsplatten und faserverstärkte Gipsplatten eignen sich besonders für Wandtrockenputz.

Je nach Untergrund werden die Putzplatten batzen- oder streifenförmig oder vollflächig angesetzt. Auf Unterkonstruktionen werden sie geschraubt oder mit Klammern befestigt.

Aufgaben:

1. *Worin unterscheiden sich Gipsplatten und faserverstärkte Gipsplatten?*
2. *Auf welche Weise werden bei der Herstellung von Wandtrockenputz Unebenheiten des Putzgrundes ausgeglichen?*
3. *Warum ist es wichtig, dass der Ansetzmörtel ein Wasserrückhaltevermögen besitzt?*

14 Baumaschinen

14.1 Allgemeines

14.1.1 Antriebsarten

Schon seit Jahrtausenden erleichtern sich die Menschen das Bauen mit sinnreichen Geräten und Maschinen, wie schiefe Ebene, Hebel und Flaschenzug. Aber alle diese Einrichtungen erleichtern dem Menschen die Arbeit nur, sie nehmen ihm keine Arbeit ab. Dies wurde erst möglich, nachdem es gelungen war, natürliche Energien zum Antrieb von Maschinen zu nutzen. Zuerst waren dies die Wasserkraft und die Kraft des Dampfes, heute werden Baumaschinen durch Verbrennungs- und Elektromotoren oder durch Druckluft angetrieben.

Verbrennungsmotoren

Bei Verbrennungsmotoren wird durch Entzünden eines Gasgemisches eine plötzliche Ausdehnung des Gases erreicht. Dadurch werden Kolben bewegt, die wiederum über Pleuelstangen eine Welle antreiben. Beim **Ottomotor** wird das Gasgemisch durch den Zündfunken einer Zündkerze gezündet. Der Ottomotor kann als Zweitakt- und als Viertaktmotor ausgeführt werden.

Zweitaktmotoren brauchen keine Ventile, da der Kolben jeweils die Eintritts- oder Austrittsöffnung des Zylinders verschließt. Es ist auch kein separates Schmiersystem erforderlich, das Öl wird dem Benzin zugesetzt.

Beim Viertaktmotor ist nur jede zweite Abwärtsbewegung des Kolbens ein Arbeitstakt. Ein- und Auslass des Gasgemisches werden über Ventile gesteuert. Für die vielen beweglichen Teile ist ein separates Schmiersystem erforderlich. Während bei Zweitaktmotoren Luftkühlung ausreicht, müssen Viertaktmotoren meist wassergekühlt werden.

Beim **Dieselmotor** wird das Gasgemisch nicht durch einen Zündfunken, sondern durch die verdichtete hoch erhitzte Luft gezündet. Dabei treten Drücke bis zu 40 bar auf. Dieselmotoren sind deshalb meist schwerer gebaut als Ottomotoren und werden dort verwendet, wo ein großer Kraftbedarf gegeben ist.

Gegenüber Elektromotoren haben Verbrennungsmotoren den Vorteil, dass sie ortsunabhängig einsetzbar sind. Ein Nachteil ist, dass Verbrennungsmotoren nicht unter Belastung anlaufen und deshalb Kupplung und Getriebe benötigen. Außerdem sind sie lauter als Elektromotoren.

Elektromotoren

Elektromotoren setzen die elektrische Energie direkt in Drehbewegungen um. Sie haben dadurch einen **hohen Wirkungsgrad** und geringeren Verschleiß. Gegenüber Verbrennungsmotoren benötigen sie wenig Wartung, sind leicht, entwickeln keine Abgase und machen wenig Lärm. Auch benötigen sie **weder Kupplung noch Getriebe**, die Drehzahl passt sich der Belastung an.

Ein gewisser Nachteil sind die mit Verwendung von elektrischem Strom verbundenen Unfallgefahren.

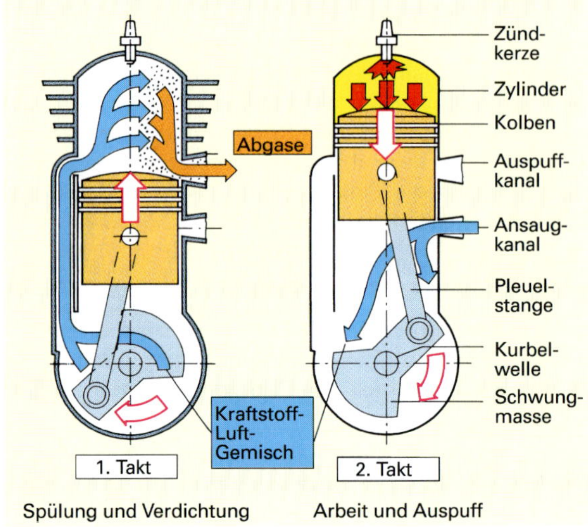

Aufbau und Arbeitsweise eines Zweitaktmotors

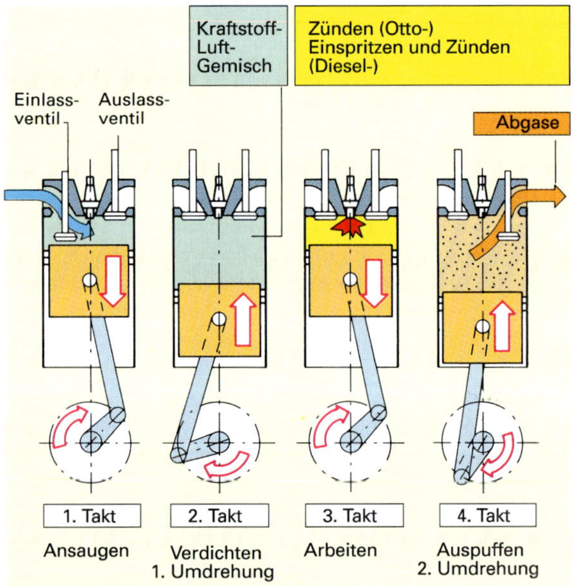

Arbeitsweise des Viertaktmotors

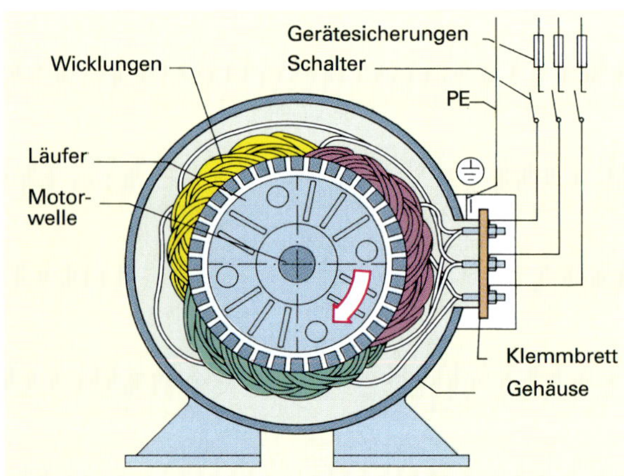

Elektromotor (Drehstrom)

Druckluftantriebe

Der Antrieb mit Druckluft ist ein Sekundärantrieb, da die Druckluft zuerst in Kompressoren mit Verbrennungsmotor oder Elektromotor erzeugt wird. Bei Erzeugung und Weiterleitung der Druckluft treten hohe Energieverluste auf. Druckluftwerkzeuge werden deshalb nur für Sonderzwecke verwendet.

Das am häufigsten verwendete Druckluftwerkzeug ist der **Drucklufthammer**, in den Meißel jeglicher Form eingelegt werden können. Die Schlagkraft wird durch druckluftbetriebene Schlagkolben erzeugt.

Verbrennungsmotoren sind ortsunabhängig, benötigen aber Kupplung und Getriebe.

Elektromotoren sind der geeignetste und häufigste Antrieb für Baumaschinen; sie sind aber von einer Spannungsquelle abhängig. Druckluftantriebe werden nur für Sonderzwecke verwendet.

Drucklufthammer

14.1.2 Betriebssicherheit

Die große Kraft, die moderne Baumaschinen erzeugen, bringt nicht nur Vorteile, sondern auch **Gefahren** mit sich. Dies zeigt die große Zahl oft schwerster Unfälle, die durch unsachgemäßen Umgang mit Baumaschinen oder durch defekte Baumaschinen entstehen.

Baumaschinen müssen den anerkannten Regeln der Technik entsprechen und daraufhin regelmäßig von Sachkundigen geprüft werden. Solche anerkannten Regeln der Technik sind enthalten in DIN-Blättern, VDE-Bestimmungen, VDI-Richtlinien und berufsgenossenschaftlichen Unfallverhütungsvorschriften (UVV). Zur besseren Übersicht gibt die Berufsgenossenschaft eine Schriftenreihe heraus, in der die Vorschriften für bestimmte Arbeitsbereiche jeweils zusammengefasst sind. Diese Merkhefte sind bei den örtlichen Bauberufsgenossenschaften kostenlos erhältlich und sollten unbedingt genutzt werden.

Die Geräte dürfen nur durch geeignete, ausreichend unterwiesene Personen betrieben werden, die mit den auftretenden Gefahren vertraut sind. Darüber hinaus muss aber auch jeder, der im Arbeitsbereich von Baumaschinen tätig ist, **besondere Vorsicht** walten lassen.

Vorgeschriebene und an den Maschinen vorhandene Sicherheitsvorrichtungen dürfen auf keinen Fall und auch nicht vorübergehend außer Betrieb gesetzt werden. Der scheinbaren Arbeitserleichterung steht dabei eine nicht zu verantwortende Gefährdung von Gesundheit und Leben gegenüber.

Die von Maschinen ausgehenden Gefahren werden immer wieder unterschätzt. Es ist deshalb unbedingt erforderlich, sich vor Beginn der Arbeit über den Unfallschutz zu informieren und diese Vorschriften auch zu befolgen.

Verhalten bei Unfällen mit elektrischen Betriebsmitteln

* Stromkreis sofort unterbrechen (Stecker herausziehen oder Hauptschalter ausschalten oder Sicherungen entfernen).
* Verunglückte nicht vor Abschalten der Spannung anfassen.
* Bei Bewusstlosigkeit **sofort** mit Wiederbelebungsversuchen beginnen, bis ein Arzt erscheint.

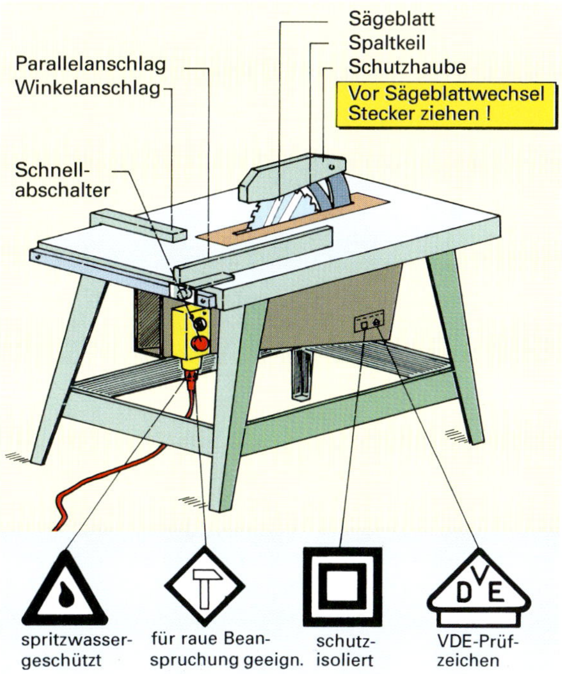

Sicherheitsvorrichtungen an der Baukreissäge

14.2 Geräte zur Herstellung und Verarbeitung von Beton

14.2.1 Mischer

Das Herstellen und Verarbeiten von Beton ist heute einer der entscheidenden Arbeitsgänge bei den meisten Bauvorhaben. Dementsprechend große Bedeutung kommt den dazu verwendeten Geräten zu.

Beton wird fast ausschließlich mit absatzweise arbeitenden Betonmischmaschinen hergestellt. Nach der Wirkungsweise sind **Freifallmischer** und **Zwangsmischer** zu unterscheiden.

Bei Freifallmischern wird das Mischgut in einer rotierenden **Trommel**, an deren Innenwand Bleche angebracht sind, durcheinander geworfen. Beim **Kipptrommelmischer** erfolgt das Entleeren durch Kippen der Trommel. Beim **Umkehrmischer** wird zum Entleeren die Drehrichtung der Trommel umgekehrt.

Zwangsmischer haben einen fest stehenden **Teller** oder **Trog**, in dem ein Rührwerk bewegt wird. Sie werden danach als **Tellermischer** oder **Trogmischer** bezeichnet. Die Entleerung erfolgt durch eine Bodenöffnung.

Beide Systeme haben Vor- und Nachteile.

Vorteile des Freifallmischers:
- keine Begrenzung der Korngröße,
- geringer Verschleiß,
- geringe Wartung,
- geringer Kraftbedarf,
- relativ niedrige Anschaffungskosten.

Nachteile des Freifallmischers:
- mäßige Mischwirkung,
- lange Mischdauer,
- keine Kontrolle des Mischvorganges.

Vorteile des Zwangsmischers:
- gute Mischwirkung,
- kurze Mischdauer,
- Kontrolle des Mischvorganges möglich.

Nachteile des Zwangsmischers:
- größere Anschaffungskosten,
- großer Verschleiß,
- höherer Kraftbedarf,
- Begrenzung der Korngröße.

Dementsprechend werden Freifallmischer für kleinere Baustellen und insbesondere auch zur **Mörtelbereitung**, Zwangsmischer bei großem Betonbedarf und hohen Anforderungen an die Qualität des Betons eingesetzt.

Kontinuierlich arbeitende **Stetigmischer**, bei denen sich eine Mischwelle in einem trogförmigen Mischgefäß dreht und das Mischgut kontinuierlich ausgetragen wird, haben sich für die Betonherstellung nicht durchgesetzt. Solche Mischer werden hauptsächlich zur Herstellung von Putzmörtel verwendet.

> Der richtige Einsatz des geeigneten Mischers ist entscheidend für die Betonqualität.

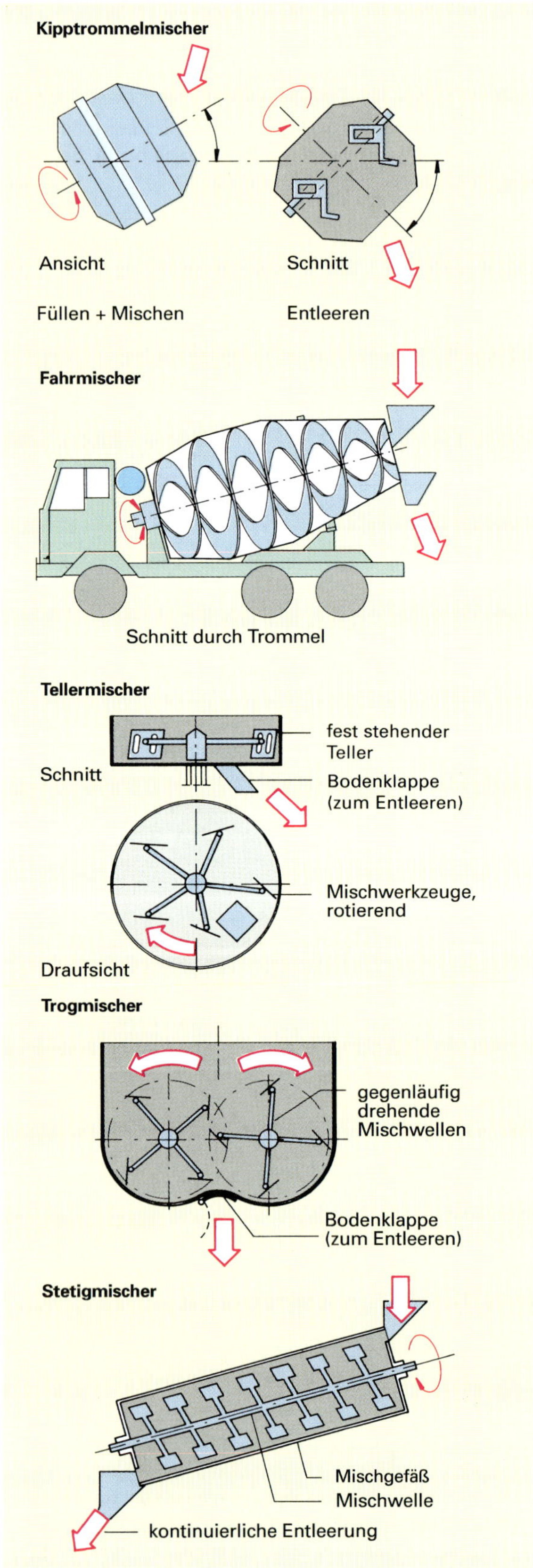

Mischer für Beton und Mörtel

Die **Beschickung** erfolgt bei kleinen Mischern von Hand, bei größeren Anlagen mit Aufgabekübeln.

Die **Dosierung** muss bei Zement und soll bei Gesteinskörnung nach Masse erfolgen. Moderne Anlagen sind deshalb mit Mischerwaagen versehen, die bei größeren Anlagen automatisch arbeiten.

Wichtig für die optimale Ausnutzung der Mischanlagen ist auch die zweckmäßige **Lagerung** der Stoffe. Zement, der teuerste und empfindlichste Rohstoff, wird bei geringem Bedarf in Säcken, bei größerem Bedarf ausschließlich in **Silos** gelagert. Diese werden mithilfe von Druckluft gefüllt und meist auch mittels Druckluft entleert. Die Gesteinskörnung wird, nach Korngruppen getrennt, meist in Boxen nahe dem Mischer gelagert. Besonders häufig ist eine sternförmige Anordnung der Boxen um die Dosieranlage als Mittelpunkt (Sternverteiler). Dann können die einzelnen Korngruppen nach Bedarf mit dem **Schrapper** der Dosieranlage zugeführt werden. Bei modernen Mischtürmen wird die Gesteinskörnung häufig vertikal in Hochsilos gelagert. Von diesen Hochsilos fällt die Gesteinskörnung dann durch Schwerkraft in die Dosieranlage. Allerdings muss die Gesteinskörnung durch Steigbänder oder Ähnliches zuerst in die Hochsilos befördert werden.

Die **Taktzeit** für einen Mischvorgang setzt sich aus dem Beschicken, dem Mischen und dem Entleeren der Trommel zusammen. Die reine Mischzeit muss mindestens eine halbe bis eine Minute betragen. Das Entleeren kann z.B. durch Kippen der Trommel oder durch Rücklauf der Trommel erfolgen. Bei Großmischanlagen ist der Mischtrog meistens erhöht angeordnet, so dass die Transportfahrzeuge unter den Trog fahren können. Der Trog wird dann durch Öffnung einer Klappe im Trogboden entleert.

Große Bedeutung haben heute Transportbetonfahrzeuge mit Mischeraufbau erlangt, da die Einrichtung einer Mischanlage auf der Baustelle nur noch in seltenen Fällen bei besonders großem Betonbedarf wirtschaftlich sein kann.

Solche **Fahrmischer** werden als Trommelmischer gebaut. Sie fassen etwa 5 bis 10 m^3 Frischbeton. Der Beton wird im Allgemeinen gemischt in den Transportmischer eingefüllt und während der Fahrt durch langsames Rotieren der Trommel am Entmischen gehindert. Auf der Baustelle wird der Beton nochmals mit höherer Drehzahl durchgemischt und dann durch Rücklauf der Trommel über eine Auslaufschurre entleert. Die höchstzulässige Transportzeit beträgt 90 Minuten.

Großmischanlagen können in kurzer Zeit große Betonmengen in bester Qualität herstellen. Der Transport zur Baustelle erfolgt in Transportbetonfahrzeugen.

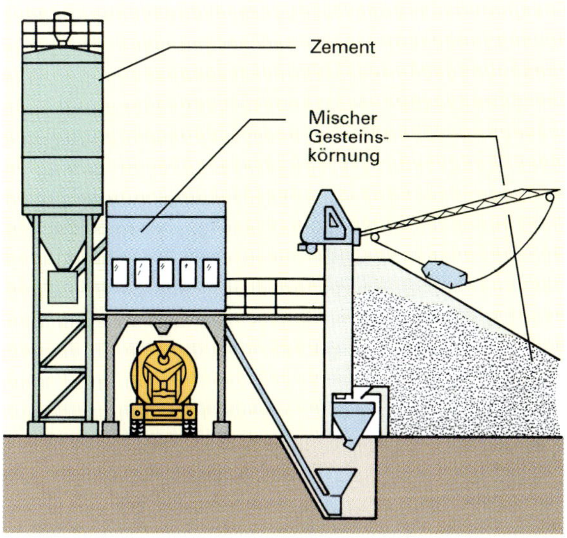

Mischanlage mit horizontaler Lagerung der Gesteinskörnung

Mischturm mit vertikaler Lagerung der Gesteinskörnung im Hochsilo

Fahrmischer beim Beladen

14.2.2 Betonpumpen

Das Betonieren mit Japanern, Krankübeln oder Förderbändern wird immer mehr durch das Betonieren mit der Betonpumpe verdrängt. Dabei wird der Beton mittels Pumpen durch Rohre von der Herstellungsstelle oder einem Aufgabekübel zur Einbaustelle gefördert. Dies bietet vor allem bei beengten und schwierigen Platzverhältnissen Vorteile, außerdem werden für die Förderung keine zusätzlichen Arbeitskräfte benötigt.

Allerdings ist nicht jeder Beton zum Pumpen geeignet. Es müssen ein mittlerer Wasserzementwert, eine geeignete Sieblinie und ein Mindestgehalt an Feinteilen eingehalten werden.

Nach dem Pumpensystem werden Kolbenpumpen und Rotorpumpen unterschieden.

Die Funktion einer gebräuchlichen **Kolbenpumpe** ist in der Systemzeichnung dargestellt. In das offene untere Rohr wird durch Zurückziehen eines Kolbens Beton aus dem Trog eingesaugt. Dann wird der Krümmer vor das gefüllte Rohr geschoben und der Beton in das Rohr gedrückt. Da die beiden Kolben gegenläufig arbeiten, ergibt regelmäßiger Wechsel eine stetige Betonförderung.

Bei der **Rotorpumpe** führt vom Aufgabebehälter zur Förderleitung ein elastischer Schlauch. Dieser Schlauch wird durch das so genannte Rotorgehäuse geführt, in dem Unterdruck herrscht. Im Rotorgehäuse laufen rotierende Gummiwalzen in Transportrichtung über den elastischen Schlauch und schieben den Beton in Richtung Förderleitung. Da sich durch den Unterdruck der Schlauch hinter den Walzen wieder aufrichtet, entsteht in Richtung auf den Aufgabebehälter eine Sogwirkung.

Vorteile der Rotorpumpe sind gleichmäßiger Lauf, genaue Dosierung und völlige Entleerung, nachteilig ist die geringere Leistung. Sie werden überwiegend bei Fahrmischern verwendet.

Stationäre Betonpumpen haben schon Förderhöhen von über 175 Metern und mehrere hundert Meter Förderweite überwunden. Da die Pumpenstöße nicht auf die Schalung übertragen werden dürfen, darf die Rohrleitung nicht fest mit dem Schalgerüst verbunden sein. Die Rohre müssen schonend behandelt werden; Verformungen können zu zeitraubenden Verstopfern führen. Die Verteilung des Betons erfolgt über einen stationären Verteilermast.

In starkem Maße haben sich **Autobetonpumpen mit Verteilermast** durchgesetzt. Sie sind nur während des Betonierens auf der Baustelle und erreichen durch einen Schlauchschwenkbereich von bis zu 60 Metern auch schwer zugängliche Stellen. Häufig werden sie in Verbindung mit Transportbeton eingesetzt, so dass auf der Baustelle keinerlei Geräte zur Herstellung und Förderung von Beton vorgehalten werden müssen.

Betonpumpen sind ein moderner und wirtschaftlicher Weg der Betonförderung.

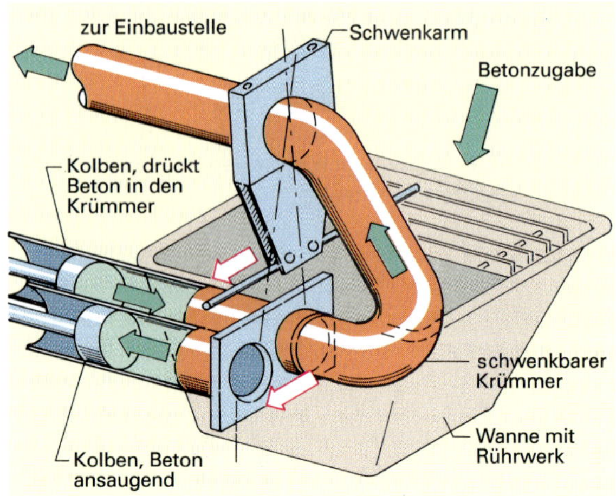

Kolbenpumpe

Autobetonpumpe mit Verteilermast (fahrbereit)

Autobetonpumpe mit Verteilermast (im Einsatz)

14.2.3 Verdichtungsgeräte

Gute Verdichtung ist für Festigkeit, Wetterbeständigkeit, Wasserundurchlässigkeit, Haftung der Bewehrung und glatte Oberfläche des Betons entscheidend.

Das **Prinzip der Verdichtung** besteht darin, Schwingungen in **Rüttlern** zu erzeugen und diese auf den Frischbeton zu übertragen. Dadurch wird die Reibung im Frischbeton herabgesetzt; der Beton setzt sich und entlüftet dabei.

Beton der Konsistenz steif C1, F1 und plastisch C2, F2 wird mit besonderen Verdichtungsgeräten verdichtet. Üblich sind Innenrüttler, Außenrüttler, Rütteltische und Rüttelbohlen.

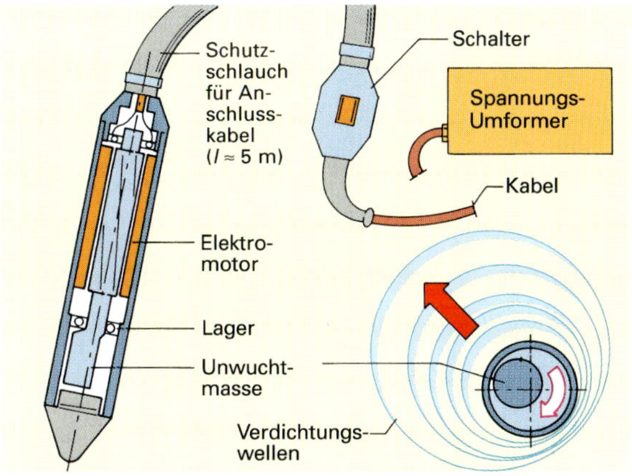

Aufbau und Wirkungsweise einer Rüttelflasche

Innenrüttler werden in den Beton eingeführt. Die Schwingungen werden durch eine in der Rüttelflasche rotierende Unwuchtmasse erzeugt. Der als Antrieb dienende Elektromotor kann entweder ebenfalls in der Rüttelflasche oder in einem separaten Gehäuse untergebracht sein. Letztere Bauart wird auch bei Innenrüttlern mit Verbrennungsmotor angewendet, die unabhängig von einer Stromquelle eingesetzt werden können.

Je nach Aufgabenstellung gibt es Innenrüttler mit unterschiedlichen Durchmessern der Rüttelflasche und mit unterschiedlicher Verdichtungsleistung.

Innenrüttler dürfen nicht zu lange an der Luft laufen, sie werden sonst zu heiß.

Innenrüttler

Außenrüttler werden außen an der Schalung angesetzt, wenn, zum Beispiel bei engen Bewehrungsabständen, nicht mit Innenrüttlern gearbeitet werden kann. Die Schwingungserzeugung erfolgt wie bei Innenrüttlern durch eine rotierende Unwuchtmasse.

Rütteltische sind mit einem Außenrüttler versehene, elastisch gelagerte Arbeitstische. Sie werden in Werken zur Herstellung von Betonfertigteilen verwendet. Die Schalung wird auf dem Rütteltisch ausgelegt und befestigt, dann werden Bewehrung und Beton eingebracht und anschließend wird durch Rütteln verdichtet.

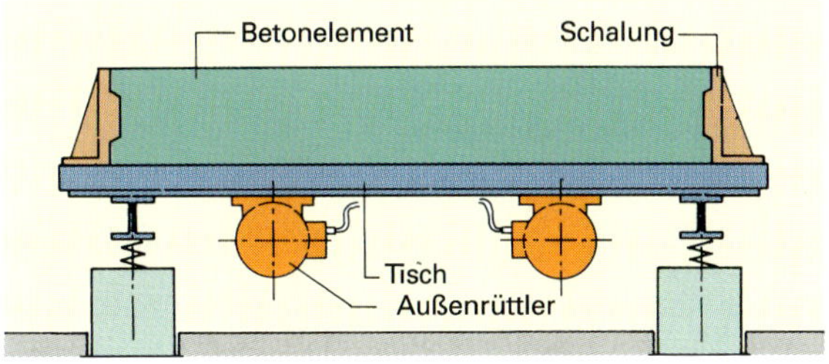

Prinzip des Rütteltisches

Rüttelbohlen werden mitunter bei großen waagerechten Betonflächen eingesetzt. Der Schwingungserreger ist dabei auf einer Bohle angebracht, die auf Schienen über den Beton geführt wird. Rüttelbohlen sind so konstruiert, dass sie gleichzeitig den Beton abziehen und verdichten.

Bei besonderen Betonierverfahren (s. Abschnitt 8.1.11) kann Beton auch mit anderen Geräten verdichtet werden.

> Beton der Konsistenz steif C1, F1 und plastisch C2, F2 kann je nach Gegebenheiten mit Innenrüttlern, Außenrüttlern, Rütteltischen und Rüttelbohlen verdichtet werden.

Rüttelbohle

14.3 Hebezeuge

14.3.1 Baukrane

Baukrane sind die wichtigsten Baugeräte im Hochbau. Sie übernehmen weitgehend die vertikale und horizontale Förderung auf der Baustelle.

Als Baukrane werden fast ausschließlich **Turmdrehkrane** eingesetzt. Dabei sind die verschiedenen Bauarten zu unterscheiden, die jeweils besonderen Anforderungen entsprechen.

Nach der Auslegerkonstruktion werden Turmdrehkrane mit Katzausleger, Nadelausleger (Verstellausleger) und Knickausleger unterschieden.

Beim heute überwiegenden **Katzausleger** wird die aufgenommene Last horizontal bewegt und kann durch Verfahren der Laufkatze verhältnismäßig nahe an den Mast herangebracht werden.

Beim **Nadelausleger**, der beweglich unterhalb der Turmspitze angelenkt ist, kann die Arbeitshöhe rasch und unkompliziert verändert werden.

Der **Knickausleger** vereinigt beide Möglichkeiten, ist aber konstruktiv entsprechend aufwendiger.

Turmdrehkrane können unten oder oben drehend sein. Im ersten Fall dreht der Mast mit, im zweiten Fall dreht nur der Auslegerbereich.

Kleinere Krane werden oft von unten ferngesteuert, große Krane haben eine Kranführerkabine, die im Mast oder unter dem Ausleger angebracht sein kann.

Bei großen Turmdrehkranen kann oft auch die Masthöhe verändert und damit dem Baufortschritt angepasst werden („Kletterkrane").

Die **Nutzlast** eines Krans hängt außer von der Konstruktion auch von der jeweiligen Ausladung ab. Je größer die Ausladung ist, desto geringer ist die Nutzlast. Zum Ausgleich der aufgenommenen Last dient der Ballast. Er besteht meist aus Betonfertigteilen und kann im Untergestell oder auf Höhe des Auslegers angebracht sein. Wegen der heute üblichen großen Aktionsfläche der Turmdrehkrane mit Katzausleger ist das Untergestell nur noch selten als Fahrwerk ausgebildet. Angetrieben werden die Krane (mit Ausnahme der Fahrzeugkrane) elektrisch.

Die Wirtschaftlichkeit des Kraneinsatzes ist auch durch die Aufstellzeit bedingt, die bei modernen **Schnellaufbaukranen** nur noch wenige Stunden beträgt. Bei Kurzeinsätzen wird auf **Fahrzeugkrane** zurückgegriffen.

Autokrane sind Baukrane auf Lkw-Fahrgestellen, **Mobilkrane** sind auf selbst fahrenden Unterwagen montiert. Häufig werden Teleskopausleger verwendet, wodurch ein verhältnismäßig großer Arbeitsbereich entsteht.

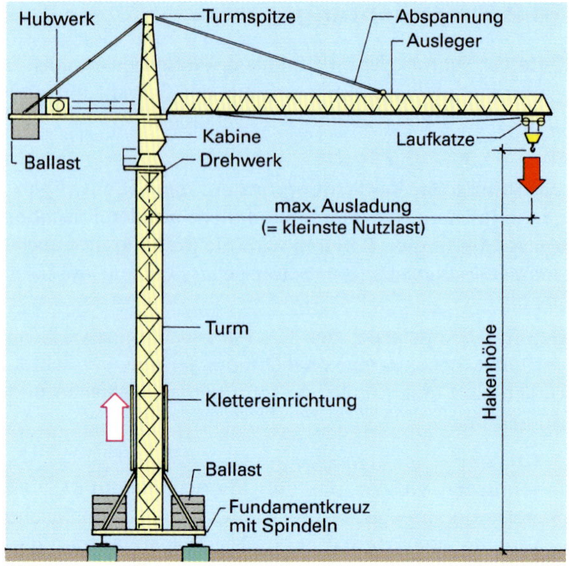

Turmdrehkran mit Katzausleger (oben drehend)

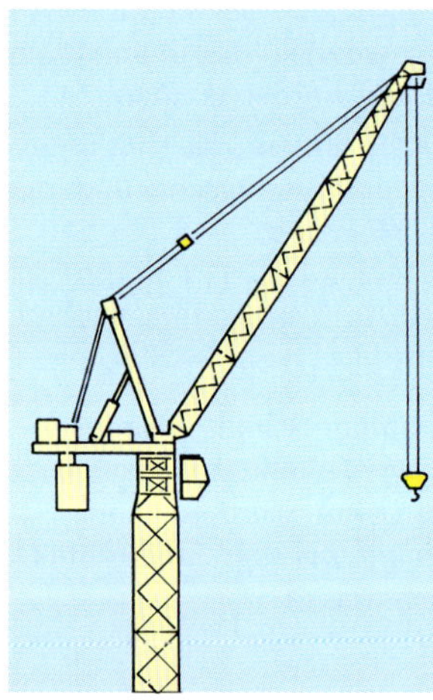

Nadelausleger

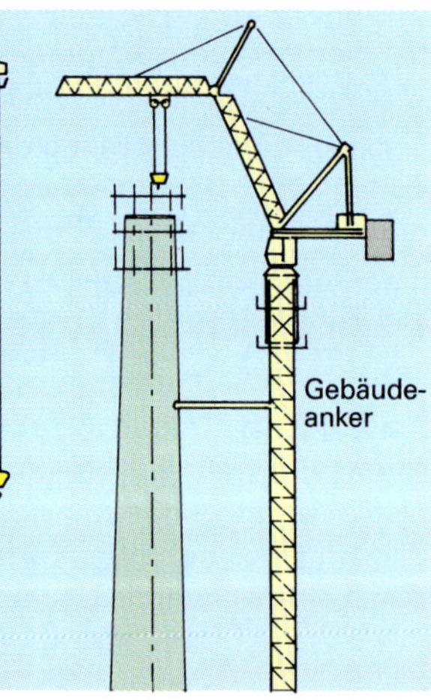

Knickausleger

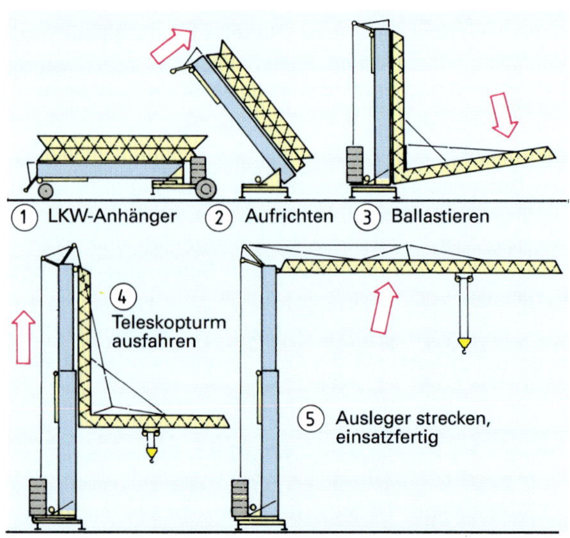

Aufbauphasen für Schnellaufbaukrane (unten drehend)

Kranwerkzeug

Entsprechend der Vielfalt der mit dem Baukran zu fördernden Baustoffe und Bauteile gibt es jeweils entsprechendes **Kranwerkzeug**. Neben **Sicherheitslasthaken**, Seilen, Ketten und Bändern sind dies vor allem **Lastaufnahmemittel** wie Steinkörbe, Steingabeln, Steingreifer, Zangen, Klemmen, Einseilgreifer, Köcher für Langmaterialien, Mörtelcontainer und Betonierkübel.

Personen dürfen mit Lastaufnahmemitteln grundsätzlich nicht befördert werden. Einzige Ausnahme sind Betonierkübel, wenn der Arbeitsplatz entsprechend gesichert und die Personen angeseilt sind.

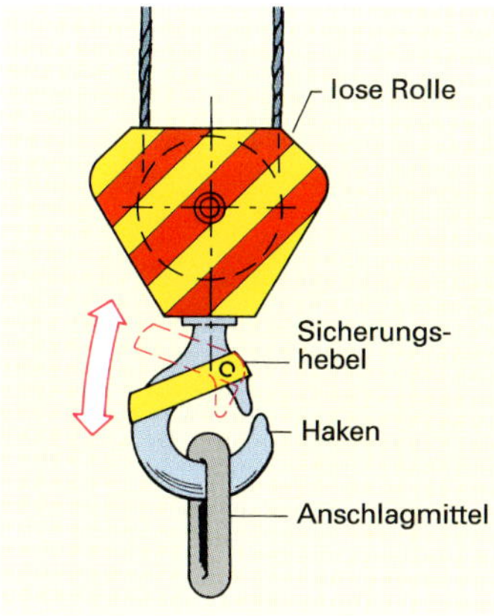

Sicherheitslasthaken

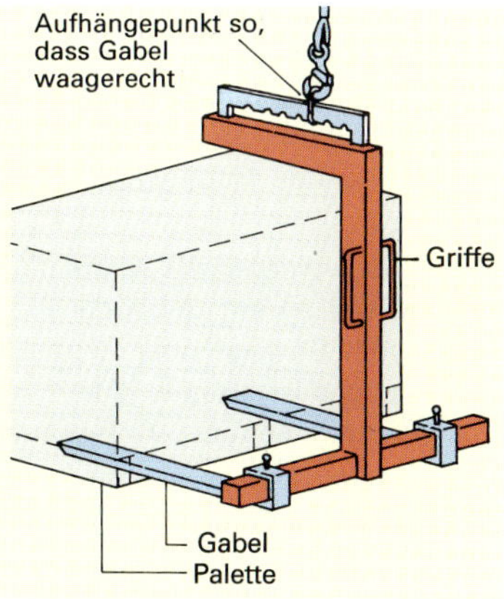

Steingabel

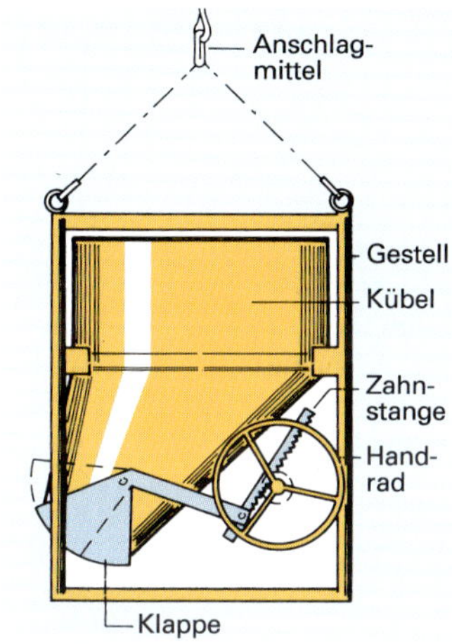

Betonierkübel

Betonierkübel mit Arbeitsplatz

Unfallverhütung

Arbeiten mit dem Kran sind in besonderem Maße unfallträchtig. Unfälle können durch herabfallende Gegenstände oder durch die bewegte Last verursacht werden. Zur Vermeidung solcher Unfälle sollten einige **Regeln** stets beachtet werden!

- Kran und Kranwerkzeug sind **regelmäßig zu prüfen** und gegebenenfalls zu erneuern!
- Krane dürfen nur von **ausgebildeten Kranführern** bedient werden!
- Bei unvermeidlichen Arbeiten im Schwenkbereich muss stets auf die Bewegungen des Krans geachtet werden!
- Der Kran darf **nirgends anstoßen**, insbesondere nicht an Hochspannungsleitungen!
- Zum **Einweisen des Krans** sind besondere Handzeichen üblich, diese muss der Einweisende beherrschen!
- Lasten dürfen nicht schräg oder aus dem Schwenkbereich herausgezogen werden!
- **Lange oder gebündelte Lasten dürfen nur mit zweiteiligen Lastaufnahmemitteln** (Doppelseile) oder besonderen Vorrichtungen (Greifer) gehoben werden!
- Personenbeförderung ist verboten!

Handzeichen im Kranbetrieb

Krane sind die wichtigsten Baugeräte für den Hochbau. Ihr Einsatz birgt aber große Gefahren und erfordert besondere Sorgfalt.

14.3.2 Aufzüge

Der Einsatz von Bauaufzügen beschränkt sich auf kleinere Bauvorhaben, bei denen sich der Kraneinsatz nicht lohnt, und auf Arbeiten an bestehenden Gebäuden, wo mit dem Kran schlecht beizukommen ist.

Bauaufzüge werden als **Anstellaufzüge** senkrecht oder als **Anlegeaufzüge** schräg am Gebäude angebracht. Das Lastaufnahmemittel wird durch Schiene oder Zahnstange geführt. Ein Vorteil des **Anstellaufzuges** ist, dass in jeder Höhe Zugänge zum Gebäude hergestellt werden können. **Anlegeaufzüge** werden häufig vom Dachdecker verwendet.

Beim **Anstellaufzug** ist die **sichere Verankerung** besonders wichtig.

> Aufzüge können bei kleineren Bauvorhaben und bei Arbeiten an bestehenden Gebäuden wirtschaftliche Hebezeuge sein.

Anlegeaufzug

14.3.3 Kleinhebezeuge

Als Kleinhebezeuge zum Heben nicht allzu schwerer Lasten werden Rollen und Flaschenzüge in verschiedenen Ausführungen verwendet. Neben der einfachen Rolle haben so genannte Schwenkarm-Hebezeuge eine gewisse Bedeutung erlangt. Bei diesen kann der Ausleger eingeschwenkt werden. Dadurch wird ein sicheres An- und Abschlagen der Last ermöglicht.

> Wenn nur geringe Lasten zu heben sind, werden Kleinhebezeuge eingesetzt. Hier ist insbesondere auf gute Befestigung und Verankerung zu achten.

Schwenkarm-Hebezeug

Zusammenfassung

Als Antrieb für Baumaschinen kommen Verbrennungsmotoren, Elektromotoren und Druckluftantriebe in Betracht. Elektromotoren sind der geeignetste Antrieb, aber von einer Spannungsquelle abhängig; Verbrennungsmotoren sind ortsunabhängig.

Der Umgang mit Baumaschinen birgt erhebliche Unfallgefahren und bedarf besonderer Sorgfalt.

Betonmischmaschinen gibt es für die verschiedenen Aufgabenstellungen in jeweils geeigneten Ausführungen.

Betonpumpen sind ein heute viel genutzter, besonders wirtschaftlicher Weg der Betonförderung.

Zur Verdichtung des Betons stehen je nach Situation Innenrüttler, Außenrüttler und Rüttelbohlen zur Verfügung.

Krane der verschiedenen Bauweisen sind die wichtigsten Baugeräte für den Hochbau. Beim Umgang mit Kranen ist besondere Sorgfalt geboten.

Aufzüge können bei Arbeiten an bestehenden Gebäuden wirtschaftliche Hebezeuge sein.

Wenn nur geringe Lasten zu heben sind, werden Kleinhebezeuge eingesetzt.

Aufgaben:

1. *Welche Vor- und Nachteile hat der Elektromotor gegenüber Verbrennungsmotoren?*
2. *Welche Möglichkeiten haben Sie, sich über Unfallgefahren beim Umgang mit Baumaschinen zu informieren?*
3. *Wovon ist die optimale Ausnutzung einer Mischanlage abhängig?*
4. *Welche Vor- und Nachteile haben Betonpumpen gegenüber herkömmlichen Formen der Betonförderung?*
5. *Nennen Sie Einsatzbeispiele für Innenrüttler, Außenrüttler und Rüttelbohle.*

TECHNISCHE MATHEMATIK

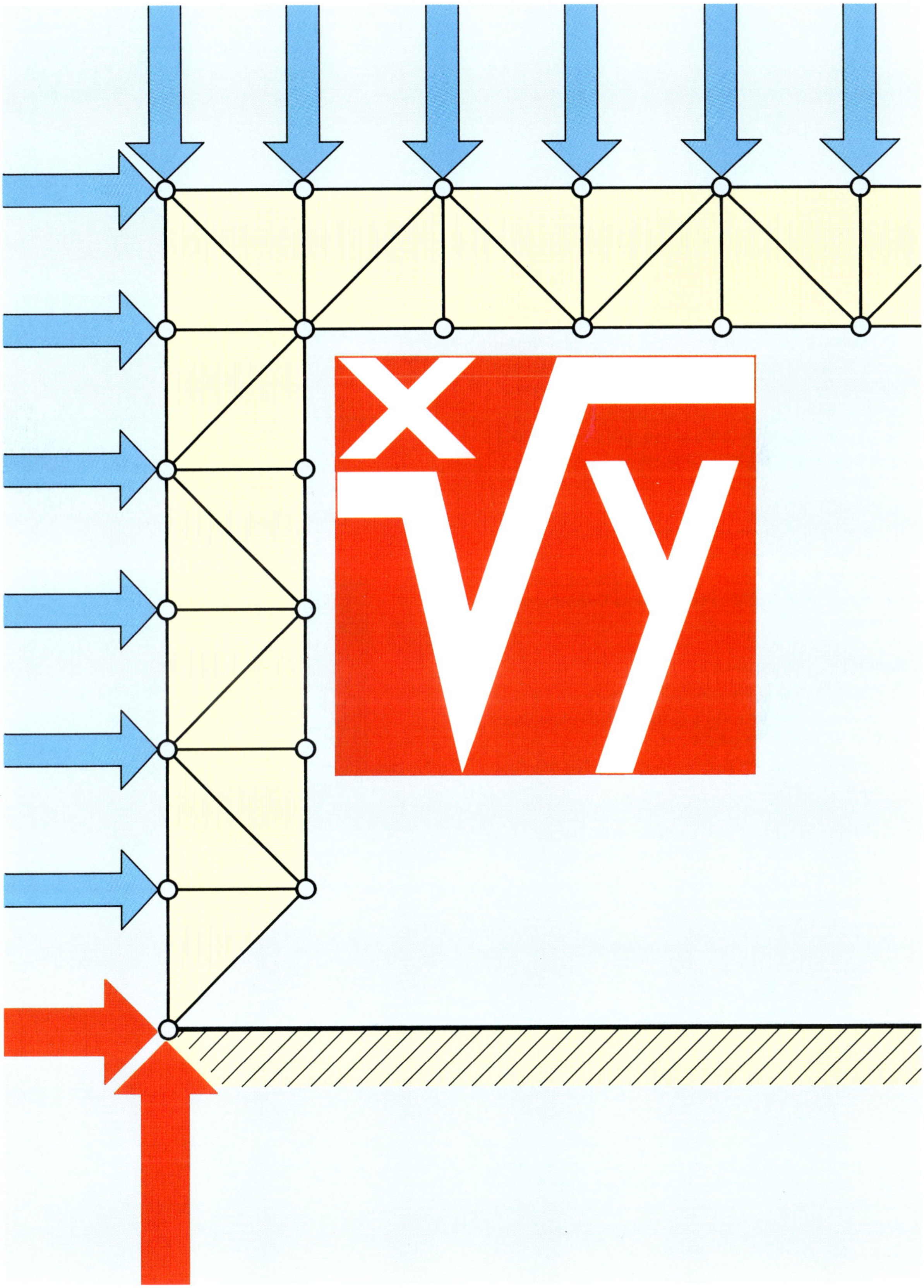

1 Massenermittlung und Baustoffbedarf

Der Auftragnehmer (Bauunternehmer) ist verpflichtet, seine Leistungen prüfbar abzurechnen. Die Leistungen sind nach Zeichnung zu ermitteln oder aufzumessen. Die zum Nachweis von Art und Umfang der Leistung erforderlichen Massenberechnungen, Zeichnungen und Belege sind beizufügen. Abrechnungshinweise sind in der Verdingungsordnung für Bauleistungen, Teil C, enthalten.

1.1 Erdarbeiten

Ausführung und Abrechnung von Erdarbeiten sind in DIN 18300 geregelt.

Boden wird grundsätzlich **getrennt nach Bodenklassen** und gestaffelt nach Förderwegen abgerechnet. Die Massen werden **in eingebautem Zustand** ermittelt, also vor der Entnahme oder nach dem Einbau – die Auflockerung bleibt hierbei unberücksichtigt. Zur Berechnung der Massen sind **Näherungsverfahren** zulässig.

Für die verschiedenen Erdarbeiten gibt DIN 18300 jeweils spezielle Abrechnungshinweise.

Oberbodenabtrag

Der Abtrag von Oberboden (Mutterboden) wird meist nach Flächenmaß (m^2), seltener nach Raummaß (m^3) abgerechnet. Es ist die tatsächliche Fläche und beim Raummaß die tatsächlich vorhandene Dicke zugrunde zu legen.

Aushub von Baugruben

Die **Aushubtiefe** wird von der Oberfläche der auszuhebenden Baugrube (also gegebenenfalls ohne Oberboden) bis zur Sohle gerechnet.

Die **Breite** ergibt sich aus den Außenmaßen des Baukörpers
- zuzüglich Arbeitsräume,
- zuzüglich Raum für Schalungskonstruktionen,
- zuzüglich Raum für Böschungen bzw. Verbaukonstruktionen.

Als **Arbeitsraum** werden den Außenmaßen auf jeder Seite 0,50 m zugerechnet.

Für **Schalungs- und Verbaukonstruktionen** werden pauschal jeweils 0,15 m angenommen. Größere Dicken müssen nachgewiesen werden.

Die abzurechnenden **Böschungswinkel** sind von der Bodenklasse abhängig. Wenn in der Leistungsbeschreibung nichts anderes angegeben ist, gelten:

Bodenklassen 3 und 4	40°
Bodenklasse 5	60°
Bodenklassen 6 und 7	80°

Dabei ist zu beachten, dass DIN 18300 für die Bodenklassen 3 und 4 für die Abrechnung einen flacheren Böschungswinkel zulässt, als DIN 4124 unter dem Gesichtspunkt der Sicherheit fordert.

Bis zu einer Tiefe von 0,80 m wird mit senkrechten Wänden abgerechnet (z. B. bei Fundamenten).

Die Böschungsbreite kann in Abhängigkeit von der **Aushubtiefe (*t*)** nach folgender Tabelle ermittelt werden:

Böschungswinkel	Böschungsbreite
40° 60° 80°	$1{,}19 \cdot t$ $0{,}58 \cdot t$ $0{,}18 \cdot t$

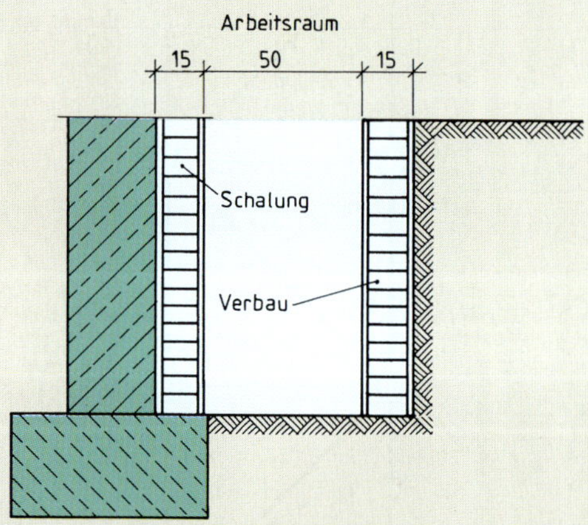

Baugrube bei Schalung und Verbau

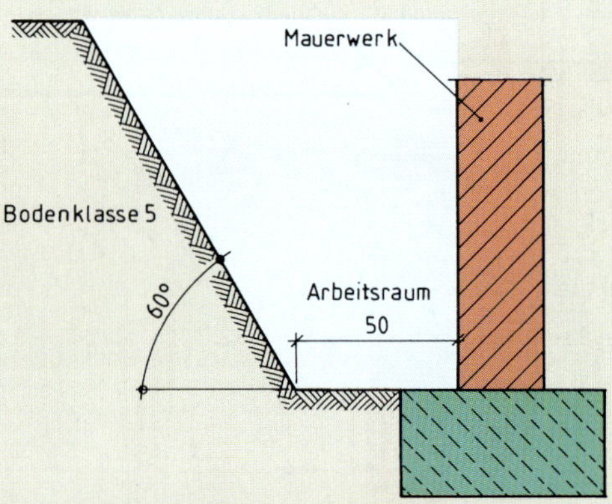

Baugrube bei abgeböschter Grube und Mauerwerk

Beispiel:

Berechnen Sie den Aushub für eine abgeböschte Baugrube (Bodenklasse 5), wenn die UG-Außenmaße 9,50 m × 10,50 m betragen und die durchschnittliche Aushubtiefe 2,60 m beträgt.

Die UG-Wände werden in Ortbeton hergestellt.

Grundriss

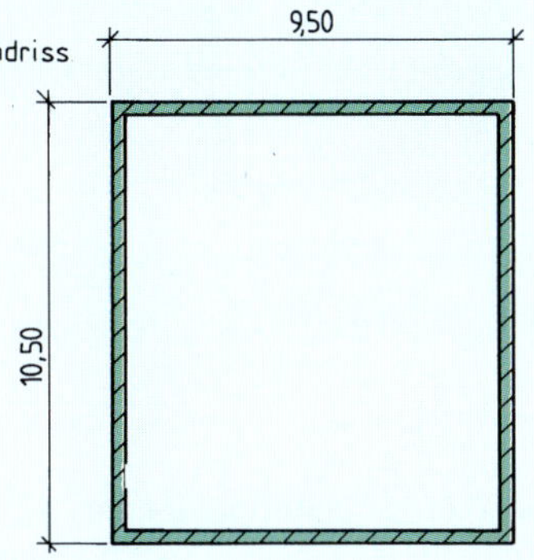

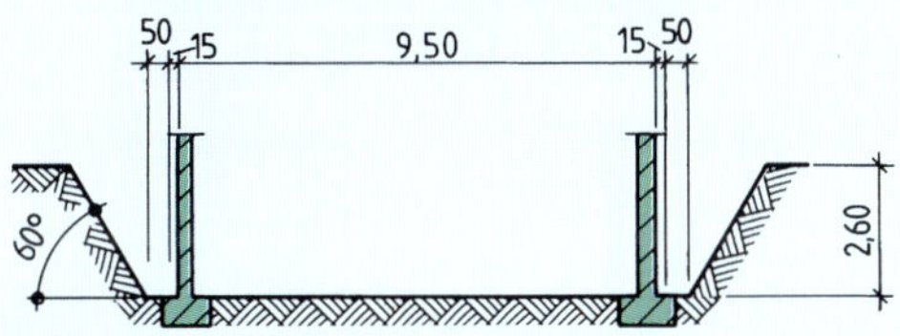

Schnitt

Hierzu Aufgaben 1.1 bis 1.5

Lösung:

Der Aushubkörper ist ein Keilstumpf. Er kann näherungsweise nach

$$V = \frac{\text{Grundfläche} + \text{Deckfläche}}{2} \cdot \text{Höhe}$$

berechnet werden.

Deckfläche

$$\begin{aligned} A_1 &= [10{,}50\ \text{m} + 2 \cdot 0{,}50\ \text{m} + 2 \cdot 0{,}15\ \text{m} \\ &\quad + 2 \cdot (0{,}58 \cdot 2{,}60\ \text{m})] \\ &\quad \cdot [9{,}50\ \text{m} + 2 \cdot 0{,}50\ \text{m} + 2 \cdot 0{,}15\ \text{m} \\ &\quad + 2 \cdot (0{,}58 \cdot 2{,}60\ \text{m})] \\ &= (11{,}80\ \text{m} + 3{,}00\ \text{m}) \cdot (10{,}80\ \text{m} + 3{,}00\ \text{m}) \\ &= 204{,}70\ \text{m}^2 \end{aligned}$$

Grundfläche

$$\begin{aligned} A_2 &= (10{,}50\ \text{m} + 2 \cdot 0{,}65\ \text{m}) \cdot (9{,}50\ \text{m} + 2 \cdot 0{,}65\ \text{m}) \\ &= 11{,}80\ \text{m} \cdot 10{,}80\ \text{m} \\ &= 127{,}44\ \text{m}^2 \end{aligned}$$

Aushub

$$\begin{aligned} V &= \frac{204{,}70\ \text{m}^2 + 127{,}44\ \text{m}^2}{2} \cdot 2{,}60\ \text{m} \\ &= \underline{431{,}782\ \text{m}^3} \end{aligned}$$

Aushub von Gräben

Für Tiefe, Böschungswinkel und Verbaukonstruktionen gilt Entsprechendes wie bei Baugruben.

Bei **Gräben für Abwasserleitungen und -kanäle** ist dem **äußeren Rohrschaftdurchmesser (OD)** jeweils ein Betrag (χ) für den **Arbeitsraum** zuzurechnen. Dieser Betrag ist abhängig von der **Nennweite (DN)** und der **Art der Grabensicherung** bzw. dem **Böschungswinkel (β)**.

DN	≤ 225	> 225 ≤ 350	> 350 ≤ 700	> 700 ≤ 1200	> 1200
Verbau	+ 0,40	+ 0,50	+ 0,70	+ 0,85	+ 1,00
$\beta \leq 60°$	+ 0,40				
$\beta > 60°$	+ 0,40	+ 0,50	+ 0,70	+ 0,85	+ 1,00

Zurechnungsbetrag χ für den Arbeitsraum

Unabhängig hiervon sind bei Gräben für Abwasserleitungen ab 1,00 m Tiefe lichte **Mindestbreiten** einzuhalten. Es gilt die jeweils größere Breite.

Tiefe (m)	1,00 ... 1,75	>1,75 ... 4,00	>4,00
Mindestbreite (m)	0,80	0,90	1,00

Bei der Herstellung von Gräben für alle übrigen Leitungsarten (Wasser, Gas) gelten die Mindestbreiten nach DIN 4124.

Gräben bis 0,80 m Tiefe, wie z.B. Fundamentgräben, werden senkrecht abgerechnet.

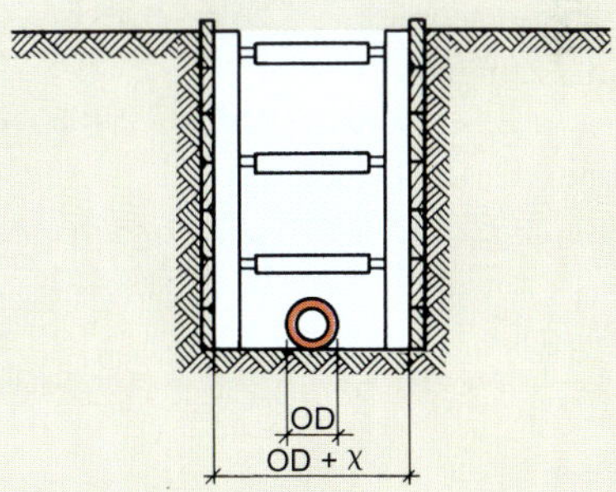

OD + χ = lichte Grabenbreite
OD = Rohrschaftdurchmesser

Verbauter Graben

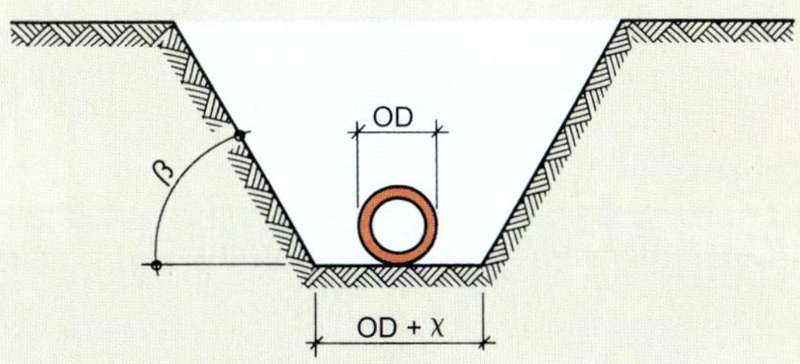

OD + χ = lichte Grabenbreite
OD = Rohrschaftdurchmesser
ß = Böschungswinkel

Nicht verbauter Graben

Beispiel:

Der Aushub für einen 27,45 m langen, verbauten Graben mit einer durchschnittlichen Tiefe von 1,96 m ist zu ermitteln. Der äußere Rohrdurchmesser beträgt 36 cm (DN 300).

Lösung:

Grabenbreite: 0,90 m (Mindestbreite) + 2 · 0,15 m (Verbau) = 1,20 m

Aushub: $V = 1{,}20\ \text{m} \cdot 1{,}96\ \text{m} \cdot 27{,}45\ \text{m} = \underline{64{,}562\ \text{m}^3}$

Hierzu Aufgaben 1.6 bis 1.9

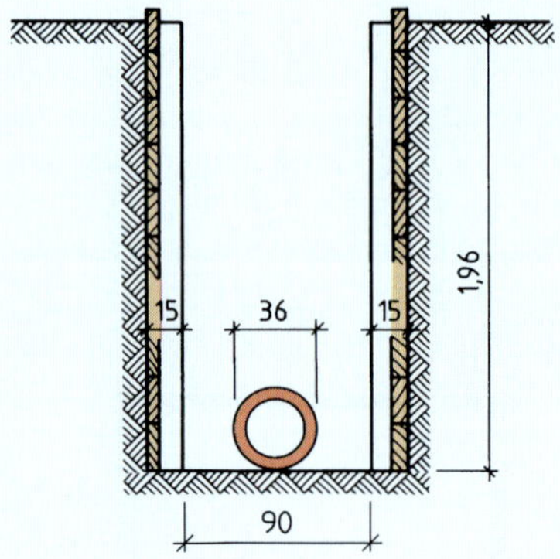

Verbauter Graben

Hinterfüllen, Überschütten und Einbau

Es wird grundsätzlich nach Raummaß (m^3) abgerechnet. Leitungen, Sickerkörper usw. werden bis zu 0,1 m^2 Querschnittsfläche nicht abgezogen. Bei Rohren entspricht 0,1 m^2 Querschnittsfläche einem äußeren Rohrschaftdurchmesser von 35,6 cm. Dickere Rohre werden abgezogen.

Beispiel:

Im obigen Beispiel werden in den Graben ein 15 cm dickes Sandbett und das angegebene Rohr eingebracht. Wie viel Boden kann für die Überschüttung abgerechnet werden?

Lösung:

Aushubquerschnitt: $1{,}20\ \text{m} \cdot 1{,}96\ \text{m} = 2{,}352\ \text{m}^2$

– Sandbettquerschnitt: $1{,}20\ \text{m} \cdot 0{,}15\ \text{m} = 0{,}180\ \text{m}^2$

– Rohrquerschnitt:

$0{,}36\ \text{m} \cdot 0{,}36\ \text{m} \cdot 0{,}785 = \underline{0{,}102\ \text{m}^2}$

Querschnitt der Überschüttung: $2{,}070\ \text{m}^2$

Überschüttung: $V = 2{,}070\ \text{m}^2 \cdot 27{,}45\ \text{m} = \underline{56{,}282\ \text{m}^3}$

Hierzu Aufgaben 1.10 und 1.11

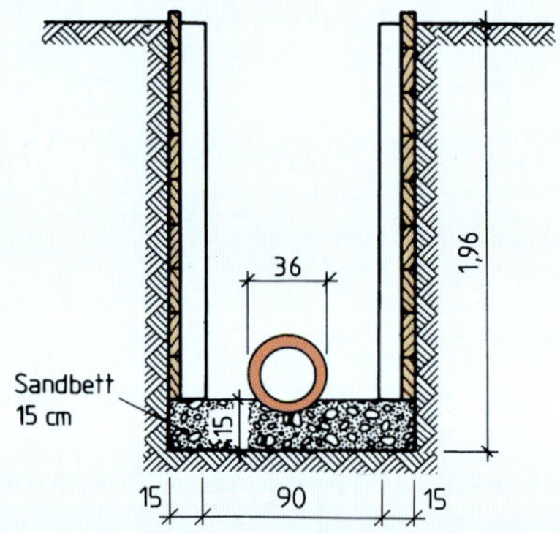

Verbauter Graben mit Sandbett

Arbeitshilfen

In der Praxis wird das Aufmaß auf besonderen **Aufmaßzetteln** erstellt. Dies erleichtert das Ausrechnen und das Prüfen der Aufmaße.

Vielfach erfolgt die Abrechnung auch mithilfe des Computers (siehe hierzu Abschnitt Computertechnik). Die speziellen Aufmaßzettel für die **elektronische Datenverarbeitung** sind mit besonderer Sorgfalt auszufüllen, da die Daten oft von Personen in den Computer eingegeben werden, die keine Baufachleute sind. Insbesondere müssen die vorgesehenen Zeilen und Spalten genau eingehalten werden.

Schema für Aufmaßzettel

Pos.	Benennung	Anzahl	Ausmaß			Abzug		Mess-gehalt		Reiner* Mess-gehalt	
			lang	breit	hoch						
5	Sandbett	1	27,45	1,20	0,15	4	941				

* Reiner Messgehalt = Messgehalt – Abzug

1.2 Mauerarbeiten

Bauteile aus Mauerwerk werden nach den Konstruktionsmaßen abgerechnet. Dabei wird nach Geschossen, Mauerwerksarten und Mauerwerksdicken unterteilt.

Mauerwerk kann nach **Flächenmaß (m^2)** und **Längenmaß (m)** abgerechnet werden.

Wandmauerwerk wird von der Oberseite Rohdecke bis Unterseite Rohdecke gerechnet. Die Höhe von Mauerwerk mit abgeschrägtem Querschnitt wird bis zur höchsten Kante gerechnet.

Bei **Wanddurchdringungen** wird nur eine Wand durchgehend berücksichtigt; bei Wänden ungleicher Dicke ist dies stets die dickere.

Nach DIN 18 330 sind abzuziehen:

1. Bei Abrechnung nach Flächenmaß (m^2):
   - Öffnung über 2,5 m^2 Einzelgröße,
   - bei Bodenbelägen Aussparungen über 0,5 m^2 Einzelgröße,
   - Unterbrechungen der Mauerwerksfläche durch Bauteile mit einer Einzelbreite über 30 cm,
   - Nischen und Ähnliches, soweit für das dahinter liegende Mauerwerk gesonderte Positionen in der Leistungsbeschreibung vorgesehen sind.
2. Bei Abrechnung nach Längenmaß (m):
   - Unterbrechungen über 1 m Einzellänge.

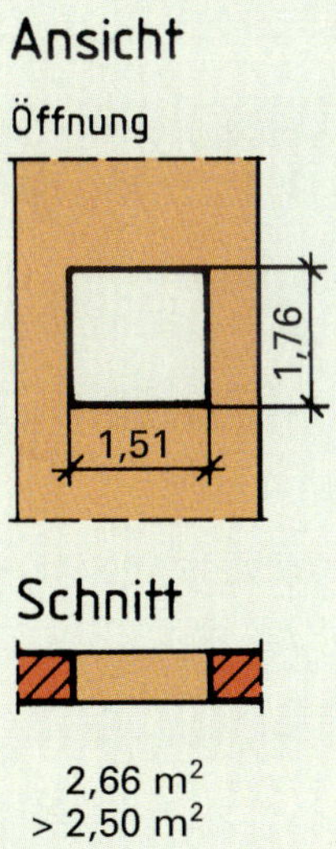

Abzüge bei Flächenmaß

Beispiel:

Ermitteln Sie nach dem dargestellten Grundriss
a) das 11,5 cm dicke Mauerwerk in m^2,
b) das 24 cm dicke Mauerwerk in m^2,
c) das 30 cm dicke Mauerwerk in m^2,
d) für das 24 cm dicke Mauerwerk aus 2DF-Steinen den Stein- und Mörtelbedarf.

Die lichte Höhe beträgt $2{,}63^5$ m, Betonstürze sind zu vernachlässigen.

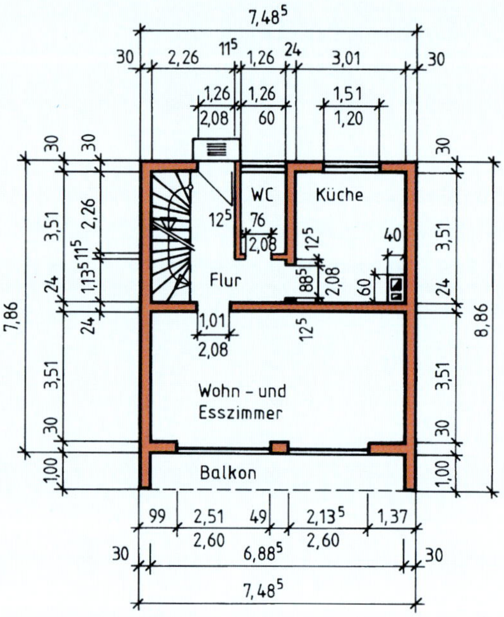

Erdgeschoss

Hierzu Aufgaben 1.12 und 1.13

Lösung:

a) Mauerwerk, 11,5 cm dick:
$(2{,}26\ \text{m} + 1{,}26\ \text{m} + 0{,}115\ \text{m}) \cdot 2{,}63^5\ \text{m} = 9{,}58\ \text{m}^2$
Messgehalt: $\underline{9{,}58\ \text{m}^2}$

b) Mauerwerk, 24 cm dick:
$(3{,}51\ \text{m} + 6{,}885\ \text{m}) \cdot 2{,}63^5\ \text{m} = 27{,}39\ \text{m}^2$
Messgehalt: $\underline{27{,}39\ \text{m}^2}$

c) Mauerwerk, 30 cm dick:
$(2 \cdot 8{,}86\ \text{m} + 2 \cdot 6{,}885\ \text{m}) \cdot 2{,}63^5\ \text{m} = 82{,}98\ \text{m}^2$
Abzüge:
$1{,}26 \cdot 2{,}08\ \text{m} = 2{,}62\ \text{m}^2$
(Tür)
$(2{,}51\ \text{m} + 2{,}13^5\ \text{m}) \cdot 2{,}63^5\ \text{m} = \underline{12{,}24\ \text{m}^2}$
(Balkon)
Messgehalt: $\underline{68{,}12\ \text{m}^2}$

d) Stein- und Mörtelbedarf:
Nach Tabelle S. 295 werden für 24 cm dickes Mauerwerk

$$275\,\frac{\text{Mauerziegel}}{\text{m}^3} \text{ und } 207\,\frac{\text{l Mörtel}}{\text{m}^3}$$

benötigt:

Anzahl Steine $= 6{,}070\ \text{m}^3 \cdot 275\,\frac{\text{Mz}}{\text{m}^3} = \underline{1670\ \text{Stück}}$

Mörtelbedarf $6{,}070\ \text{m}^3 \cdot 207\,\frac{\text{l}}{\text{m}^3} = \underline{1257\ \text{l Mörtel}}$

1.3 Beton- und Stahlbetonarbeiten

Die Abrechnung erfolgt wie beim Mauerwerk nach Konstruktionsmaßen.

Wände bis 25 cm Dicke werden nach Flächenmaß (m^2) oder Raummaß (m^3),
Wände über 25 cm Dicke werden nach Raummaß abgerechnet.

Für **Wandhöhe** und **Durchdringungen** gilt Entsprechendes wie beim Mauerwerk. Auch bei den **Abzügen** wird ähnlich verfahren; nach DIN 18331 sind abzuziehen:

1. Bei Abrechnung nach Flächenmaß (m^2):
   – Öffnungen, Durchdringungen und Einbindungen über 2,5 m^2 Einzelgröße.
2. Bei Abrechnung nach Raummaß (m^3):
   – Öffnungen, Nischen, Kassetten, Hohlkörper u. Ä. über 0,5 m^3 Einzelgröße sowie Schlitze, Kanäle, Profilierungen u. Ä. über 0,1 m^3 je m Länge.
   – Durchdringungen und Einbindungen von Bauteilen über 0,5 m^3 Einzelgröße, wenn sie durch Betonierfugen oder baulich abgesetzt sind, z.B. Fenster- und Türrahmungen, Fenster- und Türstürze.

Stützen werden nach Längenmaß (m) oder Raummaß (m^3) abgerechnet.

Decken werden nach Flächenmaß (m^2) oder Raummaß (m^3) abgerechnet.

Balken, Fenster- und Türstürze werden nach Raummaß (m^3), Längenmaß (m) abgerechnet.

Beispiel:

Ermitteln Sie nach dem dargestellten Grundriss
a) die 24 cm dicken Stahlbetonwände nach m^2,
b) die 30 cm dicken Stahlbetonwände nach m^3.
Die Wandhöhe beträgt 2,45 m.

Lösung:

a) Stahlbetonwände, 24 cm dick:

$(2 \cdot 3{,}51 + 6{,}885\ m) \cdot 2{,}45\ m$	$= 34{,}07\ m^2$
Abzug: $1{,}25\ m \cdot 2{,}06\ m$ (Tür)	$= 2{,}57\ m^2$
Messgehalt:	$31{,}50\ m^2$

b) Stahlbetonwände, 30 cm dick:

$(2 \cdot 7{,}86\ m + 2 \cdot 6{,}885\ m) \cdot 2{,}45\ m \cdot 0{,}30\ m$	$= 21{,}675\ m^3$
Abzug: $3{,}00\ m \cdot 0{,}60\ m \cdot 0{,}30\ m$ (Fenster)	$= 0{,}540\ m^3$
Messgehalt:	$21{,}135\ m^3$

Hierzu Aufgaben 1.14 und 1.15

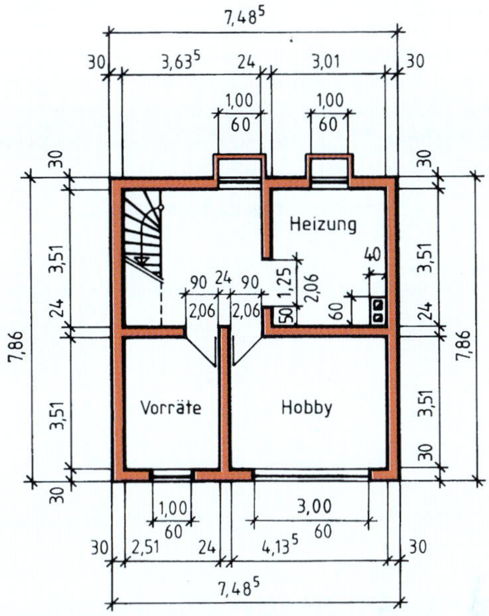

Untergeschoss

1.4 Putz- und Estricharbeiten

Ausführung und Abrechnung von **Putz-** und **Stuckarbeiten** sind in DIN 18350 geregelt. Die Abrechnung von Wand- und Deckenputz für innen und außen erfolgt getrennt nach Art des Putzes nach dem **Flächenmaß** (m^2). Leibungen von Öffnungen, Aussparungen und Nischen sowie Stuckprofile und Eckschienen werden nach dem **Längenmaß** (m) abgerechnet.

Die Höhe geputzter Wandflächen wird von Oberkante bis Unterkante Rohdecke gemessen. Fußleisten, Plattensockel und andere Konstruktionen bis 10 cm Höhe werden übermessen. In Decken und Wänden werden Öffnungen, Aussparungen und Nischen über 2,5 m^2 Einzelgröße abgezogen; ihre jeweilige Größe ist für jede Wand- und Deckenfläche gesondert zu berechnen. Ganz oder teilweise geputzte Leibungen von Öffnungen, Aussparungen und Nischen über 2,5 m^2 Einzelgröße werden nach Längenmaß gesondert berechnet. Bei der Abrechnung nach Längenmaß werden Unterbrechungen von über 1 m Einzellänge abgezogen.

Estricharbeiten sind entsprechend DIN 18353 getrennt nach Dicke nach dem Flächenmaß (m^2) abzurechnen. Öffnungen, Pfeilervorlagen und Rohrdurchdringungen von über 0,10 m^2 Einzelgröße werden abgezogen.

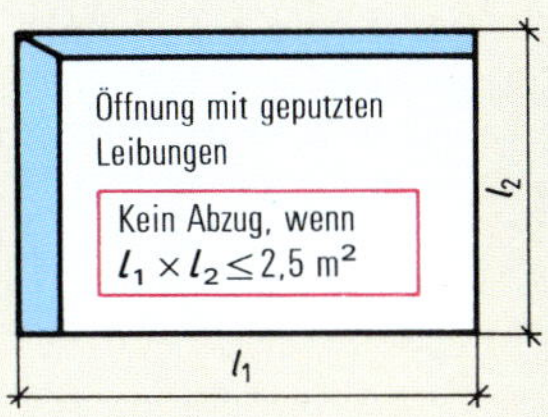

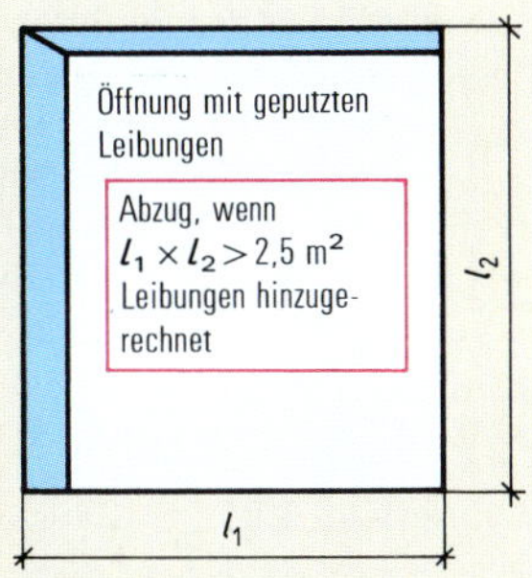

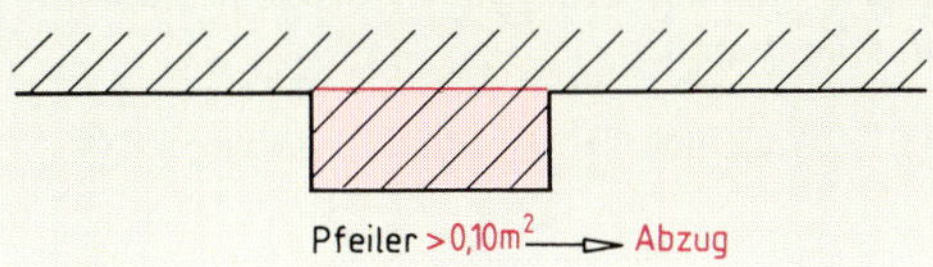

Beispiel:

Die dargestellte Doppelgarage erhält einen 1,5 cm dicken Innenwandputz. Decke und Leibungen werden nicht verputzt. Die Stahlbetonstützen werden in Sichtbeton ausgeführt. Der Garagenboden erhält einen 5 cm dicken Verbundestrich.

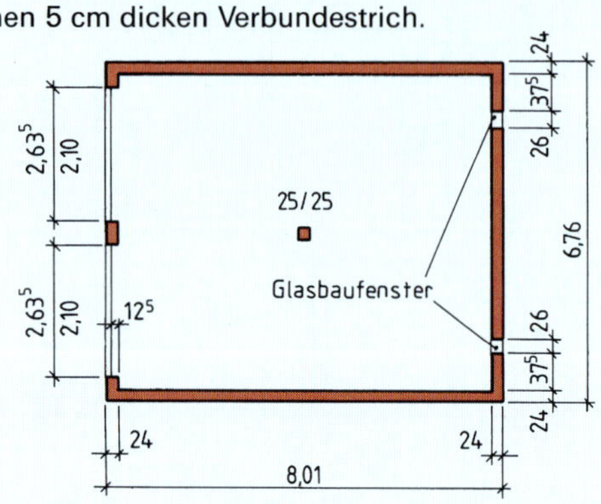

Bestimmen Sie die für die Abrechnung maßgebliche Putz- und Estrichfläche.

Lösung:

Putzfläche

$(2 \cdot 6{,}28\ \text{m} + 2 \cdot 7{,}53\ \text{m}) \cdot 2{,}40\ \text{m}$	$= 66{,}29\ \text{m}^2$
$2 \cdot 2{,}635\ \text{m} \cdot 2{,}10\ \text{m}$	$= 11{,}07\ \text{m}^2$
Messgehalt:	$= 55{,}22\ \text{m}^2$

Die Glasbaufenster bleiben unberücksichtigt, weil ihre Öffnungsgröße unter 2,5 m² liegt.

Estrichfläche

$7{,}53\ \text{m} \cdot 6{,}28\ \text{m}$	$= 47{,}29\ \text{m}^2$
$2 \cdot 0{,}125\ \text{m} \cdot 2{,}635\ \text{m}$	$= 0{,}66\ \text{m}^2$
Messgehalt:	$= 47{,}95\ \text{m}^2$

Hierzu Aufgaben 1.16 und 1.21

1.5 Gewichtskraftberechnungen

Die **Gewichtskraft** (F_G) ist die Kraft, mit der Körper zum Erdmittelpunkt hingezogen werden. Die Basiseinheit der Gewichtskraft ist Newton (N), weitere Einheiten sind Kilonewton (kN) und Meganewton (MN).

1 N = 0,001 kN = 0,000001 MN
1 000 N = 1 kN = 0,001 MN
1 000 000 N = 1 000 kN = 1 MN

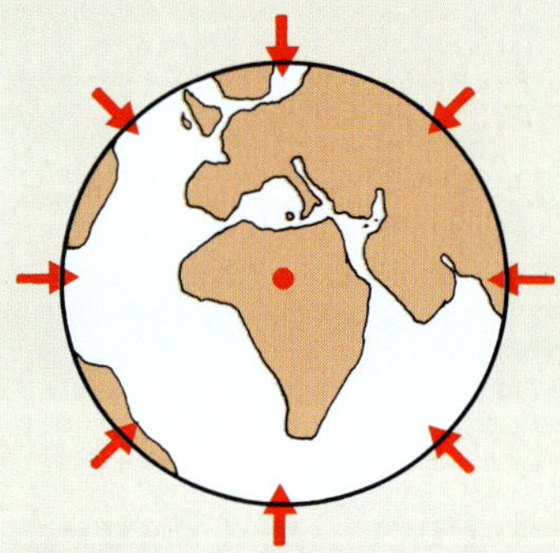

Die Gewichtskraft ist zum Erdmittelpunkt gerichtet

Gewichtskräfte, die auf Bauteile einwirken, werden **Lasten** genannt. Kräfte, die Bauteile durch ihre eigenen Massen hervorrufen, werden als **Eigenlasten** bezeichnet.

Die Gewichtskraft ist im Bauwesen für statische Berechnungen erforderlich. Deshalb muss die Masse der Bauteile und Baustoffe in Gewichtskräfte umgerechnet werden. Die Gewichtskraft eines Körpers ist das Produkt aus seiner Masse m und der Fallbeschleunigung $g\left(\frac{\text{m}}{\text{s}^2}\right)$. Die Fallbeschleunigung ist gleich der Geschwindigkeitszunahme je Sekunde, die ein im luftleeren Raum frei fallender Körper erfährt.

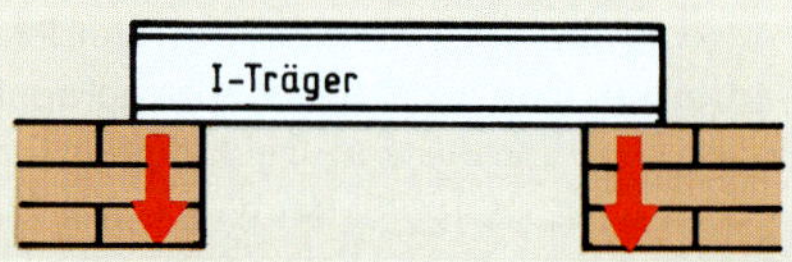

Eigenlast eines Trägers

Gewichtskraft = Masse × Fallbeschleunigung

$$F_G = m \cdot g$$

$$1\ \text{N} = 1\ \frac{\text{kg m}}{\text{s}^2}$$

Die Fallbeschleunigung beträgt auf der Erde durchschnittlich $9{,}81\ \frac{\text{m}}{\text{s}^2}$. Sie wird aufgerundet mit $10\ \frac{\text{m}}{\text{s}^2}$ angenommen. Ein Körper mit einer Masse von 1 kg wird also auf der Erde mit einer Gewichtskraft von 10 N beansprucht.

Gewichtskraft in N ≙ Masse in kg × 10

$$F_G \mathrel{\widehat{=}} m \times 10$$

Die Masse der Bauteile und Baustoffe wird mithilfe des Volumens und der Dichte nach folgender Formel ausgerechnet:

Masse = Volumen × Dichte

$$m = V \cdot \varrho$$

Die Masse eines Bauteils pro m² kann auch vereinfacht nach folgender Formel berechnet werden:

Masse pro m² = Dicke des Bauteils in m × Dichte in kg/m³

Die Masse von Baustoffen, wie Betonstahl, Profilstähle, Kanthölzer, Balken, kann auch über die **längenbezogene Masse** in **kg/m** ermittelt werden. Die Werte für die längenbezogene Masse können Tabellen entnommen werden.

Beispiel 1:

Ermitteln Sie für die dargestellte Stahlbetonstütze die Eigenlast. Die Stütze wird aus Beton der Festigkeitsklasse 20/25 hergestellt. Die Dichte für diesen Beton beträgt 2500 kg/m³.

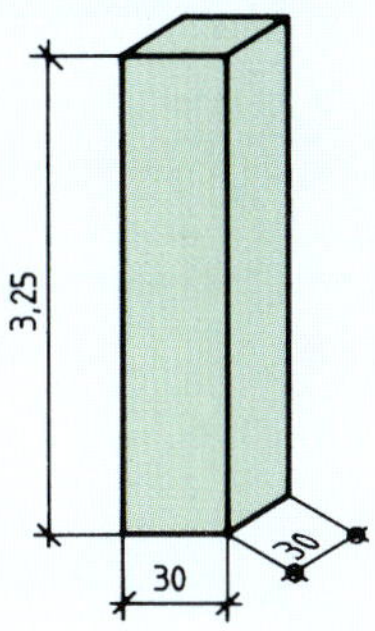

Lösung:

Es wird zuerst die Masse berechnet:

$m = V \cdot \varrho$
$m = 0{,}30\ \text{m} \cdot 0{,}30\ \text{m} \cdot 3{,}25\ \text{m} \cdot 2500\ \text{kg/m}^3 = 731{,}25\ \text{kg}$

Aus der Masse in kg kann die Gewichtskraft ermittelt werden:

$F_G = m \cdot 10$
$F_G = 731{,}25 \cdot 10 = 7312{,}5\ \text{N}$
$\approx \underline{7{,}3\ \text{kN}}$

Beispiel 2:

Die in der Zeichnung dargestellte Stahlbetondecke hat eine Länge von 8,50 m und eine Breite von 5,30 m.

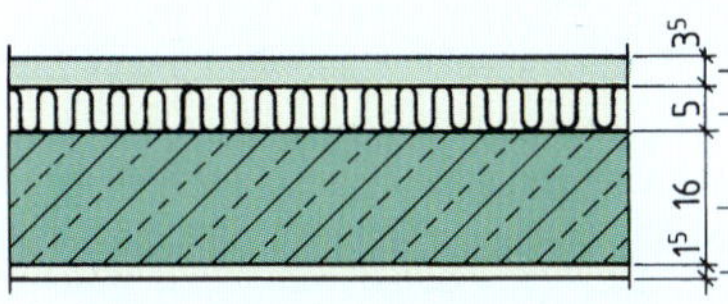

Ermitteln Sie die Eigenlast der Decke pro m² und die Last der gesamten Decke. Die Dichtewerte werden der Tabelle auf Seite 300 entnommen.

Lösung:

a) Eigenlast pro m²

Zementestrich: $1{,}00\ \text{m} \cdot 1{,}00\ \text{m} \cdot 0{,}035 \cdot 2100\ \text{kg/m}^3 = 73{,}5\ \text{kg}$

Hartschaum: $1{,}00\ \text{m} \cdot 1{,}00\ \text{m} \cdot 0{,}05\ \text{m} \cdot 30\ \text{kg/m}^3 = 1{,}5\ \text{kg}$

Stahlbeton: $1{,}00\ \text{m} \cdot 1{,}00\ \text{m} \cdot 0{,}16\ \text{m} \cdot 2500\ \text{kg/m}^3 = 400{,}0\ \text{kg}$

Kalkputz: $1{,}00\ \text{m} \cdot 1{,}00\ \text{m} \cdot 0{,}015\ \text{m} \cdot 1800\ \text{kg/m}^3 = 27{,}0\ \text{kg}$

Gesamtmasse pro m² Decke $= 502{,}0\ \text{kg}$

Eigenlast pro m² Decke $= 502{,}0 \cdot 10$
$= 5020\ \text{N}$
$= \underline{5{,}02\ \text{kN}}$

b) Last der gesamten Decke
$5020\ \text{N/m}^2 \cdot 8{,}50\ \text{m} \cdot 5{,}30\ \text{m} = 226151\ \text{N}$
$= \underline{226{,}151\ \text{kN}}$

Beispiel 3:

Als Träger über der Toreinfahrt einer Doppelgarage ist ein Stahlprofilträger mit der Bezeichnung IPE 330 vorgesehen.

Ermitteln Sie die Eigenlast des Trägers bei einer Länge von 5,60 m.

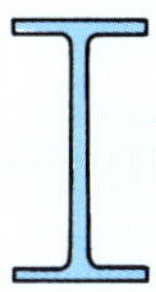
IPE 330

Die längenbezogene Masse für den Träger ist Tabellen zu entnehmen.

Hierzu Aufgaben 1.22 bis 1.30

Lösung:

Die längenbezogene Masse beträgt für den Träger nach Tabellen 49,1 kg/m.

Daraus lässt sich die Gesamtmasse des Trägers ermitteln:

m = längenbezogene Masse in kg/m × Trägerlänge in m

$m = 49{,}1\ \text{kg/m} \cdot 5{,}60\ \text{m} = \underline{274{,}96\ \text{kg}}$

Aus der Masse in kg kann die Eigenlast ermittelt werden:

$F_G = 274{,}96 \cdot 10 = \underline{2749{,}6\ \text{N}}$
$\approx \underline{2{,}750\ \text{kN}}$

Erdarbeiten

1.1 Berechnen Sie den Aushub für eine Baugrube mit Verbau und Schalung. Die UG-Außenmaße betragen 12,75 m × 9,25 m und die durchschnittliche Aushubtiefe 0,75 m.

1.2 Ermitteln Sie den Aushub für eine abgeböschte Baugrube (Bodenklasse 4), wenn die UG-Außenmaße 13,75 m × 12,50 m betragen und die durchschnittliche Aushubtiefe 3,15 m beträgt.

Die UG-Wände werden betoniert.

1.3 Ermitteln Sie die Böschungsbreite einer Baugrube, wenn die Baugrubentiefe bei einem Boden

a) der Bodenklasse 4 1,60 m;

b) der Bodenklasse 5 2,15 m;

c) der Bodenklasse 7 2,30 m misst.

1.4 Berechnen Sie den Aushub für eine Baugrube (Bodenklasse 5), wenn die UG-Außenmaße 14,25 m × 10,75 m betragen und die durchschnittliche Aushubtiefe 2,65 m beträgt.

Die UG-Wände werden nicht geschalt.

1.5 Ermitteln Sie

a) den Oberbodenabtrag in m²;

b) den Aushub für die dargestellte Baugrube (Bodenklasse 5).

Die UG-Außenmaße betragen 20,00 m × 10,00 m. Die Wände werden geschalt.

Der Oberboden ist 20 cm dick.

Um die Baugrube ist ein Schutzstreifen von 60 cm freizuhalten.

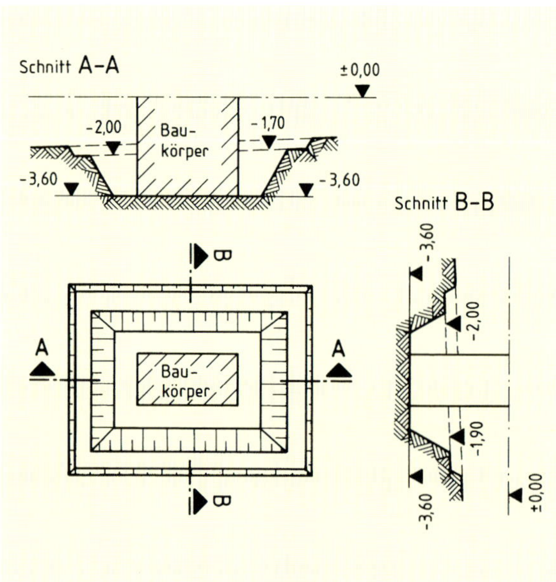

1.6 Berechnen Sie den Aushub für die dargestellten Fundamentgräben. Die Aushubtiefe beträgt 0,60 m.

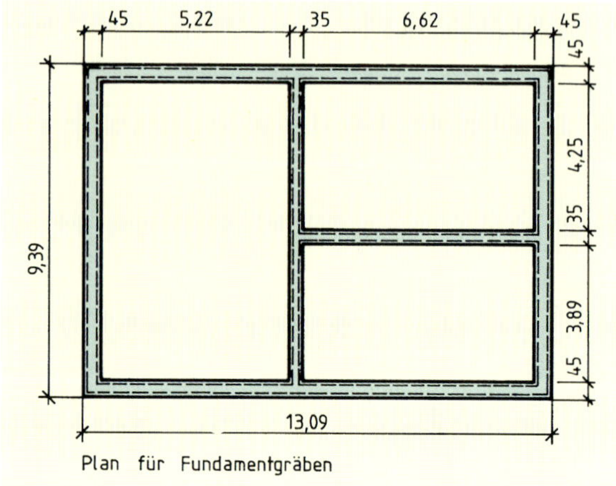

1.7 Berechnen Sie den Aushub für einen 35,55 m langen verbauten Graben mit einer durchschnittlichen Tiefe von 1,74 m.

Der äußere Rohrschaftdurchmesser beträgt 26 cm (DN 200).

1.8 Ermitteln Sie den Aushub für einen 28,75 m langen unverbauten Graben mit einer durchschnittlichen Tiefe von 2,05 m und einem Böschungswinkel von 45°. Der äußere Rohrschaftdurchmesser beträgt 46 cm (DN 400).

1.9 Der Aushub für einen 50,50 m langen verbauten Graben mit durchschnittlicher Tiefe von 3,55 m ist zu berechnen. Der äußere Rohrschaftdurchmesser der Schleuderbetonrohre beträgt 180 cm (DN 1500).

1.10 Wie viel Boden kann für die Überschüttung des Beispiels 1.9 abgerechnet werden, wenn in dem Graben außer dem Rohr noch ein 40 cm dickes Sandbett eingebracht wird?

1.11 Berechnen Sie für den im Schnitt dargestellten 28,55 m langen Graben die Überschüttung.

Der äußere Rohrschaftdurchmesser beträgt 38 cm (DN 300), die Sickerschicht beträgt 25 cm.

Grabentiefe bis Sohle 2,06 m. Bodenklasse 5.

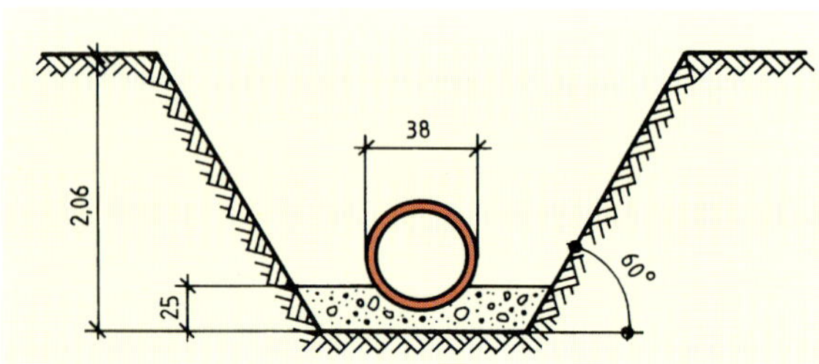

Mauerarbeiten

1.12 Ermitteln Sie nach dem dargestellten Grundriss (EG)

a) das 11,5 cm dicke Mauerwerk nach Flächenmaß,

b) das 24 cm dicke Mauerwerk nach Flächenmaß,

c) das 36,5 cm dicke Mauerwerk nach Flächenmaß.

d) Für das 24 cm dicke Mauerwerk werden Hohlblöcke 24/49/23,8 verwendet. Ermitteln Sie den Stein- und Mörtelbedarf. (Werkstoffbedarf siehe Tabelle Seite 295.)

Die lichte Raumhöhe beträgt 2,62 m (Betonstürze werden vernachlässigt).

Nicht im Plan eingetragene Maße sind zu errechnen.

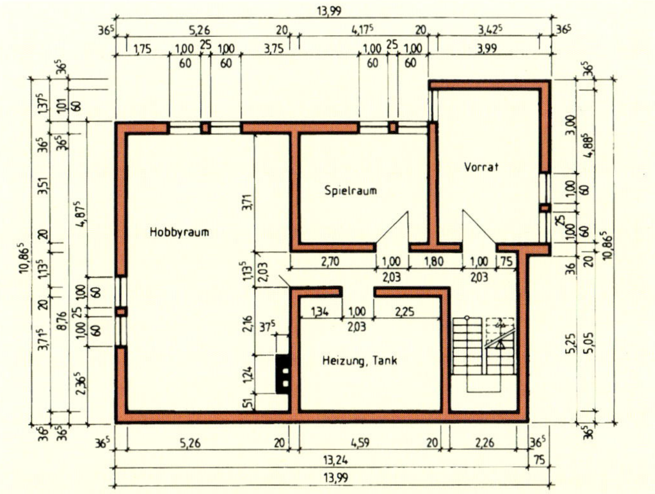

Grundriss UG

1.13 Berechnen Sie nach dem dargestellten Grundriss (OG) mithilfe eines Aufmaßzettels

a) das 11,5 cm dicke Mauerwerk nach Flächenmaß,

b) das 24 cm dicke Mauerwerk nach Flächenmaß,

c) das 36,5 cm dicke Mauerwerk nach Flächenmaß.

d) Für das 11,5 cm dicke Mauerwerk werden 2 DF-Steine verwendet. Ermitteln Sie hierfür den Stein- und Mörtelbedarf.

e) Verarbeitet wird Kalkzementmörtel, MV 1:1:6. Wie viel Liter Sand, Zement und Kalkhydrat werden bei einem Mörtelfaktor von 1,6 benötigt?

Die lichte Raumhöhe beträgt 2,55 m.

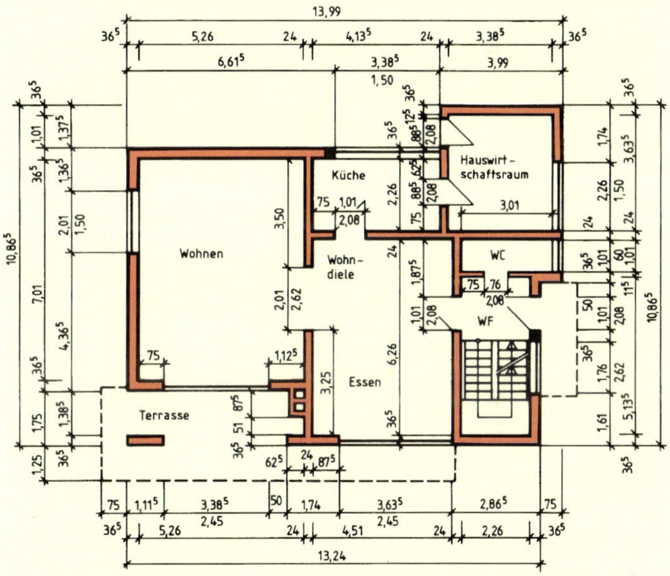

Grundriss EG

Betonarbeiten

1.14 Berechnen Sie für die im Grundriss (OG) dargestellten Fenster ①–③ die Betonstürze bei einer jeweiligen Auflagerung von 25 cm, einer Sturzhöhe von 40 cm und einer Sturzbreite von 30 cm nach dem Raummaß.

1.15 Berechnen Sie nach dem dargestellten Grundriss (UG)

a) die 20 cm dicken Stahlbetonwände nach m²,

b) die 36,5 cm dicken Stahlbetonwände nach m³.

Die Wandhöhe beträgt 2,50 m.

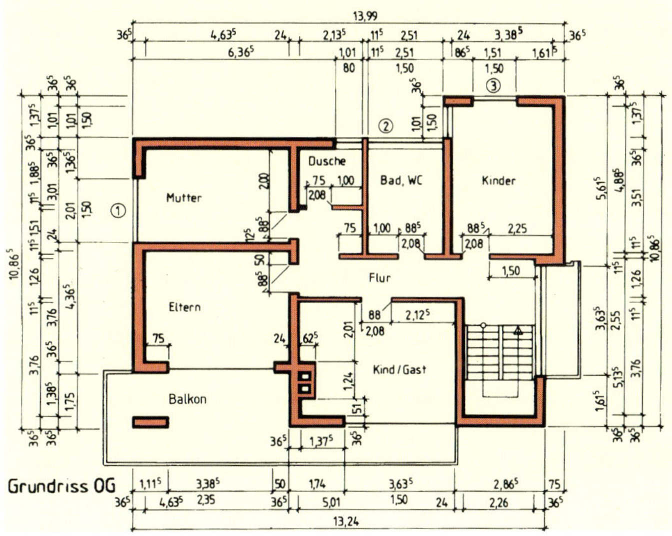

Grundriss OG

Putz- und Estricharbeiten

1.16 Das Aufmaß für die Abrechnung von Putzarbeiten ergibt folgende Teilflächen (die mit * gekennzeichneten Flächen sind Öffnungen, deren Leibungen verputzt sind): 11,80 m²; 14,56 m²; 8,48 m²; *5,87 m²; 5,34 m²; 1,24 m²; *3,50 m²; 4,78 m²; *3,45 m²; *4,50 m².

Bestimmen Sie die für die Abrechnung maßgebliche Gesamtfläche.

1.17 Die in der Zeichnung dargestellte Wandfläche erhält einen 1,5 cm dicken Innenwandputz. Die Fensterleibungen werden 15 cm tief mitverputzt. Wie viel m² Putzfläche werden abgerechnet?

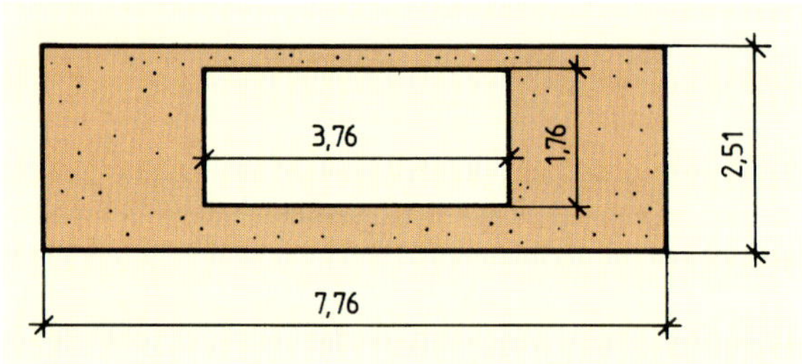

1.18 Der dargestellte Raum erhält einen Innenwand- und Deckenputz. Die Fensterleibungen werden nicht verputzt.

a) Wie viel m² Innenwandputz werden abgerechnet?

b) Wie viel m² Deckenputz werden abgerechnet?

c) Verarbeitet wird ein 1,5 cm dicker Kalkgipsmörtel 1:0,2:3. Ermitteln Sie den Bedarf an Kalk, Gips und Sand, wenn der Mörtelfaktor mit 1,3 angenommen wird.

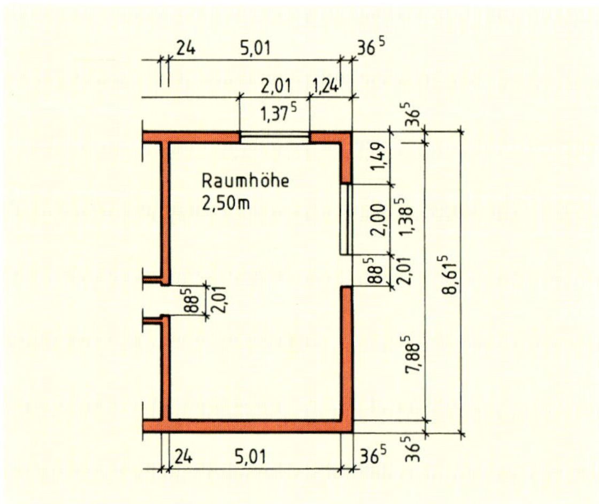

1.19 Die dargestellte Giebelfläche erhält einen Putz aus Kalkzementmörtel. Die Leibungen der Fenster bleiben unverputzt.

a) Bestimmen Sie die für die Abrechnung maßgebliche Putzfläche.

b) Ermitteln Sie den Bedarf an Kalk, Zement und Sand, wenn das Mischungsverhältnis 2:1:10 beträgt und der Mörtelfaktor mit 1,25 angenommen wird.

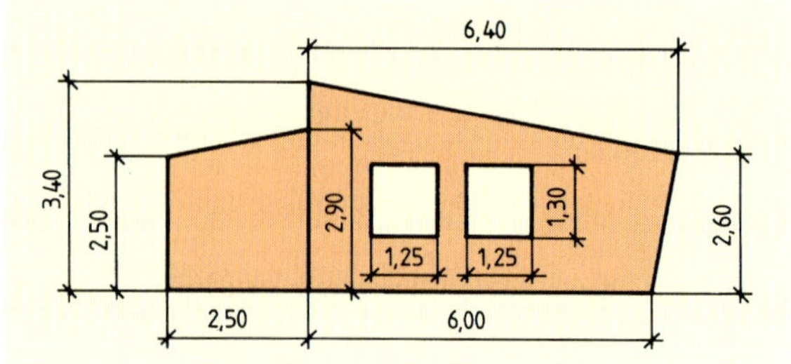

1.20 Berechnen Sie für die dargestellte Garage mithilfe eines Aufmaßzettels die Außenwandputzfläche. Benützen Sie für den Aufmaßzettel das Schema auf Seite 230.

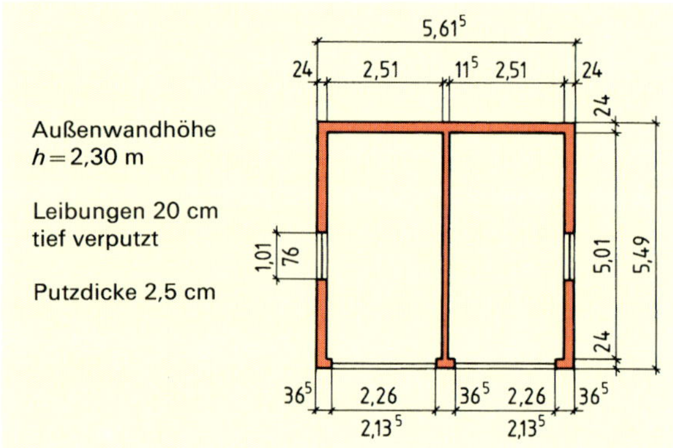

Verarbeitet wird ein Kalkzementmörtel 2:1:11. Ermitteln Sie den Bindemittel- und Sandbedarf bei einem Mörtelfaktor von 1,4.

1.21

a) Berechnen Sie nach dem dargestellten Grundriss (Obergeschoss) die Fläche des schwimmend verlegten Zementestrichs, MV 1:3, Dicke 3 cm.

b) Ermitteln Sie den Bedarf an Zement (in Sack) und Sand (in m³) bei einem Mörtelfaktor von 1,6.

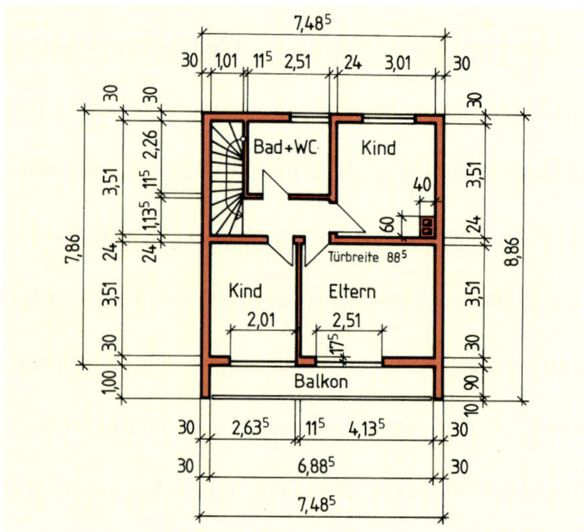

Gewichtskraftberechnungen

1.22 Wie groß ist die Eigenlast eines Balkens aus lufttrockenem Tannenholz von 6 m Länge und einem Querschnitt von 16/24 cm?

1.23 Welche Eigenlast hat ein Stahlträger I PE 360 mit 14 m Länge?

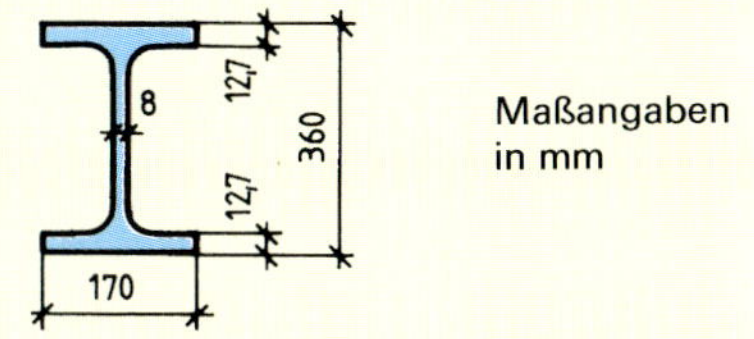

1.24 Bestimmen Sie die Eigenlast der dargestellten Winkelstufe aus Betonwerkstein mit einer Dichte von 2200 kg/m³. Ihre Länge misst 1,20 m.

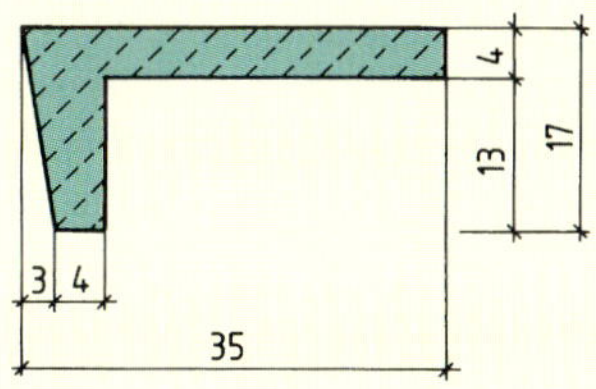

1.25 Ermitteln Sie für das dargestellte 30 m lange Brückenfertigteil aus Stahlbeton die Eigenlast.

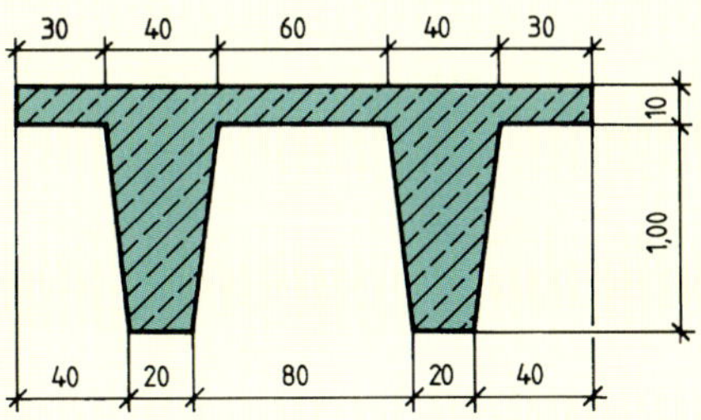

1.26 Eine Mauer aus Natursteinen (Rohdichte 3000 kg/m³) ist 40 cm dick, 1,50 m hoch und 4,20 m lang. Sie ruht auf einem Fundament (Betonrohdichte 2400 kg/m³) mit 60 cm Breite und 90 cm Tiefe.

a) Wie groß ist die Gesamtlast (Mauer und Fundament)?

b) Welche Last hat 1 m² des Erdreichs aufzunehmen?

1.27 Ein Kran hat eine Hubkraft von 40 kN. Wie viele Steine können jeweils maximal transportiert werden?

a) Mz (2DF), Steinrohdichte 1800 kg/m³,

b) KMz (DF), Steinrohdichte 2000 kg/m³,

c) KSV (3DF), Steinrohdichte 1200 kg/m³.

Die Masse eines Steinkorbes beträgt 70 kg.

1.28 Die dargestellte Außenwand eines Hauses ist 6,50 m lang und 2,50 m hoch. Berechnen Sie

a) die Eigenlast pro m² Wandfläche,

b) die Last der gesamten Wand.

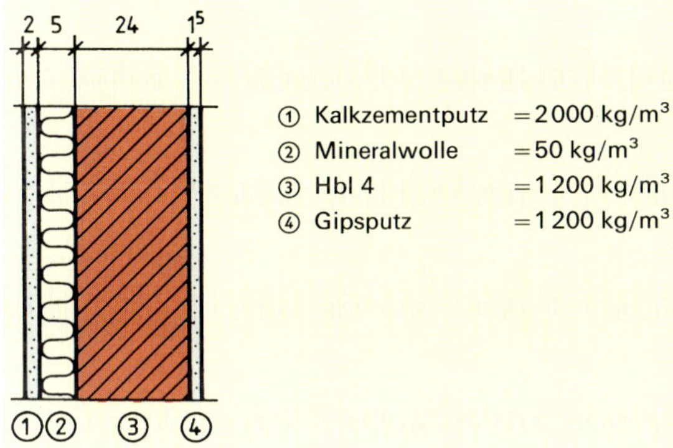

1.29 Eine Decke hat den in der Zeichnung dargestellten Aufbau. Ermitteln Sie

a) die Eigenlast pro m² Decke,

b) die Eigenlast der gesamten Decke, wenn ihre Länge 10,20 m und ihre Breite 6,75 m misst,

c) die Last der gesamten Decke, wenn sie für ein Wohnhaus vorgesehen wird.

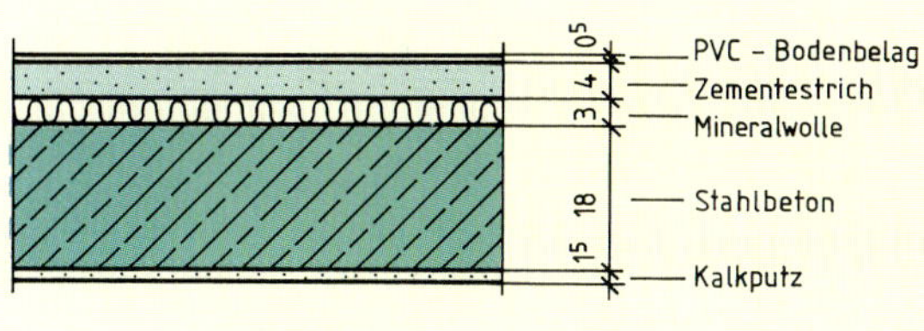

1.30 Eine runde Stahlbetonstütze (∅ 30 cm, h = 3,20 m) übernimmt eine Last von 0,2 MN. Ermitteln Sie

a) die Eigenlast der Stütze;

b) den Sohldruck, wenn die Stütze auf einem Fundament mit den Abmessungen 80 × 80 × 100 cm steht.

Die Betonrohdichte für Stütze und Fundament beträgt 2400 kg/m³.

2 Materiallisten

2.1 Stahllisten

Stahlbetonarbeiten werden nach Bewehrungsplänen ausgeführt. Der **Bewehrungsplan** gibt über Güte, Lage, Form, Querschnitt, Länge und Anzahl der Stahleinlagen Auskunft. Aus dem Bewehrungsplan wird der **Stahlauszug** ermittelt, indem die einzelnen Stähle von oben nach unten aus dem Stahlbetonteil herausgezeichnet werden. An die Bewehrungsstähle werden Schnittlänge, Teilmaße, Stückzahl, Durchmesser, Stahlgüte und Bewehrungsnummer oder Position geschrieben.

Die Angaben des Stahlauszuges werden in einer **Stahlliste** tabellarisch zusammengefasst, die Einzelmassen und die Gesamtmasse der Stähle rechnerisch bestimmt. Zunächst wird die Länge des Einzelstabes einer bestimmten Position ermittelt. Das Produkt aus der Einzelstablänge und der Anzahl der Stähle ergibt die Gesamtlänge dieser Position.

Die längenbezogene Masse der Stähle kann der Tabelle auf Seite 299 entnommen werden. Das Produkt aus der Gesamtlänge und der längebezogenen Masse ergibt die Masse der Postion.

Bei der Ermittlung der Betonstahllänge ist die **Betondeckung** zu berücksichtigen. Sie ist nach DIN 1045 abhängig vom Durchmesser des Bewehrungsstabes und von den Umweltbedingungen, denen das Bauteil ausgesetzt ist. Die Maße der Betondeckung können der Tabelle auf Seite 301 entnommen werden.

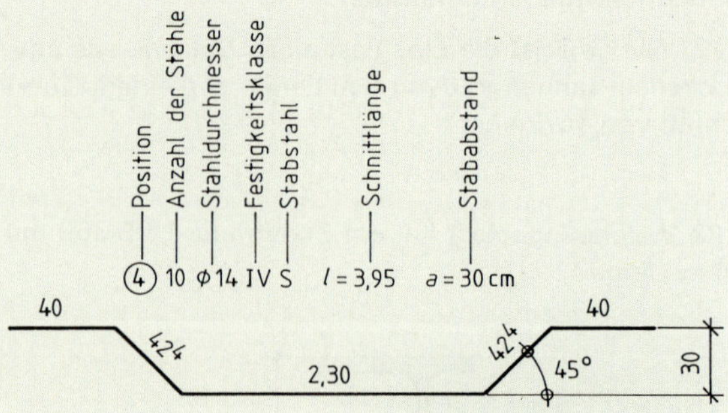

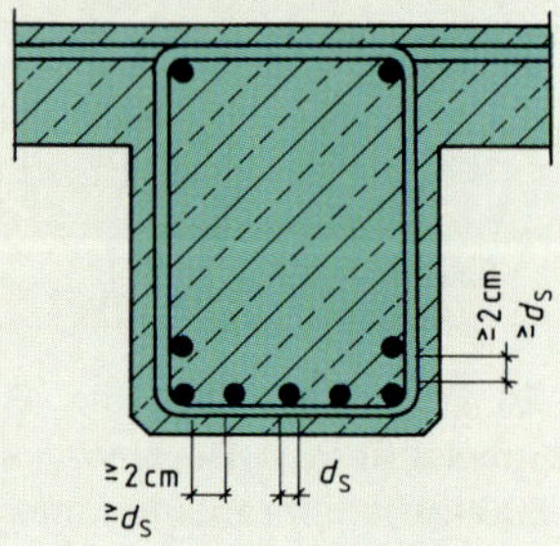

Nach DIN 1045 muss der lichte Abstand gleichlaufender Bewehrungsstäbe ≥ 2 cm betragen und darf nicht kleiner als der Stabdurchmesser d_s sein.

Nach DIN 1045 sind dem Entwurf und der Ausführung die **Nennmaße (nom *c*)** zugrunde zu legen. Sie entsprechen den Verlegemaßen der Bewehrung und setzen sich aus den **Mindestmaßen (min *c*)** und einem **Vorhaltemaß** zusammen. Es beträgt für die Expositionsklasse XC 1 1,0 cm und für die Expositionsklassen XC 2, XC 3, XC 4, XD und XS 1,5 cm.

nom c = min c + 1 cm Vorhaltemaß

Beispiel 1:

Für den dargestellten Türsturz sind der Stahlauszug zu ergänzen und die Stahlliste zu erstellen.

Das Mindestmaß für die Betondeckung beträgt 1,5 cm, das Vorhaltemaß 1 cm.

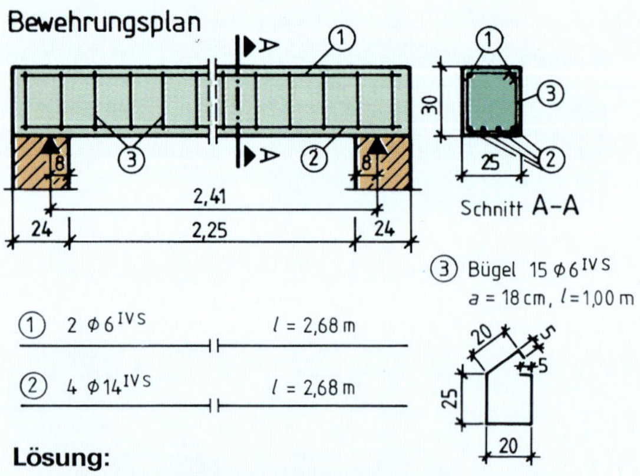

Lösung:

1. Nennmaß für die Betondeckung

nom c = min c + 1 cm = 1,5 cm + 1 cm = <u>2,5 cm</u>

2. Schnittlängen

l = Länge des Einzelstabes

l_{ges} = Gesamtlänge der Stäbe

Pos. 1 l = Sturzlänge − 2 · Betondeckung
l = 2,73 m − 2 · 0,025 m = 2,68 m
l_{ges} = 2,68 m · 2 = 5,36 m

Pos. 2 l_{ges} = (Sturzlänge − 2 · Betondeckung) · 4
l = 2,73 m − 2 · 0,025 m = 2,68 m
l_{ges} = 2,68 m · 4 = <u>10,72 m</u>

Pos. 3 l_{ges} = (Sturzbreite − 2 · Betondeckung + Sturzhöhe − 2 · Betondeckung) · 2 + 2 · rechtwinklige Abbiegungen
l = (0,25 m − 2 · 0,025 m + 0,30 m − 2 · 0,025 m) · 2 + 2 · 0,05 m = 1,00 m
l_{ges} = 1,00 m · 15 = 15,00 m

3. Masse

Pos. 1 m = Gesamtlänge × Masse je m Länge
m = 5,36 m · 0,222 kg/m = <u>1,190 kg</u>

Pos. 2 m = 10,72 m · 1,210 kg/m = <u>12,971 kg</u>

Pos. 3 m = 15,00 m · 0,222 kg/m = <u>3,330 kg</u>

Gesamtmasse Pos. 1 ... 3 = 17,491 kg

4. Stahlliste

(auf Seite 241 oben)

3. Stahlliste

Pos.	Stück	Durch-messer mm	Einzel-länge m	Gesamtlänge in m ∅ 6	∅ 14
1	2	6	2,68	5,36	
2	4	14	2,68		10,72
3	15	6	1,00	15,00	
Gesamtlänge			m	20,36	10,72
Masse pro m			kg/m	0,222	1,210
Masse			kg	4,520	12,971
Gesamtmasse (BSt 500 S)			kg	17,491 kg	

Umrechnen von Stahlquerschnitten

In der Praxis kann es vorkommen, dass die in der Stahlliste mit einem bestimmten Durchmesser geforderten Stähle nicht vorrätig sind. Bei Verwendung der gleichen Stahlsorte kann eine Umrechnung auf einen anderen Durchmesser vorgenommen werden. Bei Deckenbewehrungen wird bei der Umrechnung von der Anzahl der Stähle auf 1 m Deckenbreite ausgegangen.

vorhandener Querschnitt
≤ gewählter Querschnitt

Beispiel 3:

Nach der statischen Berechnung sind für einen Stahlbetonbalken mit 30 cm Breite 4 Stähle mit ∅ 16 mm IV erforderlich. Die Betondeckung beträgt 2,0 cm.

a) Wie viele Stähle mit ∅ 14 mm können stattdessen gewählt werden?

b) Wie groß ist der Abstand zwischen den Stählen, wenn Bügel mit ∅ 10 mm verwendet werden?

Lösung:

a) Vorhandener Querschnitt

$A_s = 4 \cdot 1{,}6\text{ cm} \cdot 1{,}6\text{ cm} \cdot 0{,}785 = 8{,}04\text{ cm}^2$

Querschnitt ∅ 14 mm $= 1{,}54\text{ cm}^2$

Anzahl ∅ 14 mm $= \dfrac{8{,}04\text{ cm}^2}{1{,}54\text{ cm}^3} = 5{,}2$ gewählt 6 Stähle

Gewählter Querschnitt

$A_s = 6 \cdot 1{,}54\text{ cm}^2 = 9{,}24\text{ cm}^2 \geq 8{,}04\text{ cm}^2$

b) Abstand der Stähle a_l

$$= \frac{30\text{ cm} - [(2 \cdot 2{,}0\text{ cm}) + (2 \cdot 1{,}0\text{ cm})] + 6 \cdot 1{,}4\text{ cm}}{5\text{ Stahlabstände}}$$

$$a_l = \frac{30\text{ cm} - 14{,}4\text{ cm}}{5} = \underline{3{,}12\text{ cm} > 2{,}0\text{ cm}}$$

Mattenlisten und Schneideskizzen

Für die Bestellung und Verarbeitung an der Baustelle werden die Betonstahlmatten in einer Mattenliste erfasst. Für das Schneiden von Lagermatten werden Größe und Anzahl der von den einzelnen Mattensorten benötigten Mattenstücke festgelegt und in Form von Schneideskizzen angegeben. Geeignete Formulare, auf denen die Lagermattenabmessungen bereits maßstäblich vorgedruckt sind, werden von einzelnen Herstellern zur Verfügung gestellt. Die Massen für die einzelnen Mattensorten können Tabellen entnommen werden.

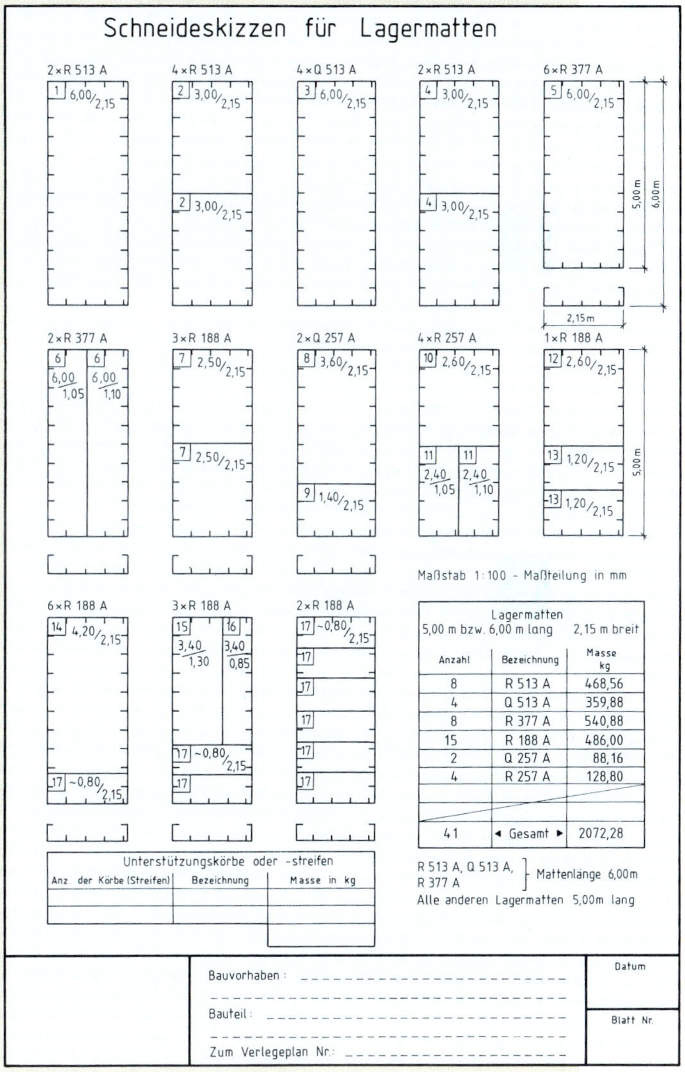

Hierzu Aufgaben 2.1 bis 2.12

2.2 Holzlisten

Holzschalungen für Stützen, Wände, Balken und Decken bestehen aus der Schalhaut der Unterkonstruktion und der Unterstützung. Für die **Schalhaut** eignen sich Brettschalungen, Schalungsplatten aus Vollholz und Sperrholz. Für die **Unterkonstruktion** werden Bohlen, Kanthölzer und Fachwerkträger eingesetzt. Die **Unterstützung** und **Aussteifung** der Schalung erfolgt durch Rundholz- und Kantholzstützen.

Der Holzbedarf für die Schalhaut wird in m² und/oder Stückzahl angegeben. Der Bedarf an Bohlen, Kanthölzern und Rundhölzern kann nach m³ und/oder nach m ermittelt werden.

Die Schalungsarbeiten werden nach **Schalungsplänen** ausgeführt. Anhand der Schalungspläne können **Materiallisten** erstellt werden, nach deren Angaben die erforderlichen Schalungsteile angefertigt werden. In die Materiallisten werden tabellarisch für die einzelnen Schalungsteile Stückzahl, Querschnittsabmessungen, Längen, Netto- und Bruttomengen eingetragen. Die **Nettomengen** werden nach den Maßangaben der Schalungspläne ermittelt, die **Bruttomengen** berücksichtigen einen Verschnittzuschlag von 10...20 %. Der Verschnitt wird hauptsächlich durch manuelles und maschinelles Bearbeiten der Holzteile hervorgerufen.

Beispiel 1:

Auf einer Baustelle soll eine Fläche von 64 m² eingeschalt werden. Wie viele Schalbretter in m² müssen zur Verfügung stehen, wenn mit 18 % Verschnitt zu rechnen ist?

Lösung:

Nettomenge $= 64\ \text{m}^2 \mathrel{\hat{=}} 100\ \%$

Bruttomenge $=$ Nettomenge $\cdot 1{,}18$

$= 64\ \text{m}^2 \cdot 1{,}18 = \underline{75{,}52\ \text{m}^2}$

Beispiel 2:

Nach dem Schalungsplan einer Stahlbetonstütze ist die Holzliste aufzustellen. Verwendet werden für die Schalhaut einschließlich ihrer Laschen sägeraue Bretter, 2,4 cm dick und 12,5/10/7,5 cm breit. Der Verschnittzuschlag beträgt 15%.

Lösung:

Die Länge für die Schalbretter entspricht der Stützenhöhe von 2,30 m.

Die Länge für die Laschen berechnet sich wie folgt:

Laschen für Innenschilde:

$l = 35\ \text{cm} + 2 \cdot 2{,}4\ \text{cm} = \underline{39{,}8\ \text{cm}}$

Laschen für Außenschilde:

$l = 50\ \text{cm} + 2 \cdot 2{,}4\ \text{cm} = \underline{54{,}8\ \text{cm}}$

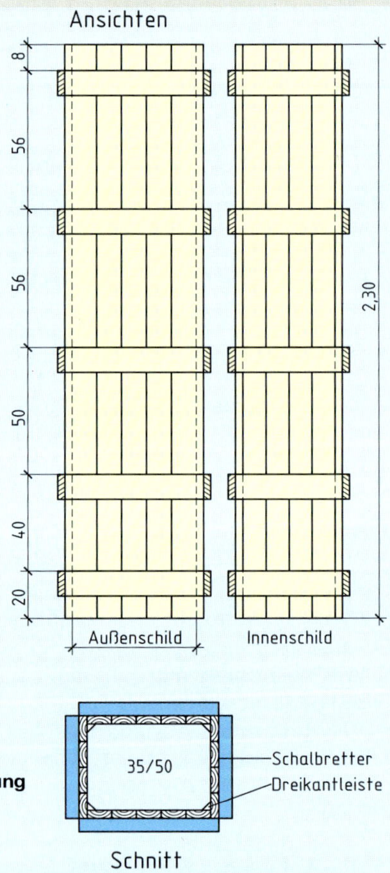

Stützenschalung aus Holz

Nr.	Bezeichnung	Stück	Querschnitt in cm	Länge in m einzeln	Länge in m zus.	Nettomenge in m²	Bruttomenge in m²
1	Bretter für 2 Innenschilde	4	2,4/10	2,30	9,20	0,92	1,06
2		4	2,4/7,5	2,30	9,20	0,69	0,79
3	Bretter für 2 Außenschilde	6	2,4/10	2,30	13,80	1,38	1,59
4		4	2,4/12,5	2,30	9,20	1,15	1,32
5	Laschen für 2 Innenschilde	10	2,4/10	0,398	3,98	0,40	0,46
6	Laschen für 2 Außenschilde	10	2,4/10	0,548	5,48	0,55	0,63
				Gesamt	**50,86**	**5,09**	**5,85**

Hierzu Aufgaben 2.13 bis 2.19

Stahllisten

2.1 Für die Bewehrung eines Stahlbetonunterzuges sind folgende Stabstähle erforderlich:

Pos.	Anzahl	Durchmesser	Schnittlänge in m
1	2	6	5,45
2	2	25	6,48
3	2	25	5,45
4	26	8	1,62

a) Stellen Sie eine Stahlliste auf.

b) Ermitteln Sie die Gesamtlänge und die Gesamtmasse der Bewehrung.

2.2 Ermitteln Sie für die Mattenliste die Gesamtmasse.

Pos.	Anzahl	Bezeichnung	Masse in kg
1	3	R 257 A	?
2	2	R 188 A	?
3	5	R 377 A	?
4	2	R 513 A	?
		Masse insgesamt	?

Die Masse für die einzelnen Matten ist Tabellen zu entnehmen.

2.3 Berechnen Sie die Gesamtmasse der dargestellten Sturzbewehrung.

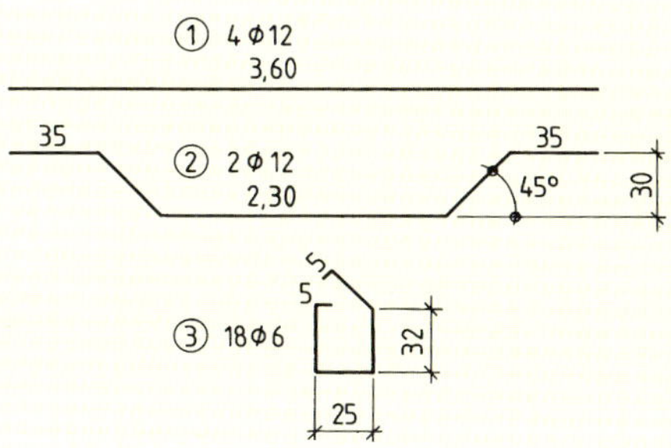

2.4 Für ein Stahlbetonbauteil sind 18 der dargestellten Stabstähle erforderlich. Ermitteln Sie

a) die Schnittlänge eines Stahles,

b) die Gesamtmasse der Bewehrung.

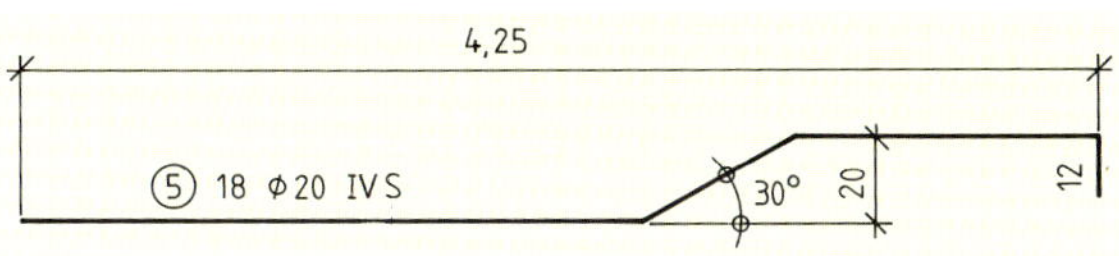

2.5 Erstellen Sie die Stahlliste, und ergänzen Sie den Stahlauszug für den dargestellten Unterzug.

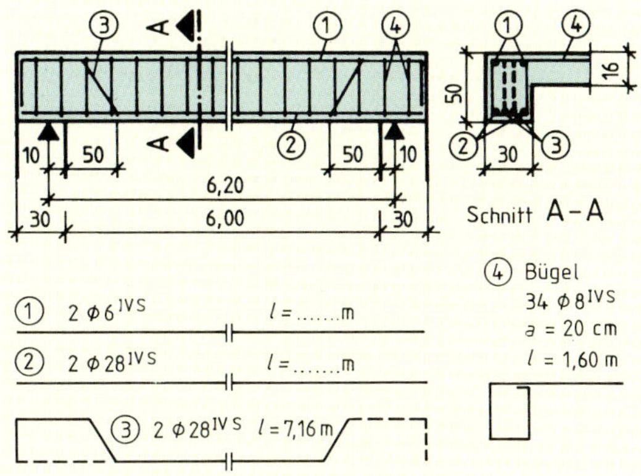

2.6 Ergänzen Sie den Stahlauszug, und erstellen Sie die Stahlliste für die abgebildete Deckenplatte bei einer Plattenlänge von 12,00 m.

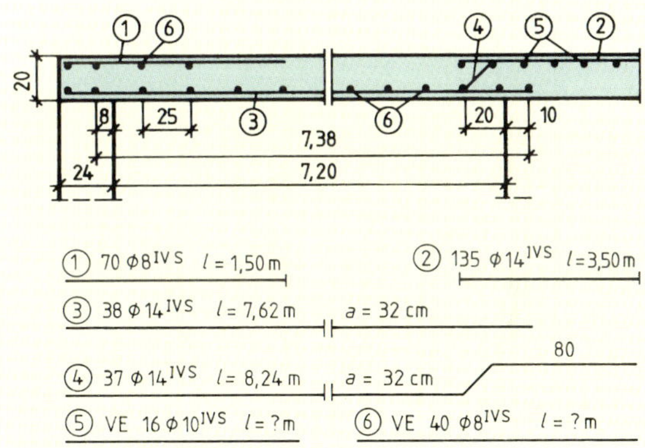

2.7 Erstellen Sie die Stahlliste für den dargestellten Stahlbetonbalken, und ermitteln Sie die Gesamtmasse.

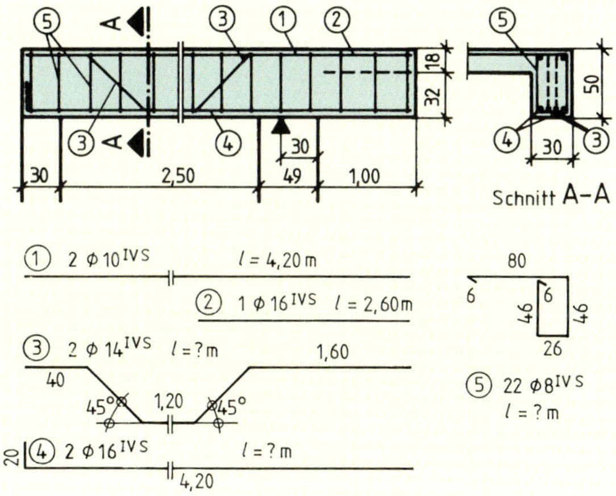

Stahllisten

2.8 Erstellen Sie die Stahlliste für die abgebildete 3,50 m lange Kragplatte.

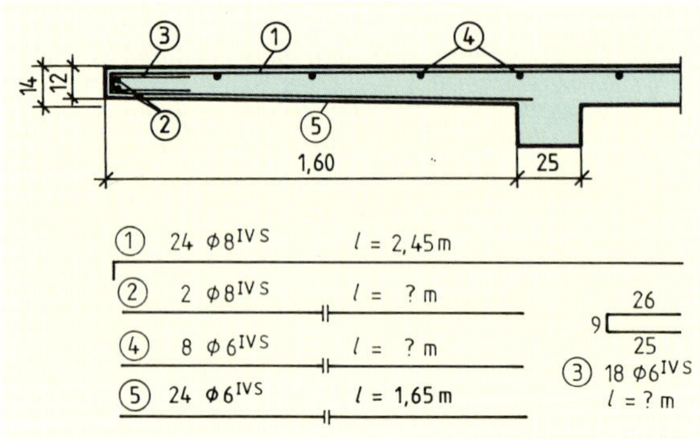

2.9 Erstellen Sie die Stahlliste für die abgebildete Stahlbetonstütze.

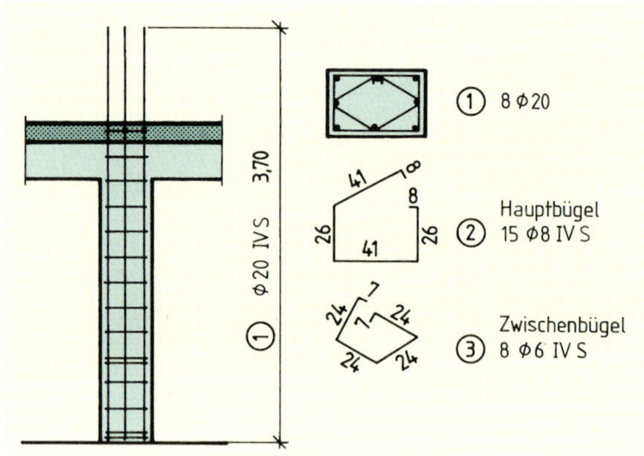

2.10 Die geforderten Stähle der Aufgabe 2.3 sind nicht vorrätig. Es sollen deshalb für die Pos. ① und ② Stähle mit ∅ 10 mm verwendet werden.

a) Ermitteln Sie die Anzahl der Stähle mit ∅ 10 mm.

b) Weisen Sie nach, dass die Breite des Stahlbetonsturzes ausreicht, wenn die Betondeckung 2,0 cm beträgt.

2.11 Ein Stahlbetonüberzug wird mit 165 kN Biegezugkraft beansprucht. Es wird BSt 550 S verwendet; 1 cm² dieses Stahls kann 24 kN aufnehmen. Berechnen Sie

a) die erforderliche Querschnittsfläche des Stahls in cm²,

b) die Anzahl der Stähle, wenn ∅ 12 mm verwendet wird.

2.12 Die Deckenelemente für eine Großgarage werden vorgefertigt. Verwendet wird ein Beton der Festigkeitsklasse C30/37 in den Expositionsklassen XD3 und XM1. Die erforderliche Bewehrung besteht aus Stählen mit ∅ 20 mm.

Bestimmen Sie nach DIN 1045 das Mindestmaß der Betondeckung.

Holzlisten

2.13 Mit geringstem Verschnitt sollen aus 6 Brettern mit 3,50 m Länge und aus 4 Brettern mit 4,50 m Länge folgende Bretter geschnitten werden:

2 × 0,80 m; 0,84 m; 0,95 m; 2 × 1,00 m; 1,24 m; 1,36 m; 1,50 m; 1,76 m; 1,82 m; 1,88 m; 1,90 m; 2,04 m; 2 × 2,12 m; 2,20 m; 2,32 m; 2,60 m; 2,96 m; 3,00 m.

a) Wie viele Bretter werden gebraucht?

b) Wie groß ist der Verschnitt (in Metern)?

c) Wie viele Bretter müssen nachgekauft werden, wenn die vorhandenen Bretter nicht ausreichen?

2.14 Auf eine Baustelle wurden 126 m² Schalungsbretter geliefert. Verarbeitet wurden 109 m² Bretter. Berechnen Sie den Verschnittzuschlag.

2.15

a) Berechnen Sie für die dargestellte Stütze mit Pilzkopf die zu schalende Fläche in m².

b) Der obere und untere Teil des Pilzkopfes wird mit schmalen, konisch zulaufenden Holzleisten geschalt. Berechnen Sie die Anzahl der Holzleisten, wenn ihre mittlere Breite 4 cm misst.

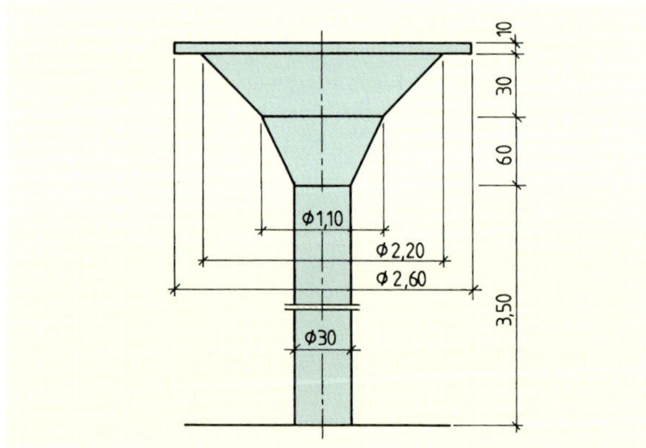

2.16 Die im Schnitt dargestellte Stahlbetonstütze hat eine Höhe von 3,80 m. Ihre Schalhaut besteht aus 5 cm breiten und 2,5 cm dicken Holzleisten. Ermitteln Sie

a) den Bedarf an Schalungsleisten in m² und Stück,

b) die Bruttomenge bei einem Verschnittzuschlag von 20 %.

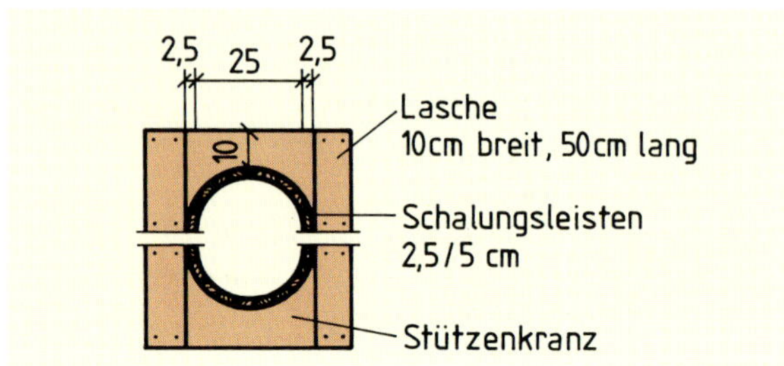

Holzlisten

2.17 Eine in Ortbeton herzustellende Decke (Abmessungen von Wand zu Wand: 8,50 × 5,30 m) erhält eine herkömmliche Schalung aus Schalbrettern, Kanthölzern und Rundhölzern (vgl. Schalungsplan). Die Schalungshaut besteht aus 2,4 cm dicken und 8 cm breiten sägerauen Brettern.

Ermitteln Sie überschlägig anhand einer Holzliste die Nettomenge

a) an Schalungsbrettern im m² und Stück, wenn die Schalungsbretter eine maximale Länge von 4,80 m haben,

b) an Rippenhölzern in m und Stück,

c) an Rahmenhölzern in m und Stück,

d) an Rundholzstützen in m und Stück.

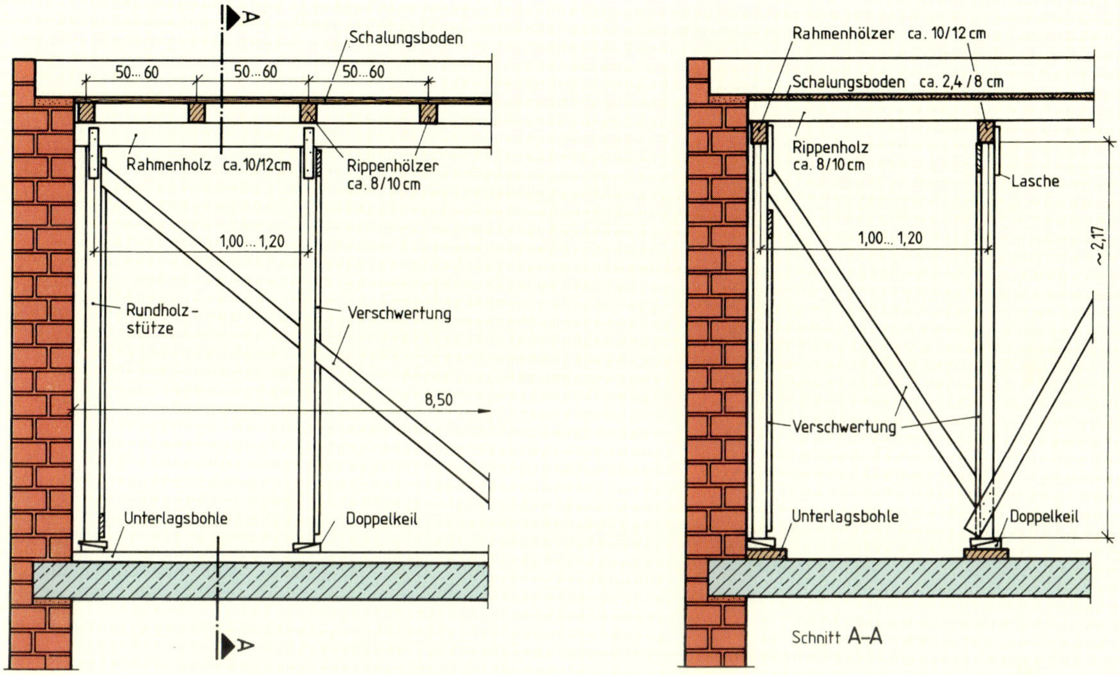

Herkömmliche Deckenschalung – Schalungsplan

2.18 Für einen Stahlbetonbalken (vgl. Skizze) ist mithilfe einer Holzliste überschlägig der Bedarf an Schalbrettern und Laschen zu ermitteln. Verwendet werden Schalbretter und Laschen mit 8 cm Breite und 2,4 cm Dicke. Der Verschnittzuschlag beträgt 18 %.

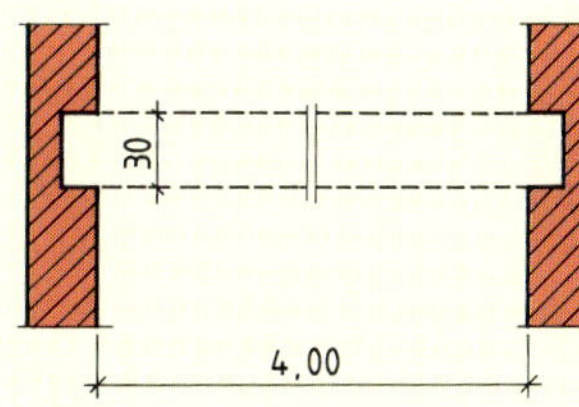

Stahlbetonbalken 30 × 45 cm Draufsicht

2.19 Eine Stützwand mit 10,80 m Länge, 2,10 m Höhe und 30 cm Dicke soll, wie in der Zeichnung dargestellt, eingeschalt werden. Die Stirnflächen werden nicht geschalt. Die Schalhaut besteht aus waagerecht verlaufenden Brettern mit 12 cm Breite und 3 cm Dicke. Die Bogenhölzer haben einen Querschnitt von 8/12 cm und stehen in einem Abstand von ca. 50 cm. Die Gurthölzer mit 10/14 cm Querschnitt haben von unten nach oben folgende Abstände: 30 cm – 50 cm – 60 cm – 70 cm.

Stellen Sie eine Holzliste auf, und ermitteln Sie überschlägig den Bedarf (Nettomenge) an Schalbrettern in m² und Stück (max. Länge 4,80 m), den Bedarf an Bogenhölzern in m und Stück und den Bedarf an Gurthölzern in m.

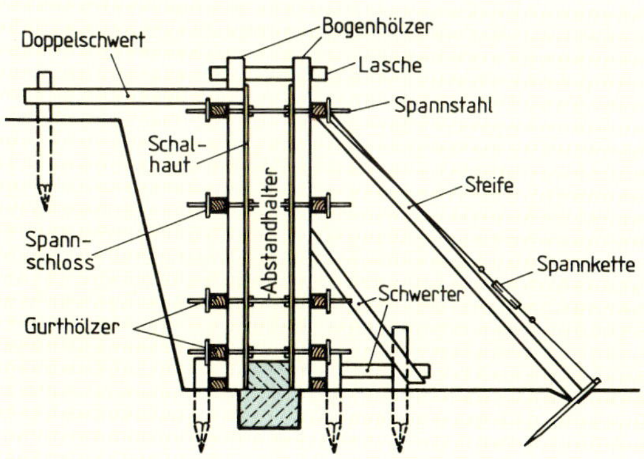

Wandschalung

3 Gesteinskörnung und Beton

Wegen der hohen Anforderungen, die an Beton gestellt werden, müssen beim Entwurf von Betonmischungen alle Komponenten, also Gesteinskörnung, Bindemittel und Anmachwasser, erfasst werden.

3.1 Körnungsziffer und Wasseranspruch

Die Zusammensetzung der Gesteinskörnung ist mitentscheidend für Wasseranspruch und Festigkeit des Betons, sie muss deshalb beim Entwurf der Betonmischung berücksichtigt werden. Zu diesem Zweck werden Kennwerte ermittelt, die ein Maß für den Anteil der einzelnen Korngruppen sind.

Der wichtigste dieser Kennwerte ist die **Körnungsziffer** *k*. Die Körnungsziffer *k* wird aus dem Ergebnis des Siebversuches ermittelt, indem die Summe der Rückstandsprozente auf den Sieben mit den Durchmessern 0,25–0,5–1–2–4–8–16–32–63 mm durch 100 dividiert wird.

Körnungsziffer

$$k = \frac{\text{Summe der Rückstandsprozente}}{100}$$

Dabei ist zu beachten, dass als Rückstand eines Siebes der Anteil gilt, der nicht durch dieses Sieb gefallen ist, also 100 % abzüglich des Durchganges durch dieses Sieb.

Es müssen stets die Rückstände **aller Siebe** von 0,25 bis 63 mm mitgerechnet werden. Wenn das 0,5-mm-Sieb nicht im Siebsatz enthalten ist, muss dessen Rückstand aus der Sieblinie entnommen und mit berücksichtigt werden. Der Rückstand auf dem 0,125-mm-Sieb wird **nicht** berücksichtigt.

Die Körnungsziffer wird umso größer, je größer das Größtkorn und/oder je sandärmer die Gesteinskörnung ist. Sie ist deshalb ein Maß für den Wasseranspruch des Betons und wird auch als **„Wasseranspruchszahl"** bezeichnet.

Beispiel:

Ergebnis des Siebversuchs:

Sieb (mm)	0,25	0,5	1	2	4	8	16	32	63
Durchgang (%)	6	15	21	34	40	52	69	98	100
Rückstand (%)	94	85	79	66	60	48	31	2	0

Anteil der Korngruppen										
	6	9	6	13	6	12	17	29	2	0

Körnungsziffer:

$$k = \frac{94 + 85 + 79 + 66 + 60 + 48 + 31 + 2}{100} = 4{,}75$$

Hierzu Aufgaben 3.1 bis 3.5

Der Wasseranspruch einer Betonmischung ist abhängig von der Zusammensetzung der Gesteinskörnung und von der angestrebten Konsistenz. Zwischen diesen Größen besteht eine Beziehung, daraus kann der Wasseranspruch grafisch ermittelt werden.

Die Zusammensetzung des Korngemisches wird durch die Körnungsziffer angegeben, die Konsistenz durch den Konsistenzbereich (steif, plastisch, weich).

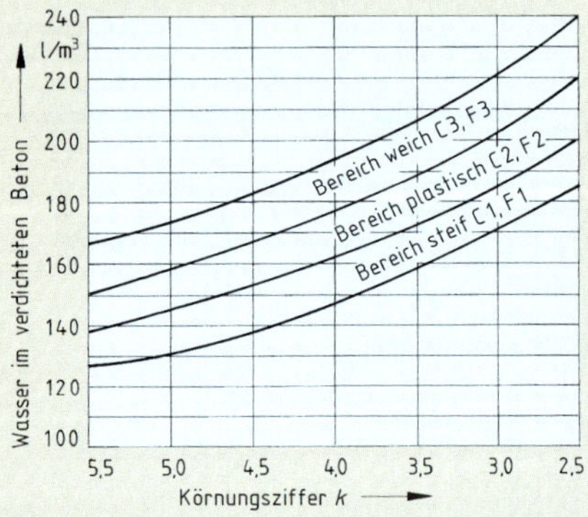

Beziehung zwischen Körnungsziffer, Konsistenz und Wasseranspruch

Zur Ermittlung des Wasseranspruches wird auf der unteren waagrechten Skala die Körnungsziffer aufgesucht. (**Vorsicht!** Skalenwerte werden nach rechts kleiner!) Die Senkrechte im Skalenpunkt der Körnungsziffer schneidet den Konsistenzbereich. Waagerecht links von diesem Schnittpunkt kann der Wasseranspruch in l/m³ abgelesen werden. Dies ist ein Anhaltswert. **Der tatsächliche Wasseranspruch ist bei der Erstprüfung zu ermitteln!** Er wird zum Teil durch die an der Gesteinskörnung haftende Oberflächenfeuchte abgedeckt. Der Rest muss als **Zugabewasser** zugegeben werden.

Beispiele:

Der Wasseranspruch ist zu ermitteln für

a) Gesteinskörnung mit Körnungsziffer 3,75, Konsistenz plastisch C2, F2;

b) *k* = 4,8, Grenzbereich steif C1, F1/plastisch C2/F2.

a) 175 l/m³

b) 148 l/m³

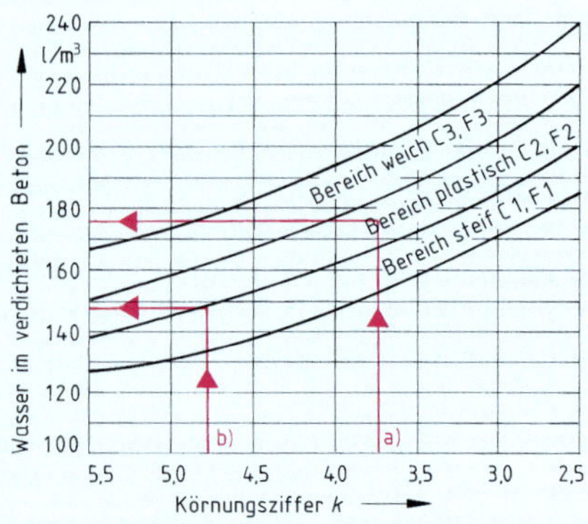

Hierzu Aufgaben 3.6 bis 3.11

3.2 Zementgehalt

Im Gegensatz zur Ermittlung des Bedarfs an Wasser und Gesteinskörnung muss der Zementgehalt für Standardbeton und für Beton nach Eigenschaften bzw. nach Zusammensetzung nach verschiedenen Verfahren ermittelt werden.

Standardbeton

Da bei Standardbeton **keine Erstprüfung** gemacht wird sind in der DIN 1045 in Abhängigkeit von der Festigkeitsklasse des Betons, der Zementfestigkeitsklasse und der Konsistenz **Mindestzementgehalte** vorgeschrieben. Diese Zementgehalte gewährleisten in jedem Fall die vorgesehenen Festigkeiten.

Druckfestigkeitsklasse	Mindestzementgehalt in kg/m³ für folgendes Konsistenzbezeichnungen		
	steif	plastisch	weich
C 8/10	210	230	260
C 12/15	270	300	330
C 16/20	290	320	360

Mindestzementgehalte bei Standardbeton

Die Werte der Tabelle gelten für Standardbeton mit einem Größtkorn von 32 mm und Zement der Festigkeitsklasse 32,5 nach DIN EN 197-1.

Der Zementgehalt **darf verringert** werden um:

- höchstens 10% bei Zement der Festigkeitsklasse 42,5
- höchstens 10% bei einem Größtkorn von 63 mm

Der Zementgehalt **muss vergrößert** werden um:

- 10% bei einem Größtkorn der Gesteinskörnung von 16 mm
- 20% bei einem Größtkorn der Gesteinskörnung von 8 mm

Die Mindestzementgehalte können der Tabelle entnommen werden, wobei die geforderten Vergrößerungen berücksichtigt werden müssen, die Verringerungen berücksichtigt werden können.

Beispiel:

Welcher Mindestzementgehalt ist erforderlich bei

a) C 12/15, Konsistenz plastisch, Zement der Festigkeitsklasse 32,5, Größtkorn 32 mm?

b) C 16/20, Konsistenz plastisch, Zement der Festigkeitsklasse 32,5, Größtkorn 16 mm?

Lösung:

a)	Nach Tabelle	300 kg/m³
b)	Nach Tabelle	320 kg/m³
	Zuschlag wg. Größtkorn 16 mm	32 kg/m³
		352 kg/m³

Hierzu Aufgaben 3.12 bis 3.16

Beton nach Eigenschaften

Beton nach Zusammensetzung

Bei Beton nach Eigenschaften bzw. nach Zusammensetzung wird der Zementgehalt nach den angestrebten Eigenschaften veranschlagt. Ob die angestrebten Eigenschaften erreicht werden, muss jeweils durch die **Erstprüfung** nachgewiesen werden.

Grundsätzlich sind für Beton nach Eigenschaften bzw. nach Zusammensetzung je nach Expositionsklasse höchstzulässige Wasserzementwerte (*w*/*z*-Werte), Mindestdruckfestigkeitsklassen und Mindestzementgehalte vorgeschrieben.

Expositionsklassen	Höchstzulässiger *w*/*z*-Wert	Mindestdruckfestigkeitsklasse [2]	Mindestzementgehalt in kg/m³ [3]
Bewehrungskorrosion			
– durch Karbonatisierung			
XC 1 und XC 2	0,75	C 16/20	240
XC 3	0,65	C 20/25	260
XC 4	0,60	C 25/30	280
– durch Chloride			
XD 1	0,55	C 30/37 [4]	300
XD 2	0,50	C 35/45 [4]	320 [1]
XD 3	0,45	C 35/45 [4]	320 [1]
Betonangriff			
– Frostangriff			
XF 1	0,60	C 25/30	280
XF 2	0,55	C 25/30	300
XF 2	0,50	C 35/45	320
XF 3	0,55	C 25/35	300
XF 3	0,50	C 35/45	320
XF 4	0,50	C 30/37	320
Aggressive chemische Umgebung			
XA 1	0,60	C 25/30	280
XA 2	0,50	C 35/45 [4]	320
XA 3	0,45	C 35/45 [4]	320
Verschleißangriff			
XM 1	0,55	C 30/37 [4]	300 [5]
XM 2	0,55	C 30/37 [4]	300 [5]
XM 2	0,45	C 35/45 [4]	320 [5]
XM 3	0,45	C 35/45 [4]	320 [5]

[1]) Für massige Bauteile $d > 80$ cm gilt der Mindestzementgehalt von 300 kg/m³.

[2]) Gilt nicht für Leichtbeton.

[3]) Bei einem Größtkorn der Gesteinskörnung von 63 mm darf der Zementgehalt um 30 kg/m³ reduziert werden. In diesem Fall darf 1. nicht angewendet werden.

[4]) Bei Verwendung von Luftporenbeton, z. B. aufgrund gleichzeitiger Anforderungen aus der Expositionsklasse XF, eine Festigkeitsklasse niedriger.

[5]) Höchstzementgehalt 360 kg/m³, jedoch nicht bei hochfesten Betonen.

Der Wasserzementwert ist die wichtigste Kenngröße für das Erreichen einer bestimmten Betondruckfestigkeit. Er kann aus der im Diagramm dargestellten Beziehung zwischen Betondruckfestigkeit, Zementfestigkeitsklasse und Wasserzementwert grafisch ermittelt werden.

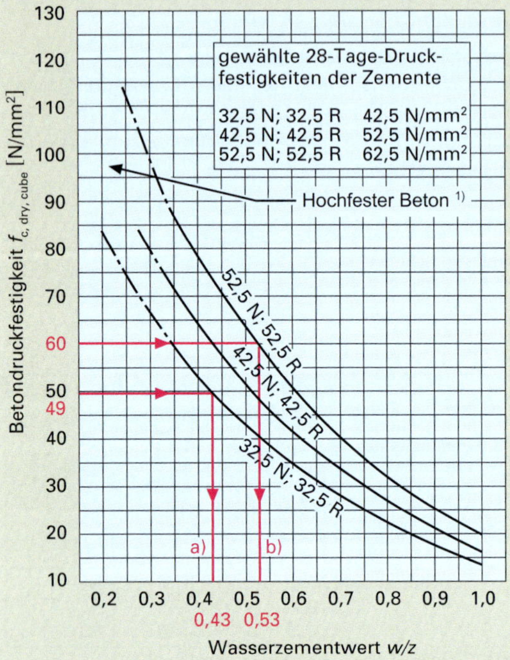

[1]) Bei hochfestem Beton verliert der Einfluss der Zementnormdruckfestigkeit an Bedeutung.

Erläuterungen zum Diagramm:

$f_{c, dry, cube}$: mittlere 28-Tage-Betondruckfestigkeit von 15-mm-Probewürfeln; Lagerung nach DIN 1048 (7 Tage unter Wasser, 21 Tage an der Luft)

Beziehung zwischen Betondruckfestigkeit, Zementfestigkeitsklasse und Wasserzementwert.

Bei der Anwendung des Diagramms ist zu beachten, dass die angegebene Betondruckfestigkeit $f_{c, dry, cube}$ die mittlere 28-Tage-Betondruckfestigkeit von 150-mm-Probewürfeln bei Lagerung nach DIN 1048 7 Tage unter Wasser und 21 Tage an der Luft ist. Die Betondruckfestigkeitsklasse ergibt sich jedoch aus der Betondruckfestigkeit $f_{c, cube}$ von 150-mm-Probewürfeln, die nach DIN EN 12390-2 28 Tage unter Wasser gelagert wurden. Zur Bestimmung der Druckfestigkeitsklasse ist daher eine Umrechnung erforderlich.

Normalbeton ≤ C 50/60

$f_{c, cube} = 0,92 \times f_{c, dry, cube}$

hochfester Normalbeton ≥ C 55/67

$f_{c, cube} = 0,95 \times f_{c, dry, cube}$

Der Wasserzementwert wird senkrecht unter dem Schnittpunkt der Druckfestigkeitslinie mit der Kurve der verwendeten Zementfestigkeitsklasse abgelesen.

Ist der Wasserzementwert ermittelt, so kann aus diesem und dem vorher ermittelten Wasseranspruch des Betons die Zementmenge errechnet werden.

$$\text{Zementmenge } z = \frac{\text{Wassermenge } w}{\text{Wasserzementwert } w/z}$$

Beispiel:

Welcher Wasserzementwert und Zementgehalt ist zu veranschlagen bei:

a) C 35/45, CEM I 32,5, Wasseranspruch 160 l/m³, Expositionsklasse XA 3?

b) C 45/55, CEM I 52,5, k = 4,28, plastisch, Expositionsklasse XA 3?

Lösung:

a) Ermittlung der Druckfestigkeit $f_{c, dry, cube}$

$f_{c, cube} = 45 \text{ MN/m}^2$

$$f_{c, dry, cube} = \frac{45 \text{ MN/m}^2}{0,92} = 48,91 \approx 49 \text{ MN/m}^2$$

w/z-Wert aus der Grafik = 0,43

$$\text{Zementmenge } z = \frac{160}{0,43} = 372,10 \text{ kg/m}^3$$

Die Bedingungen nach der Tabelle der Expositionsklassen sind erfüllt. Der Beton kann so hergestellt werden.

Höchstzulässiger w/z-Wert: 0,45

Mindestfestigkeitsklasse: C 35/45

Mindestzementmenge: 320 kg/m³

b) $f_{c, cube} = 55 \text{ MN/m}^2$

$$f_{c, dry, cube} = \frac{55 \text{ MN/m}^2}{0,92} = 59,78 \approx 60 \text{ MN/m}^2$$

w/z-Wert aus der Grafik = 0,53

Wasseranspruch aus der Grafik = 163 l/m³

$$\text{Zementmenge } z = \frac{163}{0,53} = 307,55 \text{ kg/m}^3$$

Anforderungen entsprechend der Expositionsklasse sind nicht erfüllt:

- w/z-Wert zu hoch
- Zementgehalt zu niedrig

Es ist ein anderer Beton herzustellen.

3.3 Stoffraumrechnung

Bei bekannter Zement- und Wassermenge kann die erforderliche Gesteinskörnungsmenge durch **Stoffraumrechnung** ermittelt werden. Die Stoffraumrechnung geht davon aus, dass in 1 m^3 Beton (= 1000 dm^3) bestimmte Volumen Gesteinskörnung, Zement, Wasser und Luftporen enthalten sind. Das Volumen der Gesteinskörnung, des Zements und des Wassers wird jeweils ermittelt, indem die Masse des Bestandteils durch seine Dichte dividiert wird.

Gesamtvolumen	=	Volumen der Gesteinskörnung	+	Volumen des Zements	+	Volumen des Wassers	+	Volumen der Luftporen
1000 dm^3	=	$\frac{m_g}{\varrho_G}$	+	$\frac{m_z}{\varrho_Z}$	+	$\frac{m_w}{\varrho_W}$	+	p

m_g = Masse der Gesteinskörnung in kg
m_w = Masse des Wassers in kg
m_z = Masse des Zements in kg
ϱ_G = Dichte der Gesteinskörnung in kg/dm^3
ϱ_W = Dichte des Wassers = 1 kg/dm^3
ϱ_Z = Dichte des Zements in kg/dm^3
p = Luftporengehalt in dm^3

Wasser- und Zementmenge werden wie oben ermittelt.

Die **Dichte der Gesteinskörnung** kann durch Volumenmessung im Messzylinder und Wiegen ermittelt werden, sie wird aber meist mit 2,65 kg/dm^3 angenommen.

Werden Gesteinskörnungen unterschiedlicher Dichte verwendet, so muss über das Volumen gerechnet werden (z. B. bei Leichtbeton).

Die **Dichten der verschiedenen Zementarten** sind:

Der **Luftporengehalt** kann ebenfalls bestimmt werden, wird aber bei Normalbeton meist mit 1,5 % = 15 dm^3 angenommen.

Somit ist nur noch die **Masse der Gesteinskörnung** unbekannt und kann durch Umformen und Ausrechnen ermittelt werden.

$$m_g = \left(1000\ dm^3 - \frac{m_Z}{\varrho_Z} - \frac{m_W}{1} - p\right) \cdot \varrho_G$$

Zementart	CEM I	CEM I-HS	CEM II/A-P; B-P; A-V	Sonstige Normzemente
kg/dm³	3,1	3,2	2,9	3,0

Beispiele:

1. Ermitteln Sie Wasser-, Zement- und Gesteinskörnungsmenge für C 12/15, Sieblinienbereich ③, k = 4,75, Größtkorn 32 mm, CEM I 32,5-HS, plastisch, ϱ_G = 2,62 kg/dm^3.

Lösung:

Wasseranspruch nach Grafik: 156 dm^3/m^3
Zementgehalt nach Tabelle: 300 kg/dm^3
Angenommener Luftporengehalt: 15 dm^3/m^3
Gesteinskörnung:

$$m_g = \left(1000\ dm^3 - \frac{300\ kg}{3{,}2\ kg/dm^3} - 156\ dm^3 - 15\ dm^3\right) \cdot 2{,}62\ kg/dm^3$$
$$= 735{,}25\ dm^3 \cdot 2{,}62\ kg/dm^3 \qquad = \underline{1926{,}36\ kg}$$

2. Ermitteln Sie den Stoffbedarf für C 35/45, $f_{c,\,dry,\,cube} \approx 49$ MN/m^2, k = 4,90, plastisch, CEM I 32,5, ϱ_G = 2,65 kg/dm^3.

Lösung:

Wasseranspruch nach Grafik: 153 dm^3/m^3
Wasserzementwert nach Grafik: 0,43
Zementgehalt:

$$z = \frac{w}{w/z} = \frac{153\ kg/m^3}{0{,}43} \qquad 355{,}81\ kg/m^3$$

Gesteinskörnung:

$$m_g = \left(1000\ dm^3 - \frac{355{,}81\ kg}{3{,}1\ kg/dm^3} - 153\ dm^3 - 15\ dm^3\right) \cdot 2{,}65\ kg/dm^3$$
$$= 717{,}22\ dm^3 \cdot 2{,}65\ kg/dm^3 \qquad = \underline{1900{,}64\ kg}$$

Hierzu Aufgaben 3.22 bis 3.27

3.4 Tabellen

Für Standardbeton erübrigt sich oft die Berechnung des Gesteinskörnungs- und Zementbedarfs, da Anhaltswerte für die Zusammensetzung in Tabellen zusammengestellt sind. Daraus kann der Bedarf an Gesteinskörnung, Zement und Wasser **je m³ Beton** entnommen werden. Auch hier sind gegebenenfalls die Mindestwerte entsprechend den Expositionsklassen zu beachten. Nachfolgende Tabelle gibt Anhaltswerte für Beton mit Größtkorn 32 mm und Zementfestigkeitsklasse 32,5. Die Werte sind bei der Herstellung zu überprüfen.

Druckfestigkeitsklasse	Sieblinienbereich	Baustoffbedarf		
		Zement in kg/m³	Gesteinskörnung in kg/m³	Wasser in kg/m³
C 8/10	③ ④	230 250	2045 1975	140 160
C 12/15	③ ④	290 320	1990 1915	140 160
C 16/20	③ ④	310 340	1975 1895	140 160

Konsistenz steif C 1, F 1

C 8/10	③ ④	250 270	1975 1900	160 180
C 12/15	③ ④	320 350	1915 1835	160 180
C 16/20	③ ④	340 370	1895 1815	160 180

Konsistenz plastisch C 2, F 2

C 8/10	③ ④	280 300	1895 1825	1860 200
C 12/15	③ ④	340 380	1835 1755	180 200
C 16/20	③ ④	380 410	1810 1730	180 200

Konsistenz KR weich C 3, F 3

Zusammensetzung von Standardbeton (Anhaltswerte)

Zur Herstellung des Betons wird allerdings nicht die Angabe des Materialbedarfs je m³, sondern des Materialbedarfs **je Mischerfüllung** benötigt. Der Nenninhalt eines Mischers gibt das Volumen der mit einer Füllung herstellbaren Menge **verdichteten Frischbetons der Konsistenz** steif C 1, F 1 ($v = 1{,}45$) in **m³** an. Bei Beton der Konsistenz plastisch C 2, F 2 oder weich C 3, F 3 muss das jeweils unterschiedliche Verdichtungsmaß berücksichtigt werden.

In der folgenden Tabelle sind für übliche Mischergrößen die Zahl der Mischungen je m³ verdichteten Frischbeton in Abhängigkeit von der Konsistenz angegeben.

Nenninhalt (m³) des Mischers	Konsistenz	Mischungen je m³
0,15	steif C 1, F 1 plastisch C 2, F 2 weich C 3, F 3	8,0 7,3 7,0
0,25	steif C 1, F 1 plastisch C 2, F 2 weich C 3, F 3	4,8 4,4 4,2
0,5	steif C 1, F 1 plastisch C 2, F 2 weich C 3, F 3	2,4 2,2 2,1
0,75	steif C 1, F 1 plastisch C 2, F 2 weich C 3, F 3	1,6 1,5 1,4
1,0	steif C 1, F 1 plastisch C 2, F 2 weich C 3, F 3	1,2 1,1 1,05

Beispiel:

Für einen Beton C 12/15 (Sieblinienbereich ③, Konsistenz plastisch C 2, F 2) ist der Materialbedarf für eine Mischerfüllung eines 0,25-m³-Mischers zu ermitteln.

Lösung:

Materialbedarf je m³ nach Tabelle:

Zement 320 kg/m³
Gesteinskörnung 1915 kg/m³
Wasser 160 kg/m³

Materialbedarf je Mischerfüllung:
(Mischungen je m³ nach Tabelle = 3,1)

Zement $\frac{320\ \text{kg/m}^3}{4{,}4} = \underline{73\ \text{kg}}$

Gesteinskörnung $\frac{1915\ \text{kg/m}^3}{4{,}4} = \underline{435\ \text{kg}}$

Wasser $\frac{160\ \text{kg/m}^3}{4{,}4} = \underline{36\ \text{kg}}$

Hierzu Aufgaben 3.28 bis 3.36

Anmerkung: Selbstverständlich können auch errechnete Materialmengen je m³ nach dem gleichen Verfahren auf Materialmengen je Mischerfüllung umgerechnet werden!

Körnungsziffer

3.1 Was sagt eine hohe (niedrige) Körnungsziffer über das Gesteinskörnungsgemisch und den Wasseranspruch aus?

3.2 Aus den Ergebnissen der Siebversuche sind die Körnungsziffern zu ermitteln.

a) Sieb (mm)	0,25	0,5	1	2	4	8	16	32
Rückstand (%)	95	83	75	68	55	37	22	–
b) Sieb (mm)	0,25	0,5	1	2	4	8	16	32
Rückstand (%)	92	82	69	60	47	25	3	–

3.3 Aus den Ergebnissen der Siebversuche sind die Körnungsziffern zu ermitteln.

a) Sieb (mm)	0,25	0,5	1	2	4	8	16	32
Durchgang (%)	6	15	24	31	42	62	79	100
b) Sieb (mm)	0,25	0,5	1	2	4	8	16	32
Durchgang (%)	9	19	27	36	48	70	86	100

3.4 Ermitteln Sie die Körnungsziffern für die Sieblinien A_{32}, B_{32} und C_{32}.

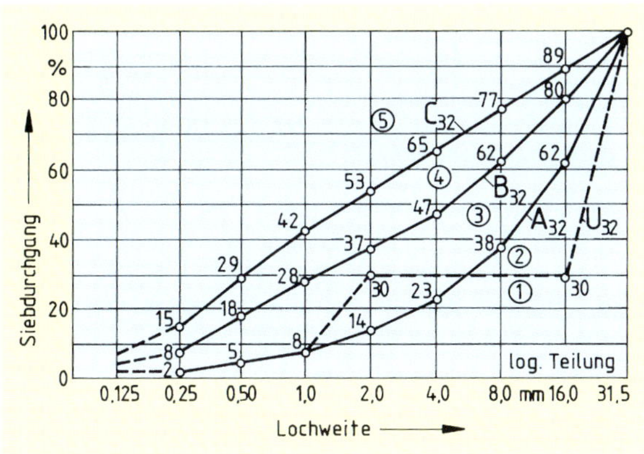

3.5 Welchen Sieblinienbereichen entsprechen die Körnungsziffern (Größtkorn jeweils 32 mm)?

a) $k = 5{,}10$
b) $k = 3{,}25$
c) $k = 3{,}66$
d) $k = 5{,}60$

Wasseranspruch

3.6 Ermitteln Sie den Wasseranspruch für

a) $k = 4{,}33$/plastisch,
b) $k = 3{,}99$/weich,
c) $k = 5{,}24$/Grenzbereich steif/plastisch.

3.7 Ermitteln Sie den Wasseranspruch für

a) $k = 4{,}20$/plastisch,
b) $k = 3{,}36$/weich,
c) $k = 5{,}29$/steif.

3.8 Welcher Konsistenzbereich ist zu erwarten, wenn ein Beton aus einem Gesteinskörnungsgemisch mit $k = 4{,}80$ (4,20) mit 155 (170) l Wasser angemacht wird?

3.9 Es soll ein Beton mit der Konsistenz steif hergestellt werden. Der Siebversuch ergab:

Sieb (mm)	0,25	0,5	1	2	4	8	16	32
Rückstand (%)	90	79	69	57	47	26	1	–

Ermitteln Sie den Wasseranspruch.

3.10 Wie viel Zugabewasser ist bei dem Beton aus Aufgabe 3.9 erforderlich, wenn 1965 kg Gesteinskörnung mit einer Eigenfeuchte von 3,5 % verwendet werden?

3.11 Ermitteln Sie den Wasseranspruch für die Sieblinien A_{16}, B_{16} und C_{16}, wenn jeweils die Konsistenz plastisch angestrebt wird.

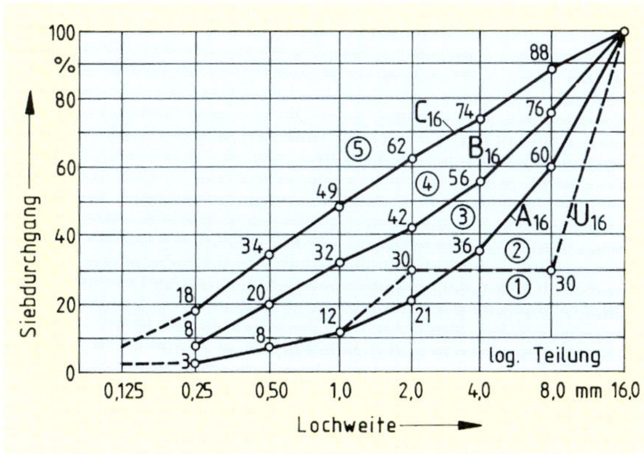

Zementgehalt

3.12 Welcher Mindestzementgehalt ist erforderlich bei

a) C 8/10, steif, Zementfestigkeitsklasse 32,5, Größtkorn 32 mm,

b) C 12/15, plastisch, Zementfestigkeitsklasse 32,5, Größtkorn 32 mm?

3.13 Welcher Mindestzementgehalt ist erforderlich bei

a) C 8/10, steif, CEM I 32,5-HS, Größtkorn 32 mm,

b) C 16/20, steif/plastisch, Zementfestigkeitsklasse 32,5, Größtkorn 63 mm?

3.14 Welcher Mindestzementgehalt ist erforderlich bei

a) C 12/15, plastisch, CEM III/A 32,5, Größtkorn 16 mm,

b) C 8/10, steif, Zementfestigkeitsklasse 32,5, Größtkorn 32 mm?

3.15 Wie viele Säcke Zement sind zu bestellen, wenn 56 m^3 Beton C 16/20 (Sieblinienbereich ③, Zementfestigkeitsklasse 32,5, plastisch, Größtkorn 32 mm) hergestellt werden sollen?

3.16 Wie viel Zement 32,5 und wie viel Wasser werden je m^3 C 12/15, Sieblinienbereich ④, $k = 3{,}00$, steif, Größtkorn 16 mm, benötigt?

3.17 Welcher Wasserzementwert empfiehlt sich bei Herstellung von

a) C 35/45 mit Zement 42,5, Expositionsklasse XF 3,

b) C 45/55 mit Zement 42,5, Expositionsklasse XM 3,

c) C 35/45 mit Zement 52,5, Expositionsklasse XD 2?

3.18 Mit Zement welcher Festigkeitsklassen kann Stahlbeton C 45/55 hergestellt werden?

3.19 Welcher Zementgehalt ist zu veranschlagen für

a) C 35/45, Zementfestigkeitsklasse 32,5, Wasseranspruch 225 l,

b) C 55/67, Zementfestigkeitsklasse 52,5, Wasseranspruch 160 l?

3.20 Ermitteln Sie Zementbedarf und Wasseranspruch für

a) C 35/45, $k = 4{,}75$, weich, Zementfestigkeitsklasse 42,5,

b) Stahlbeton C 45/55, $k = 4{,}82$, plastisch, Zementfestigkeitsklasse 52,5.

3.21 Wie viele Säcke Zement sind zu bestellen, wenn 56 m^3 Stahlbeton für Außenbauteile C 35/45 ($k = 4{,}81$, weich, Zementfestigkeitsklasse 32,5) hergestellt werden sollen?

3.22 Ermitteln Sie den Mindestzementgehalt für einen Beton der sehr stark aggressiver chemischer Umgebung ausgesetzt ist.

Stoffraumrechnung

3.23 Ermitteln Sie den Stoffbedarf für

a) C 8/10, Sieblinienbereich ③, $k = 4{,}99$, steif, CEM III/A 32,5, Größtkorn 32 mm,

b) C 12/15, $k = 3{,}95$ (Sieblinienbereich?), plastisch, CEM I 32,5, Größtkorn 32 mm.

3.24 Veranschlagen Sie die Bestandteile für

a) C 35/45, $k = 4{,}80$, plastisch, CEM I 32,5, Größtkorn 32 mm;

b) C 45/55, $k = 4{,}34$, Grenzbereich plastisch/steif, CEM I 42,5, Größtkorn 32 mm.

3.25 Ermitteln Sie den Stoffbedarf je m^3 Fahrbahnbeton C 35/45 ($k = 4{,}40$, steif, CEM III/B 32,5, Größtkorn 16 mm).

Größtkorn des Gesteinskörnungsgemisches [mm]	**Mittlerer Luftgehalt** [Volumen-%]
8	≥ 5,5
16	≥ 4,5
32	≥ 4,0
63	≥ 3,5

Luftporengehalt im Frischbeton bei hohem Frost- und Tausalzwiderstand

3.26 Erstellen Sie einen Mischungsentwurf für einen C 45/55, plastisch, auf der Grundlage der dargestellten Sieblinie. Eine geeignete Zementfestigkeitsklasse ist zu wählen.

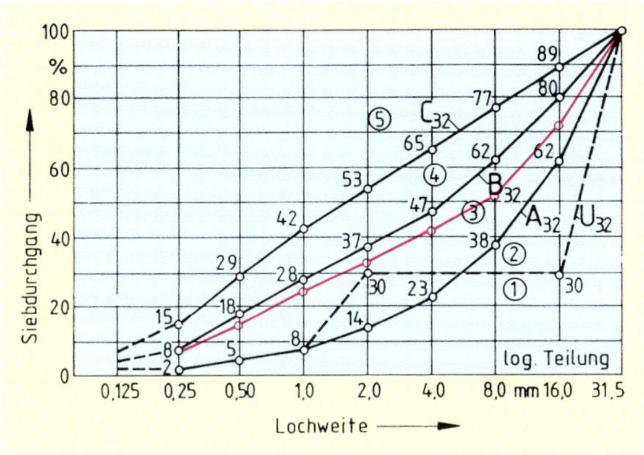

3.27 Die dargestellte Säule soll in Stahlbeton C 35/45 (k = 4,98, weich, CEM I 32,5), das Fundament in C 12/15 (Sieblinienbereich ③, steif, CEM I 32,5, Größtkorn 32 mm) hergestellt werden.

Ermitteln Sie den Bedarf an Zement und Gesteinskörnung.

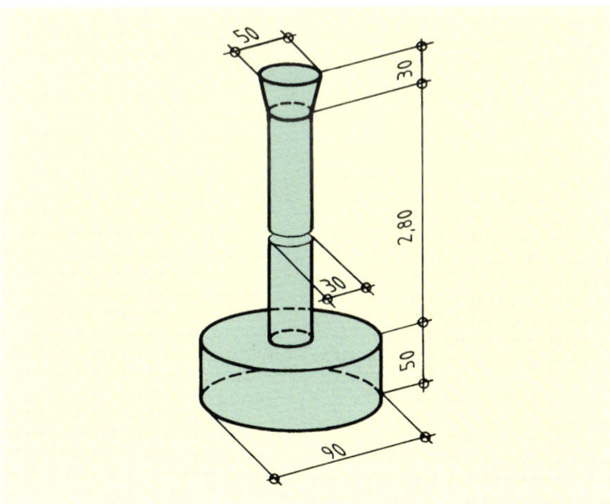

Tabellenrechnen

3.28 Veranschlagen Sie den Bedarf an Zement, Gesteinskörnung und Wasser nach Tabelle für

a) C 8/10, Sieblinienbereich ④, steif,

b) C 12/15, Sieblinienbereich ③, plastisch,

c) C 16/20, Sieblinienbereich ③, plastisch,

d) C 16/20, Sieblinienbereich ③, weich.

3.29 Um wie viele Liter muss die Wasserzugabe bei C 12/15 bei Sieblinienbereich ④ gegenüber Sieblinienbereich ③ erhöht werden?

3.30 Wie viele Mischungen werden je m^3 verdichtetem Frischbeton benötigt bei einem Nenninhalt des Mischers von

a) 0,25 m^3 und Kosistenz plastisch,

b) 0,5 m^3 und plastisch,

c) 0,15 m^3 und steif?

3.31 Bei welcher Konsistenz werden bei sonst gleichen Voraussetzungen die meisten Mischungen je m^3 verdichteten Frischbeton erforderlich?

3.32 Ermitteln Sie für C 16/20 (Sieblinienbereich ④, plastisch) den Materialbedarf je Mischerfüllung für einen

a) 0,15-m^3-Mischer,

b) 0,25-m^3-Mischer,

c) 0,5-m^3-Mischer.

3.33 Ermitteln Sie den Materialbedarf für eine Füllung eines 0,25-m^3-Mischers für

a) C 12/15, Sieblinienbereich ③, plastisch,

b) C 16/20, Sieblinienbereich ④, plastisch,

c) C 8/10, Sieblinienbereich ③, steif.

3.34 Ermitteln Sie den Materialbedarf je Mischerfüllung eines 0,5-m^3-Mischers für C 16/20, Körnungsziffer 4,8, plastisch, CEM I 32,5, Größtkorn 32 mm.

3.35 Ermitteln Sie den Materialbedarf je Mischerfüllung eines 0,5-m^3-Mischers für C 16/20, k = 4,0, weich, Größtkorn 32 mm.

3.36 Ermitteln Sie für einen C 16/20, plastisch, k = 4,6, Größtkorn 32 mm, CEM I 32,5, die Gesteinskörnungsmenge für eine Füllung eines 0,25-m^3-Mischers

a) nach Tabelle,

b) über Stoffraumrechnung.

4 Mauerbogen

Mit gemauerten Bogen werden Öffnungen überdeckt und die darüber liegenden Lasten über die Widerlager auf das angrenzende Mauerwerk übertragen. Die Bogenkonstruktionen werden meistens mit kleinformatigen Steinen ausgeführt. Dabei soll die Fugendicke an der Leibung mindestens 0,5 cm und am Bogenrücken höchstens 2 cm betragen. Werden die Fugen dicker als 2 cm, sind Keilsteine zu verwenden.

4.1 Rundbogen

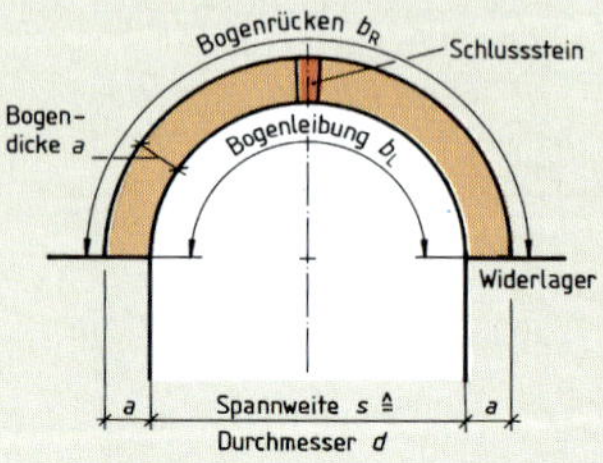

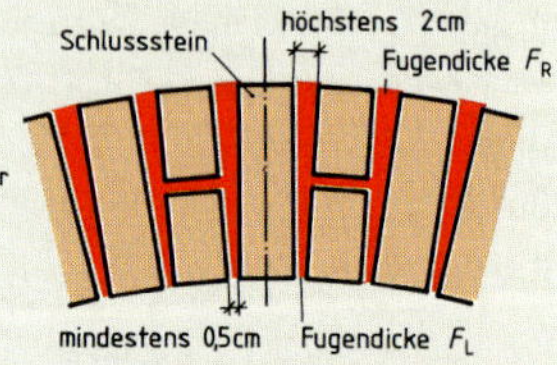

Der Rundbogen ist ein Halbkreisbogen, dessen Durchmesser der **Spannweite** s entspricht. Die Spannweite ergibt sich, wenn die beiden Endpunkte der Bogenlinie miteinander verbunden werden. Um am Scheitelpunkt des Bogens keine Fuge entstehen zu lassen, kommt in die Bogenmitte ein Schlussstein. Das bedeutet, dass die **Schichtenzahl** stets **ungerade** ist. Die Schichtdicke ist gleich der Steindicke (11,5; 7,1; 5,2 cm) zuzüglich der Fugendicke (min. 0,5 cm an der Leibung; max. 2 cm am Bogenrücken).

Die Länge der Bogenleibung entspricht dem Umfang eines Halbkreises, dessen Durchmesser d gleich der Spannweite s ist.

Länge der Bogenleibung

$$b_L = \frac{\text{Durchmesser} \cdot \pi}{2} = \frac{\text{Spannweite} \cdot \pi}{2}$$

Der Durchmesser des Bogenrückens ist gleich der Spannweite zuzüglich der zweifachen Bogendicke. Die Länge des Bogenrückens lässt sich nach folgender Formel errechnen:

Länge des Bogenrückens

$$b_R = \frac{(\text{Spannweite} + 2 \cdot \text{Bogendicke}) \cdot \pi}{2}$$

Ist die Länge der Bogenleibung bekannt, so kann unter Berücksichtigung des Steinformates die **Schichtenzahl** nach folgender Formel berechnet werden:

Schichtenzahl

$$n = \frac{\text{Bogenleibung in cm} - \text{angen. Fugendicke}}{\text{Steindicke} + \text{angen. Fugendicke}}$$

Der Bogen erhält eine Fuge mehr, als er Schichten hat. Sind die Länge der Bogenleibung bzw. die Länge des Bogenrückens und die Schichtenzahl bekannt, so lässt sich die Fugendicke an der Bogenleibung bzw. am Bogenrücken nach folgenden Formeln berechnen:

$$\text{Fugendicke an der Bogenleibung } F_L = \frac{\text{Bogenleibung in cm} - \text{Schichtenzahl} \times \text{Steindicke}}{\text{Schichtenzahl} + 1}$$

$$\text{Fugendicke am Bogenrücken } F_R = \frac{\text{Bogenrücken in cm} - \text{Schichtenzahl} \times \text{Steindicke}}{\text{Schichtenzahl} + 1}$$

Beispiel:

Ein Rundbogen hat eine Spannweite $s = 1{,}51$ m. Seine Bogendicke misst 11,5 cm. Der Bogen wird mit DF-Steinen ausgeführt. Zu ermitteln sind:

a) die Länge der Bogenleibung,
b) die Länge des Bogenrückens,
c) die Schichtenzahl,
d) die Fugendicke an der Bogenleibung,
e) die Fugendicke am Bogenrücken.

Lösung:

a) $b_L = \frac{1{,}51 \text{ m} \cdot 3{,}14}{2} = \underline{2{,}37 \text{ m}}$

b) $b_R = \frac{(1{,}51 \text{ m} + 2 \cdot 0{,}115 \text{ m}) \cdot 3{,}14}{2} = \underline{2{,}73 \text{ m}}$

c) $n = \frac{237 \text{ cm} - 0{,}5 \text{ cm}}{5{,}2 \text{ cm} + 0{,}5 \text{ cm}} = \frac{236{,}5 \text{ cm}}{5{,}7 \text{ cm}}$

$= 41{,}49$ gewählt $\underline{41 \text{ Schichten}}$

d) $F_L = \frac{237 \text{ cm} - 41 \times 5{,}2 \text{ cm}}{41 + 1}$

$= \frac{237 \text{ cm} - 213{,}2 \text{ cm}}{42} = \underline{0{,}56 \text{ cm}}$

e) $F_R = \frac{273 \text{ cm} - 41 \times 5{,}2 \text{ cm}}{41 + 1}$

$= \frac{273 \text{ cm} - 213{,}2 \text{ cm}}{42} = \underline{1{,}42 \text{ cm}}$

Hierzu Aufgaben 4.1 bis 4.10

4.2 Segment- oder Flachbogen

Die Bogenlinie ist ein Teil der Segmentfläche eines Kreises. Der Höhenunterschied zwischen der Spannweite und dem Scheitelpunkt des Bogens ist die **Stichhöhe *h*.** Das Maß für die Stichhöhe richtet sich nach der Spannweite und wird in cm oder als Bruchteil der Spannweite angegeben. Sie soll zwischen $\frac{1}{6}$ und $\frac{1}{12}$ der Spannweite liegen.

Die Formel für die Berechnung des **Radius** bei gegebener Stichhöhe und Spannweite kann nach dem Lehrsatz des Pythagoras abgeleitet werden. Danach ergibt sich folgende Formel:

$$r = \frac{h}{2} + \frac{s^2}{8h}$$

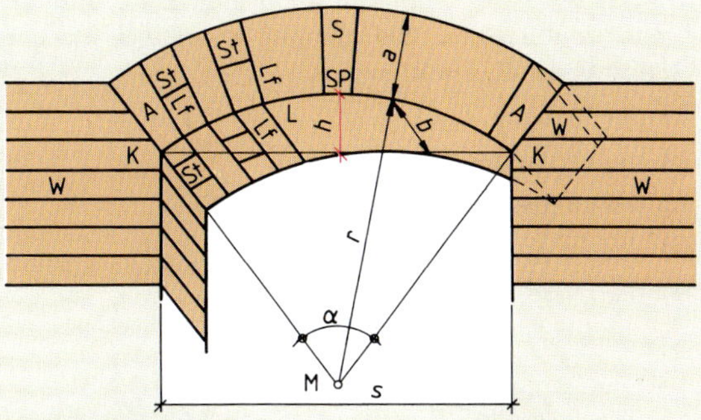

W = Widerlager
K = Kämpferpunkt
L = Leibung
R = Rücken
s = Spannweite
h = Stichhöhe
SP = Scheitelpunkt
A = Anfängerstein
S = Schlussstein
STf = Stoßfuge
Lf = Lagerfuge
a = Bogendicke
b = Bogentiefe
r = Bogenradius
α = Mittelpunktswinkel

Der Mittelpunktswinkel α hat für die Stichhöhen von $\frac{1}{6}$ bis $\frac{1}{12}$ der Spannweite folgende Werte:

Stichhöhe als Bruchteil der Spannweite	Mittelpunktswinkel α
$\frac{1}{6}s$	74°
$\frac{1}{7}s$	64°
$\frac{1}{8}s$	56°
$\frac{1}{9}s$	50°
$\frac{1}{10}s$	45°
$\frac{1}{11}s$	41°
$\frac{1}{12}s$	38°

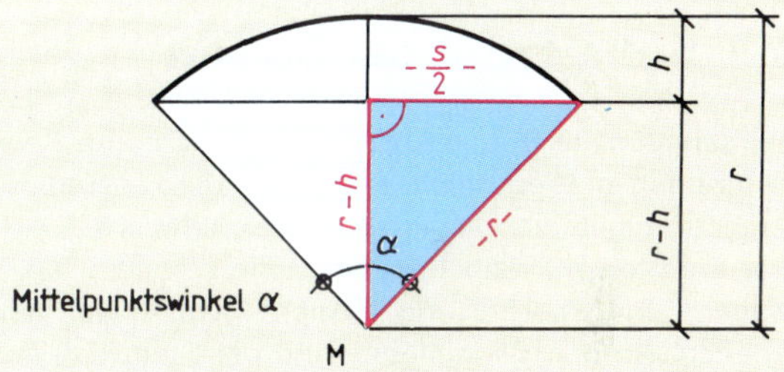

Ist der zum Segmentbogen gehörende Mittelpunktswinkel α gegeben, so kann die Länge der Bogenleibung nach folgender Formel berechnet werden:

$$\text{Länge der Bogenleibung } b_L = \frac{d \cdot \pi \cdot \alpha}{360°}$$

Der Durchmesser für den Bogenrücken ergibt sich aus dem Durchmesser der Bogenleibung zuzüglich der zweifachen Bogendicke. Die Länge des Bogenrückens lässt sich damit nach folgender Formel berechnen:

Länge des Bogenrückens

$$b_R = \frac{(d + 2 \cdot \text{Bogendicke}) \cdot \pi \cdot \alpha}{360°}$$

Die Schichtenzahl und die Fugendicke an der Bogenleibung und am Bogenrücken werden wie bei Rundbogen nach folgenden Formeln berechnet:

$$\text{Schichtenzahl } n = \frac{\text{Bogenleibung in cm} - \text{Fugendicke}}{\text{Steindicke} + \text{angen. Fugendicke}}$$

$$\text{Fugendicke an der Bogenleibung } F_L = \frac{\text{Bogenleibung in cm} - \text{Schichtenzahl} \times \text{Steindicke}}{\text{Schichtenzahl} + 1}$$

$$\text{Fugendicke am Bogenrücken } F_R = \frac{\text{Bogenrücken in cm} - \text{Schichtenzahl} \times \text{Steindicke}}{\text{Schichtenzahl} + 1}$$

Beispiel:

Der dargestellte Segmentbogen hat eine Spannweite von 2,70 m. Die Stichhöhe beträgt $\frac{1}{10}$ der Spannweite. Zu ermitteln sind:

a) der Radius,

b) die Länge der Bogenleibung,

c) die Länge des Bogenrückens,

d) die Schichtenzahl,

e) die Fugendicke an der Leibung.

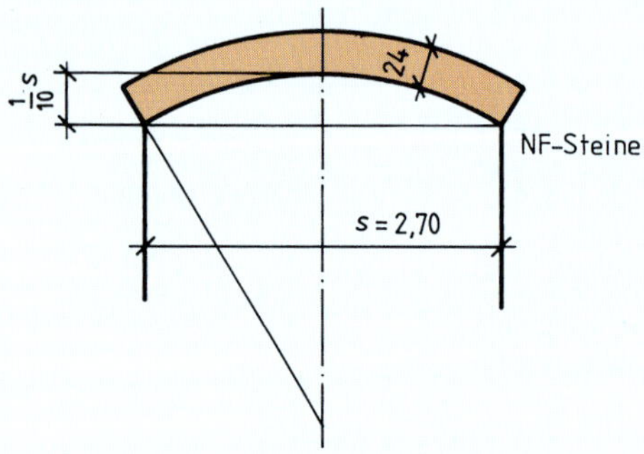

Hierzu Aufgaben 4.11 bis 4.19

Lösung:

a) $r = \frac{0{,}27\text{ m}}{2} + \frac{2{,}70\text{ m} \cdot 2{,}70\text{ m}}{8 \cdot 0{,}27\text{ m}} = \underline{3{,}51\text{ m}}$

bei $\frac{1}{10}\,s$ wird $\alpha = 45°$

b) $b_L = \frac{2 \cdot 3{,}51\text{ m} \cdot 3{,}14 \cdot 45°}{360°} = \underline{2{,}76\text{ m}}$

c) $b_R = \frac{(2 \cdot 3{,}51\text{ m} + 2 \cdot 0{,}24\text{ m}) \cdot 3{,}14 \cdot 45°}{360°} = \underline{2{,}94\text{ m}}$

d) $n = \frac{276\text{ cm} - 0{,}5\text{ cm}}{7{,}1\text{ cm} + 0{,}5\text{ cm}} = 36{,}25$

gewählt <u>35 Schichten</u>

e) $F_L = \frac{276\text{ cm} - 35 \cdot 7{,}1\text{ cm}}{35 + 1}$

$= \frac{276\text{ cm} - 248{,}5\text{ cm}}{36} = \underline{0{,}76\text{ cm}}$

4.3 Scheitrechter Bogen

Der scheitrechte Bogen unterscheidet sich vom Segmentbogen im Wesentlichen dadurch, dass er statt der bogenförmigen eine waagerechte (scheitrechte) Abgrenzung erhält. Scheitrechte Bogen sollten beim Mauern eine **Überhöhung** („Stich") von 1 bis 2 cm erhalten. An den Widerlagern sind die Steine bis zur Höhe des Bogenrückens schräg zu behauen. Die **Widerlagerneigung** soll im Verhältnis **8:1** bis **6:1** zur Senkrechten angelegt werden.

Die Einteilung der Bogenschichten wird rechnerisch wie beim Segmentbogen vorgenommen. Die Länge der Bogenleibung entspricht annähernd der Spannweite.

Die Länge des Bogenrückens errechnet sich aus der Bogenleibung zuzüglich des doppelten Grundmaßes der Widerlagerneigung.

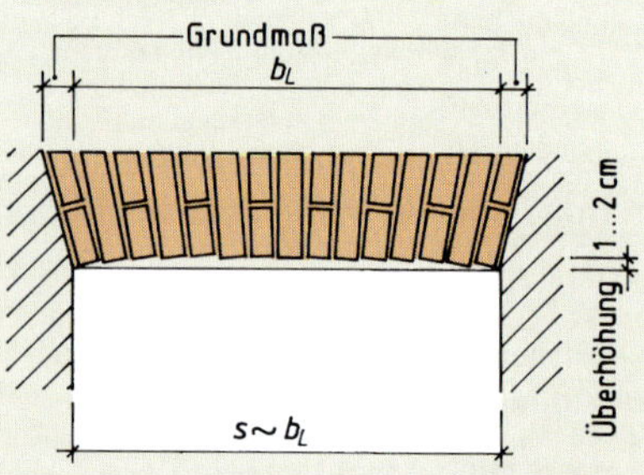

Bogenleibung b_L = Spannweite s
Bogenrücken b_R = Bogenleibung + 2 × Grundmaß

Beispiel:

Ein scheitrechter Bogen mit der Spannweite von 1,01 m wird mit Mauerziegeln im Dünnformat eingewölbt. Die Bogenhöhe beträgt 24 cm, die Neigung an den Widerlagern 8:1. Zu ermitteln sind:

a) die Länge des Bogenrückens,

b) die Schichtenzahl,

c) die Fugendicke an der Leibung,

d) die Fugendicke am Bogenrücken.

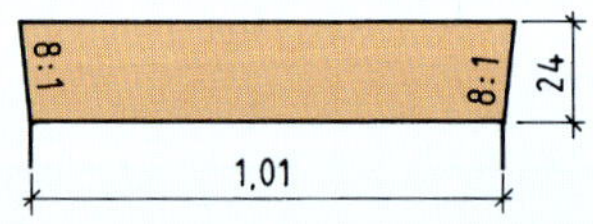

Lösung:

a) Widerlagergrundmaß $= \frac{24\text{ cm}}{8} = 3\text{ cm}$

$b_R = 101\text{ cm} + 2 \cdot 3\text{ cm} = \underline{107\text{ cm}}$

b) $n = \frac{101\text{ cm} - 0{,}5\text{ cm}}{5{,}2\text{ cm} + 0{,}5\text{ cm}}$

$= \frac{100{,}5\text{ cm}}{5{,}7\text{ cm}} = 17{,}6\text{ cm}$ gewählt <u>17 Schichten</u>

c) $F_L = \frac{101\text{ cm} - 17 \cdot 5{,}2\text{ cm}}{17 + 1}$

$= \frac{101\text{ cm} - 88{,}4\text{ cm}}{18} = \underline{0{,}7\text{ cm}}$

d) $F_R = \frac{107\text{ cm} - 17 \cdot 5{,}2\text{ cm}}{17 + 1}$

$= \frac{107\text{ cm} - 88{,}4\text{ cm}}{18} = \underline{1{,}03\text{ cm}}$

Hierzu Aufgaben 4.20 bis 4.21

Rundbogen

4.1 Ein Rundbogen hat eine Spannweite von 2,50 m. Berechnen Sie die Länge der Bogenleibung.

4.2 Berechnen Sie für den dargestellten Rundbogen die Länge des Bogenrückens.

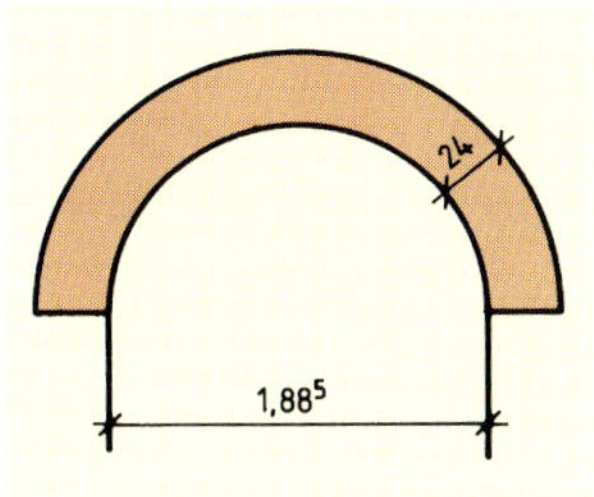

4.3 Zur Einrüstung eines Rundbogens werden 2 Lehrbogen benötigt. Der Rundbogen hat eine Bogentiefe von 24 cm. Ermitteln Sie überschlägig den Holzbedarf in m² für die Lehrbogen (ohne Laschen) einschließlich der quer laufenden Schalbretter. Der Verschnittzuschlag beträgt 25 %.

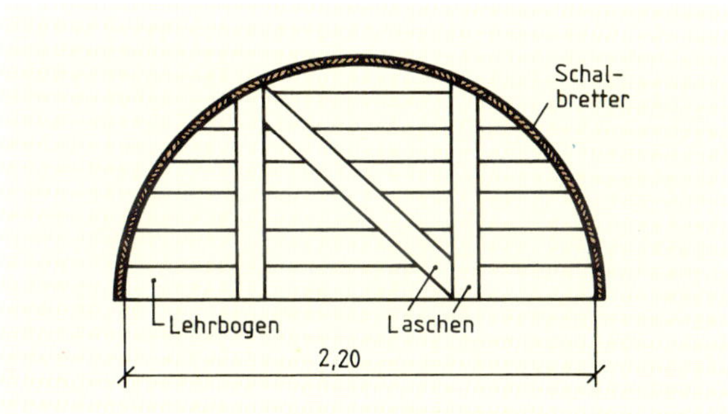

4.4 Ein Rundbogen hat an der Leibung eine Bogenlänge von 1,76 m.

a) Wie groß ist die Spannweite des Bogens?

b) Wie viele Schichten aus NF-Steinen sind auszuführen, wenn die Fugen an der Leibung ca. 6...9 mm dick sein sollen?

c) Wie dick werden aufgrund der ermittelten Schichtenzahl die Fugen an der Bogenleibung tatsächlich?

4.5 Ein Rundbogen weist 29 Schichten aus NF-Steinen auf. Die Fugenbreite ist mit 0,6 cm angenommen worden. Ermitteln Sie die Spannweite des Bogens.

4.6 Ein Rundbogen ist mit 35 Schichten aus DF-Steinen hergestellt worden. Die Fugendicke an der Leibung misst 0,7 cm. Ermitteln Sie die Länge der Bogenleibung.

4.7 Ein Rundbogen hat eine Spannweite von 2,62 m und eine Bogendicke von 24 cm. Der Rundbogen wird mit NF-Steinen gemauert. Ermitteln Sie

a) die Länge der Bogenleibung,

b) die Länge des Bogenrückens,

c) die Anzahl der Bogensteine,

d) die Fugendicke an der Bogenleibung und am Bogenrücken.

4.8 Eine Türöffnung erhält den in der Zeichnung dargestellten Rundbogen. Ermitteln Sie

a) den Flächeninhalt der Öffnung in m²,

b) die Länge der Bogenleibung,

c) Die Schichtenzahl, wenn der Bogen aus NF-Steinen gemauert wird und die Fugendicke an der Leibung mit 0,8 cm angenommen wird.

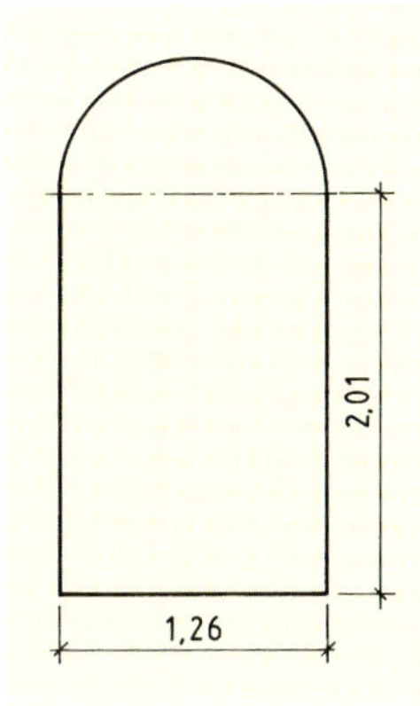

4.9 Ein Wasserbecken erhält eine 50 cm hohe Einfassung aus NF-Steinen. Ermitteln Sie

a) den inneren Beckenumfang,

b) den äußeren Beckenumfang,

c) die Schichtenzahl,

d) den Bedarf an Steinen und Mörtel.

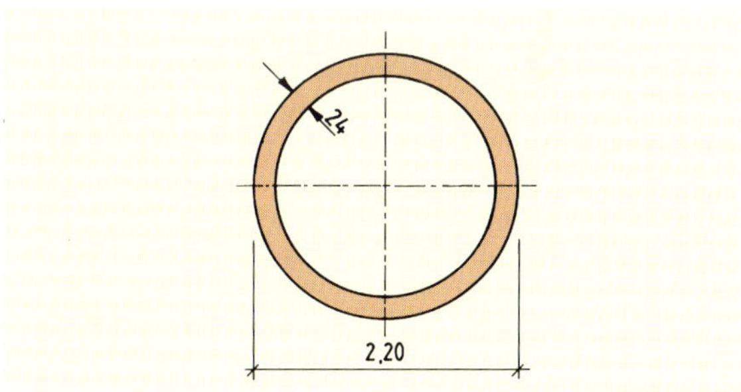

4.10 Ein Freisitz soll aus Mauerwerk in 50 cm Höhe erstellt werden. Verwendet werden Mauerziegel im Normalformat. Zu berechnen sind

a) die Querschnittsfläche in m²,

b) der Steinbedarf in m³,

c) der innere und äußere Umfang des gekrümmten Mauerteils.

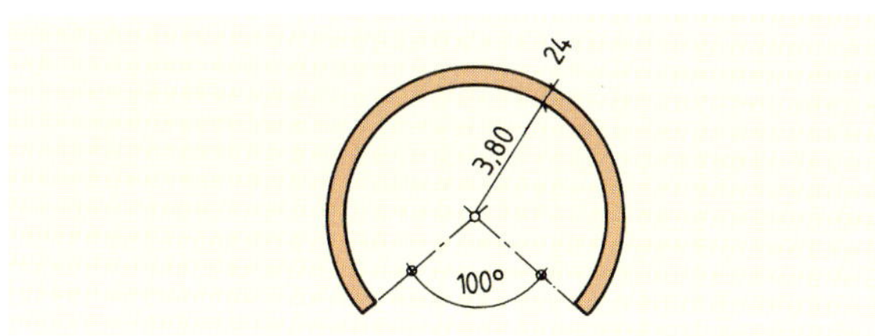

Segmentbogen

4.11 Bei einem Segmentbogen misst die Spannweite 2,25 m, und die Stichhöhe beträgt 24 cm. Berechnen Sie den Radius des Segmentbogens.

4.12 Zur Einrüstung von acht gleichen Segmentbogen werden je zwei Lehrbogen benötigt. Berechnen Sie

a) den Holzbedarf in m² bei 30 % Verschnitt nach der Näherungsformel $A \approx \frac{2}{3} \cdot s \cdot h$,

b) den Radius des Segmentbogens.

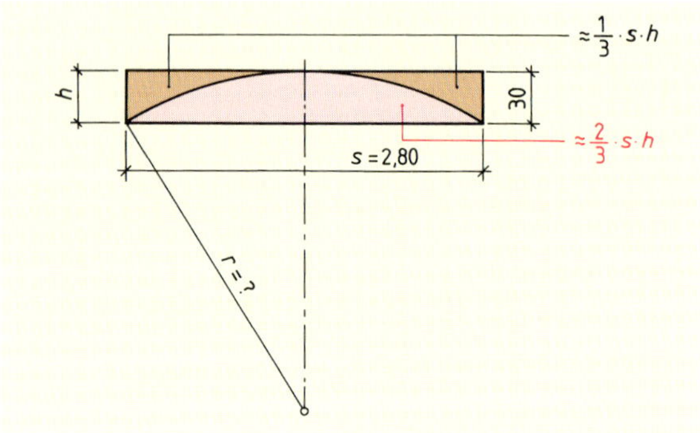

4.13 Eine Maueröffnung soll durch einen Segmentbogen überdeckt werden. Die Stichhöhe beträgt $\frac{1}{10}$ der Spannweite. Berechnen Sie die Länge der Bogenleibung, wenn die Spannweite 2,50 m misst.

4.14 Wie groß ist die Länge des Bogenrückens für den Segmentbogen nach Aufgabe 4.13, wenn die Bogendicke 36,5 cm beträgt?

4.15 Die Leibung eines Segmentbogens ist 1,34 m lang. Wie viele Schichten aus NF-Steinen sind für den Bogen erforderlich, wenn die Fugendicke an der Leibung mit 0,8 cm angenommen wird?

4.16 Für einen Segmentbogen sind 25 Schichten aus NF-Steinen erforderlich. Die Fugendicke an der Leibung wird mit 0,5 cm angenommen. Berechnen Sie die Länge der Bogenleibung.

4.17 Ein Segmentbogen mit der Spannweite von 1,60 m und der Stichhöhe von 20 cm wird bei einer Bogendicke von 24 cm mit Kalksandvollsteinen im Normalformat eingewölbt. Ermitteln Sie

a) den Radius des Bogens,

b) die Länge der Bogenleibung,

c) die Länge des Bogenrückens,

d) die Schichtenzahl,

e) die Fugendicke an der Leibung und am Rücken.

4.18 Ein Segmentbogen mit der Spannweite von 1,80 m ist mit DF-Steinen auszuführen. Die Bogenneigung an den Widerlagern soll 1 : 1 betragen. Berechnen Sie

a) die Länge der Bogenleibung,

b) die Schichtenzahl,

c) die Fugendicke an der Leibung.

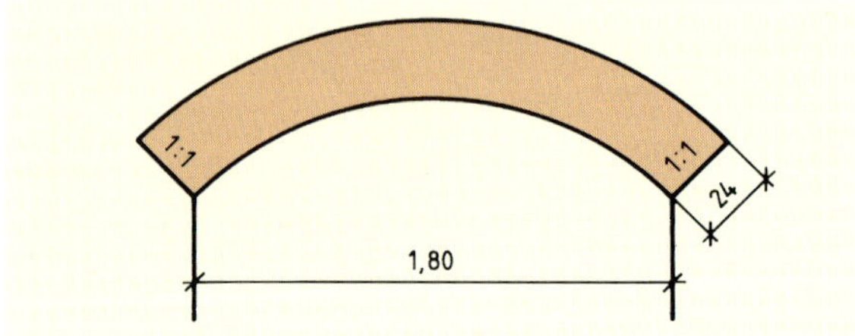

4.19 Eine Maueröffnung von 3,01 m Breite soll durch einen 49 cm dicken Segmentbogen überdeckt werden. Die Stichhöhe beträgt $\frac{1}{6}$ der Spannweite. Berechnen Sie

a) den Bogenradius,

b) die Länge der Bogenleibung,

c) die Schichtenzahl, wenn NF-Steine vermauert werden und die Fugendicke zwischen 0,5 und 0,8 cm betragen soll,

d) die vorhandene Fugendicke an der Bogenleibung.

Scheitrechter Bogen

4.20 Für den dargestellten scheitrechten Bogen sind zu berechnen:

a) die Länge des Bogenrückens,

b) die Schichtenzahl,

c) die Fugendicke an der Bogenleibung,

d) die Fugendicke am Bogenrücken.

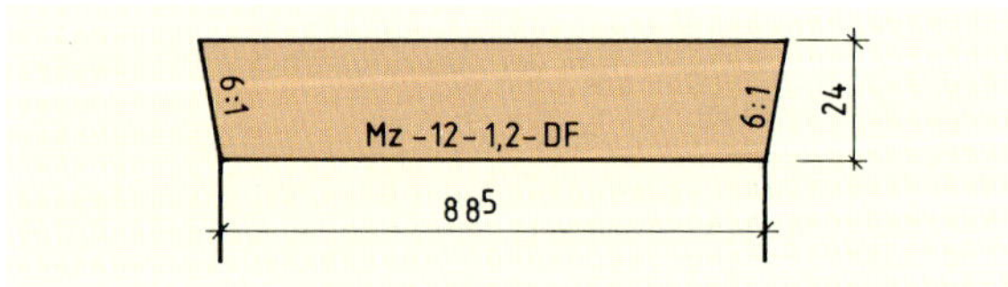

4.21 Ein scheitrechter Bogen mit der Spannweite von 1,26 m wird aus Mauerziegeln im Normalformat hergestellt. Die Bogenhöhe soll 36,5 cm betragen, die Neigung an den Widerlagern 8 : 1. Zu ermitteln sind:

a) die Länge des Bogenrückens,

b) die Schichtenzahl,

c) die Dicke der Fuge an der Leibung und am Rücken.

5 Treppen

5.1 Begriffe

Die **Steigung** ist das lotrechte Maß von der Auftrittfläche einer Stufe bis zur nächsten Stufe. Je nach Treppenart beträgt die Steigungshöhe bei:

- Keller- und Bodentreppen 20 bis 22 cm
- Geschosstreppen 17 bis 19 cm
- Freitreppen, Gartentreppen 14 bis 16 cm
- Schulen, Theatern 16 bis 17 cm

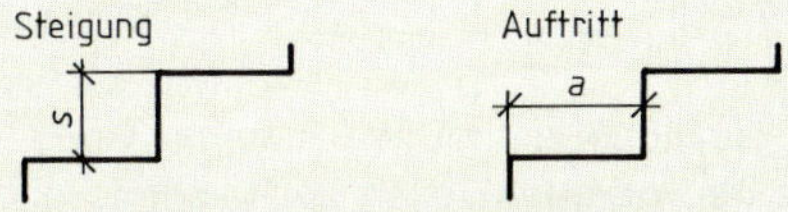

Der **Auftritt** ist das waagerechte Maß von der Vorderkante einer Trittstufe bis zur Vorderkante der folgenden Trittstufe.

Die **lichte Durchgangshöhe** ist der lotrechte Abstand zwischen Vorderkante einer Trittstufe und Unterkante des darüber liegenden Bauteils.

Die lichte Durchgangshöhe am Treppenloch soll 2,00 bis 2,10 m betragen.

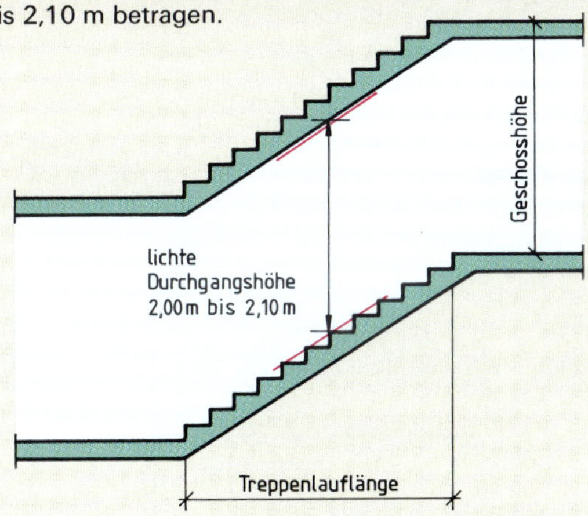

Die **Lauflinie** ist eine gedachte stetige Linie in Treppenlaufmitte.

Die **Treppenlauflänge** ist das Maß von Vorderkante Antrittstufe bis Vorderkante Austrittstufe im Grundriss an der Lauflinie gemessen.

Antrittstufe = erste Stufe der Treppe

Austrittstufe = letzte Stufe der Treppe

Bei gut begehbaren Treppen sollen die Auftrittbreite und zwei Steigungshöhen zusammen ≈ 63 cm ergeben (Schrittmaßregel).

$$\text{Auftrittbreite} + 2 \cdot \text{Steigungshöhe} \approx 63\text{ cm}$$
$$a + 2 \cdot s \approx 63\text{ cm}$$

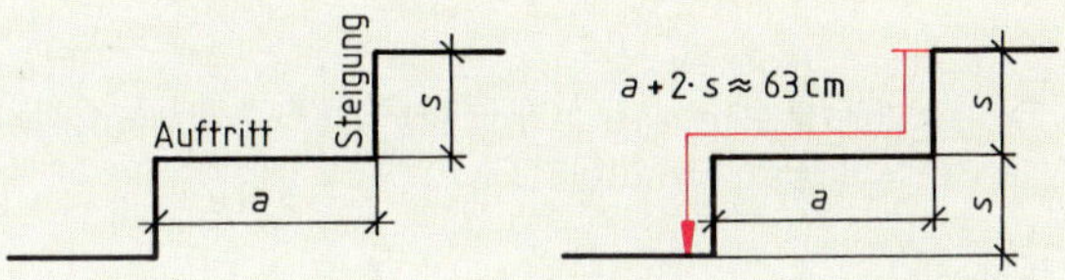

Wird eine gegebene Geschosshöhe durch eine angenommene Steigungshöhe dividiert, ergibt sich die Zahl der Steigungen.

Ergibt die Division kein ganzzahliges Ergebnis, so wird die nächstliegende ganze Zahl gewählt.

Beispiel:

Berechnen Sie die Treppenlauflänge und die Länge der Lauflinie bei der dargestellten Treppe.

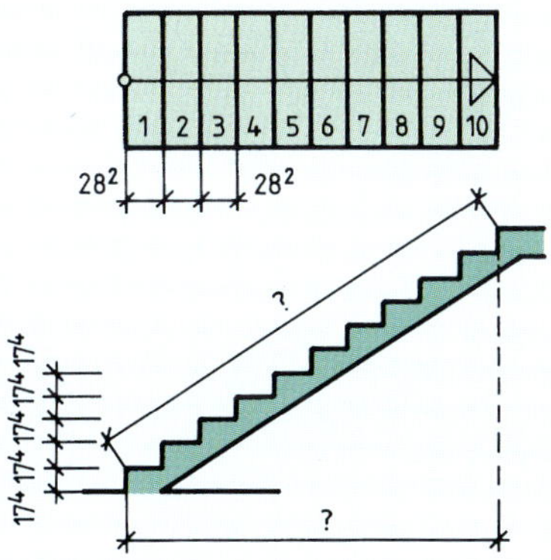

Hierzu Aufgaben 5.1 bis 5.11

Lösung:

Treppenlauflänge
10 Auftritte à 28,2 cm
$10 \times 0{,}282\text{ m} = \underline{2{,}82\text{ m}}$

Länge der Lauflinie
10 Steigungen à 17,4 cm
$10 \times 0{,}174\text{ m} = 1{,}74\text{ m}$

$L = \sqrt{(2{,}82\text{ m})^2 + (1{,}74\text{ m})^2}$

$L = \sqrt{10{,}98\text{ m}^2}$

$L = \underline{3{,}31\text{ m}}$

5.2 Treppenformeln

Anzahl der Steigungen

$$= \frac{\text{Geschosshöhe in cm}}{\text{angenommene Steigungshöhe in cm}}$$

Wird die Geschosshöhe durch die gewählte Anzahl der Steigungen dividiert, so erhält man die Steigungshöhe (s).

Steigungshöhe ermitteln, wie in Abschnitt 5.1 angegeben.

$$\text{Steigungshöhe in cm} = \frac{\text{Geschosshöhe in cm}}{\text{Anzahl der Steigungen}}$$

Die Auftrittbreite wird mithilfe der Treppenformel ($a + 2s = 63$ cm) ermittelt.

Die Treppenlauflänge errechnet sich:

Treppenlauflänge = Anzahl der Auftritte × Auftrittbreite

Anzahl der Auftritte = Anzahl der Steigungen − 1

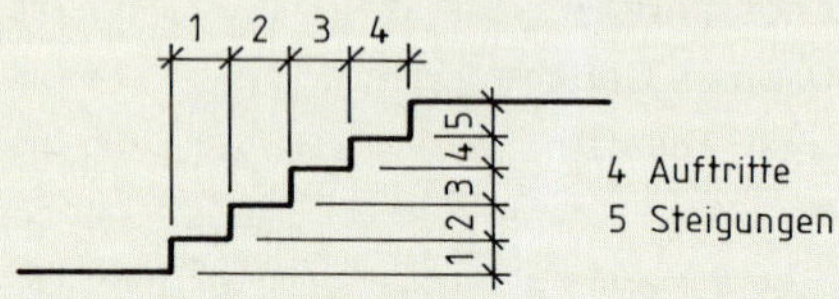

Die Treppenlauflänge bei gewendelten Treppen ergibt sich aus den geraden Teilen der Lauflinie und einem Kreisbogenstück an der Wendelung. An der Wendelung erhalten die Stufen auf der Lauflinie die ermittelte Auftrittbreite wie bei geraden Stufen. An der Wandseite sind die Stufen breiter, an der Treppenwange (Außenwange) jedoch schmaler. Die Berechnung der Steigungshöhe, Auftrittbreite, Treppenlauflänge und lichten Treppendurchgangshöhe erfolgt wie bei geraden Treppen.

Beispiele:

1. Wie groß sollte die Auftrittbreite einer Treppe sein, wenn die Steigungshöhe 17,5 cm beträgt?

Lösung:

Auftrittbreite + 2 · Auftritthöhe ≈ 63 cm

$a + 2 \cdot s = 63$ cm

$a = 63\text{ cm} - 2 \cdot 17{,}5\text{ cm}$

$a = \underline{28\text{ cm}}$

2. Berechnen Sie die Steigungshöhe einer Treppenstufe eines Wohnhauses, wenn die Auftrittsbreite 29 cm beträgt.

Lösung:

Auftrittshöhe bei Wohnungstreppen 17 bis 18 cm

Auftrittbreite + 2 · Auftritthöhe = 63 cm

$a + 2 \cdot s = 63$ cm

$29 + 2 \cdot s = 63$ cm

$2 \cdot s = 63\text{ cm} - 29\text{ cm}$

$s = \frac{34}{2}$ cm

$s = \underline{17\text{ cm}}$

3. *In einem Wohnhaus mit einer Geschosshöhe von 2,75 m soll eine einläufige Treppe eingebaut werden.*

Berechnen Sie die Anzahl der Steigungen, Steigungshöhe, Auftrittbreite und Treppenlauflänge.

Lösung:

Anzahl der Steigungen:

$$= \frac{\text{Geschosshöhe cm}}{\text{angenommene Steigungshöhe (cm)}}$$

$\frac{275\text{ cm}}{17\text{ cm}} = \underline{16{,}18}$; gewählt: $\underline{16\text{ Steigungen}}$

Steigungshöhe: $s = \frac{275\text{ cm}}{16} = \underline{17{,}2\text{ cm}}$

Auftrittbreite: $a = 63\text{ cm} - 2 \cdot 17{,}2\text{ cm}$

$a = 28{,}6$ cm

Treppenlauflänge: $L = (16 - 1) \cdot 28{,}6$ cm

$L = \underline{429\text{ cm}}$

4. Wie groß ist die Treppenlauflänge bei der im Bild dargestellten viertelgewendelten Treppe?

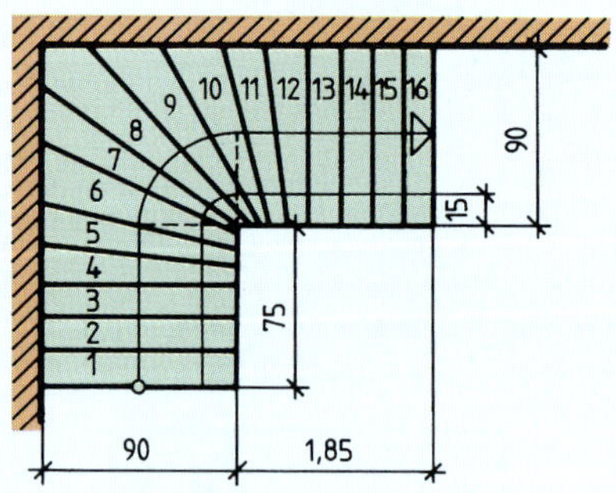

Lösung:

Treppenlauflänge:

$= 75\text{ cm} + 185\text{ cm} + \frac{d \cdot \pi}{4}$

$L = 75\text{ cm} + +185\text{ cm} + \frac{90\text{ cm} \cdot 3{,}14}{4}$

$L = \underline{330{,}65\text{ cm}}$

Hierzu Aufgaben 5.12 bis 5.25

5.3 Gewendelte Treppen

Im Grundriss auf der Lauflinie der Treppe wird die errechnete Auftrittbreite eingetragen. Die Auftrittbreiten der Stufen an der Treppenwange (Außenwange) müssen ermittelt werden.

Liegt die Wendelung in der Mitte des Treppenlaufes, ist eine ungerade Anzahl von Stufen zu verziehen; die schmalste Stufe liegt in der Ecke. Bei Wendelungen am Treppenantritt oder -austritt kann eine gerade Anzahl von Stufen verzogen werden.

Die Stufen sollen an der Außenwange bis zum Scheitelpunkt der Wendelung allmählich schmaler werden. Die Auftrittbreite an der schmalsten Stelle darf nach einigen Landesbauordnungen 10 cm nicht unterschreiten.

Die DIN 18065 fordert bei gewendelten Treppen nur eine Mindestbreite von 10 cm im Abstand von 15 cm (Hilfslauflinie) von der Außenwange.

Beispiel:

Bei der im Bild dargestellten viertelgewendelten Treppe sollen die Stufen 4 bis 10 verzogen werden. Die Auftrittbreite beträgt 27 cm.

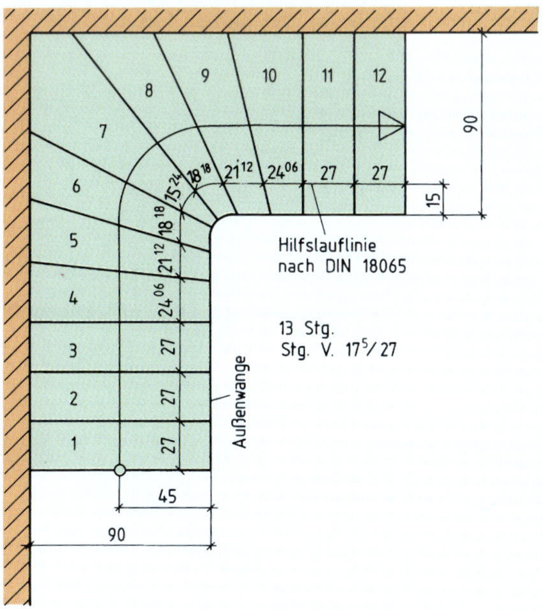

Lösung:

Länge des Viertelkreisbogens auf der Gehlinie ($r = 45$ cm):

$$\frac{2 \cdot 45\text{ cm} \cdot 3{,}14}{4} = \underline{70{,}65\text{ cm}}$$

Länge des Viertelkreisbogenstücks an der Außenwange ($r = 15$ cm):

$$\frac{2 \cdot 15\text{ cm} \cdot 3{,}14}{4} = \underline{23{,}55\text{ cm}}$$

Bogendifferenz:

$$70{,}65\text{ cm} - 23{,}55\text{ cm} = \underline{47{,}10\text{ cm}}$$

Die Auftrittbreiten der zu verziehenden Stufen werden an der Außenwange um 47,10 cm schmaler.

Die Auftrittbreiten der Stufen 4 bis 7 und 10 bis 7 werden jeweils um 1 Teil schmaler als die vorliegende Stufe.

Stufe 4 und 10	je 1 Teil	= 2 Teile
Stufe 5 und 9	je 2 Teile	= 4 Teile
Stufe 6 und 8	je 3 Teile	= 6 Teile
Stufe 7	4 Teile	= 4 Teile
	zusammen	= 16 Teile

16 Teile = 47,10 cm

$$1\text{ Teil} = \frac{47{,}10}{16} = \underline{2{,}94\text{ cm}}$$

An der Hilfslauflinie betragen die Auftrittbreiten demnach:

Stufe 4 und 10	$= 27\text{ cm} - 2{,}94\text{ cm} = 24{,}06\text{ cm}$
Stufe 5 und 9	$= 27\text{ cm} - 2 \cdot 2{,}94\text{ cm} = 21{,}12\text{ cm}$
Stufe 6 und 8	$= 27\text{ cm} - 3 \cdot 2{,}94\text{ cm} = 18{,}18\text{ cm}$
Stufe 7	$= 27\text{ cm} - 4 \cdot 2{,}94\text{ cm} = 15{,}24\text{ cm}$

Hierzu Aufgaben 5.26 bis 5.34

Begriffe

5.1 Geben Sie die Steigungshöhen für folgende Treppenarten an:

a) Wohnhaustreppe,
b) Kellertreppe,
c) Freitreppe,
d) Schulhaustreppe.

5.2 Wie wird die Steigungshöhe einer Treppenstufe bestimmt?

5.3 Ergänzen Sie den folgenden Satz sinngemäß:

Die Auftrittbreite ist das ...? ... Maß von der Vorderkante einer Trittstufe bis zur ...? ... der folgenden Stufe.

5.4 Aus dem abgebildeten Treppenteilplan sind Steigungshöhe und Auftrittbreite herauszumessen.

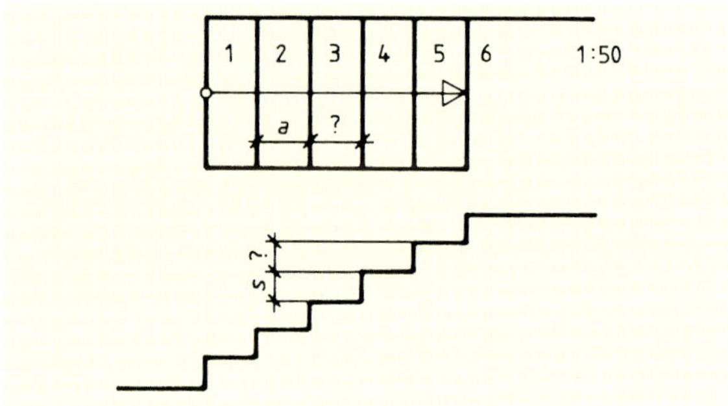

5.5 Wie groß soll die lichte Treppendurchgangshöhe sein, und wo wird diese gemessen?

5.6 Erklären Sie den Begriff „Lauflinie" und ihre Lage.

5.7 Berechnen Sie die Treppenlauflänge einer geraden Hauseingangstreppe mit 5 Steigungen. Die Auftrittbreite beträgt 29,2 cm.

5.8 Wie groß ist die Stufenauftrittbreite einer Kellertreppe mit 15 Steigungen und einer Treppenlauflänge von 2,80 m?

5.9 Berechnen Sie die Treppenlauflänge einer geraden Treppe mit 16 Steigungen (Auftrittbreite 28,6 cm).

5.10 Wie groß ist die Auftrittbreite einer geraden einläufigen Treppe bei 16 Steigungen und 4,02 m Treppenlänge?

5.11 Wie lautet die Schrittmaßregel bei Treppen?

Treppenformeln

5.12 Berechnen Sie mithilfe der Treppenformel die Auftrittbreite einer Schulhaustreppe bei einer Steigungshöhe von 16,8 cm.

5.13 Wie groß ist die Steigungshöhe bei einer Wohnhaustreppe mit einer Auftrittbreite von 28,4 cm?

5.14 Berechnen Sie mithilfe der Treppenformel die in der Tabelle fehlende Werte:

	Kellertreppen			Geschosstreppen			Freitreppen		
Steigungshöhe *s*	?	20^5	?	17^2	?	18^5	?	14^5	16
Auftrittbreite *a*	24^4	?	22^5	?	29	?	26^5	?	?
	a)	**b)**	**c)**	**d)**	**e)**	**f)**	**g)**	**h)**	**i)**

5.15 Ermitteln Sie das Steigungsverhältnis für eine Hauseingangstreppe mit 5 Steigungen und einer Treppenlauflänge von 1,04 m.

5.16 Bei einer Kellertreppe mit 15 Steigungen ist eine Treppenlauflänge von 2,60 m vorhanden.

Ermitteln Sie das Steigungsverhältnis.

5.17 Mit einer Freitreppe vor einer Haustür soll eine Höhe von 75 cm überwunden werden. Ermitteln Sie

a) die Steigungshöhe,
b) die Auftrittbreite,
c) die Treppenlauflänge.

5.18 Die Kellergeschosshöhe beträgt $2{,}62^5$ m. Berechnen Sie für eine einläufige, gerade Treppe:

a) Anzahl der Steigungen,
b) Steigungshöhe,
c) Auftrittbreite,
d) Treppenlauflänge.

5.19 Berechnen Sie nach den Angaben zur dargestellten Treppe

a) Treppenlauflänge,
b) Länge des Treppenloches,
c) lichte Treppendurchgangshöhe an angegebener Stelle.

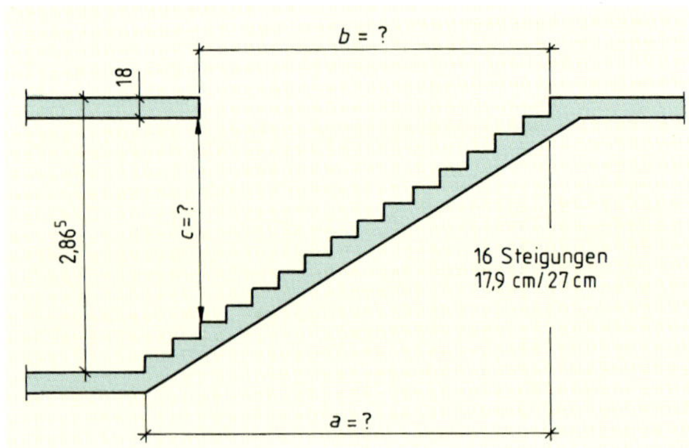

5.20 Bei einem Mehrfamilienhaus beträgt die Geschosshöhe 2,85 m. Die Steigungshöhe soll 17,8 cm sein.

Ermitteln Sie die Auftrittbreite, und geben Sie die Anzahl der Steigungen an.

5.21 Bei der dargestellten Treppe sind zu berechnen:

a) Auftrittbreite,
b) lichte Treppendurchgangshöhe,
c) Treppenlauflänge.

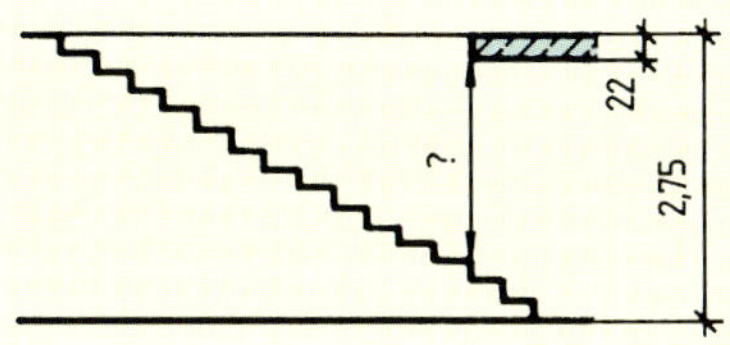

5.22 Ein Mehrfamilienwohnhaus mit einer Geschosshöhe von $2{,}87^5$ m soll eine zweiläufige gerade Treppe mit Zwischenpodest erhalten. Nach wie vielen Stufen ist das Podest anzuordnen, damit unter diesem die notwendige lichte Treppendurchgangshöhe erreicht wird?

5.23 Berechnen Sie die Lauflänge und die Geschosshöhe bei einer geraden Treppe mit 16 Steigungen bei einem Steigungsverhältnis 17,6/27,8 cm.

5.24 In einem Schulhaus beträgt die Geschosshöhe 3,25 m. Es soll eine zweiläufige, gerade Treppe mit Zwischenpodest eingebaut werden. Nach wie vielen Stufen ist das Zwischenpodest (20 cm stark) anzuordnen, damit unter diesem die notwendige lichte Treppendurchgangshöhe (2,10 m) erreicht wird?

5.25 Berechnen Sie nach den Angaben der dargestellten Treppe das Steigungsverhältnis der Treppe und die Treppenlauflänge.

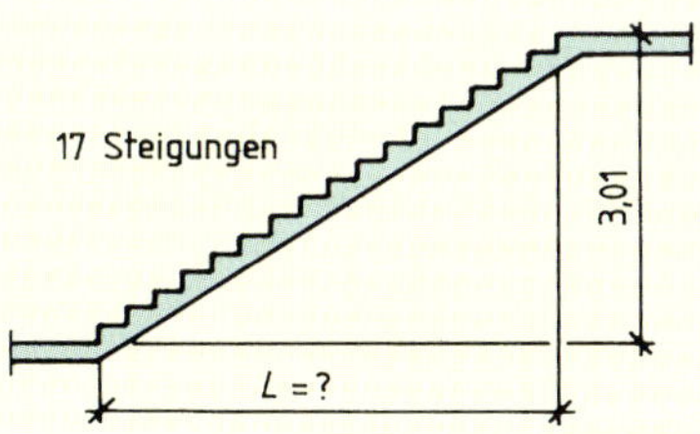

Gewendelte Treppen

5.26 Berechnen Sie die Treppenlauflänge bei der abgebildeten viertelgewendelten Treppe.

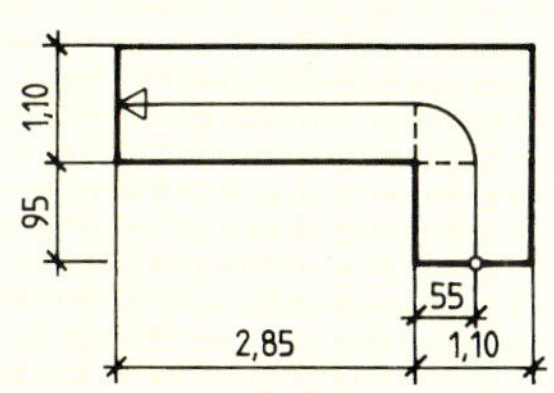

5.27 Die Treppenlauflänge für die abgebildete Treppe beträgt 3,12 m. Berechnen Sie die Maße l_1, l_2 und l_3.

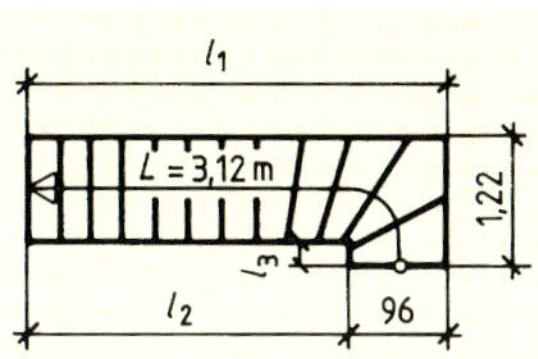

5.28 Berechnen Sie die Treppenlauflänge bei der dargestellten im An- und Austritt viertelgewendelten Treppe.

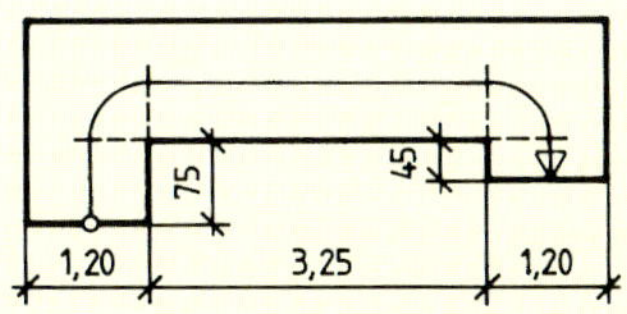

5.29 Berechnen Sie die Treppenlauflänge bei der abgebildeten Treppe.

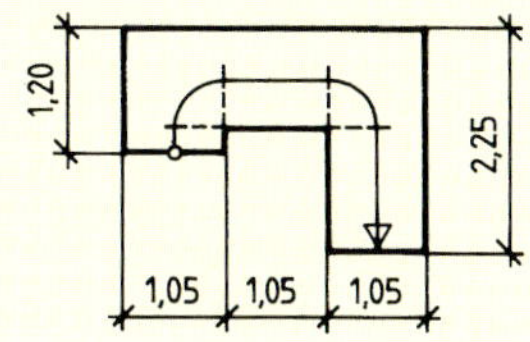

5.30 In einem Reihenhaus beträgt die Geschosshöhe 2,85 m.

Für eine einläufige gerade Treppe sind nur 2,95 m Treppenlauflänge vorhanden. Wie viele Steigungen sind erforderlich, wie groß sind Steigungshöhe und Auftrittbreite?

5.31 Berechnen Sie die Treppenlauflänge der dargestellten halbgewendelten Treppe.

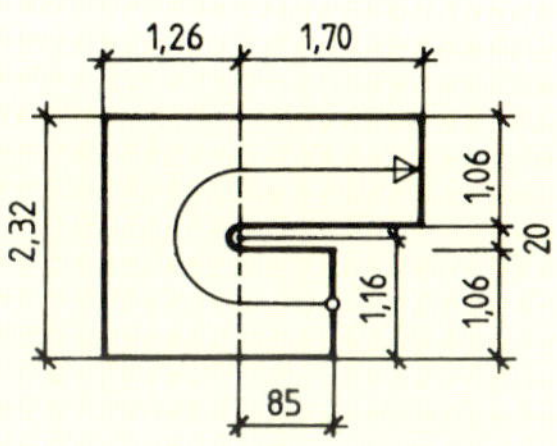

5.32 Die dargestellte Wohnhaustreppe hat 17 Steigungen (Steigungsverhältnis $17{,}8/27^5$). Die Stufen 1 bis 6 und 10 bis 16 sind zu verziehen.

Ermitteln Sie die Auftrittbreiten der verzogenen Stufen im Abstand von 15 cm von der Treppenaußenkante.

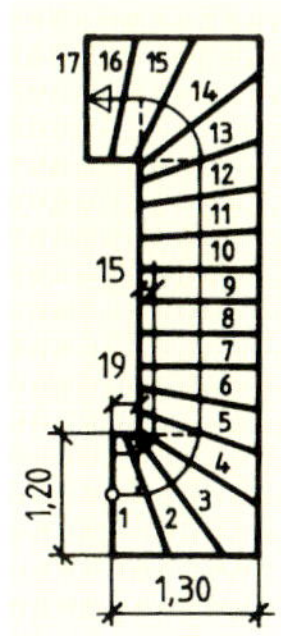

5.33 Worauf ist bei der Bestimmung von Stufenform und Stufengröße von gewendelten Treppen im Einzelnen zu achten? (Bestimmungen aufzählen!)

5.34 Die abgebildete viertelgewendelte Treppe hat eine Lauflänge von 3,19 m 11 Auftritte zu je 29 cm. Die Stufen 1 bis 7 sind zu verziehen.

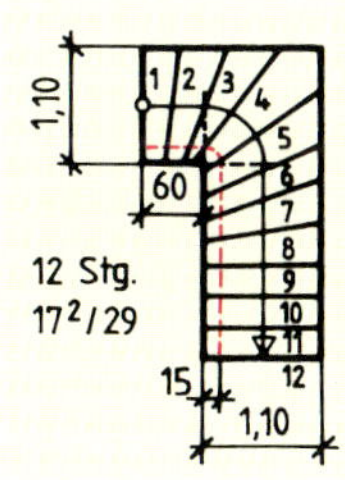

6 Auflagerkräfte

Eines der wichtigsten Konstruktionselemente in der Bautechnik ist der **Träger**. Er kommt vor z. B. als Fenstersturz, Türsturz, Decke, Balken, Sparren, Plattenbalken usw. Im Folgenden sollen für solche Träger die Auflagerkräfte errechnet werden.

6.1 Gleichgewichtsbedingungen

Die Voraussetzung für die Standsicherheit ist das **Gleichgewicht**. Dabei sind drei Gleichgewichtsbedingungen zu beachten:

1. Die Summe aller **vertikal** wirkenden Kräfte muss null sein ($\sum V = O$).
2. Die Summe aller **horizontal** wirkenden Kräfte muss null sein ($\sum H = O$).
3. Die Summe aller **Momente** um einen Drehpunkt muss null sein ($\sum M = O$).

Dafür muss eine **Vorzeichenregelung** getroffen werden. Die von oben nach unten auf den Träger wirkenden Vertikalkräfte (Belastungen) müssen umgekehrtes Vorzeichen wie die von unten nach oben wirkenden Kräfte (Auflagerreaktionen) erhalten; die von links nach rechts wirkenden Kräfte müssen umgekehrtes Vorzeichen wie die von rechts nach links wirkenden Kräfte erhalten, und die rechtsdrehenden Momente (im Uhrzeigersinn drehenden Momente) müssen umgekehrtes Vorzeichen wie die linksdrehenden Momente (gegen den Uhrzeigersinn drehenden Momente) um ein und denselben Drehpunkt erhalten.

1. Beispiel:

Auf einen Träger wirken die Kräfte $F_1 = 10$ kN, $F_2 = 20$ kN und $F_3 = 30$ kN. Die Auflagerkraft bei A beträgt 25 kN.

Wie groß ist die Auflagerkraft bei B?

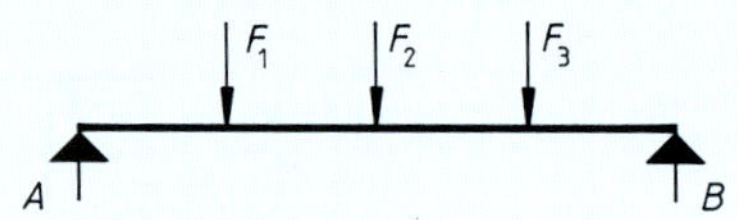

Lösung:

$\sum V = O \rightarrow F_1 + F_2 + F_3 - A - B = O$

$B = F_1 + F_2 + F_3 - A$

$B = 10\text{ kN} + 20\text{ kN} + 30\text{ kN} - 25\text{ kN}$

$B = \underline{35\text{ kN}}$

2. Beispiel:

Auf einen Träger wirkt die horizontale Kraft $H = 15$ kN.

Wie groß muss die Summe der horizontalen Auflagerkräfte sein?

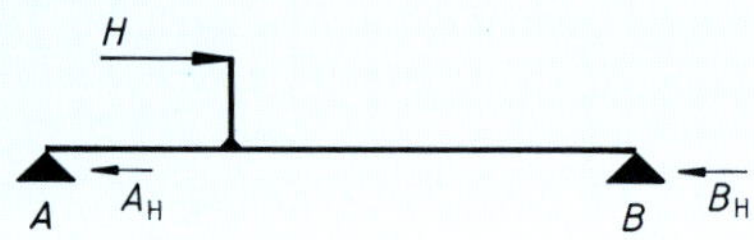

Lösung:

$\sum H = O \rightarrow A_H + B_H - H = O$

$A_H + B_H = H$

$A_H + B_H = \underline{15\text{ kN}}$

3. Beispiel:

An einem Auslegergerüst wird ein rechtsdrehendes Moment von 2,0 kNm durch die Belastung hervorgerufen.

Wie groß muss das linksdrehende Moment mindestens sein, damit das Auslegergerüst im Gleichgewicht ist?

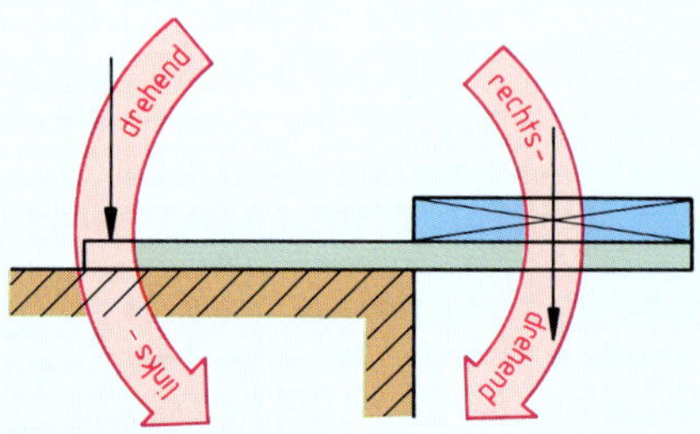

Lösung:

$\sum M = O \rightarrow M_R - M_L = O$

$M_L = M_R$

$M_L = \underline{2{,}0\text{ kNm}}$

Hierzu Aufgaben 6.1 bis 6.7

4. Beispiel:

An einem Träger wird das Auflager A durch einen Drehpunkt ersetzt. Die Summe der rechtsdrehenden Momente (hervorgerufen durch die Belastungen) beträgt 20 kNm.

Wie groß muss das linksdrehende Moment (hervorgerufen durch die Auflagerkraft bei B) sein, damit der Träger im Gleichgewicht ist?

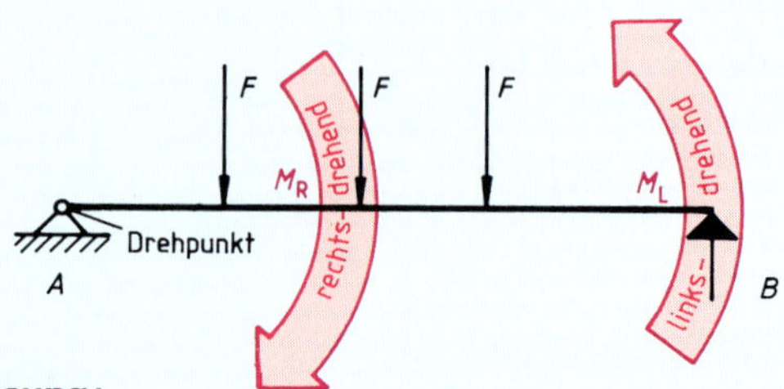

Lösung:

$\sum M = O \rightarrow M_R - M_L = O$

$M_L = M_R$

$M_L = \underline{20\text{ kNm}}$

6.2 Berechnung der Auflagerkräfte

Sollen bei einem Träger auf zwei Stützen die Auflagerkräfte berechnet werden, so betrachtet man den Träger als Hebel, wobei eines der beiden Auflager als Drehpunkt angenommen wird.

Nach der Gleichgewichtsbedingung $\sum M = O$ muss die Summe der Momente aus den auf den Träger wirkenden Kräften und ihren dazugehörigen Hebellängen sowie dem Moment aus der Auflagerkraft und der Stützweite gleich null sein.

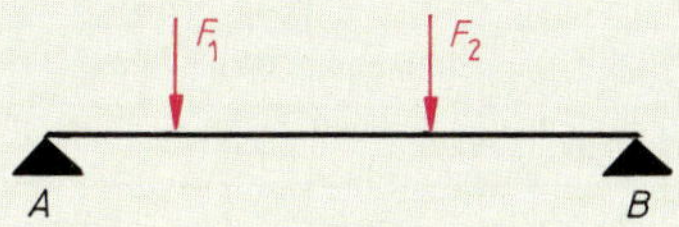

Wird der Drehpunkt in A angenommen, so kann mit der Gleichgewichtsbedingung $\sum M = O$ die Auflagerkraft B berechnet werden.

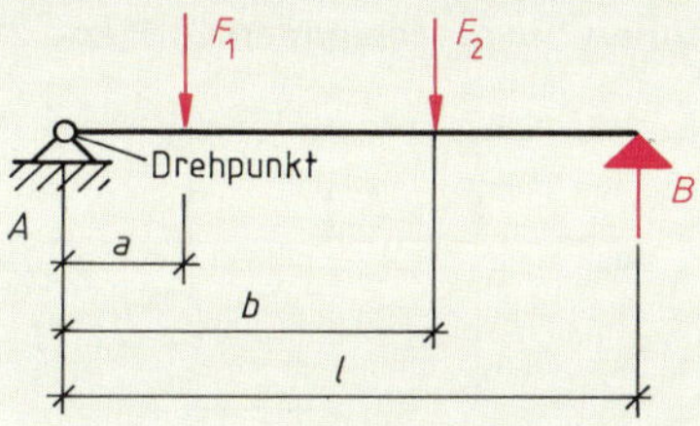

$$\sum M_{(A)} = F_1 \cdot a + F_2 \cdot b - B \cdot l = O$$

$$B = \frac{F_1 \cdot a + F_2 \cdot b}{l}$$

Die Auflagerkraft A kann berechnet werden, indem man den Drehpunkt in B annimmt.

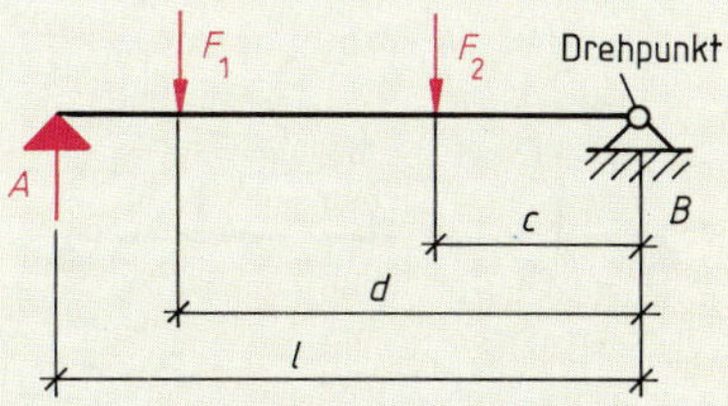

$$\sum M_{(B)} = O;\ A \cdot l - F_1 \cdot d - F_2 \cdot c = O$$

$$A = \frac{F_1 \cdot d + F_2 \cdot c}{l}$$

Da am Träger Gleichgewicht herrscht, ist die Summe aller Vertikalkräfte gleich null ($\sum V = O$); d.h. alle in der Richtung von oben nach unten auf den Träger wirkenden Kräfte (z.B. Trägerbelastungen) sind genauso groß wie die in der Richtung von unten nach oben auf den Träger wirkenden Kräfte (z.B. Auflagerreaktionen).

Auch hier muss eine Vorzeichenregelung getroffen werden; die von oben nach unten wirkenden Kräfte müssen umgekehrtes Vorzeichen erhalten wie die von unten nach oben wirkenden Kräfte.

Wird eine Auflagerkraft mit der Gleichgewichtsbedingung $\sum M = O$ ermittelt, so kann die zweite Auflagerkraft mit der Gleichgewichtsbedingung $\sum V = O$ errechnet werden.

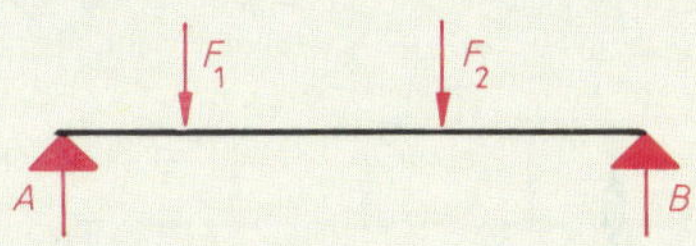

$$\sum V = O;\ F_1 + F_2 - A - B = O$$

$$A = F_1 + F_2 - B$$

$$B = F_1 + F_2 - A$$

Die Kräfte A und B sind die Auflagerreaktionen, also jene Kräfte, die den Auflagerkräften (Aktionen) an den Auflagern gleich groß entgegenwirken.

Beispiel:

Berechnen Sie die Auflagerkräfte A und B.

$F_1 = 2{,}0$ kN
$F_2 = 3{,}0$ kN
$F_3 = 4{,}0$ kN
$a = 0{,}50$ m
$b = 0{,}90$ m
$c = 1{,}50$ m
$l = 2{,}10$ m

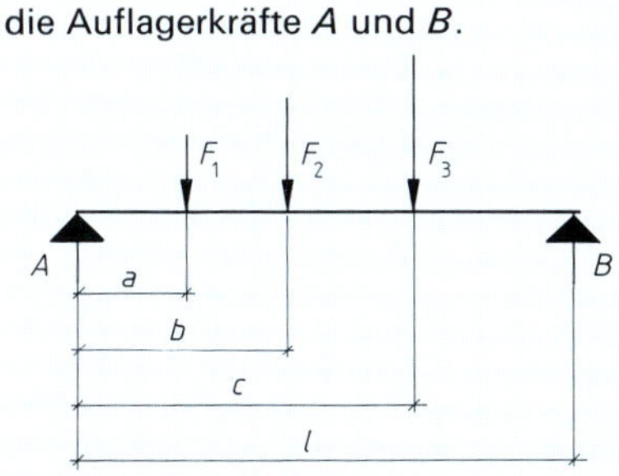

Drehpunkt in A:

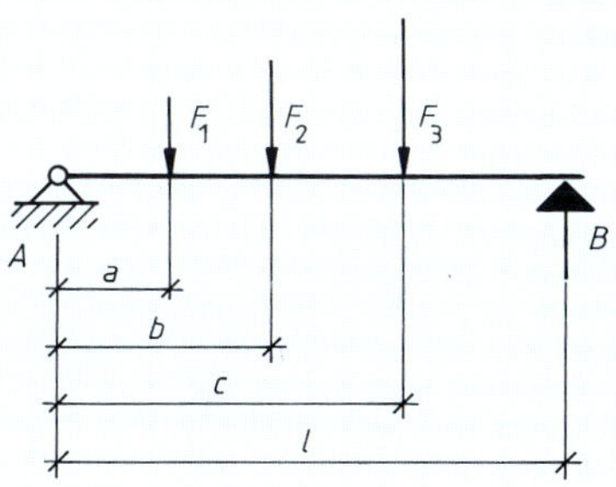

$$\sum M_{(A)} = O;\ F_1 \cdot a + F_2 \cdot b + F_3 \cdot c - B \cdot l = O$$

$$B = \frac{F_1 \cdot a + F_2 \cdot b + F_3 \cdot c}{l}$$

$$B = \frac{2{,}0\ \text{kN} \cdot 0{,}50\ \text{m} + 3{,}0\ \text{kN} \cdot 0{,}90\ \text{m} + 4{,}0\ \text{kN} \cdot 1{,}50\ \text{m}}{2{,}10\ \text{m}}$$

$$B = \frac{1{,}00\ \text{kNm} + 2{,}70\ \text{kNm} + 6{,}00\ \text{kNm}}{2{,}10\ \text{m}} = \frac{9{,}70\ \text{kNm}}{2{,}10\ \text{m}}$$

$$B = \underline{\underline{4{,}62\ \text{kN}}}$$

$$\sum V = O;\ F_1 + F_2 + F_3 - A - B = O$$

$$A = F_1 + F_2 + F_3 - B$$

$$A = 2{,}0\ \text{kN} + 3{,}0\ \text{kN} + 4{,}0\ \text{kN} - 4{,}62\ \text{kN}$$

$$A = \underline{\underline{4{,}38\ \text{kN}}}$$

Hierzu Aufgaben 6.8 bis 6.12

6.1 Auf einen Stahlträger wirken die Kräfte $F_1=15$ kN, $F_2=20$ kN und $F_3=85$ kN. Die vertikale Auflagerkraft bei A beträgt 50 kN.

Wie groß ist die vertikale Auflagerkraft bei B?

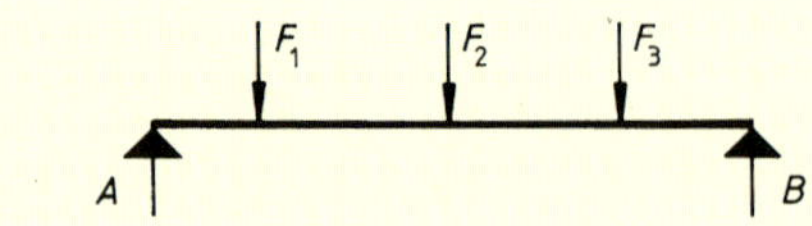

6.2 Ein Träger wird durch eine Horizontalkraft $H=$ 25 kN belastet.

Wie groß ist die Summe der horizontalen Auflagerkräfte?

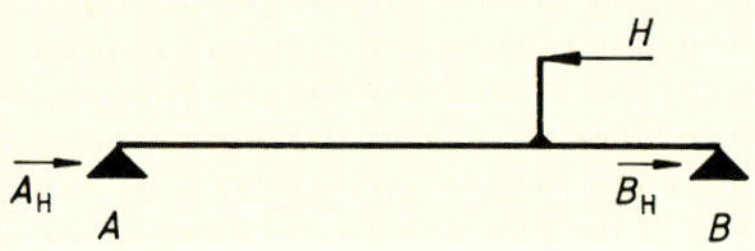

6.3 Das Auflager B eines Trägers wird durch einen Drehpunkt ersetzt. Die Summe der linksdrehenden Momente (hervorgerufen durch die belastenden Kräfte) beträgt 35 kNm. Wie groß muss das rechtsdrehende Moment (hervorgerufen durch die Auflagerkraft bei A) sein?

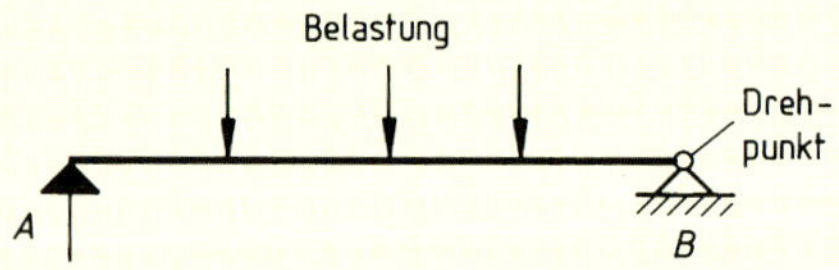

6.4 Das Auflager A eines Trägers wird als Drehpunkt gesehen. An ihm wirkt ein Moment von 150 kNm. Wie groß ist die Auflagerkraft bei B, wenn die Stützweite 7,00 m beträgt?

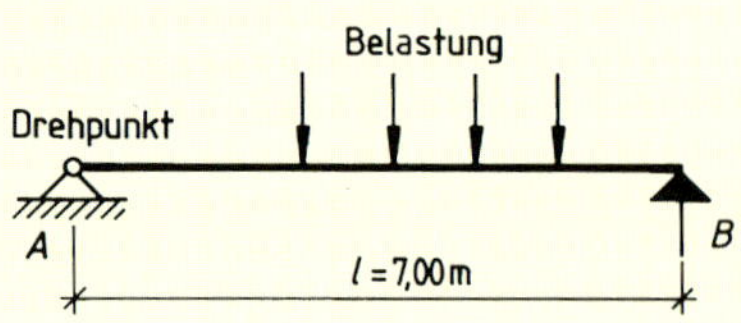

6.5 Ein Träger wird genau in der Mitte durch eine Kraft $F=5$ kN vertikal belastet. Wie groß sind die vertikalen Auflagerkräfte bei A und B?

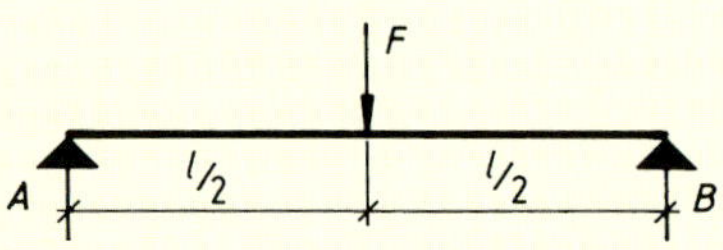

6.6 Berechnen Sie die fehlenden Größen.

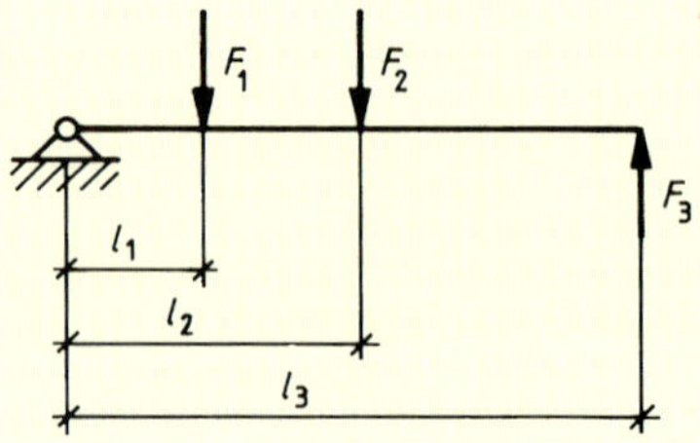

	a)	b)	c)	d)	e)	f)
F_1	?	10 N	1,8 MN	120 kN	8 N	0,7 MN
l_1	1,20 m	?	2,15 m	60 cm	20 cm	1,35 m
F_2	75 kN	35 N	?	60 kN	14 N	1,70 kN
l_2	1,40 m	35 cm	3,40 m	?	25 cm	180 cm
F_3	85 kN	20 N	2,4 MN	70 kN	?	0,4 MN
l_3	1,90 m	75 cm	4,15 m	1,80 m	35 cm	?

6.7 Berechnen Sie die fehlenden Größen.

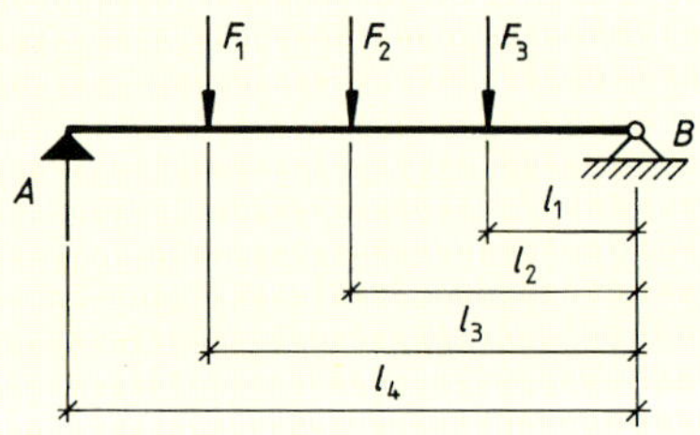

	a)	b)	c)	d)
F_1	10 kN	?	15 kN	2 kN
F_2	15 kN	2 MN	?	8 kN
F_3	20 kN	7 MN	80 kN	3 kN
l_1	1 m	2,50 m	50 cm	1,00 m
l_2	2 m	3,00 m	60 cm	?
l_3	3 m	4,00 m	2,00 m	2,00 m
l_4	4 m	8,00 m	2,50 m	5,00 m
A	?	10 MN	30 kN	4 kN

6.8 Berechnen Sie die Auflagerkräfte A und B am dargestellten Träger.

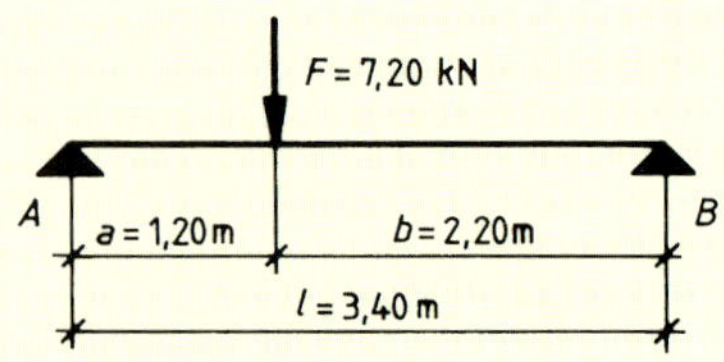

6.9 Für den dargestellten Träger sollen die Auflagerkräfte berechnet werden.

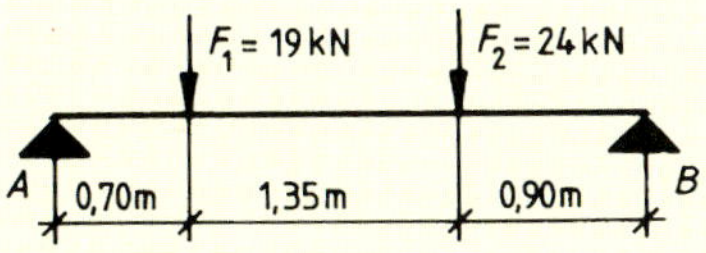

6.10 Berechnen Sie die Länge *a*.

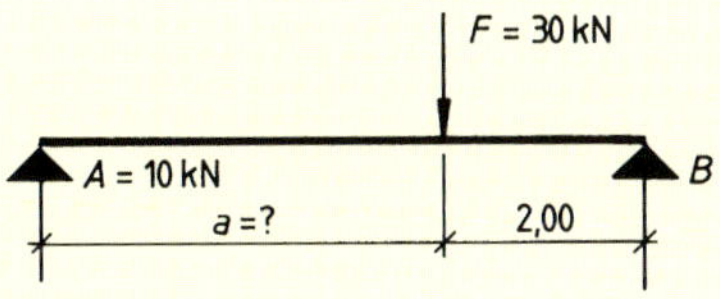

6.11 Berechnen Sie die Auflagerkräfte bei *A* und *B*.

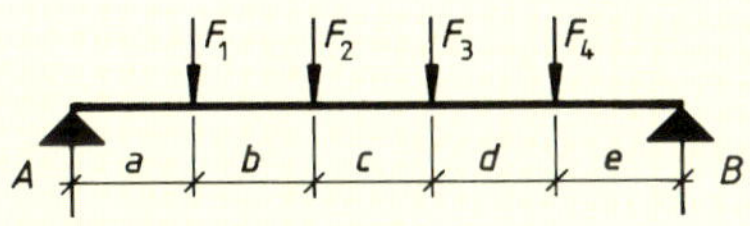

	a)	b)	c)	d)	e)
F_1	10 kN	2 kN	50 kN	5 N	1,5 MN
F_2	2 kN	1 kN	80 kN	9 N	5,5 MN
F_3	17 kN	6 kN	90 kN	3 N	7,9 MN
F_4	56 kN	6 kN	67 kN	3 N	6,1 MN
a	1 m	2,5 m	2 m	20 cm	5,7 m
b	0,7 m	1 m	1,5 m	15 cm	2,0 m
c	1,4 m	2,0 m	1,8 m	80 cm	2,8 m
d	2,2 m	3,7 m	2,9 m	1 m	4,3 m
e	1,1 m	2,5 m	5,7 m	70 cm	2,5 m

6.12 Berechnen Sie die Auflagerkräfte.

a)

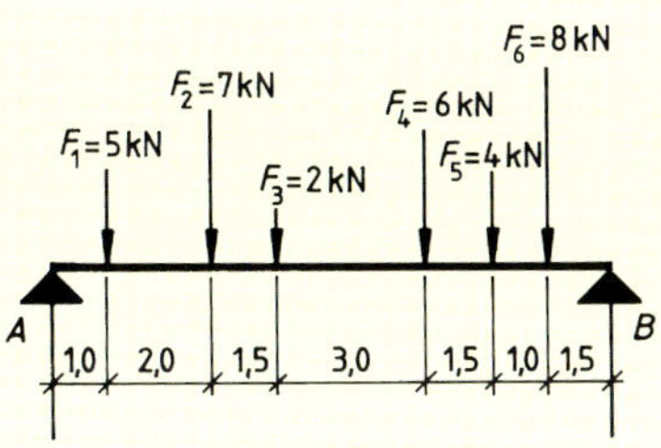

b)

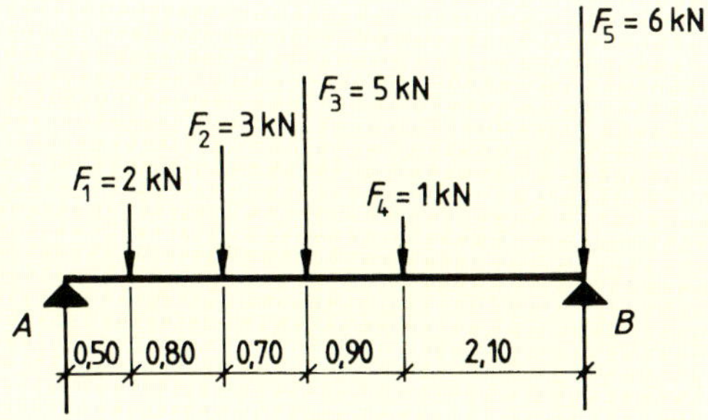

c)

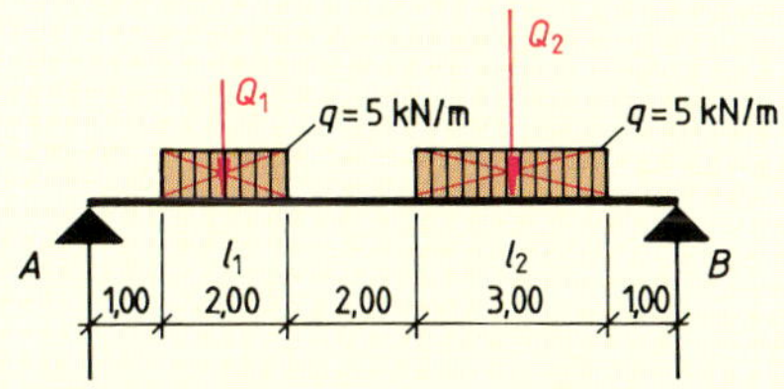

Hilfestellung: $Q_1 = q \cdot l_1$
$Q_2 = q \cdot l_2$

d)

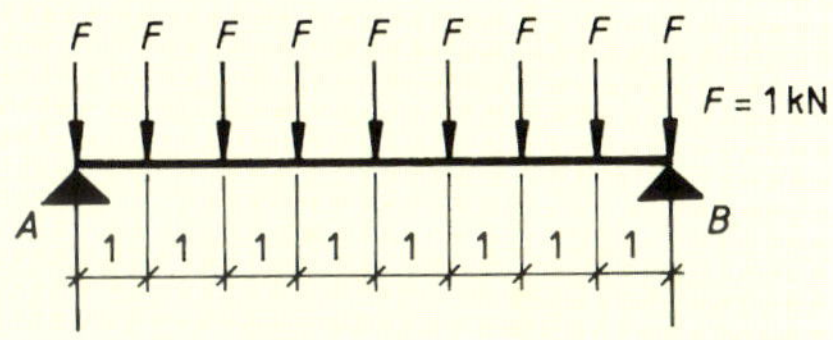

e)

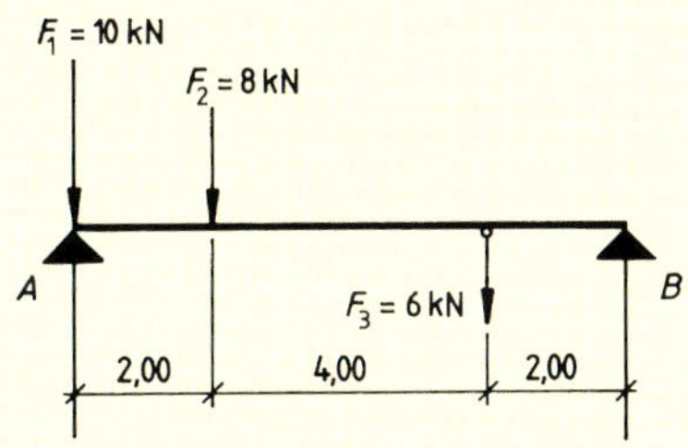

f)

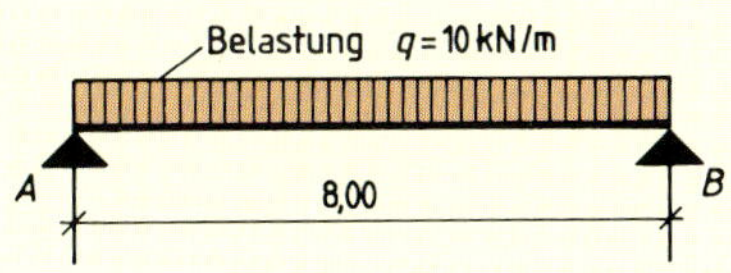

7 Spannungen

An allen Bauwerken muss Gleichgewichtszustand herrschen, d.h., allen auftretenden Lasten (Eigenlasten, Nutzlasten, Wind- und Schneelasten) müssen gleich große Kräfte entgegenwirken.

Die Bauteilabmessungen und die Baustoffe müssen so gewählt werden, dass sie diesen Beanspruchungen standhalten.

Die Festigkeiten der Baustoffe sind sehr unterschiedlich groß. Der Facharbeiter muss in der Lage sein, bei einem Bauteil die Art der Beanspruchung zu erkennen, um den geeigneten Baustoff wählen zu können. Dazu sind Grundkenntnisse über Festigkeiten erforderlich.

7.1 Begriffe

Wirkt auf einen Baustoff eine äußere Kraft und herrscht Gleichgewicht, so tritt in diesem Baustoff eine **Spannung** auf.

Die Spannung ist der innere Widerstand des Baustoffs gegen die äußere Kraft, bezogen auf die beanspruchte Querschnittsfläche.

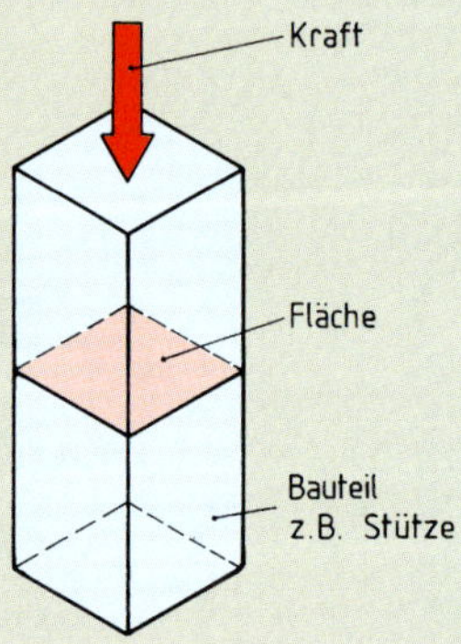

$$\text{Spannung} = \frac{\text{Kraft}}{\text{Fläche}}$$

Die Einheit der Spannung ist $\frac{1\ \text{MN}}{1\ \text{m}^2}\left(= \frac{1\ \text{N}}{1\ \text{mm}^2}\right)$.

Die **Festigkeit** eines Baustoffs entspricht der Spannung, bei der dieser Baustoff bricht. Für Festigkeit kann deshalb auch der Begriff Bruchspannung verwendet werden.

Bei der Belastung eines Baustoffs muss die auftretende Spannung immer kleiner als die Festigkeit sein. Grund dafür ist die oft unterschiedliche Festigkeit eines Baustoffs. So hat z.B. nasses Bauholz eine geringere Festigkeit als trockenes oder erwärmter Stahl eine geringere Festigkeit als kalter. Um die Standsicherheit eines Bauwerks nicht zu gefährden, darf deshalb nur mit einer um einen Sicherheitsbeiwert abgeminderten Festigkeit gerechnet werden. Diese Spannung wird als **zulässige Spannung** bezeichnet.

$$\text{Zulässige Spannung} = \frac{\text{Festigkeit}}{\text{Sicherheitsbeiwert } \nu}$$

Die zulässigen Spannungen für Mauerwerk hängen von der Steinfestigkeitsklasse und der Mörtelgruppe ab (siehe Tabelle Seite 305).

Die zulässige Spannung eines Baugrundes unter Streifenfundamenten (= **aufnehmbarer Sohldruck**) hängt von der Bodenart, von der Einbindetiefe des Fundamentes und von der Fundamentbreite ab (siehe Tabellen Seite 304).

Die zulässigen Spannungen für Bauholz sind abhängig von der Festigkeitsklasse des Holzes, von der Art der Belastung und von der Nutzungsart.

Die errechnete **vorhandene Spannung** in einem Baustoff muss immer kleiner als die zulässige Spannung oder gleich der zulässigen Spannung sein.

zulässige Spannung < Festigkeit (Bruchspannung)

vorhandene Spannung ≦ zulässige Spannung

Spannungen werden mit kleinen griechischen Buchstaben bezeichnet, z.B. σ, τ, β, …

1. Beispiel:

Wie groß ist der Grundwert der zulässigen Druckspannung für Mauerwerk aus Mauersteinen der Steinfestigkeitsklasse 6, Mörtelgruppe II?

Lösung:

Aus Tabelle Seite 305

→ zul. σ_D = $\underline{0{,}9\ \text{MN/m}^2}$ (= N/mm^2)

Hierzu Aufgaben 7.1 bis 7.4

2. Beispiel:

Wie groß ist der Sicherheitsbeiwert, wenn bei der Druckprüfung (in Faserrichtung) eines Nadelholzes mit einer zulässigen Spannung von 10,3 MN/m^2 (= N/mm^2) im eingebauten Zustand eine Bruchspannung (Festigkeit) von 42,5 MN/m^2 (= N/mm^2) gemessen wurde?

Lösung:

$$\text{Zulässige Spannung} = \frac{\text{Festigkeit}}{\text{Sicherheitsbeiwert}}$$

$$\text{Sicherheitsbeiwert} = \frac{\text{Festigkeit}}{\text{zul. Spannung}}$$

$$= \frac{42{,}5\ \text{MN} \cdot \text{m}^2}{10{,}3\ \text{m}^2 \cdot \text{MN}} = \underline{4{,}13}$$

7.2 Zug-, Druck- und Schubspannung

Je nachdem wie die Bauteile bzw. Baustoffe beansprucht werden, unterscheidet man zwischen Zug-, Druck- und Schubspannungen.

Zugspannungen entstehen, wenn ein Baustoff durch eine Zugkraft beansprucht wird. **Druckspannungen** entstehen bei Beanspruchung durch eine Druckkraft und **Schubspannungen** bei Beanspruchungen durch eine Scherkraft.

Zugspannung $\sigma_Z = \frac{\text{Kraft } F}{\text{Fläche } A}$

Druckspannung $\sigma_D = \frac{\text{Kraft } F}{\text{Fläche } A}$

Schubspannung $\tau = \frac{\text{Kraft } F}{\text{Fläche } A}$

Bei den Berechnungen kann von folgenden Fällen ausgegangen werden:

1. Die Belastung ist bekannt, und das Bauteil (Abmessungen und Material) ist bereits gewählt. Hier muss nachgewiesen werden, dass die vorhandene Spannung an der schwächsten Stelle des Bauteils (z.B. dem Baustoff mit der geringsten zulässigen Spannung, der kleinsten Querschnittsfläche) gleich der zulässigen Spannung oder kleiner als die zulässige Spannung ist.

$$\text{vorh. } \sigma \leq \text{zul. } \sigma = \frac{\text{Kraft } F}{\text{Fläche } A}$$

2. Die Belastung ist bekannt; das Bauteil soll in seiner Querschnittsfläche festgelegt werden.

$$\text{Fläche } A \geq \frac{\text{Kraft } F}{\text{zul. } \sigma}$$

3. Für ein vorhandenes Bauteil soll die zulässige Belastung berechnet werden. Auch hier muss der Berechnung die schwächste Stelle des Bauteils zugrunde gelegt werden.

$$\text{max. Kraft } F = \text{min. Fläche } A \cdot \text{zul. } \sigma$$

1. Beispiel:

Eine Maueröffnung wird mit einem Stahlträger überbrückt. Die Auflagerkraft beträgt 30 kN.

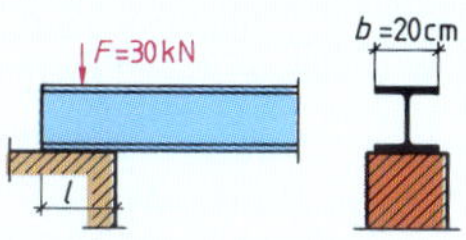

Der Stahlträger hat eine Auflagerbreite von 20 cm. Wie lang muss das Trägerauflager mindestens sein, wenn die zulässige Druckspannung des Mauerwerks $1{,}0\,\frac{\text{MN}}{\text{m}^2}$ beträgt?

Lösung:

$$\text{erf. } A = \frac{F}{\text{zul. } \sigma};\ A = b \cdot l$$

$$\text{erf. } l = \frac{F}{\text{zul. } \sigma \cdot b}$$

$$\text{erf. } l = \frac{0{,}030\ \text{MN} \cdot \text{m}^2}{1{,}0\ \text{MN} \cdot 0{,}20\ \text{m}} = \underline{0{,}15\ \text{m}}$$

2. Beispiel:

Ein Stahlbetonsturz ist im Zugbereich mit 4 Betonstählen ∅12 mm bewehrt. Die Zugkraft im Stahlbetonsturz beträgt 90 kN.

Berechnen Sie die vorhandene Zugspannung in den Betonstabstählen.

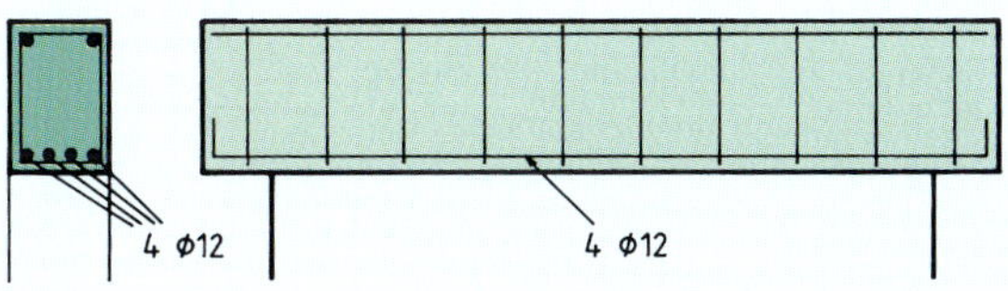

Lösung:

$$\text{vorh. } \sigma = \frac{F}{A};\ A = \frac{4 \cdot d^2 \cdot \pi}{4}$$

$$\text{vorh. } \sigma = \frac{F \cdot 4}{4 \cdot d^2 \cdot \pi}$$

$$\text{vorh. } \sigma = \frac{90\,000\ \text{N}}{(12\ \text{mm})^2 \cdot \pi} = \underline{198{,}9\ \frac{\text{N}}{\text{mm}^2}}$$

3. Beispiel:

Ermitteln Sie die vorhandenen Schubspannungen (= Scherspannungen) in den Schraubenbolzen. Die Bolzen haben Durchmesser von 12 mm.

Die Schraubenbolzen werden auf Abscheren beansprucht. Die Querschnittsflächen der Bolzen müssen so groß sein, dass die zulässigen Schubspannungen nicht überschritten werden.

Dabei ist zu beachten, wie viele Scherflächen beansprucht werden.

Die Verbindung ***a)*** ist eine ***einschnittige*** Verbindung, bei ihr wird nur eine Querschnittsfläche beansprucht.

Die Verbindung ***b)*** ist eine ***zweischnittige*** Verbindung, bei ihr verteilt sich die Kraft auf zwei Querschnittsflächen.

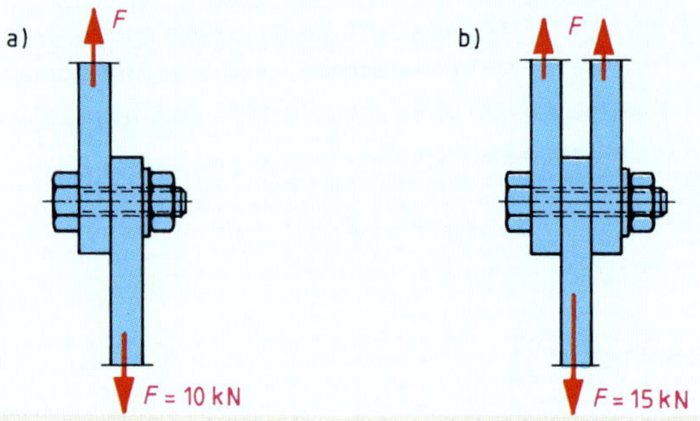

Lösung:

a) Einschnittige Beanspruchung

$$\text{vorh. } \tau = \frac{F}{A};\ A = \frac{d^2 \cdot \pi}{4}$$

$$\text{vorh. } \tau = \frac{F \cdot 4}{d^2 \cdot \pi} = \frac{10000\ \text{N} \cdot 4}{(12\ \text{mm})^2 \cdot \pi}$$

$$\underline{\text{vorh. } \tau = 88{,}42\ \frac{\text{N}}{\text{mm}^2}}$$

b) Zweischnittige Beanspruchung

$$\text{vorh. } \tau = \frac{F}{A};\ A = \frac{2 \cdot d^2 \cdot \pi}{4}$$

$$\text{vorh. } \tau = \frac{F \cdot 4}{2 \cdot d^2 \cdot \pi} = \frac{15000\ \text{N} \cdot 4}{2 \cdot (12\ \text{mm})^2 \cdot \pi}$$

$$\underline{\text{vorh. } \tau = 66{,}31\ \frac{\text{N}}{\text{mm}^2}}$$

Hierzu Aufgaben 7.5 bis 7.29

Aufgaben

7.1 Wie groß sind die Zylinder- und die Würfelfestigkeiten der Betone C 12/15, C 30/37 und C 60/75?

7.2 Ein Rundstahl besitzt eine zulässige Zugspannung von 140 N/mm². Bei einer Zugprobe wies er eine Bruchspannung von 266 N/mm² auf.
Wie groß ist der Sicherheitsbeiwert dieses Rundstahls?

7.3 Wie groß ist der aufnehmbare Sohldruck (= zulässige Spannung) unter einem Streifenfundament bei einem nicht bindigen Boden.
Das Fundament besitzt eine Einbindetiefe von 1,00 m und eine Breite von 0,60 m.

7.4 Ordnen Sie folgende Mauerwerke nach dem Gesichtspunkt der zunehmenden zulässigen Druckspannung (alle Mauerwerke in Mörtelgruppe I):
- Mauerwerk aus Leichtbeton Hbl 2,
- Mauerwerk aus Mz 12,
- Mauerwerk aus KS 20.

7.5 Berechnen Sie die vorhandene Spannung in einem Stahlrundstab ⌀ 14 mm, an dem eine Zugkraft von 3 kN angreift.

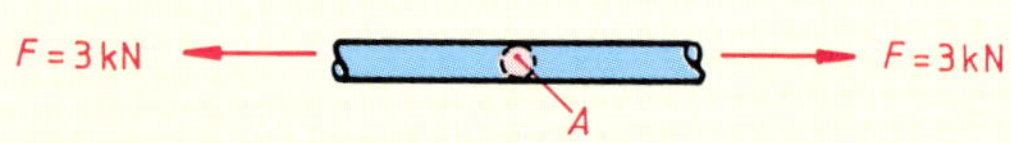

7.6 Berechnen Sie die vorhandene Zugspannung im Seil eines Baukrans, wenn die Last 10 kN (20 kN) beträgt und das Seil einen Durchmesser von 22 mm (24 mm) hat.

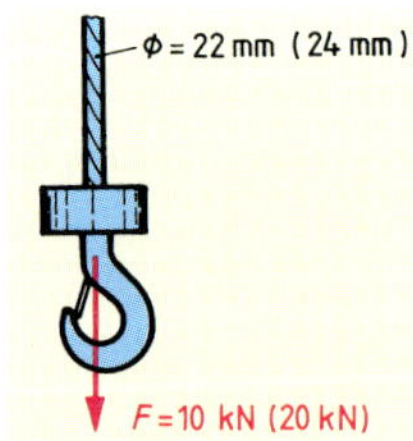

7.7 Ein kurzer Rundholzständer wird mit 20 kN belastet. Sein Durchmesser beträgt 14 cm.

Berechnen Sie die vorhandene Druckspannung.

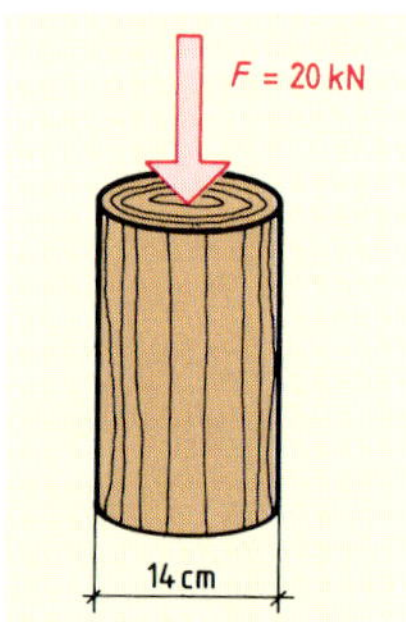

7.8 Ein Betonsockel wird mit 37,5 kN pro 1 m Länge belastet. Wie breit muss der Sockel ausgeführt werden, wenn der aufnehmbare Sohldruck 150 kN/m² beträgt? (Die Eigenlast des Betonsockels bleibt unberücksichtigt.)

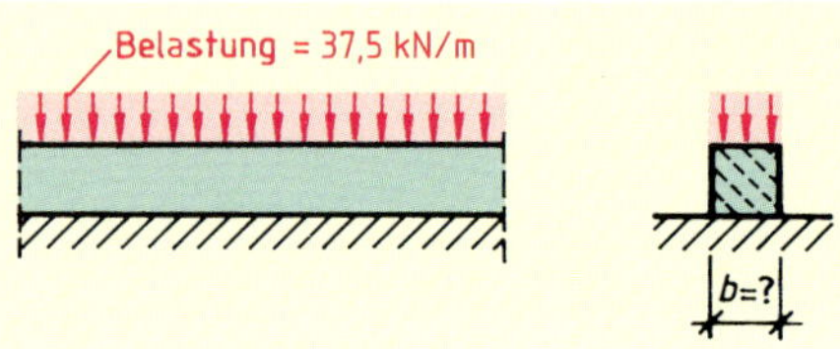

7.9 Eine sehr kurze Stahlstütze (I PB 160, $A = 54{,}3\ \text{cm}^2$) soll mit 750 kN belastet werden. Hat die Stütze einen ausreichenden Querschnitt, wenn die zulässige Spannung $140\ \frac{\text{N}}{\text{mm}^2}$ beträgt?

7.10 Berechnen Sie die erforderliche Länge l und Tiefe t der dargestellten Hakenblattverbindung aus Nadelholz. Die Zugkraft F beträgt 36 kN. Zulässige Spannungen: Druck in Faserrichtung $= 8{,}5\ \frac{\text{N}}{\text{mm}^2}$, Abscheren in Faserrichtung $= 0{,}9\ \frac{\text{N}}{\text{mm}^2}$.

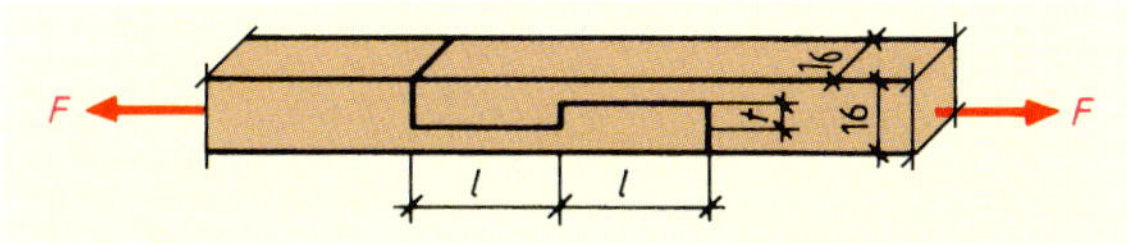

7.11 Eine 25 cm dicke UG-Wand aus Stahlbeton wird mit 70 kN/m belastet. Die Wand hat eine Höhe von 2,50 m. Berechnen Sie die erforderliche Fundamentbreite, wenn der aufnehmbare Sohldruck $0{,}18\ \frac{\text{MN}}{\text{m}^2}$ beträgt.

Die Eigenlast des Fundaments bleibt unberücksichtigt.

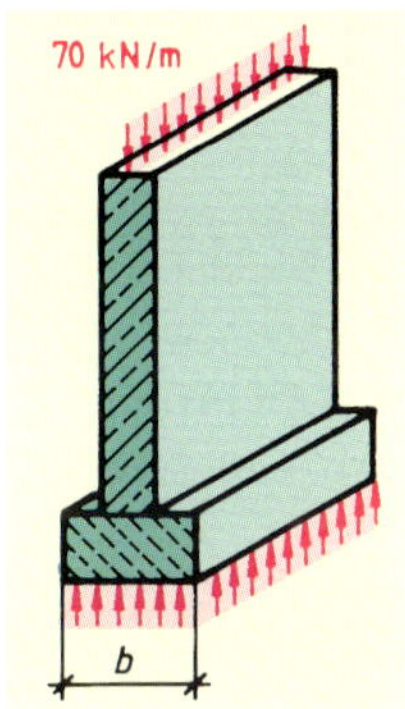

7.12 Eine Stahlstütze (I PB 160) soll auf ein Betonfundament gestellt werden. Die Stütze ist mit 280 kN belastet und soll als Fuß eine quadratische Stahlplatte erhalten.

Berechnen Sie die erforderliche Seitenabmessung b dieser Stahlplatte, wenn eine Betondruckspannung von $7\ \text{MN/m}^2$ nicht überschritten werden soll.

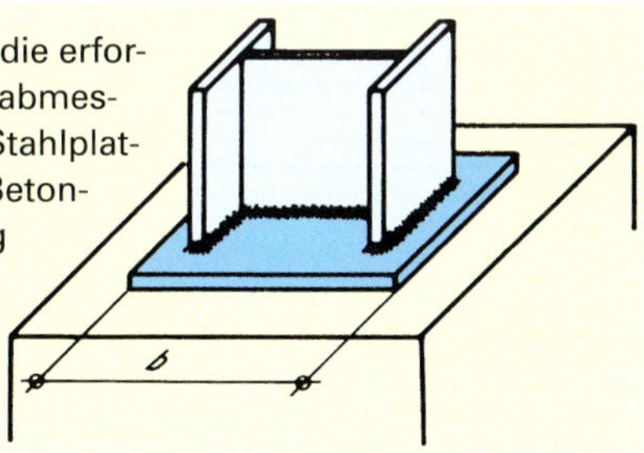

7.13 Wie groß ist die Druckspannung in der Fundamentsohle (= aufnehmbarer Sohldruck), wenn die Belastung (einschließlich der Eigenlast) 0,1 MN/m beträgt und das Fundament eine Breite von 40 cm hat?

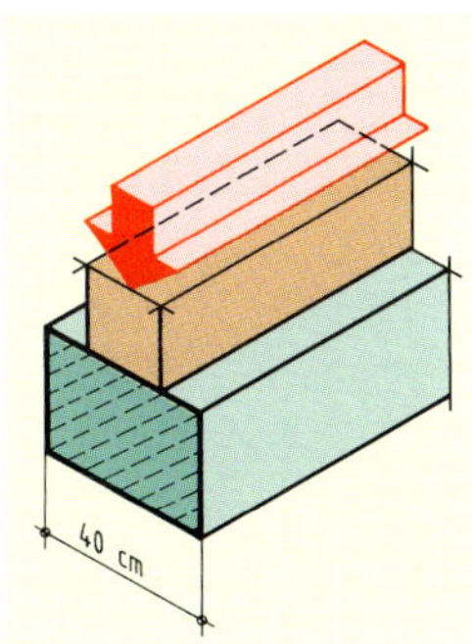

7.14 Ein Stahlträger I PB 180 soll auf einer 30 cm dicken Wand aufgelagert werden. Das Mauerwerk besitzt eine zulässige Druckspannung von $0{,}5\ \text{MN/m}^2$.

Berechnen Sie die erforderliche Auflagerlänge l, wenn die Auflagerkraft 18 kN (22 kN) beträgt.

(Hinweis: Ein Stahlträger I PB 180 hat eine Flanschbreite von 180 mm.)

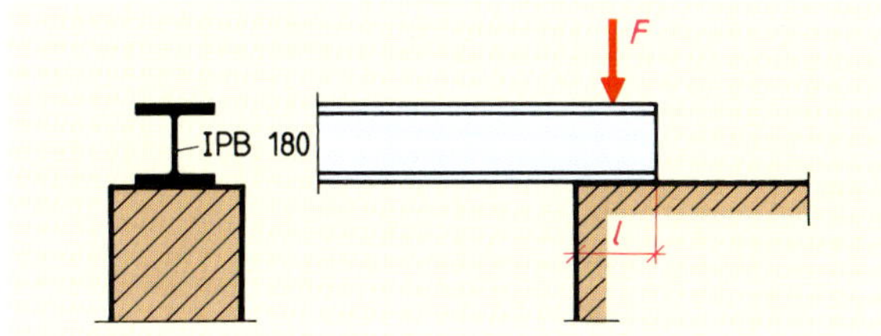

7.15 Die Auflagerkraft eines 24 cm breiten Stahlbetonsturzes beträgt 25 kN. Das darunter liegende Mauerwerk besteht aus Hbl 2, Mörtelgruppe II. Berechnen Sie die erforderliche Auflagerlänge l.

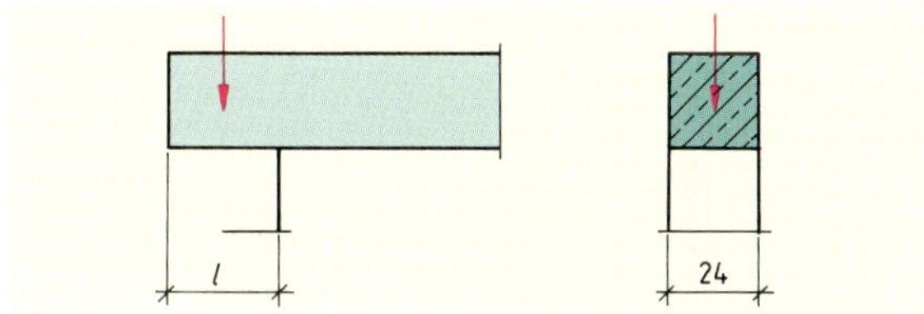

7.16 Ein Stahlbetonunterzug überträgt auf eine Stahlbetonstütze eine Kraft von 35 kN.

Berechnen Sie die größte Spannung in der Stütze und den auftretenden Sohldruck.

Die Eigenlast der Stütze und des Fundaments ist zu berücksichtigen.

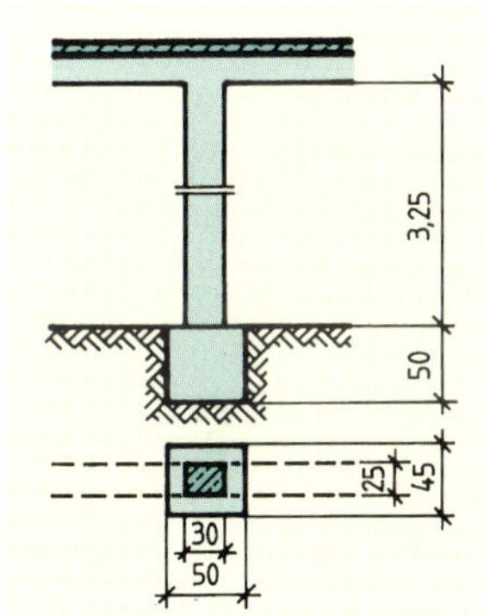

7.17 Eine sehr kurze Stahlstütze (Knicken bleibt unberücksichtigt) hat eine Querschnittsfläche von $78{,}1\ \text{cm}^2$ (I PB 200).

Die zulässige Druckspannung beträgt $140\ \frac{\text{N}}{\text{mm}^2}$.

Auf die Stütze wirkt eine Druckkraft $F = 100$ kN.

Ist die Stütze ausreichend dimensioniert?

7.18 Der Zugstab eines Stahl-Fachwerkbinders besteht aus L $60 \times 40 \times 5$ mit einer Querschnittsfläche von $4{,}79\ \text{cm}^2$.

Wie groß kann die Zugkraft höchstens sein, wenn die zulässige Zugspannung $180\ \frac{\text{N}}{\text{mm}^2}$ beträgt?

7.19 Ein Streifenfundament hat eine Breite von 40 cm und eine Einbindetiefe von 50 cm. Der nichtbindige Baugrund hat einen aufnehmbaren Sohldruck von $0{,}18\ \frac{\text{MN}}{\text{m}^2}$. Wie groß darf die Fundamentbelastung (in kN/m) höchstens sein?

7.20 Eine Untergeschosswand belastet ein Streifenfundament mit 80 kN/m. Das Fundament hat eine Breite von 50 cm.

a) Wie groß ist der Sohldruck?

b) Ist das Fundament ausreichend bemessen, wenn bei nichtbindigem Baugrund der zulässige Sohldruck bei einer Einbindetiefe von 50 cm 0,20 MN/m² beträgt?

7.21 Halbfester toniger Schluff darf als Baugrund bei Streifenfundamenten (Einbindetiefe 50 cm) mit 0,17 MN/m² belastet werden.

Berechnen Sie die erforderliche Fundamentbreite, wenn die Belastung (einschließlich der Eigenlast des Fundamentes) 100 kN/m beträgt.

7.22 Eine Untergeschosswand belastet ein Fundament mit 90 kN/m. Der Baugrund ist nicht bindig, und das Streifenfundament hat eine Einbindetiefe von 50 cm. Das Fundament besteht aus Beton mit einer Wichte von 23 kN/m³.
Wie breit muss das Fundament sein?

Hinweis: Den aufnehmbaren Sohldruck für Streifenfundamente finden Sie im Tabellenanhang.

7.23 Berechnen Sie am dargestellten Stahlbetonsturz

a) die Auflagerkräfte *A* und *B*,

b) die vorhandene Spannung an den Auflagern.

c) Welches Mauerwerk muss für Auflagerbereiche gewählt werden?

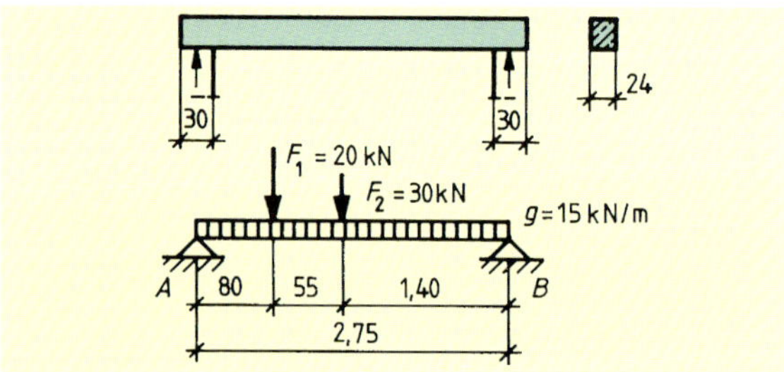

7.24 Berechnen Sie die erforderliche Vorholzlänge für die dargestellte Versatzung aus Nadelholz mit einer zulässigen Spannung auf Abscheren in Faserrichtung von $0{,}9\ \frac{\text{N}}{\text{mm}^2}$.

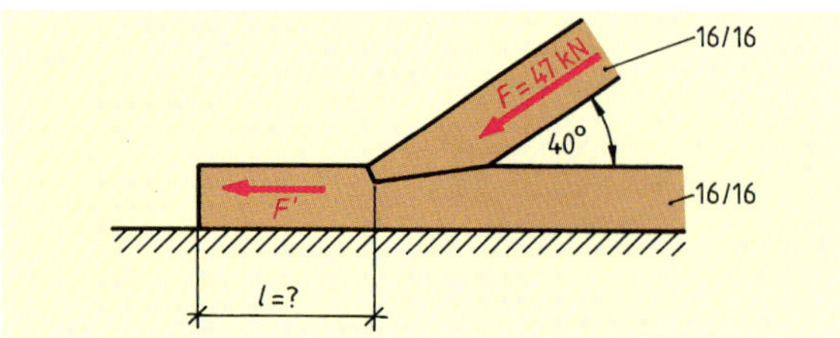

7.25 Eine 36,5 cm dicke Untergeschosswand besteht aus KS 4, Mörtelgruppe II.

Wie hoch darf die Wand pro Meter (einschließlich der Eigenlast) belastet werden?

7.26 Ermitteln Sie den erforderlichen Schraubenbolzendurchmesser, wenn eine Schubspannung τ = 60 N/mm² nicht überschritten werden soll.

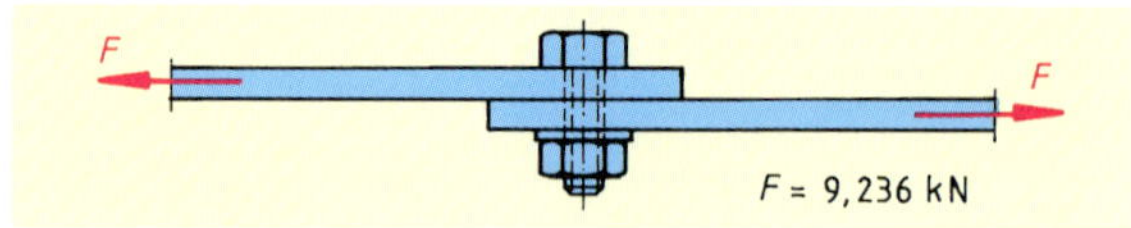

7.27 Ermitteln Sie die vorhandene Schubspannung in den Schraubenbolzen, wenn die Verbindung aus 2 Bolzen mit Durchmessern von 20 mm bestehen.

Anmerkung: Die Schraubenbolzen werden zweischnittig beansprucht.

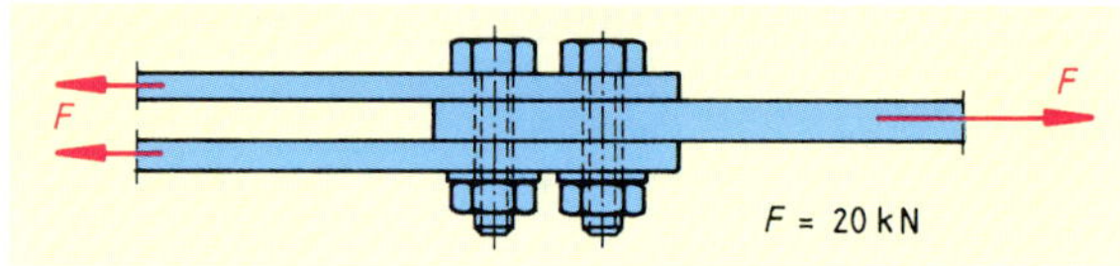

7.28 Berechnen Sie die erforderliche Fundamentbreite und Fundamenttiefe.

Der Boden besitzt einen zulässigen Sohldruck von 0,20 MN/m².

Der Druckverteilungswinkel im Fundament beträgt 63,4°; d. h., der Fundamentüberstand verhält sich zur Fundamenttiefe wie 1 : 2.

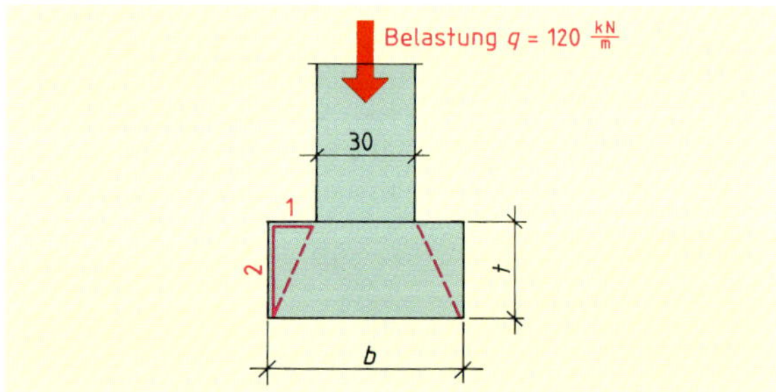

7.29 Ein Profilstahlträger als Sturz über einer Toreinfahrt hat sein Auflager auf einer 30 cm dicken Wand.

Die Wand besteht aus Mauerwerk der Steinfestigkeitsklasse 2, Mörtelgruppe II a.

Die Auflagerkraft am Trägerende beträgt 43,75 kN. Wie lang muss die druckverteilende Stahlplatte bei einer Breite von 25 cm mindestens sein, damit die zulässige Druckspannung des Mauerwerks nicht überschritten wird?

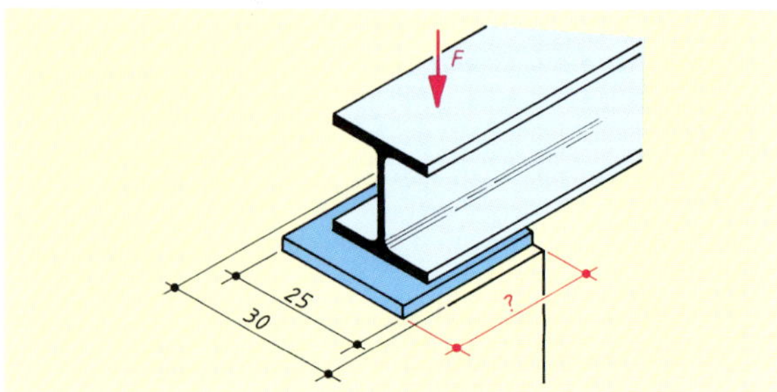

Ausreichender baulicher Wärmeschutz ist die Voraussetzung für die wirtschaftliche Nutzung eines Gebäudes (geringe Heizkosten) und Gesundheit sowie das Wohlbefinden der Bewohner.

Die Grundlagen für Wärmeschutzberechnungen sind die **DIN 4108 Wärmeschutz und Energie-Einsparung in Gebäuden** und die **Energieeinsparverordnung**.

Die Formelzeichen für Wärmeschutzberechnungen sind in EN ISO 6946 festgelegt.

8.1 Wärmedurchlasswiderstand

Die Wärmedämmfähigkeit eines Bauteils hängt von der Wärmeleitfähigkeit des Baustoffs und von der Dicke der Bauteilschicht ab.

Der Maßstab für die Wärmedämmfähigkeit ist der **Wärmedurchlasswiderstand *R*.**

Die **Wärmeleitfähigkeit** λ ist eine Baustoffkenngröße. Sie gibt an, welche Wärmemenge in 1 Sekunde durch 1 m² Fläche und 1 m Dicke eines bestimmten Baustoffes bei 1 K Temperaturunterschied fließt.

Die Wärmeleitfähigkeit hat die Einheit $\frac{\text{W}}{\text{m} \cdot \text{K}}$.

Werte für Wärmeleitfähigkeiten siehe auch Tabellenanhang S. 306.

Der Wärmedurchlasswiderstand für einschichtige Bauteile wird als Quotient aus Bauteildicke *d* in m und der Wärmeleitfähigkeit berechnet.

$$R = \frac{d}{\lambda} \left(\frac{\text{m}^2\,\text{K}}{\text{W}} \right)$$

Die meisten Bauteile bestehen aus mehreren Schichten. Für mehrschichtige Bauteile wird der Wärmedurchlasswiderstand als Summe der Wärmedurchlasswiderstände der einzelnen Bauteilschichten berechnet.

$$R = \frac{d_1}{\lambda_1} + \frac{d_2}{\lambda_2} + \ldots \frac{d_n}{\lambda_n} \left(\frac{\text{m}^2\,\text{K}}{\text{W}} \right)$$

1. Beispiel:

Berechnen Sie den Wärmedurchlasswiderstand für die dargestellte Wand aus Normalbeton (ϱ = 2000 kg/m³).

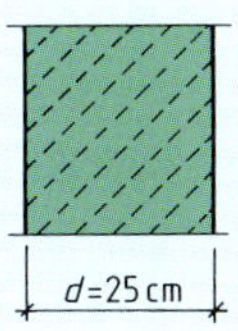

Lösung:

$$R = \frac{d}{\lambda}; \quad R = \frac{0{,}25\ \text{m}}{1{,}35\ \frac{\text{W}}{\text{m} \cdot \text{K}}}$$

$$\underline{R = 0{,}19\ \frac{\text{m}^2\,\text{K}}{\text{W}}}$$

Hierzu Aufgaben 8.1 bis 8.7

Werte der Wärmeleitfähigkeiten von Baustoffen (nach DIN V 4108-4/DIN EN 12524)

Baustoff	Rohdichte ϱ in kg/m³	Wärmeleitfähigkeit λ in W/(m K)
Putz und Mörtel		
Putzmörtel aus Kalk, Kalkzement und hydraulischem Kalk	1800	1,00
Putzmörtel aus Gips, Kalkgips	1400	0,70
Mauermörtel		
Zementmörtel	2000	1,60
Normalmauermörtel	1800	1,20
Estriche		
Zement-Estriche	2000	1,40
Normalbeton		
mittlere Rohdichte	2000	1,35
hohe Rohdichte	2400	2,00
– bewehrt mit 2 % Stahl	2400	2,50
Mauerwerk aus Mauerziegel, Ausführung mit Normalmauermörtel Vollziegel, Hochlochziegel, Hochlochziegel mit Lochung A und B	600	0,33
	800	0,39
	1000	0,45
	1400	0,58
	1800	0,81
	2000	0,96
Mauerwerk aus Kalksandsteinen, Ausführung mit Normalmauermörtel Voll-, Loch- und Hohlblocksteine	1000	0,50
	1200	0,56
	1400	0,70
Mauerwerk aus Porenbeton-Plansteinen, Ausführung mit Dünnbettmörtel	400	0,13
	600	0,19
	800	0,25
Dämmstoffe		
Mineralwolle		0,036 ... 0,06
Polystyrolschaum (EPS)		0,036 ... 0,06
Holzwolle-Platten (WW)		0,072 ... 0,12
Holz und Holzwerkstoffe		
Fichte, Tanne, Kiefer	500	0,13
	700	0,18
Sperrholz	500	0,13
Spanplatten	600	0,14

Weitere Werte siehe Tabellenanhang.

2. Beispiel:

Ermitteln Sie den Wärmedurchlasswiderstand für die Außenwand.

d_1 = 2 cm Kalkzementputz
d_2 = 30 cm Porenbeton-Plansteine (ϱ = 600 kg/m³)
d_3 = 1,5 cm Gipsputz

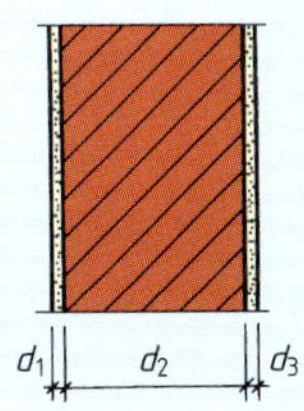

Lösung:

$$R = \frac{d_1}{\lambda_1} + \frac{d_2}{\lambda_2} + \frac{d_3}{\lambda_3}$$

$$R = \frac{0{,}02\ \text{m}}{1{,}00\ \frac{\text{W}}{\text{m} \cdot \text{K}}} + \frac{0{,}30\ \text{m}}{0{,}19\ \frac{\text{W}}{\text{m} \cdot \text{K}}} + \frac{0{,}015\ \text{m}}{0{,}70\ \frac{\text{W}}{\text{m} \cdot \text{K}}}$$

$$\underline{R = 1{,}62\ \frac{\text{m}^2\,\text{K}}{\text{W}}}$$

8.2 Wärmeübergang – Wärmedurchgang

Wärmeübergang

Zwischen den Bauteiloberflächen und der Luft findet ein Wärmeübergang statt. Das Maß für den Wärmeübergang sind die Wärmeübergangskoeffizienten. Sie haben an der Innenseite und Außenseite unterschiedliche Werte. Ihre Kehrwerte sind die **Wärmeübergangswiderstände**.

$$R_{si/se} = \text{Wärmeübergangswiderstand} \left(\frac{m^2\,K}{W}\right)$$

Wärmeübergangswiderstände (DIN EN ISO 6946)

Innen- bzw. Außenfläche	Wärmeübergangswiderstände *R* in m^2/KW Richtung des Wärmestroms aufwärts	horizontal	abwärts
R_{si}	0,10	0,13	0,17
R_{se}	0,04	0,04	0,04

R_{si} = Wärmeübergangswiderstand an der inneren Bauteiloberfläche (engl.: **s**urface **i**nterior)

R_{se} = Wärmeübergangswiderstand an der äußeren Bauteiloberfläche (engl.: **s**urface **e**xterior)

Wärmedurchgang

Besteht eine Temperaturdifferenz zwischen Außenluft und Raumluft, so fließt eine bestimmte Wärmemenge in Richtung des Temperaturgefälles durch das Bauteil. Der **Wärmedurchgangskoeffizient** des Bauteils gibt an, wie groß die durchfließende Wärmemenge ist. Ihr Kehrwert ist der Wärmedurchgangswiderstand.

$$U = \text{Wärmedurchgangskoeffizient} \left(\frac{W}{m^2\,K}\right)$$

$$R_T = \text{Wärmedurchgangswiderstand} \left(\frac{m^2\,K}{W}\right)$$

Der Wärmedurchgangswiderstand ist die Summe aus innerem und äußerem Wärmeübergangswiderstand und dem Wärmedurchlasswiderstand des Bauteils.

$$R_T = R_{si} + R + R_{se}$$

Die angegebenen Werte gelten für ebene Oberflächen, sofern keine besonderen Angaben über Randbedingungen vorliegen. Wenn die Richtung des Wärmestromes von den Angaben abweicht, wird empfohlen, die Werte für den horizontalen Wärmestrom zu verwenden.

Beispiel:

Berechnen Sie den Wärmedurchgangskoeffizienten für die Decke über einer offenen Einfahrt. Es handelt sich um eine Decke, die einen Aufenthaltsraum nach unten gegen Außenluft abgrenzt.

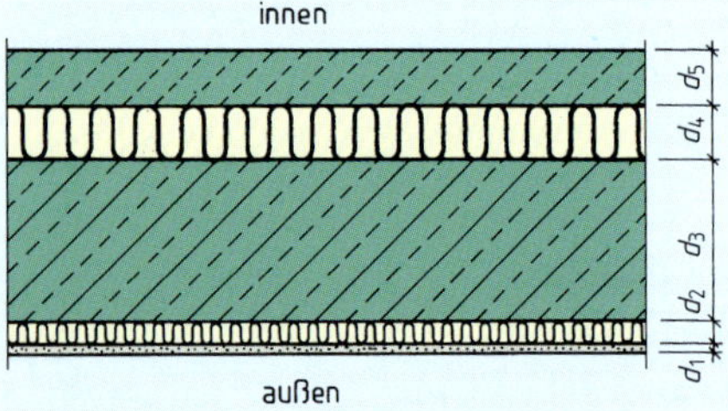

d_1 = Kalkzementputz 1,5 cm, λ_1 = 1,00 W/(m K)

d_2 = Holzwolle-Platte 2,5 cm, λ_2 = 0,09 W/(m K)

d_3 = Stahlbeton 18 cm, λ_3 = 2,50 W/(m K)

d_4 = Polystyrol ESP, λ_4 = 0,036 W/(m K)

d_5 = Zementestrich 5 cm, λ_5 = 1,4 W/(m K)

Lösung:

$$R_T = R_{si} + \frac{d_1}{\lambda_1} + \frac{d_2}{\lambda_2} + \frac{d_3}{\lambda_3} + \frac{d_4}{\lambda_4} + \frac{d_5}{\lambda_5} + R_{se}$$

$$R_T = \left(0{,}17 + \frac{0{,}015}{1{,}00} + \frac{0{,}025}{0{,}09} + \frac{0{,}18}{2{,}50} + \frac{0{,}06}{0{,}036} + \frac{0{,}05}{1{,}4} + 0{,}04\right) \frac{m^2\,K}{W}$$

$$R_T = 2{,}28\,\frac{m^2\,K}{W}; \quad \underline{U = 0{,}44\,\frac{W}{m^2\,K}}$$

Hierzu Aufgaben 8.8 bis 8.10

8.3 Mindestanforderungen des baulichen Wärmeschutzes nach DIN 4108

DIN 4108 „Wärmeschutz und Energie-Einsparung in Gebäuden" legt für raumabschließende Bauteile Mindestanforderungen des Wärmeschutzes fest.

Mindestwerte für Wärmedurchlasswiderstände von Bauteilen mit einer flächenbezogenen Masse von mind. 100 kg/m² (nach DIN 4108)

Bauteile		**Wärmedurchlasswiderstand *R*** in m² · K/W
Außenwände; Wände von Aufenthaltsräumen gegen Bodenräume, Durchfahrten, offene Hausflure, Garagen, Erdreich		1,20
Wände zwischen fremdgenutzten Räumen; Wohnungstrennwände		0,07
Treppenraumwände	zu Treppenräumen mit wesentlich niedrigeren Innentemperaturen (z. B. indirekt beheizte Treppenräume); Innentemperatur ≤ 10 °C, aber Treppenraum mindestens frostfrei	0,25
	zu Treppenräumen mit Innentemperaturen > 10 °C (z. B. Verwaltungsgebäuden, Geschäftshäusern, Unterrichtsgebäuden, Hotels, Gaststätten und Wohngebäude)	0,07
Wohnungstrenndecken, Decken zwischen fremden Arbeitsräumen; Decken unter Räumen zwischen gedämmten Dachschrägen und Abseitenwänden bei ausgebauten Dachräumen	allgemein	0,35
	in zentralbeheizten Bürogebäuden	0,17
Unterer Abschluss nicht unterkellerter Aufenthaltsräume	unmittelbar an das Erdreich bis zu einer Raumtiefe von 5 m	0,90
	über einen nicht belüfteten Hohlraum an das Erdreich grenzend	
Decken unter nicht ausgebauten Dachräumen; Decken unter bekriechbaren oder noch niedrigeren Räumen; Decken unter belüfteten Räumen zwischen Dachschrägen und Abseitenwänden bei ausgebauten Dachräumen, wärmegedämmte Dachschrägen		
Kellerdecken; Decke gegen abgeschlossene, unbeheizte Hausflure u. ä.		
Decken (auch Dächer), die Aufenthaltsräume gegen die Außenluft abgrenzen	nach unten, gegen Garagen (auch beheizte), Durchfahrten (auch verschließbare) und belüftete Kriechkeller	1,75
	nach oben, Dächer und Decken unter Terrassen	1,20

(Anmerkung: Die **Energieeinsparverordnung** stellt zum Teil höhere Anforderungen an den baulichen Wärmeschutz!)

Beispiel:

Berechnen Sie den Wärmedurchlasswiderstand und den Wärmedurchgangskoeffizient der dargestellten Außenwand.

Entspricht der Wärmedurchlasswiderstand den Anforderungen der DIN 4108?

d_1 = 2 cm Kalkzementputz

d_2 = 36,5 cm Porenbeton-Plansteine $\varrho = 600\ \text{kg/m}^3$

d_3 = 1,5 cm Kalkputz

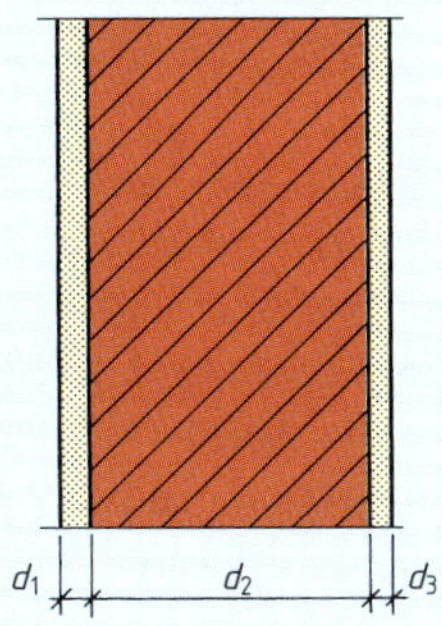

Lösung:

Aus Tabelle → $\lambda_1 = 1{,}00\ \frac{\text{W}}{\text{m K}}$

$\lambda_2 = 0{,}19\ \frac{\text{W}}{\text{m K}}$

$\lambda_3 = 1{,}00\ \frac{\text{W}}{\text{m K}}$

$R_{se} = 0{,}04\ \frac{\text{m}^2\,\text{K}}{\text{W}}$; erf. $R \geq 1{,}20\ \frac{\text{m}^2\,\text{K}}{\text{W}}$

$R_{si} = 0{,}13\ \frac{\text{m}^2\,\text{K}}{\text{W}}$;

$$R = \frac{d_1}{\lambda_1} + \frac{d_2}{\lambda_2} + \frac{d_3}{\lambda_3}$$

$$R = \left(\frac{0{,}02}{1{,}00} + \frac{0{,}365}{0{,}19} + \frac{0{,}015}{1{,}00}\right)\frac{\text{m}^2\,\text{K}}{\text{W}}$$

$$\underline{R = 1{,}96\ \frac{\text{m}^2\,\text{K}}{\text{W}} > 1{,}20\ \frac{\text{m}^2\,\text{K}}{\text{W}}}$$

$$R_T = R_{si} + R + R_{se}$$

$$R_T = (0{,}13 + 1{,}96 + 0{,}04)\ \frac{\text{m}^2\,\text{K}}{\text{W}} = 2{,}13\ \frac{\text{m}^2\,\text{K}}{\text{W}}$$

$$\underline{U = 0{,}47\ \frac{\text{W}}{\text{m}^2\,\text{K}}}$$

Hierzu Aufgaben 8.11 bis 8.23

8.1 Welche Einheit hat die Wärmeleitfähigkeit?

8.2 Mit welcher Formel wird der Wärmedurchlasswiderstand eines Bauteils ermittelt?

8.3 Berechnen Sie die Dicke einer Stahlbetonplatte, (Bewehrungsanteil 2%) wenn ein Wärmedurchlasswiderstand von

$0{,}95 \frac{m^2\,K}{W}$ vorhanden ist.

8.4 Wie groß ist der Wärmedurchlasswiderstand einer 3 cm dicken Putzschicht aus Kalkmörtel?

8.5 Berechnen Sie die Wärmedurchlasswiderstände für Wände in Stahlbeton, (Bewehrungsanteil 2%) mit Dicken von

a) 25 cm,

b) 30 cm,

c) 37,5 cm.

8.6 Berechnen Sie die Wärmedurchlasswiderstände für Wände aus Kalksandsteinmauerwerk ($\varrho = 1000$ kg/m³) mit Dicken von

a) 24 cm,

b) 30 cm,

c) 36,5 cm.

8.7 Berechnen Sie die Wärmedurchlasswiderstände für Wände aus Porenbeton-Plansteinen ($\varrho = 600$ kg/m³) mit Dicken von

a) 24 cm,

b) 30 cm,

c) 36,5 cm.

8.8 Berechnen Sie den vorhandenen Wärmedurchgangswiderstand einer Außenwand.

Wärmedurchlasswiderstand $R = 0{,}55 \frac{m^2\,K}{W}$

Wärmeübergangswiderstände $R_{si} = 0{,}13 \frac{m^2\,K}{W}$

$R_{se} = 0{,}04 \frac{m^2\,K}{W}$

8.9 Berechnen Sie den Wärmedurchgangswiderstand einer Dachdecke, wenn der

Wärmedurchgangswiderstand $R_T = 1{,}45 \frac{m^2\,K}{W}$

und die Wärmeübergangswiderstände

$R_{si} = 0{,}10 \frac{m^2\,K}{W}$, $R_{se} = 0{,}04 \frac{m^2\,K}{W}$

betragen.

Bei den folgenden Aufgaben sind Wärmedurchlasswiderstände, Wärmedurchgangskoeffizienten und erforderliche Wärmedämmschichtdicken nach **DIN 4108** zu berechnen. Die Anforderungen der **Energieeinsparverordnung** sind zum Teil wesentlich höher!

8.10 Ermitteln Sie die Mindestwerte der Wärmedurchlasswiderstände für folgende Bauteile:

a) Außenwand;

b) Decke unter einem nicht ausgebauten Dachgeschoss;

c) Wohnungstrennwand.

8.11

a) Berechnen Sie den Wärmedurchlasswiderstand einer 24 cm dicken unverputzten Außenwand aus Stahlleichtbeton ($\lambda = 0{,}62$ W/(m K).

b) Ist der Wärmedurchlasswiderstand ausreichend?

8.12 Wie dick muss eine Außenwand aus Hochlochklinkern ($\varrho = 1800$ kg/m³) mindestens sein.

8.13 Ist der Wärmedurchlasswiderstand einer 24 cm dicken Außenwand aus Leichtbeton-Hohlblöcken (Zweikammersteine, $\lambda = 0{,}60$ W/(m K)) ausreichend?

8.14

a) Berechnen Sie den Wärmedurchgangskoeffizienten für eine Außenwand mit dem Wärmedurchlasswiderstand $R = 1{,}50 \frac{m^2\,K}{W}$.

b) Entspricht die Außenwand den Anforderungen des baulichen Wärmeschutzes?

8.15 Berechnen Sie die Wärmedurchlasswiderstände. Entsprechen die Bauteile den Anforderungen des baulichen Wärmeschutzes nach DIN 4108?

a) Außenwand, 30 cm dick, aus Porenbeton-Plansteinen, $\varrho = 600$ kg/m³,

b) Außenwand, 37,5 cm dick, aus Stahlleichtbeton, $\varrho = 1400$ kg/m³,

c) Außenwand, 24 cm dick, aus Vollziegeln, $\varrho = 1400$ kg/m³.

8.16 Eine Decke unter einem nicht ausgebauten Dachraum hat im Mittel einen Wärmedurchlasswiderstand

$R = 0{,}90 \frac{m^2\,K}{W}$.

Berechnen Sie den Wärmedurchgangskoeffizienten.

8.17 Berechnen Sie den Wärmedurchgangskoeffizienten für eine Kellerdecke mit einem Wärmedurchlasswiderstand im Mittel

$R = 0{,}90\ \dfrac{m^2\,K}{W}$

8.18 Für eine Sandwich-Außenwandtafel soll der Wärmedurchgangskoeffizient U berechnet werden. Entspricht die Tafel den Anforderungen des baulichen Wärmeschutzes?

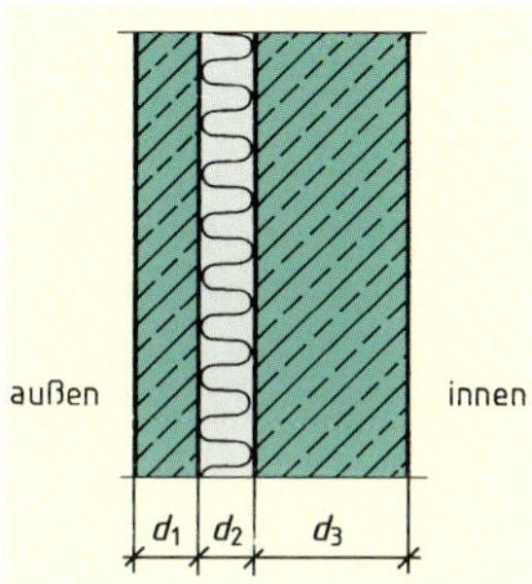

Wandaufbau:

Stahlbeton, $\lambda = 2{,}50$ W/(m K)	$d_1 = 6{,}0$ cm
Holzwolle-Platte, $\lambda = 0{,}072$ W/(m K)	$d_2 = 5{,}0$ cm
Stahlbeton, $\lambda = 2{,}50$ W/(m K)	$d_3 = 14{,}0$ cm

8.19 Für eine 20 cm dicke, beidseitig verputzte Wohnungstrennwand aus Stahlbeton soll der Wärmedurchlasswiderstand berechnet werden. Ist der errechnete Wärmedurchlasswiderstand ausreichend?

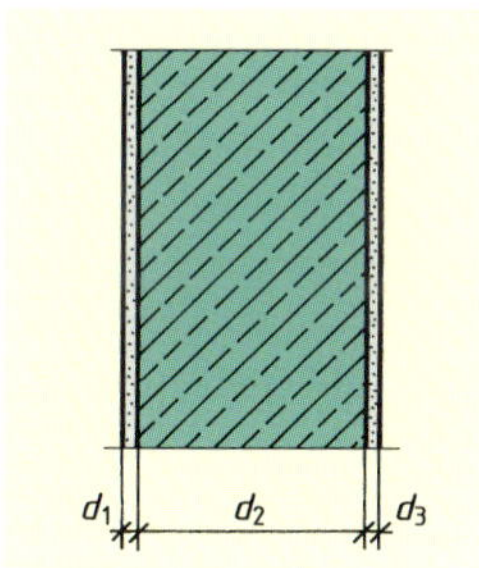

Wandaufbau:

Innenputz	$d_1 = 1{,}5$ cm
Stahlbeton, Bewehrungsanteil 2%	$d_2 = 20{,}0$ cm
Innenputz	$d_3 = 1{,}5$ cm

(Innenputz = Gipsputz)

8.20 Berechnen Sie den Wärmedurchgangskoeffizienten für eine Außenwand mit folgendem Aufbau:

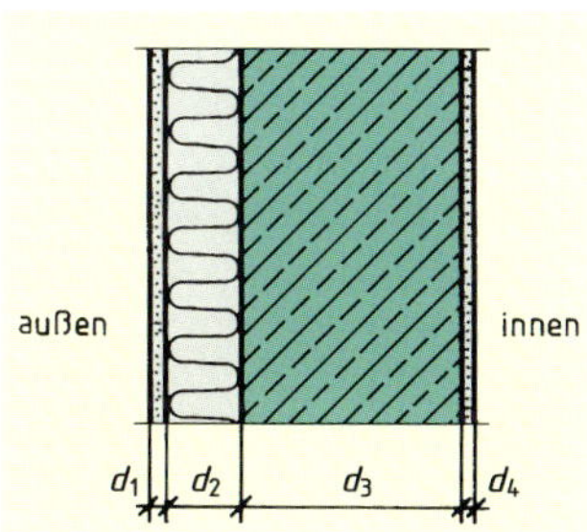

Wandaufbau:

Außenputz (Kalkzementputz)	$d_1 = 2{,}0$ cm
Holzwolle-Platte, $\lambda = 0{,}072$ W/(m K)	$d_2 = 6{,}0$ cm
Beton (Normalbeton, $\varrho = 2000$ kg/m³)	$d_3 = 18{,}0$ cm
Innenputz (Kalkputz)	$d_4 = 1{,}5$ cm

8.21 Berechnen Sie den Wärmedurchlasswiderstand und vergleichen Sie ihn mit dem vorgeschriebenen Wert.

Wandaufbau:

Hochlochklinker ($\varrho = 1800$ kg/m³)	$d_1 = 11{,}5$ cm
Mineralwolle, $\lambda = 0{,}036$ W/(m K)	$d_2 = 3{,}5$ cm
Leichtbeton-Hohlblöcke ($\varrho = 800$ kg/m³)	$d_3 = 24{,}0$ cm
Kalkputz	$d_4 = 1{,}5$ cm

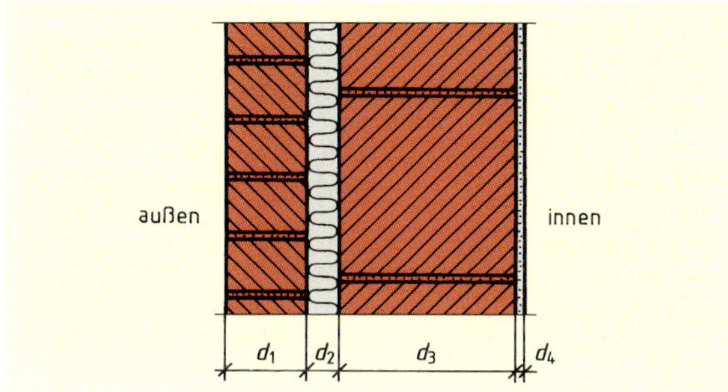

8.22 Wie dick muss die Wärmedämmschicht aus Holzwolle-Platten ($\lambda = 0{,}072$ W/(m K)) für die dargestellte Außenwand mindestens sein, um den Anforderungen des baulichen Wärmeschutzes zu entsprechen?

Wandaufbau:

Außenputz (Kalkzementputz)	$d_1 = 2{,}0$ cm
Holzwolle-Platte	$d_2 = ?$
Stahlbeton, Bewehrungsanteil 2%	$d_3 = 20{,}0$ cm
Innenputz (Kalkputz)	$d_4 = 1{,}5$ cm

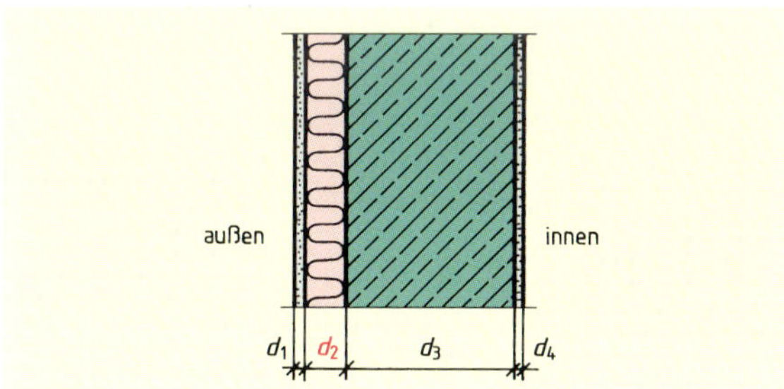

8.23 Ermitteln Sie die Dicke der Wärmedämmschicht für das dargestellte Sandwich-Außenwandelement.

Elementaufbau:

Stahlbeton, Bewehrungsanteil 2%	$d_1 = 7{,}0$ cm
Wärmedämmschicht, $\lambda = 0{,}036$	$d_2 = ?$
Stahlbeton, Bewehrungsanteil 2%	$d_3 = 16{,}0$ cm

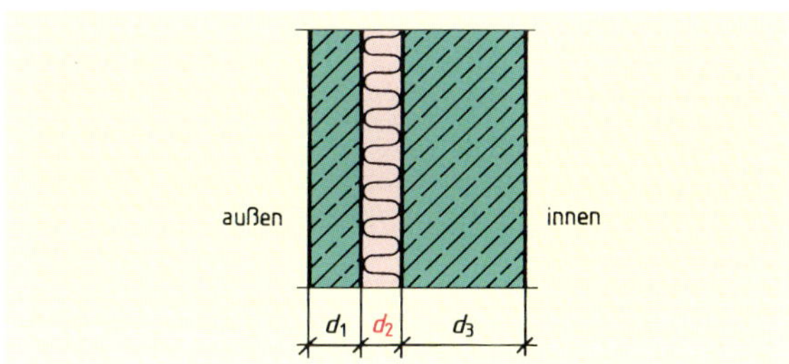

9 Lohn

Arbeitnehmer werden für ihre Arbeitsleistung entlohnt. Lohn ist die Bezeichnung für das Entgelt der Arbeiter, Angestellte erhalten ein Gehalt. Löhne und Gehälter werden von den Arbeitgebern berechnet. Auch wenn die Lohnabrechnung heute überwiegend mit entsprechenden Computerprogrammen erfolgt, muss der Arbeitnehmer in der Lage sein, seinen Lohn bzw. sein Gehalt nachzurechnen und auf die Richtigkeit zu prüfen.

9.1 Zeitlohn

Der Zeitlohn wird nach der tatsächlich im Betrieb zugebrachten Zeit berechnet.

Bei der Lohnerrechnung wird vom **Bruttolohn** ausgegangen. Der Bruttolohn ist das Produkt aus Arbeitszeit und Lohn je Zeiteinheit. Hierzu kommen noch die steuerpflichtigen Zuschläge für Überstunden, Nachtarbeit, Arbeiten an Sonn- und Feiertagen, Erschwerniszulagen, Urlaubsgeld usw.

Vom Bruttolohn zieht der Arbeitgeber Lohnsteuer, Solidaritätszuschlag, Kirchensteuer und Sozialversicherungsbeiträge ab. Abzugsfreie Zuschläge sind z.B. Kurzarbeitergeld und Winterausfallgeld.

Die Lohnsteuer ist von der Höhe des Bruttolohnes und von der Steuerklasse abhängig. Nach dem Familienstand und danach, ob beide Ehepartner Lohn beziehen, werden die Arbeitnehmer in eine der sechs Steuerklassen eingeordnet.

Steuerklasse, Familienstand und Anzahl der Kinder sind auf der Lohnsteuerkarte vermerkt. Außerdem kann ein Steuerfreibetrag, z.B. wegen erhöhter Werbungskosten, erhöhter Sonderausgaben oder außergewöhnlicher Belastungen, vermerkt sein. Dieser Freibetrag wird dann bei der Steuerbemessung vom steuerpflichtigen Bruttolohn abgezogen.

Der Lohnsteuerbetrag und der Solidaritätszuschlag werden der Lohnsteuertabelle entnommen.

Die Kirchensteuersätze sind in den einzelnen Bundesländern verschieden hoch. Sie betragen zwischen 8 und 9% der einbehaltenen Lohnsteuer.

Die Sozialversicherungsbeiträge setzen sich zusammen aus den Beiträgen zur

- Kranken-, Renten-, Pflege- und Arbeitslosenversicherung.

Sie werden auf der gleichen Berechnungsgrundlage berechnet wie die Lohnsteuer.

Die Sozialversicherungsbeitragssätze betragen für die

- Krankenversicherung ca. 13,9% + 0,9% Zusatzbeitrag (Zusatzbeitrag ist vom Arbeitnehmer zu tragen)
- Rentenversicherung ca. 19,9%,
- Arbeitslosenversicherung ca. 4,2% und
- Pflegeversicherung ca. 1,7% (0,25% Zuschlag für Kinderlose ab dem 23. Lebensjahr)

des zu versteuernden Entgelts, wobei jeweils die **Hälfte** vom Arbeitgeber getragen wird (= Arbeitgeberanteil). Diese Beitragssätze werden von Zeit zu Zeit angepasst. Deshalb können hier nur ungefähre Angaben gemacht werden.

Die zur Zeit gültigen Beitragssätze kann der Arbeitnehmer bei seinem Arbeitgeber erfragen.

Lohnsteuer, Solidaritätszuschlag, Kirchensteuer und Sozialversicherungsbeiträge sind gesetzliche Abzüge. Als **Nettolohn** wird der Betrag bezeichnet, der nach Abzug der gesetzlichen Beträge vom Bruttolohn übrig bleibt.

Am Ende eines Lohnzahlungszeitraumes (in der Regel ein Monat) erhält der Arbeitnehmer zu seiner Information eine **Lohnabrechnung**.

Aus der Lohnabrechnung müssen neben sämtlichen Zuwendungen und Abzügen auch der Bruttolohn und der Nettolohn ersichtlich sein.

Beispiel:

Betonbauer Schmidt arbeitete im Monat Juli 112 Normalstunden und 8 Überstunden. Außerdem hatte er 2 Tage (zu je 8 Stunden) Urlaub. Für Überstunden erhält er einen Zuschlag von 25%, als Urlaubsgeld erhält er einen Zuschlag von 20%. Sein Stundenlohn beträgt 11,30 €.

Herr Schmidt ist ledig und somit in Steuerklasse I, wo er 247,60 € Lohnsteuer, 13,62 € Solidaritätszuschlag und 19,81 € Kirchensteuer bezahlen muss.

Die Sozialversicherungsbeiträge belaufen sich auf insgesamt 39,7%, wobei der Arbeitgeber die Hälfte zu tragen hat, zzgl. 0,9% Zusatzbeitrag zur Krankenversicherung, die der Arbeitnehmer alleine trägt.

Eine Vorauszahlung auf den Lohn wurde im Monat Juli nicht geleistet.

Berechnen Sie den ausbezahlten Monatslohn.

Lösung:

Normale Stunden	112 Stunden	
Überstunden	8 Stunden	
Urlaubsstunden	16 Stunden	
Stunden insgesamt	136 Stunden	
Normalverdienst 136 h · 11,30 €/h		= 1536,80 €
Überstundenzuschlag		
25% von 8 h · 11,30 €/h		= 22,60 €
Urlaubsgeld		
20% von 16 h · 11,30 €/h		= 36,16 €
Brutto-Verdienst		
= steuerpflichtiger Verdienst		= 1595,56 €
Lohnsteuer	247,60 €	
Solidaritätszuschlag	13,62 €	
Kirchensteuer	19,81 €	
Sozialversicherungsbeiträge		
0,5 · 39,7% von 1595,56 €	316,72 €	
1,0 · 0,9% von 1595,56 €		
Gesetzliche Abzüge		−612,11 €
Netto-Verdienst		
= ausbezahlter Monatslohn		983,45 €

LOHNABRECHNUNG		
Zeitraum	August	
Stunden	128	
Überstunden	10	
Arbeitsausfall		
Feiertage		Gesamtstunden
Urlaubsstunden	32	
Krankheitsstunden		
Lohnsatz	9,88	× Stundenlohnsatz
Normalverdienst	1679,60	= Normalverdienst
Überstundenzuschlag 25 %	24,70	
Akkord-Zulage		
Urlaubsgeld	105,00	+ steuerpflichtige Zuschläge
Lohnfortzahlung		
VWL Arbeitg. (0,13 €/h)	22,10	
Brutto-Verdienst	**1831,40**	= Brutto-Verdienst
Stfr. Hinzur. lt. St.-Karte		
Steuerpfl. Verdienst	1831,40	= steuerpfl. Verdienst
Steuerfr. Zuschläge		+ steuerfreie Zuschläge
Fahrgeld	42,70	
Gesamt	**1874,10**	
Lohnsteuer	378,60	%
Solidaritätszuschlag	20,83	
Kirchenst. ev.	34,07	
Krankenvers.	130,25	– Steuern und Versicherungen
Zusatzbeitrag	16,87	
Rentenvers.	186,47	
Arbeitslosenvers.	39,36	
Pflegevers.	15,93	
Gesetzl. Abzüge	**822,38**	
Netto-Verdienst	**1051,72**	= Netto-Verdienst
VWL	39,00	– vermögenswirksame Leistungen
Abschlag	400,00	– sonstige Abzüge (z. B. Abschlagszahlung, Lohnpfändung usw.)
Auszahlung	***612,72***	**= ausbezahlter Lohn**

Hierzu Aufgaben 9.1 bis 9.7

9.2 Zeitakkordlohn

Neben dem Zeitlohn ist im Baugewerbe auch als Leistungslohn der **Akkordlohn** üblich.

Der Berechnung des Leistungslohns liegen Vorgabewerte zugrunde, die nach einer Arbeitszeitmessmethode oder aufgrund von Nachkalkulationen ermittelt sein müssen.

Die Vorgabewerte sind Zeitwerte, die zur Ausführung einer bestimmten Einheitsleistung (z.B. 1 m^2 Mauerwerk, 11,5 cm dick, aus Hochlochziegeln $1\frac{1}{2}$ NF; 1 m^2 Zementestrich 3 cm dick einbringen, verdichten und glätten usw.) unter normalen Bedingungen erforderlich sind.

Bei der Berechnung des Leistungslohns werden die ermittelten Massen (Mengen) mit den Vorgabewerten multipliziert. Das Produkt sind die Leistungslohn-Stunden (Soll-Stunden).

$$\text{Leistungslohn-Stunden (Soll-Stunden)} = \text{ermittelte Masse (Menge)} \times \text{Vorgabewert}$$

Übersteigen die Leistungslohn-Stunden (Soll-Stunden) die tatsächlich gearbeiteten Stunden (Ist-Stunden), so ist der Unterschied der so genannte Stunden-Überschuss.

$$\text{Stunden-Überschuss} = \text{Soll-Stunden} - \text{Ist-Stunden}$$

Den Stunden-Überschuss hat der Arbeitgeber mit dem tariflichen Stundenlohn zu vergüten (= Leistungszuschlag).

$$\text{Leistungszuschlag} = \text{Stunden-Überschuss} \times \text{Stundenlohn}$$

Der Brutto-Leistungslohn ist die Summe aus dem Normallohn (Produkt aus Ist-Stunden und Stundenlohn) und dem Leistungszuschlag.

$$\text{Brutto-Leistungslohn} = \text{Normallohn} + \text{Leistungszuschlag}$$

Berechnung des Brutto-Leistungslohns:

1. Ermittlung der geleisteten Massen (Mengen).
2. Berechnung der Soll-Stunden als Produkt aus dem Vorgabewert und der ermittelten Masse.
3. Berechnung des Stunden-Überschusses als Differenz aus Soll-Stunden und Ist-Stunden.
4. Berechnung des Normallohns als Produkt aus Ist-Stunden und Stundenlohn.
5. Berechnung des Leistungszuschlages als Produkt aus Stunden-Überschuss und Stundenlohn.
6. Berechnung des Brutto-Leistungslohns als Summe aus Normallohn und Leistungszuschlag.

Beispiel:

Ein Maurer erstellt 30,4 m^2 Mauerwerk in 33 Stunden. Der Vorgabewert beträgt 1,25 h/m^2.

Der Maurer hat einen tariflichen Stundenlohn von 11,55 €.

Berechnen Sie den Brutto-Leistungslohn.

Lösung:

1. Geleistete Masse (Menge) = 30,4 m^2
2. Soll-Stunden
   30,4 $m^2 \cdot$ 1,25 h/m^2 = 38 Stunden
3. Stunden-Überschuss
   38 Stunden – 33 Stunden = 5 Stunden
4. Normallohn
   33 h · 11,55 €/h = 381,15 €
5. Leistungszuschlag
   5 h · 11,55 €/h = 57,75 €
6. Brutto-Leistungslohn
   381,15 € + 57,75 € = <u>438,90 €</u>

Übersteigen die gearbeiteten Ist-Stunden die Leistungslohn-Stunden (Soll-Stunden), so werden die **Ist-Stunden** mit dem Stundenlohn vergütet.

Werden die Leistungs-Mehrstunden (Stunden-Überschuss) in einer Gruppe erzielt, so wird der Stunden-Überschuss vom Arbeitgeber auf die Mitglieder der Gruppe entsprechend der Anzahl der von ihnen gearbeiteten Ist-Stunden verteilt.

Leistungslohn kann auch in Form von **Prämien** gezahlt werden. Prämien werden meist ausgesetzt, um eine bestimmte Leistung, z.B. die Einhaltung eines Termins, zu fördern.

Prämien werden bei der Lohnabrechnung wie Normallohn behandelt.

Hierzu Aufgaben 9.8 bis 9.15

9.1 Ein Bauwerker hat einen Stundenlohn von 9,55 € und arbeitet 168 Stunden im Monat. Berechnen Sie den Brutto-Monatslohn.

9.2 Ein Betonbauer arbeitete in einem Monat 120 Normalstunden und 6 Überstunden. Er hatte in diesem Monat 5 Tage (8 h/d) Urlaub.

Für Überstunden wird ein Zuschlag von 25% bezahlt. Außerdem erhält er einen Zuschlag von 20% als Urlaubsgeld. Der Stundenlohn beträgt 10,30 €. Berechnen Sie den Brutto-Monatslohn.

9.3 Ein Polier hat einen zu versteuernden Monatslohn von 2140,20 €. Berechnen Sie die Sozialversicherungsbeiträge, wenn ihm für die Rentenversicherung 9,95%, die Krankenversicherung 7,85%, die Arbeitslosenversicherung 2,10% und für die Pflegeversicherung 0,85% abgezogen werden.

9.4 Welchen Lohn erhält der Bauwerker aus Aufgabe 9.1 ausbezahlt, wenn 89,25 € Lohnsteuer und 20,75% für Sozialversicherungen abgezogen werden?

9.5 Ein Polier hat einen Brutto-Monatslohn von 2173,00 €. An Sozialversicherungsbeiträgen werden ihm 20,75% abgezogen.

Welchen Lohn bekommt der Polier ausbezahlt, wenn er 20% Lohnsteuer und 1,8% Kirchensteuer zu zahlen hat?

9.6 Ein Maurer arbeitete in einem Monat 164 Stunden. Er hat einen Stundenlohn von 11,90 €.

Berechnen Sie

a) den Bruttoverdienst,

b) die gesetzlichen Abzüge, wenn ihm 17% Lohnsteuer, 1,5% Kirchensteuer, 2,10% Arbeitslosenversicherung, 7,75% Krankenversicherung, 9,95% Rentenversicherung und 1,10% Pflegeversicherung vom Lohn einbehalten werden,

c) den ausbezahlten Lohn, wenn er bereits 250,00 € Vorschuss erhielt und 0,50 € in die Betriebssportkasse bezahlen muss.

9.7 Ein Hochbaufacharbeiter (Stundenlohn 9,90 €) arbeitete im Monat August 110 Normalstunden und 10 Überstunden. Außerdem hatte er 3 Tage (8 h/d) Urlaub. Für Überstunden erhält er einen Zuschlag von 30%, als Urlaubsgeld erhält er einen Zuschlag von 25%.

Ihm werden 192,60 € Lohnsteuer und 17,33 € Kirchensteuer einbehalten. Die Sozialversicherungsbeiträge belaufen sich auf 39,7%, wobei sein Arbeitgeber die Hälfte zu tragen hat, zzgl. 0,9% Zusatzbeitrag zur Krankenversicherung.

Sein Arbeitgeber behält von seinem Verdienst eine vermögenswirksame Leistung von 39,00 € ein.

Berechnen Sie den ausbezahlten Monatslohn.

9.8 Berechnen Sie die Soll-Stunden für 53 m^2 Mauerwerk, wenn der Vorgabewert 1,3 h/m^2 beträgt.

9.9 Berechnen Sie den Stunden-Überschuss, wenn 210 m^2 Hohlblockmauerwerk mit einem Vorgabewert von 0,9 h/m^2 in 168 Stunden hergestellt wurden.

9.10 Ein Einschaler stellt in 150 Stunden 181 m^2 Schalungen für Stahlbetonwände her. Der Vorgabewert beträgt 0,96 h/m^2. Berechnen Sie den Brutto-Leistungslohn, wenn der Einschaler einen tariflichen Stundenlohn von 10,40 € hat.

9.11 Zwei Maurer erstellen 200 m^2 Mauerwerk in 85 Stunden.

Der Vorgabewert beträgt 1,1 h/m^2.

Die Maurer haben einen Stundenlohn von 11,45 €. Ermitteln Sie den Brutto-Leistungslohn für die beiden Maurer.

9.12 Zwei Maurer erstellen in 46 Stunden 180 m^2 Mauerwerk.

Der Vorgabewert beträgt 0,65 h/m^2.

Die beiden Maurer haben einen Stundenlohn von 11,70 €.

Ermitteln Sie den Brutto-Leistungslohn der beiden Maurer.

9.13 Ein Maurer (11,35 € Stundenlohn) hat im Monat Juni 160 Normalstunden gearbeitet. Außerdem stehen ihm der Leistungszuschlag aus 26 Überschuss-Stunden und eine Leistungsprämie von 75,00 € zu.

Welchen Lohn erhält der Maurer ausbezahlt, wenn ihm 19% Lohnsteuer und 20,75% Sozialversicherungen abgezogen werden?

9.14 Drei Betonbauer verlegten und flochten 21 t Betonstabstahl in 160 Stunden. Der Vorgabewert beträgt 26,75 h/t. Die Betonbauer haben Stundenlöhne von 10,60 €.

Berechnen Sie den Normallohn, den Leistungszuschlag und den Brutto-Leistungslohn eines Betonbauers.

9.15 Vier Maurer (Herr Schmidt, Herr Maier, Herr Lang und Herr Kurz) erstellen 760 m^2 Mauerwerk. Herr Schmidt arbeitet 145 Stunden, Herr Maier 148 Stunden, Herr Lang 174 Stunden und Herr Kurz 160 Stunden.

Der Vorgabewert beträgt 0,9 h/m^2.

Berechnen Sie den jeweiligen Brutto-Leistungslohn, wenn der Stundenlohn 11,40 € beträgt.

10 Kostenrechnen

Um einen Auftrag zu erhalten, muss der Unternehmer ein Angebot abgeben. Dazu muss er seine Kosten im Voraus berechnen.

10.1 Kalkulation

Für die Preisgestaltung ist erforderlich, die entstehenden Kosten im Voraus möglichst genau zu erfassen. Hierzu wird das Gesamtbauvorhaben in der **Leistungsbeschreibung** in einzelne überschaubare **Teilleistungen** aufgegliedert. Für diese Teilleistungen werden dann jeweils auf die Einheit (m, m², m³, St.) bezogene **Einheitspreise** ermittelt. Solche Teilleistungen können z. B. sein:

Mutterboden abtragen und aufladen. Abtragdicke im Mittel 25 cm	m²
Boden für Baugruben profilgerecht ausheben und seitlich lagern Bodenklassen 4 u. 5 Aushubtiefe bis 2,00 m	m³
Mauerwerk der Wände aus Mörtel MG II und Mauerziegel NF, HLz 12, DIN 105 Mauerwerkshöhe bis 4,00 m Mauerwerksdicke 11,5 cm	m²

Für jede Teilleistung fallen so genannte **Einzelkosten** wie z.B. Lohn und Material an, die dieser Teilleistung direkt zugeordnet werden können. So können der Teilleistung Mauerwerk (s. oben) z.B. pro m² Wandfläche eine bestimmte Menge Steine und Mörtel sowie ein bestimmter Stundenaufwand zugeordnet werden. Sind aus der kaufmännischen Buchführung die Verrechnungssätze für die verschiedenen Materialien und die Lohnstunde bekannt, können die direkten **Herstellkosten** für die Teilleistung errechnet werden.

Damit sind aber nicht **alle** Kosten erfasst. In jedem Betrieb fallen so genannte **Gemeinkosten** an, die keiner Teilleistung direkt zugeordnet werden können, wie z.B. Bürokosten, Miete, Steuern, Sozialleistungen, Abschreibungen der Geräte usw. Diese Kosten müssen ebenfalls auf die einzelnen Teilleistungen umgelegt werden.

Hierzu gibt es verschiedene Verfahren. In kleineren Betrieben wird meist so verfahren, dass die gesamten Gemeinkosten prozentual auf die Lohn- und Materialkosten zugeschlagen werden.

Damit sind alle anfallenden Kosten erfasst, nicht aber der Gewinn. Es kommt deshalb noch ein Zuschlag für **Wagnis und Gewinn** hinzu, der meist in den Gemeinkostenzuschlag eingerechnet wird.

Die **Mehrwertsteuer** wird nicht bei der einzelnen Teilleistung, sondern erst bei der Angebotssumme zugerechnet.

Zusammensetzung des Einheitspreises

Lohnkosten
\+ Materialkosten
(u. ggf. Gerätekosten)
= Herstellkosten
\+ Zuschläge für Gemeinkosten auf Lohn und Material
\+ Zuschlag für Wagnis und Gewinn
= Einheitspreis der Teilleistung

Zur Ermittlung des Einheitspreises müssen also Lohnkosten, Materialkosten (Gerätekosten) und Gemeinkostenzuschläge ermittelt werden.

Die **Lohnkosten** sind am schwierigsten vorherzubestimmen, da im Voraus nicht bekannt ist, wie viel Zeit für eine bestimmte Arbeit erforderlich ist. Man behilft sich deshalb mit Erfahrungswerten, die bei früheren Baustellen durch **Nachkalkulation** (s. Aufg. 10.1 bis 10.3) ermittelt wurden. Dieser zu erwartende Stundenbedarf ergibt, mit dem kaufmännisch ermittelten Mittellohn multipliziert, die Lohnkosten.

Einige Erfahrungswerte für benötigte Arbeitszeiten sind in der Tabelle auf der übernächsten Seite zusammengestellt.

Lohnkosten pro Einheit
= Zeitaufwand pro Einheit × Mittellohn

Die **Materialkosten** werden berechnet, indem die erforderliche Materialmenge unter Berücksichtigung des Verlusts ermittelt und mit dem Verrechnungssatz für das jeweilige Material multipliziert wird.

Materialkosten pro Einheit
= Materialbedarf pro Einheit
× Verrechnungssatz

Die **Gemeinkostenzuschläge** werden in der Betriebsabrechnung ermittelt und für die Kostenrechnung vorgegeben. Sie enthalten meist gleich den Zuschlag für **Wagnis und Gewinn.**

Gemeinkosten sowie Wagnis und Gewinn werden durch vorgegebene Zuschläge auf Lohn und Material berücksichtigt.

Beispiel:

Für die folgende Teilleistung ist der Einheitspreis zu ermitteln:

Mauerwerk der Wände aus Mörtel MG II und Mauerziegel NF, HLz 12, DIN 105.
Mauerwerkshöhe bis 4,00 m
Mauerwerksdicke 11,5 cm m^2

Zusätzliche Angaben:
Stundenbedarf 1,1 h/m^2
Mittellohn 11,55 €/h

Materialbedarf:
50 Steine/m^2; 0,18 €/Stein
25 l Mörtel/m^2; 0,10 €/l Mörtel
Gemeinkostenzuschlag auf Lohn 130 %
Gemeinkostenzuschlag auf Material 15 %

Lösung:

Lohnkosten
$1{,}1\ h/m^2 \cdot 11{,}55$ €/h = 12,71 €/m^2

Materialkosten
50 Steine/m^2 · 0,18 €/Stein
= 9,00 €/m^2
25 l Mörtel/m^2 · 0,10 €/l Mörtel
= 2,50 €/m^2
9,00 € + 2,50 € = 11,50 €/m^2

Gemeinkostenzuschlag auf Lohn
12,71 €/m^2 · 1,30 = 16,52 €/m^2

Gemeinkostenzuschlag auf Material
11,50 €/m^2 · 0,15 = 1,73 €/m

Einheitspreis = 42,46 €/m

Hierzu Aufgaben 10.1 bis 10.11

10.2 Verfahrensvergleich

Kostenrechnen ist nicht nur erforderlich, um den Preis zu ermitteln. Auch wenn verschiedene technische Verfahren zu Wahl stehen, muss durch Kostenrechnung ermittelt werden, welches Verfahren das wirtschaftlichere ist. Dieses Vorgehen wird als **kalkulatorischer Verfahrensvergleich** bezeichnet.

Hierzu müssen für jedes Verfahren die bei den gegebenen Arbeitsbedingungen anfallenden Kosten kalkuliert werden. Das kostengünstigste Verfahren wird dann gewählt.

Verfahren I Kosten-ermittlung ↔ **Verfahren II** Kosten-ermittlung ↔ **Verfahren III** Kosten-ermittlung usw.

Kalkulatorischer Verfahrensvergleich

Das Verfahren mit den geringsten Kosten wird gewählt.

Beispiel 1:

Auf einer Baustelle sind 800 m^3 Beton herzustellen. Fertigbeton kostet frei Baustelle 77,00 €/m^3.

Eine eigene Mischanlage kann den Beton für 71,40 €/m^3 herstellen, verursacht aber zusätzlich feste Kosten (Transport, Auf- und Abbau, Vorhalten) von 3750,00 € für die gesamte Bauzeit.

Welches Verfahren ist zu wählen?

Lösung:

Verfahren 1:
800 m^3 · 77,00 €/m^3 61 600,00 €

Verfahren 2:
(800 m^3 · 71,40 €/m^3) + 3750,00 € = 60 870,00 €

Verfahren 2 (eigene Mischanlage) ist unter den angegebenen Bedingungen wirtschaftlicher.

Beispiel 2:

Für einen Wasserbehälter sind 196 gleiche Pilzkopfstützen zu schalen. Eine glasfaserverstärkte Polyesterschalung, für die eine Lebensdauer von mindestens 200 Einsätzen angenommen wird, kostet fertig 5500,00 €. Das Ein- und Ausschalen erfordert mit dieser Schalung einen Aufwand von 3,4 Std. pro Stütze.

Eine herkömmliche Holzschalung kostet fertig 900,00 € bei einer voraussichtlichen Lebensdauer von höchstens 20 Einsätzen. Ein- und Ausschalen dauert hierbei 5,8 Std. pro Stütze.

Der Mittellohn einschließlich Gemeinkostenzuschlag beträgt 27,40 €/h.

Welches Verfahren ist günstiger, wenn jeweils 4 Stützen gleichzeitig betoniert werden sollen?

Lösung:

Verfahren 1:
4 Schalungen = 22 000,00 €
196 Stützen · 3,4 h/Stütze · 27,40 € = 18 259,36 €
40 259,36 €

Verfahren 2:
12 Schalungen 10 800,00 €
196 Stützen · 5,8 h/Stütze · 27,40 € 31 148,32 €
41 948,32 €

Verfahren 1 (Polyesterschalung) ist unter den angegebenen Bedingungen wirtschaftlicher.

Hierzu Aufgabe 10.12 bis 10.15

Arbeitszeitrichtwerte

Die in der Tabelle angegebenen Werte sind Anhaltswerte, die in bestimmten Situationen ermittelt wurden. Für andere Verhältnisse können die Werte erheblich abweichen.

Leistung		Einheit	Stunden/ Einheit
Erdarbeiten			
Handaushub, z.B. bei Fundamentgräben			
Bodenklasse 3		m^3	1,4
Bodenklasse 4		m^3	1,8
Bodenklasse 5		m^3	3,2
Rohrverlegungsarbeiten einschließlich Abladen und Verteilen			
Steinzeugrohre			
DN 100		m	0,5
DN 150		m	0,6
DN 200		m	0,7
Betonrohre mit Muffe			
DN 200		m	0,8
DN 400		m	1,5
Betonarbeiten			
Fundamentbeton	mit Krankübel eingebaut	m^3	0,8
	mit Betonpumpe eingebaut	m^3	0,4
Böden, Decken	mit Krankübel eingebaut	m^3	1,0
	mit Betonpumpe eingebaut	m^3	0,8
Wände $d = 20$ bis 25 cm	mit Krankübel eingebaut	m^3	1,2
	mit Betonpumpe eingebaut	m^3	0,9
Stützen	mit Krankübel eingebaut	m^3	2,2
	mit Betonpumpe eingebaut	m^3	2,0
Schalarbeiten			
Deckenschalung	mit Schaltafeln	m^2	1,0
	mit Schaltischen	m^2	0,5
Wandschalung	mit Schaltafeln	m^2	1,1
	mit Großflächenschalung	m^2	0,5
Stützenschalung, rechteckiger oder quadratischer Querschnitt		m^2	2,5
Bewehrungsarbeiten			
Betonstabstahl			
	Durchmesser bis 10 mm	t	40
	Durchmesser über 10 bis 20 mm	t	35
	Durchmesser über 20 mm	t	32
Betonstahlmatten		t	16
Mauerarbeiten			
Wanddicke in cm	Steinformat		
11,5	NF	m^2	1,1
	2 DF	m^2	0,9
17,5	3 DF	m^2	1,3
24	NF	m^2	1,6
	3 DF	m^2	1,3
	Hbl	m^2	0,9
36,5	NF	m^2	2,4
	2 DF/3 DF	m^2	2,0
	Hbl	m^2	1,2

Hinweis:
Durch die sich häufig wiederholende Abarbeitung gleichartiger Daten eignet sich die Kalkulation besonders für den EDV-Einsatz. (Siehe hierzu Abschnitt Computertechnik).

10.1 Zum Aushub von 47 m Fundamentgräben für Streifenfundamente 30 cm/50 cm benötigen 2 Arbeiter 8 Stunden. Ermitteln Sie den Zeitaufwand pro m^3.

10.2 Für die Ausführung von Mauerwerk wurden benötigt:

92,5 m^2 Mauerwerk 11,5 cm dick 102 h

148 m^2 Mauerwerk 36,5 cm dick 380 h

Ermitteln Sie jeweils den Zeitaufwand pro Einheit.

10.3 Für 297 m^3 beidseitig geschalten Wandbeton (25 cm dick) fielen 3320 h für Schalarbeiten und 330 h für Einbringen und Verdichten des Betons an. Ermitteln Sie den Zeitaufwand pro m^2 Schalung und pro m^3 Beton.

10.4 Ermitteln Sie den Einheitspreis der Teilleistung (ohne Mwst.).

Boden für Streifenfundamente profilgerecht ausheben und seitlich lagern

Bodenklasse 4 u. 5
Aushubbreite bis 1,00 m
Aushubtiefe bis 0,80 m m^3

Zusätzliche Angaben:
Handarbeit, Stundenbedarf 2,2 h/m^3
Mittellohn 11,60 €/h
Gemeinkostenzuschlag: 130% auf Lohn

10.5 Ermitteln Sie den Einheitspreis der Teilleistung.

Rohre für Abwasserkanäle verlegen nach DIN 4033 in vorhandenen abgeböschten Gräben

Grabentiefe bis 3,00 m
Steinzeugrohre DN 150 mit Steckmuffe L m

Zusätzliche Angaben:
Steinzeugrohre DN 150 12,00 €/m, 5% Verlust
Stundenbedarf für Verlegen 0,4 h/m
Mittellohn 11,90 €/h

Gemeinkostenzuschläge: 130% auf Lohn
20% auf Material

10.6 Ermitteln Sie den Einheitspreis der Teilleistung.

Mauerwerk der Wände aus Mörtel MG II und Mauerziegeln 3 DF, HLz 12, DIN 105

Mauerwerkshöhe bis 4,00 m
Mauerwerksdicke 17,5 cm m^2

Zusätzliche Angaben:
Hochlochziegel frei Baustelle 275,00 €/1000 St.
Mörtel 0,10 €/l

Stoffbedarf: 33 Steine pro m^2
30 l Mörtel pro m^2
Mittellohn 11,95 €/h

Gemeinkostenzuschläge: 130% auf Lohn
20% auf Material

10.7 Ermitteln Sie den Einheitspreis der Teilleistung.

Ortbeton der Wand aus Stahlbeton C 25/30
Dicke 20 bis 25 cm

Zusätzliche Angaben:
Transportbeton C 25/30 frei Baustelle 91,00 €/m^3
Stundenbedarf 2,3 h/m^3
Mittellohn 12,20 €/h

Gemeinkostenzuschläge: 130% auf Lohn
20% auf Material

10.8 Ermitteln Sie den Einheitspreis der Teilleistung.

Schalung der Wand als raue Schalung, Betonoberfläche absatzfrei und möglichst porenlos

Höhe bis 3,00 m m^2

Zusätzliche Angaben:
Abschreibung der Schalung 1,75 €/m^2
Stundenbedarf 1,4 h/m^2
Mittellohn 12,10 €/h

Gemeinkostenzuschläge: 125% auf Lohn
20% auf Material

10.9 Ermitteln Sie den Einheitspreis der Teilleistung.

Betonstabstahl IV S, Durchmesser 10 bis 20 mm, Längen bis 14,00 m
abladen und verlegen

Zusätzliche Angaben:
Betonstabstahl IV S frei Baustelle 590,00 €/t
Stundenbedarf 32,0 h/t
Mittellohn 11,75 €/h

Gemeinkostenzuschläge: 135% auf Lohn
15% auf Material

10.10 Ermitteln Sie den Einheitspreis der Teilleistung.

Boden für Baugruben profilgerecht ausheben und aufladen

Bodenklasse 4 u. 5
Aushubtiefe bis 5,00 m m^3

Zusätzliche Angaben:
Hochlöffelbagger 1,0 m^3: Geräteleistung 50 m^3/h
Gerätekosten 60,00 €/h
1 Maschinist und 2 Mann Beihilfe
Mittellohn 11,75 €/h

Gemeinkostenzuschläge: 130% auf Lohn
30% auf Gerätekosten

10.11 Für einen Anbau sind Arbeiten nach folgendem Leistungsverzeichnis auszuführen:

Pos. 1 Handaushub für Fundamente und Grundleitung Bodenklasse 5	25 m³
Pos. 2 Steinzeugrohre DN 150 liefern und verlegen	48 m
Pos. 3 Fundamentbeton (ohne Schalung und Bewehrung) einbringen und verdichten	17 m³
Pos. 4 Stahlbetonstützen 24 cm/24 cm einschließlich Schalung und Bewehrung (5 kg Stabstahl mit Durchmessern von 10 bis 20 mm je m Stütze)	52 m
Pos. 5 Mauerwerk $d = 24$ cm, Mörtelgruppe II, HLz A 1,2/12/3 DF	34 m³

Als Materialkosten frei Baustelle nannte der Baustoffhändler:

Beton	92,50 €/m³
Fertigmörtel MG II	100,00 €/m³
Steinzeugrohre, Steckmuffe L	12,40 €/m
Betonstabstahl	570,00 €/t
Hochlochziegel A 12/1,2/3 DF	0,30 €/St.

Für die Stützenschalung fallen Vorhaltekosten (einschließlich Gemeinkosten) von 2,60 €/m² an, bei den Steinzeugrohren ist mit 5 % Verlust zu rechnen.

Der Beton wird als Transportbeton geliefert und mit der Betonpumpe eingebracht.

Materialbedarf für Mauerwerk: 186 Steine/m³,
178 l Mörtel/m³.

Arbeitszeitrichtwerte sind der Tabelle zu entnehmen.

Mittellohn 11,85 €/h

Gemeinkostenzuschläge: 135 % auf Lohn
20 % auf Material

Mehrwertsteuer: 19 %

Ermitteln Sie

a) die Einheitspreise der Pos. 1 bis 5 ohne Mehrwertsteuer;

b) die Angebotssumme einschließlich Mehrwertsteuer.

10.12 Auf einer Baustelle sind 2400 m³ Beton herzustellen. Fertigbeton kostet frei Baustelle 91,00 €/m³. Eine eigene Mischanlage kann den Beton für 86,00 €/m³ herstellen; sie verursacht aber zusätzliche Kosten: für Transport, Auf- und Abbau 1400,00 € und für das Vorhalten 525,00 €/Monat. Welches Verfahren ist bei einer Bauzeit von 8 Monaten günstiger? Wie viel wird eingespart?

10.13 Auf einer Baustelle sind 9500 m³ Beton herzustellen.

Fertigbeton kostet 91,25 €/m³, eine eigene Mischanlage kann den Beton für 88,50 €/m³ herstellen. Transport sowie Auf- und Abbauen der eigenen Anlage kosten 2100,00 €, das Vorhalten 500,00 €/Monat. Bei welcher Bauzeit ist welches Verfahren günstiger?

10.14 Ein Nachunternehmer bietet den Baugrubenaushub (s. Aufg. 10.10) für 4,21 €/m³ einschließlich Mehrwertsteuer (19 %) an.

Für die Eigenleistung gelten folgende Kalkulationsgrundlagen:

Hochlöffelbagger (1,0 m³):

Geräteleistung 0,022 h/m³
Gerätekosten 62,50 €/h

1 Maschinist und 2 Mann Beihilfe
Mittellohn 11,90 €/h

Gemeinkostenzuschläge: 130 % auf Lohn
20 % auf Gerätekosten

Wie groß ist der Preisunterschied zwischen Eigenleistung und Nachunternehmer?

10.15 Ein Unternehmer möchte die eigenen Gemeinkostenzuschläge mit denen der Konkurrenz vergleichen.

Die Konkurrenz bietet den m³ Wandbeton (s. Aufg. 10.7) einschließlich 19 % Mehrwertsteuer für 195,00 €/m³ an.

Mit welchem Gemeinkostenzuschlag auf den Lohn wurde gerechnet, wenn für

Transportbeton	91,00 €/m³
Einbringen und Verdichten	2,2 h/m³
Mittellohn	11,90 €/h
Gemeinkostenzuschlag auf Material	20 %

angesetzt wurden?

11 Arbeit und Leistung

Im täglichen Leben verstehen wir unter Arbeit jede „anstrengende" Tätigkeit. Die Größe der Arbeit ist dabei, vor allem bei „geistiger Arbeit", vom Empfinden des Einzelnen abhängig und nicht genau erfassbar. Ähnlich verhält es sich beim Begriff Leistung. Beide Größen sind jedoch genau definiert und im Einzelfall berechenbar.

11.1 Arbeit

Wird ein Gegenstand gehoben, auf einer Unterlage verschoben oder verformt, dann sehen wir an der Veränderung der Lage oder der Form, dass hier eine Kraft gewirkt hat. Aus der Art der Lage- bzw. Formveränderung ist zu erkennen, dass die Kraft längs eines bestimmten Weges gewirkt hat. **Diese Wirkung einer Kraft längs eines Weges ist die Arbeit.**

Die Größe der Arbeit ist abhängig von der Größe der Kraft, die überwunden werden muss (z. B. Schwerkraft, Kohäsion, Reibung), und von der Länge des Weges, der in Kraftrichtung zu überwinden ist.

Arbeit (W) = Kraft (F) × Weg (s)

Aus dieser Beziehung ergibt sich die Einheit der Arbeit als N · m. Hierfür wurde die Einheit **Joule (J)** eingeführt.

$1\ \text{J} = 1\ \text{N m} = 1\ \text{N} \cdot 1\ \text{m}$

Bei den im Bauwesen üblichen Kräften und Wegen ist 1 J eine sehr kleine Größe. Es wird deshalb meist mit **Kilojoule (kJ)** gerechnet.

Vorsicht! Bei Berechnung der Arbeit darf

- nur die Kraft eingesetzt werden, die tatsächlich entlang der Wegstrecke wirksam wird,
  (Wenn z.B. ein Gegenstand von 0,1 g auf einer Unterlage 1 m weit verschoben wird, so ist die verrichtete Arbeit weniger als 1 J, da ja nicht die Schwerkraft, sondern nur die geringere Reibung überwunden wurde.)
- nur der in Kraftrichtung zurückgelegte Weg eingesetzt werden.
  (Wird z. B. ein Gegenstand über eine Treppe ein Geschoss höher getragen, so ist nur der Weg in Richtung der Schwerkraft, also die Geschosshöhe, maßgebend.)

Damit Arbeit verrichtet werden kann, muss **Energie** vorhanden sein.

Energie ist die Voraussetzung, Arbeit zu verrichten.

Energie kann außer als mechanische Energie bzw. mechanische Arbeit auch als elektrische Energie bzw. elektrische Arbeit, als Wärmeenergie und als Licht auftreten. Alle Energieformen können ineinander umgewandelt werden. Die Einheit der Energie in allen Erscheinungsformen ist das Joule (J).

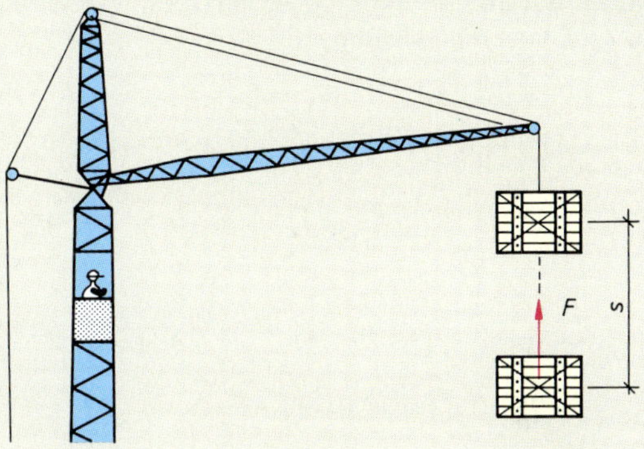

Hubarbeit

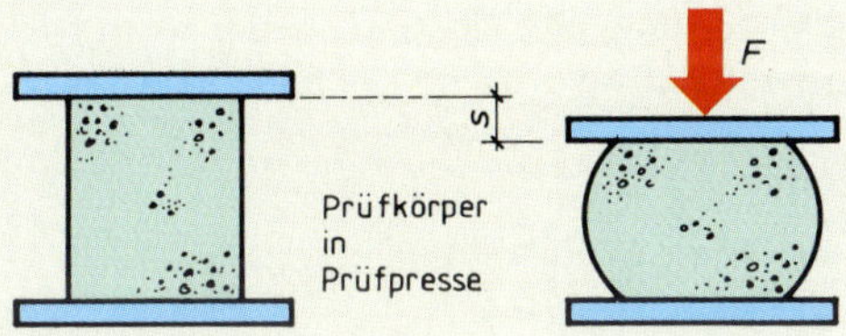

Verformungsarbeit

Ermittlung des Kraftweges (s)

Beispiel:

Welche Arbeit verrichtet ein Bauhelfer, der 5 Säcke Zement ins 3. OG (Höhenunterschied 8,20 m) trägt?

Lösung:

$$W = F \cdot s = 5 \cdot 250\ \text{N} \cdot 8{,}20\ \text{m} = 10\,250\ \text{Nm}$$
$$= 10\,250\ \text{J}$$
$$= \underline{10{,}25\ \text{kJ}}$$

Hierzu Aufgaben 11.1 bis 11.6

11.2 Leistung und Wirkungsgrad

Für die Größe einer von Menschen oder Maschinen verrichteten Arbeit sind nur die Größe der Kraft und die Länge des Weges entscheidend. Für den wirtschaftlichen Nutzen ist aber auch maßgebend, in welcher Zeit die Arbeit ausgeführt wird.

Die auf die Zeiteinheit bezogene Arbeit ist die Leistung.

Je kürzer die Zeit, in der eine Arbeit verrichtet wird, desto größer ist die Leistung.

$$\text{Leistung } (P) = \frac{\text{Arbeit } (W)}{\text{Zeit } (t)} \quad (W = F \cdot s)$$

Aus dieser Beziehung ergibt sich die Einheit der Leistung als J/s. Hierfür wurde die Einheit **Watt (W)** eingeführt.

$$1 \text{ W} = 1 \text{ J/s} = \frac{1 \text{ J}}{1 \text{ s}}$$

Bei den im Bauwesen üblichen Leistungen ist das Watt eine sehr kleine Einheit, es wird deshalb meist mit **Kilowatt (kW)** gerechnet.

Die früheren Einheiten für die Leistung, kp·m/s und PS, sind **nicht mehr zulässig** und müssen umgerechnet werden.

$$1 \frac{\text{kp m}}{\text{s}} \approx 10 \text{ W}; \quad 1 \text{ PS} \approx 0{,}736 \text{ kW}$$

Beispiel:

Welche Leistung gibt ein Kran ab, der einen Dielenstapel von 320 kg in 10 s 11 m hoch hebt?

Lösung:

$$P = \frac{W}{t} = \frac{F \cdot s}{t} = \frac{3200 \text{ N} \cdot 11 \text{ m}}{10 \text{ s}} = 3520 \text{ W} = \underline{3{,}52 \text{ kW}}$$

Hierzu Aufgaben 11.7 bis 11.13

Beispiel:

Im Kfz-Schein eines älteren Pkw ist als Leistung 72 PS angegeben. Wie viel kW entspricht das?

Lösung:

$72 \text{ PS} \cdot 0{,}736 \text{ kW/PS} \approx \underline{53 \text{ kW}}$

Hierzu Aufgaben 11.14 und 11.15

Es ist praktisch unmöglich, eine Maschine so zu bauen, dass keine Energieverluste auftreten. Die von der Maschine erbrachte Leistung, die **Nutzleistung,** ist also immer geringer als die zugeführte Leistung. **Das Verhältnis von Nutzleistung zu zugeführter Leistung ist der Wirkungsgrad.**

(Dabei ist vorausgesetzt, dass die zugeführte Arbeit in derselben Zeit verrichtet wird, in der die Nutzarbeit stattfindet.)

$$\text{Wirkungsgrad } (\eta) = \frac{\text{Nutzleistung } (P_{\text{nutz}})}{\text{zugeführte Leistung } (P_{\text{zugef.}})}$$

Aus der Beziehung ergibt sich, dass der Wirkungsgrad eine reine Zahl (ohne Einheit) ist.

Beispiel:

Welchen Wirkungsgrad hat ein Kran, der 10 kW aufnimmt und einen Betonierkübel von 980 kg in 8 s 6,40 m hoch hebt?

Hierzu Aufgaben 11.16 bis 11.20

Lösung:

Nutzleistung:

$$P = \frac{F \cdot s}{t} = \frac{9800 \text{ N} \cdot 6{,}40 \text{ m}}{8 \text{ s}} = \underline{7{,}84 \text{ kW}}$$

Wirkungsgrad:

$$\eta = \frac{P_{\text{nutz}}}{P_{\text{zugef.}}} = \frac{7{,}84 \text{ kW}}{10 \text{ kW}} = \underline{0{,}784}$$

11.1 Welche Arbeit ist erforderlich, um einen Sack Zement auf einen 1,20 m hohen Sackstapel zu heben?

11.2 Ein Bauhelfer zieht mit einer einfachen Rolle insgesamt 300 Vollziegel NF ($\varrho = 1800\ \text{kg/m}^3$) auf ein 7,5 m hohes Gerüst. Welche Arbeit verrichtet er?

11.3 Ein Kran hebt nacheinander 3 Kübel (leer 45 kg) mit jeweils 0,8 m^3 Frischbeton ($\varrho = 2300\ \text{kg/m}^3$) auf eine Decke in 14 m Höhe. Welche Arbeit wird verrichtet?

11.4 Welche Arbeit ist notwendig, um ein Fahrzeug mit einer Masse von 2,8 t auf einer horizontalen Asphaltstraße (Reibungszahl $\mu = 0{,}05$) 5 km weit zu bewegen?

11.5 Ein Hubstapler verrichtet eine Arbeit von 3,84 kJ, um ein Fertigteil 1,50 m hoch zu heben. Wie schwer ist das Fertigteil?

11.6 Wie hoch kann ein Kran einen Stahlbetonsturz 24/48/300 cm ($\varrho = 2500\ \text{kg/m}^3$) mit einer Arbeit von 62,2 kJ heben?

11.7 Ein Kran hebt eine Last von 3 t in 25 s 9 m hoch.

Berechnen Sie die verrichtete Arbeit und die erbrachte Leistung.

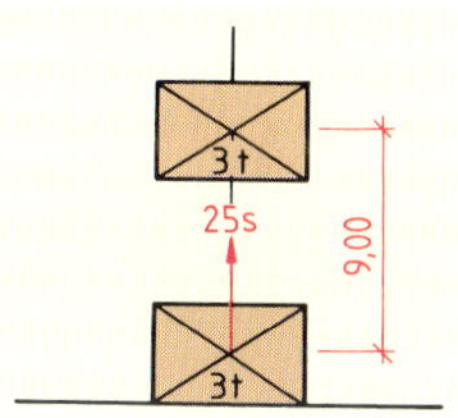

11.8 Was leistet ein Arbeiter ($m = 75$ kg), wenn er ein Paket Bodenplatten ($m = 14{,}8$ kg) in 2 min ins 4. OG ($h = 10{,}50$ m) trägt?

11.9 Ein Bauhelfer trägt 10 Säcke Zement ins 1. OG (Geschosshöhe 2,80 m); ein anderer Arbeiter in der gleichen Zeit 3 Eimer (leer 0,5 kg) mit je 15 l Kalkzementmörtel ($\varrho = 1200\ \text{kg/m}^3$) ins 2. OG. Welcher leistet mehr?

11.10 Ein Kran mit 40 kN Hubkraft erreicht eine maximale Hubgeschwindigkeit von 7 m/min. Welche Leistung gibt der Kran ab?

(Geschwindigkeit $v = s/t$; also $P = F \cdot v$)

11.11 Ein Pkw mit einer Masse von 780 kg erreicht auf einer ebenen Straße (Reibungszahl $\mu = 0{,}04$) eine Höchstgeschwindigkeit von 160 km/h. Welche Leistung ist hierzu erforderlich?

(Luftwiderstand wird vernachlässigt.)

11.12 In welcher Zeit kann ein Kran mit 30 kW Nutzleistung 250 Hlz 2 DF ($\varrho = 1{,}2\ \text{kg/dm}^3$) 9,50 m hoch heben?

11.13 Eine Last von 880 kg wird mit einer Winde (20 kW) über eine einfache Rolle angehoben. Mit welcher Hubgeschwindigkeit kann die Last gehoben werden?

11.14 Ein Dieselmotor mit 38 PS soll durch einen Elektromotor ersetzt werden. Wie viel kW muss dieser haben?

11.15 Bei einer Planierraupe wird die Leistung mit 90 PS angegeben. Wie viel kW entspricht dies?

11.16 Ein Kran, der einen Dielenstapel von 850 kg Masse in 10 s 10,5 m hoch hebt, nimmt 12 kW Leistung auf. Wie groß ist der Wirkungsgrad?

11.17 Ein Bauaufzug leistet 8 PS und nimmt 7,5 kW Leistung auf. Wie groß ist der Wirkungsgrad?

11.18 An einem Flaschenzug mit 3 festen und 3 losen Rollen muss ein Arbeiter mit 270 N ziehen, um 75 kg anzuheben.

Wie groß ist der mechanische Wirkungsgrad des Flaschenzuges?

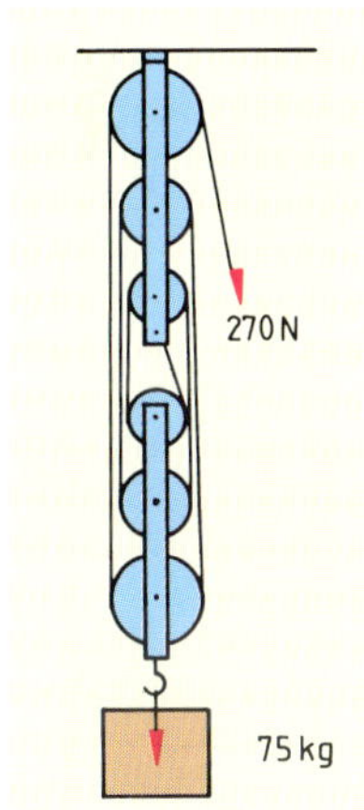

11.19 Ein Baukran soll eine Hubgeschwindigkeit von 1 m/s und eine Hubkraft von 20 kN erhalten. Welche Leistung muss der Motor haben, wenn mit einem Wirkungsgrad von $\eta = 0{,}8$ gerechnet wird?

11.20 Ein 5 m langes Förderband wird von einem 1,5-kW-Motor angetrieben. Der Wirkungsgrad η beträgt 0,8. In welcher Zeit können 2,2 m^3 Kies ($\varrho = 1800\ \text{kg/m}^3$) 1,20 m hoch gefördert werden?

(Aufnahmefähigkeit des Bandes vernachlässigt!)

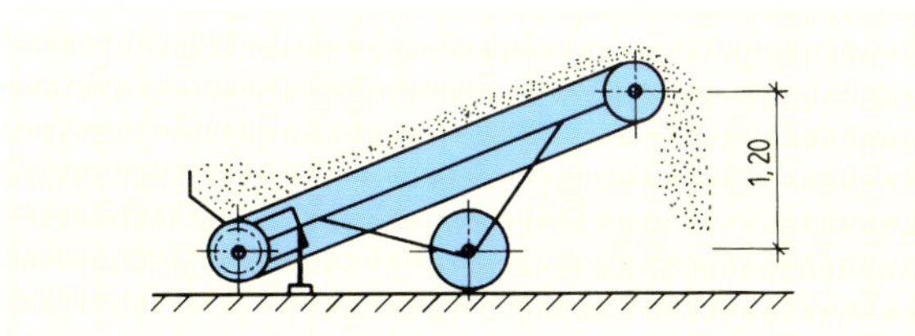

12 Zusammengesetzte Aufgaben

Kapitel 12 soll der Wiederholung und Vertiefung dienen. Hierzu sind Aufgaben zu den verschiedenen Kapiteln zusammengestellt, die sich jeweils auf das dargestellte Einfamilienhaus beziehen.

Einfamilienhaus

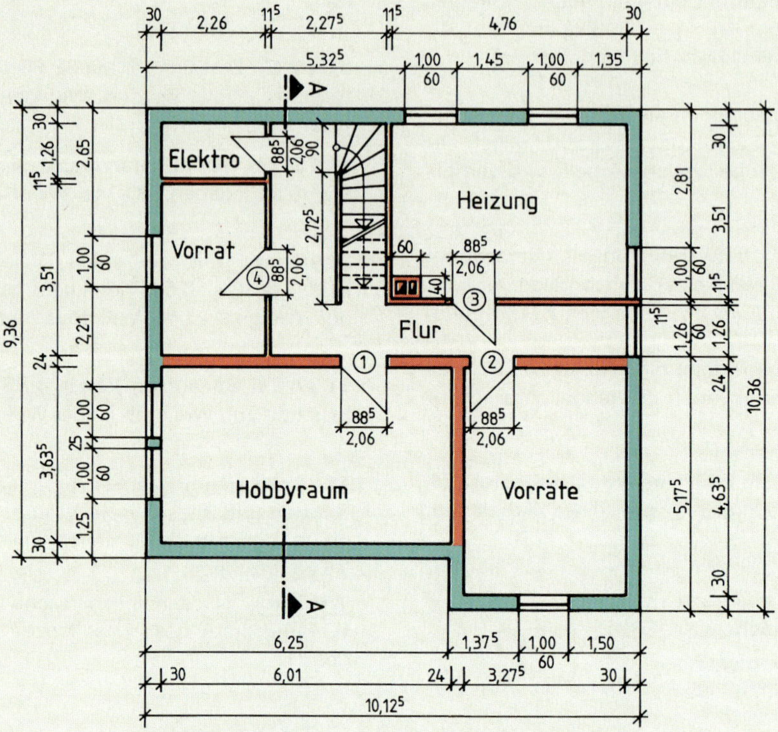

Grundriss UG

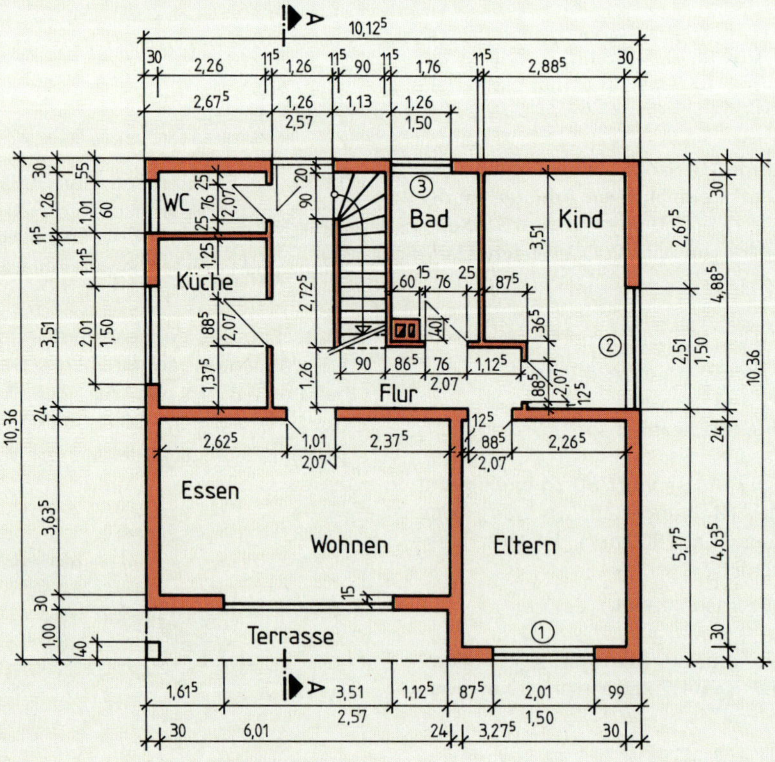

Grundriss EG

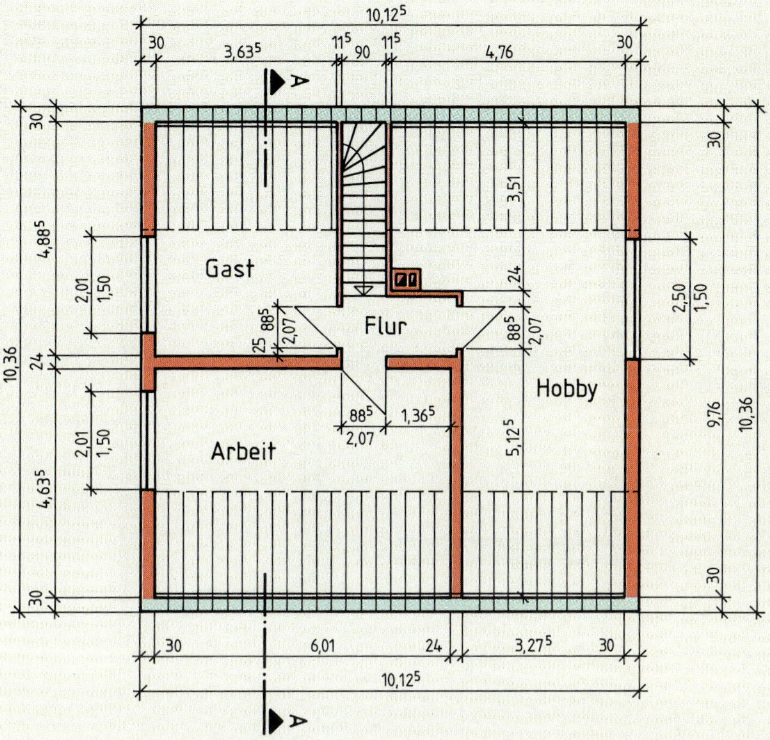

Grundriss DG

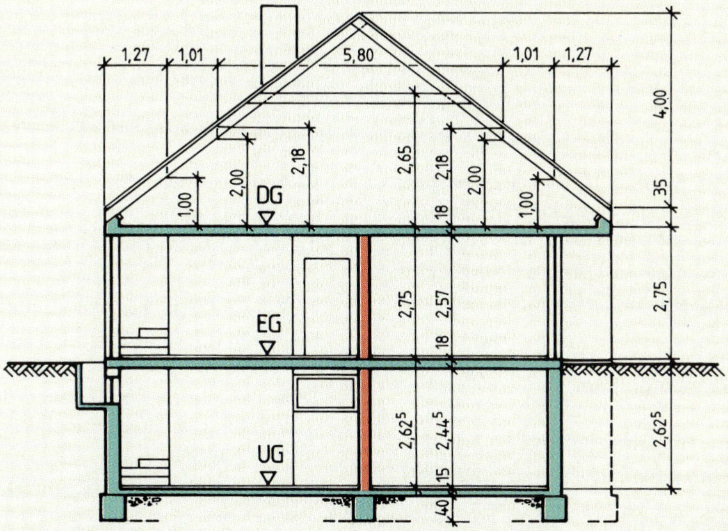

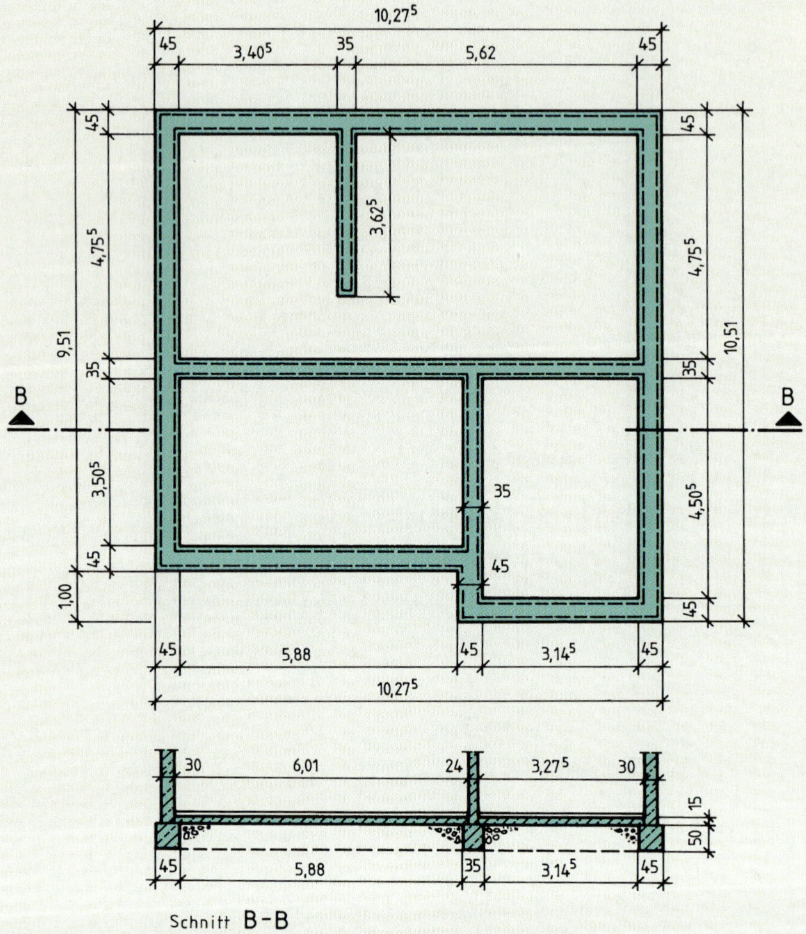

Fundamentplan

Aufgaben

12.1 Berechnen Sie den Aushub für die abgeböschte Baugrube (Bodenklasse 5) des dargestellten Einfamilienwohnhauses (UG-Außenmaße $10{,}12^5$ m × 10,36 m).

Die UG-Außenwände werden in Ortbeton hergestellt, und die durchschnittliche Aushubtiefe beträgt 2,55 m.

12.2 Berechnen Sie den Aushub für die im Fundamentplan dargestellten Fundamentgräben.

12.3 Ermitteln Sie nach dem dargestellten EG-Grundriss

a) das 11,5 cm dicke Innenmauerwerk nach Flächenmaß,

b) das 24 cm dicke Innenmauerwerk nach Flächenmaß,

c) das 30 cm dicke Außenmauerwerk nach Flächenmaß.

Fehlende Maße sind zu errechnen, die lichte Raumhöhe ist dem Schnitt zu entnehmen. (Betonstürze werden vernachlässigt.)

12.4 Berechnen Sie nach dem dargestellten UG-Grundriss mithilfe eines Aufmaßzettels

a) das 11,5 cm dicke Innenmauerwerk nach Flächenmaß,

b) das 24 cm dicke Innenmauerwerk nach Flächenmaß.

Die lichte Raumhöhe ist dem Schnitt zu entnehmen.

12.5 Berechnen Sie nach dem dargestellten UG-Grundriss die 30 cm dicken Stahlbetonaußenwände nach Raummaß.

Die Wandhöhe ist dem Schnitt zu entnehmen.

12.6 Berechnen Sie für die im EG-Grundriss dargestellten Fenster ① bis ③ die Betonstürze (m^3) bei einer jeweiligen Auflagerung von 25 cm und einer Sturzhöhe von 35 cm.

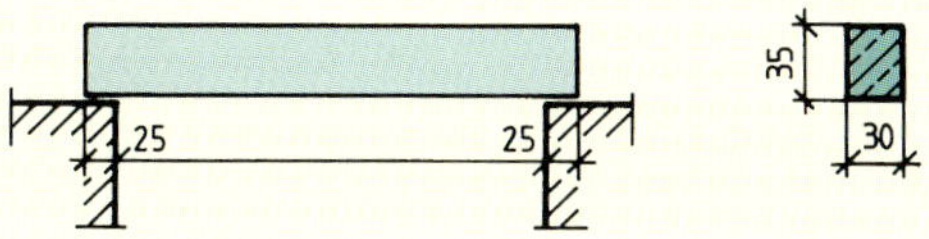

12.7 Ermitteln Sie für die im UG-Grundriss dargestellten Türen ① bis ④ die Betonstürze bei einer jeweiligen Auflagerung von 20 cm und einer Sturzhöhe von 25 cm nach dem Raummaß.

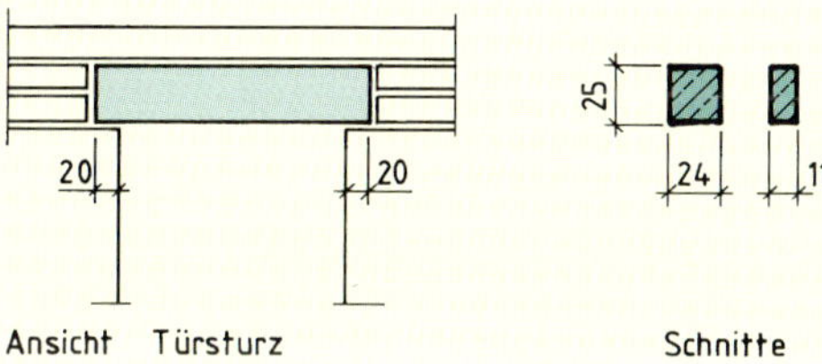

12.8 Bestimmen Sie nach dem dargestellten EG-Grundriss die für die Abrechnung maßgeblichen Putzflächen

a) des Wohnraumes EG,

b) des Elternzimmers EG,

c) des Kinderzimmers EG.

Die Decke wird verputzt, die Fensterleibungen bleiben unverputzt. Die Böden erhalten einen 75 mm dicken, schwimmend verlegten Estrich.

12.9 Berechnen Sie nach dem dargestellten EG-Grundriss die Fläche des schwimmend verlegten Estrichs.

12.10 Ermitteln Sie nach dem dargestellten UG-Grundriss die für die Abrechnung maßgebliche Fläche des Verbundestrichs.

12.11 Berechnen Sie nach dem dargestellten DG-Grundriss die Fläche des schwimmenden Estrichs.

12.12 Für die Bewehrung des Stahlbetonunterzuges für das Tür-/Fensterelement des Wohnzimmers im EG sind folgende Stabstähle erforderlich:

Pos.	Anzahl	Durchmesser	Schnittlänge in m
1	2	8	3,70
2	4	14	3,70
3	2	14	4,20
4	16	8	1,24

Stellen Sie eine Stahlliste auf, und ermitteln Sie die Gesamtmasse der Bewehrung.

12.13 Für die Decke über der Terrasse im EG werden 12 der dargestellten Stabstähle benötigt.

Ermitteln Sie

a) die Schnittlänge des Stahles,

b) die Gesamtmasse der Bewehrung.

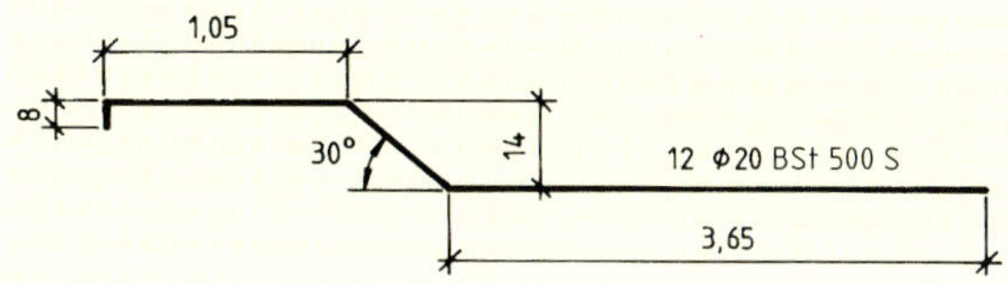

12.14 Die Untergeschossdecken des dargestellten Grundrisses werden mit Schalbrettern geschalt.

a) Berechnen Sie die Summe der Deckenflächen des Heizungs-, Hobby-, Vorratsraumes I und Vorratsraumes II.

b) Wie viel Schalmaterial in m^2 muss zur Verfügung stehen, wenn 25 % Verschnitt einkalkuliert werden müssen?

12.15 Für die Stahlbetonstütze der Terrasse ist nach dem Schalungsplan die Holzliste aufzustellen.

Verwendet werden für die Schalhaut sägeraue Bretter, 24 mm dick und 10 cm breit. Der Verschnittzuschlag beträgt 20 %.

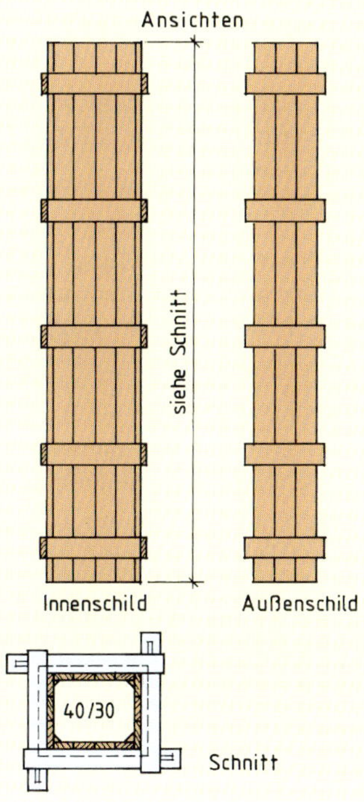

12.16 Wie viel Transportbeton (Festbetonmenge) ist zu bestellen

a) für die Decke über UG,

b) für die Decke über EG?

12.17 Die Decken über UG und EG sollen in Stahlbeton C25/30 (Konsistenz plastisch C2, Sieblinienbereich 4, Größtkorn 32,5 mm, Zementfestigkeitsklasse 32,5) hergestellt werden. Wie viel Zement und Gesteinskörnung muss bestellt werden, wenn der für beide Decken erforderliche Beton auf der Baustelle hergestellt werden soll?

12.18 Über der Tür in den Wohnraum des EG soll ein Segmentbogen eingebaut werden.

Die Stichhöhe beträgt $\frac{1}{10}$ der Spannweite.

Ermitteln Sie

a) den Radius des Bogens,

b) die Länge der Bogenleibung,

c) die Schichtenzahl.

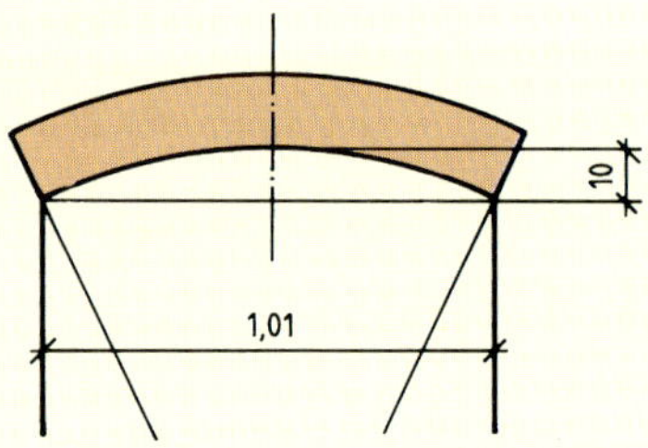

12.19 Ermitteln Sie nach dem dargestellten Schnitt des Einfamilienhauses bei der angewendeten Kellertreppe das Steigungsverhältnis, und berechnen Sie die Treppenlauflänge.

12.20 Berechnen Sie nach den dargestellten Planunterlagen für die Erdgeschosstreppe das Steigungsverhältnis und die Treppenlauflänge.

12.21 Ermitteln Sie bei der in Aufgabe 12.20 berechneten Treppe die Auftrittsbreiten der verzogenen Stufen 1 bis 5 im Abstand 15 cm von der Treppenaußenkante.

12.22 Für die Stahlbetonstütze der Terrasse nach dem dargestellten EG-Grundriss ist die fehlende Seitenabmessung des Fundamentes zu bestimmen.

Der aufnehmbare Sohldruck beträgt 2,0 MN/m², die Belastung beträgt 400 kN.

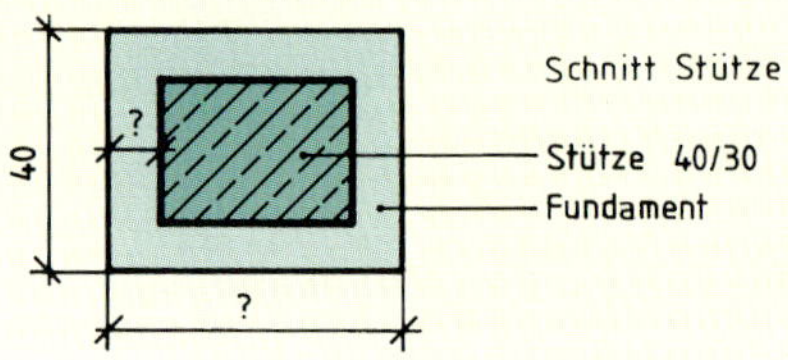

12.23 Die im UG-Grundriss dargestellten UG-Außenwände belasten das Streifenfundament mit 75 kN/m. Fundamentbreite siehe Fundamentplan.

a) Berechnen Sie den Sohldruck.

b) Überprüfen Sie, ob die Fundamentabmessungen bei nichtbindigem Baugrund und einem aufnehmbaren Sohldruck von 0,2 MN/m² bei einer Einbindetiefe von 50 cm ausreichend sind.

12.24 Berechnen Sie den Wärmedurchlasswiderstand und den Wärmedurchgangswiderstand für die Kellerdecke des dargestellten Einfamilienhauses.

Deckenaufbau:

Zementestrich	$d_1 =$ 5 cm,
Trittschalldämmung	$d_2 =$ 3 cm,
Stahlbetonplatte	$d_3 =$ 18 cm.

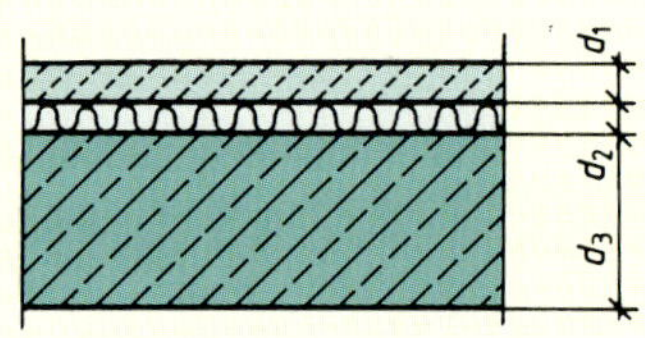

12.25 Berechnen Sie den Wärmedurchlasswiderstand der im UG-Grundriss dargestellten Kelleraußenwand in Stahlbeton.

12.26 Welche Kosten muss der Unternehmer für den Aushub der Fundamentgräben verrechnen?

Zusätzliche Angaben:

Mittellohn 15,– €/h

Gemeinkostenzuschlag: 170% auf Lohn

Bodenklasse 5

Der Zeitaufwandswert ist dem Tabellenanhang zu entnehmen.

12.27 Wie viel Zeit benötigen 4 Maurer zur Herstellung der gemauerten 11,5 cm dicken Zwischenwände im EG bei Verwendung von Steinen im Format 2 DF?

Der Zeitaufwandswert ist dem Tabellenanhang zu entnehmen.

12.28 Welche Arbeit ist erforderlich, um einen Kalksandhohlblock 16 DF (49/24/23) mit $\varrho = 1{,}2$ auf ein 1,5 m hohes Bockgerüst zu heben?

12.29 Welche Leistung gibt ein Kran ab, der eine Steinpalette mit 850 kg in 8 s 14 m hoch hebt?

12.30 Welchen Wirkungsgrad hat ein Kran, der 14 kW Leistung aufnimmt und ein Betonfertigteil von 650 kg in 8 s 14,0 m hoch hebt?

Baustoffbedarf

Werkstoffbedarf für 1 m² Mauerwerk (Normalmörtel in l)*

Steinformat (Länge/Breite/Höhe)	**Wanddicke**									
	5,2 bzw. 7,1 cm		11,5 cm		17,5 cm		24 cm		30 cm	
cm	Steine	Normalmörtel	Steine	Normalmörtel	Steine	Normalmörtel	Steine	Normalmörtel	Steine	Normalmörtel
NF; 24 × 11,5 × 7,1	33	13	50	27	–	–	100	65	–	–
DF; 24 × 11,5 × 5,2	33	11	66	29	–	–	132	70	–	–
2 DF; 24 × 11,5 × 11,3	–	–	33	20	–	–	66	50	33 +	58
3 DF; 24 × 17,5 × 11,3	–	–	–	–	33	29	–	–	33	
4 DF; 24 × 24 × 11,3	–	–	–	–	–	–	33	40	–	–

Werkstoffbedarf für Mauerwerk aus großformatigen Steinen (Normalmörtel in l)*

Steinart (Beispiele)	**Steinformat** (Breite/Länge/Höhe) cm	**Wanddicke** cm	je m² Steine	je m² Normalmörtel
Hochlochziegel	5 DF; 24 × 30 × 11,3	24	26	38
	6 DF; 24 × 36,5 × 11,3	24	22	26
	5 DF; 30 × 24 × 11,3	30	33	50
	6 DF; 36,5 × 24 × 11,3	36,5	33	61
Steine aus Porenbeton	11,5 × 61,5 × 24	11,5	6,4	8,3
	17,5 × 49 × 24	17,5	8	13,7
	24 × 49 × 24	24	8	17,7
	30 × 49 × 24	30	8	23,4
Hohlblöcke aus Leichtbeton	17,5 × 16,5 × 23,8	17,5	11	17
	17,5 × 49 × 23,8	17,5	8	15
	24 × 36,5 × 23,8	24	11	24
	24 × 49 × 23,8	24	8	21
	30 × 36,5 × 23,8	30	11	29
	30 × 49 × 23,8	30	8	26
	36,5 × 24 × 23,8	36,5	16	38

* Bei den Mauerziegeln bzw. Mauersteinen ist ein Zuschlag für Bruch und Verlust enthalten. Beim Mörtel ist ein Zuschlag für Verlust und Verdichtung enthalten.

Zusammensetzung, Mischungsverhältnisse für Normalmauermörtel (Baustellenmörtel) (Angaben in Raumteilen)

Mörtelgruppe	Luftkalk		Hydraulischer Kalk (HL 2)	Hydraulischer Kalk (HL 5), Putz- und Mauerbinder (MC 5)	Zement	Sand[1]) aus natürlichem Gestein
	Kalkteig	Kalkhydrat				
I	1	–	–	–	–	4
	–	1	–	–	–	3
	–	–	1	–	–	3
	–	–	–	1	–	4,5
II	1,5	–	–	–	1	8
	–	2	–	–	1	8
	–	–	2	–	1	8
	–	–	–	1	–	3
IIa	–	1	–	–	1	6
	–	–	–	2	1	8
III	–	–	–	–	1	4
IIIa[2])	–	–	–	–	1	4

[1] Die Werte des Sandanteils beziehen sich auf den lagerfeuchten Zustand.
[2] Die größere Festigkeit soll vorzugsweise durch Auswahl geeigneter Sande erreicht werden.

Beziehung zwischen Körnungsziffer, Konsistenz und Wasseranspruch

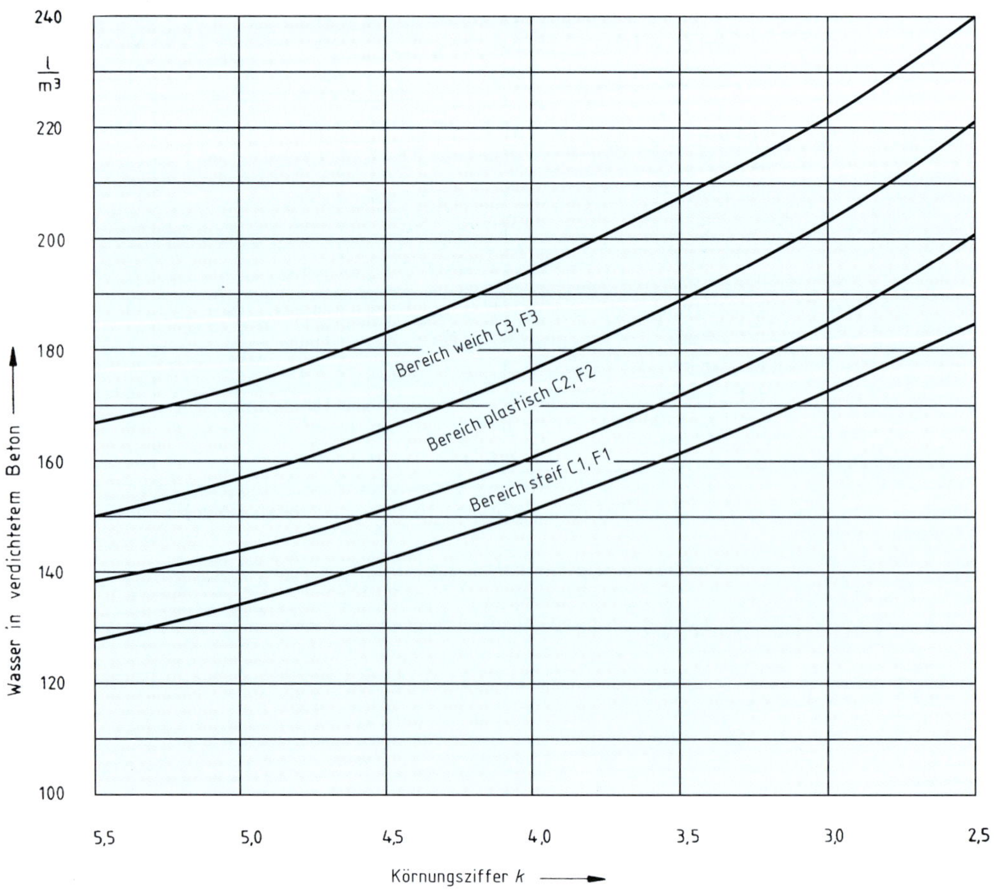

Zusammenhang zwischen Betondruckfestigkeit, Normfestigkeit des Zements und Wasserzementwert

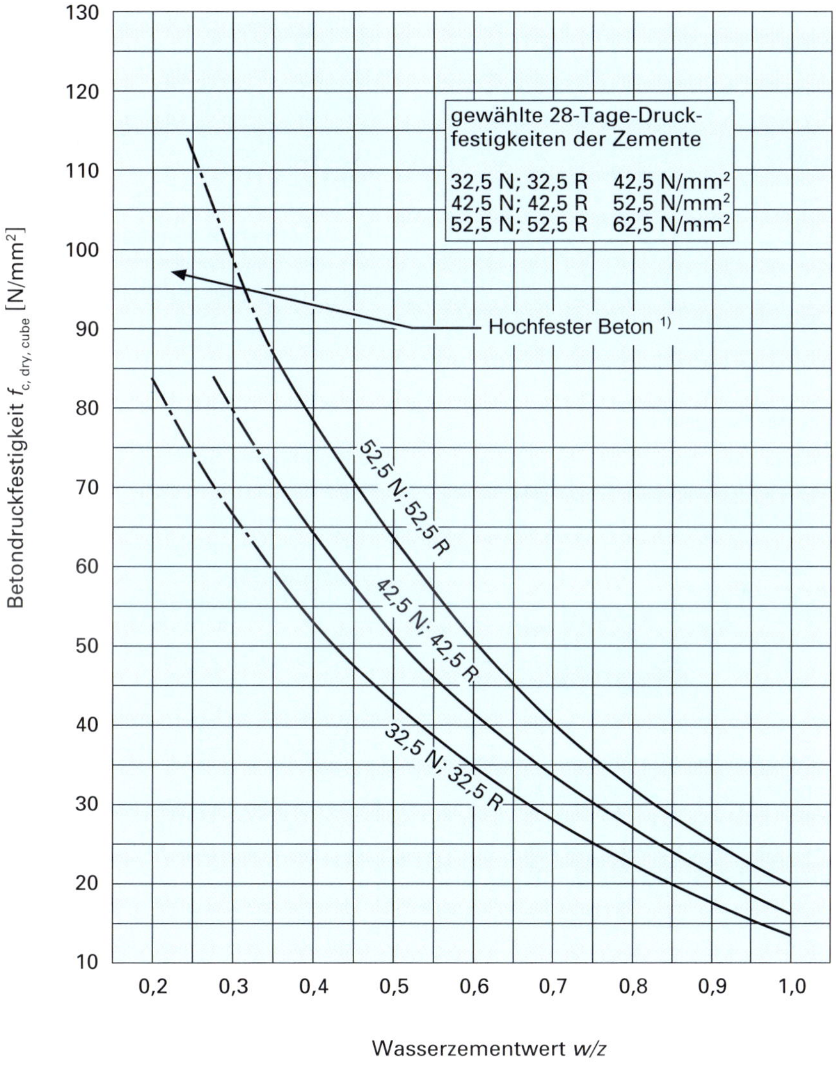

[1]) Bei hochfestem Beton verliert der Einfluss der Zementnormdruckfestigkeit an Bedeutung.

Erläuterungen zum Diagramm:

$f_{c,\,dry,\,cube}$: mittlere 28-Tage-Betondruckfestigkeit von 15-mm-Probewürfeln;
Lagerung nach DIN 1048 (7 Tage unter Wasser, 21 Tage an der Luft)

Druckfestigkeitsklassen für Normal- und Schwerbeton

Druckfestigkeitsklasse	**Zylinderfestigkeit** (in N/mm²)	**Würfelfestigkeit** (in N/mm²)
C 8/10	8	10
C 12/15	12	15
C 16/20	16	20
C 20/25	20	25
C 25/30	25	30
C 30/37	30	37
C 35/45	35	45
C 40/50	40	50
C 45/55	45	55
C 50/60	50	60
C 55/67	55	67
C 60/75	60	75
C 70/85	70	85
C 80/95	80	95
C 90/105	90	105
C 100/115	100	115

Rechenwerte für die Festigkeitskennwerte für Nadelholz

(nach DIN 1052)

Festigkeitsklasse	C24	C22	C20	C18	C16
	Festigkeitskennwerte f in N/mm²				
Biegung	24	22	20	18	16
Zug parallel	14	13	12	11	10
Zug rechtwinklig	0,4				
Druck parallel	21	20	19	18	17
Druck rechtwinklig	2,5	2,4	2,3	2,2	2,2
Schub und **Torsion**	2,7				

Die **zulässigen Spannungen** von Bauholz sind abhängig von den Festigkeitskennwerten, von der Art der Belastung und von der Nutzungsart.

Zulässige Belastung des Baugrunds

Die zulässige Belastung des Baugrunds ist abhängig von der Bodenart, der Fundamentform, der Fundamentbreite (b) und der Einbindetiefe (d).

Die Einbindetiefe wird ab Oberkante Gelände bzw. Kellerfußboden gemessen.

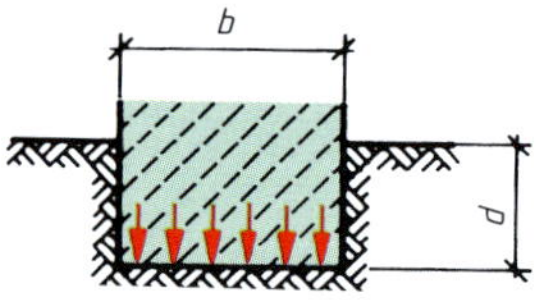

In DIN 1054 ist für einfache Fälle der jeweils aufnehmbare Sohldruck angegeben, der nicht überschritten werden darf.

Die beiden Tabellen geben **Beispiele für den aufnehmbaren Sohldruck unter Streifenfundamenten in kN/m².**

Aufnehmbarer Sohldruck (σ_{zul}) bei nichtbindigen Bodenarten in kN/m²

Einbindetiefe in m	**Fundamentbreite** in m 0,30	0,50	0,60	0,80	1,00
0,50	160	200	220	260	300
0,75	195	235	255	295	335
1,00	230	270	290	330	370
1,25	265	305	325	365	405
1,50	300	340	360	400	440
2,00	360	400	420	460	500

Aufnehmbarer Soldruck (σ_{zul}) bei bindigen Bodenarten in kN/m².

(Fundamentbreiten 0,5 bis 2,0 m)

Einbindetiefe in m	**Gemischtkörniger Boden**		
	steif	halbfest	fest
0,50	150	220	330
1,00	180	280	380
1,50	220	330	440
	Ton		
	steif	halbfest	fest
0,50	90	140	200
1,00	110	180	240
1,50	130	210	270
	Toniger Schluff		
	steif	halbfest	fest
0,50	120	170	280
1,00	140	210	320
1,50	160	250	360
	Schluff		
0,50	130		
1,00	180		
1,50	200		

Grundwerte der zulässigen Druckspannungen (zul. σ_D) für Mauerwerk aus künstlichen Steinen in $\frac{MN}{m^2}$ $\left(= \frac{N}{mm^2}\right)$ nach DIN 1053 (Auszug)

Steinfestigkeitsklasse	zum Beispiel	Mörtelgruppe (Normalmörtel)				
		I	II	II a	III	III a
2	Hohlblöcke aus Leichtbeton, Hbl 2 Vollsteine aus Leichtbeton, V 2 Wandbausteine aus dampfgehärtetem Porenbeton PB 2, PP 2	0,3	0,5	0,5	–	–
4	Porenziegel, PMz 4 Langlochziegel, LLz 4 Hütten-Lochsteine, HSL 6 Hohlblöcke aus Leichtbeton, Hbl 4 Vollsteine aus Leichtbeton, V 4 Kalksand-Lochsteine, KSL 4 Wandbausteine aus dampfgehärtetem Porenbeton PB 4, PP 4	0,4	0,7	0,8	0,9	–
6	Kalksand-Vollsteine, KS 6 Kalksand-Lochsteine, KSL 6 Hütten-Vollsteine, HSV 6 Vollsteine aus Leichtbeton, V 6	0,5	0,9	1,0	1,2	–
8	Vollziegel, Mz 8 Porenziegel, PMz 8 Langlochziegel, LLz 8 Hochlochziegel A oder B, HLz 8	0,6	1,0	1,2	1,4	–
12	Vollziegel, Mz 12 Vormauerziegel, VMz 12 Hochlochziegel A oder B, HLz 12 Vormauer-Hochlochziegel, VHLz 12 Kalksand-Vollsteine, KS 12 Kalksand-Lochsteine, KSL 12 Hütten-Vollsteine, HSV 12 Vollsteine aus Leichtbeton, V 12	0,8	1,2	1,6	1,8	1,9
20	Vollziegel, Mz 20 Vormauerziegel, VMz 20 Hochlochziegel, HLz 20 Kalksand-Vollsteine, KS 20 Kalksand-Lochsteine, KSL 20 Hütten-Vollsteine, HSV 20	1,0	1,6	1,9	2,4	3,0
28	Hochbauklinker, KMz 28 Hochlochklinker, KHLz 28	–	1,8	2,3	3,0	3,5

Abmessung von Betonstahl nach DIN 488

Nenndurchmesser d_s [mm]	6	8	10	12	14	16	20	25	28
Nennquerschnitt A_s [cm^2]	0,283	0,503	0,785	1,13	1,54	2,01	3,14	4,91	6,16
Längenbezogene Masse [kg/m]	0,222	0,395	0,617	0,888	1,21	1,58	2,47	3,85	4,83

Werte der Wärmeleitfähigkeit von Baustoffen
(nach DIN V 4108-4/DIN EN 12524)

Baustoffe	Rohdichte ϱ in kg/m³	Wärmeleitfähigkeit λ in W/(m K)
Putze und Mörtel		
– Putzmörtel aus Kalk, Kalkzement und hydraulischem Kalk	1800	1,00
– Putzmörtel aus Kalkgips, Gips, Anhydrit und Kalkanhydrit	1400	0,70
– Gipsputz ohne Gesteinskörnung	1200	0,51
Mauermörtel		
– Zementmörtel	2000	1,60
– Normalmauermörtel NM	1800	1,20
– Dünnbettmörtel DM	1600	1,00
Estriche		
– Zement-Estrich	2000	1,40
– Calciumsulfat-Estrich	2100	1,20
– Magnesia-Estrich	1400	0,47
	2300	0,70
Normalbeton		
– mittlere Rohdichte	1800	1,15
	2000	1,35
	2200	1,65
– hohe Rohdichte	2400	2,00
– bewehrt (mit 1 % Stahl)	2300	2,30
– bewehrt (mit 2 % Stahl)	2400	2,50
Leichtbeton und Stahlleichtbeton		
– mit geschlossenem Gefüge	800	0,39
	1000	0,49
	1200	0,62
	1400	0,79
	1600	1,00
Gipsplatten	800	0,25
Mauerwerk aus Mauerziegeln		
– Vollklinker, Hochlochklinker, Keramikklinker, Ausführung mit Normalmauermörtel (NM) bzw. Dünnbettmörtel (DM)	1800	0,81
	2000	0,96
	2200	1,20
– Vollziegel, Hochlochziegel, Füllziegel, Aufführung mit Normalmauermörtel (NM) bzw. Dünnbettmörtel (DM)	1400	0,58
	1800	0,81
	2000	0,96
	2200	1,20
		NM/DM LM
– Hochlochziegel mit Lochung A und B, Ausführung mit Normalmauer- bzw. Dünnbettmörtel und Leichtmauermörtel (LM21 bzw. LM36)	600	0,33 0,28
	800	0,39 0,34
	1000	0,45 0,40
Mauerwerk aus Kalksandsteinen, Ausführung mit NM/DM		
– nach DIN V106-1: Voll-, Loch-, Hohlblock-, Plansteine, Planelemente, Fasensteine, Bauplatten, Formsteine	1000	0,50
	1200	0,56
	1400	0,70
– nach DIN V 106-2: Vormauersteine und Verblender	1600	0,79
	1800	0,99
	2000	1,10
Mauerwerk aus Porenbeton-Plansteinen (PP)		
– Ausführung mit DM	350	0,11
	400	0,13
	500	0,16
	600	0,19
	700	0,22
Mauerwerk aus Betonsteinen		NM LM21 LM36 DM
– Hohlblöcke (Hbl) Gruppe 1	600	0,29 0,24 0,25
	800	0,35 0,31 0,32
– Hohlblöcke (Hbl) nach DIN V 18151 und Hohlwandplatten nach DIN 18148, Gruppe 2	600	0,32 0,27 0,28
	800	0,41 0,34 0,36

Fortsetzung

Holz und Holzwerkstoffe		
– Konstruktionsholz (Fichte, Tanne, Kiefer)	500	0,13
	700	0,18
– Sperrholz	300	0,09
	500	0,13
	700	0,17
– Spanplatten	300	0,10
	600	0,14
– OSB-Platten	650	0,13
– Holzfaserplatten, einschließlich MDF	250	0,07
	400	0,10
	600	0,14

Werte der Wärmeleitfähigkeit von Wärmedämmstoffen
(nach DIN V 4108-4/DIN EN 12524)

Wärmedämmstoffe werden in die Kategorien I und II eingeteilt. Folgende Tabelle enthält lediglich Dämmstoffe der Kategorie I. Sie unterliegen, zusätzlich zur CE-Kennzeichnung, einer Fremdüberwachung. In die Kategorie II werden alle Produkte übernommen, die CE gekennzeichnet sind.

Dämmstoff (Kategorie I)	**Nennwert**	**Bemessungswert λ** in W/(m K)
Mineralwolle (MW) nach DIN EN 13162	0,030	0,036
	0,031	0,037
	…	…
	0,050	0,060
Expandierter Polystyrolschaum (EPS) nach DIN EN 13163	0,030	0,036
	0,031	0,037
	…	…
	0,050	0,060
Extrudierter Polystyrolschaum (XPS) nach DIN EN 13164	0,026	0,031
	0,027	0,032
	…	…
	0,040	0,048
Polyurethan-Hartschaum (PUR) nach DIN EN 13165	0,020	0,024
	0,021	0,025
	…	…
	0,040	0,048
Holzwolle-Platten (WW) nach DIN EN 13168	0,060	0,072
	0,061	0,073
	…	…
	0,10	0,12
Holzwolle-Mehrschichtplatten mit expandiertem Polystyrolschaum (EPS) nach DIN EN 13163	0,030	0,036
	0,031	0,037
	0,032	0,038
	0,033	0,040
	0,034	0,041
	…	…
	0,050	0,060
Holzwolle-Mehrschichtplatten mit Mineralwolle (MW) nach DIN EN 13162	0,030	0,036
	0,031	0,037
	0,032	0,038
	…	…
	0,050	0,060
Holzfaserdämmstoff (WF) nach DIN EN 13171	0,032	0,043
	0,033	0,044
	…	…
	0,060	0,072

Bemessungswert der Wärmeleitfähigkeit = Nennwert × 1,2

Betondeckung der Bewehrung für Betonstahl in Abhängigkeit von der Expositionsklasse und dem Stabdurchmesser

Expositionsklasse [1]	Stabdurchmesser d_s in mm	Mindestmaße c_{min} in mm	Nennmaße c_{nom} in mm	Vorhaltemaß Δc in mm
XC 1	bis 10	10	20	10
	12, 14	15	25	
	16, 20	20	30	
	25	25	35	
	28	30	40	
XC 2, XC 3	bis 20	20	35	15
	25	25	40	
	28	30	45	
XC 4	bis 25	25	40	
	28	30	45	
XD 1, XD 2, XD 3 [2]	bis 28	40	55	

[1]) Bei mehreren zutreffenden Expositionsklassen für ein Bauteil ist jeweils die Expositionsklasse mit der höchsten Anforderung maßgebend.
[2]) Für XD3 können im Einzelfall besondere Maßnahmen zum Korrosionsschutz der Bewehrung notwendig sein.

Vergrößerung der Betondeckung

erforderlich bei	Anforderungen
Bauteilen aus Leichtbeton	Zusätzlich gilt, dass c_{min} mindestens 5 mm größer sein muss als der Durchmesser der größten porigen leichten Gesteinskörnung, außer bei Expositionsklasse XC 1.
Verschleißbeanspruchungen	Alternativ zu zusätzlichen Anforderungen an die Gesteinskörnungen besteht die Möglichkeit, die Mindestbetondeckung der Bewehrung c_{min} zu vergrößern (Opferbeton). Richtwerte für Opferbeton: • bei XM 1: $\Delta c_{Opfer} = +5$ mm • bei XM 2: $\Delta c_{Opfer} = +10$ mm • bei XM 3: $\Delta c_{Opfer} = +15$ mm
Betonieren gegen unebenen Flächen	Vorhaltemaß erhöhen • generell um das Differenzmaß der Unebenheit, aber • Mindesterhöhung um $\Delta c_{uneben} \geq +20$ mm • bei Herstellung unmittelbar auf dem Baugrund um $\Delta c_{uneben} \geq +50$ mm

Verminderung der Betondeckung

zulässig bei	Anforderungen
Bauteilen mit hoher Betondruckfestigkeit f_{ck}	• wenn f_{ck} um 2 Festigkeitsklassen höher liegt als erforderlich, dann Verminderung um 5 mm • Ausnahme: Abminderung für XC 1 unzulässig
Bauteile mit kraftschlüssiger Verbindung Fertigteil/Ortbeton	• $c_{min} \geq 5$ mm im Fertigteil • $c_{min} \geq 10$ mm im Ortbeton • bei Nutzung der Bewehrung im Bauzustand gelten jedoch die Werte für c_{min} in Abhängigkeit von den Expositionsklassen
entsprechender Qualitätskontrolle	Abminderungen zulässig, i. d. R. um 5 mm bei • Planung • Entwurf • Herstellung und Bauausführung

Erdarbeiten (DIN 18300)

Leistung	Abrechnungseinheit	Abzüge (A)/Zuschläge (Z)	Besonderheiten
Oberbodenabtrag	m^2, m^3	–	Bei Raummaß (m^3) ist die tatsächliche Dicke maßgebend
Aushub, Abtrag	m^3	**Z:** bei Baugruben 0,50 m Arbeitsraum; je Schalungs- und Verbaukonstruktion pauschal 0,15 m	Böschungswinkel (maximal) nach DIN 18300: Bodenklassen 3+4 40° Bodenklasse 5 60° Bodenklassen 6+7 80° Bis 0,80 m Tiefe wird senkrecht abgerechnet Bei Gräben Abmessungen nach Abschnitt 1.1 Aufmaß an Entnahmestelle
Einbauen, Überschütten	m^3	**A:** Leitungen u. Ä. > 0,1 m^2 äußere Querschnittsfläche	–
Verdichten	m^2, m^3	–	Bei Raummaß (m^3) Aufmaß im eingebauten Zustand

Mauerarbeiten (DIN 18330)

Leistung	Abrechnungs-einheit	Abzüge (A) Zuschläge (Z)	Besonderheiten
Wände	m^2, m	**A:** bei Flächenmaß (m^2): Öffnungen und Durchdringungen über 2,5 m^2 Einzelgröße **A:** Unterbrechungen durch Bauteile mit einer Einzelbreite über 0,30 m **A:** bei Längenmaß (m): Unterbrechungen mit einer Einzellänge über 1,00 m	Wandmauerwerk wird von Oberseite Rohdecke bis Unterseite Rohdecke gerechnet Bei Mauerkreuzungen wird die dickere Wand durchgemessen Bei Flächenmaß wird getrennt nach Dicken abgerechnet
Pfeiler	Stück, m, m^3	–	Fensterpfeiler: ab Breite 49 cm = Mauerwerk, schmaler 50 cm und beidseitige Öffnungen abgezogen = gesonderte Berechnung
Schornsteine aus Formstücken	m	–	werden in ihrer Achse gemessen

Beton- und Stahlbetonarbeiten (DIN 18331)

Leistung	Abrechnungs-einheit	Abzüge (A)	Besonderheiten
Massige Bauteile	m^3	**A:** Öffnungen, Nischen, Hohlkörper, Durchdringungen, Einbindungen u.Ä. über 0,5 m^3* **A:** Schlitze, Kanäle u.Ä. über 0,1 m^3 je m Länge	Z.B. Fundamente, Stützmauern, Widerlager
Wände, Decken	m^2	**A:** Öffnungen, Durchdringungen und Einbindungen über 2,5 m^2*	Bei Wanddurchdringungen wird die dickere Wand durchgemessen Bei Wänden wird die Höhe von Oberfläche Rohdecke bis Unterfläche Rohdecke gerechnet Schlitze, Nischen, Fugen, Kanäle u.Ä. werden nicht abgezogen
Stützen	m, Stück	–	Bei Stützen, welche in Decken einbinden, wird die Höhe von Oberfläche Rohdecke bis Unterfläche Rohdecke gerechnet
Balken und Stürze	m, Stück	–	Soweit sie nicht in die Decke einbinden

* Einzelgröße

TECHNISCHES ZEICHNEN

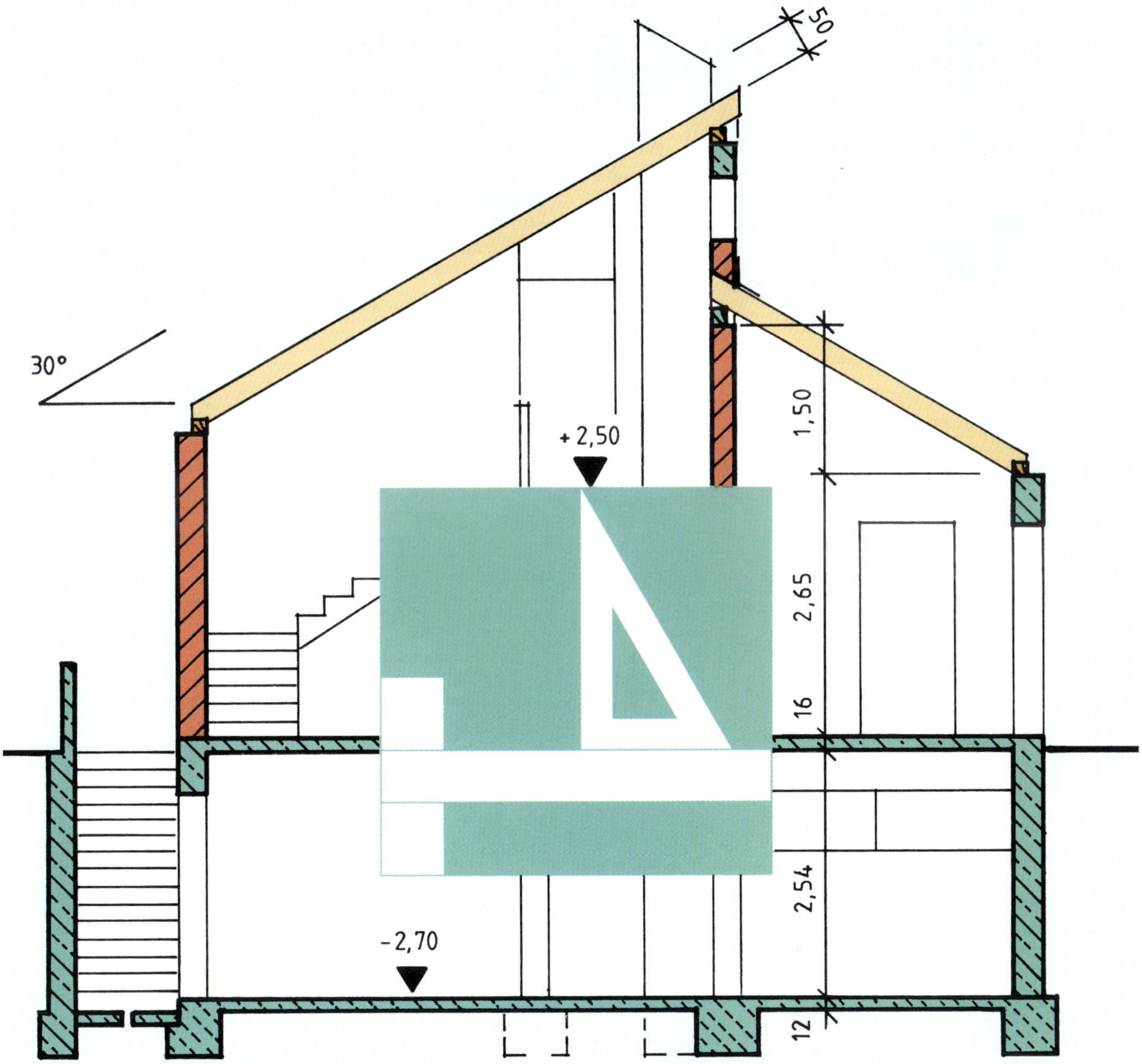

1 Geometrische Grundkonstruktionen

1.1 Bogenkonstruktionen

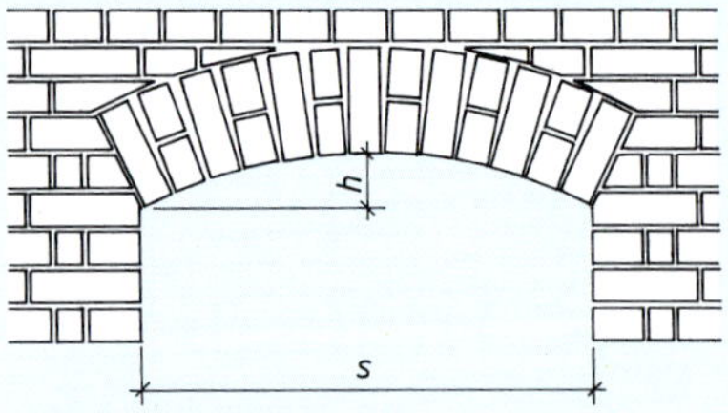

Segmentbogen

Aufgabenstellung: Konstruktion
Vorgegeben Spannweite *s*
Bogenhöhe *h*

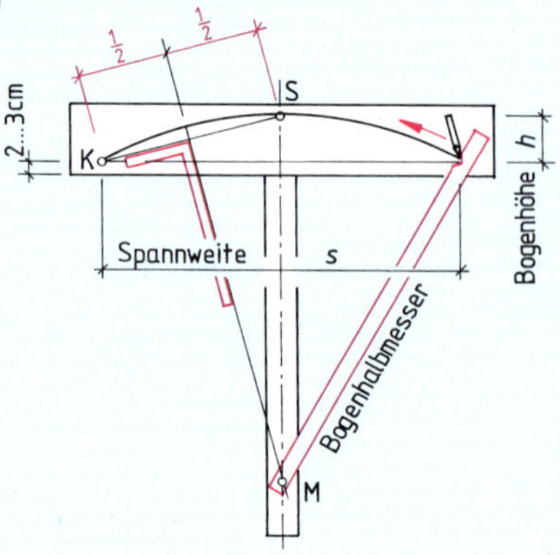

Aufriss des Lehrbogens

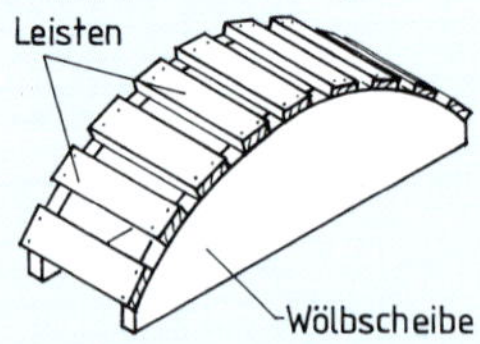

Lehrbogen für Segmentbogen

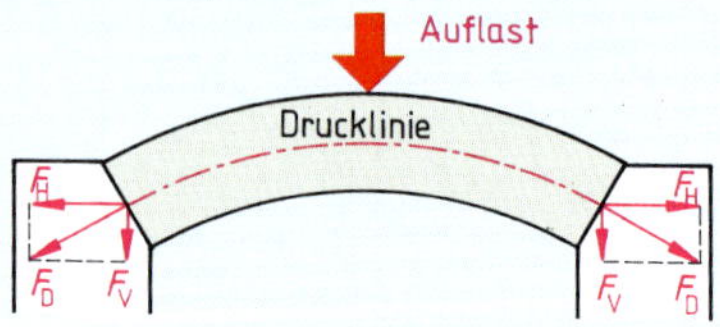

Kräftezerlegung am Bogen

Im Bauwesen kommen Bogenformen sowohl als tragende Bauteile, z. B. gemauerte Bögen, als auch in Grundrissformen vor. Zur Herstellung von gemauerten Bögen sind Lehrbögen erforderlich. Beim Aufreißen der Bögen werden die geometrischen Bogenkonstruktionen angewendet.

Bei den gemauerten Bögen wird die Auflast auf die Widerlager als Druckkraft übertragen. Am Widerlager zerlegt sich die Druckkraft in eine vertikale Auflagerdruckkraft und in eine horizontale Schubkraft. Diese ist umso größer, je flacher der Bogen gewölbt ist.

1.1.1 Bezeichnungen am Bogen

Zur Konstruktion von Bögen genügen in der Regel die Angaben von Spannweite und Bogenhöhe. Dies sind geometrische beziehungsweise konstruktive Begriffe. Nachfolgend sind die wesentlichen Bogenbezeichnungen aufgeführt und am Beispiel Segmentbogen (s. Abbildung) dargestellt.

s	Spannweite	S	Scheitelpunkt (Leierpunkt)
l	Bogensehne	M	Bogenmittelpunkt
K	Kämpferpunkt	*d*	Bogendicke
h	Bogenhöhe	*b*	Bogenlänge
r	Bogenradius		

Bogenbezeichnungen, wie z. B. Bogenleibung, Bogenrücken, Schlussstein, Bogenstirnseite, Widerlager und Anfängerstein, sind Begriffe aus der Praxis.

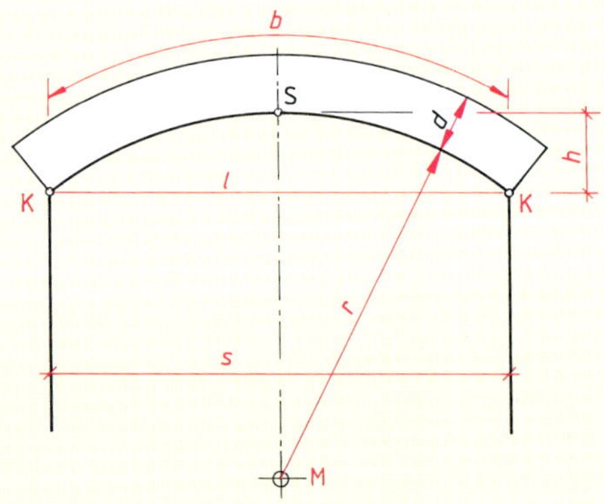

Bogenteile am Segmentbogen

1.1.2 Rundbogen

Der Rundbogen ist ein Halbkreis, dessen Halbmesser gleich der Spannweite ist. Die Bogenhöhe ergibt sich aus der gegebenen Spannweite.

Konstruktion:

1. Spannweite und Mittelachse zeichnen; Punkte K und M.
2. Kreisbogen um M mit $r = \frac{s}{2}$.

Der Halbkreisbogen ist eine statisch günstige Bogenform. Die Krümmung ist stetig und geht am Kämpferpunkt ohne Knick in die Senkrechte über. Dadurch wird die Bogenlast vollständig als senkrechte Druckkraft auf die Widerlager übertragen.

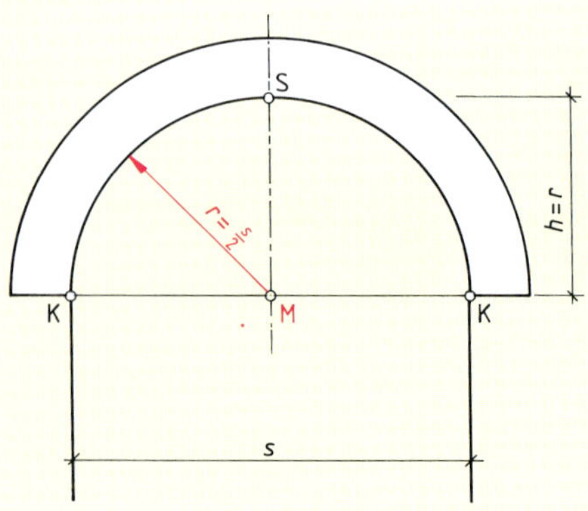

Rundbogen (Halbkreisbogen)

1.1.3 Segmentbogen

Der Segmentbogen ist der Bogen über einer Sehne, die nicht zugleich Durchmesser ist. Die Bogenhöhe, auch Stichhöhe genannt, soll $\frac{1}{12}$ bis $\frac{1}{6}$ der Spannweite betragen.

Konstruktion:

1. Spannweite und Mittelachse mit Bogenhöhenpunkt zeichnen; Punkte K und S.
2. Punkte S und K verbinden und auf $\overline{SK}$ die Mittelsenkrechte konstruieren; Schnittpunkt mit Mittelachse in M.
3. Kreisbogen um M zeichnen mit $r = \overline{MS}$.

Um einen Segmentbogen zeichnen zu können, muss man die Lage des Kreismittelpunktes konstruieren. Dazu sind zwei Sehnen und deren Mittelsenkrechte erforderlich, hier zu Bogensehne $\overline{KK}$ und Sehne $\overline{SK}$.

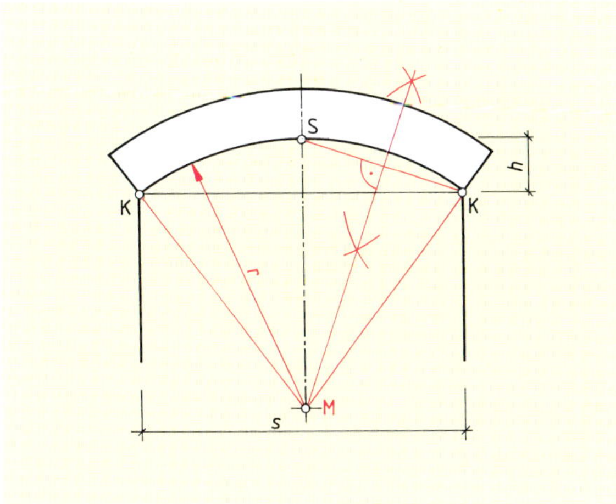

Segmentbogen (Bogen über einer Sehne)

1.1.4 Scheitrechter Bogen

Der scheitrechte Bogen ist ein Flachbogen mit einer Stichhöhe von nur etwa $\frac{1}{50}$ der Spannweite. Er wird z. B. angewendet, wenn der Sturz einer rechtwinkligen Tür- oder Fensteröffnung gemauert werden soll.

In der Praxis wird der scheitrechte Bogen häufig mithilfe eines gebogenen Brettes hergestellt. Die Überhöhung (Stich) beträgt in der Regel 1 bis 2 cm.

Konstruktion:

1. Spannweite und Mittelachse mit Bogenhöhenpunkt zeichnen; Punkte K und S.
2. In den Kämpferpunkten K die Widerlagerschräge mithilfe der Bogendicke *d* und dem Grundmaß *a* zeichnen.

   Die Verlängerungen der Widerlagerschrägen schneiden sich auf der Mittelachse in M.

Der scheitrechte Bogen unterscheidet sich vom Segmentbogen dadurch, dass er statt der bogenförmigen eine fast waagerechte Abgrenzung erhält.

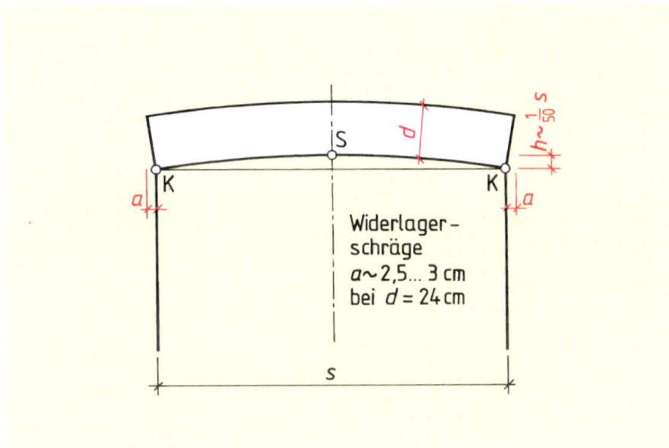

Scheitrechter Bogen (Flachbogen)

1.1.5 Spitzbogen

Der Spitzbogen setzt sich aus gleich großen Segmentbögen zusammen. Die Mittelpunkte der Einzelbögen liegen immer auf der Spannweite oder auf ihrer Verlängerung.

Man unterscheidet zwischen normalem, überhöhtem und gedrücktem Spitzbogen.

Normaler Spitzbogen

Spannweite ist vorgegeben; Bogenhöhe *h* ergibt sich durch den Aufriss.

1. Spannweite und Mittelachse zeichnen; Punkte K.
2. Kreisbögen um K zeichnen mit $r = s$; Schnittpunkt der Kreisbögen in S.

Kämpferpunkte sind Kreismittelpunkte.

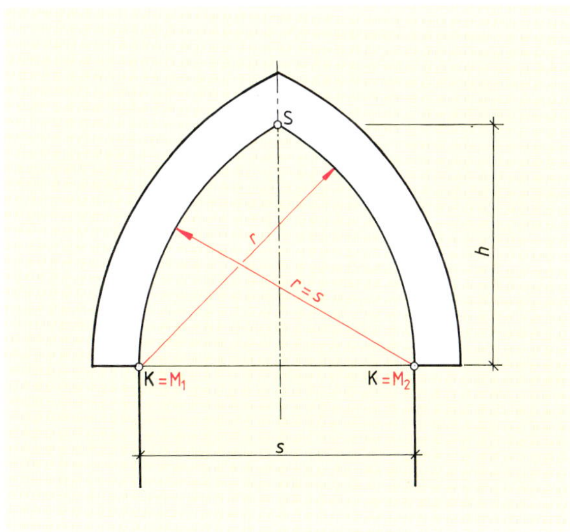

Spitzbogen normal ($r = s$)

Spannweite und Bogenhöhe sind vorgegeben.

Gedrückter Spitzbogen

1. Spannweite und Mittelachse mit Bogenhöhenpunkt zeichnen; Punkte K, S und B.
2. Punkte K und S verbinden und auf der Sehne $\overline{KS}$ die Mittelsenkrechte konstruieren; Schnittpunkt mit Spannweite in M_1.
3. Kreisbogen um B zeichnen mit $r = \overline{M_1 B}$; Punkt M_2.
4. Kreisbögen um M_1 und M_2 zeichnen mit $r = \overline{M_1 S}$.

Kreismittelpunkte liegen innerhalb der Spannweite.

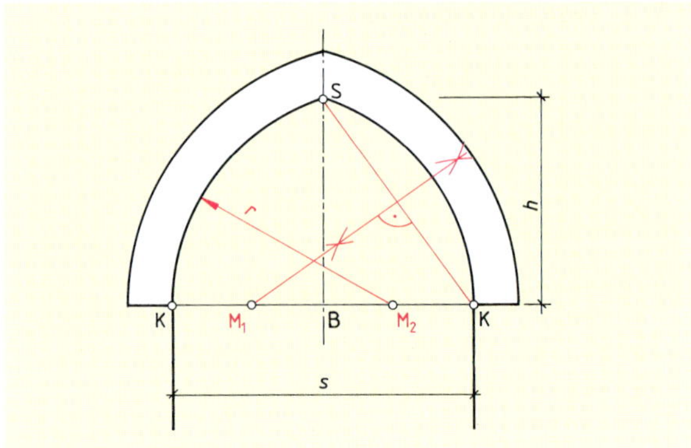

Spitzbogen gedrückt ($r < s$)

Überhöhter Spitzbogen

1. Spannweite und Mittelachse mit Bogenhöhenpunkt zeichnen; Punkte K, S und B.
2. Punkte K und S verbinden und auf der Sehne $\overline{KS}$ die Mittelsenkrechte konstruieren; Schnittpunkt mit Spannweite in M_1.
3. Kreisbogen um B mit $r = \overline{BM_1}$; Punkt M_2.
4. Kreisbogen um M_1 und M_2 zeichnen mit $r = \overline{M_1 S}$.

Kreismittelpunkte liegen außerhalb der Spannweite.

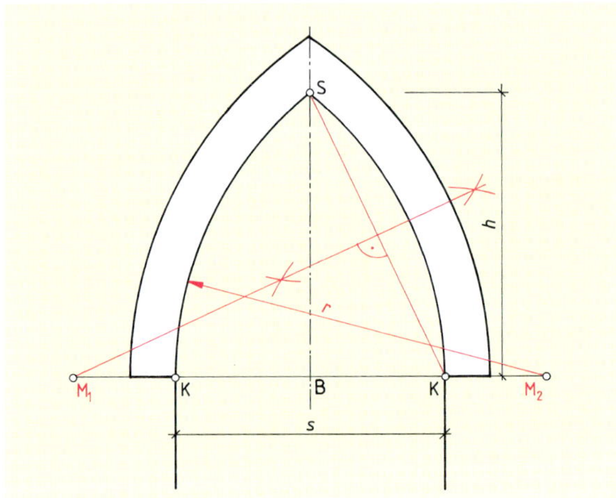

Spitzbogen überhöht ($r > s$)

1.1.6 Einhüftige oder steigende Bögen

Bei diesen Bogenformen ist einer der Bogenendpunkte um eine Steigung erhöht angeordnet. Die Steigung wird seitlich über einem der Kämpferpunkte angetragen.

Einhüftige Bögen können aus Viertelkreisen oder nach Vergatterung konstruiert werden.

Konstruktionen:
Spannweite und Steigung sind vorgegeben.

Einhüftiger Bogen nach Vergatterung

1. Spannweite s und Steigung a zeichnen; Punkte K_1, K_2 und K_2'.
2. Halbkreis über $\overline{K_1 K_2}$ zeichnen und K_1 mit K_2' verbinden.
3. Auf Strecke $\overline{K_1 K_2}$ beliebig viele Senkrechte errichten (hier 1 bis 7).
4. Die von den Strecken $\overline{K_1 K_2}$ und $\overline{K_1 K_2'}$ begrenzten Längen der Senkrechten jeweils auf der gleichen Senkrechten von der Halbkreislinie nach oben abtragen; Bogenpunkte $P_1 \dots P_7$.
5. Bogenpunkte verbinden (Kurvenlineal).

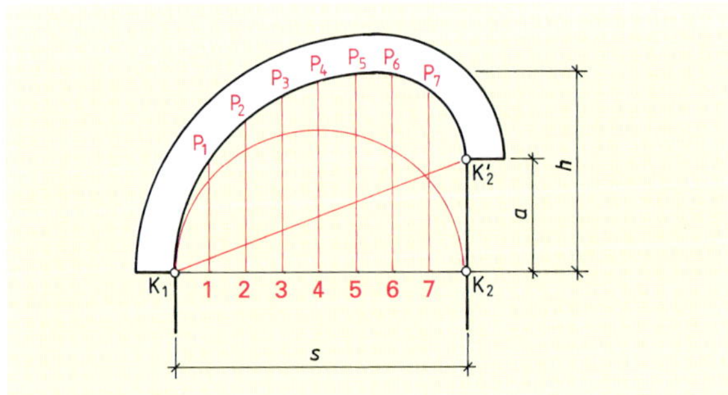

Einhüftiger Bogen nach Vergatterung

Einhüftiger Bogen aus Viertelkreisen

1. Spannweite und Steigung zeichnen; Punkte K_1, K_2 und K_2'.
2. Kreisbogen um K_2 mit $r = \overline{K_2 K_2'}$; Punkt A.
3. Auf $\overline{K_1 A}$ die Mittelsenkrechte errichten; Schnittpunkt mit Spannweite in M_1.
4. Parallele zu $\overline{K_1 A}$ durch K_2'; Schnittpunkt M_2.
5. Kreisbogen um M_1 mit $r = \overline{M_1 K_1}$ und um M_2 mit $r = \overline{M_2 K_2'}$ zeichnen; Punkt S (Berührpunkt).

   Beide Bögen bilden zusammen den steigenden Bogen aus Viertelkreisen.

   Die Bogenhöhe ergibt sich aus der Konstruktion.

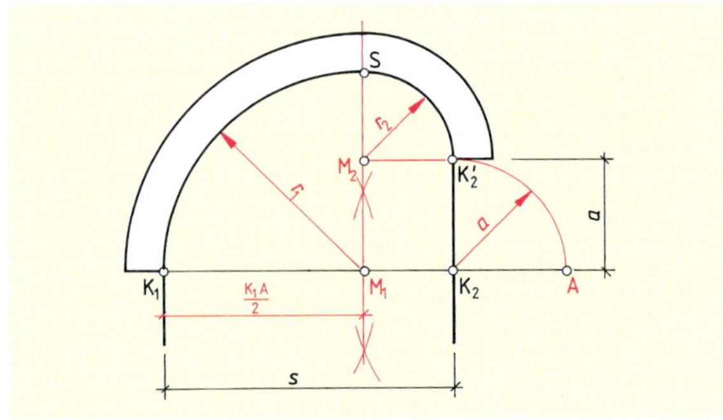

Einhüftiger Bogen aus Viertelkreisen

1.1.7 Korbbögen

Konstruktionen:

Spannweite und Bogenhöhe sind vorgegeben.

Korbbogen mit 3 Mittelpunkten

1. Spannweite s (Bogensehne) und Mittelachse mit Bogenhöhe h zeichnen; Punkte K_1, K_2, S und Z.
2. Kreisbogen um Z mit $r=\overline{ZS}$; Punkt A; $\overline{K_1A}=a$.
3. Von S aus auf $\overline{SK_1}$ Maß „a" abtragen; Punkt B.
4. Mittelsenkrechte von $\overline{K_1B}$ konstruieren; Mittelpunkte M_1 auf der Bogensehne und M_2 auf der Achse.
5. Kreisbogen um Z mit $r=\overline{ZM_1}$; Mittelpunkt M_3.
6. Strahlen von M_2 durch M_1 und M_3; sie begrenzen die Kreisteile.
7. Kreisbögen um M_1 und M_3 mit $r=\overline{M_1K_1}$ ($\overline{M_3K_2}$) und Kreisbogen um M_2 mit $r=\overline{M_2S}$; die drei Kreisbögen ergeben gemeinsam den Korbbogen.

Korbbogen mit 5 Mittelpunkten

1. Spannweite s und Mittelachse mit Bogenhöhe h zeichnen; Punkte K_1, K_2, S und Z.
2. Von S aus Gerade unter 45° nach unten; Schnittpunkte mit Bogensehne in A und mit Senkrechte in B; $\overline{AB}=a$.
3. Von Z aus Maß „a" nach links und rechts und auf der Achse zweimal nach unten abtragen; Mittelpunkte M_1 und M_2 auf der Bogensehne, Hilfspunkt C und Mittelpunkt M_3 auf der Achse.
4. Von C aus Strahlen durch M_1 und M_2 und von Z aus Geraden unter 45° nach links und rechts unten; Schnittpunkte M_4 und M_5.
5. Von M_3 aus Strahlen durch M_4 und M_5.
6. Kreisbögen um M_1 und M_2 mit $r=\overline{K_1M_1}$ ($\overline{K_2M_2}$); Schnittpunkte mit Strahlen in C_1 und C_2.
7. Kreisbögen um M_4 und M_5 mit $r=\overline{M_4C_1}$ ($\overline{M_5C_2}$) und Kreisbogen um M_3 mit $r=\overline{M_3S}$. Diese Bögen bilden gemeinsam den gesuchten Korbbogen.

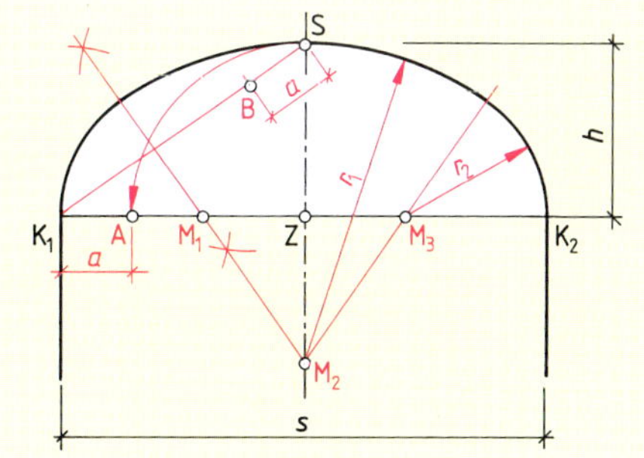

Korbbogen mit 3 Mittelpunkten

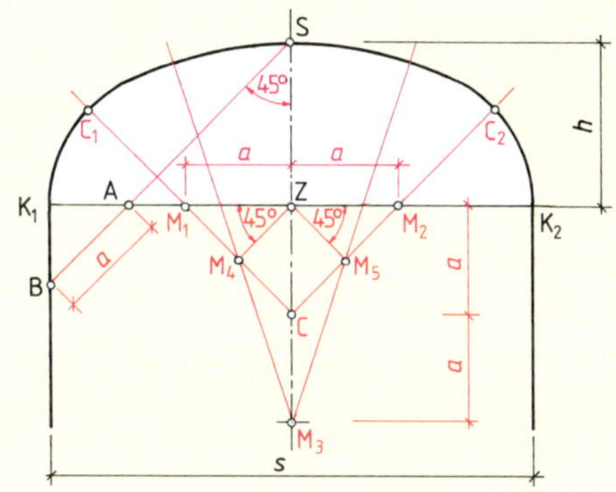

Korbbogen mit 5 Mittelpunkten

Der Korbbogen setzt sich aus Kreisbögen zusammen, die ohne Knick ineinander übergehen.

1.1.8 Elliptischer Bogen

Konstruktion nach Brennpunktverfahren

Spannweite und Bogenhöhe sind vorgegeben.

1. Spannweite s und Mittelachse mit Bogenhöhe h zeichnen; Punkte K_1, K_2, S und B.
2. Kreisbogen um S mit $r=\frac{s}{2}$; auf $\overline{K_1K_2}$ Brennpunkte F_1 und F_2.
3. Parallele zu $\overline{K_1K_2}$ mit Punkten K_1, K_2, F_1 und B zeichnen und auf $\overline{F_1B}$ beliebig viele Punkte (hier vier: P'_1, P'_2, P'_3 und P'_4) festlegen.
4. Kreisbögen um F_1 mit $r=\overline{K_1P'_1}$, $\overline{K_1P'_2}$ usw. ($=s_1$) und Kreisbögen um F_2 mit $r=\overline{K_2P'_1}$, $\overline{K_2P'_2}$ usw. ($=s_2$); Schnittpunkte dieser Kreisbögen sind Ellipsenpunkte (hier P_1, P_2, P_3 und P_4).

   Die Konstruktion der anderen Hälfte ist spiegelbildlich.
5. Ellipsenpunkte mithilfe eines Kurvenlineals verbinden.

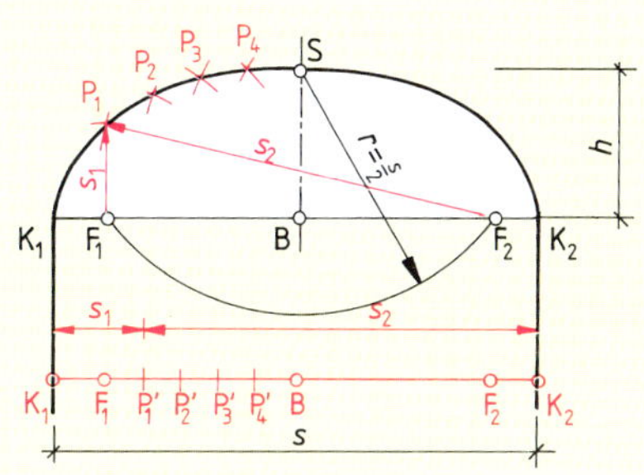

Elliptischer Bogen (Brennpunktverfahren)

Der elliptische Bogen ist eine Kurve mit zwei Beziehungspunkten, den Brennpunkten. Die Summe der Entfernungen eines jeden Punktes von den Brennpunkten ist gleich dem großen Durchmesser der Ellipse; $s_1+s_2=S$.

2.1 Zylindrische Körper

Zylinder sind Körper mit kreisförmigen Grund- und Deckflächen. Vorderansicht und Seitenansicht zeigen den Zylinder als deckungsgleiche Rechtecke. Zur eindeutigen Darstellung von einfachen zylindrischen Körpern genügen daher Vorderansicht und Seitenansicht.

Wird jedoch der zylindrische Körper parallel zur Mittelachse abgesetzt, zum Beispiel durch die Ausbildung von Zapfen, Schlitz oder Aussparung, so sind zur eindeutigen Darstellung stets drei Ansichten notwendig (s. Abb. Musterlösung).

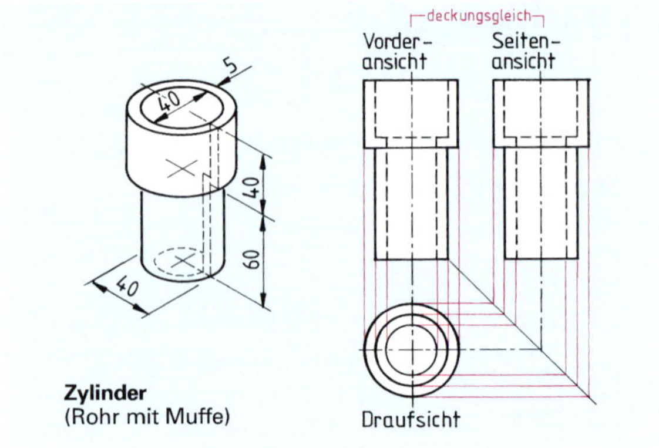

Zylinder (Rohr mit Muffe)

Die Vorderansicht und die Seitenansicht zylindrischer Körper erhalten je eine Mittelachse (Symmetrie), die Draufsicht ist mit zwei rechtwinklig zueinander stehenden Achsen darzustellen.

Werden zylindrische Körper parallel und rechtwinklig zur Mittelachse eingeschnitten, dass ein Körperstück herausfällt, so sind die Schnittflächen in Vorder- oder Seitenansicht Rechteckflächen und in der Draufsicht Kreisabschnitte. Zur Bemaßung sind zwei Absatzmaße erforderlich: Tiefe (Breite) und Höhe. Die Breite des Rechteckes wird nicht bemaßt; diese ergibt sich bei der Konstruktion zwangsläufig.

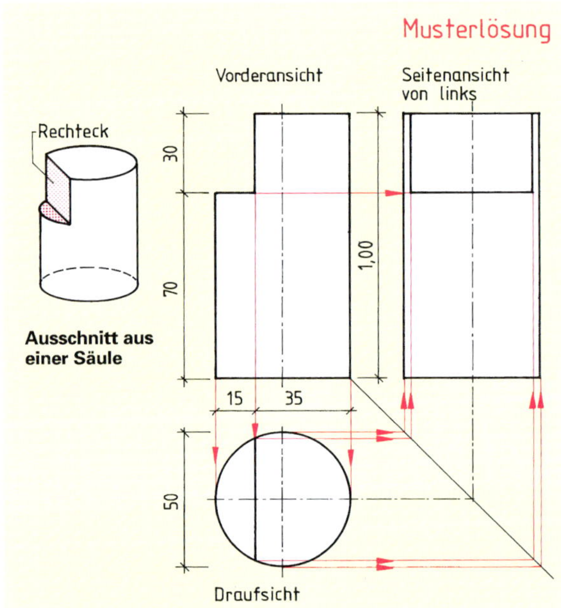

Zylindrischer Körper (Säule mit Auflager)

Aufgaben:

a) Übertragen und vervollständigen Sie die Zeichnung der folgenden Aufgaben im Maßstab 1:10 auf Zeichenblatt A4.

b) Zeichnen Sie das oben dargestellte Rohr mit Muffe in Vorderansicht, Draufsicht und vertikalem Schnitt durch die Mittelachse im Maßstab 1:10 (Einteilung wie in Aufgabe 1).

c) Übertragen Sie die Zeichnung der Musterlösung mit den angegebenen Maßen im Maßstab 1:10 auf Zeichenblatt A 4 (Einteilung wie in Aufgabe 1).

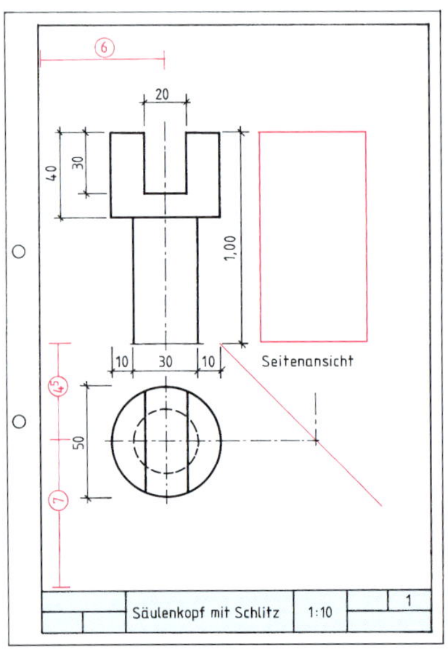

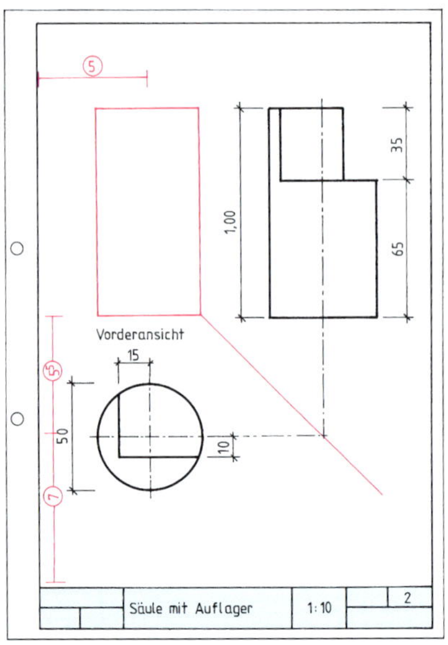

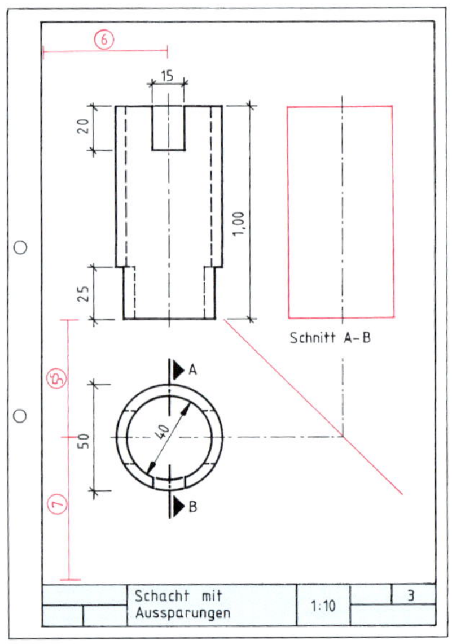

2.2 Zylindrische Körper mit Schrägschnitt

Werden zylindrische Körper schräg zur Mittelachse geschnitten, so entsteht mit der Schnittfläche eine **Ellipse**. Eine Ausnahme bildet die Schnittführung unter 45°: In diesem Sonderfall hat die Schnittfläche eine Kreisform. Bei der zeichnerischen Darstellung der Ansichten wird die elliptische Schnittfläche mit Hilfe von Mantellinien konstruiert.

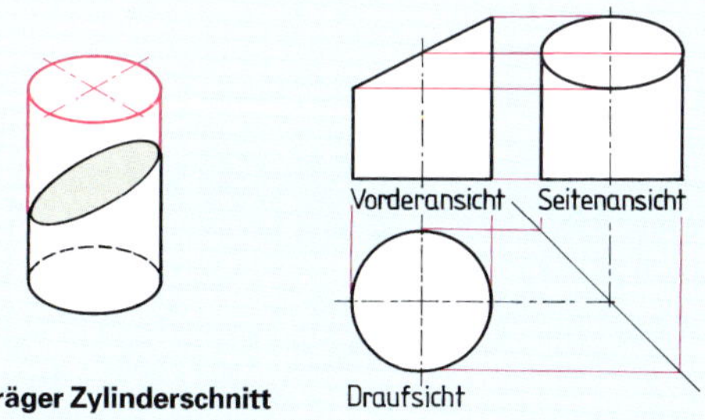

Schräger Zylinderschnitt

Konstruktion der elliptischen Schnittflächen in der Seitenansicht:

1. Lage der Mantellinien in der Draufsicht festlegen (hier Kreisteilung in 12 gleiche Teile) und kennzeichnen.
2. Lage der Teilpunkte in Vorder- und Seitenansicht übertragen; kennzeichnen und Mantellinien zeichnen.
3. Längen der Mantellinien aus der Vorderansicht auf die entsprechenden Mantellinien der Seitenansicht übertragen. Diese Mantellinienendpunkte sind Umfangslinienpunkte der Schnittfläche.
4. Schnittfläche mit Kurvenlineal zeichnen.

Der schräge Schnitt eines Zylinders erscheint in einer Ansicht (hier Vorderansicht) als gerade Linie, in der anderen Ansicht (hier Seitenansicht) als Ellipse. Drauf- und Seitenansicht zeigen die schräge Schnittfläche verkleinert. Die wahre Größe der Schnittfläche erhält man durch Umklappen in eine Ansichtsebene (s. Kap. 2.5).

Aufgaben:

a) Übertragen und vervollständigen Sie die Zeichnungen der folgenden Aufgaben im Maßstab 1:10 auf Zeichenblatt A4.

b) Übertragen Sie die Zeichnung der Musterlösung mit den angegebenen Maßen im Maßstab 1:10 auf Zeichenblatt A4 (Einteilung wie in Aufgabe 1).

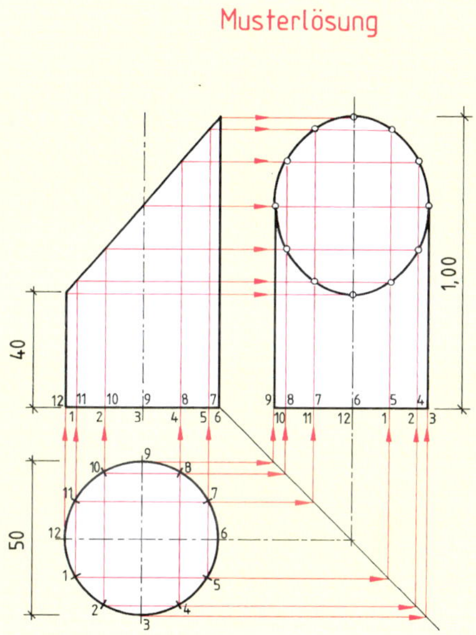

Schräg geschnittener Zylinder

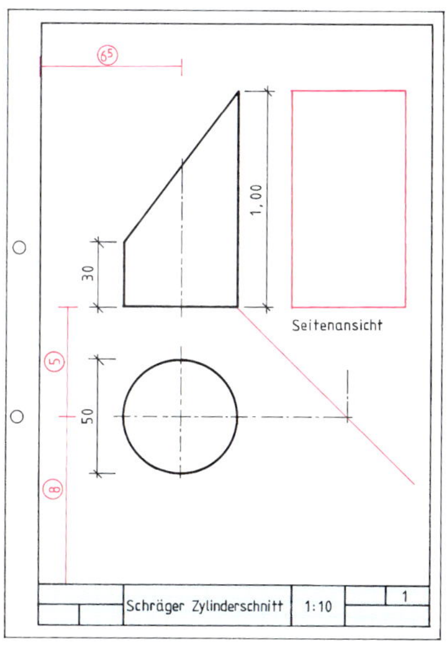

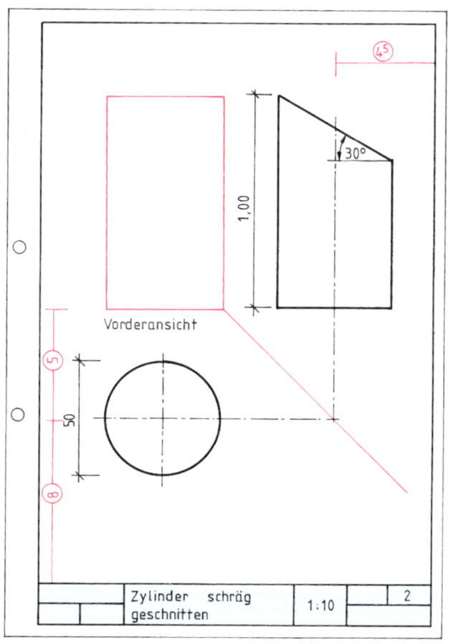

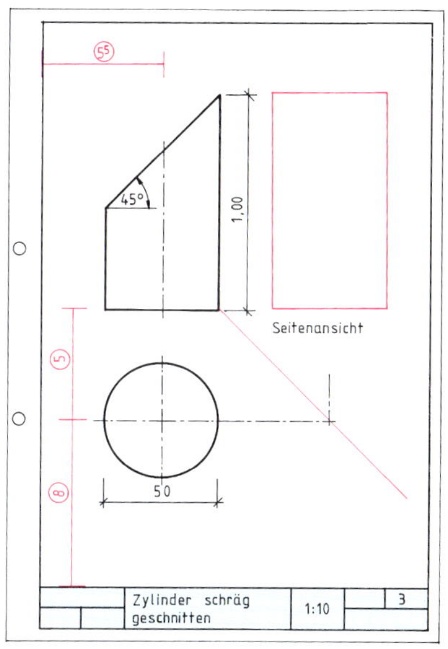

2.3 Kegelförmige Körper

Der Kegel hat einen Kreis als Grundfläche. Der Mantel begrenzt ihn allseitig und läuft in einer Spitze aus. Jede gerade Linie, die einen beliebigen Punkt des Umfanges mit der Spitze des Kegels verbindet, heißt Mantellinie.

Kegelschnitte

Bei kegelförmigen Körpern ist der parallele Schnitt zur Grundfläche immer ein Kreis. Wird ein Kegel schräg geschnitten, die Grundfläche jedoch nicht berührt, so ist die Schnittfläche eine Ellipse.

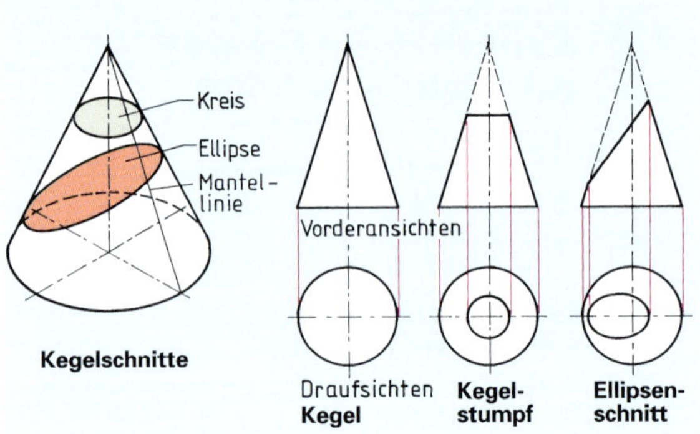

Kegelschnitte

Schrägschnitt am Kegel

Konstruktion der elliptischen Schnittflächen:

1. Vollen Kegel in drei Ansichten zeichnen und die Vorderansicht mit Schrägschnitt darstellen.
2. Teilung des Kreises in der Draufsicht, z. B. in 12 Teile (=Mantellinienfußpunkte).
3. Teilungspunkte auf die Grundlinie von Vorderansicht und Seitenansicht mittels Projektionslinien übertragen und Teilungspunkte mit den Kegelspitzen verbinden (Mantellinien).
4. Endpunkte der Mantellinien von der schrägen Schnittlinie der Vorderansicht aus in die Seitenansicht und in die Draufsicht auf die entsprechenden Mantellinien übertragen.
5. Schnittpunkte in der Seitenansicht und in der Draufsicht festlegen und die Bögen mit dem Kurvenlineal verbinden (elliptische Bögen).

Bei der zeichnerischen Konstruktion einer elliptischen Schnittfläche ist immer vom vollen Kegel auszugehen.

Aufgabe:

Übertragen und vervollständigen Sie die Zeichnungen der folgenden Aufgaben im Maßstab 1:10 auf Zeichenblatt A4.

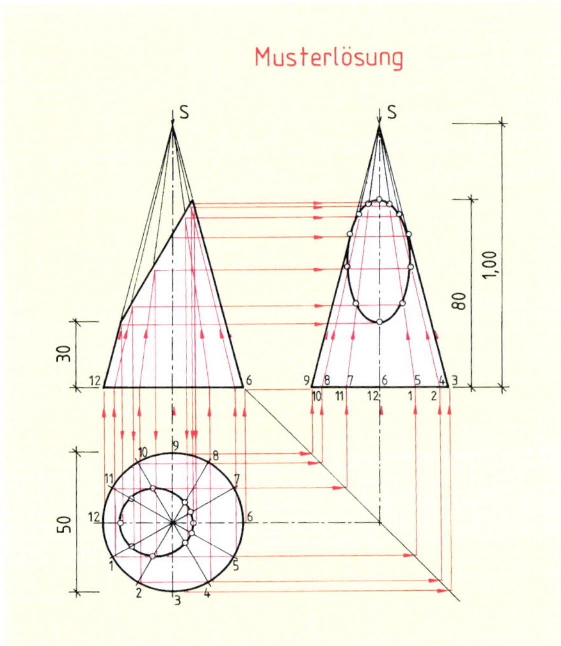

Schrägschnitt am Kegel

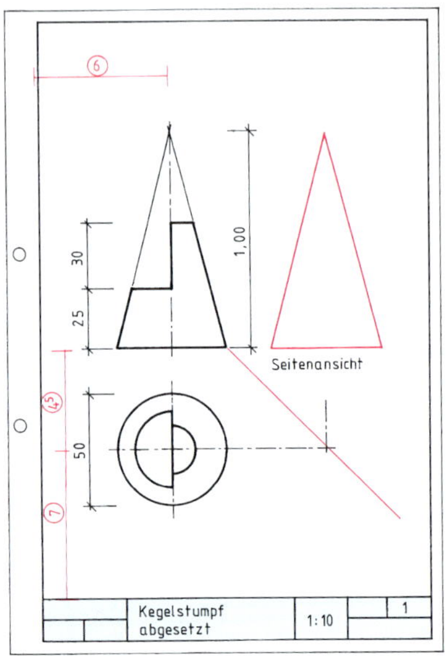

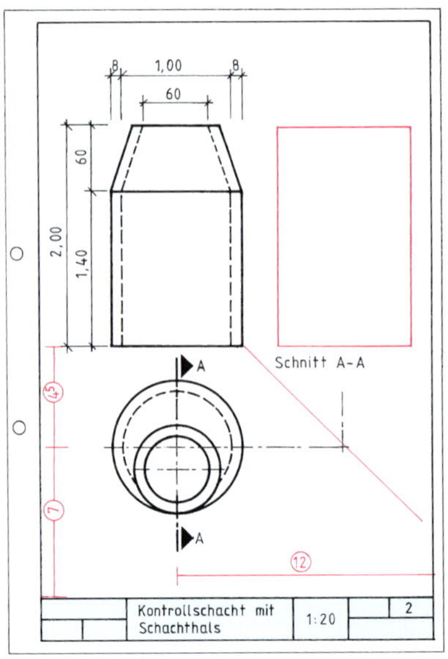

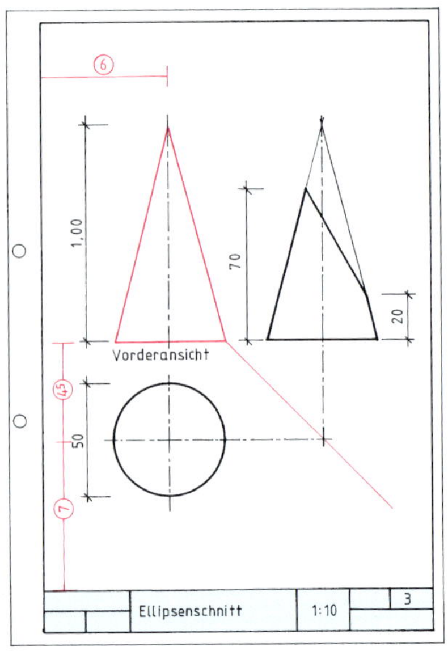

2.4 Abwicklungen prismatischer Körper

Im Beton- und Stahlbetonbau sind häufig Schalungen für prismatische Baukörper, wie z.B. für Stützen und Säulen, herzustellen. Für die Schalungszeichnungen sind in der Regel Abwicklungen erforderlich. Die **Abwicklung** eines Körpers besteht aus Mantelfläche, Grundfläche und Deckfläche. Diese Flächen werden so aneinander gereiht gezeichnet, dass sie in einer Ebene liegen. Flächen, Kanten und Winkel werden dabei in wahrer Größe abgebildet.

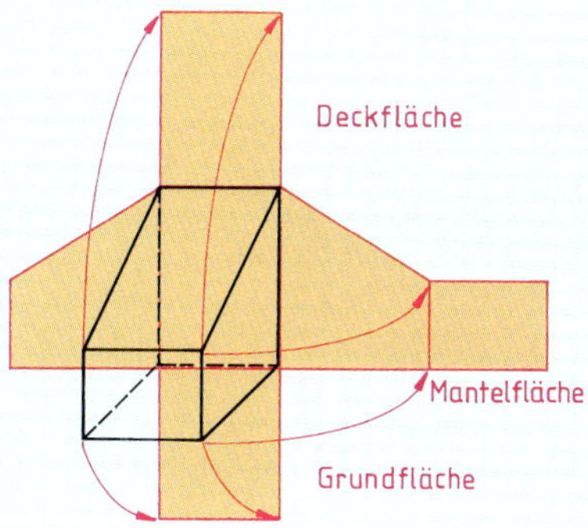

Abwicklung

Konstruktion der Abwicklung

1. Den prismatischen Körper in drei Ansichten zeichnen.
2. Grundlinie der Mantelfläche zeichnen und Breiten bzw. Tiefen der Seitenflächen antragen. Kantenlinien zeichnen. Breiten- und Tiefenmaße sind aus der Draufsicht zu entnehmen.
3. Kantenlängenmaße aus der Vorderansicht entnehmen und einmessen.
4. Kantenendpunkte verbinden: Verbindungslinien bilden obere Begrenzung der Mantelfläche.
5. Grund- und Deckflächen zeichnen. Die wahren Größen dieser Fläche erhält man durch Übertragen gemeinsamer Kanten.

In der **Abwicklung** sind die Flächen eines Körpers zusammenhängend und in einer Ebene dargestellt. Flächen, Kanten und Winkel sind in wahrer Größe abgebildet.

Aufgabe:

a) Übertragen und vervollständigen Sie die Zeichnungen der folgenden Aufgaben im Maßstab 1:10 auf Zeichenblatt A4.

b) Übertragen Sie die Zeichnung der Musterlösung mit den angegebenen Maßen im Maßstab 1:10 auf Zeichenblatt A4.

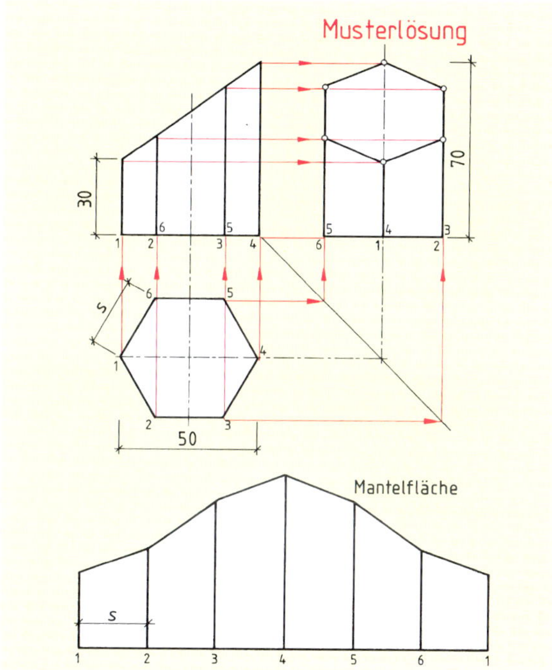

Sechseckprisma schräg geschnitten

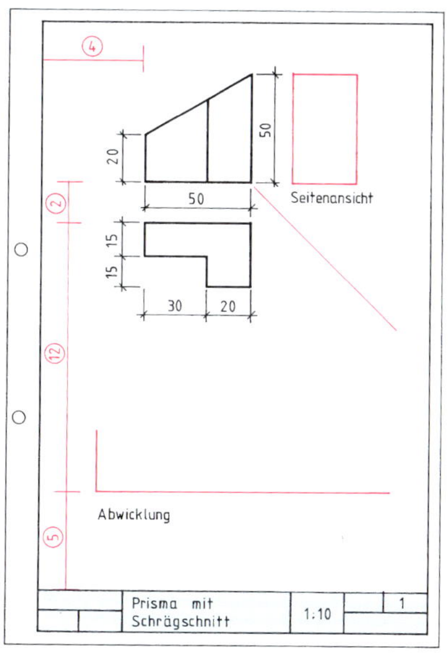

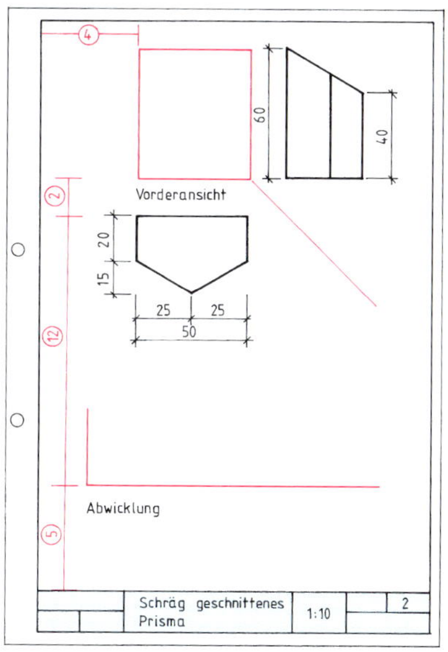

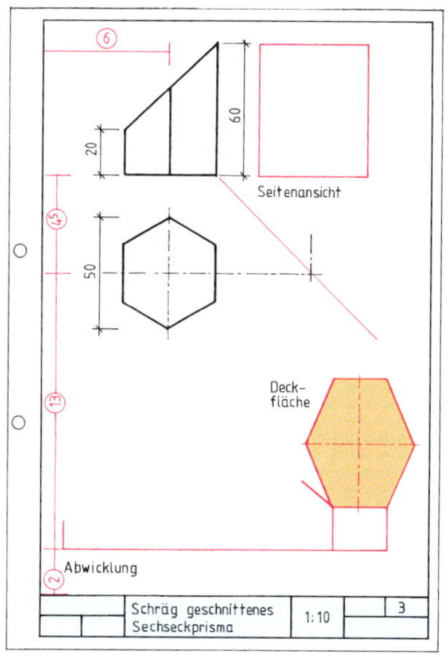

2.5 Zylinderabwicklung

Konstruktion der Mantelfläche:

1. Draufsicht und Vorderansicht des schräg geschnittenen Zylinders mit Kreiseinteilung und Mantellinien zeichnen.
2. Grundlinie der Mantelfläche (Umfangslinie rechnerisch ermittelt) entsprechend der Kreisteilung der Draufsicht in gleiche Teile einteilen und an diesen Punkten Mantellinien zeichnen.
3. Höhenmaße der Mantellinien aus der Vorderansicht übertragen und Endpunkte mit Kurvenlineal verbinden.

Konstruktion der Deckfläche:

1. An der Schnittlinie der Vorderansicht von den Mantellinienendpunkten aus Senkrechte errichten.
2. Parallel zur Schnittlinie die Mittelachse der Deckfläche (hier 6–12) zeichnen und von dieser aus mittig die Breitenabstände der Mantellinien aus der Draufsicht (hier z.B. 5–7, 4–8 usw.) auf die Senkrechten übertragen.
3. Endpunkte mit Kurvenlineal verbinden.

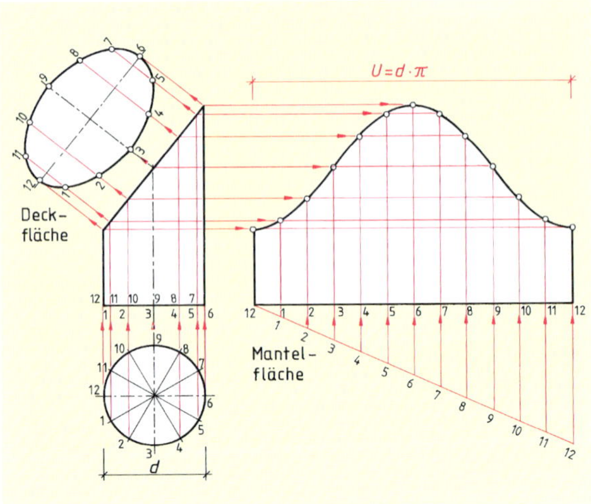

Schräg geschnittener Zylinder
Beim schräg geschnittenen Zylinder ist die Mantelfläche oben gekrümmt begrenzt.

2.6 Abwicklung: Kegelstumpf

Konstruktion der Mantelfläche:

1. Kreisbogen um S zeichnen mit $r = s_k$, und die Teile des Grundkreises mit dem Zirkel darauf abtragen (Punkte 1 bis 12). Endpunkte mit S verbinden; Mantelfläche des Vollkegels.
2. Kreisbogen um S zeichnen mit $r = s_k - s_{St}$. Der Bogen begrenzt die Mantelfläche des Kegelstumpfes.

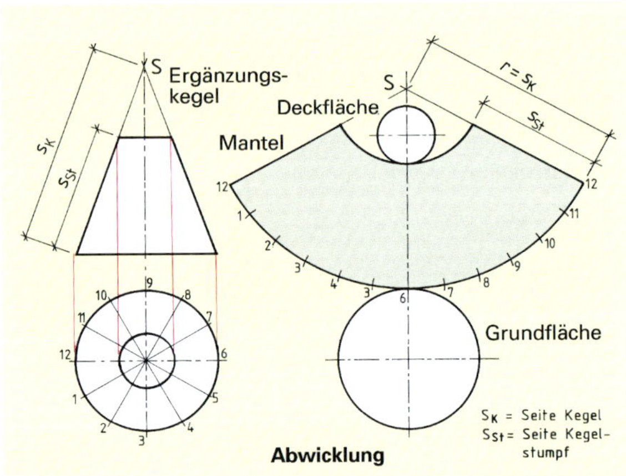

Kegelstumpf
Die Mantelfläche des Kegelstumpfes erhält man, indem man die Mantelfläche des Ergänzungskegels abzieht.

Aufgaben:

Übertragen und vervollständigen Sie die Zeichnungen der folgenden Aufgaben im Maßstab 1:10 auf Zeichenblatt A4.

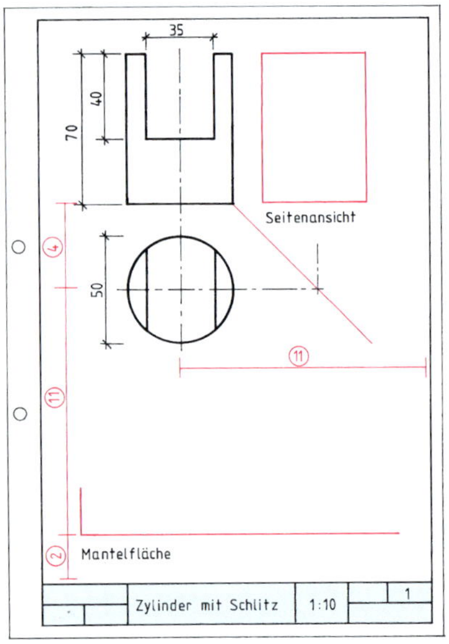

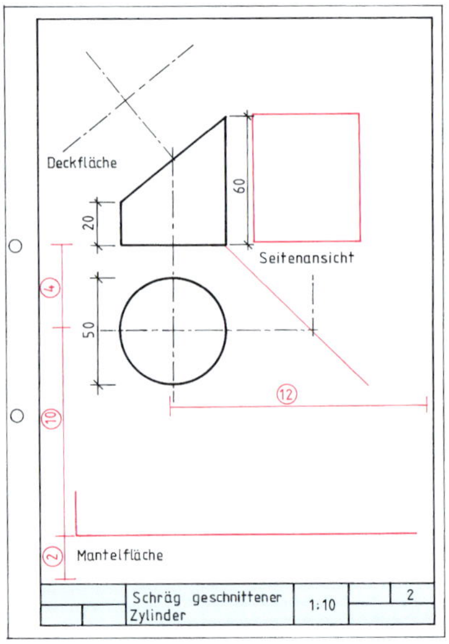

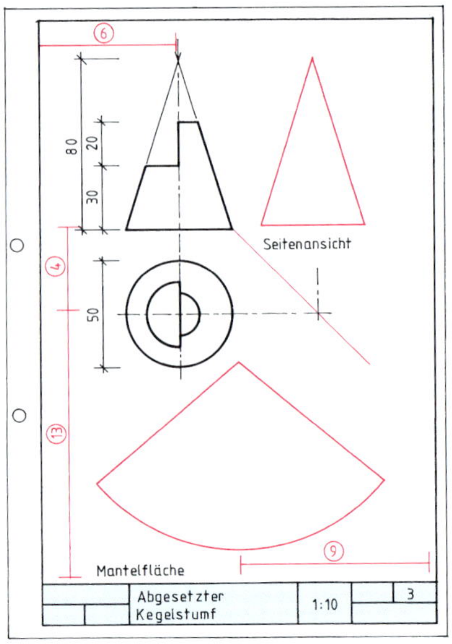

2.7 Durchdringungen von ebenflächigen Körpern

Die dargestellten Schrägbilder zeigen Durchdringungen prismatischer Körper. Durchdringen sich zwei Körper, so entstehen **Durchdringungslinien.**

Durchdringen sich ebenflächige Körper, z.B. Prismen, Pyramiden, so ergeben sich gerade Durchdringungslinien. Bei Durchdringungen ebenflächiger Körper mit zylindrischen oder kegelförmigen Körpern ergeben sich gekrümmte Durchdringungslinien (Durchdringungskurven).

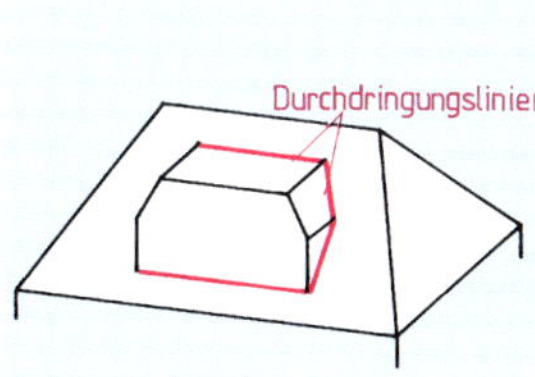

Walmdach mit Dachaufbau

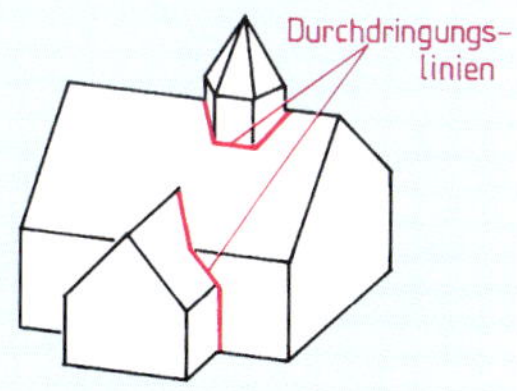

Haus mit Anbau und Dachreiter

2.7.1 Durchdringungen von Prismen

Da die Durchdringungslinien geradlinig sind, genügt es, die Durchdringungseckpunkte zu ermitteln. Die Verbindung dieser Punkte ergibt die Durchdringungslinie.

Bei Durchdringung von Körpern mit schrägen Flächen, z.B. Durchdringung eines Dachkörpers, ist nach der Draufsicht zuerst die Ansicht mit dem Querprofil zu zeichnen (Querschnitt). Daraus ergeben sich die Höhen der Durchdringungspunkte, welche in die andere Ansicht zu übertragen sind.

Beispiel: prismatischer Achteckturm im Satteldach

Konstruktion (siehe Musterlösung):

1. Durchdringungseckpunkte in der Draufsicht kennzeichnen und Nummerierung in die Vorderansicht (hier Hausquerschnitt) übertragen.
2. Höhenlage der Durchdringungspunkte aus der Vorderansicht und Breitenabstand aus der Draufsicht in die Seitenansicht übertragen.
3. Punkte verbinden: Durchdringungslinien in der Seitenansicht.

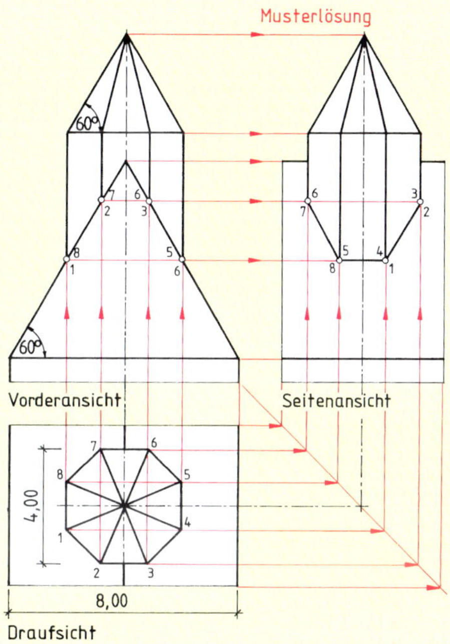

Durchdringung Prisma - Prisma: Achteckturm im Satteldach

Aufgaben:

Übertragen und vervollständigen Sie die Zeichnungen der folgenden Aufgaben im Maßstab 1:100 auf Zeichenblatt A4.

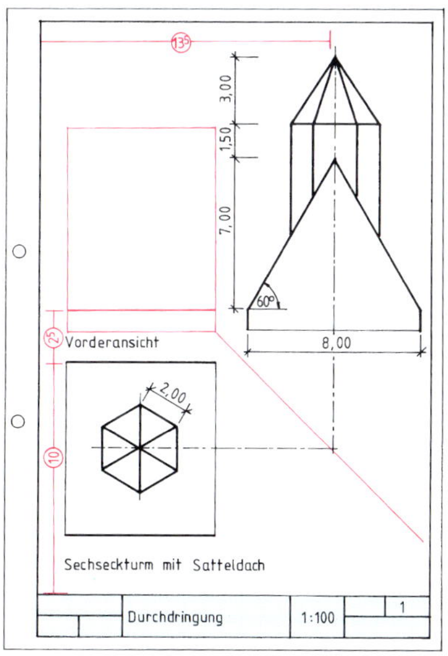

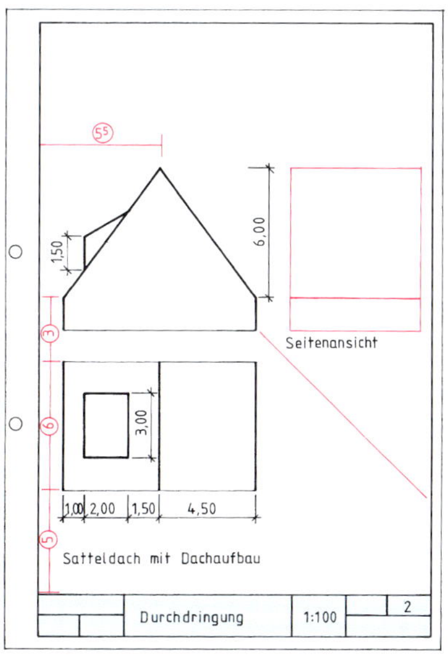

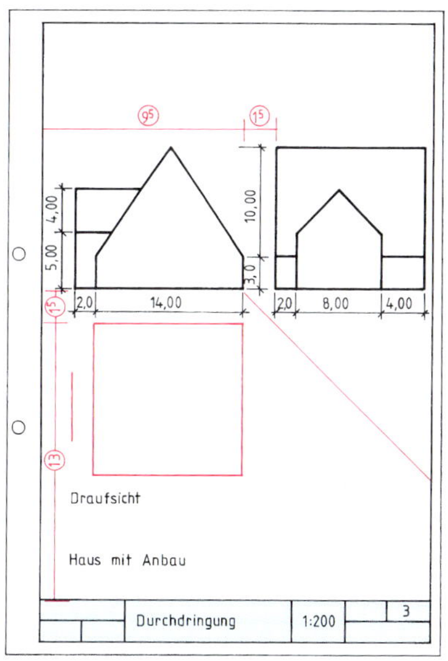

Aufgaben:

Übertragen und vervollständigen Sie die Zeichnungen der folgenden Aufgaben im Maßstab 1:10 bzw. Maßstab 1:100. A4-Format

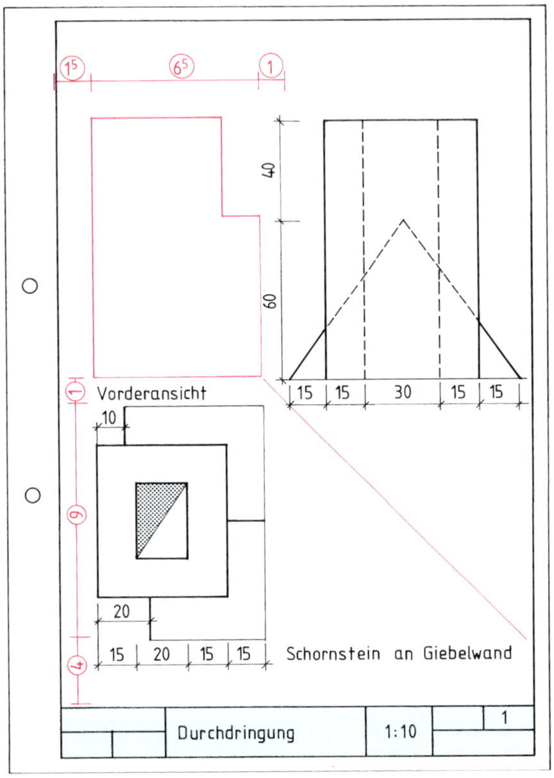

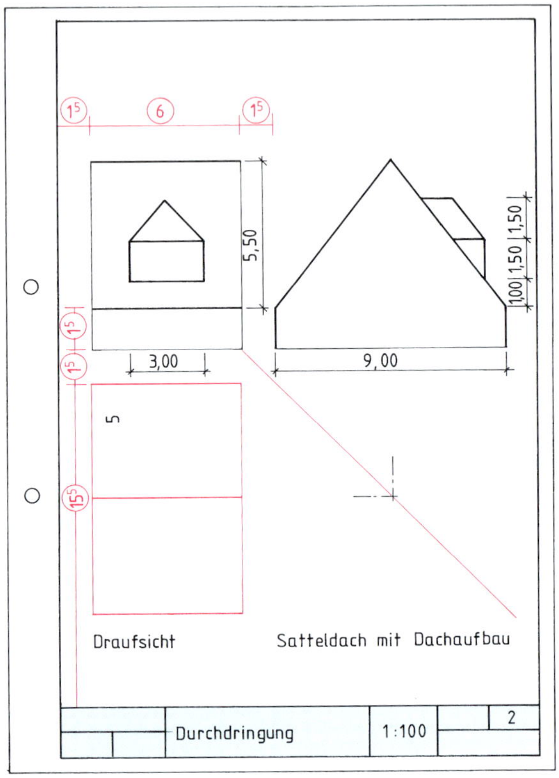

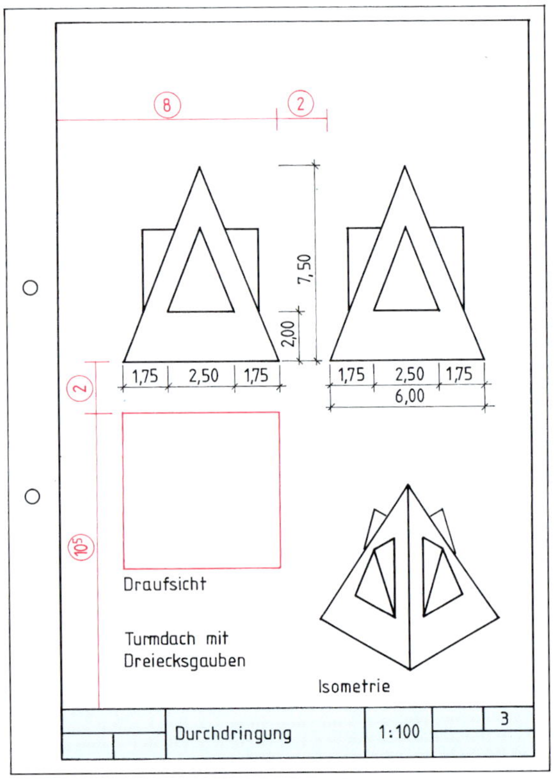

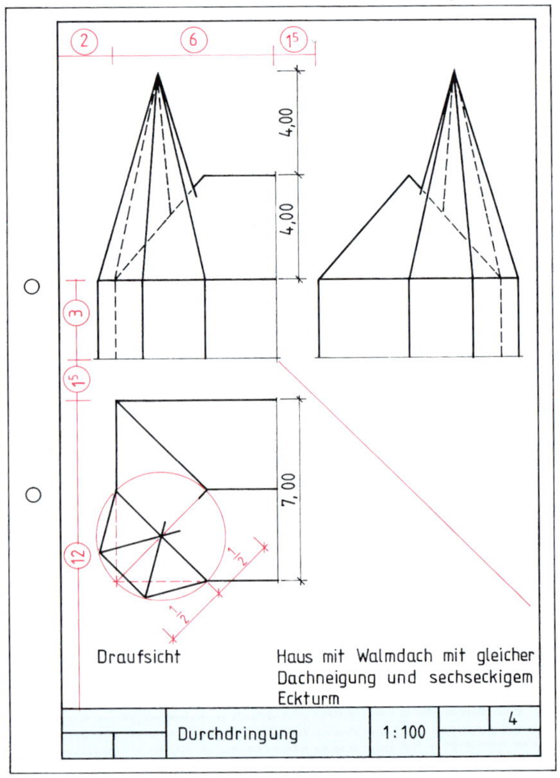

3 Baugesuchszeichnungen

3.1 Projekte

Zwei Wohnhäuser bestimmen maßgeblich Aufbau und Inhalt des vorliegenden Fachzeichenbuches. Sie werden nachfolgend durch den Erdgeschossgrundriss und eine Geometrie des Gebäudes dargestellt.

Projekt ①

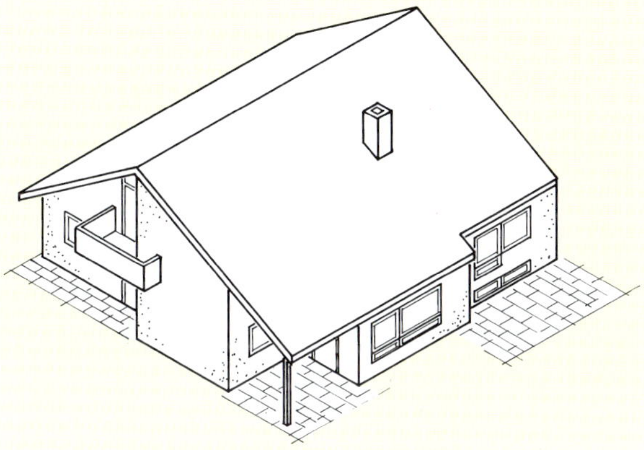

Projekt ②

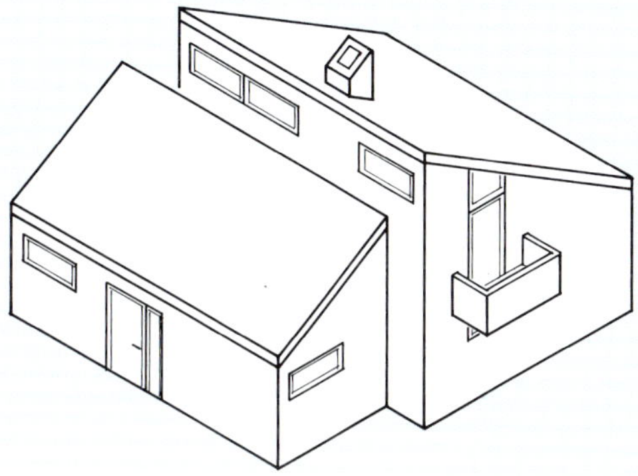

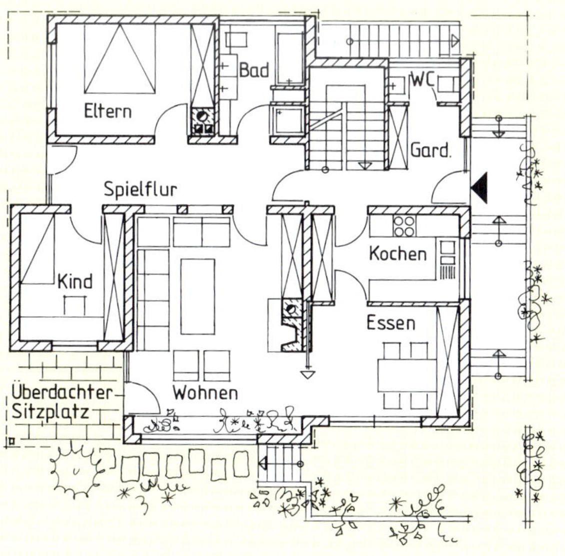

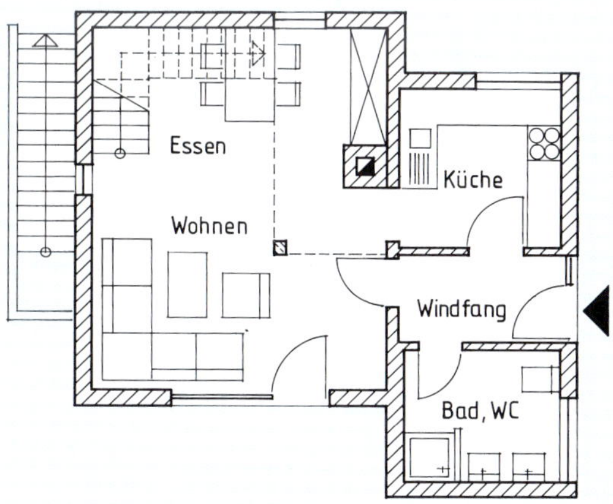

Projekt 1: Einfamilienwohnhaus
(Musterlösung)

An diesem Gebäude sollen **beispielhaft Lösungen** für einzelne Themenbereiche aufgezeigt werden.

Projekt 2: Kleines Wohnhaus in A
(Übungsbeispiel)

Hier sollen anhand von **Aufgabenstellungen** selbständig Themenbereiche gelöst werden.

3.2 Ablauf der Bauplanung

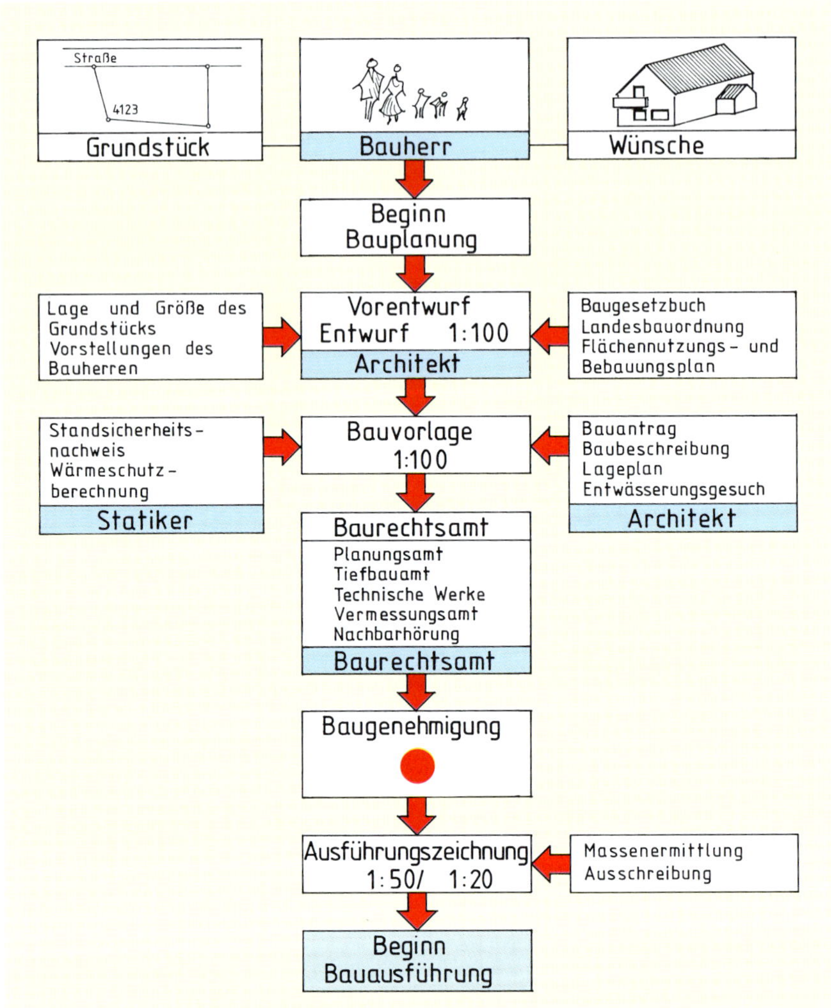

Jedes neu zu erstellende Bauwerk muss vor der Bauausführung von der zuständigen Baubehörde (Baurechtsamt) genehmigt werden. Bei dieser Behörde ist deswegen eine Bauvorlage einzureichen.

Ablauf der Bauplanung

Grundlagen für die Planung sind der Bebauungsplan und seine Festlegungen.

Dazu gehören z. B.

- Baulinien und Baugrenzen des Grundstücks,
- Anzahl der Vollgeschosse,
- Überbaubarkeit des Grundstücks (Grundflächenzahl und Geschossflächenzahl),
- Bauweise,
- Baumassenzahl,
- Dachform und Dachneigung.

Bestandteile des Baugesuches

1. Planerischer Teil

- Lageplan (gefertigt vom Vermessungsingenieurbüro)
- Grundrisse
- Schnitt
- Ansichten
- Entwässerungsgesuch

2. Schriftlicher Teil

- Bauantrag und Baubeschreibung
- Berechnung der Flächen und des umbauten Raumes
- Standsicherheitsnachweis und Wärmeschutzberechnung

Nach den Baueingabeplänen kann jedoch ein Bauwerk nicht erstellt werden. Es müssen auf der Grundlage der Baueingabepläne besondere Ausführungszeichnungen (Werkpläne) gefertigt werden.

Kein Baubeginn ohne Baugenehmigung!

3.3 Lageplan

3.3.1 Zeichnerischer Teil

Musterbeispiel:

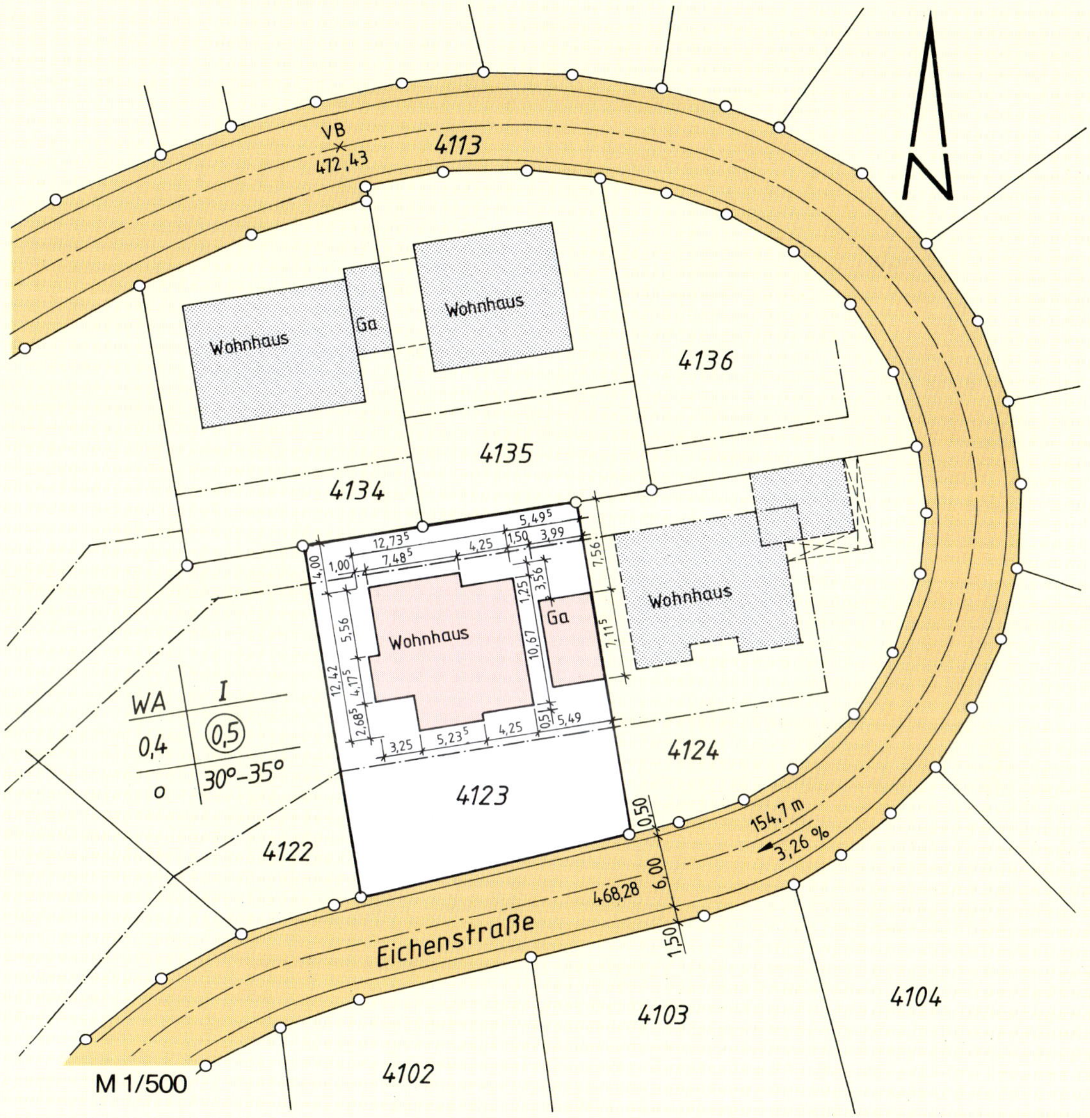

Der **Lageplan** wird im Maßstab 1 : 500 oder 1 : 1000 gezeichnet. Er zeigt die Lage des Gebäudes und dessen Lage zu Straßen und zur Nachbarbebauung.

Der Lageplan muss folgende Angaben enthalten:

- geplante Gebäude (rot angelegt) mit Vermaßung,
- Abstände zu Grundstücksgrenzen,
- Angabe der Erdgeschossfußbodenhöhe (EFH),
- Anzahl der Vollgeschosse,
- Dachform (SD oder FD),
- Maß der baulichen Nutzung,
- die bestehende Nachbarbebauung (schraffiert, geplant rot umrandet mit Flurnummer),
- Lage des Grundstücks zur Himmelsrichtung – Nordpfeil.

3.3.2 Schriftlicher Teil

Der schriftliche Teil des Lageplanes wird in Verbindung mit dem zeichnerischen Teil gefertigt. Er enthält Angaben über den Bauherrn, das Bauvorhaben, das Baugrundstück mit Art und Maß der baulichen Nutzung, Hinweise, Nachbargrundstücke und die Anerkennung durch den Bauherrn und den Planverfasser. Die Angaben werden in das Formblatt eingetragen.

Der Lageplan wird in der Regel von Vermessungsingenieuren gefertigt.

Alle Planangaben werden mit dem zeichnerischen und dem schriftlichen Teil des Lageplanes dargestellt.

Musterbeispiel:

Stadt – Landkreis: .... Gemeinde: .... Gemarkung: ....

LAGEPLAN – SCHRIFTLICHER TEIL – zum Bauantrag (§ 2 BauVorlVO)

		Bearbeitungsvermerke
1 Bauherr (Name und Anschrift)		
2 Bauliche Nutzung des Baugrundstückes (§ 2 Abs. 6 Nr. 6 BauvorlVO) geplant / vorhanden	Wohnhaus mit Garage	
3 Baugrundstück (§ 2 Abs. 6 Nr. 1 BauVorlVO) Flurstück(e) Nr. / Grundbuch / Fläche	4123 / 159/84 / 624 m²	
4 Eigentümer lt. Grundbuch mit Anschrift (§ 2 Abs. 6 Nr. 1 BauVorlVO)	siehe Nr. 1	
5 Baulasten und sonstige öffentl. Lasten oder Beschränkungen mit Fundstelle (§ 2 Abs. 6 Nr. 3 BauVorlVO)	—	
6 Bemerkungen und Hinweis auf Schutzraumbauten (§ 2 Abs. 6 Nr. 4 BauVorlVO)	—	

7 Nachbargrundstücke (§ 2 Abs. 6 Nr. 2 BauVorlVO)

Flurstück Nr.	Eigentümer lt. Grundbuch mit Anschrift
4122	Sigi M.
4124	Uwe E.
4134	Wolf L.
4135	Haus Georg M.

8 **Festsetzungen des Bebauungsplanes und der örtlichen Bauvorschriften** (§ 2 Abs. 6 Nr. 5 BauVorlVO) — Bearbeitungsvermerke

Nr.		
8.1	Bebauungsplan (Name und RegNr.):	Wengert
8.2	rechtsverbindlich (§ 12 BBauG):	~~JA/NEIN~~ seit:
8.3	Art der baulichen Nutzung (Baugebiet):	WA
8.4	Ausnahmen und besondere Festsetzungen:	JA/NEIN
8.5.1	Maß der baulichen Nutzung – Zahl der Vollgeschosse = **Z**:	I oder Höhe der Gebäude:
8.5.2	Grundflächenzahl = **GRZ**:	0,4 oder Größe der Grundfläche:
8.5.3	Geschossflächenzahl = **GFZ**:	0,5 oder Größe der Geschossfläche:
8.5.4	Baumassenzahl = **BMZ**:	oder Baumasse:
8.6	Bauweise (§ 22 BauNVO):	offen / geschlossen / besondere Bauweise 1)
8.7	Sonstige Festsetzungen (§ 9 BBauG):	JA/NEIN 1)
8.8	Örtliche Bauvorschriften (§ 111 LBO):	JA/NEIN 1)
9	**Berechnung der Flächenbeanspruchung des Baugrundstückes** (§ 2 Abs. 6 Nr. 7 BauVorlVO)	
9.1	Fläche des Baugrundstückes:	624 qm
9.1.1	**zu** Zuschlag nach § 21 a Abs. 2 BauNVO:	+ qm
9.1.2	**ab** Fläche vor der Straßenbegrenzungslinie:	– qm
9.1.3	**ab** Teilflächen des Baugrundstückes, die nicht im Bauland liegen (§ 19 Abs. 3 BauNVO):	– qm
9.1.4	**ab** Flächenbaulasten:	– qm
9.2	Maßgebende Grundstücke = **MGF**:	624 qm

Nr.		bauliche Grundfläche	Geschossfläche	Baumasse
9.3	baul. Nutzung d. Baugrundstückes			
9.4.1	baul. Anlagen (ohne Garagen und überdachte Stellplätze) vorhanden	136 qm	136 qm	.... cbm
	geplant	.... qm	.... qm	.... cbm
9.4.2				
9.5.1	Garagen und überdachte Stellplätze vorhanden	.... qm	.... qm	.... cbm
9.5.2	geplant	28 qm	.... qm	.... cbm
9.6	vorhanden + geplant	28 qm	.... qm	.... cbm
9.7	Nach § 21a Abs. 3 S. 1 BauNVO ab 0,1 × MGF	62 qm		
9.8	verbleiben	.... qm		
9.9	anzurechnen unter Berücksichtigung von § 21a	Abs. 3 BauNVO	Abs. 4 BauNVO	Abs. 4 BauNVO
9.10	in Anspruch genommen	136 qm	136 qm	.... cbm
9.11		MGF × GRZ = 250 qm	MGF × GFZ = 312 qm; Zuschlag nach § 21a Abs. 5 BauNVO..... qm	MGF × BMZ = ...cbm; Zuschlag nach § 21a Abs. 5 BauNVO
9.12				
9.13	zulässige Nutzung	250 qm	312 qm	.........cbm
9.14	zulässige Nutzung überschritten	NEIN/JA zu ....qm = ...%1)	NEIN/JA zu ....qm = ...%1)	NEIN/JA zu..........cbm = ...%1)

10 **Unterschriften (§ 90 Abs. 4 LBO)**

Der Sachverständige (§ 79 Abs. 2 LBO) zu Nr. Datum: Unterschrift: — Der Planverfasser (§ 79 Abs. 1 LBO) Datum: Unterschrift:

zu Nr.: Datum: Unterschrift: — Der Bauherr: Datum: Unterschrift:

3.4 Projekt 1: Einfamilienhaus

Erdgeschossgrundriss

Inhalt:

Im Wesentlichen Darstellung des Grundrisses mit Bemaßung; ferner sind zu zeichnen und anzugeben:

- Türen, Fenster, Treppen, Schornsteine,
- Grundmöblierung der Räume, Bad, WC, Küche (sanitäre Gegenstände), Kücheneinrichtung, Wohn-, Kind-, Elternschlafzimmer,
- Raumbezeichnungen,
- Terrassen und Freisitze,
- Außenanlagen, z. B. Außentreppen, Plattenbeläge, Bepflanzung.

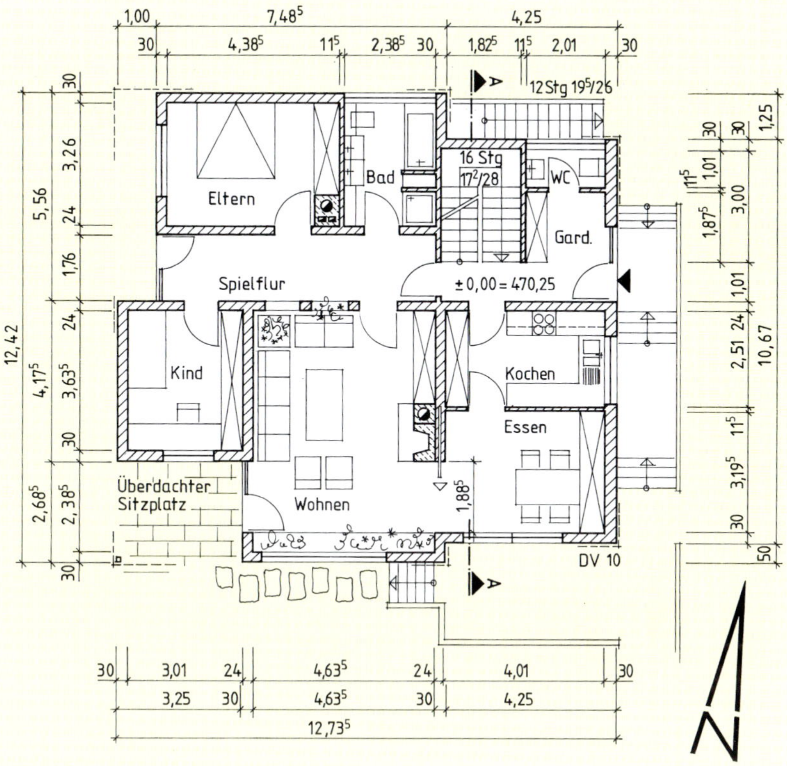

Erdgeschoss

Untergeschossgrundriss

Inhalt:

Die Darstellung entspricht der des Erdgeschossgrundrisses.

Deutlich erkennbar müssen sein:

- Heizraum mit Öllagerung,
- Schornsteinanlage,
- Lichtschächte,
- Lichthof,
- Feuer hemmende und feuerbeständige Türen (Heizraum und Öllager).

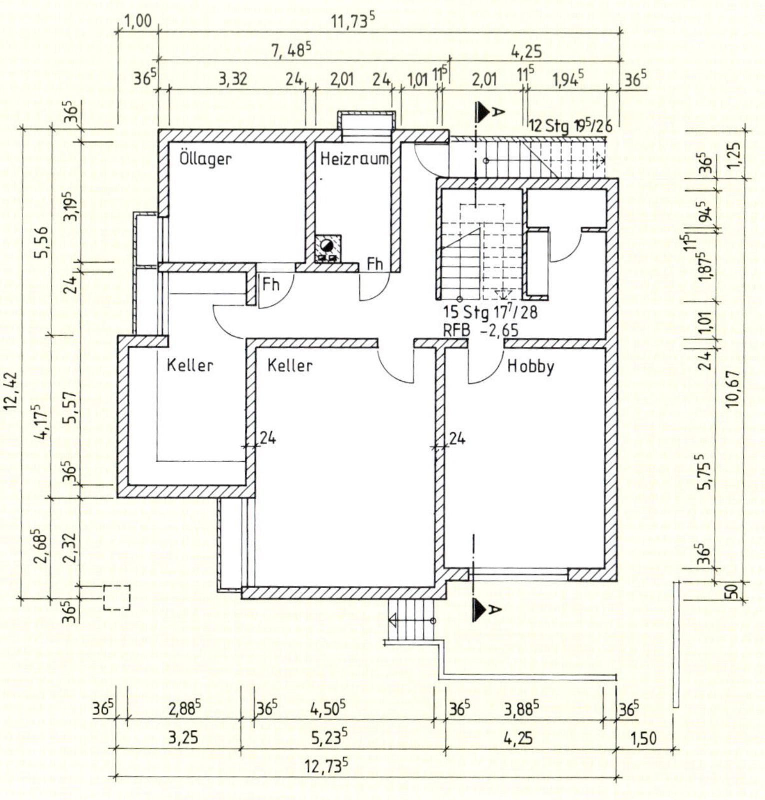

Untergeschoss

Dachgeschossgrundriss

Inhalt:

Die Darstellung entspricht der des Erd- und Untergeschossgrundrisses.

Zusätzlich werden angegeben:
- Dachvorsprung (DV),
- Dachanschnitt,
- Dachflächenfenster (gestrichelt),
- Dacheinschnitte.

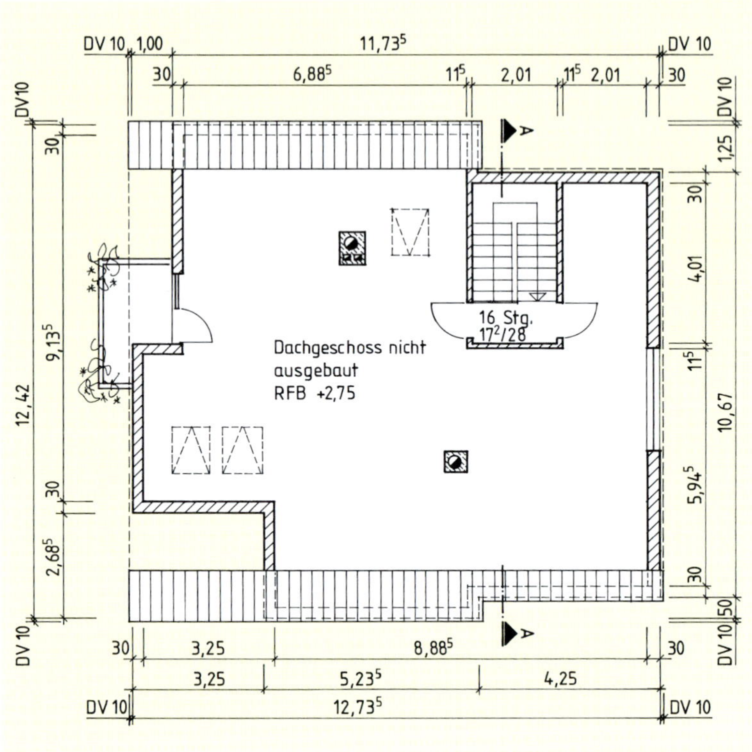

Dachgeschoss

3.5 Schnitt

Inhalt:

Schnitt im Treppenhausbereich.

Zusätzlich werden angegeben:
- Treppenart (z. B. Podesttreppe), Steigungsverhältnis (z. B. 17²/28),
- Geschosshöhen,
- Höhenkoten (z. B. ±0,00),
- Dachneigungen (z. B. DV 30°),
- Schornstein über Dach,
- Dachkonstruktion (z. B. Pfettendachstuhl).

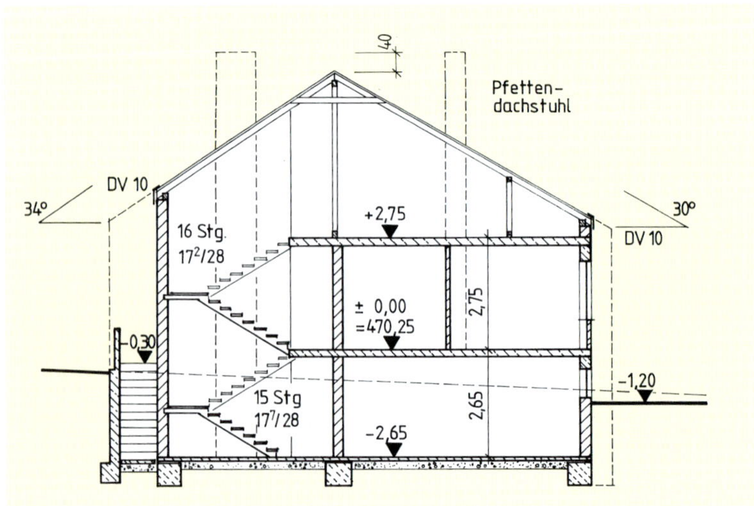

Schnitt A-A

3.6 Ansichten

Das zu erstellende Bauwerk wird von allen Seiten von außen in Ansichten dargestellt.

Die Ansichten zeigen dem Bauherren und den Baubehörden die Aufteilung und Gliederung der Fassaden.

Zurück- und vorspringende Bauteile werden durch die eingezeichnete Verschattung erkennbar.

Bei der Darstellung der Dachflächen werden Dachaufbauten, Dachflächenfenster und Schornsteine sichtbar gemacht.

Das Gelände und dessen Vorsprünge (Abtreppungen und Anschüttungen) und die Hauserschließung werden in den Ansichten festgelegt.

Die Ansichten vermitteln dem Betrachter ein grafisches Bild des zu erstellenden Bauwerkes.

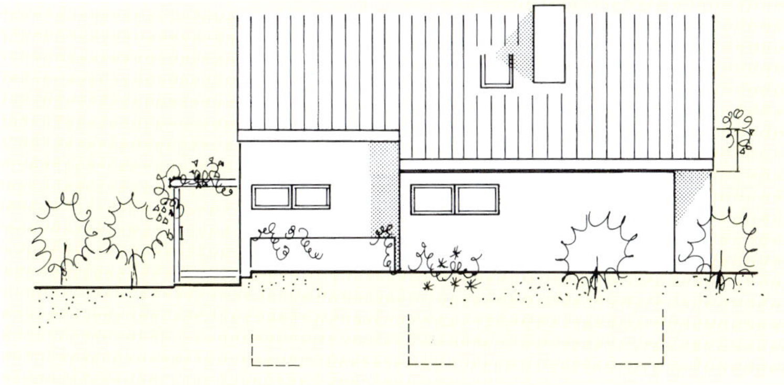

Nordansicht

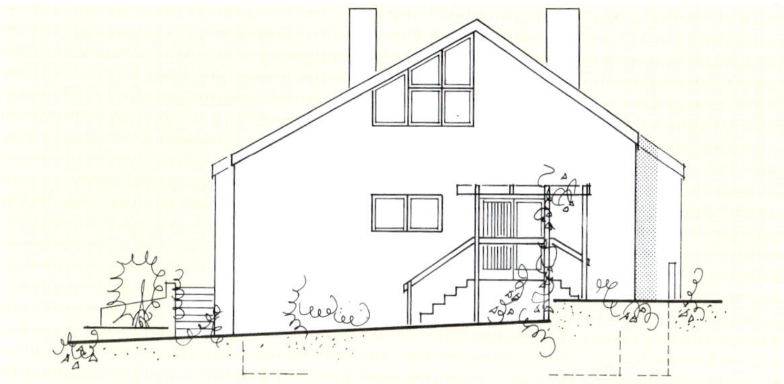

Ostansicht

Südansicht

Westansicht

3.7 Projekt 2: Kleines Wohnhaus in A

Geländebeschreibung:

Ebenes Gelände auf 450,00 m üb. NN.
Mittelschwer lösbarer Boden.

Baubeschreibung:

Fundamente: Streifenfundamente in Stampfbeton C 12/15
Einzelfundamente in Stahlbeton C 25/30

Außenwände: UG: Stahlbeton C25/30 *d* = 30 cm
EG: Mauerziegel HLz 0,8/12 5 DF *d* = 30 cm
DG: Mauerziegel HLz 0,8/12 5 DF *d* = 30 cm

Trennwände: UG: Stahlbeton C25/30 *d* = 30 cm
Mauerziegel HLz 1,2/8 2 DF *d* = 11,5 cm
EG: Mauerziegel HLz 1,2/12 2 DF *d* = 24 cm
HLz 1,2/8 2 DF *d* = 11,5 cm

Decken: üb UG: Stahlbetonmaßiy-Platte *d* = 16 cm
üb EG: Stahlbetonmaßiy-Platte *d* = 16 cm

Dach: Holzkonstruktion als Pfettendach (Pultdach)

Dachdeckung: Doppeldeckung mit Biberschwanzziegeln (rot)

Treppen: UG: untermauerte Kelleraußentreppe aus Betonwerksteinstufen
EG: Stahlbetontreppe

Trocken- oder Spülabort: Spülabort mit Außenfenster, Entlüftung über Dach

Schornsteine: Formsteine mit Schamotterohr, einzügig 48/36 cm lichter ∅16 cm Lüftung 10/25

Alternativ: gemauerter Schornstein, einzügig, Wange *d* = 24 cm aus Mz 1,2/1,2 2 DF mit lichtem Querschnitt 13,5/13,5 cm

Material, Struktur und Farbe der Außenseiten des Gebäudes:
weißer Rauputz
notwendige Sonnenschutzmaßnahmen durch vorgehängte Jalousien

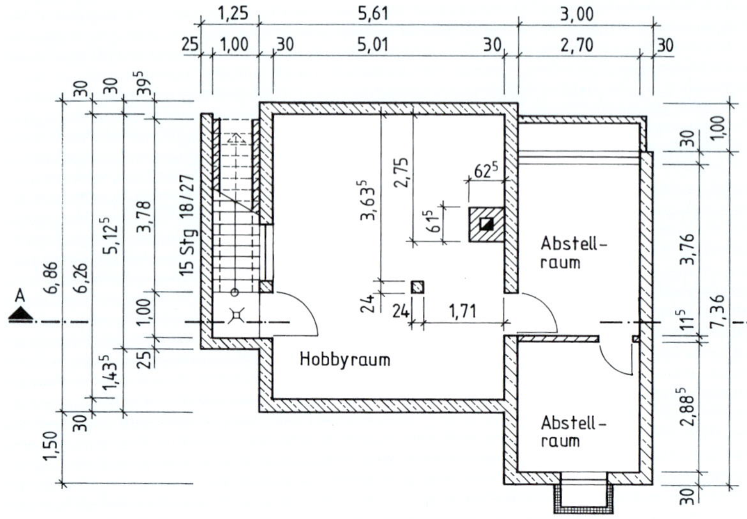

Untergeschoss UG

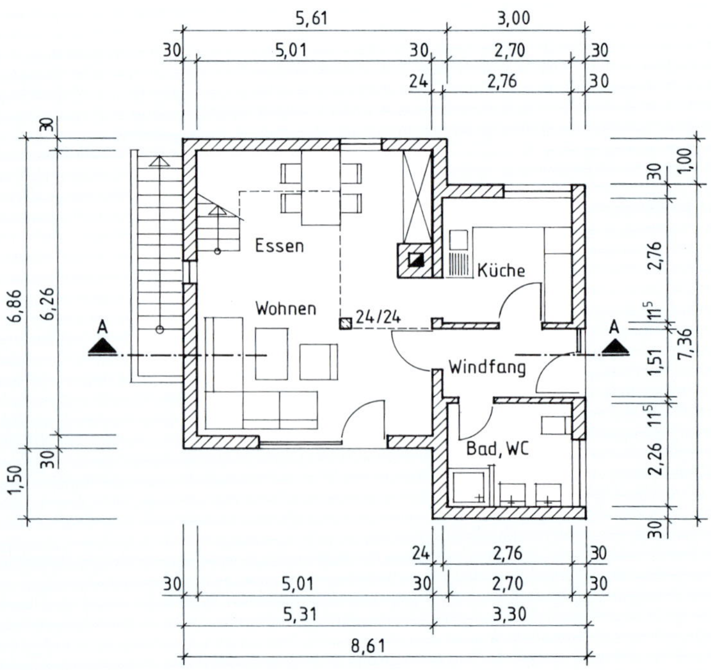

Erdgeschoss EG

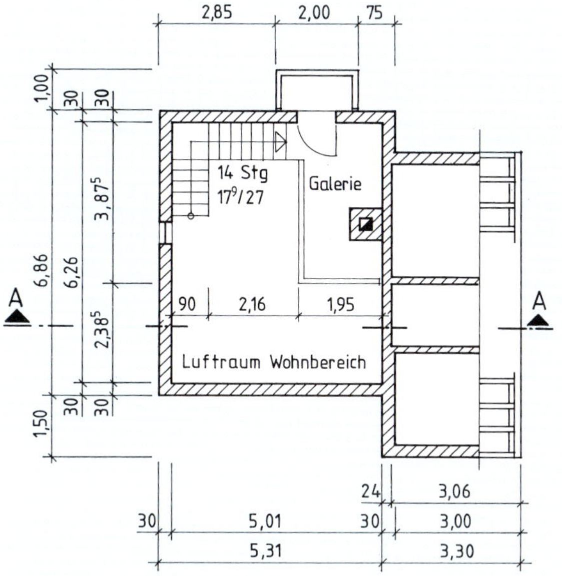

Dachgeschoss (Galeriegeschoss)

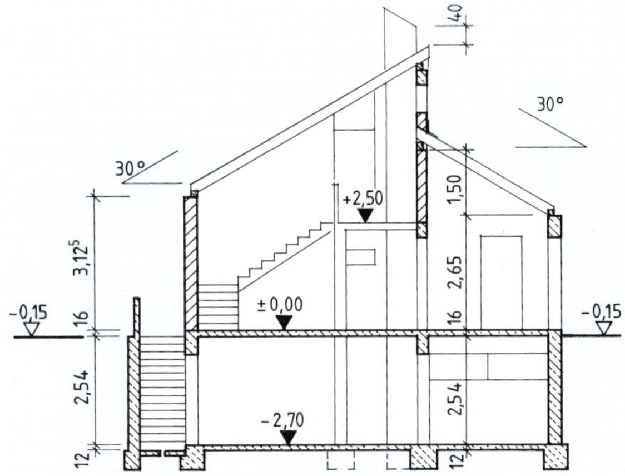

Schnitt A-A

Gebäudeansichten

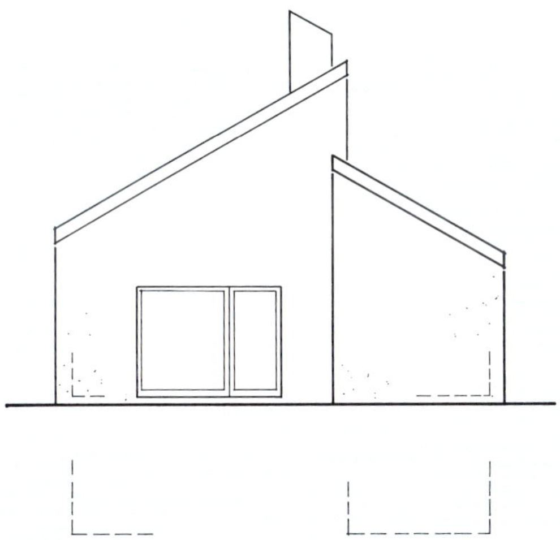

Südansicht

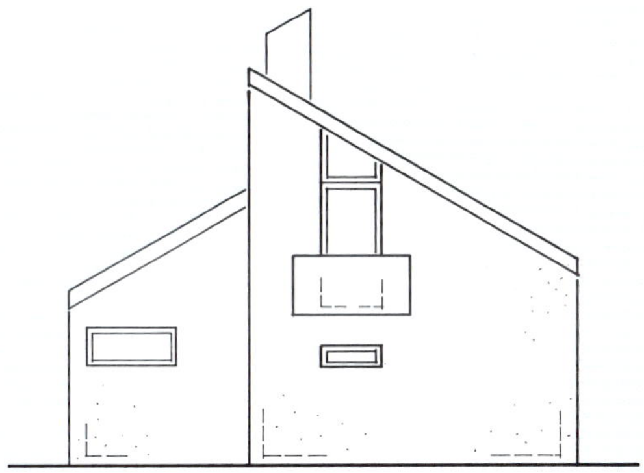

Nordansicht

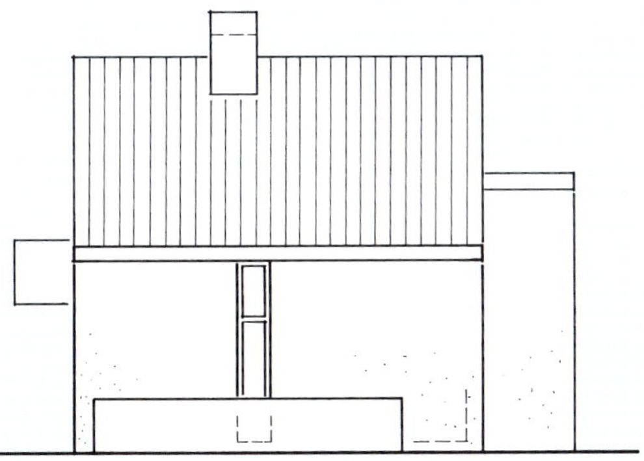

Westansicht

Ostansicht

4 Ausführungszeichnungen

4.1 Grundinformation

Zur Erstellung eines Bauobjektes reichen die Baueingabepläne (Entwurfszeichnungen) nicht aus. Es ist deshalb erforderlich, auf der Grundlage der Baueingabe Pläne zu fertigen, die alle zur Ausführung erforderlichen Angaben beinhalten.

Grundlagen von Ausführungszeichnungen

Ausführungszeichnungen (auch Werk- oder Arbeitspläne genannt) enthalten alle für die Bauausführung erforderlichen Maße, Angaben und Hinweise. Sie stellen die Arbeitsgrundlage für die Bauausführenden dar.

Ausführungszeichnungen werden im Maßstab 1:50 gefertigt.

Teil-, Detail- und Sonderzeichnungen werden als Ergänzung der Ausführungszeichnungen für bestimmte Bauteile und Ausschnitte, z.B. Treppen, Schornstein, Türen und Fenster, in den Maßstäben 1:20, 1:10, 1:5 und 1:1 dargestellt.

4.1.1 Lage der Grundrisse und Schnitte

Grundrisse:

Alle Ebenen eines Hauses werden in Grundrissen dargestellt.

Dachgeschoss

Erdgeschoss

Untergeschoss

Hausgründung

Die Gründung eines Gebäudes wird im Fundamentplan festgelegt.

Hausquerschnitt

Im Ausführungsplan des Schnittes werden die Höhenentwicklungen des Gebäudes festgelegt.

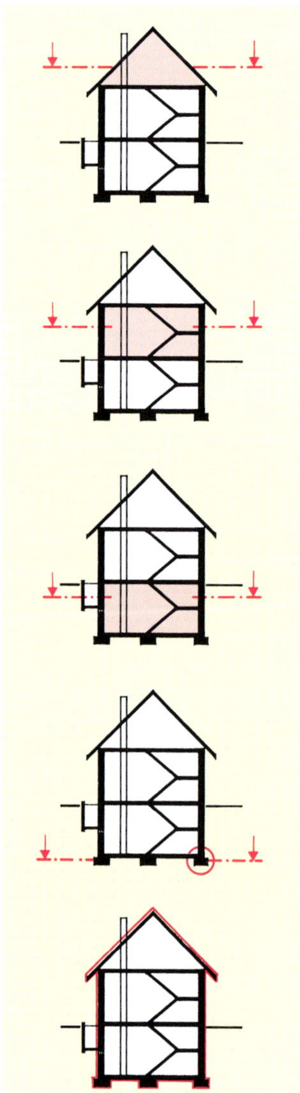

Dachgeschossgrundriss DG

Erdgeschossgrundriss EG

Untergeschossgrundriss UG

Fundamentplan

Schnitt

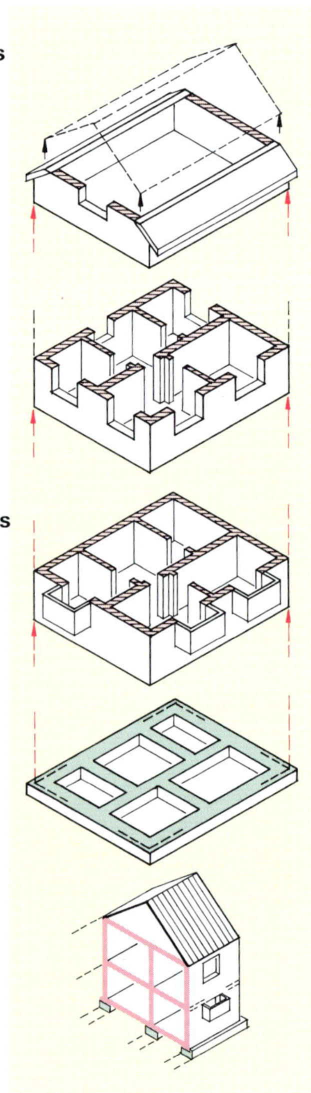

4.1.2 Abkürzungen und Symbole

In Ausführungszeichnungen werden wegen der Übersichtlichkeit oft auftretende Bezeichnungen von Bauteilen und erforderliche Festlegungen mit Abkürzungen dargestellt.

Folgende Abkürzungen sind gebräuchlich:

UG	Untergeschoss	Brh	Brüstungshöhe
EG	Erdgeschoss	GR	Gurtroller
OG	Obergeschoss	HKN	Heizkörpernische
DG	Dachgeschoss	Stg	Steigung (Treppe)
DN	Dachneigung	HG	Hausgrund
DV	Dachvorsprung	PT	Putztür
OK	Oberkante	KS	Kontrollschacht
UK	Unterkante	RR	Regenrohr
RFB	Rohfußboden	SK	Sinkkasten
FFB	Fertigfußboden	NN	Normalnull
DD	Deckendurchbruch	Fh	Feuer hemmend
DA	Deckenaussparung	Fb	feuerbeständig
WD	Wanddurchbruch	FT	Fertigteil
WS	Wandschlitz (SWS)	FS	Fundamentsohle

4.2 Fundamentplan

Der Fundamentplan ist die Draufsicht auf die Fundamente, d.h., die waagerechte Schnittebene liegt in der ersten Mauerfuge unmittelbar über dem Fundament.

Fundamentpläne werden meistens bei größeren Bauten im Massiv- und Skelettbau mit komplizierten Gründungen angefertigt und bei Gebäuden am Hang, wo Fundamente verschiedene Höhenlagen aufweisen. Bei kleineren Bauobjekten genügt es, die Fundamentbreiten im Kellergeschossgrundriss durch Strichlinien darzustellen.

In Fundamentpläne sind einzutragen:

- Bauart und Maße (Länge, Dicke, Höhe) der Fundamente. Die Bemaßung erfolgt nach den Längenangaben des Kellergeschosses. Man bestimmt zuerst die Achsmaße der Kellergeschosswände und somit die Fundamentmitte. Daraus ergeben sich die Abstände der Fundamentstreifen.

Beispiel:

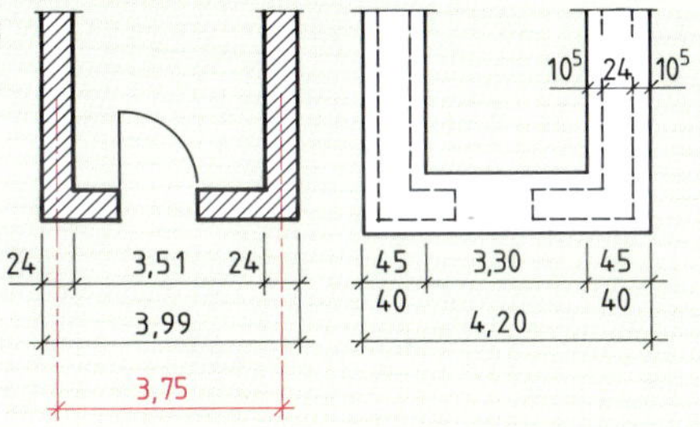

- Maßstab (im Allgemeinen 1:50) und Lage eventueller Vertikalschnitte
- Lager der darüber liegenden Wände, Schornsteine und Treppen in Strichlinien ohne Bemaßung. Abstandsmaße zu Fundamenten sind anzugeben.
- Verstärkungen, Vorsprünge und Abtreppungen von Fundamenten sind zu bemaßen.

Hinweis:

Treten höher liegende Gründungen auf, z. B. Lichtschächte, Außentreppen ..., werden sie in Strichlinien dargestellt und mit Maßangaben versehen.

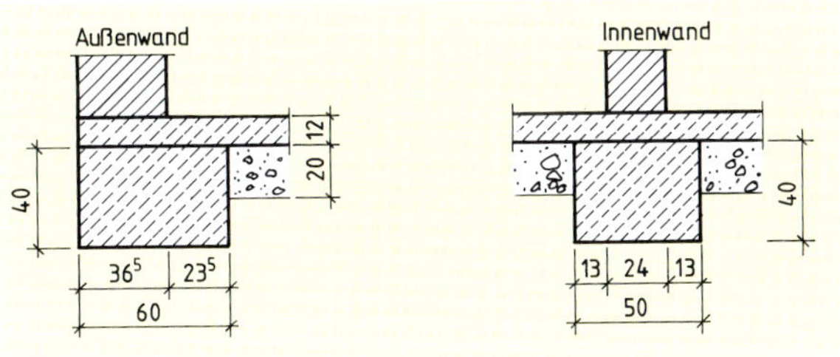

Detailpunkte

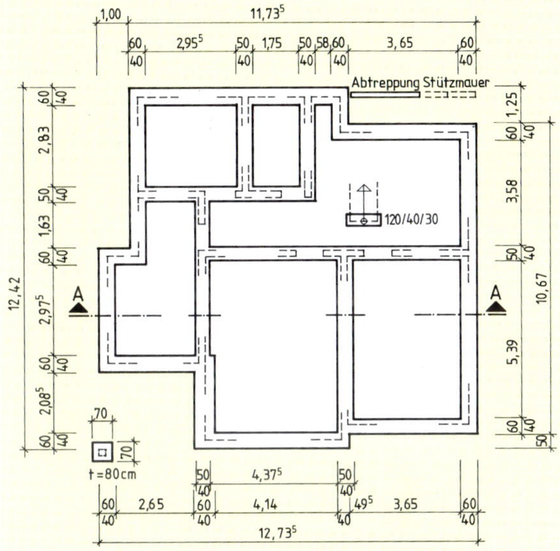

Fundamentplan

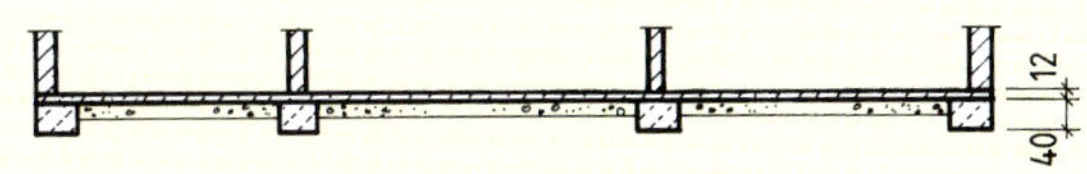

Schnitt A-A

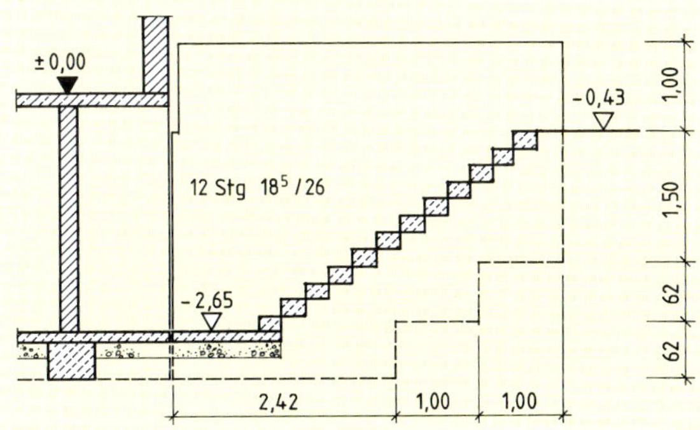

Fundamentabtreppung Stützmauer Außentreppe

Aufgabe:

Gegeben: vereinfachter Kellergrundriss **„Projekt 2"** mit den Fundamentschnitten A–E.

Verlangt: Zu dem vorgegebenen Kellergeschossgrundriss ist der Fundamentplan im Maßstab 1:50 einschließlich der Detailschnitte A–E im Maßstab 1:20 auf ein Blatt A3 im Querformat mithilfe der Fundamentschnitte A–E zu zeichnen und zu bemaßen.

Konstruktionshinweise

Streifenfundamente 60/30 cm

Einzelfundament unter Stahlbetonstütze 50/50/40 cm

Untermauerung der Kelleraußentreppe mit Mauerziegeln (Mz 1,2/12 2 DF $d = 11{,}5$ cm)

Die Untermauerung ist frostsicher zu gründen.

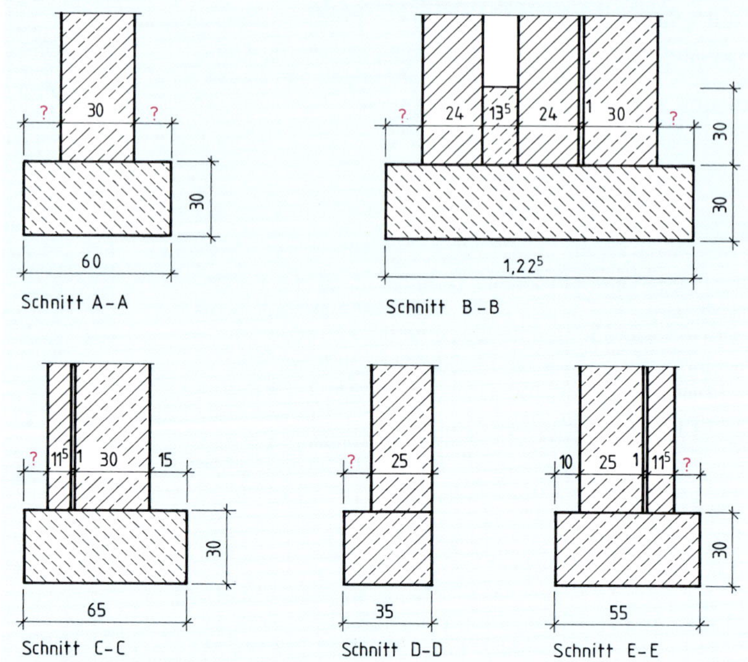

Fundamentschnitte

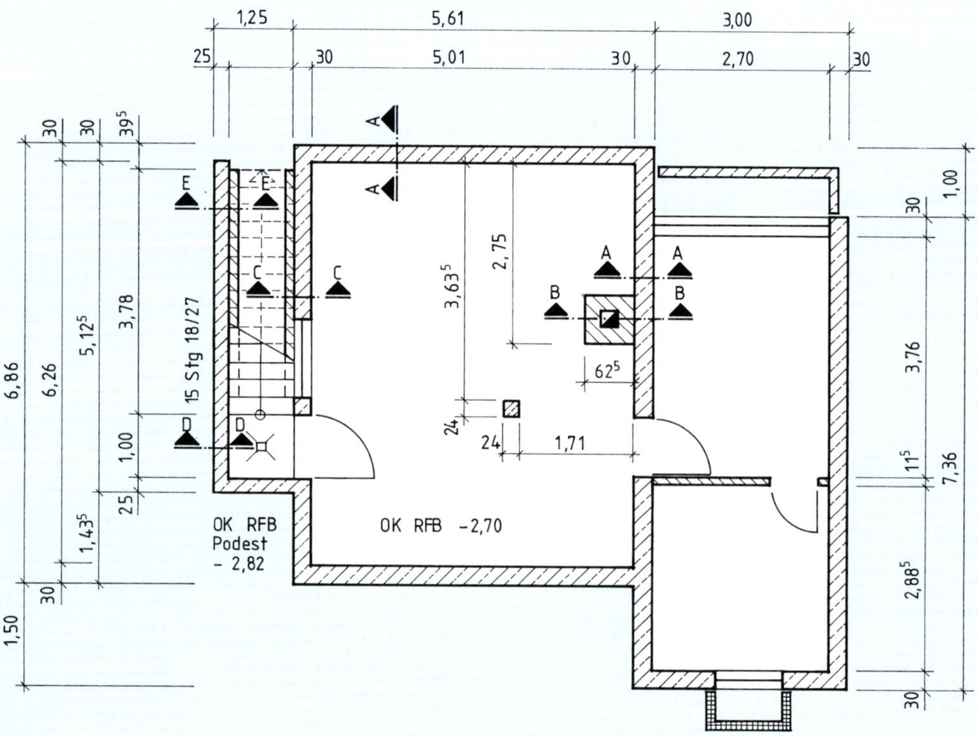

Untergeschossgrundriss (UG)

Aufgabe:

Gegeben: Kellergrundriss (vereinfacht dargestellt) und die Fundamentschnitte A–D.

Verlangt: Zu dem vorgegebenen Kellergeschossgrundriss ist der Fundamentplan einschließlich der Schnitte E–E und F–F im Maßstab 1:50 auf ein Blatt A3 im Querformat mithilfe der Fundamentschnitte A–D zu zeichnen und zu vermaßen.
Fehlende Maße sind zu errechnen und zu ergänzen.

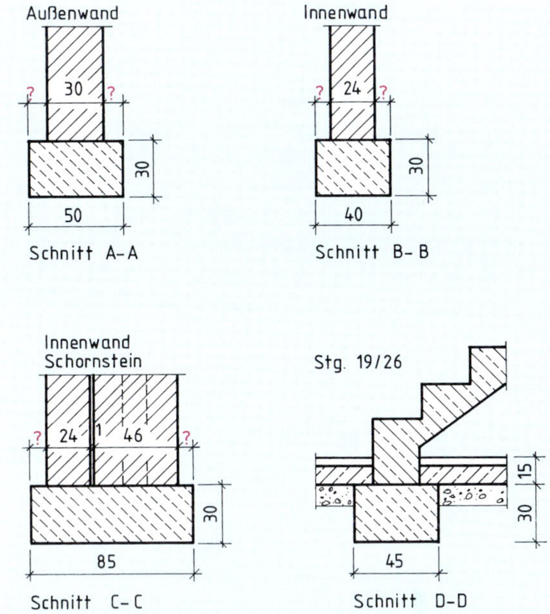

Fundamentschnitte

Konstruktionshinweise

Streifenfundamente
Außenwand 50/30 cm
Innenwand 40/30 cm

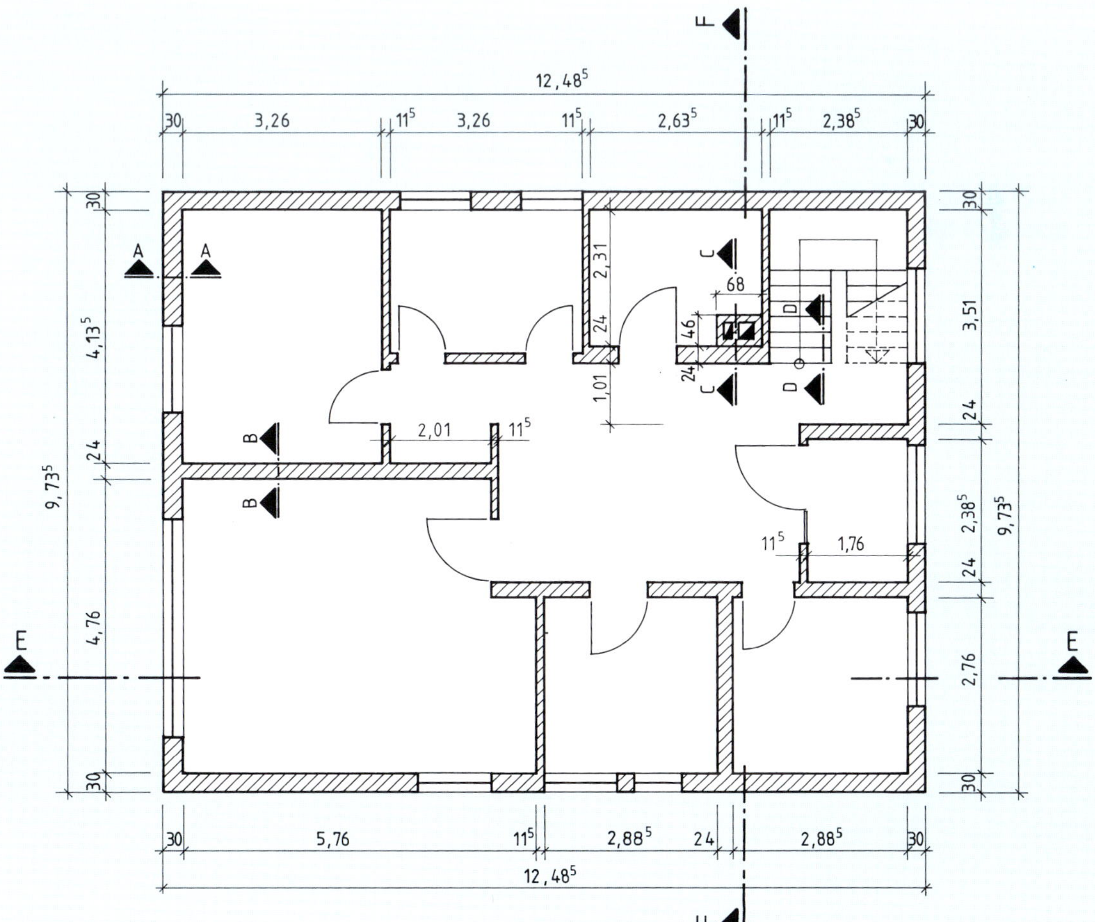

Untergeschoss

Der Entwässerungsplan dient als Grundlage der Haus- und Grundstücksentwässerung. Liegende Entwässerungsleitungen (Grundleitungen) werden als Entwässerungszeichnung im Fundament- bzw. Untergeschossplan im Maßstab 1:50 dargestellt.

Darstellung von Entwässerungs-Grundleitungen Sinnbilder und Zeichen nach DIN 1986-100

Abwasserleitungen	Grundriss
Schmutzwasserleitung	———
Regenwasserleitung	— — — — —
Mischwasserleitung	—·—·—·—
Werkstoffwechsel	——)—
Rohrverschluss	——┤
Reinigungsrohr	—[ ]—
Reinigungsverschluss	—[•]
Ablauf **ohne** Geruchsverschluss	[ ]—
Ablauf **mit** Geruchsverschluss	[–]—

Abkürzungen:

Steinzeug Stzg
Kontrollschacht KS
Sohle S
Regenrohr RR
Putzstück PS
Putztür PT

4.3.1 Zeichentechnische Hinweise

In Entwässerungszeichnungen sind einzutragen:

- Rohrdurchmesser und Querschnittsänderungen,
- Gefälle- und Fließrichtung,
- Werkstoffangabe und Werkstoffänderungen,
- Reinigungs-T-Stücke u. Ä.,
- evtl. Angabe der Sanitärgegenstände.

4.3.2 Grundsätze zur Verlegung von Grundleitungen

In Grundleitungen dürfen nur Abzweige mit ≤45° eingebaut werden, Doppelabzweige sind unzulässig. Die Erdüberdeckung der Muffen von Grundleitungen muss unterhalb von Gebäuden ≥15 cm betragen. Das Verlegen der Rohre beginnt an der tiefsten Stelle mit den Muffen nach vorn, d. h. entgegen der Fließrichtung des Wassers. Grundleitungen müssen in einem gleichmäßigen Gefälle von 2 % bis max. 6 % verlegt werden. Die Querschnitte für Grundleitungen sind ≥∅100 mm, beim Anschluss an den Straßenkanal ≥∅150 mm. Für Reinigungszwecke sind am Fußpunkt von Fallleitungen Putzstücke anzuordnen, in der Grundleitung Kontrollschächte mit Putzstück im Abstand von max. 20 m.

Verwendung und farbige Darstellung:

Steinzeugrohre für Schmutz- und Mischwasser: braun
Beton- und Zementrohre für Regenwasser: grau

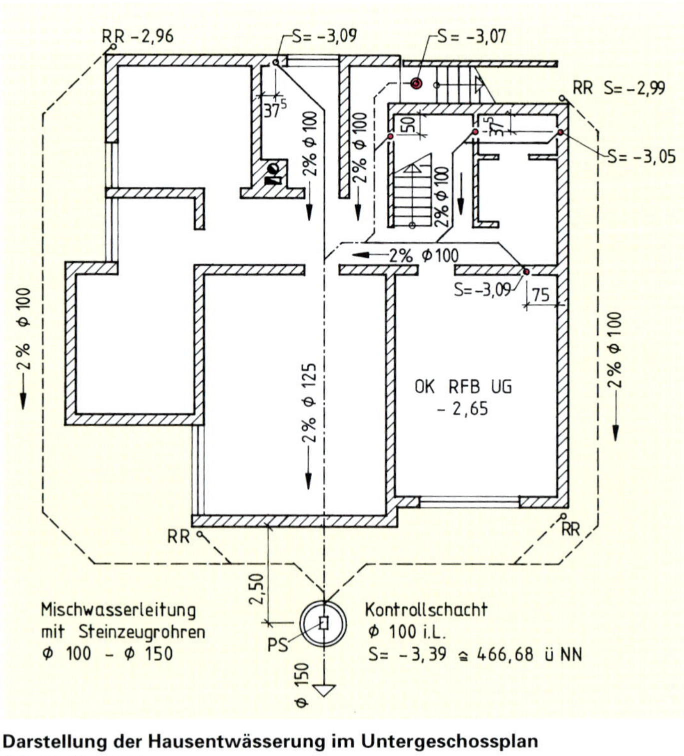

Darstellung der Hausentwässerung im Untergeschossplan
(Musterlösung)

Entwässerungszeichnungen

Aufgabe:

Gegeben: vereinfachter Kellergrundriss „Projekt 2" mit den Fallleitungen I–III, dem Bodenablauf im Podest der Kelleraußentreppe und 2 Fallleitungen für die Dachentwässerung.

Verlangt: Entwässerungszeichnung mit Symbolen im Kellergeschossgrundriss 1:50 auf ein Blatt A3 Querformat. Die verwendeten Rohre sind in einer Rohrliste aufzulisten.

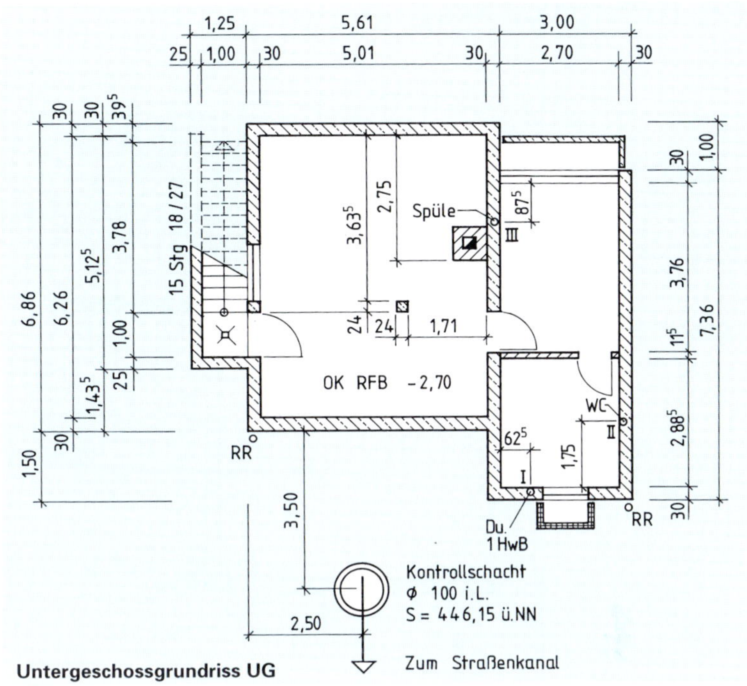

Untergeschossgrundriss UG

Konstruktionshinweise

Die Entwässerungsanlage wird im Mischsystem mit Steinzeugrohren mit DN ∅100 mm bis ∅150 mm ausgeführt.

OK Gelände ≙ 450,00 m ü. NN
OK RFB UG ≙ 447,45 m ü. NN
OK RFB Podest Außentreppe ≙ 447,33 m ü. NN

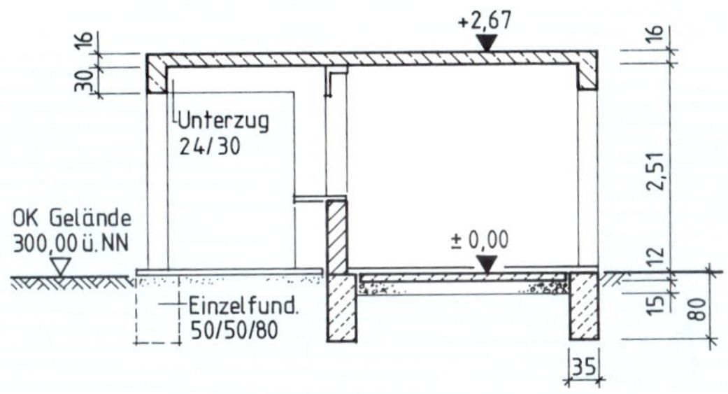

Schnitt A-A

Aufgabe:

Für den dargestellten **Kiosk** ist ein Fundament- und Entwässerungsplan im Maßstab 1:50 auf ein Blatt A4 zu zeichnen. Die Entwässerungsanlage wird im Mischsystem mit NW ∅ 100 mm und ∅ 150 mm ausgeführt.

Streifenfundamente werden aus Stampfbeton C 8/10, Einzelfundamente aus Stahlbeton C25/30 hergestellt. Auf frostsichere Gründung ist zu achten.

Erläuterung:

Du Dusche
HwB Handwaschbecken
RR Regenrohr

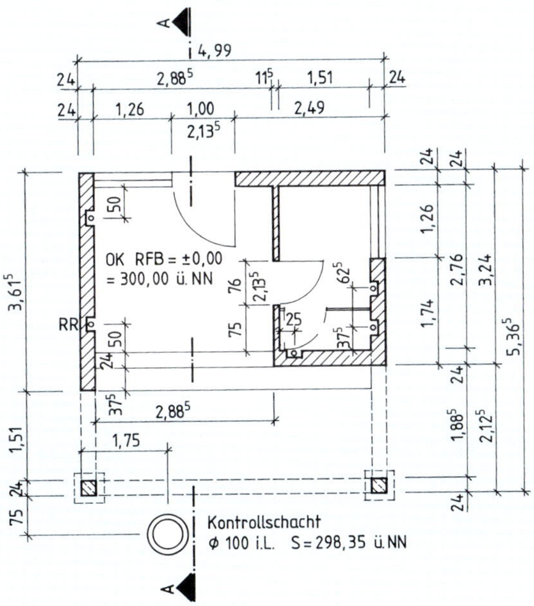

Grundriss

4.4 Untergeschossgrundriss

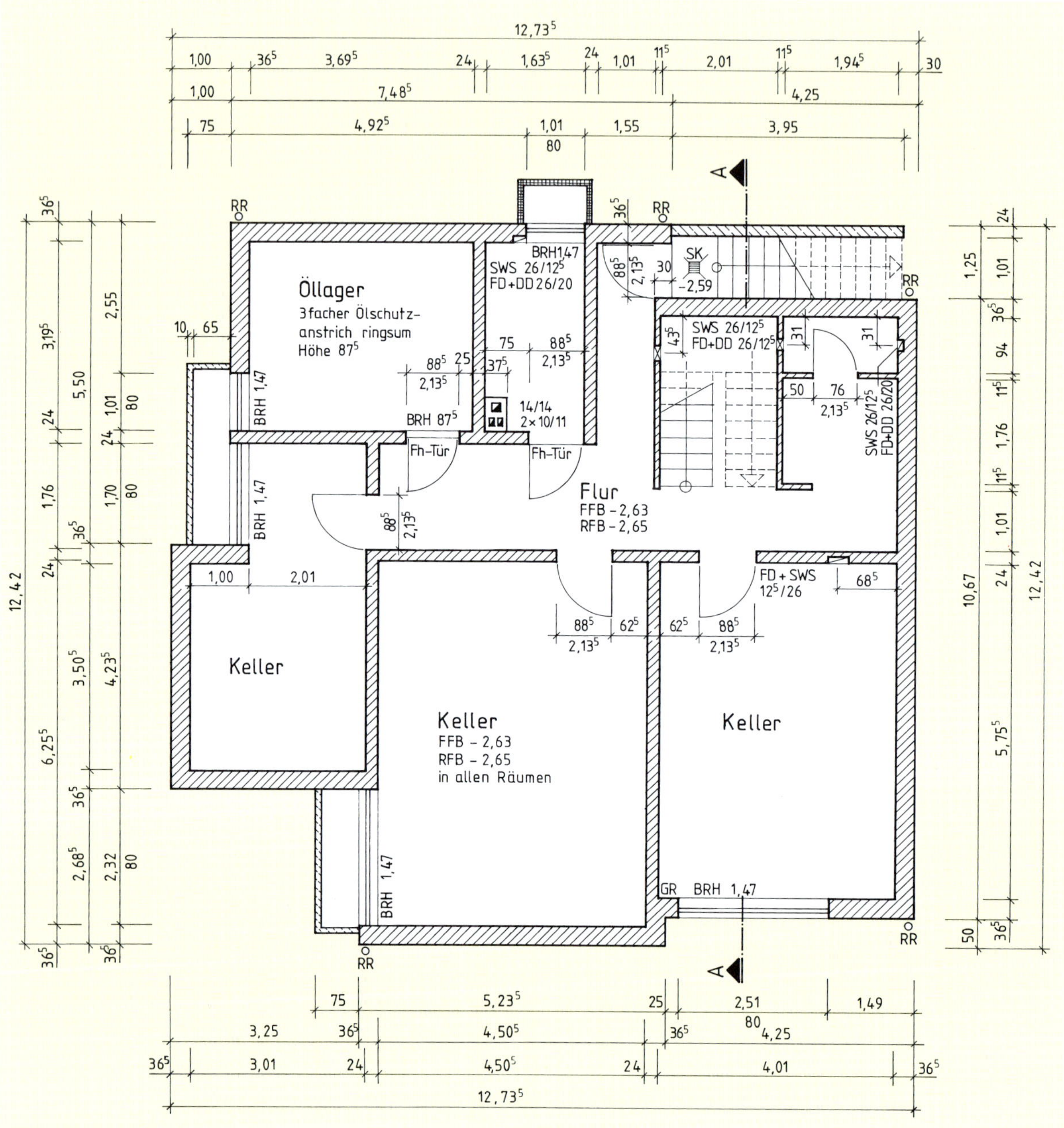

Untergeschoss

Im **Untergeschoss-Grundrissplan** sind zusätzlich folgende Bemaßungen und Planeintragungen erforderlich:

- Kellerlichtschächte
- Kelleraußentreppe
- Reinigungsöffnung (Putztür, PT) des Schornsteins
- Feuer hemmende (Fh) und feuerbeständige (Fb) Türen
- Bodeneinläufe (Sinkkasten) mit Gefälleangaben
- Kontrollschacht (KS), Revisionsschacht
- Be- und Entlüftung des Heiz- und Tankraumes
- Anstrich des Tankraumes
- Durchbrüche für Hausanschlüsse von Strom, Wasser, Gas und Telefon

Aufgabe:

Zeichnen Sie nach dem vereinfachten Untergeschossgrundriss des **Projektes 2** „Kleines Wohnhaus in A" die Ausführungszeichnung für das UG im Maßstab 1:50 einschließlich aller erforderlichen Maße und Angaben sowie Hinweise über zu verwendende Konstruktionen auf ein Zeichenblatt A3 im Querformat.

Konstruktionshinweise Untergeschoss

Außenwände:	Stahlbeton C25/30, $d = 30$ cm
Trennwände:	Stahlbeton C25/30, $d = 30$ cm Mauerziegel HLz 8–1,2 2 DF, $d = 11{,}5$ cm
Höhenlagen:	OK RFB UG – 2,70 m ≙ 447,45 m ü. NN OK RFB Podest Kelleraußentreppe –2,82 m OK FFB Hobbyraum –2,63 m OK FFB Abstellräume –2,67 m
Wandöffnungen:	Außen- und Innentüren $h = 2{,}125$ m Fenster- und Brüstungshöhen: Hobbyraum: $h = 76$ cm, BRH = 1,375 m Abstellräume: $h = 62{,}5$ cm; BRH = 1,50 m Abstellräume: $h = 62{,}5$ cm; BRH = 1,50 m
Treppe:	Kelleraußentreppe aus Kunststeinstufen mit 15 Steigungen 18/17 cm. Untermauerung mit Mauerziegeln Mz 1,2/12 2 DF, $d = 11{,}5$ cm
Schornstein:	Formstein mit Schamotterohr, einzügig Abmessung 48/36 cm, lichter ∅16 cm Lüftung 10/25 cm Reinigungsöffnung (PT) ist im UG vorzusehen.

Aussparungen und Durchbrüche für Fallleitungen:
Fallleitung I–III FD 26/26 cm; SWS 12,5/26 cm
DD 26/26 cm; Entlüftung über Dach
Hofablauf ohne Geruchsverschluss in Podestmitte der Kelleraußentreppe

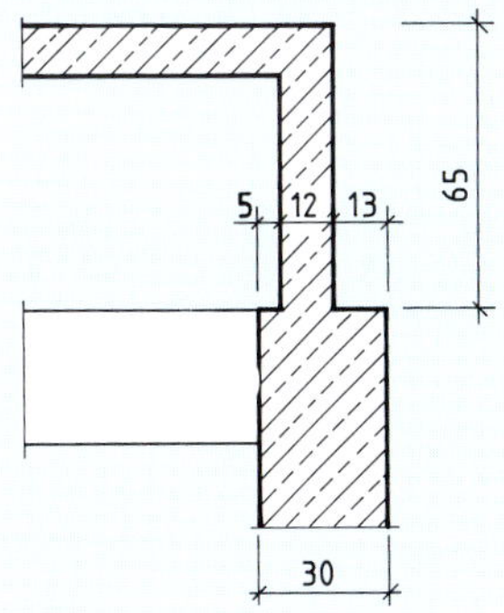

Detailpunkt A:
Anschluss Lichtschacht aus Stahlbeton

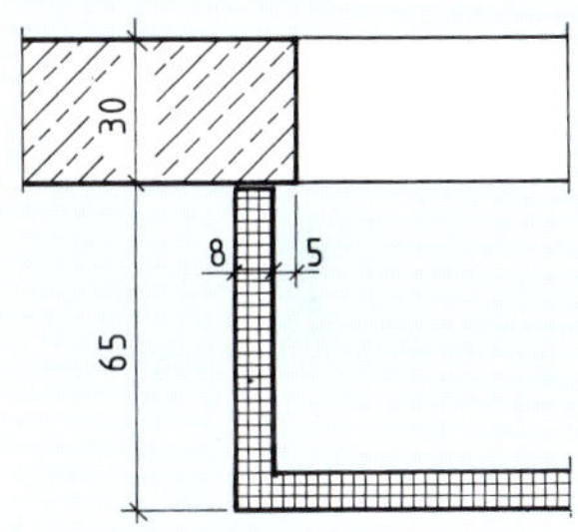

Detailpunkt B:
Anschluss Lichtschacht aus Stahlbetonfertigteilen

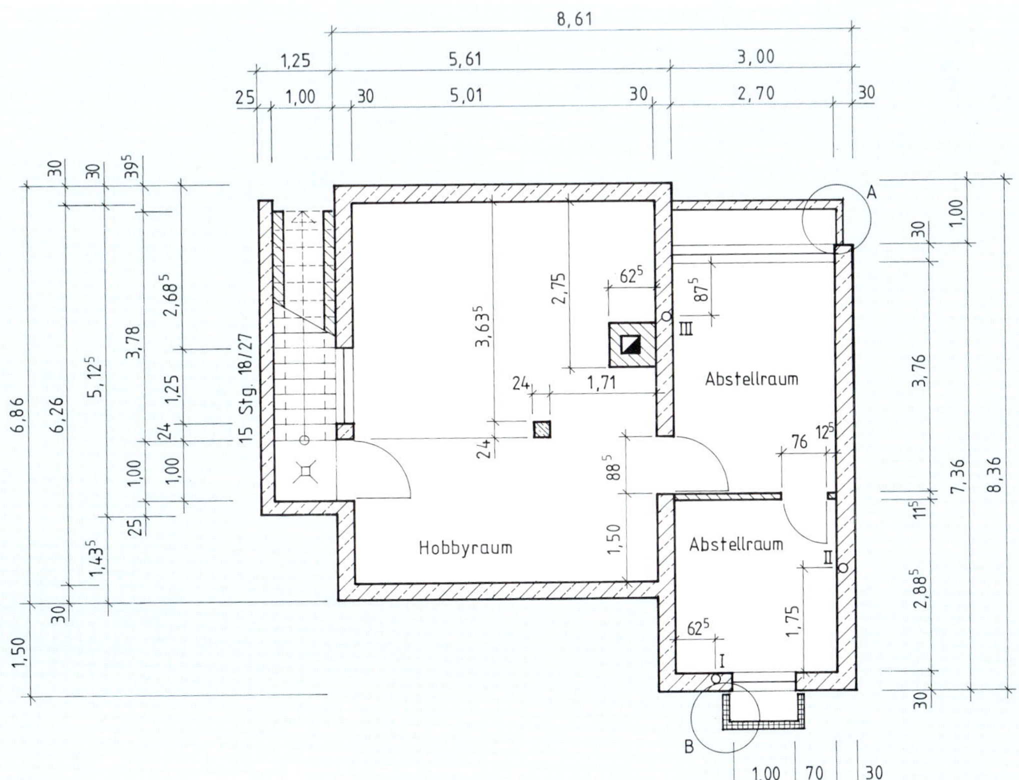

Untergeschoss UG

4.5 Erdgeschossgrundriss

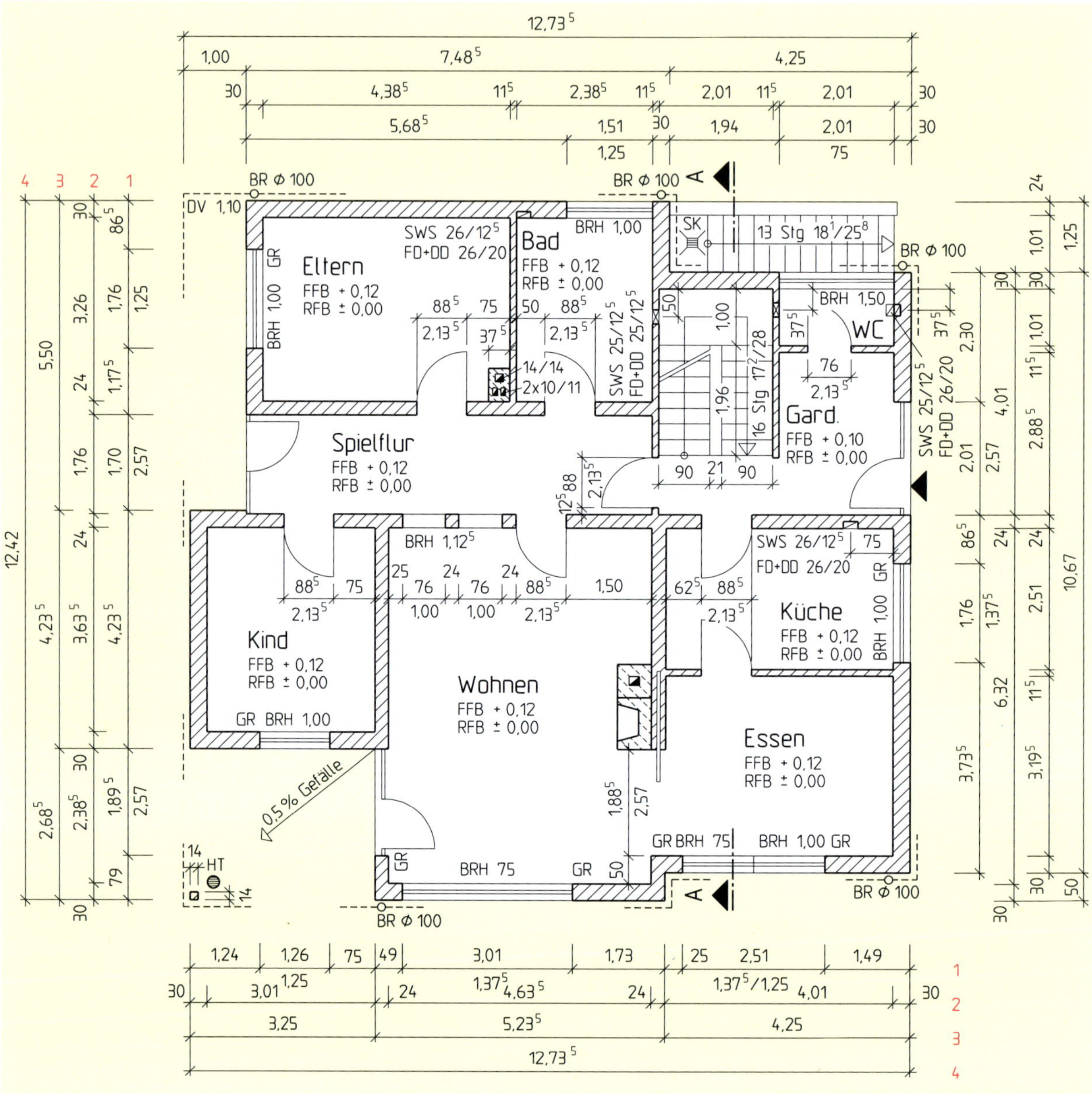

Erdgeschoss EG

In den Grundrissen UG, EG, OG und DG sind folgende Bemaßungen und Planeintragungen erforderlich:

Bemaßung:

Außerhalb der Grundrisse:
1. Maßlinie: Wandöffnungen, Wandlängen und Pfeilermaße
2. Maßlinie: lichte Rohbau-, Raummaße und Wanddicken
3. Maßlinie: Bauteilabschnitte
4. Maßlinie: Gesamtwandlänge

Innerhalb des Grundrisses: – Türöffnungen – Wandvorsprünge
– Wandanschläge

Planeinträge:

- Bezeichnungen der Räume
- Fußbodenaufbau (OKRFB, OKFFB)
- Schlitze- und Durchbrüche
- Geschoß- und Differenztreppen mit Anzahl der Steigungen, Steigungsverhältnis und Lauflinie mit Richtungspfeil
- Schornstein mit Querschnitt und Bauart
- Türanschlag und Türart
- Brüstungshöhen (BRH)
- Hoftopf (HT)

Im Erdgeschossplan werden zusätzlich folgende Angaben gemacht:
– Hauseingang, evtl. Treppe, mit Eingangspfeil – Draufsicht der Kelleraußentreppe – Gurtroller – Regenfallrohre (RR)

Aufgabe:

Zeichnen Sie nach dem vereinfachten Erdgeschossgrundriss des **Projektes 2** „Kleines Wohnhaus in A" die Ausführungszeichnung für das EG im Maßstab 1:50 einschließlich aller erforderlichen Maße und Angaben sowie Hinweise über zu verwendende Konstruktionen auf ein Zeichenblatt A3 im Querformat. Angaben in am sowie fehlende Maße sind zu berechnen.

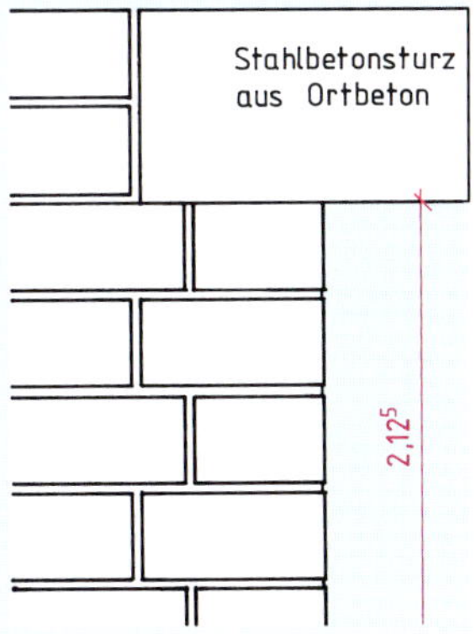

Detail A

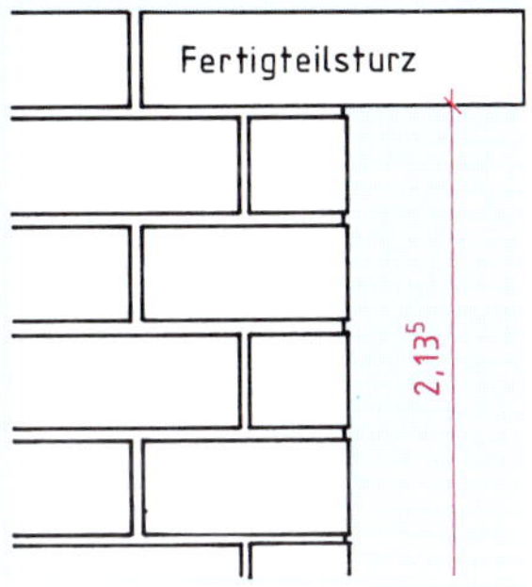

Detail A

Konstruktionshinweise Erdgeschoss

Außenwände:	Leichtziegel Hlz 0,8/12 5 DF, $d = 30$ cm
Trennwände:	Mauerziegel Hlz 1,2/12 2 DF, $d = 24$ cm Mauerziegel Hlz 1,2/8 2 DF, $d = 11{,}5$ cm
Höhenlagen:	IK RFB EG $\pm 0{,}00 \triangleq 450{,}15$ m ü. NN OK Gelände $-0{,}15$ m OK FFB Wohn/Essraum; Küche, Flur $+0{,}09$ m OK FFB Bad/WC $+0{,}08$ m
Wandöffnungen:	Das Einmessen aller Wandöffnungen wurde im vorgegebenen Grundriss durch am-Angaben vorgenommen. Berechnen Sie davon die Rohbaumaße (1 am = 12,5 cm)
Türen:	Hauseingangstür als Element mit fest stehender Verglasung 1,51/2,125 m Innentüren bei Wandstärken $d = 24$ cm $h = 2{,}125$ m, siehe Detail A; bei Wandstärken $d = 11{,}5$ cm $h = 2{,}135$ m, siehe Detail B
Fenster:	Wohn/Essbereich: 4 am/3,12^5 BRH 0,00 m 7 am/37^5 BRH 1,50 m; 22 am/2,12^5 BRH 0,00 m Küche/Bad/WC: 12 am/62^5 BRH 1,50 m
Treppe:	Zweiläufige Winkeltreppe mit Viertelpodest aus Stahlbeton, 14 Steigungen 17,5/27 cm

Abmessungen für durchgehende Bauteile sind in den Konstruktionshinweisen enthalten.

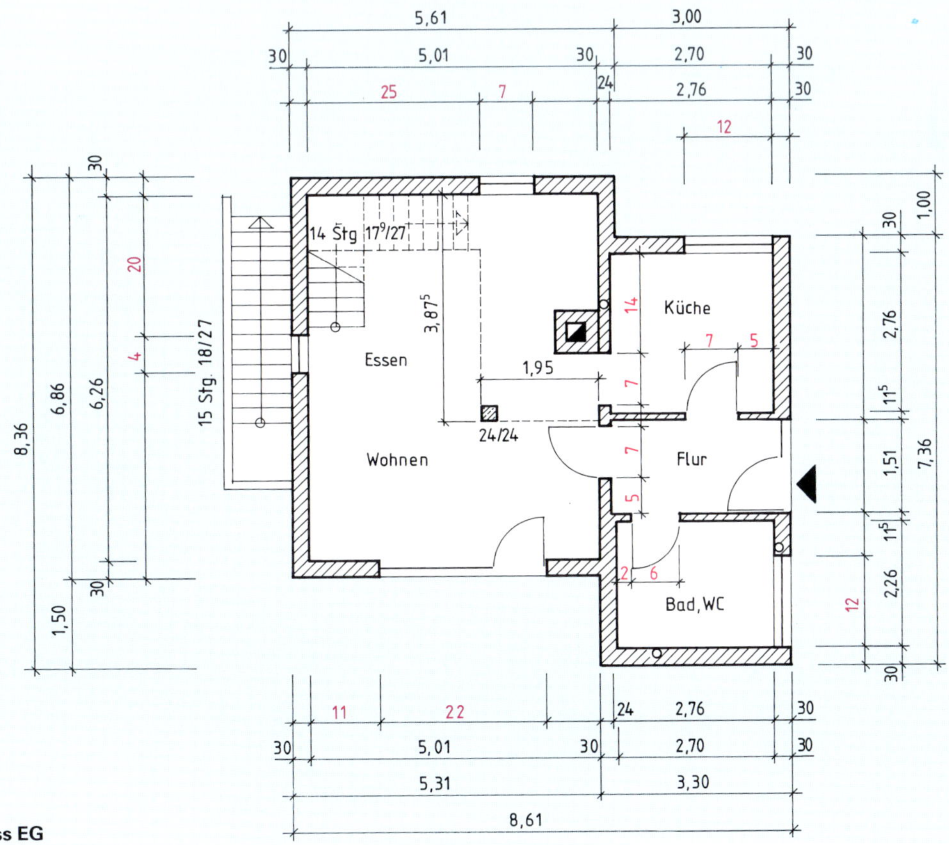

Erdgeschoss EG

4.6 Dachgeschossgrundriss

Aufgabe:

Zeichnen Sie nach dem vereinfachten Dachgeschossgrundriss des **Projektes 2** „Kleines Wohnhaus in A" die Ausführungszeichnung für das DG im Maßstab 1:50 einschließlich aller erforderlichen Maße und Angaben sowie Hinweise über zu verwendende Konstruktionen auf ein Zeichenblatt A3 im Querformat. Angaben in am sowie fehlende Maße sind zu berechnen.

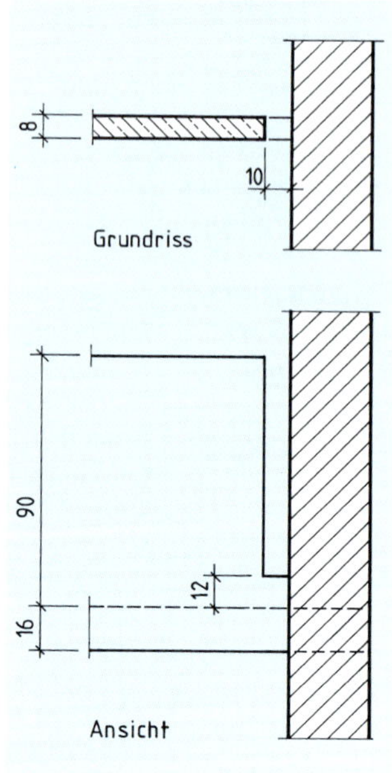

Detailpunkt A
Anschluss Balkon-Galeriebrüstung an Wand

Konstruktionshinweise Dachgeschoss

Außenwände:	Leichtziegel Hlz 0,8/12 5 DF, *d* = 30 cm
Höhenlagen:	OK RFB +2,50 m; OK FFB +2,59 m
Wandöffnungen:	Das Einmessen aller Wandöffnungen wurde im vorgegebenen Grundriss durch am-Angaben vorgenommen. Berechnen Sie davon die Rohbaumaße. Galeriebereich: Balkontür Breite 7 am; Höhe bis UK Sparren durchgehend Fenster 3 × 12 am/62^5 BRH 2,50 m Durchgehendes Fensterelement aus EG 4 am/3,12^5 BRH im EG 0,00 m
Balkon:	OK RFB +2,50 m; OK FFB +2,55 m Brüstung für Balkon und Galerie aus Stahlbeton, *d* = 8 cm BRH = 90 cm. Anschluss Brüstung – Wand siehe Detailpunkt A

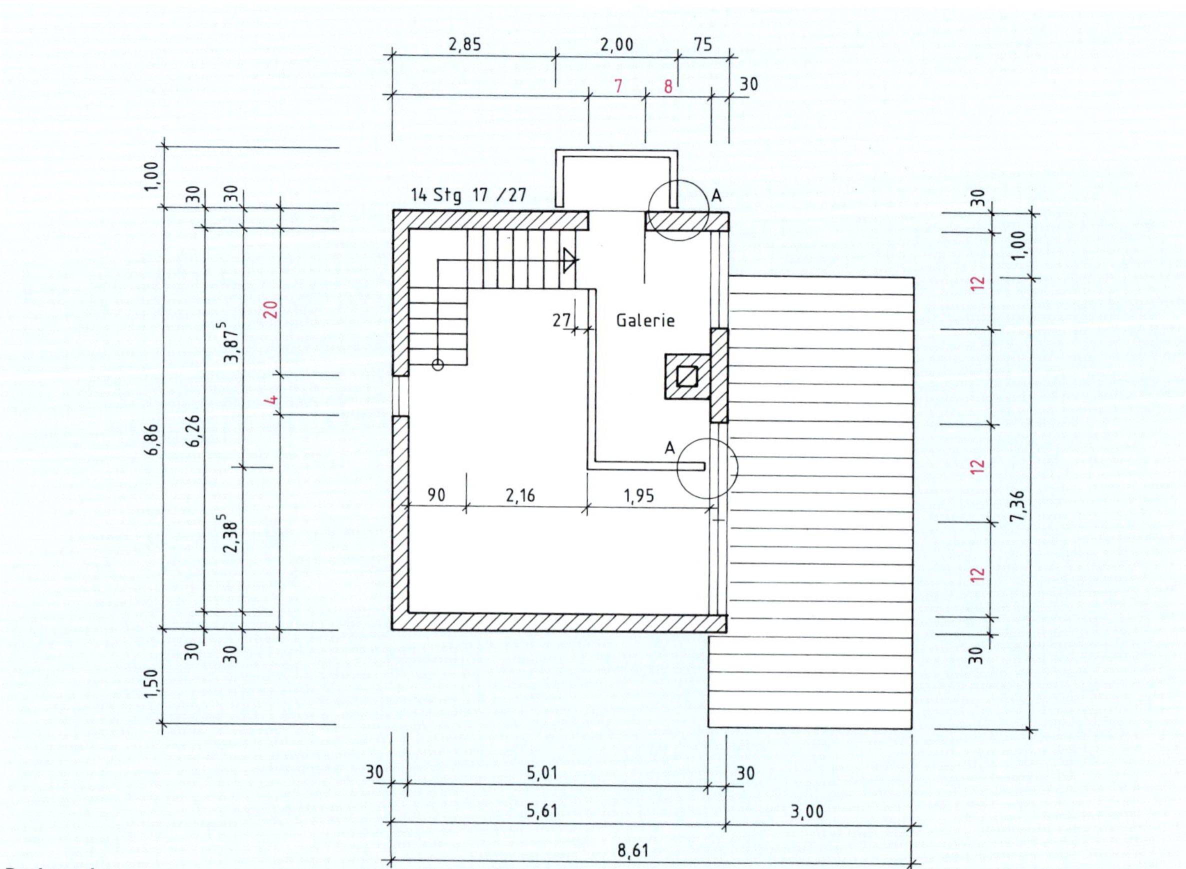

Dachgeschoss

4.7 Schnitte

4.7.1 Hausquerschnitt

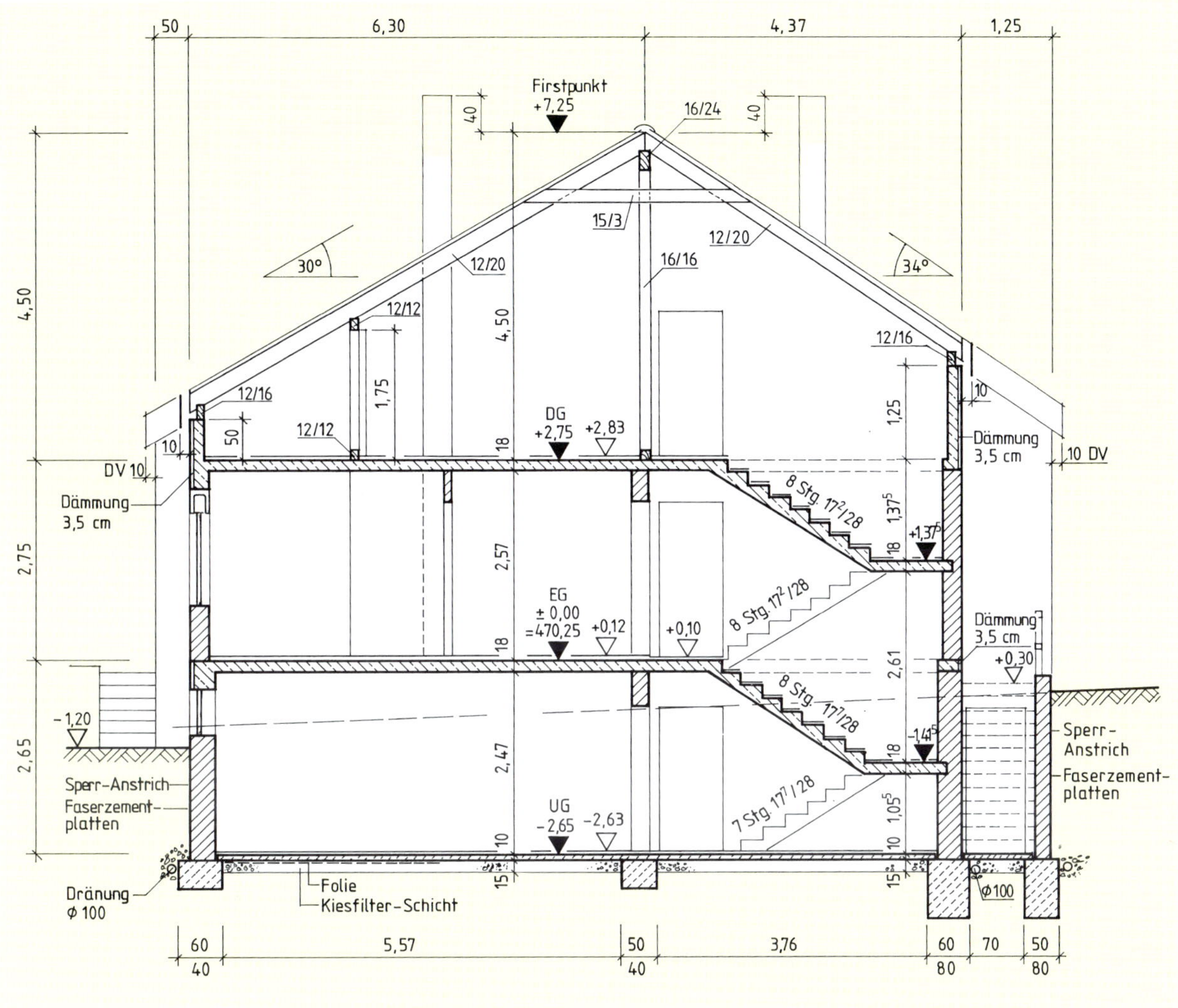

Schnitt A-A

(s. EG-Grundriss S. 332)

Im Schnitt werden folgende Bemaßungen und Angaben dargestellt:

- Geschosshöhen
- Lichte Raumhöhen
- Konstruktionsstärken der Decken
- Höhe der Fundamente, Kellerfenster, Lichtschächte, Brüstungen, Stürze und Unterzüge
- Konstruktion des Dachstuhls mit Angabe der Dachneigung und der Holzabmessungen
- Ausbildung und Höhe des Schornsteins über Dach, Reinigungsöffnung (RÖ) oder Putztür (PT)
- Dachvorsprung (DV)
- Treppenanlagen (innen und außen) mit Angabe des Steigungsverhältnisses
- Höhenlage der Ebenen durch gleichseitiges Dreieck (OK, RFB, OKFFB)
- Dränung mit Filterschichten
- Waagerechte und senkrechte Sperrschichten
- Anschluss Außengelände am Gebäude

4.7.2 Schnitte: Kelleraußenwand

Jede UG-Wand wird durch Feuchtigkeit beansprucht. Um Durchfeuchtungsschäden zu vermeiden, müssen Abdichtungen angeordnet werden. In der Bautechnik steht zur Lösung dieser Aufgabe eine Reihe von Sperrstoffen zur Verfügung.

Vertikale Flächen	
Mehrfacher bitumenhaltiger Heiß- oder Kaltanstrich Zweilagige Spachtelmassen Sperrputz Dichtungsschlämme	Kellerwand
Horizontale Flächen	
Besandete Bitumenpappen Sperrestriche Dichtungsbahnen mit Schutzestrich	Mauerfuge Kellerboden

Neben einem Feuchtigkeitsschutz muss eine Kelleraußenwand auch andere Aufgaben erfüllen. Bedingt durch zunehmend anspruchsvollere Nutzung von Räumen gewinnt die Wärmeschutzfunktion der Kelleraußenwand an Bedeutung. Eine unterbrochene Wärmedämmschicht – **Wärmebrücke** – muss daher verhindert werden.

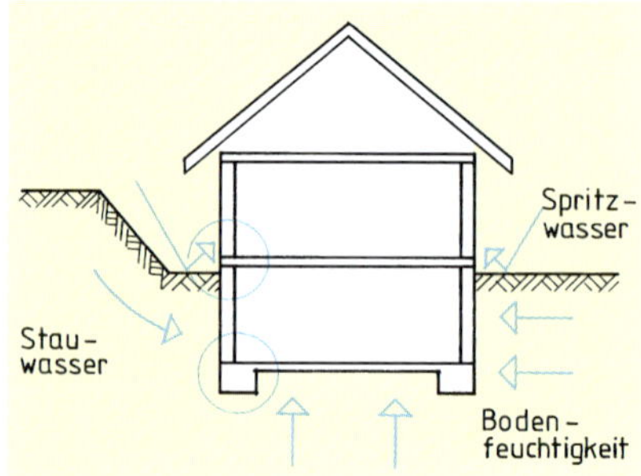

Beanspruchung durch Feuchtigkeit

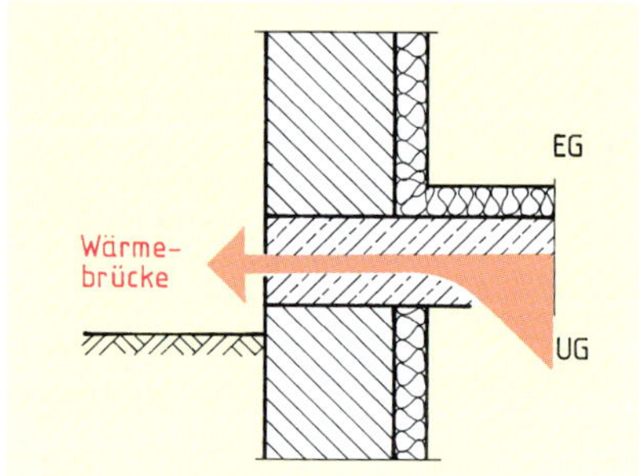

Unterbrochene Wärmedämmschicht

Konstruktive Durchbildung

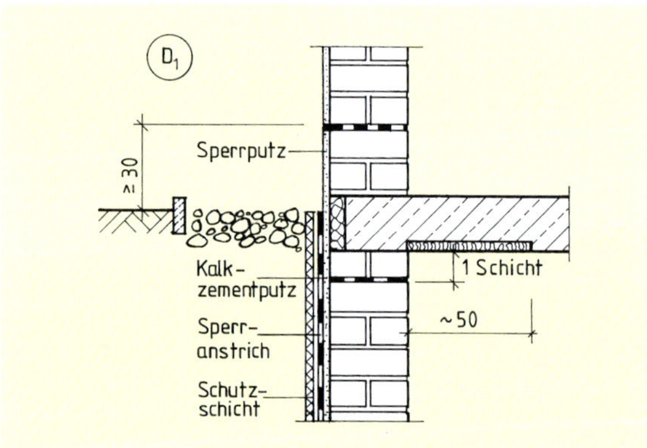

Variante

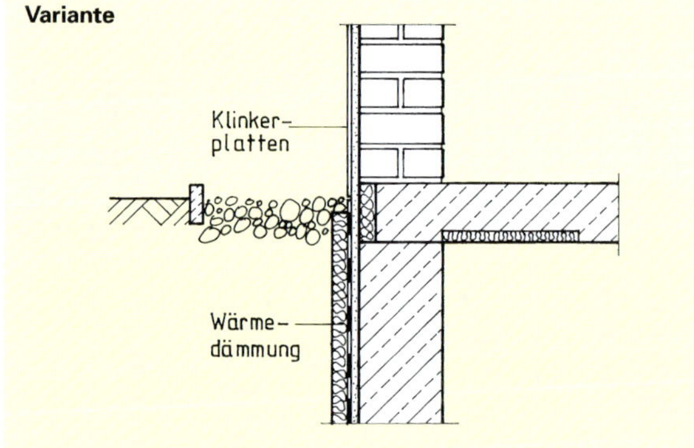

Sockelbereich

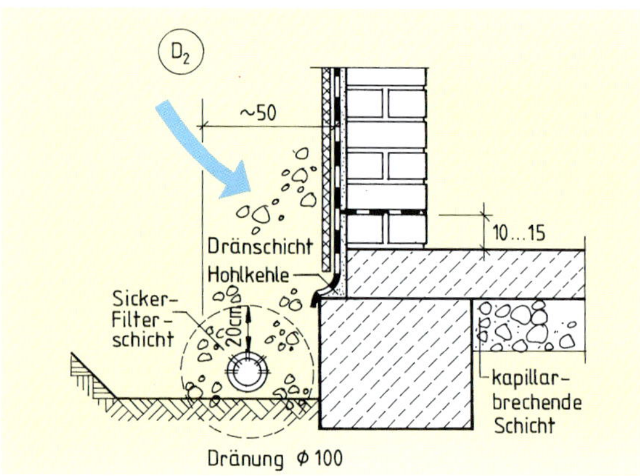

Variante

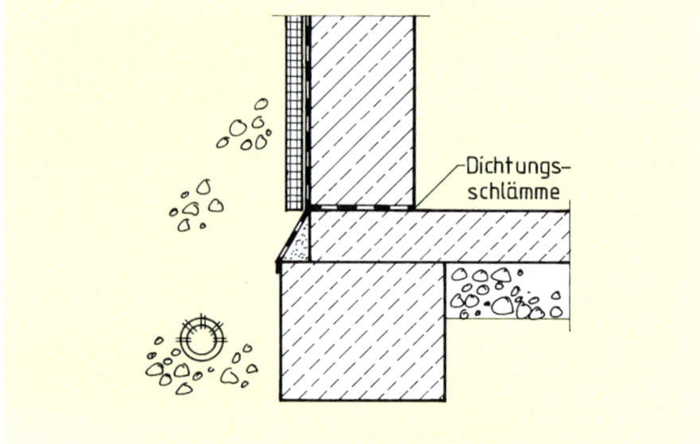

Fußpunkt mit Dränung

4.7.3 Kellerlicht-schacht

Kellerlichtschächte sind erforderlich für Untergeschoss-(Keller)-Fenster, die teilweise oder ganz im Erdreich liegen.

Lichtschächte gewähren Lichteinfall und Belüftung der Kellerräume und halten Erdreich und Feuchtigkeit vom Kellerfenster ab.

Verschiedene Ausführungen und Konstruktionen sind möglich. Jedoch sind Untergeschoss-Wandausführung (Material) und Größe des Lichtschachtes zu berücksichtigen.

Grundkonstruktionen:

1. Lichtschacht fest mit Kellermauerwerk verbunden
2. Lichtschachtwandungen auf Bodenplatten oder Konsolen gesetzt
3. Vor die fertige Kellerwand gesetzte Lichtschächte
4. Kunststoff-Lichtschacht

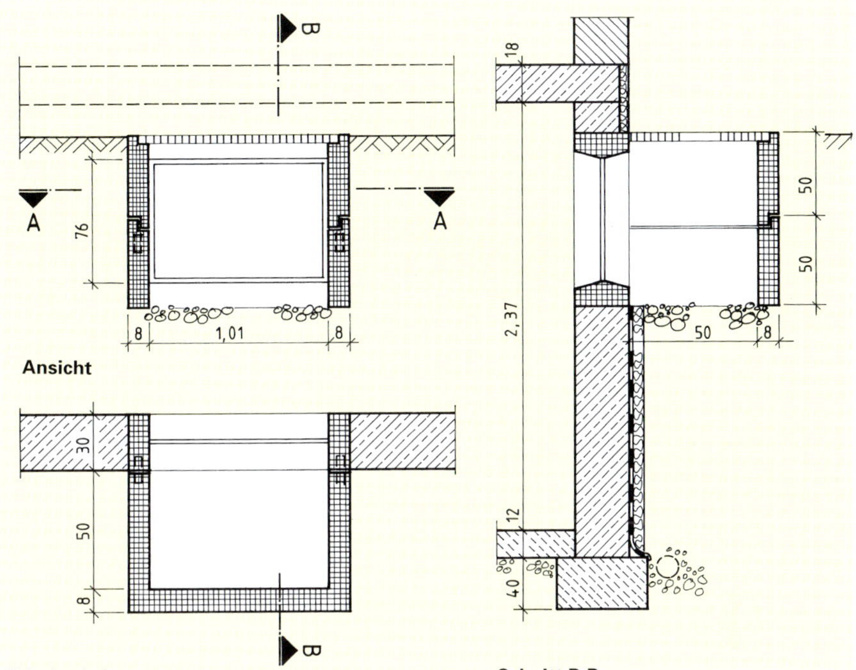

Schnitt A-A **Schnitt B-B**
Lichtschacht aus Stahlbetonfertigteilen (Kranzteile an Untergeschoss gehängt)

Verschiedene Lichtschachtausführungen (Konstruktionen)

Betonierter Lichtschacht mit Boden

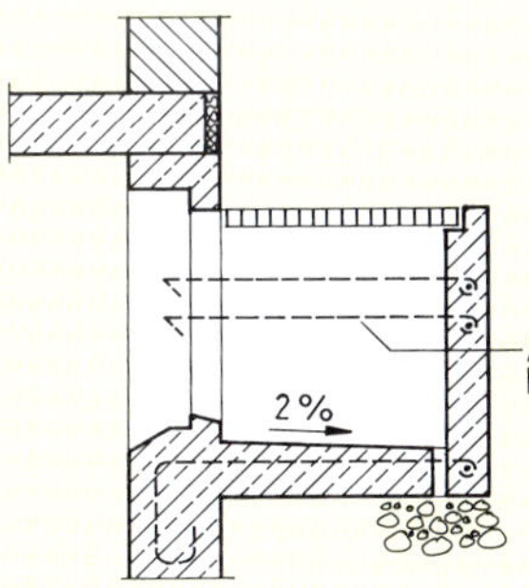

Lichtschacht auf Konsolen

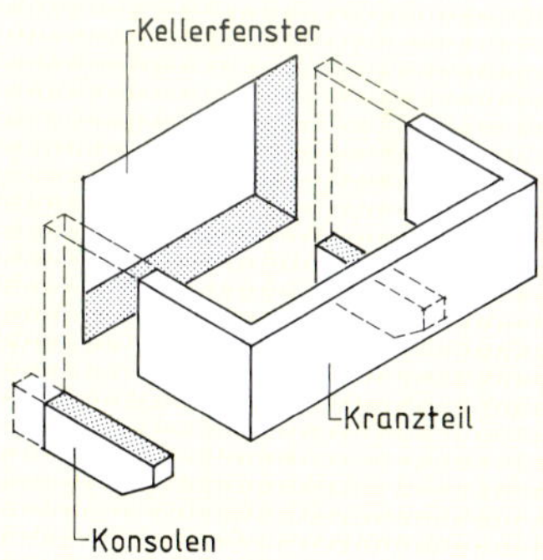

Lichtschacht auf Kragplatte

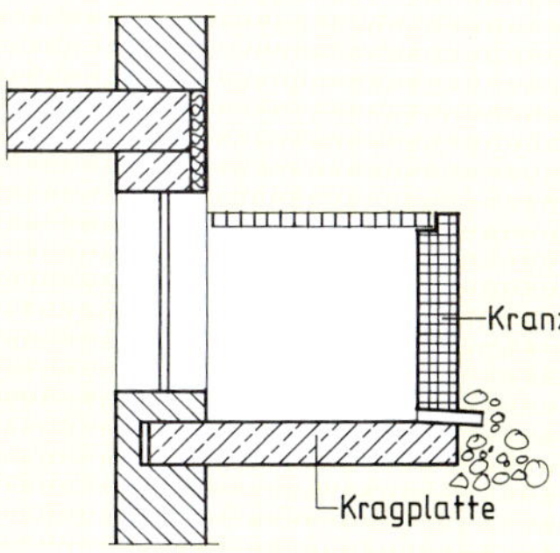

Kunststoff-Lichtschacht

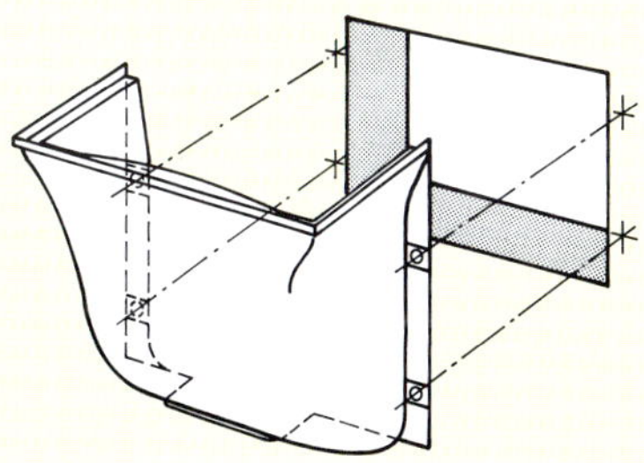

Schnitte

Aufgabe:

Zeichnen Sie zum **Projekt 2** „Kleines Wohnhaus in A“ den Querschnitt im Maßstab 1:50 einschließlich aller erforderlichen Maße und Angaben auf ein Zeichenblatt A3 im Hochformat.

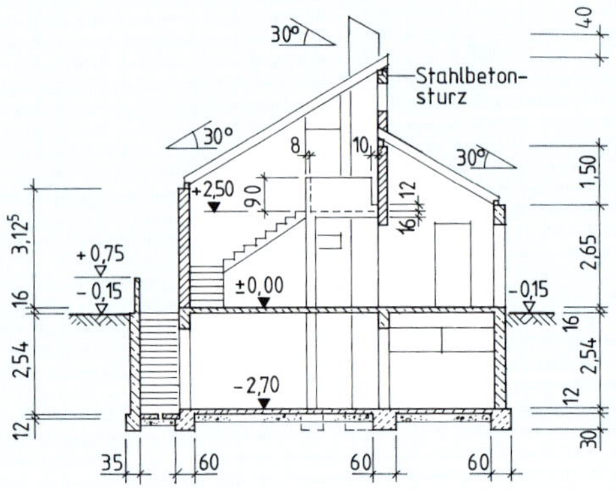

Schnitt A-A

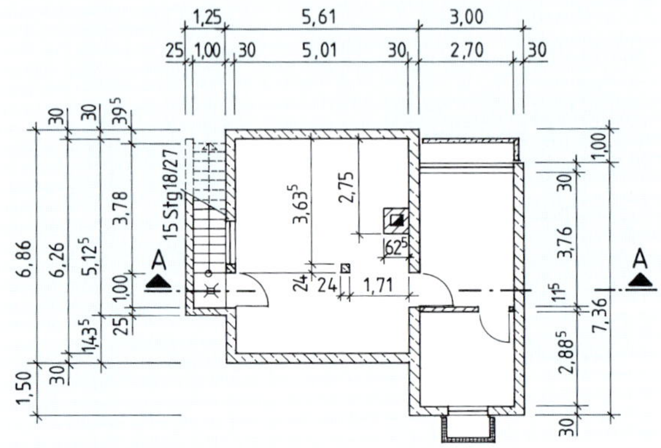

Untergeschoss

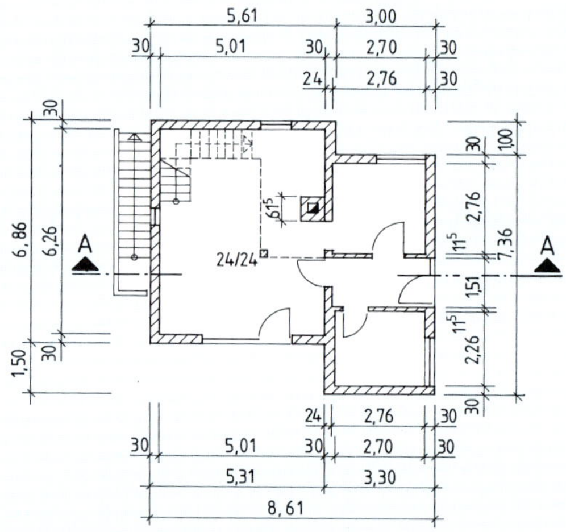

Erdgeschoss

Konstruktionshinweise

Untergeschoss:	Fundamente für Außen- und Innenwand 60/30 cm Fundamentstütze 50/50/40 cm Schornsteinbreite 63 cm mit Fundamentüberstand 15 cm Kapillarbrechende Schicht $d = 15$ cm Außen- und Innentüren $h = 2{,}125$ m Fenster- und Brüstungshöhe: $h = 62{,}5$ cm; BRH = 1,50 m
Erdgeschoss:	Außen- und Innentüren $h = 2{,}125$ m Fenster- und Brüstungshöhe: $h = 37{,}5$ cm; BRH = 1,50 m
Galerie:	Balkontürelement durchgehend bis UK Sparren mit Türhöhe $h = 2{,}125$ m Oberlicht $h = 62{,}5$ cm, BRH = 2,50 m

Dachkonstruktion:

Fuß- und Firstpfette 10/12 cm
Sparren 8/18 cm
Über Öffnungen sind Stahlbetonstürze anzuordnen

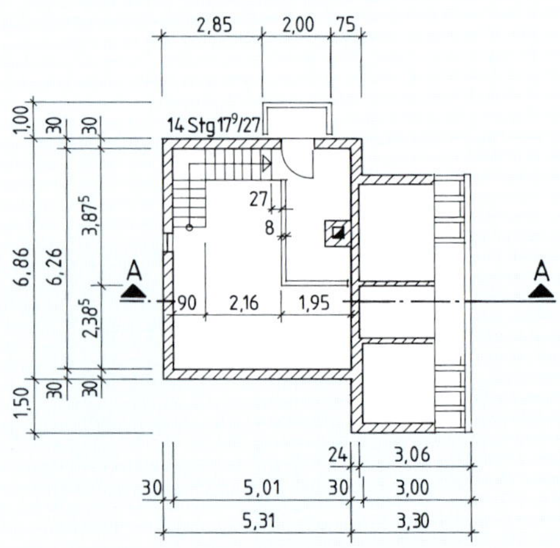

Galeriegeschoss

Aufgabe:

Zeichnen Sie zum **Projekt 2** „Kleines Wohnhaus in A".

a) den Schnitt A–A einschließlich Grundriss und Ansicht im Maßstab 1 : 25 auf ein Zeichenblatt A3 im Querformat.

b) den Schnitt B–B durch die Außenwand mit Lichtschacht im Maßstab 1 : 10 auf ein Zeichblatt A3 im Hochformat.

Sämtliche Dämm- und Abdichtungsmaßnahmen, Dränung einschließlich aller erforderlichen Maße, Schnittverlauf und Schraffuren sind anzugeben.

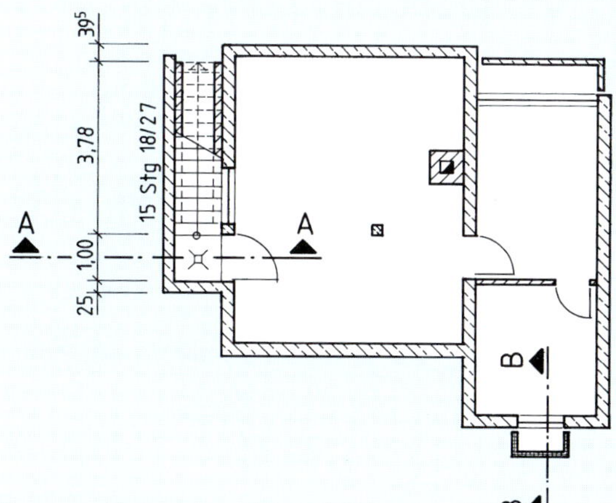

Untergeschoss

Allgemeine Angaben

Außenwand Erdgeschoss:

Leichtziegel Hlz, Dicke 30 cm mit 2 cm Außenputz und 1,5 cm Innenputz.

Außenwand Untergeschoss:

Stahlbeton C25/30, Dicke 30 cm mit 1,5 cm Innenputz.

Fußbodenaufbau Erdgeschoss:

Deckenplatte in Stahlbeton C25/30, Dicke 16 cm.

Schwimmender Estrich 8 cm mit 3,5 cm Trittschalldämmung.

Fußbodenaufbau Untergeschoss:

Bodenplatte 12 cm einschließlich Streifenfundament in unbewehrtem Beton C12/15 mit kapillarbrechender Schicht, Dicke 15 cm.

Verbundestrich Dicke 3 cm.

Angaben zu Schnitt A–A:

Heizkörpernische Dicke 15 cm mit 3,5 cm Wärmedämmung und 1,5 cm Innenputz.

Kelleraußentreppe aus Kunststeinstufen mit Untermauerung aus Mz, Dicke 11,5 cm ab 1. Stufe.

Podest in Gefälle zum Bodenablauf Dicke 12 cm.

Stützmauer Treppe mit Fundament in Stahlbeton C25/30.

Angaben zu Schnitt B–B:

Lichtschachtdicke 15 cm aus C25/30, Boden mit 2% Gefälle zum Ablauf.

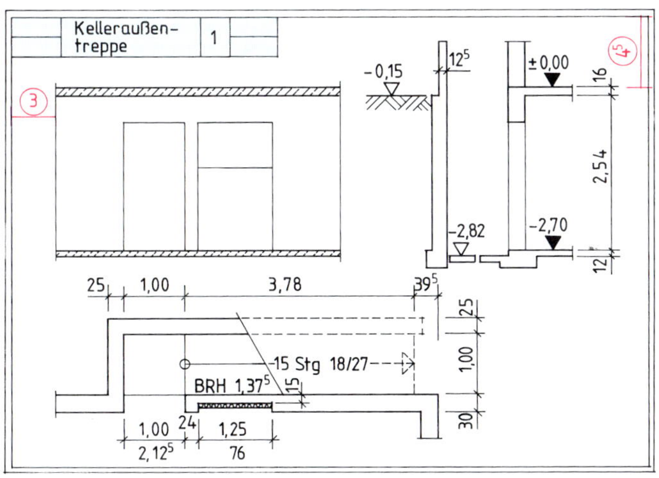

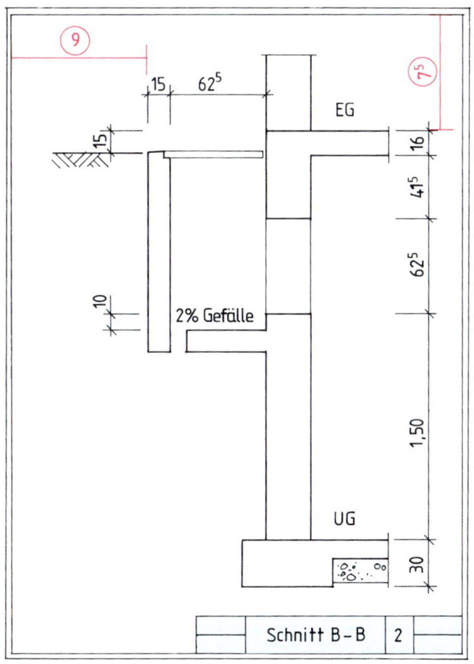

5.1 Verbände aus klein- und mittelformatigen Steinen

Die Geschossgrundrisse als Ausführungszeichnungen stellen die Arbeitsgrundlagen für die Erstellung eines Gebäudes dar. Werden die Wandkonstruktionen im Mauerwerk ausgeführt, sind Verbandsregeln zu beachten, welche die Tragfähigkeit und Standsicherheit des Mauerwerks gewährleisten.

In Detailpläne sind einzuzeichnen:

- Werkstoffart und Format einschließlich Ergänzungs- und Formsteinen,
- lichte Rohbaumaße,
- Kennzeichnung der Teilsteine,
- Fugendicken.

Bezeichnung	Kennzeichnung auf der Lagerfläche
Ganzer Stein	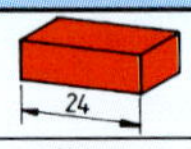
Halber Stein	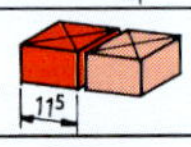
Viertelstein	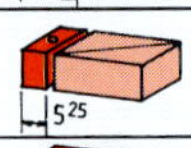
Dreiviertelstein	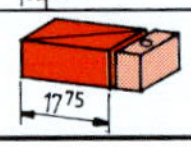

Teilsteine
Abmessungen - Kennzeichnung

Bezeichnung	Maße in cm		
	Länge	Breite	Höhe
DF (Dünnformat)	24	11,5	5,2
NF (Normalformat)	24	11,5	7,1
2 DF	24	11,5	11,3
3 DF	24	17,5	11,3
4 DF	24	24	11,3

Steinformate (Beispiele)
Vorzugsgrößen

Bezeichnung	Maße in cm		
	Länge	Breite	Höhe
5 DF	24	30	11,3
6 DF	24	36,5	11,3
10 DF	24	30	23,8
12 DF	24	36,5	23,8
16 DF	49	24	23,8

Weitere Formate

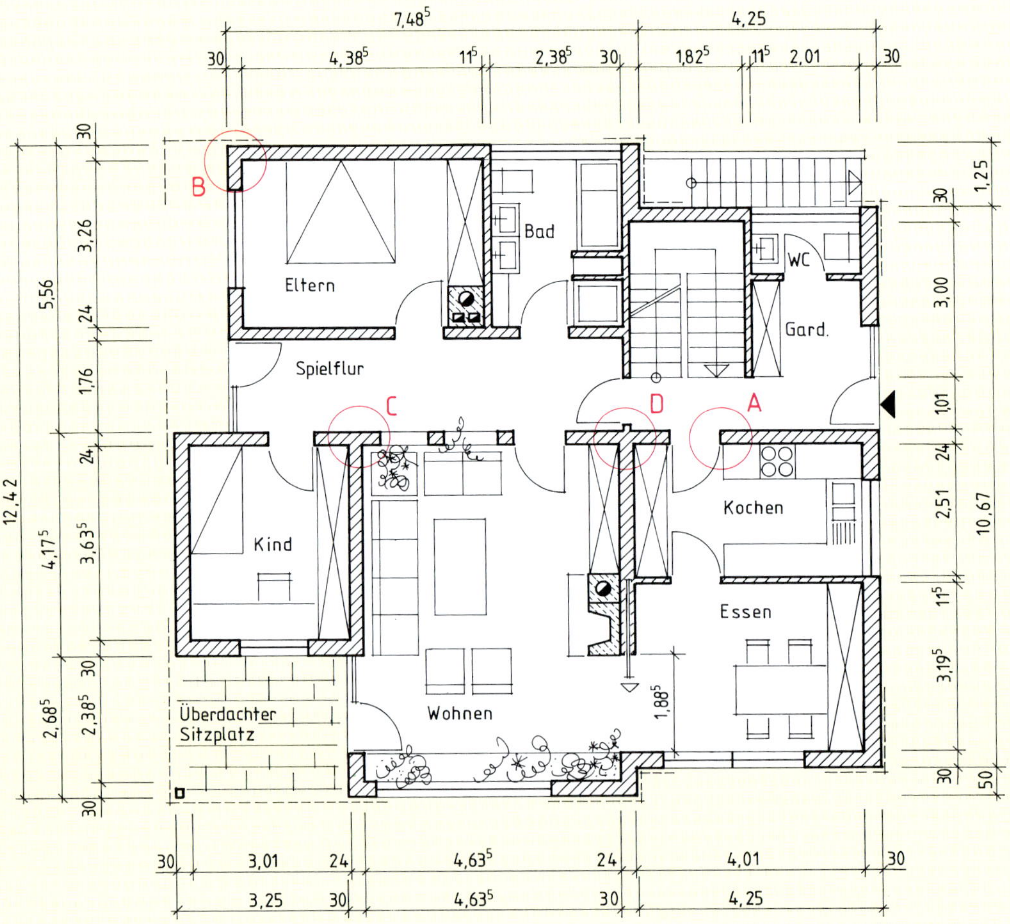

EG-Grundriss (Musterlösung)

5.1.1 Mauerverbände

Lösung Detailpunkt Ⓐ (s. EG-Grundriss, S. 340), Ausführung: 2 DF

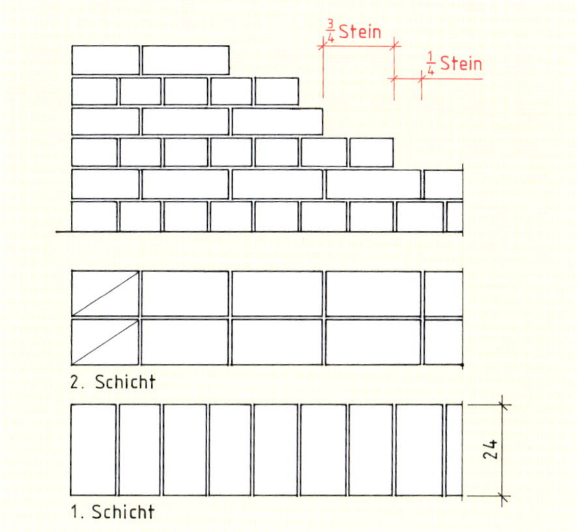

Regelverbände
11,5 cm dicke Mauer

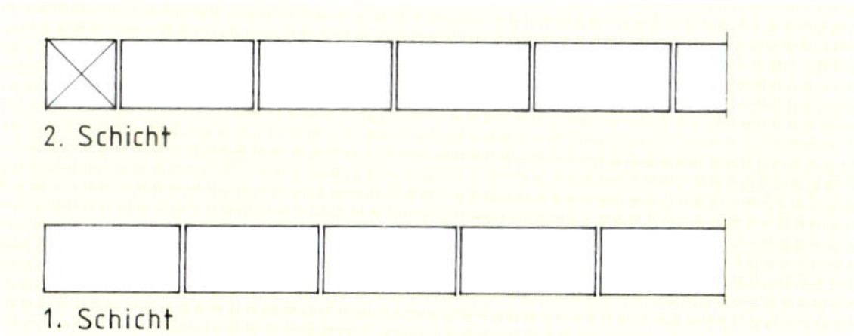

Die 11,5 cm dicke Mauer beginnt und endet mit einem ganzen bzw. halben Stein.

24 cm dicke Mauer

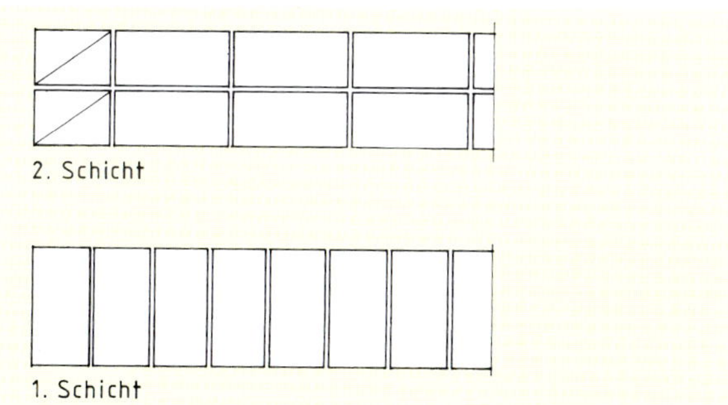

- Die Binderschicht beginnt und endet mit einem Binder.
- Die Läuferschicht beginnt und endet mit so vielen Dreiviertelsteinen, wie die Mauer dick ist.

Umgeworfener Verband: Anwendung, wenn Mauerlänge nur durch halbe Achtelmeter teilbar ist

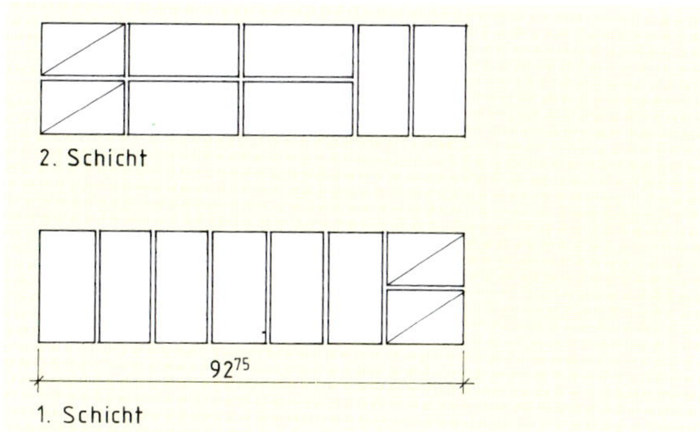

- Binderschicht endet an einer Seite mit Läufern.
- Läuferschicht endet an einer Seite mit Bindern.

30 cm dicke Mauer

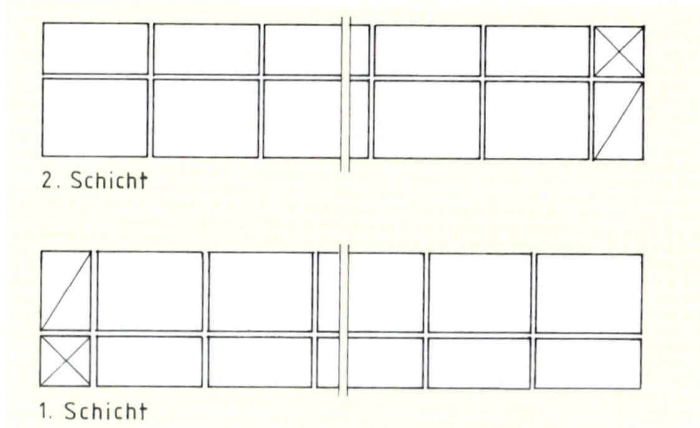

Läuferverband mit ungerader Kopfanzahl
Formate: 2 DF (24, 11^5, 11^3)
3 DF (24, 17^5, 11^3)

35,5 cm dicke Mauer

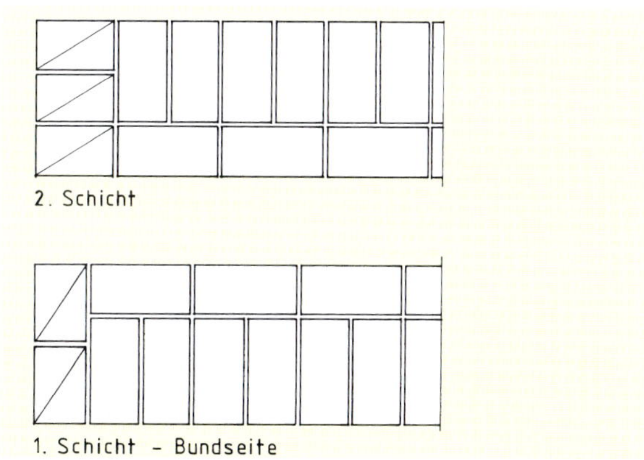

- Binderschicht (Bundseite) beginnt und endet mit zwei Dreiviertelsteinen;
- Läuferschicht (Bundseite) beginnt und endet mit drei Dreiviertelsteinen.

5.1.2 Mauerecke

Lösung Detailpunkt Ⓑ (S. 340),
Ausführung: 2 DF und 3 DF

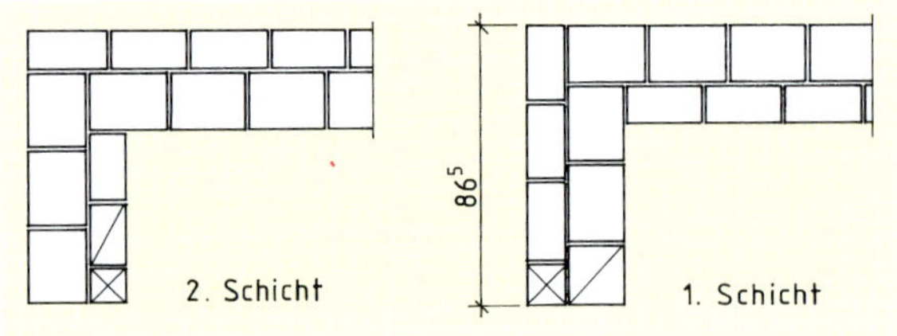

Regelverbände:

11,5 cm dicke Mauer

- Die Schichten laufen abwechselnd bis zur Außenkante durch.

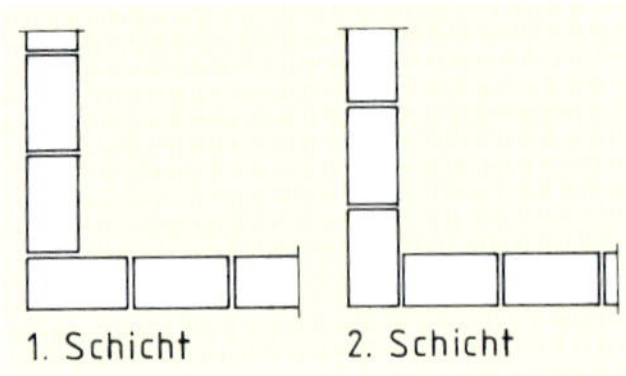

24 cm dicke Mauer

- Die Läuferschicht wird bis zur Ecke durchgeführt.
- Die Läuferschicht beginnt bzw. endet an der Ecke mit zwei Dreiviertelsteinen.

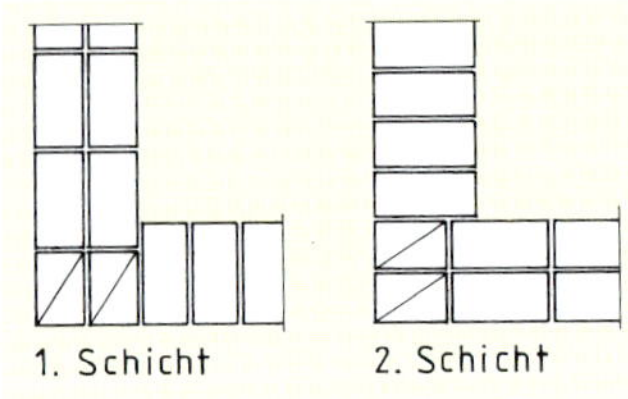

5.1.3 Maueranschluss

Lösung Detailpunkt Ⓒ (S. 340),
Ausführung: 2 DF

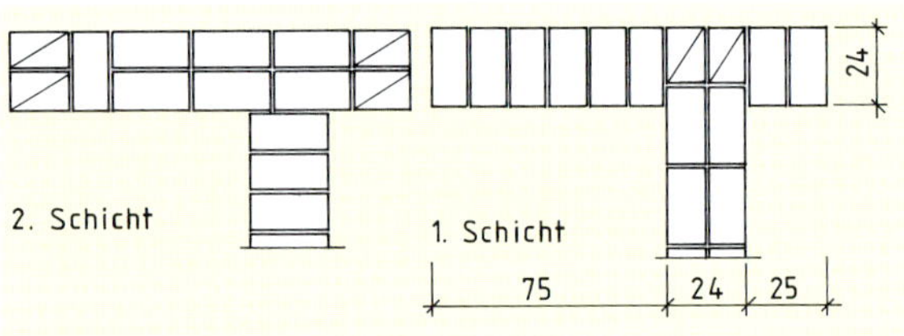

Regelverbände:

11,5 cm dicke Mauer

- Die anstoßende Wand bindet in der 1. Schicht ein, in der 2. Schicht stößt sie stumpf gegen die quer laufende Wand;
- Fugenversatz jeweils 12,5 cm.

24 cm dicke Wand

- Die Läuferschicht geht durch.
- Die einbindende Läuferschicht am Anschluss beginnt mit zwei Dreiviertelsteinen;
- Fugenversatz beim Anschluss 6,25 cm.

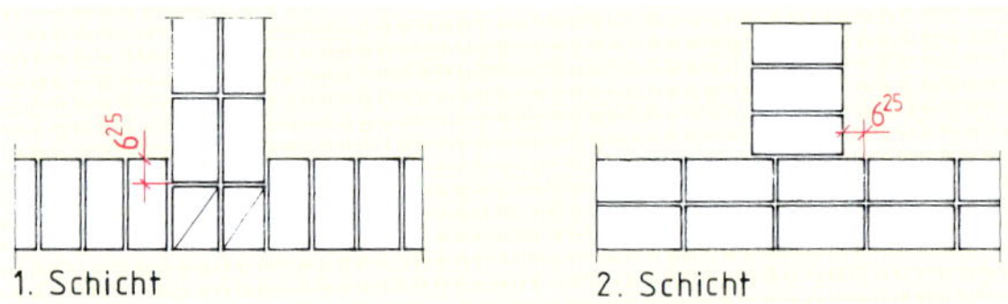

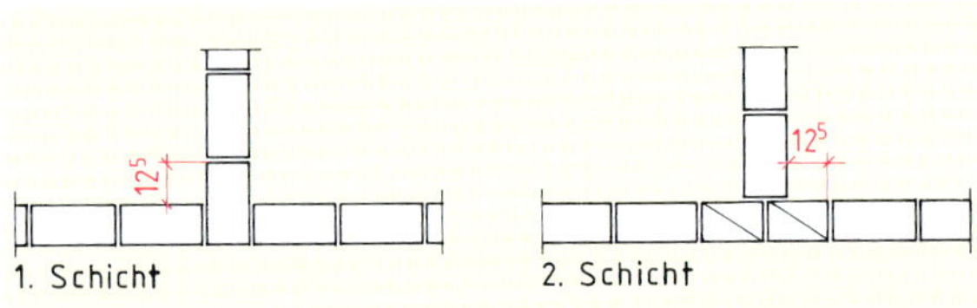

5.1.4 Mauerkreuzung

Lösung Detailpunkt Ⓓ (S. 340),
Ausführung: 2 DF

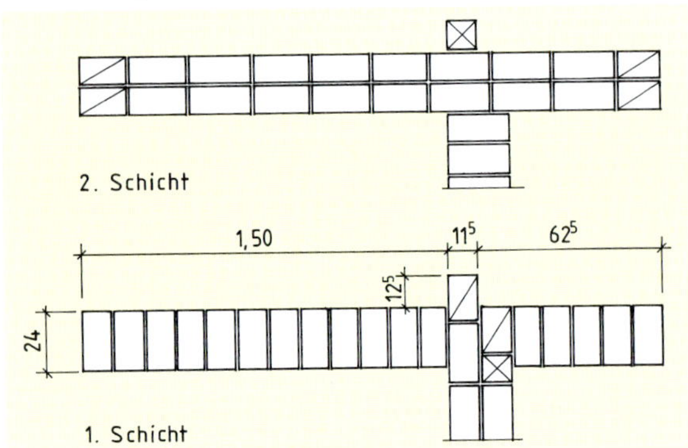

Regelverbände:
11,5 cm dicke Wand

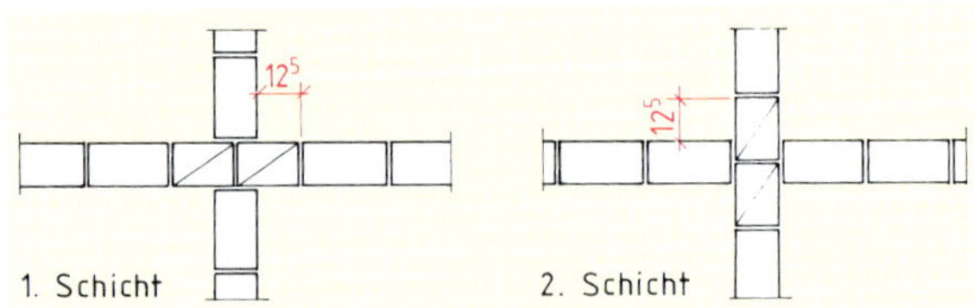

- Schichten laufen abwechselnd durch; Fugenversatz 12,5 cm.

24 cm dicke Mauer

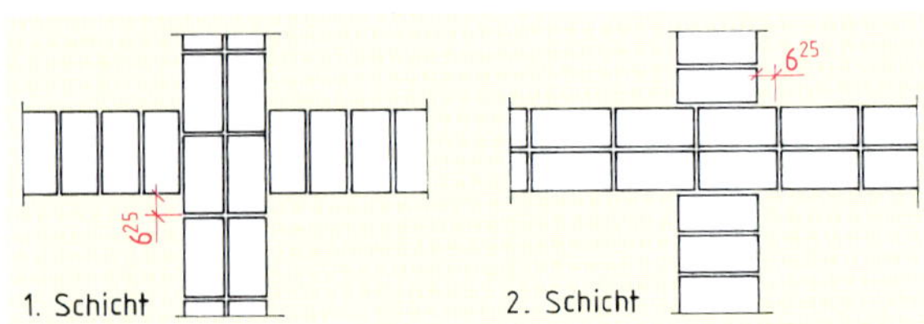

- Läuferschicht läuft durch, Binderschicht stößt stumpf dagegen; Fugenversatz an der Kreuzung 6,25 cm.

5.1.5 Kreuzverband

Läufer- und Binderschichten wechseln sich wie beim Blockverband regelmäßig ab. Bei der 4. Schicht (Läuferschicht) folgt jedoch auf den Dreiviertelstein ein Kopf, dann erst folgen die Läufer. Die Stoßfugen der Binderschichten liegen also übereinander, während die Stoßfugen der Läuferschichten um einen halben Stein versetzt sind.

Durch das Einfügen eines Kopfes in jede 2. Läuferschicht ergibt sich das für den Kreuzverband charakteristische Flächenbild. Deshalb wird ihm beim Sichtmauerwerk der Vorzug vor dem Blockverband gegeben.

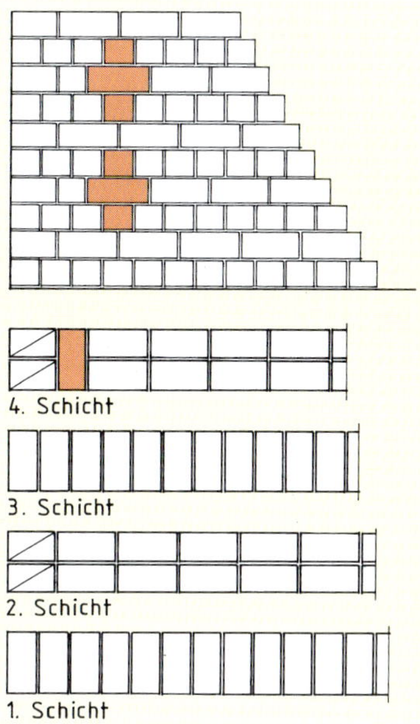

Kreuzverband

Aufgaben:

1. Zeichnen Sie die Mauerverbände im Maßstab 1:20 auf ein Zeichenblatt A3:
   - **a)** Mauerecke mit NF im Kreuzverband,
   - **b)** Maueranschluss mit 2 DF im Blockverband,
   - **c)** Mauerkreuzung mit 2 DF im Blockverband.

   Maßangaben für das Mauerwerk in Achtelmeter.

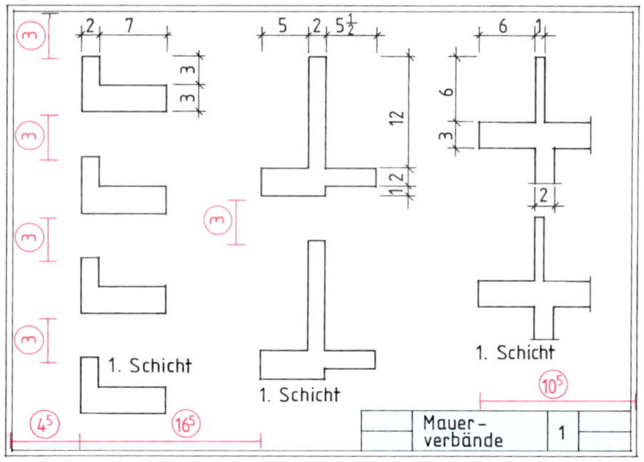

2. Zeichnen Sie die Mauerverbände für die beiden Detailpunkte Ⓐ u. Ⓑ aus dem **Projekt 2** „Kleines Wohnhaus in A" im Maßstab 1:20 auf ein Zeichenblatt A3 im Blockverband.
   Ausführung mit 2 DF und 3 DF.

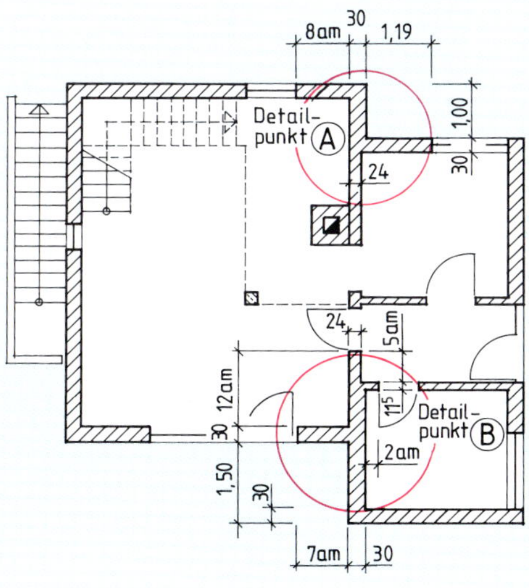

Grundriss Projekt 2 (vereinfacht)

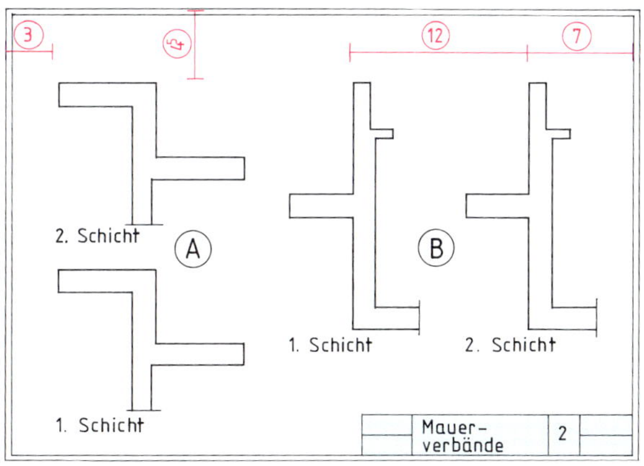

5.2 Verbände aus großformatigen Steinen

Die Ausführung des Mauerwerks aus großformatigen Steinen kann in Mauerziegeln, Kalksandsteinen, Porenbetonsteinen und Mauersteinen aus Beton mit porigen und dichten Gesteinskörnungen hergestellt werden.

Mauerziegel (DIN V 105-100/DIN EN 771-1)

Hier kommen großformatige Hochlochziegel Hl_2 und Hl_2W zur Ausführung.

Kalksandsteine (DIN V 106/DIN EN 771-2)

Zur Ausführung kommen großformatige Hohlblocksteine KSL und Plansteine KSP.

Mauersteine aus Beton mit porigen Gesteinskörnungen

Hohlblöcke aus Leichtbeton (DIN V 18151-100/DIN EN 771-3)

Es werden für Mauerwerk Hohlblock Hbl und Planhohlblock Hbl-P mit Systemlängen l_S von 250, 375 und 500 mm, und einer Höhe von 238 mm verwendet.

Vollsteine aus Leichtbeton (DIN V 18152-100/DIN EN 771-3)

Das Mauerwerk kann als Vollblock Vbl und Planvollblock Vbl-P ausgeführt werden. Systemlängen l_S der Vollblöcke sind 250, 310, 375 und 500 mm mit einer Höhe von 238 mm bei Vbl bzw. 320 oder 248 mm bei Vbl-P.

Mauersteine aus Beton (Normalbeton) mit dichten Gesteinskörnungen (DIN 18153-100/DIN EN 771-3)

Für Mauerwerk werden Hohlblock Hbn und Planhohlblock Hbn-P mit Systemlängen l_S von 250, 375 und 500 mm mit einer Höhe von 238 mm bei Hbn bzw. 238 oder 248 mm bei Hbn-P verwendet.

5.2.1 Mauerendverbände

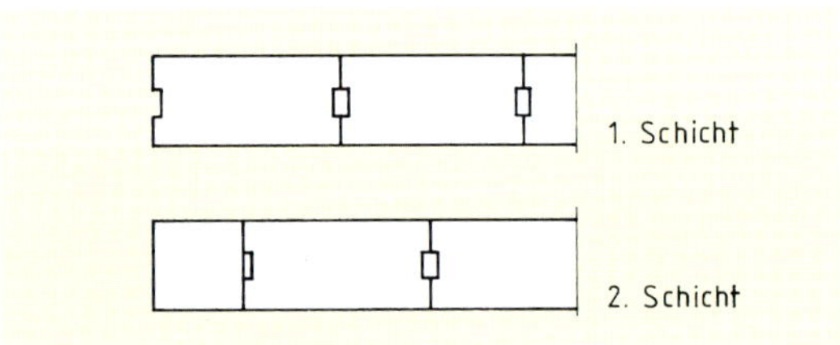

5.2.2 Mauerecke

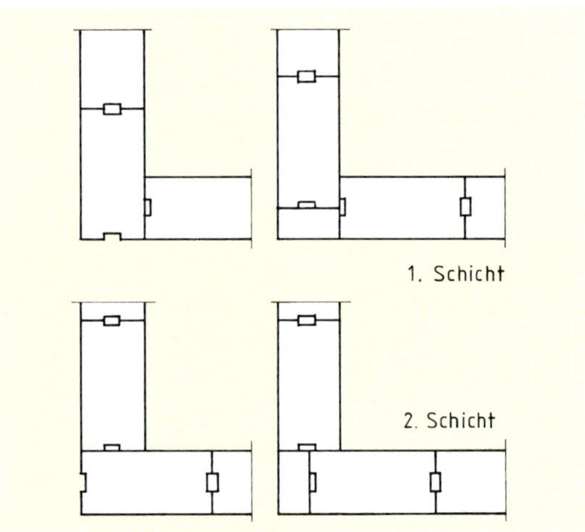

5.2.3 Mauerstoß und Mauerkreuzung

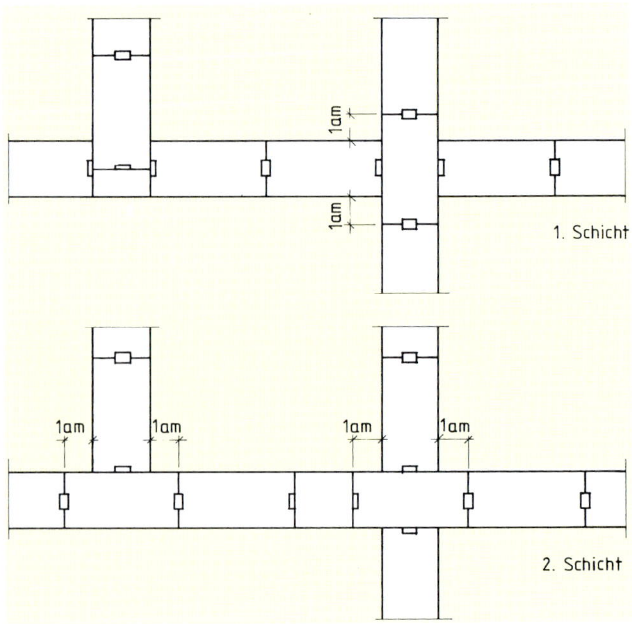

Aufgabe:

Zeichnen Sie den Mauerverband für den Detailpunkt © einschließlich dem senkrechten Wandschlitz $12^5/26$ aus dem **Projekt 2** „Kleines Wohnhaus in A“ im Maßstab 1:20 auf ein Zeichenblatt A3.

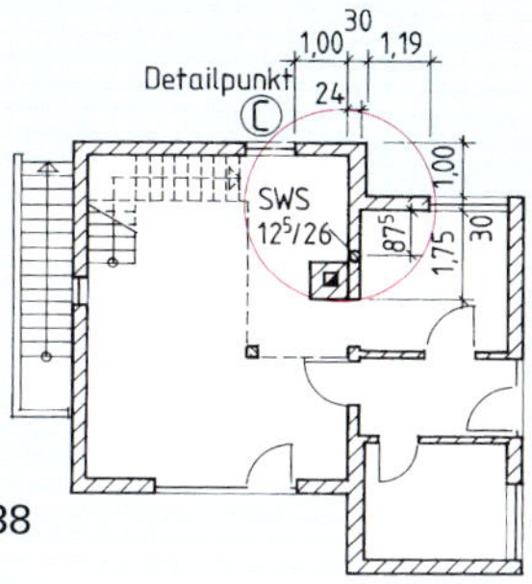

Ausführung:

Hbl 15 DF 375/300/238
12 DF 375/240

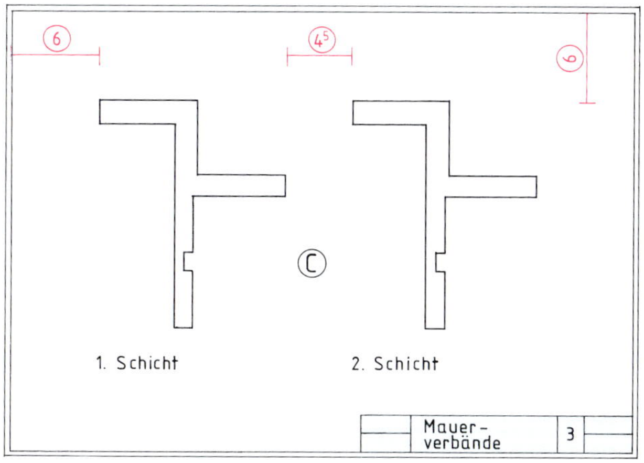

5.3 Anschläge, Nischen, Vorlagen und Pfeiler

Anschläge:

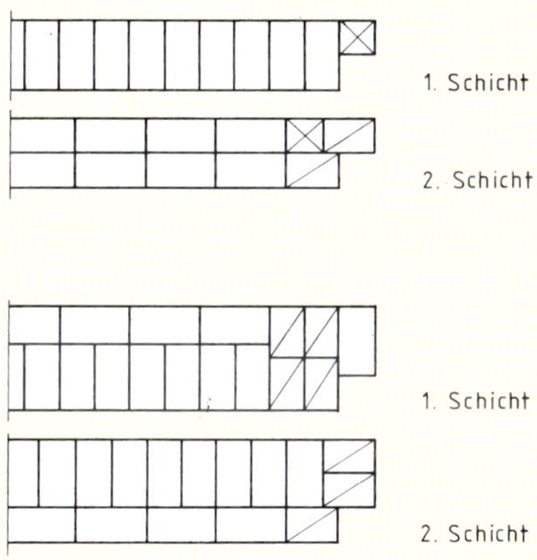

Nischen:

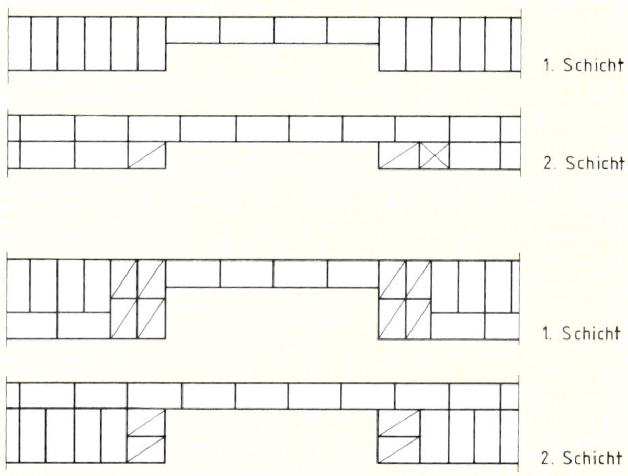

Vorlagen:

Unter Vorlagen versteht man Mauervorsprünge, die zur Aussteifung durchgehender Mauern oder zur Aufnahme größerer Einzellasten dienen.

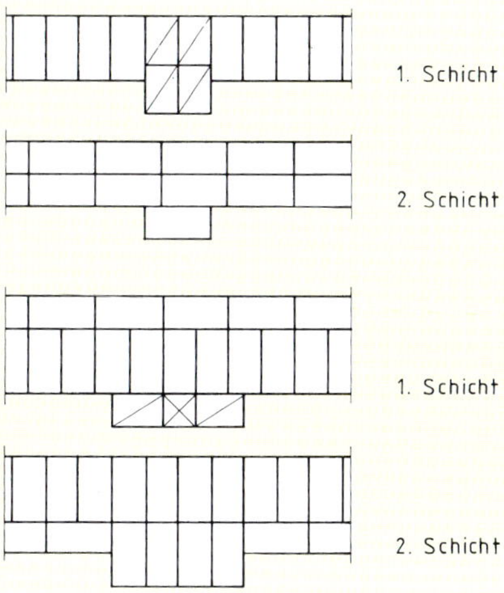

Pfeiler:

Regel: Quadratische Pfeiler haben in jeder Schicht den gleichen Verband, der jeweils um 90° versetzt ist.

Rechteckige Pfeiler beginnen an der Schmalseite mit $\frac{3}{4}$-Steinen wie Mauerenden.

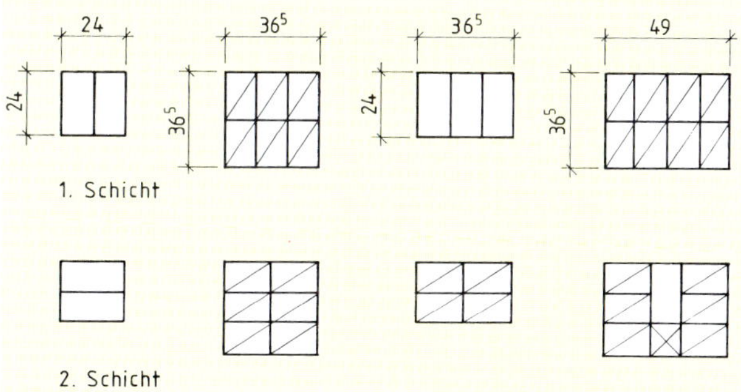

Aufgaben:

1. Zeichnen und vervollständigen Sie den Wandausschnitt im Maßstab 1:10 auf ein Zeichenblatt A3.
   a) Mauerwerk mit DF im Blockverband,
   b) Ansicht mit 16 Schichten.

Angaben:

Nischenhöhe 12 Schichten
SWS 2 am/1 am, 16 Schichten
Vorlage 5 am/1 am, 16 Schichten
Fertigteilsturz über Nische
1 am/1 am, Auflagerlänge jeweils 1 am

Fugen sind mit Doppelstrichen darzustellen.

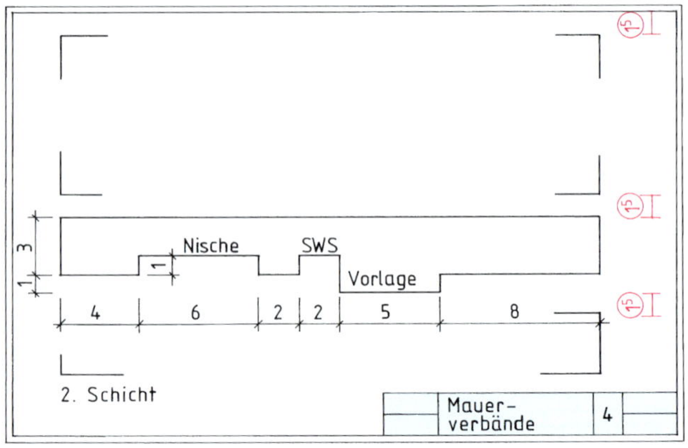

Maßangaben für Mauerwerk in Achtelmeter (am)

2. Türöffnung mit Anschlag und Wandnische im Maßstab 1:10 auf einem Zeichenblatt A3. Zeichnen und vervollständigen Sie:
   a) Mauerwerk mit 2 DF im Blockverband Schnitt B–B,
   b) Ansicht und Schnitt A–A.

Angaben:

Tür 6 am/16 Schichten mit Anschlag 1 am/1 am,
Fertigteilsturz 24/24 cm mit Auflagerlänge von 1 am aus C 16/20,
Nische 4 am/8 Schichten.
Fertigteilsturz 11,5/11,5 cm mit Auflagerlänge von 1 am aus C 16/20.

Fugen sind mit Doppelstrichen darzustellen.

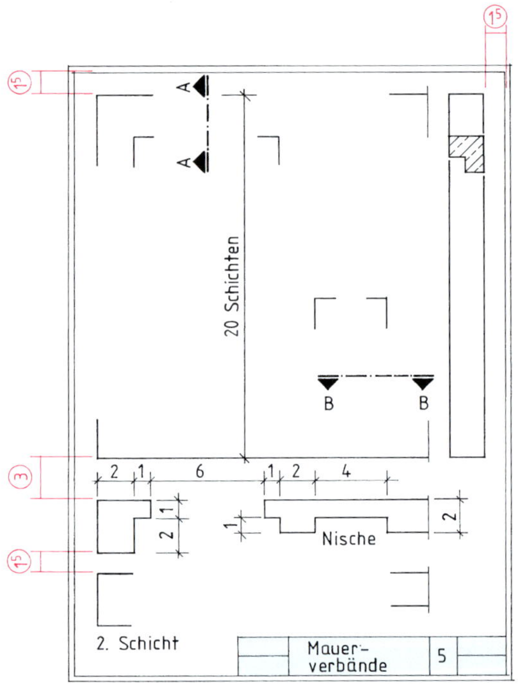

3. Zeichnen Sie für den Kiosk die Mauerverbände für die 1. und 2. Schicht im Maßstab 1:25 auf ein Zeichenblatt A4 im Hochformat.

Angaben:

Mauerwerk mit 2 DF im Blockverband. Alle senkrechten Wandschlitze SWS haben die Abmessungen 26/12,5 cm.

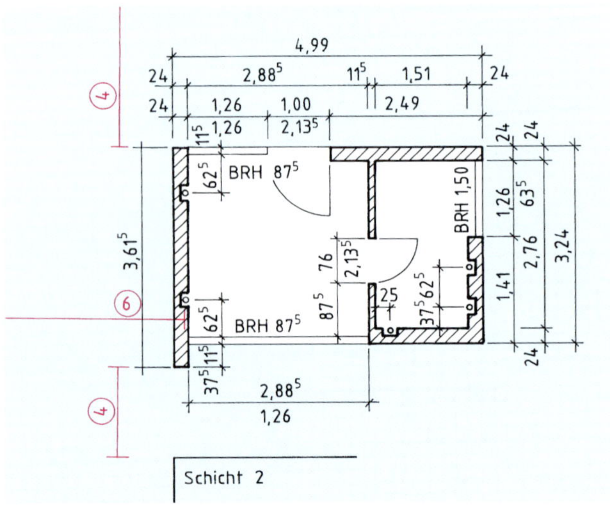

Aufgabe:

Zeichnen Sie die Mauerverbände für die 1. und 2. Schicht im Maßstab 1:25 auf ein Zeichenblatt A3 im Querformat. Die Maßangaben für das Mauerwerk in Achtelmeter sind umzurechnen, die 1. Schicht ist vollständig zu bemaßen.

Angaben:

Mauerwerk mit Hohlblocksteinen aus Leichtbeton einschließlich notwendiger Ergänzungssteine.

Angaben: Türhöhe und Öffnungen 2,125 m
Fensterhöhen 1,25 m; BRH 37,5 cm
Mauerwerk mit 2 DF und 3 DF im Blockverband

Fugen sind als einfache Linie darzustellen.

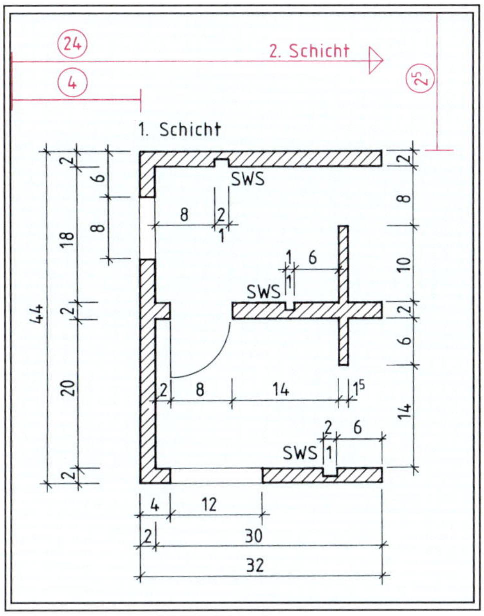

5.4 Natursteinmauerverbände

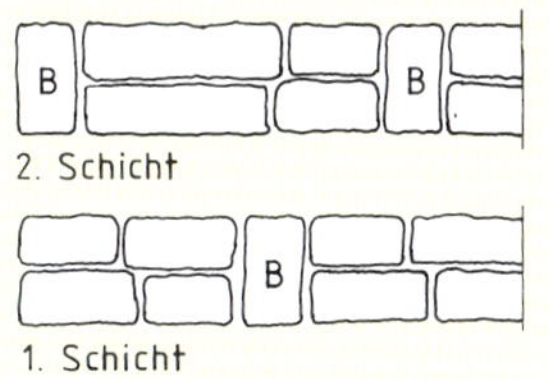

Ausführung:

- Handwerksgerechte Ausführung verlangt auf zwei Läufer mindestens einen Binder.

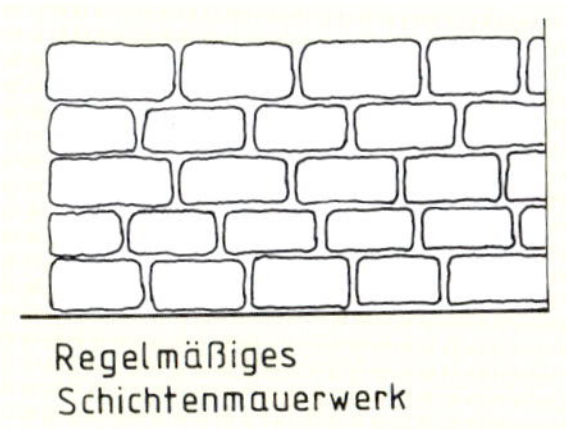

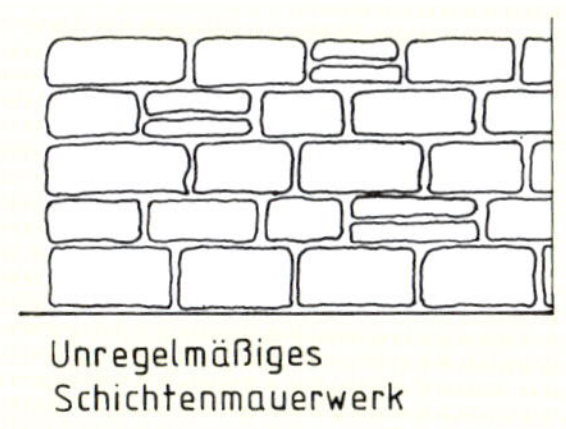

- Steinlänge soll mindestens gleich der Steinhöhe sein.
- Durch mehrere Schichten gehende Stoßfugen und Kreuzfugen sind zu vermeiden.

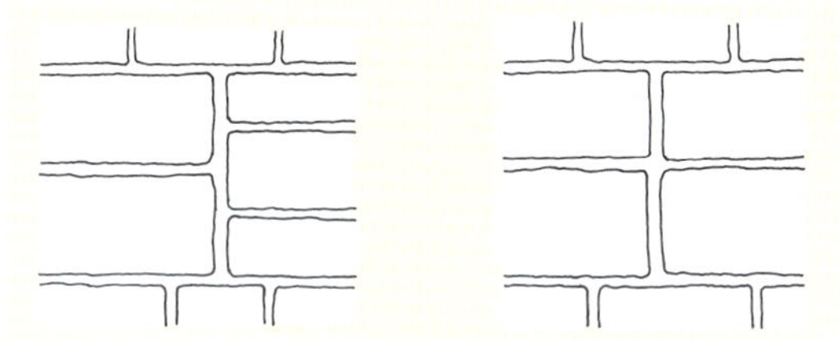

- Fugenstärke soll 3 cm nicht übersteigen.
- Die Überdeckung der Stoßfugen soll bei Schichtenmauerwerk mindestens 10 cm, bei Quadermauerwerk mindestens 15 cm betragen.

Aufgabe:

Zeichnen Sie den Verband für die 1. und 2. Schicht, die Ansicht (8 Schichten) und den Schnitt A–A für

a) ein regelmäßiges Schichtenmauerwerk,

b) ein unregelmäßiges Schichtenmauerwerk

für 8 Schichten im Maßstab 1:10 zusammen auf ein Zeichenblatt A3 im Querformat.

Angaben:

Höhe der 1. Schicht 16 cm, Höhe der 2.–8. Schicht zwischen 10 und 14 cm.

In der Schnittebene A–A sind die Steine in den Schichten, in der Ansicht und im Schnitt A–A zu nummerieren.

Fugen sind mit Doppelstrichen darzustellen.

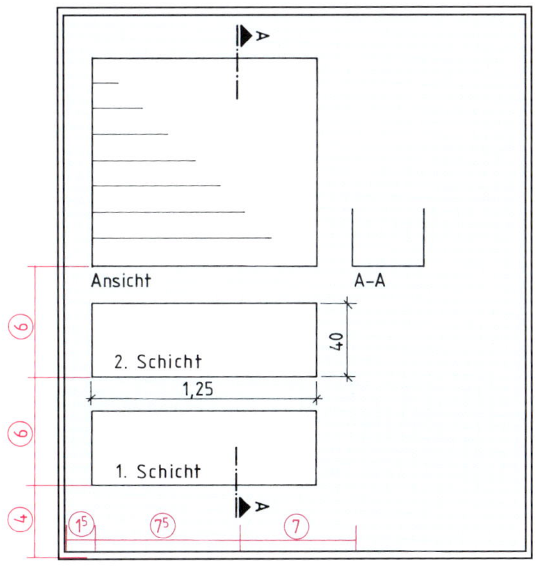

5.5 Spitz- und stumpfwinkliges Mauerwerk

Spitzwinklige Mauerecke:

In der Läuferschicht geht nur die vordere Läuferreihe bis zur Ecke durch.

Die Länge des Ecksteins wird wie folgt berechnet: $l = b + \frac{1}{2}$ am $+ 1$ cm (Fuge).

Stumpfwinklige Mauerecke:

Die Stoßfuge der Läuferschicht ist um $\frac{1}{2}$ am = 6,25 cm an der inneren Ecke versetzt. Die Schnittfuge darf nie durch die äußere Ecke gehen!

Schiefwinkliger Maueranschluss:

Die 1. Schicht bindet in die Läuferschicht der durchgehenden Mauer bis zur Läuferreihe ein. Die Schnittfuge der einbindenden Mauer muss $\frac{1}{2}$am = 6,25 cm, die der schrägen Mauer (2. Schicht) 1 am = 12,5 cm von der spitzen Ecke weg sein.

Schiefwinklige Mauerkreuzung:

Die Schnittfuge der durchgehenden Schicht liegt $\frac{1}{2}$ am = 6,25 cm vor der spitzen Ecke.

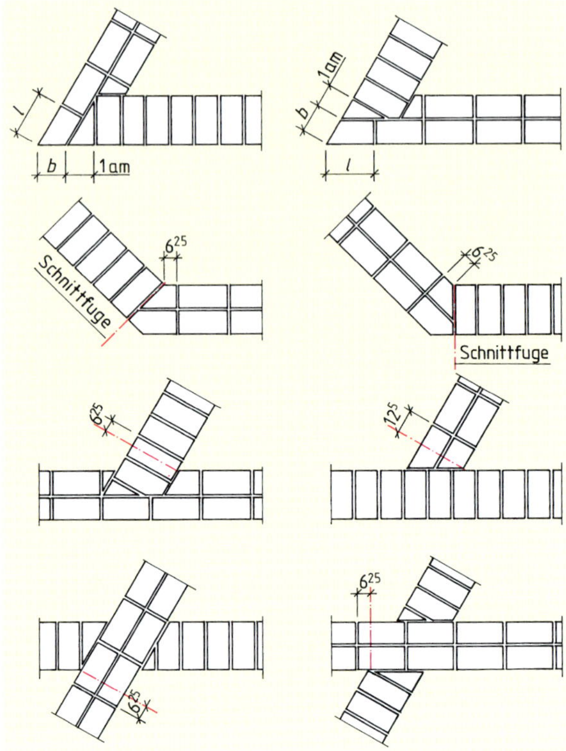

Aufgabe:

Zeichnen Sie die 1. und 2. Schicht für eine spitzwinklige Mauerecke und einen schiefwinkligen Maueranschluss jeweils unter 60° für eine 36,5 cm dicke Wand mit 2 DF auf ein Zeichenblatt A3 im Querformat im Maßstab 1:10. Fugen sind mit Doppelstrichen darzustellen.

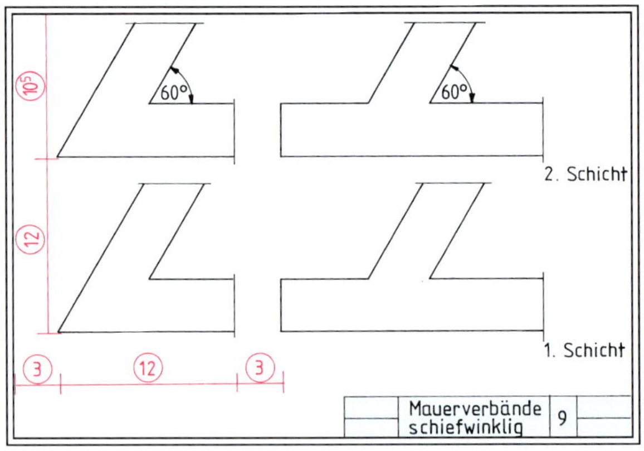

Aufgabe:

Zeichnen Sie auf ein Blatt A3 im Querformat

a) den Arbeitsplan im Maßstab 1:50,

b) die 1. und 2. Schicht der Detailpunkte A–C im Maßstab 1:20 mit 2 DF.

Fugen sind als einfache Linie darzustellen!

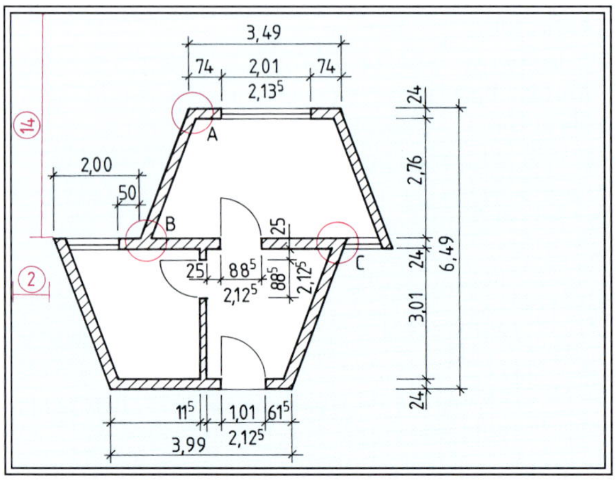

5.6 Zweischaliges Mauerwerk

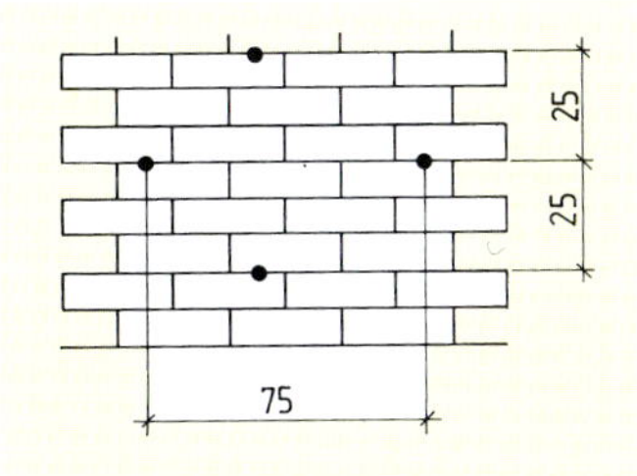

mit Luftschicht

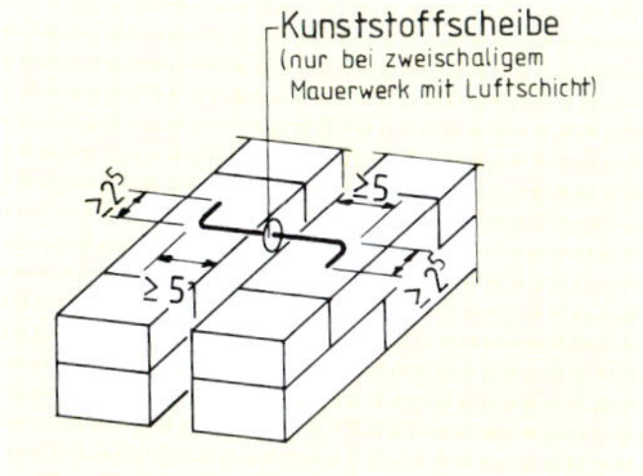

ohne Luftschicht

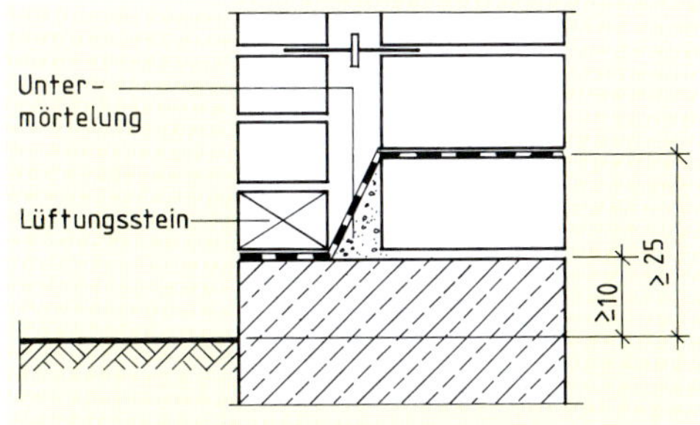

Anordnung der Dichtungsschicht

Die Mauerwerksschalen sind auf jeden Quadratmeter durch mind. 5 Drahtanker bei einer Luftschicht von ≤6 cm mit einem ∅ von ≥3 mm, bei einer Luftschicht von ≥7 cm mit einem ∅ von ≥4 mm zu verbinden.

Aufgabe:

Zeichnen Sie für die Mauerecke in zweischaligem Mauerwerk im Maßstab 1:10 auf ein Zeichenblatt A3 im Hochformat:

a) Ansicht Außenschale und senkrechten Schnitt A–A mit Lage der Maueranker in Ansicht und Schnitt,

b) Schicht 1 entspricht Innenschale, Schicht 1 mit Außenschale Schicht 4.
Schicht 2 entspricht Innenschale, Schicht 2 mit Außenschale Schicht 5 (siehe Schnitt A–A).
In die 1. Schicht ist die Draufsicht der zugehörigen Maueranker einzuzeichnen.

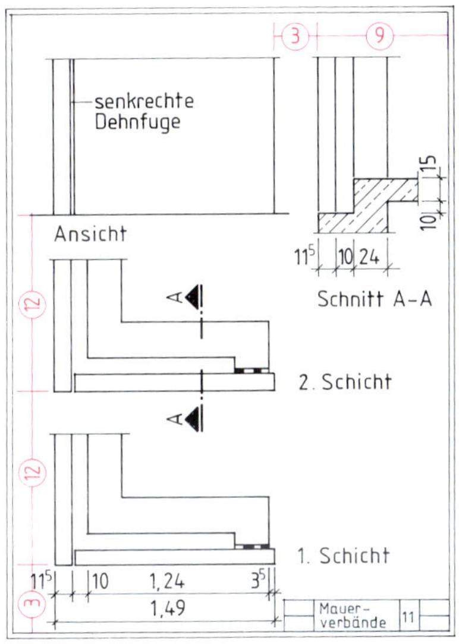

Ausführung:

Außenschale 11,5 cm mit Steinformat 2 DF, Läuferverband

Innenschale 24 cm mit Steinformat 2 DF

Wärmedämmung 6 cm mit Luftschicht 4 cm

Senkrecht durchlaufende Dehnfuge mit dauerelastischer Abdichtung

Die Fugen sind mit Doppelstrichen darzustellen.

Die Mauerwerksschalen sind auf jeden Quadratmeter durch mind. 5 Drahtanker
bei einer Luftschicht von ≤6 cm mit einem ∅ von ≥3 mm,
bei einer Luftschicht von ≥7 cm mit einem ∅ von ≥4 mm
zu verbinden.

Aufgabe:

Zeichnen Sie den Schnitt durch ein zweischaliges Mauerwerk mit durchgehender Luftschicht einschließlich Lage der Maueranker mit allen Sperr- und Dämmmaßnahmen auf ein Zeichenblatt A3 im Hochformat.

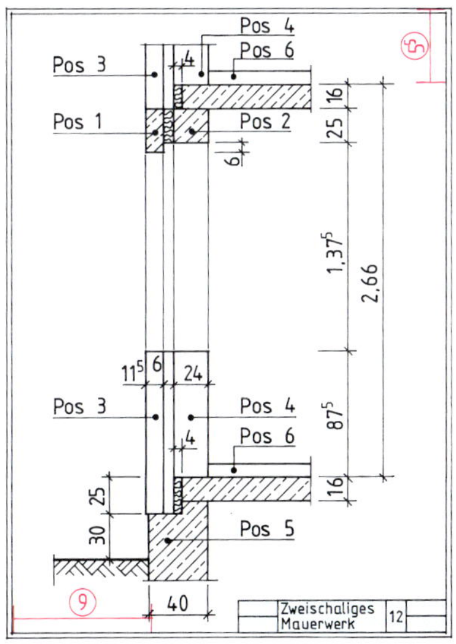

Ausführung:

Pos. 1: Sichtbetonfertigteil aus Stahlbeton 11,5/31 cm

Pos. 2: Stahlbetonsturz als Fertigteil 24/25 cm

Pos. 3: Außenschale aus VMz in NF 11,5 cm

Pos. 4: Innenschale aus HLz in 2 DF 24 cm

Pos. 5: Sockelbereich in Sperrbeton

Pos. 6: schwimmender Estrich 8 cm mit Schalldämmung 3,5 cm

Die Fugen sind mit Doppelstrichen darzustellen.

5.7 Mauerbögen

Die Steinachsen müssen zum Bogenmittelpunkt eingefluchtet werden. Am Scheitelpunkt darf keine Fuge sein.

Die Anzahl der Schichten muss ungerade sein.

Der Bogenrücken läuft mit einer Lagerfuge des anschließenden Mauerwerks aus.

Fugenstärken:

Sollte am Bogenrücken die Fuge größer als 2 cm werden, muss man 2 Rollschichten mauern.

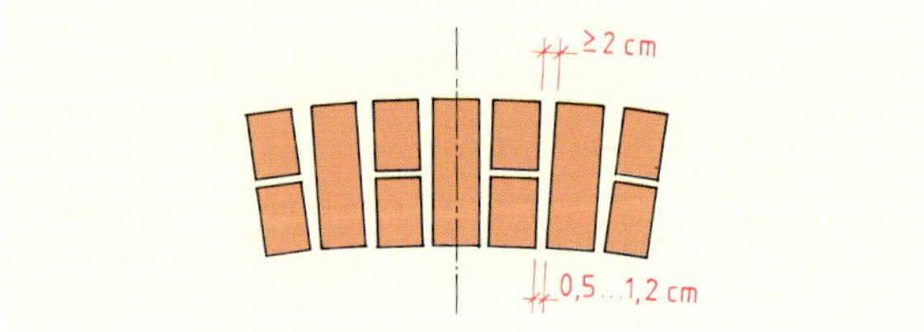

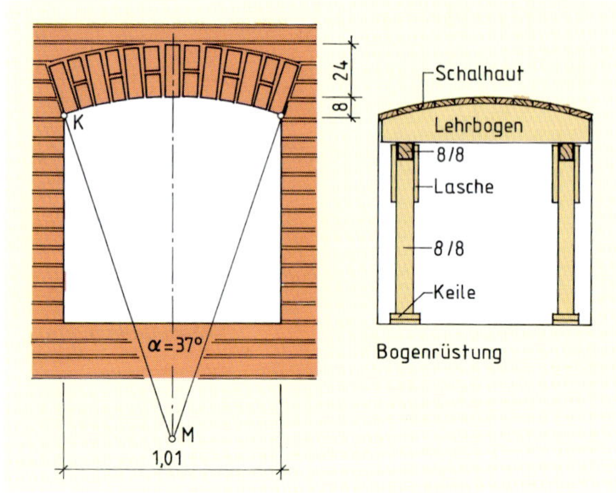

Segmentbogen

Berechnung Segmentbogen bei Steinformat NF

Gegeben: $s = 1{,}01$ m; $h = 8$ cm $\hat{=} \frac{1}{12}s$; $b = 24$ cm; $\alpha = 37°$

Radius: $\boxed{\frac{s^2}{8h}+\frac{h}{2}} = \frac{101^2}{8\cdot 8}\,\text{cm} + \frac{8}{2}\,\text{cm} = 163\,\text{cm}$

Bogenleibung: $\boxed{b_L = \frac{2\cdot r\cdot\pi\cdot\alpha}{360°}} = \frac{2\cdot 163\cdot\pi\cdot 37°}{360°}\,\text{cm} = \underline{105\,\text{cm}}$

Bogenrücken: $\boxed{b_R = \frac{2\cdot(r+a)\cdot\pi\cdot x}{360°}} = \frac{2\cdot(163+24)\cdot\pi\cdot 37°}{360°}\,\text{cm} = \underline{120{,}5\,\text{cm}}$

Schichtenzahl: $\boxed{n = \frac{b_L - \text{Fuge}}{\text{Steinmaß} + \text{Fuge}}} = \frac{105-0{,}5}{7{,}1+0{,}5} = 13{,}7 \hat{=} \underline{13\,s}$

Fugendicke: $d = \frac{\text{Bogenlänge} - \text{Schichtenzahl}\cdot\text{Steinmaß}}{\text{Schichtenzahl}+1}$

$d_L = \frac{105-(13\cdot 7{,}1)}{13+1}\,\text{cm} = \underline{0{,}9\,\text{cm} > 0{,}5\,\text{cm}}$

$d_R = \frac{120^5-(13\cdot 7{,}1)}{13+1}\,\text{cm} = \underline{2{,}0\,\text{cm} \leq 2{,}0\,\text{cm}}$

Aufgabe:

Im Maßstab 1:10 ist ein gemauerter Segmentbogen über einer Fensteröffnung mit Berechnung mit den Schnitten A–A und B–B und der Bogenrüstung auf ein Zeichenblatt A3 im Querformat zu zeichnen.

Gegeben: $s = 1{,}26$ m; $h = \frac{1}{8}$ s; $\alpha = 56°$
Bogendicke 24 cm in NF

Ausführung

Mauer 24 cm im Blockverband aus NF

Fensterbank als Rollschicht aus DF

Die Steinfugen sind in Ansicht und Schnitte einzuzeichnen.

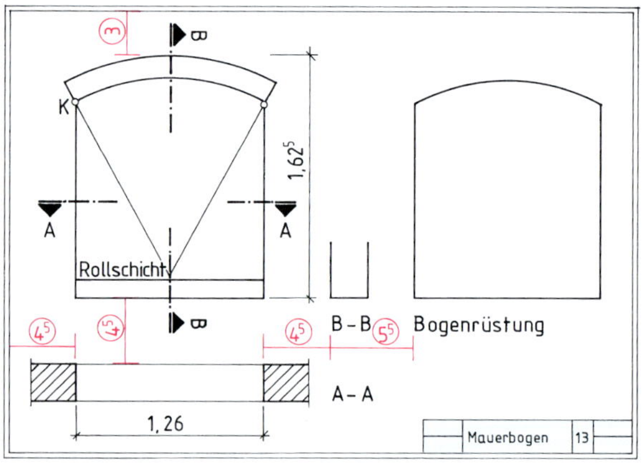

Aufgabe:

Zeichnen Sie einen scheitrechten Bogen im Maßstab 1:10 auf ein Zeichenblatt A4 im Querformat in Ansicht und Schnitt.

Gegeben: $s = 1{,}135$ m; $h = \frac{1}{50}$ s
Bogendicke 36,5 cm aus NF
Wandstärke 25 cm aus NF

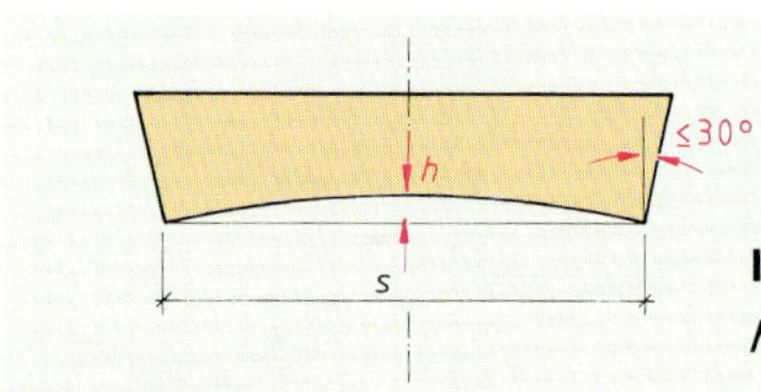

Information:

$h = \frac{1}{50} \cdots \frac{1}{100}\,s$

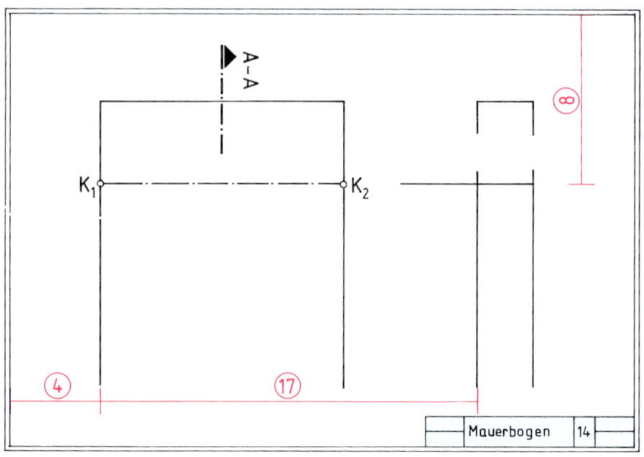

Aufgabe:

Zeichnen Sie für das dargestellte Ferienhaus:

a) Werkplan mit Schnitt A–A im Maßstab 1:50 auf ein Zeichenblatt A3 im Hochformat einschließlich Berechnung der fehlenden Maße.

Angaben: Deckenplatte C 25/30 (Stahlbeton), $d = 16$ cm
Lichte Raumhöhe OK RFB–UK Decke 2,625 m
OK RFB Bodenplatte auf ±0,00; Gelände auf −0,10 m
Bodenplatte C 12/15, $d = 12$ cm
Kapillarbrechende Schicht $d = 20$ cm
Streifenfundament B 10, $b = 40$ cm, frostsicher mittig unter Außenwand gegründet

Fensterhöhen:	Wohn- und Schlafzimmer	1,25 m
	Küche und Bad	0,625 m
Brüstungshöhen:	Wohn- und Schlafzimmer	0,875 m
	Küche und Bad	1,50 m
Torhöhen:	Eingangs- und Innentüren	2,125 m

Notwendige Sperr- und Dämmmaßnahmen sind anzugeben.

b) Mauerverband für das Ferienhaus im Blockverband im Maßstab 1:25 auf ein Zeichenblatt A3 im Querformat mit $1^1/_2$-NF-Ziegeln (1.+2. Schicht). Die 2. Schicht ist farbig (rot) einzutragen; Fugen sind als einfache Linie darzustellen.

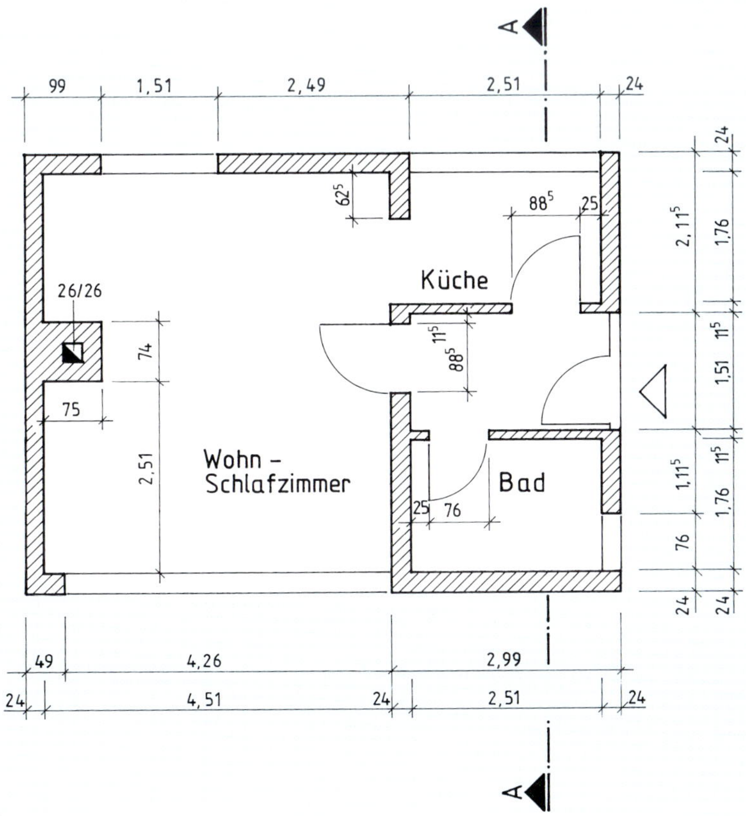

Grundriss, Ferienhaus

6.1 Schornsteinverbände

Begriffe und Bezeichnungen

1 Schornsteinmündung
2 Abdeckplatte (Stahlbetonplatte)
3 Dehnfugen (≥3 cm, je Meter 2 mm)
4 Dehnfugenmanschette (Edelstahl)
5 Hinterlüftung
6 Ummauerung (Klinkermauerwerk)
7 Bleckverwahrung
8 Dehnfuge (Mineralwolle)
9 Betonverwahrung
10 Wechsel
11 Kragplatte (Stahlbetonplatte)
12 Reinigungsöffnung mind. 12/18
13 Deckenaussparung (Mineralwolle)
14 Schamotte-Innenrohr
15 Wärmedämmschicht
16 Mantelsteine (Leichtbeton)
17 Außenputz (Kalkputz) oder Gipsplatten
18 Abgasrohranschluss (mind. 20 cm unter Decke)
19 Sohle mit ca. 2% Gefälle
20 Betonauffüllung
21 Abdichtungsschicht
22 Schornsteinfundament auf Sauberkeitsschicht
A Schornsteinkopf (Schornsteinabschnitt über Dach)
B Schornsteinschaft

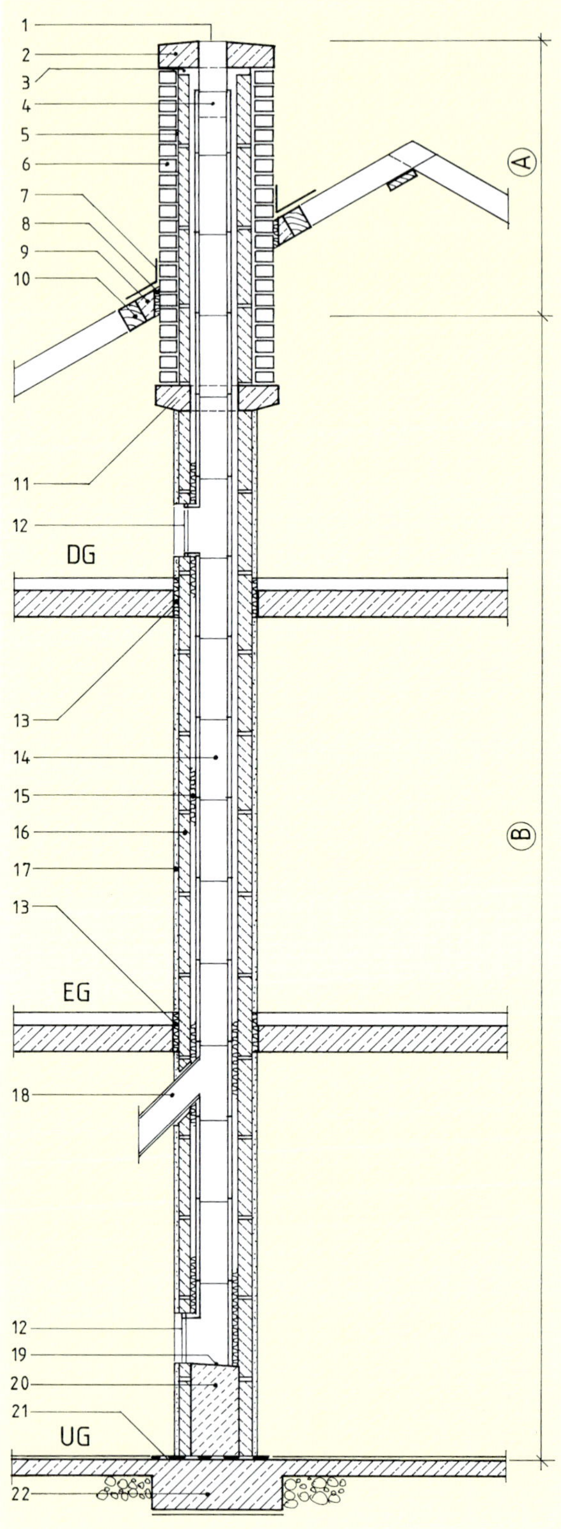

Längsschnitt durch Schornstein

Einschalige Schornsteine

Für einschalige Schornsteine dürfen verwendet werden:

- Formstücke aus Leichtbeton
- Mauerziegel außer HLz B und C
- Kalksand-Vollsteine
- Hütten-Vollsteine

Musterbeispiele von Schornsteinverbänden

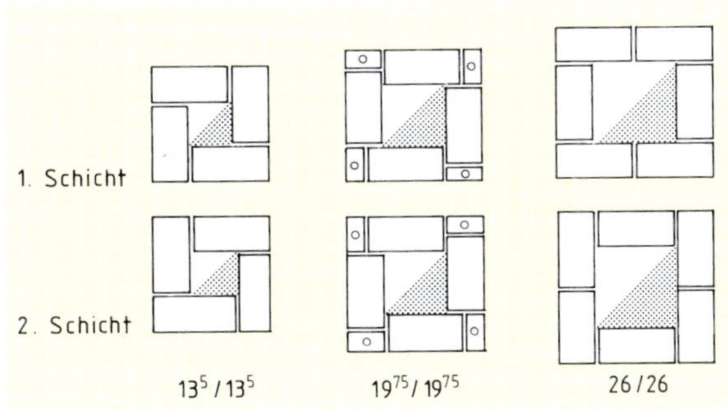

Einzelschornsteine

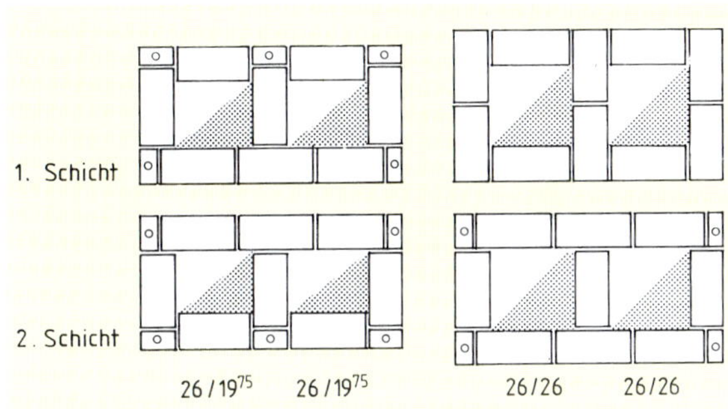

Schornsteingruppen

Aufgabe:

Zeichnen Sie Schornsteinverbände im Maßstab 1:10 auf Zeichenblatt A3 und bemaßen Sie die Verbände.

Angaben:

Ziegelformat 2 DF
Angaben in am

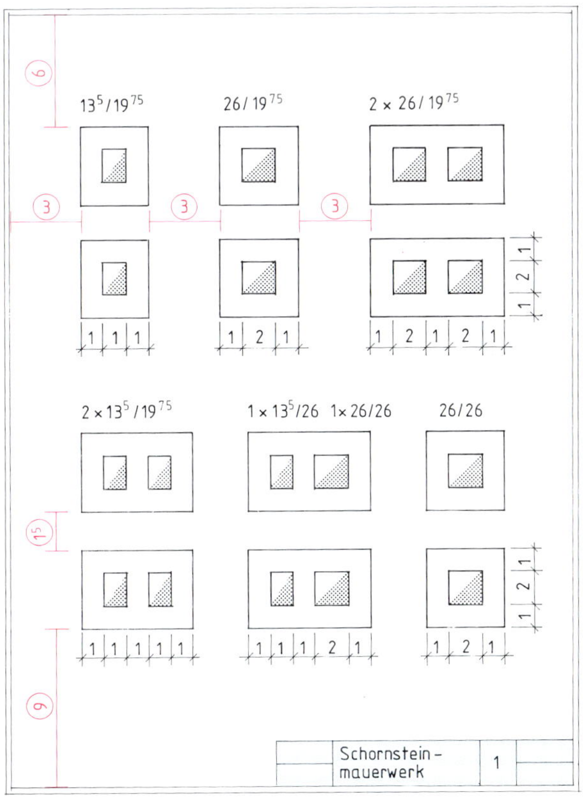

Schornsteinverbände mit und ohne Vorlagen

Musterlösungen

Schornsteinmauerwerk

ohne Vorlage

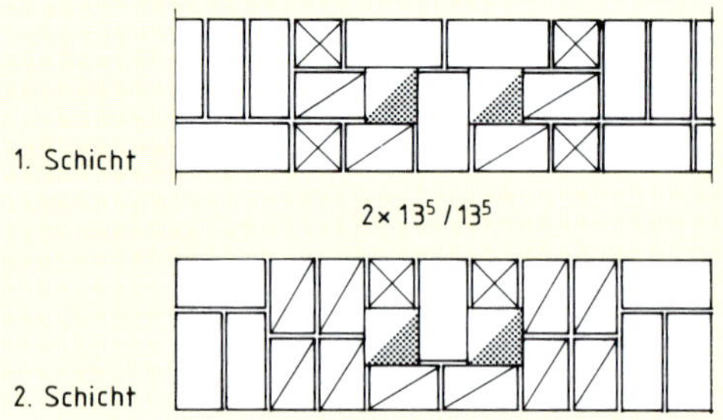

mit Vorlage

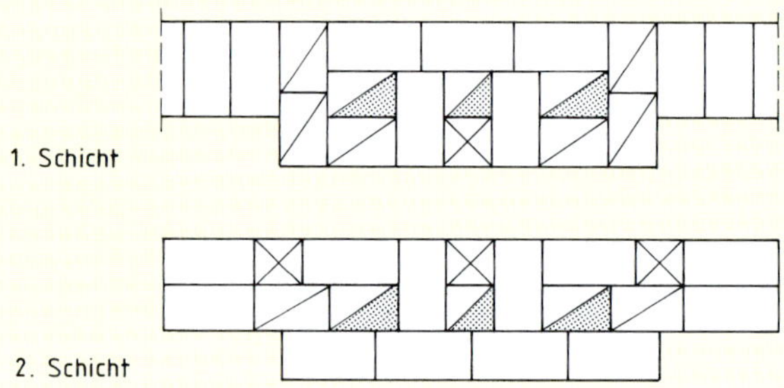

Aufgabe:

Zeichnen und bemaßen Sie die Schornsteinmauerverbände im Maßstab 1:10 auf Zeichenblatt A3. Steinformat: DF.

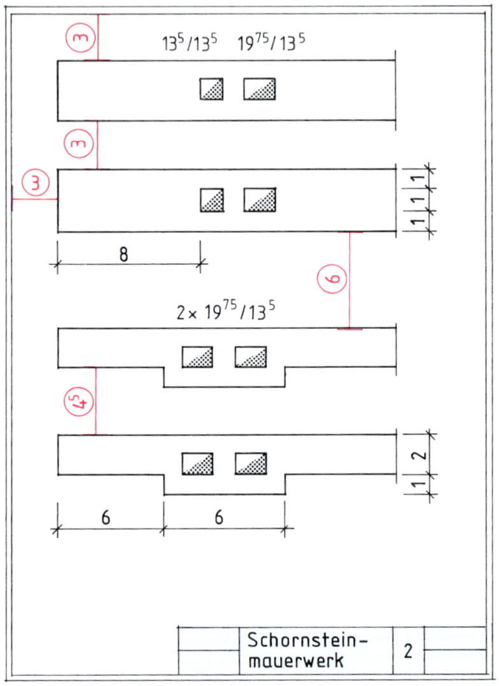

Aufgabe:

Zeichnen und bemaßen Sie die Schornsteinköpfe und deren Verblendung im Maßstab 1:10 auf Zeichenblatt A3.
Klinkermauerwerk DF, Angaben in am.

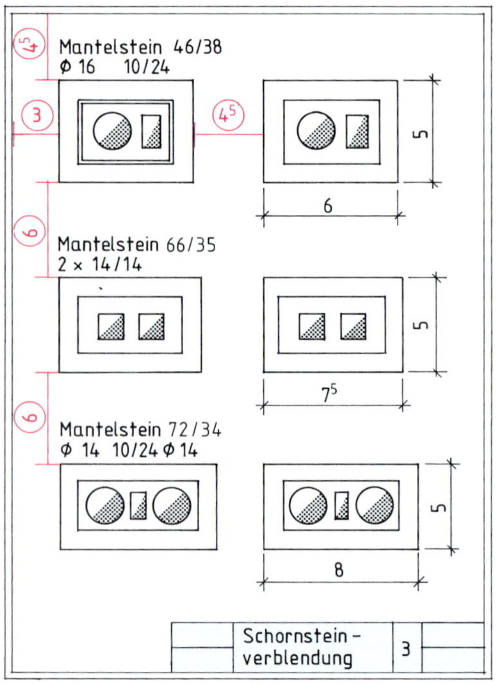

Verblendung des Schornsteinkopfes

Schornsteinköpfe können mit Klinkermauerziegeln ummantelt werden.

Die Verblendung wird auf einer Stahlbetonkragplatte unterhalb der Dachkonstruktion aufgemauert. Zwischen Mantelstein und Ummauerung ist eine Bewegungsfuge vorzusehen. Die Verblendung wird mit einer Abdeckplatte an der Schornsteinmündung abgedeckt.

Musterlösung

Dreischaliger Schornstein mit Verblendung

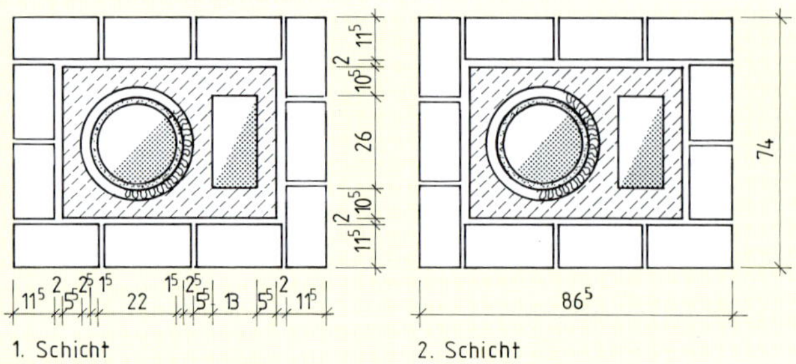

6.2 Schornsteinkopf

Musterlösung einer Schornsteinanlage mit dreischaligem Ausbau in Längsschnitt, Ansicht und Massivdeckendurchgang.

Schornsteinlängsschnitt

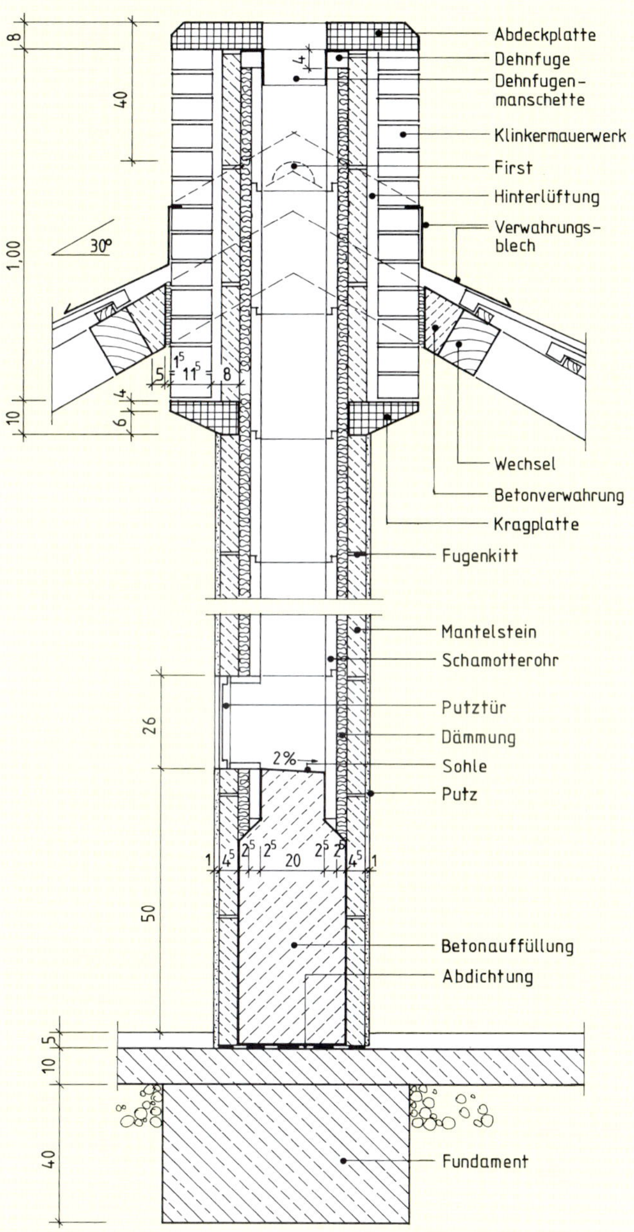

Schornsteinanlage

Ansicht

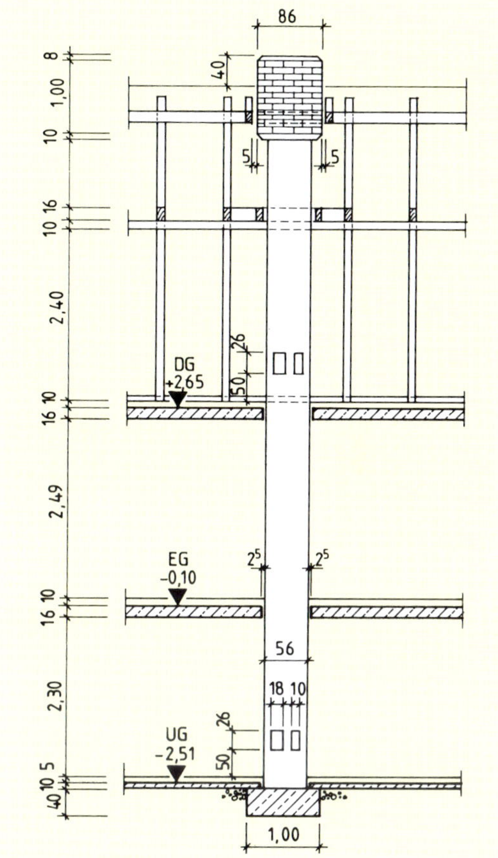

Querschnitt

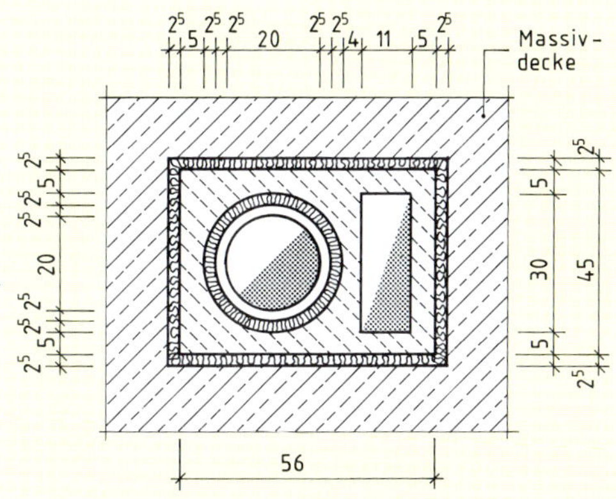

Massivdeckendurchgang (Schnitt)

Aufgabe:

Zeichnen Sie den Längsschnitt und den Querschnitt A–A mit beiden Schichten und den Querschnitt B–B im Maßstab 1 : 10 auf ein Zeichenblatt im Format A3.

Angaben:

Schornstein dreischalig, bestehend aus dem Schamotte-Innenrohr ∅ 16 cm mit Wanddicke 25 mm, der Dämmung von 25 mm Dicke und dem Mantelstein 50/30 cm mit einem Lüftungsschacht von 10/25 cm, Wanddicke 50 mm.

Ummauerung des Schornsteinkopfes mit Klinkerziegeln 2 DF, Höhe Schornsteinkopf von Kragplatte bis Mündung 2,50 m, Sparrendach mit 26° Dachneigung, Sparren 10/16 cm.

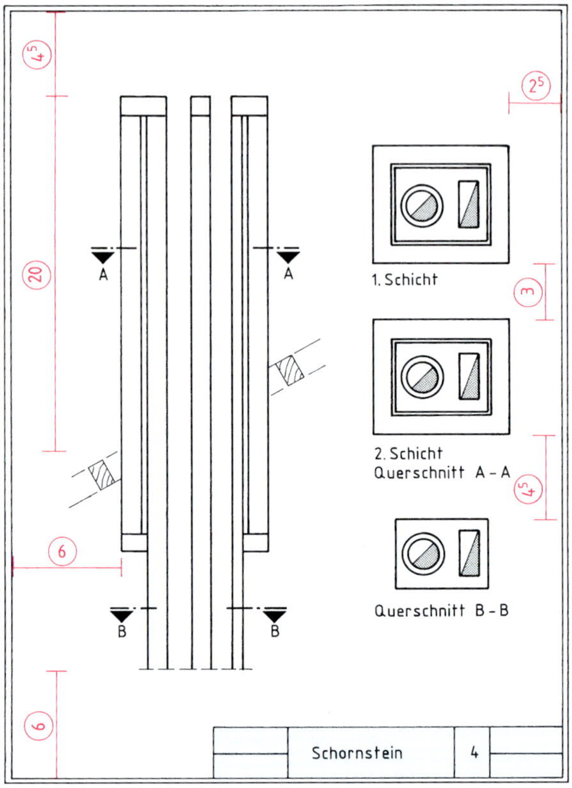

Aufgabe:

Zeichnen Sie den Längsschnitt und den Querschnitt A–A des Schornsteinkopfes als Stahlbetonfertigteil im Maßstab 1 : 10 auf ein Zeichenblatt im Format A3 und bemaßen Sie diese.

Angaben:

Schornstein dreischalig, bestehend aus dem Schamotte-Innenrohr 14/14 cm mit Wanddicke 25 mm, der Dämmung von 30 cm Dicke und dem Mantelstein 34/34 cm mit Wanddicke 50 mm.

Stahlbetonfertigteilhöhe, 1,50 m, Stärke 8 cm, Sparrendach mit 30° Dachneigung, Sparren 10/16 cm.

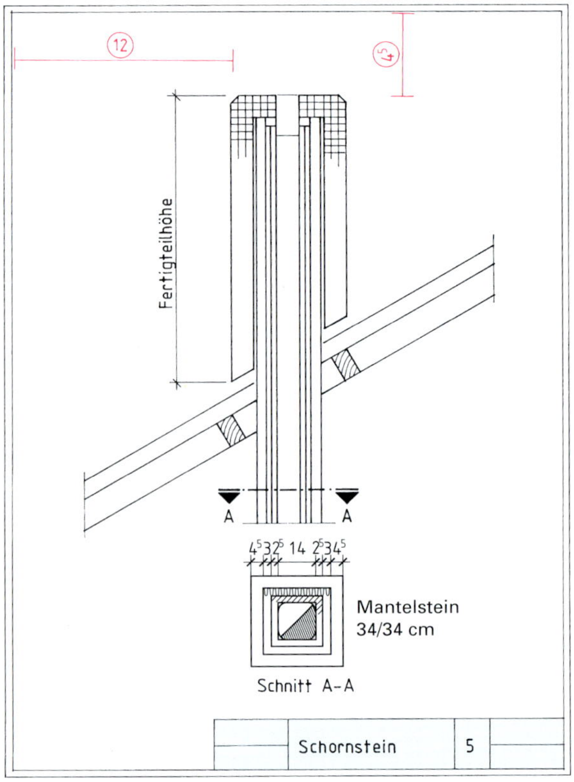

7 Schalung und Bewehrung

7.1 Stahlbetonbalken

Angaben zur Bewehrung

Angaben zur Bewehrung stabförmiger Bauteile sind entlang von Bezugslinien anzuordnen, die den Zusammenhang mit der zugehörigen Bewehrung herstellen.

Jede anfallende Biegeform ist mit einer Positionsnummer zu kennzeichnen, dabei ist die Positionsnummer mit einem Kreis zu umschließen. Die Positionsangaben sind in folgender Reihenfolge aufzuführen:

a) Positionsnummer
b) Anzahl
c) Stabdurchmesser in mm
d) Betonstahlsorte
e) Stababstand in cm
f) Lage
g) Stablänge

Sturzbewehrung

Im Bewehrungsplan eines Sturzes werden die Ansicht und der Schnitt dargestellt und die Verteiler-, Tragbewehrung und die Bügel eingezeichnet und mit Positionsnummern gekennzeichnet.

Im Biegeplan werden die einzelnen Positionen herausgezogen.

Die Stahlliste enthält alle Positionen der Bewehrung und deren Gesamtgewicht.

Der gesondert dargestellte Schalungsschnitt zeigt den Aufbau der Sturzschalung.

Erläuterung	Vereinfachte Darstellung
Ansicht eines Bewehrungsstabes a) allgemein b) Anschlussbewehrung (Stab wurde bereits in anderer Zeichnung dargestellt und positioniert)	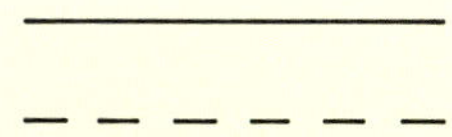
Schnitt durch einen Bewehrungsstab a) allgemein b) Anschlussbewehrung (Stab wurde bereits auf anderer Zeichnung dargestellt und positioniert)	
Ansicht eines Bewehrungsstabes mit Endverankerungen, z.B. a) Bewehrungsstab mit Haken b) Bewehrungsstab mit Winkelhaken	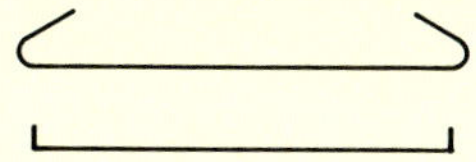
Gruppen gleicher Bewehrungsstäbe: Bei ungleicher Stückzahl oder unterschiedlichem Stababstand innerhalb der einzelnen Verlegeabschnitte sind Anzahl und Abstand entlang der Gruppenlinie anzugeben.	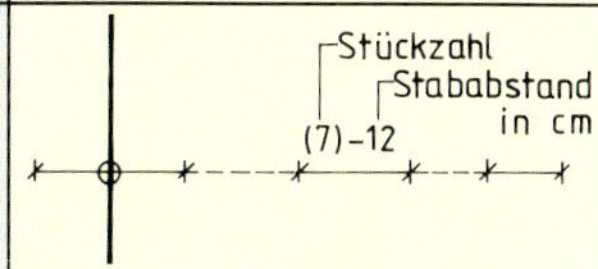
Aufgebogene Stäbe in der Draufsicht: Die Knickpunkte sind durch dünne Querstriche zu markieren. Als ausgezogene Linien werden die unten oder hinten liegenden Stabteile dargestellt. Bei ausschließlicher Darstellung in der Draufsicht sind die Biegeformen zusätzlich hinter den Positionsangaben schematisch darzustellen.	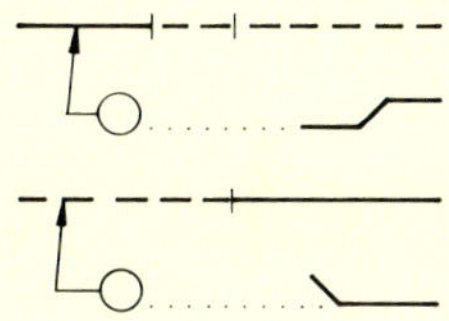
Wird bei Platten und Wänden auf eine getrennte Darstellung der oben und unten liegenden bzw. vorn und hinten liegenden Bewehrung verzichtet, so sind die Positionsangaben durch die Angabe der Lage zu ergänzen. Dabei gilt als „oben“ bzw. „vorn“ die dem Betrachter zugewandte Bauteiloberfläche, entsprechend als „unten“ bzw. „hinten“ die dem Betrachter abgewandte Bauteiloberfläche. Folgende Bezeichnungen sollen verwendet werden: o = oben u = unten v = vorn h = hinten Bei mehrlagiger Bewehrung sind die einzelnen Lagen durchzunummerieren. Die Zählrichtung muss auf der Zeichnung eindeutig in einer Legende festgelegt werden.	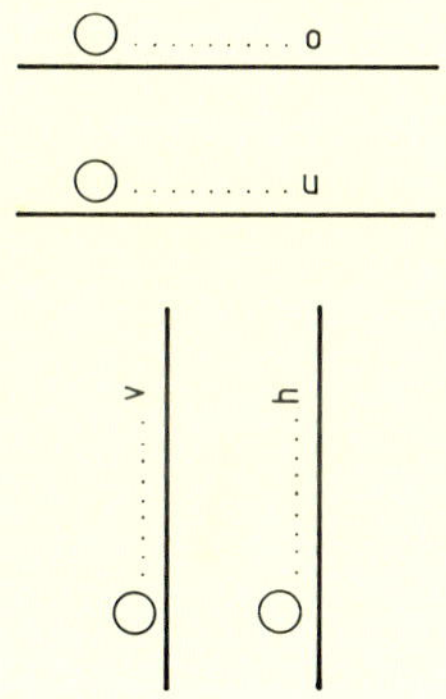

Darstellung von Bewehrungsstäben

Bewehrungsplan

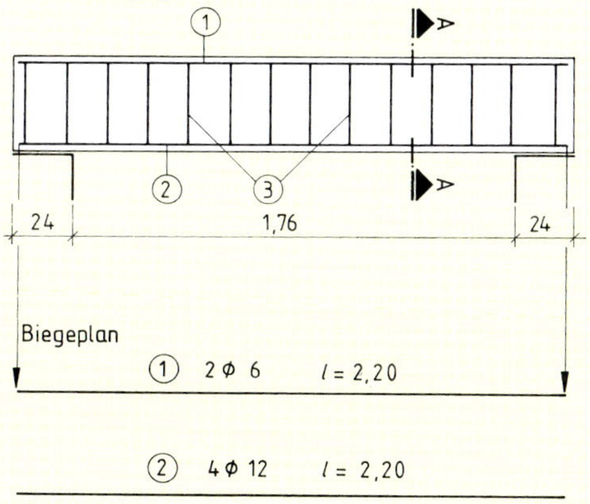

Angaben: C 25/30
BSt 500 S

Schnitt A-A

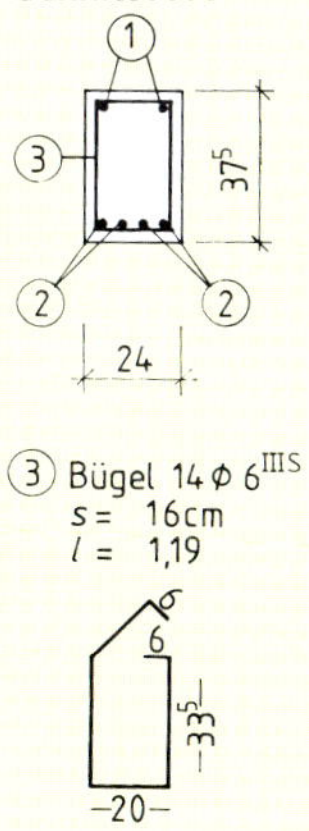

Stahlliste

Pos.	Anzahl	Länge in m		⌀ mm	Masse in kg	
		einzeln	gesamt		je m	gesamt
1	2	2,20	4,40	6	0,222	0,977
2	4	2,20	8,80	12	0,888	7,814
3	14	1,19	16,66	6	0,222	3,699
					Gesamtmasse	12,490

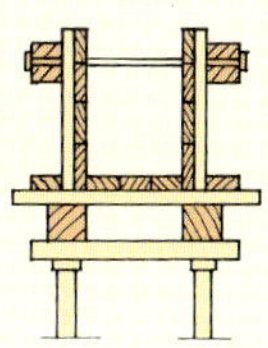

Schalungsschnitt

Aufgabe:

Zeichnen Sie die Sturz-Bewehrung in Ansicht, Schnitt A–A und Schnitt B–B im Maßstab 1:20 einschließlich einer Stahlliste.

Angaben:

Beton C 25/30
Betonstahl B St 500 S
Betondeckung 2 cm
Masse je m ∅ 8 = 0,395 kg/m
∅ 10 = 0,617 kg/m
∅ 14 = 1,210 kg/m
∅ 16 = 1,580 kg/m

Fehlende Schnittmaße im Stahlauszug sind zu ergänzen.

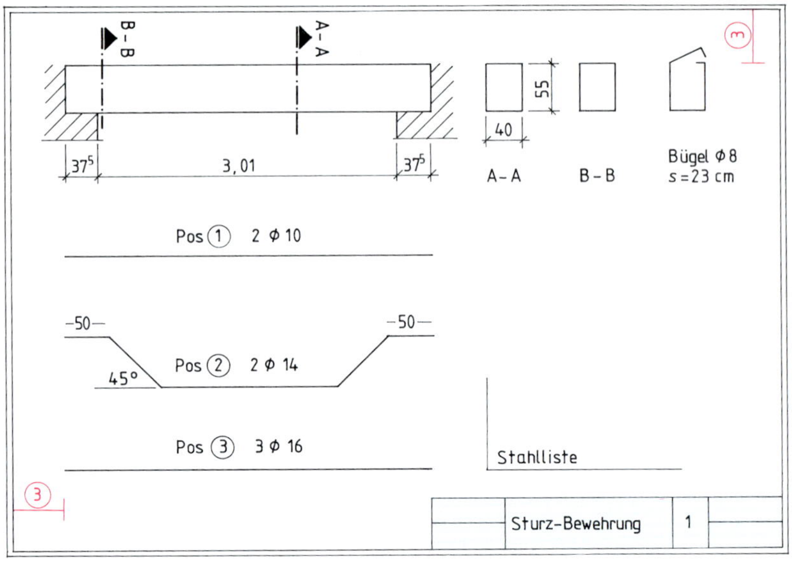

Aufgabe:

Zeichnen Sie die Balkenbewehrung in Ansicht, den Schnitten A–A bis C–C im Maßstab 1:25 einschließlich Stahlliste.

Fehlende Schnittmaße im Stahlauszug sind zu ergänzen.

Angaben:

Beton C 25/30
Betonstahl B St 500 S
Betondeckung 2,5 cm
Masse je m ∅ 8 = 0,395 kg/m
∅ 10 = 0,617 kg/m
∅ 18 = 2,00 kg/m
∅ 20 = 2,47 kg/m

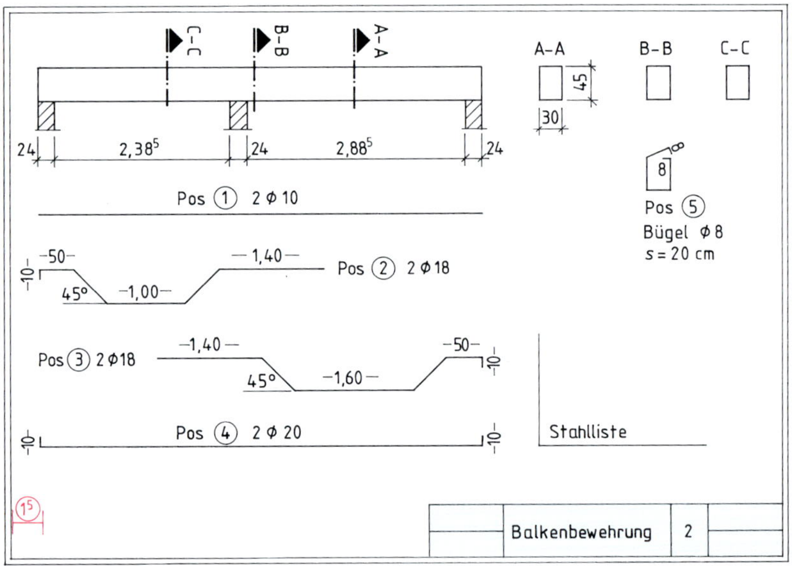

Aufgabe:

Zeichnen Sie die Balkenbewehrung mit Auskragung in Ansicht, den Schnitten A–A und Schnitt B–B im Maßstab 1:20 einschließlich dem Schalungsschnitt A–A im Maßstab 1:10.

Fehlende Schnittmaße im Stahlauszug sind zu ergänzen.

Angaben:

Beton C 25/30
Betonstahl B St 500 S
Betondeckung 2,5 cm
Schalung mit Brettschalung 24 cm und Verspannung mit Spanndrähten

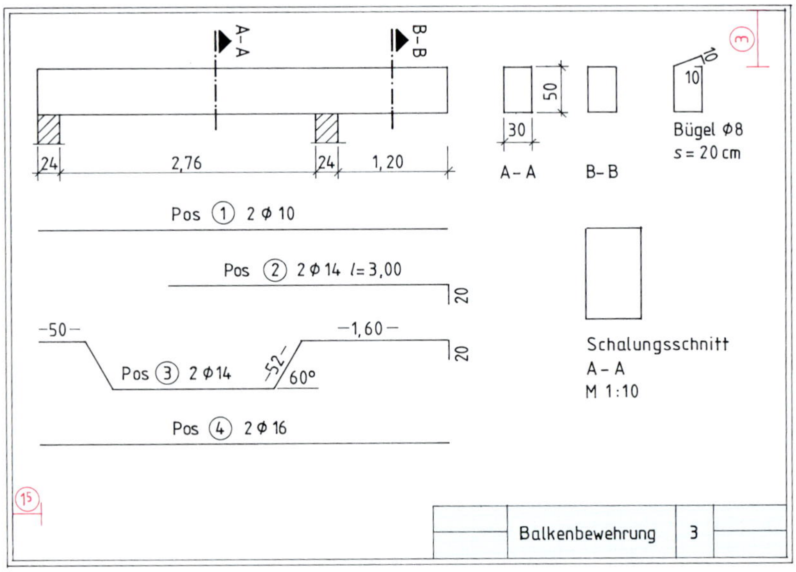

Deckenschalungen

Deckenschalungen bestehen aus Schalbrettern, Kanthölzern und Rundholz- oder Stahlrohrstützen.

Bestandteile und Abmessungen

Schalungsboden:	Bretter 24 mm dick, 8...12 cm breit
Rippenhölzer:	Kanthölzer 8/10 cm oder 10/12 cm im Abstand von 50...60 cm
Rahmenhölzer:	Kanthölzer 10/12 cm oder 12/14 cm im Abstand 1,00 m...1,20 m
Rundholzstütze:	∅8...12 cm
Stahlrohrstütze:	∅80...100 mm
Unterlage:	Bohlen und Bretter
Holzkeile	

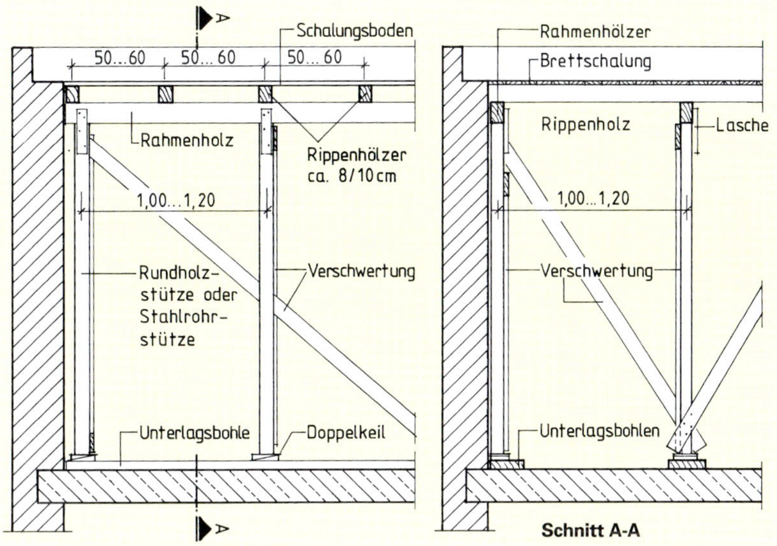

Deckenschalung

Aufgabe:

Zeichnen Sie die Balken-Deckenschalung mit Auskragung in Ansicht und Schnitt A–A im Maßstab 1:20, und fertigen Sie die Stahlliste, zeichnen Sie den Schalungsschnitt im Maßstab 1:10.

Angaben:

Beton C25/30
Betonstahl BSt500
Betondeckung 2,5 cm
Masse je m ∅ 8 = 0,395 kg/m
∅10 = 0,617 kg/m
∅16 = 1,580 kg/m

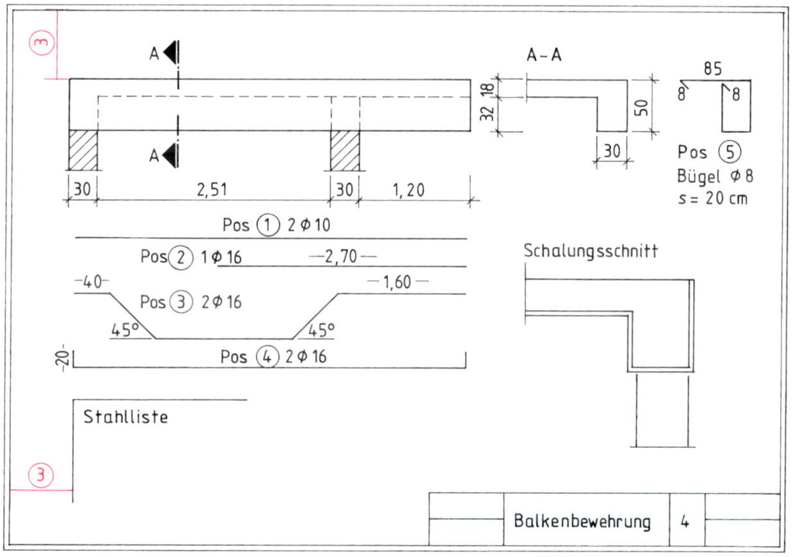

7.2 Stahlbetonstütze mit Fundament

Abmessungen:

Fundament: 90/75 cm, Höhe 40 cm
Stütze: 40/30 cm, Höhe 2,10 m bis UK Decke

Fundamentschalung

Ausführung:

Justierung der Schalung durch Brettkranz; Verspannung mit Spanndrähten.

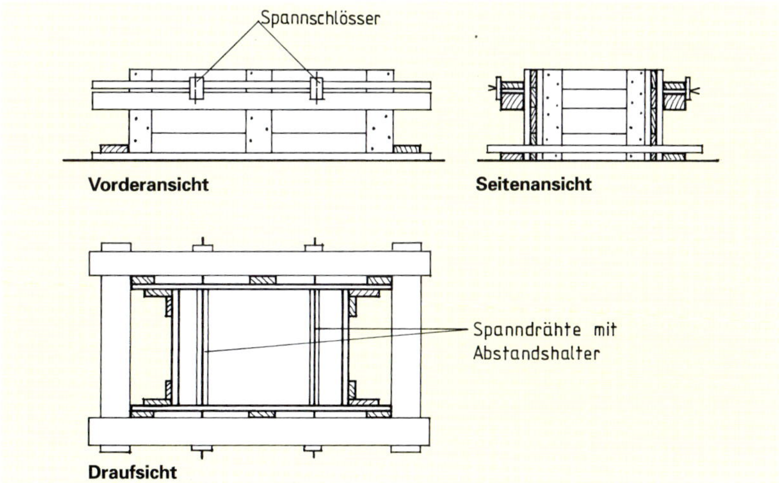

Fundamentschalung

Stützenschalung

Der Schalungskasten der Stahlbetonstütze wird aus 4 Schildern zusammengesetzt, davon haben 2 Schilder die gleiche Breite wie die Stütze, die beiden anderen Schilder sind um 2 Brettdicken breiter. Der Zusammenschluss der Platten kann durch Stützenzwingen bewirkt werden, ihr Abstand nimmt zum Stützenfuß ab. Am Fuße ist eine Reinigungsöffnung anzuordnen.

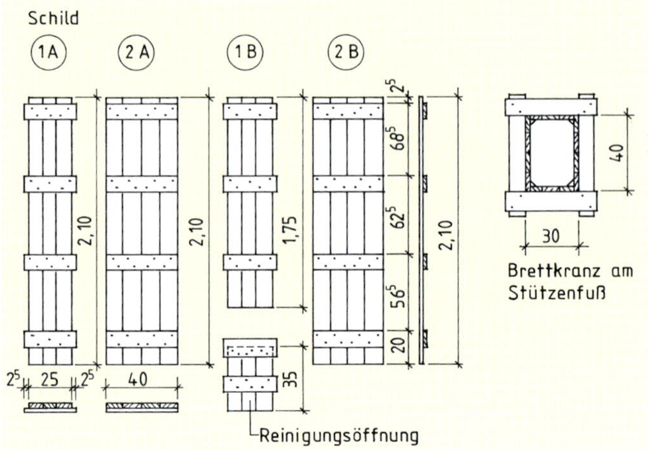

Stützenschalung

Stützen- und Fundamentbewehrung

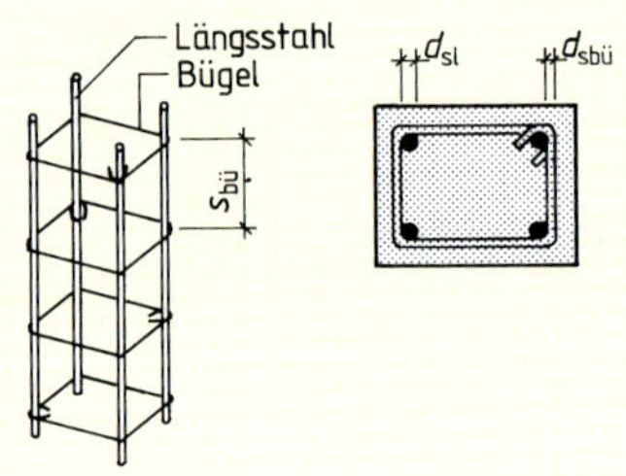

Bezeichnungen

Die Fundamentsohle ist kreuzweise bewehrt mit den Pos. 1 und 2. Auf diesen stehen die beiden Stäbe der Pos. 3. Ab Fundamentoberkante beginnt die Längsbewehrung der Stütze Pos. 4. Im Übergreifungsbereich zwischen Pos. 3 und Pos. 4 wird der Bügelabstand halbiert.

Als Betondeckung sind im Fundament 3 cm, in der Stütze 2,5 cm einzuhalten.

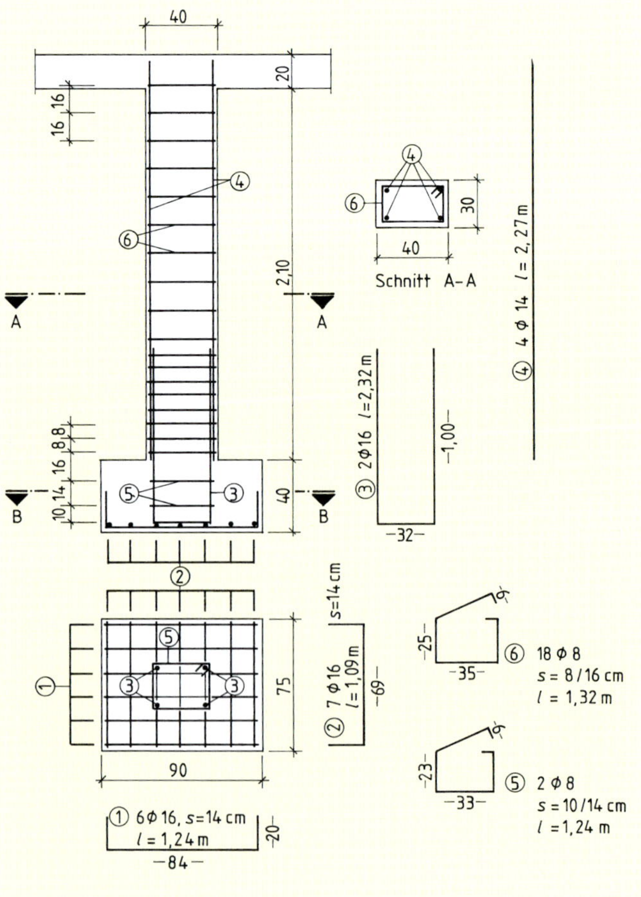

Schnitt B-B

Stützen- und Fundamentbewehrung

Stahlliste

Pos.	Anzahl	Länge in m		⌀ mm	Masse in kg	
		einzeln	gesamt		je m	gesamt
1	6	1,24	7,44	16	1,58	11,76
2	7	1,09	7,63	16	1,58	12,06
3	2	2,32	4,64	16	1,58	7,33
4	4	2,27	9,08	14	1,21	10,99
5	2	1,24	2,48	8	0,395	0,98
6	18	1,32	23,76	8	0,395	9,39
					gesamt	52,51

Aufgabe:

Zeichnen Sie für das **Projekt 2** „Kleines Wohnhaus in A" für die Stütze und das zugehörige Einzelfundament im Untergeschoss die Schalungskonstruktion und Bewehrung auf ein Zeichenblatt A3 im Querformat.

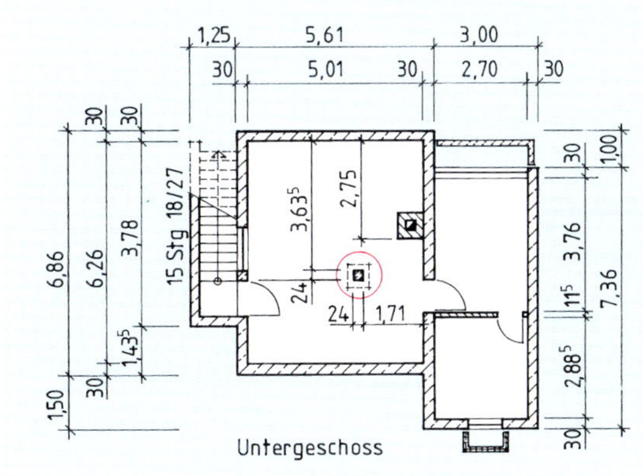

Angaben:

Fundament 50/50/40 cm
Stütze 24/24 cm
Stockwerkshöhe 2,54 m
Deckenstärke 16 cm
C 25/30–B St 500 S

Fundament- und Stützenschalung

a) Ansicht und Draufsicht, Maßstab 1:20
b) Schalungskonstruktion des Einzelfundamentes in Draufsicht Schalungskasten, Vorderansicht und Seitenansicht im Maßstab 1:10
c) Schalungskonstruktion der Stahlbetonstütze in Ansicht, Brettkranz am Stützenfuß und Schnitt A–A im Maßstab 1:10

In die Schalungskonstruktionen sind die wichtigsten Konstruktionsabstände, Art der Verspannung und Bezeichnungen anzugeben. Die seitlichen Verstrebungen sind nicht einzuzeichnen.

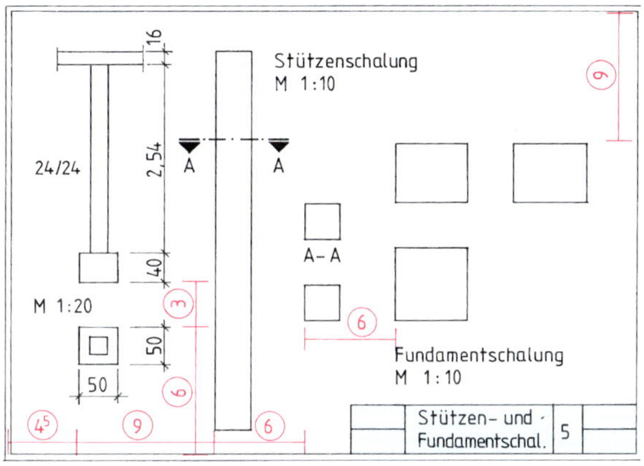

Stützen- und Fundamentbewehrung Maßstab 1:20

a) Längsschnitt mit Schnitt A–A und B–B mit Bewehrung und Positionen
b) Stahlauszug und Stahlliste
Masse pro m: ∅ 8 = 0,395 kg/m
∅ 16 = 1,58 kg/m

Bewehrung:

Längsbewehrung 4∅16 mm mit Anschluss EG 4∅16 mm.
Bügelbewehrung ∅8 mm, $s_{bü} = 16$ cm, mit Abstand UK Fund.-Bügel von 8 cm.
Am Stützenfuß auf ca. 60 cm $s_{bü} = 8$ cm, gleicher Bügelabstand am Stützenkopf auf ca. 50 cm.
Anschlussbewehrung 2∅16 mm.
Fundamentsohle kreuzweise bewehrt mit ∅16, $s = 15$ cm. Betondeckung 2,5 cm.

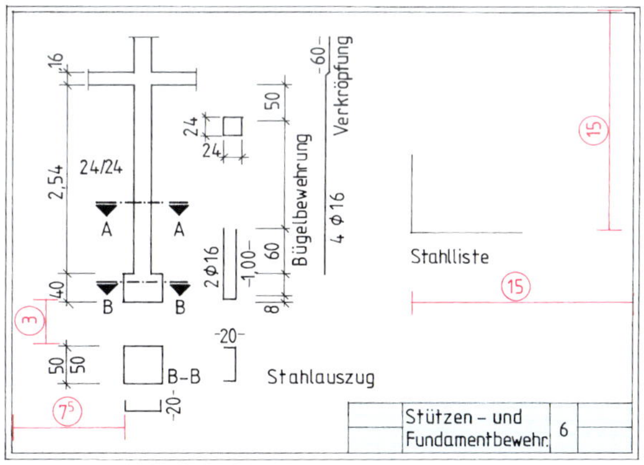

Aufgabe:

Zeichnen Sie für die Stahlbetonstütze mit Konsole im Maßstab 1:20 auf ein Zeichenblatt A3 im Querformat:

a) Schalungskonstruktion in Draufsicht, Vorderansicht und Schnitt A–A,
b) Stützenbewehrung in Längsschnitt A–A mit Schnitten B–B und C–C und Stahlauszug.

Bewehrung:

Längsbewehrung ∅16 mm
Bügelbewehrung ∅8 mm mit $s_{bü} = 16$ cm
Konsole 2∅14 mm und 1 Bügel ∅8 mm
Betondeckung 2,5 cm

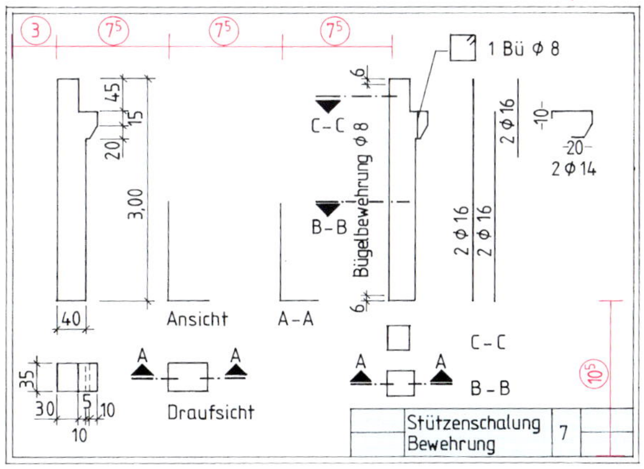

7.3 Stahlbetonwand

Abmessungen:

Streifenfundament 40/80 cm
Wand: Breite 25 cm, Höhe 1,50 m

Wandschalung

Ausführung:

Pos. 1 waagerechte Schalbretter 24 mm oder Schaltafeln 150/50/2,4 cm.
Pos. 2. Pfosten 10/10 cm, Abstand 40...60 cm.
Pos. 3. Gurthölzer 10/10 cm durch Spannanker verspannt.

Sicherung der Schalung am Fußpunkt und an Ecken durch Drängbretter.

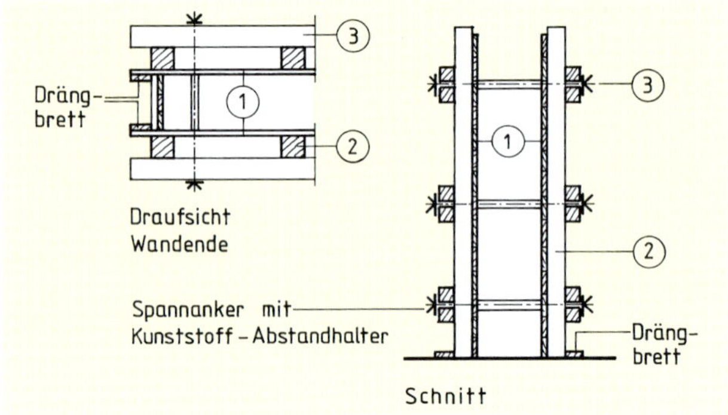

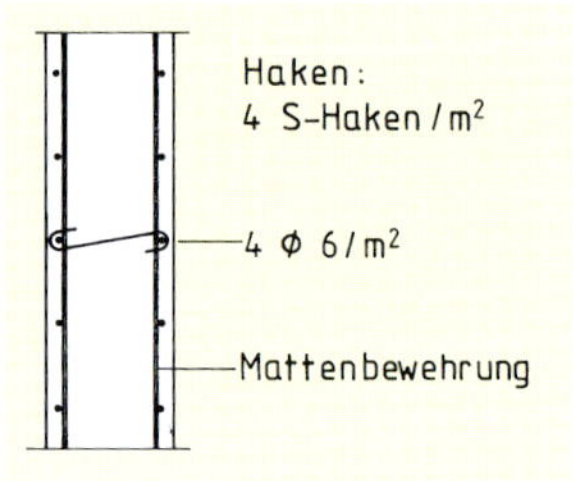

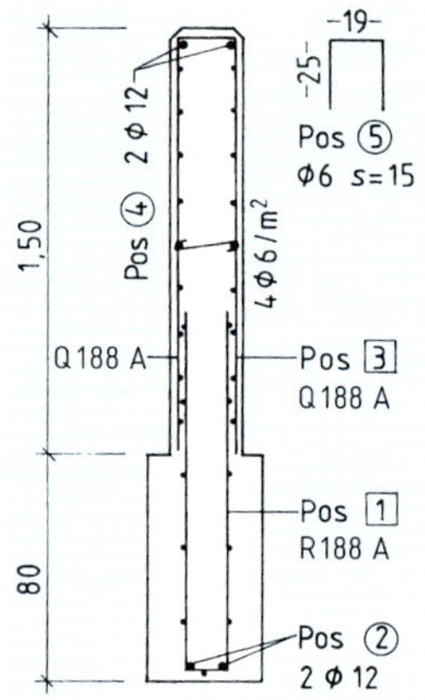

Bauteil	Bewehrung: BSt 500 S/500 M
Fundament	Pos. 1 R 188 A U-Form Pos. ② 2 ∅ 12
Wand	Pos. 3 Q 188 A Randbewehrung Pos. ④ 2 ∅ 12 Pos. ⑤ Bügel ∅ 6 s = 15

Betondeckung allseits 3 cm

Wandbewehrung

Aufgabe:

Zeichnen Sie für das Projekt 2 „Kleines Wohnhaus in A" für eine Außenwandecke im Untergeschoss auf ein Zeichenblatt A3 im Querformat mit den Angaben:

Streifenfundament 60/30 cm
Wandbreite 30 cm, Höhe 2,54 m
Deckenstärke 16 cm
Betonfestigkeit C 25/30

a) Wandschalung mit Schaltafeln im Maßstab 1:20 in Ansicht, Eckausbildung und Schnitt A–A mit Konstruktionsabständen und Bezeichnungen

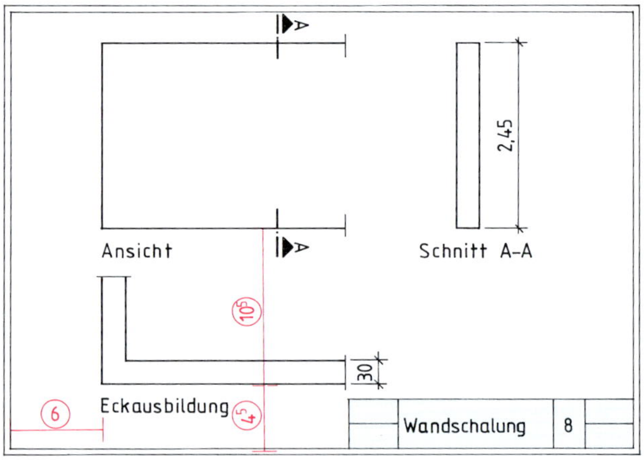

b) Wandbewehrung im Maßstab 1:20 mit einer Betondeckung von allseits 3 cm

Fundament: Pos. ① 4 ∅ 12 mm
Pos. 2 R 188 A/=1,20 m
Pos. 3 Bügel ∅ 6 mm, s = 15 cm

Wand: Pos. 4 und 5 (innen und außen) Q 188 A
Pos. ⑥ ∅ 8 mm, s = 15 cm, l = 1,50 m
Eckbewehrung:
Pos. ⑦ 3 ∅ 12 mm
Pos. ⑧ ∅ 8 mm, s = 20 cm, l = 1,65 m

S-Haken sind darzustellen.

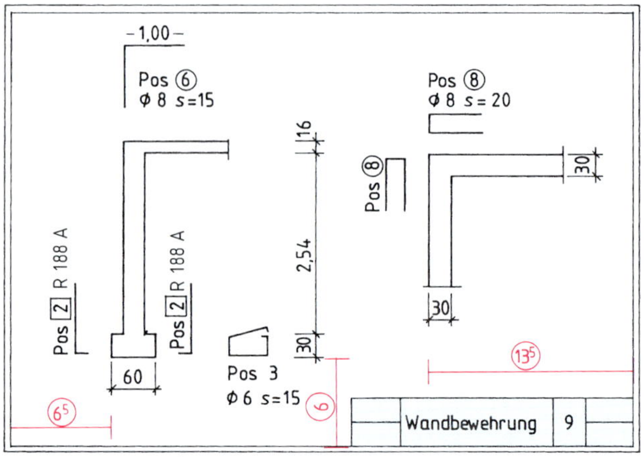

7.4 Stahlbetonvollplatten

Verlegepläne mit Betonstahlplatten

Darstellungsarten:

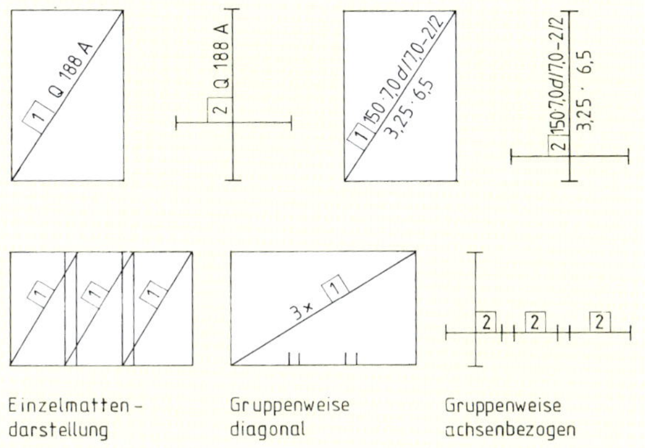

Bei der Darstellungsart „Rechteck mit Diagonale [1]" werden bei

- Lagermatten die Kurzbezeichnung (Q 188 A)
- Listenmatten die den Mattenaufbau in Längs- (150 · 7,0 d/7,0...2/2) und Querrichtung (325 · 6,5) kennzeichnenden Daten

einmal entlang der Diagonalen geschrieben.

Bei „achsenbezogener Darstellungsweise [2]" werden bei

- Lagermatten die Kurzbezeichnung in Mattenlängsrichtung,
- Listenmatten die charakteristischen Größen entlang der Bewehrungsrichtung angeschrieben.

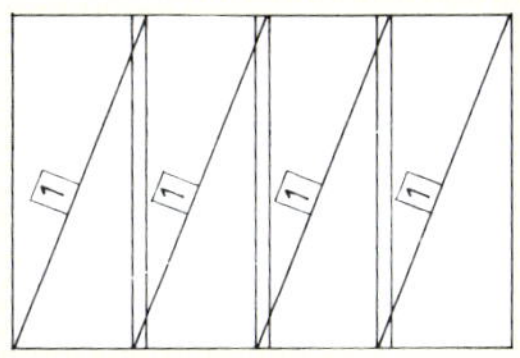

Einlagige Mattenbewehrung, ohne Staffelung

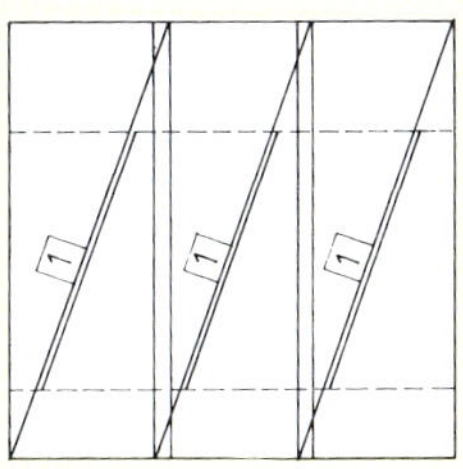

Einlagige Mattenbewehrung, Staffelung mit Feldsparmatten

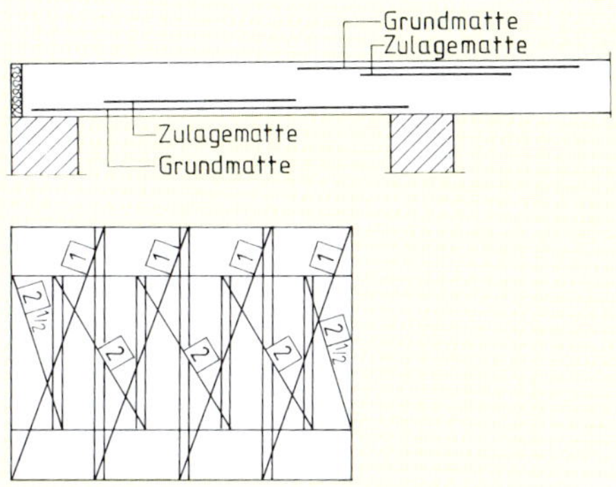

Zweilagige Mattenbewehrung, Zulagestaffelung

Schnitt durch eine Matte	
Allgemein	
Keine Verwechslung mit Bewehrungsstab möglich Lage Längs- und Querstäbe	

Das Maß der seitlichen Überdeckung ist die Übergreifungslänge, sie muss im Verlegeplan bei jeder Mattenposition mindestens einmal angegeben werden.

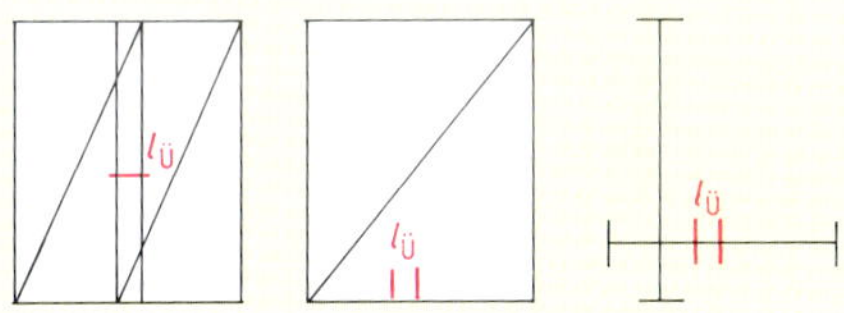

Längs- bzw. Querstabüberstände bei

Q-Matten

quer	25/25 mm	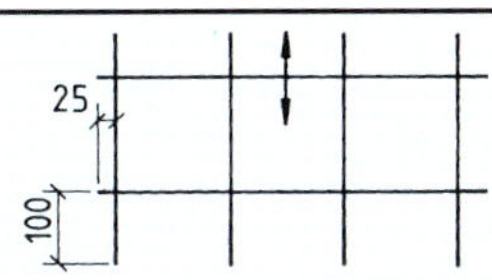
längs	100/100 mm	

R-Matten

quer	25/25 mm	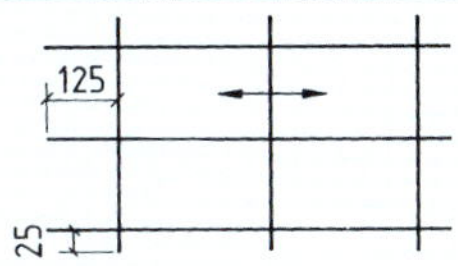
längs	125/125 mm	

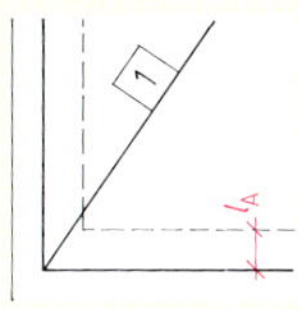

Mattenauflagerlängen gelten von Stabende bis Innenkante Auflager.

Verlegeplan in verschiedenen Darstellungsarten

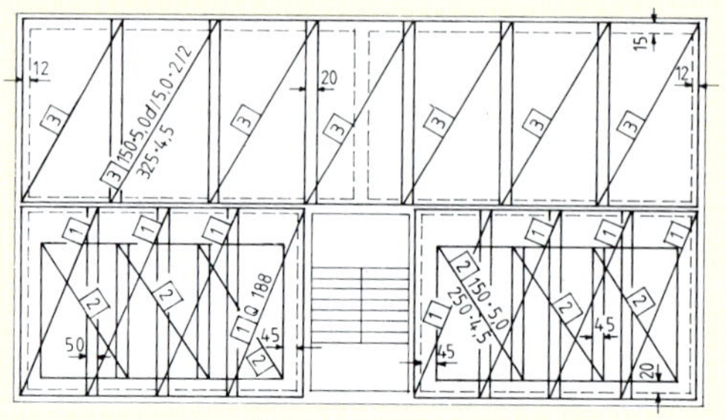

Einzelmattendarstellung

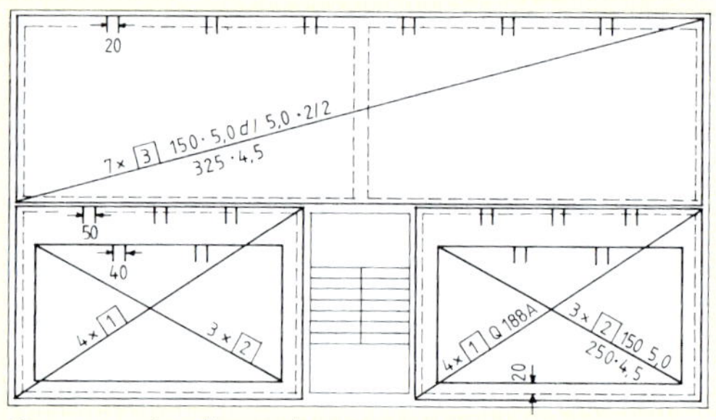

Gruppenweise diagonal

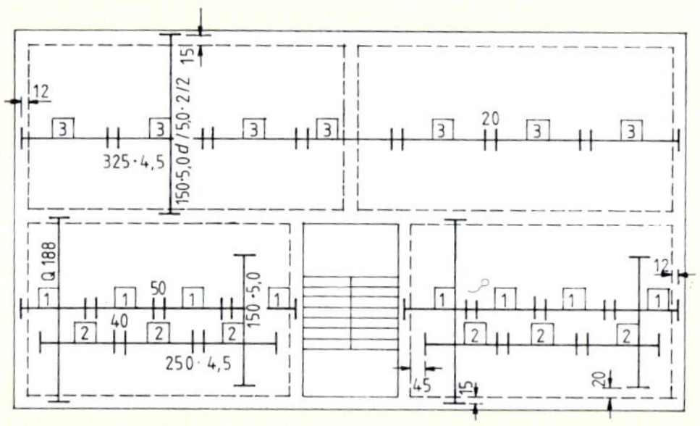

Gruppenweise achsenbezogen

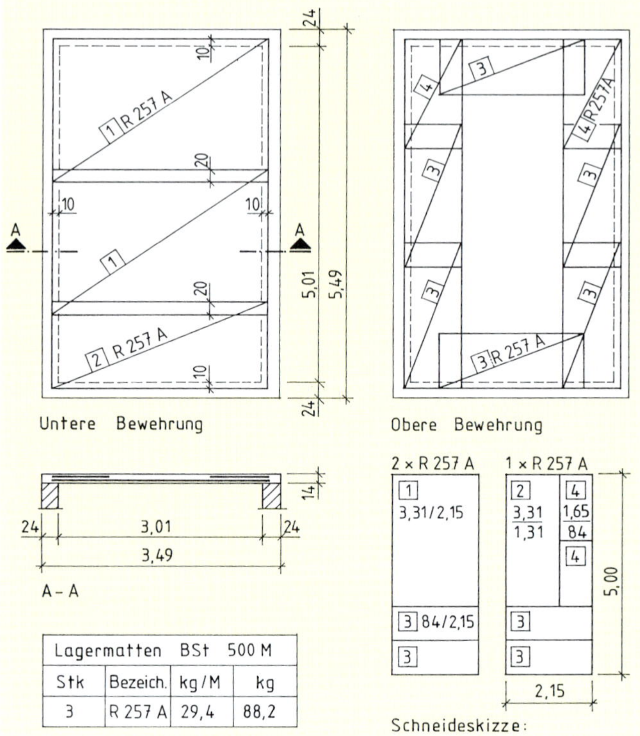

Lagermatten	BSt 500 M		
Stk	Bezeich.	kg/M	kg
3	R 257 A	29,4	88,2

Beispiel: Mattenbewehrung für Garagendecke

Aufgaben:

Die 15 cm starke Stahlbetonmassivdecke des dargestellten Kiosks mit seitlichem Überstand von 7 cm ist mit Betonstahlmatten zu bewehren.

Zeichnen Sie die untere und obere Lage der Bewehrung mit Schnitt A–A im Maßstab 1:50 mit Mattenliste und Schneideskizzen im Maßstab 1:100 auf ein Zeichenblatt A3 im Querformat.

Angaben:

Untere Bewehrung: einachsig mit R 257 A

Obere Bewehrung: Randbewehrung umlaufend mit R 188 A, Breite ca. 80 cm

Mattenauflagerlänge 12 cm, Betondeckung 2 cm

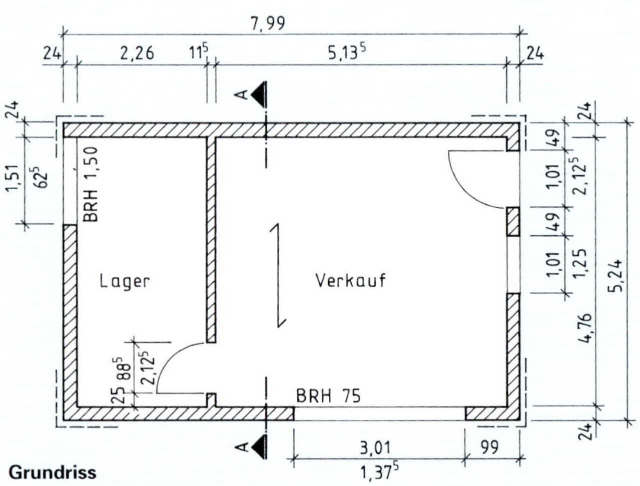

Grundriss

Aufgabe:

Zeichnen Sie den Bewehrungsplan für die untere und obere Bewehrungslage mit Schnitt A–A im Maßstab 1:50, Schneideskizzen im Maßstab 1:100 auf ein Zeichenblatt A3 im Querformat.

Angaben:

Untere Bewehrung: R 257 A
Zusatzbewehrung Aussparung
2∅14 mm, *l*=3,70 m und
2∅14 mm, *l*=1,00 m
Obere Bewehrung:
Stützbewehrung R 335 A
Randeinspannung umlaufend mit R 335 A, Breite 1,00 m
Mattenauflagerlänge 12 cm, Betondeckung 2 cm

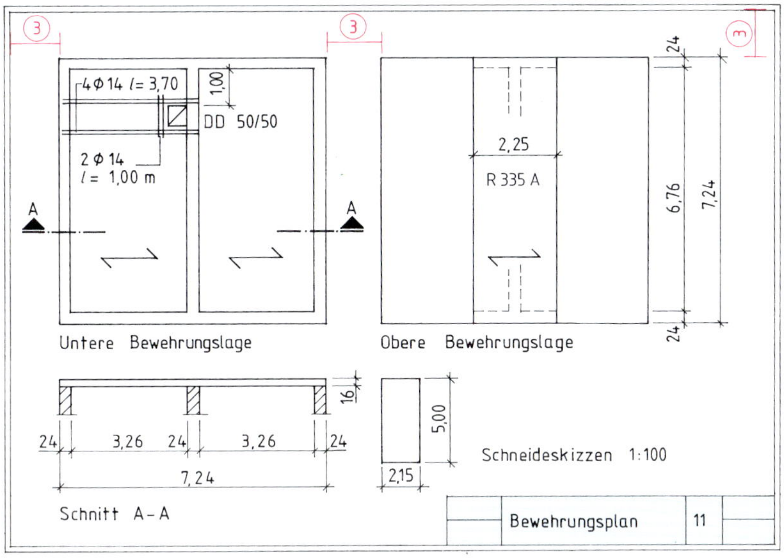

Aufgabe:

Für eine Decke mit Balkonplatte *d*=16 cm ist der Bewehrungsplan für die untere und obere Bewehrungslage mit Schnitt A–A im Maßstab 1:50 einschließlich Stahllisten auf ein Zeichenblatt A3 im Querformat zu zeichnen.

Angaben:

Untere Bewehrung: im Feld R 335 A
Bereich Kragplatte Q 188 A

Obere Bewehrung: R 335 A
Länge 3,25 m
Zulage R 188 A, Länge 2,50 m
Randbereich R 257 A, Breite 1,20 m

Stabbewehrung:
Pos. ① 2∅12 mm, Pos. ②
2∅12 mm, Pos ③ 21∅6 mm,
Pos. ④ 2 × 8∅6 mm

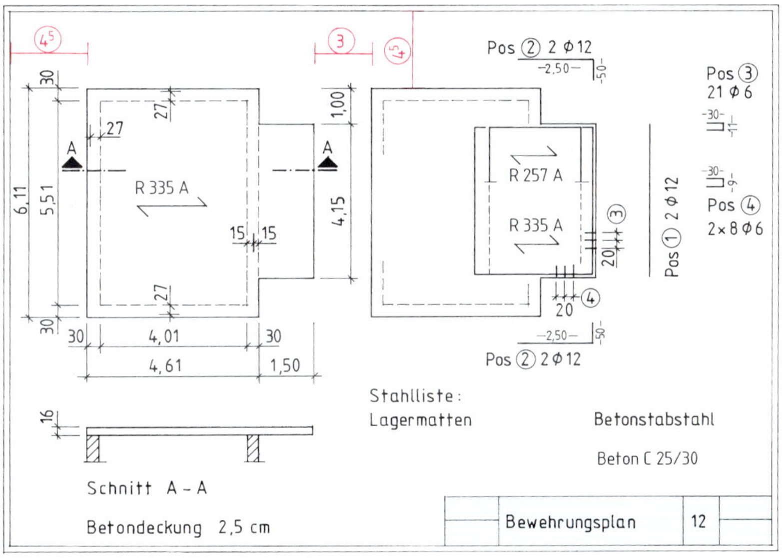

Aufgabe:

Zeichnen Sie für das **Projekt 2** „Kleines Wohnhaus in A" den Bewehrungsplan für die Decke über UG im Maßstab 1:50 mit Stahllisten und Schneideskizzen Maßstab 1:100 auf ein Zeichenblatt A3 im Querformat

Angaben:

Mattenauflagerlänge 25 cm, Betondeckung 2,5 cm

Untere Bewehrung:
Q 513 A und R 335 A

Obere Bewehrung:
über Mittelwand R 335 A
l=5,00, über Stütze Q 377 A
l=2,50 m

Stabbewehrung siehe Zeichnung

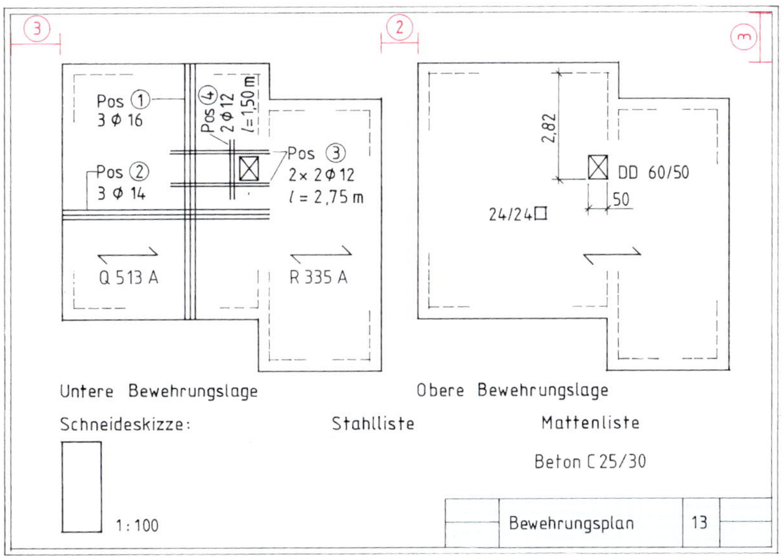

8 Deckenkonstruktionen

8.1 Deckenkonstruktionen

Allgemein:

Wärmedämmplatten zur Vermeidung von Tauwasser und Kältebrücken sind beim Auflager in Außenwandkonstruktionen anzuordnen!

Stahlbeton-Vollplatte

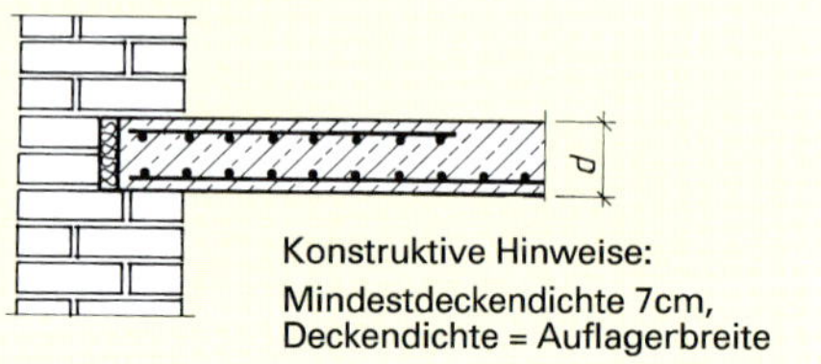

Plattenbalkendecke

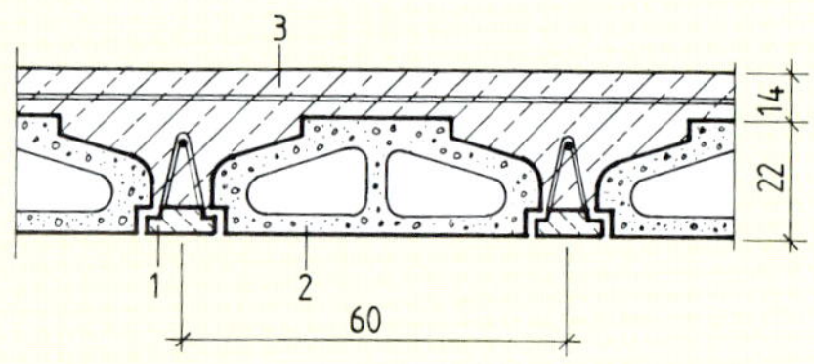

1 vorgefertigte Balken
2 nicht tragende Füllkörper aus Leichtbeton
3 Ortbeton

Stahlbeton-Rippendecke

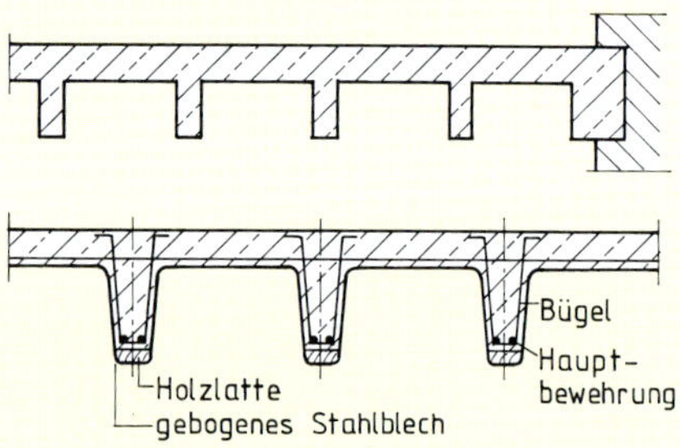

Stahlbeton-Rippendecke mit statisch nicht mitwirkenden Füllkörpern

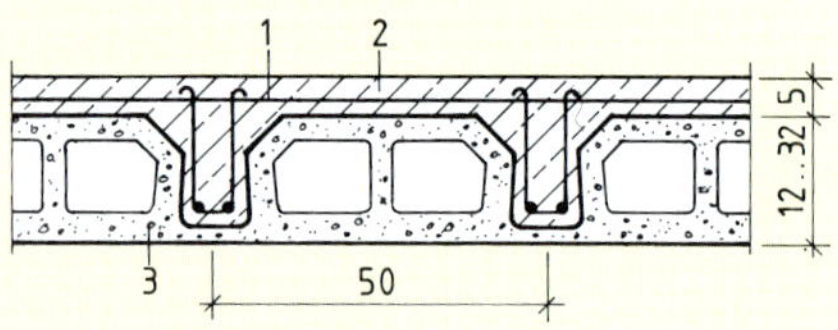

1 Querbewehrung 2 Druckplatte
3 Leichtbeton-Füllkörper

Holzbalkendecke

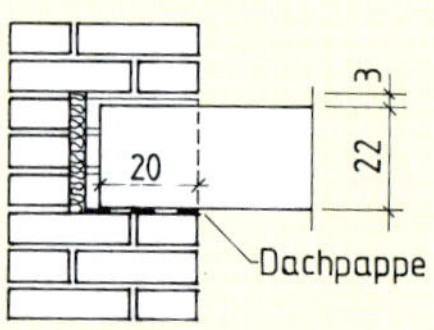

Für gute Belüftung des Balkenkopfes ist zu sorgen!

Aufgabe:

Zeichnen Sie die nachfolgenden Deckenauflager im Maßstab 1:5 auf ein Zeichenblatt A3 im Querformat.

Notwendige Dämm- und Sperrmaßnahmen sind einzuzeichnen!

a) Detailpunkt A Deckenauflager Stahlbetonplatte.

b) Detailpunkt B Deckenauflager Holzbalkendecke.

Ausführung: Detail A
Dämmschicht 40 mm
Schwimmender Estrich 8 cm
mit 35 mm Dämmschicht

Detail B
Leichtbeton 6/42,5 cm
Ringanker 17,5/24 cm mit 2 ∅12 mm
Dämmschicht 40 mm
Hinterlüftung 30 mm

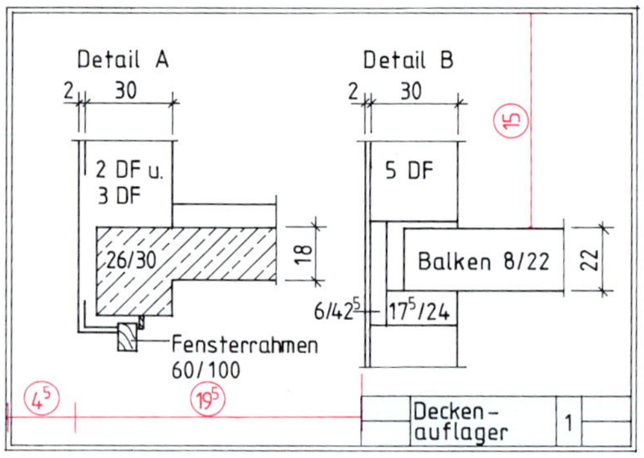

Aufgabe:

Zeichnen Sie für das **Projekt 2** „Kleines Wohnhaus in A"

a) Verlegeplan UG-Decke aus Stahlbetonrippendecke mit vorgefertigten Teilen im Maßstab 1:50,

b) Schnitt A–A im Maßstab 1:10,

c) Positionsliste:

Träger-Pos.	Stück	Länge

Ausführung

Deckenhöhe 16 cm +6 cm Ortbeton-druckschicht
Auflagertiefe Deckenträger mindestens 12 cm
Querrippen-bewehrung 2∅12 mm
und Verteiler-bewehrung Q 188 A
Ringanker-bewehrung über tragenden Wänden 2∅12 mm

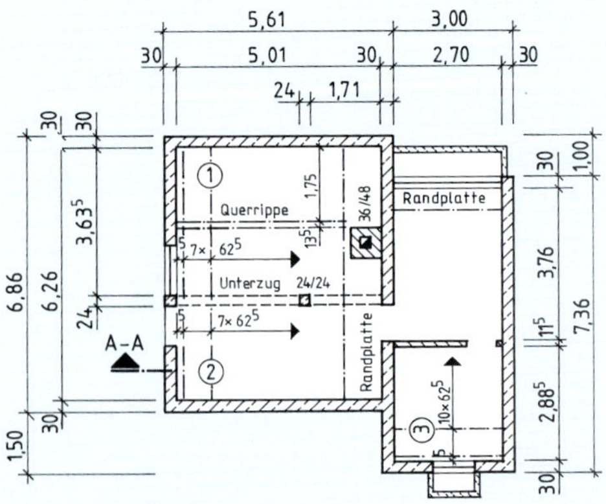

Information zur zeichnerischen Darstellung

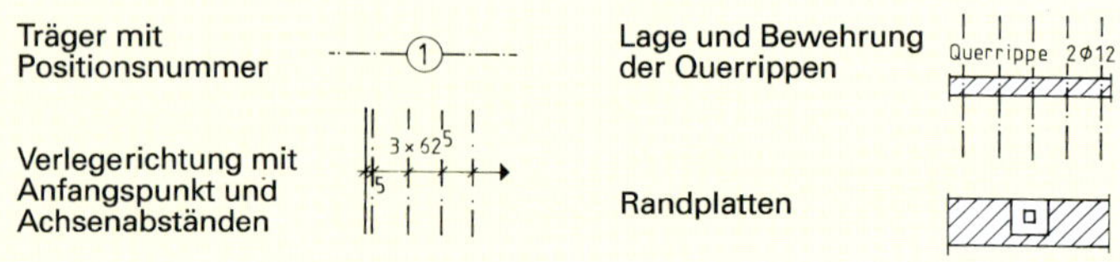

9 Treppen

9.1 Grundinformationen

1. Begriffe und Bezeichnungen

Zweiläufige gegenläufige Treppe mit Zwischenpodest

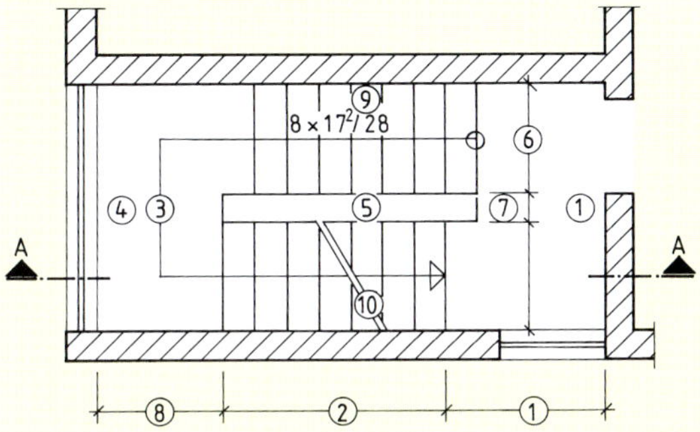

Grundriss

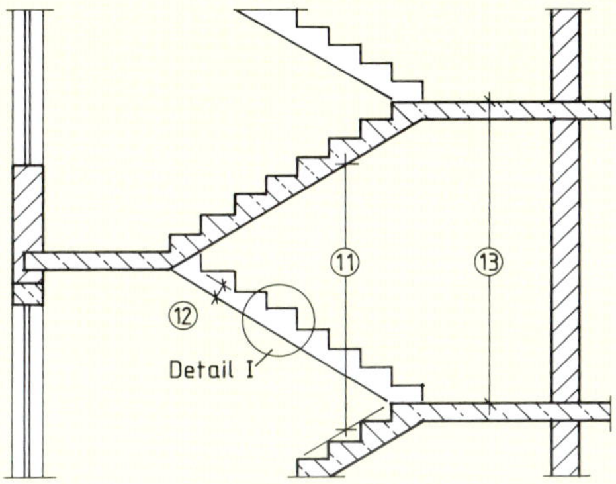

Schnitt A-A

Bezeichnungen im Treppenbau

1 Treppenpodest	8 Zwischenpodestbreite
2 Treppenlauflänge	9 Steigungsverhältnis
3 Lauflinie	10 Schnittlinie
4 Zwischenpodest	11 Lichte Durchgangshöhe
5 Treppenauge	12 Besteck (Unterbeton)
6 Treppenlaufbreite	13 Geschosshöhe
7 Treppenaugenweite	

Detail I

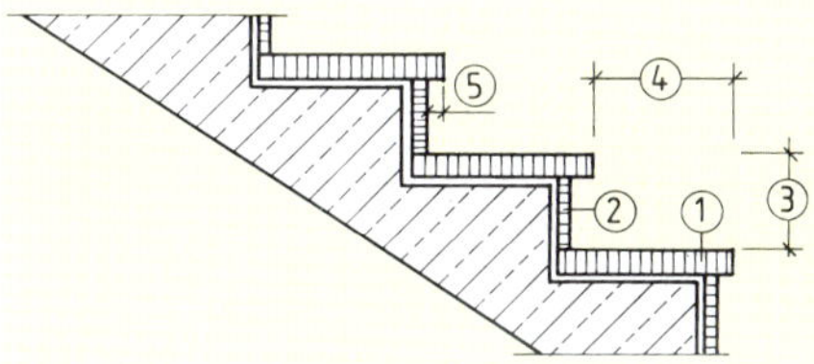

1 Trittstufe
2 Setzstufe
3 Steigung
4 Auftritt
5 Unterschneidung

2. Treppenarten

Nach der Form der Treppenläufe werden gerade, gewinkelte und gewendelte Treppen unterschieden.

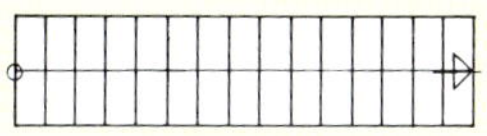

einläufige gerade Treppe

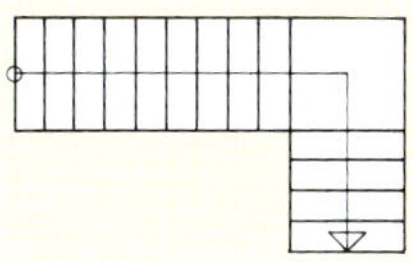

zweiläufige gewinkelte Treppe mit Zwischenpodest

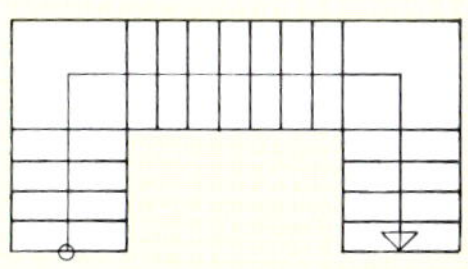

dreiläufige, zweimal abgewinkelte Treppe mit Zwischenpodesten

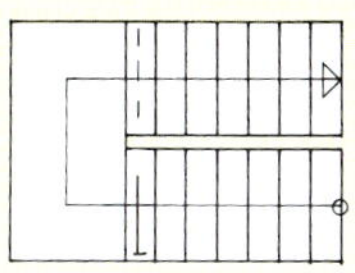

zweiläufige gegenläufige Treppe mit Zwischenpodest

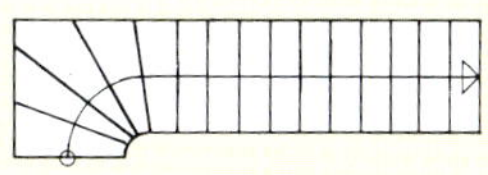

einläufige, im Antritt viertelgewendelte Treppe

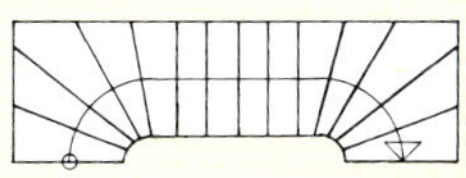

einläufige, zweimal viertelgewendelte Treppe

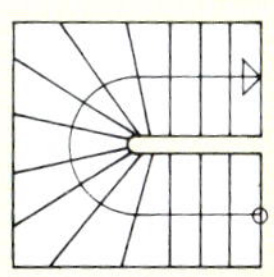

einläufige, halbgewendelte Treppe

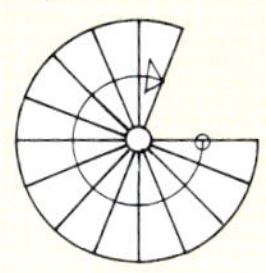

Wendeltreppe
(Treppe mit Treppenauge)

9.2 Treppenkonstruktionen

Treppenberechnung (allgemein)

Das Steigungsverhältnis einer Treppe kann mithilfe der Schrittmaßregel bestimmt werden.

1 Auftritt	+ 2 Steigungen	≈ 63 cm
a	$+ \quad 2\,s$	≈ 63 cm

Berechnung der Kelleraußentreppe

Kellerpodest OK −2,59 m
Gelände K −0,22 m
Höhenunterschied 2,37 m

$$\text{Steigung} = \frac{\text{Höhenunterschied}}{\text{Anzahl der Steigungen}}$$

$$= \frac{2{,}37\ \text{m}}{13} = \underline{18{,}2\ \text{cm}}$$

Auftritt $= 63\ \text{cm} - 2 \times 18{,}2\ \text{cm}$
$= 26{,}6\ \text{cm}$
gewählt: 27 cm

Lauflänge $27\ \text{cm} \times 12 = \underline{3{,}24\ \text{m}}$

Aufgabe

Zeichnen Sie die Kelleraußentreppe aus dem **Projekt 2** „Kleines Wohnhaus" im Maßstab 1:20 auf ein Zeichenblatt A3.

Ausführung

Betonblockstufen wie in Variante dargestellt mit 11,5 cm Untermauerung.

Zu zeichnen sind Grundriss, Schnitt A–A, Schnitt B–B und Stufendetail.

Planausschnitt

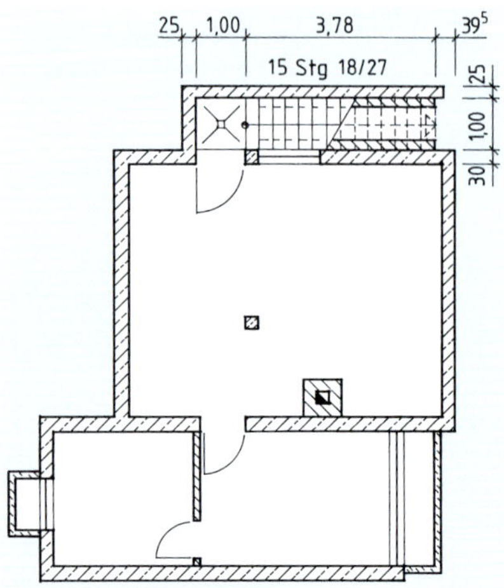

Grundriss Kellergeschoss

Kelleraußentreppe (Musterbeispiel)

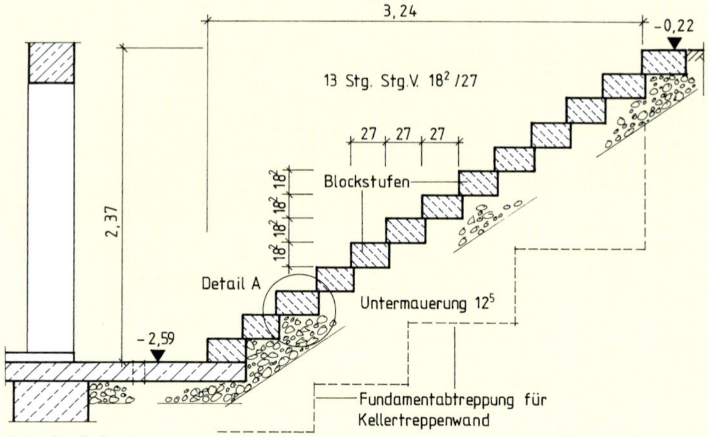

Schnitt A-A

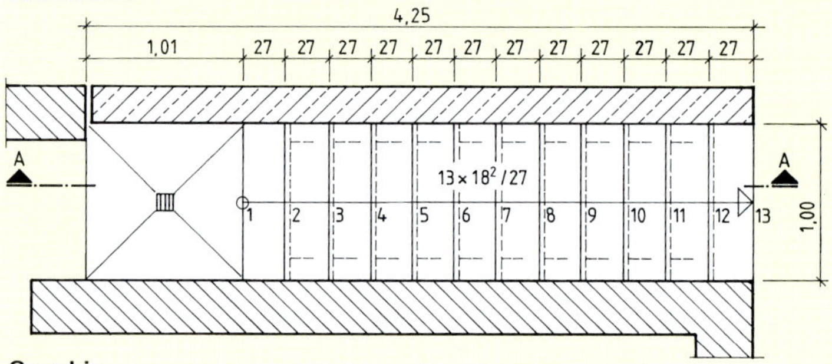

Grundriss

Detail A Blockstufenausbildung

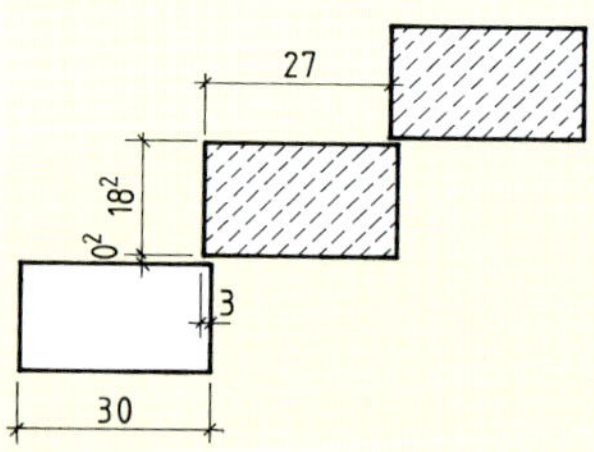

Variante

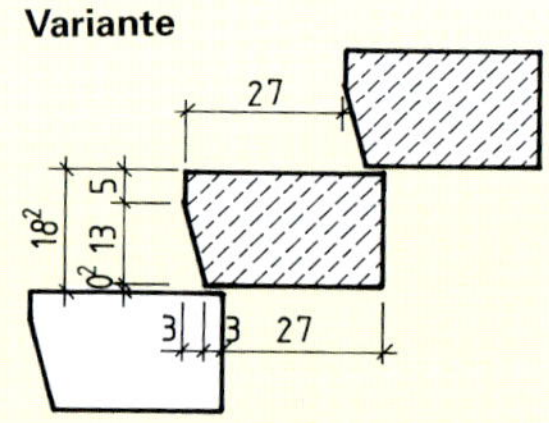

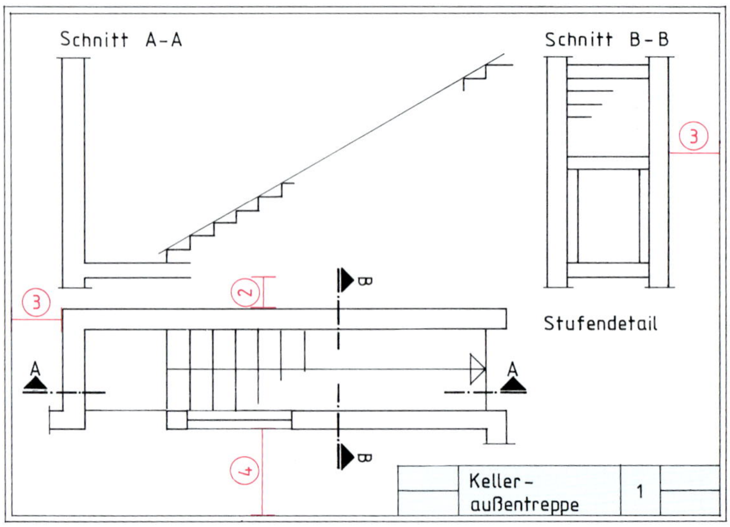

Innentreppe (Musterbeispiel)

Zweiläufige gegenläufige Innentreppe mit Zwischenpodest

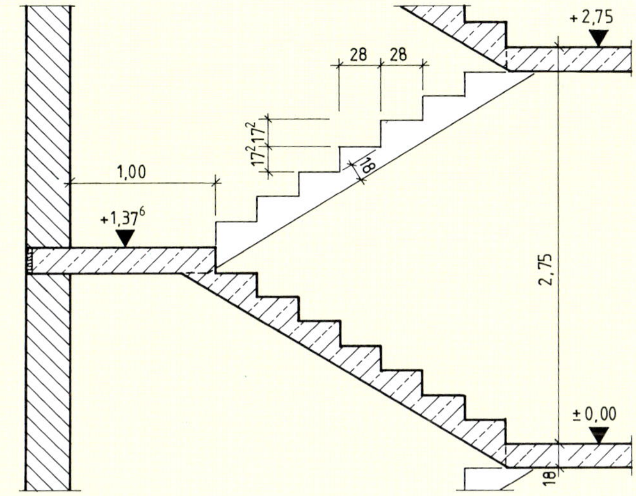

Schnitt A-A

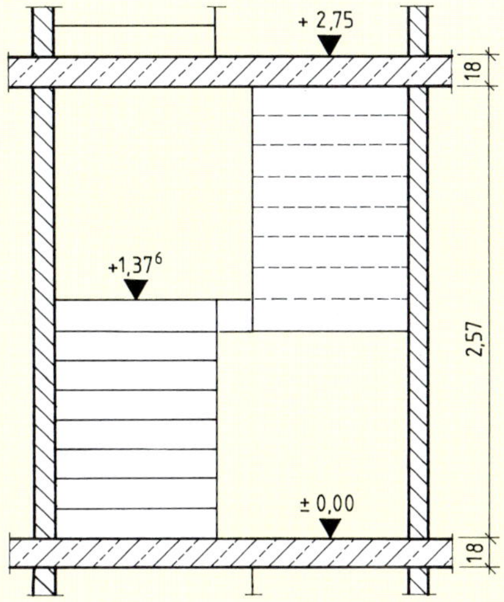

Ansicht

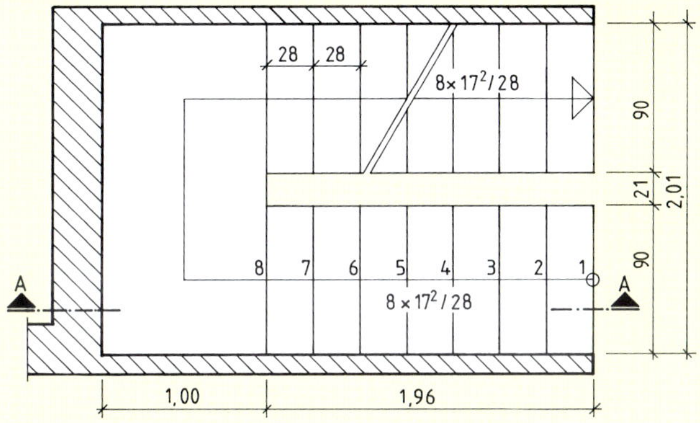

Grundriss

Planausschnitt (Musterbeispiel)

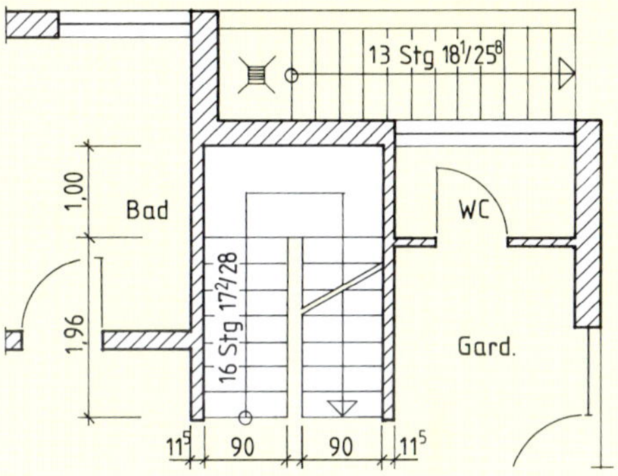

Aufgaben:

Zeichnen Sie den Grundriss und die Ansicht der zweiläufigen, gewinkelten Treppe mit Zwischenpodest aus dem **Projekt 2** „Kleines Wohnhaus" im Maßstab 1:20 auf ein Zeichenblatt A3.

Planausschnitt Projekt 1

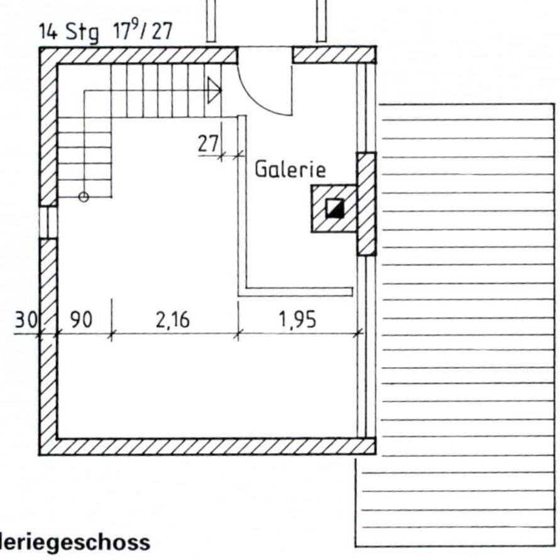

Grundriss Galeriegeschoss

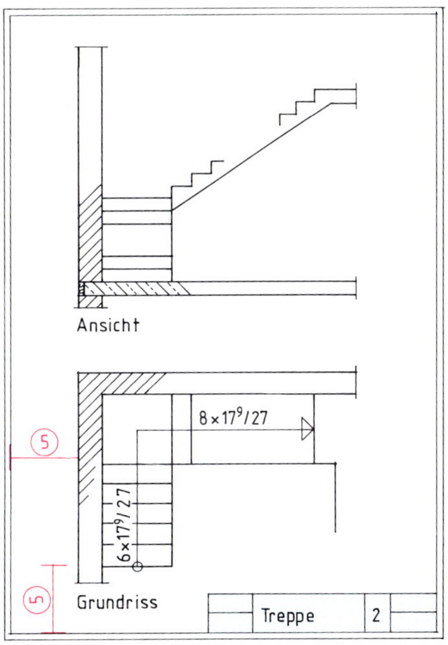

Blatteinteilung

Zweiläufige gegenläufige Treppe mit Zwischenpodest (Musterlösung)

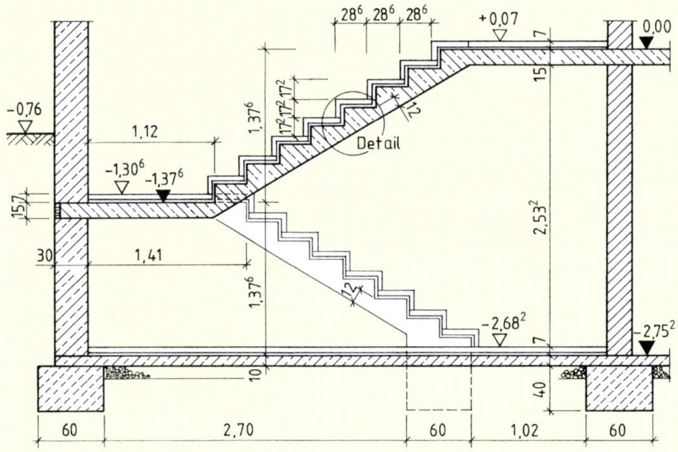

Schnitt A-A

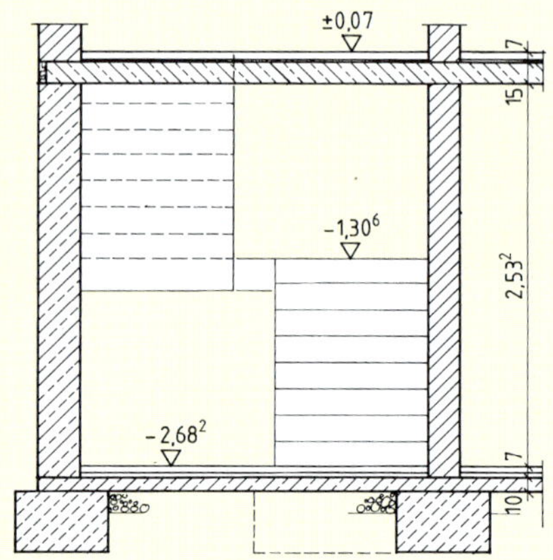

Ansicht

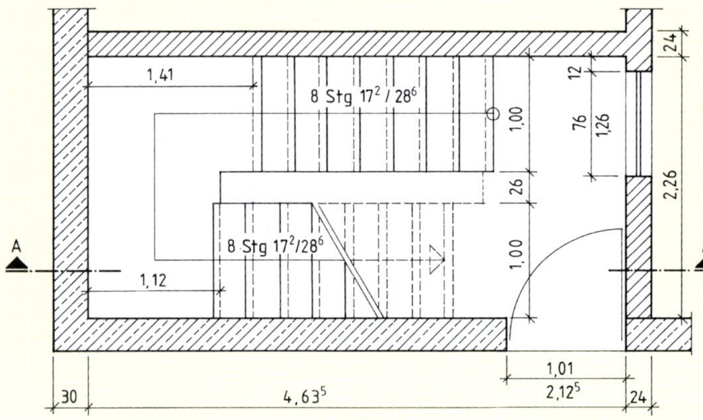

Grundriss

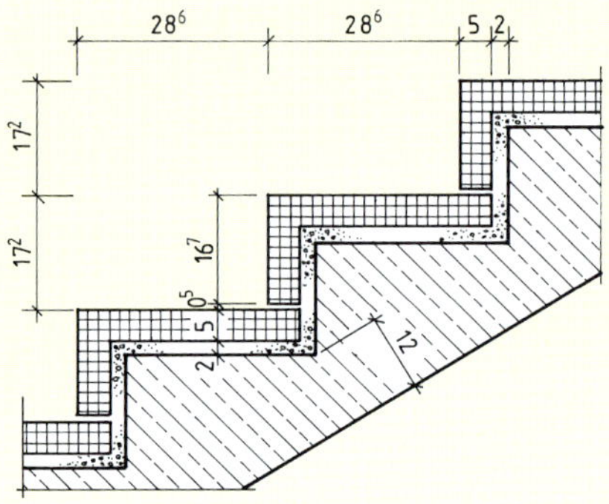

Detail

Aufgabe:

Zeichnen Sie in den vorgegebenen Treppenraumgrundriss eine zweiläufige gegenläufige Treppe mit Zwischenpodest im Grundriss und Schnitt A–A auf ein Zeichenblatt A3 im Maßstab 1:20.

Die Treppenlaufuntersichten sollen im Treppenauge in einem Punkt zusammenlaufen.

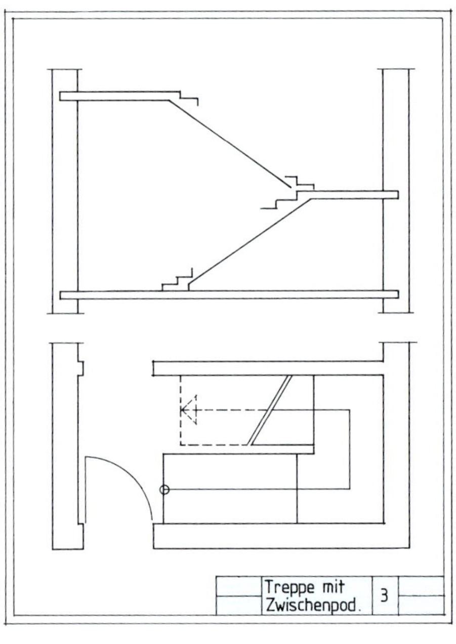

Ausführung

Trittstufe 40 mm, Setzstufe 20 mm dicke Natursteinplatten im Mörtel verlegt. Decken- und Podeststärke sind selbst festzulegen.

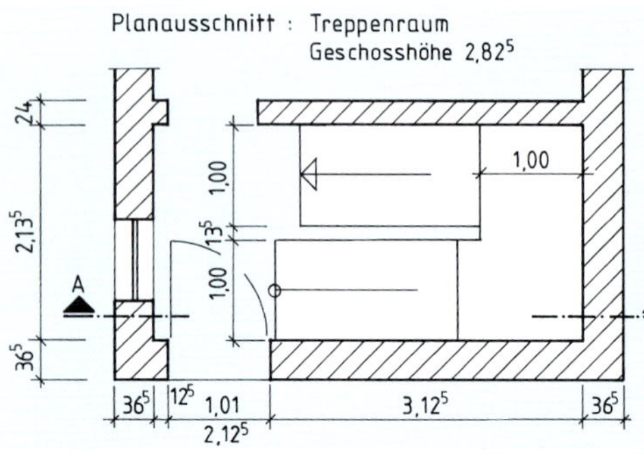

9.3 Verziehen gewendelter Treppen

Das Verziehen der Stufen gewendelter Treppen kann auf verschiedene Weise vorgenommen werden.

Die Stufen müssen gleichmäßig verzogen werden.

An keiner Stelle der Stufe soll die Auftrittbreite weniger als 10 cm betragen.

Das Verziehen erfolgt im Grundriss und kann mit verschiedenen Methoden durchgeführt werden.

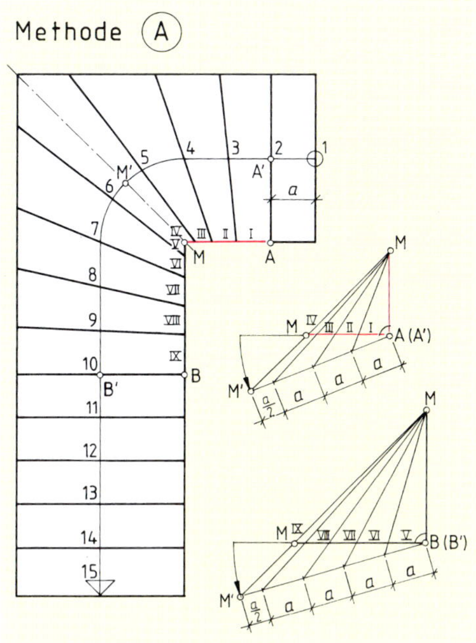

Ⓐ Viertelgewendelte Treppe

1. Das errechnete Auftrittmaß auf der Lauflinie abtragen.
2. Erste und letzte gerade Stufe festlegen, ergibt Punkt A und B.
3. Antragen des rechten Winkels mit Strecke $\overline{AM}$ (Innenwange).
4. Strecke $\overline{M\text{–}M}$ verlängern.
5. Strecke $\overline{A'M'}$ (Lauflinienlänge) in A abtragen.
6. An Strecke A'M' die Auftrittbreiten der Lauflinie bis zur Treppenachse von A aus antragen.
7. Teilpunkte mit M verbinden, ergibt auf $\overline{AM}$ die Abschnitte I … IV.
8. Abschnitte auf Innenwange übertragen und mit Punkten auf Lauflinie verbinden.

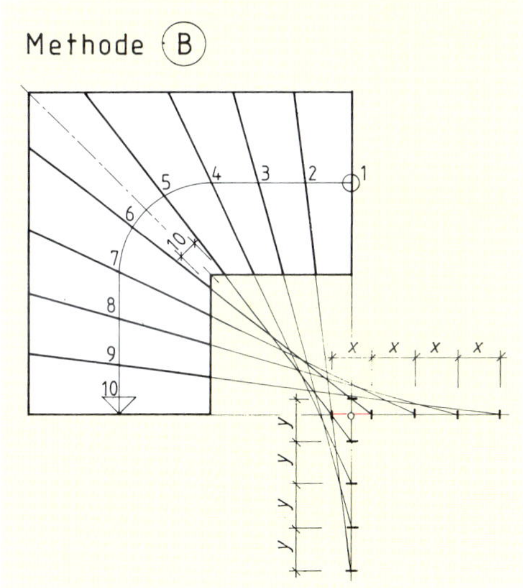

Ⓑ Viertelgewendelte Treppe

1. Eckstufe festlegen, an schmalster Stelle mind. 10 cm breit.
2. Erste und letzte gerade Stufe verlängern, ergibt Achsenkreuz.
3. Verlängerte Eckstufenkanten ergeben Abschnitte x und y.
4. Abschnitte der Anzahl der zu verziehenden Stufen abtragen.
5. Achsenschnittpunkte mit Punkten auf Lauflinie verbinden.

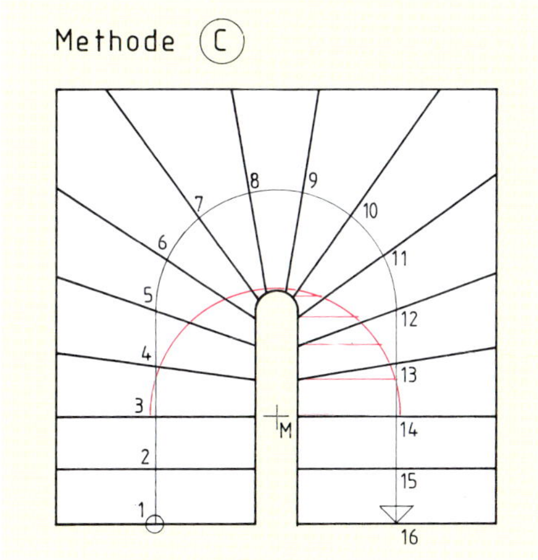

Ⓒ Halbgewendelte Treppe

1. Auftritte auf Lauflinie abtragen.
2. Erste und letzte Stufe festlegen, Verbindung ergibt M.
3. Halbkreis um M.
4. Halbkreis durch Anzahl der zu verziehenden Stufen teilen.
5. Teilpunkte auf Innenwange übertragen und diese mit Punkten auf Lauflinie verbinden, ergibt Stufenkanten.

Aufgaben: alle Verziehungskonstruktionen auf Zeichenblatt A4 im Maßstab 1:2.

1. Die im Grundriss dargestellte viertelgewendelte Treppe ist zu verziehen nach der unter Ⓐ vorgegebenen Verziehungsmethode. Die Geschosshöhe beträgt 2,635 m, die Auftrittbreite 28 cm.

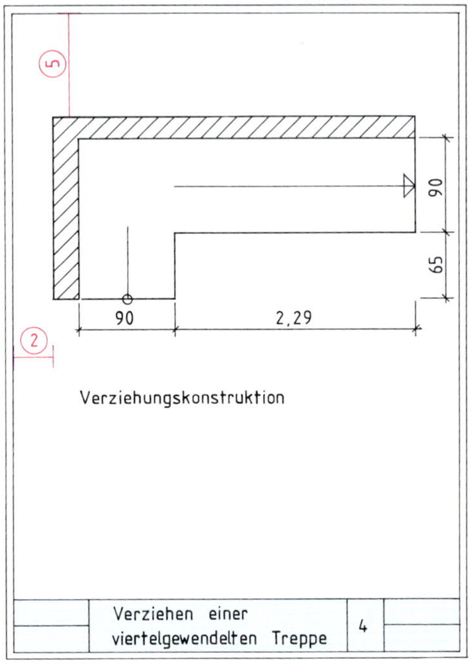

2. Die im An- und Austritt viertelgewendelte Treppe ist zu verziehen nach der unter Ⓐ vorgegebenen Verziehungsmethode. Das Steigungsverhältnis beträgt $14 \times 18^{75}/25^{3}$. Die Auftrittbreiten sind zu bemaßen.

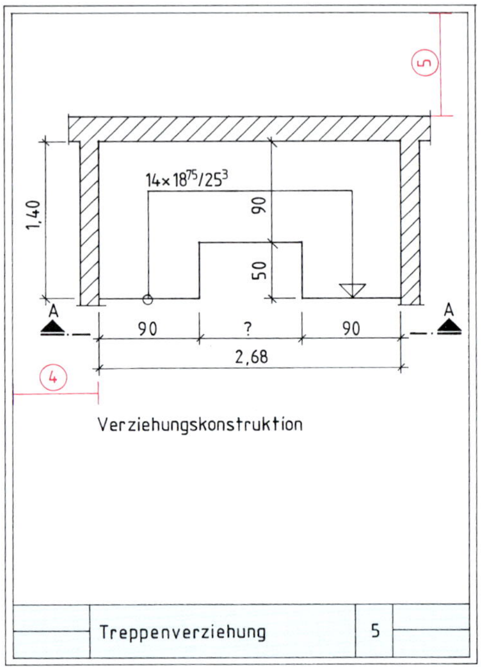

3. Verziehen Sie den im Antritt viertelgewendelten Treppenlaufabschnitt nach der unter Ⓑ vorgestellten Verziehungsmethode. Die Auftrittbreite beträgt 28 cm.

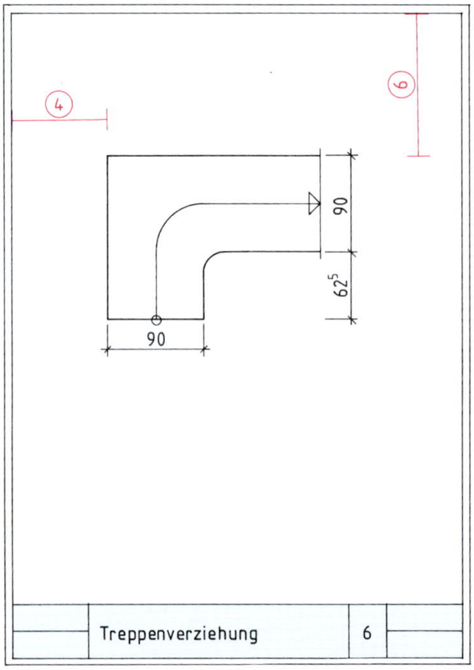

4. Die im Grundriss dargestellte einläufige, halbgewendelte Treppe ist nach der unter Ⓒ vorgestellten Verziehungsmethode zu verziehen. Die Geschosshöhe beträgt 2,75 m. Die Auftrittbreiten sind durch die Lauflinienlänge gegeben.

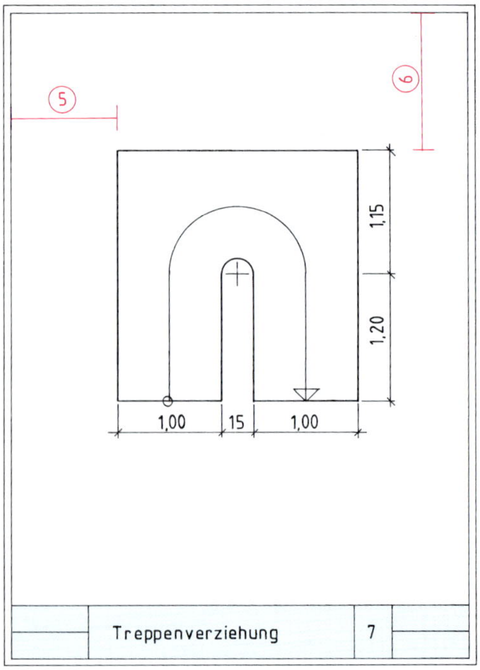

9.4 Treppenbewehrung

Allgemein

Treppen werden wie Platten bewehrt. Die Hauptbewehrung liegt in Spannrichtung unten. Die Knickstellen müssen durch zusätzliche Bewehrung, meist Rundstahl, verstärkt werden.

An den unteren ausspringenden Ecken werden die Feldbewehrung um die Knickstelle geführt und die umgelenkten Kräfte der Bewehrung durch Zulagen aufgenommen.

An den oberen einspringenden Ecken darf die Zugbewehrung nicht um die Knickstelle geführt werden, da die Zugkräfte im Stahl zu Betonabplatzungen führen. Deshalb werden kreuzende Bewehrungsstäbe angeordnet, die in der Platte zu verankern sind.

Am Musterbeispiel der **zweiläufigen Treppe mit Zwischenpodest** wird die Bewehrung der geknickten Laufplatte dargestellt.

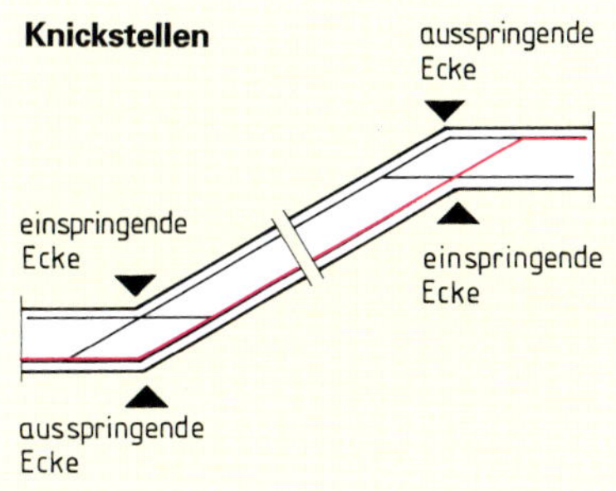

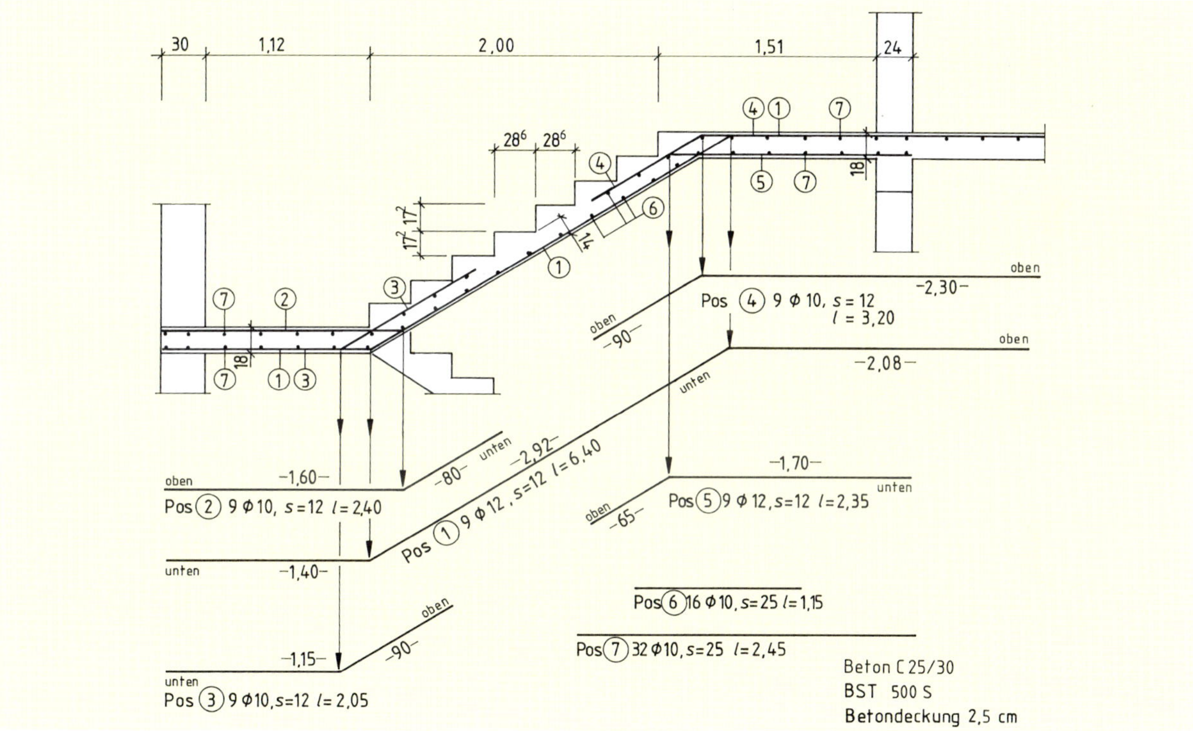

Aufgabe:

Zeichnen Sie den Schnitt durch die geknickte Treppenlaufplatte im Maßstab 1:20 auf Zeichenblatt A3.

Dei Bewehrung ist entsprechend dem Musterbeispiel einzuzeichnen, und eine Stahlliste ist zu fertigen.

Bewehrung:
BSt 500 S
Masse pro m: ∅ 10 = 0,617 kg/m
∅ 12 = 0,888 kg/m
Beton: C 25/30
Betondeckung: 2,5 cm
Laufbreite: 0,90 m
Podestbreite: 2,50 m

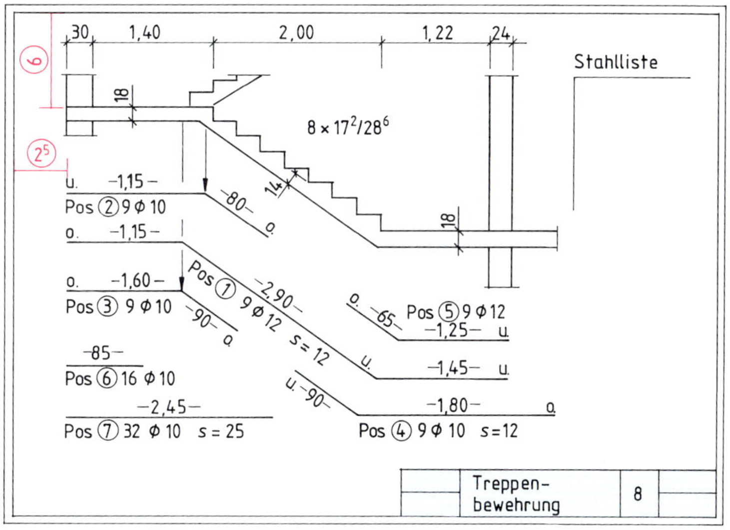

Treppenbewehrung

Einläufige Treppe mit Bewehrung in Längs- und Querschnitt (Musterlösung)

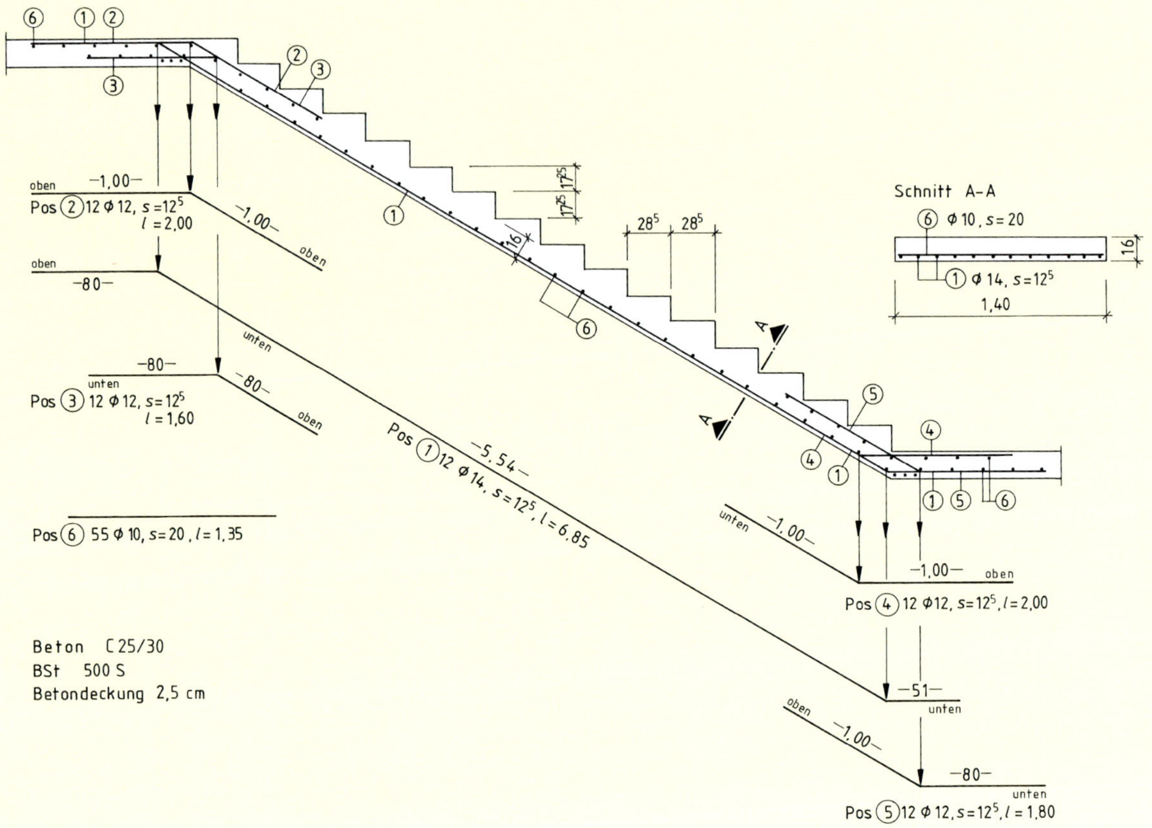

Aufgabe:

Zeichnen Sie den Längs- und Querschnitt der einläufigen Treppe im Maßstab 1:20 auf Zeichenblatt A3.

Dei Bewehrung ist entsprechend dem Musterbeispiel einzuzeichnen, und eine Stahlliste ist anzufertigen.

Bewehrung:
BSt 500 S

Masse pro m: ∅ 10 mm = 0,617 kg/m
∅ 12 mm = 0,888 kg/m
∅ 14 mm = 1,21 kg/m

Beton: C 25/30
Betondeckung: 2,5 cm

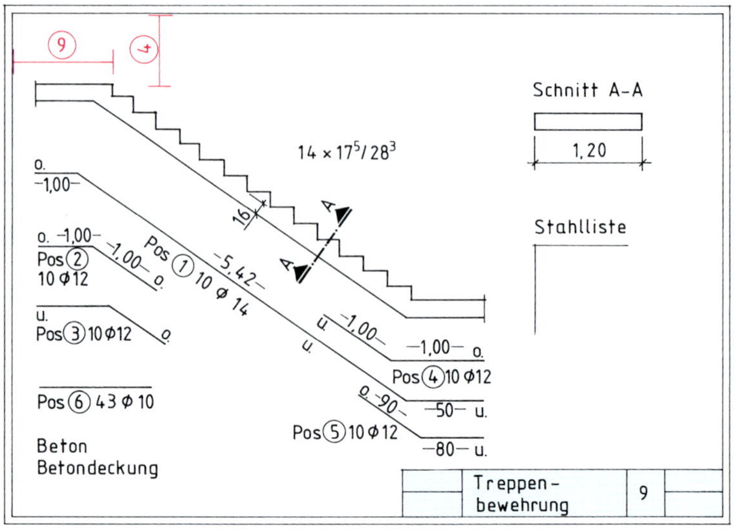

10 Leichtbauwandkonstruktionen

10.1 Anschlüsse

Grundinformation:

Leichte Trennwände können als zweischalige Fachwerk- oder Skelettwände aus Holz oder mit Tragkonstruktion aus Aluminium- oder Stahlblechprofilen hergestellt werden. Sie werden bederseits mit Holzwolleplatten, Gipsplatten, Spanplatten und Profilbrettern beplankt. Die Zwischenräume werden zur Verbesserung der Wärme- und Schalldämmung mit Dämmstoffen ausgefüllt.

Die angrenzenden Bauteile (Wände, Boden und Decke) werden mit einer Anschlussdichtung versehen.

Musterlösung
Holz-Einfachständerwand

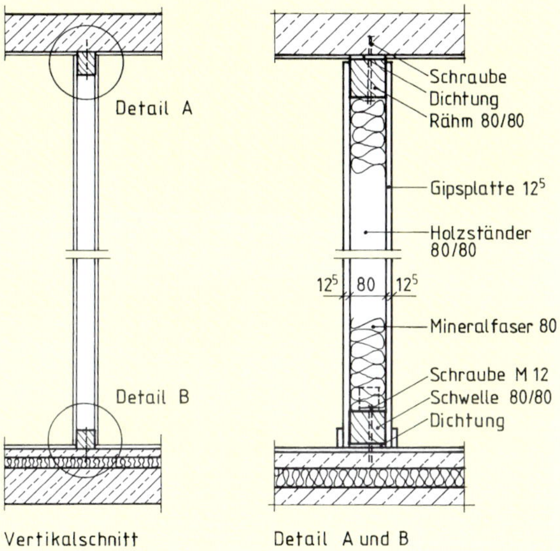

Musterlösung
Metall-Einfachständerwand

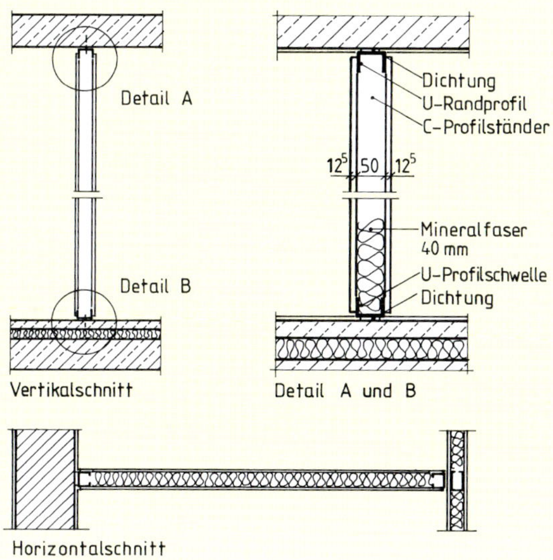

Holzständerwand

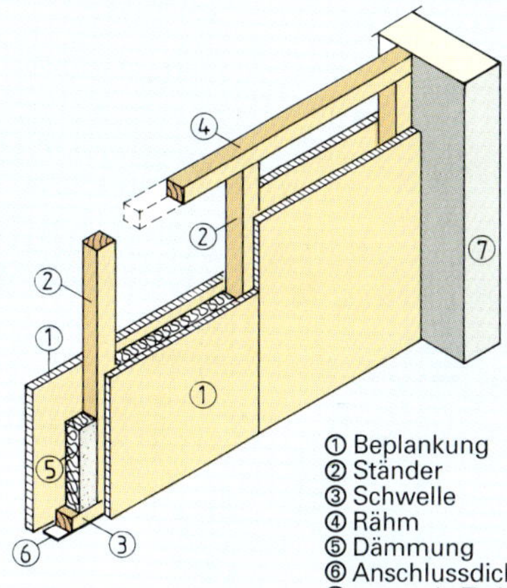

① Beplankung
② Ständer
③ Schwelle
④ Rähm
⑤ Dämmung
⑥ Anschlussdichtung
⑦ tragende Zwischenwand

Aufgabe:

Zeichnen Sie einen Vertikal- und Horizontalschnitt durch eine Holzständerwand und einen Vertikalschnitt durch eine Metallständerwand im Maßstab 1:5 auf Zeichenblatt A3.

Holzständerwand
- Ständer 60/60 mm
- Rähm und Schwelle 60 mm
- Gipsplatte 12,5 mm

Metallständerwand
- C-Stahlprofile 40/40/0,6 mm
- doppelte Beplankung 2 × 12⁵ mm GKB

Stahlbetondecke 14 cm

Anschlussdichtung 10 mm

Deckenputz 1,5 cm

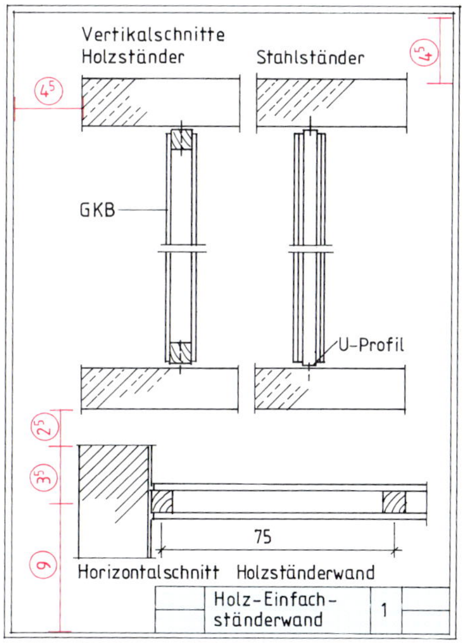

11 Zeichnen mit CAD

CAD-computerunterstütztes Entwerfen und Konstruieren

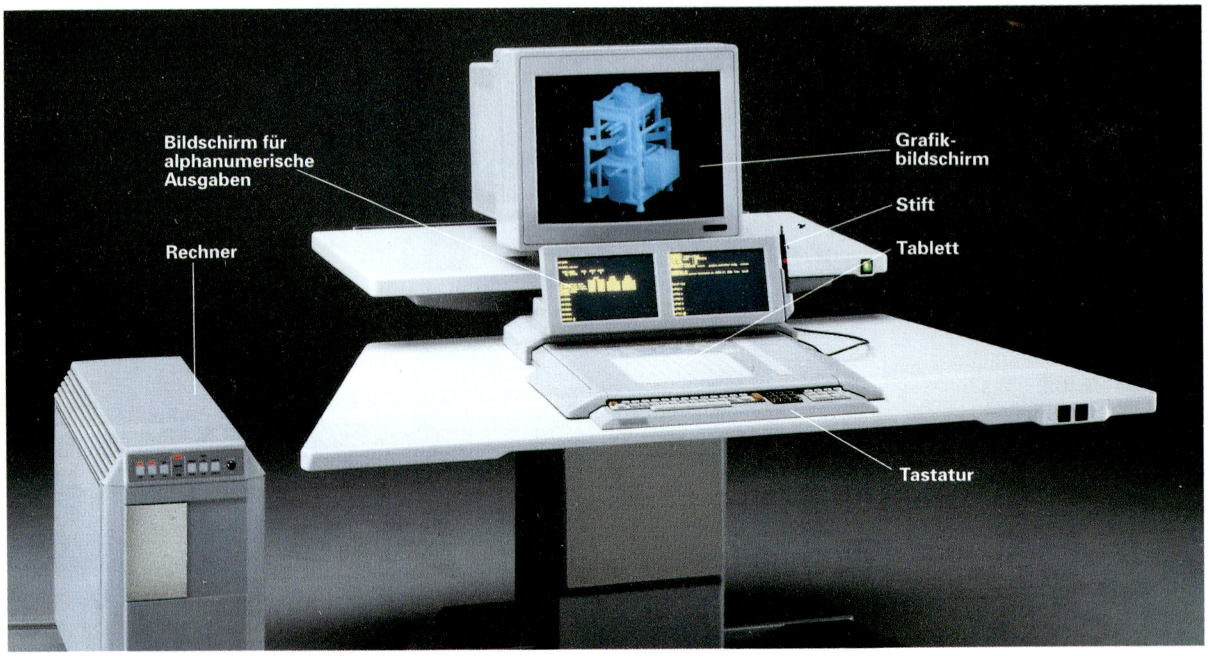

CAD-Arbeitsplatz

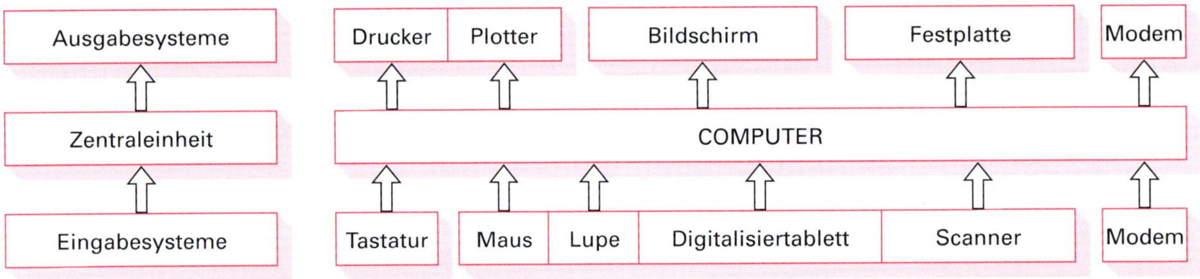

Datenverarbeitungsanlage (schematisch)

11.1 Computerunterstütztes Entwerfen und Konstruieren

Die CAD-Technologie unterstützt Bauwerksplaner. Sie ergänzt das Freihandzeichnen und das Zeichnen mit herkömmlichen Geräten (Lineal, Zirkel, Zeichenbrett). **CAD** ist die Abkürzung von **C**omputer-**a**ided **D**esign. Dies bedeutet rechnerunterstütztes Entwerfen und Konstruieren. Hierbei wird der Plan für ein Bauwerk am Bildschirm mithilfe von Eingabesystemen (Maus, Lupe, Digitalisiertablett, Scanner, Tastatur, Modem) entwickelt. Die Mengenermittlung (Beton, Mauerwerk, Betonstahl) erfolgt automatisch. Alle Daten werden auf Festplatte gespeichert. Ist ein Plan am Bildschirm fertig gestellt, wird er über Drucker oder Plotter ausgegeben.

CAD-Einsatz

Die CAD-Technologie wurde zunächst im Ingenieurbau eingeführt. Inzwischen wenden sie die Planer in allen Bereichen des Berufsfeldes Bautechnik an:

- Architektur: Entwurf einschließlich Haustechnik, Ausschreibung, Vergabe und Abrechnung (AVA)
- konstruktiver Ingenieurbau: Tragwerksplanung mit Schal- und Bewehrungsplänen
- Tief- und Straßenbau: Trassierung mit Lageplänen, Höhenplänen, Regelquerschnitten und Querprofilen sowie Geländedarstellungen

Die CAD-Technologie bietet folgende Vorteile:

- jederzeit Zugriff zu Daten, welche einmal erzeugt wurden.

  Die Daten sind somit mehrfach verwendbar
- Alle Mengen werden ermittelt. Sie stehen somit für Ausschreibungsunterlagen (Leistungsverzeichnisse) zur Verfügung
- Pläne können in verschiedenen Maßstäben ausgegeben werden

11.2 Hardware

Die Zentraleinheit muss für den CAD-Einsatz mit einem 2048 MB (=2 GB)-Arbeitsspeicher bestückt sein. Die **Maus-Menütechnik** ermöglicht die Auswahl einer Programmleistung aus der Menüleiste des Bildschirms. Anstelle der Maus kann auch eine Lupe verwendet werden. Weiterhin ist die Darstellung des Menüs auf dem Digitalisiertablett möglich. Die Übernahme einer bestehenden Zeichnung in den Computer (Digitalisierung) erfolgt mit dem Scanner, einem Modem oder einer ISDN-Karte per Datenfernübertragung (DFÜ).

CAD-Bildschirme sind mehrfarbig, wodurch die Darstellungsmöglichkeiten erhöht werden. Die Bildschirmdiagonale ist 9″ (=Zoll) bis 22″ lang. Der Zeichenbildschirm sollte mindestens 17″ aufweisen. Während des Entwurfs werden die Daten auf eine Festplatte gespeichert, deren Kapazität mehrere GB (Giga-Byte) beträgt. Die Ausgabe der Zeichnung erfolgt durch **Plotter** oder **Drucker**. Bei den Plottern werden Flachbett- und Trommelplotter unterschieden. Sie sind mit Tuschestiften oder Faserstiften bestückt. Aufgrund ihrer hohen Zeichengeschwindigkeit sind Tintenstrahlplotter, elektrostatische Plotter und Thermotransferplotter in der Baupraxis verbreitet. Laserdrucker, Tintenstrahldrucker und hoch auflösende Matrixdrucker eignen sich für Zeichnungen bis zum Format A3.

Datenfernleitungen (Telefonleitungen, Standleitungen) verbinden Computer und ermöglichen somit den schnellen Datenaustausch.

11.3 Software

CAD-Anwendungsprogramme stellen Bauwerke zweidimensional (2D-Technik) durch Schnitte, Ansichten und Grundrisse dar. Die 3D-Technik ermöglicht die räumliche und perspektivische Darstellung eines Bauwerks.

CAD-Programme sind aus verschiedenen Grundmodulen zusammengesetzt. Sie beinhalten Grundfunktionen, Architekturanwendungen, Mengenermittlung, Treppenkonstruktion, Dachmodellierung, 3D-Modellierung, Bewehrungszeichnen, Symbolkataloge, Fenster- und Türmakros, Haus- und Elektrotechnik, digitale Geländemodelle und Lagepläne.

Zusammenfassung

CAD bedeutet rechnerunterstütztes Entwerfen und Konstruieren.

Die CAD-Technologie wird in der Architektur, Ingenieurbau und Tief- und Straßenbau angewendet.

CAD-Programme sind aus Modulen zusammengesetzt. Ihre Leistungen werden in Form von Menüs angeboten. Die Programme arbeiten mit der Overlay-Technik (Ebenen-, Folien-Technik).

Ein CAD-Arbeitsplatz besteht aus Zentraleinheit, Festplatte, Bildschirm, Tastatur, den Eingabegeräten (Maus, Lupe, Digitalisiertablett, Scanner) und den Ausgabegeräten (Drucker, Plotter).

Die CAD-Technologie ist jung. Alle Pläne sind auf ihre Richtigkeit zu überprüfen. Planänderungen müssen auf Datenträger übernommen werden.

11.4 CAD-Anwendungen

Die CAD-Technologie ist im Berufsfeld Bautechnik weit verbreitet. Neben den herkömmlichen CAD-Zeichnungen schaffen Symbolkataloge und die Bildverarbeitung weitere Anwendungsmöglichkeiten.

Symbolkataloge

Symbolkataloge beschleunigen das Zeichnen von Werkplänen und Baustelleneinrichtungsplänen (BE-Pläne). Das Symbol wird in einer Datenbank abgelegt und kann auf unterschiedliche Weisen in den BE-Plan kopiert werden:
- Eingabe der Bezeichnung
- grafische Auswahl
- Barcodeleser

Bildverarbeitung, VR

Ein geplantes Bauprojekt soll im Baubestand oder in der Landschaft dargestellt werden. Hierzu werden Fotos und Baupläne mit dem Scanner in den Rechner eingelesen. Diese Daten können dann verbunden und weiterverarbeitet werden. Die Veranschaulichung von geplanten Umbauten, Fassadenneugestaltungen und Sanierungsprojekten ist somit durch Fotomontagen möglich. Die **Virtual-Reality-(VR-)Technik** ermöglicht durch die fortwährende Berechnung neuer Bilder die Begehung („Kamerafahrt") eines geplanten Gebäudes. Die Bildverarbeitung und die VR-Technik leisten somit einen Beitrag zur Planungsoptimierung.

CAD-Pläne sind wie alle Pläne auf ihre **sachliche Richtigkeit** und **Vollständigkeit** zu überprüfen. Programmhersteller können die Software nur nach Hinweisen aus der Baupraxis verbessern und ergänzen. Werden CAD-Pläne auf der Baustelle ergänzt oder geändert, so müssen diese Änderungen auf Datenträger übernommen werden.

Die folgenden Pläne und die fotorealistischen Abbildungen wurden an CAD-Arbeitsplatzen erstellt.

Aufgaben:

1. *Wozu dient die CAD-Technologie in der Bautechnik?*
2. *Geben Sie die Bedeutung der Abkürzung CAD an.*
3. *Welche Vorteile bietet CAD?*
4. *Mit welchen Hardwarebestandteilen können Daten in den Computer eingegeben werden?*
5. *Erklären Sie die Begriffe*
   a) Plotter,
   b) Menütechnik,
   c) Overlay-Technik.
6. *Untersuchen Sie die CAD-Pläne hinsichtlich*
   - *Beschriftung*
   - *Bemaßung*
   - *Strichbreiten*
   - *Schraffuren*

   unter Beachtung der DIN-Normen.
7. *Weshalb müssen CAD-Pläne auf der Baustelle geprüft werden?*

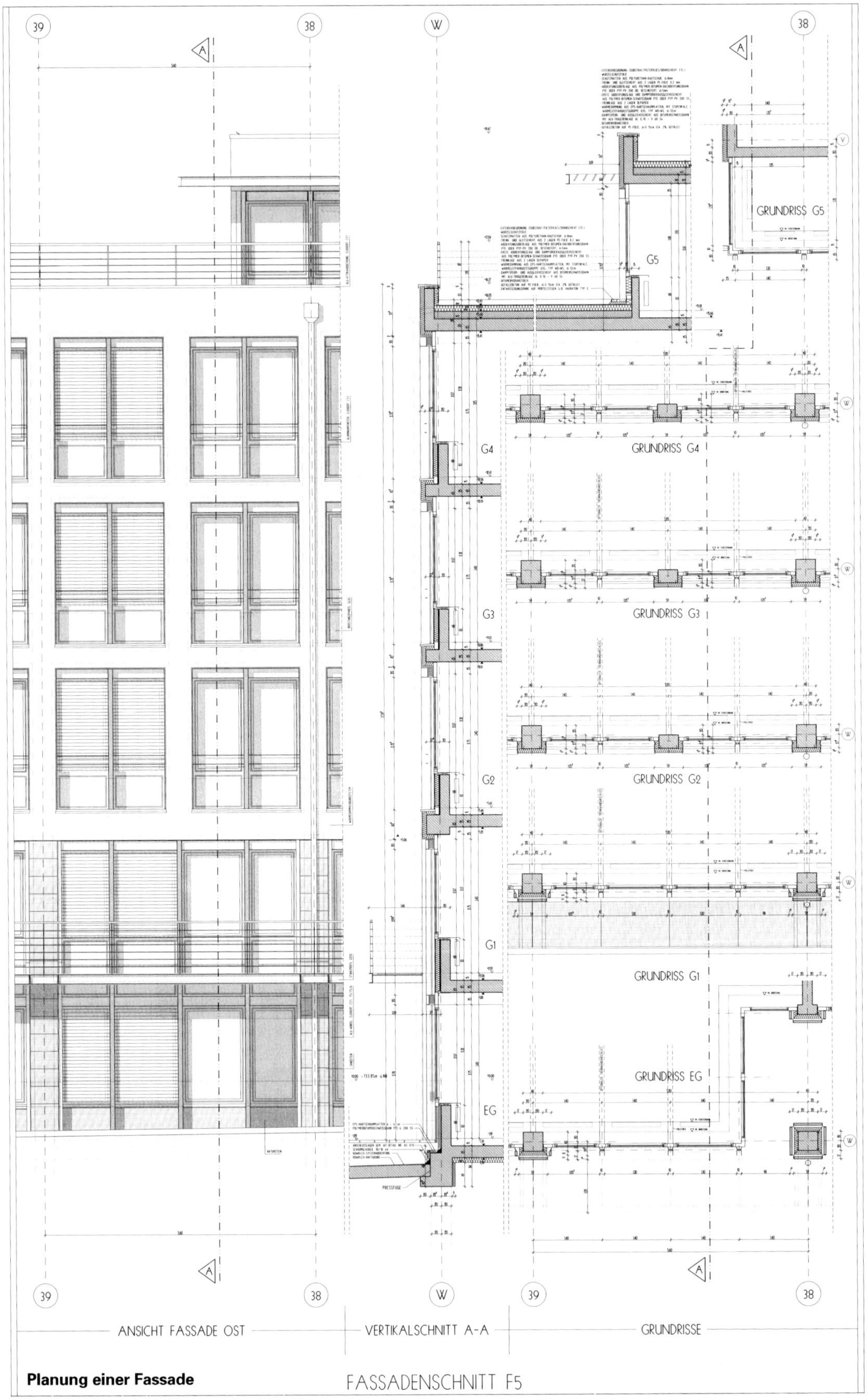

Planung einer Fassade

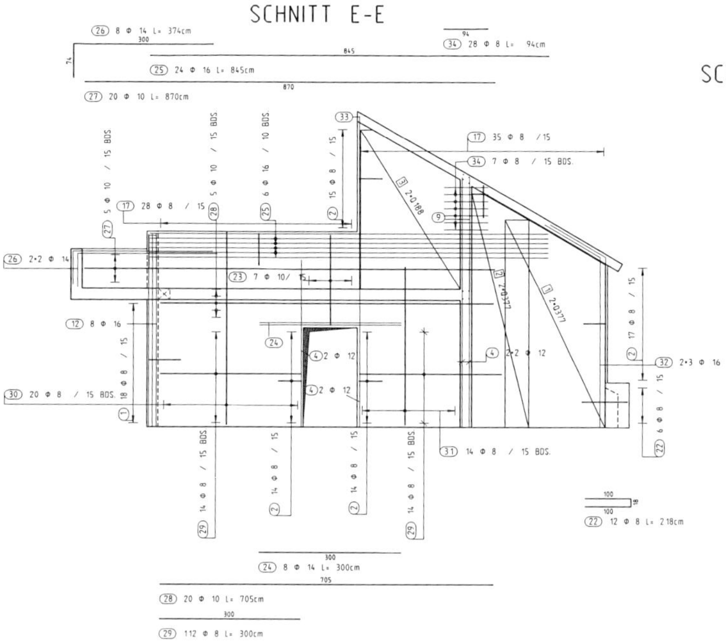

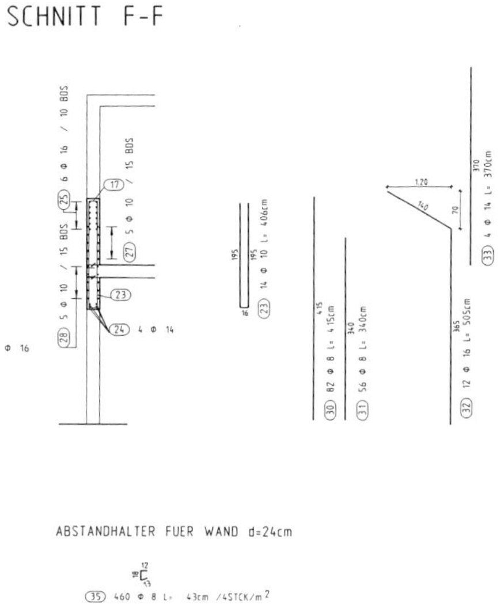

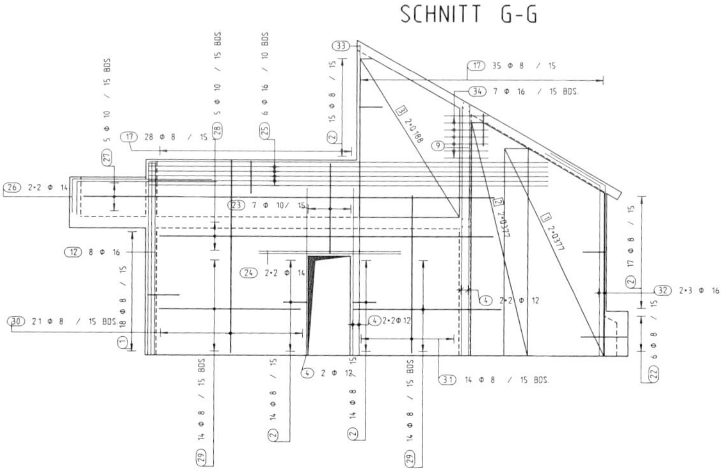

- A - (18) 96 Φ 10				
Form	Anzahl	Laenge A [cm]	Laenge Einzelstab [cm]	Laenge gesamt [cm]
18.1	4	104	104	416
18.2	4	130	130	520
18.3	4	156	156	624
18.4	4	182	182	728
18.5	4	208	208	832
18.6	4	234	234	936
18.7	4	260	260	1040
18.8	4	286	286	1144
18.9	4	312	312	1248
18.10	4	338	338	1352
18.11	4	364	364	1456
18.12	4	390	390	1560
18.13	4	416	416	1664
18.14	4	442	442	1768
18.15	4	468	468	1872
18.16	4	494	494	1976
18.17	32	502	502	16064
Summe der Laengen = 352.000 m				

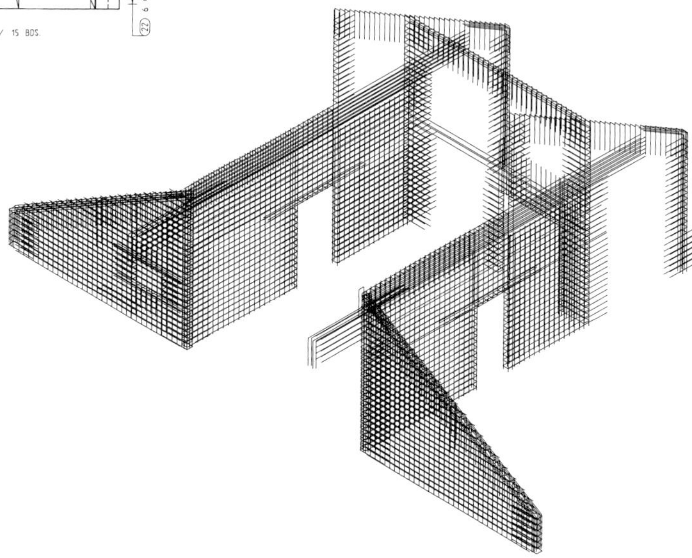

Bewehrungsplan

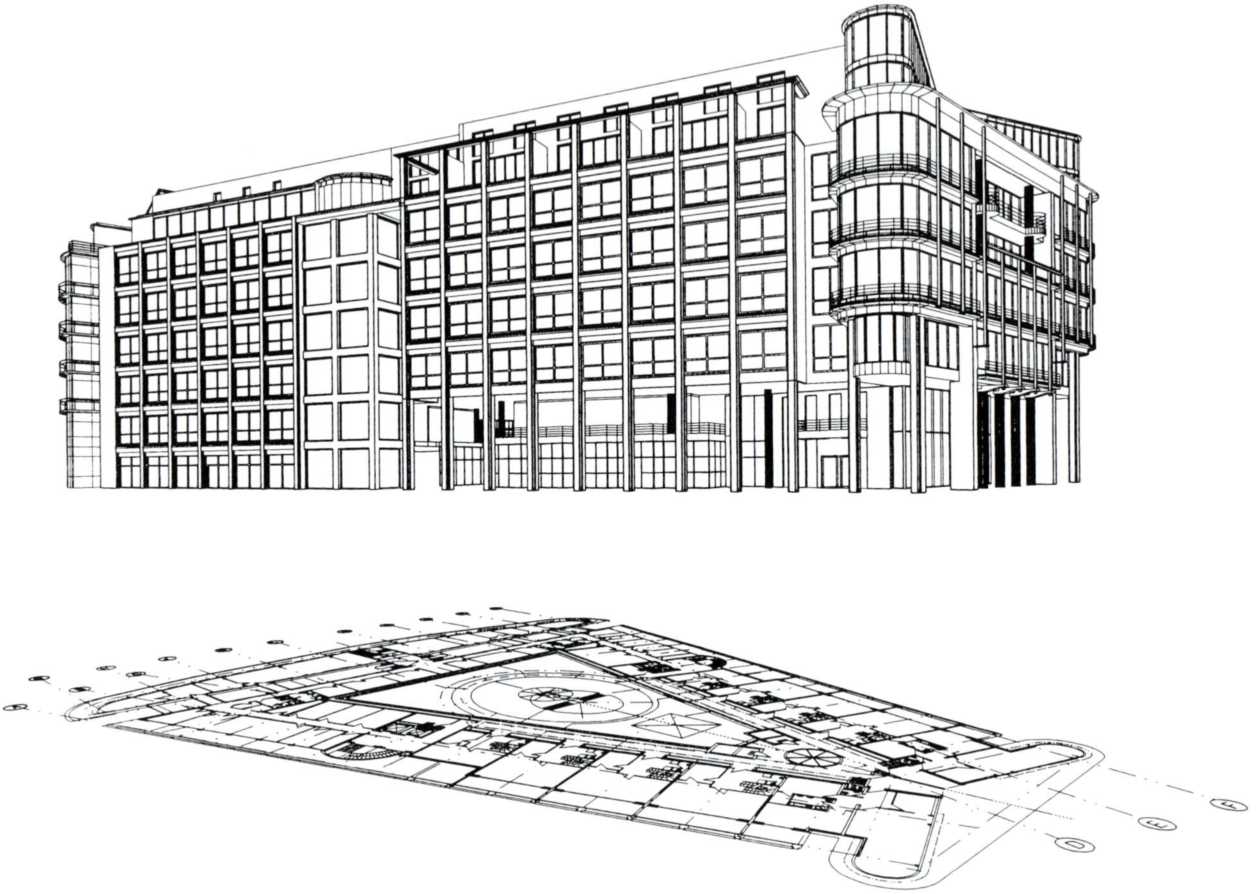

Gebäude in 2D- und 3D-Darstellung

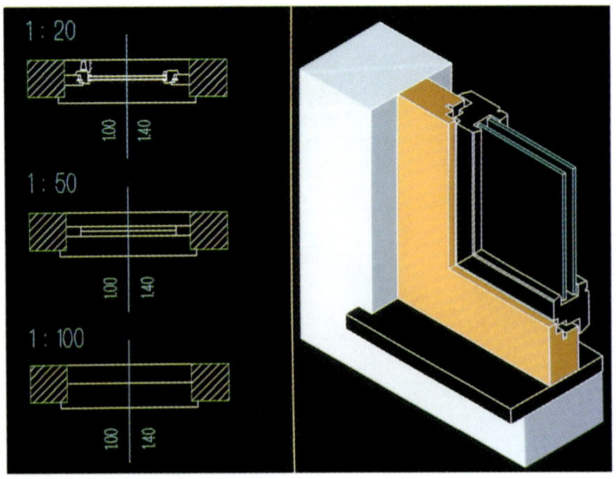

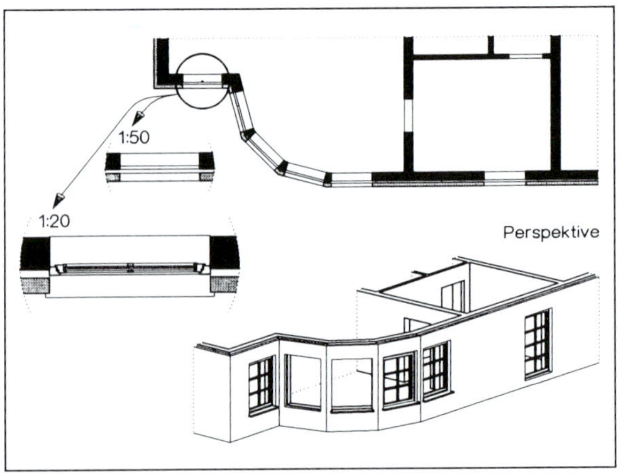

Makrodarstellung eines Fensters

PERSONEN

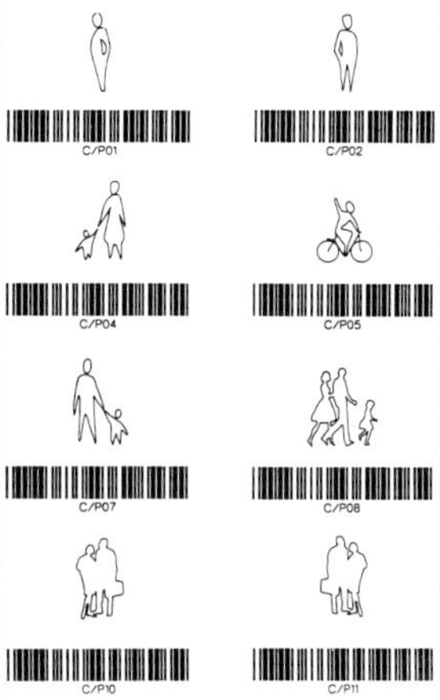

SANITÄR

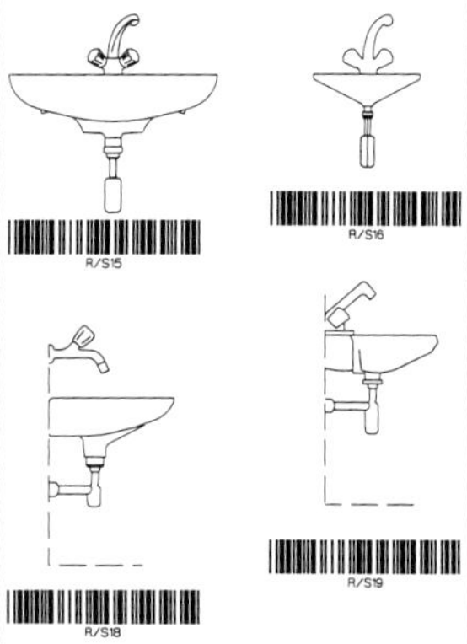

WASSERVERSORGUNG

Sicherungs- und Sicherheitsarmaturen nach DIN 1988

N/W17	Durchgangsventil mit Rückflussverhinderer
N/W18	Auslaufventil mit Belüfter und Schlauchverschraubung
N/W19	Auslaufventil mit Rückflussverhinderer Belüfter und Schlauchverschraubung
N/W20	Rohrbruchsicherung, Schlauchbruchsicherung
N/W21	Freier Auslauf, Systemtrennung
N/W22	Rohrtrenner
N/W23	Sicherheitsventil, federbelastet
N/W24	Sicherheitseckventil, federbelastet

KRAN

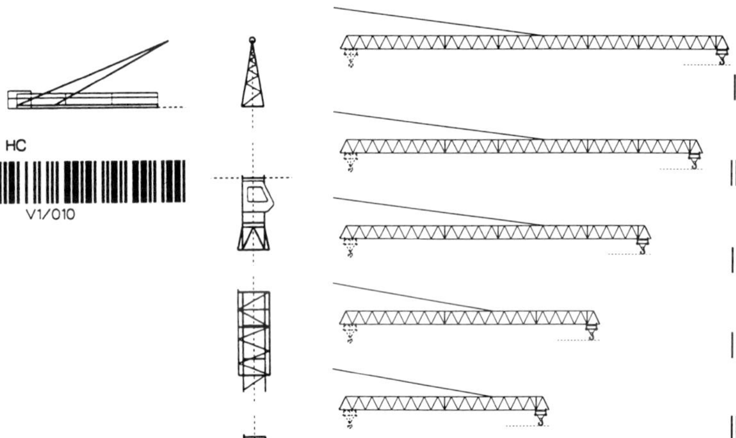
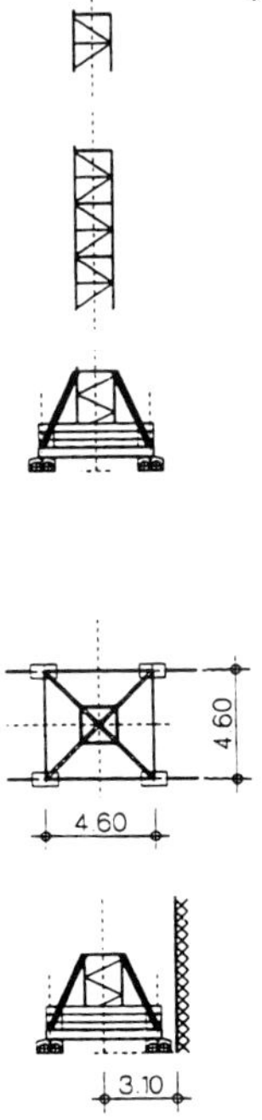

KRAFTFAHRZEUGE TEIL7

Container

Sanitär-, WC- und Küchencontainer

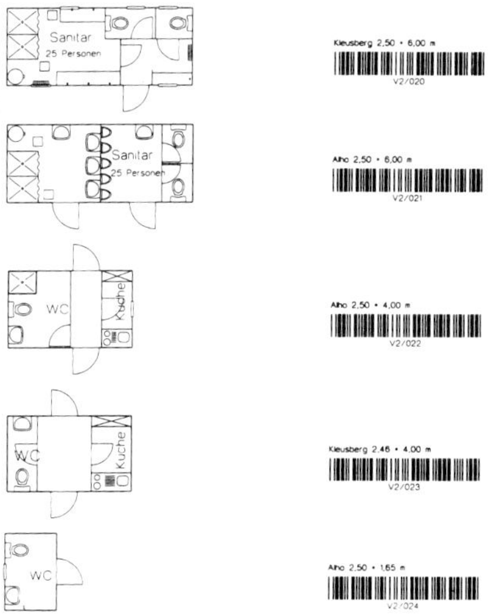

Fotorealistische Perspektive

Ausführung

Planung von Tragwerken

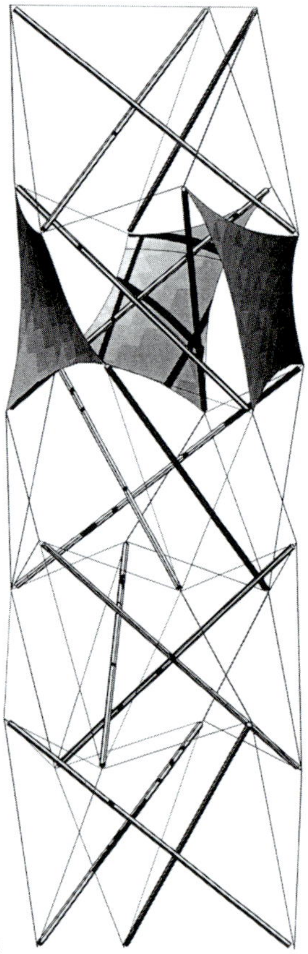

Ansicht

Ausführung

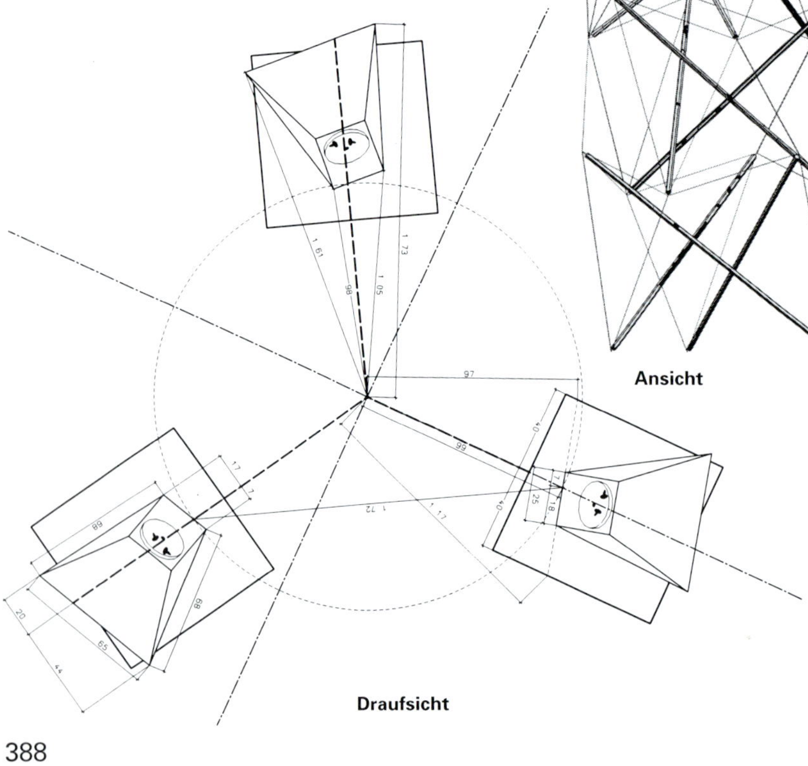

Draufsicht

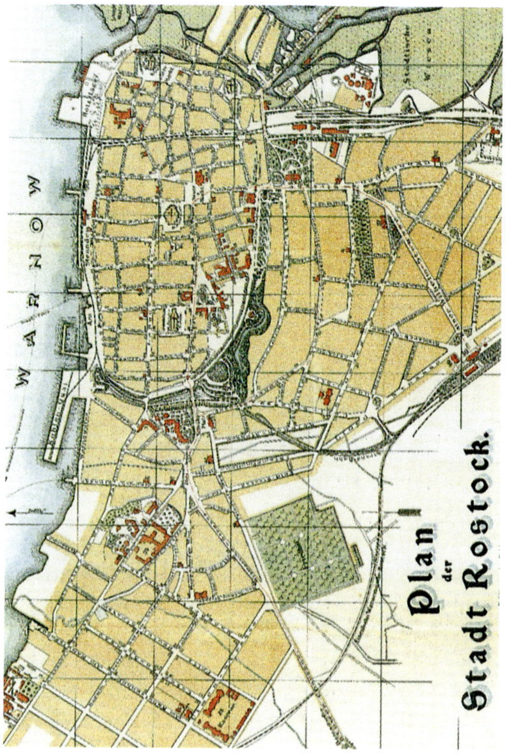

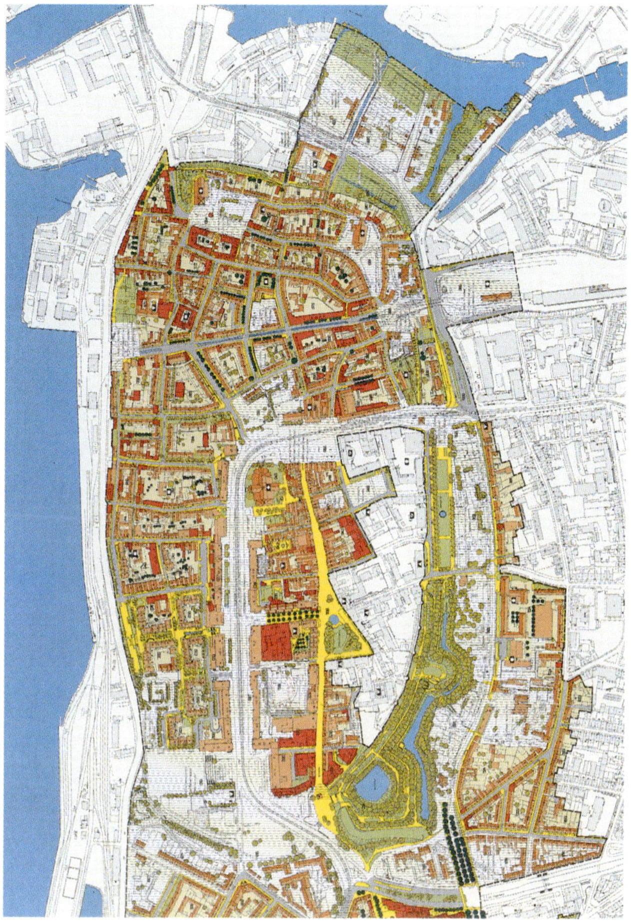

Stadtpläne von 1902 und 1994

Mischen von Realität und Planung durch Fotobearbeitung

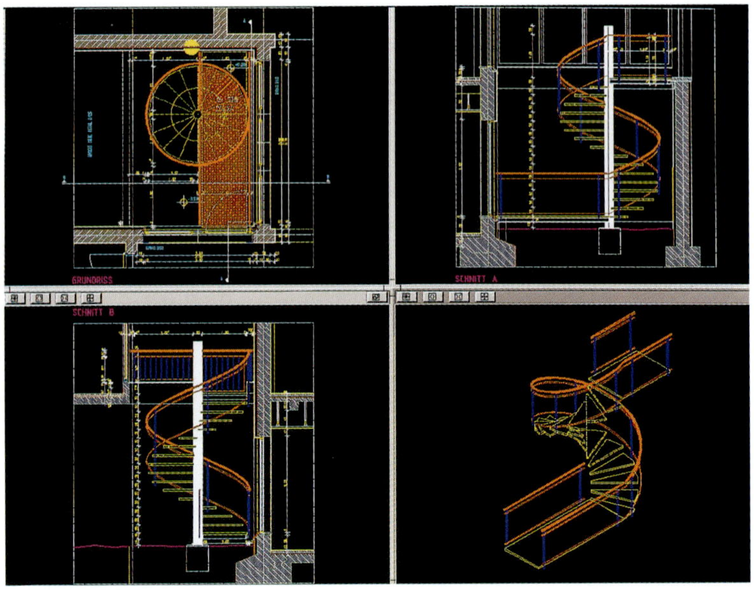

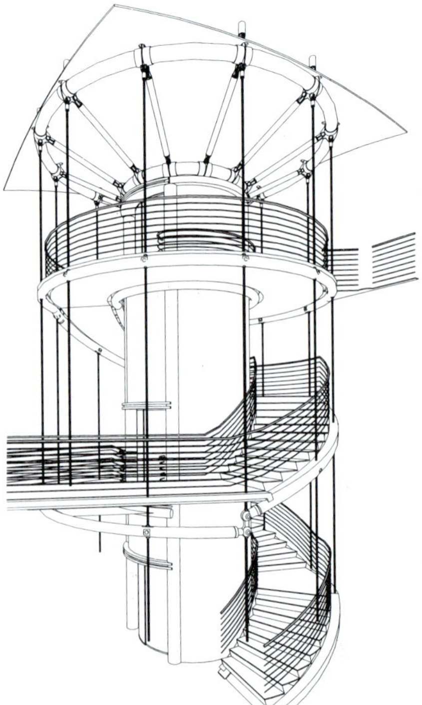

Konstruktion freier Treppenformen

COMPUTERTECHNIK

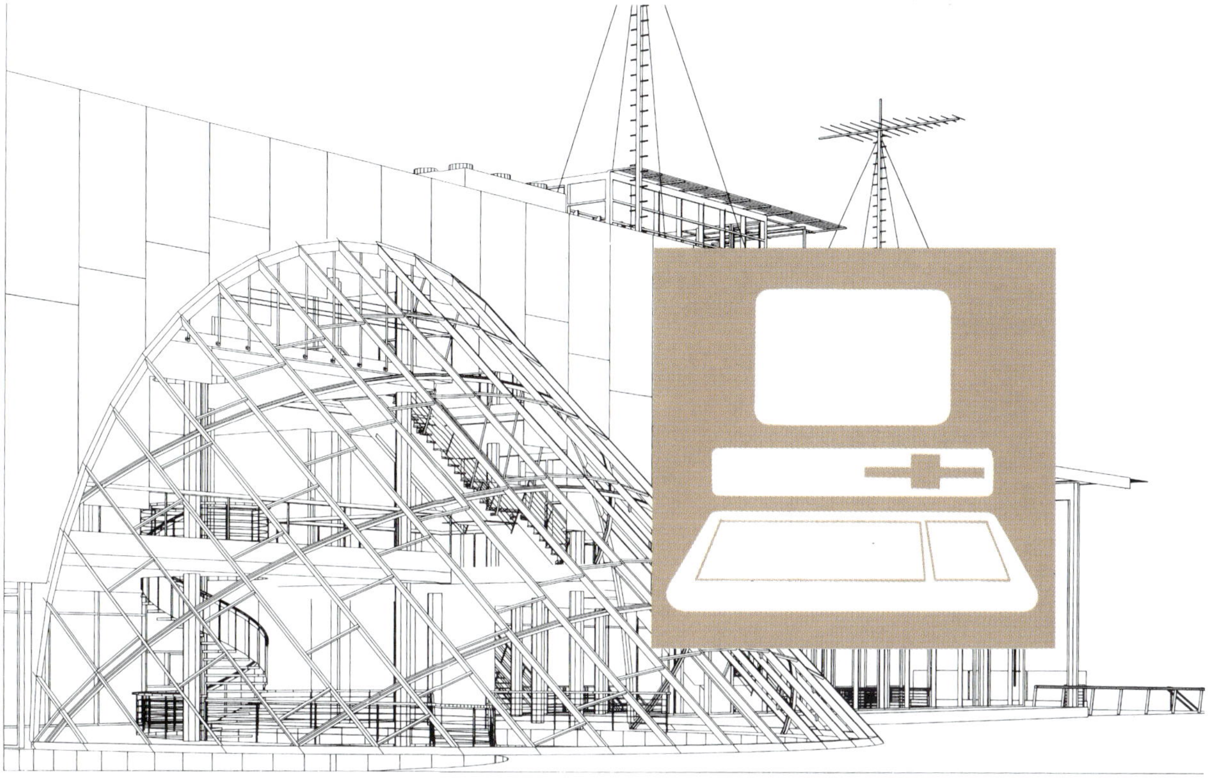

1 Hardware

Der Einsatz von Computern steigt in Handwerksbetrieben und Industrieunternehmen, in Architektur- und Ingenieurbüros und in den Ämtern der Bauverwaltungen. Diese Entwicklung wird durch die erhöhte Leistungsfähigkeit der Anwendungsprogramme (Software) und die Rechnervernetzung begünstigt. Damit wird die Forderung nach wirtschaftlichem Einsatz der Datenverarbeitungsanlagen erfüllt.

Die Hardware schafft die Voraussetzungen zum Einsatz von Anwendungsprogrammen. Sie wird unterteilt in die **Zentraleinheit** und die **peripheren Geräte.**

1.1 Zentraleinheit

Sie überwacht und steuert die gesamte Datenverarbeitungsanlage. Der Hauptspeicher der Zentraleinheit hat 2048 MByte, er ist erweiterbar. 2048 MB stellen das Minimum dar für erfolgreiche CAD-Anwendung.

1.2 Peripherie

Die Peripherie umfasst die Geräte, die zur Eingabe und Ausgabe von Daten dienen.

Eingabegeräte

Die **Tastatur** besteht aus dem Schreibmaschinenblock, dem Funktionstastenblock, dem Zahlenblock und dem Cursorsteuerblock. Die **Maus** dient zur Auswahl eines Programmteils, der in einem Menü auf dem Bildschirm angezeigt wird (Maus-Menü-Technik). Auf dem **Grafiktablett** werden CAD-Befehle mit einer Lupe oder einem elektronischen Stift aktiviert. Pläne können über ein Grafiktablett digitalisiert werden. **Scanner** digitalisieren Text- und Planvorlagen. Sie werden dann mit dem Computer weiterbearbeitet. **Massenspeicher** sind USB-Memory Sticks und Festplatten. Die Speicherkapazität liegt bei Sticks und bei Festplatten bei mehreren Hundert GB. Die Daten werden vom Massenspeicher in den Computer eingelesen. Viele Programme werden auf **CD-ROM** (Compact Disc Read-only Memory) ausgeliefert und vom CD-ROM-Laufwerk auf die Festplatte kopiert. Dateien und Pläne können auch durch die **Datenfernübertragung** (DFÜ) in den Rechner geladen werden.

Ausgabegeräte

Der Bildschirm stellt Daten in Textform oder grafisch dar. Die Länge der Bildschirmdiagonalen beträgt zwischen 9 und 22 Zoll. Zur CAD-Anwendung sollte sie mindestens 17 Zoll aufweisen. Die Auflösung sollte mit 1280 Punkten in der Bildschirmzeile und 1024 in der Bildschirmspalte erfolgen. Die Qualität der Abbildung und die Geschwindigkeit des Bildaufbaus werden auch durch die Grafikkarte, die den Bildschirm steuert, beeinflusst.

Die **Plotter** sind computergesteuerte Zeichengeräte. Sie werden unterteilt in Flachbett- und Rollenplotter. Mit ihnen können auch Schablonen in Originalgröße gezeichnet werden. Mit **ALL-IN-ONE**-Geräten wird gefaxt, gedruckt, gescanned und kopiert.

Grafikfähiger Bildschirmarbeitsplatz

Die **Drucker** werden unterteilt in:

- **Tintenstrahldrucker,** er ist ebenfalls ein Zeilendrucker, der jeweils nur ein Original bei geringem Betriebsgeräusch erstellt.
- **Laserdrucker.** Er bereitet die gesamte Seite auf und druckt sie dann leise mit hoher Qualität. Aufgrund der hohen Auflösung von bis zu 1200 dpi (dots per inch, d.h. Punkte pro Zoll) werden Laserdrucker häufig eingesetzt.
- **Nadeldrucker,** er wird auch Matrixdrucker genannt. Er druckt Zeile um Zeile und erreicht eine gute Druckqualität bei vergleichsweise lautem Betriebsgeräusch. Durchschläge sind möglich.

Plotter und Drucker geben Zeichnungen zwei- oder mehrfarbig aus.

Animation durch 3D-Darstellung

2 Anwendungsprogramme

2.1 Einsatzgebiete im Bauwesen

Anwendungsprogramme unterstützen Planer und Ausführende bei der Lösung von Aufgaben aus den Bereichen Vermessung, Entwurf, Massenermittlung, Statik, Wärmeschutznachweis, Kalkulation, Vergabe, Bauablaufplanung, Aufmaß und Abrechnung, Steuerung von Baumaschinen, Simulation von Straßenverkehrsvorgängen usw.

Anwendungsprogramme bieten die Vorteile, dass sie beliebig häufig einsetzbar sind und Informationen, die einmal erarbeitet wurden, speichern und diese für weitere Zugriffe zur Verfügung stellen.

2.2 Selbst erstellte Anwendungsprogramme

Viele Aufgaben können durch einfache Programme gelöst werden, die der Anwender selbst erstellt. Die Vorgehensweise kann unabhängig von der Problemstellung in folgende Schritte unterteilt werden:

- Aufgabe beschreiben und strukturieren,
- Programmablaufplan (PAP) nach DIN 66001 entwerfen,
- Programm entsprechend PAP erstellen,
- Programm testen, Ergebnisse auf Richtigkeit überprüfen und Programm anwenden.

2.2.1 Programm zur Berechnung des Wärmedurchlasswiderstandes

Aufgabe:

Erstellen Sie ein Programm, das für ein- und mehrschichtige Bauteile den Wärmedurchlasswiderstand $1/\Lambda$ berechnet.

Formeln (s. Technische Mathematik):

für einschichtige Bauteile $R = \frac{d}{\lambda}$

für mehrschichtige Bauteile $R = \frac{d_1}{\lambda_1} + \frac{d_2}{\lambda_2} + \ldots + \frac{d_n}{\lambda_n}$

Bekannte Größen entsprechen	im Programm
Schichtdicke s (s. Bauplan)	D
Wärmeleitfähigkeit λ (s. Technische Mathematik)	L
Wärmedurchlasswiderstand für die erste Bauteilschicht R	R1 = D/L
Summe der Wärmedurchlasswiderstände $R = \Sigma d_n/\lambda_n$	R2 = R1 + D/L

Die bekannten Werte werden durch eine Programmschleife in den Rechner eingelesen und verarbeitet. Der Anwender soll durch die Eingabe der Schichtdicke ⟨0⟩ den Einlesevorgang beenden.

Aus den genannten Bedingungen resultiert folgender Programmablauf:

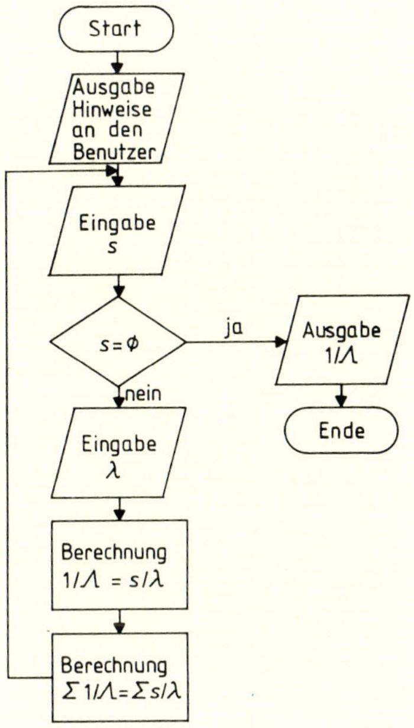

Programmablaufplan Wärmedurchlasswiderstand

```
PRINT "Berechnung des Wärmedurchlasswiderstandes"
PRINT
PRINT "Hinweis: Zur Ausgabe des Wärmedurchlasswiderstandes"
PRINT "          eines Bauteils nach Eingabe aller Daten"
PRINT "          bitte die Schichtdicke <0> eingeben"
PRINT
Markel:
INPUT "Schichtdicke in m: "; D
IF S = 0 THEN GOTO marke2:
INPUT "Wärmeleitfähigkeit in W/m*K: "; L
R1 = D / L
R2 =R2 + R1
PRINT
GOTO Markel:
marke2:
PRINT
PRINT "Wärmedurchlasswiderstand in m^2*K/W: ";
PRINT USING „# #.# #; L2
END
```

Programm in Q-BASIC

Das Programm wird anhand des folgenden Wandaufbaus getestet:

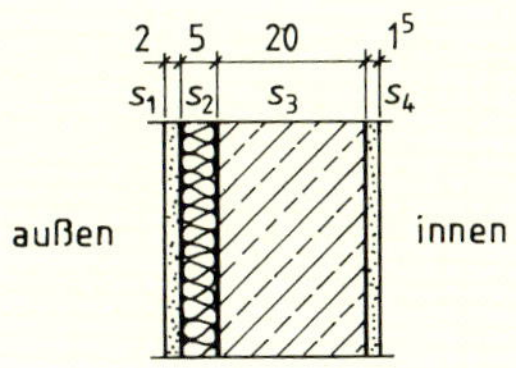


```
Berechnung des Wärmedurchlasswiderstandes

Hinweis: Zur Ausgabe des Wärmedurchlasswiderstandes
         eines Bauteils nach Eingabe aller Daten
         bitte die Schichtdicke <0> eingeben

Schichtdicke in m:  ? .02
Wärmeleitfähigkeit in W/m*K: ? .87

Schichtdicke in m:  ? .05
Wärmeleitfähigkeit in W/m*K: ? .081

Schichtdicke in m:  ? .2
Wärmeleitfähigkeit in W/m*K: ? 2.1

Schichtdicke in m:  ? .015
Wärmeleitfähigkeit in W/m*K: ? .87

Schichtdicke in m:  ? .0

Wärmedurchlasswiderstand in m^2*K/W: 0.75
```

Bildschirmanzeige

2.2.2 Tabelle zur Berechnung und Darstellung von Niederlassungsumsätzen

Da die Programmerstellung mit Programmiersprachen sehr viel Arbeitszeit erfordert, wurden **Anwendungsprogramme** wie **Tabellenkalkulationsprogramme** entwickelt, welche Benutzeroberflächen zur Lösung von betriebsspezifischen Aufgaben bereitstellen.

Eine **Tabelle** besteht aus **Zeilen** und **Spalten**. Zeilen verlaufen waagrecht, und Spalten verlaufen senkrecht. Der Schnittpunkt einer Zeile mit einer Spalte markiert eine Zelle. **Zellen** werden auch als Felder bezeichnet. So bezeichnet B3 die Zelle, die sich am Schnittpunkt der Spalte B und der Zeile 3 befindet.

Anlegen einer Tabelle

Vor der Tabellenanlage sind folgende Fragen zu klären:
* Wie viele Spalten werden benötigt?
* Wie viele Zeilen werden benötigt?
* In welche Zellen sollen Texte eingegeben werden?
* In welche Zellen sollen Zahlen eingegeben werden?
* Welche Zellen enthalten Berechnungsergebnisse?

Problemstellung

Eine Baufirma hat 4 Niederlassungen, die im Rohbau und Ausbau tätig sind. Die jeweiligen Umsatzzahlen liegen für den Monat Januar vor. Die Niederlassungsumsätze und die Gesamtumsätze sollen berechnet werden. Der prozentuale Anteil einer Niederlassung am Gesamtumsatz ist ebenfalls auszuweisen. Die Tabelle soll druckfertig gestaltet werden.

Problemlösung

Zunächst werden die Texte zur Tabellengestaltung in die Zellen A4:A7 und B1:E3 eingegeben. Zur Eingabe des Textes ⟨Umsatz⟩ wird die Zelle B1 angefahren und durch kurzes Drücken der linken Maustaste (=Anklicken) aktiviert. Dann wird der Text eingegeben (Übung 1). Die Spaltenbreite wird in der Kopfspalte oder im Format-Menü eingestellt.

	A	B	C	D	E
1		Umsatz	Januar		
2		Rohbauarbeiten	Ausbauarbeiten	Niederlassungs-	Prozentanteil am
3		in €	in €	umsatz in €	Gesamtumsatz
4	Niederlassung 1				
5	Niederlassung 2				
6	Niederlassung 3				
7	Niederlassung 4				

Übung 1: Texteingabe

Die Zahlen für die Rohbau- und Ausbauarbeiten werden in die Zellen B4:C7 eingegeben (Übung 2). In der Zelle B8 soll die Summe aus den Werten der Zellen B4:B7 stehen. Sie wird über das **Summenzeichen** der Menüleiste berechnet oder als Formel eingegeben. Dazu wird die Zelle B8 angeklickt. Die Eingabe des Gleichheitszeichen teilt dem Rechner mit, dass eine **Formeleingabe** folgt. Die Zelle B4 wird angeklickt, danach wird das ⟨+⟩-Zeichen eingegeben. Ebenso wird mit den Zellen B5 und B6 verfahren. Die Formeleingabe wird nach Anklicken der Zelle B7 mit der Returntaste abgeschlossen. Die Summenformel kann nun von der Zelle B8 in die Zelle C8 kopiert werden. Die Niederlassungsumsätze werden in den Zellen D4:D7 berechnet. Die Umsatzsumme der Zellen D4:D7 wird in der Zelle D8 berechnet. Die Tabelle wird nun um die Ergebnisse der Spalte E ⟨Prozentanteil am Gesamtumsatz⟩ erweitert. In die Zelle E4 wird die Formel ⟨D4*100/D8⟩ eingegeben. Die Formel wird in die Zellen E5, E6 und E7 kopiert. Der Computer bringt die Fehlermeldungen „Teilung durch den Wert null" (#DIV/0!). Diese Meldung hat folgenden Grund: Bisher wurden alle Formeln mit **relativen Zellenadressierungen** durchgeführt. Dadurch wird beim Formelkopieren von E4 nach E5 die Zelle D8 zur Zelle D9, in der kein Wert steht.

	A	B	C	D	E
1		Umsatz	Januar		
2		Rohbauarbeiten	Ausbauarbeiten	Niederlassungs-	Prozentanteil am
3		in €	in €	umsatz in €	Gesamtumsatz
4	Niederlassung 1	1500000	1800000	3300000	34,82849604
5	Niederlassung 2	1600000	1700000	3300000	#DIV/0!
6	Niederlassung 3	1305000	70000	1375000	#DIV/0!
7	Niederlassung 4	1400000	100000	1500000	#DIV/0!
8		5805000	3670000	9475000	

Übung 2: Werte- und Formeleingabe

Zwei Möglichkeiten zur Formeleingabe:	1. Symbol der Menüleiste, z. B. Σ, führt zu:	Summe (B4:B7)
	2. Zellverknüpfung entsprechend der Formel:	= B4 + B5 + B6 + B7

Um die Teilung durch null zu vermeiden, muss in der Formel E4 die Zelle D8 als **absolute Adresse** angegeben werden (Übung 3). Die geschieht durch Einfügen des $-Zeichens in die Formel der Zelle E4. Die Formel lautet nun ⟨D4*100/D8⟩. Die Formel wird in die Zellen E5:E7 kopiert. In der Zelle E8 wird die Summe gebildet.

	A	B	C	D	E
1		Umsatz			
2		Rohbauarbeiten	Ausbauarbeiten	Niederlassungs-	Prozentanteil am
3		in €	in €	umsatz in €	Gesamtumsatz
4	Niederlassung 1	1500000	1800000	3300000	34,82849604
5	Niederlassung 2	1600000	1700000	3300000	34,82849604
6	Niederlassung 3	1305000	70000	1375000	14,51187335
7	Niederlassung 4	1400000	100000	1500000	15,83113456
8		5805000	3670000	9475000	100

Übung 3: Absolute Zellenadressierung

Die **Zahlenformatierung** folgt in Übung 4. In den Zellen B4:D8 werden die Tausenderpunkte (Format-Menü) eingefügt. Die Zahlen in den Zellen E4:E8 erhalten 2 Nachkommastellen.

	A	B	C	D	E
1		Umsatz			
2		Rohbauarbeiten	Ausbauarbeiten	Niederlassungs-	Prozentanteil am
3		in €	in €	umsatz in €	Gesamtumsatz
4	Niederlassung 1	1.500.000	1.800.000	3.300.000	34,83
5	Niederlassung 2	1.600.000	1.700.000	3.300.000	34,83
6	Niederlassung 3	1.305.000	70.000	1.375.000	14,51
7	Niederlassung 4	1.400.000	100.000	1.500.000	15,83
8		5.805.000	3.670.000	9.475.000	100,00

Übung 4: Zahlenformatierung

Die **Tabellenformatierung** (Übung 5 und 6) folgt den Berechnungen. Die Texte der Zellen B2:E3 werden zentrisch ausgerichtet. Die Zeilenhöhe der Zeilen 2 und 3 wird erhöht (Zeilenhöhe 19,5) und der Text (⟨Baufirma⟩, ⟨Bauer⟩) in die Felder A2 und A3 geschrieben. Die Schriftart für die Felder wird geändert (Helv, fett, 14).

	A	B	C	D	E
1		Umsatz	Januar		
2	**Baufirma**	Rohbauarbeiten	Ausbauarbeiten	Niederlassungs-	Prozentanteil am
3	**Bauer**	in €	in €	umsatz in €	Gesamtumsatz
4	Niederlassung 1	1.500.000	1.800.000	3.300.000	34,83
5	Niederlassung 2	1.600.000	1.700.000	3.300.000	34,83
6	Niederlassung 3	1.305.000	70.000	1.375.000	14,51
7	Niederlassung 4	1.400.000	100.000	1.500.000	15,83
8		5.805.000	3.670.000	9.475.000	100,00

Übung 5: Schriftgestaltung

Zur weiteren Gestaltung folgt die Ausblendung der Gitternetzlinien. Die Zellen A1:A3 werden markiert und schraffiert. Die Einrahmung der Zellen folgt im Format-Menü (Rahmen). Die Tabelle in der vorliegenden Form gedruckt.

	A	B	C	D	E
1		Umsatz	Januar		
2	**Baufirma**	Rohbauarbeiten	Ausbauarbeiten	Niederlassungs-	Prozentanteil am
3	**Bauer**	in €	in €	umsatz in €	Gesamtumsatz
4	Niederlassung 1	1.500.000	1.800.000	3.300.000	34,83
5	Niederlassung 2	1.600.000	1.700.000	3.300.000	34,83
6	Niederlassung 3	1.305.000	70.000	1.375.000	14,51
7	Niederlassung 4	1.400.000	100.000	1.500.000	15,83
8	Gesamt	5.805.000	3.670.000	9.475.000	100,00

Übung 6: Tabellenformatierung

2.3 Kommerzielle Anwendungsprogramme

2.3.1 Programmarten

Folgende Programmarten werden unterschieden:

1. Programme, die in vielen Wirtschaftszweigen angewendet werden, wie **Textverarbeitungsprogramme**, **Tabellenkalkulationsprogramme**, **Datenbanksysteme** und **Buchführungsprogramme**. Vielfach müssen diese Programme dem Anwendungszweck angepasst werden. Hierfür sind Programmierkenntnisse notwendig.

2. Programme, die speziell für die Baubranche entwickelt werden. Hierbei handelt es sich vielfach um Einzellösungen. Sie werden nach Bedarf einer Baufirma oder eines Amtes in der jeweiligen DV-Abteilung oder durch ein Softwarehaus erstellt. Dies trifft für die Kalkulationsprogramme großer Baufirmen zu.

Der Leistungsumfang eines Programms kann durch die so genannte **Modultechnik** erweitert werden. Programmteile mit spezifischer Leistung können je nach Bedarf zu einem Basisprogramm hinzugekauft und angewendet werden.

2.3.2 Programme für Auftraggeber und Auftragnehmer

Die Auftraggeber (Ämter, Architektur- und Ingenieurbüros, Bauträgergesellschaften) und Auftragnehmer stellen unterschiedliche Anforderungen an die Anwendungsprogramme. Eine besondere Schwierigkeit stellt hierbei der **Datenaustausch** dar.

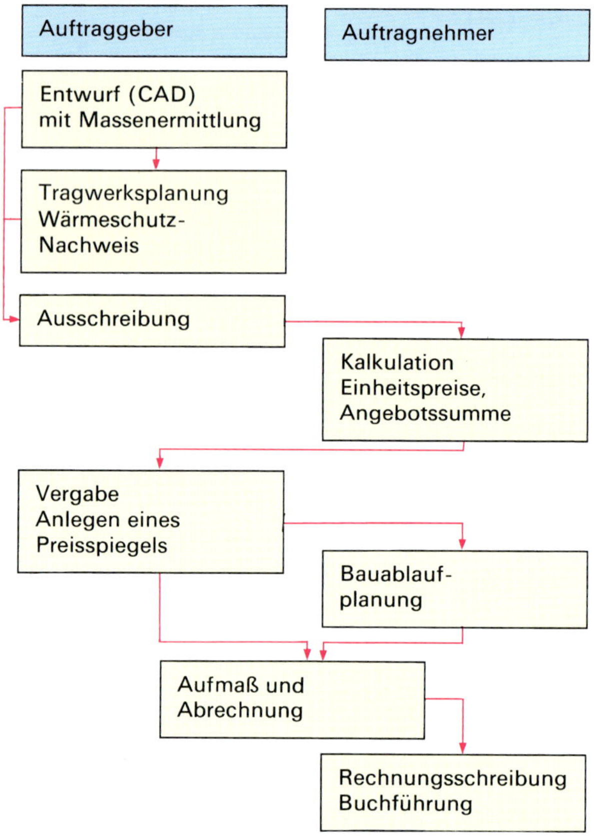

Anwendungsprogramme für Auftraggeber und Auftragnehmer

2.3.3 Programme für die Ausschreibung, Preisspiegel

Zur Ausschreibung einer Bauleistung muss ein **Leistungsverzeichnis (LV)** angelegt werden. Das LV enthält die **Position** von Bauleistungen. Die Positionen werden durch Standardtexte beschrieben. Die Datenverarbeitung ermöglicht die Verwaltung dieser **Standardtexte** durch **Schlüsselnummern**. Somit muss bei der Erstellung eines LV nur die zur Leistung gehörende Schlüsselnummer in den Computer eingegeben werden. Der Computer kopiert den entsprechenden Text auf die LV-Datei und druckt diese aus. Nebenstehende Abbildung zeigt einen Ausschnitt aus einem LV, das mittels Standardleistungsbuch und Computer erstellt wurde. Aus mehreren Leistungsverzeichnissen können ein Preisspiegel der Angebotssummen und der Idealbieter einer Position ermittelt werden.

ABSCHNITT (Z1) 1 ROHBAUARBEITEN
LEISTUNGSVERZEICHNIS (KOSTENANSCHLAG)

OZ UB/K	LEISTUNGSBESCHREIBUNG	EINH.-PREIS	GESAMTPREIS
1.0.0	(ABSCHNITT (Z1)) ROHBAUARBEITEN		
1.12.0	(ABSCHNITT (Z2)) MAUERARBEITEN		
1.	STL-NR. 82 012/010 11 31 65 22 Mauerwerk, Mauerziegel DIN 105 – HLzA – 6 – 0,7 – 12 DF (365 x 240 x 238), MG IIa mit Leichtzuschlaegen DIN 4226 Teil 2, Mauerwerksdicke 36,5 cm. 18,92 m² EP		
2.	STL-NR. 82 012/010 11 31 25 07 Mauerwerk, Mauerziegel DIN 105 – HLzA – 6 – 0,7 – 3 DF (245 x 175 x 113), MG IIa mit Leichtzuschlaegen DIN 4226 Teil 2, Mauerwerksdicke 17,5 cm. 1,68 m² EP		

Leistungsverzeichnis

Position		Idealbieter	Mittelbieter	Zauner	Hohlmann	Siebert	EIGENANSATZ	Kehrer	Müller
Bereich	1	ROHBAUARBEITEN							
Abschnitt	1.2	ERDARBEITEN							
4.	125,000 m3	Zuschlag zu Pos. 1. 2. 3 für Boden							
	EP	11,00	34,23	33,3	11,00	38,75	35,05	44,91	42,35
Eventualpos.	GP	1375,00	4278,33	4162,5	1375,00	4843,75	4381,25	5613,75	5293,75
	%	100,0	311,2	302,7 2	100,0 1	352,3 4	318,6 3	408,3 6	385,0 5

Preisspiegel, Idealbieter einer Position

2.3.4 CAD-Programme

CAD ist die Abkürzung von **C**omputer-**a**ided **D**esign. Dies bedeutet „rechnerunterstütztes Entwerfen und Konstruieren". Die grafische Datenverarbeitung ergänzt die herkömmliche Entwurfs- und Zeichentechnik. Der Anwender wählt eine in Menüform angebotene Programmleistung aus. Das Menü wird entweder als Menüleiste auf dem Konstruktionsbildschirm oder einem zweiten Bildschirm oder auf dem Tablett dargestellt. CAD-Programme stellen Bauwerke in 2D-Technik oder in 3D-Technik dar.

Die **2D-Technik** (zweidimensional) zeichnet ein Bauwerk in Ebenen (Grundrisse, Ansichten, Schnitte). Die **3D-Technik** (dreidimensional) ermöglicht die räumliche und perspektivische Darstellung eines Bauwerks. Die CAD-Technik wird in der Baubranche für Architektenpläne, für Pläne des Ingenieurbaus sowie für Pläne des Straßen- und Tiefbaus eingesetzt. Die 3D-Technik ermöglicht die fotorealistische Gebäudedarstellung (Animation). Durch die Verknüpfung dieser Abbildungen entstehen Videofilme, die zur Veranschaulichung des geplanten Bauwerks beitragen.

CAD-Programme arbeiten mit **Overlay-Technik** (Overlay = Überlagerung). Neben dem Begriff Overlay-Technik sind auch noch die Bezeichnungen Ebenen-Technik, Folientechnik und Layer-Technik gebräuchlich. Hierunter versteht man die Aufteilung der Information eines Bauplans in verschiedene Ebenen, z. B. Wände, Bemaßung und Schraffur. Diese Technik ermöglicht daher das Weglassen nicht erforderlicher Informationen beim Ausplotten eines Plans. Ist beispielsweise ein Geschoss ausschließlich gemauert, so kann beim Plotten von Handwerkerplänen auf die Schraffur verzichtet werden. Weiterhin ermöglicht diese Technik den schnelleren Aufbau eines Plans am Bildschirm.

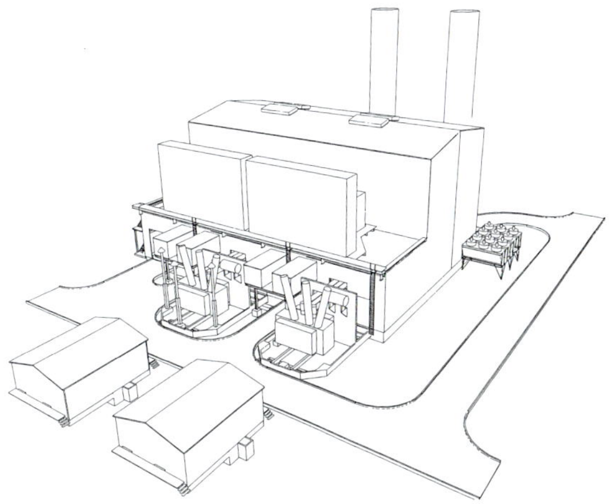

Perspektivische Darstellung eines räumlichen Gebäudemodells

Gebäude in fotorealistischer Darstellung

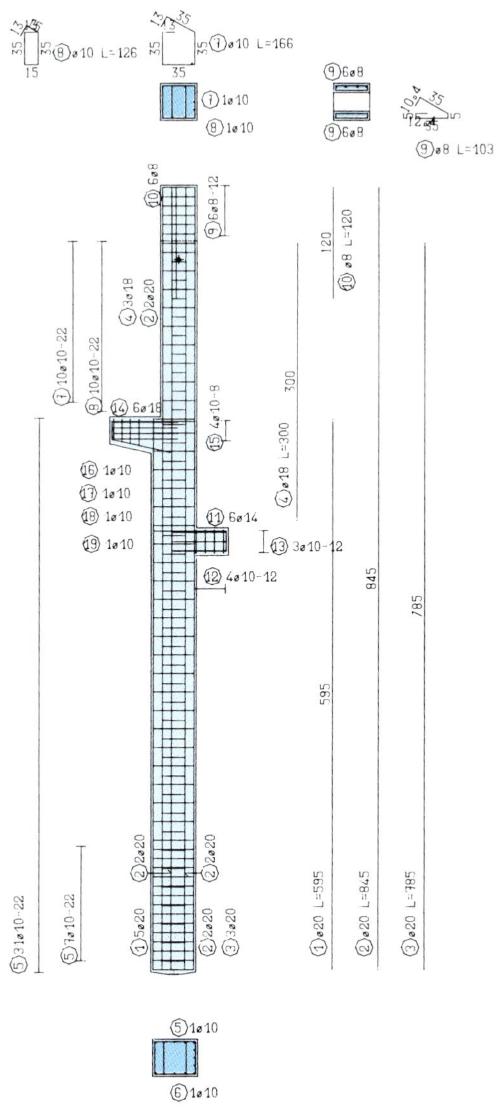

Bewehrungsplan einer Stütze

2.3.5 Bauablaufplanung

Umfangreiche Bauleistungen, die aus vielen Positionen bestehen, müssen bezüglich der Anfangs-, Zwischen- und Endtermine exakt geplant sein. Hierfür wendet der Auftragnehmer bei großen Bauwerken die **Netzplantechnik** an. Die einzelnen Bauleistungen werden in ihrer Abhängigkeit unter der Beachtung ihrer Dauer und weiterer Randbedingungen im Netzplan dargestellt. Er weist den frühestmöglichen Fertigstellungstermin einer Baumaßnahme aus. Da der Netzplan zwar logisch, jedoch unübersichtlich ist, wird er oft als **Balkenplan** gezeichnet.

Die Netzplanberechnung und das Umsetzen der Daten in den Balkenplan werden vom Anwendungsprogramm durchgeführt. Der Balkenplan stellt für die Baustelle die Soll-Termine dar, mit denen die Ist-Termine verglichen werden.

2.3.6 Steuerung und Überwachung von Betonmischanlagen

Computer werden auch zur Steuerung und Überwachung von Betonmischanlagen eingesetzt. Sie ermöglichen

- die Eingabe von Betonrezepten,
- den Abruf vorhandener Rezepte,
- die Füllstandsüberwachung der Zuschlagsilos,
- die Kontrolle des Feuchtigkeitsgehalts,
- die Ausführung von Statistikprogrammen zur Güteüberwachung und
- die Anwendung der Textverarbeitung für Lieferscheine, Rechnungen und Kundenbriefe.

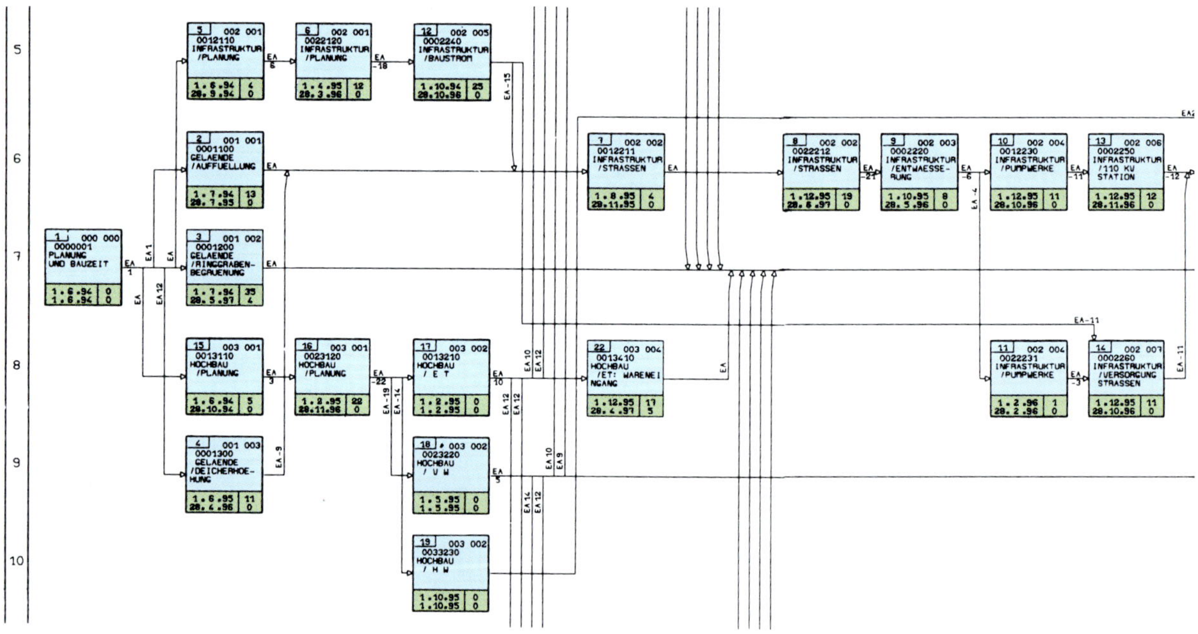

Netzplan einer Großbaustelle (Ausschnitt)

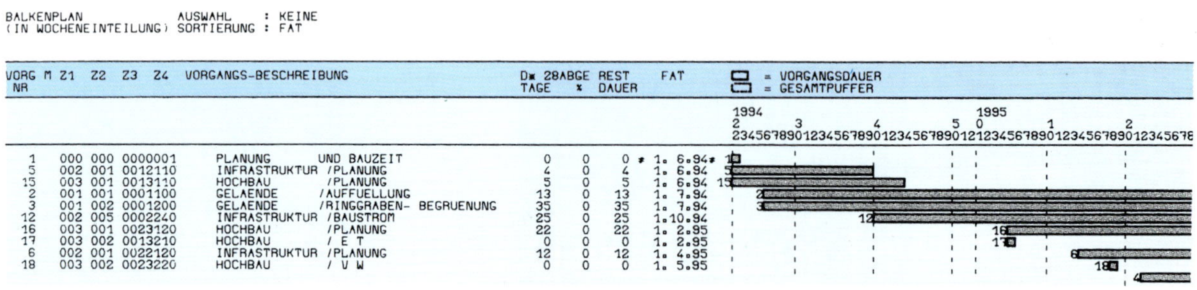

Balkenplan einer Großbaustelle (Ausschnitt)

2.3.7 Aufmaß und Abrechnung

Auftraggeber und Auftragnehmer fertigen die **handgeschriebene Aufmaßurkunde** über eine (Teil-)Leistung eines Bauwerks an. Danach werden das **Aufmaßblatt** in die DV-Anlage übernommen und die Mengenberechnung vom Computer durchgeführt. Für die Übernahme des Aufmaßes gibt es mehrere Regelungen. Eine ist in **REB 23.003** beschrieben (REB: **R**ichtlinien für die **e**lektronische **B**auabrechnung).

Unten stehende Abbildung stellt einen **Brückenüberbau** in **Draufsicht** und **Querprofil** dar. Die geometrischen Figuren der Brücke sind mit 1, ..., 9 gekennzeichnet. Nebenstehende Abbildung zeigt **Figuren, Formeln** und **Werteeintragungen** nach REB 23.003.

Ergebnisse: F = Fläche, R = Rauminhalt, l = Länge, M = Mantelfläche
Verwendete Zeichen: ≡ parallel, Winkel im Neugrad (°)

Figur	Skizze	Formeln	FN (30 31)	Werte 1 (41)	2 (48)	3 (55)	4 (62)	5 (69)	Ergebnis
Dreieck	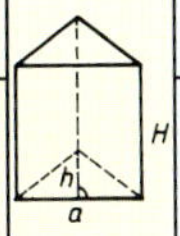	$\frac{a \cdot h}{2}$	01	*a*	*h*				*F*
Prisma (Deckfläche ≡ Grundfläche)		$\frac{a \cdot h \cdot H}{2}$	01	*a*	*h*	*H*			*R*
Dreieck	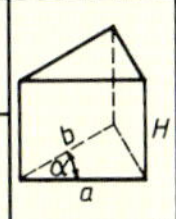	$\frac{a \cdot b \cdot \sin\alpha}{2}$	02	*a*	*b*	*α*			*F*
Prisma		$\frac{a \cdot b \cdot \sin\alpha \cdot H}{2}$	02	*a*	*b*	*α*	*H*		*R*
Dreieck	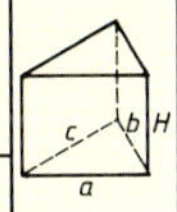	$\sqrt{s \cdot (s-a) \cdot (s-b) \cdot (s-c)}$ $s = \frac{a+b+c}{2}$	03	*a*	*b*	*c*			*F*
Prisma		$\sqrt{s \cdot (s-a) \cdot (s-b) \cdot (s-c)} \cdot H$	03	*a*	*b*	*c*	*H*		*R*
Rechteck	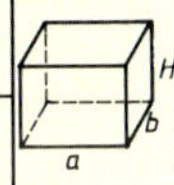	$a \cdot b$	04	*a*	*b*				*F*
Quader		$a \cdot b \cdot H$	04	*a*	*b*	*H*			*R*
Trapez	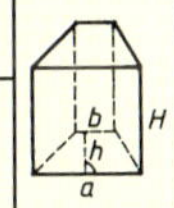	$\frac{a+b}{2} \cdot h$	05	*a*	*b*	*h*			*F*
Trapezprisma (parallel)		$\frac{a+b}{2} \cdot h \cdot H$	05	*a*	*b*	*h*	*H*		*R*
Masse zwischen 2 Flächen	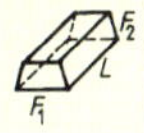	$\frac{F_1 + F_2}{2} \cdot L$	05	F_1	F_2	*L*			*R*

Figuren, Formeln und Werteintragungen nach REB 23.003 (Ausschnitt)

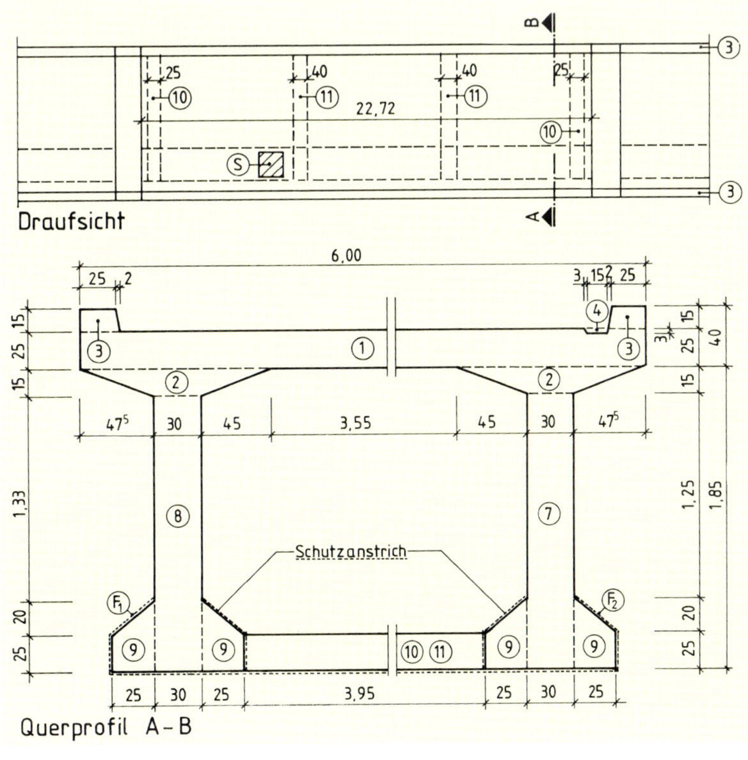

Brücke in Draufsicht (oben) **und Querprofil** (unten)

Mit Plan und Formelsammlung kann das **Eingabeformblatt** ausgefüllt werden. Die Abmessungen des Bauteils sind im Eingabeformblatt an die Stelle zu schreiben, die die Formelsammlung vorsieht. Hilfsrechnungen werden mit „H" gekennzeichnet. Die Auswertung des Eingabeformblatts ist in der **Ergebnisliste Abrechnung** dargestellt. Anhand dieser Ergebnisse und der Einheitspreise für eine Position erfolgt die **Rechnungsschreibung**.

Baufirmen setzen **Laptops** zur Aufmaßübernahme auf den Baustellen ein.

Neben den Verfahren nach REB 23.003 sind noch die Verfahren der Städte und der Deutschen Bundesbahn gebräuchlich.

Zusammenfassung

Anwendungsprogramme werden in vielen Bereichen der Bauplanung, Bauverwaltung und Bauausführung eingesetzt. Sie ermöglichen einen beliebig häufigen Zugriff auf eine einmal erstellte Information. Sie können vom Anwender geschrieben oder auf dem Softwaremarkt erworben werden.

Allgemeine Bauabrechnung
Aufmaße, Rechenansätze

Objektbezeichnung:

DA	Ordnungszahl Z1 Z2 Pos. I V	KZ	Erläuterungen	–	Anzahl Faktor	Form. Nr.	1. Wert	RZ	2. Wert	RZ	3. Wert	RZ	4. Wert	RZ	5. Wert	RZ	Blatt-Nr.	Zeile	Index	z. b. V.
11	11810	*	BRUECKENUEBERBAU DER LOESCHBRUECKE														742	A	0	
11		*	TYP A (2 STUECK ZU JE 22.72 M LAENGE)															B		
11		*																C		
11		*	FAHRBAHNPLATTE															D		
11			FIGUR 1			04	6000		0250		22720							E		
11		H	" 2			00	0450	+	0300	+	0475	=						F		
11			" 2		20000	05	742F0		0300		0150		22720					G		
11		H	" 3			00	0250	+	0020	=								H		
11			" 3		20000	05	742H0		0250		0150		22720					I		
11		H	" 4			00	0150	+	0030	=								K		
11			" 4	–	10000	05	742K0		0150		0030		22720					L		

Eingabeformblatt (Ausschnitt)

ALLGEMEINE BAUABRECHNUNG * REB-VB 23.003 *
BEISPIEL
ERGEBNISSE BL. 1

ORDNUNGSZAHL Z1Z2 POS IV	K Z	ERLAEU-TERUNG	ANZAHL FAKTOR	FOR MEL	1.WERT	2.WERT	3.WERT	4.WERT	5.WERT	HILFSWERT	ERGEBNIS	ADRESSE
1181.0	*	BRUECKENUEBERBAU DER LOESCHBRUECKE										742A0
1181.0	*	TYP A (2 STUECK ZU JE 22.72 M LAENGE)										742B0
1181.0	*											742C0
1181.0	*	FAHRBAHNPLATTE										742D0
1181.0		FIGUR 1	1.000	4	6.000	0.250	22.720				34.080	742E0
1181.0	H	FIGUR 2	1.000	0	0.450+	0.300+	0.475=			1.225		742F0
1181.0		FIGUR 2	2.000	5	742F0	0.300	0.150	22.720			5.197	742G0
1181.0	H	FIGUR 3	1.000	0	0.250+	0.020=				0.270		742H0
1181.0		FIGUR 3	2.000	5	742H0	0.250	0.150	22.720			1.772	742I0
1181.0	H	FIGUR 4	1.000	0	0.150+	0.030=				0.180		742K0
1181.0		FIGUR 4	-1.000	5	742K0	0.150	0.030	22.720			-0.112	742L0

Ergebnisliste Abrechnung (Ausschnitt)

3 Bildschirmarbeitsplatz

3.1 Mögliche Folgen

Einige Beschäftigte des Berufsfeldes Bautechnik arbeiten viele Stunden pro Tag am Bildschirmarbeitsplatz. Diese Tätigkeiten führen an Arbeitsplätzen, die ergonomisch (körper- und arbeitsgerecht) nicht einwandfrei gestaltet sind, zu körperlichen Zwangshaltungen, die langfristig Gesundheitsschäden hervorrufen können.

3.2 Anforderungen

Die Abbildungen zeigt einen **Bildschirmarbeitsplatz** mit den **ergonomisch erforderlichen Abmessungen**. Folgende Punkte sollten bei der Einrichtung eines Bildschirmarbeitsplatzes beachtet werden:

- **Sehentfernung 45 bis 60 cm** zu möglichst allen Arbeitsmitteln,
- **Tastatur nicht zu hoch** anordnen,
- **ausreichende Tischplattengröße** als Unterlage für Hardware, Akten und Pläne.

3.3 Vernetzung und Multimedia

Die Vernetzung der Computer vereinfacht den **Informationsaustausch** der am Bau beteiligten Fachleute. Baupläne können durch Telefax übertragen werden. Über ein Modem oder einen ISDN-Anschluss hat der Computeranwender auch Zugang zu T-Online, Internet und World Wide Web (WWW, Web = Netz). Diese ermöglichen den Zugriff auf Datenbanken sowie den Austausch von Informationen aller Art, also auch von Leistungsverzeichnissen und Bauplänen. **Multimedia-Computer** verknüpfen Text, Grafik, Musik, Sprache, Video, Foto und Film in einem System. Hierfür sind sie zusätzlich mit DVD-Laufwerk, CD-RW Brenner, Soundkarte und Lautsprecher ausgestattet. Die Computeranimation regt die Kreativität des Architekten und der Bauherrschaft an. Anhand vieler fotorealistischer Darstellungen des geplanten Bauwerks entsteht ein Videofilm, der am Computerbildschirm betrachtet wird. Die Kamerafahrt durch das mit CAD geplante Gebäude veranschaulicht dem Auftraggeber die Baumaßnahme und stellt eine Grundlage zur Entwurfsänderung sowie zur Vermeidung von Planungsfehlern dar.

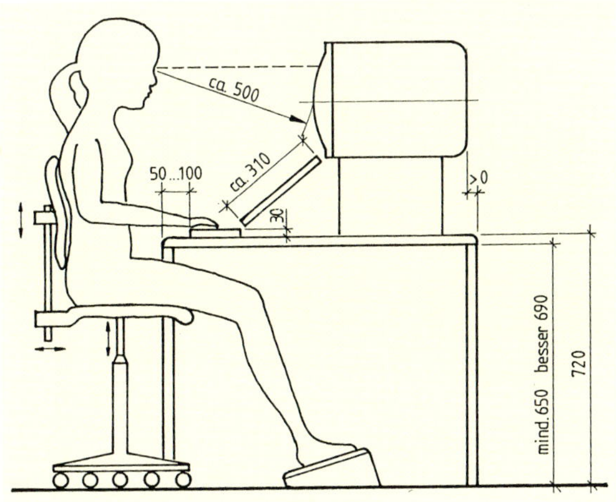

Ergonomisch erforderliche Abmessungen
(Zahlenangaben in mm)

Zusammenfassung

Die Hardware wird unterteilt in die Zentraleinheit und die peripheren Geräte.

Für einfache Aufgaben kann der Anwender Programme selbst erstellen. Neben der Formelprogrammierung verursachen die Kommentierung, die Anweisungen an den Benutzer, die vergleichenden Abfragen und die Gestaltung von Druckmasken einen hohen Programmieraufwand.

Anwendungsprogramme werden in vielen Bereichen der Bauplanung, Bauverwaltung und Bauausführung eingesetzt. Sie ermöglichen einen beliebig häufigen Zugriff auf eine einmal erstellte Information. Sie können vom Anwender geschrieben oder auf dem Softwaremarkt erworben werden.

Aufgaben:

1. *Wozu dient die Zentraleinheit?*
2. *Nennen Sie Geräte, die*
   a) zur Dateneingabe,
   b) zur Datenausgabe dienen.
3. *Welche Vorteile und welche Nachteile hat die Erstellung von Programmen durch den Anwender?*
4. *Ergänzen Sie das Programm „Berechnung des Wärmedurchlasswiderstandes“ so, dass das Programm auch den Wärmedurchgangswiderstand 1/k berechnet. Die erforderlichen Formeln sind dem Tabellenbuch zu entnehmen.*
5. *Welche Vorteile haben Anwendungsprogramme?*
6. *Nennen Sie Einsatzgebiete von Anwendungsprogrammen*
   a) in der Baubranche,
   b) in anderen Wirtschaftszeigen.
7. *Berechnen Sie den Wärmedurchgangswiderstand mit einem Tabellenkalkulationsprogramm.*
8. *Erstellen Sie eine Stahlliste mit dem Tabellenkalkulationsprogramm.*
9. *Beschreiben Sie in Stichworten das Entstehen der elektronischen Abrechnung einer Baumaßnahme.*
10. *Erläutern Sie die Begriffe*
    a) Overlay-Technik,
    b) Maus-Menü-Technik.
11. *Wodurch können Gesundheitsschäden infolge der Arbeit mit dem Computer vermieden werden?*
12. *Erklären Sie den Begriff Computeranimation.*

Begriffserklärungen

ALL-IN-ONE-Geräte ermöglichen das Farbdrucken, Kopieren, Scannen und Faxen über den PC-Anschluss

ANWENDUNGSPROGRAMME werden vom Anwender programmiert oder auf dem Softwaremarkt als Einzellösung oder Standardsoftware angeboten. Die Standardsoftware umfasst u.a.:
- Buchführungsprogramme
- Datenbanksysteme
- Desktop-Publishing-Programme (DTP)
- Tabellenkalkulationsprogramme
- Textverarbeitungsprogramme

AUSGABEGERÄTE s. Peripherie

BILDSCHIRM dient zur Datenausgabe. Er ist farbig. Die Länge der Bildschirmdiagonale beträgt zwischen 9 und 22 Zoll.

BILDSCHIRMARBEITSPLATZ dient zur Bearbeitung von Datensätzen. Er wird hauptsächlich von Ingenieuren, Architekten, Bautechnikern, Bauzeichnern und von Bauleitern benutzt. Der Bildschirmarbeitsplatz muss ergonomisch richtig gestaltet sein

CAD heißt Computer-aided Design und bedeutet rechnerunterstütztes Entwerfen und Konstruieren

CD ist die Abkürzung von Compact Disc

CD-RW Brenner ermöglicht das Beschreiben und Kopieren von CDs (R steht für Read und W für Write)

CPU bedeutet Central Processing Unit, s. Zentraleinheit

DATENAUSTAUSCH stellt häufig noch ein Problem dar. Er wird durch die Normung der Schnittstellen, welche die Datenübergabe regeln, erleichtert

DRUCKER gibt Daten als Text oder Grafik aus

DVD-Laufwerk ermöglicht das Abspielen von Filmen

EINGABEGERÄTE s. Peripherie

ERGONOMIE befasst sich mit der Anpassung der Technik an den Menschen zum Zweck der Arbeitserleichterung. Sie führt zur Gestaltung von Arbeitsplätzen, die keine Gesundheitsschäden hervorrufen

FESTPLATTE ist ein Massenspeicher für Daten. Ihre Kapazität beträgt bis zu mehreren GB

Flachbildschirm s. LCD-Monitor

GRAFIKTABLETT dient zur Dateneingabe

HARDWARE umfasst die Zentraleinheit und die peripheren Geräte der DV-Anlage

HAUPTSPEICHER ist Bestandteil der Zentraleinheit

KOPROZESSOR unterstützt den Prozessor und beschleunigt Rechenvorgänge

LAPTOP ist die Bezeichnung für einen leistungsfähigen, tragbaren Computer, der in eine Aktentasche passt

LCD Monitore sind Bildschirme, bei denen die Flüssigkristalltechnik angewandt wird (Liquid Crystal Display)

LUPE ist ein Eingabegerät mit maximal vier Tasten

MASSENSPEICHER sind Disketten oder Festplatten. Sie nehmen Daten auf

MAUS ist ein Eingabegerät mit ein bis drei Tasten

MODULTECHNIK ermöglicht den Kauf und die Anwendung einer Programmleistung. Dieses Teilprogramm kann durch Kauf zusätzlicher Module in seiner Leistung erweitert werden

MONITOR s. Bildschirm

MULTIMEDIA ist die Bezeichnung für die Verbindung von Text, Grafik, Musik, Sprache, Video, Foto und Film in einem System

NETZPLANTECHNIK dient zur Berechnung von Zwischen- und Endterminen bei Bauwerken mit hohem Schwierigkeitsgrad

NOTEBOOK ist eine weitere Bezeichnung für Laptop

OVERLAYTECHNIK beschreibt die Arbeitsweise eines Programms. Jedes Overlay enthält spezielle Informationen, z.B. die Schraffur oder die Bemaßung. Diese Informationen werden in einem eigenen Datensatz, der nach dem Overlay benannt ist, auf dem Massenspeicher abgelegt

PERIPHERIE eines Computers bezeichnet die Geräte für die Eingabe und Ausgabe von Daten. z.B. Maus, Tastatur, Bildschirm, Drucker, Plotter, USB-Memory Stick, Festplatte, CD-ROM, Computernetze

PLOTTER ist ein Zeichengerät, er dient zur Datenausgabe. Es gibt Flachbettplotter und Trommelplotter

PROGRAMME stellen ausführbare Anweisungen für den Computer dar

PROGRAMMABLAUFPLAN stellt den Datenfluss im Programm dar

PROGRAMMIERSPRACHEN sind nach Regeln aufgebaut, sie werden zum Erstellen von Programmen angewendet. Bedeutende Programmiersprachen sind z.B. ALGOL, FORTRAN, QBASIC, PASCAL, COBOL und C. Einige Programmiersprachen optimieren als QUICK- oder TURBO-Versionen die Prozessornutzung

PROZESSOR s. Zentraleinheit

REB sind Richtlinien für die elektronische Bauabrechnung. Sie vermindern den Rechenaufwand bei Aufmaß und Abrechnung von Bauleistungen

SCANNER werden zur Digitalisierung von Texten und Plänen eingesetzt

SOFTWARE s. Programme

TASTATUR dient zur Eingabe von Daten

TEXTMITTEILUNG gibt Anweisungen an den Programmanwender. Sie erfolgt über den Bildschirm

TRAGBARER COMPUTER s. Laptop

TV-Karte ermöglicht die Nutzung des PCs oder Notebooks als Fernseher

ZENTRALEINHEIT besteht aus Steuerwerk, Rechenwerk und Hauptspeicher. Sie überwacht die DV-Anlage

Sachwortverzeichnis

Bildquellenverzeichnis

Verfasser und Verlag danken den nachstehend genannten Firmen, Institutionen und Privatpersonen für die Überlassung von Vorlagen und Abdruckgenehmigungen zu folgenden Abbildungen:

AMMANN IMA GMBH, Alfeld, Seite 13 (4)
Arbeitsgemeinschaft der Bau-Berufsgenossenschaften, Wuppertal, Seiten 50 (3), 231 (5)
Bau-Berufsgenossenschaft, Frankfurt (Main), Seite 62
Beton-Verlag GmbH, Düsseldorf, Umschlagfoto
Fridmar Damm, Köln, Seite 5 (1)
DESOWAG GMBH, Seite 96 (1, 2)
Deutsche Doka Schalungstechnik, Maisach, Seiten 100 (3), 104 (2), 105 (1), 108 (4, 5), 109 (1), 110 (3), 115
Wilhelm Dyckerhoff Institut für Baustofftechnologie, Wiesbaden, Seite 147 (1)
Elba-Werk, Ettlingen, Seite 227 (3)
Emunds & Staudinger, Hückelhoven, Seite 36 (2)
Max Frank GmbH & Co. KG, Leiblfing, Seite 200 (1)
Geo-Bohrtechnik GmbH Bermaringen, Blaustein, Seite 23 (3)
Martin Grundmeyer, Wiesbaden, Seite 225 (1)
imbau Industrielles Bauen GmbH, Neu-Isenburg, Seite 191 (1)
Industrieverband Hartschaum e. V., Heidelberg, Seite 208
Jürgens Ost- und Europa-Photo, Berlin, Seite 5 (2)
Kalksandstein Information GmbH + Co. KG, Hannover, Seite 79 (3)
Gebr. Knauf Westdeutsche Gipswerke, Iphofen, Seiten 179 (1), 219 (1), 223 (2)
Koch Marmorit GmbH, Bollschweil, Seiten 217, 219 (2)
KÖGEL-Schornsteine, Winnenden, Seite 89 (2, 3)
Edmund v. König, Dielheim, Seiten 5 (3), 6 (2)
Landesbildstelle Berlin, Seite 8
Wilhelm Layher GmbH & Co. KG, Güglingen, Seiten 43 (5), 48 (2), 49 (3), 50 (2)
Liebherr-Mischtechnik, Bad Schussenried, Seite 227 (2)
Adolf Nagel, Eggenstein-Leopoldshafen, Seite 202
Nemetschek AG, München, Seiten 384, 385, 386, 387, 388, 389, 390, 391, 392 (1, 2)
NOE-Schaltechnik, Süßen, Seiten 47 (1), 99 (1), 103 (1), 104 (1), 105 (2, 3), 106 (1), 110 (1)
Noggerath, Hamburg, Seiten 131 (1), 229 (4)
Norsk Data, Hamburg, Seite 382 (1)
Oevermann GmbH & Co. Hoch- und Tiefbau, Münster, Seite 143 (1)
Paschal-Werk GmbH, Steinach, Seite 108 (1)
PERI GmbH, Weißenhorn, Seiten 104 (3), 113 (3), 114 (1, 2, 3)
Putzmeister-Werk Maschinenfabrik GmbH, Aichtal, Seiten 221 (2), 228 (1, 2, 3)
RIB Bausoftware GmbH, Stuttgart, Seite 397
Rigips GmbH, Düsseldorf, Seite 222 (1)
Wolfgang Schlegel, Iserlohn, Seite 106 (3)
Schnell & Steiner, Regensburg/Kurt Gramer, Bietigheim-Bissingen, Seite 4 (2)
Arsen Schweizer (aus: „Mitteilungen der Württembergischen Bau-Berufsgenossenschaft", 3/91), Seite 231 (4)
Seeger Schaltechnik, Stutensee, Seite 99 (2)
Hermann Sindlinger, Seiten 13 (1), 133 (1)
Hermann Steinweg GmbH, Werne, Seite 232 (1, 2)
Steinzeug GmbH, Köln, Seite 32 (3)
Stetter GmbH, Memmingen, Seite 125
Sto AG, Stühlingen, Seite 216 (1)
STUMP Bohr GmbH, Langenfeld, Seite 139
Thyssen Hünnebeck GmbH, Ratingen, Seite 40
Tiefbau-Berufsgenossenschaft, München, Seite 35 (2)
Tourist-Information, Trier, Seite 3 (1)
Verband der Bims- und Leichtbetonindustrie e. V., Neuwied, Seite 147 (4)
VSL Vorspanntechnik (Deutschland), Elstal, Seiten 141 (5), 142 (3)
Wacker-Werke GmbH & Co. KG, München, Seite 229 (2)
Ytong AG, München, Seite 57 (3), 65 (3), 148 (2, 4)
Ziegelwerk Gundelfingen GmbH, Gundelfingen, Seite 165 (2)